普通高等学校地理国情监测专业系列教材

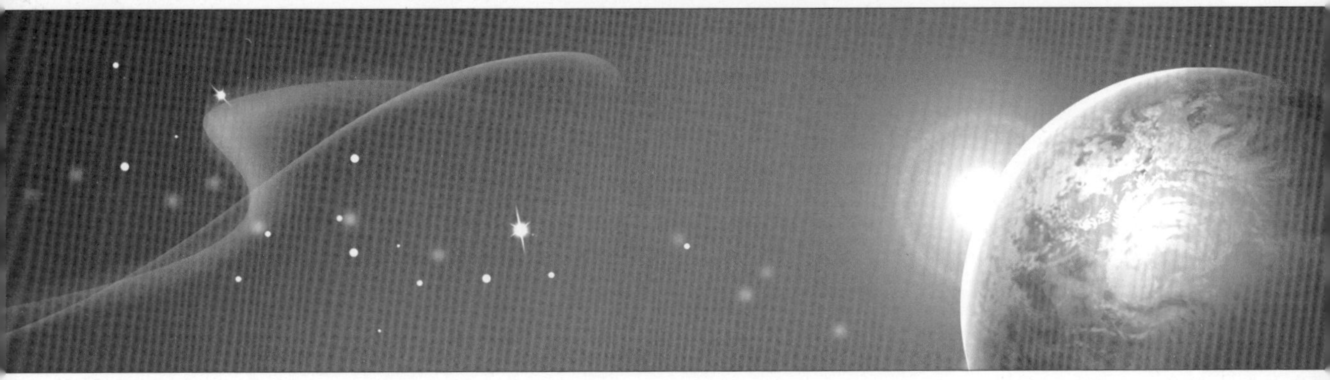

地理监测原理与应用

李建松　周军其　编著

WUHAN UNIVERSITY PRESS
武汉大学出版社

图书在版编目(CIP)数据

地理监测原理与应用/李建松,周军其编著．—武汉:武汉大学出版社,2014.10(2022.1 重印)
普通高等学校地理国情监测专业系列教材
ISBN 978-7-307-14009-7

Ⅰ.地… Ⅱ.①李… ②周… Ⅲ. 地理—监测—中国—高等学校—教材 Ⅳ.K92

中国版本图书馆 CIP 数据核字(2014)第 190600 号

责任编辑:胡 艳　　责任校对:汪欣怡　　版式设计:马 佳

出版发行:**武汉大学出版社**　(430072 武昌 珞珈山)
(电子邮箱:cbs22@ whu.edu.cn 网址:www.wdp.com.cn)
印刷:湖北金海印务有限公司
开本:787×1092　1/16　印张:39.5　字数:934 千字　插页:1
版次:2014 年 10 月第 1 版　2022 年 1 月第 3 次印刷
ISBN 978-7-307-14009-7　定价:60.00 元

前　言

地理特征要素、地理环境、地理过程和地理现象，以及人文、经济、社会等的基本状况及其变化信息是人们进行科学解释、科学管理和决策活动的重要信息。获取这类信息的重要手段和方法就是对其进行监测。监测与地理空间位置有关的，反映一个国家范围内地理对象的质量、数量、分布特征、变化等地理特性和变化情况的活动过程，称为地理国情监测。开展地理国情普查和监测，摸清地理国情家底，科学揭示资源、生态、环境、人口、经济、社会等要素在地理空间上相互作用、相互影响的内在关系，准确掌握、科学分析资源环境的承载能力和发展潜力，有效应对各种风险挑战，对于提高各级政府的管理决策水平，科学制定经济社会发展重大战略、长远规划和宏观政策，具有重要意义。

地理国情监测不同于基础测绘，但基础测绘是支持地理国情监测活动的基础，地理国情监测是基础测绘的延展，有自身新的内涵。基础测绘提供单一的、静态的自然地理数据获取、管理和利用，注重描述现状信息，提供直接数据服务。地理国情监测提供自然地理数据、社会经济数据和人文地理数据的综合分析利用和知识发现，注重描述动态变化信息，提供信息服务，是对基础地理数据的增值利用。地理国情信息可能是静态的，也可能是动态的；可能是空间的，也可能是非空间的；可能是显而易见的，也可能是隐含在数据中间的。

地理国情信息的获取、处理、分析和应用，涉及遥感技术、GPS 技术、GIS 技术、地理调查与空间化技术、传感器网络技术、地理国情专题制图技术、地理国情可视化技术、地理国情数据的分析与统计技术、地理国情信息的共享技术、时空数据变化检测与分析技术，以及多源数据的综合处理和管理技术等技术的综合应用。需要在生产中重新探索出一套有别于基础测绘的生产流程、作业方案和标准体系，需要形成满足自身生产活动的理论方法和技术集成体系。

本书是为普通高等学校地理国情监测专业基础理论课教学编写的教材，主要讲授与地理监测活动有关的基本概念、理论、方法和应用，共分 11 个章节，适用 54 个标准学时授课使用，其中第四、第五和第六章可以根据需要选讲一部分内容。本书的第九章和第十章由周军其编写，其他章节的编写和全书统稿工作由李建松完成。

本书的第一章主要介绍地理监测的概念、目的、意义、分类、内容和任务，叙述了地理监测与相关学科的关系以及地理监测对国民经济发展、国家重大战略发展以及可持续性发展的作用。对地理监测技术和活动的起源、国内外发展情况和未来理论与技术发展趋势进行概要介绍。第二章从地理监测的基本特性、参考基准、数据源选择、时空表达、尺度问题、采样问题等介绍了地理监测的基本理论和方法，并以自然资源监测为例，介绍了地理监测方案设计方面的内容。第三章主要介绍利用天空地遥感技术、GPS 技术、数字测图技术、无线传感器网络技术、自动的专业监测站网、统计调查技术和公众参与式 GIS 技术等获取地理监测数据的过程和数据处理方面的一些过程和要求。第四章主要从数据分析的角度，讨论并分析了地理监测数据的误差及传播、数据分辨率与空间分析的关系、数据的一致性和完整性对数据分析的影响以及地理监测的可靠性问题。第五章从地理空间分析角度，介绍了在 GIS 软件中经常使用的图形图像操作分析方法，包括空间分析的概念、过程，以及地理几何计算、地图代数运算、距离和方向计算、表面和场分析、网络和位置分析等。第六章从空间数据分析角度，介绍了空间数据分析的概念，空间数据的性质，探索性空间数据分析的概念模型、可视化方法，探索性空间数据分析的数值方法，空间假设检验，空间变化统计的描述性建模，空间变化统计的解释性建模以及时空数据的挖掘概念等。第七章主要介绍地理观测数据经处理与分析后，成果的报告形式，主要包括成果的表达类型、监测分析报告的内容以及成果的可视化方法和技术，以及探索性数据分析方法中图形的绘制方法。第八章就动态地理信息系统的概念、动态地理信息共享服务的概念以及地理监测成果发布的方式、方法进行了概要介绍。第九章介绍了标准化的概念、原理，形式，标准的分类、制定等内容。第十章主要介绍了地理监测的一些典型应用案例。第十一章主要结合我国第一次地理国情普查，介绍了相关的内容。

本书在编写过程中，得到了武汉大学遥感信息工程学院领导和教师们的关心和指导，经过地理国情监测教研室全体教师的认真讨论，提出了许多宝贵意见，在此一并表示感谢。

因编写时间仓促，无论是内容选择还是文字表达方面，一定存在很多不足，敬请读者批评指正。

编　者

2014 年 8 月

目　录

第一章 概　述

本章介绍地理监测的概念、目的、意义、分类、内容和任务。叙述地理监测与相关学科的关系以及地理监测对国民经济发展、国家重大战略发展以及可持续性发展的作用。对地理监测技术和活动的起源、国内外发展情况和未来理论与技术发展趋势进行概要介绍。

第一节　地理监测的内涵

一、地理监测的概念

地理特征要素、地理环境、地理过程和地理现象，以及人文、经济、社会等的基本状况及其变化信息是人们进行科学解释、科学管理和决策活动的重要信息。获取这类信息的重要手段和方法，就是对其进行监测。

监测概念的直接解释是监视和检测、测量，是指在调查研究的基础上，监视检测和分析代表所关注对象的各种数据信息的全过程。对关注对象的基本情况和变化状况数据的获取和分析利用，是监测活动的基本内容和目的。在管理和决策活动中，人们关注的对象是多方面的，包括自然的、人文的、社会的、政治的、经济的和军事目的，等等。反映这些对象的基本信息，可能是静态的，也可能是动态的；可能是空间的，也可能是非空间的；可能是显而易见的，也可能是隐含在数据中间的。对一个国家而言，人们将这类监测得到的数据信息，称为国情。

国情是一个国家的社会性质、政治、经济、文化等方面的基本情况和特点。描述国情的数据可以用文字、符号、图形、图像、统计数据、模型、动画、虚拟现实等多种形式。至于省情、市情、县情等概念，则可以认为是在不同地域范围监测尺度上，对国情更为精细的描述。而地球，乃至其他星球的基本情况和特点，姑且称为地情，是在全球范围监测尺度上的一种描述。当然，从概念的实质和作用范围讲，地情包含国情、省情、市情、县情等含义。

国情数据有一部分是与地理位置有关的，称为地理国情。地理国情是空间化、可视化的国情信息，是从地理空间角度分析、研究、描述和反映一个国家自然、经济、人文和社会的国情信息。地理国情包括国土疆域概况、地理区域特征、地形地貌特征、道路交通网络、江河湖海分布、土地利用与地表覆盖、城市布局和城镇化扩张、孕灾环境与灾害分布、环境与生态状况、生产力空间布局等基本情况。

在特定的时间周期内，监测与地理空间位置有关的，反映一个区域范围内监测对象的质量、数量、分布特征、变化等地理特性和变化情况的活动过程，称为地理监测。地理监测的结果是对地理对象或地理相关对象在空间、时间上的一种描述。由于人们更为关注监测地理对象的变化信息，因而有时也称为地理变化监测。

地理国情监测是综合利用全球导航卫星系统、航空航天遥感、地理信息系统等现代测绘技术和地理、人文、社会经济科学调查技术，综合各时期档案和调查成果，对地形、水系、湿地、冰川、沙漠、地表形态、地表覆盖、道路、城镇等要素进行动态化、定量化、空间化的持续监测，并统计分析其变化量、变化频率、分布特征、地域差异、变化趋势等，形成反映各类资源、环境、生态、经济要素的空间分布及其发展变化规律的监测数据、地图图形和研究报告等，从地理空间的角度，客观、综合展示国情国力。概括地说，它以地球表层的自然、生物和人文三个方面的空间变化和它们之间的相互关系特征为基础内容，对构成国家物质基础的各种条件要素进行宏观性、综合性、整体性的调查、分析和描述。在地理国情监测概念提出以前，地理监测、地理变化监测、遥感监测等监测活动一直存在，并且监测领域和内容已经十分广泛，甚至一些监测活动已经形成常态化监测、法定监测内容。如我国的土地资源调查与监测、环境调查与监测、森林和湿地监测、水文监测、海洋监测、矿产资源调查与监测、气象气候监测、地震监测，等等。地理国情监测可以认为是地理监测或地理变化监测活动在国家尺度上进行的一种监测活动。图 1-1 所示为某地区的地表覆盖变化监测。

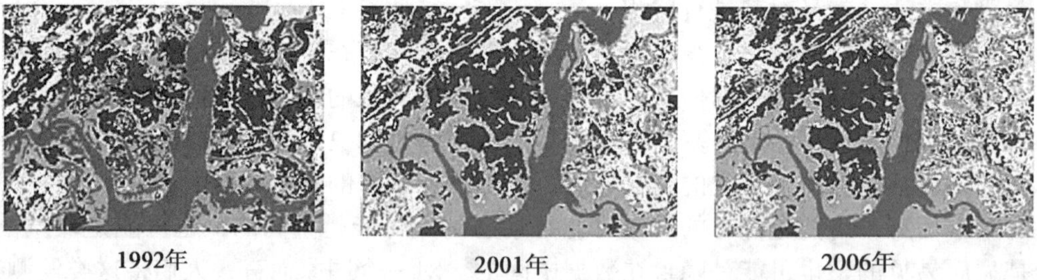

图 1-1　1992—2006 年某地区土地覆盖变化监测

二、地理监测的目的和意义

地理信息是一种重要的信息资源。地理对象是地理信息的物质和能量的表现实体。地表物质和能量的数量、分布和变化产生信息和信息流。地理对象的数量、分布及其变化特征等信息是进行重大战略规划、灾害预警、科学管理和决策等的重要依据。地理监测的重点是对具有地理空间特性和时间特性的自然和人文对象进行监测，获取其地理变化信息，如城市城镇布局变化、地表覆盖和土地利用变化、生态环境变化、江河流域变化、地形地貌变化、道路交通网络变化、工业经济布局变化、粮食产区变化等信息。非地理变化信息的获取，可以认为是基础地理测绘的内容，或非重点地理监测的内容。地理监测的目的是为了满足某种特定的需求。可以进行地理监测的对象是丰富多彩的，但不是任何一类对象都需要进行监测。监测什么以及如何监测都是根据需求进行选择的。对地理对象在一定时间内发生的变化进行变化发现、变化识别、变化检测、变化分析、变化评价、变化预测，以及评定某种影响和状态，从而对变化的诱因、变化的驱动力、变化的规律等进行科学解释，进而对战略规划、战术部署、科学管理和决策产生重要作用和意义。

首先，进行地理监测是应对全球变化和满足人类对地球科学开发和利用、全球保护等任务的需求。人类赖以生存的地球正处在快速变化时期。人地关系的矛盾日益突出。从历史发展的角度看，人类活动对地球生态和环境的影响，总体上是向着变坏的方向发展的。人口、资源、环境和灾害是当今人类社会可持续发展所面临的四大问题。人口膨胀、资源减少、环境恶化、灾害频繁，严重威胁着人类的生存，影响着人类社会、政治、经济和文化的可持续发展。人类活动产生的这种变化和问题，日益成为人们关注的焦点。开展地理监测活动，对人类科学开发和利用地球资源、进行地球保护，将发挥重要作用。

其次，开展地理监测是满足国家重大战略发展的需求。我国正处在工业化、城镇化的快速发展时期，也是地表自然和人文地理信息快速变化的时期。如何科学布局工业化、城镇化，如何统筹规划、合理利用国土发展空间，如何有效推进重大工程建设，进行地理国情监测至关重要。对重要地理对象进行动态监测，并进行对比和统计分析，及时发布监测成果和监测分析报告，为国家的科学发展提供依据。

再次，开展地理监测是满足国家可持续性发展的需求。我国是一个人口众多、资源相对贫乏的国家，环境问题、灾害问题等比较突出，一定程度影响了国家的可持续发展。如何合理开发利用资源，保护环境，应对自然灾害，需要展开地理国情监测活动。我国在一些领域已经开展了常态化、法定化的监测活动，在国家可持续性发展方面做出了积极贡献。但监测的领域还需要继续扩大，内容还需要进一步深化，如生态、农情、公共卫生、碳存储和碳排放、城镇化和城市变化、文化景观等监测，监测活动需要从专业性的部门监测走向综合、协同监测，以实现国家利益所涉及范围的全球地理监测，或全面的地理国情监测。

最后，开展地理国情监测，可以起到促进测绘发展模式战略转型、提高测绘生产力和服务水平、满足国民经济发展需求的作用。测绘工作是国家经济建设的基础。我国测绘技术及队伍的快速发展已成为我国地理信息产业的有生力量。基础测绘模式正在发生转变，开始由静态到动态，由数据服务到信息服务，针对性更强，服务领域更宽。当今的技术发展条件已经具备进行常态化、应急、典型地理监测的规模化监测活动。随着航空航天遥感、GIS 和 GPS 等技术的发展，已经具备多传感器、多平台、多尺度、全天候、高频率获取各种分辨率对地观测数据的方法和技术，以及多年来地理数据的积累，具有综合处理、分析和应用这些数据的技术基础和能力，为实现地理国情监测创造了技术条件。开展地理监测活动，着力开发利用地理信息资源，丰富测绘产品和服务，更好地服务大局、服务社会、服务民生，将为推动经济发展方式转变发挥积极作用。

三、地理监测的分类

地理监测根据监测的地理尺度、监测的时效性、监测目的、监测领域，分为不同的监测类型。不同的监测类型，其监测的对象和内容、任务、过程、目的、使用的数据源、评价指标、技术方法等会存在差别。

（一）按照监测的地理范围尺度分类

按照地理范围尺度，地理监测可分为全球监测、区域监测、局部监测。全球范围地理监测，是指监测对象和内容覆盖全球范围的一种监测，如全球地表覆盖和土地利用变化监测、全球气候变化监测、全球粮食产量监测等。区域监测，是指跨洲和跨国家范围的监测，如区域地震监测、海啸监测、台风监测、厄尔尼诺现象或拉尼娜现象监测等。局部监测，是指在一个国家范围，或一个省、市、县等范围内从事的某种监测活动，或对重点区域、重大工程范围的监测活动，如地理国情监测、地理省情监测、地理市情监测、长江三角洲生态环境监测、长江三峡地质环境灾害监测、南水北调水源地环境监测、珠江三角洲城镇化和城市群落变化监测、主功能区监测，等等。

（二）按照监测比例尺度或分辨率尺度分类

按照比例尺或分辨率，地理监测可分为宏观监测、中观监测、微观监测。一般来说，宏观监测是指在大范围、小比例尺或低分辨率基础上的监测，监测结果仅反映监测对象的宏观数量、质量、分布特征和变化趋势。微观监测是指在小范围、大比例尺或高分辨率基础上的监测，监测的结果反映监测对象的微观数量、质量、分布特征和变化趋势，其对监测内容描述的精细程度较宏观监测更高。如全国或一个省的气候监测，相对应于某个城市范围的气候监测，前者一般只是预报宏观气候形势和城市的平均气温，后者则可对城市局部气候形势进行观测，对某个区进行气候形势预报。中观监测是介于宏观和微观之间的一种尺度监测。宏观监测和微观监测的内容和精细程度，还取决于监测使用的数据源的尺度选择。

（三）按照监测的时效性分类

地理监测可分为常态化（持续）监测和应急监测。常态化监测是一种长期、持续的监测活动，一般建设有固定的监测站（台）网络或稳定的监测制度、计划和方案，持续获取监测对象的变化数据。或对某一监测内容，定期采用一定的时间间隔，收集每个时间点上数据，进行变化分析，以探索和调查地理对象变化量、变化频率、变化规律等。如国家一直在进行的一些法定监测内容，都是常态化监测类型。应急监测，是一种短期内完成的监测活动。在应对突发事件、重大工程进展、抢险救灾等方面，经常需要对监测对象的状况和发展趋势，在短时间内快速获取相关信息，进行分析评估，做出快速应对处置，这类监测属于应急监测。

（四）按照监测的目的性分类

地理监测可分为监视性监测、特定目的监测、研究性监测。监视性监测，是指关注监测对象的存在性、分布、变化趋势等特性的监测，一般对定量指标关注较少的一类监测，也可能做不到对数量、质量的精确监测，不对数量、质量等定量特征提出过高的要求，而仅对地理位置信息和定性信息进行获取。例如，城市违章建筑的监测，重点关注的是有没有违章现象发生、在哪里发生，至于数量，则可以不那么精确。再如，雨后利用无人机对高速公路的巡视监测，主要目的是监视高速公路上有没有滚石、塌方等险情出现，对数量要求很低。绝大多数的监测活动属于特定目的的监测，它们都是为了满足某种需求、目的明确的监测活动。研究性监测，主要是为研究目的服务的一类监测，为了探究某些变化机理、变化建模以及为进一步开展监测工作进行的基础研究性监测活动，可能是为某个研究课题，进行数据采集、处理分析、评价等活动，监测结果为课题研究提供信息支持；也可能是为了推动某项监测活动，需要研究监测使用的数据源、数据处理和分析方法、监测评价指标体系建立、监测计划和监测流程的制定、监测标准化问题等而进行的实验性、试点示范性监测。

（五）按照监测领域分类

按照监测的领域，地理监测可分为土地资源调查与监测、环境调查与监测、森林和湿地监测、水文监测、海洋监测、矿产资源调查与监测、气象气候监测、地震监测，以及生态、农情、公共卫生、碳存储和碳排放、城镇化和城市变化、文化景观等监测。不同领域的监测，在数据源的选择、监测的尺度、监测的流程和计划、监测设备、数据处理方法、数据分析方法、评价指标体系、标准体系等方面会存在较大区别。

第二节 地理监测的对象、内容和任务

一、地理监测的对象

什么是地理监测的对象，如何选择要监测的对象？这是从事地理监测活动之前首先要回答的问题。人们可以进行监测的对象是非常丰富的，但不是所有监测的对象都可以用地理监测方法进行，或需要采用地理方法进行监测。如政治化、民主化、现代化进程，可能就不需要进行地理监测。可以或需要利用地理监测方法进行监测的对象，一定是与地理位置相关，或可以进行地理空间化、可视化的对象。自然地理对象、人文地理对象，如江河湖泊、森林湿地、道路、房屋等，是地理监测的基本对象。人口数据、经济数据等，虽然没有直接的地理参考位置，但可以通过空间化方法，赋予其地理参考位置，也是地理监测的对象。因此，人文对象，一部分本身就是地理对象；一部分是可以空间化的地理对象，是地理监测的对象；其他部分则不是地理对象，不属于地理监测的范畴。

另外，一部分地理监测对象，可以是地理调查的对象，它们可以作为地理监测的数据分析使用，但它们可能随时间变化很慢，在特定的监测周期内，一定程度上认为是没有变化的对象，一般不是地理监测的主要对象，因为地理监测关注的是变化的对象。地理监测更关注监测对象的增量、减量、变化率、变化频度和变化趋势等指标。

如何选择要监测的地理对象，首先要看是否需要对其进行监测。监测是为科学解释、科学管理和决策服务的。在这些方面不需要的地理对象信息，一般人们没有理由对其进行监测。其次要看监测的技术条件是否具备。一些地理对象的变化信息，虽然人们很需要它，但不具备获取这些信息的技术条件，监测工作也就无从谈起。再次是既需要，技术条件也具备的地理监测对象，可能因为某种原因，不能对其进行监测，或因为某种危险，不提倡进行监测，如军事设施分布和部署变化，如果强制对其进行监测，可能会招致麻烦。

二、地理监测的内容和指标

地理监测对象或监测领域选定后，就需要确定地理监测的内容。不同的监测对象或领域，监测的内容是有区别的。对地理国情监测而言，虽然目前还不清楚其全部监测内容，但主要监测内容是基本清楚的，即对国土范围内的地形、地貌、水系、森林和湿地、冰川、沙漠、地表形态、地表覆盖、道路、城镇、重大工程、生态、环境、矿产资源、土地资源、自然灾害、气候气象、海洋、主功能区、突发事件、公共卫生、文化景观、碳经济等地理对象，进行动态化、定量化、空间化的持续监测、应急监测或典型监测，并统计分析其变化量、变化频率、密度、强度、覆盖率、含量、分布特征、地域差异、变化趋势等内容。

地理监测内容确定后，监测它们哪些特性呢？这关乎监测指标体系的建立。一组地理监测对象的特性可能是多样的，但不是每个特性都需要或可以进行监测。监测指标是对监测对象特性的某些度量。选择监测对象的哪些特性，需要建立在对监测对象的认知基础上。所以地理认知学是选择要监测哪些地理对象特性的理论和方法基础。哪些对象代表监测对象变化的本质？哪些是表象？哪些是参考信息？地理认知学可以回答这个问题。监测对象特性确定下来以后，确定监测指标就相对容易了。有什么样的监测内容，就有什么样的监测指标或监测指标体系。根据前述的地理监测分类可知，不同类型的监测，监测指标体系差别是存在的，甚至是差别很大的，如地表覆盖与土地利用变化监测与环境监测相比，监测指标体系就存在差别。

三、地理监测的任务

地理监测的任务具有两个层次的含义。第一层含义是指为了满足某些需要而进行的一系列监测活动。第二层含义是指为完成某一项监测活动所要进行的工作内容。

就第一层含义而言，地理监测任务会随着需求的变化、时间的变化而发生变化。例如，我国在“十二五”期间，测绘地理信息部门地理国情监测的主要任务是：（1）完成重要地理国情信息普查。整合、分析现有基础地理信息数据及相关专业部门数据，获取高分辨率遥感影像，开展地形地貌、地表覆盖、地理界线等重要地理要素现状普查，形成二、三维一体化，高精度，全覆盖，空间连续的全国地理国情一幅图，建立统一时点、标准一致的本底数据库。（2）建立动态监测信息系统。在本底数据库的基础上，按照统一的标准规范和技术流程，建立国家级动态监测信息系统，包括航空航天影像平台、地表三维立体平台和地表覆盖网格平台，为开展重要和典型的地理国情信息监测提供基础。（3）完成重要与典型的地理国情信息动态监测。按照不同地理要素变化周期，持续开展地表覆盖变化、主体功能区规划实施等重要地理国情信息全国性监测和城市发展变化、重点区域地表形变等典型地理国情信息监测，实现从宏观到精细、从静态到动态的定量化、空间化监测，形成科学客观、内容丰富、形式多样的地理国情监测产品和成果。（4）完成地理国情信息统计与分析。根据多种不同的地理单元，对重要地理国情信息普查、重要地理国情信息全国性监测、典型地理国情信息监测成果数据进行统计、汇总，综合分析各种监测信息的变化量、变化频率、分布特征、地域差异及变化趋势，形成地理国情监测信息普查、监测报告。（5）逐步建立常态化的地理国情监测机制。建成地理国情普查、监测技术支撑体系，完善地理国情监测的指标体系和标准体系，具备网络化的数据快速获取、处理、统计分析能力，形成部门间相互合作、相互协同、相互共享的工作机制，建立地理国情信息会商审核、报批发布等制度，逐步形成科学、高效、常态的地理国情监测机制。“十三五”期间，在“十二五”项目建设的基础上，主要进行业务化运行建设，形成定期常态地理国情信息监测机制，实施定期常规性监测，构建功能完备的地理国情动态监测与综合信息分析发布系统，提供地理国情信息业务化、常态化服务。

就某一项监测活动而言，监测的任务相对变化不大。一般来讲，它具有相对不变的数据源、监测尺度、监测程序、监测指标体系和预期的监测成果形式。所变化的可能是监测方法和技术，如变化信息发现、识别、检测、统计分析的模型等。监测数据源的选择或获取、监测尺度的选择，空间基准、时间基准、属性基准、精度基准的确定，监测计划、监测方案和标准的制定，监测数据的处理（整合、空间化等），变化信息的提取，数据质量的分析与评定，分析模型的建模，监测数据的分析和评价，监测结果的表达（变化制图、可视化、地理模拟、监测报告等），监测成果的管理（时空数据组织、存储、管理、更新、维护等），监测成果的发布和共享服务，等等，都是一项监测活动应该完成的工作任务。

四、地理监测的一般过程

地理监测工作是一项程序化很强的工作。每一步工作的开始都是以前一步的结果为前提的，有时也可能出现跨越后续阶段，或返回前一阶段的情况，但会保持阶段顺序不变。每一步工作的内容和质量，对后续工作会产生决定性的影响。地理监测工作的一般流程如图 1-2 所示。

在上述监测过程中，如果对监测的阶段性成果不满意，则可能出现返回前一阶段的情况，这要看监测结果是否满足需求规定。最坏情况是，在管理决策阶段，监测结果不满足要求，可能提出修改监测计划。一些监测项目是监视性监测，可能不需要变化检测，对监测获取的数据处理后，就可能直接得到需要的监测结果，如高速公路安全巡查、电力线路巡查等。有些监测项目，通过简单统计分析的就能获得监测结果，可能不需要地学建模。

由于监测目的不同，于是监测类型不同，上述监测程序的每个阶段的工作内容会存在差别。一般来讲，项目立项阶段，只要对监测项目进行充分的调研和论证，形成论证报告，就可以下达立项通知书。根据立项通知书，就可以进行需求分析，制订监测计划，形成项目计划书。根据项目计划书，可以编制和设计监测项目的技术实施方案。项目技术实施方案应当包括项目的设计依据，以及项目的目的、内容和任务、执行的技术标准和规范、数据源选择和数据获取方法、尺度选择、时间基准、空间基准、精度基准、数据处理方法、变化信息检测方法、地学建模方法、地学分析计算方法、结果表达要求和方法、成果管理方法、成果发布方式和共享服务等。

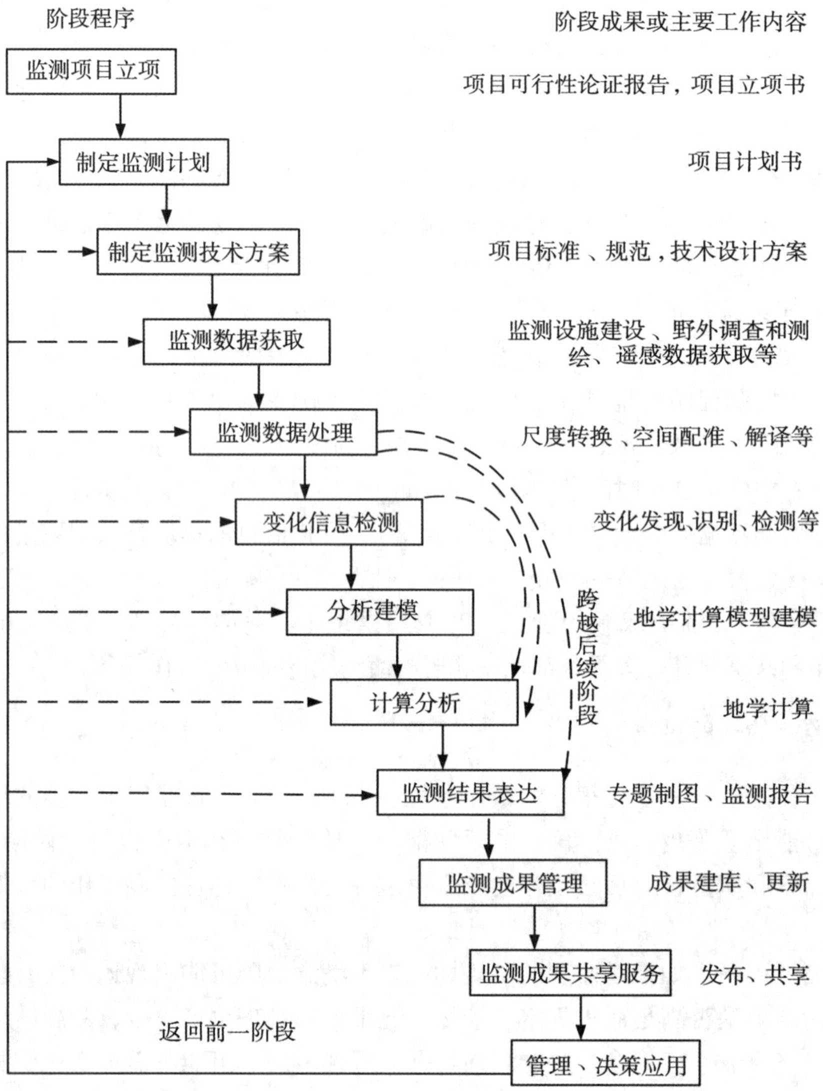

图 1-2　地理监测的一般过程

第三节　地理监测与相关学科的关系

地理监测是综合利用多学科理论、方法、技术和知识的学科。相关学科之间既有交叉，又有区别。地理监测所涉及的主要学科有基础测绘、遥感学、地理信息系统、地理学、应用数学以及应用领域的有关学科。其中，遥感学、信息系统地理学和应用数学提供基本的理论、方法和技术，应用领域学科提供专业应用的知识。图 1-3 所示是地理监测使用的主要技术。

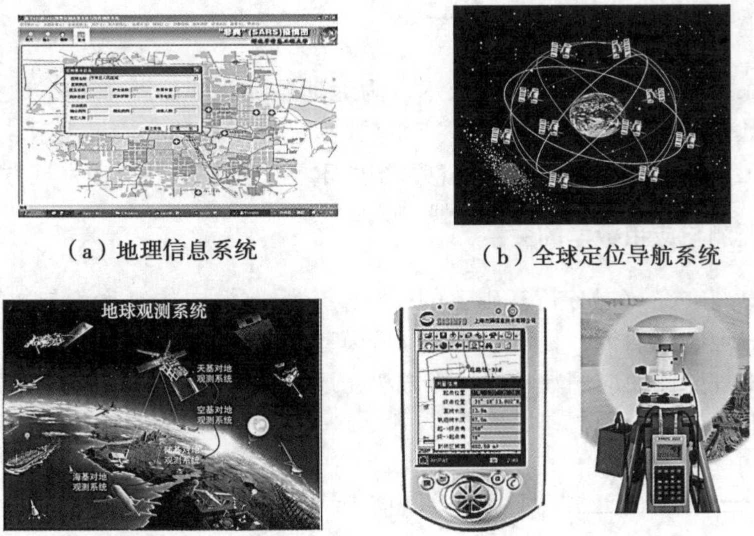

（a）地理信息系统　（b）全球定位导航系统

（c）遥感对地观测系统　（d）野外调查和测绘

图 1-3　地理监测的主要技术

一、地理监测与基础测绘的关系

地理监测不是基础测绘。基础测绘是支持地理监测活动的基础，地理监测是基础测绘的延展，有自身新的内涵。

基础测绘是地理监测数据获取的基础技术之一。基础测绘提供单一的、静态的自然地理数据获取、管理和利用，注重描述地理对象的现状信息，提供直接数据服务。地理监测提供包括自然地理数据、社会经济数据和人文地理数据的综合分析利用和知识发现，注重描述地理对象的动态变化信息，提供信息服务。地理监测是对基础地理数据的增值利用。

二、地理监测与遥感学的关系

遥感学是进行地理监测的主要技术基础。遥感学利用其空、天、地一体化对地观测技术，可以全天候和快速的方式为地理监测提供自然地理数据、动态变化数据和人文地理数据。遥感数据是进行地理监测的重要数据源，可以提供多尺度、多平台、多分辨率、多光谱、多时相遥感分类和变化监测数据，是当前地理监测最有效、最经济的数据获取手段。地理监测是遥感学的重要应用领域和重要发展方向之一。

三、地理监测与地理学的关系

地理学理论、方法和知识是地理监测的方法论基础，其中，地理学中的自然地理学、经济地理学、人文地理学、区域规划、地貌学等知识是地理监测的理论和方法库。地理学为地理监测提供地理认知、地理建模、地理分析、地理调查、地学表达等理论和方法，地理监测则是地理学的实践应用。

四、地理监测与地理信息系统的关系

地理信息系统是地理监测的支撑技术，为地理监测提供数据管理、数据建模、空间化、可视化、数据分析利用、地学计算、动态模拟、数据表达、成果表示、成果管理和数据共享服务的工具。地理监测是地理信息系统的重要应用领域和应用发展方向之一。

五、地理监测与应用数学的关系

地理监测是建立在数据分析基础上的学科。应用数学中的概率论与数理统计、矩阵论、数值分析、地图代数等，是建立地学分析模型、统计分析方法、数据分析方法等计算方法的基础；地理监测使应用数学的计算方法在地学科学解释、政府科学管理和决策方面得以充分利用和发展。

第四节　地理监测的发展

地理监测活动究竟是从什么时候开始的，尚无从考证。但由于遥感和地理信息系统技术的快速发展，使得研究性、探索性的地理监测向着业务化、法定化、规模化、常态化、典型化方向发展。由于人们对突发事件应急处置、灾害抢险救灾等快速反应需求，应急监测技术也得到了重视和快速发展。另外，从监测的主导思想看，监测活动早期是被动监测，逐步发展到主动监测和当前的自动监测。下面介绍一些国内外进行的具有影响的地理监测计划或活动。

一、国内地理监测发展情况

我国一些部门已经开展了常态化、法定化的专业领域地理监测工作。这些监测成果对我国的国民经济发展、战略规划、环境治理、科学管理和决策等发挥了重大作用。

（一）土地资源监测

《中华人民共和国土地法》第二十七条规定，国家建立土地调查制度。县级以上人民政府土地行政主管部门会同同级有关部门进行土地调查。第三十条规定，国家建立全国土地管理信息系统，对土地利用状况进行动态监测。1984 年 5 月和 2007 年 1 月先后启动了第一、第二次土地调查工作。土地监测工作由国土资源部负责。

第二次土地调查工作的主要任务包括开展农村土地调查、城镇土地调查、基本农田状况调查，建设土地调查数据库。调查所需的基础资料主要运用航天航空遥感、地理信息系统、全球卫星定位和数据库及网络通信等技术采集。第二次土地调查工作的主要成果包括数据成果、图件成果、相关文字成果和土地数据库成果等。不同于第一次土地调查，第二次土地调查主要是建立国土资源变化监测体系。

（二）环境监测

《中华人民共和国环境保护法》第十一条规定，国务院环境保护行政主管部门建立监测制度，制定监测规范，会同有关部门，组织监测网络，加强对环境监测的管理。国务院

和省、自治区、直辖市人民政府的环境保护行政主管部门，应当定期发布环境状况公报。国务院规定国家环境保护部“负责环境监测和信息发布。制定环境监测制度和规范，组织实施环境质量监测和污染源监督性监测。组织对环境质量状况进行调查评估、预测预警，组织建设和管理国家环境监测网和全国环境信息网，建立和实行环境质量公告制度，统一发布国家环境综合性报告和重大环境信息”。国家环境保护部门负责环境监测工作并发布监测报告。

我国目前已形成隶属于各级政府环保主管部门的环境监测站2223个，其他行业和部门建立的环境监测机构约2634个。监测内容涵盖空气质量、地面水、环境噪声、海洋、地下水、生态、酸雨、放射性等领域。在自动监测能力方面，在部分城市建设了空气自动监测系统，在部分省建立了污染源废水和废气在线自动监测系统，使得部分领域实现自动、实时监测。环境监测周期按照要素变化快慢和社会需求迫切程度分为实时、1天、1周、1月、1季度、1年不等，监测的主要成果包括重点城市空气质量日报、重点城市空气质量预报、主要流域重点断面水质周报、全国地表水水质月报、全国和各省区市环境状况公报、中国近岸海域环境质量公报、长江三峡工程生态与环境监测公报，等等。

（三）森林和湿地监测

《中华人民共和国森林法》第十四条规定，各级林业主管部门负责组织森林资源清查，建立资源档案制度，掌握资源变化情况。国家林业局有“组织开展森林资源、陆生野生动植物资源、湿地和荒漠的调查、动态监测和评估，并统一发布相关信息”的职责。森林资源和湿地资源调查和监测主要由林业部门组织实施。

森林资源调查分为三类：一类调查以全国或大林区为调查对象，调查的主要内容包括面积、蓄积量、生长量、枯损量以及更新采伐等，在国家林业局的组织下定期实施，复查间隔期为5年。二类调查任务以林业基层生产单位管辖所有森林、林木和林地为调查对象，调查的主要内容包括各地类小斑的面积、蓄积量、生长量和枯损量以及其他专业调查。此类调查是在国家林业局统一部署下，由各省（区）林业主管部门组织实施的，调查间隔期为10年。三类调查是林业基层生产单位为满足伐区设计、造林设计、抚育采伐设计、林分改造等进行的调查，调查内容包括伐区内森林资源数量、出材量、生长状况、结构规律等。三类调查在二类调查的基础上，根据规划设计的要求逐年进行，由县林业主管部门或林业基层生产单位组织实施。

国家林业局于1996—2003年完成了首次全国湿地资源调查工作，全面系统地查清了全国面积100公顷以上的湿地类型、面积与分布。国家林业局2009年开展了第二次全国湿地资源调查工作。调查目的是为了更好地保护管理湿地资源，完善我国湿地资源监测体系，为湿地资源保护、管理和合理利用提供完整、及时、准确的基础资料和决策依据；调查内容包括湿地的类型、分布、面积、生态状况、主要受胁因素和管理状况；调查基础资料是卫星遥感数据。在数据资源和监测系统建设方面，林业部门已建成了全国森林资源连续清查数据库、全国森林资源分布数据库、天然林保护数据库等数据库、森林资源管理系统、林火管理信息系统、森林病虫害防治管理系统、全国野生动物资源管理信息系统、荒漠化/沙化监测系统、京津风沙源治理工程信息管理系统、天然林保护工程系统、全国古树名木信息管理系统、退耕还林工程信息管理系统、重点公益林管理信息系统、全国营造林实绩综合核查信息管理系统、全国有害生物管理信息系统等。

（四）地震监测

《中华人民共和国防震减灾法》第十七条规定，国家加强地震监测预报工作，建立多学科地震监测系统，逐步提高地震监测预报水平。第二十五条规定，国务院地震工作主管部门建立健全地震监测信息共享平台，为社会提供服务。第三十条规定，国务院地震工作主管部门根据地震活动趋势和震害预测结果，提出确定地震重点监视防御区的意见，报国务院批准。国家地震局主管负责地震监测工作，建立地震监测体系。根据《中华人民共和国防震减灾法》第十六条规定，全国性的地震长期预报和地震中期预报由国务院发布，各省区市的地震长期预报、中期预报、短期预报和临震预报由本级政府发布，已经发布地震短期预报的地区，在紧急情况下，市县政府可以发布48小时之内的临震预报。

我国国家地震监测网络由覆盖全国的30个遥测台网，502个测震台站，262个形变观测台站，70个应力应变观测台站，493个水化观测台站，504个水位观测台站，255个地磁观测台站，25个GPS基本站，56个GPS基准站，1000个GPS区域站，15万公里流动形变、地磁、重力观测线，300处流动观测场点构成，具备了对国内地区3.5级以上、周边5.0级以上、全球6.0级以上地震的自动速报能力。

（五）水文监测

根据《中华人民共和国水文条例》第二十条规定，水文机构应当加强水资源的动态监测工作，发现被监测水体的水量、水质等情况发生变化可能危及用水安全的，应当加强跟踪监测和调查，及时将监测、调查情况和处理建议报所在地人民政府及其水行政主管部门。第十八条规定，从事水文监测活动应当遵守国家水文技术标准、规范和规程，保证监测质量未经批准，不得中止水文监测，水利部“负责水文水资源监测、国家水文站网建设和管理，对江河湖库和地下水的水量、水质实施监测，发布水文水资源信息、情报预报和国家水资源公报”，水利部门负责水文监测管理工作，水文机构负责水文监测具体工作。

水文监测的主要内容包括：大江大河水情、大型水库水情、重点站雨情、全国日雨量、热带气旋、卫星云图等。水文监测的主要成果有：水资源公报、河流泥沙公报、水资源质量年报、水旱灾难公报、水土保持公报、水文情况年报、水情年报、地下水通报，以及各类水质、水量安全信息等。水利部门目前正在开展第一次全国水利普查，全面摸清我国江河湖泊和水利工程的基本情况，系统掌握江河湖泊开发治理保护状况。已经建立覆盖5000多条中小河流、2058个县水文监测站的动态监测预警体系。

（六）海洋监测

《中华人民共和国海域使用管理法》第五条规定，国家建立海域使用管理信息系统，对海域使用状况实施监视、监测。根据《中华人民共和国海洋环境保护法》第五条规定，国家海洋行政主管部门负责海洋环境的监督管理，组织海洋环境的调查、监测、监视、评价和科学研究，负责全国防治海洋工程建设项目和海洋倾倒废弃物对海洋污染损害的环境保护工作。第十六条规定，国家海洋行政主管部门按照国家制定的环境监测、监视信息管理制度，负责管理海洋综合信息系统，为海洋环境保护监督管理提供服务。国家海洋局有“管理海洋环境的调查、监测、监视和评价，监督海洋生物多样性和海洋生态环境保护，监督管理海洋自然保护区和特别保护区，管理海洋观测监测、灾害预报警报、综合信息、标准计量等公益服务系统”等职能。国家海洋局负责海洋资源和海洋环境监测工作。

国家海洋局建立了海域动态监视监测管理系统，形成了卫星遥感、航空遥感和地面监控相结合的监视监测体系，用于海域使用动态监控与指挥办公、海域使用动态监视监测业务管理、海域动态评价与决策支持、海域管理信息服务等。海域监视监测内容包括海域使用状况、海域自然属性等多方面内容。海洋资源和海洋环境监测产品包括中国海洋环境质量公报、中国海洋灾害公报、海平面公报、海域使用管理公报、全国海洋工程环境保护和海洋倾废管理月报、厄尔尼诺现象监测与预测月报。

（七）气象监测

《中华人民共和国气象法》第十五条规定，各级气象主管机构所属的气象台站，应当按照国务院气象主管机构的规定，进行气象探测并向有关气象主管机构汇交气象探测资料，国务院气象主管机构及有关的地方气象主管机构应当按照国家规定适时发布基本气象探测资料。第二十七条规定，县级以上人民政府应当加强气象灾害监测、预警系统建设。国家气象局“统一规划全国陆地及海上气象探测与信息网络，管理全国天气预报警报、短期气候预测、城市环境气象预报、火险气象等级预报和气候影响评价的发布”。气象部门负责气象监测相关工作并发布观测结果，其所属的观测台站负责具体监测工作。

目前，气象部门能够对海洋气象、空间天气、农气产品、空气质量进行实时监测，具备发布未来 3 天、10 天天气预报能力和对灾害性天气及时发布灾害预警的能力。气象局天气监测方面有天气公报，天气旬报，降水、气温、卫星监测，雷电监测与预报，旱涝监测，人影模式产品，卫星反演云参数等。气象局气候预测与评估方面有年气候概况、降水气候概率分布图、厄尔尼诺预测预报、季风监测产品、极端天气气候事件与灾害性天气、气候变化情景评估、气候变化评估系统、气候变化国家评估报告等。生态与农业气象包括生态气象监测与评估、土壤水分监测等。目前，我国已建立覆盖各级共 2600 多个气象监测中心（台、站）的地面气象观测网和高空气象观测网。

（八）矿产资源监测

根据《中华人民共和国矿产资源法》第十一条规定，国务院地质矿产主管部门主管全国矿产资源勘查、开采的监督管理工作。国务院有关主管部门协助国务院地质矿产主管部门进行矿产资源勘查、开采的监督管理工作。国家地质调查局具有“组织实施水文地质、工程地质和环境地质调查评价工作，开展地质环境监测和地质灾害调查、预报预警与专项防治”的职能。因此，地质矿产主管部门负责矿产资源的勘查和监测工作。

地质矿产部门开展矿产资源开发秩序遥感监测、矿山地质环境遥感调查、矿山资源规划执行情况遥感监测、全国地下水监测、全国地质灾害气象预报预警、三峡库区地质灾害监测预警、国家重大工程区地质灾害监测预警、重点地区缓变性地质灾害监测预警等。监测的主要成果包括：全国矿产资源潜力评价报告、全国铜铁铝金等资源潜力分布图、国土资源大调查基础地质系列成果、全国地质灾害通报等定期和实时监测成果。地质调查局有覆盖全国的 180 多个地质调查单位开展能源矿产调查，建立了 10 个国家级监测预警示范区的地质灾害调查与动态监测预警体系。

（九）农情监测

我国目前的法律法规和各类政策性文件都没有明确农情监测的主管部门。目前，开展农情监测的部门包括农业部各级机构，以及中国科学院、国家遥感中心、高校等科研院所、农业相关企事业单位。

农业部组织研发了国家农业遥感监测系统，可定期监测和评价全国大宗农作物面积、长势和产量、草地产草量和草地退化、农业土地资源、土壤墒情、农业灾害等。农情监测是摄影测量与遥感技术在农业领域应用的新领域，通过对农作物的长势进行监测，能够评估农作物产量，对科学合理地制订国家和区域经济社会发展规划、制订农产品进出口政策和计划、调控粮食市场、及时合理安排地区间的粮食运输调度、宏观指导和调控种植业结构、提高相关企业与农民的经营管理水平等，具有重要意义。

（十）地理国情监测

我国测绘地理信息部门根据自身业务职能和测绘发展战略转型的要求，相继开展了地理监测或与地理监测相关的工作。从测绘的本质来讲，地理国情监测不仅仅是要从空间分布上模拟、表达和再现自然和人文地理要素的形态、现状，反映某一时期的地形地貌、资源环境现状等方面的地理国情信息；更是要从时间序列上展现地理要素的发展演变轨迹，通过研究分析不同时期地理国情信息，对地理要素的历史演变进行监测、跟踪、分析、研究，把握地理要素变化规律，对发展趋势做出科学判断。我国测绘技术长期的发展、数据资源和技术装备的长期积累，已经具备了进行地理监测的较为扎实的基础。

首先，我国地理信息资源实现了有效覆盖。长期以来，测绘地理信息部门致力于扩大地理信息资源覆盖范围，使之由城市向农村拓展，由陆地向海洋拓展，由国内向国外拓展。近30年来，我国累计实施航空摄影近1500万平方千米，通过多渠道获取的5～30米分辨率卫星影像覆盖全部陆海国土，优于5米分辨率卫星影像实现了对陆地国土的必要覆盖，部分重点地区实现了多类型、多种分辨率的遥感影像的多次覆盖。特别是“十一五”以来，我国先后实施国家1∶5万数据库更新工程、国家西部1∶5万地形图空白区测绘工程、海岛（礁）测绘工程等重大测绘项目，使得我国1∶5万基础地理信息首次实现对陆地国土和海岛（礁）的全面覆盖，现势性大大提高到2006年以后。1∶1万基础地理信息覆盖范围也不断扩展，覆盖陆地国土约50%，基本实现必要覆盖。从总体上看，目前我国地理信息资源建设正处于由强调拓展地理信息覆盖范围向强调监测地理信息变化、提高地理信息现势性转变的重要历史转折点。这为从事地理监测提供了数据资源基础。

其次，自主对地观测体系逐步完善。长期以来，测绘地理信息部门不遗余力地推动自主对地观测体系建设，取得了重要进展。我国民用测绘卫星“资源三号”、“天绘”，遥感高分一号、二号卫星，以及其他各种遥感卫星等，已经初步形成航天对地观测体系，大大提升了我国卫星测绘遥感数据自主保障能力。我国第二代北斗卫星导航系统已进入应用阶段，具备为亚太地区提供高精度、高可靠的定位、导航和授时服务的能力，卫星定位领域长期受制于人的被动局面得到全面改观。近年来，大力推广低空无人飞行器航测遥感平台，在全国各省、自治区、直辖市配备了70余套无人飞机航摄系统，实现了局部地区高精度地理信息数据快速获取，极大地提升了实时监测和应对自然灾害和环境变化的能力。卫星定位连续运行参考站网作为实时定位和导航的重要基础设施，在“十一五”期间的建设取得重要进展，新建站点近600座，一大批卫星导航定位综合服务系统建成并投入使用。与此同时，我国自主的数据处理装备建设也取得了积极进展，初步形成了数据快速处理能力。总而言之，在测绘部门的努力和推动下，目前我国的对地观测体系建设取得了重要进展，初步形成了多层次、多种类、多传感器的对地观测网络，为下一步全面推进地理国情监测工作奠定了坚实基础。

与此同时，我国测绘地理信息部门还开展了如下一些地理监测实践：

（1）在应急救援和灾后重建方面的应用。我国是一个自然灾害频繁发生的国家，近几年相继爆发了地震、洪灾、雨雪冰冻和泥石流等大的灾害，还有人为造成的矿难、火灾、山体滑坡等，各种对地观测技术在灾前、灾期、灾后的全过程中发挥着越来越重要的作用。2008 年汶川大地震以及玉树地震、舟曲泥石流发生后，测绘地理信息部门快速获取和集成灾后最新影像数据，构建和提供专用地理信息系统，为抢险救灾、灾害评估和灾后重建规划提供了及时有效的基础地理信息综合服务，也为今后综合减灾与风险管理提供了参考模式。图 1-4 所示是汶川地震后唐家山堰塞湖的形成过程监测。

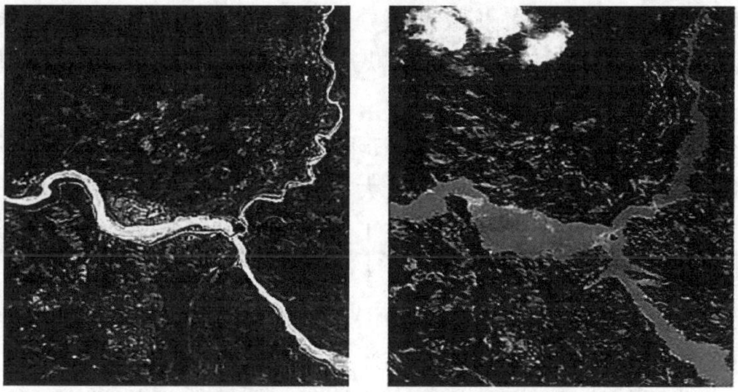

图 1-4 汶川地震后唐家山堰塞湖形成过程监测

（2）在地表形态变化监测方面的应用。地面沉降是一种累进性自然灾害，一旦形成便难以恢复。地面沉降会降低防洪防汛设施的防御能力；增大城市的排水成本；对现行的基础设施，如轨道交通、高架道路、天然气管网等，也会造成严重的安全隐患，增大维护成本，经济损失巨大。长江三角洲是我国发生地面沉降现象最具典型意义的地区之一。

为应对地面沉降对长江三角洲地区的影响，上海、苏锡常地区、杭嘉湖地区各城市国土部门陆续成立了地面沉降监控中心，装备了相应的软硬件设施，加快地面沉降监测技术研究，努力实现区域地面沉降每年监测一次，中心城市每年至少监测一次，为城市规划、建设提供及时、准确的地面沉降有关信息。1999 年以来，通过开展长江三角洲地区地面沉降调查与监测工作，引进国际先进监测技术，初步建立了覆盖长江三角洲地面沉降区域的地面沉降监测网络；目前，长江三角洲地下水动态监测网络已覆盖全区；由基岩标、分层标和区域 GPS 监测构成的区域地面沉降监测控制网，由重要城市地面精密水准测量、GPS 监测构成的次级监网，以及由重要城市地面精密水准测量、GPS 监测构成的次级监测网，已经初具雏形；在上海和江苏的地面监测站，实现了监测数据自动采集、传输，初步建成地面沉降地理信息系统，为制定科学的地面沉降防控措施打下了良好的基础。

（3）在生态环境建设方面的应用。三峡工程是当今世界上最大的水利枢纽工程，三峡库区的建设对周边生态环境必将产生影响。为了对三峡库区生态环境监测提供支撑，2006年，中国测绘科学研究院、国家环保总局信息中心、国家地质调查局水文地质工程地质技术方法研究所、武汉大学共同开展了科技部科研院所社会公益研究专项——三峡库区相关生态环境监测技术研究。

项目采用3S等先进测绘技术，与生态环境综合监测站网和现有GPS监测网络相结合，建立了一套动态监测地质灾害、土地利用与土地覆盖变化、水环境等的方法和技术，开发了三峡工程库区生态环境监测技术支撑平台。通过研究，全面地掌握了三峡库区土地利用、植被覆盖、水环境、滑坡等生态环境现状，获得了不少有价值的结论，对库区生态环境管理和保护具有重要的参考价值。自主开发了三峡库区生态环境监测网络服务与信息发布系统，在国家及地方管理部门得到广泛应用，取得良好的社会效益和经济效益。该系统已应用于中国环境监测总站业务运行，并对外提供网络信息查询服务。三峡土地利用和土地覆盖及植被变化相关研究成果及数据部分已无偿共享给中国土地勘测规划院、国土资源部土地利用重点实验室使用，为研究三峡库区土地利用与土地质量提供监测数据和资料。

（4）退耕还林还草监测应用。改善生态环境是西部大开发的重要目标之一，退耕还林还草工程是其中的一项重大举措，投资巨大，涉及范围广、时间长、工作量大，领导层非常关心该项工程的实际效果，因此，对该工程的监测管理十分必要。如果采用常规的监测方式，实施退耕还林还草的区域每年要投入大量的人力、物力进行规划、设计、检查验收等，工作强度大、效率低，人为造成的错误较多。为解决这些问题，实现林业部门退耕业务工作的信息化、自动化，提高退耕还林还草监测工作效率，2002年8月至2003年12月，甘肃省政府办公厅和甘肃省测绘局联合实施了“甘肃省退耕还林还草监测应用系统”建设项目。

该项目是国家“十五”科技攻关项目“电子政务应用试点示范工程”第一课题第一专题的第三子专题。系统建设采用数据库技术、计算机网络技术、虚拟现实技术、3S技术、全数字摄影测量技术，针对退耕还林还草工程所需监测效果、行业标准及用户使用习惯，提供退耕还林还草工程辅助决策信息。

该系统由领导决策子系统、县级退耕业务子系统、遥感监测数据处理子系统三部分有机组成。按照省政府领导提出的“监测要详细到村，监测到地块，对应到农户”的要求，系统实现了精确监测的目的。精确监测的对象是上一年度确定的退耕规划图斑，监测的内容包括图斑的上报面积、退耕前作物种类、退耕与否等情况，以及同一区域重复上报情况、荒山育林误报为退耕还林还草等现象。

（5）“三江源区生态环境遥感动态监测地理信息系统”项目是国家测绘局与青海省人民政府联合签署的《加强青海省地理空间信息资源开发利用合作协议》确定的合作内容，对于进一步优化和完善三江源区生态监测体系，提高三江源区生态监测能力，推进青海省“四区、两带、一线”发展战略实施等，具有重要意义。项目以国家西部1∶5万地形图空白区测图工程及现有基础测绘成果为基础，通过集成遥感动态监测、GIS 空间数据管理、计算机网络等空间信息技术，进行生态环境高分辨率遥感调查及动态监测，形成三江源生态环境高分辨率遥感动态监测技术流程。建成生态环境监测的大比例尺专题地理信息数据库，为三江源区生态环境变化的分析提供数据支撑。开发完成生态环境动态监测运行系统，实现生态环境监测成果的发布、快速查询与综合分析，为合理制定三江源区社会经济发展政策提供科学依据。

（6）地理信息统计分析应用：地理信息数据资源本身蕴涵了非常丰富的地理国情信息，测绘部门在地理信息资源建设过程中，也开展了进一步的统计分析工作，挖掘出大量需求迫切、影响广泛的地理国情信息。2008 年，浙江省测绘局开展了全省国土面积量算工作，运用现代测绘技术和全省 1∶1 万数据库等成果，量算出浙江省陆域面积、全省不同高程分级和不同坡度分级的面积、内海面积和领海面积，界定了主要河流的省内流域边界范围，并量算了流域面积，单独量算了八大水系的水域面积和四大名湖及千岛湖的水面面积，同时对八大水系长度进行量算，对全省 11 个设区市、90 个县（市、区）的各种面积进行了量算和统计，建设了浙江省国土面积量算成果管理信息系统，满足了社会公众、政府各部门对浙江省国土面积数据的需求。2008 年，黑龙江省测绘局开展了重要地理信息统计分析工作，以 1990 年和 2005 年遥感数据为基础，对重要要素的分布及变化情况进行了统计分析，对城镇化进程和城市地理变化情况进行了对比分析，开展了地形坡度、海拔高度、景点位置等自然地理要素信息的采集、统计和变化分析，实现了历史和现状信息的整合，反映了自然地理情况的变迁，为政府部门科学决策提供了参考依据。

（7）全球地表覆盖监测。掌握全球范围的地理信息资源，对于我国参与解决和应对资源枯竭、能源紧张、环境恶化、疾病防控等全球性重大问题，提高我国话语权和国际地位，具有重要意义。有鉴于此，从 2010 年起，国家测绘地理信息局联合 7 部委 18 家单位，开展了全球地表覆盖遥感制图与关键技术研究。该项工作以 2000 年和 2010 年左右中低分辨率全球陆地遥感影像为主要数据源，结合其他辅助数据，提出满足我国全球变化研究需要的地表覆盖分类体系，形成自主全球地表覆盖遥感产品，为全球变化和地球系统模式研究等提供可靠的基础数据支撑；研究全球地表覆盖产品遥感生成与更新的关键技术，利用两期全球地表覆盖遥感数据提取变化区域、变化类型等变化信息，开展各大洲的地表覆盖变化分析；通过应用示范研究，定量评价地表覆盖变化所导致的全球气候、生态和水文效应，评价地表覆盖变化引起的中国典型区域水资源、碳循环和区域气候变化。

（8）城市扩张和城市演变监测。重庆市、武汉市等对城市的市情进行了长期的监测，并发布市情监测报告。对城市的建设用地、绿化覆盖、水体、路网建设、建成区面积、房屋建筑、地下管线、经济技术开发区等进行了较为全面的动态监测。

（9）在文物保护方面的应用实践。为切实做好长城保护工作，摸清明长城“家底”，国家测绘地理信息局和国家文物局联合开展了长城资源调查与测量工作。通过现代测绘技术手段，利用较高分辨率航空摄影资料，构建 1∶1 万比例尺的明长城带状区域的立体影像模型，参照野外调查资料，测定明长城人工墙体和天然险、壕堑以及各种附属设施的空间分布，并分类计算其长度；以明长城沿线带状范围为对象，生产了包括数字高程模型数据、数字正射影像数据、数字线划图数据、长城专题影像图数据等在内的基础地理信息数据，形成了包括专题数据、各种属性数据、历史文献记录、音频视频资料等资源的长城数字档案；开发了明长城资源信息公众服务系统，将明长城资源信息和长城保护有关法律法规发布于互联网上，使社会公众可以足不出户地查询明长城的全面信息，在依法加强监管，从根本上遏制对长城的破坏，加强长城的保护管理方面发挥了积极作用。2009 年 4 月 18 日，国家测绘局与国家文物局联合发布了明长城的长度为 8851. 8 千米，这是我国首次精确测量出明长城的长度，在世界上首次完成了长达 8000 余千米的超大型线型文化遗产的资源综合调查与测量，第一次全面获得了关于明长城资源分布与坡面长度等一系列丰硕成果，为明长城保护、利用、管理、研究等提供了科学可靠的基础数据，在国内外产生了重要影响。

总之，我国进行地理监测的实践案例不胜枚举，今后还可能向更广的领域、更深的层次发展。

二、国外地理监测发展情况

从世界范围来看，许多国家和组织都开展了地理监测方面的项目或工程，以更好地服务于本国或地区的资源、环境、能源、社会等领域问题的解决。下面仅就发达国家地理监测的情况进行概要介绍。

（一）国外从事地理监测的机构

（1）美国的官方民用测绘机构是内政部下属的美国地质调查局（USGS），它是美国最大的水、地球、生物科学研究和民用测绘部门，主要职责是提供关于生态系统和环境、自然灾害、自然资源、气候和土地利用变化方面的信息。USGS 拥有地球和生命科学领域的约 1 万名科学家、工程师和职工，分布在美国境内 400 多个工作地点。不同领域的专家使得 USGS 能够开展大尺度、多学科的研究工作，为资源的管理者、规划者和其他用户提供关于自然资源的公正、科学的信息。

（2）加拿大的官方测绘管理机构是自然资源部下属的地球科学局（ESS），其主要职责是获取、解译、维护和分发关于加拿大陆地和近海区域的地图、信息、技术、标准和知识，涉及地理科学、大地测量、制图、测量和遥感等领域。ESS 下辖加拿大地理信息署（GC）和加拿大地质测量署（GSC）两个部门，目前管理着 3 个国家级项目，包括：极地大陆板块工程、加拿大地理信息网络工程、气候变化影响与协调计划。

（3）英国的官方测绘机构是军械测量局（OS），主要职责是为英国政府、企业和私人提供最准确和现势性最好的地理数据。DS 的主要工作是生产英国基础地理信息数据，并建立数据库，开展 GPS 和定位服务等。

（4）德国的官方测绘机构是隶属于联邦内政部的联邦制图与大地测量局（BKG），其主要职责是提供德意志联邦境内的地理空间参考系统和基础地理信息，开发和应用必要的和最新型的技术，为联邦部门提供大地测量和地理信息方面的建议，维护联邦政府在国际社会的特殊相关权益。BKG 的主要工作包括：德国大地坐标系的建设与维护；提供不同形式的地形信息，包括不同分辨率的基础地理数据、不同比例尺的系列地形图、数字栅格地图等。

（5）法国的官方测绘机构是隶属于地理武装部的法国地理院（IGN），其核心职责是生产、维护和分发法国境内的参考地理信息。IGN 的主要工作包括：维护国家大地参考网，生产、更新和分发航空影像，建设、更新和分发地理数据库和基础地图，管理国家航空影像库，代表法国参与地理信息领域的国际组织和标准化工作等。

（6）荷兰的官方测绘机构是隶属于住房规划环境部的荷兰地籍局，其主要职责是促进注册资产（动产和不动产）交易的合法性，优化基础的地图文档，为社会提供资产交易的相关信息”。地籍局的主要工作是进行地籍登记并测制地籍图、维护全国测量控制网、测制大比例尺地形图等。

（7）日本的官方测绘部门是隶属于土地基础设施交通旅游部的地理信息局（GSI），其主要职责是开展国家级测绘活动，为土地管理提供基础。GSI 的测绘活动包括提供土地定位数据和高程数据、制作覆盖日本的 1∶2.5 万比例尺地形图等。

（8）韩国的官方测绘主管部门是隶属于土地交通海事部的国家地理信息院（NGII），其主要职责是尽最大努力开发无所不在的数字国土，为韩国公共部门和公众提供最精确的地理数据。NGII 的主要工作包括：建立大地测量甚长基线（VLBI）中心、构建三维航空影像信息、实时编辑国家基本比例尺地图、建立人文地理数据库、地理信息领域的研究与开发等。

（9）澳大利亚的官方测绘主管部门是资源能源旅游部下属的地学署，它是国家的地学研究机构，主要职责是提供一流的地理科学领域的信息和知识，使政府和社会能够在资源开发、环境管理、重要基础设施的安全和所有澳大利亚人民福祉方面做出明智的决策。地学署的工作涉及陆地、海洋和空间信息三个领域。陆地领域工作的重点是矿产勘查和环境及土地利用规划；海洋领域工作的重点是提供数据和信息，帮助查明澳大利亚管辖海域内新的石油储藏地和二氧化碳的地质封存；空间信息领域工作的重点是提供澳大利亚的重要地理信息，特别是灾害反应、应急管理、自然灾害评估和海洋区域管理方面的信息。

（二）主要监测项目

（1）英国的全球干旱监测网，是一个免费的实时监测全球旱情严重程度的网站。该网站由伦敦大学学院本菲尔德灾害研究中心创建和维护。

全球干旱监测网提供了当前全球范围的水文旱灾情况，网站每月更新，数据空间分辨率为 100 公里。用户通过交互界面可选择旱情评估的时间范围（1～36 个月），显示用户定义区域内受旱灾影响的人数，以及选择是否显示城市名称、河流和湖泊等。通过网站发布的产品，可以预警潜在的食物、水和健康问题。

（2）欧洲发布全球分辨率最高的全球土壤覆盖图。2008 年 3 月，欧洲航天局和联合国粮食计划署在一次国际会议上共同展示了最新绘制的全球土壤覆盖图。该地图根据最新拍摄的卫星图片绘制而成，分辨率超过以往任何地图至少 10 倍以上，为世界首个分辨率为 300 米的免费产品。图中展示了 22 种不同的土地覆盖类型，包括农田、沼泽、人工地表、水体和永久积雪和冰冻地等。为使用户最大程度受益，该图的图例与联合国土地覆盖分类系统兼容。

（3）欧盟等组织扩大对粮食危机区的地理监测。2008 年，全球粮食价格惊人上涨，更多国家受到粮食不安全的潜在威胁，需要不断地进行监测，以便发现农业不利状况的早期信号，基于卫星的预报系统在未来将变得更加重要。为此，欧盟委员会联合研究中心

(JRC)、联合国粮农组织（FAO）和美国饥饿早期预警系统网络（FEWS NET）努力创新和加强其粮食安全监测系统，并且正在开发更加有效的早期预警工具。

JRC 的区域粮食监测与预测系统是一个以卫星数据和农业气候模型为基础的监测系统。2010 年 JRC 扩大了该系统的覆盖范围，不仅覆盖到非洲最南端，而且还包括撒哈拉以南非洲地区的所有粮食不安全国家。由于该系统接收到的地球观测和农业气候数据是全球性的，所以非洲以外的其他国家的粮食安全情况也能被监测到。

在美国，FEWS NET 在 2010 年扩大了其粮食安全监测系统，从现在的 20 个国家增加到 50 个。美国地质调查局（USGS）、美国国家海洋和大气管理局（NOAA）正在建立关于卫星数据处理和模型运行的快速程序，以支持 FEWS NET 的这一任务。

（4）欧盟的“全球环境与安全监测计划”。2003 年，欧盟启动了“全球环境与安全监测计划”（GMES），主要目的是获取影响地球和气候变化的各类环境信息。

GMES 项目目前提供的服务主要有 5 大类：陆地监测、海洋监测、应急管理、大气监测和安全。陆地监测服务涵盖诸多领域，如土地利用和土地覆盖变化、土壤固封、水体质量和可用性、空间规划、森林监测和全球粮食安全。海洋环境监测服务提供关于海洋安全、海洋资源、海洋和海岸环境、气候和季节性预测等信息。大气监测服务涉及领域包括：温室气体、影响空气的反射气体、臭氧层和太阳紫外线辐射以及气溶胶等。应急管理服务涉及领域包括：洪水、森林火灾、滑坡、地震、火山喷发、人道主义危机等。安全服务主要为边境监视、海上监视、欧盟对外行动等领域制定相关的政策提供支持。

GMES 项目的协调和管理由欧盟委员会负责，欧洲航天局负责对地观测基础设施中空间部分的建设，欧洲环境局和各成员国负责地面部分的建设。

（5）美国国家生态观测站网络（NEON）。NEON 是美国国家基金委员会（NSF）于 2000 年提出建立的一个国家级网络，目标是针对美国国家层面所面临的重大环境问题，在区域至大陆尺度上开展全面、综合的观测和研究，深入认识环境变化实质，预测环境变化趋势，保证美国的生物和生态安全。NEON 将美国划分为 20 个生态气候区，每个区域中设置若干观测站点。

（6）美国地质调查局的“地理分析和动态监测计划”。2002 年，美国地质调查局（USGS）启动了一个为期 5 年的“地理分析和动态监测计划”（GAM），目的是促进对美国所面临的环境、自然资源和生态方面挑战的理解。该计划从空间和时间尺度评估土地覆盖状况，研究领域包括：土地覆盖现状与趋势、生态效益和气候变化、社会脆弱性、生态地理、生态系统恢复和物候等。主要研究成果为国家土地覆盖数据库（NLCD）。

GAM 的参与者既包括隶属于美国内务部的土地管理局、国家公园服务局、渔业和野火服务局和土地复垦局，也包括环境保护局、森林服务局、海洋和大气管理局（NOAA）、航空航天局（NASA）等其他部门。

（7）美国内政部“2011—2016 财政年度战略规划”之四就是要求美国地质测量局（USGS）提供国家在生态环境、气候变化、土地利用、能源矿产评估、环境健康、自然灾害和水资源等决策，提供科学支持、可信度高、公正的地理国情监测信息。USGS 要在 2016 年或更短的时间内完成全国 95% 国土面积的土地覆盖、81% 海洋与海岸带区域、全美 40% 地下水资源和全美 40% 地表径流等的监测和评估。

（8）日本地理信息局开展灾害监测。日本是个自然灾害频发的国家，经常受到地震、火山喷发、暴雨、台风、洪水、海啸等的威胁。日本官方测绘机构——地理信息局（GSI）负责减灾管理，开发并提供与减灾密切相关的各类信息。在自然灾害监测尤其是地壳形变方面，GSI做了大量工作，一是利用分布在日本各地的GPS控制点，对地壳实时移动进行持续观测；二是精确测量沿着高速公路设置的1.7万多个标志的高程，通过分析这些高程数据，能够获得毫米精度的地壳垂直形变；三是在地震或火山等灾害高发区，建立稠密的移动观测站网络；四是利用合成孔径雷达（SAR）影像对地壳形变进行观测。

（9）亚太地区环境革新战略项目（APEIS）是日本2001年启动的一个环境方面的重大研究项目，由日本环境省资助，亚太地区各国的相关研究机构参加。环境综合监测子项目（IEM）是APEIS的3个子项目之一，旨在建立和发展一个综合性环境监测系统，对亚太地区的环境破坏、环境退化和生态脆弱区进行长期有效的监测。

IEM起初由日本国立环境研究所（MES）和中国科学院地理科学与资源研究所（IGSNRR）共同合作建设，之后，新加坡国立大学和澳大利亚联邦科学产业研究组织（CSIRO）地球观测中心也宣布加入。

（10）加拿大在农业资源清查核算、评估与监测方面充分应用了卫星遥感系统，编绘出土地利用现状图、植被分布图、地形地貌图、水系图、气候图、交通规划图等一系列专题图，并通过叠加而获得综合信息，实现对具有时空变化特点的农业资源存量和价值量的测算以及资源现状、潜力和质量的客观评估，从而真实反映农业资源状况，为科学利用、管理和监测农业资源提供有力的决策依据。

（11）澳大利亚于1997年启动了"国家土地与水资源审计"项目，通过联邦和各州政府机构的联合工作，收集澳大利亚的自然资源和社会经济方面的数据与信息，以确定澳大利亚自然资源管理的优先领域，并用于支持当前和将来对各类自然资源管理投入效益的评估。该项目第一期于2002年结束，接着开展了第二期（2002—2008年），其成果与相关方法应用于另一个宏大计划——2008—2013年的"关爱我们的国家"计划。

（三）发达国家测绘相关战略与规划中的地理监测内容

《美国地质调查局地理科学研究战略（2005—2015）》中提出，要研究土地变化的模式和过程，利用各种地理分析方法研究土地变化，预测土地变化趋势，评估社会、经济、政策、技术和环境等因素在土地变化中产生的影响和作用机理。利用遥感技术收集环境监测数据，分析土地利用变化和土地覆盖变化在导致"人类-环境"系统脆弱性及风险过程中的作用。

美国国家研究委员（NRC）2007年年初公布的未来十年地球空间观测战略报告指出，在2010年以前，美国宇航局的卫星上安装的地球监测设备大部分已经超过了计划服役年限，到2010年能够保持运行的设备数量可能会减少40%，这会使气候研究、预防自然灾害和监测陆地利用的数据丢失。为此，NASA和NOAA应该对已有和以前计划的卫星项目保证提供长期的支持。

《美国国家大地测量局（NGS）十年规划（2008—2018）》中提出，将有效监测水位观测数据，努力提高国家海岸测量的水平精度，实施海洋与海岸带综合测图计划（IOCM）。

《美国宇航局科学规划（2007—2016)》中提出，要监测地球冰川覆盖变化和海面和陆地水位变化。

《加拿大大地测量署战略规划》中提出，将对地理坐标参考基础、水和气候变化、自然灾害三方面的科学研究提供支撑；开展更广泛的GNSS服务，监测加拿大大陆运移等。

《澳大利亚对地观测战略规划》中提出，将利用新一代对地观测传感器提供关于降水模式、地表土壤湿度、地表温度、积雪覆盖、全部储水量变化的精度更高、空间上更详细的信息；测制近岸和近海海域航行所需的导航海图，用于保障沿海水域和公海海运行动的安全，以及用于海啸预警；开发一套有关特定生物物理参数的国家级对地观测数据集，用于监测农业、林业和生态系统；改进海平面上升区域、沿海环境脆弱性、沿海资源分配等海岸和海洋监测。

三、地理监测方法与技术发展趋势

地理监测方法和技术会随着数据获取技术、数据分析方法、数据表达方法等发展，向着更快、更好（空间精度、时间精度、成果精度更高、监测内容更全面等）的方向发展。以下从几个方面对其发展趋势进行概述：

（一）技术集成发展趋势

许多监测活动实践证明，地理监测活动不是由单一技术可以完成的，而是多种技术和多学科的综合和集成。虽然遥感技术、GIS技术、GPS技术、空间数据分析技术是进行地理监测的核心技术，但一些新型技术源源不断地被采纳，如无线数字传感器技术、数字通信技术、数据挖掘技术等，它们推动了地理监测向自动化、智能化方向发展；再如，一些大型的监测项目开始将遥感技术、GPS技术、空间抽样调查技术、地学建模技术、变化检测技术、GIS技术、空间数据分析技术、专题制图技术、三维可视化技术、动态模拟技术、数据库管理和更新技术、计算机网络共享和交换技术、无线通信技术、数字探测技术等集成为一个动态、智能、自动的地理监测信息系统；同时开始提倡将空间系统和非空间系统进行集成。如图1-5所示，是针对一个灾害监测，将危机管理机制、通信服务等非空间系统与遥感数据获取、处理、分析、表示等空间系统的集成案例。

（二）数据源的多样性趋势

数据源的多样性趋势可以有两种解释，一是，对于一个监测项目，使用更多的数据源，获得更丰富的监测信息。如水质监测，如果仅使用光学遥感影像，仅可能得到水质分类和变化的大体范围，如果再加上高光谱数据，就可以对水质进行反演，获取更为精确的水质分类和变化数据。二是，大型的监测项目，监测的内容往往是相互联系的。单一的数据源数据不可能解决所有的问题。如森林监测，除了森林资源监测目的外，还可能要监测生态环境、生物多样性、森林健康等综合监测，显然，这是单一数据源无法做到的。另外，在数据分析中，还可能使用到大量的辅助数据。

（三）向着更科学的时效性监测发展趋势

地理监测的重点是变化，是动态监测。监测的时间基准、时间间隔、时间序列等对监测结果具有重要影响。过去的一些监测活动，因受到数据采集时相的影响，时间序列数据的获取不一定合理，或根本无法合理获取，只能就已经存在的历史数据，进行变化检测和

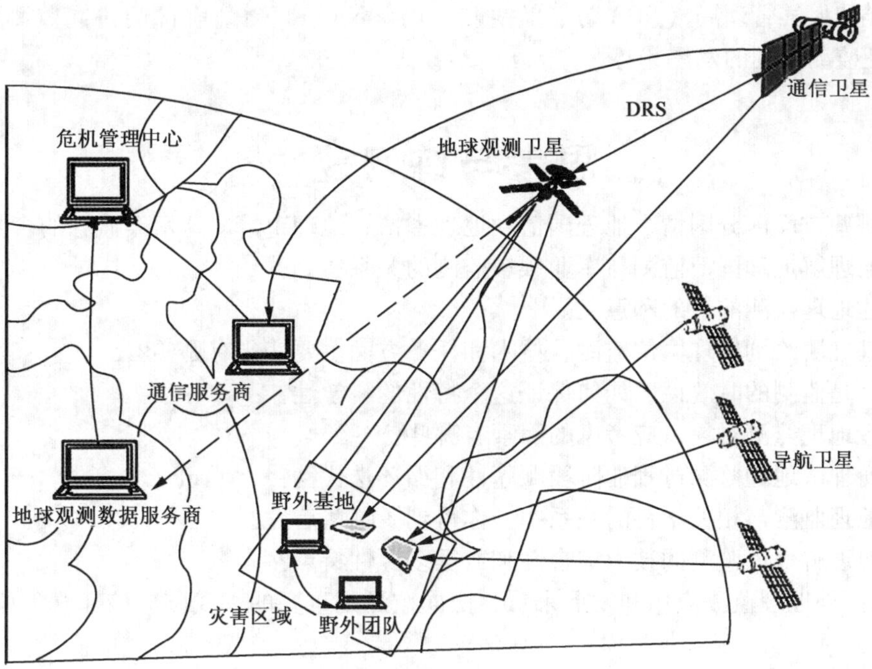

图 1-5　空间系统和非空间系统集成

时态分析。随着遥感技术的发展，时序数据的获取会更为科学合理。随着无线数字传感器技术的发展，获取实时数据也不存在问题。因此，基于时空一体化的动态变化监测会向着更科学的时效性方向发展。

（四）监测成果的共享服务

地理监测的成果，虽然是为特定的目的而服务的，但是，某一项监测活动的成果可能是另一个监测活动需要的基础数据或辅助数据，如地表覆盖和土地利用变化监测，其成果就是环境监测、生态监测等的基础数据。要实现成果共享，标准化、规范化是基础，所以监测成果的共享也是地理监测发展的一个方向。

（五）发展更先进的监测设备

先进的监测设备是获取监测数据的必要手段。先进的监测设备可以提供人们常规手段无法获取的数据，另外，可以为监测活动提供稳定、可靠、自动化程度高、实时性高等特性的监测数据。如这几年发展起来的高空间分辨率、高光谱遥感传感器，无线数字传感器，无人飞行器，高频地波雷达，激光扫描仪，监测 PM2.5 的空气质量监测设备等。不仅扩展了监测的内容，还提高了监测的质量。

（六）向着多部门协同监测的方向发展

国内外的一些大型地理监测活动或项目经历表明，由单一部门组织的地理监测活动或项目，可能不能获得全面的、实效性强的监测信息。缺乏技术和知识协作的监测活动也很难取得成功。如美国地质调查局的“地理分析和动态监测计划”（GAM），参与的部门就有土地管理局、国家公园服务局、渔业和野火服务局、土地复垦局、环境保护局、森林服务局、海洋和大气管理局（NOAA）、航空航天局（NASA）等。多部门协同监测是大型、综合性地理监测计划的发展趋势。

思考与练习题

1. 从哪些方面区分国情、地理国情、地理省情、地理市情、地情等概念的含义？

2. 如何理解地理国情监测与专业领域监测的关系？

3. 简述地理监测的目的和意义。

4. 从基础测绘到地理国情监测，技术和任务方面主要变化有哪些？

5. 什么是监测的时效性？如何保证这个特性的科学性？

6. 选择地理监测对象，应考虑的因素有哪些？

7. 如何理解地理监测过程的阶段顺序性和循环迭代性？

8. 从地理监测与相关学科的关系中，你得到了哪些启发？

9. 如何理解地理监测的技术综合性和数据多源性特点？

10. 从国外地理监测应用和发展来看，协同监测是重要的，我国应该建立怎样的协同机制？

第二章　地理监测的理论与方法基础

本章主要介绍和讨论地理监测的基本理论与方法问题。地理监测虽然目的性和实践性很强，监测项目存在多样性，监测内容、流程以及具体实施的技术方法、方案存在差别，但是，在监测基准、数据源选择、监测尺度选择、尺度转换、数学建模、采样、抽样调查、可靠性、时空关系表达、任务规划和方案设计等方面，具有共性。关于这些方面的基本理论和方法，构成了地理监测的基础。

第一节　地理监测的基本特性

地理监测是综合利用各种地理数据、人文和社会经济数据，多种集成技术、跨学科、跨领域理论方法和知识，针对位于地球表层空间内的地理对象进行监测的活动，目的是为科学解释地理现象、地理过程、地理规律以及进行科学管理和决策服务。这项活动具有一些独特的性质，包括目的性、动态性、适应性、综合性和实践性。

一、地理监测的目的性

一般来讲，一项科学活动都会有其目的性，但就地理监测来讲，是为特定目的服务的。地理国情监测的目的性、针对性更强。根据这个目的性，地理监测活动分为监视性监测、特定目的的监测和研究性监测。除了研究性监测，是为了研究探索地理现象、地理过程、地理规律等地理基本特性，或为了进行某种科学验证、科学建模等一般目的外，监视性监测、特定目的监测都是为了管理和决策行为服务的。多数监测活动都是为了解决管理和决策时遇到的问题而进行的，很大一部分是由政府部门需求主导和推动的。为什么说地理国情监测目的性、针对性更强呢？关键在于一个“情”字。在这里，“情”就是需求，“情”就是知识。如果获得的监测成果虽然很好，但找不到需求市场，这个活动就没有哪个部门去支持，这个活动就进行不下去。“情”是揭示地球表层空间地理对象数量、质量、分布、变化等特性的知识，是直接为管理和决策服务的，不是一堆冷冰冰的数据。试想一下，有哪个管理和决策者会对一般的数据比知识更感兴趣呢？因此，如果要对一组地理对象进行监测，或持续性监测，首先是要明确监测它们的目的，针对要解决什么问题，再对监测获得的数据进行分析，形成知识，最终提供给管理决策者使用。地理监测的目的就是让管理决策者，对管理和决策的对象“知情”。保证监测活动的目的性在所有监测特性中是第一位的。

二、地理监测的动态性

地理监测关注的是地表特征、地理现象、自然与人文地理要素在特定时期内的变化情况、异动状况的描述，即关注这些对象的变化量、变化频率、变化速度、变化趋势、变化差异、变化规律等动态特性描述。这与关注描述地表空间地理对象静态特性的基础测绘具有明显不同。自然界的变化是绝对的，局部地区有时甚至是剧烈的，与之相适应的地理监测过程必然是动态的过程。地理对象的变化有的是渐变的，需要进行长期的持续性监测；有的是突变的，如地震、洪水、泥石流、风灾等，需要在短时间内完成监测工作，进行快速反应的应急监测，以保证监测结果在时效性上满足管理和决策需求。

三、地理监测的适应性

为了保证地理监测活动的目的性要求，监测的适应性也是必须考虑的，如监测时效、监测技术等是否与监测任务相适应。监测时效依赖监测技术、监测队伍的素质、人力和物力投入等多种因素。其中技术适应性是起决定性作用的。监测技术条件不具备，监测活动就无从谈起。技术选择不当，监测结果就会受到质疑，如当发生特大地震和洪涝灾害时，没有超常规的数据采集手段，监测工作就难以进行。监测的数据源选择、尺度选择、分析模型选择、分析方法选择等选择不当，不能与监测的任务相适应，就不可能得到预期的监测结果。

四、地理监测的综合性

地理监测的综合性主要反映在所使用的数据源、技术方法和专业知识的综合性。绝大多数的监测活动都具备这个特性。监测使用的数据可能来自多源遥感数据、GPS 测量数据、数字探测数据（如无线数字传感器、激光扫描、探测雷达等）、野外实地调查和测量数据、社会经济统计数据、地理数据库数据等。就技术综合性来讲，可能会使用到诸如遥感技术、GPS 技术、空间抽样调查技术、地学建模技术、变化检测技术、GIS 技术、空间数据分析技术、专题制图技术、三维可视化技术、动态模拟技术、数据库管理和更新技术、计算机网络共享和交换技术、无线通信技术、数字探测技术等当中的多种，甚至全部。监测的知识综合性是因为监测需要多学科、多领域的专业知识的综合利用，为监测计划、方案、成果分析等提供基础概念和理论支持。

五、地理监测的实践性

地理监测活动是具有明确目的的复杂科学活动。就常规来讲，人们通过长期的探索、研究，积累了大量的理论、方法和知识，一般可以应对多数的监测任务。但世界是复杂的，人们的这些认识还受到技术水平发展的限制。已经具备的一些理论知识和方法，在实践中还需要不断地完善，不断地进行创新性实践。就一个具体的监测项目而言，不可能完全照搬过去已经存在的监测经验和技术方法，因为监测的对象是具有地域性的，或地方性的。监测计划的制订、监测技术方案的设计等，都需要结合地域特征、监测任务的实际情况进行必要的调整。

第二节　地理监测的参考基准问题

地理监测关注的是变化信息，变化是相对于变化的某一时间节点的状态而言的。以确定的变化时刻起点为参考基准，进行变化信息的检测和变化对比分析。确定变化时刻起点的参考基准包括地理空间参考基准、时间参考基准、属性参考基准和精度参考基准。

一、地理空间参考基准

地理空间参考基准是变化信息检测和对比分析的某一时间节点地理空间位置的起点，包含地理空间参考框架和地理空间监测对象的几何起始状态。地理空间参考框架是指地理空间监测对象所在的坐标参考系统，分为地理坐标系统和投影平面坐标系统。投影平面坐标系统可能是国家平面坐标系统、城市（地方）坐标系统或自由直角坐标系统。地理空间对象的起始状态的几何状态用其本底图描述和表达，简称底图。底图可能是矢量地图，也可能是影像地图，或者是 DEM。在持续监测活动中，应保持其空间语义和定义的一致性。

地理空间参考基准在整个监测活动期间应保持不变，各个时刻的监测数据都应该统一到这个参考基准上。如果各个时刻的监测数据地理空间基准不一致，则必须进行空间参考的变换。如果是地理空间参考框架不一致，则应进行参考系的变换。

如果底图是矢量地图，应当在监测过程中保持其几何类型的对应性，并保持这种对应性不变。几何类型为点状、线状和面状。如果底图是影像地图，应保持具有相同的空间分辨率。如果分辨率不同，则应进行影像的重采样。如果底图是 DEM，应保证不同时刻的 DEM 之间满足进行比较计算的要求，如数据格式、精度等。

二、时间参考基准

变化检测使用的底图的产生时刻，称为时间参考基准。由于矢量底图生成的时间可能是一个时间段，因此，时间基准可能不是一个精确的时刻，但矢量底图产生的时间很短，也可以取其中的一个时刻作为时间参考基准。对于影像底图来讲，时间参考基准就是影像获取的时间，可以精确到某一时刻。这里，时刻可以是时间点、天、周、旬、月和年等。在持续监测中，两次监测之间的时间间隔有时也需要进行基准规定。但大多数情况下，时间间隔很难做到均匀分配，或均匀分配是不必要的。总之，应当保持时间语义和定义的一致性。

三、属性参考基准

底图是有属性的，在数据库中，属性用属性表描述和表达。属性表的字段记录了监测对象的几何状态参数和监测指标体系的指标取值。指标值可以是数字型和字符型的。如果某一时刻获取的属性表字段与底图属性表字段不对应，则应取两个属性表字段集合的交集。应当保持不同时刻的属性表字段类型的一致性。在持续监测活动中，保持属性语义和定义的一致性是重要的。

四、精度参考基准

几何精度会对变化检测的结果产生重要影响。如果两个时期获取的监测数据几何精度不一致，检测结果就会产生噪声误差。监测数据的几何精度应与底图的几何精度相当，或两次监测数据之间的几何精度应该相当。精度高于或低于前一次监测数据的几何精度，都会产生噪声误差。所以，精度参考基准是以前一次监测成果的几何精度为参考的。这里所说的“相当”是以噪声误差不足以影响变化检测结果为依据的。理想情况是在同一个精度水平。

第三节　地理监测数据源选择

地理监测使用什么数据、哪些数据，是数据源的选择问题。选择监测数据来源受到监测对象、监测方式、监测设备、监测的尺度、监测精度、监测时效等多种因素影响。因此，选择数据源需要综合考虑各种因素才能做出决定。地理监测使用的数据有多种获取途径和多种数据类型。就一个具体的监测项目而言，可能会使用多种数据来源和多种数据类型。

一、遥感数据

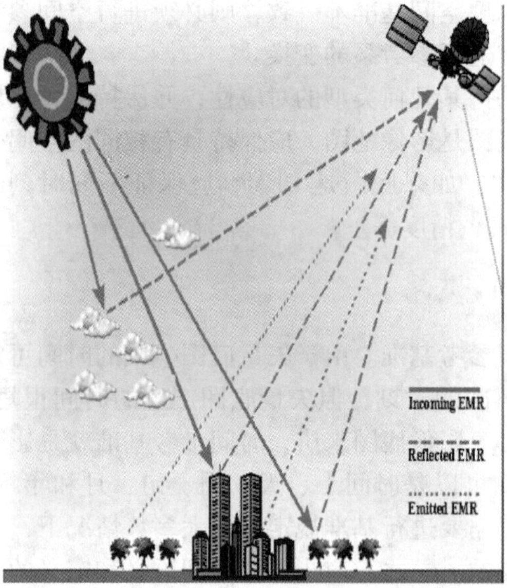

图 2-1　接收地表物体反射信息的遥感方式

遥感是以非接触方式，真实记录和快速获取地表物体信息的数据获取技术。遥感数据是地理监测最常用的数据来源和类型。这主要是因为遥感技术获取数据的能力和方式，以及遥感数据处理、解译、反演等技术发展，可以满足地理监测的多种需求。遥感的多平台、多时相、多分辨率、多光谱等特点，决定了遥感数据具有丰富的类型和不同的用途。如图 2-1 所示为接收地表物体反射信息的遥感方式。

遥感数据按照数据记录格式，分为影像数据和非影像数据两大类型，影像数据有 TM 影像、SPOT 影像、QuickBird 影像、ZY-3 影像、FY-1 影像等。激光扫描点云数据、微波辐射计数据、微波散射计数据、干涉雷达数据、激光光谱仪数据等是非影像数据，如图 2-2 所示。按照承载传感器的平台的高度，分为航天遥感数据（如卫星遥感数据）、航空遥感数据（如航空影像、机载激光点云数据）、低空遥感数据（如无人机遥感数据）、地面遥感数据。按照遥感的波段范围，分为紫外遥感数据、可见光遥感数据、红外遥感数据、微波遥感数据。按照波段的数量，分为多光谱数据和高光谱数据。按照影像的分辨率，分为低分辨率、中分辨率和高分辨率遥感数据。不同时刻获取的同一地区的遥感数据构成多时相遥感数据，用于对地表物体变化的遥感变化检测。不同高度平台、不同分辨率（空间分辨率、光谱分辨率、辐射分辨率、时间分辨率）、不同数据获取模式等的传感器可以组成传感器网络，可以同时期获取多类型遥感数据和多尺度遥感数据的多源遥感数据。

（a）影像数据　　（b）激光扫描点云数据

图 2-2　遥感数据

遥感影像数据在进行遥感变化监测时，需要针对不同的监测对象和指标，采用不同的专题信息提取方法进行处理，如几何纠正、辐射改正、解译等。

二、地图数据

地图数据是通过地形测绘、专题测绘等获取的图形数据，是地理监测的基础数据来源之一。地图数据的类型也是多样的，主要包括地形图测绘数据、地籍测量数据、房产测绘数据、地质测绘数据、矿山测量数据、海洋测绘数据、土地测量数据、管线测量数据等（图 2-3）。这些数据具有多比例尺、多时间序列、数字化等特点。特别是随着数字测绘技术和 GIS 技术的发展，地图数据可以直接通过野外数字测绘、摄影测量与遥感等方式直接获取其数字化形式，并用地理空间数据库的形式进行存储和管理。极大地方便了在地理监测中对其进行查询、检索、分析、显示、共享等利用。

（a）地形图数据　　（b）地籍测量数据

图 2-3　地图数据

地图数据因其获取的时间周期相对较长，在时效性方面，不如遥感数据。另外，除摄影测量和遥感方式可以精确确定反映地理监测对象变化的时间参考基准外，其他测量方式的时间参考基准不能精确确定。但地图数据一旦建立了地理数据库，有组织的图形数据和丰富的属性数据对地理监测的计算和分析是非常方便和有利的。

三、统计和调查数据

统计和调查数据主要是通过统计和调查方法获取的非空间形式的数据，如社会经济数据、人口普查数据等，是地理监测的数据主要来源之一。统计和调查数据主要以分类的专门数据库、地图数据的属性数据等非空间形式存在，但一部分数据可能通过空间化方法，转化为地图数据形式，如地理编码或空间插值方法。

四、实地观测数据

实地观测数据是指通过部署在野外的观测站（网）、独立的观测设备等实地实时或自动采样获取的数据。如环境监测站网（如 PM2.5 观测站网）、气象观测的雨量站、地震监测网络、GPS 变形观测网络、雷电观测网、用于多种观测目的的地面无线传感器网络、数字水文观测站、地物光谱测量等观测获得的数据。实地观测数据一般为点源数据，记录位于某个点上的观测值。但通过尺度扩张算法，也可以间接获得线形观测数据或面域观测数据，如部署在流域内的水文观测站点，通过尺度上推算法，可以获得流域内各分区的水文观测值。

实地观测数据具有获取数据实时性强、自动化程度高、时间分辨率稳定等特点，但也存在数据采样点布局是否合理、监测设施建设投资大等问题。

五、数据源的选择

为一个具体的监测项目选择使用哪些数据，是数据源选择问题，需要综合考虑多方面的因素。应主要考虑下面几种因素：

（一）监测的方式

从数据源的获取方式来看，监测方式有遥感数据监测、图形数据监测、实地观测数据监测，或它们的混合监测方式等。遥感监测有影像方式和非影像方式监测，如地表覆盖与土地利用监测，经常使用遥感影像作为数据源，地形形变监测经常使用激光点云数据、干涉雷达数据等。遥感数据对于监视性监测和变化监测有独特的优势。图形数据监测一般是充分利用已经存储在地理空间数据库中的历史图形数据，通过地图代数运算、地理统计分析等方法，进行变化统计监测。遥感监测和图形监测方式，多用于获取线状、面状监测对象的监测信息。实地观测数据监测主要通过在监测区域部署监测站网，实时或自动获取监测点上的数据。这种方式多用于获取监测对象的点状监测信息。对点源数据，通过尺度上推运算，还可以获得线状和面状监测对象的监测信息。有时，一个监测项目可能使用混合监测方式，即影像数据、图形数据和地面观测数据都会用到，分别用于获取相应目的的监测信息。在选用监测方式时，监测数据的可获得性是关键。

（二）监测的时效性

监测时效性是指从获取监测数据开始到得到监测结果的时间性要求。它有两个方面的含义，一是获取和处理监测数据的时间长短，即事务处理时间；二是反映变化的时间分辨率，即时间间隔，也称为有效时间，如对洪水过程进行的监测，原则上使用遥感方式最为合适，但如果遥感数据获取和处理的时间要求不能满足需要，就不能使用这种方式。在时间分辨率方面，如果不能获取足以反映洪水变化的序列影像，则监测活动也可能不能采取这种监测方式。

（三）监测的尺度

监测尺度是对观测量和数据分析时使用的关于空间、时间、属性和精度的一种测度。在地理监测方面，对相同的监测对象，获得的监测结果可能是不同的，甚至是相反的，其主要原因可能是使用了不同的分析和观测的尺度。也就是说，在一个尺度上定义的过程和参数对一个给定尺度的对象可能是显著的，但对于另一个尺度则可能是不重要的、无意义的。因此，选择何种空间尺度、时间尺度、语义（属性）尺度、精度尺度（水平），会影响监测结果的正确性。

第四节　地理监测数据时空表达问题

地理监测的重点是变化监测。监测数据的时空关系表达，是建立动态监测信息系统的关键技术。时空数据库建立、时空数据模型建模、时空数据查询检索、时空数据集成、时空数据分析、时空数据挖掘等，是地理监测要解决的基本问题。时空数据的类型如图 2-4 所示。

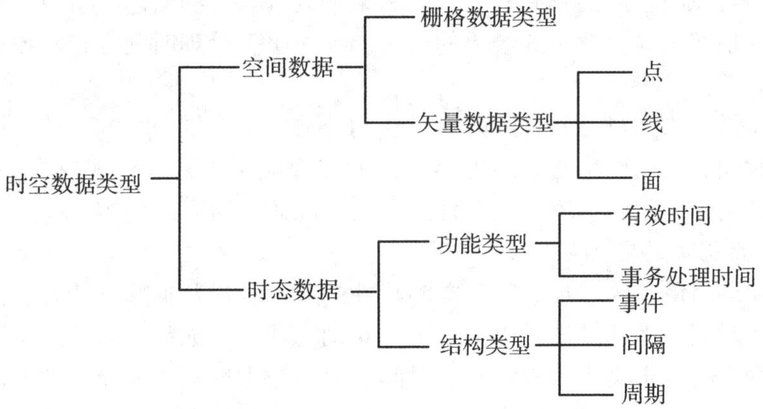

图 2-4　时空数据类型

一、时空数据库基础

近年来，时空数据库变得非常重要，例如，在现实世界应用中的地理监测、基于位置的服务和 GIS 等，需要在数据库中存储具有时间和空间特性的现实世界数据。许多在现实世界中的数据对象都具有与空间和时间相联系的属性。使用现有的关系数据库系统对之管理是复杂的和低效的，因为这些对象表现的时空行为在自然界是多维的。例如，一个对象改变其几何对象的过程表现出空间和时间两种性质，因为它可能在不同时间点改变其形状和位置。这就需要存储这些对象，并以同样的方式在任何特定的时间点观察它们。这里主要的挑战是，传统的数据库管理系统是面向仅具有离散值的简单对象提供有效支持而产生的，然而，在时空对象的情况下，除了对象的值，对象发生的时间和空间位置也需要考虑。因此，将这些因素纳入数据库管理系统是非常重要的。时空数据库是空间数据库和时态数据库交叉的概念。

（一）时空数据库的概念

时空概念体现了时间和空间概念的集成。时空数据库的概念需要内嵌时态数据库和空间数据库的概念。因此，理解空间数据库、时态数据库和时空数据库的概念，是建立时空数据库管理系统的基础。

空间数据库是为有效存储和处理空间数据，并为空间信息系统提供支持而设计的，主要存储与空间对象及其有关的属性，而时间内容是缺乏的。例如，空间属性是除了具有空间特性外，还有一个属性值，如在一个地块中的植被，属性值取决于空间位置而不是这个对象。空间数据库提供对空间数据类型、空间数据模型和空间查询功能。基本的空间数据类型是点、线、面以及它们之间的空间关系和诸如面积、体积、长度等特性。

时态数据库表达随时间变化的对象的属性。例如，表达连续取值范围的功能，或在不同的时间点上表达离散取值范围的功能。时态数据库的目的是将获取的时间特性纳入数据库管理系统。时态数据库管理系统具有内置时间的概念，用于处理回答与时间变化有关的问题。如天气预报系统通过一个特定的时间周期预报在一个特定位置的天气。时态数据库系统在处理空间对象时，应当具有有效时间和事务处理时间的概念。有效时间是指一个对象的值与对应的现实世界保持一致经历的时间周期。事务处理时间是指对象被存储在数据库经历的时间周期。

时空数据库需要为经过时间持续改变形状的位移对象提供 DBMS 支持。因为位移对象的变化体现为时间和空间两个方面的内容。在大多数应用中，这种现象是共存的，例如，地块的变化表现出了空间的内容，但事件经历的时间段是时态的内容。

（二）时空数据库的定义

时空数据库的目的是为表现时间和空间特性的应用提供数据库支持。它提供对现有空间数据库模型在时间方面的扩展，以更好地应对动态环境，如移动对象、交通流、全球变化等。时空数据库可以定义为体现空间、时间和时空数据库概念并获取数据的时间和空间特性的一种数据库。在现实世界的应用中，时间和空间通常是并存的，因此，处理空间问题时，如不考虑时间问题，则会限制其应用。图 2-5 表达了空间、时态和时空数据库管理系统之间的关系。

下面是关于时态、空间和时空语义的一些概念解释。

1. 时态语义

（1）粒度（granularity）：是由时间轴上的锚点和划分长度定义的概念。锚点是划分

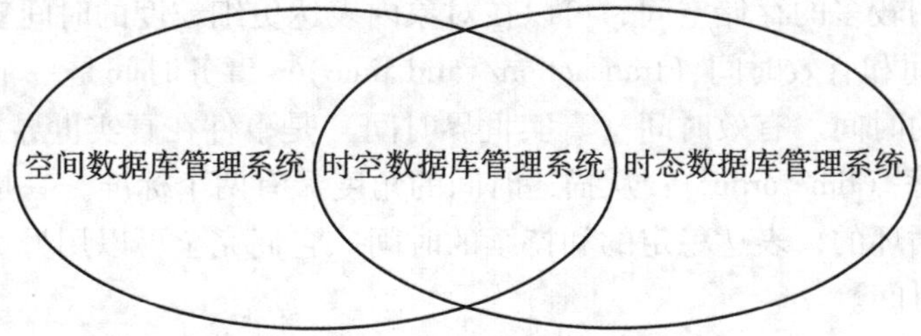

图 2-5　时态、空间和时空数据库管理系统之间的关系

时间轴颗粒的起点，划分长度是颗粒的尺寸。不同的应用需要不同的粒度层次。

（2）时态操作（temporal operations）：是指在处理任何时间参考信息方面，已经被提出和被证明的描述时间关系一系列特定的操作，如与时间周期 B "相接（meets）"的"在（inside）"时间周期 A 内的时间点 T 的查询。

（3）时间密度（time density）：这个问题出现在：时间应当按照离散元素建模，还是连续元素建模。具体地说，时间密度与属性值或空间特性发生的变化或事件类型密切相关。第一类是暴露出来的突发事件的静态特征表现为阶梯式的恒定值。第二类是连续变化的属性按照它们的变化模式可以分为两个子类：光滑的和不规则的。第三种变化类型是表现为离散的值。第四类是静态的和从不变化的。如图 2-6 所示。

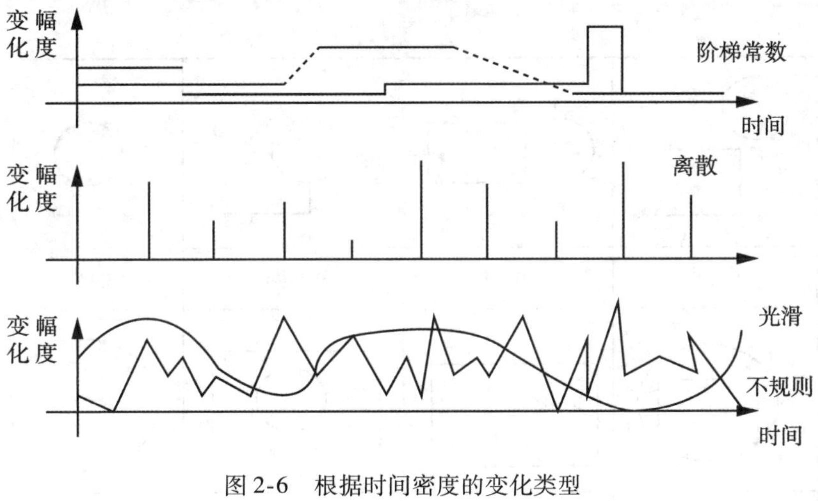

图 2-6　根据时间密度的变化类型

（4）时间表达（representation of time）：在一个模型中，时间表示为时间标记，表达方法随模型不同而不同。这个概念被用于比较不同的建模技术，是维护一个对象的持续时间，还是记录意味着状态变化的事件，即是面向对象，还是面向事件来标记时间。表达时空数据产生的一个实际问题是使用与时间参考有关的什么时间标记和哪一个粒度层次。有两种选择，一是对整个地理空间对象使用时间标记，二是将时间和空间在原子空间对象上

（点、多边形）进行融合。前者占用较少存储空间，但仅能有限表达对象生命周期内的时态特性，后者占用较多的存储空间，可以在对象内表达更细粒度的时间变化特性。

（5）事务时间和有效时间（transaction/valid time）：事务时间是一个事件被实际记录在数据库所使用的时间。有效时间（真实世界时间）是事件在真实世界发生的时间。

（6）时间顺序（time order）：从描述时间的角度，有两个标准，一是顺序的，表达向前的时间；二是循环的，表达稳定的和持续的时间。它们完全可以用另一个标准表达，即分支的和多维的时间。

（7）生命期（lifespan）：是表示一个模型支持和处理一个对象持续的时间。

2. 空间语义

（1）空间结构（structure of space）：是指计算机存储地理数据的两个基本方法，即栅格和矢量数据模型。栅格数据是按照单元、像素或体素阵列构成数据结构，分别表达2维或3维对象。空间被划分为网格，每个单元由它在阵列中的位置定义。另外，矢量表达能更有效利用计算机存储，因为它们仅利用有效的数据，而不是整个平面区域。

（2）定位、定向（orientation/direction）：说明了一个模型是否支持真实世界对象在空间中表现的定位和定向特征（如"在左边"，"在右边"等）。

（3）测量（measurement）：用于解释获取空间对象的值是否是可能的（如长度、面积等），当使用一个特定的模型，或一个模型如果支持比较操作（如大于、长于等）时使用的概念。

（4）拓扑（topology）：利用这个概念，我们可以按照是否支持真实世界对象的不同的拓扑关系来区分现有的时空建模技术。如图2-7所示，是部分对象之间的拓扑关系。

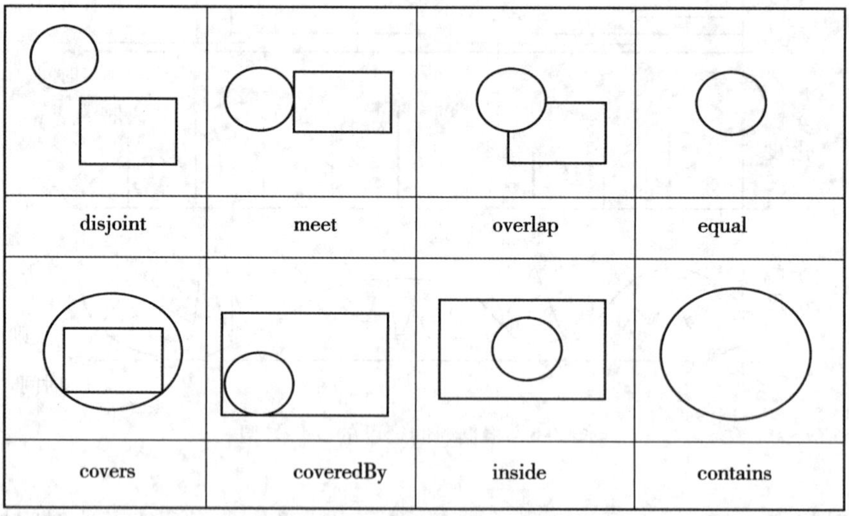

图2-7 拓扑关系

3. 时空语义

（1）数据类型（data type）：是指由每个模型采用的基本的空间、时间或时空数据类型。点、线、多边形是空间数据类型的例子，时间点、时间间隔是时态数据类型的例子。

（2）基元概念（primitive notions）：用于定义每个模型使用的抽象概念。每个模型关注真实世界的不同方面，以表达信息系统的时空特性。基元不仅随使用的方法变化，而且随观测者或特定模型建模者而变化。

（3）变化类型（type of change）：如果模型能够处理对象的形状和尺寸变化，则可用于对模型进行比较。图 2-8 所示为时空对象变化的 8 种可能类型。

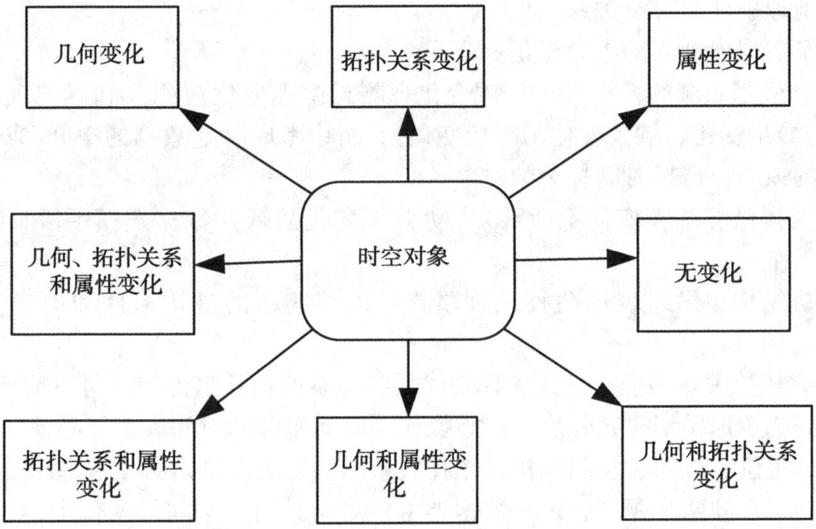

图 2-8　时空对象变化的 8 种可能类型

（4）时空演变（evolution in time & space）：表明是否有不同的定义的功能，如演变、产生、融合等，专门用于对象识别方面，观察和描述空间对象的位移或变化；也用于比较存在的现有模型的操作。

（5）时空拓扑（space-time topology）：这个概念用于判断模型可以评估的指标，如一个特定对象的方向和尺寸变化、距离的值等；也用于评估模型在特定时间段表达拓扑关系的能力。换句话说，它综合考虑了空间拓扑关系和时态关系。

（6）对象标识（object identities）：在评估现有时空数据模型能力时，需要处理对象的识别问题。特别是，对象的生命周期是作为因变量的一种重要应用。问题是，当“变化”影响一个对象时，就不能称为是同一对象了吗？由于发生的变化太多，有时更适合删除一个对象的实例，而重新产生一个新的实例。这个概念也用于分割或合并一个对象。

（7）维数（dimensionality）：用于判断模型是否像 GIS 那样，对时空对象建模时支持 2 维空间。尽管存在 2.5 维的解决方案，但在显示时空对象时，3 维 GIS 提供更多的好处。在当前的一些方法中，属性加三维空间坐标，构成 4 维，在考虑时间维，构成 5 维表达。

二、时空数据库模型

时空数据模型是表示、组织、管理、操作随时间变化的空间数据的数据模型，用于重建历史状态、跟踪变化、预测未来。时空信息系统的基础是时空数据库模型。时空数据库模型定义对象的数据类型、关系、操作和规则，以维护时空实体对象的数据库的完整性。它也必须提供对时空查询和时空分析的有效支持。一个合理的时空数据模型必须考虑以下几方面的因素：

（1）节省存储空间。

（2）加快存取速度。

（3）表达时空语义：时空语义包括地理实体的空间结构、有效时间结构、空间关系、时态关系、地理事件、时空关系。

建立时空数据模型的基本思想是：

（1）根据应用领域的特点（如宏观变化观测与微观变化观测）和客观现实变化规律（同步变化与异步变化、频繁变化与缓慢变化），折中考虑时空数据的空间/属性内聚性和时态内聚性的强度，选择时间标记的对象。

（2）同时提供静态（变化不活跃）、动态（变化活跃）数据建模手段（静态、动态数据类型和操作）。

（3）数据结构中显式表达两种地理事件：地理实体的进化事件和地理实体的存亡事件。

（4）时空拓扑关系一般指地理实体空间拓扑关系的拓扑事件间的时态关系。

在设计时态数据模型时，粒度、时态操作、时间密度和时间表达等必须考虑。对于空间数据模型，定位、方向、空间结构、拓扑关系和信息测度等是必须考虑的因素。时空的语义结合时间与空间两个领域，定义数据类型、对应时间和空间的变化类型、空间-时间拓扑关系、对象标识和维度。时空对象的 8 种可能的变化类型如图 2-9 所示。根据这些变化类型，人们提出了不同的时空数据库模型。

（一）快照模型

快照模型（the snapshot model），是指在空间数据模型顶层，用时间标记表达时间特性。这种模型最简单，但是在存储冗余信息时占用最多内存。在这个模型中，每个层在专题方面是时态一致单元的集合。它表示的是地理分布在不同的时间的状态，但各层之间没有明确的时态关系。时空表达快照方法通常使用栅格数据模型，但也可使用矢量数据模型。

单一层内并不存储和给定专题域相关的所有信息，而是存储单一已知时刻、与单一专题域相关的信息。因此，时空表达快照方法根据离散的时间间隔序列来记录数据。快照表达的显著特征是在时间 t_i 时给定处的“全局状态”，S_i 以完全的图像或快照方式存储。从先前的快照开始，要包括所有的信息，而无论其变化与否。快照之间的时间间隔也不一定是均匀的。根据这种概念上的直接方法，就可以检索给定时刻任意位置或实体的状态。

快照模型的时间维是基于线性的、离散的和绝对的时间的模型，只支持有效时间。时间被认为是位置的属性。支持复杂查询的功能最有限。因此，能够回答简单的空间、时态和时空查询，但解决所有其他类型的查询是困难的。这种模型有以下主要的不足：（1）模型不适合描述通过时间的空间变化。每个快照描述在时间 t_i 存在什么，但要检测 t_i 如何不同于 t_j 时，两个快照必须进行彻底的比较。（2）无论大小幅度的变化，在每个时间片上需要产生完整的快照，并复制所有未变化的数据。当快照数量增加时，数据量急剧增加，造成巨大的数据冗余，因为两个连续的空间快照变化的部分毕竟是少数。(3) 对制定或执行内部逻辑规则或完整性是困难的，因为模型不能提供时态结构上的约束。(4) 两个时间点之间所积累的空间实体的变化在快照中隐式存储，只能通过相邻快照的单元与单元的比较才能对其检索，这种方法是耗时的。但更重要的是，一些重要的、短暂的变化可能发生在两个快照之间，从而无法表达。(5) 不能准确确定任何独立变化所发生的时间。

快照模型的概念如图 2-9 所示。

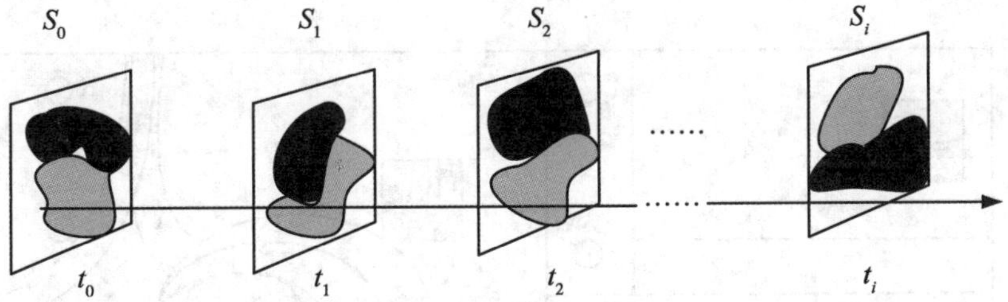

图 2-9　每个“快照” S_i 表达给定时刻 t_i 的状态

后来，Langran 提出修正 GIS 栅格模型，允许记录独立变化的事件的时间和空间（图 2-10）。

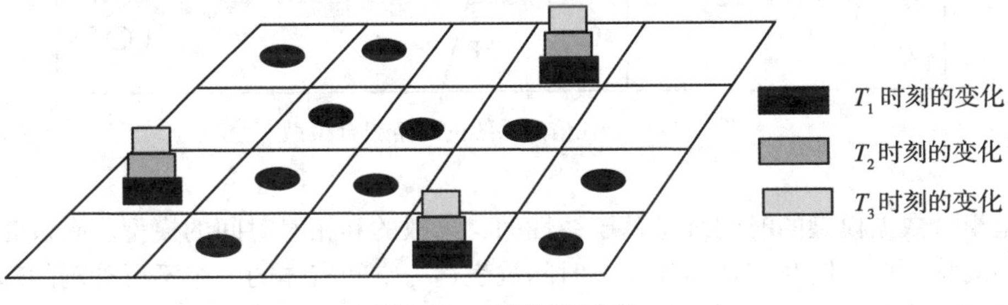

图 2-10　时间格网方法

栅格模型不仅记录每个像元的单一值，而且把一个长度可变的列表与每个像元关联起来。列表中的每个内容记录了该特定位置的变化，并由新值和发生变化的时间来标识。将给定位置的每个新变化加到该位置的列表，变化结果参考网格单元上可变长度的列表集合。每个列表代表该单元位置按时间顺序排列的历史事件。与快照模型相比，仅存储与特定位置相关的变化，避免了数据冗余。

（二）时空组合数据模型

时空组合模型（space-time composite）将空间分隔成具有相同时空过程的最大的公共时空单元，每次时空对象的变化都将在整个空间内产生一个新的对象。对象把在整个空间内的变化部分作为它的空间属性，把变化部分的历史作为它的时态属性，时空单元的时空过程可用关系表来表达。时空单元分裂时，用新增的元组来反映新增的空间单元。这种设计保留了沿时间的空间拓扑关系，所有更新的特征都被加入到当前的数据集中，新的特征之间的交互和新的拓扑关系也随之生成。时空组合模型的数据库中，对标识符的修改较复杂，涉及关系链层次很多，必须对标识符逐一进行回退修改。

尽管这种模型能够记录属性、空间和时间的时态性，但不能获取跨越空间属性之间的时态性。每个多边形均由独立的历史形成。在土地信息系统中的例子如图 2-11 所示。从中可以看到，每个变化引起的覆盖的变化部分都是从它的父对象分割来的，并变成具有自身独特历史的离散对象。

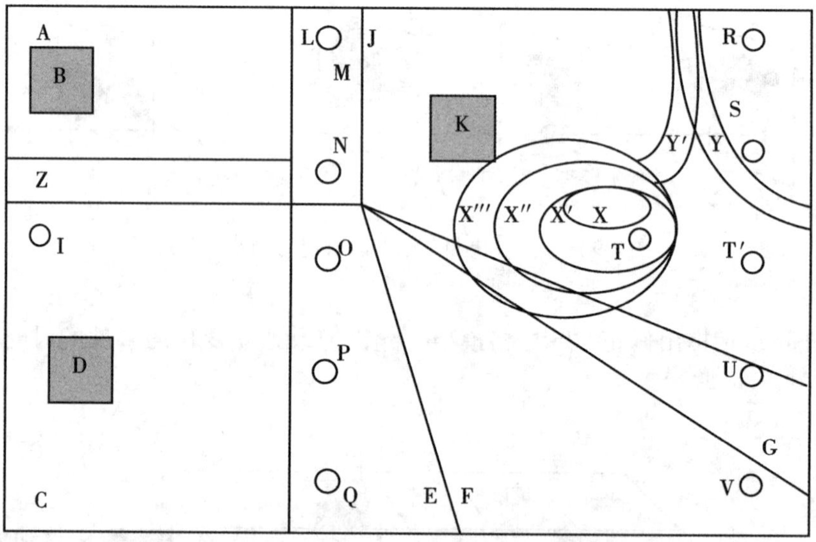

图 2-11　土地信息系统的时空组合模型

时空组合数据模型的时间维是基于线性的、离散的和相对时间的模型。有效时间和事务处理时间均支持，同时支持多粒度，时间被表达为空间实体的一个不可分割的部分。模型假定空间结构是矢量的，基本数据类型是多边形。时空组合的概念描述了空间对象通过一个时间段的变化。属性变化按照离散时间记录，尽管它的时间分辨率不需要十分准确。时空组合数据模型能够记录在时间、属性和空间的最大公共单元内的时态特性，但不能获取跨越空间的属性之间的时态特性。此外，更新时空组合数据模型的数据库，需要重构模型的单元。

模型支持大多数类型的时空查询，但在协助查询关于时态行为和关系方面存在困难。时空组合数据模型的一个严重问题是对标识码的追溯变化。每一次时空组合把一个对象分割成两个，旧对象被两个具有新的标识码的新对象替代，这意味着在整个数据库中，旧对象标识码的每次变化将被新对象的一个或两个标识码替代。

（三）简单时间标记模型

简单时间标记模型（simple time stamping），每个对象包含一对时间标记，表达对象产生和删除的时间。其优点是容易获取对象在任意特定时间的状态，缺点是获取变化历史是困难的。

简单时间标记模型是基于线性、离散和绝对时间的模型。它仅支持有效时间，同时支持多粒度。时间被表达为对象的属性，使用矢量数据结构。这种模型把同一对象在同一个表中的几个不相关元组传播到不同的版本，这使它很难跟踪一个单独对象的历史。这种不足可以通过添加对象的前一和后一个版本的显式引用来解决，如图 2-12 所示。

简单时间标记模型的强项是相对容易获得在一定时间对象的状态。主要的不足是不能够获取发生什么变化，为什么发生变化的直接信息。

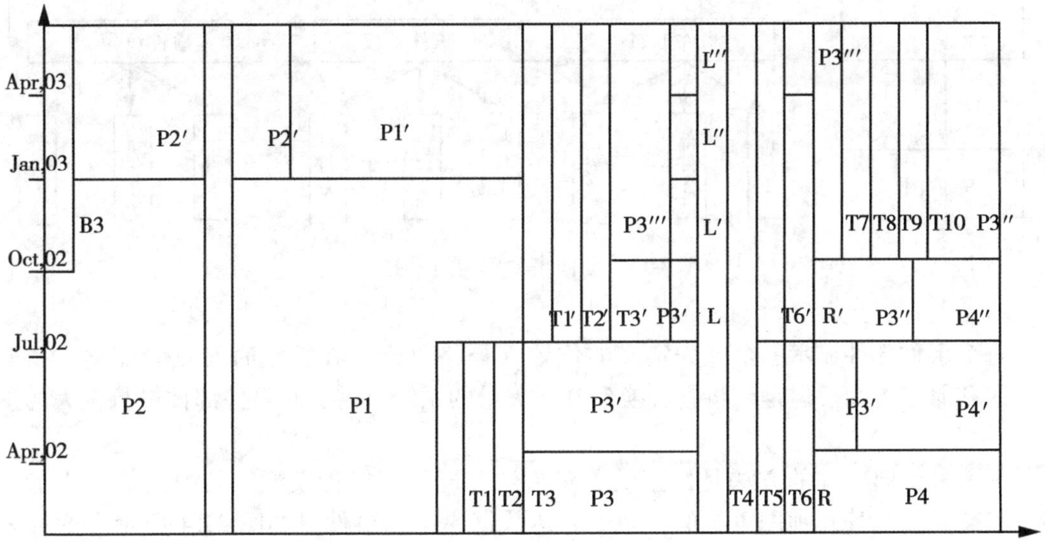

图 2-12　土地信息系统的时间标记模型

（四）面向事件的模型

面向事件的模型（event-oriented model），为对象和事件的变化设计的记录，被记录在事务的日志里。在任何时间点，实际数据库表现为现状状态，通过结合来自日志的数据获取历史变化信息。

模型不能识别数据集的独立变化或事件。一个解决办法是，对事件进行明确表达。想象在传统 GIS 中，每个数据集所产生的所有变化被标记在事务处理的日志里，那么日志本身将提供在时空系统里需要的所有信息。然后，实际数据库将按照当前状态数据库运行。为了获取地图的历史状态，通过向后跟踪事务日志，可以获取一个“快退”。因此，事务日志本身确实是一个时态数据库。

在处理时空数据方面，已经实现的或正在讨论的一些模型，都是对传统的或矢量数据模型的扩展。这些传统的数据模型被看做是基于位置的或基于对象的。现在很清楚，如果基于位置的查询和基于对象的查询都需要有效处理的话，这两种模型在一个 GIS 中都是需要的。它遵循的是，无论这两种形式，甚至扩展到包括时间，将是与关于基于时间的查询的基于时态的表达一样有效。

下面的例子是基于栅格的面向事件的时空信息系统。它把时间标记数据层组织成一组，以显示对在一个时间序列中的一个单独事件的观察。它存储与以前的状态有关的变化，而不是一个实例的快照。一个头文件包含了这样的一些信息：它的专题域、指向底图的指针、指向第一个和最后一个事件列表的指针等。底图显示在一个地理区域感兴趣的单个专题的一个初始快照。每个事件是一个时间标记，且与事件部件列表有关，以指明哪里发生了变化。如图 2-13 所示。

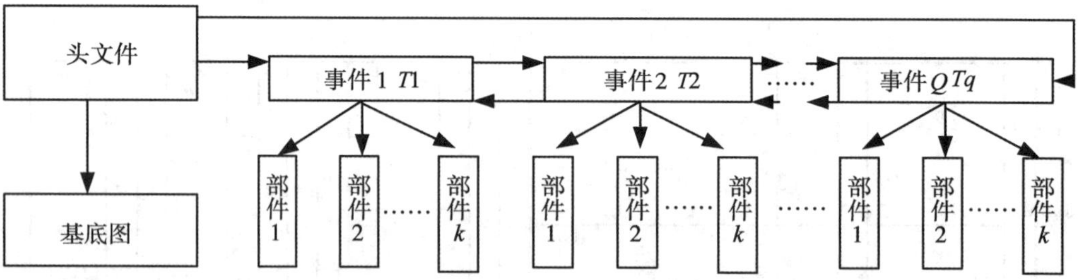

图 2-13　面向事件模型的主要元素

每个事件部件显示一个预先定义的位置（栅格单元）在特定时间点的变化。系统支持空间和时态查询。但是，将它转换到基于矢量的系统，需要对事件部件进行重大的重新设计。

另一种面向事件的方法是修正的矢量方法，即基态修正模型，其中，基本状态（或最终状态）是与修正地图重叠的，用于表达数据库中的事件。如图 2-14 所示。这种表达的好处是，关于对象发生了什么变化的信息存储在数据库中。事件域被认为是离散的、相对的和线性的。

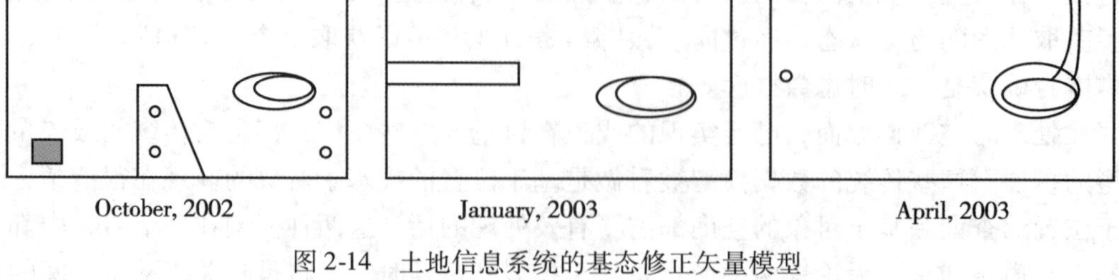

图 2-14　土地信息系统的基态修正矢量模型

（五）三域模型

三域模型（three domain model），语义、时间和空间保持分离，提供它们之间的联系来描述地理过程和现象，如图2-15所示。例如，在土地信息系统中，存储土地所有者和土地详细信息，土地所有者是对象，地块是空间方面的，发生在地块上的时间线是时态方面的。唯一的缺点是涉及对象之间关系的操作算子还没有很好地被定义。

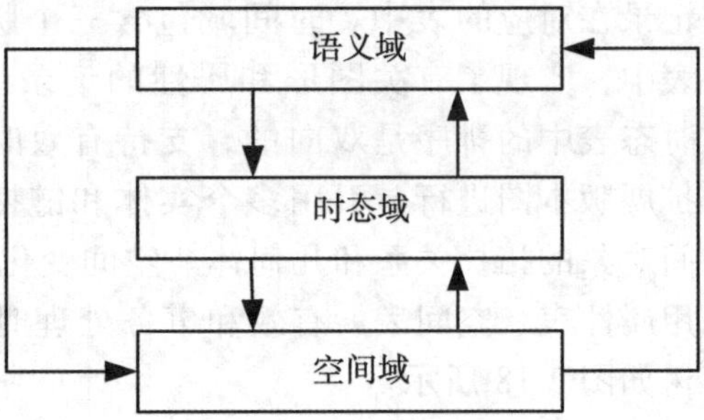

图2-15　三域模型的概念框架

语义域保持唯一的可标识的对象，对应于独立于它们空间和时间位置的人文概念。语义变化包括随时间变化的属性变化和地理现象的静态空间分布。空间变化可能是静态的，看做是地理现象在一个快照上的变化，或传统上的一个事件在不同地点的比较状态。时态变化要么是一个事件的空间固定的突变，要么是它从一个地方到另一个地方的实际移动。由于它的高度的抽象结构，在现实中是非常适用的。模型支持有效事件和事务处理事件，而且时间可以按照绝对时间和相对时间建模，因为它将语义、时间和空间独立处理，产生信息的灵活性，三域模型的框架支持广泛的时空查询。

另一种替代的三域模型是，除了空间域和时间域外，增加一个专题域来表达一个时空对象的完整描述状态。

分别来自空间和时态属性的描述特性的记录允许获取一个对象的非空间属性的变化。时间域通过索引指向空间域和专题域，因此它能够在相同时间标记时空对象的空间和专题特性。类似的域之间的关系（图2-16）允许不同版本指向类似的专题和空间描述，明显减少了数据处理。

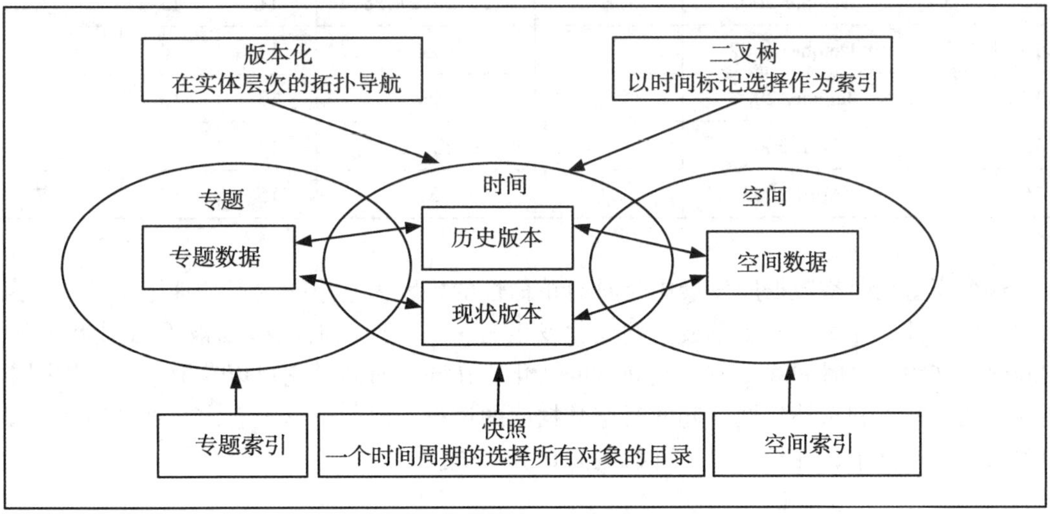

图2-16　三域模型的一种替代模型

这个模型关注时空事件。事件特性被分类为专题、空间和时态，每次变化发生时，被记录在对应的表中。时间域包含三个版本的表，分别记录过去、现在和将来。在这些表中，实现了有关图形和属性的记录，所以可以从专题和空间域导出它们的记录。在时态表中的排序是双向的，支持有效时间和事务处理时间。复杂过程的描述可以通过扩展版本图进行，引用多个实体和链接。一种形式的空间树可以跟踪在时间线上的空间对象的拓扑关系和几何体。空间变化可以记录在表 2-1 所示的空间域。版本表包含引用属性表、空间表、有效和事务处理时间的元组组成。空间对象如图 2-17 所示，空间树如图 2-18 所示。

表 2-1　　**来自应用三域模型的土地信息系统的版本表**

ID	Attribute	WD_Time	VL_Time	Graph	Prev	Next	Last
1	1	January 2002		1,2,3,4,5	0	2	
2	2	January 2002		12	1	3	
3	3	January 2002		6,7,8,9,10,11	2	4	
4	4	January 2002		13	3	5	
5	3		Febr. 2002	15	4	6	
6	3	April 2002		7,15	5	7	
7	4	April 2002		14	6	8	
8	1		May 2002	17	7	9	
9	3	July 2002		17,18,19,21,22	8	10	
10	4	July 2002		20	9	11	
11	2		July 2002	24	10	12	
12	3	October 2002		20,25,26,27,28,23	11	13	
13	2	October 2002		24	12	14	
14	3	January 2003		29	13	15	
15	3	April 2003		22,30	14	16	
16	2	April 2003		31	15	17	17

这个模型在时空数据库发展中是具有革命性的，因为它第一次成功地记录动态对象的独立描述特性。在每一次专题或空间变化发生时，一个新的时间版本被添加到版本表中。空间树允许跟踪与时间线一致的空间域的变化。在同一时间，它可以获取事件和连同空间坐标、几何特性和拓扑特性一起的时空数据库的过程。然而，它没有定义处理空间对象之间关系的操作算子，并且需要一种机制来计算变化。

（六）历史图形模型

理解时态行为，是时空信息系统最基本的问题之一。许多研究者采纳的一个简单观点

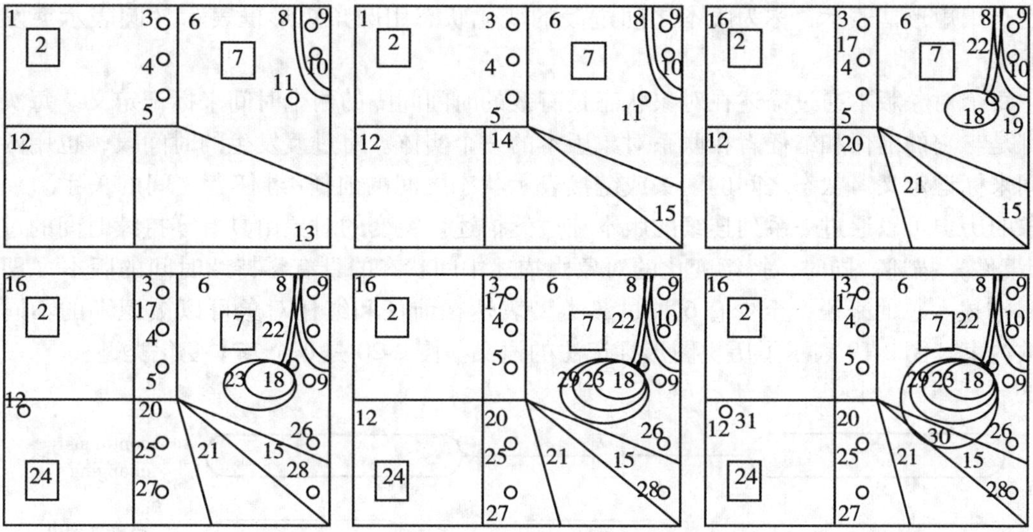

图 2-17　土地信息系统的三域空间过渡转换

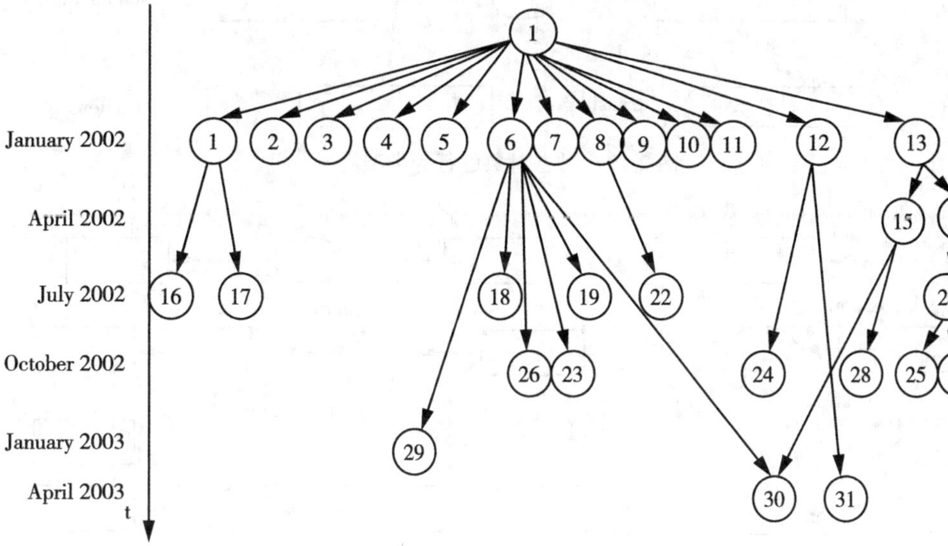

图 2-18　土地信息系统的三域时态树

是，仅根据静态表达来表达对象，按照突发事件来观察变化。然而，我们知道，真实世界的许多变化具有持续时间。实际上，真实世界的特征展现了一个广泛的时空行为。由此，可以把真实世界的对象分为三类：（1）连续变化的对象；（2）基本上是静态的对象，但它们被具有持续时间变化的事件改变；（3）对象始终是静态的，变化仅被突发事件引起。

历史图形模型的主要目的是识别所有时态行为的类型，并管理对象和事件。历史图形标记法是可视化地理或其他信息的时态元素。它是基于这样的一个简单思想，对象要么是静态的、正在变化的，要么是一个停止状态。在历史图形标记法中，称为对象版本的静态状态，用矩形框表示，称为版本之间过渡的变化状态用圆角矩形框表示（圆表示突发变化）。

每个对象版本通过描述在对象状态是有效的时间间隔的两个时间来标记定义。每次转换都是与它的前任和继任者相联系对象版本的一个实体。对过渡发生的时间段，也用两个时间来标记定义。状态之间的箭头或链接表示状态之间的前任-继任者之间的关系。一个对象的历史可以通过一系列连续的版本和过渡描述。突变的对象由具有零持续时间的过渡（即事件）描述。同时，持续变化的对象由描述中间状态的具有零持续时间的版本（即快照）描述。总的来说，至少有 6 种过渡类型表达在前任和继任对象可以被识别的不同的基数约束。图 2-19 表示了历史图形标记法的语义。图 2-20 是 6 个基本变化类型。

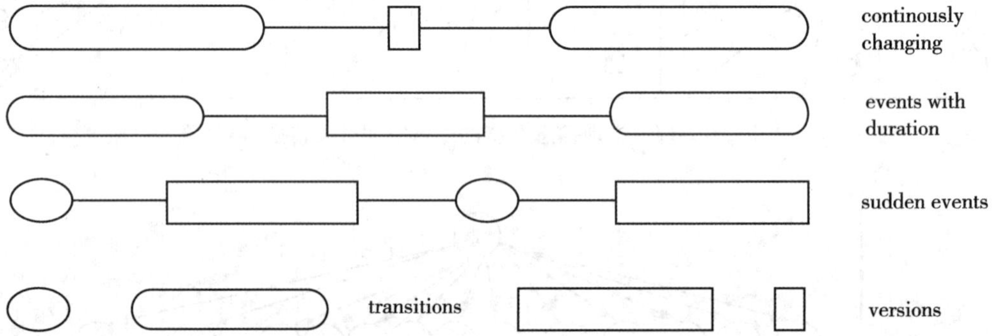

图 2-19　时态对象的行为类型

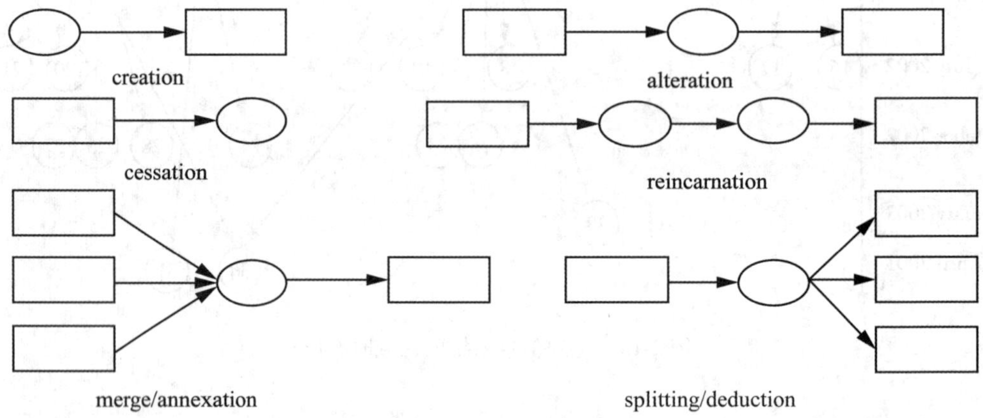

图 2-20　在历史图形模型中的 6 个基本变化类型

图 2-21 中，creation：产生一个对象；alteration：一个对象被改变或修改，要么通过属性，要么通过几何图形；cessation：一个对象被删除或被移动，以及在现实世界不再存在；reincarnation：先前已经被删除或移动的对象被重新产生，可能具有新的状态和位置；splitting/deduction：一个对象被分割为两个或更多的新对象，或一个或更多的对象是从一个现存的对象演化产生的；merge/annexation：两个或更多的对象合并产生一个新对象，

或一个或更多的对象被其他对象“吞并”。

虽然基于事件的模型和简单时间标记模型各有优缺点，但它们彼此具有互补性。因此，建议时空数据库应当对数据集的对象和事件二者都进行管理。历史图形方法就是这种观点的结果。历史图形的主要应用是描述时间和空间的有限内容，称为一个情节。实际上，这个模型并不一定要描述一个空间系统，尽管分裂和合并概念出自空间过程。在土地信息系统中，历史图的应用就是明显的方式。它认为事件是瞬时的，因此没有持续时间，如图 2-21 所示。通常来说，这是没有的情况。

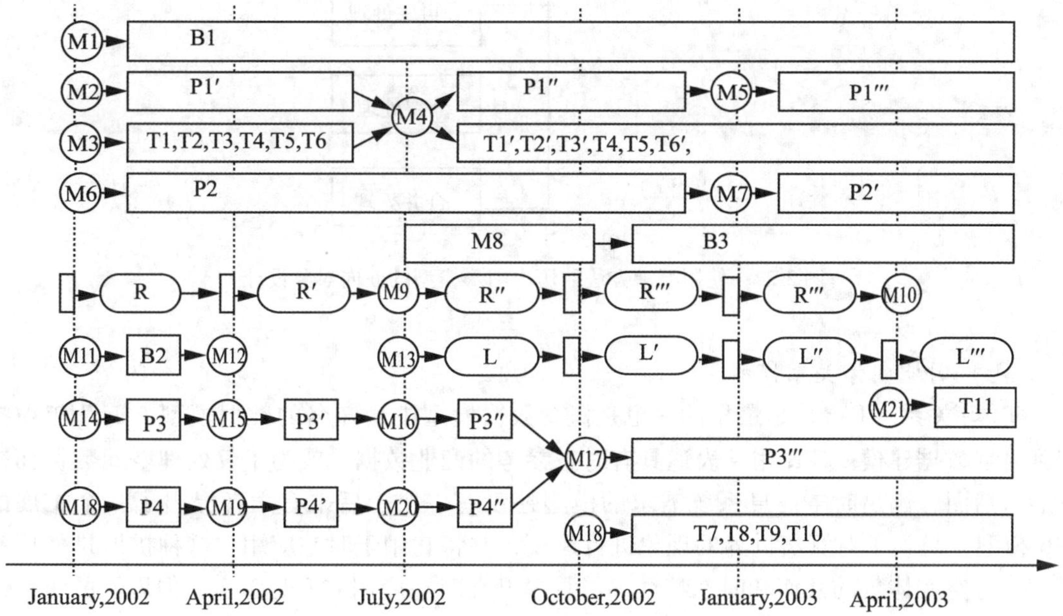

图 2-21　土地信息系统的历史图形模型

例如，道路的建设可能要持续几年，但在数据库中，道路的存在是从开通那天计算时间的。道路的开通被按照突发事件进行建模，但它的规划和建设可能需要几年。如果我们假定事件没有持续时间，那么道路的开通日期就是它的创建日期。

总之，历史图可以认为是面向事件思考方式的扩展。它的优点是时态关系可以被直接导出，且时间建模可以按照离散的或连续的，以及绝对的或相对的两种方式进行。时间轴是线性的，并支持有效时间和事务处理时间。这种矢量模型的主要优点是，为了进一步开发一个时空信息系统，历史图可以获取我们需要的所有知识，而且它们可以获取变化和移动的标记，可以很容易支持大多数时空查询类型。使用面向对象的技术实现这个模型也有很多优点。其基本思想是按照处理对象的子类的方法实现过程的 6 个不同类型，如图 2-22 所示。如果概念模型的数据结构能被可视化，对程序员来讲，实现起来会相对简单，而且基于过程和状态的实现应当适合大多数查询类型，与面向事件和面向数据的模型没有差别。

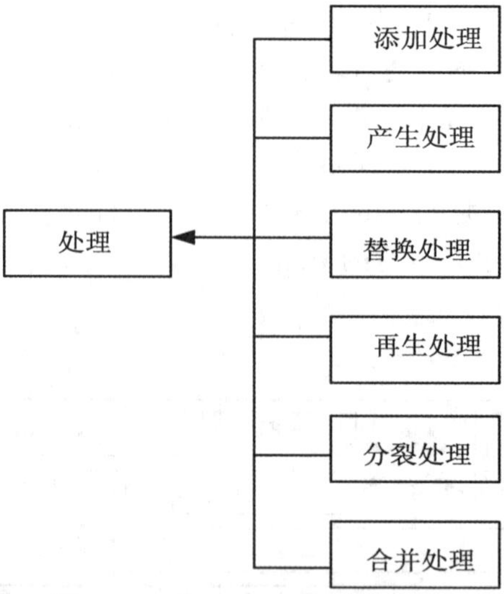

图 2-22　使用继承方法的历史图形模型的面向对象设计

（七）时空实体关系模型

实体-关系（E-R）是最早的，也是概念数据模型中最知名的数据模型，近几年被扩展到时空数据建模。E-R 用于表达具有时态参考的商业数据，或为了仅处理空间数据而被扩展。然而，满足时空信息系统需求的模型还没有一个。后来有学者提出了一个扩展的 E-R 模型，是为了对真实世界的现象进行建模，并将它用于时空应用。这种扩展是使用符号表达时空实体集的几何和时态特性。尽管模型在时空应用方面是事实，但属性的时态语义是缺失的，且时间基数的灵活性不能足以满足时空数据库的需求。此外，整个模型的正式定义没有被证明。图 2-23 所示是时空实体模型（STER）在土地信息系统中应用的例子。

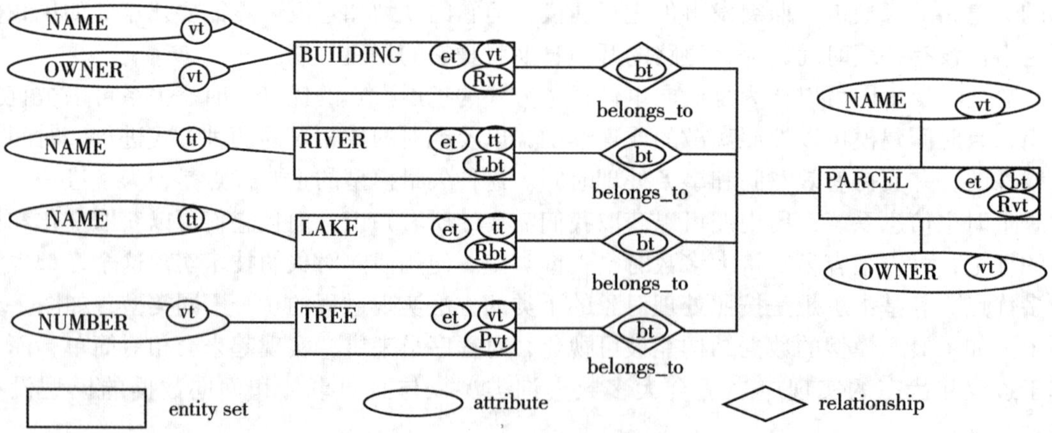

图 2-23　时空实体模型（STER）在土地信息系统中的一种引用

这个应用中，时态和空间变化可以识别，属性描述可以按照有效时间和事务处理时间线定义。但是，它缺乏获取变化过程的实际位移的能力，不能指明空间对象是动态的还是静态的。

（八）对象-关系模型

前述时空数据库模型概念层次的发展可能提高了当前 GIS 在时间和空间方面变化和过程的更多的真实世界描述。但是在涵盖变化过程描述之上的还没有一个。考虑到这个事实，有学者对能够获取环境变化的自然现象进行了建模研究，认为已有的模型更关心设计，而不是自然环境变化、过程和事件的表达。

对象关系模型描述实体几何属性行为的过程，并说明获取导致时间和空间变化的过程的重要性。时空数据过程允许用户处理高层次抽象的、时空应用需要的复杂数据模型。因此，过程的类型可以分类，并表达为所涉及时空对象之间的关系。同时，需要描述从时空数据库获取的对象特性。指明引起变化的过程是重要的。因此，按照时空对象之间的关系类型过程描述能最好描述时空现象。影响一个单独对象的过程被描述为几何形状特性的属性。时空过程通过图标模式可视化。图 2-24 是利用该模型表达的土地利用的应用。

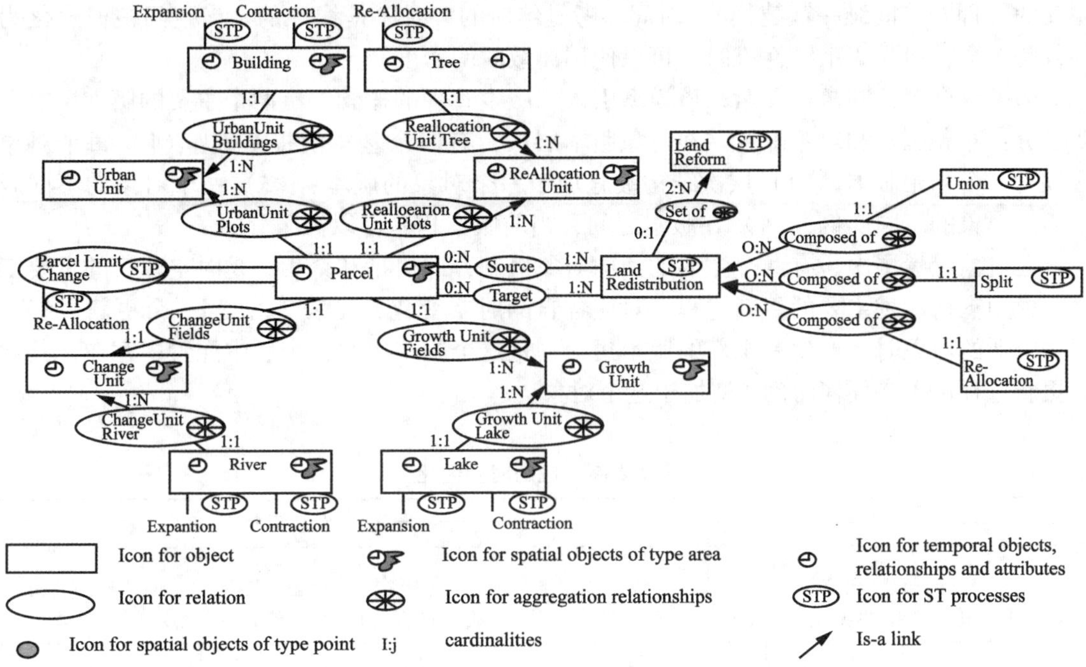

图 2-24 土地信息系统的面向对象模型

这个方法是时空数据库概念层次的表达，可以提供实际应用过程的基本查询。虽然需要在概念层次表达过程和变化是显然的，但是不需要扩展定义和既定的操作。过程建模是对真实世界的一个抽象，适合一种应用的描述当被用于另一个真实世界的场合时，可能是不足的。

（九）面向对象的时空数据模型

软件工业基本的挑战之一是处理数据库中的变化。面向对象技术，具有处理独立对象的能力，在时空数据库管理方面表现出了乐观的结果。在时空数据库的开发中，综合利用面向对象的技术特征的想法不断产生。这些特征包括类和实例、属性和抽象数据类型、操作和方法、分类和封装、聚集、信息隐藏、继承、多态和动态绑定等。在时空数据库建模中，使用面向对象的技术有四个优点：（1）一个单独的对象可以表达一个实体对象的整个历史；（2）查询简单，因为它们处理一个实体的每一个单独的对象；（3）有效的时态数据处理；（4）空间和时态数据处理的统一性。

面向对象的时空数据模型（spatial-temporal object-oriented data models），是基于面向对象的技术产生的模型。在这类模型中，一个单独对象可以表达一个实体的全部历史，查询简单，处理时间和空间数据方法一致。

在这个模型方法中，真实世界的现象被表达为具有几何、拓扑关系和专题属性的复杂的版本化对象。一方面，为了建立一个对象的过去、现在和未来层次结构的每一个版本，都需要为其产生一个具有不同标识码的新对象实例。另一方面，事件是对一个或多个对象调用更新程序的行为表现。时间被表达为一个独立的线性维，不像其他的表达，时间轴是正交的（即与空间维一起建模）。时间参考是绝对的，时序是线性的。当空间被概念化为不仅是 1 个，而是 3 个线性维时，可以使用离散时间密度。

为了整合对象和事件元素，该模型引入了版本管理的概念。有两个主要的版本层次需要区分：对象版本和对象配置。在对象版本层次，有四个基本前提基础：（1）每个对象必须有一个初始版本；（2）层次结构被施加于一个对象的版本；（3）一个对象的不同版本表示对象的不同实例；（4）在版本之间，当前版本总是可以被区分的。

在对象配置层次，有两个主要的面向对象机制，即概括和聚集，是时空建模的重要工具。模型支持四种主要的更新过程，对应各自的时空变化，见表 2-2。当一个更新过程产生一个新的对象时，产生一个新的版本集。一旦这个版本集在一个版本配置中存在，其他的更新过程可以在任何时间 t 施加于这个对象。

表 2-2　**模型更新对应的时空变化**

时空变化	涉及的更新方法
无变化	产生一个新对象
几何、拓扑关系、专题	从已经存在的对象产生一个新对象
专题	描述已经存在对象的更新
几何	一个对象的重新定位

另外一些学者描述了对地理结构和地理现象二者集成建模的方法。他们认为对象之间的交互参考对表达关系是模糊不清的。因此，最好的方法是描述对象的结构和行为。方法是：利用由几个部件组成的复杂对象表示结构和关系。此外，用一些法则描述部件的行为。法则是对象状态规则的谓词，因此，能确定一个对象可能的状态。当把这个法则映射

到一个信息系统时，它们要么变成针对非法状态转换的约束，要么是将系统从非法移动到合法的行为。其他一些法则可能描述对象部件的独立性。

按照将时间标记与对象（部件）相联系和按照复杂对象法则表达位移，时空过程的建模可能是相当容易的。如果位移表现为规则的，那么法则描述也是容易的。在应用建模中存在一个问题，空间域很难形成顾及状态如何变化的法则。然而，我们使用这个模型来解释它在应用域的不同方面。第一步是通过将复杂对象结构和现象分解为它们的构成元素。一些对象可以描述如下：

```
OBJECT Point{
X,Y:real;
}

OBJECT StraightLine{
A,B,C:real;
}

OBJECT Segment {
Length:real;
Start,End:Point;
LyingLine:StraightLine;
}

OBJECT Line {
Length:real;
Start,End:Point,
Shape:List of Segment;
}
```

第二步是定义法则和对复杂对象的行为进行编码。例如，一条直线段被定义为两个点、一个长度和三个系数，形成一个线方程，用法则描述是：两个点必须位于由方程确定的线上，且长度必须等于两点之间的距离。下面用更正式的法则语言描述是：

Law1:LyingLine. A * Start. X+LyingLine. B * Start. Y+LyingLine. C=0

Law2:LyingLine. A * End. X+LyingLine. B * End. Y+LyingLine. C=0

Let L=Dist(Start,End) then Law3:Length=L

无论是空间的还是时间的，公式法则的概念不适合土地信息系统。但对于像模拟建模、电子收费、环境管理等时空领域的应用，使用这个模型则是较为合适的。这类应用，规则将起到明显的作用，因为它们表达的行为知识通常是其他概念模型所忽略的。

另一种对于时空数据的面向对象模型是由洛加斯-维嘉和坎普（Rojas-Vega and Kemp）提出来的，他们描述了一种关于分布式多媒体空间应用的结构，并且为此发展了结构和接口定义语言（SIDL）。为了实现对分布式空间数据库特性的完全封装，基本对象类具有结构和接口两个部分，结构部分由系统生成的对象标识编码、常规属性组成，用于形成对象状态的一部分、对象部件的语法和概念关系及外部对象约束条件的列表。对象部件的语法包含形成这个对象的其他对象的列表，包括确定一个部件是强制性的还是选择性的，是可共享的还是不可共享的，对象存在依赖性的还是非依赖性的组合语义。接口部分表达了封装在一个对象中的方法的行为语义。

在这些部件的支持下，可以构建组合对象结构，用于全面模拟真实生活中的各种实体和它们之间的交互作用。时间要素通过与时态变化部件有联系的独立对象被引入，独立对象使用不同的时间模型。图 2-25 表达了在概念层次上，这些思想是如何定义土地信息系统中地块对象的，地块对象是这个案例中的核心对象。

一个用户接口对象提供了关于这个对象的空间和非空间的信息，它与地块对象交互，用于查询和恢复与一个具体地块有关的特定信息。地块对象的空间部分反映了一个复杂结构，这个结构是按照单几何空间对象 G-多边形建模的。具体来说，一个 G-多边形包含一个内部区域和一组 G 环，G 环是线串的聚合，线串是点的聚合。一个点对象必须由一个 X 坐标和一个 Y 坐标定义，但是一个 X 坐标或 Y 坐标可能会属于几个点对象。对象之间的关

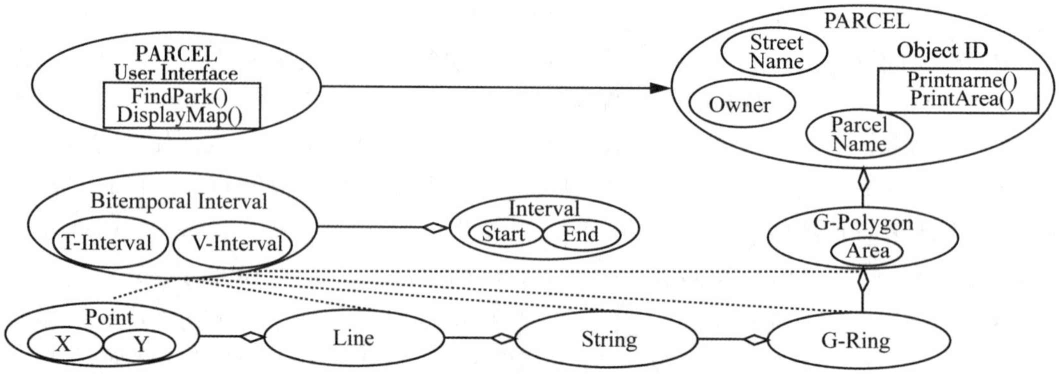

图 2-25　面向对象的模型在土地信息系统中对地块的建模

系是组合关系，此外，为了满足时态需求，还定义了两个类：时态区间类和辅助双时态区间类。

在 BVH96 和 FMN98 两种标准中，主张面向对象的模型是分别建立在扩展的对象存储和面向对象基础上的。BVH96 定义了具有几何和参数专题属性的基本空间类的层次结构。时间属性通过添加实例和区间时间标记关键字融入查询语言。在 FMN98 标准中，时间和空间属性通过与它相关的，预先定义的时间和空间对象类被添加到对象类的定义之中。这个解决方案不适合表达在属性层次上的时间或空间变化，因为时间标记和空间位置只能在对象部件层次定义。另外，BVH96 和 FMN98 提供的是基于文本的查询语言，这些模型中的非图形查询语言降低了它们作为概念建模语言的合适性。

另一种面向对象的模型是建立在由对象建模技术支持的对象模型基础上的。它的主要优点是高级抽象表达，这种表达涉及建模的概念而不是其实现。这种有趣的基于对象模型的方法，是模型在表达数据变化时在 3D 空间和具有时间要素的 4D 空间，用于存储环境监测和模拟的数据集。

模型假定了一个离散的时间轴，并存储数据值的绝对时间。但仅存储数据采集时的时间（有效时间）。数据集中的值可以在由 x、y、z 和 t 定义的 4D 空间中以规则或不规则方式进行传播。简而言之，它假设每个数据集中的每个参数都有相同的变化模式，而且与每个参数相联系的一组值都是由一个表明沿着每个区位轴的相对位置的整数索引来设定的。一个数据集具有的属性用于定义在时间和空间上位置、范围和拓扑关系，以及描述其他专题性质的属性。图 2-26 是使用 OMT 表示法来描述模型的。

更重要的是，在这个模型中，4D 数据集是通过检查它们的参数值在时间和空间中是如何传播进行分类的。于是产生了称之为点序列、平面、体和时间体的类。其中，维数分别在 0 ~ 4 维空间进行传播。维数表示有多少个位置参数在数据集内变化。除了点以外，所有的类都可以根据连续值是规则的，还是非规则分布，进一步划分为子类。对于点序列来说会，在分类层次的下一个层次上，可以被进一步分为规则的点类和不规则的点类两个子类。这些类可以再次被划分为以下子类：规则经度序列、规则纬度序列、规则深度序列和规则时间序列。对不规则点序列，也可以按照类似方法进行划分。其他主要类也可以被

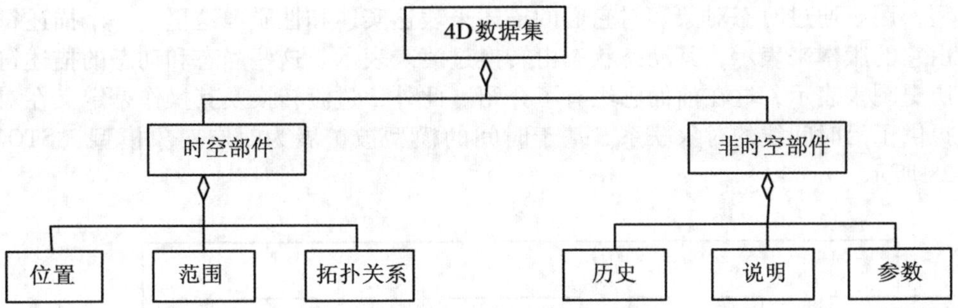

图 2-26 4D 数据集中部件概览

进一步分解，而且所有的类可以按照它们是如何联系的，被安排在一个层次结构里（图 2-27）。

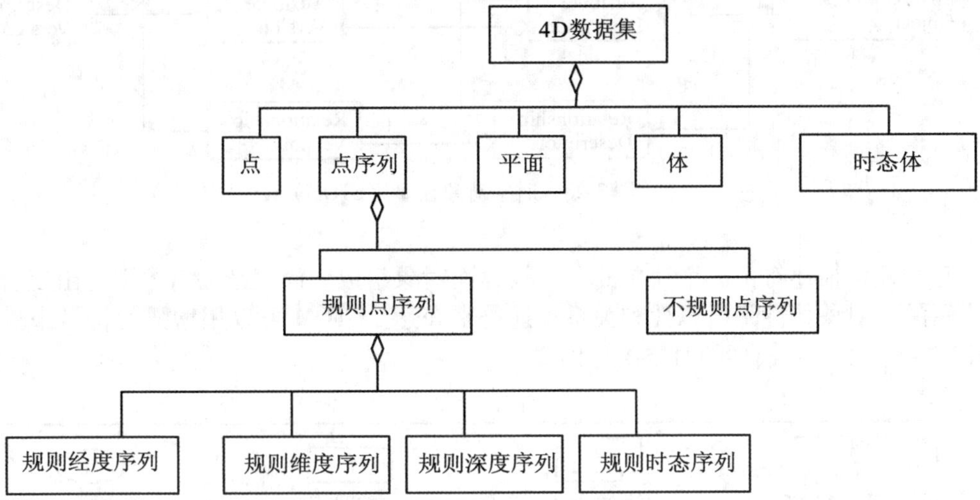

图 2-27 4D 数据集的定义的主要类

总结对面向时空对象的数据模型描述，必须指出的是，用于创建、更新和删除对象的操作是允许的，以及不同类型的数据集定义类型之间的限制条件和关系都是可以进行说明的。最后，主张的实现方法表明，在这种时空模型中，矢量和栅格数据都可以与非空间数据进行集成。

对象模型中的关键要素被用于 TPH98 标准，用来开发地理对象模型（Geo-OM）。一个地理对象的位置、空间变化的动态属性、空间关系以及对这个对象的操作，对空间参考数据来讲，这些信息通过添加对象类和关系可以获得。该模型允许表达空间数据库的静态和动态性质。获得的性质不仅是属性和关系，还包括在对象上的操作。用于地理对象模型开发的方法表明，面向对象的方法可以很容易地被用于捕捉空间静态和动态特性，也可以称为时态语义。

有学者使用对象建模技术中的对象建模语言来表达时空现象。最初，需要开发一个时态模型，用于通过时态对象和对它们的描述来表达实体和性质。这里，一个描述符的静态状态由它的版本来表示，其动态状态由转换过渡来表示。这些静态和动态的描述符后续可以由历史图表表示，这在前面已经有了介绍。此外，过渡转换及其操作是定义在对象级别的，提供了沿时间线的对象联系。基于时间的模型被扩展为时空对象模型（STOM），如图 2-28 所示。

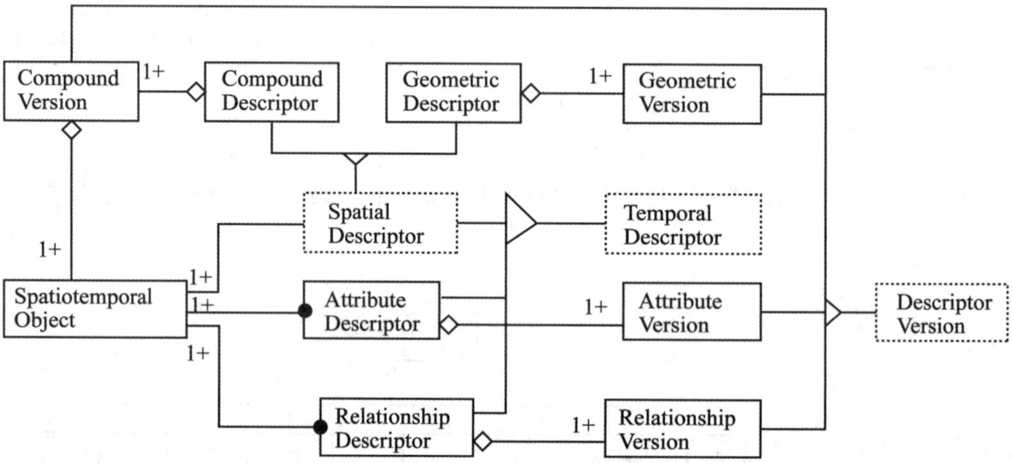

图 2-28　时空对象模型（STOM）

每个几何描述符由一个简单的点、线、面对象组成，而复杂的对象则是由复合描述符来表示的。对象特性是由属性和关系描述符来表达。STOM 可以用增强的符号来进行扩展（图 2-29），以说明模型的时空对象语义。

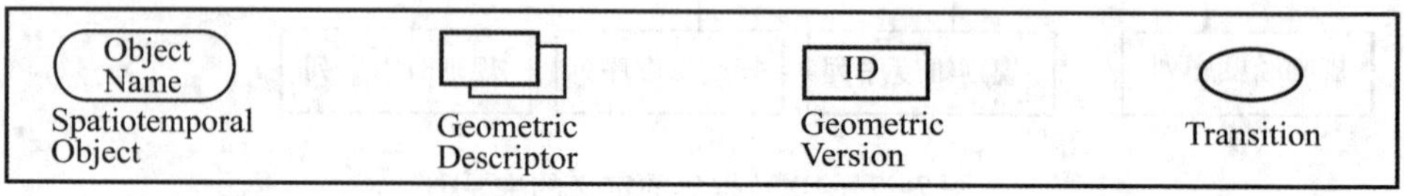

图 2-29　STOM 方案的扩展

STOM 允许独立地获取时空对象的特性和性能，因此能表示对象不同的行为。对时态对象，空间属性用来描述其几何形状、它们与其他对象的关系以及它们的大小。虽然模型可以处理对象的时空行为，而且任何行为的变化都可以通过面向对象的方法容易地实现，然而表示法不够简洁、清晰、一致，不足以满足动态时空建模的需求。

Worboys 在动态空间系统建模方面，为了分析在试图开发一个时空数据库方面的基本模型，变化、事件和过程的基本结构时，研究了使用面向对象方法的可能性。有学者比较了与面向对象的模型结构相关的事件、变化和过程，突出了增加概念的必要性，以便处理动态的空间应用。Raza and Kainz 提出了一个概念数据模型作为 Worboys 模型的扩展。这个模型从概念上将空间、时间和属性进行分割，并将它们按照独立元素固定为模块形式。

最近，有学者描述了一种可视化语言，用于明确定义对象的变化，这种语言称为变化描述语言。这项工作的重点集中在实体对象的出现/消失，特别是从一个对象到另一个对象的过渡转换识别。识别被看做是跟踪和查询具体的对象存在性和独立于具体属性值的对象类的一种方法。Livs 语言，最初被设计用于空间数据的可视化查询，现在被扩展应用于时空可视化能力查询。这些可视化查询是通过把时空扩展的语言翻译为一种 SQL 语言来实现的。

统一建模语言是另一种面向对象的建模语言。UML 被扩展到时空 UML（STUML），用于开发一个高标准的时空数据库语言，该语言使用明确、简单和一致的符号，能够支持一系列的时空模型和数据类型。将 OMG 标准扩展到面向对象建模是最好的选择，这种方法具有极高的可接受、工具支持性、可理解性和可扩展性。

扩展的时空 UML 通过引入空间的、时间的和专题的一组基本建模结构，保持了语言的清晰性和简洁性。这些结构后续可以被组合并应用于属性、属性组、关系或面向对象模型的类的层次。属性组是对具有相同的时空属性情况下被引入的辅助结构。一个对语义建模概念正式的功能规范以及它们之间符号化组合和应用的例子如图 2-30 所示，表明了该方法的灵活性。图 2-30 是 STMUL 模型在土地信息系统中的应用。这种模型具有简单和清晰的特点，比其他各种模型都具有优势。

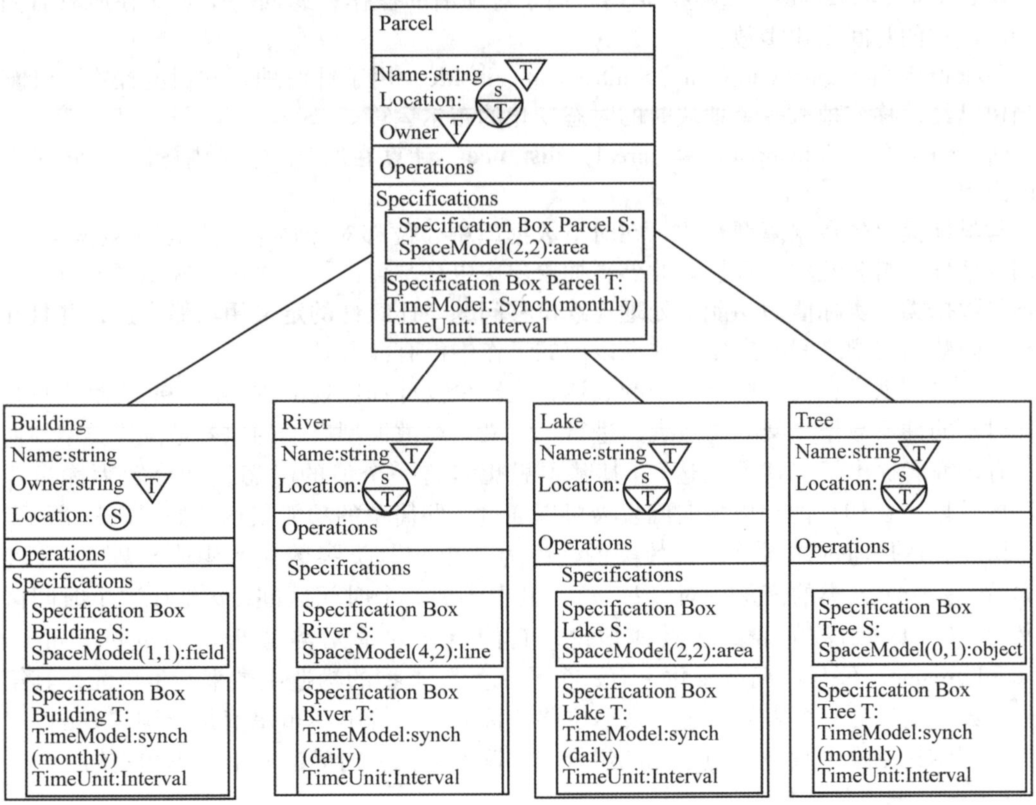

图 2-30 STUML 的土地信息系统建模

（十）位移对象数据模型

很明显，当我们企图集成时间和空间时，需要通过时间来处理几何变化。一般来讲，几何变化不只是按照离散的步骤变化，而且可能是连续的。如果在空间中，只有一个与位置有关的对象，那么位移点就是一个基本抽象。如果对范围也感兴趣，那么位移区域抽象可以按照区域的扩大和缩小获取位移信息。一些研究者企图使用位移对象的概念对时空数据库进行建模。一些学者提出了一个新的研究方向，即将位移的点或移动的区域看做是三维的（2D+时间），或更高维的实体，其结构和行为按照抽象数据类对其建模来获取。关于位移点或位移区域的抽象数据类，连同对其操作方法，已经在一些文献中有介绍。

这种建模方法，将时间作为空间实体的一个组成部分。时间维是基于线性的、离散的和连续的绝对时间模型，起初只考虑有效时间。模型可以获取变化和位移信息。这个模型也能适用时空查询的所有类型。在土地信息系统中的对象可以表达如下：

Parcel（name：string，owner：string，area：mregion）

Building（name：string，owner：string，area：mregion）

Lake（name：string，area：mregion）

River（name：string，route：mline）

Tree（name：string，centre：mpoint）

定义为 mpoint、mline 和 mregion 的类型是封闭的和一致的，且携带时态值和空间值。引入模型的操作可以用于描述土地信息系统。如：

Operation（mregion-> mreal）**area**　用于对湖泊的操作；返回一个表达在所有时间表达湖泊面积的时间变化实数。

Operation（mregion x mpoint -> mboolean）**inside**　用于针对地块和树的操作；计算表达当树已经位移或植入一个地块时的时态变化的布尔运算。

Operation（mpointXmpoint -> mreal）**distance**　计算在所有时间两颗树木之间时态变化的距离。

与早期提出的数据模型相比，在时空数据库中，位移对象的表达是面向数据类型的，强调概括性、封装性和一致性。此外，抽象层次更高，可以认为是第一次企图通过引入处理抽象数据类型实际值的功能来处理连续位移问题。连续性的定义用功能表达，并且在时态和空间数据类型之间的操作，这在以前的工作中没有涉及。

在一些文献中，关于这个模型的表达，还缺少设计和实现的内容。一些文献也只是对上述讨论的抽象数据类型的离散表达进行了定义。离散模型有趣的地方是位移类型如何表达。有研究者提出了“切片表达”，其基本思想是将一个值的时态发展分解为称为“切片”的片段。在切片内，以便时间发展可以通过一些简单的功能表达。如图 2-31 所示。

切片表达是通过描述单个切片类的、称为“单元”类参数化的构造函数类“映射”建立的。一个单元类的值是一对（I，u），其中 I 是一个时间区间，u 是在这个时间区间定义的一些简单函数的表达。具体地说，它们定义的单元类是 ureal、upoint、upoints、uline 和 uregion。值只能离散变化，有一个“常量”类型的构造函数来产生单元，其第二类的参数类型只是一个常数，这对表达位移的整数、字符串和布尔值是特别需要的。“映射”数据结构基本上只是一组单元的组合，并确保它们在时间区间上是不相交的。

（十一）基态修正模型

为避免连续快照模型将未发生变化部分的特征重复记录，基态修正模型只存储某个时

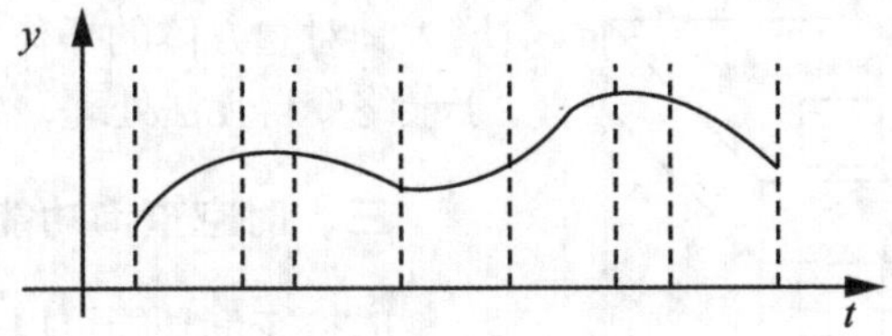

图 2-31　切片表达

间点的数据状态（基态）和相对于基态的变化量。只有在事件发生或对象发生变化时，才将变化的数据存入系统中，时态分辨率刻度值与事件或对象发生变化的时刻完全对应。基态修正模型对每个对象只存储一次，每变化一次，仅有很少量的数据需要记录。基态修正模型也称为更新模型，有矢量更新模型和栅格更新模型。其缺点是较难处理给定时刻时空对象间的空间关系，而且对很远的过去状态进行检索时，几乎对整个历史状况进行阅读操作，所以效率很低。

基态修正模型按事先设定的时间间隔采样，只储存某个时间的数据状态（称基态）和相对于该时间数据状态的变化量。基态修正模型不存储每个历史时间的全部数据，只存储基态数据和某个时刻相对于基态的变化量，称为差文件（delta-file）。由于空间变化一般不会太大，因此差文件的数据量远小于基态文件，如图 2-32 所示。

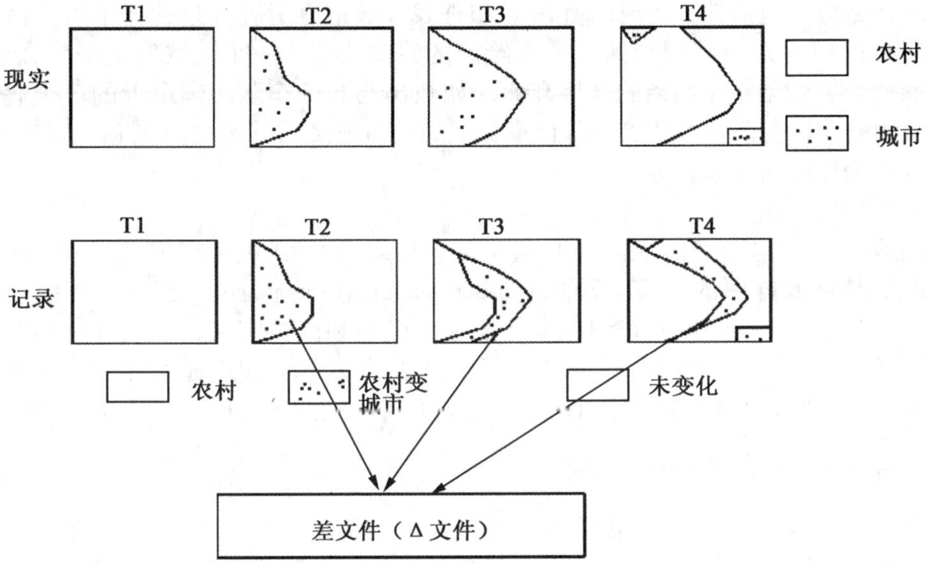

图 2-32　基态修正模型

（十二）时空立方体模型

时空立方体模型用几何立体图形表示二维图形沿时间维发展变化的过程，表达了现实世界平面位置随时间的演变，将时间标记在空间坐标点上。给定一个时间位置值，就可以从三维立方体中获得相应截面的状态，也可扩展表达三维空间沿时间变化的过程。缺点是随着数据量的

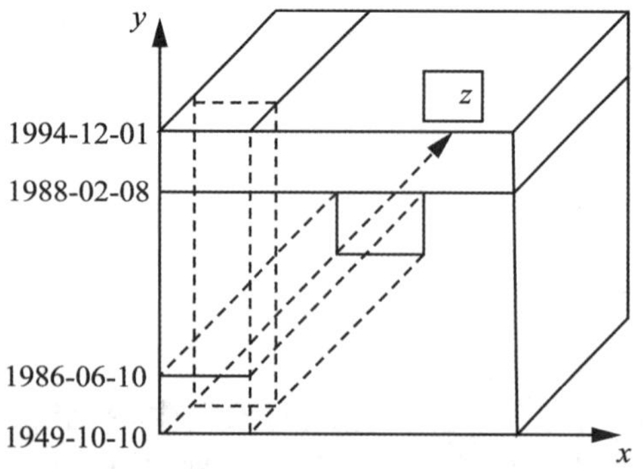

图 2-33　时空立方体模型

增大，对立方体的操作会变得越来越复杂，以至于最终变得无法处理，如图 2-33 所示。

三、时空查询功能和查询语言

时空查询功能可以分为位置、空间特性和空间关系查询；时间、时间特性和时态关系查询；时空行为和关系查询三种查询功能类型。

（一）位置、空间特性和空间关系查询

这类查询涉及静态参考对象。例如，查询独立于空间和时间的实体的属性（如谁是这块土地的所有者?），以及点查询（这个建筑在哪里?）、基于距离的范围查询（如查找在特定的矩形或圆形区域内的煤气站）、最邻近邻居（如查找最靠近煤气站的某个对象）和拓扑查询（查找跨越特定区域的街道）。

（二）时间、时间特性和时态关系查询

这些查询可以是简单的时间查询（在时间 T 的空间特征的状态是什么?），时间范围查询（如在给定的时间段内，特征发生了什么变化?），时态关系查询（如查找雅典正在建设的体育馆和 6 个月内消失的建筑）。

（三）时空行为和关系查询

这类查询可以进一步分为：（1）离散变化的简单时空查询（如在时间 T，一块地块的状态是什么?），包括基于距离的查询（如查找昨天最靠近我经过的那个人）和基于相似性的查询；（2）时空范围查询（如在给定的时间段内，一个区域发生了什么变化?），（3）连接查询，包括基于距离的连接查询（如找出与我的车队距离最近的 3 个餐馆）和基于相似性的连接查询（如找出一月份最相似的一对轨迹）；（4）空间行为查询，包括一元操作（如旅行距离或速度等）。

（四）查询语言

提供给空间数据库和时态数据库的查询语言可以扩展为时空查询语言。有一些查询语言适合用于时空数据库的查询。HQL（hibernate query language）是一种关系查询语言（DEAL）的扩展，是一种嵌套查询、条件描述、循环和函数定义，并允许递归算法的语言。操作算子类似于关系数据库的操作算子。其表达能力使 HQL 适合用于时空数据的查询。还有一些其他的用于时空查询的语言，如 TOSQL、Geo-Quel、GeoQL、STSQL 等。

四、时空数据库管理系统的结构

尽管人们提出了不同的时空数据库管理系统的结构，但最有用的包括三种类型：

第一种类型是带有附加地图数据层的标准关系数据库管理系统。时空数据层在标准的 DBMS 的顶层实现，分为薄层和厚层两种方法。薄附加数据层的主要思想是，尽可能利用现有的 DBMS 的功能和抽象数据类型表达时空特性；厚附加数据层的主要思想是利用中间件表达时空概念，DBMS 用于永久对象的存储。这两种方法均通过扩展查询语言实现时空信息系统的概念。图 2-34 和图 2-35 分别表示薄层和厚层的管理结构。

第二种类型是设计与作为底层的标准 DBMS 结合型的结构。文件系统用于存储空间数据、时态数据和索引，提供对 DBMS 中数据的支持。主要的缺点是在 DBMS 和文件系统之间的坐标

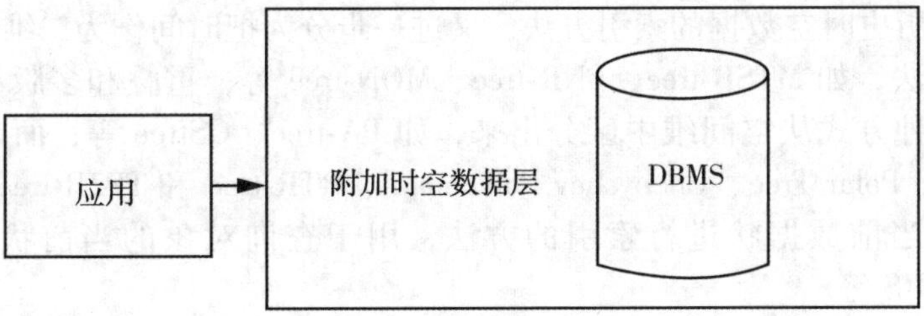

图 2-34　薄数据层时空数据库管理系统结构

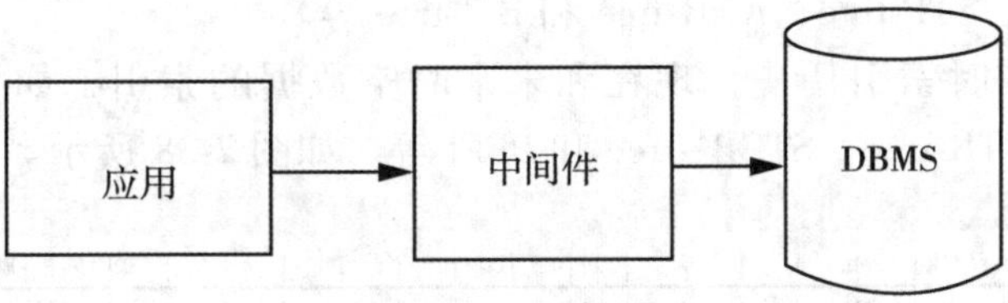

图 2-35　厚数据层时空数据库管理系统结构

系统的维护以及两个系统之间的一致性难以解决。图 2-36 表达的是这种方案的思想。

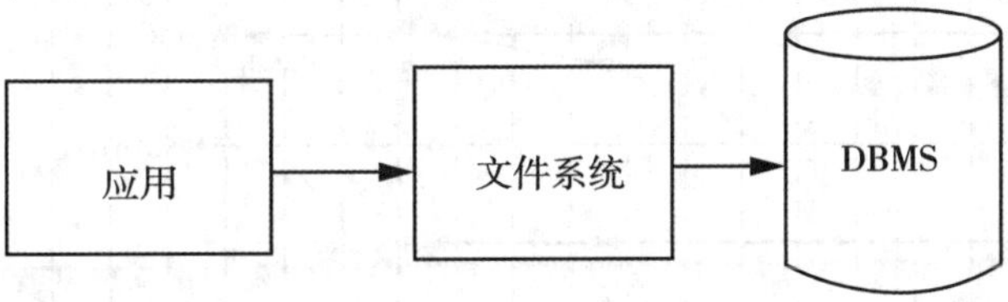

图 2-36　基于时空 DBMS 的一种文件系统

第三种类型是扩展 DBMS，替代上述的两种实现方案。通过在 DBMS 内核上扩展增加新的组件，如数据类型、访问方法、存储结构和底层的查询处理方法，实现对时空数据的管理。如图 2-37 所示。

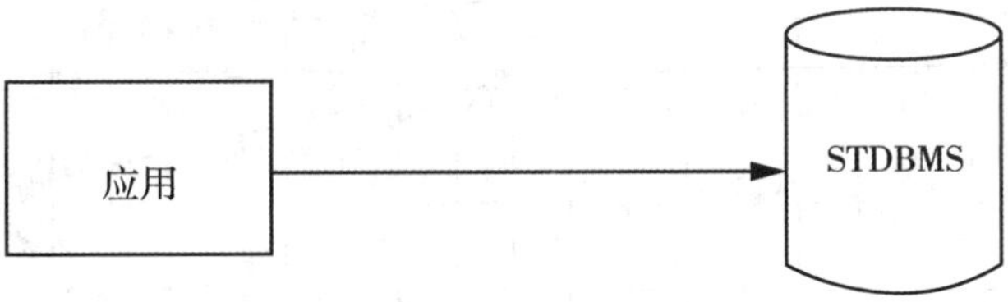

图 2-37　扩展的 DBMS

五、时空数据索引

许多查询类型都是有时空数据库服务器支持的。这些查询可以在过去、现在和未来的时间数据上进行。人们已经提出了大量时空索引结构，用于支持有效的时空查询。这些索引方法分为四类：

第一类是对历史时空数据的索引方法，又进一步分为把时间作为二维空间的第三维的三维结构索引方法，如 MTSB-tree、FNR-tree、MON-tree 等；重叠和多版本结构的索引方法，时间维以多种方式从空间维中区分出来，如 PA-tree、GStree 等；面向轨迹的索引方法，如 CSE-tree、Polar Tree、Chebyshev Polynomial、RTR-tree 和 TP2R-tree 等。

第二类是对当前数据状进行索引的方法，用于查询对象的当前状态，如 LUGrid、RUM-tree 和 IMORS 等。

第三类是对未来数据状态进行索引的方法，对位移对象的未来位置进行索引，用于预测位移物体的未来位置，如 MOVIE、STRIPES、MB-index、B^x-tree、B^y-tree 和 αB^y-tree、ST^2B-tree、B^{dual}-tree、STP-tree、ANR-tree 和 B^{dH}-tree 等。

第四类是可以同时索引历史、现在和未来时空数据的索引，如 R^{PPF} - tree、$PCFI^+$-index、BB^x-index、UTR-tree、$STCB^+$-tree 和 PPFI 等。如图 2-38 所示。

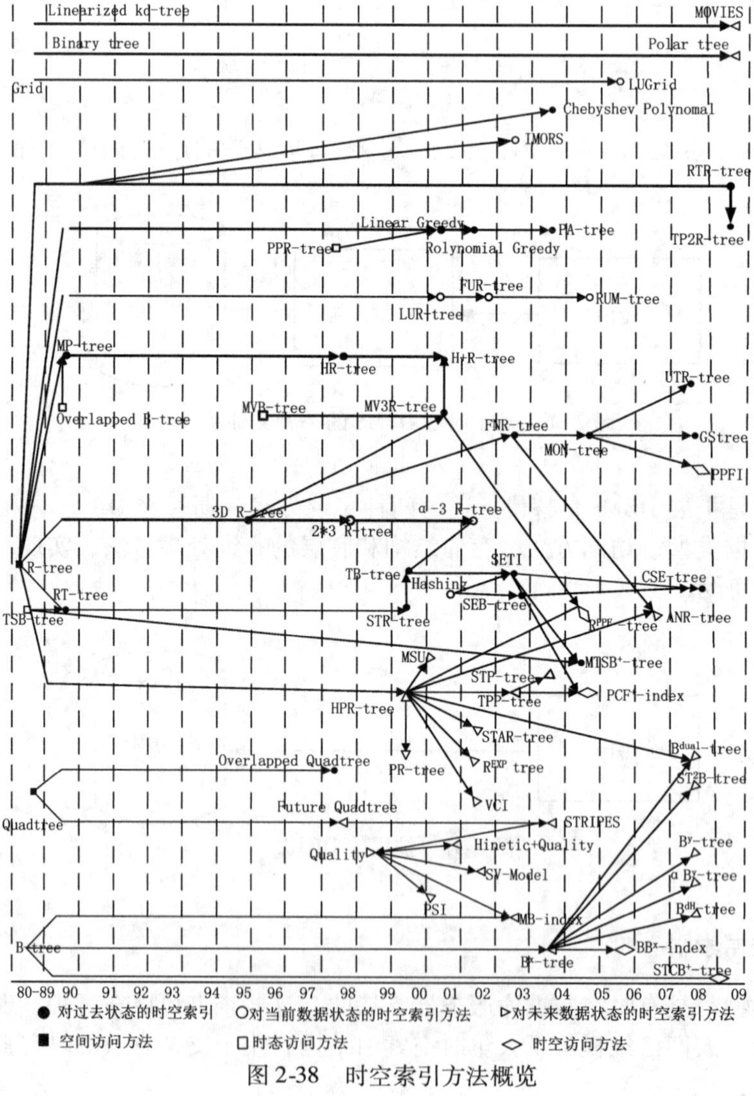

图 2-38　时空索引方法概览

第五节 地理监测的尺度问题

尺度问题是地理监测活动必须面对的问题在地理学、生态学、农业与林学、水文学、大气学、社会学、经济学等自然和人文科学中都是研究热点。在不同的学科，尺度有着不同的定义。下面就地理监测数据的空间尺度、时间尺度、精度尺度、属性尺度等概念，以及尺度效应和尺度依赖等尺度性质，尺度的选择、尺度转换和一致性处理等问题，进行讨论和介绍。

一、尺度的基本理论

研究生态现象的根本重要性问题是与生态现象尺度相关的问题。当然，环境变化的因果关系可以在不同的层次和多尺度上来衡量。自然科学早就理解尺度的重要性，但社会科学对尺度的认识一直不太明确、精确和多变。然而，随着跨学科需求的不但增长，要求对尺度问题达成共识。

（一）尺度的基本定义

很显然，层次和尺度这样的术语被经常交互使用，一些与尺度有关的关键概念在不同的学科具有不同的定义。表2-3列出了一些对关键术语的定义。

表2-3 **与尺度概念相关的关键术语定义**

术 语	定 义
尺度（scale）	用于测量和研究任何现象的空间、时态、量或分析维度的测度
范围或幅度（extent）	一个尺度的空间、时态、量或分析维度的大小
分辨率或粒度（resolution/grain）	用于测量的精细程度
等级层次结构（hierarchy）	组合对象，或处理属于一个分析尺度的一种概念的或因果联系的系统
内嵌性（巢式）层次结构（inclusive hierarchy）	一组被排序在一个较低层次结构的对象或处理方法包含于或位于一个系统中的较高层次结构的对象分支中（如现代分类学的分类：王国，语群，子语群，阶层、家庭，属，物种）
开放性（非巢式）层次结构（exclusive hierarchy）	一组被排序在一个较低层次结构的对象或处理方法不包含于或位于一个系统中的较高层次结构的对象分支中（如军衔系统：上将，上尉，中尉，中士，下士）
层次（levels）	在一个尺度上，位于相同位置上的分析单位，许多概念尺度包含用于结构层次排序的层次，但不是所有的层次都与一个层次系统彼此相联系

续表

术　语	定　　义
绝对尺度（absolute scale）	在一个客观的标定的测量设备上的距离、时间或量的测度
相对尺度（relative scale）	描述一个对象或处理方法功能关系的尺度到另一个尺度的绝对尺

尺度是指科学工作者在测量、研究对象和过程时使用的空间、时间、量和分析的一种测度。层次是属于尺度的一种定位，是对尺度的划分。最常见的是，层次是属于测量测度的一个划分。微观、中观和宏观层次更多地是指与小、中等和大尺寸现象对应的空间尺度上的区域。层次也可能指时间，可能包括短期、中期和长期的持续时间。尺度推绎问题与尺度或层次问题有关。

尽管在具体的研究应用中没有明确解释，但所有的尺度都具有范围（幅度）和分辨率。范围（幅度）是指在测量一种现象时使用的尺寸的大小或幅度。对时间来讲，范围（幅度）可能包括一天、一周、一月、一年、一旬、一个世纪等。对空间来讲，范围（幅度）可能从一平方米到百万平方米，甚至更大范围变化。对于数量来讲，在社会关系方面，由观测者考虑的个体数从两个到数十亿个，如货物或其他社会科学者感兴趣的实体。这个测量的范围（幅度）是确定测量现象的外部边界。如图 2-39 所示。

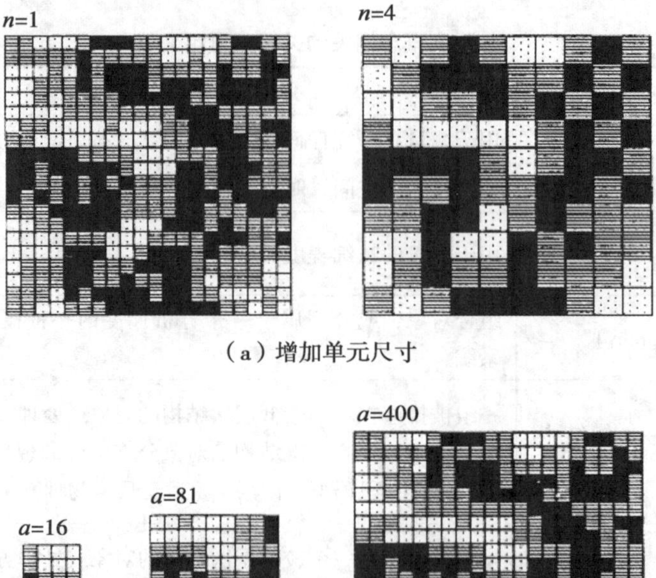

（a）增加单元尺寸

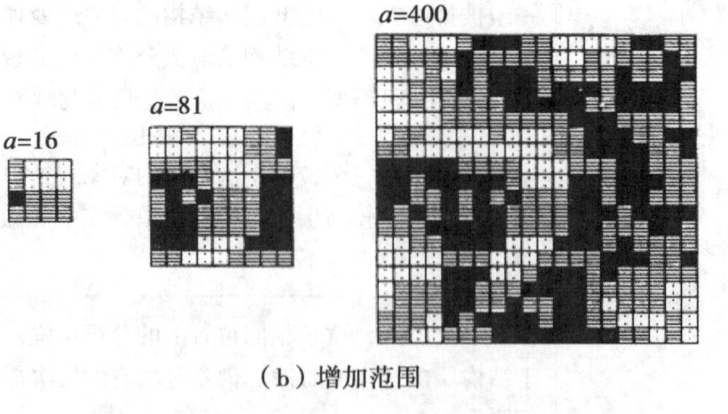

（b）增加范围

（聚集形成新的单元的栅格数用 n 表示，面积用 a 表示）

图 2-39　土地利用数据集增加范围的示意图

分辨率是指用于测量的精度，通常粒度以同样的方式使用，如图 2-40 所示。对时间来讲，社会学者很少使用少于 1 个小时的分辨率来划分观测的时间。但对执行特定的工作任务或对时序化个体或群体时，或许会这样做。对空间而言，社会科学者使用分辨率的变化范围从米或更小（人类学研究家庭活动）到较粗的数千公里（研究国际条约的影响）。用于观测数量的分辨率取决于涉及的范围。例如，当分析涉及较大的数量时，通常测量使用比那些较小的数量更大的个体单元聚合。“小尺度”是指在空间、时间、数量尺度方面小的现象。“大尺度”是指大的项目、数量或空间。这两个术语非常符合日常使用，但制图人员使用的尺度的方式则刚好相反。对阅读地图的人来讲，大的实体，如大陆或地球，必须以一个非常粗的分辨率进行测量，以便覆盖巨大的范围。在地图上的一个单元对应地面一块非常大的地块。粒度是由制图者按照小尺度确定的，由于这种关系，小制图范围表达了大的地面区域。由于制图者永远关注较小范围的空间域，在地图上，一个单元表达的“尺度”变大。因此，制图者将参照一个非常小的区域来表达大尺度地图的一个特征。

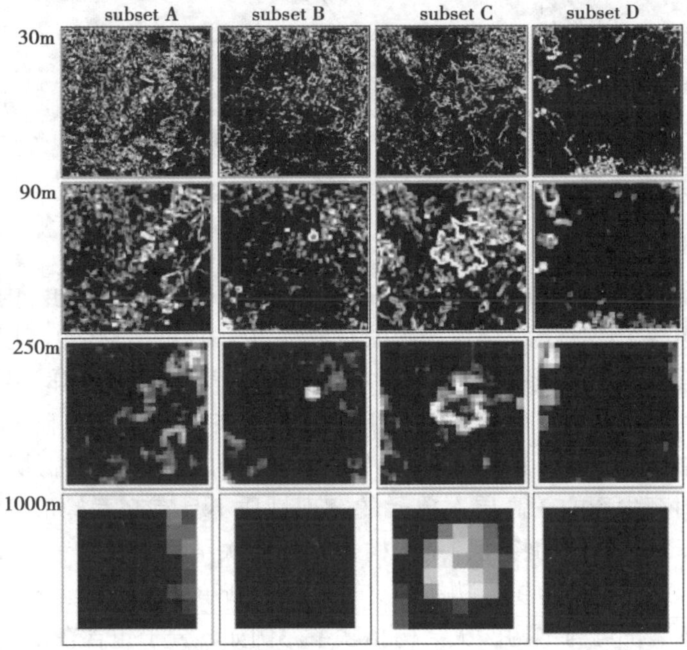

图 2-40　相同比例尺、相同范围大小，但分辨率不同的幅影像

许多尺度都与等级层次结构的概念密切相关。层结构是与属于分析尺度的一组现象组成的系统相联系的概念或因果关系。对政治学学者而言，层次结构的概念经常受限于在一个层次结构里的个体排名系统，这个排名系统是根据他们的正式地位的权威性决定的，如将军命令船长，船长命令副官，等等。在层次结构中排名较高的人都可以命令排名较低的人。这是一个开放性的层次结构。据此，在较高层次的对象不能内嵌较低层次的对象，即它们不是内嵌性的。还有许多其他开放性的层次结构的例子，其中指挥和控制的概念是缺失的。如图 2-41 所示，是一个按照食物链排名的生物层次结构的例子。顶层动物吃食肉

动物，食肉动物吃食草动物，食草动物吃植物。

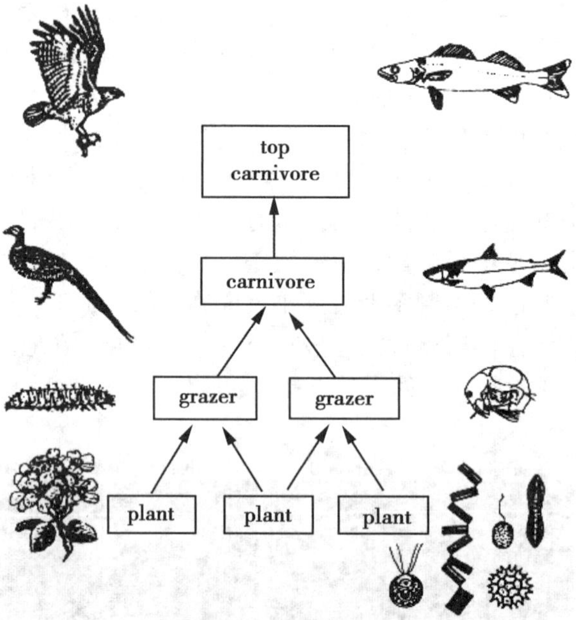

图 2-41　食物链作为开放层次结构的例子

与此相反，有两种内嵌性的层次结构——内嵌性的和本构关系的。内嵌性层次结构涉及排序，即在任何一个层次上组合在一起的对象都包含在用来描述更高层次的类别内，但在每个层次，不具有特定的组织结构。这种结构也称为聚集层次结构。主要的分析分类系统通常都是内嵌性层次结构。著名的一个例子就是林奈（Linnaen）阶元系统的分类。大多数内嵌性层次结构是分类学的工具，而不是解释性的工具。在较低层次上的单元（如物种的一个属）对产生新的较高层次单元的突现性质不具有交互构形。第二种内嵌性层次结构，多数是指复杂系统的特性，是本构关系的层次结构。在这种类型的层次结构里，低层次可能被结合到具有新组织、功能和突现性质的新单元。所有活的生物体、最复杂系统的无生命的系统，都可与本构层次结构相联系。例如，分子包含在细胞中，细胞包含在组织中，组织包含在人体中，等等。在不同的层次结构存在有不同的问题，可以进行不同的提问，因而形成不同的理论。每一种这样的层次结构都已经产生了生物学的独立分支，如分子生物学、细胞学、组织学等，直到生物地理学和生态学。这些层次结构是建立在基于功能关系的概念尺度上的，而不是空间或时间尺度。

当企图理解本构层次结构时，突现的概念是重要的。在复杂的本构层次结构方面，较大单元的特性不是小单元属性的简单结合，可能表现出新的集体行为。在早期学者中，摩根（Morgan，1894）指出："在各种等级的组织中，材料结构显示了新的、意想不到的现象，而这些结构是包含了自适应机械装置最显著的特征。"根据 Baas 和 Emmeche（1997）的研究，一些突现特性的重要例子有：客户/服务器系统的一般情况（与服务器交互，有助于客户从事没有人能独立完成的工作）和人的意识（不是单个神经元的属性，是神经系统神经元交互的自然的突现属性）。

许多与地球变化相联系的现象，都是与本构层次结构联系在一起的。人类个体包含在家庭里，家庭包含于居民区，居民区包含在村庄或城市，进而形成一个区域，区域形成一个国家，国家形成国际组织。在这样的系统中，不存在单一“正确”的层次需要研究。发生在任何一个层次的现象都会受到发生在相同层次、低层次和高层次的机理的影响。因此，研究地球变化过程，应当查验来自多层次观点的整个世界。

（二）与尺度相关的问题

与尺度相关的最重要的问题可以分为四个理论领域：（1）尺度、范围和分辨率是如何影响模式识别的；（2）在一个尺度上的不同层次是如何影响对社会现象解释的；（3）在一个空间、时间或数量尺度上，某一层次的现象得出的理论命题如何可以在另一尺度上（较小的或较大的，较高的或较低的）产生；（4）在一个尺度上，特定的点或区域，其过程如何可以被优化。

1. 尺度和识别

由于科学是寻求和对某种模式的解释，因此，所有的科学调查都明确地或隐含地将尺度结合到识别研究对象的过程中。识别一个特定模式的具体行为意味着已经采用了尺度、范围和分辨率的概念。这些对尺度、范围和分辨率的选择，严格地影响着将要观测的模式的类型，因为在一个分辨率或范围上表现出来的模式可能在较低层次或较高层次上消失。

对识别特定模式的特定尺度的显性选择，一般来说，越来越被自然科学学者自觉地采纳。自然科学者习惯于在一个学科内明确命名的层次结构系统内工作。科学工作者共享这些层次的理解，并同意其效用。因此，在亚原子物理学或细胞生物学领域的选择工作限制了要研究的模式的分辨率和范围。另一方面，社会现象可能包括，也可能不包括清楚的层次结构系统。特定社会科学学科或子学科的存在，或许可以帮助研究者约束关于模式的调查和它们的原因（如心理学者一般研究个体，人类学者研究小社区等）。然而，经济学者、地理学者、历史学者、政治学者以及社会学者分析家庭、居民区、城市、地表景观、区域、国家、国际关系以及全球模式，都取决于他们工作的子学科或他们特定的实质性的兴趣。学科和子学科领域以及它们的构成部分影响一个社会科学者不自觉的尺度选择，但不完全由它决定。关于他们使用的适当的尺度的分辨率和范围，社会学者很少有共识。社会科学一般是由寻求解释社会问题或议题驱动的，因为这些现象包括了尺度、层次、范围和分辨率范围内的前因和后果，他们的解释需要更广泛的范围。

2. 尺度和因果过程的解释

尺度和层次能帮助识别模式，但不能解释它们。然而，为了对特定模式的因果关系进行描述，明确地或隐含地需要利用尺度和层次概念。要解释与尺度和层次相联系的关键问题是：用于解释模式的变量是它们自身与模式处于相同的层次，还是不同的层次。向下的因果关系是指用于解释的关键变量或变量组产生于比模式（或因变量）高的层次。向上的因果关系是指用于解释的关键变量或变量组产生于比因变量低的层次。当研究者使用发生在不同层次上的变量，解释在一个特定层次上的现象时，他们必须避免几种众所周知的谬误。当一个研究者将高层次（或宏观）模式的原因归因于低层次（或微观）模式引起的相同的原因时，个人主义的谬误可能发生。生态谬误就是这样的一些谬误，即将在低层次（或微观）模式的原因归因于高层次（或宏观）模式引起的原因是相同的。这样的谬误能够反映缺乏理论意识，或缺乏在适当的层次数据的可用性。不适当的解释也可能发生在相同水平使用的一组变量。当结果来自于一个一定层次的一个亚群，被用于解释在相同层次上的另一个亚群，没有确定相同的初始条件和多个地点存在的过程时，跨层次的谬误可能发生。

3. 尺度与概括

除了解释在一个层次上产生的现象，尺度的中心任务是试图从一个层次或尺度到另一个层次或尺度的概括，即使用在一个层次上发现的，关于实体交互作用的理论命题，解释在不同层次上的关系操作。尺度上推用于从低层次到高层次的调查结果。例如，在空间方面，尺度上推是指从小尺度或微观层次系统到中观尺度，甚至宏观尺度分析的调查结果。

在试图概括跨层次或尺度方面，理论起着重要的作用。在观测了发生在一个或多个地点的过程以后，科学工作者开发了理论和模型，用于解释为什么观测到的模式会发生。理论可能最初是为解释那些主要发生在小（大）组群，或小（大）空间范围，或在一个短（长）的时间框架的现象的。但是许多理论在一个理论架构内，关注关键理论变量的行为体、空间或时间的数量，而不是限制理论适用性的影响因素。一旦理论已经形成，并用于解释一个尺度的一个或另一个层次的现象，接下来它很可能用于解释具有明显不同尺度的现象。为了将这个理论用于在不同层次的类似过程，科学工作者可能发现，在基于一般理论解释方面，辅助变量是需要的。他们也发现，关键解释变量显著变化，用于解释在明显更小的或更大的层次上的现象。

4. 尺度与优化

在所有的研究中，通过尺度和层次的选择，对探索的问题进行优化是明确的，因为从定义来看，优化关注已知程度的过程。优化问题被广泛应用于经济、城市研究、联邦体制的研究和生态学。在经济生活中的工作是寻求确定关于一个生产单元的最佳层次。在这种情形下，层次是指生产设施产生的输出的数量，即“流通”。生产的最佳层次是指一个产品的第 n 个单元的边际成本等于从这个单元获得的边际收益。学者和决策者问类似的优化问题是认为这个现象与公共部门有关。例如，城市的最佳大小是什么？在一个区域，城市群的最佳分布是什么？公共利益提供单位最佳大小是什么？在许多这些问题中，尺度要么被用于政治单元的空间范围，要么被用于包括的因素的数量。当经济学者关注最小长期生产成本时，城市研究学者关注城市服务产生的成本以及城市生活的各种类型活动之间密切相关的距离。

优化过程也是进化生物学的核心。进化理论通过对个体生物对小环境的适应度的优化，对突变和自然选择过程进行预测。适应度定义为一种成熟的、具有再生产能力的动物产生后代的数量。生态学者在不同的层次开展工作，趋于思考承载力的优化，即给定一个特定的生态小环境，能够充分利用这个小环境的最佳物种的类型和数目。当使用最大可持续性产量（MSY）时，生态学者也会使用另外的优化类型，即可以收获但不威胁到给定的原种层次的生物体的最大数量。MSY 是早期生态学者的一个贡献，但目前正受到有关学者的挑战，理由是缺少群体的动态信息。

尽管人们可以共享优化的技术，但在处理优化问题时，不同的学科会使用不同的目标函数。经济学者评判优化使用成本效益作为评判标准；城市学者关心效率和生产力，但经常包含诸如公平性这样的规范性标准；政治学者关心对取得高水平的公平性和效率二者的行政单元的混合性，生态学者的目标函数趋于关心物种和系统可持续性发展问题。

（三）生态学和社会学中的尺度

上述讨论的尺度问题主要是社会学关心的问题。下面从生态学出发，讨论一些尺度问题。理由是：（1）生态学者坚信尺度化问题直接与他们的工作有关；（2）生态学作为一个学科，关注的是复杂的、多尺度的系统；（3）生态学是研究全球变化人文地理关系的核心学科。（4）社会学者越来越多地用生态学的方式考虑问题。

1. 生态学和景观生态学的尺度问题

虽然生态学者感兴趣的话题是多样的，从种群动态和协同进化到环境变化，但尺度问题是这个学科的核心。随着景观生态学的发展，对生态学者来讲，尺度问题变得越来越重要。尺度被用于寻求调查生态过程和空间格局之间的关系、相邻空间单元之间相互作用的发现，以及空间异质性的原因和影响。尺度的概念是生态学者应重点理解的概念，因为他们最典型地是试图按照较低层次单元交互作用的聚集，理解一个生态系统在某个层次上的动态性。

生态学者很明白，模式识别取决于他们要测量的空间尺度。本应使用精细分辨率，却使用粗分辨率在一个尺度上按照相对同质方式探测到的模式可能消失，反之亦然。生态学者也深深地意识到范围和分辨率（或粒度）会影响观测到的模式的特性以及可能被传递的信息类型，如图2-42所示。

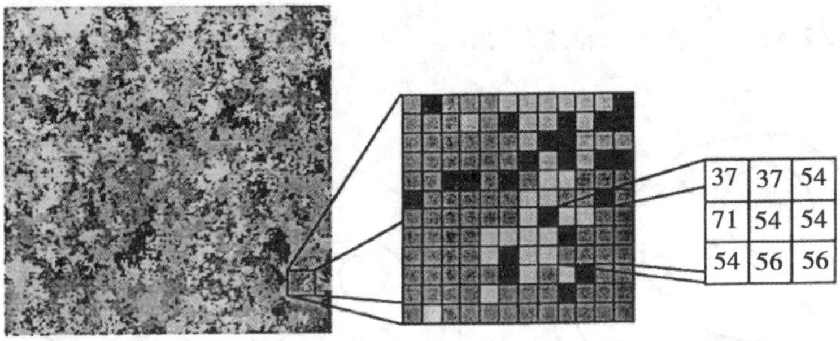

图 2-42　由采样点矩阵组成的森林景观模型的一个采样输出（消防和景观保护部门按照同龄树龄采样点组成的栅格图进行管理。采样点按树龄对景观图进行着色分类。新的采样点用浅色，旧的采样点用黑色。右边的图是以年为单位的树龄数字表示的一组采样点）

在解释尺度问题时，生态学者遇到的问题是：栅格单元、生物体、种群、社区、生态系统、景观、生物群落以及在生态学中已经成为主要概念的生物圈传统定义的层次问题。在这个方案中，概念尺度上的较高层次也趋向于较大的空间尺度。然而，一个较大的尺寸，在概念尺度上不总是对应一个较高的层次。一个简单的例子是，在一棵树中发现的一个蚁群。一个单一的生物体（树）大于一个包含许多生物体（蚁群）的社区，因此，如生物体和社区的生态概念趋于这样的一个功能单元，它们在概念尺度上被排序，但与空间尺度没有必然的联系。

一些生态学者最近试图基于严格的时间和空间尺度替代定义的层次，认为传统的层次定义仅仅是“从背景告诉前景，或从它的内容告诉对象”的一种方式。作为这种努力的一部分，生态学者已经注意到，自然过程似乎不能在一个浑然一体的网络中操作，这将需要在所有的层次上全面理解过程，以解释和预测自然过程的结果。许多过程都会通过自组织过程的小集群产生实体的聚集，如海洋、淡水和陆地生态系统。因此，一种解释自然过程的方式是使用自然尺度和发生的频率。

层次结构理论，企图直接面对尺度问题的框架，就是根据自然尺度的思想建立的。层次结构理论的出发点是将过程的任何复杂的系统分解为一系列的层次结构实体。如图2-43、图2-44所示。

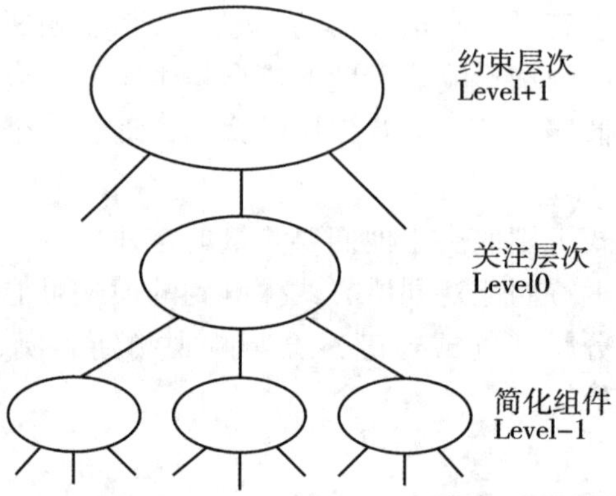

图2-43　层次结构理论约束的示意（这个方法可以用于任何尺度层次）

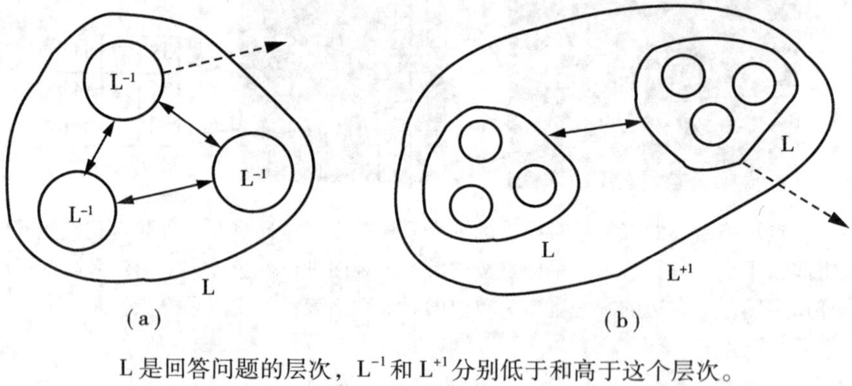

L是回答问题的层次，L^{-1}和L^{+1}分别低于和高于这个层次。

L^{-1}与超越外部世界的L的弱连接变成L^{+1}层次内的强连接

图2-44

这个系统的兴趣是考虑对0层次进行分析，但它是层次+1和层次-1的组成部分。

层次结构理论的中心思想是，理解任何复杂的系统，取决于对时空分辨率较高和较低层次上的制约因素的理解。这些较高和较低的层次提供了环境制约因素，并能产生在过程或现象方面必须保持的“约束信封”。

虽然具有概念上的吸引力，但层次结构理论很快就陷入了与尺度有关的问题。为了刻画“约束信封”的精度，分析员必须做到：（1）清楚地识别研究的尺度和层次，以及它们对现象的适用性；（2）知道重要变量对不同尺度和不同层次现象的影响；（3）知道什么时候转换尺度或层次，以及认识自上而下或自下而上的思想涉及的问题；（4）跨尺度和跨层次的采样和实验。另外，任何现象的因果关系可能发生在高于或低于要分析的层次；一些过程可能会被某个层次隔离，而另外一些则不是这样；对扰动的响应强度会在较低的层次上变化；研究的过程在时间和空间上可能不是线性的；交互关系的复杂网络和回馈经常包含延迟和（或）不连续性；生命系统一般远离任何稳定的平衡状态，等等。因为这些自然过程通常是复杂的、非线性的和非连续的系统，实现自上而下或自下而上的概括是远远不拘泥于这些细节的。

生态学者已经将生态问题嫁接到了巨大尺度层次上，如温室气体、区域和全球生物多样性等。在生态分析中，需要考虑的尺度和尺度缩放问题变得越来越重要。科学工作者认识到了预测是与尺度和层次相关的，单一机制很少能用来解释在不同层次上发现的模式。

2. 地理学中的尺度问题

地理学者主要的任务之一是解释空间格局。对于一个特定的研究者来讲，根据空间问题的内容，地理学可以分为一些平行的、绝大多数学科跨越自然科学和社会科学的子学科，如自然地理学包括地貌学、生物地理学和气候学。人文地理学包括政治、经济和城市地理学。但是给予地理学者学科身份的是他们对空间关系的明确考虑。因此，空间尺度在这个学科中是明显重要的，并且这个尺度跨越“从一个单点到整个地球”。随着地理学者已经解决的众多与全球变化有关的问题，他们也增加了对空间尺度和时间尺度之间联系的认识，如图 2-45 所示。

传达最有效的相关信息的分辨率和范围的选择一直是地理学的中心问题。多数方法论和抽象方法讨论尺度问题，直到中世纪才在自然地理学和人文地理学中开始，此时地貌学者开始解决这个问题。现在，尺度问题是自然地理学和人文地理学二者方法论讨论的中心问题。区域尺度在 20 世纪上半叶一直被使用，直到新的研究技术出现。结合需要一个更科学的解释模式，导致了更多的微观尺度的研究。直到现在，大多数地理研究在微观尺度上收集数据，最终有助于较大尺度的地理目标。然而，鉴于对全球现象兴趣的增加，地理研究开始向着中观尺度和宏观尺度方向转移。

与生态学者一样，地理学者已经发现考虑尺度问题对模式的识别和解释是基本的。尽管正在辩论要分析的地理过程需要怎样的合适的尺度，但广泛的共识是存在的，即一个给定现象的解释变量按照分析尺度的变化而变化。正如图 2-46 所示的那样，位置随测量的范围变化而变化。

人口迁移是一种发生在不同空间尺度上的现象，如在城市区域、在一个区域、在一个国家或跨越国家边界。城市内部的迁移与个体层次的变量有关，如年龄、教育和个人家庭收入等。另一方面，在国家内的迁移，主要由汇总变量解释，如劳动力的需求、投资、商业环境和收入等。如果空间尺度或层次是固定的，则变量也可能按照时间尺度变化，例

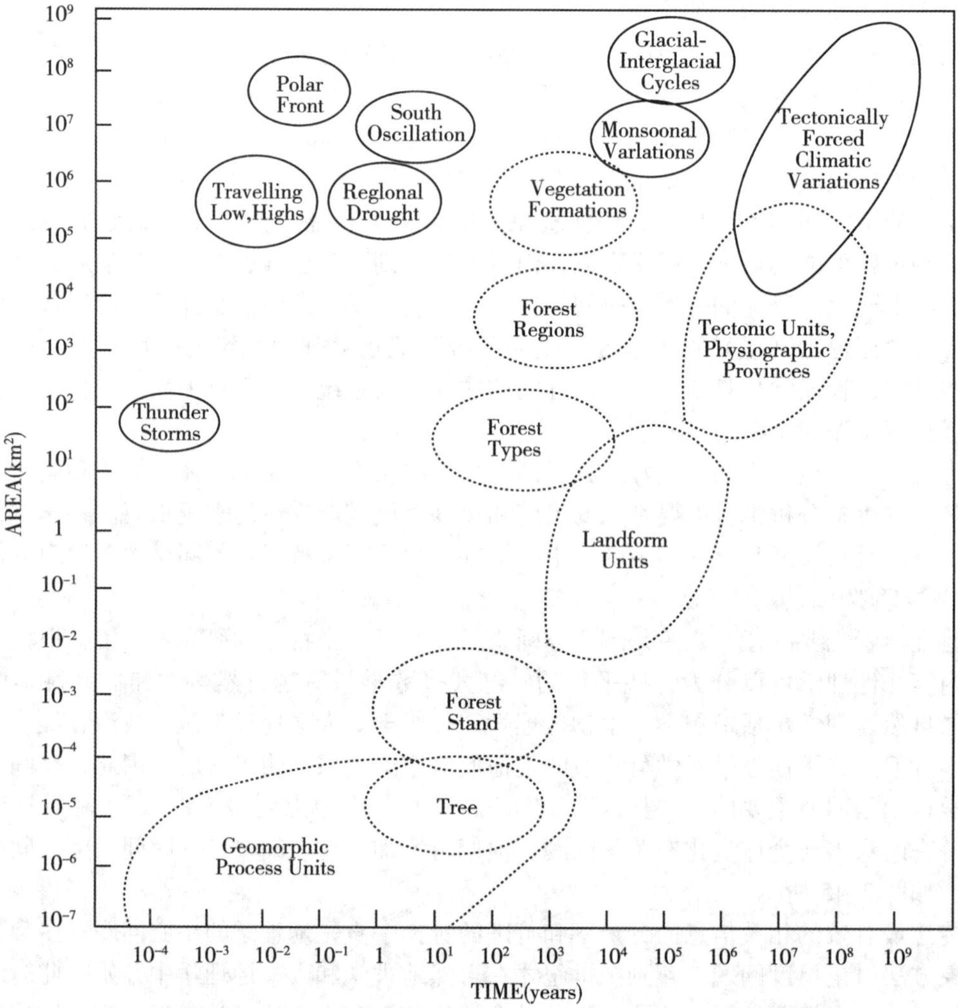

图 2-45　大气圈、生物圈、岩石圈中的一些重要特征在时空中的显示（气候单元用实线轮廓表示，生态单元用线虚线轮廓表示，地貌单元用点虚线表示。生态是指功能而不是空间概念，但这里只表示了一种生态系统（森林植被），因而表示的是相对尺度差异）

如，在山区或周围与降水模式有关的不同变量按照时间层次的小时、天和年变化。

行为地理学者会检查个体活动的时间尺度和空间尺度之间的相关性。时间尺度、空间尺度和常态化的程度在许多人类活动方面是高度相关的。在一个层次上表现为有序的模式，可能在另一个层次上表现为随机的。例如，鞋店在吸引更多的顾客方面表现为聚集模式，但在一组鞋店中，每一个鞋店试图把自己置身于尽可能远离其他鞋店。

当泛化的命题跨越地理学的尺度和层次时，它可能导致共同的推理谬误。这些推理谬误常常归因于理论的贫乏。事实上，它们经常反映为缺乏数据，或在多层次上收集数据的局限性。对地理学来讲，人们发现，富数据的变量是在“近全球层次”，而贫数据的变量

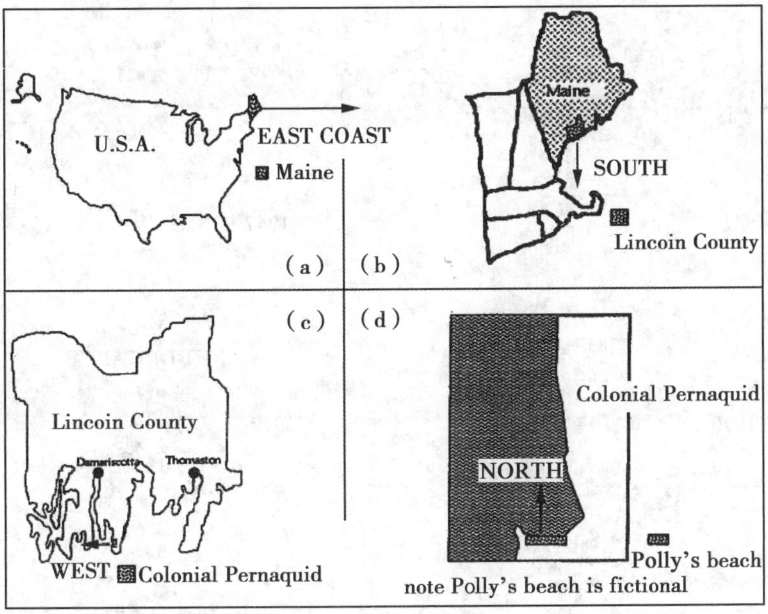

(a) 缅因州位于美国的东海岸，所以它的海岸线主要面向东方；(b) 缅因州的林肯县，其海岸线朝向南方；(c) 林肯县的佩马奎德村，海岸线朝向西方；(d) 佩马奎德村的海滩的海岸朝向北方

图 2-46　缅因州的海岸的方向可能改变，取决于尺度的选择

则在较低的层次。有学者建议，使用富数据、高层次变量作为低层次过程的理论约束，以帮助预测低层次现象。

随着全球化现象越来越引起人们广泛的兴趣，导致了一些人文地理学者去讨论新的尺度推绎类型问题。在全球化后现代解释方面，人文地理学者断言，尺寸和对象之间关系的尺度是重要的。三种尺度类型——绝对尺度、相对尺度和概念尺度涉及不同的关系。绝对尺度独立存在于正在研究的对象或过程。传统制图学、遥感以及测绘科学使用绝对空间尺度。通常是基于格网系统，定义对象的位置和测量它们的大小。使用绝对尺度的好处是，当一个较大（较长）的实体包含几个较小（较短）的实体时，层次结构系统可以很容易地产生，如国家-城市-分区-居民区，世纪-十年-年-月-周，等等。

地理学者也很重视相对空间，他们试图概念化空间中的过程和机制，而不是空间自身。相对尺度是由研究的对象和过程定义的，而不是用来定义对象和过程的。空间的相对概念认为空间是“物质对象或事件世界中的位置性质”。而绝对空间的概念是“所有对象的容器”。相对空间在行为地理学研究方面是相当重要的，因为它关注个人的空间感。当我们就一个生物从一个地方到另一个地方改变它的位置所需的时间和能量进行距离测量时，绝对距离很少与相对距离对应。Forer（1978）表示了空间的可塑性。他研究了时间和净距离问题，以此来对从 1947 年到 1970 年之间航线网络增长后到达不同地点的进行比较分析，如图 2-47 所示。

地理学者经常使用“全局尺度”、“局部尺度”这样的术语，来强调概念层次。全局

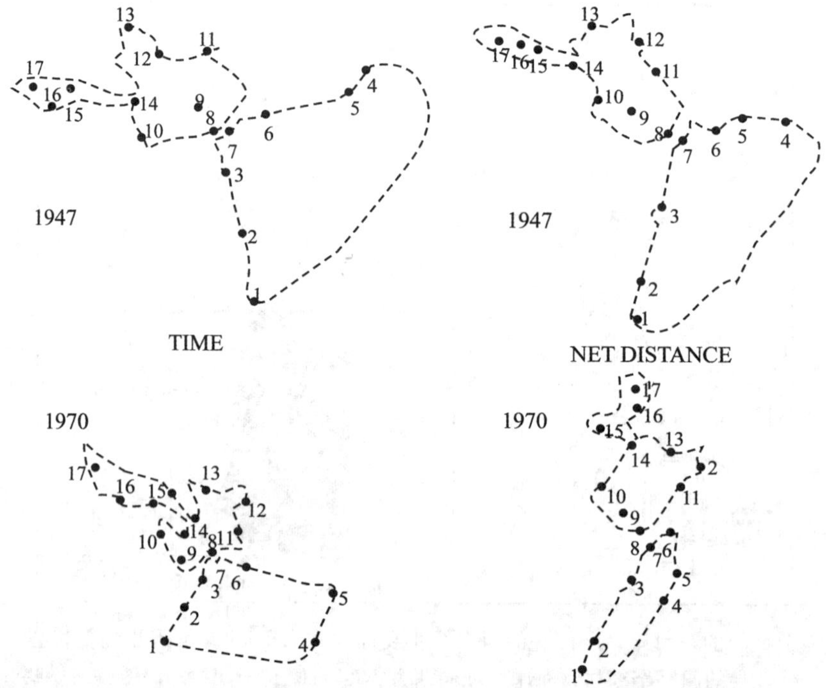

图 2-47 空间可塑性的例子（四幅图是根据新西兰航线系统 1947—1970 年变化的数据构造的。左边的两幅图表示，测量的时间距离是如何按照航线网络的增长和旅行速度增加而变化；右边的两幅图表示，旅行的净距离是如何随网络变化）

和局部很可能对应于这样的概念层次：整体的、综合的和部分的、离散的、语境的。在自然地理学中，提到空间尺度也意味着时间尺度。在人文地理学中，意味着空间与概念尺度是相联系的。

3. 经济学中的尺度问题

经济学有两种不同的理论，即微观经济学和宏观经济学。微观经济学趋向研究由生产者、分销商、零售商和消费者，当他们处于不同的市场结构时，面对的激励机制。宏观经济学研究大尺度经济现象，如在一个国家层次，各种经济力量是如何影响储蓄率和投资率的。很少经济学者企图将这两个不同理论联系在一起。

然而，最近，Partha Dasgupta 解决了在经济理论中与跨越空间尺度和时间尺度相联系的值得关注的问题。他建议经济学的核心是企图解释“通过以百万计的个人决定等各种途径，人类可能会引起产生社区和社会的突变特征”。突变特征是指通货膨胀率、生产率、国家收入水平、价格、各种资本类型的股票、文化价值和社会规范等。然而，他也指出，在任何特定时间周期内，个人决定是受这些特征影响的。一些突变特征是快速变化的（如国家收入和通胀率），一些则是变化慢的（如文化价值、机构、规范等）。当经济学者研究短期问题时，他们会将变化慢的变量作为外源的，而关注变化快的变量，以简化他们的分析。这对许多经济问题是一个成功的策略。但 Dasgupta 指出，在生态学中多次调查的结果，在快速和慢变量之间的界面上会产生一些重要的现象。

微观经济学者感兴趣的是尺度和优化问题的经济学问题，所以尺度问题必须解决。尺度（规模）经济学（或递增尺度（规模）回报）是指这样的一种现象，即在一个区间输入的增长产生的结果多于按比例的输出增长。生产过程输入和输出流的量或大小代表了这个过程的特定层次。在经济学中发现的许多命题是根据输入和输出层次之间的关系表达的，接下来是如何对优化结果进行决策。受益递减规律是指当输入因素持续增加时（同时其他因素保持不变）额外输出递减的量。成本增加规律是指为了获得与一种货物同等的额外的量，应当牺牲其他货物曾经增加的量。输入的最优结合是一个给定输出量的最小成本的输入因素的结合，是通过均衡每个输入因素的边际生产力得到的。一个社会的最优群落是在给定的社会资源和技术条件下，能最大限度提高人均收入的群落的大小。

在微观经济学中，概括问题也是要研究的。Paul Krugman 研究了概括的理论命题，解决了一种尺度与另一尺度的交互问题。这个理论的基础是在垄断和寡头垄断条件下，企图解释商业行为和商业机构，基于竞争市场是没有用的。这个理论对研究国际贸易是有用的，概化使处于一个市场的商业行为和机构（国内）应用于国际层次。

4. 生态经济学中的尺度问题

生态经济学者研究研究经济现象，比传统经济学具有更广的角度，他们不仅要结合人文社会，而且要结合生态过程。许多生态经济学者拒绝短视的和主流的新古典经济学的以人为中心的观点。他们也与环境经济学者不同，后者似乎只是关注新古典经济学对环境方面的应用。取而代之的是，生态经济学者采用了更广的、更全面的分析尺度。概念上，空间尺度更大、时间尺度更长。生态经济学者批评新古典经济学的“方法论上的个人主义”，因为把生态经济环境仅处理为是人类经济活动的一个外源性约束的短视经济思想的理论表达，并认为这种窄尺度的经济分析是要为经济系统的混乱和自然资源的过度开发负责的，将毁灭人类生存的基础。

经济对象的量化尺度在生态经济学中也是一个重要的尺度问题。生态经济学者讨论尺度集中在“吞吐量的物理量”或“与生态系统相关的经济学的物理尺度”。他们把生态系统处理为相对固定的实体，并指出经济增长是依靠利用生态系统。这种方法把经济研究的焦点从尺度的经济学转移到经济学的尺度，即在经济学中的所有家庭和企业的尺度。生态经济学者认为经济的尺度对分配分析不应该被减少，但作为人类经济活动的一个约束，在一开始就应当被解决，即一些事情不应该由价格系统决定，但应由可能被纳入可持续性发展的社会决策决定。

5. 城市研究中的尺度问题

在城市研究中，尺度的主要应用是人口。城市的规模和大小，除非有特别的规定，等同于生活在这个区域的人口数。城市研究者也经常使用替代的尺度测度，如城市的主动劳动力、家庭数量、产品附加值和空间面积等。

最佳城市大小的问题是城市研究的中心问题。这也反映在各种二级研究命题，如新城市的规划、现有城市扩张的限制、恢复重建或恶化城市的重建、城市民防的疏散、城市人群的分散化、工业位置的控制等。反过来，这些命题取决于不同的优化问题，如国家的最佳人口、城市相对于农村人口的最佳比率、不同大小的城市的最佳模式、作为附属区域服务中心的主城区的最佳大小、居住单元的最佳大小、特定的城市或特定类型城市的最佳大小等。初看起来，这些方法都是简单的，但城市研究者需要与相当复杂的、广泛争议的现有测定方法以及对这些现象的优化工作做斗争。

城市研究者解决最佳城市大小问题最广泛、最密集的应用集中在1970年。他们经常提出这样的问题，即确定在最大限度增加人均收入的最优城市分布和不同大小城市的层次结构问题。城市研究者也考虑非经济问题，但不降低优化城市大小的模型所使用的因素的显著性，包括物理布局、健康、公共安全、教育、通信、娱乐、教堂、自愿团体、家庭生活和心理特征等非经济因素。研究者已经发现，在城市大小和这些期望的条件之间不存在一般关系。

6. 社会学中的尺度问题

尺度问题在社会学中一直是比较含蓄的。有人对传统社会学理论的许多方面提出批评，是因为它们解释社会过程是抽象的，没有特定的时间和空间限制。Tilly首次确定了分析尺度的方法，并用于发现基本过程和在这个尺度上的结构。他的研究结论是存在多过程，一些给定的空间和时间尺度层次比其他过程更基本。例如，他认为，在西方世界，从15世纪到19世纪，生产和胁迫的形式与资本主义的发展和国家状态有关，控制了所有其他进程和形成了所有的社会结构。研究历史进程应当从“定位时代、地点和在这两个主要进程中的人”开始，并制定进程的逻辑。如果有人接受这个认识，在全球变化方面研究人文因素，则应当从下面几点开始：（1）确定在影响当代全球环境变化方面，选择哪种空间和时间尺度是关键的问题；（2）识别驱动过程的基本过程（如商业化、工业化或人口增长等）；（3）研究这些基本过程彼此之间是如何联系的；（4）解决系统性的大尺度比较问题，帮助我们理解所涉及过程的结构。

Tilly的研究工作也关注分析层次的概念，即较高的层次对应较大的空间和时间尺度。他认为，关键的过程和结构是随分析层次的变化而变化的。当他表明特定社会关系的历史与世界历史之间的层次数是任意数时，指出四个层次是有用的：（1）在世界历史层次，帝国的兴衰、世界系统的交互以及生产方式的变化是与调查的过程有关的；（2）在世界系统层次，世界系统自身和它的组成部分，如大的胁迫和交换网络，是分析的焦点；（3）在宏观历史层次，历史学者和社会学者感兴趣的主要结构和过程，如无产阶级、城市化、资本积累和官僚化变成了有效的调查焦点；（4）在微观历史层次，主要工作是建立历史进程与个体和组群的经验之间的联系。

Coleman（1990）解决了分析多层次社会系统的问题。Coleman批评了Weber（1958）的对“新教伦理和资本主义精神”的认识，这两个认识使用了在一个层次上的宏观现象去解释在同一层次上的另一个宏观现象。通过忽略低层次现象，Weber（以及其他使用这种方法的人）忽略了低层次现象如何反作用于宏观现象，然后如何改变它。根据Weber的认识，这意味着新的宗教主义会影响个体的价值，导致经济现象价值的改变，产生个体之间交互的新模式，最终产生新的社会系统。

7. 政治学和政治经济学中的尺度问题

像其他科学一样，尺度和层次将政治学分为不同的子学科。许多政治学者关注行为和运行在不同地理层次上聚集的政府单位的结果，如局部尺度、区域尺度、国家尺度和国际尺度。人类聚集的层次也会影响政治学者研究内容，如许多研究者关心个体的政治行为（特别是选举）、政治团体的其他特征（特别是政党和感兴趣的团体）。然而，绝大多数政治学者进行的研究趋于直接关注学者主要感兴趣的特定层次，不需要特别注意在这个层次上的现象如何与较高或较低层次上的现象的联系。两个例外值得解释：一是联邦制的研究，是多层次理论的核心，与关系有关；二是机构分析和发展（IAD）框架，关注规则的内嵌性层次和选择平台。尽管尺度的概念在政治学的子学科鲜有明确的解释，但一些最重要的实质性和方法论问题已经由基本与尺度和层次问题有关的政治学者解决。

在政治经济学、公共选择、社会选择领域的学者，关注个体和组群偏好之间的关系，其中尺度和层次是核心。Arrow（1951）认为，从所有的个体偏好函数，进行尺度上推，在满足一个聚集过程所期望特性的，表现出是一组基本公理方面，产生组群（或总体的，或公共兴趣的）的偏好函数是不可能的。

二、空间尺度

比例尺概念经常用于地图制图领域。“制图比例尺”或“地图比例尺”是指早期用于纸质地图产品绘图表示的比率，如制图比例尺是1∶1000，表示地图上的1mm代表地面上的1m（或1000mm）。

制图比例尺也经常用于非制图领域，用于描述一个区域的大小。在这种意义上，一个大的研究区域，被说成是具有大尺度。这时使用“范围”这个术语，更适合描述研究区域尺寸“大小”这个尺度概念。在生态学应用中，这个尺度概念也被称为“空间域”或“空间场”。

尺度的概念有时被解释为“分辨率”，即能够清晰分辨的最小元素，如电子显微镜的分辨率远远好于普通显微镜的分辨率，一分钟的时间量测要比一小时精细。在遥感影像方面，影像分辨率是指一个影像像元代表的地面实际尺寸，如1m分辨率的影像，表示一个像元的尺寸代表的是地面1m×1m的区域。CCD数码影像，使用的分辨率是指CCD成像芯片的CCD单元的数量，如500万像素好于100万像素；在相同的距离，对相同范围的地物摄影，可以获得更清晰的影像。

在TGIS的分析和建模的大多数应用中，还有“操作尺度”或“处理尺度”的概念。例如，在农业可持续性发展监测中，对一个单株小麦植物的处理，相对于一块麦田来讲，就是在一个较小的空间范围内进行的。操作尺度或处理尺度，是指数据分析和建模使用的空间单元的大小或处理时间长短。

在地理监测中，多种不同的空间和时间尺度是大多数物理问题的核心，以及数学建模问题的核心。

三、时间尺度

时间也具有尺度，如一棵树通常比一株小麦具有更长的生长周期，即具有更长的时态变化范围，因此，在时空结构方面，一棵树通常比一株小麦占据了较大的体积空间，简而言之，树木比小麦植物通常具有更长的生长时间和占据更大的空间。很明显，在这个树-小麦的例子中，说明了不同的生命形式是运行在不同的时间和空间尺度上的。因此，我们可以得出结论，在一个尺度上建立的模型，或许不能完全应用到其他尺度上（即针对树木建立的模型可能不能应用于小麦植物）。在上述的例子中，这虽然是明显的，但对复杂环境条件下的建模，对从一个尺度域变换到另一个尺度域，确定是采用尺度上推还是尺度下推，哪种方式更合适，不总是那么容易的。例如，对应于一棵独立的树建立模型，是代表一组树还是森林，对这个问题的回答依赖于建模的过程（部分决定跨越尺度的模型的可转移性）以及数据的有效性。许多为小空间范围开发的模型（通常是短时间范围）是“数据贫乏”（data-hungry）的和不容易应用于大空间范围的（通常是较长的时间范围）。这个问题用从一个尺度到另一个尺度转换的水体平衡模型可以得到解释。

在土壤学、生态学、水文学研究中，经常使用到尺度上推（upscaling）（在空间或时间尺度上，通过跨越地理尺度，从小尺度上推到大尺度）和尺度下推（downscaling）（从大尺度到小尺度）方法。尺度上推和尺度下推分别不等同于聚集（aggregating）和解聚（disaggregating）的概念。尺度上推和尺度下推在 TGIS 建模方法中，包含了根本性的变化，而聚集则意味着测量尺度的合并，解聚意味着测量尺度的分割或拆分。例如，作物产量可以从一个分区聚集到一个县级水平，这只需要简单地累加分区水平的作物产量。周降雨量总量可以分解为每天的降雨量，只需要具备一些降雨模式的知识。

与 TGIS 相关的尺度的原始定义中，分辨率和范围的概念都包含在“地理尺度”概念中。后来人们修改了这个概念。将地理尺度中的分辨率和范围修改为两个相关的不同独立概念。例如，空间范围概念，整个中国是一个大的空间范围，整个国家可能不能使用 10m（精细分辨率）的格网数据进行建模，因为数据量可能太大不能存储在当前的计算机硬件，或处理花费的时间可能太长，最有可能的是采用 1000m（粗分辨率）的格网建模。

就时间范围来讲，对于土壤发生变化的过程，它的发生时间需要经过一个较长的时间（大范围），需要一个较粗的测量尺度和时间分辨率进行描述。而对于季节性作物的用水量过程，可能只发生在少量的几个月内（短时间范围）。

在层次结构理论方面，在生态学和景观生态学应用中的一类多层次建模，时间和空间尺度在彼此关系上趋于共变，即对于发生在大区域上的作业过程，同时也是发生在长时间周期上，发生在小区域上的过程，同时也是发生在短时间周期上，如上述树-小麦的例子。然而，这个原则不适用于所有的环境科学。例如，极端气候事件，比如飓风和台风发生在大的区域，却具有相对较短的时间周期。因此，最小制图单元（空间的）的制图概念，还需要包含时间成分扩展到 TGIS。TGIS 中的最小元素，时间和空间成分都需要置于作业尺度（或处理尺度）和分辨率尺度范围内。如果两者不匹配，变化趋势或许不能被探测，因为任何一个单方面的测量都会受到发生在不同时间和空间分辨率的过程的交叉影响。如果空间分辨率或时间分辨率太小，处理过程会产生较大的噪声干扰，任何的时间或空间变化趋势将得不到正确的结果。另一方面，如果分辨率太大，则建立的变化过程可能为表现为变化缓慢的趋势。

TGIS 具有不同的环境应用。最新的研究应用包括城市系统、农业气象学、农村土地利用、土壤条件的相关变化、干旱、水产植物学、水文过程、区域蒸发和散发、大气过程、地貌学、海洋渔业等。TGIS 应用最明显的共同特征是广泛使用遥感方法监测环境和 GIS 数据更新。

四、精度尺度

精度是衡量监测成果的一项重要指标。精度尺度是指对地理监测对象进行几何测量、数据分类、数据统计和分析、表达结果使用的精度水平、精度测度的范围或准确程度的定义。在地理监测方面，根据监测的目的，监测对象的特点、监测成果的应用领域，对精度的要求存在不同要求。因此，存在用什么样的精度尺度进行监测的选择问题。精度尺度的选择与空间尺度、时间尺度的选择密切相关。精度尺度受到空间尺度、时间尺度的制约，并依赖空间尺度和时间尺度的选择。广义的精度尺度含义还包含地理监测空间尺度、时间尺度、语义尺度选择的适当性或准确性，即是否是最佳尺度的评判标准。

对关注位置变化、几何形状变化信息的监测项目，几何精度要求是严格的。不准确的位置测量和信息提取，会影响监测的结果。如土地变化监测、路网变化监测等，都十分关注地块的边界、道路位置的精确测量。应根据监测的尺度，选择对应的精度水平或范围。

对关注属性变化信息的监测项目，有时对几何精度的要求可能不那么严格，但对调查的属性项的完整性、分类的准确性等会提出较高要求，如城市规划、区域经济规划领域等。有时，关注属性变化趋势信息的监测项目，对数量的绝对统计分析结果的精度要求也会较低，仅对相对精度要求较高，以满足变化趋势预测为精度选择的标准。

在一些应急监测、突变现象监测方面，会对时间精度提出不同的要求，如对监测的时间间隔的划分、时间点的选择和监测频度的精度等。

对监视性监测项目，可能对几何精度和属性精度均没有更严格的精度要求，只是关注监测的对象的存在性，如雨后高速公路是否存在滑坡、滚石的巡视性监测，以及城市违章建筑的存在性监测等。

对监测数据的处理、统计分析、监测结果的表达，也会随监测的尺度不同、应用目的不同，而提出不同的精度水平或范围要求。

五、语义尺度（属性尺度）

在维度空间，地理对象（地理实体、地理现象、地理过程）可以通过空间维、时间维和语义维（属性维）表示。在尺度维空间，它们分别对应空间尺度、时间尺度和语义尺度。

（一）语义尺度的内涵及表征

语言是任意的符号系统，语义是词、短语、符号代表（指称或称为）的事物或意念。语义也可以简单地看做是数据所对应的现实世界中事物所代表的概念的含义，以及这些含义之间的关系，是数据在某个领域上的解释和逻辑表示。语义具有领域性特征，不属于任何领域的语义是不存在的。地理数据本身没有任何意义，只有被赋予含义的数据才能够被使用，这时候数据就转化成了信息，而地理数据的含义就是地理信息语义。实际上，地理信息语义就是地理对象实体及其属性的具体含义，告诉人们某个地理实体是什么，具有什么样的性质。地理信息语义的载体是地理数据，显示出来就是符号表达系统，地图的注记和图例具有语义的指称意义。在空间数据库中，描述地理数据空间特征抽象程度的是空间尺度，描述时间特征抽象程度的是时间尺度，而描述实体属性抽象程度的则是语义尺度。

实际上，地理信息语义尺度是对地理信息所表达的地理实体、地理现象组织层次及其属性的分类与结构体系在语义抽象程度上的规范与界定。

语义粒度和分辨率是刻画地理信息语义尺度的主要指标。有的学者认为，在地理信息数据库中，粒度和分辨率的意义是相同的，但使用习惯不同，它们都反映了对某类地理对象属性的抽象程度。语义粒度表明了地理信息数据库中所表达的语义层次中的地理实体类及其属性的级别。与语义粒度相联系的是语义层次性，语义层次性是指由于对实体及属性描述抽象程度不同而构成的一个从高到低的等级体系。语义分辨率是在语义层次、类别上划分的最小粒度，有两种语义分辨率：（1）集合语义分辨率；（2）聚合语义分辨率。集合语义分辨率，表现的是地理对象及其属性的抽象分类层次与类别体系，反映的是地理实体及其属性之间的类与超类。类别划分越详细，分辨率越高。如图 2-48 所示，以土地利用为例，从上到下土地利用的种类划分得越来越详细，而从下到上分类则越来越概略，从上到下土地利用类型可首先分为农业用地、建设用地、未利用地。再向下分类，农业用地可细分为耕地、园地、林地、草地及其他用地，耕地还可再分为水田和旱地。园地、林地、草地和其他用地也可以划分为更为详细的类型。同样，建设用地和未利用地也可以向下细分。这样类型的划分越详细，语义分辨率越高，对地理对象的表达就越准确。

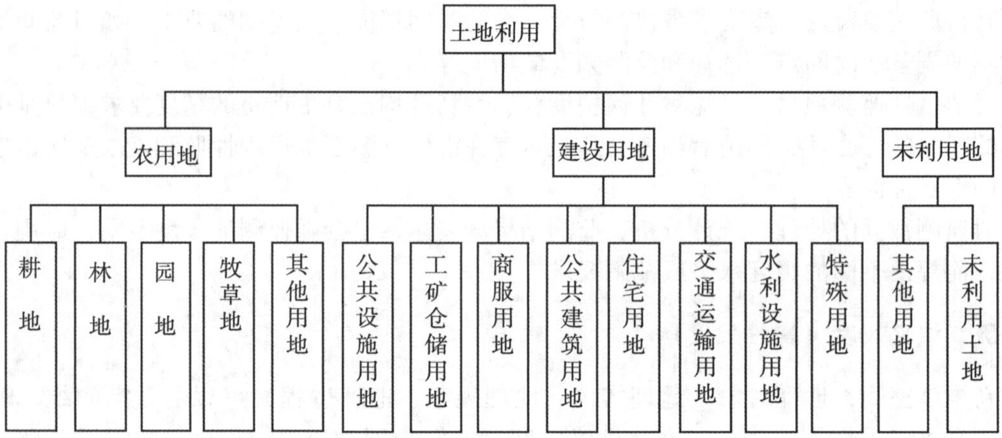

图 2-48　地理空间实体的分类关系的语义分辨率（集合语义分辨率）

聚合语义分辨率反映的是地理对象整体和部分构成情况，构成的部分描述越详细，分辨率越高。聚合语义分辨率主要表示了整体和部分之间的关系。部分关系指的是几个对象聚合成一个新对象所形成的关系。如图 2-49 所示，从上而下，医院的构成大致可以划分为病房区、内部道路、门诊区和绿化地等几部分，再向下病房区又可以具体化为住院楼 1、住院楼 2。在一定比例尺上显示的医院只能显示这是医院，而不能表达其内部结构，随着比例尺的增大，空间上可以细化，与此同时，在语义上需要把医院分为更为详细的几个部分。语义分辨率往往受空间分辨率的制约，空间结构上不能细化，其构成部分缺乏表达的载体或者说指称的对象，其语义也不能详细地表达。

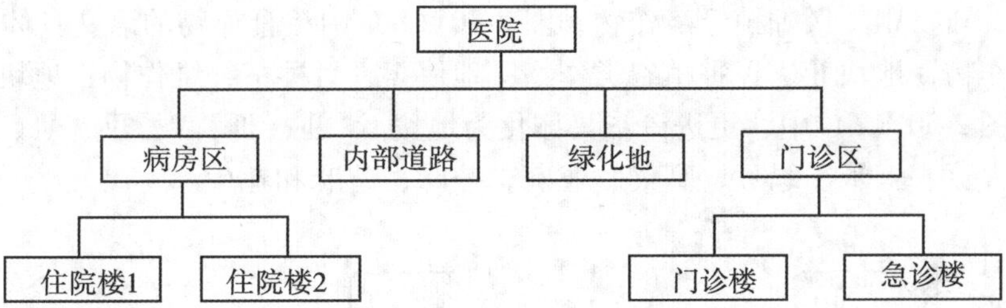

图 2-49　聚合语义分辨率

（二）语义尺度与空间尺度、时间尺度的关系

空间尺度和时间尺度主要通过一些测度来进行定量表征。空间范围是通过面积来表示的，空间粒度主要是通过面积和长度的大小来表示的。另一个表示空间尺度的量是比例尺。时间尺度通过时间长短和间隔来表征。语义尺度的表征主要是通过名称类型或者属性的划分来表征，是根据地理对象的固有特征进行区分，既涉及定性关系，也涉及定量关系。语义尺度常用的测度尺度是定名量，定名量就是地理对象及其属性的类名和实体名，类名和实体名则体现了地理对象及属性概念的具体化，显然，能够表达的地理实体的类名越具体详细，尺度越细微。也可以通过定量的方法转化为定性的命名来表达。序列量名也可以表征地理实体及其属性的等级序列，是按照某一标志排列成序列，表达为等级序列，它本身隐含定名分类，但是增加了重要与次要、大小、优劣等相对信息，如土地的分等定级：一级地、二级地、三级地等，显然，能够表征的等级越多，语义尺度越细微。语义尺度具有明显的等级层次性。

地理信息语义尺度与时间、空间尺度有着密切的联系，空间结构与语义一致性是空间数据表达的内在要求，语义尺度的刻画受到时间和空间尺度的制约。语义尺度对于空间尺度具有依赖性，一般来讲，在空间上表达得越细微，地理实体及属性类型也可以表达得越详细；语义粒度越小，语义分辨率也越高。比如，在从小比例尺到大比例尺的尺度变化过程中，语义层次逐渐细化，以地图上显示的城镇和居民地为例，在 1∶250 万比例尺的地图上可以显示县级政府所在地以上行政级别的城市，1∶50 万比例尺地图可以显示行政村以上级别的居民地，1∶10 万比例尺的地图可以显示自然村及其以上的居民地，空间分辨率增加，语义分辨率增加，显示更加详细的居民地的信息。通常来讲，大幅度的地理数据在空间上表现为范围较大，时间上一般相对于共同参照有较长的过程，语义上则表现为反映地理现象和过程的主要级别较高的地理实体及属性整体性的、抽象的大致轮廓和趋势，概括层次较高，受载体容量的限制，反映较概略的地理信息；小幅度的地理数据，在语义上则反映地理过程和现象的级别较低的实体及其属性的详细、具体的内容，具有较低的语义层次，空间范围小，时间过程通常较短。中等尺度则为一种过渡尺度。宏观的地理现象受各种表达介质和媒体的限制，一般只能用小比例尺的地图来表示，而采样时的粒度也比较大，间隔较大，而微观地理现象则相反。语义尺度受空间尺度制约，但不等同于空间尺度，有时候在时间尺度和空间尺度相同的情况下语义分辨率不同。如图 2-50 所示，3 幅图的空间尺度完全相同，即在比例尺、空间幅度、空间粒度几个方面都相同，但是在语义方面却体现出不同的抽象程度的 3 个层次。图 2-50（a）中地块Ⅰ、Ⅱ、Ⅲ、Ⅴ种植粮食作物，地块Ⅳ、Ⅶ、Ⅷ、Ⅸ种植经济作物；图 2-50（b）中粮食作物的语义具体化为地块Ⅰ、Ⅲ种植豆类作物，地块Ⅱ、Ⅳ种植谷类作物，地块Ⅴ、Ⅵ种植纤维作物，地块Ⅶ、Ⅷ种植油料作物；图 2-50（c）中，更进一步具体化为地块Ⅰ、Ⅱ、Ⅲ、Ⅴ、Ⅳ、Ⅵ、Ⅶ、Ⅷ、Ⅸ分别为种植大豆、玉米、绿豆，高粱、亚麻、苎麻、芝麻和花生。

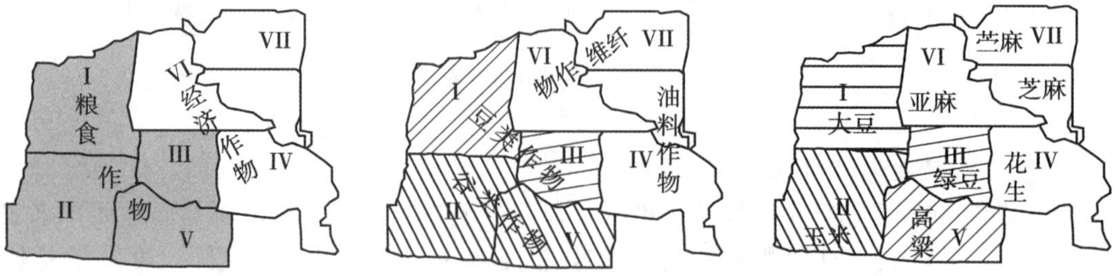

（a）　　（b）　　（c）

图 2-50　空间尺度相同而语义尺度不同

六、尺度效应

尺度效应是指同一地理现象或事物在不同研究和表达尺度上所产生的差异，是因尺度变化所造成的对地理现象表达、分析的抽象程度、清晰程度、空间与时间结构模式的一种响应。尺度效应主要表现在以下方面：（1）简单的比例尺变化（比例尺缩放）所造成的地理信息表达效应，如随着比例尺的缩放、会出现矢量形式的地理信息的浑浊（图2-52）；（2）地理信息经过综合，在不同比例尺上的不同表示（图 2-52 所示）；（3）对于不同采样粒度，呈现的空间格局和描述的细节层次不同。对遥感影像而言，就是分辨率不同呈现出不同细节层次和空间格局（图 2-53）；（4）在一些地理监测中，会涉及在不同的空间单元尺度上进行统计对比分析，如人口变化的统计分析、区域经济变化分析等。统计分析是在选择的一定尺度的空间单元内进行的，如省级单元、县级单元、社区单元、街区单元等。选择的区域单元的不一致，会影响结果的可比性以及最终的统计联系的强度。在地理学里，这个问题称为可塑面积单元（MAU）问题。当数据聚集到较少和较大的单元时，尺度测度的差别或获取结果的变化是 MAU 问题的一个表现。

图 2-51　比例尺缩小导致矢量形式的地理信息屏幕图像的浑浊

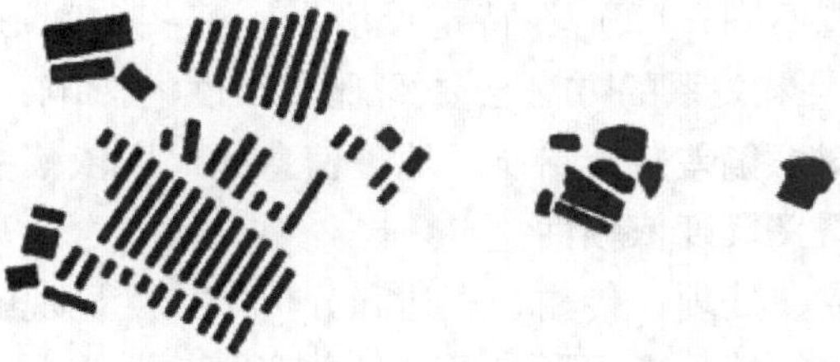

图 2-52　一个居民地在不同比例尺地图上的表示

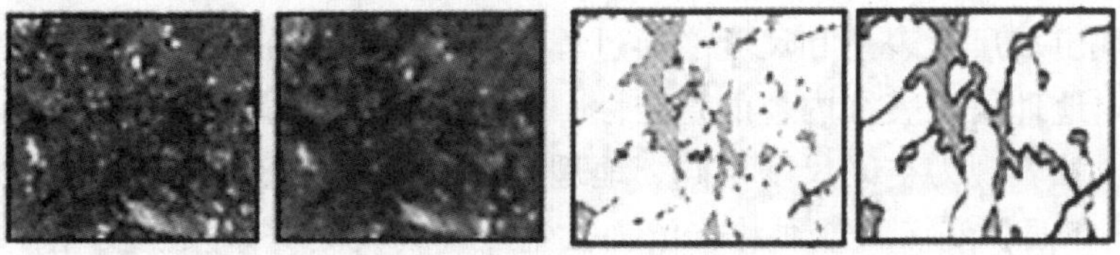

图 2-53　采样粒度不同对地理对象表达的影响

将汇总数据的问题归因于形成汇总数据的所有个体是 MAU 问题的另一个表现。汇总使相关系数有增加的趋势，因此，在不同尺度的空间单元进行的分析，将产生不同的相关系数也就不奇怪了。而且，较大的测量单元，相关性也较强。但这些方法问题还没有得到充分的解决。地理对象的聚集和解聚现象如图 2-54 所示。

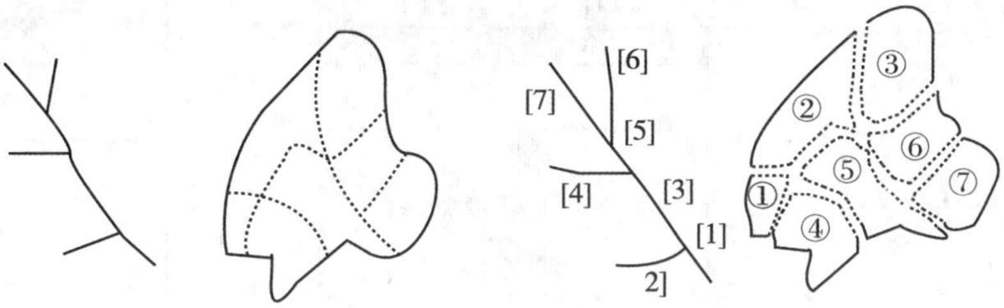

（a）目标被分割

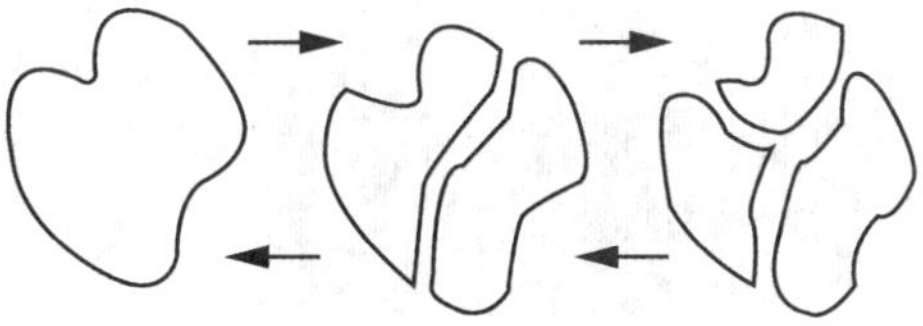

（b）多边形目标的分割与聚合过程

图 2-54　空间对象的可分性与聚合性

七、尺度依赖

尺度依赖是指地理信息特征随着数据尺度的不同发生变化，从而引起目标的结构和目标之间组合关系的改变。空间数据的尺度依赖有三重含义：（1）在不同的空间尺度上观察，空间形态的表示可能不同；（2）在特定尺度上，某些空间形态和过程可能会观察不到；（3）研究变量之间因果关系的方法会受到观察尺度的影响，从而使获取的规律显示出变小的地理实体出现知识偏差甚至错误。地理信息的尺度依赖主要表现为空间尺度依赖性、时间尺度依赖性和语义尺度依赖性。

根据地理信息在获取、处理、传输、表达和分析中尺度显现的基本规律，将地理信息的尺度特性概括为尺度依赖性、空间形态可分性与可聚合性、语义层次性与语义连通性、尺度不变性与尺度一致性。地理信息尺度依赖性是最基本的内在属性，空间形态可分性与可聚合性体现了地理信息多尺度表达和尺度变换时空间特征上的内在联系，语义层次性与语义连通性体现出多尺度表达和尺度变换过程中语义上的内在联系，尺度不变性反映了在一定尺度范围内地理信息表征内容的稳定性，尺度一致性是地理信息的内在要求。

空间尺度依赖表现为空间尺度不同、地理实体的空间形态不同、实体间的空间关系不同，见表2-4，如面状变点状或线状，位置发生位移，空间关系发生变化，相离关系变为相邻关系等。

表2-4　　**不同比例尺下的空间关系变化**

要素及其空间关系变化	较大比例尺	较小比例尺
面与面的相离变为点状目标的相离	 1∶20万	 1∶50万
面与线的相关变为点与线的相接	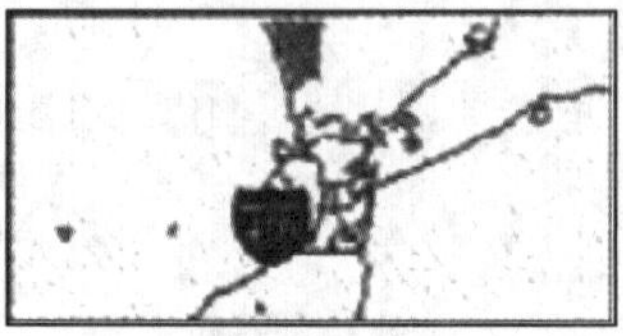 1∶300万	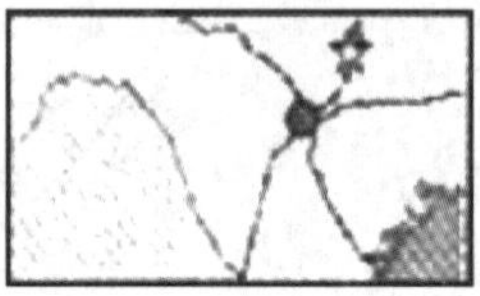 1∶2000万
点与点的相离变为点与点的相邻	 1∶100万	 1∶300万
点与线的相离变为点与线的相接	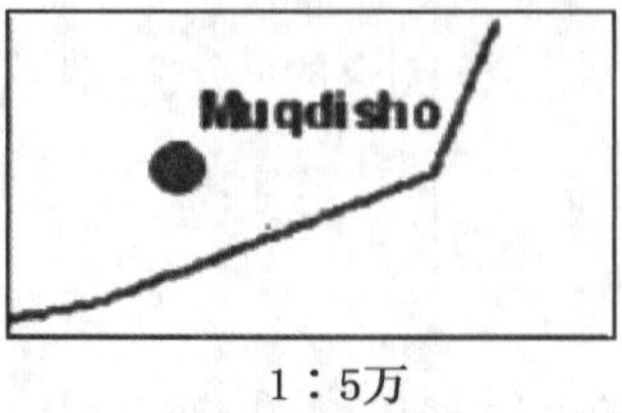 1∶5万	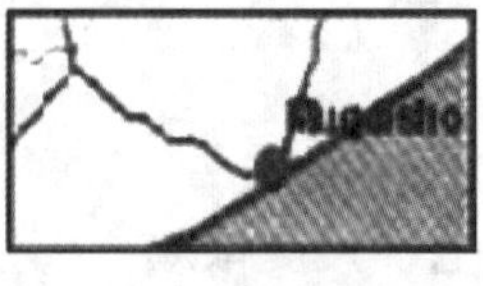 1∶15万

时间尺度依赖是指对地理现象的观测周期和时间间隔不同，所获得的地理信息呈现不同的时间特点，反映出不同的地理过程和规律。表现为：（1）观测周期如果与地理现象或过程本身的尺度特点不吻合，则不能反映地理现象或过程本质的时间规律和发展变化趋势；（2）观测的时间间隔与精度对地理信息变化的细节描述起着决定作用，间隔之间的具体变化则不能体现出来。

语义尺度依赖包括两个方面：（1）地理信息的空间尺度对语义尺度的制约性。显然这是相对的，在小比例尺地图上不能显示较小的地理实体类型，语义尺度的详细程度与空间尺度紧密联系，但又具有独立性。有时对同一地理现象的表达，会出现空间尺度相同，而语义尺度不同。(2) 在尺度变换过程中，地理信息语义聚集和解聚会产生新的空间对象和新的空间知识。地理信息的类别等级及其归并会使地理信息的内容呈层次关系（上下文关系、总分关系和类义关系等），要求保持语义关系的一致性。

在地理监测方面，对相同的监测对象获得的监测结果可能是不同的，甚至是相反的，其主要原因可能是使用了不同的分析和观测的尺度。也就是说，在一个尺度上定义的过程和参数对一个给定尺度的对象可能是显著的，但对于另一个尺度则可能是不重要的、无意义的。因此，尺度依赖是指分析结果随尺度变化而变化的性质。例如，物种多样性和空间尺度之间的关系对生物多样性的研究是非常重要的。如果生物多样性的尺度依赖关系能过被正确发现，这将对生物多样性的空间分布特征的理解非常有帮助，在比较不同的尺度产生的不同的结果时，理解生物多样性形成的机制。分析沙漠植物生物多样性尺度依赖可用式（2-1）表示：

$$S = cA^2 \tag{2-1}$$

式中，S 是物种的数量；A 是某个尺度的面积。

有学者指出，有限资源的空间分布与物种多样性的模式之间的关系是不能回避的，有限资源的变化是尺度依赖的，且物种多样性随空间尺度变化。生物多样性的尺度依赖性越来越受到重视，特别是基于多尺度采样的生态过程、生物多样性分析等。在这方面，研究者会不断提出类似的问题：空间结构和空间格局是如何随尺度变化的？空间结构、空间格局和多样性之间是何种关系？如何基于生态相关性解释这种关系，而不是用数学方法？这些对理解生物多样性的生态过程是重要的。在这些问题中，如何获取能反映空间格局和生态关联关系的指标是关键的和困难的。为了适当地量化空间层次结构和检测景观尺度的特性，空间格局的指标应在多尺度上计算。多尺度分析方法，如分形、地理统计等，是合适的。

分形在解释空间结构和模式方面是一个适当的数学工具，可以用于分析数据的空间现象和真实世界空间层次结构的性质。自然对象在不同的尺度上具有相似的特征，也就是说，许多空间对象的分布大小可以表示为式（2-2）：

$$M(\sigma) - \sigma^{-D} \tag{2-2}$$

式中，σ 是尺度；$M(\sigma)$ 是特定尺度 σ 的分形对象的特征数；D 是分形的维度。

这些特征的测量，如个数、长度、粗糙度、表面面积、丰度等，都与要观测的对象的尺度有关。分形模型假设依赖性在跨尺度范围上是一样的，即尺度在这个范围内是不变的。这样的模型包含的在一个尺度上与特征有关的参数与另一尺度上与特征有关的参数相同，因此，它是在跨尺度过程联系上有吸引力的方法。由于这个原因，分形模型被生态学者认为是研究社区多样性和植被空间层次结构的有效方法。

八、尺度不变性

时间、空间和属性特征是地理信息的三个描述方面，地理信息尺度的维数包括空间、时间和语义。地理信息尺度不变性具有以下含义：（1）空间特征、语义特征、时间特征在一定限度范围内的相对稳定性；（2）时间-空间、空间-语义、时间-语义不随尺度变化（即相对固定性）；（3）幅度（范围）与粒度大小的相对比率不随比例尺变换的特性。空间特征、语义特征、时间特征在一定限度范围内的相对稳定性是指在一定的地图比例尺变化范围内并没有引起所表达的地理实体的空间特征、语义特征的变化。以居民地为例，在1∶25万以下的小比例尺地图中，县级政府所在地只能以点状符号表示其位置特征，无法表示其空间形态特征，对于位置特征和空间形态描述的尺度是相同的，语义特征也没有变化。空间关系特征的描述与空间形态紧密联系，一般在一定的尺度范围内空间关系也具有尺度不变性。对于时间特征而言，尺度不变性是指时间尺度的变化在一定范围并不能反映空间和语义尺度的变化。时间-空间、空间-语义、时间-语义不随尺度变化，是指：（1）时间尺度发生了变化，而空间特征的描述尺度依然保持相对的稳定性，描述的空间细节没有发生太大的变化；（2）空间形态、空间关系尺度发生了变化，而地理实体及其属性的尺度特征没有变化，保持相对的稳定性；（3）时间尺度发生了变化，即地理信息的时间采样间隔更为详细或粗略，而地理信息的语义尺度没有发生变化。幅度（范围）与粒度大小的相对比率不随比例尺变换的特性，是指不发生地图综合的地图缩放，这里无论是描述的地理范围还是描述的细节程度都没有发生变化。但是存在如下问题：粒度过大，幅度可能会超出计算机屏幕的显示极限，人们无法获得正确的认知；粒度过小，则会发生屏幕浑浊或超出人眼的认知能力，也会导致认知的困难。

九、尺度一致性

尺度一致性有两方面含义：（1）观测尺度与本征尺度的匹配与一致性，实际上是选择合适的空间、时间、语义尺度，这包括与地理现象发生范围一致的观测时间和空间范围，与地理现象特征相适合的采样粒度（分辨率）、采样间隔以及适宜的比例尺，另外，也要求对地理实体进行合适的分类，就是选择合适的语义尺度；（2）对于地理现象的合适表达和分析、模拟，要求时间尺度、空间尺度及语义尺度相一致和相匹配。例如，在宏观气候学研究中往往要求相当长时间（数十、上百年）的地理数据，仅仅使用几个月或几天的时间幅度显然无法准确描述气候变化的特征空间尺度的一致性。在用地理信息表达地理现象时，地理信息的空间范围必须与地理现象发生的范围相一致，与认知需求相符。如对于大气污染状况的描述，必须在整个大气污染范围内，否则无法反映其整体污染状况的发生发展规律。对于粒度的选择而言，大空间尺度的地理现象的表达一般选择较大的空间粒度，描述比较概括的地理空间特征；如果选择较小的空间粒度，由于受地图图幅、计算机屏幕及人眼辨识能力的限制，则不能达到理想的认知要求，有时也不能正确表达地理现象空间格局与特征。而对于较小的空间范围的地理现象的描述，一般选择较小的粒度或较为精细的空间分辨率，这样才能反映地理现象的细节。空间幅度（范围）和粒度间的关系大致有三种：小范围，高分辨率；大范围，低分辨率；小范围，低分辨率（图 2-55）。

图 2-55　幅度（范围）与粒度的关系

下面讨论时间尺度的一致性。地理信息的时间尺度必须与地理现象的时间特征相一致。首先，时间幅度必须与地理现象（过程）的发生时间相一致，才能完整地刻画其时间特征与规律；其次，采样的时间间隔必须与地理现象（过程）的时间特征相符。一般发生速率快的地理现象（过程）的采样间隔要小，以便反映具体的时间变化特点和本质特征；而对于发生速率较慢且时间幅度较大的地理现象（过程），采样间隔就较大。时间精度也是一个要素，一般其与时间间隔关系密切，间隔越短，精度要求越高。时间尺度的正确选择对于建立时态数据库和对地理现象进行动态模拟非常重要。语义尺度刻画了地理实体及其属性语义的详细程度；受空间尺度的制约，语义尺度的一致性是指符合人的认知目的并能充分正确表达地理实体性质及其间的内在联系。语义尺度与地理实体的复杂程度紧密相关，有时地理实体分类不必过于细致，否则会对认知造成干扰。语义-时间-空间尺度的一致性是指这三种尺度相互匹配与协调，正确地表达地理现象的空间、时间和性质特征，并且符合人的认知要求。空间、时间尺度的匹配分为四种情况：一是空间幅度大、时间跨度长、地理现象发生缓慢，如近百年来全国气温的变化情况；二是空间幅度大、时间跨度短、地理现象发展速率快，如一次天气过程；三是空间幅度小、时间跨度长、地理现象发展缓慢，如小区域的地形变化；四是空间幅度小、时间跨度短、地理现象变化快，如快速城市化中的用地变化。对于时间尺度和语义尺度的关系而言，地理信息语义一般是通过地图图例和注记建立的地图符号与真实世界的所指与被指的关系。但真实世界是复杂的，人们对真实世界的认识是建立复杂的概念分类体系。如果在空间上能够表达详细的地理特征，则在语义上也应该可以表示得更详细。在空间上能够显示出较多的空间细节，如居民地的等级，则在语义层次上也应能表示出来，当然这要根据认知的具体需求而定。

十、尺度选择问题

尺度选择是指为一个研究对象或过程指定一个最佳尺度。尺度选择问题是指尺度选择不当可能引起的有偏估计问题，即选择的尺度过大，会产生细节被省略；尺度过小，则拘泥于局部而不能窥全貌等问题，最终影响监测的科学性和实用性。

尺度选择应遵循的基本原则是：

（1）科学性原则。科学性是观测尺度选择时首先要考虑的原则。科学研究的重要任务就是要准确地探究自然世界的表象、过程及其内在机理。对于地理监测来说，首要的任务就是选择与自然现象（模式与过程）发生规模相当的观测尺度。如果观测尺度与实际尺度相差甚远，监测结果的可信度就会很差。其次，选择的尺度应尽可能是自然界的实体单位。

（2）经济性原则。在满足研究科学性的前提下，尽可能体现经济性原则。根据科学研究的抽样原理，避免因过度取样引起的不经济性。

（3）可操作性原则。为增加研究成果的适用性和可操作性，在满足上述两个原则的基础上，尺度选择应尽量地与可操作性兼容，在目前的管理体制下，尤其要与行政管理单位相衔接。

例如在生态学研究中，尺度的选择理论上应该选取能够将生物、非生物和人类过程关联起来的最佳尺度。但是尺度选择却经常按照感知能力或技术的、逻辑的限制来完成。在研究景观格局时，尺度的选择对于减少误差是非常重要的。有人认为粒度（分辨率）应该比研究的空间范围小 2 ~3 倍，而在应用优势度、形状、聚集度等景观结构指标时为避免偏差，采样面积则必须比斑块大 2 ~5 倍。

实际上，尺度的选择受到一系列因素的影响和制约，首先是满足研究项目的状况，如项目的规模、资助强度、目标、任务和时限等；其次是研究对象的性质和复杂程度。在充分考虑这些因素的情况下，尺度选择应该具有层次性，即至少应包括核心尺度、小尺度组分和大尺度背景三个层次。这样有助于全面把握研究对象的特征与规律。

十一、尺度推绎问题

尺度推绎是指利用某一尺度上所获得的信息和知识来推测其他尺度上的现象。尺度推绎问题是指在一个尺度上的测量数据如何应用在另一个尺度的问题，分为尺度上推和尺度下推。尺度推绎的概念如图 2-56 所示。尺度推绎问题可以通过控制模型的分辨率（或粒度）和范围（或幅度）来实现。

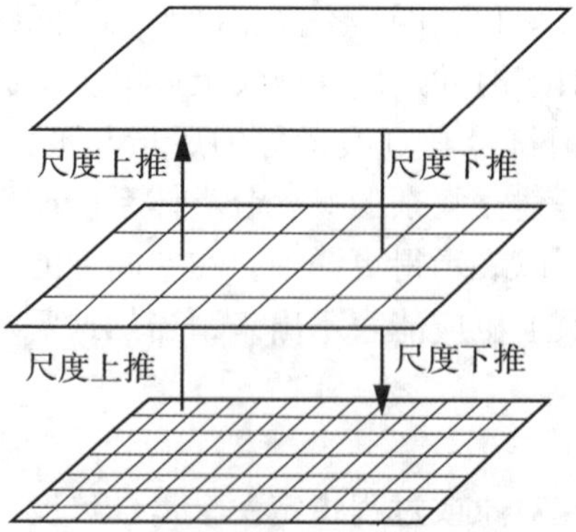

图 2-56　尺度上推和尺度下推过程示意图

在地理监测的分析和应用中，经常遇到多尺度地理现象问题。尺度之间的转换是主要问题。尺度不是一个独立的自然属性，而是具有与观测和分析有关的一些属性，当且仅当在这个系统中的行为体被观测者指定，一个过程的尺度才是固定的。但我们如何在丧失了拓扑关系的与像素有关的影像里定义行为体呢？当行为体本身就是多尺度影像，且以非线性方式交互时，会发生什么？这不是一个微不足道的问题，这对由多尺度遥感数据驱动的，与层次结构生态模型相联系的应用具有重要影响，也是认知下面这个问题的关键：空间现象不能独立于对其进行检测和测量的采样系统，因为对采样框架的修改，会诱导空间现象自身和后续的对它们的解释二者的变化。

(一) 尺度上推问题

尺度上推（up-scaling）是指利用小尺度上所获得的信息或知识推测大尺度上的变化规律，尺度上推是对象聚合的问题。

为了更好地理解作为集成系统的人类星球的功能，从个体生物体尺度获得的生物和生态信息，必须推测到气候模型的区域和全球尺度。作为寻求的集成多尺度数据和模型的解决方案，尺度相关的概念正上升为地球系统的前沿，因为尺度的概念已经在生物学、地理学、地貌学、水文学、景观生态学和气象学得到了广泛讨论。尺度的概念在不同的学科不存在统一的、公共的定义。

在遥感领域，一幅影像的基本特性是空间分辨率，或地面上对应于影像像元的面积单元的尺寸。在这种意义上，空间分辨率与观测尺度是类似的。分辨率和空间范围是两个重要的概念。分辨率是指可以清晰分辨的最小观测实体对象的大小。空间范围是指在数据中能够检测的所有实体对象的跨度。因此，使用细的、小的尺度，表示微观区域；使用粗的、大的尺度，表示宏观区域，或空间范围。高分辨率是指像元的大小小于组成景观的真实世界的要素，因而，要素可以在这样的影像里能被独立识别。低分辨率是指像元的大小大于组成景观的真实世界要素，要素不能被独立识别。影像对象是指在一幅影像里能独立识别的实体，特别是指从高分辨率影像的一组像素产生的实体，每组像素具有固有的尺寸、形状和与真实世界景观成分一致的地理关系。在遥感中，与尺度相关的话题包括空间结构和采样设计、模式和统计尺度方法、空间分辨率策略、尺度和信息测量、分类精度和尺度上推等。这里，尺度上推是指将在高空间分辨率上采集的影像转换到相同影像的低分辨率表达而设计的采样技术。理想的是，这样的转换被用于减小高分辨率影像的数据大小，而又能保持在低分辨率影像固有的信息内容。不幸的是，这个目的是有些矛盾的，因为尺度上推涉及趋向产生更多的同质性、方差减小的概括技术，因此，本质上减少了数据信息的内容。

虽然采样和重采样技术在文献中是热点，但对用户来讲，很少是随时可用的。对存在的不同类型的遥感数据而言，也很少指明这些技术中哪一种是恰当的。在很多情况下，只有从经典的遥感数据插值技术和包含在商业遥感数据分析软件包中直接复制的遥感数据重采样算法是可用的，甚至理论上它们不是专门为遥感影像开发的。这经常导致没有经验的用户的不恰当应用。事实上，因为没有成熟的空间尺度缩放的理论，产生大量的、令人印象深刻的、不具代表性数据的机会是巨大的。一个经典的例子是尺度上推在 AVHRR 数据上的常规表现，其中，代表从正规 $1km^2$ 区域范围内的综合光谱响应的像素被聚集到

$20km^2$的像素，每周被用于全球植被指数的计算。

尺度推绎需要识别以尺度方式变化的非线性过程、线性可以保持不变的尺度范围、尺度之间可能是连续的特性。当一个被约束于任何特定尺度的过程状态不准确时，在一个过程覆盖另一个过程方面，需要尽可能指出时间和空间尺度。景观形成了包含对象大小、对象邻近性和特定尺度上的纹理的不连续的层次结构。但随着空间尺度的变化，被传感器获取的光谱变化与还不完全理解的轨迹呈非线性差别。当从不同的学科、时间和空间尺度集成空间数据和模型时，经常导致重大尺度推绎误差。

Kimes 等（1993）研究了与空间平均有关的反射率误差。通过使用一个模拟场景，这个场景出自高质量双向反射测量，并被处理成半球形反射率测度的格网单元，结果表明，误差可以约束在 5% ~10% 以内。如果在每个格网单元的同质区域能够被识别，以及由每种覆盖类型所占的面积比例可以确定的话，则估计的权重就可以用于全球气候模型。这个工作的最大挑战是将场景分解为详细可测量和可用的地面覆盖的“同质”区域。

与 Kimes 等提出的描述理论方法的出发点完全不同，Hay（1993）提出了一种新型的方差加权尺度上推技术，这是一种基于人眼模型的技术。在影像对象的光谱方差是尺度依赖条件下，通过定义多尺度空间阈值，能够识别影像内同质区域，并使用这些尺度依赖的空间测量作为权重函数，以便在用户定义的尺度上推影像，使尺度更小的数据能够被建模表达。这种技术也能够自动产生在这个场景中具有最大多尺度信息的模型的影像。同时，这幅多尺度场景模型的影像的组成是在它们独立的、唯一的下一级较粗尺度，可应用于任何尺度的影像。这个技术背后的理论是基于对尺度影像的方差与高分辨率影像对象之间的关系的理解。

（二）尺度下推问题

尺度下推（down-scaling）是指利用大尺度上所获得的信息或知识推测小尺度上的变化规律。尺度下推是对象解聚的问题。尺度下推涉及将大尺度（或粗粒度）上的信息加以细化，从而估计出某一区域单元内部的小尺度格局。尺度下推常常用到随机或概率方法，同时辅以小尺度的附加信息。这些方法通常可以分为两大类——经验型统计学和嵌套动态模型。

（三）尺度转换的主要方法

1. 图示法

图示法是将变量或属性值以图形方式直观表达，以揭示其中的规律性。它是最为简便易行的方法，因而获得了广泛的应用。例如：方差估计(S^2)与样本大小成反比关系，$S^2 \propto 1/n$，其中 n 是样方容量，或空间数据所占的样地大小。方程两边取对数并引进比例常数有：$\ln S^2 = a - \ln n$ 。令 $y = \ln S^2$，$x = \ln n$ ，得到斜率为-1 的直线 $y = a - x$ 。只要样本在空间上是随机和独立分布的，这种关系便成立。图示法的最显著特点是直观性，能以可视化的形式展现尺度转换过程中多个尺度上生态学模式和过程及其相互作用特征的变化规律。叶万辉、马克平等对北京东灵山地区植物群落多样性进行了研究，用图示法很好地表达了空间尺度变化对群落 A 多样性测度的影响。严格地讲，图示法并不是一种独立的尺度转换方法，而是其他定性以及定量研究方法结果分析和表达的有效手段，其最重要的作用在于能将抽象的结果生动直观地表现出来，从而有助于对生态学相关过程和规律的理解、分析与把握。

2. 回归分析方法

尺度研究中，回归分析的应用也比较常见，而且主要应用于尺度上推。回归分析模型的类型是多样的(如线性回归、非线性回归、一元线性(非线性)回归、多元线性(非线性)回归等)，根据实际问题的特点，在实际应用中就会选择适宜性高的模型类别。例如，S. Kathleen Lyons 等在评价物种丰富度、纬度、梯度、尺度依赖性的研究中应用的非线性回归模型，建立了物种数 S、面积 A、纬度 L^* 间的非线性关系，它们之间的基本关系可以表示为式(2-3)：

$$S = A + L^* + AL^* + e \tag{2-3}$$

式中，e 为随机误差。将物种面积关系 $S = CA^Z$ 和物种维度关系 $S = F\mathrm{e}^{G(L^*+1)}$ 引入式(2-3)，则：

$$S = CA^Z + F\mathrm{e}^{G(L^*+1)} + B\{\mathrm{e}^{G(L^*+1)}\}(A^Z) + \mathrm{e} \tag{2-4}$$

式中，S 为物种丰富度；A 为面积因子(尺度因子)；L^* 为纬度因子；C、Z、F、G 为待估计的常数，而 B 为面积因子与纬度因子间的交互影响系数，反映纬度梯度上物种丰富度的尺度依赖性。这项研究通过上述模型对整个美洲大陆有袋动物和蝙蝠两类动物进行了分析，结果表明，从 $1000\mathrm{km}^2$ 到 $25000\mathrm{km}^2$ 的五种尺度上，纬度因子都起主导作用；而面积(尺度)因子和纬度因子的相互影响很小。在所选的尺度范围内，尺度效应不明显的原因主要有三个方面：一是物种分布范围的重叠性；二是对于所研究的两类动物物种来说，取样尺度已经足够大，但并不意味着研究更多物种时会出现类似情形；三是所使用的专题地图不够精确。因此，上述模型在类似的尺度范围内分析多个物种时(或者在更小的多重尺度上)，可能会表现出更明显的尺度效应。

Morris 采用多元线性回归模型研究了两种温带啮齿类动物在小生境(microhabitat)和大生境(macrohabitat)两种尺度上的种群密度、资源利用和生境选择的尺度转换特征。发现大生境和时间都是预测种群密度的显著因子，而小生境却不是。Morris 所采用的方法成功地揭示了种群密度、资源利用和生境选择在两种生境尺度上的转换特征，对传统的关于物种共栖的解释是一个补充。

3. 半变异函数方法

半变异函数分析是地统计学中进行空间异质性研究的重要方法。通过比较为特定滞后距离分隔的同一随机变量的不同值，可以在多个尺度上对区域化随机变量的变异性进行度量。半变异函数的形式为：

$$g(h) = \frac{1}{2N(h)} \sum_{i=1}^{N(h)} [X(i) - X(i+h)]^2 \tag{2-5}$$

式中，$N(h)$ 为滞后距离等于 h 时的点对数；$x(i)$，$x(i+h)$ 分别为区域化随机变量 x 在位置 i 和 $i+h$ 时的取值。通过式(2-5)，可以获得半变异函数的估计值。要得到半变异函数的理论模型，还必须对估计值进行参数拟合。变异函数理论模型的拟合过程主要包括确定曲线类型、参数最优估计和回归模型的统计检验。变异函数的理论模型及其变换见表2-5。根据最小二乘法进行参数估计，以通过残差平方和、标准差、F 检验、相关系数和决定系数来检验回归方程的显著性。变异函数理论模型中的 a 称为变程，即最大可测变异尺度；

h 为变程以内的变异尺度。

表 2-5　　　　**变异函数的几种理论模型和变换**

理论模型类别	变换	线性模型
球状模型(Spherical model) $C(h)=\begin{cases}0 & h=0\\ C_0+C\left(\frac{3h}{2a}-\frac{h^3}{2a^3}\right) & 0<h\leqslant a\\ C_0+C & h>a\end{cases}$	$C(h)=y\quad C_0=b_0$ $h=x_1\quad \frac{3c}{2a}=b_1$ $h^3=x^2\quad \frac{-c}{2a^3}=b_2$	$y=b_0+b_1x_1+b_2x_2$
指数模型(Exponential model) $C(h)=\begin{cases}0 & h=0\\ C_0+C(1-e^{-\frac{h}{a}}) & h>0\end{cases}$	$C(h)=y\quad e^{-\frac{h}{a}}=x_1$ $C_0+C=b_0$ $-C=b_1$	$y=b_0+b_1x_1$
高斯模型(Gaussian model) $C(h)=\begin{cases}0 & h=0\\ C_0+C(1-e^{-\frac{h^2}{a^2}}) & h>0\end{cases}$	$C(h)=y\quad e^{-\frac{h^2}{a^2}}=x_1$ $C_0+C=b_0$ $-C=b_1$	$y=b_0+b_1x_1$
幂函数模型(Power model) $C(h)=Ah^H\quad 0<H<2$	$\lg C(h)=y\quad \lg h=x_1$ $\lg A=b_0\quad H=b_1$	$y=b_0+b_1x_1$
对数模型(Logarithmic model) $C(h)=A\log h$	$C(h)=y\quad \lg h=x_1$ $A=b_0$	$y=b_0x_1$

根据数理统计原理，区域化随机变量 x 可以分解为两部分，即自相关部分 x_a 和随机部分 x_r。自相关部分引起的空间异质性随尺度而变化，变异函数分析则是研究空间自相关部分引起的空间异质性随尺度变化的有效工具。变异函数分析多用于尺度上推，但是这种扩展有一定限度，即受制于变程 a 。变异函数适合于对一定范围内的空间尺度上的变异特征和规律进行研究。

E. W. Sanderson 等应用地统计学的变异函数、克里格方法（Kriging），研究了沼泽盐生植物冠层含水量的尺度转换特征。郭旭东等应用类似的方法分析了河北省遵化平原土壤表层速效磷、速效钾和有机质三种养分的时空变异规律。发现从 1980 年到 1999 年，经过 20 年的时间，三种土壤养分的空间分布格局都发生了不同程度的变化，而发生这些变化的主要原因是土地利用变化和农田管理。这项研究为合理利用和管理土地资源提供了必要的决策依据。

Joe E. Meisel 等用半变异函数分析法，研究了不同景观中变异性的尺度探测问题。他们用变异函数法比较了美国黄石国家公园大型有蹄类动物冬季游牧空间格局与公园北部环境因子影响下的牧草丰富性，同时，评价了变异函数在具有一个或多个不同尺度格局地图上探测已知变异性尺度的能力，以及缺失数据数量和空间分布对变异函数结果及其解译的影响。黄石公园北部，变异函数通过景观环境数据（方位、海拔、生境类型、坡度）在每一图层上明显识别出了变异的优势尺度；但是对于从不连续的研究区域上获得的有蹄类动物游牧数据，变异函数却难以解释。尽管对模拟二进制地图的适用性良好，但是标准变异函数分析仍然难以探测出实际生态数据的多尺度格局。变异函数对于数据缺失量表现敏感。

4. 自相关分析方法

自相关分析扩展了相关系数概念，用以描述变量自身的相关性，在一定的滞后距离(h)或时间(t)可以研究变量在空间或时间上的自相关特征，h 或 t 即代表空间或时间尺度。自相关分析是一种多尺度分析方法，可用于尺度上推。时间自相关分析的基础是时间序列，空间自相关的量度是空间自相关指标。空间自相关指标主要有莫兰系数、盖利比率和克利夫-奥德统计量，其数学形式见表 2-6。

表 2-6 **空间自相关指标**

类型	表达式	符号说明
莫兰系数 Moran Coefficient	$MC = \dfrac{\dfrac{n}{\sum_{i=1}^{n}\sum_{j=1}^{n}C_{ij}}\sum_{i=1}^{n}\sum_{j=1}^{n}C_{ij}(x_i - x)(x_j - x)}{\sum_{i=1}^{n}(x_i - x)^2}$	n 为取样单元数，x_i、x_j 分别为第 i、j 单元值，x 为所有单元均值，C_{ij} 为 i、j 单元的邻接性($C_{ij} = 1$ 或0)，w_{ij} 为 i、j 单元的标准化邻接性，$\sum_{i=1}^{n} w_{ij} = 1$ 且 $0 \leqslant w_{ij} \leqslant 1$
盖利比率 Geary Ratio	$GR = \dfrac{\dfrac{n-1}{2\sum_{i=1}^{n}\sum_{j=1}^{n}}C_{ij}\sum_{i=1}^{n}\sum_{j=1}^{n}C_{ij}(x_i - x_j)^2}{\sum_{i=1}^{n}(x_i - x)^2}$	
克利夫-奥德统计量 Cliff-Ord statistic	$CO = \dfrac{\dfrac{n}{\sum_{i=1}^{n}\sum_{j=1}^{n}w_{ij}}\sum_{i=1}^{n}\sum_{j=1}^{n}w_{ij}(x_i - x)(x_j - x)}{\sum_{i=1}^{n}(x_i - x)^2}$	

基于上述空间自相关指标，有学者研究了空间尺度变化对景观格局的影响。研究结果表明，空间自相关指标是尺度依赖性的，由这些指标量测到的空间自相关程度随着进行分析的空间尺度变化而变化：随着空间尺度的增大，莫兰系数和克利夫-奥德统计量减小，而盖利比率增大。这说明随着空间尺度的加大，总的空间自相关程度在下降。空间自相关格局随尺度变化表现出阈限行为，也就是说，当超过一定的空间尺度时，尺度效应便很快消失。因此，在研究空间格局时，必须考虑尺度效应以及多尺度的转换特征，否则难以保证结果的科学性。

5. 谱分析方法

谱分析（spectral analysis）常用于时间数据序列的尺度转换分析。谱分析是一种频率域方法，因此需要对原始数据序列进行转换（如傅立叶变换）。将序列分解成与序列中隐藏的周期性相适应的不同频率的正弦、余弦波。通过在数据集中进行横截，谱分析也可用于空间数据的尺度转换。但是，除去斑块以外，由于缺乏周期性或规则性，这种分析方法在空间统计分析中并不常见。谱是一系列频率的函数，为尺度变化研究提供了有力的评价方法，谱分析是一种多尺度分析方法。在尺度转换中，它的优势在于几乎能够适用于任何研究和采样尺度，并且精度较高。然而，由于谱分析的复杂性、结果分析的难度以及对大样本的要求，从一定程度上限制了它在尺度研究中的应用。

6. 分形方法

多种尺度上的结构变化是分形（fraclal）的特色，能同时适用于尺度上推和尺度下推，特别是对于研究生态学过程，模式的异质性和复杂性方面特别有用。分形模型有多种，其中，面积-周长关系、密度、扩散等模型较为常见。分形在描述自然界空间格局复杂性的多种方法中，用于揭示多种景观特征的小规则空间结构斑块性（patchiness）方面可能是最为适宜的。因此，Vladimir I. Nikora 等用分形方法研究了一系列空间尺度上的空间异质性，特别是斑块性。考察了个体斑块（individual parches）和斑块镶嵌体（mosaics of palches）两种水平上的尺度转换特征，包括单个斑块形状（形状指数 H）、斑块方向和斑块边界（自相似和自亲合）。研究单个斑块形状采用“面积长度”模型：

$$A = c_1 L^{1+H} \qquad \left(\frac{A}{L} = W \propto L^H\right) \tag{2-6}$$

式中，c_1 是系数；A 和 L 分别是斑块面积和边界上两点间最大直线距离；W 是斑块特征宽度；H 是单个斑块的 Hurst 指数；L 为尺度因子。当 $H = 1$ 时，表现为自相似性；当 $H < 1$ 时，表现为自亲和性。研究斑块边界采用六种方法，分别为：周长-长度关系、周长-面积关系、容量维数（Capacity dimension）、信息维数、相关维数和自亲和指数。周长-长度关系、周长-面积关系模型为：

$$P_e = c_2 L^{D_{be}} \tag{2-7}$$

$$P_e = c_3 A^{A} \tag{2-8}$$

式中，P_e 是斑块周长；D_{be} 是斑块边界分维数；A 为尺度转换指数；c_2 和 c_3 为系数；L 和 A 为尺度因子，含义同式(2-6)。综合式(2-6)、式(2-7)、式(2-8)得到：$D_{be} = A(1 + H)$。容量维数：$N(r) \propto r^{-Dcap}$，$N(r)$ 为覆盖斑块需要的边长为 r 的正方形数，D_{cap} 为容量分维数。信息维数：信息熵 $S(r) = \sum_{i=1}^{m} P_i(r) \ln P_i(r)$。$P_i(r) = n_i(r) / N_t$ 随尺度 r 变化，有：$S(r) \propto r^{-D_{inf}}$，其中，$P_i(r)$ 为在尺度 r 的第 i 滑箱中发现边界点的概率，$n_i(r)$ 是在第 i 单元中边界点的数目，N_t 是边界点的总数。相关维数 D_{cor}：$C(r) \propto r^{-D_{cor}}$，$C(r) = \lim \frac{1}{N_t^2} \sum_{ij} H(r - \hat{u} x_i - x_j \hat{u})$，其中，$C(r)$ 为和，$H(x)$ 为 Heaviside 函数，$\hat{u} x_i - x_j \hat{u}$ 为 i、j 两点间距离。容量维数、信息维数和相关维数模型中，r 均为尺度因子。

一般认为，如果一系列斑块的聚集分布表现为指数形式：$F(a > A) \propto A^{-B}$，斑块镶嵌体便具有分形特征。Vladimir I. Nikora 等采用斑块质心、斑块总边界和总面积等参数，从斑块面积的统计分布、斑块质心空间分布尺度转换和斑块总边界的空间尺度转换三个方面对斑块镶嵌体的特征进行了研究。

通过研究，Vladimir I. Nlkora 等发现，单个斑块的形状和边界都表现出尺度转换行为。斑块形状的指数 H 在 0.75 ~ 0.95 之间变动。多数情况下，斑块边界是自相似的，也有一些表现为自亲和，自亲和度与斑块大小呈正相关关系，即斑块越小，自亲和度越小。同样，当斑块尺度减小时，尽管斑块的平均方向与大尺度上的地质结构明显相关，斑块方向的分布仍趋于一致。结果表明，从大尺度到小尺度单个斑块行为趋向于各向同性。斑块镶嵌体的三个参数也表现出尺度转换的分形特征，所有这些都反映了分形斑块集群的特殊斑块性组织。Vladimir I. Nikora 等的研究在一定程度上揭示了个体斑块和斑块镶嵌体之间尺度转换特征的相互影响。这项研究证实了分形分析在量化景观特征上的重要用途，同时，也强调分形分析在生态学中的应用和解析需要谨慎。

7. 小波分析方法

小波是 20 世纪 80 年代初期发展起来的纯数学理论，但是自产生以来较短的时间里就在信号处理、图像压缩和应用统计等领域表现出了非凡的应用潜力和价值。在尺度研究方面，小波的应用则是刚刚起步。在遥感数据的尺度和模式分析中表现出了一定的优势。在空间分析方面，它的优势在于模式分解的过程中还能够保持和表现等级信息，尤其是借助卫星图像进行尺度上推过程中，能够检测空间格局相互作用以及信息丢失。小波的主要优点是，适用于空间和时间数据分析，并且可以很好地对具有明显不连续的数据进行近似处理。在一定的近似水平上，小波可以表达多种类型的函数。在计算上，小波变换效率很高，小波没有对函数平稳性的要求，因而可以分析非平稳性的空间数据。与傅立叶分析类似，小波也是表达其他函数的基础函数。一旦母波 $U(x)$ 确定，就可以拉伸（a）和平移（b）得到小波 $U\left(\frac{x-b}{a}\right)$ 。

通过小波变换，可以将任何函数表示为小波加和的形式。对于连续性小波变换，可以表示成：

$$f(x) = \int_{-\infty}^{+\infty}\int_{-\infty}^{+\infty} W(a,\ b)U_{a,\ b}(x)\ \frac{1}{a^2}\mathrm{d}a\mathrm{d}b \tag{2-9}$$

对于离散性小波变换，可以表示成：

$$f(x) = 2^j\sum_{0}^{N}\sum_{0}^{N} W(k,\ j)U_{k,\ j}(x)\mathrm{d}k\mathrm{d}j \tag{2-10}$$

式(2-9)、式(2-10)中的求和权重 W 称为小波系数，是所研究尺度下局部变异强度的量度；$U_{k,\ j}(x)$ 为基础函数，是线性独立和正交的。

（四）语义尺度转换方法

语义层次反映了在地理信息科学中地理实体及其属性的相互连接关系。语义尺度变换的实质是根据地理信息语义关系，把地理实体及其属性由某个确定的抽象程度转换为另一种抽象程度的表示方式。地理信息语义尺度变换也分为尺度上推和尺度下推。语义尺度上推是指从具有较多细节的语义描述向概略的语义描述的变换，语义粒度变大，又称为概括；相反，语义尺度下推是指由概略的语义描述向详细的语义描述的变换，语义粒度变得细微，又称为细化。概括就是类的归类、聚合，而细化就是分类、分解。在地理信息科学中，语义尺度的变换可根据地理实体及其属性之间的关系分为两种情况：分类关系的语义尺度变换及构成关系的语义尺度变换。分类关系和构成关系也是地理知识表达的主要形式。

1. 分类关系的语义尺度变换及形式化描述

集合语义分辨率是描述基于分类关系的地理信息的语义抽象程度的。分类关系反映的是地理实体及其属性之间的 is-kind-of 关系，is-kind-of 反映了类和超类之间的关系(属种关系)，相对于表达属种关系的词汇语义关系来讲，就是上下义关系。分类关系的地理信息语义尺度变换是通过聚类和分类来实现的。分类是将对象按其公共特性归入不同的类，不同的类具有不同的性质和特征，最后构成一个分类层次结构。与分类相反的是聚类，是从具有共性的类中抽取共有属性或一般特征建立高层次类的过程。用大写字母 A，B，C，… 表示类(概念)，用小写字母 a，b，c，… 表示概念的属性，ext(A)表示 A 的所有实例，则一类地理对象与属性类概念可定义为：

$$Gc(A,\ \{a_1,\ a_2,\ \cdots,\ a_n\},\ \mathrm{ext}(A)) \qquad n \in \mathrm{N}^+$$

式中，$a_1 \cap a_2 \cap a_3 \cap \cdots \cap a_n \neq \varnothing$，$A$ 为类(概念)术语(词语)，$\{a_1,\ a_2,\ \cdots,\ a_n\}$ 为表示类(概念)的本质属性集，ext(A) 表示 A 的所有实例，则其一子类 A_i 可定义为：

$$Gc(A_i,\ \{a_1,\ a_2,\ \cdots,\ a_m\},\ \mathrm{ext}(A_i)) \qquad j,\ m \in \mathrm{N}^+$$

式中，$a_1 \cap a_2 \cap a_3 \cap \cdots \cap a_m \neq \varnothing$，且 $\sum_{i=0}^{n} a_i \subset \sum_{j=0}^{m} a_j$，也就是说，$A$ 类的属性集合是其子类的属性集合的子集。

定义1：如果类 A_i 称为类 A 的子类，当且仅当 A_i 的所有实例都是 A 的实例，即 $\mathrm{ext}(A_i) \subseteq \mathrm{ext}(A)$。

定义2：如果 A_1，A_2，…，A_K 是 A 的子类，$\forall i,\ j(i \neq j;\ i,\ j \neq 1,\ 2,\ 3,\ \cdots,\ k;\ i,\ j,\ k \in N^+)$，$\mathrm{ext}(A_I) \cap \mathrm{ext}(A_J) \neq \varnothing$，且 $\mathrm{ext}(A_1) \cup \mathrm{ext}(A_2) \cup \cdots \cap \mathrm{ext}(A_k) = \mathrm{ext}(A)$，称 A_1，A_2，…，A_k 是 A 的一个完全覆盖部分。

定义3：$Gc(A_i, \{a_1, a_2, \cdots, a_m\}, \mathrm{ext}(A_i)) \xrightarrow{f} Gc(A_i, \{a_1, a_2, \cdots, a_n\}, \mathrm{ext}(A))$ 表示一个地理实体的表征。由一个地理概念表示为另一个更为抽象的地理概念，称为地理信息的语义尺度上推，或称为语义概括；同理，用 $Gc(A_i,\ \{a_1,\ a_2,\ \cdots,\ a_n\},\ \mathrm{ext}(A_i)) \xrightarrow{f^{-1}} Gc(A_i,\ \{a_1,\ a_2,\ \cdots,\ a_m\},\ \mathrm{ext}(A_i))$ 表示一个地理实体由一个地理概念转换为另一个更为详细的地理概念，称为语义尺度下推，或称为语义细化。f，f^{-1} 称为尺度变换的函数。分类关系的语义尺度变换包括以上两种情况，其实质是类与超类之间的相互转换。实际上，A 类上面还可能有其父类，而同样 A_i 下面还可能有其子类，以此类推，形成一个内嵌性的结构。在分类关系中，子类和超类之间没有功能上的联系。

2. 构成关系的语义变换及形式化描述

构成关系的语义变换及形式化描述构成关系就是部分-整体关系，它反映的是一个地理实体由不同的几个部分组成，整体具有管理和控制部分对象的功能，对象和整体之间在语义上主要体现的是一种结构和功能上的联系。构成关系的语义尺度变换的实现是通过相反方向的两种操作聚合和分解来完成的。聚合是将具有不同特征但存在内在结构和功能联系的几个对象组合成一个更高级对象的过程，从语义变换上讲，这样会更简略概括，生成更高级的对象。与聚合相反的是对象分解，即把一个较高级的对象分解为几个基本的构成部分。聚合生成的对象成为复合对象(composite object)，聚合对象主要表示了部分关系(is-part-of)，is-part-of 关系指的是几个对象聚集合成一个新的对象的过程所形成的关系。整体对象的存在依赖于部分对象的存在，反过来，部分对象的存在也依赖于整体对象的存在。整体对象和部分对象之间存在着属性上的语义传播和功能上的相互依赖。对于任意的地理整体类 W，ext(W) 表示其实例的集合，$A(W)$ 表示其属性的集合，$F(W)=\{f_{w1},f_{w2},\cdots,f_{wk}\}(k\in \mathrm{N}^{+})$ 表示其功能的集合，则这一整体类概念及其属性和功能可以表示为：

$$Gc(W,\ \mathrm{ext}(W),\ A(W),\ \{f_{w1},f_{w2},\ \cdots,\ f_{wk}\})$$

式中，W 为一整体类(概念)术语(词语)；ext(W) 为所有实例的集合；$A(w)$ 为所有属性的集合；$\{f_{w1},f_{w2},\ \cdots,\ f_{wk}\}$ 为这一整体类的功能集，其中$f_{w1}\cap f_{w2}\cap\cdots\cap f_{wk}\neq\varnothing$。我们用 P_i 表示这一整体类的一个部分类，这一部分类可定义为：

$$Gc(P_i,\ \mathrm{ext}(P_i),\ A(P_i),\ \{f_{pi1},f_{pi2},\ \cdots,\ f_{pih}\})\qquad i,\ h\in \mathrm{N}^{+}$$

式中，ext(P_i) 表示这部分类的实体集；$A(P_i)$ 表示其属性集；$\{f_{pi1},f_{pi2},\ \cdots,\ f_{pih}\}$ 表示其功能集。

定义 4： 如果对于一个整体类实例 W，P_n 是其一个的构成部分，对于所有的构成部分，有：$W=P_1\cup P_2\cup\cdots\cup P_n$，$(n\in N^{+})$，且 $P_1\cap P_2\cap\cdots\cap P_n\neq\varnothing$，则称 P_1，P_2，…，P_n 为 W 的一个完全结构剖分。

定义 5： $Gc(W,\mathrm{ext}(W),A(W),\ \{f_{w1},f_{w2},\cdots,f_{wk}\})\xrightarrow{g} Gc(P_i,\mathrm{ext}(P_i),A(P_i),\ \{f_{pi1},f_{pi2},\cdots,f_{pih}\})^{+}$ 表示一个整体类地理实体的表征被表示为另外几个更为具体的构成该类的实体的几个完整部分,称为语义分解。

$Gc\ (P_i,\mathrm{ext}(P_i),A(P_i),\{f_{pi1},f_{pi2},\cdots,f_{pih}\})^{+}\xrightarrow{g^{-1}} Gc(W,\mathrm{ext}(W),A(W),\ \{f_{w1},f_{w2},\cdots,f_{wk}\})$ 表示在结构和功能上密切联系的几个部分聚合成一个有机的整体,称为语义聚合。g 与 g^{-1} 是尺度变换的函数。需要说明的是,在整体与部分的聚合与分解的变换过程中,某些时候,整体是另一个更大整体的一部分,而部分也可视为一个整体划分为更为细小的部分。

3. 分类关系与构成关系语义变换的函数

在语义层面上，几个地理对象可在不同的抽象层次下，基于不同的语义准则，聚合成新的复合要素，底层抽象对象的属性值比高层对象的属性值更准确，这主要是基于人们对客观世界的抽象程度是不同的。地理信息分类关系与整体一部分关系是截然不同的，对于分类关系的两个类别，父类具有的属性，其子类都必然具有。例如，父类“河流”具有的属性，其子类“自然河流”都必然具有。但是在整体与部分的关系中，整体具有的属性，部分并不一定具有，比如“北京市”与“海淀区”，“北京市”具有“是国家首都”这种属性，“海淀区”就不具有。另外，整体的功能部分不一定具有，但是部分在整体的功能中发挥一定的作用。同样的例子如“河流”与“河床”、“河堤”，“河流”具有的航运的功能，但是“河床”、“河堤”就不具有。地理信息的语义尺度变换中分类关系的变换函数（变换规则）与构成关系的是不相同的。分类关系的语义尺度下推主要依据是父类集合中实体的某个或者一些定量和定性的属性根据需要，把父类的个体分成若干个子类，当然子类可以再分，下推的变换函数的不同，导致结果的不同，变换函数的本质是一个分段函数。分类关系的语义尺度上推实际是聚类，聚类函数的实质是一个距离函数，如一个父类 A，可以根据不同的变换函数做由上而下的语义剖分，划分出子类，以 A_1，A_2，A_{11}，A_{12}，A_{21}，A_{22} 为类概念名，或者以 $A(1)$，$A(2)$，$A(3)$ 为类概念名，如图 2-57 所示。构成关系（整体～部分）反映的是事物之间一种本体论意义上的联系。分类关系则是一种逻辑上的联系。构成关系的语义尺度下推的根据是构成整体的各部分的结构与功能在整体中作用及其内在联系。整体的功能可能不止一种，也可以根据不同的函数有不同的划分（整体的不同功能及部分在整体不同功能中发挥的作用）。各个部分之间主要体现出一种结构和功能上的内在有机性。

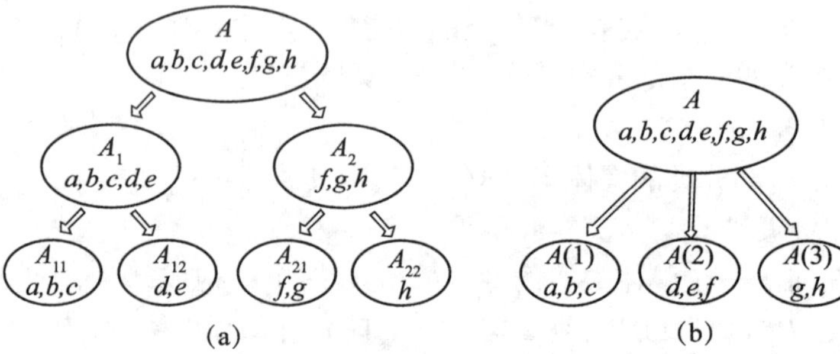

图 2-57　两种不同的语义变换函数得出的不同语义划分

第六节　地理监测数据的采样问题

一、采样的概念

在绝大部分情形下，我们只能以样本来推断自然世界这个总体的特征，因而采样方法和技术的规范对于地理学来说是相当重要的。前已述及，采样尺度大小对于研究的经济性和研究结果的科学性具有重要影响。目前，研究中“取少”、“取偏”的现象是比较普遍的，有必要建立统一的技术规范。对于过程研究，如果序列是平稳性的，采样间隔遵循奈奎斯特（Nyquist）频率即可，即采样间隔必须小于其周期的 1/2。对于非平稳过程，则需进一步辨识过程的基本特性，防止出现采样误差而出现的“假频”现象。采样的尺度由分辨率和精度两参数来表示，它们必须跟“现实”的尺度匹配。例如，研究香港的地形时，如用几千米的间隔来采样，显然是不行的。同样，研究全球的地形起伏时，如用几米的间隔来采样，则显然也不匹配。研究发现，采样密度与采样方法的选取都对空间结构的表达有显著影响。采样密度的影响主要表现在，随着采样密度的减小即样本量的减小，实验半方差函数对空间结构信息表现的精确度下降，对不同的采样方法，其精确度的下降有不同表现。此外，采样方法在空间结构的合理表达上也起着重要作用。采样方案的选择在空间分析中起着基础性作用。一个理想的采样方案应包括合理的采样布点方法与适宜的采样密度，要求基于此方案所得到的结果既能达到工作所需精度，又尽可能减少采样成本、简化采样工作程序。采样方案对估值及空间插值精度等具有影响。

在各领域长期的统计分析实践中先后建立、发展了大量的采样方法，这些方法各有优势，适用于不同的情况。最基本的采样方法有简单随机采样、系统采样、分层随机采样、整群采样、双重采样等，表2-7列举了上述采样方法的特点。在这些方法之上又结合、引申出种类繁多的采样方法，前者如系统随机采样、分层系统采样等，后者如非阵列线采样、优先网格采样及重点采样和自适应采样等。在一定的经济、设备条件下，根据研究目的不同而采用不同的采样方法。

表2-7 **二维采样的基本方法**

采样方法	基本模式	适应情况	优点	局限性
随机采样	样点坐标随机产生	自相关性相对较弱的分布	简单，易估计预测误差	代表性差，精度较低
系统采样	在研究区内规则选取样点，典型情况如布设规则网格，于每一网格固定位置采点	1. 总体分布基本随机 2. 总体连续变化 3. 对已知分层的总体进行每层单样点采样 4. 整群采样的二级采样	1. 步骤简单，采样准确 2. 从经验上讲，系统采样较随机采样具有更高精度	对于未知的有周期性变化趋势的总体，将会带来信息损失和精度的大大降低
分层随机采样	将总体 N 分为若干次级总体 N_i，对各次级总体随机采样，其中，$N_1+N_2+\cdots+N_i=N$；$N_i\cap N_j=\varnothing$	1. 相关工作中需特定次级总体的数据 2. 总体不同部分有显著差异 3. 行政或其他方面的实施便利性要求	若层次划分和样本量选取量优，预测精度较高，均值预测方差较一般随机采样减少	为获得理想精度，需已知次级总体的合理划分，需保证各次级总体上样本量的正确选取
整群采样	将由多个个体组成的单位作为采样对象	个体资料欠缺，个体采集难实施的情况	在个体采样难以实施时，此法可节省经费	精确度小于针对个体的采样
双重采样	对研究变量采样的同时，对辅助变量采样	对研究变量的预测需用到辅助变量值或分布信息	辅助变量的引入，使估计精度有可能提高	辅助采样使主要变量样本相对减少，影响精度

二、空间采样

(一) 空间采样的目的和方法

空间采样的目的是针对每个个体都具有地理参考或地理编码的总体，用来自这个总体的个体子集为基础进行兴趣特性推理估计。使用的是采样，而不是进行各种理由的完全普查。总体或许太大，完全普查或许根本不可能或不现实（如估计一个海滩上卵石的平均直径）。在测量像地面空气质量，或具有连续土壤覆盖的一个区域的土壤深度这样的情况时，可能有无穷（数不清的）的位置。获取每个个体信息的成本，超出了完全普查的许可。1991 年，英国人口普查仅提供了占所有应返回数据的 10% 的家庭成员就业采样数据，部分是保密原因，但也有人工编码成本的原因。遥感数据可提供完全普查（在给定的分辨率基础上），但由于费用原因，数据必须由基于采样点的地表实况进行解释。

另外一种情况，采取采样的方法不是因为总体的大小或获取数据的成本的原因，而是因为对数据精度水平的要求。采样产生误差，在某种意义上，可用于在一些精度水平内估计兴趣特性，因为误差方差或采样误差的相反面都跟评估的方法有关。这种误差方差能够通过选择样本的大小，而被保持在预先定义的限定之内。如果这样的精度限定是不必要的话，那么即便是采取完全计数（或即便是一个非常大的样本）也可能是白费努力。再者，如果存在测量误差，调查的准确性可能是虚假的，以及在普查和样本之间的正常关系需要考虑反转时，采样就必须考虑改善“普查”信息的质量，如对于犯罪数据，根据警察局记录的计数，会产生计数不足问题，因此采取家庭采样是为了改善估计的质量。人口普查也会漏掉一定的组群（比如无家可归者），采用采样方法也可以改善其数据。

通过采样对一个地理总体的某些特性进行推理，需要对采样设计进行一系列的决策。这些决策与下面的问题有关：(1) 要估计什么？(2) 为了达到希望的精度水平需要什么样的样本大小？(3) 因为是空间采样，对这个采样应该选择哪 n 个位置？(4) 什么估计方法被用于计算兴趣量？(5) 寻求采样设计的最小化应当使用什么样的距离测度（在总体中兴趣变量的属性和估计变量之间的距离）？当彼此独立时，回答这些问题是不必要的。采样规划的选择中，对于问题 (3)，取决于选择的估计量；对于问题 (4)，取决于主要兴趣变量；对于问题 (1) 的总体的性质是空间的或是非空间的。一个总体是非空间性质的例子是在一个区域某一属性的均值水平，或超过一定域值的总体的比例。它们都被称为非空间属性，因为分析员仅对“多少”感兴趣，而不是关心在“哪里”（Brus 和 de Gruijter，1997）。然而，总体的空间性质包括在“哪里”的问题有：识别在总体中哪里的属性域值是大的，或极大值位于哪里？并能够对未采样的位置需要属性值进行最佳预测。“哪里”问题可推广到对构建总体变化进行制图，或提供根据自相关性和半变异函数，对这个变化特性进行定量的概括。

此外，还存在影响空间采样设计的一些问题。通过增加样本的大小，增加估计的精度，会增加采样的成本，但是收集大量数据的额外成本对空间采样也是特别重要的。这可能是进入一些地点的问题和与采样地理位置分散的总体有关的交通成本有关的问题。在设计一个样本方面，在经济性和统计标准之间进行权衡通常也是必要的。

关于一个区域的调查，对给定的可接受的采样误差水平的采样设计在子区域水平

（由于较少的观测值）将不能达到相同的采样误差水平，除非将分级调查纳入采样设计，否则，一些区域可能样本非常少，一些事例根本没有被采样。一个城市范围的调查可以被设计为按照城市作为整体的可接受的精度水平来实现，但除非有所说的在分区尺度上的分级调查，否则，由于缺乏分区层面的样本量，或在分区之间多个样本的高度变化，城市跨区域之间的比较可能是不确定的，以至于估计的精度从分区到分区会发生很大的变化。正是在采样阶段，必须注意确定是不是跨区域比较是重要的，什么方面的空间变化是重要的。如果跨区域的比较是重要的，则样本必须根据地理单元进行分级，以便进行比较，以及关于每个区域选择的样本大小要达到估计方法希望的精度水平。这会增加调查的成本，也可能会导致区域估计精度的水平高于实际需要。特别是小空间尺度上的研究，可能要考虑其他邻近生态系统的影响。如果跨区域比较是在贫困和富有邻居之间的健康行为，研究者可能想要比较在空间上居住在其他贫困区中的贫困者与在空间上居住在富裕区中的贫困者之间的不同，这就需要更高层次的空间分级。

尽管一个城市范围的属性估计方法是基于一个大样本的，有很高精度，但如果它被用于基于分区层次的同样属性值的估计，也可能是有偏的估计方法。使用数据子集的估计是来自特殊的分区并且是分区层次估计的无偏估计值，可能具有较低的精度。分区层次的低精度估计，对于想要检查分区尺度上差别的分析员来说，可能是有问题的。部分的解决方案是分级处理采样规划，通过层次设置样本大小，来保证适当的精度水平。进一步要做的改善是：通过结合两个采样尺度（局部区域和区域），使用组合信息的估计，或从局部或小区域估计目的“借用强度”（Ghosh 和 Rao，1994；Longford，1999）。城市范围的估计和分区层次的估计可以结合成为关于分区层次兴趣量的新的估计，这两个估计的权重按能反映它们的相对精度的方式确定。在这种意义上，具有较低精度的分区层次的估计（较大的误差方差），能从具有较高精度的城市范围的估计“借用强度”。James 和 Stein（1960）撰写的有影响力的一篇文章，提供了这种方法的早期发展。Gelman 等（1995）为这个问题提供了贝叶斯的解决方案。分区层次的估计被看做是已经向城市范围估计值方向“收缩”的估计（先验均值），或者可以看做是城市范围的估计向着分区层次估计的观测值“调整”。

设计一个采样，特别是通过时间以及跨越一个区域监测保存记录为目的的采样，可能不总是从“一张白纸”开始的。可能有一系列采样点已经被定位好了。问题是因为成本或不必要的采样密度网络，要缩减到现存的采样规划。相反的问题是加密现存的采样点网络（Arbia 和 Lafratta，1997）。如果目的是为了提供对这个区域的更好覆盖，那么克里格理论可以被用于识别地图上的具有严重间隙或重叠区域的区域。出发点是在给定的网络，分析预测误差的空间变化，然后根据它识别哪些区域需要更多的采样点（因为预测误差太高），或是哪个区域可以删除采样点，因为一些地点的数据可以通过其他地点产生的数据进行预测。在地区降雨量监测方面，有一些关于这类问题的很好的例子，特别是关于水质评估和洪水控制方面（Rodriguez-Iturbe 和 Mijia，1974；O’Connell 等，1979；Hughes 和 Lettenmaier，1981）。然而，如果监测站需要监测有不同空间变化的地区属性，或者产生属性的事件的发生具有不同的空间特性，则这种情况是复杂的。监测降雨量是复杂事件，因为不同类型的降雨事件有不同的空间特性。锋面降雨产生大规模的模式，可能通过相对稀疏的网络只能大概监测。对流降雨经常高度地与局部特性有关，而且是强度很高的降雨类型（Bras 和 Rodriguez-Iturbe，1976）。

试点调查在调查研究方面起着重要的作用，特别是为了评价问卷调查的目的。在空间采样的情况下，一个最佳采样规划的确定经常取决于在总体中的空间变化的模式，这通常是未知的。在空间采样的情况下，为了对最佳合适的采样规划进行判断，有必要进行试点调查。把强度置于中等地位，对监测的长期系统来讲可能是特别重要的。

（二）基于模型和设计的空间采样方法

1. 基于设计的采样方法

基于设计的空间采样方法或经典采样理论方法，是把一个区域的值的总体看做是一组未知的值，除了任何测量误差外，值都是固定的，是随机选择样本位置过程的。在离散总体情况下，推理的目标是一些全局特性，如：

$$\frac{1}{N}\sum_{k=1}^{N} z(k) \tag{2-11}$$

式中，N 是总体的成员个数，因此式（2-11）是总体的均值。如果 $z(k)$ 是二元的，取决于总体的第 k 个成员是特定分类或不是特定分类的，那么式（2-11）是一些特殊属性的总体的比例。A 区域是连续总体的情况下，式（2-11）能用以下积分式替换：

$$\frac{1}{|A|}\int_{A} z(x)\,\mathrm{d}x \tag{2-12}$$

式（2-11）或式（2-12）的量是基于设计的估计值，通过它们可能包含在样本的概率来衡量样本测量。

在基于设计的采样策略中，不同采样规划的优点取决于总体中的空间变化结构。

基于设计的方法主要是用于应对“多少”的问题。首要的是，个体 $z(k)$ 可能是推理的目标，但因为基于设计的估计忽略大部分的信息，这些信息对样本处于研究区域的什么位置是有效的，在实践中，这要么是不可能的，要么会产生具有贫乏信息特性的估计值（图 2-58）。

2. 基于模型的空间采样方法

基于模型的空间采样方法或超总体空间采样方法，将研究区域值的总体看做是一些随机模型的一种实现。在样本中存在的随机源出自一个随机模型。再者，推理的目标可能是式（2-11）或式（2-12）。在超总体方法下，以式（2-11）为例，表示的正是这种实现的均值。在这种策略下，因为式（2-12）是随机变量的总和，所以式（2-11）本身是一个随机变量，并通常被说成是对它的值的预测。

基于模型的采样策略提供了取决于模型性质的预测值，并且对应于选择的模型是最优的。如果模型后来被拒绝或有争议，则结果可能被否定。Matern（1986）指出，基于模型的式（2-11）的预测值，应当仅在关于基本总体的结构细节知识是有效时才能使用（信息很少是有用的）。

在基于模型的方法中，随机模型的均值（μ）假定已经产生实现了用做推理目标的总体，而不是像式（2-11）这样的一个量。这个模型均值可以认为是式（2-11）的一个“噪声”反射的基本信号。因为 μ 是基本随机模型的一个（固定的）参数，如果它是推理

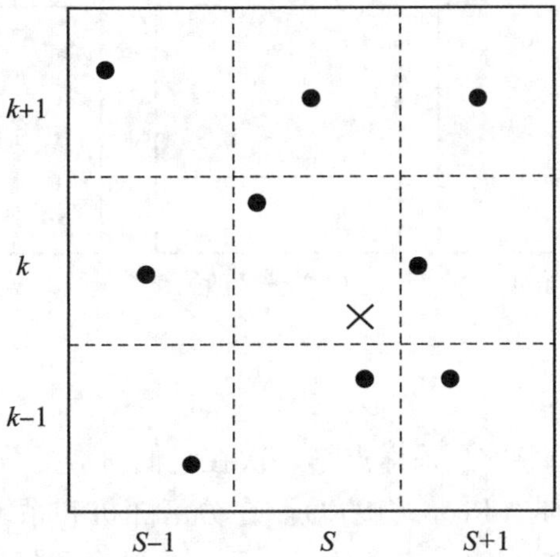

每个位置具有一个基于设计的观测样本。在位置（k，s）的点 X 缺乏空间信息，但也不得不使用在点（k，s）附近其他的点对其进行估计，尽管在实际的样本中有两个与其他点相比更近的点，也可以提供更好的估计。

图 2-58　从一个样本中利用空间信息的估计

的目标，则通常被说成是对它的值的估计。例如在空间流行病学中，这是关于一个区域的真实的基本相对风险而不是被观测的，或由感兴趣的特定的数据集揭示实现的相对风险。在基于模型的策略中，另外重要的推理目标经常是 $z(i)$ ——在位置 i 上的 Z 值。因为 Z 是随机变量，它通常被说成是对值 $z(i)$ 的预测。

现在，有一种情况在采样规划中不需要随机性。鉴于在基于设计的方法中表面从不变化，采样策略的改进必须考虑采用重复概率样本。在基于模型的方法中，每一种实现都产生了一个新的值的表面，同样的采样规划应当适用于每种情况（Brus 和 de Gruijter，1997）。事实上，甚至在采用完全“普查”的地方，例如，按区域的在给定的时间周期内所有新病例的计数，这也许仍然被看做是来自基本模型的样本，数据被用于估计这个模型的参数。综上所述，基于模型的方法对于解决“在哪里”的问题也具有重要性。基于模型的估计使用了在样本中更多的有效空间信息。它们使用假定的模型产生数据和样本位置的配置，重视样本观测，这就是它们对空间预测来说特别重要的原因。

（三）采样规划

估计一个地图性质的采样规划的主要分类有随机的、分区随机的和系统的。采样可以采用点或样方的形式进行。关于样方的采样方法请参阅相关文献，如 Kershaw（1973）。

在随机采样条件下，选择 n 个地点，以便使总体中每个成员具有同等和独立的选择机会，如图 2-59（a）所示。

在分区随机采样中，要采样的总体被分割为区域层次，在每个区域中，位置的选择按照随机采样的方法。图 2-60（b）表示的分区随机采样规划是根据每个分区具有一个样本的 9 个分区的情况。图 2-60（c）表示的是一种系统采样的类型，中心的系统采样，具有方形分区，每个点取自每个分区的中心。随机性可以在第一次分区时以随机的方式按照选

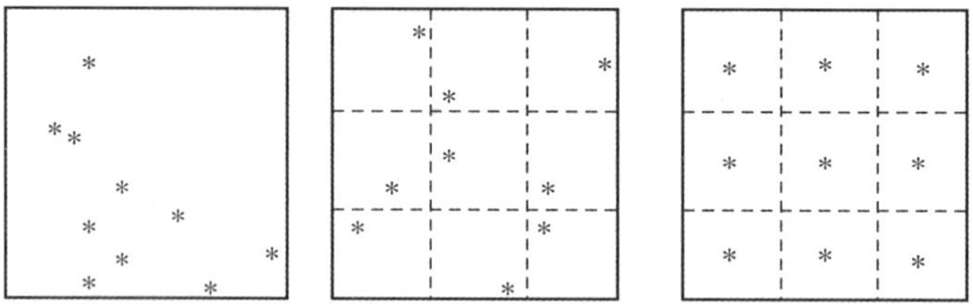

图 2-59　空间采样

择的地点被引入。剩余的 $n-1$ 个采样点第一次在它们对应的分区内占据相同的相对位置。这种形式的采样有许多变体（Koop，1990）。在分区随机和系统采样两种情况下，其他的分区形状也可能被采用，如六边形或三角形分区。在社会和经济应用中，选择分区用于捕捉不同的区域，如行政区域，以便于进行它们之间的比较。

随机采样不能保证对要采样的区域均匀覆盖，事实上，经常会产生相对较大的未采样区域和表现出地理聚类的一组采样点。分区减少了这两方面的问题，尽管可能仍然存在一些间隙和空间分布聚类。系统采样通常容易实现，并提供良好定义的定向性分类以及大多数样本被特定的距离分离。

尽管具有在计算采样方差方面可能存在问题的附加条件。但其他的采样规划在特定的情况是合适的，在社会科学研究方面，经常使用聚类采样。如果总体被分组为聚类，而不是按照上述的方法之一进行采样，应首先采样聚类。然后对于个体样本，通常是随机的，取自选择的聚类的个体。这类似于分区随机采样，它具有两个随机化阶段，但在第一阶段，一些分区已经随机地从样本中去除了。

总体的变化可能与不同的空间尺度或空间层次有关，并且每个尺度的贡献可能是推理的目标。在植物生态学中，区域被灵活地分割为小块（分析员感兴趣的最小尺度），然后这些块被组合，以提供按照大小（面积）增加的块的排序。例如，在探测分析时，植被地块的尺寸持续使用这种方法被分割。

然而，如果大范围的空间尺度是用于检查细的区域分割的必要性的，那么大量的数据集合应当被包含在内。解决方案之一是嵌套采样方法。

嵌套采样规划需要将总体分成块（一层），然后再进一步分成子块（二层），再在二层基础上分成三层，等等。任何一层的分块都嵌套于高一层的分块中。图 2-60 表示了嵌套空间采样的形式。

每个随机选择的数据点包含来自每个层的变化以及来自每个层的贡献，可以通过对方差的层次分析来估计。但在保留对不同空间尺度的能力时，数据需要简化。

图 2-58 所示方案的一个问题是采样规划不能控制样本之间的距离，因此尺度影响可能被掩饰或至少会被样本之间的距离变化弄混淆，甚至在相同的尺度。Youden 和 Mehlich（1937）提出了样本对之间的距离是固定的采样规划，即主采样点在特定的距离上是固定的。对其中的每一个主采样点，进一步的样本点按照固定的距离从主采样点位置随机选择

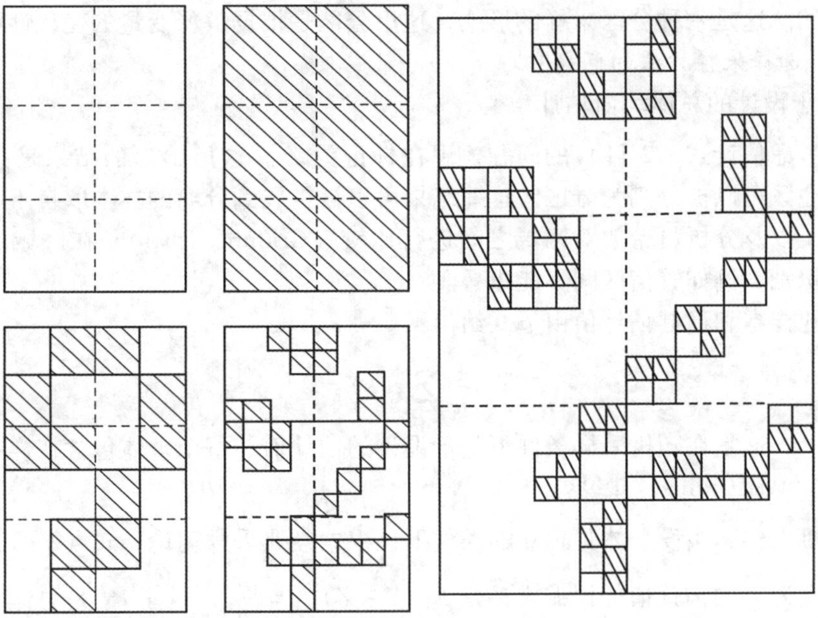

图 2-60　一种嵌套采样规划

（方向随机选择）和从其他的采样点按固定距离选择，如图 2-61 所示。

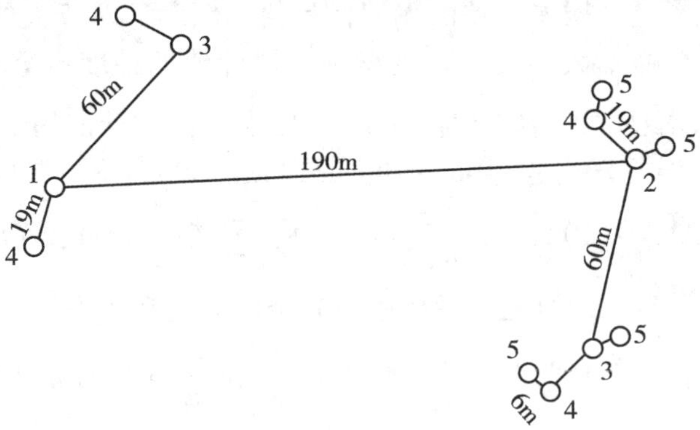

图 2-61　固定间隔采样

这种方法可以用于表示空间尺度发生剧烈变化的情况（Webster 和 Oliver，2001）。Miesch（1975）给出了如何累积方差的不同部分，提供在不同距离上方差图的粗估计方法。这可能被用于规划一种测量以获取方差图的更仔细的估计，浓缩发生变化的采样结果（Oliver 和 Webster，1986）。

在解释变量水平的空间变化特性可以用于发现解释变量和响应变量之间的关系。地理变化对进一步科学理解的贡献之一是为研究者通过寻找变量之间的可能的关系提供自然界实验。因而，它对选择采样地点，同时控制其他因素对感兴趣的解释变量取得良好的变化性是重要的。这是一种分区采样的形式，这里分区是根据解释变量的变化性而确定的。

（四）选择采样方法的问题

1. 基于设计的总体均值估计

我们考虑估计式（2-11）的问题，现在标记为 $\overline{Z}$。这里给出的结果是关于一个单一的区域或地区可以被分割为分区。这些结果可以被扩展到分离的样本取自不同的区域或地区的情况，以及分析员希望对区域之间进行比较（Griffith，1994）。在区域之间显著的差别可以被识别，例如置信区间不能重叠。

直观地样本和稳健估计值由下式给出：

$$\frac{1}{n}\sum_{k=1}^{n} z(k) = \bar{z} \tag{2-13}$$

事实上，这是在随机采样条件下基于设计的估计值，每个个体包含在样本中的概率是 n/N（Brus 和 de Gruijter，1997）。

在随机采样和假设个体是独立的条件下，根据经典采样理论，式（2-13）是 $\overline{Z}$ 的无偏估计值。作为 $\overline{Z}$ 的估计值的误差方差是 $E[(\bar{z}-\overline{Z})^2]=\frac{\sigma^2}{n}$，这里 σ^2 是总体方差。再根据经典采样理论，它可以表示为 $\frac{s^2}{n}$，其中：

$$s^2 = \frac{1}{n-1}\sum_{k=1}^{n}[z(k)-\bar{z}]^2 \tag{2-14}$$

式（2-14）提供了这个误差方差的无偏估计值。因为，对于大的 n，$\bar{z}$ 是正态分布的（Freund，1992）。随着样本大小（n）的增加，估计值的精度也会增加。如果个体不是独立的，像在空间总体通常预料的那样，那么 $\bar{z}$ 作为 $\overline{Z}$ 的估计值的误差方差具有与有限的总体相关，$f=n/N$，误差方差是（Dunn 和 Harrison，1993）：

$$\frac{1-f}{n}N(N-1)\left[\sigma^2 - \frac{2}{N(N-1)}\sum_{j}\sum_{k(j<k)}\mathrm{Cov}(z(j),\ z(k))\right] \tag{2-15}$$

这里在方括号中的第二个项是在总体中所有个体对之间的平均方差的测度。对较大的 N，在式（2-15）中，方括号前面的项被简化为 $\frac{1}{n}$ 和 $\frac{s^2}{n}$ 再次提供了这个误差方差的无偏估计值（Haining，1988）。对于式（2-15）模拟的连续空间，这里 $\bar{z}$ 是式（2-12）的估计值（Ripley，1981）。

式（2-15）的结果是采用通过随机采样样本的位置和值 $\{Z(k)\}$ 的分布二者的期望值，分布具有常数均值（μ）和仅取决于距离间隔和可能方向的空间方差。在分区随机和系统采样条件下，作为 $\overline{Z}$ 的估计值的 $\bar{z}$ 的误差方差可能出自相同的方法。有理由认为这两种采样方法优于随机采样。随机采样在采样规划中留下了未采样的“空洞”，同时也有在其他方面的采样点出现聚类的现象。这似乎是效率低下的，因为给定的邻近邻居个体之间的相关性，这意味着随机采样产生了一些信息冗余。相邻的采样个体携带有关于总体“重叠”的信息量。分区随机采样提供了保证总体覆盖的更多的信息的一些方法和减少了信息冗余。系统采样方法固定了在相邻区域中的样本点之间的间隔，把这个过程向前推进了一步。

对应于式（2-15），关于分区和系统采样的结果是由 Dunn 和 Harrison（1993）给出的，对连续空间模拟的结果是由 Ripley（1981）给出的。在分区随机采样情况下，式（2-15）中在方括号中的第二项由在一个分区内的所有可能的个体对之间的平均方差的所有分区的平均值替代。在系统采样的情况下，误差方差是在系统采样中个体之间的平均方差减去式（2-15）中方括号中的第二项。

从这些结果中可以得出结论，在分区采样使用小分区的情况下，基于设计的误差方差（使用估计值 $\bar{z}$）是最小的——为了使在分区内方差的平均值最大化。在系统采样的情况下，基于设计的误差方差是最小的，当样本之间的距离具有足够远时，以至于相同的系统采样的元素之间的方差尽可能的小。结论是分区保证了分区随机采样和系统采样二者将胜过随机采样。Ripley（1981）预料在存在局部正空间相关时是最好的，除非在总体中有空间周期性。Dunn 和 Harrison（1993）的经验证据证实了相对于纯随机采样来说这两种方法的好处，但也表明它们的相对效率是远远不明确的。他们认为，这两种方法的相对表现“明显反映了复杂性和数据的变化的自相关功能”。

对分区随机和系统采样的误差方差$\frac{s^2}{n}$的估计可以通过应用式（2-14）对每个分区以及在这些分区上每个分区的平均化获得。如果要使式（2-14）是可计算的，在每个分区至少要有两个样本点。如果每个分区只有一个样本点，为了估计 s^2 的目的，一个选择是，把较大尺寸的分区（事后分区）分解为两个（Ripley，1981）。这些方法比把分区采样处理为随机采样要好，而且式（2-14）的计算可立即在整个数据集上进行。采用估计误差方差的平方根 $\left(\frac{s^2}{n}\right)^{\frac{1}{2}}$ 并乘以标准正态表中的值 1.96，可以获得 95% 的置信区间。

式（2-13）的估计可用于估计总体具有相同性质，即当 $z(k)$ 是 0 或 1 时的总体的比例。在这种情况下，由式（2-14）定义的 s^2 简化为：

$$\frac{n}{n-1}p(1-p) \tag{2-16}$$

这里 p 是在样本大小 n 中的一个成员的比例，所以 $\sum_{k=1}^{n} z(k) = \sum_{k=1}^{n} z(k)^2 = np$ 。Dunn 和 Harrison（1993）的研究改进了关于二元数据的事后分区（大小是 2 的）。式（2-16）用于计算每个分区，所以每个分区的 p 是分开计算的。然后计算所有分区的平均值。这个量被 n 相除，以获得估计误差方差。研究人员表明这种方法过高估计了真实样本方差。然而，这个估计好于将样本处理为大小为 n 的随机样本，并将计算 $\frac{p(1-p)}{n-1}$ 作为估计误差方差的情况。该方法需要进一步改进。

2. 基于模型的均值估计

有两种类型的均值需要考虑：实现值（ $\bar{Z}$ ）的均值和基本模型的均值（ μ ）。对空间采样在基于模型的方法条件下，$\bar{Z}$ 的最佳线性无偏预测值（BLUP）可由克里格理论给出

（Cressie，1991）。预测值的形式是：

$$\sum_{k=1}^{n} a(k)a(k) \tag{2-17}$$

这里 $\{a(k)\}$ 取决于已知的空间随机模型，因此也取决于这个基本模型的空间性质。另外一种看待式（2-17）的方式如下：实现值的总体是 $z(1)$，…，$z(N)$，并假设地点是固定的，因此 $z(1)$，…，$z(n)$ 表示样本的值。$\overline{Z}$ 的 BLUP 可以按下述形式表示：

$$\frac{1}{N}\left[\sum_{k=1}^{n} z(k) + \sum_{k=n+1}^{N} \tilde{z}(k)\right] \tag{2-18}$$

这里 $\tilde{z}(k)$ 是未采样的 $z(k)$ 的 BLUP。但是，有两种理由更偏爱式（2-13）和而不是式（2-17）：首先，如果其他的实现思路在应用中是有争议的，则与式（2-17）有关的预测误差将可能太大。这是因为，预测误差是通过所有可能的实现计算的，而不是仅仅关心在事实上已经发生的一种结果（Isaaks 和 Srivastava，1989）。其次，在实践中，在式（2-17）中确定 $\{a(k)\}$ 的模型很少是已知的；相反，在基于设计的策略中，对所有的 k，$a(k)=\frac{1}{n}$，并且由包含在样本中产生的概率是已知的。

注意式（2-13）是 μ 的无偏估计。与这个估计有关的问题是如果观测值是空间相关的，$\frac{s^2}{n}$ 会低估采样方差。如果一个大数据量是有效的，一个解决方案是使用分区采样一个独立的子集，并使用式（2-13）以及 $\frac{s^2}{n}$。这将避免鉴别一个空间相关性的模型，且较容易实现，如果选择的 n 足够大，对于这个应用，可以提供具有希望的精度估计。

3. 空间预测

这里要解决的问题是对所感兴趣属性的采样规划进行选择，以便为采样的地点进行一个好的预测以及可以为属性获取产生一个好的分布。好的分布的标准是产生“最佳”的预测值（在线性无偏估计值的等级方面，它们具有最小均值平方预测误差的性质）。选择的采样规划在地图上任一点的预测误差，而不是直接观测的，小于一些规定的值。采样的密度和采样点的位置对于获得好的预测和从采样数据中构建采样点分布是重要的。像这样的问题，在许多应用领域都会发生，包括采矿、水文和精准农业，提供了地理统计发展的背景（Webster 和 Oliver，2001）。

满足这些目标的采样规划选择是基于克里格理论的应用的（优化空间预测）。这个方法取决于能够定义一个模型，完成空间变化在属性上的映射。然后允许关于局部预测的最佳的权值的定义，尽管对这种应用定义多种实现的想法是困难的。预测值是在给定的地点 O 的属性值 Z 的期望值，给定有效数据 $z(1)$，…，$z(n)$：$E[z(1), \cdots, z(n)]$。

克里格理论表明最大预测误差通常发生在研究区域的边界（如果采样在这里是稀疏的）以及在研究区域内部采样点之间的最大间隙的中间。系统采样规划（具有采样点的位置靠近边界）好于非规则采样规划，特别是会产生采样点聚类的规划方案。在采样点是矩形网格的情况下，最大预测误差将位于采样点的矩形中心。对于给定的采样密度，三角网格网点产生较低的预测误差，但由于实际原因，人们更偏爱矩形格网点，这些中心排列的系统格网点是最好的（Burgess 和 Webster，1980，Webster 和 Burgess，1981）。Burgess、Webster 和 McBrantney（1981）表示最小预测误差的最大值的地点，来自采样点矩形的中心的地点，针对样本大小绘制的分布图可以用于选择样本大小，以取得需要的预测误差水平。

构建的分布地图表示了预测误差是如何在采样区域上变化的。这个信息可以用于建议在哪里需要增加新的采样点；相反，通过实验，可以删除采样点或采样点的小子集。在整个分布地图上检查这样的预测误差的对探测过程的影响是可能的。

这些预测值和预测误差的估计是基于超总体的或基于模型的规划策略的。分析员必须决定是否对“其他实现”的思路（在时间上的其他点或在空间上的其他位置）也有意义，因为如果不这样做，那么关于 $Z(o)$ 的可能值的总体的期望值的预测值可能太大。在这种情况下的预测误差应当参照 $z(o)$（因为没有其他可能的值）和基于类似的采样规划重采样单个数据集的思想。

在环境污染的情况下超总体的观点通常是有理由的，因为单个污染源也许负责数个污染地点或同一过程在相同的地点经过定时复制也是有理由的。甚至在地理背景，如果研究区域是大的，或许存在具有相似统计性质的几个子区域，因此预测误差可以对应于选择的区域（Issaks 和 Srivastava，1989）。

4. 识别极端值或探测稀少事件的采样

研究者有理由相信一个区域包含一些属性的极端值，这个值大于一些标准值（z_{crit}）。感兴趣的属性或许是工业过程产生的土壤污染值，其标准值由政府设置。识别这样的地点的目的是确定大于一些标准值的总面积。如果一个详细的数据集已经通过分割后的小分区获取，那么就没有采样问题，下一步是映射指示器函数 I（.）：

$$I(z(k))\begin{cases}=1, & z(k) > z_{crit} \\ =0, & z(k) \leq z_{crit}\end{cases}$$

对于样本 k，大于 z_{crit} 的，用黑色表示，小于或等于 z_{crit} 的，用白色表示。大于标准值的总面积通过黑色区域面积求和得到。标准值或许根据观测的属性值的分布来定义。指示器函数或许用于识别属性值大于均值的 3 个标准差，或在值的前 10% 的所有区域。

当没有有效的数据时，需要一些采样策略。如果一个样本已经被采样，问题或许是把样本数据转换为“在哪里”和“有多少”的两个问题上的有用信息。我们现在讨论没有数据的第一种情形。

选择样本区域，如果没有样本数据是有效的，那么问题是策划一个采样方案，既不是随机的、分区随机的，也不是系统的采样。它们趋向于忽略分析员或许已经有的关于标准值可能被发现的多余信息。“判决”采样，采样者根据关于最有可能被发现的污染地点的经验和知识得出结论，是比较常用的方法（Brus 和 de Gruijter，1997）。这个“在哪里寻找”的问题（和“什么时候寻找哪些地方”）也在对稀少人工建筑的考古搜查中会出现（Sitzer，2000）。

甚至使用判决采样的采样者可能遭遇数个可能的区域，可能有稀少人工建筑或属性值大于 z_{crit} 的区域。为简便起见，假设有两个区域，它们或许有高水平的污染。分析员先验知识相信区域 1 最有可能被发现是高水平污染区域，而不是区域 2，因此区域 1 是开始查找的最佳地点。这种先验知识或许是基于两个区域的工业活动类型的。因此，判断建议首先从采样区域 1 开始，但如果采样不放弃采样值大于 z_{crit}，那么有将采样转换到区域 2 的点吗（在进行了一定数量的采样之后）？以及什么时候到达这一点呢？

这是一个可以根据贝叶斯条件按照先验知识，根据新的数据进一步修改的过程可否被形式化的问题。在一些点上，后验分布（由数据修改后的先验分布）或许是这样的，当与转换规则结合的时候，引导采样者在搜索高水平属性值时移动到其他区域。

区域 1：在这个区域，采样者相信极端值最有可能被发现，区域被划分为 n 个分区，用 $\theta(1)$ 表示在任何给定的分区发现极端值的概率。这个概率是基于采样者根据已知的关于区域的历史判断的，或许与一些地方的经验有关。在这个例子中，为了方便起见，假设 $\theta(1)$ 的先验分布是具有参数 $a(1)$，$b(1)$ 的 β 分布，即：

$$\theta(1) \sim \beta(a(1),\ b(1)) \tag{2-19}$$

式中，~表示"具有概率密度"。β 分布的参数隐含 $\theta(1)$ 的期望值和方差是：

$$E[\theta(1)] = \frac{a(1)}{(a(1) + b(1))} \tag{2-20}$$

$$\operatorname{Var}[\theta(1)] = \frac{a(1)b(1)}{[a(1) + b(1)]^2[a(1) + b(1) + 1]} \tag{2-21}$$

假如，一些先验密度是为区域 2 的 $\theta(2)$ 定义的，而且具有参数 $a(2)$，$b(2)$，因为采样者已经选择从区域 1 开始而不是区域 2，这些参数被假定满足下面的关系：

$$\frac{a(1)}{a(1) + b(1)} > \frac{a(2)}{a(2) + b(2)} \tag{2-22}$$

采样者从区域 1 采集了 n 个样本，y 的值超过了 z_{crit}。我们假定这个采样过程的似然是关于属性值大于 z_{crit} 的数个区域的二项式模型，则：

$$\{y \mid \theta(1)\} \sim 二项式(n,\ \theta(1)) \tag{2-23}$$

独立性假设来自采样者采用的采样过程。实际上，相邻的分区很可能是空间相关的，如果分区的大小是小于污染的尺度，地块的大小在这里不重要（如果采样者选择采样策略是选择的用于采样的第 k 个地点依赖于在 $r(r > 1)$ 的先前样本的位置和属性值，则独立性的假设是无效的）。

对于给定的数据（来自样本大小为 n 的 y 的极端值），$\theta(1)$ 的后验密度可以使用贝叶斯规则导出：

$$\{\theta(1) \mid y\} \sim \beta(a(1) + yb(1) + n - y) \tag{2-24}$$

式（2-24）的后验均值是：

$$E[\theta(1) \mid y] = \frac{a(1) + y}{a(1) + b(1) + n} \tag{2-25}$$

可能的采样规则是：如果第一个 n 个样本没有值大于标准水平（$y = 0$），将搜索区域从 1 转换到 2，当：

$$\frac{a(1)}{a(1) + b(1) + n} < \frac{a(2)}{a(2) + b(2)} \tag{2-26}$$

现在考虑其他的例子。在罕见疾病事例计数中自然产生的泊松模型。假如这个问题是探测具有缺乏医疗记录的地区的罕见疾病事例的聚类。我们假设与前面的例子同样的情形，采样者从预料有事例的一个区域（区域1）开始采样，但需要确定规则以帮助决定从哪些地方什么时候开始。设 $\phi(1)$ 表示在区域1的疾病率，并且基于先前的经验或关于这个区域的其他信息，先验分布假定为具有参数 $\alpha(1)$，$\beta(1)$ 的 γ 分布：

$$\phi(1) \sim \gamma(\alpha(1),\ \beta(1))$$

因此，$\phi(1)$ 的期望值是：

$$E[\phi(1)] = \frac{\alpha(1)}{\beta(1)} \tag{2-27}$$

当基本疾病率是 $\phi(1)$ 时，在具有风险水平为 $n(1)$ 的总体的区域1发现 y 事例的概率是泊松分布：

$$\{y \mid \phi(1)\} \sim \text{泊松}(\phi(1)n(1)) \tag{2-28}$$

在给定的新数据上的后验密度（y 事例在具有 n 个个体的样本被发现）是：

$$\{\phi(1) \mid y\} \sim \gamma(\alpha(1) + y,\ \beta(1) + n) \tag{2-29}$$

式（2-29）的后验均值是：

$$E[\phi(1) \mid y] = \frac{\alpha(1) + y}{\beta(1) + n} \tag{2-30}$$

可能的采样规则是：如果前 n 个个体没有疾病事例（$y = 0$），将搜索区域从1转换到2，当：

$$\frac{\alpha(1)}{\beta(1) + n} < \frac{\alpha(2)}{\beta(2)} \tag{2-31}$$

绘制具有极端值的区域。我们现在回到值是连续表面的情形，这里采样数据已经按照采样规划采集。分析员希望绘制一幅图，表示哪些地方的属性值超过了标准值，并计算面积。为了描述这个方法，需要假定一个超总体或基于模型的数据视图。

克里格方法提供了在给定数据的表面上预测值的均值。置信区间可以与每个预测值通过预测标准误差相联系。通过具有预测值的补充采样数据，特别是在采样是稀疏的区域，表面可以按照各种地点被量化，以及通过绘制等值线来表达表面（Ripley，1981）。成果地图表达空间细节的内容取决于采样的强度以及采样的位置，细节随采样的强度减弱而丢失。

但是，为了识别具有极端值的区域，在采用空间预测的方法时存在两个问题。第一，从采样获得的预测标准误差不能用于评估预测表面的非线性函数的变化性，如线段或面（Ripley，1981；Chiles 和 Delfiner，1999）。第二，使用有限样本的结果描述一个分布与检查模型一样，信息是不足的，特别是在观察来自这个模型的分布方面（Switzer，2000）。克里格预测值是给定采样数据随机变量 $Z(0)$ 的期望值。克里格方法在总体上平滑了在地图上的变化，而且这种平滑在整个地图上是不均匀的。对于小值会过高估计，对于大值会过低估计。兴趣特性集中在表面的变化性或如果分析员对识别极端值区域特别感兴趣，这都不是希望有的特性。为了得到较好的分布，有必要检查分布的中心趋势，而且要检查它的可变性，特别是尾部特性。条件模拟可以用于取得这种结果。条件模拟可以产生与已知的数据值相一致的表达和“目的是保留在模拟值方面原始数据统计变化的所有纹理”（Frogbrook 和 Oliver，2000）。

一旦获取一个概率模型的多重条件实现，对结果表达有几个选项。样本模拟是可以表示的（如 Bloom 和 Kentwell，1998；Frogbrook 和 Oliver，2000），一个极端值超过模拟的 90%或 95%的阈值的地图区域应当高亮显示，或表示了定义的极端值超过模拟百分比的地图也可能被综合（如 Savelieva 等，1998）。

图 2-62 表示的是极端值概率水平的模拟地图，是产生于切尔诺贝利核泄漏的锶 90 污染。

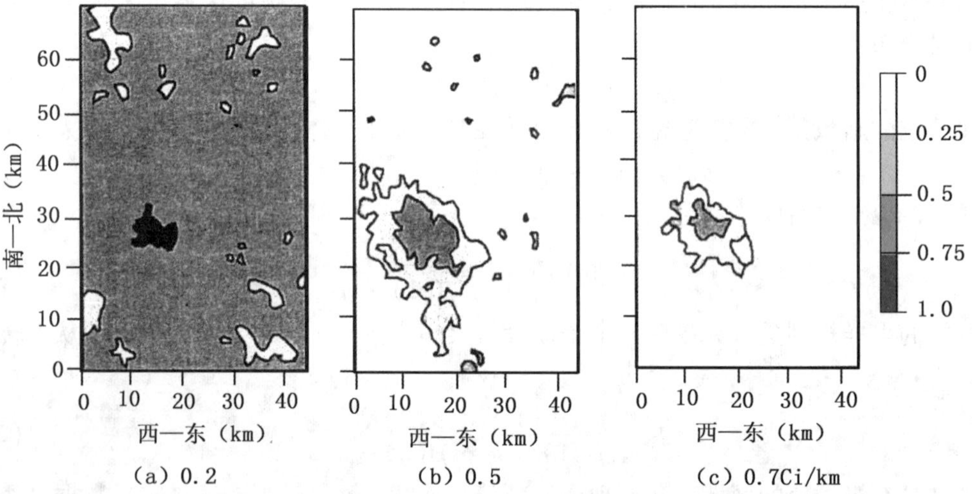

图 2-62　锶 90 的高斯模拟：超过下述指标的概率图（Savelieva 等，1998）

显示跨越一组独立模拟平均值的地图是不推荐使用的，因为它类似于通过克里格方法获得的地图，对于这个目的，这里的描述太过于光滑。这些模拟的地图的方差将趋于克里格方法的方差。

第七节　地理监测任务规划和方案设计

地理监测是一项科学活动，是以科学的监测态度、严密的监测方法为前提的，凭借可靠的监测手段、先进的监测技术、有效的组织管理，有科学的计划和实施方案的工作。其目的是保障监测数据的真实有效和结论的客观正确。

一、地理监测任务规划

监测任务规划，或工作计划是地理监测科学管理的重要内容之一。监测是一个复杂的系统工程，既包含布点，采样，实验室分析，数据处理、传输与储存，信息综合和报告编写等，也包含人力、物力、财力的调配和使用。不具有现代化的管理思维，不建立规范化的管理制度，不实施系统化的质量管理程序，就不可能达到科学监测的目的。科学的监测任务规划是实现监测资源优化配置、实现统一监测、协调协作监测的有效途径。监测任务规划的内容包括：（1）制定监测发展战略、发展规划、工作计划；（2）资源优化配置和协调协作计划；（3）监测项目监测方案的审批、部署监测任务，下达监测项目等；（4）建立地理监测机制（常态化机制、应急监测机制、长效工作机制）。

二、地理监测方案设计

地理监测方案是针对一个监测项目设计的技术方案。根据监测对象、监测类型、监测标准和规范，不同监测项目的监测方案是不同的。根据监测活动的一般流程，监测方案应包括：确定监测任务的区域，设计监测技术框架（技术流程、技术组成、技术标准等），确定监测目标以及监测对象、内容和指标评价体系，选择监测尺度，选择监测数据源，确定数据获取手段、数据处理方法，提取监测信息，确定数据分析方法，评价监测结果，表达监测结果，发布监测成果，确定监测数据执行的标准规范、质量控制和质量评定及管理决策应用等。

三、自然资源监测系统框架

自然资源监测是地理监测的主要领域之一。对自然资源和可持续性利用的情况进行定期监测所产生的地理信息，对管理、规划和决策是基本的。这里描述的自然资源监测系统框架，对建立其他领域的监测框架具有参考价值。

自然资源监测系统框架是使用自然资源管理域概念构建监测单元的，由决策用户驱动的框架。这个框架是设计和实现自然资源监测系统的基础。

自然资源管理域（resource management domains，RMD）是指为问题辨识、替代解决方案分析以及为了增加一种或多种资源的可持续利用，解决特定问题的资源管理选项的应用等目的，提供契机的空间单元（或景观）。由 RMD 概念构建的监测框架比传统概念的框架更容易被管理决策者理解和使用。RMD 的概念出自包含动态和多尺度概念的生态和社会经济地理参考信息，无论是资源的数量还是它们的利用层次，都反映了在景观方面人类干预措施的几个方面。在实践中，一个 RMD 是一个共享一定资源和经济特性的一个区域，在其内特定的干预措施期望具有相似的影响。

为了理解 RMD 的用途，可考虑如何将它与其他的资源管理单元进行比较。一般来讲，划分资源管理单元是为了使这些单元具有共同的生物物理或使用特性。例如，农业生态区在评估承载力方面是有用的，因为它们是根据农业和生态参数定义的。然而，决策者通常也需要基于社会经济变量所定义的分析单元。为了满足这种需求，RMD（也可称为生态经济区）需要在农业生态区的概念上加以改进，通过包含基础的社会经济基础设施，如土地利用、市场和价格等。作为一种资源管理的工具，RMD 对识别生物物理和社会经济相似单元是有用的，通过共同的土地利用规划、管理、技术转移或发展措施，与其他方法相比，RMD 具有一些无形的价值：它们是根据资源问题和公共的基本社会经济参数定义的，它们不具有传统的一组地理信息，或行政边界。

由压力状态/影响-响应模型（PSIR）构成的 RMD 系统在研究自然资源策略方面被频繁使用。PSIR 模型认为每一个资源都是因果之间具有双向的动态系统的一部分。只研究系统的一部分，没有参考把它带入它的当前状态的因素（以及在问题中资源的因果关系影响或许是在其他参数上），是指仅限于使用决策干预措施的那一部分。在大多数自然资源管理情形下，在可能遇到的因素中，原始压力是人力驱动的因素。因此，RMD 将人类活动集成到了生态系统。

RMD 框架在以下几个方面提供了对于定义自然资源问题比其他传统方法更好的操作方法：第一，它提供了对聚焦自然资源问题的灵活性。事实上，一个看似简单的问题，或许包含了几种资源和第一眼看起来似乎无关的一些因素。此外，有待研究的因素的范围可能跨越延伸几个农业生态区和地理行政边界。第二，它是一个多维的框架。它可以应用于覆盖非连续空间区域、具有多层次尺度和显著时间成分的资源问题。这些问题可以通过没有失去历史问题焦点的 RMD 解决。也可以认为大多数是多学科的问题，并被扩展到从农学家、生态学家和资源专家，到经济学家、社会学家和工程师。第三，RMD 方法对开发和组织数据库是最合适的，这些数据库被用于监测和评估状态以及自然资源利用。用特定的 RMD 开发的数据库，对制定特定问题的解决方案具有灵活性和易响应性。

对自然资源管理者而言，对于 RMD 如何才是一个有吸引力的工具，有一些判断标准。对 RMD 进行一些扩展，它也可能对自然资源监测是一个同等有用的工具。自然资源监测被定义为监测、分析、对指标和与自然资源管理有关的因果关系因素解释，以及为了制定可能导致有效措施和在保护、管理以及自然资源生产率方面的实现合适决策的可持续应用的一个过程。

与上述关于自然资源管理具有相同的理由的是：多学科性、灵活性和可测量性，RMD 也相当适合于监测。正如 RMD 在管理中被用于定义在空间单元的整个区域具有相似影响的管理和规划措施那样，用于监测目的的 RMD 需要一个保持一致社会经济学环境，通过决策变化指导资源利用的激励措施。为了决策的有用性起见，RMD 的范围可以扩展到包括更宽的来自资源状态变化的、表明对土地资源可能产生冲击的一些社会经济特性，或相反，表明潜力或对人口实际影响的一些特性。例如，一个传统定义的监测框架，可以描述森林覆盖的森林砍伐问题、土地使用权和其中的其他问题。然而，特定地用于决策制定的 RMD 也可能要考虑人口学特性，如抚养比率（按可持续发展要求，农村居民生存能力的指标之一），以及社会经济特性，如粮食需求对市场的依赖程度（组群如何反映外源压力的决定因素）。这些直接或间接因素将影响农村群体对森林冲击的可能性。同样，形状或“条件”，对资源决策措施也会有所影响。另外一个将 RMD 用于监测的例子是在脆弱的干旱地区土壤养分的消耗。除了常用土壤养分的状态和种植密度，决策驱动的 RMD 将监测“条件”因素，如人口水平、部门的就业水平等。像上述例子一样，这两类因素都是与资源问题紧密联系的。对解决这些问题的中心或局部问题的决策者来讲，可能是目标点。因此，与干旱土壤养分消耗有关的监测计划将在上述描述的生物物理和社会经济参数基础上收集信息。根据 RMD 的定义，决策者对在 RMD 区域内直接采用的任何决策措施是自信的，其中社会经济和生物物理参数是空间一致的，也将产生相似的结果。应该指出的是，因为条件参数的水平是随时间变化的，因此，RMD 的边界也是如此。因此，如果在 RMD 内一个原始区域是由低氮土壤和低非农业就业人数定义的，在一个时期是持续低氮土壤，但在下一个周期非农就业人数改善了的，将不在属于 RMD。这是理所当然的，因为通过增加非农业就业人数，或许已经从政府努力到减小种植密度之中受益的一个区域，将不再从这个措施中受益。

按照与可持续性应用有关的问题和事物定义监测单元，为定义满足资源监测和管理需要的高级信息提供了机会。它也可以帮助设计适当的信息收集系统，这取决于监测目标。进一步的，在每个 RMD 中，识别主要问题和事物能够更好地进行监测指标的选择。在这种非常现实的意义方面，RMD 的定义以及它的信息需要由决策驱动。

四、定义 RMD 的步骤

定义 RMD 可以分为以下四个步骤：

（一）定义决策者或计划管理者感兴趣的问题

定义决策者或计划管理者感兴趣的问题是指通过决策或计划措施，最终能够解决的资源问题，例如上述例子中干旱土壤中的养分消耗问题，在一个空间尺度上，将通过一个更大的面积或种植密度等措施解决。

（二）定义系统组成部分的关系

一旦定义了问题，就有必要获取基本的，但是是全面理解的带来资源问题状态改变的各种自然和人文活动因素。这些因素可能是直接的因果关系，也可能是减轻或加重其他直接关系的中间因素。例如，栽培措施、作物轮作、作物产品价格、人均土地供应、牲畜存栏数、肥料价格、可用性、可访问性等，都是对土壤养分状态有贡献的因素。

（三）定义“条件”变量

基于上述步骤对系统的理解，需要识别一些可能形成潜在措施的与社会经济有关的变量。用于定义 RMD 的条件变量应当是这样的一些因子：确定特定政策措施应用性，但不是自然因果关系的因子。在土壤养分的例子中，一种条件因子就是非农就业人数。理论上讲，增加非农就业机会，可以减少土地的压力，进而减少土地耕作的密度和延长休耕期。因此，非农就业可以被看做是一种条件因子，这种因子对制定改善土壤营养状态的潜在政策干预措施可能具有重要的作用。然而，很可能有其他土壤营养贫乏的区域，它们的非农就业水平已经很高。这些区域可能已经有一组不同的条件因子。条件变量的选择应得到理论或经验证据的支持。

（四）定义 RMD

定义 RMD 的最后一个步骤是合并空间区域，即由一定层次的一个或多个条件变量表达的，进行过问题识别的空间区域。所得到的合并组合，可以用 GIS 的数字高程模型（DEM）表达，将是一个独立的 RMD。GIS 被认为是对资源管理的空间决策制定非常有用的工具，对定义监测单元同样有用。在上述的例子中，一种 RMD 应当被定义为具有低非农就业的低土壤营养状态区域。另一种 RMD 可以被定义为具有低土壤营养状态，但具有高非农就业人数的区域。因此，应当由一组不同的政策和措施加以解决。

上述定义 RMD 的方法很容易用于建立一个自然资源监测系统。

五、自然资源监测系统的实现

在自然资源监测系统方面，许多研究停留在关于各种自然资源问题的测量技术和指标选择上。然而，开发合适的和成本-效益良好的指标确实很重要，因为存在不同水平的政策决策制定和不同类型的行为，在设计一个监测系统时，首先要考虑的一点是要达到什么类型的目标。

环境和自然资源监测系统的分类多年来已经扩大到包括基于信息产生和利用的新型信息系统。根据自然资源信息产生的目的和在规划中涉及的时间，监测系统可以分为5个主要类型，如图2-63所示。

对于在合理化和最大限度发挥干预方案的影响的短期规划方面，建议应用“方案管理”监测系统。对进行长期发展计划和增强可持续性发展成果，建议应用“自然资源规划和政策设计”监测系统。为了满足应急规划和防止自然资源退化短期的重大影响的需求，建议使用“早期预警和干预”监测系统。为了将评估和监测可持续性发展指标作为管理自然资源和突出特定的资源问题的基础，可以采用“问题识别和宣传”监测系统。这些系统是在满足信息需求方面发挥特定作用而设计的，通过一个系统产生的信息，能够用于检测系统的其他目标。面向提供信息的这些自然资源监测系统的目标是同等重要的，不可能通过一个单独的监测系统满足所有目标。在实践中，许多国家的自然资源监测系统解决多目标问题，可以结合使用上述监测系统。

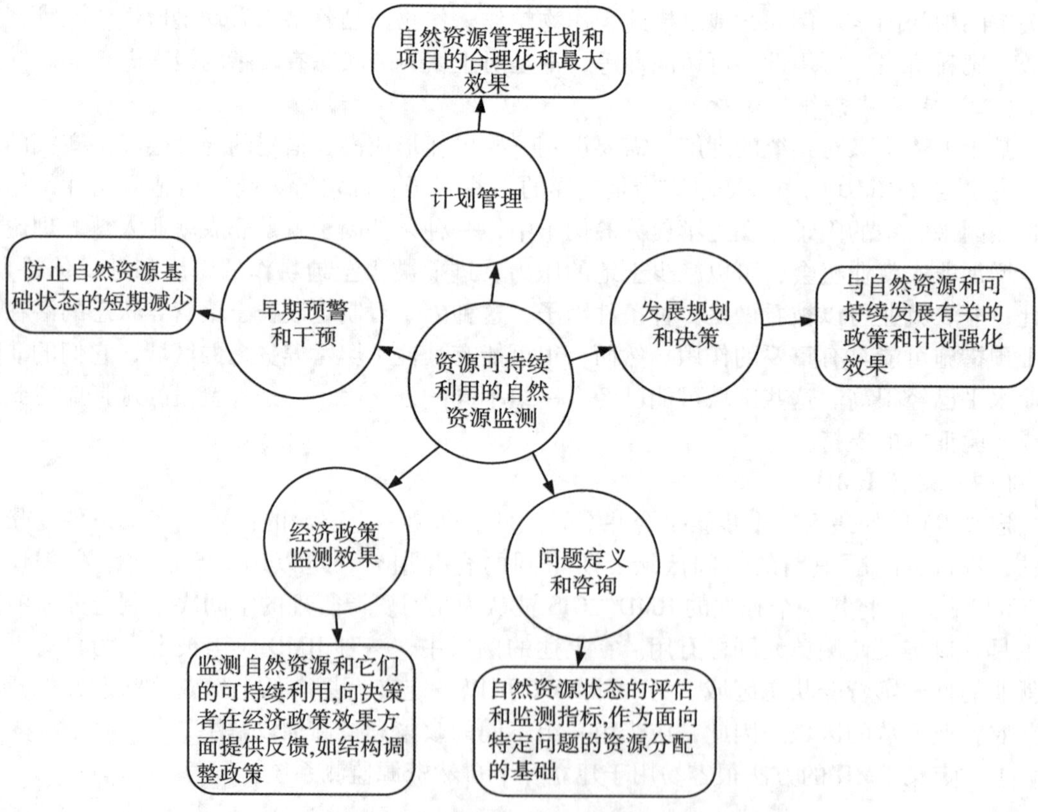

图2-63　自然资源监测系统的目标和类型

六、实现自然资源监测系统的方法

不难发现，发展中国家的监测系统被仅仅看做是数据收集系统。这在很大程度上是因为数据收集过程趋于变成自身的目标，而不是为决策制定提供信息的方法。考虑到这一点，更好地理解自然资源监测过程，对成功实现监测或许是值得的。基于监测和评估，以及从其他学科和几个发展中国家获得的经验的一般原理，可以得出自然资源监测的一般方法。这个方法分为 7 个阶段，如图 2-64 所示。

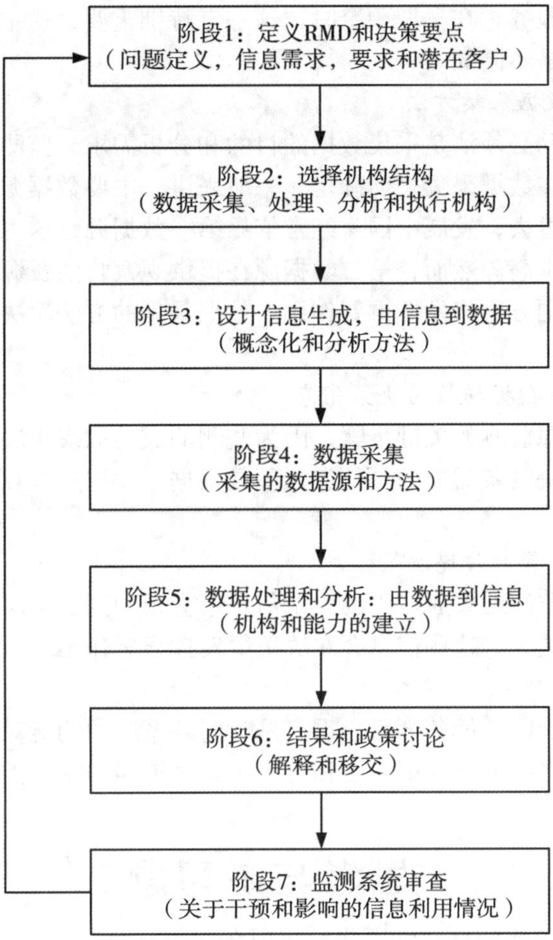

图 2-64　自然资源监测一般方法

（一）定义 RMD 和决策要点

自然资源监测的第一步是定义用于监测的空间单元的 RMD。正如前面解释的，RMD 的定义包括决策者感兴趣的资源问题以及能够被公共政策和干预措施聚焦的每个区域的基本社会经济条件变量。基于 RMD 和包含的问题，监测的尺度和需要的信息要进行定义。定义潜在的决策点和最终使用信息的决策者是重要的，这有利于定义在国家、部门、社区、农场等层次上所需要的数据。

（二）选择组织结构

成功实现自然资源监测需要的主要组织机构可能分为四种类型：数据和信息的生产，数据处理和分析，对计划和政策分析的相关结果，干预决策制定。在大多数国家，关于自然资源指标和它们的因果关系因子的数据通过一个牵头部门进行收集或某个机构收集，如农业部、资源部、林业部等。这些机构或部门应具有数据采集、处理和分析应用的能力。

（三）概念化和定义分析方法

理解与自然资源监测有关的概念对定义获取哪些信息上的变量是基本的。但监测目标是为决策制定和规划服务，在早期预警时，这一点特别重要，这主要是因为目的不同，所需要的一组变量参数是不同的。

（四）数据源和数据采集方法

自然资源监测活动必须清楚采集数据的目的和分析需求。监测目标不同，数据需求是不同的。数据源必须在数据采集之前确定。一般来讲，主要数据源和第二数据源是用于分析和决策制定目的。过去，发展中国家经常依靠第二数据源，这主要是因为收集主要数据源的基础设施差和成本高。然而，第二数据源在提供观察自然资源问题方面是有用的，但主要数据源在定义问题方面将发挥重要作用。数据采集的方法取决于规划和决策过程涉及的时间和变量。

（五）将自然资源数据转换为决策信息

这是实现自然资源监测的关键步骤，因为监测的成功取决于决策者将信息转化为政策和干预措施的速度。决策者需要的是信息，不是数据。数据处理和分析将数据转换为决策信息。

（六）向决策者解释和传递决策信息

通常人们会认为监测结束后产生的大量信息不会延伸到决策层，然而，通过制定信息的质量、数据表达方法等，这些信息会在决策层发挥显著作用。

（七）监测系统的审查

在实现了上述各阶段的任务之后，重点是对监测系统的功能对应的那个阶段的目标进行审查。这样的审查将有助于发现问题和为未来监测策略的制定提供参考。

思考与练习题

1. 为什么说地理监测的针对性更强？体现在哪些方面？

2. 地理监测的动态性体现在哪些方面？监测方法和技术如何保证获得科学的变化信息？

3. 理解地理监测的适应性，对完成地理监测任务的意义是什么？

4. 地理监测的综合性体现在哪些方面？实践中对数据和技术的综合性要求，会产生哪些值得关注的技术问题？

5. 地理监测的实践性，对从事地理监测活动的启示是什么？

6. 地理监测的基准包含哪些内容？确定参考基准应考虑的因素是什么？

7. 地理监测可能的数据源有哪些？选择数据源需要考虑哪些因素？

8. 从哪些方面理解时空数据表达对地理监测的重要性？

9. 讨论空间、时间和时空概念的关系，给出时空数据库的含义。

10. 时间密度的含义是什么？有哪些类型？举出在显示世界地理事件与它们对应的例子。

11. 时间表达有哪两个层次？如何选择使用这两个表达层次？

12. 时空变化有哪些类型？如何看待时空变化分析的复杂性？

13. 时空拓扑与空间拓扑在概念上有何新意？

14. 为什么需要对对象进行标识？对象标识可以提供哪些操作？

15. 一个合理的时空数据模型的建模应考虑哪些因素？时空数据建模的基本思想是什么？

16. 快照模型是如何定义的？举例说明快照模型的应用。

17. 时空组合模型是如何定义的？适用哪些应用的时空数据建模？

18. 分析简单时间标记模型的优点和缺点。

19. 请对面向事件的模型进行评论，举例说明适用的场合。

20. 三域模型的建模思想是什么？能够支持哪些类型的时空数据建模？

21. 历史图形模型是如何表达时空行为的？哪些时空分析关注时空行为的分析？

22. 实体关系模型是数据库数据模型的经典模型之一，时空实体关系模型对此进行了哪些方面的扩展？

23. 面向对象的时空数据模型的建模思想是什么？在地理监测中，这个模型有什么应用前景？

24. 解释位移对象数据模型中时间切片表达的概念。

25. 请比较基态修正模型和快照模型。

26. 时间立方体模型是如何定义的？举例说明其用途。

27. 时空查询有哪些类型？与空间查询相比，有哪些新的技术要求？

28. 请你评价时空数据库关系系统的三种结构。

29. 时空数据索引有哪些类型？

30. 应该从哪些方面理解尺度在地理监测中的重要性？

31. 请区分范围/幅度，分辨率/粒度的等尺度概念，指出它们之间的联系。这些尺度概念与测绘学的比例尺有何联系？

32. 有哪些层次结构类型？与尺度是何种关系？

33. 简述与尺度相关的问题。

34. 请总结和归纳尺度概念在不同学科中的含义和应用。

35. 空间尺度是如何定义的？

36. TGIS 修改尺度的原始定义的意义是什么？

37. 理解科学的精度尺度的定义对地理监测分析的意义。

38. 语义尺度是如何定义的？语义尺度与语义粒度和分辨率之间是什么关系？

39. 如何理解语义粒度和语义分辨率的概念？在使用习惯上的区别是什么？

40. 简述语义尺度与空间尺度、时间尺度的关系。

41. 尺度效应主要表现在哪几个方面?

42. 什么是尺度依赖?有哪些表现?

43. 尺度不变性指的是尺度的哪些特性?

44. 尺度一致性的含义是什么?空间尺度和时间尺度的匹配有哪几种情况?

45. 最佳尺度选择的原则包括哪些?尺度选择应该考虑哪些主要因素?

46. 什么是尺度推绎?请就本章给出的尺度变换方法,按照尺度上推和尺度下推进行归类。

47. 请评论本章给出的语义尺度转换方法及其应用。

48. 为什么说采样方法和技术对地理学分析是重要的?

49. 讨论采样相关的问题对分析的影响。

50. 有哪些空间采样的方法?如何合理选择采样方法?

51. 某部门拟对我国三峡库区进行生态环境监测,请你根据本章讲述的自然资源监测系统框架内容,为其拟定一个监测区域生态环境监测的技术方案大纲。

第三章　地理监测数据获取与处理

本章主要从遥感、GPS、数字测图、无线传感网络、专业监测站网、地理统计调查以及公众参与方式等方面，介绍地理监测数据的获取和处理要求。具体的获取、处理流程、处理方法需要结合相关的专业课学习来具体深化和掌握。

第一节　地理监测遥感数据获取与处理

一、遥感数据对地理监测的作用

遥感数据是指安装在航天器（如载人飞船、航天飞机和太空站）、卫星、飞机、低空无人飞行器（如无人飞机、飞艇、气球等）和地面移动测量系统（如车、船等）上的各类传感器获取的一种描述地表地物特性信息的数据。使用光学传感器获取的是地物的影像数据，如 SPOT、TM、QuickBird、Worldview、Geo-eye 影像数据等，使用非成像传感器获取的是地物的物理观测数据，如地物波谱数据、大气观测数据、激光扫描数据等。遥感数据除了可以用于测图外，还大量用于地表地物的解译、信息提取和变化检测。由于遥感可以提供空间多分辨率、多辐射分辨率、多光谱分辨率、多时间分辨率、多空间范围、多数据记录格式等多尺度数据，因而可以广泛用于地理监测的各个领域。

二、卫星遥感数据

遥感数据是按照地物电磁波谱反射、热辐射、微波等特定谱段（通道或波段），以数字形式记录其信号强度获取的。图 3-1 说明了卫星遥感是如何记录这样的数据的。一些卫星轨道距离地面大约 700km，另外一些是地球静止轨道，位于地球赤道上空约 36000km。

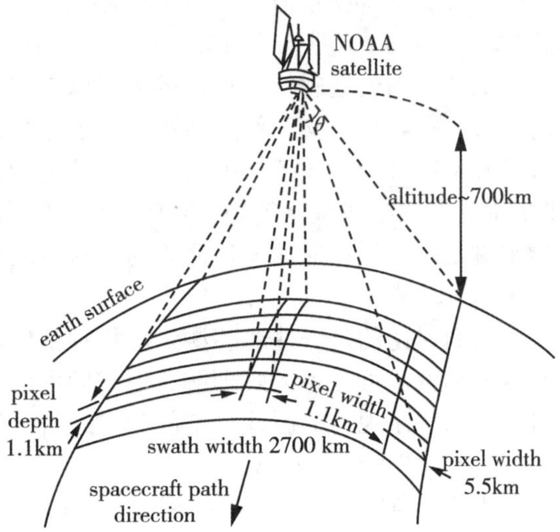

图 3-1

数字遥感影像的计算机处理分析对于土壤和植被来讲，是突出的特点。影像的每个像素是对电磁辐射特定波长在特定的时间（分钟、小时、天、月或年）、特定的位置、特定的空间分辨率的量测记录。遥感传感器通过地物的波谱特性，可以区分地表覆盖的不同类型（如绿地、优良的沙质土壤、水体等），如图 3-2 所示，绿地（A）、优良的沙质土壤（B）和水体（C）的理想反射波段是 0.4～2.7μm，图中还说明了一些典型的遥感传感器使用的通道分辨率。解译地表覆盖类型是地理监测最为基础的任务之一。地表覆盖数据是地理监测的基础数据。

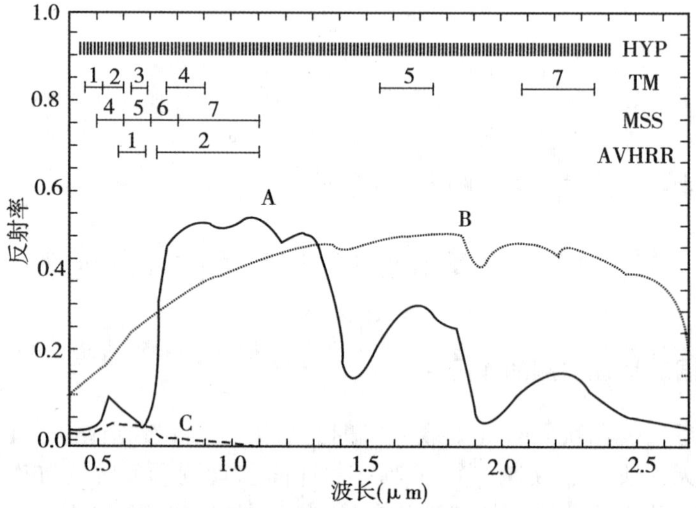

图 3-2

图 3-2 是根据四个不同的传感器（Hyp、MSS、TM、AVHRR）测量的不同表面的波谱特性曲线。其中，Hyp、MSS 传感器属性（波谱）响应是连续的，但是获取数据的范围和分辨率是完全不同的。这两个传感器对任何特定表面提供了不同的属性响应。Hyp 传感器记录了 196 个通道的波谱信息，每个通道是 10 纳米的波谱分辨率，这有利于对地表覆盖进行分类（即按照分类进行专题制图）。遥感传感器可以按照记录电磁波谱的能力进行分类。

地球表面的遥感依赖存在的大气窗口，是从地球表面地物特性产生的信号的电磁波谱的波长，在与大气交互作用后可以通过、少量通过或不能通过的波段区间。电磁波谱的一些谱段不适合用于遥感，因为大气在特定的谱段连续吸收了所有的电磁辐射。例如，在图 3-2 中，专题绘图仪（TM）通道 5 的大气窗口是 1.5～1.7μm。1.45～1.95μm 对绿色植物来讲是一个低反射的窗口，因为在这些波长上存在强烈的吸收。图 3-3 是对电磁波谱的一个划分。

下面讨论的是一些遥感测量的物理基础以及电磁的通量是如何转换为数字影像的。一些术语和概念可能不太好理解，但它们可以帮助我们思考遥感传感器，作为一种高技术相机，可以记录地物的属性、空间和时态特征的范围、分辨率和密度等特性。

（一）卫星和传感器

表 3-1 列出的是一些为区域农业可持续发展监测选择的地球资源观测卫星和传感器的一些特性。

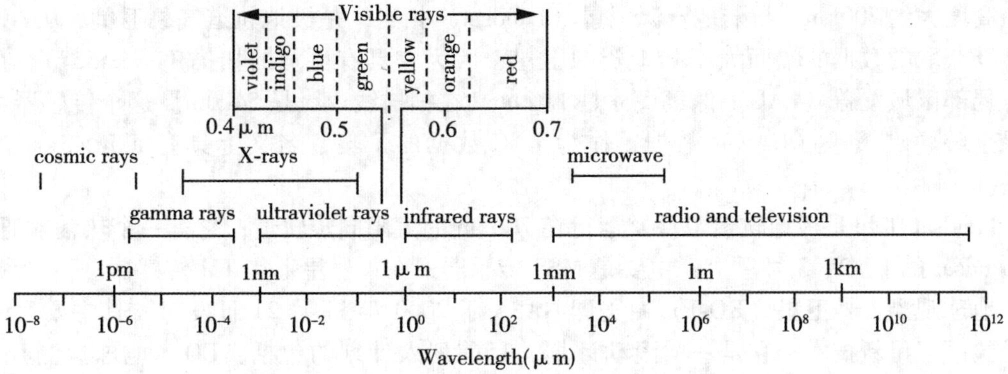

图 3-3　电磁波谱划分

表 3-1　**用于农业遥感的光学传感器**

satellite : sensor (quantisation)	channel number	spectral resolution	spatial resolution (in m) at nadir	sample swath	repeat cycle	lifetime
NOAA-AVHRR (10 bit)	1	580 ~ 680nm	1100	2700km	every 12 hours	1978 to present
	2	725 ~ 1100nm				
	3	3.55 ~ 3.93μm				
	4	10.5 ~ 11.3μm				
	5	11.5 ~ 12.5μm				
Landsat : MSS (6 and 7 bit)	4	500 ~ 600nm	80	185km	every 16 days	1972 to present
	5	600 ~ 700nm				
	6	700 ~ 800nm				
	7	800 ~ 1100nm				
Landsat : TM (8 bit)	1	450 ~ 520nm	30	185km	every 16 days	1983 to present
	2	520 ~ 600nm				
	3	630 ~ 690nm				
	4	769 ~ 900nm				
	5	1.55 ~ 1.75μm				
	7	2.08 ~ 2.5μm				
	6	10.4 ~ 12.5μm	120			
EO-1 : Hyperion (12 bit)	242 in total	436 ~ 2405 nm	30	7.6km	every 16 days	Nov 2000 to Sept 2002

美国卫星系列的 NOAA 卫星携带了先进的高分辨率辐射计传感器（AVHRR）。卫星轨道高度大约 700km，与陆地资源卫星（Landsat）相当，是极地轨道气象卫星。从 NOAA 传感器获取的数据的幅面大于陆地资源卫星，因为它具有更宽的扫描角（± 55°）。在星下点局部区域覆盖（LAC）像素尺寸是 1100m，在扫描线边缘是 5400m。这个传感器可以记录全球区域覆盖（GAC）数据，作为 LAC 数据的子集，名义上具有 5km×3km 的分辨率。

Landsat 卫星是极地轨道卫星，运行在 700km 的太阳同步轨道；它有一个热辐射通道；在 Landsat 的 1、2、3 号星上，主要是 MSS 传感器，在 4 号星上是 TM 传感器。

地球观测 1 号卫星（EO-1）由美国 NASA 于 2000 年 11 月 21 日发射。其主要目的之一是验证卫星新技术。它是一项滚动计划，目前列入计划的包括：EO（地球探测）、DS（深空探测）和 ST（空间技术）。EO-1 为对地计划的第一颗卫星，另计划发射 EO-2（航天飞机上的红外激光雷达）和 EO-3 对静止气象卫星新技术进行验证，以求明显改进目前气象预报的时效性和准确性。EO-1 卫星携带了三个遥感设备：高光谱成像光谱仪（HYP）、高级陆地成像仪（AII）和大气校正仪（AC）。HYP 是第一个民用的基于卫星平台的高光谱成像设备。波段范围为 436 ~ 2406nm。光谱分辨率 10nm，空间分辨率 30m，幅面宽度 7. 7km。AII 共 10 个波段，覆盖可见光、近红外、短波红外和热红外，波长范围和空间分辨率都与 ETM+完全相同。地面分辨率在全色波段 10m 分辨率 ，幅宽 37km。EO-1 与 Landsat-7 的比较如图 3-4 所示。

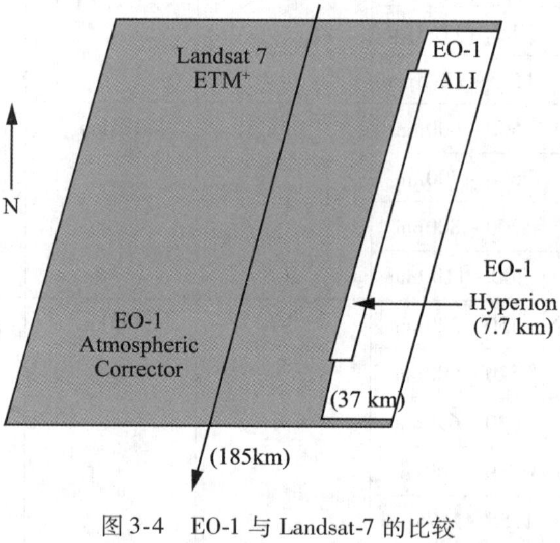

图 3-4　EO-1 与 Landsat-7 的比较

需要说明的是，上述内容只是对农业遥感而言的。针对不同的监测领域和监测项目，选择与之相适应的卫星平台搭载的传感器影像数据是数据选择的重要工作，其中，卫星和传感器的参数数据是选择的主要依据。

（二）反射遥感

电磁波谱的反射部分名义上从 0. 4 ~3. 75μm。人眼可见部分为 0. 4 ~0. 7μm。具体波谱的划分见图3-3所示。在可见光范围，人眼可以通过反射物体的不同特性，清晰区分它们的色彩。然而，人们识别色彩的变化是有差别的。例如，一些人不能识别微妙的颜色变化，称为色盲。但多数人可以识别灰色的深浅，即灰度变化。在遥感方面，这类似于“量化”的概念。“量化”这个术语用于可能的响应水平的数目。遥感转换模拟光子通量为数字影像。这里量化水平的数量是比特位的函数，用于表示光子的通量。量化水平的数目等于2的比特数（n）次方(2^n)。如7比特的数据，可以提供128个量化水平（2^7）。遥感传感器区分地球表面不同特性的电磁波反射的能力很大程度是由量化水平决定的。红色（Red）和近红外（NIR）波段经常结合使用于产生植被指数，植被在近红外波段有一个反射峰值。最常用的线性组合是NIR/Red的比率和归一化差异植被指数（NDVI），有（NIR - Red）/（NIR+ Red）定义。NDVI与植物的条件、叶子存在（包括叶子面积指数(LAI)）、叶子覆盖百分比等因素是正相关的。基于LAI和NDVI的关系，一些研究已经对作物的产量预测进行了建模。一些研究者从生长季节特定时间获取的作物的NDVI建立了回归模型。绿色叶子的数量是决定电磁波反射强度的因素之一，土壤的颜色、太阳-目标-传感器几何也是重要因素。

（三）热红外遥感

热红外遥感的电磁波段范围是3.75～12.5μm。观测到的表面温度是陆地、海洋或云顶等表面发射的辐射能量的函数。建立的模型允许表面温度从热红外遥感数据提取。热红外遥感观测的是某一天特定的时间表面能量平衡（SEB）的状态。SEB是由表面净辐射驱动的。在白天，净辐射通常由来自太阳的短波辐射占主要成分，也会有一些长波成分。反射量取决于表面的反射率。在地面，所有波段的净辐射在敏感性、潜在性和地面热通量之间是平衡的。地面热通量是一段较长时间的平均值。因此，SEB表示的是在敏感性和潜在热通量之间的平衡。在一天中，地表温度大部分取决于敏感性和潜在热通量的相对大小。遥感热红外数据也可以在晚间记录，这时SEB主要由地面在白天吸收的热量释放占主要成分，这也取决于白天吸收了多少，晚间释放了多少。储存热量的环境容量取决于它存储水分的量。热红外遥感常用于土壤湿度制图。

（四）微波遥感

微波遥感的波段范围是0.75～100cm。雷达信号工作在这个波段。雷达遥感分为主动遥感（传感器主动发射雷达信号并接收反射信号）和被动遥感（观测地球表面背景信号）。无论是主动遥感或是被动遥感，都已经被用于确定近地表面土壤的湿度。主动遥感发射微波能量脉冲，然后接收反射强度，有时反射脉冲被极化。这些反射信号用于确定地表景观的特性，如近地表面土壤的湿度。这种卫星有日本的地球资源卫星（JERS）、欧空局的卫星ERS、加拿大的合成孔径卫星RADASAT等。

（五）遥感数据的处理

遥感数据除了低精度监视性目视解译的地理监测目的外，一般不能直接用于地理监测的制图。因为存在几何、辐射畸变，会影响制图的几何和解译精度，在多数情况下，需要进行一系列的处理，包括：（1）辐射量校正（传感器灵敏度引起的畸变校正、太阳高度和地形倾斜引起的畸变校正、大气的吸收和散射校正等）。一般通过天、空、地同步测量取得校正参数，或通过数学模型理论计算方法进行校正。（2）几何校正（像元大小、

CCD 阵列不均匀、地物形状的不规则引起的位置畸变）。一般通过两种方法进行位置畸变改正，一是按照影像获取时的姿态参数和投影系统参数，通过地图投影变换进行校正，二是通过地面控制点，通过多项式进行校正。（3）影像的增强处理。通过对亮度、对比度等增强处理，有利于目视解译和计算机信息分析和提取。（4）分割与镶嵌处理。分割是把影像分解成构成它的部件和对象的过程，有选择地定位感兴趣的对象在影像中的位置和范围，为进一步分类做准备，如图 3-5 所示。镶嵌是对一个研究区域的多幅影像的拼接过程，这可能涉及影像的裁剪和对不同色调的影像做匀光处理。（5）多源影像数据的融合处理。地理监测可能收集到同一研究区域的多平台、多传感器、多光谱、多分辨率和多时相的多源遥感数据或图像，它们具有优势互补的特点。将多源遥感数据进行融合（组合），可以获取比任何单源遥感数据更丰富、精确度更高的信息。多源遥感数据融合是通过遥感图像处理技术来复合多源遥感图像，其目的是将不同传感器和不同时相获取的多光谱、多分辨率的信息加以综合，消除多传感器之间可能存在的冗余和矛盾，加以互补，降

（a）原始影像　（b）分割结果　（c）分类结果

图 3-5　遥感影像分割

低模糊度，减少不确定性，增加图像信息的透明度，以形成对目标的完整一致的信息描述，以期达到提高图像解译精度和动态监测能力以及有效提高遥感信息利用率的目的。包括影像配准处理和影像融合处理。影像配准是指将多影像的同名影像通过几何变换实现重叠，即实现影像与影像之间地理坐标及像元空间分辨率上的统一。其基本原理是根据对两个影像的近似性度量，即在两个图像的相对移动中，找出其相似性量度值最大，或差别最小的位置作为图像配准的位置。配准不仅用于几何校正，对影像融合（不同传感器的遥感数据复合，不同时相的遥感数据复合）也有着重要作用。融合是在多源遥感影像之间、遥感数据和非遥感数据之间进行的信息融合，或数据整合、结合或叠合处理。比如遥感影像之间的融合，是根据一定的坐标系统和算法，生成新的影像的过程。影像融合可以在像素级、特征级和决策级进行。目标是提高空间分辨率、改善影像几何精度、增强特征显示能力、改善分类精度、提高变化检测能力和修补影像数据缺陷等。（6）遥感影像的解译与制图处理。地理监测使用遥感影像的最终应用目的是为其提供地表物体的描述数据。地表覆盖分类数据、变化检测数据和专题制图数据是其使用的基本数据类型。这涉及对不同

类型数据的信息提取处理和表达技术的应用。在地表覆盖分类和制图工作中，空间尺度和制图尺度的选择是两项基本的工作。这里，空间尺度主要关注由空间分辨率确定的影像信息内容的方式和在影像处理阶段空间分辨率处理的方式，对应于地表覆盖图斑的大小和形状的变化。制图尺度（也有学者称为制图分辨率）是指在分类中使用的类别的细节层次。在地表覆盖分类制图的历史上，多以单一的空间尺度和制图尺度（单一分类层次结构）表达分类的结果，但在实际应用中，是需要多空间尺度和多制图尺度的。这就需要研究跨尺度分类和表达的处理方法。在遥感数据的应用中，红外遥感数据和微波遥感数据在地理监测方面也具有重要应用。热红外遥感在干旱监测、土壤温度和湿度反演等定量遥感的数据处理方法也应引起足够重视。红外遥感利用相应波段的传感器，收集和记录地表物体的近红外、中红外和热红外信息，用于识别地物和反演地表参数。图 3-6 是根据 MODIS 影

（a）陆地地表温度　　（b）海洋表面温度

图 3-6　MODIS 影像数据的温度反演

响数据反演的某个时间的地表温度和海洋表面温度。微波遥感数据，特别是干涉雷达数据，在地形测图、地表沉降监测方面已经有很多成功的应用案例。干涉雷达测量有交轨干涉测量、顺轨干涉测量、重轨干涉测量等模式。干涉雷达测量是以获得同一地区两幅干涉影像数据为基础，对其进行相位相干处理，从而产生干涉条纹，反映了它们之间的相位变化信息。根据这些相位变化信息，可以对地形进行三维测量。在地形形变观测、地震同震形变场、火山形变、冰川运动等监测中，差分干涉测量方法被广泛采用。差分干涉测量是指对同一地区进行三次观测，如 S_1、S_2、S_3，经相位干涉处理，如 S_1、S_2的干涉处理，得到一幅干涉图，S_1、S_3的干涉处理得到另一幅干涉图。利用得到的两幅干涉图进行差分处理，得到差分影像数据。根据差分数据可以获得地表形变信息。图 3-7 是在地面沉降监测中的应用。（7）遥感变化检测方法。目前的变化检测研究主要集中在利用遥感卫星、雷达等低空间分辨率的影像进行自然环境的变化检测方面，如草场的季节性变化、灾害监测等，然而，对于大比例尺的航空影像进行变化检测还是有限的。基于低分辨率影像变化检测的方法主要有分类的变化检测方法和直接比较的变化检测方法两种。分类检测方法是利用多光谱影像进行分类，比较不同时期分类结果的变化，因此，对于分类的变化检测方法，则可以直接依据不同地物的波谱特性确定该区域发生了什么变化。在这类变化检测方法中，先分类后比较的方法是最直观、最常用的技术，它是先对两个不同时期的影像进行简单的分类，然后再逐像素比较已经分类的区域，来确定变化情况。该方法是通过对独立分类影像进行比较从而得到变化的区域，通过对时间 t_1、t_2 两个时期的分类结果适当编码，能够得到表示变化矩阵的变化图。此外，对分类结果有选择地分组，使得分析者能够

得到感兴趣的变化子集。先分类后比较的方法之所以有效，是因为两个时间的数据是相互独立地进行分类，因而减小了两个不同时间大气状态的变化、日照角的变化、土壤温度的变化以及传感器状态不同的影响。分类的变化检测方法的优缺点是能直接给出有关地物性质的信息，因而受影像配准以及时域标准化结果的影响小，但是分类的变化检测方法所得到的变化结果的好坏，在很大程度上依赖于分类器的精度，要达到较高精度的分类，常常需要进行复杂的、大量的计算，而且很多时候对分类精度的估计偏高，如两幅影像各自的分类精度为 0.8，但是它们的总分类精度很可能只有 0.64 左右，也就是说，该方法与分类的结果有紧密的关系，不同的人可能分类结果不同，同时也没有考虑两个不同时期影像之间的依赖性，如果在任何一个时间的数据中给出一个错误的变化标记，就会产生大量的错误的变化标记。这种方法的精度依赖于两个不同的分类器，这就极大地影响了变化检测结果的准确性，同时，由于目前多光谱影像的低分辨率以及城区光谱特性的复杂性，该种方法无法用于城市的细节变化检测。

图 3-7　差分干涉测量用于地面沉降监测

直接比较方法利用多光谱影像直接进行比较，找出变化的区域，如图像相减方法和图像退化方法等。对于图像相减方法，在变化检测中，影像差是最为常用的方法，这种方法是将时间 t_1 和 t_2 获取的两幅影像进行配准，然后逐像素相减，从而得到一幅结果影像，以表示在这两个时间当中所发生的变化。直接比较的变化检测方法的优点是在理论上较简单，易理解和掌握，但常常不能确定所变化的区域属于什么类型，即很难确定区域变化的性质，还需要对变化的区域进一步分析。例如，农业用地和城市用地仅仅作为变化而被检测出来，并不能确定是从农业用地变化到城市用地，还是从城市用地变化到农业用地，因此，为了能确定变化性质，还需要另外的方法进行更进一步的分析，提取有关变化性质的信息，以便找出感兴趣的变化。然而，对于自然影像的变化检测，这种方法则过于简单，很难考虑到所有因素的影响，容易造成信息容量的损失，同时，直接比较的变化检测方法要求精确的时域标准化和图像配准，因此该方法也不适合用于城市地区的变化检测。

三、航空遥感数据

航空遥感数据多数用于生产正射影像图、数字高程模型和数字线划图，这已经有了一系列成熟的技术和作业流程。当前，在全数字化生产方面，已经不少知名的商业化软件，如像素工厂、DPGrid 等。由于航空遥感数据可以提供比卫星遥感数据更高的空间分辨率，所以，在地理监测方面，一般用于比卫星遥感数据更小范围、精度更高的信息分类和提取。当然，由于高分辨率卫星遥感数据的出现，在某些监测尺度上，出现了卫星遥感数据和航空遥感数据通用的局面，如城市扩张、演变等监测。除了测图目的外，遥感数据也广泛用于地表物体分类、变化信息检测、变化信息提取等监测目的。由于航空遥感数据多数是以光学成像方式获取的高空间分辨率数据的，因此对其进行的信息处理和提取的方法也主要是基于几何和纹理信息的。这与基于光谱和纹理信息的遥感数据处理方法具有较大区别。当然，在高分辨率卫星遥感数据解译方面，航空遥感数据与之有相似或相同的处理方法。在变化监测方面，对大比例尺航空影像进行变化检测的方法较少，主要有两类：单幅影像匹配的变化检测方法，单像和双像立体测图相结合的城市地区变化检测方法。

大比例尺的航空影像进行变化检测方法是，利用不同时期单幅影像匹配进行变化检测。首先，将用于变化检测的新影像相对于旧影像进行相对配准，然后，将旧影像与配准好的新影像进行影像匹配，寻找匹配不好的影像窗口，认为该窗口内可能发生了变化，作为待选的变化区域。再利用数学形态学方法把相邻的待选的变化区域进行合并，并去除一些小的孤立的区域。然后，对待选的变化区域进行边缘检测，并提取边界线。最后，基于提取的边界特征，对待选的变化区域进行比较，确定变化了的区域。单幅影像匹配的变化检测方法的优点是能够检测出细微的、具体的变化。由于该方法在检测出待选的变化区域后，利用了区域合并和边界匹配等方法进行进一步的判断，从而降低了由于配准造成的误判。然而，该方法本质上还是一种直接比较的变化检测方法，是利用影像匹配检测出无法匹配的区域，而影像匹配检测出的变化不一定与实际地物变化有关，常常需要进行进一步的分析，提取有关变化性质的信息，以找出感兴趣的变化。同时，该方法要求两次摄影的条件基本相同或相似（这是很难做到的），否则，由于新旧影像相差较大，不能得到好的结果。

由于灰度的变化不能反映高度上的变化，所以利用单幅影像变化检测方法不能反映高度上的变化情况。对城市变化检测来讲，有时还需要检测建筑物的高度变化信息，可以采用单像和立体测图的方法进行检测。根据不同时期的影像生成数字表面模型（DSM），再用两个时期的 DSM 差值，检测城市地区的高度变化，即根据立体像测量进行的城市地区的变化检测，同时，结合单片匹配方法来进行城市变化的检测。单像和立体测图相结合的变化检测方法优点是不仅利用了单幅影像匹配检测的特点（灰度匹配和边界匹配），同时也利用了生成的 DSM 影像检测城市地区人工建筑物的高度变化，以及其他性质的地物变化，如道路和树木变化情况；利用了不同地物的纹理信息的区别，来进一步地区分城市中房屋的变化情况与道路和城市的绿化树木的变化情况。

四、低空遥感数据

低空遥感是将传感器搭载在低空平台上的一种遥感方式。特别是低空无人飞行平台的使用，极大地促进了这种遥感方式的应用。低空遥感以获取遥感数据具有灵活、航空摄影的成本相对较低、空间分辨率和时效性高等优点，广泛用于小范围测图、应急监测、灾害监测、电力巡线、突发事件处置等。

（一）低空遥感数据获取

低空遥感是由低空系统完成的，主要包括飞行平台、成像系统和数据处理软件三个部分。低空飞行平台主要有固定翼无人机、旋转翼无人机（无人直升机）、长航时无人机、无人飞艇和低空有人驾驶飞机等，如图 3-8 所示。

（a）固定翼

（b）旋转翼

（c）飞艇

（d）长航时

图 3-8　主要无人飞行平台

无人飞行升空的方式主要有滑行方式、手抛方式、弹射方式和火箭助推方式等，如图 3-9 所示。

（a）滑行方式

（b）弹射方式

（c）手抛方式

图 3-9　无人机升空方式

无人机遥感飞行是通过地面无线设备遥控进行的。其飞行控制系统的结构组成如图3-10所示。飞行的航迹是事先规划好的。如图3-11所示。

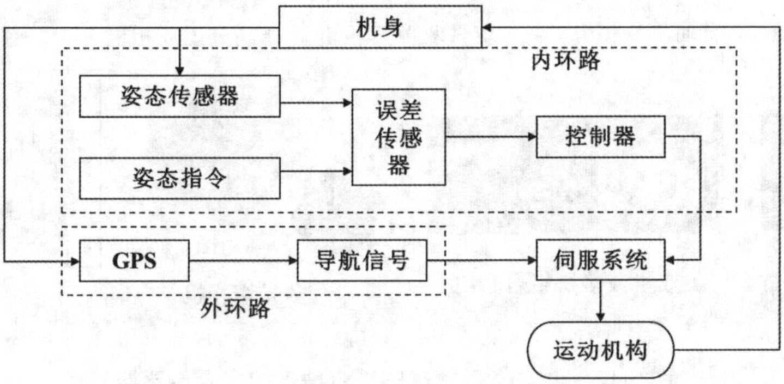

图3-10　飞行控制系统

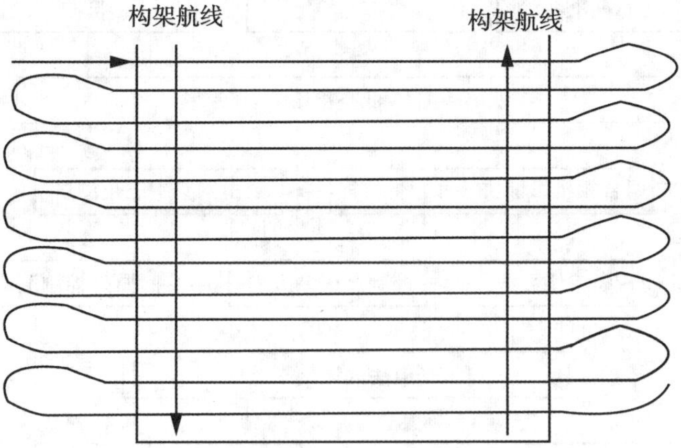

图3-11　航迹规划

在成像系统方面，可以搭载的传感器包括可见光数码相机、多光谱相机、激光扫描仪、无线数码摄像机以及POS系统等。数码相机包括普通定焦型、普通单反型、可量测单反型、高分辨率工业相机，以及为了扩大视场角而研制的双拼或多拼组合相机等，如图3-12所示。

（二）低空遥感数据的处理

低空遥感数据用于数字线划图的测图生产技术流程如图3-13所示。对无人机航飞获取的影像数据，经过航线整理，快速拼接处理，光束法平差，可以产生DEM、DOM、DSM和DLG数据产品。

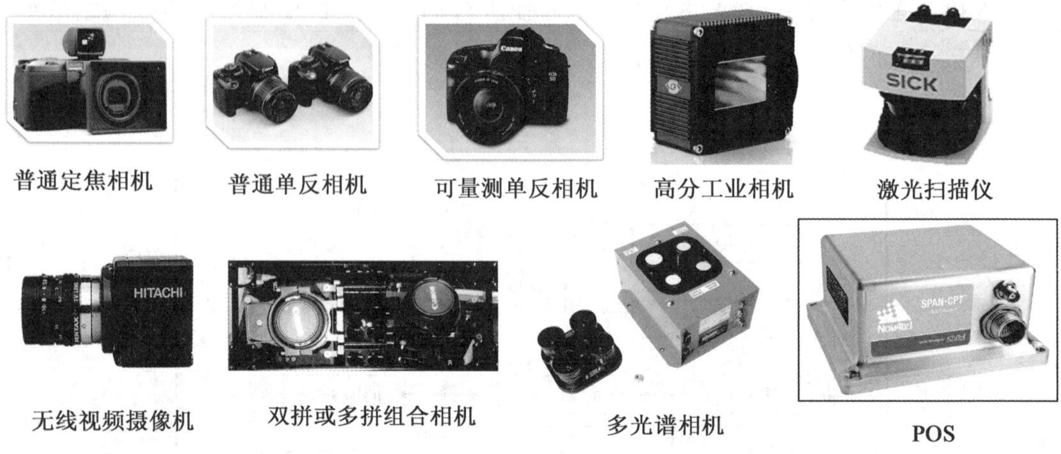

图 3-12　低空飞行器遥感平台携带的主要传感器

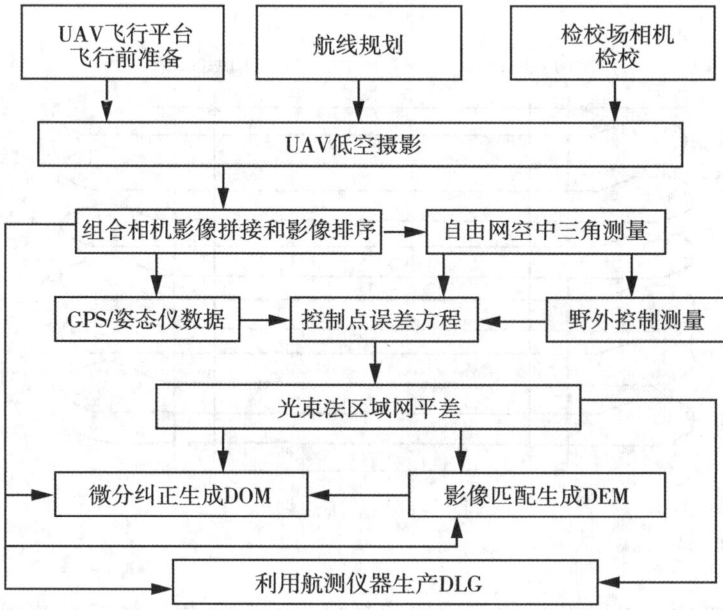

图 3-13　低空遥感数据的测图生产技术流程

第二节　全球卫星导航数据获取与处理

卫星定位导航数据除了可以进行测图、为遥感数据的处理提供定位信息等应用外，还广泛用于位置变化的监测。近些年来，在地表沉降、大坝自动化监测、陆海垂直运动监测、滑坡监测等方面，都有成功应用案例。在垂直位移变化监测中，主要是关注其高程的变化。这可以利用大地高的变化获取垂直位移分量来实现。

一、精密卫星定位导航数据的获取

为了获取精密的高程和变化信息，需要在研究区域建立 GNSS（如 GPS、北斗）基准点和地面沉降监测点网络。考虑到信号的质量和信息的质量，这些基准点和监测点应选择在稳定的基岩上，以有效反映地壳变形，远离无线电信号的干扰。根据建立的地表沉降监测的 GPS 网络，通过对基准点各时段和监测点一个时段的观测，可以获得有关地表形变的监测数据。

二、监测数据处理

为了获得高精度的基准起算点坐标，永久性的卫星跟踪站的观测资料和精密星历，连同基准网的同步观测数据一同解算，获得基准网的起算坐标数据。在沉降监测中，主要是关注高程分量的精度。而影响高程分量精度的因素很多，如整周模糊度解的精度高低、卫星轨道误差、多路径效应的影响、电离层延迟、固体潮的影响、天线的相位中心以及基准起算点的三维坐标精度和质量等，特别是对流层延迟的影响很重要，应进行相应的改正处理。在数据处理方面，现在已经有一些软件，如 GPS 精密计算软件 Bernese 和监测网评查软件 PowerADJ 等。

第三节　数字测图数据获取与处理

一、数字测图

数字测图（digital surveying and mapping，DSM）系统是以计算机及其软件为核心在外接输入和输出设备的支持下，对地形空间数据进行采集、输入、成图、绘图、输出、管理的测绘系统。数字地图（digital map）是以数字形式存储在磁盘、磁带、光盘等介质上的地图。通常我们所看到的地图是以纸张、布或其他可见真实大小的物体为载体的，地图内容绘制或印制在这些载体上。而数字地图是存储在计算机的硬盘、软盘或磁带等介质上的，地图内容是通过数字来表示的，需要通过专用的计算机软件对这些数字进行显示、读取、检索、分析。数字地图上可以表示的信息量远大于普通地图。

数字地图可以非常方便地对普通地图的内容进行任意形式的要素组合、拼接，形成新的地图。可以对数字地图进行任意比例尺、任意范围的绘图输出。它易于修改，可极大地缩短成图时间；可以很方便地与卫星影像、航空影像等其他信息源结合，生成新的图种。可以利用数字地图记录的信息，派生新的数据。如地图上等高线表示地貌形态，但非专业人员很难看懂，利用数字地图的等高线和高程点，可以生成数字高程模型，将地表起伏以数字形式表现出来，可以直观立体地表现地貌形态。这是普通地形图不可能达到的表现效果。

广义的数字测图包括：利用全站仪或其他测量仪器进行野外数字化测图；利用数字化仪对纸质地形图的数字化；利用航摄、遥感像片进行数字化测图等技术。利用上述技术将采集到的地形数据传输到计算机，由数字成图软件进行数据处理，经过编辑、图形处理，生成数字地形图。

二、数字测图数据的获取与处理

大比例尺地面数字测图是20世纪70年代电子速测仪问世后发展起来的，20世纪80年代初，全站型电子速测仪的迅猛发展加速了数字测图的研究和应用。我国从1983年开始开展数字测图的研究工作，目前，数字测图技术已作为主要的成图方法取代了传统的图解法测图。其发展过程大体上可分为两个阶段。

第一阶段主要利用全站仪采集数据，电子手簿记录，同时人工绘制标注测点点号的草图，到室内将测量数据直接由记录器传输到计算机，再由人工按草图编辑图形文件，并键入计算机自动成图，经人机交互编辑修改，最终生成数字地形图，由绘图仪绘制地形图。这虽是数字测图发展的初级阶段，但人们看到了数字测图自动成图的美好前景。

第二阶段仍采用野外测记模式，但成图软件有了实质性的进展。一是开发了智能化的外业数据采集软件；二是计算机成图软件能直接对接收的地形信息数据进行处理。目前，国内利用全站仪配合便携式计算机或掌上电脑，以及直接利用全站仪内存的大比例尺地面数字测图方法已得到广泛应用。

20世纪90年代，出现了载波相位差分技术，又称RTK（Real Time Kinematic）实时动态定位技术，这种测量模式是位于基准站（已知的基准点）的GPS接收机通过数据链，将其观测值及基准站坐标信息一起发给流动站的GPS接收机，流动站不仅接收来自参考站的数据，还直接接收GPS卫星发射的观测数据组成相位差分观测值，进行实时处理，能够实时提供测点在指定坐标系的三维坐标成果，在20km测程内可达到厘米级的测量精度。实时差分观测时间短，并能实时给出定位坐标。可以预料，随着RTK技术的不断完善和更轻小型、价格更低廉的RTK模式GPS接收机的出现，GPS数字测图系统将在开阔地区成为地面数字测图的主要方法。

第四节　无线传感器网络数据获取与处理

一、无线传感器网络

微机电系统（micro-electro-mechanism system，MEMS）、片上系统（system on chip，SoC）、无线通信和低功耗嵌入式技术的飞速发展，孕育出无线传感器网络（wireless sensor networks，WSN），并以其低功耗、低成本、分布式和自组织的特点带来了信息感知的一场变革。无线传感器网络是由部署在监测区域内大量的廉价微型传感器节点，通过无线通信方式形成的一个多跳自组织网络，是近年来发展的一种实时监测的新兴技术。通过传感器节点以协作的方式进行实时监测、感知和采集各种环境或监测对象的信息，并对其进行处理传送到需要这些信息的用户。

传感器网络实现了数据的采集、处理和传输三种功能。它与通信技术和计算机技术共同构成信息技术的三大支柱。无线传感器网络所具有的众多类型的传感器，可探测包括地震、电磁、温度、湿度、噪声、光强度、压力、土壤成分以及移动物体的大小、速度和方向等周边环境中多种多样的现象；具有监测指标丰富、传输方式经济易行、能实现远程实时监控的优势；因此，正成为国内外的科研和工程应用的新领域。潜在的应用领域可以归纳为军事、航空、防爆、救灾、环境、医疗、保健、家居、工业、商业等领域。

二、无线传感器网络技术特点

从技术上看，无线传感器网络具有以下特点：

（一）大规模

为了获取精确信息，在监测区域通常部署大量传感器节点，可能达到成千上万，甚至更多。传感器网络的大规模性包括两方面的含义：一方面，是传感器节点分布在很大的地理区域内，如在原始大森林采用传感器网络进行森林防火和环境监测，需要部署大量的传感器节点；另一方面，传感器节点部署很密集，在面积较小的空间内密集部署了大量的传感器节点。

传感器网络的大规模性具有如下优点：通过不同空间视角获得的信息具有更大的信噪比；通过分布式处理大量的采集信息，能够提高监测的精确度，降低对单个节点传感器的精度要求；大量冗余节点的存在，使得系统具有很强的容错性能；大量节点能够增大覆盖的监测区域，减少洞穴或者盲区。

（二）自组织

在传感器网络应用中，通常情况下，传感器节点被放置在没有基础结构的地方，传感器节点的位置不能预先精确设定，节点之间的相互邻居关系预先也不知道，如通过飞机播撒大量传感器节点到面积广阔的原始森林中，或随意放置到人不可到达或危险的区域。这样就要求传感器节点具有自组织的能力，能够自动进行配置和管理，通过拓扑控制机制和网络协议自动形成转发监测数据的多跳无线网络系统。

在传感器网络使用过程中，部分传感器节点由于能量耗尽或环境因素造成失效，也有一些节点为了弥补失效节点、增加监测精度而补充到网络中，这样在传感器网络中的节点个数就动态地增加或减少，从而使网络的拓扑结构随之动态地变化。传感器网络的自组织性要能够适应这种网络拓扑结构的动态变化。

（三）动态性

传感器网络的拓扑结构可能因为下列因素而改变：（1）环境因素或电能耗尽造成的传感器节点故障或失效；（2）环境条件变化可能造成无线通信链路带宽变化，甚至时断时通；（3）传感器网络的传感器、感知对象和观察者这三个要素都可能具有移动性；（4）新节点的加入，这就要求传感器网络系统要能够适应这种变化，具有动态的系统可重构性。

（四）可靠性

WSN 特别适合部署在恶劣环境或人类不宜到达的区域，节点可能工作在露天环境中，遭受日晒、风吹、雨淋，甚至遭到人或动物的破坏。传感器节点往往采用随机部署，如通过飞机撒播或发射炮弹到指定区域进行部署。这些都要求传感器节点非常坚固，不易损坏，适应各种恶劣环境条件。

由于监测区域环境的限制以及传感器节点数目巨大，不可能人工“照顾”每个传感器节点，网络的维护十分困难，甚至不可维护。传感器网络的通信保密性和安全性也十分重要，要防止监测数据被盗取和获取伪造的监测信息。因此，传感器网络的软硬件必须具有鲁棒性和容错性。

（五）以数据为中心

互联网是先有计算机终端系统，然后再互联成为网络，终端系统可以脱离网络独立存在。在互联网中，网络设备用网络中唯一的 IP 地址标识，资源定位和信息传输依赖于终端、路由器、服务器等网络设备的 IP 地址。如果想访问互联网中的资源，首先要知道存放资源的服务器 IP 地址。可以说，现有的互联网是一个以地址为中心的网络。

传感器网络是任务型的网络，脱离传感器网络谈论传感器节点没有任何意义。传感器网络中的节点采用节点编号标识，节点是否需要在全网中唯一编号取决于网络通信协议的设计。由于传感器节点随机部署，构成的传感器网络与节点编号之间的关系是完全动态的，表现为节点编号与节点位置没有必然联系。用户使用传感器网络查询事件时，直接将所关心的事件通告给网络，而不是通告给某个确定编号的节点。网络在获得指定事件的信息后汇报给用户。这种以数据本身作为查询或传输线索的思想更接近于自然语言交流的习惯。所以通常说传感器网络是一个以数据为中心的网络。

例如，在应用于目标跟踪的传感器网络中，跟踪目标可能出现在任何地方，对目标感兴趣的用户只关心目标出现的位置和时间，并不关心哪个节点监测到目标。事实上，在目标移动的过程中，必然是由不同的节点提供目标的位置消息。

（六）集成化

传感器节点的功耗低、体积小、价格便宜，实现了集成化。其中，微机电系统技术的快速发展为无线传感器网络节点实现上述功能提供了相应的技术条件，在未来，类似“灰尘”的传感器节点也将会被研发出来。

（七）具有密集的节点布置

在安置传感器节点的监测区域内，布置有数量庞大的传感器节点。通过这种布置方式，可以对空间抽样信息或者多维信息进行捕获，通过相应的分布式处理，即可实现高精度的目标检测和识别。另外，也可以降低单个传感器的精度要求。密集布设节点之后，将会存在大多数冗余节点，这一特性能够提高系统的容错性能，对单个传感器的要求大大降低。最后，适当将其中某些节点进行休眠调整，还可以延长网络的使用寿命。

（八）协作方式执行任务

这种方式通常包括协作式采集、处理、存储以及传输信息。通过协作的方式，传感器的节点可以共同实现对对象的感知，得到完整的信息。这种方式可以有效克服处理和存储能力不足的缺点，共同完成复杂任务的执行。在协作方式下，传感器之间的节点实现远距离通信，可以通过多跳中继转发，也可以通过多节点协作发射的方式进行。

三、结构设计

传感器网络系统通常包括传感器节点、汇聚节点和管理节点。大量传感器节点随机部署在监测区域内部或附近，能够通过自组织方式构成网络。传感器节点监测的数据沿着其他传感器节点逐跳地进行传输，在传输过程中，监测数据可能被多个节点处理，经过多跳后路由到汇聚节点，最后通过互联网或卫星到达管理节点。用户通过管理节点对传感器网络进行配置和管理、发布监测任务以及收集监测数据。

（一）传感器节点

传感器节点处理能力、存储能力和通信能力相对较弱，通过小容量电池供电。从网络功能上看，每个传感器节点除了进行本地信息收集和数据处理外，还要对其他节点转发来的数据进行存储、管理和融合，并与其他节点协作完成一些特定任务。

（二）汇聚节点

汇聚节点的处理能力、存储能力和通信能力相对较强，它是连接传感器网络与 Internet 等外部网络的网关，实现两种协议间的转换，同时向传感器节点发布来自管理节点的监测任务，并把 WSN 收集到的数据转发到外部网络上。汇聚节点可以是一个具有增强功能的传感器节点，有足够的能量供给和更多的、Flash 和 SRAM 中的所有信息传输到计算机中，通过汇编软件，可很方便地把获取的信息转换成汇编文件格式，从而分析出传感节点所存储的程序代码、路由协议及密钥等机密信息，同时还可以修改程序代码，并加载到传感节点中。

（三）管理节点

管理节点用于动态地管理整个无线传感器网络。传感器网络的所有者通过管理节点访问无线传感器网络的资源。

无线传感器网络中，节点的唤醒方式有以下几种：

（1）全唤醒模式：这种模式下，无线传感器网络中的所有节点同时唤醒，探测并跟踪网络中出现的目标，虽然这种模式下可以得到较高的跟踪精度，但是以网络能量的消耗巨大为代价的。

（2）随机唤醒模式：这种模式下，无线传感器网络中的节点由给定的唤醒概率 p 随机唤醒。

（3）由预测机制选择唤醒模式：这种模式下，无线传感器网络中的节点根据跟踪任务的需要，选择性地唤醒对跟踪精度收益较大的节点，通过本拍的信息预测目标下一时刻的状态，并唤醒节点。

（4）任务循环唤醒模式：这种模式下，无线传感器网络中的节点周期性地处于唤醒状态，这种工作模式的节点可以与其他工作模式的节点共存，并协助其他工作模式的节点工作。

其中，由预测机制选择唤醒模式可以获得较低的能耗损耗和较高的信息收益。

WSN 并不界定网路型态，也就是可以是 star、mesh、P2P 或综合以上型态的网路，但都一定具备下列功能：

（1）Sensors/microcontroller：侦测、收集以及处理环境中的资料，如侦测温度、湿度等。

（2）Radio frequency：节点或 gateway 用以收发资料。

（3）Software：包含在节点端的嵌入式系统以及使用者端的管理程式，软件确保资料感测的功能进行顺利以及提供容易阅读的界面。

传感器网络用来感知客观物理世界，获取物理世界的信息量。客观世界的物理量多种多样，不可穷尽。不同的传感器网络应用关心不同的物理量，因此对传感器的应用系统也有多种多样的要求。不同的应用对传感器网络的要求不同，其硬件平台、软件系统和网络协议必然会有很大差别，所以传感器网络不能像因特网一样，有统一的通信协议平台。对于不同的传感器网络应用虽然存在一些共性问题，但在开发传感器网络应用中，更关心传感器网络的差异。只有让系统更贴近应用，才能做出最高效的目标系统。针对每一个具体应用来研究传感器网络技术，这是传感器网络设计不同于传统网络的显著特征。

四、无线传感器网络应用

无线传感网络有着许多不同的应用。在工业界和商业界中，它用于监测数据，而如果使用有线传感器，则成本较高且实现起来困难。无线传感器可以长期放置在荒芜的地区，用于监测环境变量，而不需要将它们重新充电再放回去。

无线传感网络的应用包括视频监视，交通监视，航空交通控制，机器人学，汽车，家居健康监测和工业自动化。其应用主要集中在以下领域：

（一）环境监测

随着人们对环境问题的关注程度越来越高，需要采集的环境数据也越来越多，无线传感器网络的出现为随机性的研究数据获取提供了便利，并且还可以避免传统数据收集方式给环境带来的侵入式破坏。比如，英特尔研究实验室研究人员曾经将 32 个小型传感器连进互联网，以读出缅因州“大鸭岛”上的气候，用来评价一种海燕巢的条件。无线传感器网络还可以跟踪候鸟和昆虫的迁移，研究环境变化对农作物的影响，监测海洋、大气和土壤的成分等。此外，它也可以应用在精细农业中，监测农作物中的害虫、土壤的酸碱度和施肥状况等。

（二）医疗护理

曼彻斯特大学的科学家使用无线传感器创建了一个智能医疗房间，使用微尘来测量居住者的重要征兆（血压、脉搏和呼吸）、睡觉姿势以及每天 24 小时的活动状况。英特尔研究实验室也推出了基于 WSN 的家庭护理技术。该技术是作为探讨应对老龄化社会的技术项目（center for aging services technologies，CAST）的一个环节开发的。该系统通过在鞋、家具以家用电器等家中道具和设备中嵌入半导体传感器，帮助老龄人士、阿尔茨海默氏病患者以及残障人士的家庭生活。利用无线通信将各传感器联网可高效传递必要的信息，从而方便接受护理，而且还可以减轻护理人员的负担。英特尔研究实验室主管预防性健康保险研究的董事 Eric Dishman 称：“在开发家庭用护理技术方面，无线传感器网络是非常有前途的领域。”

（三）军事领域

由于无线传感器网络具有密集型、随机分布的特点，它非常适合应用于恶劣的战场环境中，包括侦察敌情、监控兵力、装备和物资，判断生物化学攻击等多方面用途。美国国防部远景计划研究局已投资几千万美元，帮助大学进行“智能尘埃”传感器技术的研发。

（四）目标跟踪

DARPA 支持的 Sensor IT 项目探索如何将 WSN 技术应用于军事领域，实现所谓“超视距”战场监测。UCB 的教授主持的 Sensor Web 是 Sensor IT 的一个子项目。他原理性地验证了应用 WSN 进行战场目标跟踪的技术可行性，翼下携带 WSN 节点的无人机（UAV）飞到目标区域后抛下节点，最终随机布撒落在被监测区域，利用安装在节点上的地震波传感器可以探测到外部目标，如坦克、装甲车等，并根据信号的强弱估算距离，综合多个节点的观测数据，最终定位目标，并绘制出其移动的轨迹。虽然该演示系统在精度等方面还远达不到装备部队实战的要求，这种战场侦察模式尚未应用于实战，但随着美国国防部将其武器系统研制的主要技术目标从精确制导转向目标感知与定位，相信 WSN 提供的这种新颖的战场侦察模式会受到军方的关注。

（五）其他用途

WSN 还被应用于一些危险的工业环境，如井矿、核电厂等，工作人员可以通过它来实施安全监测。WSN 也可以用在交通领域作为车辆监控的有力工具。此外，WSN 还可以应用于工业自动化生产线等诸多领域，英特尔研究实验室正在对工厂中的一个无线网络进行测试，该网络由 40 台机器上的 210 个传感器组成，这样组成的监控系统将可以大大改善工厂的运作条件。它可以大幅降低检查设备的成本，同时，由于可以提前发现问题，因此将能够缩短停机时间，提高效率，并延长设备的使用时间。尽管无线传感器技术仍处于初步应用阶段，但已经展示出了非凡的应用价值，相信随着相关技术的发展和推进，一定会得到更大的应用。

第五节　自动专业监测站网数据获取与处理

随着数字监测技术和设备的发展，一些专业监测部门，如水文、气象、环境、海洋等，都建立了为数众多的自动监测或观测站，形成了不同专业数据自动获取的网络，如图 3-14 所示。

（a）自动气象监测站　（b）环境监测站（湖泊、沿海、水体）　（c）ENVIS网络生态监测系统

图 3-14　不同专业的自动监测站

一、自动气象监测站网数据获取与处理

自动气象监测站网有若干自动气象监测站，按照一定的距离部署，形成对一个区域的气象数据进行自动采集和传输的网络。根据覆盖区域的大小，可以有数百个乃至数万个自动监测站设备组成网络。一个自动监测站一般用于获取风向、风速、气温和雨量等参数，但一些自动气象站还可以监测湿度、总辐射、土壤湿度和温度、光合有效辐射、净辐射、紫外辐射、叶片湿度、土壤热通量、地下水位、大气压力、蒸发量、二氧化碳含量等参数。广泛用于常态化气象观测预报、应急气象灾害监测、种植试验小区小气候监测、野外生态站常规气象监测、水循环监测、热平衡监测、碳循环监测、区域墒情监测、公园景区旅游适宜指数气象监测、公路气象监测、森林防火气象监测、大型仓储区小气候监测等。

一些自动气象站设备通常会具有以下特点：（1）高稳定性，适合各种恶劣环境；（2）全自动、野外工作，无人值守；（3）低功耗，供电方式灵活；（4）硬件组成采用积木式结构，可扩展其他气象要素采集；（5）通信方式多样化，可以使用有线 Modem、无线 GSM/GPRS 网络、RS232 串口等通信方式。

自动气象监测站网具备对观测的气象参数，进行数据采集和处理，存储分钟数据和正点小时数据。定时通过各种通信方式发送观测数据到数据处理中心站。中心站经过对数据进一步处理，入库、存储、形成报文等。实现气象观测数据的应用和共享。数据流图如图 3-15 所示。

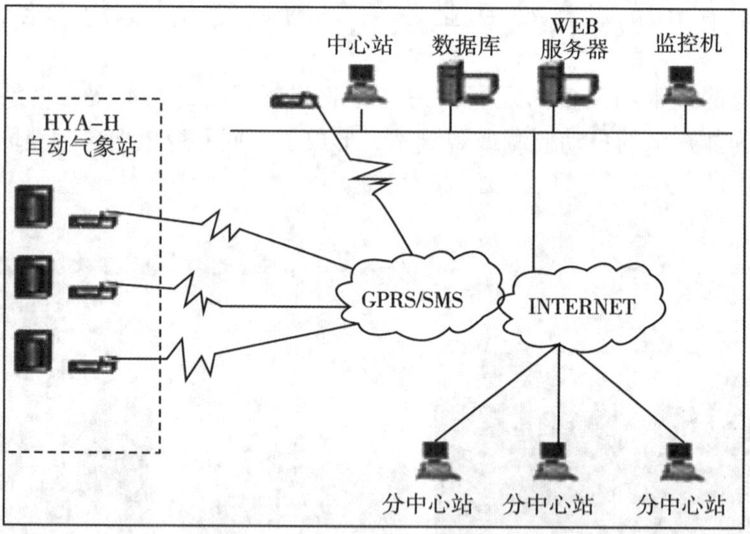

图 3-15　自动气象监测站网数据流图

二、环境空气质量自动监测系统

环境空气质量监测系统是以自动监测仪器为采集前端，以无线数据通信设备为关键节点，以移动运营商数据网络为传输通道，以后台监测管理软件为支撑的一体化整合系统。

自动监测仪器，即空气质量监测站，由传感器节点、空气质量传感器以及 A/D 转换、数据接口等组成，负责自动采样，自动监测区域所部署的传感器节点，监测每点的 SO_2、NO_X、CO、O_3、PM10、PM2.5 等空气质量参数，风速、风向、大气压、环境温度、相对湿度、雨量、太阳辐射等气象参数，苯、甲苯、二甲苯、非甲烷经、硫化氢、氨、氯气等有毒有害气体的持续观测数据。数据通过接口协议进入无线通信节点设备 DVR 的独立传输通道（DTU），由无线通信数据终端负责将数据传输到监测管理中心。

监测管理中心接收到相关参数数据，通过后台监测管理系统进行数据汇总、整理和综合分析，并转换成详细信息，实时在监测终端上进行显示，或进行数据库存储，实现远端数据自动采集。

系统功能模块如图 3-16 所示，系统组网拓扑图如图 3-17 所示。

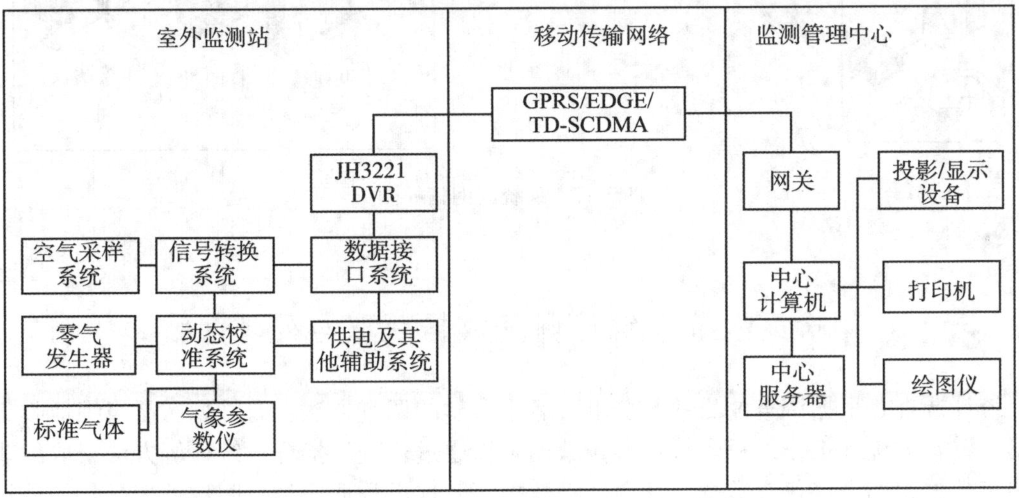

图 3-16　系统功能模块

三、生态环境自动监测系统

生态环境自动监测系统用以监测生态环境参数及相关因子。它是由数据采集器及软件，各种生态因子传感器，供电、支架等附件组成的一套生态环境监测系统。生态环境因子传感器具有多种类型，如气象因子传感器，用于采集空气温度、相对湿度、风速、风向、气压、降雨量、总辐射、光合有效辐射、紫外光、红光/远红光、LUX、净辐射等参数，土壤水分、土壤温度、土壤电导（土壤盐分）传感器、空气 CO2 传感器等，以及用于监测灰霾、水质、地下水位、矿化度等传感器。

监测站各传感器将采集到的数据上传远程测控终端，远程终端将数据汇总并处理后，采用无线通信方式将数据上传至监测管理中心，管理中心对数据实时处理后存入数据库。

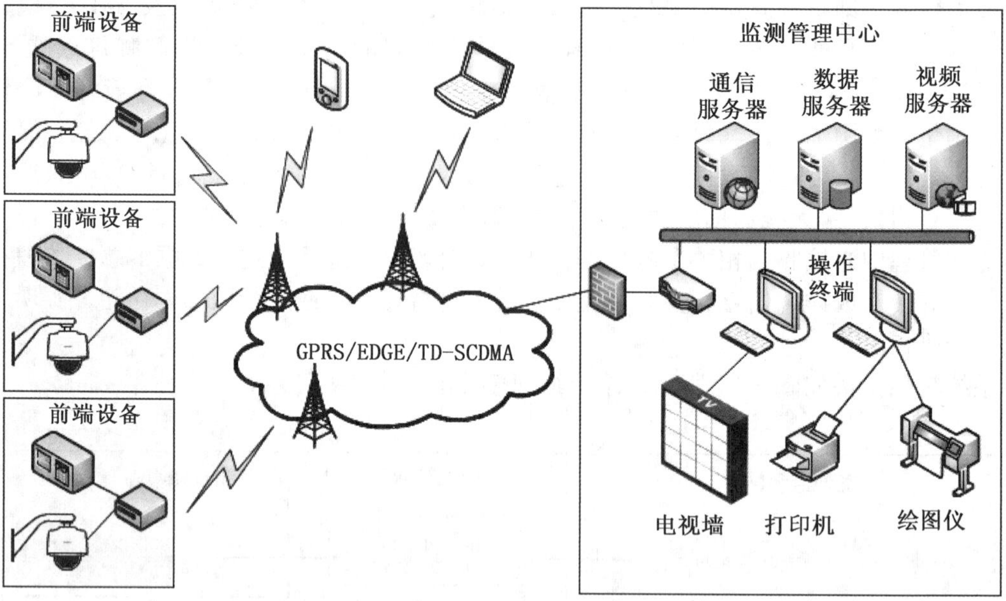

图 3-17　系统组网拓扑图

第六节　统计调查数据获取与处理

统计调查是根据调查的目的与要求，运用科学的调查方法，有计划、有组织地收集数据信息资料的统计工作过程。统计调查数据是指通过普查、抽样、统计等方法获取的非空间报表数据，如人口普查数据、社会经济数据等。这类数据通过空间化处理，除了分析传统的统计特性外，还可以分析其空间特性。

一、统计调查的分类

根据组织统计调查的机构不同，统计调查项目分为国家统计调查项目、部门统计调查项目、地方统计调查项目三类。在此基础上，统计调查可按以下条件进行分类：

（一）按调查对象包括的范围不同分类

（1）全面调查：是对被调查对象中所有的单位全部进行调查，其主要目的是要取得总体的全面、系统、完整的总量资料，如普查。全面调查要耗费大量的人力、物力、财力和时间。

（2）非全面调查：是对被调查对象中一部分单位进行调查，如重点调查、典型调查、抽样调查和非全面统计报表等。

全面调查和非全面调查是以调查对象所包括的单位范围不同来区分的，而不是以最后取得的结果是否反映总体特征的全面资料来区分的。

（二）按登记时间是否连续分类

（1）经常性调查：是随着调查对象在时间上的发展变化，而随时对变化的情况进行连续不断的登记。其主要目的是获得事物全部发展过程及其结果的统计资料。

（2）一次性调查：是不连续登记的调查，它是对事物每隔一段时期后在一定时点上的状态进行登记。其主要目的是获得事物在某一时点上的水平、状况的资料。

一次性调查又分为定期和不定期两种。定期调查是每隔一段固定时期进行一次调查；不定期调查是时间间隔不完全相等，而且间隔很久才调查一次。

（三）按调查的组织方式不同分类

（1）统计报表制度：是按照国家统一规定的调查要求与文件（指标、表格形式、计算方法等）自下而上地提供统计资料的一种报表制度。

（2）专门调查：是为了某一特定目的而专门组织的统计调查，包括普查、抽样调查、统计报表、重点调查、典型调查等。

二、统计调查的常用方式

统计调查常用的方式包括普查、抽样调查、统计报表、重点调查和典型调查等。

（一）普查

普查的定义是为特定目的而专门组织的一次性全面调查。对统计总体的全部单位进行调查以搜集统计资料的工作。普查资料常被用来说明现象在一定时点上的全面情况。例如，人口普查就是对全国人口一一进行调查登记，规定某个特定时点（某年某月某日某时）作为全国统一的统计时点，以反映有关人口的自然和社会的各类特征。

普查的意义是摸清一个国家的国情、国力，特别是了解与掌握人力、财力、物质资源状况，为国家制订长远规划与政策提供可靠的依据。因此，它是一种全面调查，具有资料包括的范围全面、详尽、系统的优点；它是一次性的专门调查，因为普查的工作量大、耗资多、时间周期较长，一般不宜经常进行。

普查方式有以下特点：

（1）需要规定统一的标准时间（资料所属时间）；

（2）通常是一次性或周期性的；

（3）数据的规范化程度较高；

（4）适用于关乎国计民生的重要数据的搜集，应用范围比较狭窄。

我国通过普查进行的统计调查内容和时间周期已经规范化、制度化，具体包括：

（1）人口普查，每 10 年进行一次，逢“0”的年份进行，如 2010 年进行了中国第六次人口普查；

（2）第三产业普查，每 10 年进行一次，逢“3”的年份进行，如 2003 年进行了中国第二次第三产业普查；

（3）工业普查，每 10 年进行一次，逢“5”的年份进行，如 2005 年进行了中国第四次工业普查；

（4）农业普查，每 10 年进行一次，逢“7”的年份进行，如 2007 年进行了中国第二次农业普查；

（5）基本单位普查，每 5 年进行一次，逢“1”和“6”的年份进行，如 2011 年进行了中国第四次基本单位普查。

（二）抽样调查

抽样调查是指从研究对象的总体中抽取一部分单位作为样本进行调查，据此推断有关总体的数字特征。它是市场调查中最常用的调查方式。

统计调查的特点是经济性好、实效性强、适应面广、准确性高。

抽样调查是根据部分实际调查结果来推断总体标志总量的一种统计调查方法，属于非全面调查的范畴。它是按照科学的原理和计算，从若干单位组成的事物总体中，抽取部分样本单位来进行调查、观察，用所得到的调查标志的数据代表总体、推断总体。

抽样调查主要分为：

（1）简单随机抽样：又称纯随机抽样。它是指对总体不作任何处理，不进行分类也不进行排除，而是完全按随机的原则，直接从总体中抽取样本单位加以观察。从理论上说，这种方法最符合抽样调查的随机原则，是抽样调查的最基本形式。具体方法有：直接抽选法、抽签法和随机数表法。

（2）分层抽样：又称类型抽样或分类抽样。它是指先将总体各单位按主要标志加以分层，而后在各层中按随机的原则抽取若干样本单位，由各层的样本单位组成一个样本。

（3）等距抽样：又称机械抽样或系统抽样。它是将总体全部单位按某一标志排队，而后按固定的顺序和相等间隔在总体中抽取若干样本单位，构成一个容量为 n 的样本。

（4）整群抽样：将总体各单位划分为若干群，然后以群为单元，从总体中随机抽取一部分群，对被抽中的群内所有单位进行全面调查。整群抽样对总体划分群的基本要求是：第一，群与群之间不重叠，即总体中的任一单位只能属于某个群；第二，全部总体单位毫无遗漏，即总体中的任一单位必须属于某个群。

（5）多阶段抽样：当总体很大时，可把抽样过程分成几个过渡阶段，到最后才具体抽到样本单位。

（三）统计报表

统计报表是按统一规定的表格形式、统一的报送程序和报表时间，自下而上提供基础统计资料，是一种具有法律性质的报表制度。统计报表制度是一种自上而下布置，自下而上提供统计信息的报表制度。

统计报表是一种以全面调查为主的调查方式，它是由政府主管部门根据统计法规，以条统计表格形式和行政手段自上而下布置，而后由企事业单位自下而上层层汇总上报，逐级提供基本统计数据的一种调查方式。统计调查方法具有方法体系。统计资料的搜集，不能只使用一种调查方法，而应该根据调查对象特点和调查机构条件，灵活地选用不同调查方法组成调查方法体系。统计法强调统计调查应以周期性普查为基础，以经常性抽样调查为主体，以必要的统计报表、重点调查、综合分析等方法为补充，来搜集整理基本统计信息。统计资料搜集方法主要有：

（1）初级资料搜集方法，包括直接观察法、报告法、访问法、问卷法。

（2）次级资料搜集方法，主要是指文案调查法（文献调查法、桌面调查法及室内调查法）。文案调查法的实施步骤为：根据调查目的决定调查所需资料类别；确定调查资料的来源渠道；查找搜集资料；整理查找、搜集的次级资料。

统计调查方案设计的内容包括：

（1）确定调查目的；

（2）确定调查对象和调查单位；

（3）确定调查项目。项目要少而精，本着需要和可能的原则，只列入能够得到确定答案的项目，项目之间尽可能保持联系，以便相互起到校验作用，有的项目可选定“选择式”；

（4）确定调查时间和调查期限；

（5）制订调查的组织实施计划；

（6）选择调查方法、直接观察法、报告法、采访法、网上调查法（最优）等。

统计调查误差，就是调查结果所得的统计数字与调查总体实际数量表现的差别。统计调查误差有两种，一种是登记误差，另一种是代表性误差。

（四）重点调查

重点调查是在调查对象中选择一部分重点单位进行的一种非全面调查。这些重点单位虽然数目不多，但它们的标志总量在总体总量中却占据了绝大部分。因此，当调查的任务只要求掌握事物的基本状况与基本的发展趋势，而不要求掌握全面的准确资料，而且在总体中确实存在着重点单位时，进行重点调查是比较适宜的。

重点调查的组织形式有两种：一种是专门组织的一次性调查，另一种是利用定期统计报表经常性地对一些重点单位调查。

（五）典型调查

典型调查是一种非全面的专门调查，它是根据调查的目的与要求，在对被调查对象进行全面分析的基础上，有意识地选择若干具有典型意义的或有代表性的单位进行的调查。其主要作用是：第一，补充全面调查的不足；第二，在一定的条件下，可以验证全面调查数据的真实性。典型调查同其他调查方法比较，具有灵活机动，通过少数典型即可取得深入、翔实的统计资料的优点。但是，这种调查由于受“有意识地选出若干有代表性”的限制，在很大程度上受人们主观认识上的影响，因此，必须同其他调查结合起来使用，才能避免出现主观片面性。

三、统计调查方案

一个完整的调查方案主要包括：确定调查目的，明确调查对象和调查单位，确定调查项目，选择调查方式方法，规定调查地点、时间及调查的具体措施。

（1）调查目的：调查目的要符合客观实际，它是任何一套方案首先要明确的问题，是行动的指南。

（2）调查对象和调查单位：调查对象即总体，调查单位即总体中的个体。

（3）调查项目：指对调查单位所要登记的内容。

确定调查项目要注意三个问题：

①调查项目的含义必须要明确，不能含糊不清；

②设计调查项目时，既要考虑调查任务的需要，又要考虑是否能够取得答案，必要的内容不能遗漏，不必要的或不可能得到的资料不要列入调查项目中；

③调查项目应尽可能做到项目之间相互关联，使取得资料相互对照，以便了解现象发

生变化的原因、条件和后果，便于检查答案的准确性。

（4）调查表：将调查项目按一定的顺序所排列的一种表格形式。调查表一般有两种形式：单一表和一览表。一览表是把许多单位的项目放在一个表格中，适用于调查项目不多时；单一表是在一个表格中只登记一个单位的内容。

（5）调查方式和方法：调查方式有普查、重点调查、典型调查、抽样调查、统计报表制度等。具体收集统计资料的调查方法有访问法、观察法、报告法等。

①访问法：根据被询问者的答复来收集资料的方法。主要包括口头询问法、开调查会、被调查者自填法。

②观察法：由调查人员亲自到现场对调查对象进行观察和计量以取得资料的一种调查方法。

③报告法：报告单位以各种原始记录和核算资料为依据，向有关单位提供统计资料的方法，如统计报表。

（6）调查地点和调查时间：调查地点是指确定登记资料的地点；调查时间涉及调查标准时间和调查期限。

（7）组织计划：确保实施调查的具体工作计划。

四、统计调查数据的空间化处理

统计调查数据是非空间数据。当前，一些研究点模型的学者希望对其增加一个“空间维”。以便研究这些数据的空间特性。有三个增加空间维的常见方法分别描述如下：

（一）面域权重法

面域权重法（area-weighting，AW）最早被使用是1960年后期和1970年初期。它只是一个响应（如作物产量）乘法，基于响应量在一个较大区域（假定是均匀的，或同质的）的比例。

（二）先插值后计算法

先插值后计算法（interpolate then calculate，IC）涉及对所有驱动参数和变量的插值，在给定空间区域和给定空间分辨率条件下，通过在一些点上运行模型对整个地表景观进行模拟输出。给定研究区域的空间范围、空间分辨率、时间间隔，以及模拟运行的步长、参数和变量的数量等可能是一项艰巨的工作。

（三）先计算后插值法

先计算后插值法（calculate then interpolate，CI）是最近日益普遍使用的方法。Stein等（1991）介绍了CI方法，并发现与IC方法相比，该方法更好。Bosma等（1994）在小区域采样的应用例子中也得出了相同的结论。Bechini等（2000）用这个方法评价了意大利北部地区的全球太阳辐射，报告显示，使用CI方法均方根误差仅为IC方法的一半。

AW方法可以对遥感数据进行分类，以提供潜在的多边形数据的丰富来源。遥感数据通常被分类为离散的地表覆盖类。这些类或许可以被合并为土地利用类，然后与其他GIS数据进行集成。遥感数据以栅格数据格式存储，这种数据格式最适合空间连续的数据集（每个栅格单元可以认为是一个离散元素）。另外，像插值获得的数据集，如数字高程模型（DEM）、气候表面数据（月最高和最低气温、降雨量等），也可以使用栅格数据格式存储。

第七节　公众参与式 GIS 技术

在地理监测活动中，对公众拥有的关于自然地理和人文方面的知识的重要性往往存在认识不足的问题。因此，需要一种技术和方法来收集监测区域人们所具有的地方知识，作为地理监测的一种数据来源。公众参与式地理信息系统（public participation GIS，PPGIS）可为这项工作提供一个有效的工具，也是监测活动演变为一种参与式监测（participatory monitoring）。

传统 GIS 使用传统的数据进行分析，不总能产生期望的结果。如果 GIS 的分析完全依靠自身的数据，排除地方知识的利用，那么从分析中产生的数据或信息或许不能表达真实的情况，从这些分析中产生的决策，对没有参与这个过程的人们来讲，或许不具吸引力。使用参与式 GIS 技术，吸收公众知识到分析过程，可以避免这类问题的发生。使用 PPGIS 的另一个好处是将更多的利益相关方纳入规划和决策过程。PPGIS 的应用，也回应了对传统 GIS 是“特权岛”的批评。PPGIS 强调参与、赋予权利、地理表达的地方知识获取技术开发、更好的分析、思想交流等，因此，研发 PPGIS 技术，是促进利益相关方参与到监测活动中的有效途径。

一、公众参与式 GIS 的起源

基于“空间就是社会关系，其中蕴涵着复杂权力关系”的观点，PGIS 的起源最早可追溯到 20 世纪 80 年代末期兴起的参与式制图（participatory map）技术。伴随着参与式农村评估（PRA）技术（现被称为参与式学习与行动，简称 PLA）的演进和发展，工作者开始尝试运用如示意图（scale mapping）这样的参与式制图方法，来激发当地公众的参与热情，唤醒乡土（地方）知识。它不仅可以弥补专家主导制图方法（如情景分析）难以促进社区、研究者与决策者等利益相关方之间有效互动的缺陷，而且不用采用复杂而费时、有比例的正规制图技术，在当地公众与外来者间建立信息沟通和合作关系。然而，由于参与式制图产生的地图存在地理比例失真、内部信息不一致和文化误解等固有的局限性，使得这种方法还不能成为正式规划的依据；而且，当时在一些国家，航片、卫星影像和大比例尺地形图都由政府控制，出于国家安全的考虑，公众要得到这些数据受到种种限制。

世界各地的发展工作者大量开发赋权予下层社会民众运用的 PPGIS 技术，携手在世界各地开展了许多非传统 GIS 实践，从此 PGIS 逐渐兴起。例如，有人把 GIS 运用到北极和热带地区的自然资源参与式制图中；有些环境学家尝试用基于社区的 GIS 来促进环境平等；国际上一些非政府组织、援助机构和政府部门在实施可持续发展项目中也在着力推动社区发展与 GIS 的结合；中国台湾地区有学者用 PGIS（或 PPGIS）分析 GIT 对少数民族的赋权或边缘化的影响，促进民众参与传统领域调查和传统知识的整合；在中国大陆，有学者用 PGIS 构建参与式规划支持系统；有环境学家基于 PGIS 建立流域决策支持系统；有的农村发展项目用 PGIS 促进少数民族社区的环境决策参与。

二、参与式 GIS 的参与形式

参与式 GIS 是参与式学习与行动（PLA）方法与 GIS 新兴的结合体。它结合了包括示意图、立体地形模型、航片、卫星影像、GPS 和 GIS 在内的各种地理空间信息管理工具，用以将人们的空间知识组织成虚拟的或物理的、平面的或立体的地图，作为交互式空间学习、讨论、信息交换、分析、申辩和决策的媒介。

三、参与式 GIS 的主要特征

（1）突出技术服务于大众。传统 GIS 是专家类型的，PPGIS 是大众类型的。PPGIS 的开发技术充分考虑大众的非专业技术水平。

（2）强调对用户的友好性。在功能设计和数据利用等方面，考虑设计友好的界面，容易使用的数据类型等。例如，将影像地图作为制图数据等。

（3）PPGIS 的地方性。PPGIS 是为特定地区收集公众知识的，这使得 PPGIS 的开发设计需要考虑地方的需求。

（4）PPGIS 的多层次性。这是由公众参与的素质水平和参与程度决定的特性。这会影响参与的质量和 PPGIS 的设计的复杂性。项目的参与目标不同，各自采用的 PGIS 策略也有所差异，不存在“普适的”PGIS。与传统 GIS 运用更关注技术本身相比，PGIS 研究者更加关注什么是行之有效的 PGIS 实践。

四、参与的途径

公众可以通过下述途径参与到项目中来：

（1）网络 GIS 方式。当前通过有线和无线网络系统，可以将公众的知识吸收到 PPGIS，并提供 GIS 的服务，如移动 PPGIS。

（2）与社区融合的方式。一些政府研究机构和当地社区组织合作，致力于开发和改善 GIS 的使用界面，使其能被稍加培训的人士所利用，并将 GIS 技术结合到社区的日常管理工作当中，提高当地社区的能力，称这类 PGIS 形态为社区融合 GIS（community integrated GIS）。

（3）交互式参与方式。在现实世界中，当地社区团体和民众很可能不懂电脑和 GIS，从而接受这方面培训的可能性很低。为此，一些 PGIS 实践者着力于“隐藏”GIS 的技术性而突出其“参与”的方面，通过运用可视化工具，将人机交互界面技术引入 PGIS 设计，鼓励公众最大化地参与项目的不同阶段。

总之，PGIS 开发者不断研究如何在实践中处理好参与理念与 GIS 技术之间的矛盾以及二者结合后可能产生的后果等问题。虽然出现在世界各地的 PGIS 应用形态非常不同，然而它们至少发挥着两个基本作用：一是 PGIS 可以作为空间信息探索工具，将科学知识和乡土知识结合后用于规划或决策的问题诊断过程中；二是作为利益相关者间沟通媒介，用于空间信息的学习、讨论、交流、分析、表达和决策。因此，PGIS 强调所有的利益相关者必须能分享 GIS 信息和地图产品。然而，由于其固有的参与性、复杂性、灵活性等特点，决定了如果使用失当，它有被误用的风险。

思考与练习题

1. 地理监测经常会使用多尺度遥感数据作为数据源，请简述如何结合监测尺度，科学选择和处理遥感数据。

2. 数字测绘数据用于地理监测，应做哪些必要的处理?

3. 无线传感网络数据是获取点源数据的主要方式之一，结合遥感数据，可以做到点、面数据的覆盖。请问这两类数据如何进行集成应用?

4. 一些自动监测站或网络数据可以提供专业监测参数数据，如果用于监测分析，应该进行哪些主要的处理?

5. 统计调查方法是根据什么分类的? 有哪些调查方法?

6. 统计数据的空间化方法有哪些? 请你进行网络搜索，列出现在已经有的、可以用于地理监测的空间化方法。

7. 公众参与式 GIS 对地理监测可以起到什么作用?

第四章　地理监测的数据质量

空间数据质量是空间数据与它要表达的现实世界差别的度量。本章主要介绍在地理监测活动中，数据观测、数据分析所遇到的数据质量的概念、数据质量因素对监测数据分析结果的影响分析，以及可靠性地理监测问题。

第一节　数据和空间数据分析中的误差

一、测量误差模型

所有含有误差的数据，都是由于采用的测量过程固有的非准确性造成的后果。在数据分析中，误差模型是重要的。一个误差模型，能够对真值落入给定的量测值范围的概率进行量化。有效的误差模型能够对误差传播的影响进行探查，即能够对个别包含误差的一个或多个变量的算法或其他操作进行计算。关于误差的一个合适的模型设定，是回归模型建模的一个重要因素。

（一）独立误差模型

独立和同态分布的正态模型，$N(\mu,\ \sigma^2)$，其中 μ 表示均值，σ^2 表示该分布方差，被广泛用做测量误差模型，因为在许多情况下产生的误差都是很多小的独立随机误差源（Mikhail，1976）的组合。假设一个被测量的量具有真值 X，同时也假设用 ε 来表示每个误差源向上或向下的偏移量，并且向上或向下发生的偏移具有相同的概率，如果有 n 个误差源，那么测量值的范围应当是从 $X + n\varepsilon$ 到 $X - n\varepsilon$。如果这 n 个误差源中有 v 个正误差和 $n - v$ 个负误差，那么测量值将是 $X + (2v - n)\varepsilon$。用带参数 n 的二项式概率分布来设定 n 个误差源中 v 个正误差的概率，且 $p = 1/2$。随着 n 的增加和 $\varepsilon \to 0$，这一分布收敛于正态分布的真值 X 处；倘若 $\varepsilon \to 0$ 和 $n \to \infty$，以至于 $\varepsilon\sqrt{n}$ 固定不变，那么，正态分布的标准偏差由 $\sigma = \sqrt{n}$ 给定（Taylor，1982）。

均值（μ）在测量过程中代表一切系统偏差，而方差（σ^2）则代表均值附近的测量值的离散度。RMSE 的平方是 σ^2 的一个估计。该模型可用于计算误差落入 X 的两个值（a，b）之间的概率。

$N(\mu,\ \sigma^2)$ 模型适合于测量一维数据的点位置的测量误差。对于两维表面上点的位置，二元正态密度函数将允许在两个维度上存在误差。

独立正态模型可能会由于沿着边界的个别样本点产生的误差而变得似是而非，而不是因为边界本身测量误差所引起的。它也不大可能是因为来自于表达的区域特征（如它的大小或边界长度）属性而变得似是而非。这是因为这些误差还取决于与边界的形状和与整体复杂性有关的采样点的分布和密度。

即便是合成孔径雷达数据的情况，测量属性值误差的正态假设也可能是有道理的，理论证据表明它符合瑞利分布（Rayleigh distribution）（Besag，1986），独立性假设对于属性测量的误差也可能是恰当的。不过，存在这样的情形：模型需要容许误差之间存在空间相关性，特别是在位置上邻近的误差。

（二）空间相关的误差模型

对于依赖正态测量误差的，一个跨越一组 n 个位置（点或面）的变量 X 的一般模型是通过多元正态分布提供的，$\mathrm{MVN}(\mu, \Sigma)$ $\mu^{\mathrm{T}} = (\mu(1), \cdots, \mu(n))$ 是代表每个位置测量偏差的均值向量，且：

$$\Sigma = \begin{bmatrix} \sigma_1^2 & \sigma_{1,2} & \sigma_{1,3} & \cdots & \sigma_{1,n} \\ \sigma_{2,1} & \sigma_2^2 & \sigma_{2,3} & \cdots & \sigma_{2,n} \\ \vdots & \vdots & \vdots & & \vdots \\ \sigma_{n,1} & \sigma_{n,2} & \sigma_{n,3} & \cdots & \sigma_n^2 \end{bmatrix}$$

元素 σ_j^2 为测量误差在 i 处的方差，$\sigma_{i,j}$ 是 i 和 j 处误差的协方差。

当属性误差存在空间相关性时，假设误差处于一定范围内可能是合理的。所以，对任何位置 i，让：

$$\sigma_{i,j} \begin{cases} \neq 0, & j \in N(i) \\ = 0, & j \notin N(i) \end{cases}$$

其中，$N(i)$ 是位置 i 处的一个低阶邻居，即区域 i 和 j 共享同一条边界，或者是至多一步可以去掉的边界。有多种满足这个要求的合适模型，同时也满足 Σ 的正定性条件，这对一个有效的协方差函数是需要的（Morrison，1967）。

一个具有局部协方差结构的合适模型，可由移动平均值模型（the moving average model）（Haining，1978）给出，如：

$$u(i) = v \sum_{j \in N(i)} w(i, j) e(j) + e(i) \tag{4-1}$$

其中，v 是一个常数，$\{e(i)\}$ 是指来自 $N(0, \sigma^2)$ 分布的独立项。因此 $u(i)$ 方差是：

$$\mathrm{Var}(u(i)) = \sigma_i^2 = \left[j + v^2 \sum_{j \in N(i)} w(i, j)^2 \right] \sigma^2 \tag{4-2}$$

在条件 $j \in N(i)$ 下，$u(i)$ 和 $u(j)$ 之间的协方差由下式给出：

$$\mathrm{Cov}(u(i), u(j)) = \sigma_{i,j} = [\nu(w(i, j) + w(j, i) + v^2 \sum_{k \in \Im(N(i), N(j))} w(i, k) w(j, k)] \sigma^2 \tag{4-3}$$

其中，$\Im(N(i), N(j))$ 表示 i 和 j 相邻的点位聚集。$u(i)$ 和 $u(k)$ 之间的方差由公式（4-4）定义，满足 $j \in N(i)$，$k \in N(j)$ 且 $k \notin N(i)$：

$$\mathrm{Cov}(u(i), u(k)) = \sigma_{i,k} = \left[v^2 \sum_{j \in N(i)} w(i, j) w(k, j) \right] \sigma^2 \tag{4-4}$$

所有其他协方差均为零。Cliff 和 Ord（1981）定义了在相邻的边界协方差为零的移动平均值模型。这些都不是唯一的局部误差模型。Ripley（1981）描述了一个空间表面快速退化为0时能产生一个协方差函数的过程。

正确的模型设定包括为这个误差定义一个有效的模型。为了说明这一点，采取一个简单的二元回归模型的例子，设响应变量为 Y 和解释变量为 X，且：

$$Y(i) = \beta_0 + \beta_1 X(i) + e(i)$$

其中，β_0 和 β_1 分别为模型的截距和斜率，或回归参数。该模型将用于拟合与 n 个空间对象有关的数值 $\{y(i),\ x(i)\}$。$e(i)$ 是修正定义的模型的（称为 Y 和 X）误差项，且用于以在 X 处无误差来解释在 Y 处的测量误差。普通最小二乘法拟合（ordinary least squares fitting）假设这个 $\{e(i)\}$ 是独立的，且均值为0和方差为 σ^2 的同态分布。但是，在进行空间数据分析时将会出现一种情况，即假设未必会被使用的数据所支持，需要更一般的模型，即允许误差之间存在空间相关性。这将影响模型拟合的结果。

二、粗差

（一）分布异常值

具有服从数值的整体分布的异常值也许不是错误，但在这样的分布异常值（distributional outliers）之间，却是开始探测粗差的一个区域。异常值探测的有效性是重要的，因为它们的存在会产生一系列后果。特别是在小样本的情况下，像均值或标准偏差这样的非约束性描述统计，会受到它们的影响。这些粗差的存在是值得怀疑的，或者如果值的分布已知含有一些异常值，但又是有效的数据值，像中位数和四分位数范围（inter-quartile range）（上和下四分位数差）的统计方法可以提供对中心的描述，并约束因为它们的存在而使数值集扩散的情况。

在回归建模情况下，在 X 或解释性变量处的极大值会同时引起 Y 处或响应变量大的杠杆效应，引起大的残差或异常值（图4-1）。

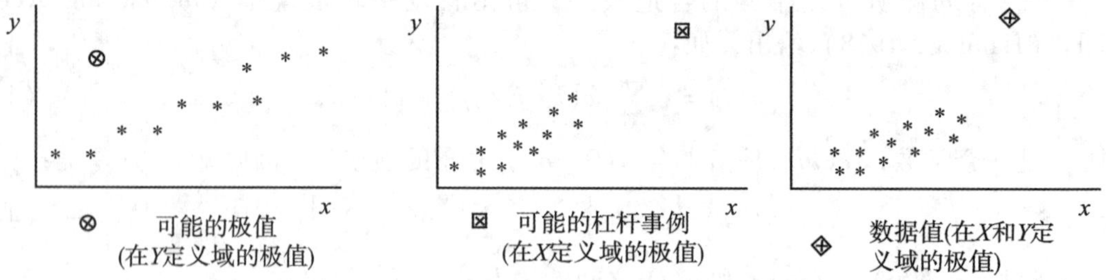

图4-1 具有异常值事例的图形识别

大的杠杆和（或）异常值的存在对回归参数估计和模型预测有一个不成比例的影响。例如，在一些统计软件中，如MINITAB和SPSS，通过删除事例对个别观测值影响的评估来提供回归诊断（Belsley，Kuh和Welsch，1980）。

识别数据集中异常值的方法通常借鉴图形和数值相结合的方法。某些位置误差的极端形式只有通过将数据事例覆盖到研究区域的地图上且利用局部知识才能被探测。局部误差也可通过检测区域的属性值来减小。异常属性值可能是由这个数据的位置误差造成的。

在变量 z 上的一组值的属性误差被怀疑产生于一个直方图，其水平轴的数据区间，根据标准偏差的分数来定义。事例数据值高于或低于均值三个标准差的情况可被视为异常值，并被标注为需密切检查的数据。上述方法使用均值和标准差等同于基于一个关于均值漂移异常值模型（the mean shift outlier model）的异常值识别方法（Weisberg，1985）。模型定义为：

$$z(i)=\beta_0+\delta u(i)+e(i) \tag{4-5}$$

其中，β_0 和 δ 均为参数；$\{e(i)\}$ 是具有均值为 0、方差为 σ^2、$u(i)=0(i\neq j)$ 且 $u(j)=1$ 的独立同态分布误差。第 j 种情况是存在可疑的和被认为是 $\delta\neq 0$ 时的一个异常值，因为此时的均值是 $\beta_0+\delta$，而在 $i\neq j$ 时，所有其他值的均值是 β_0。在第 j 种情况中的粗差测量误差也许是 $\delta\neq 0$ 的原因。上述检验等效于 Z 对 U 的回归和对应于双向替换（$\delta\neq 0$）来检验（$\delta=0$）。如果 $\{e(i)\}$ 是独立同态分布，即模型为 $N(0,\sigma^2)$，则可使用带有 $n-2$ 自由度的 t 检验。

D 统计是一种对检测异常值的存在性具有约束性的技术。其定义为：

$$D=n^{\frac{1}{2}}\frac{\bar{z}-\text{med}(z)}{0.7555\hat{\sigma}} \tag{4-6}$$

其中，$\hat{\sigma}=\dfrac{U-L}{1.349}$；$U$ 和 L 分别是上、下四分位数，$U-L$ 是四分位值域；med（z）是中位数；$\bar{z}$ 是均值；n 是事例数量。这个判断标准适用于任何值均匀分布（如正态分布）情况，以用来标记非正常值的存在。如果 $|D|>3.0$，那么这样的值的存在是可疑的。对隔离特定事例的约束方法，与箱线图（the boxplot）有关。

对于任何一个独立值 $z(i)$ 的异常值判断标准，由下式给出：

$$z(i)>U+\phi(U-l)\text{ 或 }z(i)<L-\phi(U-L) \tag{4-7}$$

其中，$U-L$ 指互四分位值域；ϕ 通常设定为 1.5。由于这些四分位数统计是约束措施，如果出现一些异常值，它们不会有太大影响，不像均值漂移异常值模型那样。

误差可能只是在对其他变量关系检查时出现。例如，一个误差可能在记录一个地区的发病率 $\{z(i)\}$ 时出现，从 $\{z(i)\}$ 分布来看，却并不明显。给定一个分布异常值是不必要的。图 4-1 的异常值不是 y 数值集的分布异常值。当对它与其他特性的背景进行分析时，异常值仅仅是被怀疑的，例如对 X 的剥夺分析。当 $\{z(i)\}$ 对 $\{x(i)\}$ 的散点图重构后或在剥夺基础上，拟合发病率的回归模型和检查异常值诊断后，可能误差的证据也许就表现出来了（Weisberg，1985）。检验再次基于 Weisberg 的均值漂移异常值模型（4-5），尽管 Z 是基于 U 和 X 回归的：

$$z(i)=\beta_0+\delta u(i)+\beta x(i)+e(i) \tag{4-8}$$

如果 $\delta\neq 0$，则第 j 种情况是一个异常值，因为 $Z(j)$ 的均值是 $\beta_0+\delta+\beta x(j)$。这个检测方法可以推广到一个以上的解释变量。

（二）空间异常值

存在异常值可能性的属性值可以在图中给出它们的位置，这种属性值称为空间异常值，因为它们的值与图中的邻近数值之间存在极大的相关关系。就空间分布意义来讲，一个数据值是一个空间异常值，但也可能存在没有异常值的情况。这也就是为什么需要介绍不同于上述描述方法的理由。数据图可以帮助标注可能的空间异常值。进一步的视觉证据可从纵轴的 $\{z(i)\}$ 相对在横轴的它们相对应的值 $\{W^*Z(i)\}$ 中的散点图中获得，其中 W^* 的行和等于1，$w(i,\ i)=0$。$W^*Z(i)$ 是矩阵 W^* 与 Z 向量的乘积的第 i 项值，所以该图显示对应于其邻域的平均值的属性。

如果它们有足够的不同于它们的邻域值，数据图可以突出显示个体事例的情况。对决定何时标注个体事例以作进一步调查，这将是一个有用的准则。如果数据是一个正方点阵，Cressie（1984，1991）建议为每行和每列计算 D 统计（4-6）。通过分配数值到行和列段，这些检验可以适应非点阵数据。Cressie（1991）把北卡罗来纳州的100个县分配到24点阵的9个节点中。但在非点阵情况下，结果可能会对所选定的分配过程敏感。

拟合模型：

$$z(i)=\delta u(i)+\beta_1 W^* Z(i)+e(i) \tag{4-9}$$

其中，$u(i)=0(i\neq j)$，$u(j)=1$ 提供了一个检验方法，给定它的邻居值时，检验第 j 个值是否是异常值。该检验方法可用于没有空间趋势或去掉趋势的情况。该方法是基于前文所述的 Weisberg 的（1985）均值漂移异常值检验方法（4-8）的。

图4-2显示的是一幅 $Z(i)$ 对 $W^*Z(i)$ 的图，其中 $Z(j)$ 是格拉斯哥的第 i 医疗区标准化意外死亡率（Haining，1990）。被圈出的事例是在1%水平上用拟合模型得到的一个异常值：

$$z(i)=\beta_0+\beta_1 W^* Z(i)+e(i) \tag{4-10}$$

它们是经过普通最小二乘和具有标准残差超过 |3.0| 的标注事例。这种情况可能不是一个误差。它涉及城市中心和这个异常值（相对于邻居比率的平均值）与使用人口数作为分母可能的结果有关。

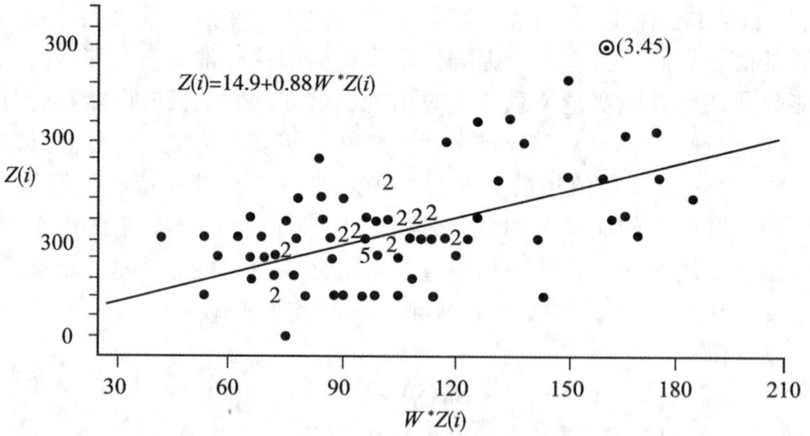

图4-2　基于模型的空间异常值识别

这些地区居住人口少，但白天和傍晚时分有高密度的人口和高流量的交通。但是，应当指出，普通最小二乘法拟合，不论是式（4-9）或式（4-10），很可能高估异常值问题的次数和严重性。这是因为普通最小二乘法拟合在 $\beta_1\neq 0$ 的情况下，会低估残留标准误差。

不过，这里的主要目的纯粹是为了标注需要密切调查的事例。

（三）大型数据集异常值检测

如果分析员使用这些方法去检查一个在预先复查数据时已经怀疑的特定值，前面的检验似乎是合理的。在数据集非常大的情形下，选取能够贯穿整个数据集的自动方法或许是很重要的。但是，对在整个数据集中寻找可能出现的误差的自动方法，都是在执行 n 种情况的显著性检验。寻找至少一个异常值的概率作为执行 n 个独立显著性检验的结果，需要进行 1 到 n 次检验。因此，任何检验过程都应当被修改，以反映这种多重检测。Weisberg（1985）建议基于邦弗朗尼（Bonferroni）不等式重新设定临界值。对于一个整体的 α 为 0.05 的显著水平，每次检验选择一个 $0.05/n$ 的检验水平。选择 $(\alpha/n)\times 100\%\ t$ 分布点作为 n 次检验的每一步，从而给出了一个全局性的 α 的显著水平。但如果该数据集非常大，并被 n 次划分，则将很可能导致一个非常保守的检验（低估可能存在异常值的数量）。然而，在模型由式（4-9）定义的情况下，应用这种调整会产生新的问题，因为这 n 种检验是非独立的。不仅是做的这 n 种检验使用了重叠的数据子集，而且如果 $\beta_1 \neq 0$，则使用的数据值也是空间相关的。

如果这个检验不是保守的，甚至对于中等大小的数据集，n 也需要被减少，以反映“有效的”或“相当的”独立检验次数。考虑这些问题，一种基于简单排列异常值和识别在这个分布中突变的方法，似乎是最容易和最实际的。

上文所述的方法最适合检验单个异常值情况，但当有多个异常值时，它们可能会彼此遮掩，使得对它们的探测出现困难。误差的空间聚类也会产生这些问题，例如误差传播效应，一种探测多个异常值的方法是发展一种能对边远子集的所有用例子集进行搜索的方法（Hawkings 等，1984）。

但必须强调的是，异常值不是粗差本身的证据，在某些地理问题中，异常值的出现是因为潜在的系统的“首要”或头等重要的结构产生的（Coxand Jones，1981）。在对区域经济数据进行分析和制图时，发展中国家的首都城市、经济飞地和发达经济核心区域都可能表现为异常值或位置上的优势情形。寻找异常值的另一种情况是分析的客观性，如寻找疾病或犯罪热点，或具有特殊环境的区域，或地理特性一无所知的情形。这在某些情况下，异常值正好提供了有时被称为“空间不均匀性”的证据。不过，当某一异常值是误差时，这个数据要么被改正，要么被丢弃。后一种行为可能导致与数据不完整性后果相关的其他问题。

三、误差传播

误差传播由对包含有误差的区间数据和比率数据进行的算术运算产生。误差也可能按进行的逻辑运算传播。例如，对同时满足与两个或更多变量值（$x(i) > x$. AND. $y(i) < y$）相关的条件识别区域或点位置的计算，至少一个变量满足既定条件（$x(i) > x$. OR. $y(i) < y$）等（Arbia 等，1998）。在这种情况下的误差传播对识别地图上的确定区域以及名义的或序数级数据（nominal-or ordinal-level data）的统计分析具有影响。

在分析误差传播效应时，误差的地理位置和大小是重要的。在误差具有空间连续性，并与地图结构参和在一起表现出的可见的、似是而非的地方，对误差的探测和统计分析结果的插值会产生影响。“小规模的、在视觉上似是而非的误差模式，也许更有可能逃避探测”（Haining 和 Arbia，1993）。Carter（1992）和 Lee 等（1992）描述了在结合已知的数字高程模型精度水平的地形高程估计方面的空间相关性是如何影响坡度估计和集水区估计的。

Geman 和 Geman 的“腐化模型”（corruption model）被用来探测栅格数据集中的误差传播。这种模型的一个特例是假定 n 个地面真值 $\{t(i)\}$ 被腐化为位置误差的结果，以及与空间相关的测量误差腐化为一组 n 个观测值 $\{z(i)\}$ 。特别是：

$$z(i) = \sum_{j \in N(i)} w^{+}(i, j)t(j) + u(i) \tag{4-11}$$

其中，$N(i)$ 是指与 i 像素“相邻”的像素集。对所有 i 和 j ，$w^{+}(i, j) \geqslant 0$ 和 $\sum_{j \in N(i)} w^{+}(i, j) = 1.0$，总误差（$z(i) - t(i)$），可以分割为：

$$z(i) - t(i) = (w^{+}(i, i) - 1)t(i) + \sum_{j \neq i} w(i, j)t(j) + u(i) \tag{4-12}$$

右边前两项表示一种如果在 $w^{+}(i, i) < 0$ 的情况下位置误差的形式，关于像素 i 记录了什么，哪个被允许表示在第 i 个地块地面实况，事实上是表示附近一个或多个地块的平均值的地面真值。属性误差包括由作为滤波器的传感器获得的更进一步成分，观测地面任意地块 i 的地面实况作为邻近地区地面实况的一个加权函数（Forster，1980）。第二项 $\{u(i)\}$ 表示这个附加的误差来源，并可以从一个服从 MNV$\{0, \Sigma\}$ 分布的样本进行建模。在测量过程中的空间相关，使用矩阵 Σ 来定义。这部分误差被处理为空间局部的，以便使在矩阵 Σ 中只有表示每个像素 i 近邻居的外对角线值不为零。

一个类似于式（4-11）模型由 Heuvelink 等人（1989 年）和 Heuvelink（1993）用泰勒级数的方法进行了分析。在一系列文章中，Haining 和 Arbia（1993），以及 Arbia ，Griffith 和 Haining（1998，1999）分析并以地图形式可视化由使用 Geman 模型产生的各种算术和逻辑操作的误差传播。也使用了蒙特卡罗（Monte Carlo）模拟的方法进行分析。Σ 的协方差结构是基于 Forster（1980）定义的滤波器构建。蒙特卡罗方法允许通过审查一个过程的多重模拟实现来识别误差传播特性。被传播的误差特性由不同的地图操作以及由空间和非空间误差特性的不同误差源共同确定。当与地面真值有高度的空间相关性时，位置误差的影响是最小的（比如具有一致性质的广阔地域景观）。随着地面真值的增加，相对局部位置误差的成分将表现为越来越低的空间相关性（比如高山地区）。“误差区域”的形成，即具有特别高误差水平的地图上的连续像素，在比率运算时是值得注意的。出现这种情况尤其是那里的地面实况是空间相关的、具有位置误差和在属性测量过程具有高水平的空间相关性（如矩阵 Σ 所描述的那样）。但具有不明显空间结构，似乎在其他的算术和逻辑运算中也会出现类似的情况。

在地理与环境科学中的这项工作大部分是处于需要了解由地理信息系统产生的产品的可靠程度的动机，这里指集成不同来源的数据集，它们产生于不同的质量尺度，而后又被用于不同地图之间的叠加运算（Unwin，1995）。对这个问题的一个解决方法是，从在源地图上关于误差的模型建模的假设出发，设法获得误差传播性能，就像上面的例子一样。另一种可替代的方法是扰动结果地图来寻找，通过观察地图开始到结束的前后关系和联系，看看扰动数值究竟改变了多少（Moran 和 Bui，2000）。在获得任何显著变化结论之前，如果这个扰动是严格的，那么分析员通过观察地图或许会对结果感到自信；其中，这个数据小的波动会导致显著的变化，需要审慎对待。尽管这个经验方法有一些局限性，一些结构在扰动过程中需要被强制使用，以便和已知的关于这个数据不确定性一致，但这个模型是有用的。

蒙特卡罗模拟方法广泛用于分析误差传播，如 Goodchild 等（1992），Veregin（1994，1995）。模型通常在相当程度上与特定的境况、假设的空间连续性、空间误差分布的均匀性有关，而实际误差在整个地图中很可能是变化的。某些类型的测量中有可能存在不连续性，如把一个区域分成几块，并把不同的地块分配给不同的数据采集者（Milne，1959）。Goodchild（1995）表达了这样一种观点："当我们更多地了解了关于误差的自然性，以及它们产生的原因时，将有可能产生将空间非均匀性考虑在内的更精细的误差模型。"然而，出于这个研究领域的一般性结论经常受到质疑，因为从与特例研究案例相联系的个别结论中理出一般性结论是困难的。目前，关于空间数据分析的这项工作的大部分实际使用，可能仅限于提高人们对误差可能被恶化统计的认识。它有助于刻画统计分析的结果，在某些情况下，有助于决定哪几个有竞争的统计方法，对于数据中可能存在的误差更具有稳健性。后者关心适用于从植被指数地图上选择植被指数，包括基于图像差分正交变换（Kauth 和 Thomas，1976）、主成分分析（Richads，1986）等运用。Arbia 等（2003）的论文提供了一些建议。健康（Jarman，1993；Townsend 等，1988）和死亡率（Freidman，1994）指标通过算术运算也可以处理为空间数据值。在这些地图上的误差传播影响需要被重新认识。

第二节　数据分辨率与空间数据分析

对于给定的研究区域，任何空间数据聚集分析的结果，将取决于矢量数据尺度的选择和空间划分，以及栅格数据的尺度，定向状态和网格的原点。空间并没有天然原点或划分。甚至重新定向一个网格，或采取新的原点，都将导致不同的聚集结果，尽管这里在各个方向的空间相关是强相关的，兴趣变化直到像素大小尺度，这两者都不应当产生严重问题。占据小型分散地区的土地使用类型，如果分辨率尺度太大，则可能会丢失，以至于使它们的存在被低估，而在大型毗连地区出现的土地利用类型被高估。Arbia 等（1996）分析了在图像错误分类方面网格分辨率的影响，并表明了按照一个序列分辨率由细到粗变化，误差如何增加的情况，虽然这个影响在基本表面的空间相关性水平是缓和的。

在遥感数据中一个网格的尺度，或记录人口特性的区域单元的尺寸，都是可以改变的。将一个给定研究区域划分为子区域，像"数据集的大小"或"事例个数"这些术语都是与尺度有关的量。样本量增加与使用越来越细分辨率的结果一样，如果采用足够细的分辨率，则任何零假设很可能会被否定。经典假设检验的用处，特别是当数据量很大时，以至于任何零假设在赞成总体替换、持续引发从调整显著水平到反省数据量（Leamer，1978），到放弃所有经典假设检验等声浪中，将几乎必定被否定（Nester，1996）。

如果一些现象的变化尺度大于用于记录它的属性的空间单元的分辨率，那么邻近空间单元的数据值将是空间相关的。如果进一步减小与之联系的区域单元大小，譬如将“事例个数”增加一倍，这类似于通过简单复制已在文件里的一些观测值来扩张这个数据文件。“有效”样本大小，就关于过程或空间表面的数据文件所携带的独立信息量的意义讲，不会像增加事例数目那样增加相同的量。在空间相关的数据中，用于统计推理目的的“有效”样本大小是小于事例数目的，因为相邻数据事例之间发生了信息量的重叠（Clifford 等，1985）。“有效样本大小”的概念是量化数据值的空间相关性的一个办法，目的是进行统计检验。

一、变量的精度和显著性检验

在一个地区，犯罪案件数量或某一种特殊疾病的病例常被看做是来自一个随机过程的一个样本。为每个区域计算什么，如发病率（用病例数量除以位于风险中的人口数），只是提供一个真实的潜在风险的估计。假设这个潜在的过程是同性质的，也就是这个相同的随机过程作用于所有的处于风险的人口。直觉上，我们期望在任何聚集中使用的个体数量越大和被记录的事件越常见，估计的精确度越高（估计的方差则越小）。

这些评论导致一个结论，即任何地图上罕见的发病率，举例来说，如果它是用来推断全图范围的风险变化时，必须慎重解读。基础的总体——计算中所用比率的分母越小，对任何地区的估计方差就越大。由此可得出结论：那些在分母上已经产生较大差别的区域框架的比率地图，很可能表示或许是这个空间框架统计的人为的比率变化的证据，而不是贯穿这个地区的真实的潜在发病率的任何内在变化。这就产生两个具体的后果（见 Mollie，1996）。首先，在具有小人口数量的行政单元中发现多数异常值比率。其次，多数标准化的比率，这里，观测到的比率明显大于在随机分配事例到全图的零假设条件下的期望的比率，将出现在人口多的行政单元。后一个结论的得出是因为当分母增加，估计方差减小，以至于仅取得观测值计数和产生统计显著差别的期望的计数之间相对小的偏离。

大小方差的关系也出现在其他背景（Haining，1990）。例如，假设 $Y(i)$ 是任意连续估计变量，其 $n(i)$ 的平均值的测量与在空间单元 i 上变量观测（具有方差 σ^2）一样，那么可得出结论，$Y(i)$ 的方差等于 $\mathrm{Var}(Y(i))=\dfrac{\sigma^2}{n(i)}$。如果 $Y(i)$ 是回归模型中的响应变量，那么这一特性将违反误差方差必定是常数（同方差性）的普通最小二乘回归的假设之一。这个假设将通过构建自 Y 相应于 $1/n(i)$ 的解释变量集的普通最小二乘法拟合的每一个残差的平方的散点图（scatter plot）来检查。如果散点图是向上的斜面或向右的“楔形”，这证明存在着大小方差的关系（异方差性）。采取的补救措施是使用由 $n(i)$ 给定权值的加权最小二乘估计修正，由此来减轻由较大方差数据点的贡献。值得注意的是，如果 $Y(i)$ 是 $n(i)$ 观测值的总量，那么 $\mathrm{Var}(Y(i))=n(i)\sigma^2$，对这种情况的类似争论可能会发生（Weisberg，1985）。

二、支持改变问题

这里期望寻找两种不同的支持改变问题，即收集的数据服从一个空间框架，但需要改变或转换到一个新的框架的情形。当分析员以点状数据为基础，要做出关于一个区域的变量算术平均值的推理时，即数据从较小尺度向较大尺度，或向上尺度转换时，地理统计学中普遍会遇到支持改变问题（Bierkens 等，2000）。在区域数据的情形下，数据在一个空间框架采集，但需要转换到另一个框架。在地理学文献中，这称为面插值问题。

（一）地理统计中的支持改变

假设样本是取自在位置 $s(1)$，…，$s(n)$ 上的一个连续表面，这些位置认为是“点”或非常小的区域。测量变量 Y 的 n 个观测值，可能是某些矿物的产量或土壤污染或空气污染的测量值。这些数值表示为 $y=(y(1), \cdots, y(n))$ 以及它们是被假定为一个随机过程的实现。分析员需要为 A 地区预测变量 Y 的平均值，$\bar{Y}(A)$ 。在农业背景下的样本也许被引申为在一个小体积的土壤的营养等级，且 A 区域就是它们采样的区域。在采矿中，这个目的可能是要评估在 A 区域矿产开发的商业可行性；在土壤污染问题情况中，这个问题是评估是否儿童吃了一定量的土壤污染的食物，可能使他们自己处于中毒危险的程度（Heuvelink 等，1999）。点样本数据用来做面预测，这就是支持改变问题，因为观测数据服从点支持（$s(1)$，…，$s(n)$）而预测数据服从面支持（A）。

为简化起见，假设任一点的一个常量均值为：$E[Y(i)]=\mu$ 。那么就有：$E[Y(A)]=\mu$。期望的样本均值为：

$$\bar{Y}=\frac{1}{n}\sum_{i=1}^{n} y(i) \tag{4-13}$$

它会成为 $Y(A)$ 的一个好的预测。但给定每个观测值等权将会忽视这些地点相对于需要预测位置的地理分布性。从统计观点讲，这意味着忽略了空间相关性或在 Y 处的相关性，即样本数据以及样本数据点与需要预测的位置之间存在的相关性。进一步讲，式（4-13）没有顾及 $Y(s(i))$ 的方差与 $Y(A)$ 差异。通过一个大区域计算平均值对减小采样数据点方差是有效果的，虽然减小地不是那么快速，数据越连续，空间数据相关性越强（见 Isaaks 和 Srivastava，1989）。可以证明：$\mathrm{Var}(Y(A)) < \mathrm{Var}(\bar{Y})$（见 Cressie，1996）。因此，样本均值是一种效率低的预测（它有一个较大的采样方差），而且这可能导致明显的对 $Y(A)$ 过高或过低的预测。例如商业采矿，如果采样是用来预测商业上可行的堆积物的场地，则这可能是一个代价高昂的错误。

如果地面均值未知，但可以假定为来自地理统计学的标准结果的常数（Cressie，1996），则 $Y(A)$ 的预测是最佳线性无偏的，这意味着所有线性无偏预测都具有最小均值平方预测误差，由下式给出：

$$\hat{Y}(A)=[c^{\mathrm{T}}\Sigma^{-1}+(1m)^{\mathrm{T}}\Sigma^{-1}]y \tag{4-14}$$

其中，$m=(1^{\mathrm{T}}\Sigma^{-1}1)^{-1}\quad(1-1^{\mathrm{T}}\Sigma^{-1}c)$；1 是数值为 1 列的列向量；$c^{\mathrm{T}}=[\mathrm{Cov}(Y(A), Y(1)), \cdots, \mathrm{Cov}(Y(A), Y(n))]$，Cov 是协方差；$\Sigma$ 是 n 阶对称方差-协方差矩阵，Σ 的第 (i, j) 元素是 $\mathrm{Cov}(Y(i), Y(j))$，第 i 个对角线元素是 $Y(i)$ 的方差，也可表示为 $\mathrm{Var}(Y(i))$ 。预测方法（4-14），称为普通分块克里格预测（ordinary block kriging predictor）方法，它指出了（4-13）的不足。Σ^{-1} 在估计中的作用是调整样本数据之间的空间相关关系，c 的作用是充分利用样本点与预测区域之间的空间的相关性。

所有这些量，包括 c 中的元素，都可以从点支持数据估计得到（Isaaks 和 Srivastava，

1989)。然而，在这一点上，要注意的是式（4-14）预测误差是：

$$\mathrm{Cov}(Y(o), Y(o)) - c^{\mathrm{T}}\Sigma^{-1}c + m[1 - (1^{\mathrm{T}}\Sigma^{-1}c)] - \mathrm{Cov}(Y(A), Y(A)) \quad (4\text{-}15)$$

其中，Cov($Y(o)$，$Y(o)$) 是这个样本中数据点方差的平均值，Cov($Y(A)$，$Y(A)$) 是这个区域内方差的平均值。在适当时候，读者应该比较式（4-15）与式（4-42）。就最终区域内方差的平均值来说，由式（4-15）测量的预测误差相对于式（4-42）是减小的。一般地，支持 A 越大，Y 的方差则越小。式（4-15）表明，$Y(A)$ 预测误差与任何点的预测误差 $Y(O)$ 相比也较小，Webster 和 Oliver（2001）提供了例证。

（二）面插值

面插值（areal interpolation）的使用是为了使在一个空间框架内记录的属性值在另一个空间框架内有效。当企图进行时间比较时，这是需要的。例如，当一些调查区域的边界将要被改变时，对跨越两个或更多的区域进行调查。而在另一些应用中，分析员需要在具有共同空间框架的一个单一的数据库中，将社会经济、环境和健康的数据联系起来。但是，空气污染的环境数据可以按照网格方阵形式记录，土地利用可以使用区域的分类来记录（边界表示土地利用变化），社会经济数据可以来自基于调查的区域的调查数据，健康数据可用邮政编码记录。调查区域可用于共同的空间基本框架。健康数据记录可以利用邮编目录与调查区域区联系起来（Collins 等，1998，关于可引入误差的讨论）。Kelsall 和 Diggle（1995）在分析附有分子和分母数据的疾病率时，使用了一个共享网格框架并构造了一个相对风险表面。Markoff 和 Shapiro（1973）提供了一些来自于历史研究的例子。

Mrozinski 和 Cromley（1999）将面插值问题分为四种类型。第一类，缺失数据问题，将在数据不完整性内容里加以讨论。为了识别其他三种类型问题，他们对区域分类地图数据和分布地图数据加以区分。区域分类是这样的一种数据，即空间单元的边界反映了连续的，或域变量在属性层次上的不连续或变化，如土地利用地图。属性值在测量的名义或次序上是有代表性的。区域分布地图数据起因于空间单元的边界记录的是属性的分界线，如当社会经济和人口统计数据都是通过普查区域记录的。

与区域分布地图有关的属性数据是在间隔或比率水平上有代表性的。它们要么是指计数，如总人口数或总收入（空间扩展性的）、利率，要么是指平均数，如人均收入或是人口密度（空间密集性的）（Gooldchild 和 Lam，1980）。

类型（1）：分布地图数据在一个地域划分上是可行的，但还需要被插值到另一个可以是来自于一个区域分类框架或其他的、不同的另一种分布框架的区域划分。

类型（2）：数据在两个变量上有效，一个是区域分布地图，另一个是区域分类图。其值需要被插值到通过叠加这两幅地图后产生的相交结果地图。

类型（3）：数据在两个变量上有效，两个区域分布图，其值需被插值到通过叠加这两幅地图后产生的相交结果地图。

在类型（1）的问题中，有一个单独的一组“源分区”，它们将被插值到另一组不同的“目标分区”。类型（2）、（3）有两组源分区，即它们被叠加后产生由它们相交的一组目标分区。这些新的分区（分解单元或分辨单元）是为满足插值所要求的、由相交计算产生的。在类型（1）、（2）的问题中，已知的与源分区相联系的“量”，必须仅以一个变量被保留在新目标分区。在类型（3）的问题中，这个保留的量的性质需要服从这两类变量。

面插值方法分为图形方法和统计方法。图形方法揭示在区域重叠的信息，有时是邻接信息，用于平滑计算，以避免在插值表面或保留量上出现尖锐的不连续性。统计方法包括拟合模型，将源数据绘制在辅助数据范围，以解释变化。这些方法或是顺序的（拟合一个模型，用于观测数据，然后使用这个模型进行插值）或是迭代的（拟合模型，然后估计数据值，然后修改模型等）。我们首先考虑图形方法，集中考虑类型（1）的问题，但需要注意，解决类型（1）的问题方案，通常被应用于类型（2）问题。这里描述的图形方法与探索性空间数据分析所用的平滑方法之间有关联。在特定情况下，选择这个方法必须服从在空间扩展性的或是空间密集性的变量类型。

已知值在 n 个源分区的变量 z 上的值表示为 $\{z(s(i))\}$，其中 $s(i)$ 表示第 i 个源分区。如果这个源分区变量是一个计数（空间扩展性的）在目标分区 j 关于 Z 的真实未观测到的值，则 $t(j)$ 是：

$$z(t(j)) = \sum_{s(i)} z(s(i) \cap t(j)) \tag{4-16}$$

其中，$(s(i) \cap t(j))$ 是第 i 个源分区与第 j 个目标分区的交，以及 $z(s(i) \cap t(j))$ 为真，但未被观测到的计数与此相交区域相联系。如果源分区的变量是一个比率（空间密集性的），在目标区 j 关于 Z 的真实未观测值 $t(j)$ 是：

$$z(t(j)) = \sum_{s(i)} z(s(i) \cap t(j))\,[A(s(i) \cap t(j))]/[A(t(j))] \tag{4-17}$$

其中，$z(s(i) \cap t(j))$ 为真，但未观测到的比率与此相交区域相关，其中 $A(.)$ 代表面积。

这里的问题是要估计跨越一组 k 个目标分区的兴趣变量的值，即 $\{\hat{z}(t(j))\}$。在源分区 $s(i)$ 被表示为一个单点情况下，例如，占据 $s(i)$ 是一组独立的点对象的中心，如果代表点落在 $t(j)$ 中，但 0 的情况除外，那么，在式（4-16）中的 $z(s(i) \cap t(j))$ 可以通过 $z(s(i))$ 被估计，这称为点在多边形方法。如果独立对象聚类接近于点表示，则这个办法应该是工作良好的（Sadahiro，2000）。

点在多边形的衍生方法是核方法。这里按照概率密度函数（核）围绕表示的点分配权值（Silverman，1986 年；Sadahiro，1999）。Bracken 和 Martin（1989）使用核方法，对来自于人口加权重心相关的、英国人口普查数据的空间分布连续地图数据进行了处理。Kelsall 和 Diggle（1955）利用核密度估计，把数据从不同的不规则空间架构分配到一个共同的用于计算疾病率的框架。关于这类问题，有很多时候并没有依据来决定是否有真正的地图符合这些条件。在一组目标区，属性的结果地图会趋向太平滑。

如果源分区的变量是空间扩展性的和可以在源分区内假定为均匀分布，对式（4-16）的估计由下式给出：

$$\hat{z}(t(j)) = \sum_{s(i)} z(s(i))\,[A(s(i) \cap t(j))]/[A(s(i))] \tag{4-18}$$

如果 $z(s(i))$ 是一个与区域相关的比率或比例（空间密集性），则对 $z(t(j))$ 的估计，在式（4. 17）中将 $z(s(i) \cap t(j))$ 替代为 $z(s(i))$ 给定，即：

$$\hat{z}(t(j)) = \sum_{s(i)} z(s(i))\,[A(s(i) \cap t(j))]/[A(t(j))] \tag{4-19}$$

倘若贯穿这个源分区的比率是均匀的，则式（4-19）还是适当的。在这一点上，其他的估计方法对确定相交区域可能不是直接的。如果这个运算是在地理信息系统中执行，分析员需要防止针对相邻区域，当两组分区叠加产生错误相交时复合边界的误差。

这些面积加权估计（4-18）及（4-19）是基于源分区和目标分区的几何性质的。这里遍布整个源分区的变量的均匀分布的假设已知是错的，分布密度制图会从面积计算中排除这些兴趣变量已知为0的区域。例如，水域和工业区在计算人口计数方面通常被排除，而覆盖在源分区和目标分区地图的卫星数据对此是有用的（Langford 等人，1991）。一些证据建议，这种改动可以持续改善面积加权估计（Fisher 和 Langford，1995；Mrozinski 和 Cromely，1999）。Brindley 等（2002）以精确的空间尺度，使用处于每个选举区的人口数据，把用于建模的污染数据分配在列举的调查区域。这是为获得一个选举区层次的污染测量，企图更贴切反映生活在这里的什么人暴露在污染环境中。在目标区的一个代表性的点被用来从源分区选择适当的数据值。

如果人口以一些分类函数变化，像土地利用，或岩石类型，那么分布密度方法需要反映这点。假如这是可能的，对获得 Z 如何按照分类函数变化，以及倘若在每个目标分区分类的地理分布是已知的，那么这在二元分布密度面积加权方面应该得到改善。有一些所谓的“智能”插值的例子（Fisher 和 Langford，1995）。Goodchild 等（1993）使用来自第三方空间单元的数据，它们被用做控制单元，其内空间扩展变量 Z 是均匀的。控制单元边界不必与目标分区或者源分区完全重合。让 $c(k)$ 表示控制区 k，则：

$$z(s(i)) = \sum_{c(k)} z(c(k))\,[A(s(i) \cap c(k))]/[A(c(k))] \tag{4-20}$$

现在，如果 $z(c(k))$ 可以被估计，即 $\hat{z}(c(k))$，那么：

$$\hat{z}(t(j)) = \sum_{c(k)} \hat{z}(c(k))\,[A(t(j) \cap c(k))]/[A(c(k))] \tag{4-21}$$

Goodchild 等（1993），讨论了使用 $\{z(s(i))\}$ 估算 $\{z(c(k))\}$ 的各种统计方法，包括泊松（Poisson）回归和约束最小二乘。

Mrozinski 和 Cromley（1999）利用面插值，将计数数据导入一个矩阵结构，在空间交互建模中也发现类似情况。一个交叉矩阵可以定义为由 S 行（对应于源分区）和 T 列（对应于目标分区）组成。矩阵的第一行由 i 和 j 相交区域组成，否则为0。这个问题是要在交叉矩阵中估计与非零的元素有关的变量值。矩阵中与其他元素相关的变量值是0。在类型（1）、（2）的问题中，只有行总和是已知的（一个单约束模型），而在类型（3）的问题中，行和列总和都是已知的（双重约束模型）。一旦元素值被估计，目标分区的估计可以通过聚集获得。对像元元素进行迭代运算，直到发生收敛。Mrozinski 和 Cromely 描述的多边形平滑和分区密度多边形平滑的操作（类型（1）、（2）的问题），是对 Tobler（1979）的原始 pycnophylactic 插值（original pycnophylactic）方法的扩展。该方法将源分区内的密度分配给任何相交叉区域，计算来自毗连的相交区域的密度平均值并重复这项工作，直到收敛发生。引入保留量约束，计数在相交分区面积与密度值相乘后获得。在使用测试数据时，多边形平滑则比面积加权表现略好，但是当采用分区密度时，整体均值平方根误差没有明显区别。这些方法产生了在不同条件下，关于解决方案的存在性和唯一性的一系列问题，其中包括增加相交区域的数目的影响以及如何表示源分区和目标分区之间的相互作用和哪些类型的辅助数据可能是有用的等问题。

其他主要面插值方法借鉴了统计建模方法。Flowerdew 和 Green（1989）提出了一个基于区域分类的或区域分布数据的统计建模方法。这个方法是关于空间扩展数据的“智能”插值方法的延伸，且类似于 Goodchild 等（1993）的方法。他们将这些方法用于估计目标分区的人口计数，这里人口变化按照要么土地类型是草场（1），要么是林地（2）。全部数据集 $\{z(s(i))\}$ 连同每一源分区的每个土地利用类型的面积数据，$\{A(s(i);1)\}$ 和 $\{A(s(i);2)\}$，被用来作为泊松回归模型（Poisson regression model）（与单位元素相关联，没有常数项）的估计参数。这些估计参数（$\hat{\lambda}_1$，$\hat{\lambda}_2$）是每个土地利用类型的单位面积上的预期人口数。倘若每一个目标区每个土地利用类型的面积已知为（$\{A(t(j);1\}$，$\{A(t(j);1\}$），那么：

$$\hat{z}(t(j)) = \hat{\lambda}_1 A(t(j);1) + \hat{\lambda}_2 A(t(j);2)$$

由人口图和土地利用图叠加形成的较小分区的估计，也可以由这个方法确定。这个计数需要进行尺度变化，以确保目标分区总数与源分区总数匹配。Langford 等（1991）开发了类似的方法，其中，辅助数据集来自遥感数据的土地覆盖分类。

Flowerdew，Green 和 Kehris（1991）使用由 Mrozinski 和 Cromley（1999）描述的相交矩阵（intersection matrix）综合了基于模型的方法。在他们的综合中，变量值估计使用 EM 算法，该算法是处理有缺失数据的估计问题的统计技术。该算法计算“缺失数据”（在相交矩阵非零元素的变量值对应于目标分区）的期望值（E）由模型和观测数据确定。在第一次迭代时，这些值来自面积加权方法。而后，完整的数据集被用于通过最大似然（M）的拟合模型。之后，该算法在 E 和 M 步骤之间交替，直到收敛发生。

Flowerdew 等（1991）认为，基于模型的方法存在一些问题。该方法是计算密集型的，处理速度上比点在多边形方法慢得多。当处理大型空间数据库时，如全国人口普查数据，这是相当重要的（Sadahiro，2000）。拟合模型的良好性，并不能保证就目标分区的值如何由这个模型得出较好的估计。在泊松回归模型中的参数估计是整体性的估计，并没有考虑到可能的空间异质性，譬如说，人口和土地利用类型之间关系。

上述因素可能有助于解释为什么面积加权和基于局部映射的简单密度分区方法往往比设计更周密的实验方法有更好的表现（Fisher 和 Langford，1995）。Cockings 等（1997）用蒙特卡罗方法比较了插值方法，并表明，面积加权法的误差与目标分区的几何性质密切相关，密度分区方法的误差更与人口或属性参数有关。但试图通过各部分之间的混杂效应的复杂的相互关系，使误差的性质和分区的特征相联系，是困难的（Cockings 等，1997）。

在这方面存在的一个基本问题是因为分析员执行的这些运算是为了变换数据到一个更适当的空间架构中，没有创造新的数据，而估计是基于转换原始数据获得的。如果分析员这时将这些估算数据作为数据，那么这些新的“数据”将包含额外的未知误差。不过，目前还几乎没有准则来帮助确定在特定的情况使用哪一种方法，选择方法时，也没有协助评估的诊断方法，或是做得不好，或是没有任何估算精度的定量测量。

以经验为基础的研究指出了在特殊情况下不同方法的表现，但未解决发现的一般性问题。蒙特卡罗方法可以克服这个实验缺点（Fisher 和 Langford，1995）。使用 Sadahiro 随机建模方法也可以处理这个问题（1999，2000）。然而，这些分析方法充其量只是表明在不同条件下，不同方法的相对表现。空间非均匀性的存在意味着在地图的任何一个不同的子区域地方的表现完全不同。这种情况是尽量模拟分析误差传播的影响。

面插值是一个估计问题，但我们不够重视把估计值或地图的可能误差的地理位置与置信区间联系起来。大多数成功估计的表现取决于满足一系列经常的、一定程度上的限制性假设。在超过区域分割尺度的尺度上具有很强的空间相关性的地方，迭代平滑方法应该做得很好；但也许相反。在 Mrozinski 和 Cromely（1999）的图中建议，人口密度存在突变的地方与发现大的插值误差的城市的鲜明的边界有关。在这些情况下，更进一步的辅助数据将会有所帮助。

这是一个非常有问题的空间分析领域，当在不同空间架构采集数据时，会继续存在下去。过去的重点一直放在将数据从一个空间架构转换到另一空间架构的方法，但也许需要更多地注意考虑到不得不转换空间架构产生的后果。这意味着，需要评价导致错误结果的稳健性和探索从数据不定性产生的模型结果的可变性。

三、使用汇总数据分析关系

生态推理是分析分组数据，也称为生态或汇总数据（ecological or aggregate data），并将结果用以推断个体层面关系的过程。人们对这项与空间数据有关的工作感兴趣的原因是：由区域汇总的数据是分组数据的一种类型。

生态推理是重要的，因为有可能存在缺乏可靠的个体层次的数据。在个体层面采集数据或许是不现实的，或即便可以采集，也是在不能控制精度的情况下进行的。例如，环境风险因子的爆发率。就推理而言，小区域的自然辐射程度的平均值实际上可能比基于估计个体爆发的数据更可靠，并表现出对测量误差更大的稳健性。一些数据可能只是在某些领域有效，如收入数据和选举数据。

Gelman 等（2001）使用下列模型来表达生态推理的性质。考虑在区域 $i(i=1, 2, \cdots, n)$ 上的个体单元 $j=1, \cdots, m(i)$ 。设 $y(j, i)$ 表示区域 i 上个体 j，$x(j, i)$ 为相应的预测，并设 $e(j, i)$ 为均值为 0 的独立值，$x(j, i)$ 也是独立值。定义：

$$y(j, i)=\alpha(i)+\beta(i)x(j, i)+e(j, i) \tag{4-22}$$

兴趣在于估计 $\alpha(i)$ 和 $\beta(i)$，但没有个体层面上的数据是有效的，仅各区平均值表示为 $\bar{y}(i)$ 与 $\bar{x}(i)$ 。假设平均误差 $\{e(i)\}$ 接近 0，则从式（4-22）得：

$$\bar{y}(i)=\alpha(i)+\beta(i)\bar{x}(i) \tag{4-23}$$

生态回归由 $\bar{y}(i)$ 在每一区域的某一数据点的 $\bar{x}(i)$ 回归来估计（4-23）的参数，即：

$$\bar{y}(i)=\alpha+\beta\bar{x}(i)+\mathrm{u}(i) \qquad (i=1, 2, \cdots, n) \tag{4-24}$$

其中，$u(i)$ 是均为 0 且独立的，$\bar{x}(i)$ 也是独立的。生态推理包括了利用在式（4-24）中汇总参数 α 和 β 代替局部回归系数 $\alpha(i)$ 和 $\beta(i)$ 。

生态（或汇总）偏差是使用分组数据（4-24）获得的关于估值与使用个体层面数据（4-22）获取的估值之间的差异。分析员从分组数据获得估值，并利用它来推断个体层面上的联系，在没有指明哪个估计是合理的条件下，将会为产生生态谬论而感到愧疚。

Simpson（1951）提请人们注意，只分析复杂（多维）列联表（contingency table）的利润率是危险的，有大量证据显示，回归估计产生怎样的不同结果，取决于要分析的数据是个体层面的或是汇总层面的。Robinson 关于美国种族与文化能力的研究表明，在个体层面上，2×2 计数表的四项相关性只有 0.203 ，在国家水平，这个结果的相关性的百分比数字是 0.773 。在流行病学和其他方面的集中的证据表明，相关系数比回归参数具有更严重的影响（Firebaugh，1978 和 Morganstern，1982）。

在空间分析中可能出现其他形式的汇总偏差。在对房价与一组预测变量，包括到市中心的距离，采用汇总数据进行关系建模时，存在潜在的两个汇总偏差来源。首先为响应和预测的变量使用区域分组数据，其次使用区域的中心代表在任何单元内的房子的位置，而不是每个区域单元的独立房屋的真实空间平均值（Okabe 和 Tagashira，1996）。

在许多科学领域，从汇总数据推断个体层面的关系是非常重要的，因为个体是研究的对象，因此也是推理的目标。然而，汇总可以起到修改的效果，因此，面积也能起到如此效果。在简单多数票当选的选举制度中，选民整体组成可能影响到个体是否或如何投票。有证据表明，对实施故意破坏艺术行为的个体倾向，可能受到在这个地区年轻男性密度的影响。个人预防性健康行为可能会受到即时环境的标准和态度的影响。分析员将试图从区域层面的影响中区分出个体层面的影响；相反，生态谬误是原子式的谬误（非汇总偏差），即从识别来自个体数据联系，同时忽视了生态或背景联系影响而产生的错误。多级建模用于这类问题的建模。

在一些领域，如地理学和环境科学领域，推理的目标往往是在区域层面，而不是在个体层面。空间聚集如何影响统计的不同形式？像相关性和回归那样，这是众所周知的，对聚集效果不是不变的。在进行比较工作时，无论是通过对其他任何地区进行的平行研究，还是在不同时间对同一地点的研究，来检查一个地区的结果，分析员或许关心的是任何观察到的差别不能反映真实情况。事实上，它们或许是两种不同的空间聚集由不同程度的区域内部同质性产生的伪差。

在地理学中，对于这点，有一个通用名称——可塑面积单元问题（MAUP）。“如果统计是为了计算两个不同的区域单元，但包含同样总体，或样本，差别通常会被观察到，即使相同的基本数据被用于两个分析。这个差别作为可塑面积单元问题的证据被引用”（Holt，Steel 和 Tranmer，1996）。运用“可塑”一词，是因为既不是空间单元数目的选择（分析的尺度），也不是它们的特殊配置（选择的分区或由分析尺度给定的分区）是原始的，可以对其他多种选择之一进行选择。简要概述地理学研究回归参数的波动和相关系数的大量工作可见 Wong 和 Amrhein（1996）。

如果不同的分析尺度之间结果不同，或许反映了尺度相关处理的运算。两个经济活动在局部范围或许对土地是竞争的，但当它们的分布是在大尺度上（用较大的空间单元）进行估计时，因投入-产出联系或其他的交互形式，可以把它们集成在一起。如果改变空间划分，同时保持尺度约束，会产生一组不同的结果，这是因为新的空间划分已经引入了不同的平滑数据，并带来了一个区域内均匀性的重新配置。

在一些领域，如流行病学（剂量-反应关系）和计量经济学（质量-价格关系），生态推理是采用连续值变量的。在政治科学领域，生态推理采用的是个体层面上二元的数据变量值（投票和不投票）。采用生态推理的条件是：（1）没有可依赖的个体层面数据；（2）存在兴趣变量方面的个体层面数据，例如，源自全国性的调查，提供的全部较小的空间单元的一些稀疏的覆盖；（3）存在一些在其他一组变量上有效的个体层面数据，即所谓的“分组”变量——解释区域引起推理偏差成因的内部同质性。这在它们的推理目标的研究方面也可以加以区别。个体层面的关系的推理目标是在每个划分的区域内部进行，研究区域的划分使得在这个研究区存在与划分区域一样多的推论（条件法），或是在这个研究区域内个体层面关系的推理跨越整个划分区域（边际法）？

现在，我们从以下三个方面考虑从汇总数据做出有效的推理的问题。

（一）生态推理：参数估计

设 $T(i)$ 为在选举 i 区参加投票的投票年龄人口的比例，称为在区域 i 的出席者。设 $X(i)$ 为在选举 i 区非白人投票年龄人口的比例，所以 $1-X(i)$ 是白人的比例。$\{T(i)\}$ 和 $\{X(i)\}$ 是它们（汇总）的数据。在选举 i 区，若 $\beta^{O}(i)$ 为投票的非白人选民投票年龄的比例和 $\beta^{W}(i)$ 是投票的白人选民投票年龄的比例，那么可由此定义：

$$T(i)=\beta^{0}(i)X(i)+\beta^{W}(i)(1-X(i)) \tag{4-25}$$

兴趣参数为 $\{\beta^{0}(i)\}$ 和 $\{\beta^{W}(i)\}$，且它们是未知的。如果个体层面数据是有效的，则 2×2 列联表（投票/不投票；白人/非白人）中的栅格单元可被填入和参数值可被读出。在缺乏这样的数据情况下，如果有 n 个区域则有 n 个方程，但多 1 倍（$2n$）参数。在式（4-25）中的兴趣参数因此不能够被估计，这就是所谓的不确定性问题。式（4-25）是式（4-23）对离散值变量的参数优化，以便使面积平均值是比例的，式（4-23）与式（4-25）估计描述的问题相当，在式（4-23）中有一个方程、两个未知数。

处理这个问题的一个方法是 Freedman 等（1991）的邻居模型，即假设在所选定的汇总数据中，种族划分水平不影响投票行为，使 $\beta^{O}(i)=\beta^{W}(i)=T(i)$（Gelman，2001）。Goodman（1953）的回归方法使得恒定假设为 $\beta^{O}(i)=B^{O}$ 和 $\beta^{W}(i)=B^{W}$。虽然投票的倾向允许在种族族群之间变化，但区域不变。参数可由 $T(i)$ 在 $X(i)$ 和 $(1-X(i))$ 的回归模型的加权最小二乘法估计，其中截距系数设定为 0。选择的权重反映这样的观点，即非独立变量 $T(i)$ 的方差希望与在第 i 地区中人口成反比。

现在考虑在 Goodman 回归估计中生态或汇总所产生的偏差的性质。按照 King（1997）所写：$B=B^{O}-B^{W}$，$\hat{B}$ 为加权最小二乘法 B^{O} 和 B^{W} 的估计的差分，即：$\hat{B}=\hat{B}^{O}-\hat{B}^{W}$。汇总偏差为 $\hat{B}-B$。

现在，设 $X(j, i)$ 和 $T(j, i)$ 指个体层面的数据，其中 (j, i) 表示区域 $i(i=1, 2, \cdots, n)$ 中的个体 $j(j=1, 2, \cdots, m(i))$，这些都是二进制（0 或 1）变量。设 X 和 T 为表示长度 $N(=\sum_{i=1}^{n}m(i))$ 的矢量，它包含个体层面数据。现在设 $\bar{T}$ 和 $\bar{X}$ 表示所有个体在各个区域 $\{T(j, i)\}$ 和 $\{X(j, i)\}$ 的简单平均值。那么：

$$[T-\bar{T}]=[X-\bar{X}]B$$

这是个体层面的关系表达，来自引入 Goodman 的恒定假设之后定义的式（4-25）。B 值（个别层面的参数）可由最小二乘或按照交叉制表精确计算：

$$B=[[X-\bar{X}]^{\mathrm{T}}[X-\bar{X}]]^{-1}[X-\bar{X}]^{\mathrm{T}}[T-\bar{T}]$$

现在考虑汇总的影响。汇总通过一个 $N \times n$ 分组矩阵 G 进行，分配个体到区域，如果个体 $k(k=1, \cdots, N)$ 是在区域 $i(i=1, \cdots, n)$ 中的话，$g(k, i)=1$。它表示（King，1996）$G(G^{T}G)^{-1}G^{T}=H$，当与一个向量相乘时，每个个体观测值由它的面积均值替代。因此，模型的汇总版本改为：

$$H[T-\bar{T}]=H[X-\bar{X}]B$$

B 是由 $H[T-\bar{T}]$ 对 $H[X-\bar{X}]$ 的最小二乘或 $[T-\bar{T}]$ 对 $[X-\bar{X}]$ 的加权最小二乘得到：

$$\hat{B}=[(H[X-\bar{X}])^{T}H[X-\bar{X}]]^{-1}(H[X-\bar{X}])^{T}H[T-\bar{T}]$$

汇总所产生的估计偏差现在可以通过分析（$\hat{B}-B$）进行检查，但所面临的挑战是，把这种差异转化为这样一种形式，使差异的根源能清楚明白地显示出来。King（1997）讨论了一些不同的表示。下面是由 Palmquist 推导的差异可以分解成由两部分组成的结果（King，1997）。第一部分称为“设定偏移”（specification shift），可以描述为使用个体数据的影响，但是被强迫包括在这个回归中的分组算子 G。King（1997）把这个问题描述为“反向省略变量偏差”（reverse omitted variable bias）。当 G（汇总系统）有原因地介入 T 和 X 之间时，强制的设定在 B 的估计上具有最大影响。因此，使用两个变量 X 和 T 或任何其他与 X 或 T 有联系的变量的同质分组的任何形式，都会产生设定偏移。具有最小影响的汇总方法是随机汇总。

第二部分称为“夸涨因子”，由下式给定：

$$[\sigma^{2}_{(X(j,\ i))}/\sigma^{2}_{(X(i))}]-1 \tag{4-26}$$

其中，$\sigma^{2}_{(X(j,\ i))}$ 是所有个体（$X(j,\ i)$）的变量 X 的方差；$\sigma^{2}_{(X(i))}$ 是所有分组层面值（$X(i)$）的方差。当使用的 X 是同质的汇总时，式（4-26）的量是最小值（当整个汇总包含 X 的相同的个体的时候，该值为 0），且使用随机汇总的时候，该值相当大。

这项分析识别了两种情况，无论是使用随机聚集的时候（虽然夸涨因子较大，但设定偏移为 0），还是纯粹的对 X 均匀汇总时候（虽然设定偏移大，但夸涨因子为 0），汇总的偏差都是小的。观测值也是这样，因为偏差是这两个部分的一种结果。

在空间上界定的分组，将因为空间相关性而显示出一定程度的同质性。在人口普查数据的情况中：“住在同一地区个体受到共同的影响，并会因此而表现出相似性……具有类似特点的个体选择住在同一地区”（Tranmer 和 Steel，1998）。这意味着按照地理近似性进行分组，将会产生所谓“独立变量”（上面例子中的 X）和“非独立变量”（上面例子的 T）的汇总，而不是随机汇总。这就产生了设定偏移，但假若汇总是均匀的，以至于在区域内没有变化，那么分析员能够期待没有汇总偏差，因为与同质汇总相联系的夸涨因子是零。当然，在实践中，任何时候纯粹的均匀区域汇总是很少见的，这就是为什么汇总偏差总是存在的原因。而分析员有机会构建自己的区域汇总（地区或区域），这些研究结果对区域建立时的准则具有暗示作用。区域的建立方法是要考虑探索性空间数据分析的背景。

Tranmer 和 Steel（1998）使用的区域内同质性的模型分析了在方差，协方差及相关统计性方面的汇总偏差，即：

$$y(j,\ i)=\mu+\alpha(i)+e(j) \tag{4-27}$$

其中，μ 是区域的均值影响；$\alpha(i)$ 是一个均值为 0 的随机变量，方差 $\sigma^2(i)$ 表示与第 i 区域相关的区域影响；$e(j)$ 是一个均值为 0 随机变量，方差 σ_e^2 表示一个纯粹的独立影响。区域层面的影响是对来自同一区域的所有个体共有的。第二个变量和这个区域影响之间的协方差定义为类方差-协方差模型，这两个变量定义为独立影响。

这是一个多层次模型。内部区域的同质性是由随机变量 $\alpha(i)$ 建模的，因为在同一区域的所有个体具有相同的值 $\alpha(i)$ 。$\alpha(i)$ 都是独立的，所以所有区域层面的影响也是独立的。在汇总中，如行政调查区域，这意味着个体会跨越街区，但在不同的行政调查区域具有独立的区域影响，但两个个体虽相距一定距离，又同在一个行政调查区域有着相同的区域影响。这个分析内部区域均质性影响的方法也被 Arbia（1989）使用过。Cliff 和 Ord（1981）为这两个变量构建了一个嵌套层次模型，每个变量具有 m 层级，每一个 m 级上具有一个共同的因子。

在分析由个体层面数据和区域层面数据计算的相关系数之间的差异方面，Tranmer 和 Steel（1998）鉴别差异用的是分别表示为 $\delta_{1,\ 1}$ ，$\delta_{2,\ 2}$ 和 $\delta_{1,\ 2}$ 的三个量相对大小的函数。其中，$\delta_{1,\ 1}$ 和 $\delta_{2,\ 2}$ 与 Palmquist 的夸涨因子成反比关系，并认为这两个方差项（相对应这两个变量）源于一个相关估计。$\delta_{1,\ 2}$ 是区域内这两个变量之间互相关的度量，用于测量在这两个变量之间关系估计上的聚集效应。这一项对应于 Palmquists 的设定偏移影响。使用汇总数据估计个体层面相关系数的任何汇总偏差的大小都是这 3 个量的一个函数，也是每个区域的平均个体数。后一项也具有对偏差的严重影响，因为它倍增了 $\delta_{1,\ 1}$ ，$\delta_{2,\ 2}$ 和 $\delta_{1,\ 2}$ 每个量的影响，它通常是很大，甚至一个选举区域可能有大约 500 个体。

除了只有在回归模型中，与独立变量相关的一个方差夸涨项之外，估计回归系数的汇总偏差服从它们作为这个相同项的函数的分析。（Tranmer 和 Steel，1998）。Tranmer 和 Steel 注意到，他们的研究结果也可以用于非汇总的个体层面和区域层面的相关性，并通过展示不同分区在 3 个数据相关数量产生不同的相关与回归统计的值中如何产生不同的影响来揭示 MAUP。

King（1997）提出了由族裔及投票区变化引起的投票倾向性条件估计方法。这些区域层面的估计能被当做固定值并被映射，它们的模型变量被称为独立探索性变量。约束定数论方法（king，1997）把估计的倾向性至少约束在区间［0，1］内，依靠这个区域提供的信息，并可能处于一个较窄的区段。投票倾向 $\beta^O(i)$ 和 $\beta^W(i)$ 假设为随机的，其服从在条件 $X(i)$ 上的截平二元正态概率分布，并服从数据 $\{X(i)\}$ 和 $\{T(i)\}$ 估计的均值和方差-协方差参数定义。截平的设置，通过约束方法设置，并将相同的截平分布用于描述每个区域的倾向性，尽管设立的条件（在 $X(i)$ 上）会有所不同。

King 的方法把获得的，甚至是整个区域的有效的投票倾向性处理为潜在的真实投票倾向的噪声估计。截平正态模型表示一个投票倾向的先验分布，它的参数是超参数。因为这些超参数来自 $\{X(i)\}$ 和 $\{T(i)\}$ 的全部数据集的估计，这个方法“借用强度”来自提供个别地区倾向性估计的整个数据集。对这个方法已经有了一系列展开性的讨论，以进一步减少汇总偏差，其中包括把协方差纳入到均值的超参数的设定中（King，1997）。

在分析空间数据时所关心的是在兴趣参数方面，空间相关的 King 的方法的效果。

King（1997，2000）总结了他基于蒙特卡罗模拟方法的经验，即空间相关“没有表现出对来自基本模型方面的推理有效性存在主要的逻辑上的必然结果”的经验。但是，下面与特定领域相对风险率的贝叶斯建模的比较值得注意。一个空间模型，而不是一个空间独立性的模型，在一些空间流行病的地区可能被用于先验分布（Mollie，1996）。包括空间相关性的设定，有限制“借用强度”的效果，对正好的邻接区域，以及从空间流行病学文献来的证据显示，可以作为产生相当平滑的最终地图的可靠的模型——这也许合适，也许不合适。假如区域层面背景影响存在以及将传染病引入决定是否投票过程的社会网络运作，则团体将进一步影响定义一个合适的先验模型的问题。

估计方法讨论到了假设没有个体层面的数据是有效的这一点。Ttranmer 和 Steel（1998）考虑的情况是，在其他变量方面有一些有限的个体层次的数据，尽管对于要得出的推理结论不是有效的。这项工作的背景在英国有关地区的 2% 不记名的记录（SAR）样本上是有效的。他们的工作表明，当合适的个体层面数据在另外一组称为“分组变量”上是有效时，对区位层次相关性调整和回归估计是可以进行的。而在式（4-27）区域内同质性表现为非观测的区域层面影响（也正如 King 的基本模型），分组变量被引入，因为它们是可观测的，并与区域内的同质性有关。King 的设定偏移或“反向省略偏差”可以通过定义，迫使聚集被引入到个体层面回归的变量来解释（在他们的模型背景下）。对于如果要获得关系（两个兴趣变量之间）的可靠估计，这些变量需要加以控制。

为个体层面的数据选择一个位置参考是没有必要的，假若它们属于同一总体数据，甚至会来自同一个数据源。他们的做法是变“分组变量”为多级模型，这也是 Cressie（1996）在不同的背景下讨论过的，涉及对这些变量的数据。这样，原模型（4-27）现在变为（Tranmer 和 Steel，1998）：

$$y(j;\ i) = \tilde{\mu} + \beta^{\mathrm{T}} z(j) + \tilde{\alpha}(i) + \tilde{e}(j)$$

其中，原有项上的波浪符号代表它们现在是在分组变量 Z 上的条件；$z(j)$ 指第 i 个个体的分组变量值的（列）向量和 β 是 $y(j;\ i)$ 与分组变量 Z 有关的系数（列）向量。

Tranmer 和 Steel（1998）推导了调整的相关性与回归系数，这表明了在个体层面关系的估算方面获得了相当大的改善。通过汇总，把估计的偏差引入到两个变量 $Y(1)$ 和 $Y(2)$ 之间的协方差中，并通过这样的项去除分组变量获得：

$$\bar{\beta}_{Y(1),\ z}{}^{\mathrm{T}}(\bar{S}_{z,\ z} - \hat{S}_{z,\ z})\bar{\beta}_{Y(2),\ z}$$

其中，$\bar{\beta}_{Y(1),\ z}$ 是 $Y(1)$ 在汇总层面上分组变量的回归系数的估计（列）向量，$\bar{\beta}_{Y(2),\ z}$ 同理；$\bar{S}_{z,\ z}$ 是分组变量的聚集层面协方差矩阵；$\hat{S}_{z,\ z}$ 是个体层面方差-协方差矩阵的估计（在分组变量上）。方差的调整和从这些数量调整相关性与回归估计是可以计算的。Tranmer 和 Steel（1998）建议来自 SAR 的个体的数据，在变量方面，如年龄、住房和族群结构，可有效地作为分组变量的函数。图 4-3 显示了通过这种方法获得的改善。

（二）环境流行病学中的生态推理：识别有效假设

环境流行病学生态推理产生于对一些剂量-反应关系类型的分析。例如，“响应”是一种地区发病率，而剂量对应于这个地区的环境风险因素。不像早先的问题，这些数据可

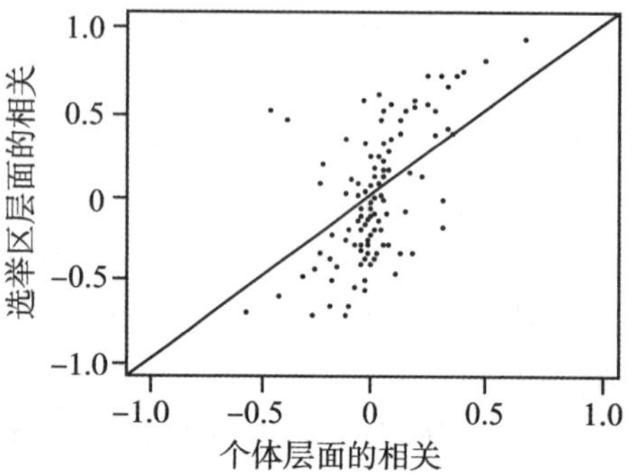

（a）调整前的

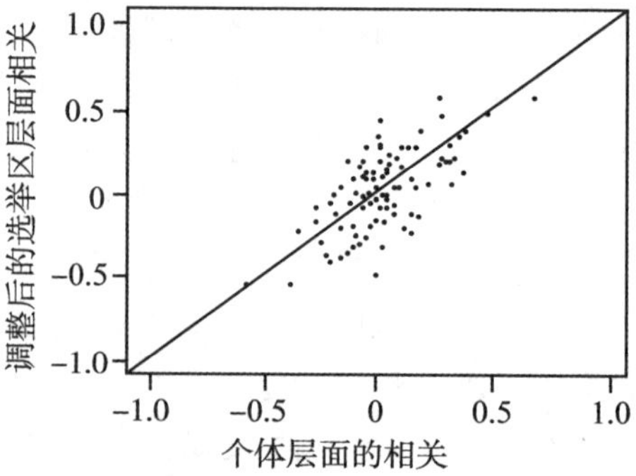

（b）调整后的

图 4-3　赖格特数据的选举区层面和个体层面的相关性（Tranmer 和 Steel，1998）

能不是离散值。个体可能有疾病，也可能没有，但他们暴露于危险因素中是连续值的。这引起了更多的问题，因为与离散值情况相比，作为汇总的结果会有更多信息失去。在一个表格中，离散数据只是像元值丢失，但在边际效用总和是有效的 2×2 的情况下，它足以估计只有一个值的情况，以便能够完成该表。在连续数据情况下，均值提供的信息仅处于值分布的中心，在值的展开方面没有什么可用。此外，在投票的例子中，线性化是关系的特性（不一定是假定的），但在流行病学方面，是没有理由指望剂量-反应关系是线性的。

Richardson（1992）确定了流行病学家感兴趣的汇总问题：（1）个体剂量-反应关系和所有同在一组个体在汇总后获得的关系之间的差别是什么？如果所有个体在线性关系中有理想的参数，那么这些参数可从这个汇总数据中估计，但如果双方关系是非线性的话，则不能估计。（2）假设每个汇总内剂量-反应关系是线性的，来自 N 个汇总值估计斜率系数的估计与在汇总斜率系数内的 N 的平均值之间差别是生态偏差。这一区位偏差可以分解成两个元素。第一部分是由于在那些没有暴露于危险因素中的发病率内汇总变化而产生的偏差（跨越汇总的线性关系的截距参数的差别）。

第二部分是由于在对剂量-反应关系进行有效修改的分组（跨越汇总的斜率参数的差别）产生的偏差。偏差的进一步来源是由于混淆变量而产生的影响，如分析中不容许的社会经济变量（Jolley，Jarman 和 Elliott，1992）。这些偏差，可能是特别大的甚至造成图 4-4 所显示的反转迹象。如果偏差来源可以明确判明，假若模型的假设是满意的，则使用多元回归进行调整或许是可能的，如附加的联合效应（Greenland 和 Morganstern，1989）。

从对建立暴露-疾病关系的分析看，与生态推理相关的问题意味着在环境流行病学中对汇总数据的分析认为是最弱的。进行这种分析通常为了产生科学的有效的假设，是关于一个联系的存在性而不是估计它们的强度（Richadson，1992）。这些假设可能作为其他方法的前提，如群体研究，尤其是如果有来自其他独立研究的支持证据的情况。在环境流行病学中，我们强调的是设计结构，以尽量应对包括设定偏移，混合的暴露错误分类和有效修正的生态分析问题。Richadson（1992）列举了在地理研究设计中好的设计做法：允许暴露不均匀性；使用良好定义的人口分组；运用调查数据，以帮助确定相关的暴露数据；

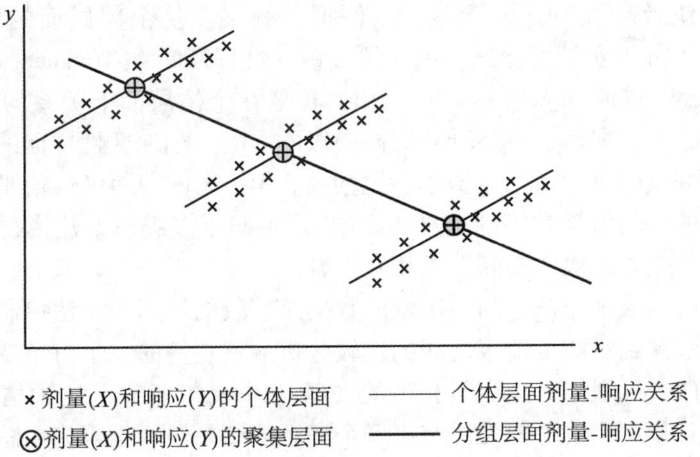

图 4-4　区位回归中的符号反转

考虑疾病潜伏期；考虑迁移的影响。最后考虑人口流动的时间序列数据，在帮助查明联系方面将起到重要作用。特别要注意的是，尽量找出所有相关的混合情况，特别是社会经济和生活方式因素以及其他环境因素，尽管在实践中，保证找出所有的相关混合情况是不可能的。

（三）可塑面积单元问题（MAUP）

Tobler（1989）确定了 MAUP 的两个形式。第一个形式是注意到不同空间汇总的影响和由不同的汇总揭示的模式解释。试图以测量区域层面影响的分析（可能是因为区域是兴趣对象或因为它们是有影响的修改者）需要特别注意区域结构的选择，以确保它在基本处理方面是有意义的。第二个形式是注意不同汇总对统计行为的影响。

MAUP 在估计的性能方面有两个明显的影响：与分析的尺度相联系的影响以及与特定的模式相联系的影响（给定的分析尺度）。“分析尺度”通常意思是一个研究区域被划分为子区域的数量，因为这决定着事件被观测的每个空间单元的大小（面滤波器）。Holt 等（1996）指出，这是不严密的用词，说明一个估计方法的哪些性能受到影响是必要的——无论是它的期望值或是方差。这方面的研究，特别是在地理方面，已经侧重于前者。

首先考虑尺度问题，特别是分析同一区域的同一组变量的影响，但采用不同大小区域划分进行重复分析。如果尺度相关处理影响结果，关联的测度会有所不同。生态推理中，在任何给定的汇总的尺度上，关联的测度不能区分不同的关联尺度是值得注意的。这个尺度“问题”是推导在任何给定的尺度上的关联测度，即在那个尺度上的纯粹的关联测度，而不是具有较大或较小尺度影响的混合测度，叫做多层次建模。

在一些情况下，变量之间的全部关系是单尺度处理的结果，以至于没有区域层面（背景的）的处理，其中一个解决划分问题的方案，是选择对汇总不变的统计方法。这意味着忽略像相关和回归这样的统计技术，事实上是所有基于计算方差的统计，因为它们是对汇总变化的。这里，如果区域层面的影响存在，则这个策略是不适当的，因为像这样一个统计，可能是在忽略了在关系方面的潜在的重要元素建立的。另一种解决方案，如上所讨论的，是进行统计计算方式的调整，以便把区域层面从个体层面的影响中分离出来（Holt 等，1996）。分组变量可能被使用，像 Cressie（1996）和 Tranmer，Steel（1998）讨论的那样。Green 和 Flowerdew（1996）指出，正像在个体层面上关系的估计都受到区域层面的影响那样，区域层面也可能受到更高一级的影响，如地区性层面的影响。他们建议加入地区性独立变量的值到回归模型中。这些关于第 i 区域的地区性值是围绕着第 i 区所定义的一个区域的平均值（典型的是毗邻区域）。不同于多级模型建模，其构建一个严格的等级结构，这些较高层次的空间单元相互重叠。

如果使对进行区域划分产生的小区域的数据是有效的，则应设法控制划分可能造成的影响。如果分析牵涉到对两个地区之间的比较分析，就它们的关于每个变量的区域内同质性水平而言，对两个区域划分应当是相似的（Openshaw，1996）。这种情况在实践中很可能难以实现，并且事实上也可能无法给出一个满意的结果。这是因为汇总影响还取决于协方差（不只是方差），而且因为生态相关性（例如）混淆了个体层面和区域层面的关联测度。Holt 等（1996），Tranmer，Steel（1998）有更多的针对性和建议，他们认为，形成最大的纯区域层面相关分区化的原因正是这种令人感兴趣的地理量，而不是获取的个体层面关系的估计。他们的工作高度显示了反映 MAUP 关系潜在的复杂性以及为什么它是“无法试图简单的揭示它”的原因（Holt 等，1996）。分析 MAUP 在一个良好定义的背景下确定不同尺度的潜在的每一变量的基本行为组成成分（从个体层面向上），是重要的。

第三节　数据一致性和空间数据分析

一致性检查对确保数据值不落出允许范围内是基本的，如百分率表示，必须位于许可的 0% ~100% 范围内，或离差测度，或距离必须是正值。

问题可能产生在合并空间单元或采用插值方法向一个共同空间架构转移时。计数可能是求总和的，但在计算新的百分比或平均数时，分析员应该回到原来的数据。一致性检查是有必要的，以确保误差作为一个不恰当后果或不准确的数据处理不被引入到一个数据库。以地理信息系统软件为例，当执行不恰当的空间操作时，不必提供警告（Mrozinski 和 Cromley，1999）。统计分析的许多形式都不得不在一个地理信息系统以外执行，作为传输文件时的结果，或来自某个文件的几个拷贝，而该文件，不经意地经历过不同的修改和更新时，非一致性可能输入到数据库。

进行一致性检查最重要的背景是当不同的数据库不得不被合并或同步时，特别是如果这些数据库已被不同的机构收集时。这个问题，当数据集没有被准确收集时，有可能会特别严重。当合并数据集与不同的时间周期相关时，分析员必须认识到这一点，并报告在不同时间段的差别，以及考虑为解释结果而产生的可能影响。来自人口普查的人口数据，当健康数据对应于一个内部调查时期，可以为计算发生率的适当的分母提供一个低等的测度。此外，为确保数据属性的一致性，当合并空间对象时确保其一致性也是必要的，如房子不能位于水体中间（Kainz，1995）。

数据不一致是数据误差的一种形式，但认为远比数据误差严重。不一致性或许是难以捉摸的，或严重的，但至少从理论上说，通过对数据库在进行数据操作之前和之后进行适当的检查，是可以避免的。

第四节　数据完整性与空间数据分析

如果一个数据库不是模型完整的，那么并非所有为统计分析需要的重要变量在数据库中是有效的。这可导致错误的模型设定，造成对这些变量参数的有偏估计，这些参数都是精确地测量和正确包含在模型中的。对包含显著变量（也就是说 X_k ）的疏忽意味着关于兴趣变量（也就是说 X_1 ）在响应变量（ Y ）上的回归参数的估计测度大于 X_1 对 Y 的直接影响。它也是所有 X_1 对 Y ，通过 X_1 对 X_k 的关系相联系的间接影响（见图 4-5）。

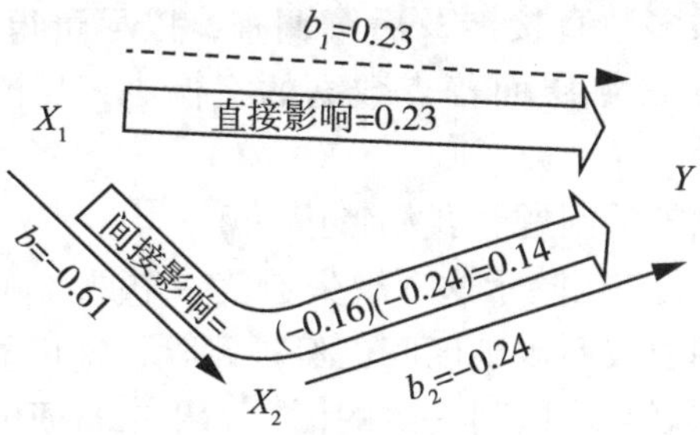

图 4-5　参数估计中遗漏变量的影响

在实践中，确定所有的已经被识别的相关因素是不可能的，但最重要的是这些因素应当被识别，并纳入模型。作为替代，在观测科学中往往不是可行的，而是对所有情况下的 X_1 水平的随机化，因为这消除了省略变量的偏差。

一、数据的缺失问题

数据缺失是指那些存在一个真值，但没有记录其值的情况。典型的是术语“数据缺失”被应用在属于区域的数据集，但可能会被这些在空间连续表面上点位置的数据采用的情况。缺失数据问题，在空间插值和空间预测问题方面是明确需要区分的。后者的问题产生于那里的数据在空间连续表面的一系列位置都已经被记录，而分析员现在要对同一平面上某一个或更多其他地点提供一个估计或预测。

对缺失数据的兴趣也许起因于分析员期待完整的记录，而因此可能为缺失数据获得看似合理的值。当它对作为一个大数据单位的一部分，生成这部分数字的数据集时，在一个记录层面上的数据缺失会少计。为了处理这些问题，在这个变量上，分析员可能需要针对缺失的值有一个好的估计或预测。重要的考虑是，是否有其他数据可能被利用，以帮助提供这些值。第二个感兴趣的领域源于需要进行统计分析，如拟合一个回归模型，但在多元数据集中有间隙。忽略一个或一个以上缺失数值的情况可能导致扔掉了大量有用的数据，特别是如果缺失数值是分散在整个数据矩阵时。分析员对预测缺失数值本身不感兴趣，而是希望能做出关于全部目标成员的有效推理，而不仅仅是数据碰巧是完整的一个子集，需要利用全部的有效数据。

与数据缺失对应的机理或过程是重要的。数据丢失的机理是，如果缺失的数据是随机缺失的，在单变量的情况下是可以忽略。意思是缺失观测是一个采样单元的随机样本。如果变量值在一个变量上被观测的值的概率取决于它的值（例如所有的最大或最小的值观测都已经被抑制），那么缺失数据机理是不可忽略的。有分析认为，不容许这种情况是因为这将会导致偏差（Little 和 Rubin，1987）。如果有两个变量 *Y* 和 *X*，但只有 *Y* 属于缺失值，那么这个机理对似然法或基于模型的方法是可忽略的。这控制了即便是对的 *Y* 观测数据不是样本单元中的随机样本，假设它们都是独立于 *Y* 的，它们是由 *X* 界定的在一个子类中采样值的随机样本。如果观测值是独立于 *X* 和 *Y*，则基于采样方法的数据缺失机理也可以忽略。Little 和 Rubin（1987）讨论了这些问题，并给出了例证。

处理数据集缺失数值的大多数方法假定数据缺失的机理是可以忽略的。一些对忽略缺失数据机理有效的方法，大多数直接涉及后续调查，以尽量得到一些需要的信息（Little 和 Rubin，1987）。在完善小区域层面普查数据的案例中，后续工作涉及每个调查区域，这是有代价的。

空间数据会引起一些额外的问题，我们考虑三种。

首先，"随机缺失"并不一定暗示这个缺失数值一定是"随机"的地理分布，但它是一个额外的考虑。如果观测值按照规则区间已经被删除，这可能会引起一些问题，如果空间变量的一个重要尺度，刚好与这区间一致的话，如果来自研究区域的一个区中的数据值缺失了，会导致稀疏覆盖，或如果存在缺失数据异常值，那么剩余的数据值，在拟合任何被用于描述表面变化的方面会有一个大的变化。此外，预测误差将在整个图中变化。Unwin 和 Wrigley（1987）采用与杠杆测度的有关趋势面建模的例子说明了这一点（Belsley 等，1980）。在稀疏的覆盖子区域中，剩余的数据值中的小误差，可能对表面拟合和形状具有不成比例的影响，这些表面与一个密集覆盖的区域中的数据值有相似的误差。在人口普查数据和犯罪数据的情况下，无响应的高水平往往集中在城市内部的地区，以及潜在的机理往往不可忽略，因为它们是与贫穷或犯罪水平有联系的，其中属性的调查需寻求一些措施。在遥感数据中，沿扫描线的传感器故障通常不会涉及基本表面，因此像这种缺失数值的线性结构不需要验证随机缺失的假设。如果失业率数据因为当地的罢工行为没有按照邻近区域的分组记录，这并不一定意味着是一个不可忽略数据缺失的问题。这些例子也说明在决定采取方法之前，有必要考虑为什么数值会缺失。

其次，当某些空间数据的形式（如普查属性）可能在短距离内显示出相当程度的空间不均匀性时，这些数据存在一个潜在的连续性，甚至这些数据可以用来估计缺失的数据。更普遍的，在属性数值方面的空间相关性存在意味着邻近的属性值为缺失数据预测提供了一个信息来源。这或许允许由第一个问题所造成的一些困难得到克服，通过这个数据的局部子集，这个局部子集靠近包含缺失数据的空间分组的区域。

最后，估计或预测缺失值，或识别在没有进行测量的地点的值，而且往往在空间分析中显得特别重要，因为分析员希望以提供含有空间变化的一些特点的一个地图。虽然一些警告需要与地图上的区域联系起来（如附加地图显示预测误差的估值或采样的密度），但这与产生的空白区域相比，或许仍然是完美的。

作为一项探索性数据调查的一部分，缺失数据值的情况应当被映射到对空间偏差的检查，检查它们与有效数据的属性有没有什么不同。这将提供一些证据，以决定数据缺失的机理是否可以忽略或不能忽略。Unwin 等（1996）已开发了 MANET 软件系统，用于显示缺失数据值的数据点的性能。在 MANET 软件系统中，缺失数据的信息是以图表形式提供给每一个变量，以展示缺失数值的比例。MANET 软件系统也增加了一个额外的“缺失数据”直方图统计图，包括在马赛克图中把缺失数据值作为额外的类别（Firendly，1995），并在散点图中表示了缺失数据值在 X 或 Y 上分别作为散点图的 Y 或 X 轴的投影的情况。

（一）数据缺失时的分析方法

分析含有缺失数据值的数据集的方法大致分为三类。下面的例子参考了数据用于回归建模的情况。第一种方法中，分析员只使用记录完整的数据。在回归分析中，这意味着要抛弃一些情况，如响应值是未知的，或一个或多个解释变量有缺失数值。在含有少量的缺失数据时，这也许是一个合理的策略。不过，在数据矩阵中缺失数值的存在，可能对缺失数值的数量的比例产生影响。例如，如果缺失数值是随机分散在整个数据矩阵，且如果每一个事例至少有一个缺失数值时，不得不从分析中被抛弃，那么一个相对较小比例的缺失数值也可能导致抛弃大量的有效数据。这将导致夸大了的方差估计，损失假设检验的效力，损失置信区间的精度。如果分析员打算对数据拟合几种不同的回归模型，而缺失数据的格局，使得不同的子集用于不同的模型，这可能造成可比性问题。

第二种和第三种方法产生一个单一的量，以提供对缺失数值的预测或估计，在这种情况下，即缺失数值是来自一个预先定义的基本概率模型，对它的预测误差的进行估计。这些方法可用于分析员的兴趣在缺失数值本身或进一步的统计分析的情况。

第二种方法是基于插补的，即缺失的数据首先被预测，再填充到数据矩阵，然后再用标准方法进行分析处理。由 Little 和 Rubin（1987）描述的四个插补方法是相关联的。均值插补法替代与缺失数值对应的单元值。热卡插补法牵涉到各种不同做法，在基于一些值构建一个经验值分布方面，通常基于一组观测值。每个缺失数值的替代都取自这个经验分布。在回归插补的情况中，带有缺失数值变量的回归模型的估计是基于全部的观测值数据集（为响应和所有解释性变量）。然后每个缺失数值利用这个模型预测，通过把观测值替代预测方程中的值（Buck，1960）。随机回归插补为每个计算数值加入随机噪声，以反映与每个预测值相联系的不确定性。为了反映以回归为基础的方法的性质，噪声可能来自均值为零的正态分布和方差估计来自回归残差。

这种做法并不借助任何基本数据模型，这些方法只适合缺失数据问题是“足够小”的情况（Dempster 和 Rubin，1983）。在回归模型中的推理是基于有多少的自由度（在数据集中有效的独立信息量），这是样本量 n 的函数。但是，如果缺失数据的数值已经使用在数据库中的其他数据被计算出来时，则可以不被考虑为提供独立观测值数据。关于具有完整数据记录的变量的推理，可能是基于 n 的，但与变量相关的推理，当有不完整记录用于估计时（如回归参数），应该基于 $n-m$，其中 m 是具有缺失数据值的案例数。

插补的扩展形式有两种：多重插补和迭代插补。单一的插补模型，如上文所述，旨在达成一个单一的有效缺失数值推理，然后允许运用标准的完整数据分析方法。多重插补建构 M 种“可能”的数据矩阵。这 M 个数据矩阵，例如可通过列举法获得，可以被用于拟

合回归模型 M 次，其中与参数估计有关的变量估计可计算获得（Little 和 Rubin，1987）。利用多重插补的好处是，如果为缺失数据只定义了一种模型，它可以反映采样的多变性，如果定义了多于一个以上的模型，那么它可以反映与模型选择有关的多变性。在不可忽略缺失数据机理的情况下，即缺失数据可以从普查数据产生，这是引用多重插补的一个优势，因为这意味着分析员可以评估关于这个机理的不同假设结果的敏感性。在任何一个模型中，可变性能够被分解为平均的插补方差和插补之间的方差（Little 和 Rubin，1987）。

迭代插补涉及使用预测的值替换缺失值，估计参数使用填充过的数据矩阵，获得一组新的预测的缺失数值数据集，假定参数估计是正确的，重新进行参数估计，并依此类推，直至收敛。插补的推广形式提供了第三种方法的背景，基于模型或分布的方法，是针对缺失数据的预测方法。该方法定义了对全部数据（观测值和缺失数据）的模型，并用 EM 算法去拟合模型和“估计”缺失值。Little 和 Rubin（1987），讨论了区间插补方法在处理数据缺失问题方面一般化和形式化的EM算法的背景和发展（Orchard 和 Woodbury，1972："缺失信息的原理"）。M 步是给定的、完整的、观测的和插补的数据集的参数的最大似然估计。E 步寻找给定的观测数据的缺失数据的条件数学期望和这些参数的当前估计，然后替代这些“缺失的数据”。这一步将 EM 方法与区间插补方法区别开来。“缺失的数据”值不是个体缺失数值的实际“估计”，而是缺失了足够统计性能的缺失数值的函数。

Little 和 Rubin（1987）描述了这个回归建模过程的不同版本。值可能从响应变量 Y，以及或由一个或多个解释性变量的值缺失了。在只有响应变量缺失数据的情况下，在给定回归参数的当前估计和相应级别的解释性变量时，E 步涉及找到一个期望值。因此，如果 $y(i)$ 是缺失的，且 y_{obs} 是在响应变量上的观测值向量，在算法的第 t 步迭代中，E 步给出：

$$E[y(i) \mid \boldsymbol{X},\ \boldsymbol{y}_{\text{obs}},\ \hat{\boldsymbol{\beta}}^{(t)},\ \hat{\sigma}^{2(t)}] = \hat{\boldsymbol{\beta}}^{(t)}\boldsymbol{X}(i)$$

其中，$E[\ \mid\ ]$ 是指条件数学期望；$\boldsymbol{X}$ 是指解释变量（包括常数项）数据值的矩阵；$\boldsymbol{X}(i)$ 是 i 情况下解释变量的值的（列）矢量；行矢量 $\hat{\boldsymbol{\beta}}^{(t)}$ 是指截距和斜率参数的当前估值；$\hat{\sigma}^{2(t)}$ 是误差方差的当前估值。每一个都是基于利用先前迭代的“缺失值”的值更新的数据矩阵。

（二）空间数据缺失时的分析方法

对该问题的解决，在这里声明如下，对具有 k 个变量的数据已经从 n 个区域采集。$n \times k$ 数据矩阵中的一些元素是空的。为了进行进一步的分析，缺失数值需要加以估计，以使数据矩阵完整。作为选择，分析员需要充分使用有效数据拟合一个模型。

在前一节中回顾的每一种插补方法在某种意义上具有空间类似性，即这是一个利用由数值的空间分布提供的额外信息的方法。不过，存在一些特定情况，需要考虑具有空间数据的情况。值的缺失可能来自一些空间单元，但数据总量覆盖已知的所有区域，甚至这些区域的子分区。县一级数据值缺失了或被取消了，但州一级的总量是已知的。在这些情况中，缺失数值插补应当保留“总量”，例如，可以通过改变插补值的尺度来实现。因为值的空间分布可以利用，如果缺失的数据值出现在地理异常值中，这意味着什么呢？

1. 具有分配每个独立数据值等权的空间均值插补

这些方法用于代替在一些搜索的邻近区域的数据值的算术平均值，或围绕缺失数值的区域定义的空间窗口。该方法稳健的版本或许是使用中位数，而不是均值，但在这两种情况下，分析员都需要考虑窗口的大小。与具有缺失数据的区域共享边界的区域可能被使用（Bernstein 等，1984）。

窗口大小的选择显然是重要的事情，无论是只使用相邻区域还是包括更高级的邻居。除了较大的窗口有更平滑的效果之外，也许没有充分的理由确定一个窗口的大小比另一个更好。采取几种窗口并检查缺失数据插补如何受到影响或许是有益的。

2. 具有分配每个独立数据值不等权的空间均值插补

前面的方法对于在形状不规则地区的分布中各种异常值影响的作用是脆弱的。为了避免这些影响，可以运用一个加权的平均值，权值 $a(i, j)$ 可以是被区域 j 占用的区域 i 的总边界长度的比例（Kennedy 和 Tobler，1983；Tobler 和 Kennedy，1985）。因此，如果 $y(i)$ 是缺失数值和 $N(i)$ 是指 i 的一个邻居集，则：

$$\hat{y}(i) = \frac{\sum_{j \in N(i)} a(i, j) y(j)}{\sum_{j \in N(i)} a(i, j)} \tag{4-28}$$

像式（4-28）这样的估计方程存在一些问题。一些大型的邻近区域可能只与缺失数值的区域共用一个狭窄的边界，甚至被"隐藏"，而一些较小的地区可能会占据较大边界比例（图 4-6）。

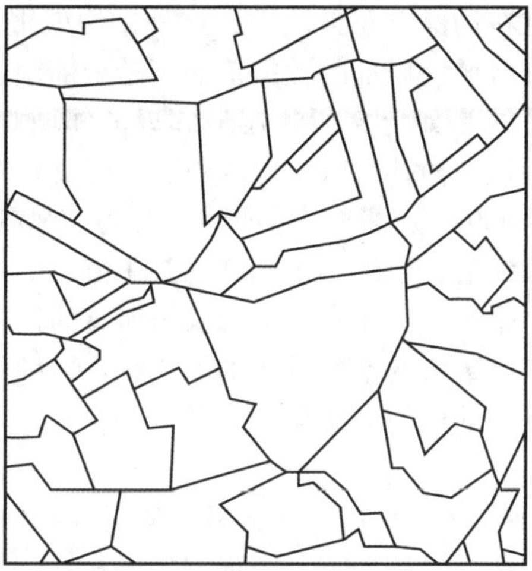

图 4-6　从谢菲尔德的一个区域的选举分区边界举例说明不同类型的邻接边界的范围

当预测方程数据集中在附近的邻域和空间自相关性较强时，使用这些方法进行缺失数据的预测似乎表现最佳（Upton，1985）。在一个空间变化的自相关结构形式中的空间异质性，也可能降低这些方法的表现性能，除非允许使用能反映异质性的，在全图中变化的权重。Upton（1991）提请注意，必须认识到把所有比例和比率看成同样重要，即使精度可能是样本母体规模的一个函数，它们可能是缺失数据插补误差的一个来源。他建议把区域尺寸的测度纳入估计方程，以便反映不同的精度水平。

按区域划分的缺失数据产生的问题怎么处理，如果缺失的值自身是异常值的，使得这个分区的一些（或全部）附近邻居的值不可用。Kennedy 和 Tobler（1983）通过一个迭代处理的平均法适应这种情况（Tobler 和 Lau，1978）。面积值之间的差的加权最小二乘的函数（观测的和缺失的）被最小化，其中权值反映了共享的公共边界的长度。

像方程（4-28）具有这样的性质，缺失数值既不能大于一组观测值的最大值，也不能小于其最小值，因此缺失数据的预测不能随梯度变化。这个问题的解决方法是包含 $\hat{y}(i)$ 中的一个趋势估计（线性、二次或更高次），这种趋势可能首先从整个数据集提取。像方程（4-28）这样的估算公式，然后被应用到来自趋势的残值，然后再引入趋势，直到结束。Ripley（1981）描述了 Pelto 等（1968）和 McLain（1974）对独立点的线性拟合或更高阶趋势拟合的距离加权最小二乘的方法。这个方法是在地理学文献中一贯被称为地理加权回归的唯一方法。(Fotheringham 等，2000)。

在结束讨论这些方法之前，要提请注意的是，如果在分区中每个区域有它的面积或人口加权的重心表示，那么缺失的数据的插补是可以使用后面描述的方法处理的。

3. 空间热卡插补（spatial hot deck imputation）

这种方法从值的一个空间窗口构造经验分布。以取代计算的平均值，像空间均值插补那样，值取自经验分布。如果对在一个人口的调查区域关于住户数据的插补是需要，那么经验分布就从在同一调查区域的一组全部观测值中构造。然后通过采样这个分布，插补计算特定的值。每个缺失的值可以通过对从没有经过对观测的值拟合一个分布处理的一组观测值集的采样获得。如果存在局部空间异质性，这种做法就很可能是有吸引力的。所以，使用来自靠近缺失数值调查区域内局部的数据值而不是全部调查区域的数据是安全的。这种类型的方法的一个极端形式是如上文所述用最邻近的邻域观测值简单地替代缺失数据值。这种方法没有资格作为热卡插补方法，因为没有采样（Little 和 Rubin，1987，他们称这为“替代”），但说明了不同的方法彼此是如何融合的。观测的数据值采样再次约束了插补数值既不大于局部的最大值，也不小于局部的最小值。如果样本是从对这个数据的拟合的分布而来的，这不是一个约束。热卡插补方法与所有的插补方法，就单一观测值的偏差来讲，共同点是或许会产生数值的空间分布的不连续。这种不连续性是这个方法的人为现象，不一定是值的空间分布的任何真实属性。

4. 空间回归插补

这种由 Buck（1960）所描述扩展的回归插补方法是针对邻近的变量（X）的值没有缺失数值出现在该模型设定的情况。例如，一个模型的形式是：

$$Y(i)=\beta_o+\beta_1 X(i)+\beta_2 W^* X(i)+e(i)$$

这是对具有完整记录的数据情况的拟合，然后用于缺失数据在 Y 上的预测。变量 $W^* X(i)$ 是 $X(i)$ 的一个空间平均数，该方法可以被一般化对包括更多的预测值和更多的空间平均数项。它不会产生特殊的参数估计问题，不像有些形式的空间回归模型。一旦关于变量 $W^* X$ 的数据值被构造完成，该模型就可通过所用的标准统计软件的最小二乘方法进行拟合。

5. 最大似然方法

Martin（1984，1989），Haining 等（1984）和 Griffith 等（1989）针对缺失空间数据

问题发展了最大似然方法。该方法涉及模型参数的迭代估计和缺失数值的预测，类似 EM 算法。这一方法有点类似简单克里格（simple Kriging）方法，在该方法中，权值不要求总和是 1，泛克里格（universal Kriging）方法也一样，在某种意义上，平均值不是假设为已知的，预测方程有相似之处。

假设一个地区有 n 个区域和观测值是在这些区域 k 上的关于 Y 有缺失的。Y 是假定有均值 $A\theta$ 和方差-协方差矩阵 $\sigma^2 V$ 的多元正态分布。矩阵 A 的元素是坐标以及关于每个数据点在预先定义的趋势面次数的这些坐标的幂次方。因此，有 n 行和与趋势面次数需要的同样多的列。如果趋势面是线性的，A 有 3 列，如果是二次的，A 有 6 列，等等。矢量 $\boldsymbol{\theta}$ 是指要估计的趋势面的参数。尺度参数 σ^2 是要估计的，V 取决于一组未知的“空间”的参数，也是需要估计的。

观测值 y 的列向量被分割，经适当的转置后，使 $\boldsymbol{y}^{\mathrm{T}} = [\boldsymbol{y}_o^{\mathrm{T}} \mid \boldsymbol{y}_m^{\mathrm{T}}]$，其中 $\boldsymbol{y}_o$ 是指观测值的 $n-k$ 维列向量和 $\boldsymbol{y}_m$ 指缺失数值的 k 维列向量。

设矩阵 V 被分割转置后，使：

$$V = \begin{bmatrix} V_{oo} & V_{om} \\ V_{mo} & V_{mm} \end{bmatrix} \quad V^{-1} = \begin{bmatrix} V^{oo} & V^{om} \\ V^{mo} & V^{mm} \end{bmatrix}$$

这个函数将被最小化，按照负二次的对数似然函数（Martin，1984）：

$$\ln L(\theta, \sigma, V, y_m \mid y_o) = (n-k)\ln(2\pi) + (n-k)\ln(\sigma^2) + \ln(|V_{oo}|) + \sigma^{-2}(y - A\theta)^{\mathrm{T}} V^{-1}(y - A\theta) \tag{4-29}$$

提请注意的是，另一种对 $|V_{oo}|$ 的替代表达是 $|V^{mm}|/|V^{-1}|$。对这组缺失数值集的预测是：

$$\hat{y}_m = A_m\hat{\theta} + \hat{V}_{mo}(\hat{V}_{oo})^{-1}(y_o - A_o\hat{\theta}) \tag{4-30}$$

其中，A_m 和 A_o 是 A 的子矩阵，分别指数据的缺失和观测部分。另一种关于 $V_{mo}(V_{oo})^{-1}$ 的替代表达是 $-(V^{mm})^{-1}V^{mo}$。

未知参数的最大似然估计是：

$$\hat{\theta} = (A^{\mathrm{T}}\hat{V}^{-1}A)^{-1}(A^{\mathrm{T}}\hat{V}^{-1}y) \tag{4-31}$$

$$\hat{\sigma}^2 = (y - A\hat{\theta})^{\mathrm{T}}\hat{V}^{-1}(y - A\hat{\theta})/(n-k) \tag{4-32}$$

其中，$y^{\mathrm{T}} = [y_o^{\mathrm{T}} \mid \hat{y}_m^{\mathrm{T}}]$。参数 V 被最小化后为：

$$|V_{oo}|^{1/(n-k)}\ (y - A\hat{\theta})^{\mathrm{T}} V^{-1}(y - A\hat{\theta}) \tag{4-33}$$

在第一次迭代中，缺失数值 y_m 可能会使用前面讨论过的计算方法之一进行计算。设定 $V = \boldsymbol{I}$，该参数矢量 $\boldsymbol{\theta}$ 是要估计的，然后是对 V 和 σ^2 的参数进行估计。在第二次迭代中，缺失的值是使用式（4-30）预测的，参数被重新估计，并周期循环直到收敛，如果有很多的缺失数值的话，收敛可能变慢。

缺失数值的预测误差的矩阵是由下式给定：

$$\boldsymbol{\Psi}_{m,m} = \hat{V}_{mm} - \hat{V}_{mo}(\hat{V}_{oo})^{-1}\hat{V}_{om} \tag{4-34}$$

在（95%）预测区间中，第 i 个缺失值 $y_{m(i)}$ 是：

$$\hat{y}_{m(i)} \pm 1.96\left[\boldsymbol{\Psi}_{m,m}(i, i)\right]^{1/2} \tag{4-35}$$

其中，$\boldsymbol{\Psi}_{m,m}(i, i)$ 是指与 $\hat{y}_{m(i)}$ 对应的矩阵 $\boldsymbol{\Psi}_{m,m}$ 中第 i 个对角线元素。要注意的是，缺失数值的预测区间将会被低估，因为它忽略了与未知参数的估计相关的统计误差。

这个算法具有复杂性。如果平均值不是常数的，趋势面的次数必须被指定。V 需要被模型化，以确保一个有效的协方差函数。因此在实践中，在实施这一方法时，存在附加的设定问题，而且会更加复杂，在估计 $A\boldsymbol{\theta}$ 和 V 方面这是循环的问题（Cressie，1991）。

最大似然预测（4-30）使用由 $V_{mo}(V_{oo})^{-1}$ 所定义的权值。Martin（1984，1989），Krug 和 Martin（1990）以及 Haining 等（1989）调查了缺失数据模式在一个区域系统中的影响。模式要么是分散的，要么是密集的，如果配置的模式是密集的，则对模型参数的估计和缺失数据预测的性能会有影响。研究范围的边界的缺失数据的近似值也可能影响参数估计，因此也对缺失数据预测产生影响。

如果平均值 $A\theta$ 是一个常数（μ）且是已知的，在 V 中的参数是已知的，则最大似然预测（4-30）是缺失的值的最佳线性无偏预测，且预测的方法等效于简单克里格法（Cressie，1991）。对 y_m 值的预测，是观测值的一个加权总和，但权值不受总和为 1 的限制。

完整的方法无疑是麻烦的。当平均值是未知的，除权值总和不是 1 外，与普通和泛克里格法有相似之处。根据在地统计学中的实践，例如 Isaaks 和 Srivastava（1989）建议，用更实际的替代方法来实现完整的方法是下述方法所要寻找的。首先，对这个数据拟合趋势（$A\theta$）。用来自趋势面的余值来估计 V，即获得空间协方差和对协方差拟合一个模型。把 $A\theta$ 和 V 代入式（4-30）、式（4-34）和式（4-35）来预测缺失数值并估算预测误差。

注意最大似然法可以扩展到平均值 $A\theta = X\beta$ 的情况。所以平均值现在由解释变量 X 及其相关系数 β 组成。该模型也许是使用与变量一样多的数据拟合其让分析员感兴趣的回归模型。但该方法只适用缺失数值仅仅与响应变量有关时的情况。还没有文献中发现已经有处理在解释变量中的缺失数值或解释变量与响应变量中的缺失数值的方法。一个可能的方向似乎是采用 Little 和 Rubin（1987）把在（Y，$X(1)$，…，$X(k)$）的数据处理为来自一个联合多元分布的样本方法。

二、空间插值与空间预测

任意一个在空间连续表面上预测或估计数值的方法都应当满足四个条件。第一，方法应当开发利用在表面上的空间结构，并在距离预测点较近的位置赋予最大的权重。第二，那些空间上彼此靠近的观测值信息是重复的，以至于在一个聚类中的成员没有某种形式的权重，这会产生一种危险，即任何估计值都可能受到地图中某部分的观测值的不适当影响。第三，方法应当给出一些与预测相联系的误差指标。第四，方法应当熟悉已知的样本特性以及特定的任何方法的特性。当这些方法用于估计一个量测值时，应该返回这样的数值，即越接近越好。这些条件也是构成对缺失数据问题的（单变量方法）一些方法的基础。平滑方法（为定义在映射数据方面的空间格局目的，降低映射数据中的噪声的方法）也需要其中的一些条件。

术语空间插值有时用于表示没有基本概率模型的数据值的估计值的假设。插值方法趋向于利用观测值的位置的几何属性，一般满足第一个条件，有时也满足第二个条件。空间或地理统计预测需要依据这个表面的概率模型。克里格方法包含一组预测未知数值的方法。它们具有与几何方法相联系的以及以预测误差为条件的一些弱点。克里格方法已经把这描述为这个领域方法学发展的“逻辑结论”（Webster 和 Oliver，2001）。

在上一节，观测对应于区域，而区域可以表示为点（例如区域质心）。在本节，观测对应于点位置，但如用狄利克雷多边形（Dirichlet polygon）在点周围构造区域，则是可能的。因此，对融合两种空间数据类型，这是一种有潜力的方法。重要的是，这些方法的使用需要严格知道它们的性能，如对关于数据的特性的有效假设方法的选择和在特定数据集中的基本空间变化。

（1）狄利克雷划分。最简单的方法是根据它的最邻近观测邻居分配相同属性值的任意位置。这等同于在采样点构建一个狄利克雷划分。插补值是根据位置落入狄利克雷多边形的采样数值给定。这个规则会产生估值的不连续性。表面毫无疑问是由一系列面构成，并满足沿线不连续性的。

（2）单元分解技术。例如，这个方法将要插值的位置所在的一个区域分解为 4 个区域。计算每个区域的平均值，然后 4 个平均值取平均值，作为估计值。在一些实验的报告中，单元分解的表现并不太好，式（4-28）也是如此（Isaaks 和 Srivastava，1989）。

（3）构建三角形技术。构建三角形方法也是一种加权插值方法。在一组观测位置上，针对预测点选择 3 个相近的点构建狄罗尼三角形（Isaaks 和 Srivastava，1989）。选择的这 3 个点，出自狄利克雷划分中最邻近的 3 个点，它们形成一个靠近要估计的位置的三角形。下一步是解算一个平面方程中三个未知系数（a，b，c）：

$$y(j) = aE(j) + bN(j) + c$$

这个通过代入法计算，其中 $y(j)$ 是观测值，$E(j)$ 和 $N(j)$ 是点 $j(j = 1, 2, 3)$ 的东坐标和北坐标。所以：

$$\hat{y}(i) = \hat{a}E(i) + \hat{b}N(i) + \hat{c}$$

其中，$\hat{a}$，$\hat{b}$ 和 $\hat{c}$ 是系数的估计值。这些估计方法较之前提到的方法，产生了一系列空间较平滑的数值，但也在三角形的边缘产生了突变的梯度变化（Webster 和 Oliver，2001）。Sibson（1981）的“自然邻居插值”是对构建三角形方法的扩展，也产生了不连续性（Webster 和 Oliver，2001）。

（4）距离倒数加权。这个插值方法应用了距离加权，通过对观测值，基于它们对缺失数据的近似值，给出不同的权重。距离加权的引入是基于这样的思想：距离上接近的属性值也趋于相似，但是随距离的增加相似性会减弱。所以，最接近的点应该赋予最大的权值。对 $y(i)$ 进行插值是：

$$\hat{y}(i) = \sum_{j=1}^{n} \lambda(i, j) y(j) \tag{4-36}$$

其中，$\lambda(i, j) = d(i, j)^{-\alpha}$，$\alpha$ 是一个正常数，$d(i, j)$ 是 i 和 j 之间的距离。其他对 $\lambda(i, j)$ 的选择包括 $\exp(-\alpha d(i, j))$ 和 $\exp(-\alpha d^2(i, j))$，当超过选定的距离时，$\lambda(i, j)$ 经常被设为 0；系数是缩放的，以便 $\sum_{j=1}^{n} \lambda(i, j) = 1$。对 α 的选择将影响不同距离的数据的贡

献以及表面的平滑性（Ripley，1981）。α 值较大，意味着距离较远的点在插值上起的作用小，并可能趋于产生非常尖的插值图；较小的 α 值对距离较远的点给予相同的权值，可提高插值图的平滑性。Isaaks 和 Srivastava（1989）举例说明了 α 值的变化影响对要预测的位置，不同距离产生的不同贡献。

像式（4-36）一样，距离加权方法受到数据点中的异常值的影响。方法组合使用或许是合适的。单元分解方法可能被用于与观测的位置的中心相联系的四分位平均数的计算，然后采用像在式（4-36）距离加权方法进行插补。

Isaaks 和 Srivastava（1989）通过一系列的个案研究比较了上述的几种方法。他们指出："哪种方法是最好的是基于我们选择的准则"。如式（4-36），如果目标是最小化估计误差，有望取得相对较大的衰退参数（比如 $\alpha=2.0$），而三角形方法则有相对较好的平均误差水平。他们建议加入更多的邻近站点来改善估计，但是如果这些点是异常值的，则会偏离使用更多的站点的好处。最好的方法，他们推断，是使用所有邻近的点并说明异常值的可能性。这些特性也将出现在克里格预测的方法中。利用数据的空间协方差特性信息，将在下面进行讨论。对比来说，上面讨论的估计方法仅取决于站点之间的几何关系，它们产生的估计值也取决于邻居大小以及权值是如何确定的。它们不提供与插补有关的可能误差的估计。

（5）克里格方法。假定数据 $y(1)$，…，$y(n)$ 是具有均值 $\mu(\cdot)$ 和（对称的）方差-协方差矩阵 Σ 的随机模型（弱静态性）的实现，给定样本的大小为 n，在这个表面上任何未采样点的 BLUP 可利用简单克里格方法得到。为预测在点 o 的属性值（o），其不包括在样本计算中（Cressie，1991）：

$$\tilde{y}(o)=\mu(o)+c^{\mathrm{T}}\Sigma^{-1}(y-\mu) \tag{4-37}$$

其中，$c^{\mathrm{T}}=(\mathrm{Cov}(Y(0),Y(1)),\cdots,\mathrm{Cov}(Y(o),Y(n)))$；$\Sigma$ 是一个 $n\times n$ 的对称矩阵，其中第（i，j）元素等于 $\mathrm{Cov}(Y(i),Y(j))$；$y=(y(1),\cdots,y(n))^{\mathrm{T}}$；$\mu=(\mu(1),\cdots,\mu(n))^{\mathrm{T}}$，$\mu(o)$ 是在 o 点的平均估计值。式（4-37）中的第二项表示简单克里格方法的权值，$c^{\mathrm{T}}\Sigma^{-1}$，分配给每个数据点，这产生了未知属性值的 BLUP。

式（4-37）中的权值 $c^{\mathrm{T}}\Sigma^{-1}$ 反映了数据的空间协方差特性，或像 Isaaks 和 Srivastava（1989）所谓的"统计距离加权"（statistical distance weighting），而不是对空间关系的任意定义。矢量 c 把距离加权的形式引入到预测，因为协方差随距离增加而减少，所以越远的观测点对预测的贡献越小。Σ 的存在，综合了每个观测数据与其他每个数据之间的协方差。距离较近的观测数据在 Σ 中具有较大的数值，那些距离较远的，数值较小。c 和 Σ^{-1} 的乘积"使用原始的统计距离权值倒数（在 c 中）调节了用于解决观测值之间的可能的冗余"（Isaaks 和 Srivastava，1989）。Σ^{-1} 的存在，处理了预测中的观测数据异常值的影响。这是通过降低作为异常值成员的采样点的贡献的权值实现的。在一些实验中，如果数据异常值不是一个问题（就像数据来自一个系统性的空间样本或像素网格的情况），使用简单距离加权或甚至最邻近方法，即取 c 元素的近似值但不把它合并到对应的 Σ^{-1} 中几乎是一样的方法，就不足为奇了（Haining 等，1989）。

式（4-37）的预测误差是：

$$\sigma_{sk}^{2}=\mathrm{Cov}(Y(o),Y(o))-c^{\mathrm{T}}\Sigma^{-1}c \tag{4-38}$$

第一项，$\mathrm{Cov}(Y(o), Y(o)) = \mathrm{Var}(Y(o))$ 测量了属性 Y 的可变性。第二项是样本之间的协方差的加权求和，c 是预测的值，其中权值是由简单克里格方法给定的权值（$c^{\mathrm{T}}\boldsymbol{\Sigma}^{-1}$）。预测区间可以根据式（4-38）构造。在95%的预测区间情况下，区间由 $y(o) \pm 1.96\sigma_{sk}$ 给定。读者应该将式（4-37）、式（4-38）同式（4.30）、式（4.34）进行比较，均值和方差和协方差矩阵将被估计，并注意使用了 $\boldsymbol{\Sigma} = \sigma^2\boldsymbol{V}$。

实际上，均值不经常是已知的，对映射和插值来说，权值通常需要总和为1。后者的条件保证了一致的无偏性（Cressie，1991）。假定均值是一个常数，协方差矩阵 $\boldsymbol{\Sigma}$ 至少标量 σ^2 是已知的，在某种意义上，最小化预测误差的可选预测方法是使用普通克里格方法。普通克里格方法只需一步便可提供预测，不需要任何外在的平均数定义。如果平均数是未知的，但满足一些次数的趋势面，可选的预测可采用泛克里格方法。这也是一步预测，不需要任何外在的平均数定义，尽管需要定义趋势面。下面的描述假设是具有弱平稳的。式（4-39）和式（4-41）中表达的是假定只有内在的而不是弱稳定性，并根据 Cressie（1991）给定的半方差函数进行表达。

普通克里格方法和泛克里格方法在弱稳定性条件下可给出（Cressie，1991）：

$$\tilde{y}(o) = [c^{\mathrm{T}}\boldsymbol{\Sigma}^{-1} + (Am)^{\mathrm{T}}\boldsymbol{\Sigma}^{-1}]y \tag{4-39}$$

其中：

$$m = (A^{\mathrm{T}}\boldsymbol{\Sigma}^{-1}A)^{-1}(a - A^{\mathrm{T}}\boldsymbol{\Sigma}^{-1}c) \tag{4-40}$$

式中，A 是一个 $n \times p$ 的矩阵，p 表示由趋势面的次数（q）值确定的趋势面具有的参数数目。p 维列矢量 a 在点 o 对应的空间坐标。对于平均数是常数的情况（普通克里格方法）$p = 1$，$q = 1$；A 是值为1的一个列矢量，且 a 等于1。对于一次或更高次的趋势面（泛克里格方法）A 的第 i 行对应采样点 i。例如，对于二次趋势面 $q = 2$，$p = 6$，矩阵 A 的第 i 行是：

$$(1,\ s_1(i),\ s_2(i),\ s_1(i)^2,\ s_1(i)^2,\ s_1(i)s_2(i))$$

其中，$(s_1(i), s_2(i))$ 表示第 i 个点的位置坐标。p 维列向量 m 包含 p 个拉格朗日乘数，其权重总和为1。

克里格方法预测误差是（Cressie，1991）：

$$\sigma^2 = \mathrm{Cov}(Y(o), Y(o)) - c^{\mathrm{T}}\boldsymbol{\Sigma}^{-1}c + m(a - A^{\mathrm{T}}\boldsymbol{\Sigma}^{-1}c) \tag{4-41}$$

现在95%的预测区间可以使用 $\tilde{y}(o) \pm 1.96\sigma$ 构造。式（4-41）中的前两项也出现在式（4-38）中。第三项是新的，且表示来自平均值估值而产生的方差，但是通常很小（Webster & Oliver，2001）。进一步探讨式（4-41），我们采用普通克里格方法（$p = 1$），那么式（4-41）变为：

$$\mathrm{Cov}(Y(o), Y(o)) - c^{\mathrm{T}}\boldsymbol{\Sigma}^{-1}c + m[1 - (1^{\mathrm{T}}\boldsymbol{\Sigma}^{-1}c)] \tag{4-42}$$

其中：

$$m = (1^{\mathrm{T}}\boldsymbol{\Sigma}^{-1}1)^{-1}[1 - 1^{\mathrm{T}}\boldsymbol{\Sigma}^{-1}c]$$

首先，采样数据中较远的点 o 预测误差会增加。如果只有比较少的邻近采样观测值，预测误差将比具有较多观测值时大。矢量 c 中的元素越接近0，在式（4-42）中的第二项的值越小，而预测误差越大。这个影响同样也表现在式（4-42）中的 c，再次出现在第三项。然而，现在考虑在方括号中，$[1 - (1^{\mathrm{T}}\boldsymbol{\Sigma}^{-1}c)]$ 以及 $(1^{\mathrm{T}}\boldsymbol{\Sigma}^{-1}c)^{-1}$，方括号中这项是简单克里格方法权值的总和与1之间的差。如果简单克里格方法权值接近1，那么这一项（表现为二次的）接近0，式（4-42）中的第三项也接近0。如果采样点是异常值的，这将产生比采样点是分散的情况较高的预测误差。这是因为存在空间相关现象，两个非常靠近的采样点在预测数值上并不比一个相近一点的好，它们为预测在任何未采样位置的数值提供了相似的信息。在式（4-42）背景中，这个影响由所有采样点对的协方差的总和 $(1^T\Sigma^{-1}c)^{-1}$ 来测量。样本中的空间协方差越大，$(1^T\Sigma^{-1}c)^{-1}$ 的值也越大。然而，它在式（4-42）中其影响取决于简单克里格方法权值总和与1的差值的大小。Isaaks 和 Srivastava（1989）等使用不同的观点，在普通克里格方法（$q=1$）的情况下，举例说明了这些点。Webster 和 Oliver（2001）提供了进一步的说明。相对于给定采样点密度和空间协方差结构的规则空间数据，不规则的空间数据产生了具有较大预测误差的区域（即在具有较少采样点的区域）。

普通克里格方法相对于泛克里格方法而言，是在地理统计空间预测中使用最广泛的方法。空间预测是基于局部信息的，在如假设均值是常数的这样一个窗口中是恰当的。Isaaks 和 Srivastava（1989）建议使用泛克里格方法替换普通克里格方法，他们认为，在 Σ 通常不可知的情况下，泛克里格方法的地理统计插值更为实际。首先，对数据拟合（$A\theta$）趋势。其次，去掉这个趋势，并使用来自这个趋势的残差来估计 Σ 值。应用普通克里格方法在最后把残差再添加回趋势，从而完成最后的一组预测。

在数据是非高斯分布的情况下，如计数或分类数据，需要非线性的地理统计的情况，可以采用其他类型的克里格方法。

在图4-7中显示了7个不规则点和点0的狄利克雷多边形。在点0的值是要预测的值。表4-1(a)～(d)给出了数据值和站点间距离，矩阵 Σ 和 Σ^{-1} 的上三角元素（包括对角线元素）以及矢量 $\boldsymbol{c}$ 的元素。这些协方差基于一个假定的各向同性协方差形式：

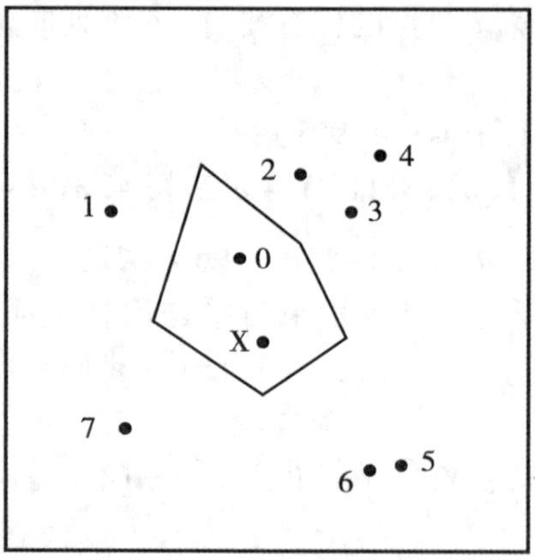

图4-7　在表4-1和表4-2中所用例子的站点类型

$$c(h)=5.0\exp(-0.2|h|)$$

实践中，全部数据集（或区域表现为子区域），将被用于在变化的距离上估计空间协方差，最后拟合这个点的模型。

表4-2（a）给出了在前面提到的不同方法对位置标记为点 o 的预测值的一个节选结果。

表4-1（a）　**图4-7中各站点之间的距离（$|h|$），7个样本站点的记录值**

	0	1	2	3	4	5	6	7
0	0.0	2.0	1.5	2.0	2.5	4.0	3.7	3.0
1		0.0	2.9	3.7	4.2	5.7	5.5	3.2
2			0.0	1.0	1.3	4.5	4.5	4.6
3				0.0	0.8	3.8	3.9	4.8
4					0.0	4.6	4.7	5.5
5						0.0	0.5	4.3
6							0.0	3.7
Values		55	45	41	49	75	78	80

表4-1（b）　**样本（1~7）之间的变量-协方差矩阵：Σ**

5.00	2.799	2.385	2.158	1.599	1.664	2.636
2.799	5.00	4.093	3.855	2.032	2.032	1.992
2.385	4.093	5.00	4.260	2.338	2.292	1.914
2.158	3.855	4.260	5.00	1.992	1.953	1.664
1.599	2.032	2.338	1.992	5.00	4.524	2.115
1.664	2.032	2.292	1.953	4.524	5.00	2.385
2.636	1.992	1.914	1.664	2.115	2.385	5.00

在采用克里格方法预测的情况下，需要注意严格降低矩阵 Σ^{-1} 的权重以补偿第5点和第6点（−0.998），第3点和第4点（−0.524），第2点与第3点（−0.365）的聚类影响。第4点和第5点都是负的克里格权值，这反映了这样的事实：第4点被第2点和第3点隐藏了，而第5点被第6点隐藏了。

表4-1（c）　**变量-协方差矩阵 Σ 的逆矩阵：Σ^{-1}**

0.347	−0.148	−0.005	0.010	−0.010	0.013	−0.127
−0.148	0.725	−0.365	−0.180	0.011	−0.013	−0.009
−0.005	−0.365	1.002	−0.523	−0.084	−0.020	−0.015
0.010	−0.180	−0.523	0.777	−0.002	0.005	0.006
−0.010	0.011	−0.084	−0.002	1.129	−0.998	0.033
0.013	−0.013	−0.020	0.005	−0.998	1.175	−0.134
−0.127	−0.009	−0.015	0.006	0.033	−0.134	0.324

表4-1（d）　　样本点和预测点 o（c^T）之间的协方差

	1	2	3	4	5	6	7
协方差	3.351	3.704	3.352	3.033	2.247	2.386	2.744

表4-1（e）　　到样本点和预测点（x）的距离和协方差（c）

	1	2	3	4	5	6	7
到 x 距离	3.0	2.5	2.5	3.4	2.9	2.5	2.4
协方差	2.744	3.032	3.032	2.533	2.799	3.032	3.093

表4-2（a）　　站点 o 不同插值方法的权值

站点	a	b	c	d	e	f	g
1	0.143	0.2	0.24	0.250	0.17	0.19	0.16
2	0.143	0.2	0.22	0.083	0.23	0.32	0.18
3	0.143	0.2	0.16	0.083	0.17	0.19	0.16
4	0.143	0	0	0.083	0.14	0.12	0.15
5	0.143	0	0	0.125	0.09	0.05	0.11
6	0.143	0.2	0.16	0.125	0.09	0.05	0.11
7	0.143	0.2	0.22	0.250	0.11	0.08	0.13
内插	60.43	59.8	59.74	64.12	56.1	52.57	58.04

注：a：算术平均值；b：狄利克雷邻域值；c：狄利克雷邻域共同边界的加权长度；d：数据分布元素（用于象限边界的 N-S/E-W 轴）；e：反距离权值（4.36：$\lambda(i,j)=|h|^{-1}$）；f：距离倒数权值（4.36：$\lambda(i,j)=|h|^{-2}$）；g：负指数权值（4.36：$\lambda(i,j)=\exp(-0.2|h|)$）。

表4-2（b）　　应用到站点 o 的三角测量法

（i）站点坐标

	0	1	2	3	6	7
E-W	35	16	44	53	55	18
N-S	43	49	55	50	12	17

（ii）系数估计和内插值

三角测量点	a (E-W)	b (N-S)	c	内插值
(1, 2, 6)	−0.182	−0.814	97.816	56.416
(1, 2, 7)	−0.187	−0.792	96.850	56.249
平均值				56.332

表 4-2（c）　**简单克里格法和普通克里格法相关的权值（在站点 o 和 x 处）**

站点	简单克里格		普通克里格	
	站点（o）	站点（x）	站点（o）	站点（x）
1	0.286	0.129	0.278	0.125
2	0.387	0.190	0.385	0.189
3	0.119	0.244	0.120	0.244
4	−0.004	−0.107	−0.013	−0.112
5	−0.041	−0.024	−0.048	−0.028
6	0.136	0.302	0.133	0.301
7	0.151	0.282	0.144	0.278
总和	1.04	1.02	1.00	1.00

表 4-2（d）　**简单和普通克里格法的预测值和预测误差（在站点 o 和 x 处）**

	简单克里格		普通克里格	
	（o）	（x）	（o）	（x）
预测值	57.523	64.875	55.25	63.675
预测误差	1.571	1.872	1.574	1.873
拉格朗日乘数（m）			−0.10	−0.05

虽然第 1 点和第 3 点距离 o 点的距离是一样的，第 1 点的权值比较大，因为在第 1 点的附近没有其他点。普通克里格方法的误差只比简单克里格方法的误差略大，因为简单克里格方法的权值只比 1.0 大一点。为了说明预测误差是如何受到与需要预测的点相关的采样点的影响的，第二个点（x）也需要被评估。表 4-1（e）列出了距离（采样点与 x 之间的距离）以及矢量 c 的相对应元素。注意 x 点较 o 点的预测误差的增加（表 4-2（d））。距离 x 最近的点的距离为 2.4 个单位，而距离 o 最近的点的距离为 1.5 个单位，除 o 有 3 个邻居小于或等于 2.0 个单位以外。

除距离倒数加权（$\alpha=2$），其权值随距离的增加权重急剧下降外，所有提供预测的方法的预测值都大于应当考虑“黄金准则”的普通克里格方法的预测值。注意这个结论也可应用于采用指数函数（$\exp(-0.2|h|)$）的距离加权方法。单元分解方法（基于南北向或东西向的区域划分）给定的数值远不同于“黄金准则”。检查了两个三角形，并计算其两个平均值，因为这看起来在它们之间没有任何选择。这个结果表不应当作为评价哪个方法更接近近似的黄金准则的指标，因为采用其他的数据集时，可能会产生不同的排列顺序。其目的只是为了显示不同方法的预测范围。图 4-8 总结了缺失数据估计、空间插值和空间预测的方法。

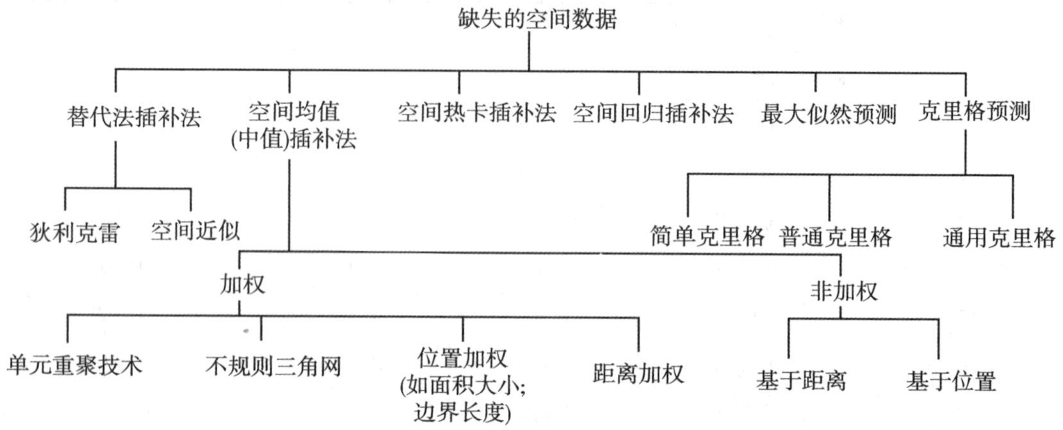

图 4-8

三、边界，权重矩阵和数据完整性

最后，应该注意一些其他模型完整性方面的，在空间数据分析中应该考虑的问题。一些空间统计技术的应用，因为它们从每种情况的空间邻居中获得的数据，可能需要一些变量的数据，其中数据值指向超越研究区域边界的空间单元。如果这些边界数据不可用，这代表数据不完整。图 4-9 对这些地点进行了分类。一个内部站点处于所在的研究区域内，所以它的值按照它的所有邻居值被观测。一个观测的边界点处于研究区域内，所以它的值是可观测的，但它的邻居中至少有一个值位于研究区域外，所以它已经不能被观测。一个未观测的边界点或许是一个观测边界点的邻居，但由于它处于研究区域外，所以它的值已经不能被观测。点的分类取决于曲线图或已经假设的表达站点之间空间关系的连接结构。

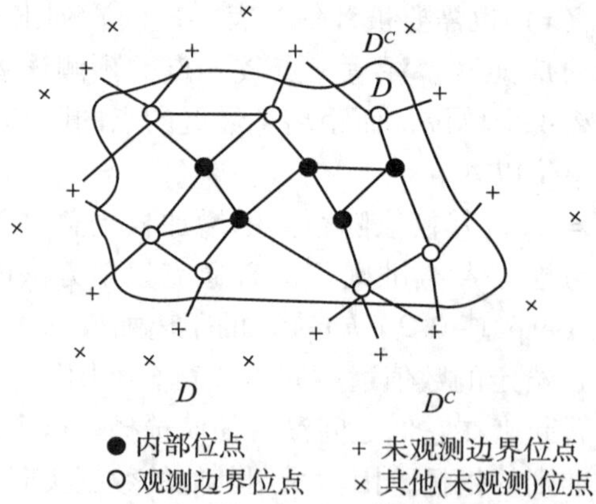

图 4-9　根据站点对边界的关系和站点邻域的定义进行站点分类

Martin（1987）定义了边值问题的两个方面：在这个过程的方差-协方差矩阵（V）方

面的不同边界形成的影响；在模型参数估计性能方面边界形成的影响。在空间分析行为方面，边界的影响取决于边界是如何处理的，以及被概念化的基本过程。一种方法用于把在研究区域内的观测过程处理为操作更广区域处理的子集。例如，在一个观测和未观测边界站点之间的模型协方差是和任何一对观测值之间具有相同的距离函数，且可以按照使用这个有效的数据被估计。第二种方法是定义一个内部站点的模型和另一个关于边界的模型。在存在对边界的任何一边有不同的处理操作的地方，这似乎是适当的。如果在处理项目上边界是很自然的，则这可能会出现。例如在一个岛屿的情况，海岸边界影响一些疾病的蔓延。如果边界是一个在边界的任何一方有不同的政策或制度运作的政治边界，它也可能出现。设 $y=(y(1), \cdots, y(n))$ 是指观测值（内部和边界的站点），而 $(y(n+1), \cdots, y(n+h))$ 是指未观测的边界值 (D^c)。设 $y^*=(y(1), \cdots, y(n+h))$ 和 V_{y^*} 是指 y^* 的方差-协方差矩阵。$(y(1), \cdots, y(n))$ 的方差协方差矩阵是 V_y，由删除在 V_{y^*} 中与 $(y(n+1), \cdots, y(n+h))$ 相关的行与列而得到。根据分块矩阵的理论，如果：

$$V_{y^*}^{-1}=\begin{bmatrix} V^{oo} & V^{ob} \\ V^{bo} & V^{bb} \end{bmatrix}$$

其中，o 指观测点（内部的和边界的）和 b 指 D^c 中未观测的边界点，那么（Martin，1987）：

$$V_y^{-1}=V^{oo}-V^{bo}\left(V^{bb}\right)^{-1}V^{ob}=V^{oo}-\Gamma$$

举例来说，如果矩阵 $\Gamma=0$，区域以外的处理是与研究区域内的处理“非连接的”，所以 $V^{bo}=V^{ob}=0$。Martin 给出了一些例子。不同边界的假设可以通过 Γ 的设定建模。对比情况反映了“随机”和“固定”边界值所用的在增加了现在边界包围了研究区域的复杂的时间序列分析的假设。现在边界的假设将会影响一个更大比例的数据值，边界影响仅会向着研究区域的内部消散，假若这个研究区域较大的距边界有一定距离的内部点数量。

站点或区域连接关系的设定（矩阵 W 的元素）是一个建模假设，但它可以通过在站点或区域之间互动的相关数据被告知。分析的客观性可以解释为在一个国家内地区之间的人均收入水平的空间变化。但是这种地区的变化是不太可能独立的，而最低限度的设定将需要允许在地区之间的空间独立。最理想的因素流数据是需要的，要么明确纳入模型设定，要么符合通过矩阵 W 的描述告知空间关系设定。在这种情况下，缺乏互动的数据，可视为要么是一种不完备的模型形式，要么是数据不完备。它可能被视为数据不全的一种形式，因为，虽然也有可能从其他有关这个地区的地理信息中定义一个合理的连接结构，但如果真正的互动数据未能提供，则有必要对数据进行仔细检查，并被视为是不完整的。

第五节　地理监测可靠性问题

地理监测数据的多源性和技术方法的综合性、过程的复杂性特点，使获取的地理数据质量和分析结果存在不确定性影响。消除或降低这些影响，获得可靠的监测结果，是十分必要和具有重大意义的。可靠性地理监测旨在解决这些问题。可靠性地理监测从可靠性分析入手，研究建立可靠性地理监测的技术体系，包括可靠性分析与质量控制理论与方法、可靠性的时空建模理论与方法、可靠性的地理动态变化检测技术、数据更新与维护、一致性技术、可靠性中和分析与决策建模技术等。可靠性地理监测主要研究解决两方面的问题，一是动态地理监测的基础理论问题，二是关键技术问题。

一、基础理论问题

（一）可靠性分析与质量控制

这个问题是国际地理信息科学界关注的重大基础理论问题之一。美国多个机构（NCGIA、UCGIS、ESRS 等）都将不确定性研究列为重要的研究课题之一。欧盟主要国家（法国、英国、德国、加拿大、奥地利和荷兰等）就空间数据的不确定性研究进行了大规模的国际合作研究。史文中教授提出了遥感影像的不确定性建模、对空间数据的误差描述及质量控制、对现实世界目标识别中的不确定性建模和空间数据质量的新的数学方法五个研究方向。通过分析地理监测过程中的误差源，根据误差传播机理，建立动态监测过程中的误差传播模型，确立质量指标体系和数据质量评价模型，为构架可靠性分析和质量控制方法奠定了基础。主要研究解决的问题包括不确定性传播机理与建模、误差传播的数学模型、质量指标和质量模型、可靠性分析理论、质量控制方法等。

（二）可靠性时空动态建模

地理监测信息的动态性要求对监测的信息进行时空动态建模，才可以支持动态的时空分析。其理论和方法也是地理信息科学的主要研究解决的问题之一。虽然在这方面，不少学者提出了多种时空建模模型，但还没有一个可以商业化的动态地理信息系统软件。针对地理监测的需要，还要进行一些针对性的研究，以解决有关问题，如时间表达问题、多尺度时空数据模型、自然地理信息和人文信息融合的时空建模问题等。由于时空模型的复杂性，参数因子多，时空模型的可靠性直接影响计算分析结果。

二、关键技术

研究地理监测的可靠性理论和方法的目的是建立一套支持可靠性地理监测的技术方法体系。其关键技术包括以下内容：

（一）空、天、地一体化遥感数据获取体系技术

由于存在多源遥感数据的集成应用，这些数据的可靠性会影响数据的分析结果，因此需要研究数据多尺度转换的可靠性，研究影响几何精度的特性和误差传播规律，需要研究遥感反演计算中的可靠性问题，需要研究遥感传感器网络中的可靠性数据获取问题等。

（二）非空间信息的空间化表达的可靠性技术

地理监测涉及大量的社会经济、人文等统计调查数据，需要进行空间化处理。如何将这类数据按照空间分析的统计计算单元，通过空间插值的方法进行空间化处理，需要研究空间化的算法，对空间化的结果进行可靠性的检验。

（三）可靠性的动态变化监测技术

动态变化监测是地理监测获取地理变化信息的主要途径之一。在变化监测过程中，多源数据、多尺度数据和多时相数据的变化发现、变化识别、变化提取以及变化表达等，均未产生不确定性和误差影响，对其可靠性进行研究十分重要。

（四）源数据的一致性处理技术

多源数据会存在空间基准、属性基准、精度基准、尺度基准等不一致性，这些冲突会影响变化信息的提取和变化分析。研究数据一致性的维护技术是地理变化监测工作的基本处理技术。

（五）地理监测数据的可靠性空间统计与综合分析技术

地理监测的数据分析涉及空间建模分析、统计分析、空间模拟分析等多种分析方法以及它们的综合运用分析，加之多源数据的使用，分析算法十分复杂。可靠性统计与综合分析技术是获得可靠性分析结果的保证。

（六）靠性数据挖掘分析技术

空间数据挖掘，特别是时空数据的挖掘分析，也会存在众多的不确定性问题，处理不当，会造成挖掘结果出现较大的误差甚至错误。需要研究空间数据挖掘中产生的多种不确定性、随机不确定性和模糊不确定性问题；需要建立可靠性时空数据挖掘的可靠性技术指标体系和质量评价模型，研究解决不确定性的传播模型以及结果的可靠性评价方法。

（七）可视化和动态模拟的可靠性表达技术

可视化表达和动态模拟监测的结果是地理监测的主要任务之一。如何直观、准确表达监测结果，是地理监测需要解决的技术问题。对地理监测数据的二维、三维甚至高维的时空动态可视化表达，会涉及一系列技术的使用，必然产生一些不确定性因素，需要相应的可靠性分析和处理的方法加以保证。

总之，由于地理监测活动的复杂性，存在不确定性问题是在所难免的，研究解决可靠性地理监测问题，是获得可靠性监测结果的主要技术保障。

思考与练习题

1. 边界采样点误差、边界形状如何影响独立误差模型的表现？

2. 空间相关误差模型与独立误差模型相比，有什么不同？

3. 分布异常值一定是粗差吗？这个值的存在会对非约束性统计分析产生影响吗？数据分析中如何处理分布异常值问题？识别异常值有哪些方法？

4. 如何识别空间异常值？

5. 如何探测大数据集中的异常值？

6. 请描述使用腐化模型探测误差传播的原理。

7. 空间分辨率是如何影响空间分析结果的？

8. 支持改变是什么样的问题？何种情况下会产生支持改变问题？

9. 请总结面插值方法在空间分析中的应用。

10. 请总结可塑面积单元在空间数据分析中的应用。

11. 数据缺失问题是在何种情况下产生的？空间数据分析有哪些处理数据缺失的方法？

12. 在空间表面预测或估计数值的方法应满足哪四个条件？

13. 请总结空间插值算法的一些特点。
14. 请对几种克里格插值方法进行比较。
15. 可靠性地理监测主要研究解决哪些问题?
16. 请使用本节给出的采样点数据为实验数据，编程实现克里格预测的算法。

第五章　地理空间分析方法

空间分析、空间数据分析、地理空间分析等概念是伴随 GIS 技术出现的。根据 Unwin 的分类，空间分析可以分为四种相互联系的概念：空间数据操作、空间数据分析、空间统计分析和空间建模。空间数据分析主要是对规模庞大的空间数据集的描述性和探索性分析技术和方法，以研究数据中潜在的模式、异常和变化为目的。空间统计分析是用统计的方法描述和解释空间数据的性质以及数据对统计模型是否典型或是否如所期望。与传统的统计方法不同，空间统计分析描述和解释的地理现象是空间相关的。空间建模主要是通过构建模型来预测空间过程和结果，描述地理现象的分布模式和动态过程。

本章介绍的地理空间分析方法是经常出现在 GIS 中的空间分析方法，实际上是对空间图形的一些操作分析方法，对应空间数据操作概念。主要内容包括地理空间分析的概念、地理几何计算和操作、地图代数运算、距离和方向计算、表面和场分析、网络和位置分析等。

在实际应用中，上述四类概念很难给出严格的界定。本书将空间分析方法归为两大类：地理空间分析方法和空间数据分析方法，后者包括空间数据分析、空间统计分析和空间建模的内容，将放在第六章介绍。

第一节　地理空间分析基础

一、地理空间分析的概念

地理空间分析的技术范围是宽泛的，并已经经过了半个多世纪的发展。但在现有的 GIS 软件中实现的仍然是基本的和有限的，许多分析方法在当前主流的 GIS 产品中被忽略和没有实现。这几年，随着地理空间分析技术和软件的发展，出现了一些专用的地理空间分析工具或可选的工具集或插件。此外，还有各种以 Web 为基础或 Web 方式部署的工具也大量出现，可以实现多种类型的地理分析。Java Applet、基于 Flash 的制图、AJAX 和 Web2. 0 以及交互式虚拟地球浏览器等技术被广泛使用。

地理空间分析提供了关于世界的一个独特视角，检查我们星球上或近地表面的事件、模式以及操作的过程。空间分析的概念框架提供空间分析的背景，这个框架包括四个基本部分，即图元、空间关系、空间统计和空间数据基础设施。地理空间分析的定义域是地球表面，向上分析地形和大气，向下分析地下水和地质学问题。在尺度方面，它从最局部开始延伸，如从接近毫米级的不动产边界的调查到考古学家记录接近厘米级的陶瓷碎片的位置，再到全球级的海洋表面温度和全球气候变暖。在时间方面，从当前回溯到人口历史迁移分析，考古现场格局的发现或大陆运动的精细制图，以及从现在到未来，企图预测飓风的轨迹，格陵兰冰盖的融化，或城市区域的可能增长等。空间分析方法具有稳健的特点，并具备操作空间和时间尺度范围的空间对象的能力。

地理空间分析关心在哪里发生了什么，以及地球表面上与位置有关的特征和现象的地理信息的利用。这些听起来是非常简单和直接的，在构建结构和参数方面，似乎没有多少信息丰富的数据，却提供了丰富的空间分析内容。原理上，在现实中人们发现一些空间分析技术的复杂性是没有限制的，这些技术可以被用来梳理出一些有趣的见解，并用于支持实际的行动和决策。空间分析存在于人与计算机之间的界面，并且发挥着重要的作用。人们对周围世界的理解、导航和利用的概念被镜像为空间分析的概念。

下面介绍的是空间数据分析涉及的基本基元概念。任何空间分析的构造模块都是由一组参考了位置或兴趣位置、属性和排列的基本基元构成的。这些基元描述如下：

（一）位置（places）

位置的概念是空间分析的核心。人们基于位置识别各种对象的大小和形状，从房屋到地块、街区、城市、县、州或省、国家。位置可能是重叠的，如跨越两个县边界的分水岭。位置也可能是层次嵌套的，如县的组合形成州或省。

位置通常具有名称。人们使用这些名称谈论和区分位置。一些名称是官方命名的，以便所有的机构引用同一位置的相同名称。位置是不断变化的，如人口的迁移、气候的变化、城市的扩张，以及无数的社会和物理过程，几乎影响地球表面的每一个位置。对于某些目的，把位置处理成近乎是静态的是足够的，特别是在过程产生的影响是相对比较缓慢的操作时。但对于处理像大陆的运动、山的增高，或回应地震和侵蚀的变化等问题，需要更新地图的实例，把它们处理成静态的，则存在一定困难。另一方面，忽略发生在城市社会和经济面貌方面的剧烈变化，或现代生活特点的不断的运动，如果按静态处理，或许是愚蠢的。对于这两种情况，对时间重要性的判断是关键。

对位置的严格和精确定义是通过坐标系统，一套允许对位置进行明确定义的，对每个对象或事件都具有意义的测量方式。1984 世界大地测量系统提供了地球表面每个位置的高精度经纬度坐标，而高程坐标则以每个国家或地区的海平面作为零起算面。今天，人们可以很容易地通过 GPS、GLONASS、Galileo 和北斗等全球定位系统测定位置坐标。空间分析通常是在二维平面空间进行，但对于地球表面之上或之下的分析，需要延伸到三维空间。特别是在研究自然现象的动态特征时，时间有时需要作为第四维。

（二）属性（attribute）

属性已经成为记录一个位置特征或性质的首选术语。图 5-1 是属性最常见的定义形式。

位置的名称是属性的基本信息，其他选项提供了用于各种目的的关于位置的进一步信息。一些属性项是测量得到的，如高程、温度和降雨量。另外一些则是分类的结果，如土壤类型、土地利用和土地覆盖类型，或岩石类型等。在 GIS 中，属性通常记录在与独立矢量特征或栅格单元有联系的数据库表中。属性的取值有以下几种类型：

（1）属性值是名义值。如果属性能成功区分位置，则属性值是名义值，但不意味着任何的排序或算术含义。如电话号码可以用于位置的属性，但它本身是没有任何算术上的

	OBJECTID	HA_BURNED	ACRES_BURN	YEAR_	BOUNDARY	COUNTRY	SITENAME
1	1	2571	6352	2004	Y	AK	446
2	2	25518	63057	2004	Y	AK	342
3	3	281	695	2004	Y	AK	348
4	4	8789	21719	2004	Y	AK	578
5	5	1968	4864	2004	Y	AK	164
6	6	60	149	2004	Y	AK	533
7	7	75	186	2004	Y	AK	452
8	8	86953	214869	2004	Y	AK	158
9	9	135	333	2004	Y	AK	213

图 5-1 属性的常见定义形式

数字含义。对电话号码进行加减算法没有任何意义。对其进行大小比较也没有任何意义。把土地的分类用数字代替，是最常见的将名称变换为数字的做法，这里数字没有任何算术含义。这些数字是名义数字。

(2) 属性值是序数值。如果属性隐含排序含义，则属性值是序数值。在这个意义上，类别 1 可能比类别 2 好，但作为名义属性，没有算术操作的意义，不能根据数值的大小比较哪一个更好，哪一个更糟。

(3) 属性是区间值。这是一个定量描述的属性值，用于描述两个值之间的差别，如温差、高差等。

(4) 属性值是比率值。这是定量描述的属性值，用于描述两个量的比值。如一个人的重量是另一个人的 2 倍。比率没有负值。

(5) 属性值是循环值。这在表达的属性是定向或循环现象时并不少见，是定量描述的属性值。对其进行算术操作会遇到一些尴尬的问题，如 0 度和 360 度是相等的，会遇到 2000 年的问题，如（19）99 和（20）00 等，需要一些技术来克服这些问题。

在属性方面，空间紧凑型和空间粗放型这两个术语是重要的，也需要进行区分。空间粗放型属性包括总人口、区域的面积和周长，或总收入等，它们仅作为一个位置上的整体值。空间紧凑型属性包括人口密度、平均收入、失业率等，如果位置是均质的，它们表示位置或整体的一部分。在很多目的的应用中，区分紧凑型和粗放型是必要的，因为当位置被合并或分割时，它们的表现是非常不同的。

（三）对象（objects）

在空间分析中，把各种不同的大小和形状的位置定义为对象。如感兴趣的道路和河流被定义为零宽度的线对象，气象观测站定义为点对象；社会和经济现象的研究，因考虑在一个二维的区域进行，则定义为面，具有面积和高度的对象定义为体等。在空间统计分析方面，这些点、线、面和体被认为是属性的“空间支撑”，即空间载体。

在数字信息系统中，这些对象都有自己的表达和存储方法，如点用坐标对表示，线用坐标串表示，面用封闭的坐标串表示，面会包含岛或洞。图 5-2 是按照典型的地图显示的点、线、面表达的简单例子。

空间分析的数据是与位于地理空间中的点状或面状的对象有关的。数据元素可能根据它们所处的地点给定一个位置。在一些分析尺度中，城镇中的一系列零售店群落可以用一组点表示，甚至散布在整个区域的一些城镇也可以用一组点表示。属性值可能是离散的、

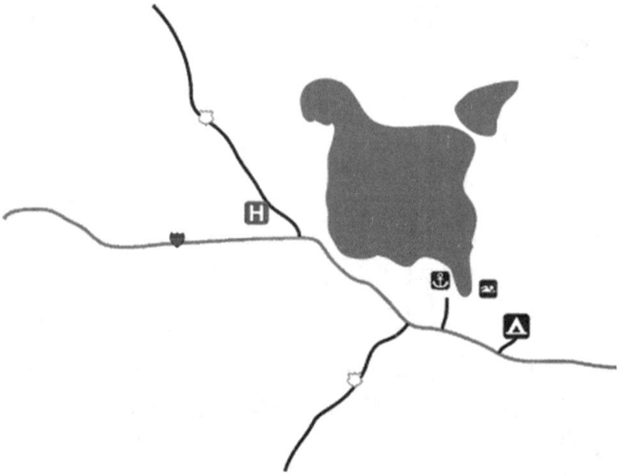

图 5-2　点、线、面的地图表示

连续的、定量的，或者定性的。对象可能聚集成更大的组合，例如按照人口普查区聚集的人口数据，此时的属性值是聚集人口的代表性表示。一旦完成数据采集，点、面或聚集区域的位置将被视为是固定的。

（四）地图（maps）

地图已经成为空间数据存储和通信的主要形式。地图是符号化表示对象和属性的有效工具。地图可能是纸质的形式，需要通过数字化技术转换为数字形式，便于计算机处理和显示。地图可以动态显示，如显示在数字地球上，或用于跟踪鸟类的迁徙运动。地图可以和多媒体数据集成，如视频或声音。

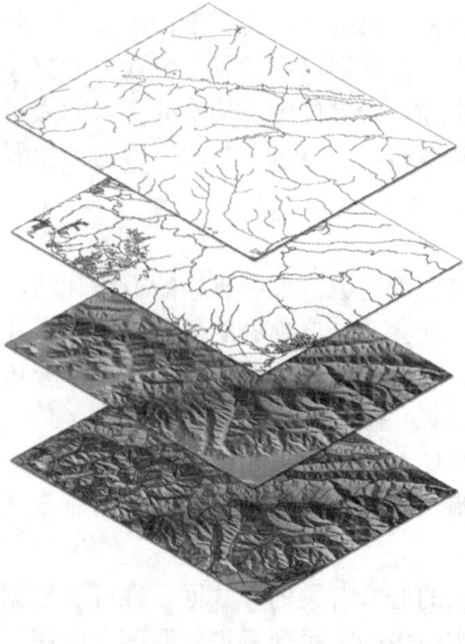

图 5-3　对象的分层组织

（五）位置的多重属性（multiple properties of places）

位置的属性具有多重性。为了空间分析和数据组织的需要，有时会根据属性将对象分类形成图层，如图 5-3 所示。空间分析或许对一个图层进行操作，分析由对象形成的分布格局，以及寻找构造这种格局的因果关系等。另外一种情况是对一个图层中存在的格局进行分析，可能与其他图层有关，如研究在一个区域内癌症病例的分布格局时，可能与这个区域内的道路层、水系层等有关。

有时，在同一个位置需要收集许多不同的属性。如人口普查，可能要收集一个普查区域的上百个属性。在这种情况下，通过比较图层，分配给同一个位置的不同属性，是一件简单的事。但是，在大多数情况下，在两个图层中的对象可能不在相同的位置，会产生分析方面的困难。例如，需要研究靠近机场的一个社区内人对噪声的感知，监测设备安置在社区的周围提供一个噪声测量的图层。居民以接受采访的形式，提供另外一个感知噪声数据图层。现在移动两个图层，分析比较其内容，则会遇到一个障碍：图层中的对象不在同一个位置。

（六）场（fields）

除了空间对象属性是离散变化外，还有一种对象的属性是连续变化的。表面数据是一种典型的场数据。表面数据是指取自一组在连续表面上固定（或给定）位置的数据。这些连续表面或许与土壤特征、空气污染、降雪深度或沉积水平等有关。被测量的属性值是典型的连续取值。应该注意，有些属性变量（比如雪的深度）只要一个点的观测值就足够表达，而另外一些参数（如空气污染）则需要区域的支持或者区块支持，以便提供对属性值的测量，如图 5-4、图 5-5 所示。

属性不一定是连续值，也可能是分类的。土地利用构建了一个连续表面，但这些表面或许被分割成小地块或区块，而每个地块记录了土地利用类型。

数据或许来源于对表面进行的点（或小区块）采样，也或许来自将表面无缝划分后的地块，并分别记录每个地块的属性的代表性值。一旦数据采集完成，则每个观测点的位置被看做是固定的。

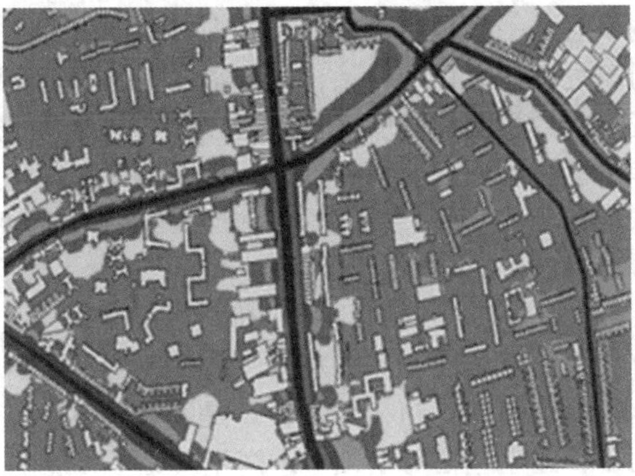

图 5-4　噪声水平的栅格化表达

（七）网络（network）

线状数据经常用来构成空间对象的网络数据，如街道、路网、铁路、河流、沟渠或更为抽象的由社会学家构建的人际交互网络等。网络是在二维或三维空间中的一维结构。离散的点分布在网络上，表示像地标、道路的桥梁这样的对象，或像河流上的观测点。网络中也存在离散的线对象，以隧道、车道或河流的分支形式存在。连续的场也可能分布覆盖整个一维网络，定义像行驶速度、流速、铁路梯度、交通密度等变量。从数学角度讲，网络是一个图，许多关于图的方法用于网络，如测量网络连接性的方法、计算网络上一对点之间的最短距离等。

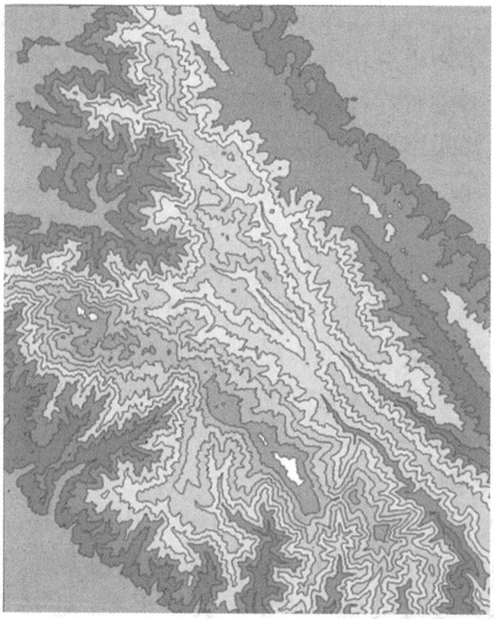

图 5-5　等高线分区填充的场数据

（八）密度估计（density estimation）

空间分析最有用的概念之一就是密度估计，如人口密度、道路密度等。密度估计提供了在离散对象和连续对象之间概念化的联系，因为密度表达了每个面积单元离散对象的数量，而本身是连续的场。在数学上，密度是通过这样的一种计算获得的对象，即对区域中的对象进行计数，并除以区域的面积获得的，像计算人口密度那样。密度计算与选择的统计区域有关，如人口密度可以按照人口调查的统计区域计算，也可按照自然的统计区域计算。

（九）细节、分辨率和比例尺（detail，resolution，and scale）

地球表面几乎具有无限的复杂性，仔细观察，会发现更多的细节。一个看似简单的概念，如海岸线，在表达时就会遇到问题，如其表达是否应包括每一个转折、每一块岩石，还是每一粒沙子？很明显，建立包括每个细节的海岸线是不可能的。但实践中必须做出对表达细节的决定。空间分辨率是这样一个术语，给定一个用于空间分析时的一个阈值距离，让分析员决定哪些细节是不重要的，哪些细节是不相关的。例如，人们可以给定表达海岸线的空间分辨率是 100m，意思是所有的小圆齿、凹陷和突起的宽度小于 100m 时，可以从表达中忽略。换句话说，现象的表达明显比现实简化和光滑。

地理学家有时会使用不同的方法从地图中忽略细节。地图是比例尺化的表达，比例尺是图上距离和对应的地面距离的比率。例如，在地图上两点之间的距离是 10cm，在地面是 100km，则比例尺是 1∶1000000（注意，按照这个原则，因为投影是从曲面到平面，没有哪个地图比例尺是均匀一致的，尽管这显然不适合用于地球）。用这个方法来确定细节是有问题的。然而，数据集的问题不是纸面上的。数字数据不具有表达的比例尺问题。显示在计算机屏幕上的数据的表达比例取决于屏幕的尺寸。投影到较大屏幕上的数据表达比例将会变化，而不论表达在屏幕上的值如何。因此，最好使用空间分辨率描述数字数据的细节。

为了产生视觉上可接受的和有意义的结果，至于怎样的细节应当显示，特征数据怎样概括，当对数字地图进行显示时，必须做出是手工的还是自动的决定。关于地图概括的主要操作如下：

预选（preselection）：决定哪些特征被包括，哪些特征被排除。例如，只包括主要道路，忽略次要道路等。

消除（elimination）：移除低于阈值的太小或太短的特征。

简化（simplification）：简化（光滑、取直）线状的或多边形边界，同时保留它们的基本形状。

聚集（aggregation）：将不同的特征结合为更大的组合对象，如把房屋聚类形成多边形"城市化区域"。

降维（collapse）：降低特征的维数，如将城镇表达为点，或将宽阔的河流表达为线。

典型化（typification）：通过由较少数目占据大致相同位置的对象取代数目较多对象的方法，降低细节层次。

夸张（exaggeration）：强调重要的特征，否则可能会被删除。

分类和符号化（classification and symbolization）：组合较小的特征，并使用不同的符号表达新的排列。

冲突解决（conflict resolution）：识别和解决特征冲突，如重叠。

求精（refinement）：修改特征几何并校正，以改善美观性。

（十）拓扑关系（topology）

在数学上，保持在空间上的拉伸和变形的特性，就是拓扑的。在一块橡皮版上画一个圆，橡皮版的拉伸和变形并没有使圆变成点或线的这种量的变化，或者在其上画两个圆，没有使它们分离或重叠的量的变化，是拓扑特性的重要表现。这种特性对空间分析来说非常重要。主要有：（1）邻接性，描述特征对象的邻接关系，接触关系；（2）连接性，描述通过连接点的特征相连接的关系；（3）包含，描述一个特征位于另一个特征之中，不是其外的关系。

二、空间关系

尽管位置十分重要，但对空间分析来讲，位置本身并不令人感兴趣。位置的功能不是来自位置本身，而是基于它建立的空间关系，即相对位置而不是绝对位置，如拓扑关系。

（一）协同定位（co-located）

协同定位用于具有相同地点的属性比较。例如，一个港口城市的肺癌病例的聚类可以通过了解第二次世界大战中，这个城市广泛用于船舶建造使用的石棉事件来解释。

（二）距离、方向和空间权重矩阵

位置的知识也允许分析员确定两个对象之间的距离和方向。两点之间的距离通过平面或曲面上的直线距离公式是很容易计算的。但要计算在道路网络中的实际旅行距离则有点困难。计算线或面之间的距离和方向通常使用代表点计算，但这可能会产生误导。它们可以通过两个对象的最近的点计算，或者利用所有的点对之间的平均距离和方向计算。

许多空间分析类型需要一个表达位置对的相对邻近度的矩阵或表进行计算，经常用 W 表示，称为空间权重矩阵。邻近度可能是用于计量现象主要变化的一个强有力的解释因子，如移民流、社会交互强度或流行病的扩散速度等。例如，在一些空间权重矩阵中，权重元素可以这样定义：如果两个地点共用一个边界，取权重为 1，否则取 0。取两个地点之间公共边界的长度，否则取 0。例如定义图 5-6 中多边形 1 和 3 的权重矩阵。多边形 1 有三个邻接多边形，分别是 19、18 和 2，多边形 3 有 5 个邻接多边形，分别是 25、23、18、10 和 2。将相邻多边形的中心点之间的欧氏距离作为权重，得到的空间权重矩阵的形式是：

1	19	0. 3290
1	2	0. 3138
1	18	0. 2535
3	18	0. 4985
3	2	0. 4077
3	23	0. 1738
3	25	0. 4475
3	40	0. 5202

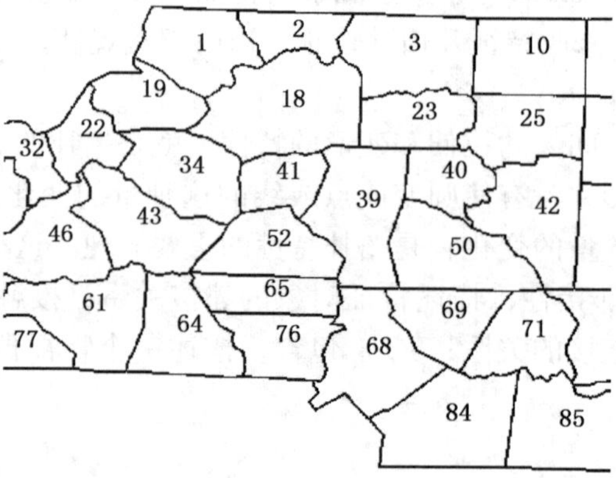

图 5-6　空间权重矩阵的定义示例

在这个分析中，空间权重矩阵捕捉的是问题的空间方面，一旦完成空间矩阵的计算，实际空间坐标就变得不相干了。在欧氏测度下，权重矩阵具有位移、旋转和镜像不变性。同时，边缘效应可能是显著的。

（三）多维标度（multidimensional scaling，MDS）

多维标度法是一类多元统计分析方法的总称，包含各种各样的模型和手段，其目的是通过各种途径，把高维的研究对象转化成低维情形进行研究，具体地说，多维标度法是以多个研究对象之间某种亲近关系为依据（如距离、相似系数，亲疏程度的分类情况等），合理地将研究对象（样品或变量）在低维空间中给出标度或位置，以便全面而又直观地再现原始各研究对象之间的关系，同时，在此基础上也可按照对象点之间距离的远近实现对样品的分类，多维标度法能弥补聚类分析的不足之处，因为聚类分析将相似的样品归类，最后得到一个反映样品亲疏关系的谱系图。聚类分析比较简便易行，但是，聚类分析的缺点是将一些高维的样品强行纳入一个一维的谱系分类中，常常使原始样品之间的关系简单化，甚至有时失真。而多维标度法是将几个高维研究对象，在近似的意义下，从高维约简到一个较低维的空间内，并且寻求一个最佳的空间维数和空间位置（如 2 维或 3 维）而仍保持各研究对象数据的原始关系。

（四）空间上下文（背景）（spatial context）

通过将一组对象的属性与另一组相邻近的对象的属性进行比较，往往可以得到许多有益的启示。一个处于拥挤的大街上的人的行为可以通过近似的另一个人的行为来解释。房屋的价值的降低或许是因为邻近的污染的工厂造成的。位置建立了这种空间上下文（背景）关系，提供了相邻位置之间近似的属性信息。

（五）空间邻域（neighborhoods）

人们认为自己居住在空间邻域中，或足够接近经历的一天到一天为基础的位置地点。空间邻域是空间上下文（背景）分析的基础，一个人周围环境的特性描述。空间邻域经常用于对城市空间进行分区。每个点恰好位于一个空间邻域中，但可能与空间邻域的个人看法冲突，其期望是在每个个体位置在空间邻域的所有方向扩展。图 5-7 所示是空间邻域的例子。

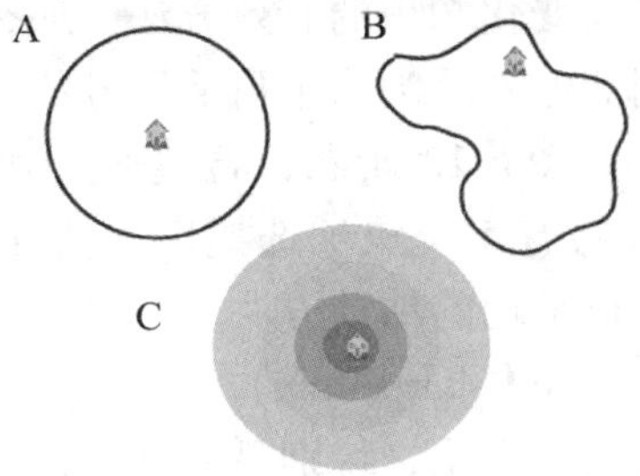

图 5-7　空间邻域

A 是以房屋为中心定义的圆，均等向所有方向扩展。B 是空间邻域等同于一个区域，如人口普查区域，反映了利用汇总数据描述家庭居住环境的共同策略。C 是基于距离权重定义的空间邻域，将空间邻域定义为按照距离衰减的区域。

在地理空间分析中，空间邻域是指一组相邻的区域或单元，如图像处理中的四邻域和八邻域的概念。

（六）空间异质性（spatial heterogeneity）

地球表面显示出几乎令人难以置信的各异性，从青藏高原到澳大利亚沙漠景观，再到伦敦或东京城市的复杂性，没有哪里有理由地被描述为一个均质的地方。很难想象地球表面的哪一部分是整个地球的代表性样方。这种现象被解释为空间异质性。因此，空间异质性是在空间区域内，生态学过程和格局在空间分布上的不均匀性及其复杂性。

（七）空间依赖性（spatial dependence）

在地球的表面存在这样的一些现象，沙漠地区的特性是缺乏降雨量，热带雨林地区具有充沛的降雨和茂密的植被，极地地区是因为极度的寒冷，等等。这些现象就是空间依赖性的表现。Tobler 将这种现象定义为第一地理定律，即“所有的事物都是相关的，但相近的事物比相距较远的事物相关性更强”。这个定律被应用于评价一些空间自相关统计分析的影响程度。它也是地理统计学的基础，用于描述函数（相关函数）的空间变量的表现在空间自相关分析中是如何随着距离的增加而减弱的。

（八）空间采样（spatial sampling）

Tobler 的第一地理定律和空间依赖性的影响之一是使用经过良好定位的样本能够获取对地球表面进行合理的准确描述。在已知这些采样位置之间的条件将系统地和顺利地变化时，气象学家获取天气的模式是通过观测站的采样数据获得的。如果能提供定义区域的近似统一的条件，地理学家就可以使用较少精心选择的陈述来描述整个区域的内容。

采样的方法有多种，取决于要调查的问题的性质。最简单的采样或许只是为了对一个区域内的条件的平均最佳估计。例如，为了显示地球随全球变暖增加的平均温度，一种简单的采样方法就是对采样位置进行等距离分布（实际是随机分布的）。空间采样的一些方案如图 5-8 所示。采样格网的一些例子如图 5-9 所示。在六边形格网采样时，采样点位置的一些采样例子如图 5-10 所示。图 5-11 所示是 ArcGIS 软件产生随机点的例子。

（九）空间插值（spatial interpolation）

如果使空间采样成为获取空间变化知识的有效方法，那么必须有对采样点之间的未知变化进行滤波的可靠方法。空间插值就是为这个目的服务的。通过有限数量的采样点对野外任何一个位置的值进行估计。如图 5-12 所示，希望通过利用附近位置的值的知识估计位置（5，5）的值。在这个位置共有 5 个点被选择用于估计位置（5，5）的值。可以使用距离的倒数作为权值，选择加权平均的估计方法。

（十）平滑与锐化（smoothing and sharpening）

地球的表面每天都在发生着动态变化，特别是在社会领域这些方面。人的移动、房屋建设、被战争破坏的地区、暴雨改变的海岸线，等等。地球表面的现象模式反映了这些过程，而每个过程往往会留下鲜明的足迹。洞察这些过程，并对其进行解释，是空间分析的动机之一。Tobler 的第一地理定律的普遍性告诉我们，虽然地球表面上光滑模式的过程通常比明显的不连续性的过程更为普遍，但空间分析已经开发了关于这两类问题的许多思想。

当在一个点上的结果是由在一些毗邻地区上的条件决定时，许多过程涉及某种形式的卷积。例如，许多社会后果是与空间邻域的条件对应的，如个人肥胖症可能是不鼓励步行的街区的物理设计造成的，酗酒可能部分是由于街区的酒类供应原因，哮喘病的发病率或许会因为局部高交通密度引起的污染而升高，等等。数学上讲，卷积是一个点的空间邻域的加权平均。权重用来自一个点的距离描述，与密度估计有着强有力的技术联系。只要权重是正的，结果模式将会比输入更平滑。散焦图像的模糊就是一种形式的卷积。

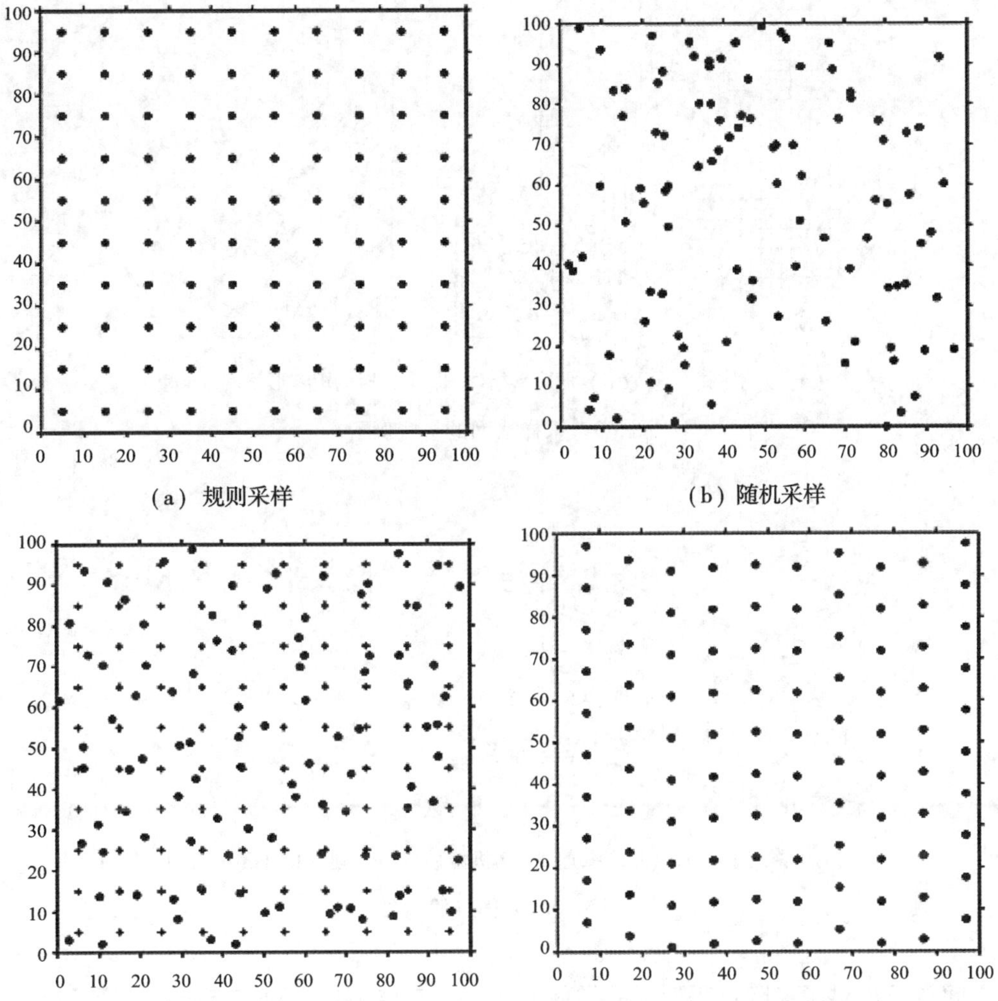

（a）规则采样　　（b）随机采样

（c）规则采样的随机偏移　　（d）随机起始顺序的规则采样（y偏移）

图 5-8　不同的采样方案

（十一）一阶和二阶过程（first-and second-order processes）

在点模式的分析中，一阶过程是这样的一种过程，即在点密度上产生的一种变化对应一些因果变量。例如，疟疾病例的密度反映了特定种类蚊子的密度，这反过来又反映了繁殖用的丰富温暖积水的情况。因为蚊子和人二者都在周围移动，疟疾病例的密度可以预料比蚊子密度模式或丰富温暖积水模式更平滑。

当一个点模式的存在最有可能使其他模式在附近产生时，二阶过程源于其交互作用。当疾病从一个初始携带者传播给其他家庭成员、同事、性伴侣以及其他可能与感染者接触者时，传染性疾病反映的是二阶过程。这个结果是围绕疾病者的聚类模式，如图 5-13（b）、（d）所示的情况。一阶和二阶过程二者都产生聚类以及在密度方面的平滑变化，但包含的机制和与其他变量之间的关系是非常不同的。

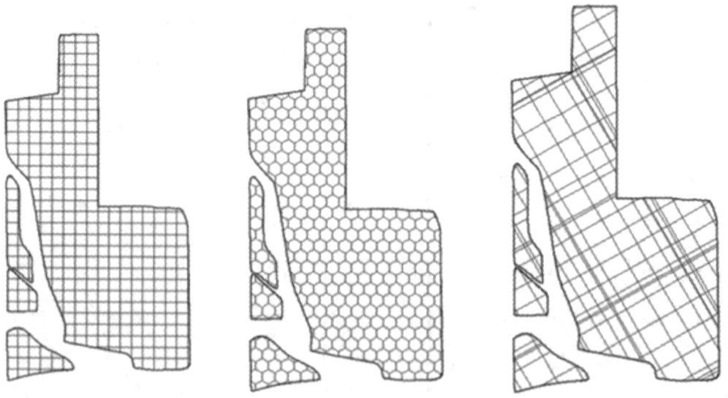

（a）方格网　　（b）六边形格网　（c）随机矩阵形格网（60度）

图 5-9　采样格网的一些例子

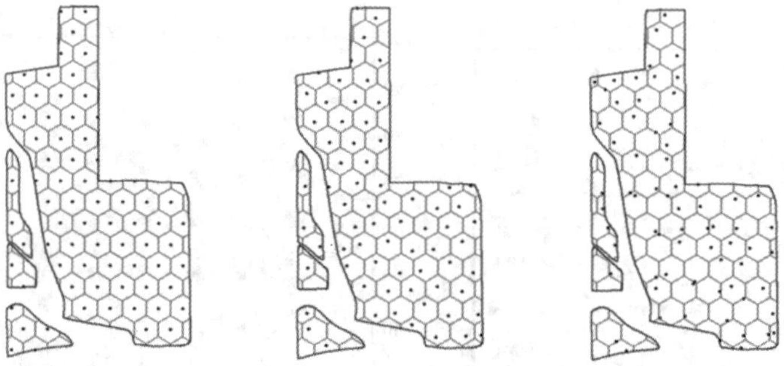

（a）规则的（格网中心）（b）系统的（随机偏移）（c）随机的（不关心中心位置）

图 5-10　采样点的位置

空间竞争提供了二阶过程形式的类似的例子，其结果是 Tobler 定律的一个例外。一个区域购物中心的存在，通常不会鼓励其他商场在其附近存在，特别是在货物和服务重点一样的情况下。例如，发现两个超市彼此靠近，这是不常见的。存在分散而不是聚类的例子，一个点模式的存在使其他点模式分散存在，而不是更可能存在于其附近。

三、空间统计

空间统计是统计概念和对数据分析方法的应用，这些数据具有理解这些数据的明确的空间结构。这里，数据是变量，是与空间信息有联系的，且后者没有增加对理解数据有用的信息，接下来的分析好像是没有空间上下文，即数据似乎是非空间的。空间统计是一门有着自己权限的科学，与传统统计学有更紧密的联系和更现代的计算统计方法，但增加了更复杂的空间参考。典型的是，空间数据样本不是独立的。

（一）空间概率（spatial probability）

人们永远不可能完全理解或不必要理解地球表面发生的每一件事情，因而经常考虑使

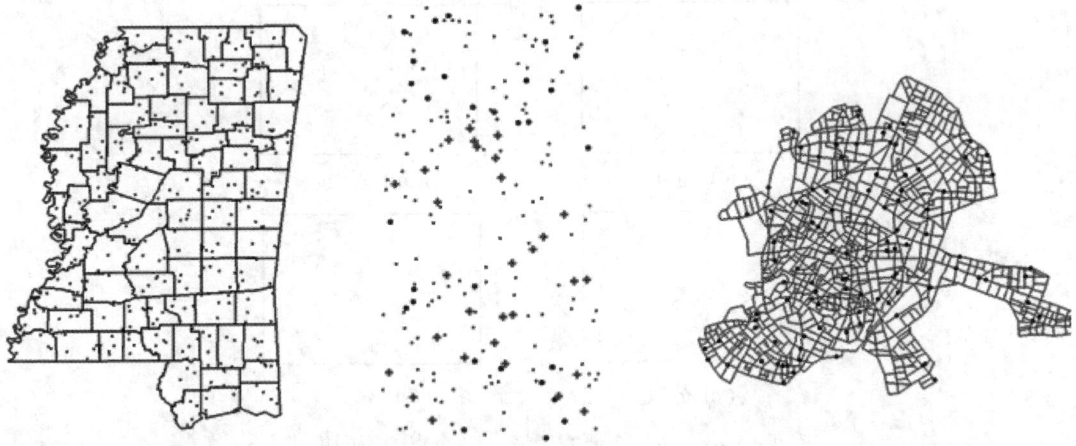

(a) 每个多边形随机产生5个点　(b) 分层随机选择，每层30%　(c) 网络上的随机点

图 5-11　ArcGIS 软件随机点产生例子

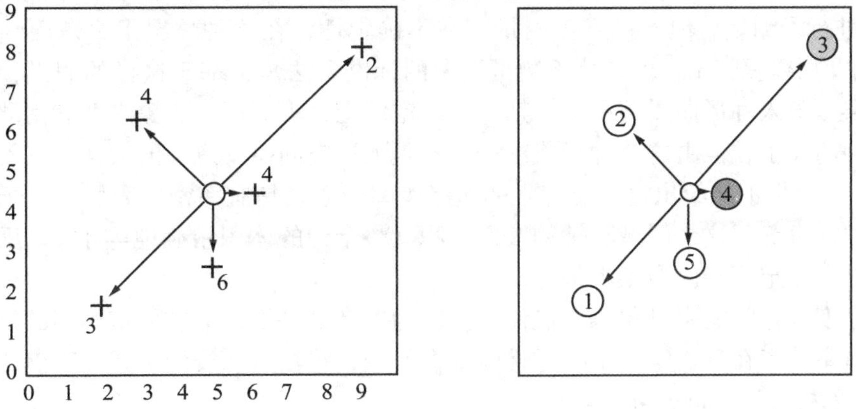

图 5-12　空间插值

用概率进行报告。理论上，人们应该能够完全理解一个人的手和硬币的物理特性，但在实践中，用概率描述抛出硬币的结果更有效。同样，空间分析员可以避免虚化的、不可精确预测的事，例如，根据已知案例的模式，给出滑坡可能发生的概率。概率图是给每个位置分配一个 0 到 1 的值，形成概率场。例如，有这样的一幅图，只考虑了单一概率，是孤立事件。同属于一个滑坡的，期间有一段短距离分开的两个点的概率，不是简单的两个概率的乘积，如果两个结果是独立的，它应当被看做 Tobler 定律的另一种表现的一个卷积。例如，如果在点 A 的滑坡概率是 1/2，在另一个较近距离点 B 的滑坡概率也是 1/2，那么两者都将受影响的概率将大于 $1/2\times1/2=1/4$，但甚至很可能就是等于 1/2。从技术上讲，孤立事件的边缘概率没有相关事件的联合概率有用，且联合概率是点对的概率，但这不可能用地图形式显示，除非点的数量很少。

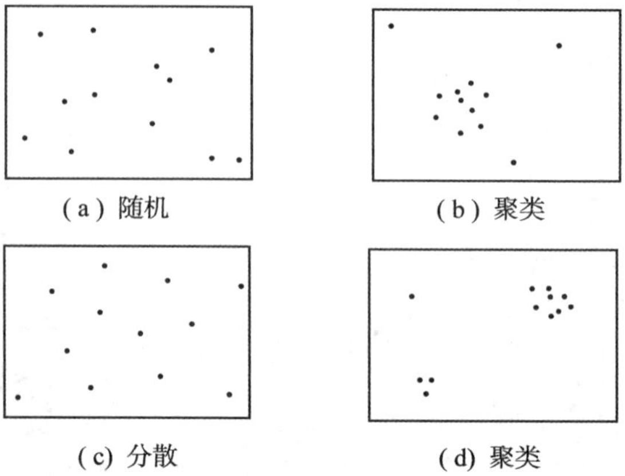

图 5-13　在一个研究区域，12 个点的不同模式

（二）概率密度（probability density）

地球表面概率最有用的地方之一是关心关于位置的不确定性。假设一个点的位置已经通过 GPS 进行了测量，但不可避免测量存在不确定性，在这种情况下，东西和南北方向上的总的平均误差是 5m。现有分析测量误差的标准方法是，基于这样的假设，理论上更合理的是误差落入钟形曲线范围或高斯分布。空间上，人们可以想象东西和南北钟形曲线形成一个钟的样子，但由这个钟形成的表面不是上述空间概率意义的表面，它不是从 0 到 1 的变化，而且也不能给出这个点存在的边缘概率。但它是概率密度表面，位于任何定义区域的点的概率等于这个区域上钟的表面体积。整个钟的体积精确地等于 1，反映了这样一个事实，点一定位于区域某个地方。

概率密度与空间概率是很容易混淆的。因为二者都是场，但它们有不同的目的和上下文联系。概率密度在分析空间不确定性时经常使用，包括点和线的位置的不确定性。

（三）不确定性（uncertainty）

任何地理数据集都是现实的唯一表达，但它把关于要表达的现实世界性质的不确定性留给了用户。这种不确定性或许只关心定位问题，如前面的概率密度，但它也关心属性，甚至拓扑关系。数据中的不确定性将影响到来自数据的结论的不确定性。例如，位置的不确定性将会影响从这些位置计算的距离的不确定性。权重矩阵中元素的不确定性，会影响基于这个矩阵的分析结果。

不确定性可能由于测量的不准确，或测量仪器的限制，也可能是由于定义的模糊性等造成。例如，对土地的分类，因定义的模糊性，不同的观测者将同一土地类型分入了不同的类别。不确定性也可能是资料缺乏或不充分造成的。消除不确定性，对空间分析是很重要的。

（四）统计推断（statistical inference）

统计推断是根据带随机性的观测数据（样本）以及问题的条件和假定（模型），而对未知事物做出的，以概率形式表述的推断。在数理统计学中，统计推断问题常表述为如下形式：所研究的问题有一个确定的总体，其总体分布未知或部分未知，通过从该总体中抽取的样本（观测数据）做出与未知分布有关的某种结论。例如，某一群人的身高构成一个总体，通常认为身高是服从正态分布的，但不知道这个总体的均值，随机抽部分人，测得其身高的值，用这些数据来估计这群人的平均身高，这就是一种统计推断形式，即参数估计。若感兴趣的问题是“平均身高是否超过 1.7（米）?”就需要通过样本检验此命题是否成立，这也是一种推断形式，即假设检验。由于统计推断是由部分（样本）推断整体（总体），因此根据样本对总体所作的推断，不可能是完全精确和可靠的，其结论要以概率的形式表达。统计推断的目的，是利用问题的基本假定及包含在观测数据中的信息，做出尽量精确和可靠的结论。

统计推断是从总体中抽取部分样本，通过对抽取部分所得到的带有随机性的数据进行合理的分析，进而对总体做出科学的判断，它是伴随着一定概率的推测，特点是：由样本推断总体，统计推断是数理统计的核心部分，统计推断的基本问题可以分为两大类：一类是参数估计问题；另一类是假设检验问题。图 5-14 所示是统计推断的过程。

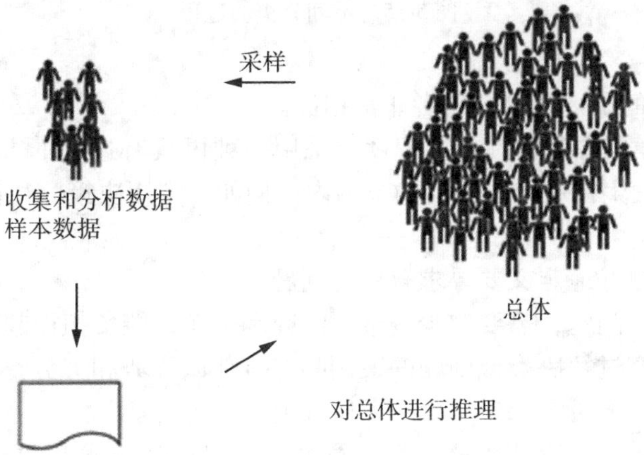

图 5-14　统计推断的过程

通过随机过程从总体获得样本，收集和分析来自样本的数据，在固有的采样过程不确定性范围内，推断出关于总体性质的结论。

四、空间分析的基本过程

地理空间数据分析不单纯是假定数据是可用的，可施加在某些特定情况下的技术集成，它是一个更大过程中的非常重要的一部分，而且通常相对较小、重要，有时是比较复杂的部分。像所有的科学学科一样，空间分析也有其自身的术语、缩略语、方法和工具。

人们对空间分析的方法，经常是简单地按照对分析问题的定义到输出分析结果的过程进行简单分析步骤定义，但实际上，空间分析的方法要复杂得多。图 5-15 所示是 Mitchell 定义的分析过程。

这个过程从开始到结束，流程似乎太过自然，在实际应用中这是很少见的情况。空间分析不仅是一个经常反复的过程，而且经常回过头来对前面的步骤进行重新评估，并对下一步做出有效决定，实际上是一个迭代过程。正确认识和理解这个模型，可以参照

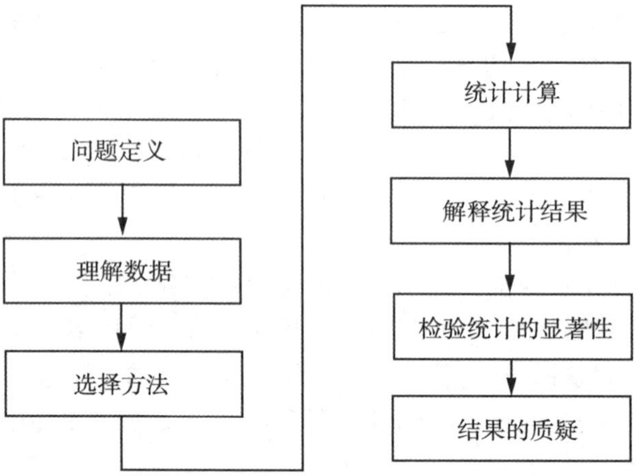

图 5-15　空间分析的过程

Haining 的数据驱动的统计模型，二者非常相似。

空间分析更科学的方法是在一定程度上采用一种更具有迭代的方法，但也要认识到，大多数分析的任务发生在一个更广泛的范围内。例如，实用决策，往往要建立在一系列常见问题的基础之上：

（1）应该如何更好地定义要寻求解决的问题?

（2）为解决这个问题，需要多少资金、时间和资源，能负担得起吗?

（3）之前有研究过解决类似问题的案例吗？有什么优势和劣势?

（4）谁接受这个分析结果？有什么期望和要求？等等。

（5）如果对结果进行密切审查，有何意义？如何选择技术和数据？对分析的范围和有效性应注意的事项是什么？如采样大小、时间跨度、属性采集、验证方法等。

（6）如何处理数据缺失问题？如何处理数据不合适问题?

（7）对使用的软件出现功能局限性或错误怎么办?

（8）分析产生的错误和误导的结果有何影响?

（9）有独立的、可核查的手段来验证结果吗?

上述问题并非是详尽无遗的，但足以说明应该引起什么样的质疑。在地理变化分析等诸多领域，它们应该构成任何分析工作的一部分。

在需求关系方面，了解用户的期望和需求是非常有用的，包括结果显示、数据分析、报告、公众参与等形式。从理解问题和期望入手，确定哪些因素要考虑，哪些要排除，尽可能在时效性和资源方面满足用户需求。

一个有趣的现代空间分析的例子是由 Draper 等提出的研究儿童癌症发病率与离高压输电线路的距离的分析。在这个案例中，用户不是一个人或一个组织，而是卫生政策的制定者和实施者，以及该领域的学术或医学专家。处于安全、政治敏感性以及对许多儿童健康的考虑，需要对解决的问题、数据的选择、分析和报告的审查等进行精确定义是必不可少的。这个研究方法可用图 5-16 所示的过程描述。

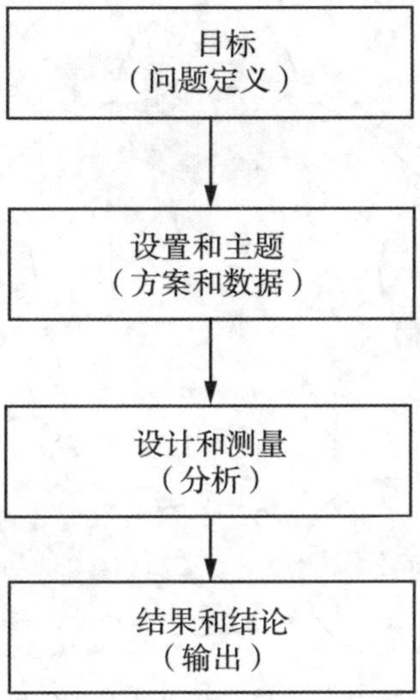

图 5-16　另一种空间分析的过程

在这个处理过程中，每一步的描述，包括信息的可用性和前期的研究工作，都是清晰的。此外，明确了参与研究的各方的角色，解决了各方的利益竞争，涉及资金和伦理道德的审查问题。所有这些元素都是透明提供的，保证了用户对研究结果的重要性和质量评价的评估。当然，这个研究还有一系列的问题还没有回答，如：是垂直还是水平接近高压线重要呢？电压变化重要吗？等等。

最后，对分析结果的认识是建立在已经被认识的因素之上的。但在实际中，这些相关的因素中的一个或多个没有作为分析的一部分。如上述癌症研究的例子：（1）社会经济因素和生活方式可能与邻近的电线、塔架和变压器有关；（2）人口密度可能会随距离电线的距离变化；（3）产前暴露也可能是重要的；（4）幼儿园的位置也可能与此有关。所有这些因素都可能是重要的，都应该纳入研究内容。这些因素，研究者只分析应用了一部分，其他因素的考虑还在进一步的研究中。

Mackay 和 Oldford 描述了一种称为步骤流程的方法，记为 PPDAC 方法，即问题（problem）、方案（plan）、数据（data）、分析（analysis）和结论（conclusions）。尽管应用领域更广泛，但这个方法非常类似前面描述的方法。这个方法强调了形式分析作为分析过程中非常重要的一部分的地位，而不是可以考虑隔离的独立的科学。PADDC 方法可用图 5-17 描述。

可以从图 5-17 中看出，虽然顺时针序列（1→5）适用于作为主要流程，但每个阶段都可能或经常会反馈到前一阶段。此外，在相反过程上的审查很可能是有益的，从问题定义开始，然后检查期望的结论的格式和结构（不预先判断结论）。然后继续这个过程，一步一步，按照逆时针方向（e→a），确定过程的每个阶段对期望的影响，形成一个迭代的分析过程。

许多情况下，空间分析的过程都按照下述良好定义的阶段进行（通常是迭代的）：提

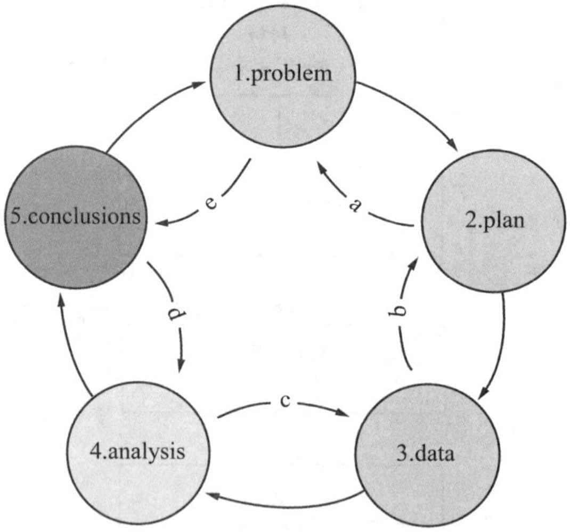

图 5-17　空间分析的 PADDC 过程

出问题、制定方案、收集数据、探索性分析、形成假设、建模和测试、咨询和审查、形成最终报告或执行结果。GIS 和相关的分析软件工具只能解决这个过程的中间部分的问题，甚至是比较“钝”的工具。

在这个分析过程中，第一阶段是发现并提出问题，通常这本身就是一项重大的任务。设计方案的纲要，首先要包括的内容就是分析对象的数据获取方法。这会引起对后续阶段产生重要影响的一系列问题。为了表达“现实世界”，已经援引了什么样的假设？对后续分析会产生什么样的影响？数据是否完整（空间、时态）？数据精度如何（空间、时态、属性）？数据集的兼容性如何？彼此一致吗？如何鉴别它们的来源？如何对它们在尺度、投影、准确性、模型、定位、获取日期和属性定义等方面进行比较？有足够的数据来解决手头的问题吗？对现有的数据进行融合和处理，有足够的资源可利用吗？等等。

第二个阶段，一旦获取了数据并适合分析的目的，就进入探索性分析。包括以下内容：对数据、点、线、面、网格、表面等进行简单制图，对成本、指数、密度、坡度、方向趋势、分类等进行计算。进行复杂的或动态的数据进行探索分析。

第三个阶段，取决于分析的目标。在许多情况下，以评论、地图、描述统计和相关资料等形式得出探索性分析结果，来完成这个阶段的工作。另外，为了预测和优化的目的，会涉及对观测到的模式、数据建模进行假设检验或开发。这个过程常见的结果是需要对一系列可能的结果进行总结，并表达为最终的分析结果，为利益相关者、投资团体、企业家和决策者提供服务。这个过程是可以循环迭代的，从问题提出，到数据获取，到最终结果，直至获得满意的分析结果。

这个分析过程可以被标准化，并形成业务化系统的标准程序，或作为规划过程的一部分。这样的分析过程可能需要较长的决策周期（如随着客户的增长，为下一个仓库选择一个地址）或高度动态的环境（如交通信号灯和路由的控制，以反映实时的交通密度和类型）。

使用 PADDC 方法，应该注意的几个问题：

（1）问题定义阶段：①空间尺度因素，进行空间分析的区域是怎样的？数据集的变化或部分变化会产生什么影响？所有感兴趣的数据要使用相同的尺度吗？②统计尺度因素，在什么分组层次上进行分析和形成报告？②空间排列因素，空间排列规范和后续研究的空间重新排列对分析结果有影响吗？④问题定义需要有效的数据类型、大小、质量标准，这在时间、预算和资源方面是有效的吗？如果不满足，妥协的方案是什么？⑤空间数据如何分组？怎样避免生态谬误？（⑥采样问题。梳理这些问题不是一次可以完成的，可能需要经过多次的反复。

（2）制定方案阶段：①问题和项目的性质。是纯粹的调查还是一个正式的研究任务？基本上是描述性的（包括识别结构和关系）还是更关注过程？或许是需要更清晰地理解因果关系，特别是开发的是预测模型，或者是结果是预计要提出的建议措施；②要求进行商业成本计算或成本效益分析吗？③需要特别的支持工具和程序吗？④如果有的话，需要什么样级别的公众参与和公众意识？⑤需要什么样的特定业务需求和条件？⑥研究的时效性要求？⑦资金和有效利用资源怎样？⑧项目的风险是什么？⑨用户的期望是什么？⑩必须遵守国家的规范、标准、质量参数和工作程序吗？⑪同类问题的其他研究成果如何？⑫需要什么样的数据，如何获取？⑬采样的误差问题。

（3）数据获取和处理阶段：①边界定义和密度估计；②缺失数据的处理、数据地理编码的方案；③拓扑关系、数据不一致问题、投影问题等；④数据分类问题；⑤数据转换、权重分配、归一化等处理；⑥建模问题和误差处理。

（4）选择合适的分析方法和工具阶段：这主要是面对分析的内容和目的，以及丰富的、商业化软件，如何选择分析的方法和软件工具。

（5）分析结果的发布阶段：这个阶段的问题主要是如何使用合适的语言和结果表达形式形成最终分析结果的报告。可以采用简明的数值摘要和演示文稿图形，如表格、地图、地理可视化等，但应尽量避免使用统计术语。同时，这个阶段也提供了一个机会来讨论研究计划的长处和弱点，以及数据和分析的正确性，特别是可能出现的错误和可能产生的错误结论。

第二节　地理几何计算和操作

一、几何图形长度和面积计算

由于大多数 GIS 制图软件都涉及使用投影的数据集，平面坐标、距离以及面积计算等有关的操作是基于直角坐标系统实现的。多边形面积的计算（和部分多边形的面积）是按照梯形集成或辛普森法则（Simpson’s rule）计算的。采取沿着顺时针方向绕多边形顶点的方式，产生所需的计算结果。

如图 5-18 所示，在 x 轴和在 x_1，x_2 位置的两条垂直线之间的面积，是其宽度，即 x_2x_1，乘以两条垂直线的平均高度，即$\frac{y_1+y_2}{2}$，计算多边形右边的第一个矩形的面积，即：

$$A_1 = \frac{1}{2}(x_2 - x_1)(y_1 + y_2) \tag{5-1}$$

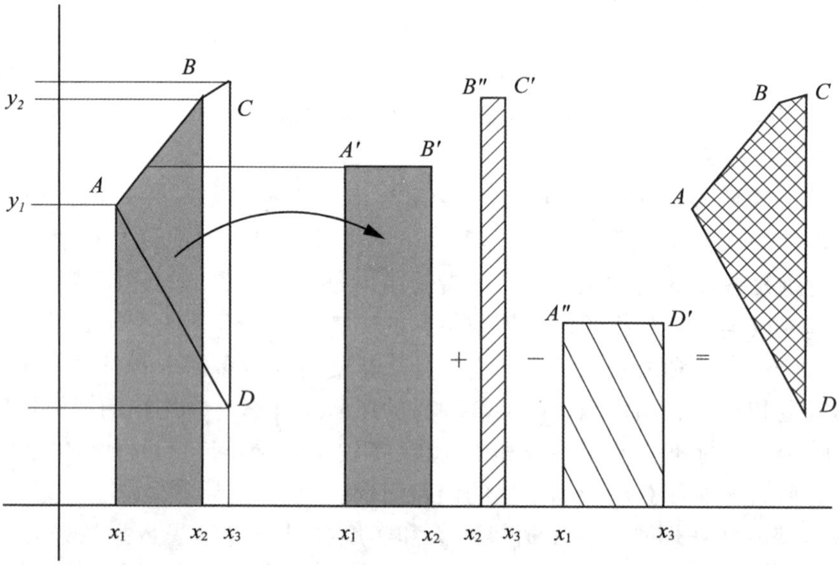

图 5-18　多边形面积计算

在 x 轴和两条垂直线 x_2 和 x_3 之间的面积表现为第二个窄矩形，如果我们再减去短而宽的矩形，即感兴趣的两条垂直线之间多边形之外的区域，我们就可以获得多边形（A，B，C，D）的面积。更一般地，在直角坐标系中，有 n 个顶点的多边形，按顺时针方向对顶点的坐标进行排序，得到坐标集合 $\{x_i,\ y_i\}$，且 $(x_n,\ y_n) = (x_1,\ y_1)$，则多边形面积为

$$A = \frac{1}{2}\sum_{i=1}^{n-1}(x_{i+1} - x_i)(y_i + y_{i+1}) \tag{5-2}$$

按顺时针方向遍历多边形，产生一系列正的和负的矩形截面（当 x_i 小于 x_{i+1} 时），其总和得到一个正值，即多边形的面积。叉积计算公式可以写为

$$A = \frac{1}{2}\sum_{i=1}^{n-1}(x_{i+1}y_i - x_i y_{i+1}) \tag{5-3}$$

如果计算的顶点坐标的顺序相反，总和的值不变，但是负的。这个特征可以用于去除包含在主多边形中的不需要的多边形的面积。如果多边形是自交的，或一些 y 坐标是负值，计算就会失败。

使用直角坐标计算几何长度和面积通常在小区域可以得到满意的结果（100km×100km）。但对于大区域，如一个国家或整个大陆，数据是按照经纬度存储的，长度和面积计算应该按照球形或类似的测度计算（即椭球体或大地水准面体）。如果使用直角坐标计算公式计算，会得到不正确的结果。使用经纬度计算面积是复杂的，计算方法参考后面的表面面积的计算。

基于直角坐标的两点之间的长度计算公式为

$$d_{ij} = \sqrt{(x_i - x_j)^2 + (y_i - y_j)^2} \tag{5-4}$$

对于折线或多边形周长的计算，可以采用上述公式的求和形式。

对于平面上的一条直线 l，方程可以表示为：$ax+by+c=0$，a，b 和 c 是常数，则点 p（x_p，y_p）到直线的距离为

$$d_{(p,\ l)} = \frac{|ax_p + by_p + c|}{\sqrt{a^2 + b^2}} \tag{5-5}$$

在球面坐标系，计算两点之间的距离使用余弦公式：

$$d_{ij} = R\arccos[\sin\varphi_i\sin\varphi_j + \cos\varphi_i\cos\varphi_j\cos(\lambda_i - \lambda_j)] \tag{5-6}$$

式中，R 是地球半径（如 WGS84 椭球的平均半径）；（φ，λ）是经纬度，且 $180 \leqslant \lambda \leqslant 180$，$90 \leqslant \varphi \leqslant 90$，以度为单位（虽然这样的计算通常使用弧度，180 度 $=\pi$ 弧度，1 弧度 $=57.3$ 度）。这个公式在一些情况下对计算误差是敏感的（如对非常小的角度差）。比较安全的计算公式是

$$d_{ij} = 2R\arcsin^{-1}\sqrt{\sin^2 A + \sin^2 B\cos\varphi_i\cos\varphi_j}$$

$$\text{where：} A = \frac{\varphi_i - \varphi_j}{2},\ B = \frac{\lambda_i - \lambda_j}{2} \tag{5-7}$$

二、栅格数据的面积和长度

对于栅格数据而言，长度和面积的计算都很简单。长度为栅格单元数乘以栅格单元的长度或宽度（如果是正方形单元），面积为栅格单元面积的累加求和。但困难在于，构成“线”或“多边形”的栅格单元是如何定义的。对于由栅格单元组成的一个图斑来讲，周长按照边界单元的个数乘以单元的长度（这里假设是正方形单元）计算，是一种最简单的定义。但其长度可能要比按照矢量数据计算要长些，典型情况下可能要长 50% 左右，当然，计算精度还与分辨率有关。进一步讲，这些计算还决定使用什么样的软件，对图斑定义的差别（如图斑是否包含有洞？开放边界不是周长的一部分，栅格单元的属性与已有的栅格单元不匹配等）会导致面积和周长计算的差别。

在多数环境数据库中（如土壤类型、土地利用和植被覆盖），栅格单元的属性值在跨像元时近乎是连续传播的，没有明显的分界线，这种情况下，边界是不确定的。更多的是取决于一些共识或其他过程，而不是单纯根据单元值来划定边界。区域的面积和周长的确定很少是清晰的，尽管使用成员函数的概念已经取得了一些成就。栅格数据的进一步的问题是栅格化模型导致数据处理方法方面的畸变或制约因素。畸变主要有三种类型：定向、几何量测和分辨率。

定向，是指具有单一的矩形格网，将源数据的值分配给每个网格，如果网格被第一次旋转，长度和面积的计算值会改变。如果数据是以任何方式组合的，具有两个或更多的网格定向以及分辨率是必不可少的。这可能意味着源数据（如遥感数据）将要预先处理，提供格网化的数据，以保证匹配是可行的。要达到这个目的，每个数据源需要单独处理，或者数据在处理过程中需要重采样。当然，由单波段影像构成的多波段影像数据，定向和

分辨率要保持匹配。

几何量测，为了计算格网化数据的距离，通常是累加构成一条线或边界的像元，再用像元数乘以像元的边界长度。这基本上是一种锯齿状移动（国际象棋的车移动方式）计算，尽管它允许按对角线调整或“国际象棋的象的移动”。如图 5-19 所示。对角格网的距离取 $\sqrt{2}$ 。这个 3×3 的邻域模型这在地理空间分析和长度计算方面是很常用的，包括距离计算、图像处理、元胞自动机方法、表面分析、空间自相关分析等，这也被称为摩尔邻域。

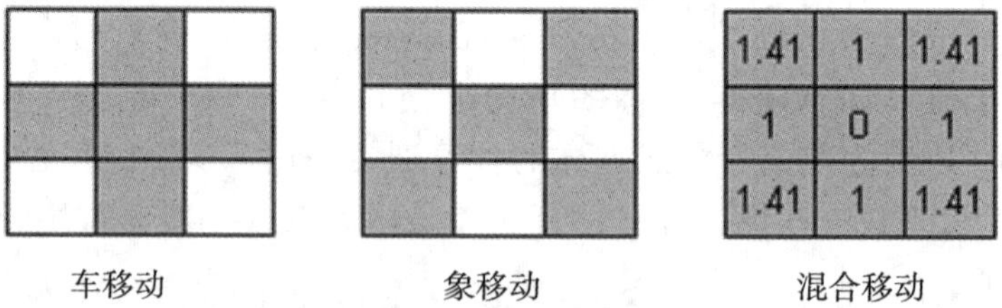

图 5-19　距离计算路径移动方式

这些计算方法在 4 或 8 个方向之间可以提供正确距离计算，如图 5-20 高亮显示的灰色格网。在其他方向的全球距离计算，按照 4-点车移动模型计算会产生高达 41% 的误差。按照 8–点皇后移动方式会产生 7. 6% 的误差。

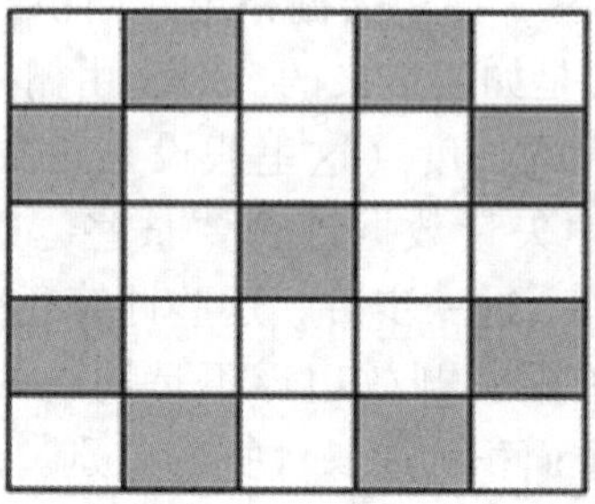

图 5-20　距离计算

图 5-20 中每个灰色方块到中心方块的距离是 2. 24 个单位，但用锯齿计算方法是 3 个单位，用皇后移动计算方法是 2. 41 个单位。

相似的问题在成本距离计算、路径规划和表面梯度、坡向计算时也会出现。在正确和不正确方面，这些问题不具备绝对意义，因为这取决于应用和采用的方法的合适性，但必须知道这些问题的存在。

分辨率，即格网尺寸的大小。在空间量测和分析时，必须将属性值分配给每个格网，分辨率是重要的。更精细的分辨率可以提供对点、线、面更精确的表达，以及需要对属性数据进行更详细的分类。但这要考虑更多的因素，包括数据量的增加、处理开销等。其他因素是属性值要分配给每个格网，较大的网格意味着更大程度的平均化等，包含格网内可能损失重要的变化。极端地讲，假定每个格网赋一个单一的属性值，一个巨大的格网的属性值将没有变化。属性的变化随着格网尺寸的减小和格网数量的增加而变化。

三、表面积计算

（一）投影表面

大多数 GIS 软件提供的是平面面积计算，不是表面积计算。ArcGIS 和 Surfer 软件提供了表面积计算的选项。表面积计算的结果大于或等于等效的表面平面投影面积。这两个值之间的比率提供了一种粗的表面粗糙度指数。

如果表面是使用 TIN 的格式表达，则表面积的值可以通过对构成 TIN 的三角形的面积求和得到。设 $T_j=\{x_{ij},\ y_{ij},\ z_{ij}\}$，$i=1,\ 2,\ 3$，是 j^{th} TIN 三角形元素的顶点坐标，那么当 Z 是常数时，平面三角形的表面面积可由下式计算：

$$A_j=\frac{1}{2}\begin{pmatrix}+x_{2j}y_{1j}+x_{3j}y_{2j}+x_{1j}y_{3j}\\ -x_{1j}y_{2j}-x_{2j}y_{3j}-x_{3j}y_{1j}\end{pmatrix} \tag{5-8}$$

这个叉积公式与前面提到的多边形面积计算公式是一样的。但当 $n-1=3$ 个顶点的多边形的面积是：

$$A=\frac{1}{2}\sum_{i=1}^{3}\left(x_{i+1}y_i-x_iy_{i+1}\right) \tag{5-9}$$

这里 $i+1=4$ 被定义为第一个点，即 $i=1$。括号里的项是全部四边形的项，取和的 1/2 为三角形的面积。也可写成下面的公式：

$$A=\frac{1}{2}\begin{vmatrix}x_1 & y_1 & 1\\ x_2 & y_2 & 1\\ x_3 & y_3 & 1\end{vmatrix} \tag{5-10}$$

如果斜面 T_j，角度 θ_j已知，或容易计算，则 T_j的面积可以直接计算，即 $A_j/\cos(\theta_j)$，如图 5-21 所示。

其三维的计算公式为

$$A=\frac{1}{2}\sqrt{\begin{vmatrix}x_1 & y_1 & 1\\ x_2 & y_2 & 1\\ x_3 & y_3 & 1\end{vmatrix}^2+\begin{vmatrix}y_1 & z_1 & 1\\ y_2 & z_2 & 1\\ y_3 & z_3 & 1\end{vmatrix}^2+\begin{vmatrix}z_1 & x_1 & 1\\ z_2 & x_2 & 1\\ z_3 & x_3 & 1\end{vmatrix}^2} \tag{5-11}$$

对所有的 i，如果 $z=0$，公式中的第二项和第三项不存在，就变成二维计算式了。假定有一个平面正三角形，边长分别为 1，1，$\sqrt{2}$，三维坐标分别是（0，0，0），（1，0，0）和（1，1，0），这个三角形的面积是 0.5 个单位。如果设坐标为（1，1，0）的这个顶点的坐标现在是（1，1，1），则面积增加 0.7071 个单位，即大约是 40%。

如果表面不是用 TIN 表达，而使用格网模型表达，表面积的计算与 TIN 的方法类似。这种情况下，每个中心格网附近的 8 个点可以组成 8 个多边形，如图 5-22（a）所示，面积计算可以转化为 TIN 的计算方法。更灵活一些的计算形式与此类似，但是基于逐个格网加权的。在这个过程，每个格网的表面积是 8 个小三角形面积的加权总和。在目标格网中

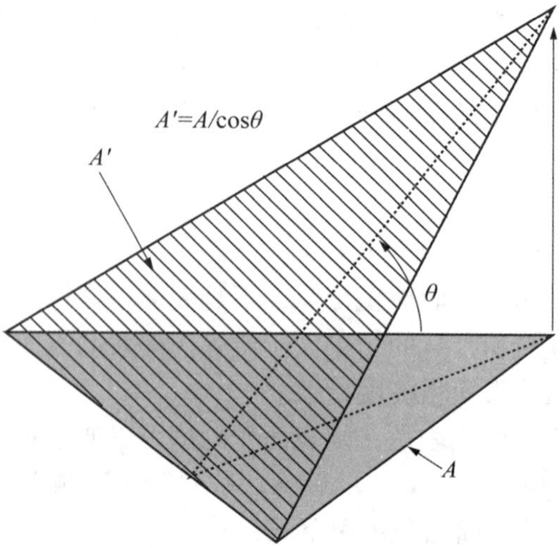

图 5-21　斜面的计算

心的三角形的面积计算后，每个这样面积的25%赋给中心格网，如图 5-22（b）所示。

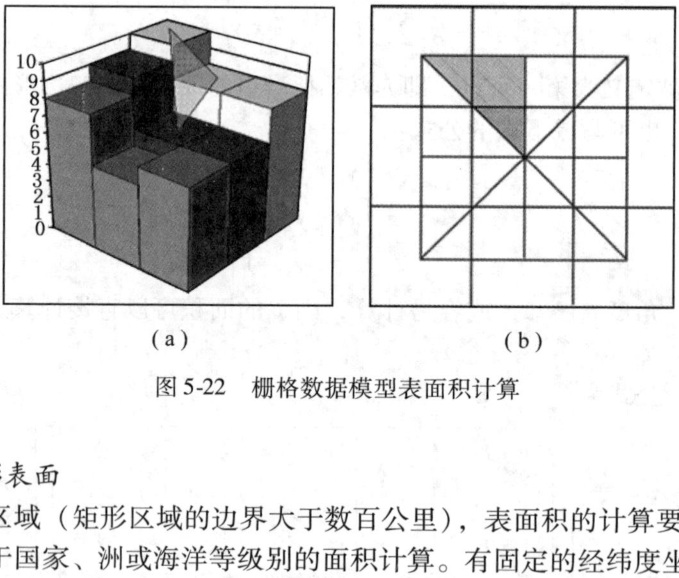

（a）　　　　（b）

图 5-22　栅格数据模型表面积计算

（二）非投影表面

对于较大的区域（矩形区域的边界大于数百公里），表面积的计算要注意受地球曲率的影响，主要用于国家、洲或海洋等级别的面积计算。有固定的经纬度坐标定义的球形矩形区域的面积要大于由恒定的纬度线（后者不是大圆）和经线（尽管是大圆）边界定义的面积。这种效应在靠近两极迅速增加，在靠近赤道迅速减弱。其计算公式为

$$A = 2\pi(1 - \sin\varphi)R^2 \tag{5-12}$$

式中，R 是椭球的半径。

四、质心和中心的计算

术语“中心”和“质心”具有不同的意义和计算公式，取决于软件的实现方法，是对于多边形、线和点集有特定的测量方法。一些 GIS 软件提供的中心和质心计算方法是用

于多边形和线的，但按照点输入的方式输入数据，也可用于点集的中心和质心计算。

如果（x_i，y_i）是一个点集的坐标对，或单个多边形的顶点坐标对，则均值中心的计算公式是

$$M_1 = \left(\sum_i \frac{x_i}{n},\ \sum_i \frac{y_i}{n} \right) = (\bar{x},\ \bar{y}) \tag{5-13}$$

加权均值中心的计算公式是

$$M_1^* = \left(\frac{\sum_i w_i x_i}{\sum_i w_i},\ \frac{\sum_i w_i y_i}{\sum_i w_i} \right) \tag{5-14}$$

关于这个均值中心的点集 $\{x_i, y_i\}$ 的 RMS 变化，称为标准距离（standard distance），计算公式为

$$s_{Dis} = \sqrt{\sum_i \frac{(x_i - \bar{x})^2}{n} + \sum_i \frac{(y_i - \bar{y})^2}{n}} \tag{5-15}$$

或加权形式：

$$s_{Dis} = \sqrt{\frac{\sum_i w_i (x_i - \bar{x})^2}{\sum_i w_i} + \frac{\sum_i w_i (y_i - \bar{y})^2}{\sum_i w_i}} \tag{5-16}$$

多边形的质心是其重力中心。如图 5-23 所示的三角形质心的计算公式是

$$M2_x = \sum_{i=1}^{n-1} \frac{(x_{i+1} y_i - x_i y_{i+1})(x_i + x_{i+1})}{6A}$$

$$M2_y = \sum_{i=1}^{n-1} \frac{(x_{i+1} y_i - x_i y_{i+1})(y_i + y_{j+1})}{6A} \tag{5-17}$$

图 5-24 是多边形质心的计算例子。

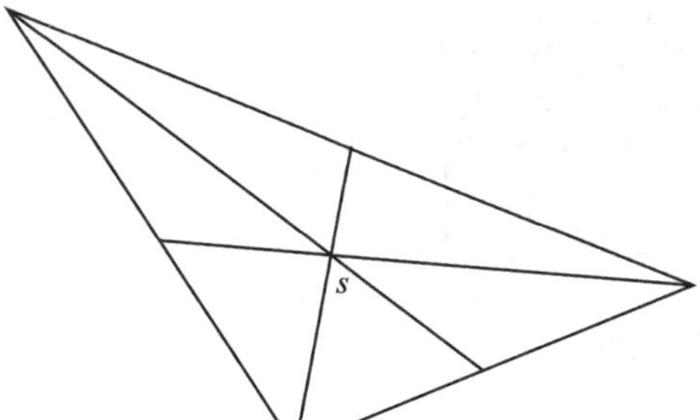

图 5-23

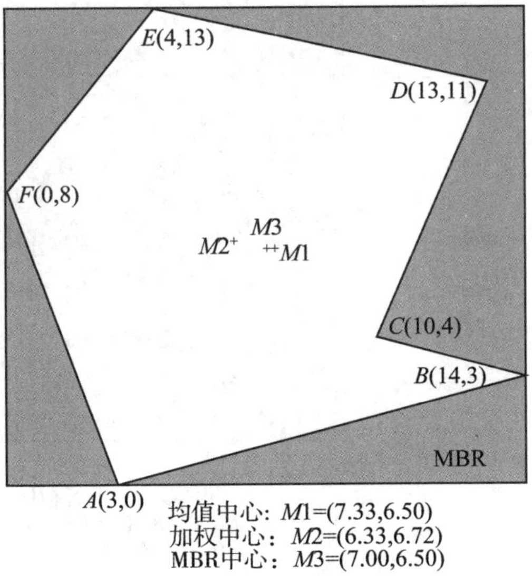

图 5-24　多边形质心的计算

图 5-25 是一组多边形质心的计算例子。

图 5-26 是根据内切圆和边界圆计算的多边形质心的例子。

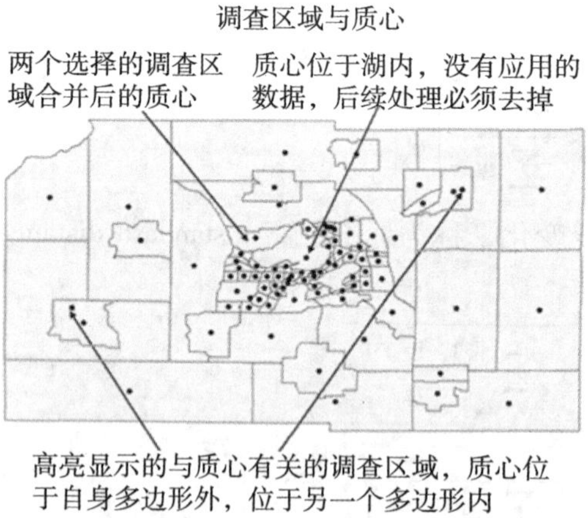

图 5-25　一组多边形质心的计算

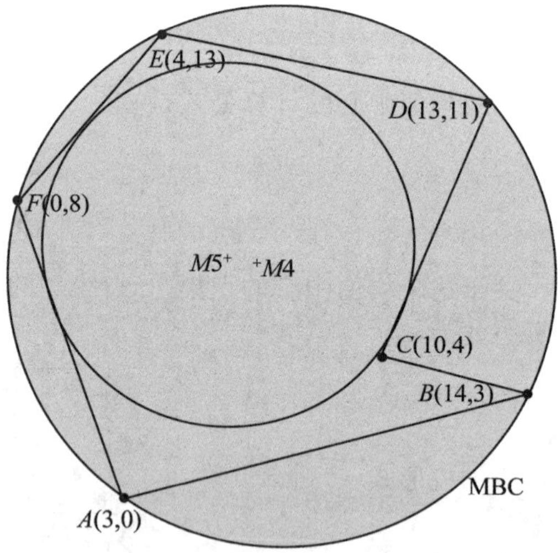

图 5-26　根据内切圆和边界圆计算的多边形质心

如果（x_i，y_i）是点集的坐标，均值中心的计算是简单的坐标的平均值。其质心的计算公式是（加权均值中心）：

$$M_1(x_0,\ y_0)=\left(\frac{\sum_i w_i x_i}{\sum_i w_i},\ \frac{\sum_i w_i y_i}{\sum_i w_i}\right) \tag{5-18}$$

图 5-27 是点集均值中心计算的例子。

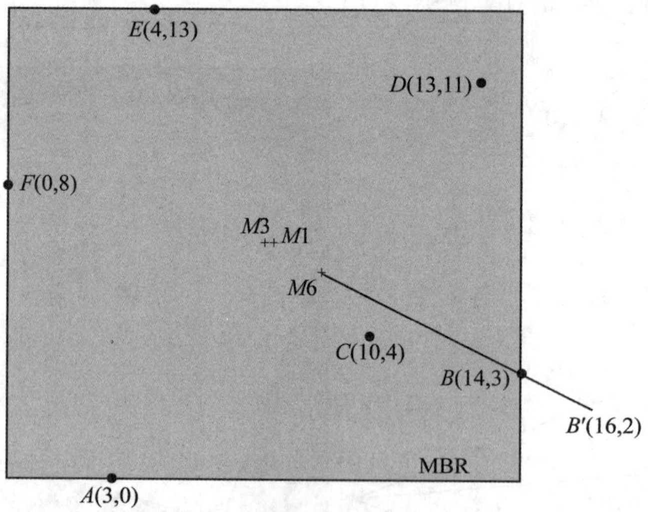

图 5-27　点集中心的计算

五、形状的计算

如果A_i是多边形i的面积，L_i是周长，B_i是具有周长L_i的圆的面积，则周长/面积的比率（p1A）是：

$$p1A_i = \frac{L_i}{A_i} \tag{5-19}$$

周长^2/面积的比率（p2A）是：

$$p2A_i = \frac{L_i^2}{A_i} \tag{5-20}$$

形状指数或紧凑度比率（shape index or compactness ratio）为：

$$c_i = \sqrt{\frac{A_i}{B_i}} \tag{5-21}$$

相关边界图形指数（related bounding figure，RBF）为：

$$\mathrm{RBF}_i = 1 - \frac{A_i}{F_i} \tag{5-22}$$

其中，F_i边界图形的面积，典型的是这个面积是 MBR 的面积。

迂曲指数（circuity index）的计算公式为：

$$j = \frac{1}{V}\sum_{i=1}^{n}(N_i - E_i)^2 \tag{5-23}$$

式中，N是网络距离；E是欧几里得距离；V是网络的顶点数，$n=\frac{V(V-1)}{2}$。

六、矢量叠置操作

矢量叠置是将矢量图层A与矢量图层B叠置，产生矢量图层C的计算，包括以下一些类型：

（1）求交操作，结果包括共同出现在A和B的所有多边形部分。

（2）并操作，结果包括出现在 A，或者 B 的所有多边形部分，所以是 A 和 B 的总和。

（3）非操作，结果仅包含出现在 A，但不在 B 的所有多边形部分。

（4）异或操作，结果包含出现在 A 或 B，但不是同时出现的所有多边形部分。如图 5-28 所示。

七、面插值计算

多边形与多边形的叠置操作产生的一个重要问题是：属性应当如何从输入多边形赋给新产生的，大小和形状都不同于源数据集的多边形？重新分区操作也会产生这个问题。假定有一组非重叠的多边形，例如人口普查分区，第二组多边形表示医院的服务区，如按照以医院为中心产生的 Voronoi 多边形。我们希望估计服务区的人口数以及年龄或性别情况。根据估计的结果，我们可以为医院分配预算，或调整服务区域，以获得更均衡的服务分区。

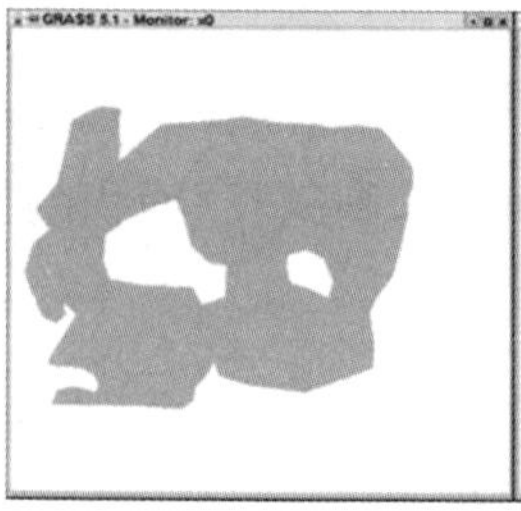

输入图层A

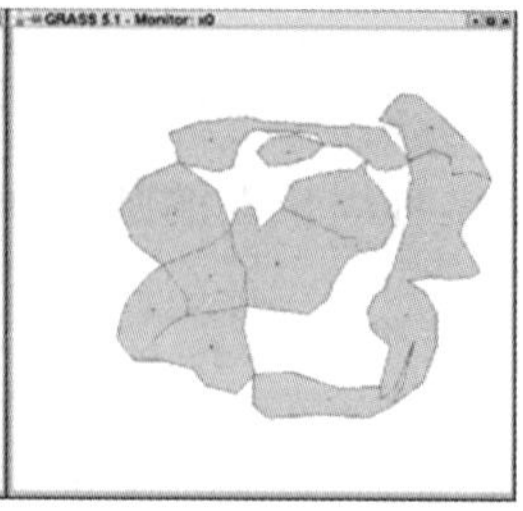

输入图层B

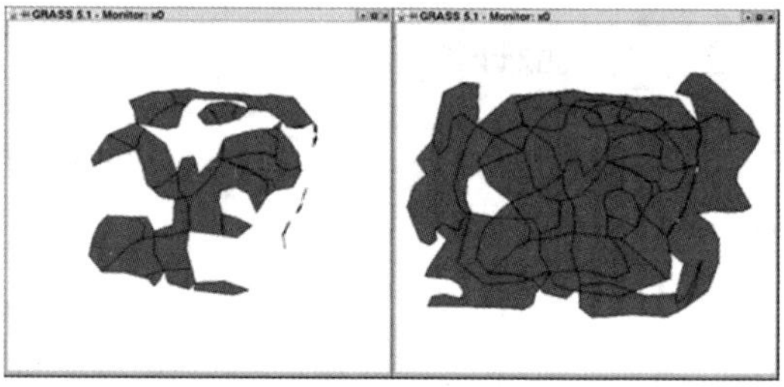

求交运算结果并运算结果

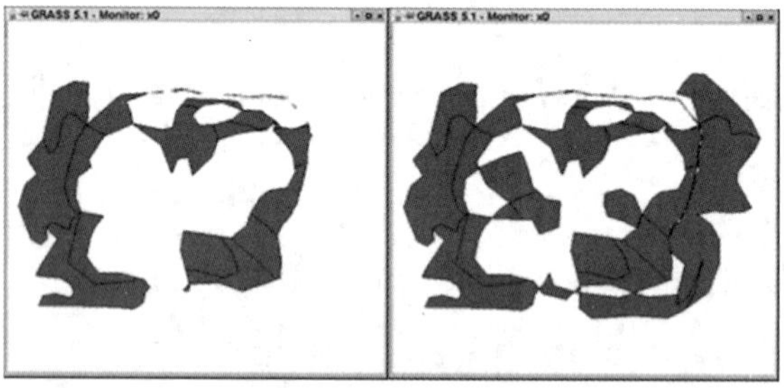

非运算结果异或运算结果

图 5-28　矢量叠置操作

使用简单的多边形叠置，我们可以通过计算与每个分离的服务区相交的每个调查区域的面积比例的方法，按照这个比例将相关的属性赋值给要估计的医院。这是假定每个属性的分布是常量，或是均匀的，在每个人口普查分区内，同时确保每个属性的总计数与人口普查的数字保持一致（称为总量守恒或 pycnophylactic 赋值）。在大多数 GIS 软件中，标准的多边形求交操作不能实现这种比例分配，但可以简单实现源多边形向目标多边形的属性赋值。

图 5-29 和图 5-30 是检验英国曼彻斯特部分地区人口普查的例子。图 5-29 表示的是每个区域的人口总数的源数据，和 1km^2 采样区域的重叠区域和用于叠加操作的源多边形（方形区域的上部）。

图 5-30 是基于面积比例分配的结果显示。可以发现，在选择的矩形区域内各多边形的估计的人口数量都发生了变化（矩形区域的总量为 1632 人）。

上述按照面积比例进行插值的方法是假设在多边形内空间分布是均匀的，这通常是不现实的假设。这对于较小的样本区域（如邮政编码单元），如果数据是有效的，可以按照类似面积比例的方法进行插值。另一种方法是按照连续表面（不均匀分布）替换所感兴趣的变量分布模型。本质上讲，这个插值方法是首先将感兴趣的属性值赋给一个合适的多边形中心，然后计算多边形内细格网的属性值，并顾及相邻或邻近的多边形中心的属性值的影响。例如，如果源多边形的属性值在目标多边形中，是东边大于西边的，那么在源多边形要分配的值可以假定表现为从东到西是坡度变化的，而不是均匀的。先对源多边形内的细格网上的值进行估计，然后对每个目标多边形将这些估计的值进行求和，并加以调整，以保证总量与源多边形相一致。调整后的格网的值再重新分配给目标多边形。

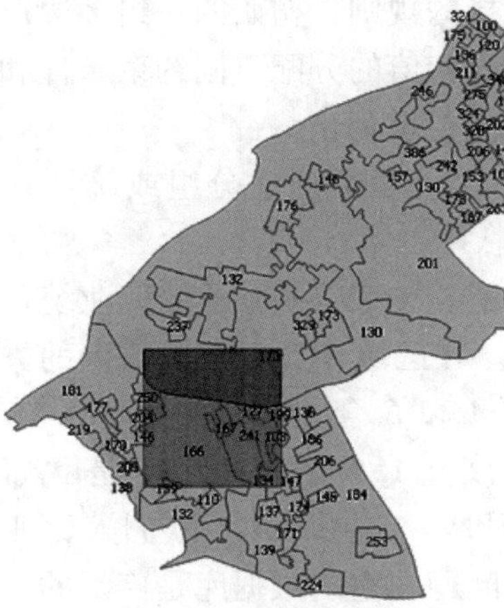

图 5-29　从人口普查区域到一个单格网的面插值

图 5-30　按比例分配的人口值

在这个例子中，每个格网的属性值（如人数）P_i是按照下面的公式估计的：

$$\hat{p}_i = \sum_{j=1}^{N} w_{ij} p_j \tag{5-24}$$

其中，p_j是质心的人口数，w_{ij}是单元 i 的质心 j 的权重，N 是由使用的窗口尺寸决定的一个数，即 $N \times N$ 格网单元。权重决定分配给每个质心人口值的比例，由距离衰减函数计算：α 是衰减参数。

$$w_{ij} = \left(\frac{\sigma^2 - s_{ij}^2}{\sigma^2 + s_{ij}^2} \right)^{\alpha} \tag{5-25}$$

其中，d 是在采样窗口内质心的平均距离，s_{ij}是单元 i 和质心 j 之间的距离，典型的，在这个模型中 $\alpha=1$ 。这个插值模型，其格网分辨率、窗口大小和衰减参数以及质心位置的选择，都会影响插值计算的结果。

上述方法，即调整保持总量分配，具有明显的缺点，这里研究的地理区域充满变数，属性变化也是不同的（没有表现出很强的正的协变化）。例如，在城市地区，人口是典型集中的，不是均匀分布的任意区域的。在城乡边界和具有明显定居点的农村地区，一个更好的方法是利用辅助信息，如土地利用、路网密度（按类型）或遥感图像，调整属性分配。这些辅助数据可以使用某种加权的形式加以利用。

八、区域划分和重新分区

这类操作的一个共同问题是将众多小区域合并成为数量较少的较大区域或分区的过程。合并过程通常满足一组空间的和属性相关的约束。

空间约束条件是：区域必须是由相邻的区域组成的；区域必须有合理的形状，即紧凑合理的形状；属性约束条件是（例如人数）：没有分区的人数低于 100 人的；所有分区的人数相当（如在一个目标范围内）。一些 GIS 软件提供自动或半自动分区或重新分区的功能。这类操作有着众多的应用，如在服务区或选举区定义、重新分区等方面。

分区和重新分区一般是凝聚或构造的过程。按照选择的规则，初始的一组多边形被缩减为较小的一组多边形。自动完成这个过程，包括一系列初值的分配、同约束条件和目标要求的结果的比较、重新分配数值，直到尽可能满足目标要求为止。

产生一个新的分区可能是一个复杂的处理过程，涉及尺度影响（分组或统计）和分区（布局）影响。

理解尺度影响，可以通过一个简单的应用例子来理解。如表 5-1 所示的就业统计，区域 *A* 和区域 *B* 共有 100000 个人，分为就业和失业两类。在区域 *A*，亚洲和欧洲的失业人数各占 10%（即相等的比例）。因此我们期望，将区域 *A* 和 *B* 合并，共有 200000 人，具有相同亚洲和欧洲人的失业比例，我们猜想失业率应该是 15%，但实际上是欧洲人占 13.6%，亚洲人占 18.3%。这个出乎意料的结果的原因是，在区域 *A*，欧洲人比亚洲人的人数多，正是使用了不同的总人数计算造成的。这类问题在空间数据库是广泛的，最好的解决方法是使用多尺度分析。

对于第二个问题，分区影响，以人口普查区和选举区的定义为例来说明。它们的形状和被聚合的方法会影响结果，甚至会改变要选举的党派。这不是说一个特定的安排会有这样的影响，但至少对一个单独的属性而言，有意产生一个符合特定条件的分区计划是可能的。这个问题就是所谓的“可塑面积单元问题”（modifiable areal unit problem，MAUP）。

表 5-1　**就业统计**

	就业人数（000s）	失业人数（000s）	总数（000s）（失业%）
区域 *A*			
欧洲	81	9	90（10%）
亚洲	9	1	10（10%）
总计	90	10	100（10%）
区域 *B*			
欧洲	40	10	50（20%）
亚洲	40	10	50（20%）
总计	80	20	100（20%）
A 和 *B*			
亚洲	121	19	140（13.6%）
欧洲	49	11	60（18.3%）
总计	170	30	200（15%）

图 5-31 是关于这个问题的例子，是由 9 个小投票分区组成的理想区域。每个分区，行、列和投票总数表示在图 A 中。共有 1420 张票，投给第一个党派的大约有 56%，用浅色表示（R），投给第二个党派的约占 44%，用深色表示（B）。按照“得票最多者胜选”的选举制度（得票多的赢得选区），在 9 个选区内，R 得 5 个席位，B 得 4 个席位。然而，

实际上，在这个例子中，如果这些分区不是投票分区本身，而是需要合并相邻的区域定义投票区，那么结果可能会有很大不同。根据图 B 到 F 表示的仍然按照“得票最多者胜选”的选举制度，会出现第一党派在所有选区全部胜选的情况（C），在图 F 中，B 有 75% 的选区胜选。

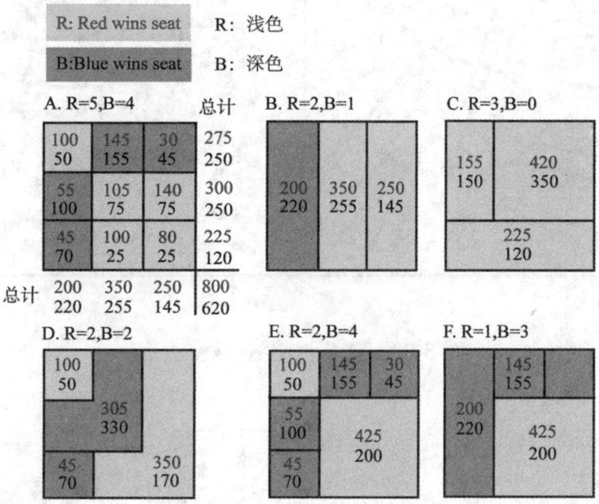

图 5-31　分区对插值结果的影响（每组数据、上面为 R，下面为 B）

下面是根据 7 个步骤，对 2001 年英国人口普查区域进行自动分区的例子。这 7 个步骤是：

第 1 步：将随机分区系统生成的 N 个小区域合并为 M 个区域，$M<N$；

第 2 步：生成 M 个区域的列表；

第 3 步：从这个列表中随机选择并删除任何区域 K；

第 4 步：确定区域 K 中的能移动到区域 K，但不破坏公共区域的内部邻接性的成员之间的一组边界；

第 5 步：随机从这个列表中选择分区，直到目标函数的当前值是局部重要的，或者移动到当前最好的值。更新候选分区列表，返回第 4 步，或继续移动，重复第 5 步，直到列表处理完毕；

第 6 步：当区域 K 的列表处理完毕，返回到第 3 步，选择另一个区域，重复 4 ~6 步；

第 7 步：重复 2 ~6 步，直到没有进一步要提高的移动。

在英国这个例子中，初始的小区域选择邮政编码单元。其定义了 10 ~ 14 个地址。不幸的是，这些独立的地址是按照地理参考点数据（名义中心点）的列表存储的，而不是邮政区域。因此，第一阶段的分析包括在全英国范围用这些点产生 Voronoi 多边形。这些初始多边形，基于产生的多边形和道路线路，被合并成单位邮政编码区域（图 5-32）。

一旦这些邮政编码多边形产生了，自动分区处理就可以开始。这是一系列的赋值分配处理（图 5-32）。从连续的单元邮政编码区域任意分配开始（图 5-32（a）），到逐步选择可能分配给相邻分区的区域（如图 5-33（b）、（e）中的深色区域）。

(a) (b)

图 5-32　产生邮政编码多边形

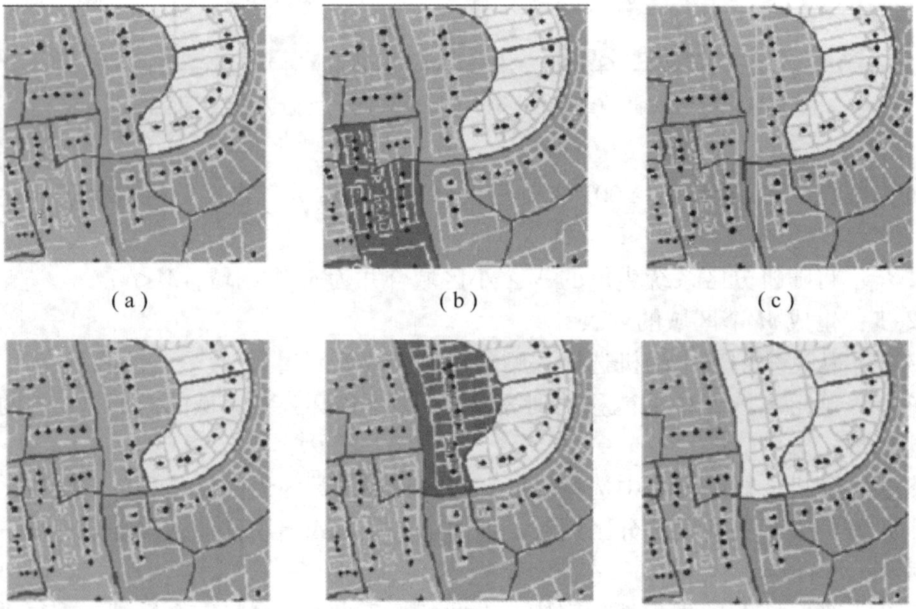

(a) (b) (c)

(d) (e) (f)

图 5-33　自动分区过程（automated zone procedure，AZP）

分配规则包括目标人口规模和社会同质性的一个测度，外形紧凑度测度和强制的邻接性测度。这个处理的结果，后来用于数个测试区域，如曼彻斯特的两个不同情况的测试区，A 和 B，如图 5-34 所示。

这两种情况分别是：

A：阈值人口数=100，目标人口数=150，形状约束 P2A=（周长^2）/ 面积，没有社

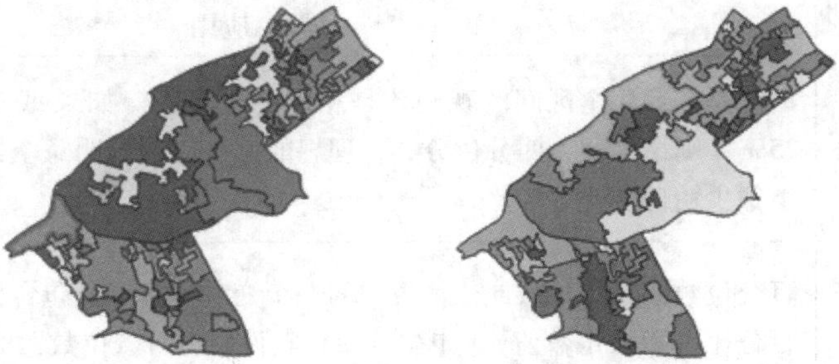

A：目标人口150　　　　B：目标人口250

图 5-34　曼彻斯特测试区

会同质性约束；

B：阈值人口数=100，目标人口数=250，形状约束 P2A=（周长^2）/ 面积，社会约束=使用权和住宅类型在区域内的相关性。

九、分类和聚类

分类是根据某种属性将数据进行分组的方法。分类需要将目的和方法联系起来。分析员有责任选择合适的方法，以适应不同的目的。分类有多种方案。

（一）单变量分类方案

大多数单变量分类是单纯基于输入的数据集进行分类，不会参考外部评价准则。分类的对象是离散的，一次只能归于一类的明显的项（有时也称为硬分类）。对于具有不确定性分类或边界不清晰的成员的分类，使用不同的分类方案（软分类或模糊分类），或根据多属性进行分类。典型的，在分类时使用的属性是实数的数值型或整数类型。在多数情况下，这些数值表示一个间隔或比率标度变量。纯名义值数据也可用于有效分类（如对多边形进行颜色赋值）。表 5-2 列举了一些常用的单变量分类方法以及常规用途。

表 5-2　**常用单变量分类方案**

分类方案	描述/应用
唯一值	每个值分别处理，例如映射为一个不同的颜色
人工分类	分析员需要按照一个列表，说明不同类之间的边界，或说明一个下界和区间，或一个下界和一个上界，外加一个需要的区间数
等区间，分片	属性值被分为具有每个间隔都一样的，宽度=范围/ n 的 n 个类。对于栅格数据，称为分片
定义的区间	可变化的人工和等区间，用户定义每个所需的间隔区间
指数区间	区间是按照每个后续区间的观测数指数增加（减少）选择的

续表

分类方案	描述/应用
等计数或量	区间是按照每个区间的观测数是相同的选择的。如果每个区间包含观测数的25%，则结果称为四分位分类。理想的方法应当指明每个类准确的数目，实际上很少精确相等
百分位数值	百分位数图是等计数或分位数图的一个变种。每个类包含相等的标准版本的等百分比（百分位数值）。如在 GeoDa 软件中，百分位数图的实现（特别是探索性空间数据分析）是将不相等的数提供给包含 6 个区间的类：≤1%，1%～10%，10%～50%，50%～90%，90%～99% 和≥99%
自然分离	在 GIS 软件包广泛使用的是一些方差最小化分类。分离是典型的不平均，选择的分离的值在大的值发生变化的地方。可能受到分类数的明显影响，往往有不寻常的分类界限。典型的应用方法是 Jenks 方法
标准偏差	计算属性值的均值和标准偏差，属性值按照来自均值的偏差分类（z-转换）。转换的值然后被映射，通常按照 1.0 或 0.5 的变差间隔。注意，这经常会导致无中央类，只有均值的两边，甚至只有类的数
箱线图	四分位数分类设计的一个突出显示极端值的一个变种。典型地定义 6 类，4 个四分位数，加 2 个基于极端值的进一步分类

（二）多变量分类和聚类

多变量分类的关键步骤是：

（1）属性或对象之间的内联关系的定量分析；

（2）对一个已知几何结构（通常是欧氏的）的相关性的转换和降低；

（3）基于这个转换空间的距离测度，对属性或对象进行分类或聚类，一旦完成，类就已经确定；

（4）制定分类现象的规则。

上述步骤之外的另一个重要步骤是分类质量的过程内处理和后处理。过程内处理是企图使用多种分类方法评估稳定性和定义的分类强度，或使用随机样本或野外实地调查方法验证分类的正确性。完全基于属性信息（即忽略空间关系）的数据集的分类可以很容易地使用通用的统计和数学工具集进行。一些分类技术，如基于多元（变量）方差分析的聚类，需要输入的数据集是正态分布，但多数分析方法没有这样的假设。多数统计和数学库提供了方便分类的工具，包括：

（1）用于降低原始数据集的复杂度的工具，如因子分析、主成分分析和多维尺度化；

（2）识别数据集的极端值，基于一个固定数量聚类的单一值（如 K 均值），或一个层次基础（典型的依靠联系函数的一些形式，通常基于分离聚类内的点之间的一个简单欧氏距离函数）；

（3）最优化地分配新的观测值到已有类的工具（如线性判别分析）。

当我们检验这种方法对多波段遥感数据的分析的应用时，我们首先使用计算 K 均值和线性判别分析方法。K 均值聚类分类企图把多变量数据集分为 K 个清晰的聚类（无重叠），以便在一个聚类中的那些点尽可能接近多维空间，尽可能远离其他聚类的那些点。输入数据集可以看做是具有 n 个测度（典型地是真实值）或属性的一组对象。每个对象然后看做是在多维空间的一个单点或矢量，$x = \{x_1, x_2, \cdots, x_n\}$。聚类过程如下：

①从一组 K 个初值聚类中心开始。初值或许这样赋值。(a）按照在观测值范围内的 n 维空间的 K 个随机位置；(b）按照在观测值范围内的 K 个均匀设置的位置；(c）按照用户定义的 K 个位置；(d）从观测数据集中选择尽可能靠近聚类中心的 K 个数据点；(e）按照 K 个计算的位置，计算方法是通过使用随机或均匀分配，对数据集的一个小子数据集进行聚类获得。需要定义一个出发点的最小分离距离。

②计算每个点与每 个 K 均值之间的距离，基于一些预先定义的测量方法（通常使用平方欧氏距离 L_2^2，或街区距离 L_1，因为这两者都可以提高计算速度）。例如平方欧氏距离的计算表达式如下：

$$d_{ik} = \sum_n \sqrt{|x_{in} - c_{kn}|^2} \tag{5-26}$$

其中，d_{ik}是在一幅影像中的 i^{th} 像素到 k^{th} 中心的距离，X_{in}是 i^{th} 像素的 n 个元素（波段）矢量，C_{kn}是 k^{th} 个中心的 n 个元素矢量。

③将点分配到最邻近的中心。任何空的聚类都可以丢弃，重新增加一个新的出发点。

④每个聚类中心的位置基于分配到这个中心的一组点重新计算，然后重复前面的步骤。这个过程是迭代的，直到没有进一步的重新分配发生，或达到预先设置的迭代次数，或没有聚类中心按照多于预先定义的小量移为止。计算所有点到它们已经被指定的 K 个聚类中心的总距离（DSUM）。

⑤再依次重新检查每个点（步骤②），如果这个点被指定到其他中心，则看看 DSUM 是否减小。如果 DSUM 是减小的，就将这个点重新分配到以最大的总体减少为结果的中心。

⑥停止条件是设置一个迭代次数（如 50 次），或 DSUM 变化的水平，或要继续分配的数据点的百分比（如 1%）或个数，或它们的联合条件。

⑦特别要考虑的或许是给出要重新分配的数据项，其聚类的成员很少，如少于 1% 个数据点。删除较少成员的聚类，并对它们重新分配（即合并小的聚类，得到数量较少的大聚类）。

⑧然后选择不同的出发点，重复整个过程。这可能导致目标函数 DSUM 的总体减小，因为这个算法不能保证提供一个最优分类。

⑨通用的聚类算法，如 K 均值，可能导致许多空间隔离的像素或分区。其可能是一个良好代表性类的成员（>>1%）。在一些应用中，平滑滤波器巩固它们周围区域这种现象的发生，但必须小心使用，因为结果可能包含混合分类。

⑩在实践中，当确定最终分类时，根据所得结果的先验解释，可以按不同的权重分配给聚类。这样做的好处是，应设置一个明确的和透明的方式，以避免由第三方对这个结果

的解释。

线性判别分析（linear discriminant analysis，LDA），假定有 P 个类和 P 个线性判别函数。这些判别函数非常类似线性回归方程，由 M 个影像波段训练区数据分析计算获得。通过计算每个线性判别函数的权重，然后再由目标影像计算每个像素的一组 P 个加权总和，具有最高值或最高得分的那个总和 S_i，作为像素要被分配的类。总和计算表达式为

$$s_i = c_i + \sum_{j=1}^{m} w_{ij}x_j \tag{5-27}$$

其中，c_i是类 i 的一个常数，x_j是在类 j 观测的像素的值，$w_{i,j}$是应用于波段 j 和类 i 的权重。因此，对于 $m=7$ 的光谱波段，对每个判别函数有一组 7+1 个相关权重，如果有 $P=5$ 个这样的函数（即 5 类），将有一个 40 个权重值的矩阵 W，每个像素将被分配到这 5 个类中的一个。

十、边界多边形和区域成员

边界的选择和定义往往是困难的，但在许多空间分析领域仍然是基本的元素。这其中重要的问题之一是关于点的模式的分析。在平面上的一组点，表示的是一种特殊疾病的病例，或古文物的位置，或植物的物种等分布。如果需要点的密度（单位面积发生的频率），那么就需要定义总的面积区域。如果要定义区域 A，就需要定义边界，虽然已经有一些空间分析方法（如核密度方法）不需要定义固定的边界就可以计算密度。

另外一个问题与用抽象的线状形式（折线和多边形）对现实世界建模有关。有多种方式进行线性建模，如数学的、统计的、分形的和分区的，这些方法的每一种都会对空间分析产生影响。在 GIS 数据库记录的数据，要么是矢量的，要么是栅格的，已经进行了建模，对于一些空间分析来讲，它们是预先定义了的。

（一）凸包边界多边形（convex hulls）

对于平面上一组点集，简单和经常使用的边界是凸包边界多边形（图 5-35），这是一种完全封闭的一组边界组成的最小范围的凸多边形（也可用线或多边形数据集）。

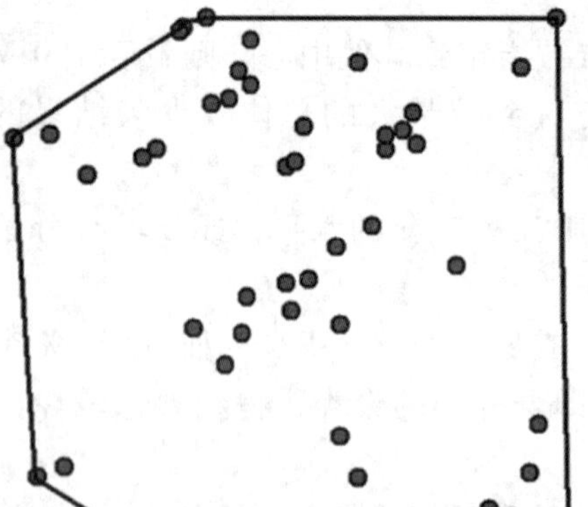

图 5-35　样本数据点集的凸包边界

如果使用的数据仅包含一个单点集，这组凸包边界包含你所用的所有信息，即使你可能知道数据超出这些限制。凸包边界在最佳位置和网络问题分析方面也是非常有用的。例如，在平面上一组点集的重心将总是位于其内部或点集的凸包内，以及构成凸包边界的点序构成一定网络路径问题的解决方案的一部分（系统性的最短路径的一组位置）。然而，重要的是，应该注意，一组对象（点、线等）的凸包边界明显受到极端值点的影响，所以异常点或误差可能对凸包边界的形状、面积、周长和质心等

产生重要影响。例如，一个或两个极端值点可能显著增加凸包边界多边形的面积。然而，典型的，在许多应用中会低估多边形的面积，如果使用这个面积，会高估计算的密度。

根据凸包边界多边形的定义，它包含数个点作为边界多边形的一部分。对一些问题来讲，这或许是满意的，但对另外一些问题，它可能是不合适的。例如，当分析研究区域中的点的分布时，尽量减少可能产生的样本统计的畸变，避免点位于或接近凸包是最好的。产生凸包边界多边形的内缓冲区，分析位于研究区域核心的点的子集，或者不考虑位于缓冲区内的点可能是最好的。另外，凸包边界多边形在大小上可以均匀增加（通过缓冲区方法），例如给定面积百分比，或特定的距离，比如到最邻近封闭点的平均距离的一半。

（二）非凸包边界多边形（non-convex hulls）

凸包边界多边形的计算是一个快速和有用的工具。但对定义包含一组对象的封闭区域的分析需求来讲，不一定能满足要求。例如，我们已经注意到，这个方法强烈受到极端值点的影响。其结果可能会包括不感兴趣的或与分析无关的大封闭区域。虽然在平面上的点集的凸包边界多边形是唯一的，但可以产生任何数量和种类的非凸包边界多边形。这可能遇到一些与应用有关的预先定义的一些准则。这些准则包括：凸包必须是多边形；多边形必须尽可能接近是凸的；多边形必须是尽可能包含最小的面积；多边形必须反映样本中点的密度；多边形必须给每个点分配属于它自己的名义区域并包含所有的点。

满足上述准则的非凸包边界多边形的产生方法有三种：扩张法、收缩法、密度计数法，这些方法在一些 GIS 软件可以提供，但需要编写程序。

扩张法产生非凸包边界多边形是为每个点分配一个区域范围，然后生长这个区域，直到所有的点都被覆盖，得到一个连续的外部凸包。这可以通过以下几种方法得到：

第一种方法是对所有的点产生 Voronoi 多边形，使用其外部边界（有限的部分）作为凸包边界多边形（图 5-36）。这会产生如何处理构成凸包边界点的问题。

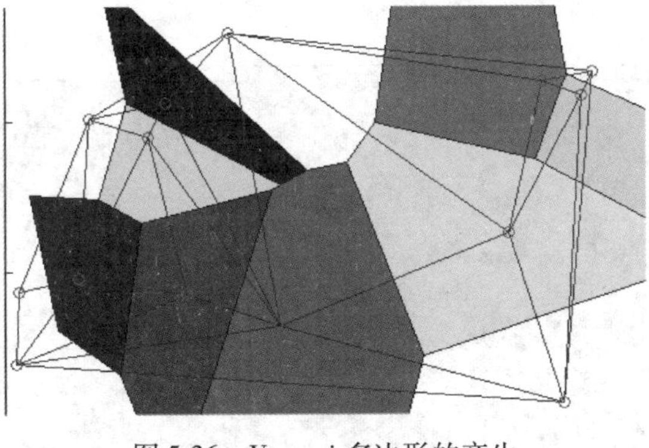

图 5-36　Voronoi 多边形的产生

第二种方法是对所有的点产生缓冲区，不断增加缓冲区的宽度，直到一个单一的合并区域产生。这种处理方法强调有必要考虑使用多个子区域，而不是一个单一的区域。例如，大量观测值位于靠近区域的边界，而区域中央很少观测值的情况。

第三种方法是将一个具有矩形格网的研究区域与参照非凸包边界多边形定义的多边形

进行叠置运算（该方法要求格网包含每个点，围绕每个点的栅格单元数量最少）。格网之间具有必要的间隙，以保证生成必要的连续的覆盖区域，而没有必要产生外部边界。

收缩法是根据选择的规则缩减凸包边界多边形的方法。最简单的一种方法是系统地缩小区域的过程。首先计算一个凸包的区域。其次去掉一个在凸包上的点，并重新计算一个凸包。这个新产生的区域的面积被计算并存储。在原始凸包上对所有点重复这个过程，面积减少幅度最大的那个点被永久删除。重复上述过程，直到预先定义的保留原始点的百分比满足为止（如保留 90% 的点），或面积减少到预先定义的百分比为止。其结果是一个凸包的原始点的优化子集。

另一种收缩的方法是选择凸包中最长的线段，用连接原始的两个端点的两条线段替换最靠近原始线的一个中间点。继续这个过程，直到整个封闭的区域减小到预先定义的量，或预先定义的迭代次数（10 次是最常用的迭代次数）。

第四种产生凸包的方法是密度计数方法。首先使用一个细格网覆盖研究区域，然后计算每个各网点的点密度。有多种方法计算点密度，但在 GIS 软件中最管用的是核密度估计方法。一旦密度值赋给每个格网单元，凸包就可以通过定义密度阈值和利用格网直接获得，或通过格网的轮廓获得。其结果可以直接使用，或转换为矢量多边形形式，这取决于应用的要求。

（三）最小边界矩形（minimum bounding rectangles，MBR）

产生凸包的困难之一是它们略显尴尬的形状。在一些情况下，它们被简化处理成规则形状，如圆或矩形。这个矩形被称为最小边界矩形或最小包络矩形（MBR or MER）。在大多数的应用中，可以快速生成一个特征或一组特征的 MBR。

MBR 和凸包提供了一个有限的区域，可以可靠地进行插值、产生轮廓线或建立 TIN 等计算。图 5-37 是将人均收入数据插值到格网数据的例子，深色区域表示具有较高的人均收入。

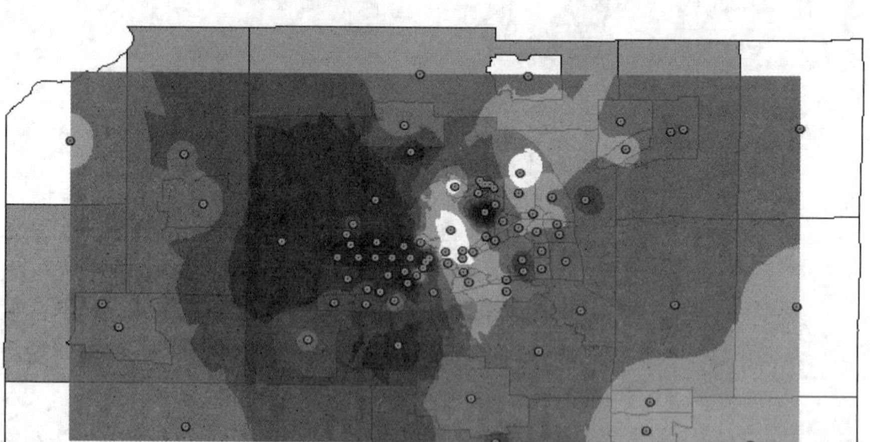

图 5-37　MBR“质心”的插值

（四）模糊边界

多数 GIS 软件都提供对边界进行定义、选择和分析的工具，但这些边界都具有明确的区域或范围。一个区域内的一个或多个属性是相对一致的，相邻的区域则明显不同。

为了定义区域之间的边界，例如，不同的土壤类型，清晰的多边形边界是不存在的。在这种情况下，广泛使用的一种方法是将所有的格网单元分配到一个 K 组区域，或基于模糊成员分类，而不是二进制 0 或 1 的成员分类。其思想是分配一个 0～1 之间的一个数，以指明这个区域有多少个成员或类要被分配。其中 0 表示没有成员，0.5 表示单元的隶属度是 50%（但不是概率测度），如果区域被映射为一个模糊边界，在离散模型情况下，50% 或 0.5 组单元有时被认为等效于这个边界，或是一个清晰的分界符（交叉点）。根据这个概念，在栅格模型数据中清晰的多边形边界或定义的区域边界可以用一个基于区域成员程度的带来替换。

人们设计了几种成员函数，以保证分配的过程可以自动完成。有四个主要的成员函数：

（1）S 形或双 S 形成员函数，是结合线性和 $\cos^2$（）函数形成的，形式为

$$m = \frac{1}{1 + a(zc)^2} \tag{5-28}$$

式中，a 是改变函数宽度的一个参数；z 是要建模的属性（如黏土的比例）；c 是在这个函数的中点这个属性（比例）的值（图 5-38）。这里值大于 0.5 的成员被认为是定义区域 A 的边界成员。

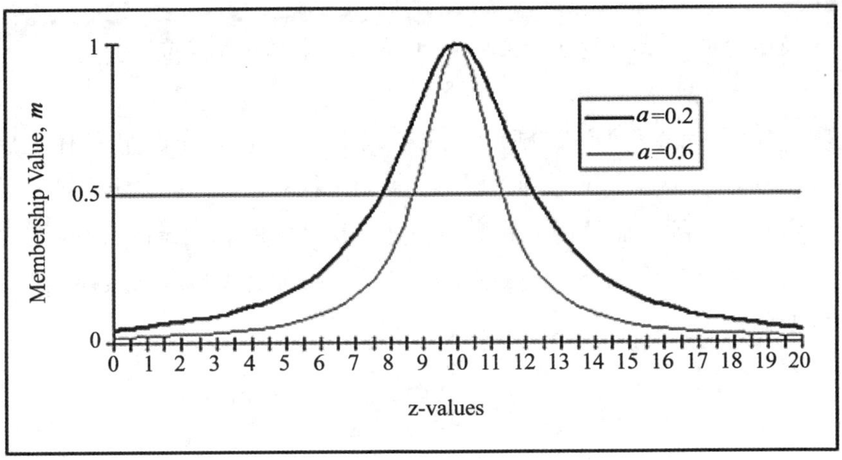

图 5-38　S 形模糊成员函数

（2）J 形成员函数，与 S 形成员函数很类似，但在一段距离 x 上，圆形的顶部被切掉了一段，是平的。如果 $x=0$，J 的两边相遇在一个点。其公式为：

$$m = \frac{1}{1 + \left(\frac{z - a}{a - c}\right)^2} \tag{5-29}$$

（3）线性成员函数，与J形成员函数相似，但两边是线性的，像一个斜屋顶的坡度，计算简单，具有固定的和良好定义的范围。

（4）用户自定义的成员函数，不言而喻，是用户自己根据应用定义的成员函数。在大多数情况下，成员函数是对称的，尽管有些软件提供了单调增加或递减的函数选项。

成员被分配完成后，需要利用第二个算法产生边界。有三个主要算法：Wombling 算法、混淆指数测度（Confusion Index，CI））和分类熵（Classification Entropy，CE））等。

Wombling 算法包括检查表面的梯度或每个单元或点的考虑附近邻域情况下的表面。典型的，对于栅格数据集，这个过程检查车移动或象移动与目标单元或点的有关的位置的四个单元，即基于通过这四个点的线性表面拟合的变化率确定边界，有高或突然变化率是最明显的。

混淆指数测度（CI）基于这样的假设：如果计算了单元 i 的第二个最高成员值 m_{i2} 相对于第一最高值 m_{i1} 的比率，则值接近 1 表明单元可以实际分配到两类的任何一个类，因此这最可能就是两个类的边界。

分类熵产生一个与 CI 测度类似的值，使用归一化的熵测度，再变换到［0，1］范围。熵计算表达式为：

$$CE = \frac{\sum_{i=1}^{k} m_{ij} \ln m_{ij}}{\ln k} \tag{5-30}$$

其中，求和遍及所有的 K 类，这个测度适应于每一个第 j 单元或位置。

（五）断裂线和自然边界

自然边界，如海岸线、河流、湖岸、悬崖线等，在空间分析中占有重要位置。在 ArcGIS 的三维分析模块，定义了几种边界线，如硬断裂线、软断裂线和断层线等，其中硬断裂线用于定义良好的表面结构，其形状和高度是已知的和固定的，并明确表示表面连续性的变化。这类线经常用 x，y，z 三维坐标定义。软断裂线与应断裂线类似，但不影响表面连续性的变化。

第三节　地图代数运算

一、地图代数运算的概念

地图代数是以一尺度空间内栅格点集的变换和运算来解决地理信息的图形符号可视化及空间分析的新型理论和方法。在 GIS 方面，地图代数是指作用于不同数据层面上的基于数学运算的叠加运算（图 5-39）。

例如利用遥感数据，计算转换植被指数（transformed vegetation index，TVI）为

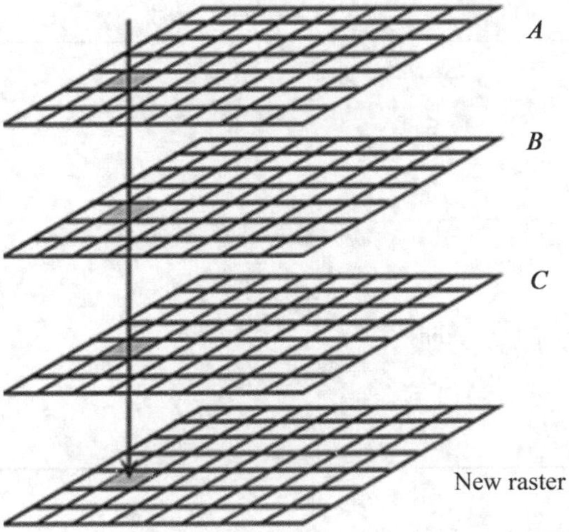

图 5-39 位置匹配的栅格数据叠置

$$c = \begin{cases} 100\sqrt{\dfrac{A-B}{A+B}}, & A-B \geqslant 0,\ A+B \geqslant 0 \\ 0, & A-B < 0 \end{cases} \tag{5-31}$$

图 5-40 是根据近红外波段和红色波段的遥感影像计算 TVI 的结果。

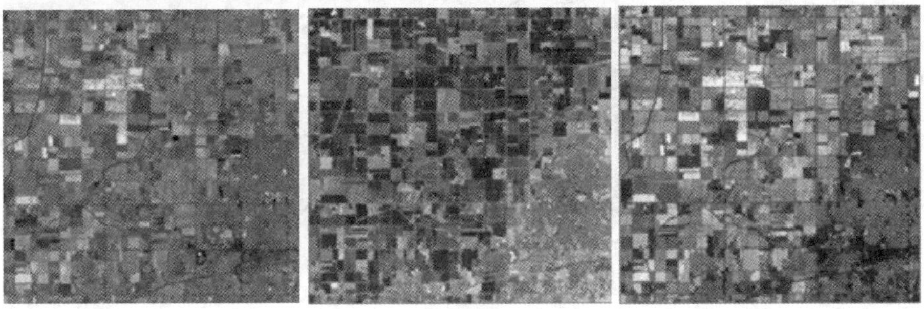

近红外波段　　红色波段　　TVI

图 5-40 遥感影像的 TVI 计算例子

二、地图代数中的基本运算

栅格数据的基本运算包括对输入的两个或多个位置匹配的栅格数据层，对对应的栅格单元值进行的算术运算、关系运算、位运算、布尔运算、组合运算、逻辑运算、累计运算和赋值运算等，以及最大值、最小值、重采样等计算。表 5-3 是地图代数的主要运算符。

表 5-3　**地图代数的运算符**

运算符类别	符号				
算术	+	−	*	/	Mod
关系	>	<	==	>=	
位	《	》			
布尔	&&	|	！		
组合	and	or	xor		
逻辑	In	diff			
累计	+=	*=	−=		
赋值	=				

重采样计算是指对栅格数据层进行的改变分辨率的一种操作，如图 5-41 所示。

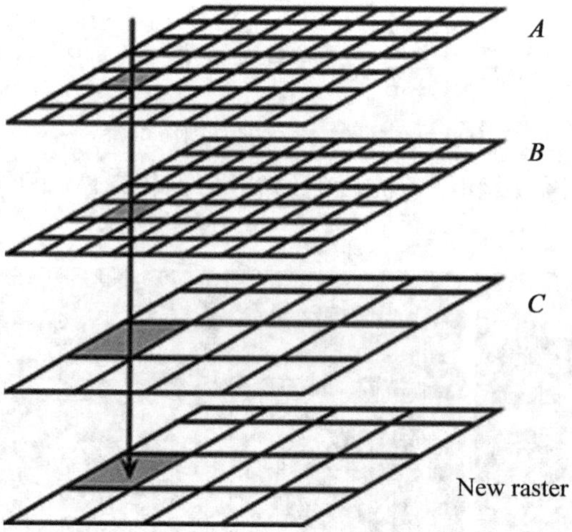

图 5-41　栅格数据的重采样

三、地图代数中的函数运算

函数运算是建立在基本运算符基础上的对栅格数据的高级操作，主要包括局部函数、焦函数、类区函数、块函数、全局函数和一些特殊函数等。

（一）局部函数运算

局部函数是基于栅格单元运算的函数，输出生成一个新的栅格数据层，其中每个栅格单元的值是与这个位置相关的一个或多个其他栅格数据层数值的函数。如最大值、最小值、多数值和少数值的计算。局部函数操作图如图 5-42 所示。局部运算函数有 4 种类型：数学函数运算，如三角函数、指数函数、对数函数、幂函数等；分类函数，如分类和重分类函数等；选择函数，如矩形选择、多边形选择、圆形选择以及条件选择等；统计函数，如最大值、最小值、均值等。

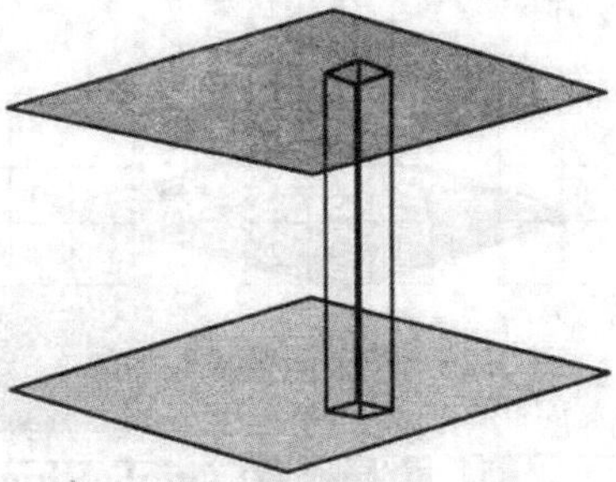

图 5-42　局部函数操作示意图

（二）焦函数或邻域函数

根据近邻的栅格大圆计算输出值的函数。焦函数生成一个新的栅格数据层，其中每个栅格的生成值是该位置的输入值与其邻域栅格单元值的函数，如图 5-43 所示。这个函数计算需要适应滑动邻域窗口。其形状有圆形、正方形和圆环形，但不限于这几种。邻域函数计算的结果赋给焦单元（图 5-44），故称为焦函数。邻域的概念如图 5-45 所示。

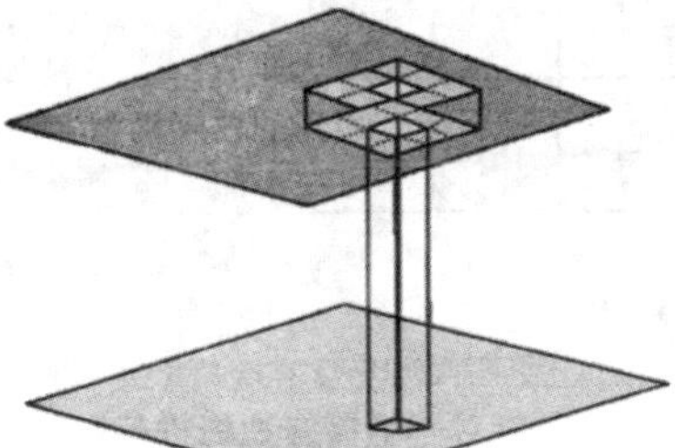

图 5-43　焦函数操作示意图

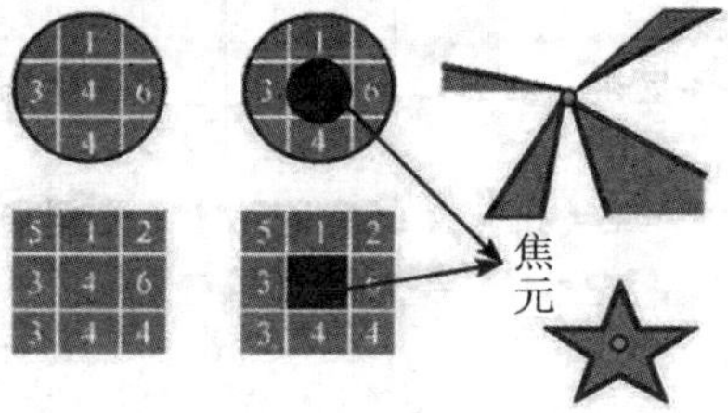

图 5-44　焦元和邻域的概念

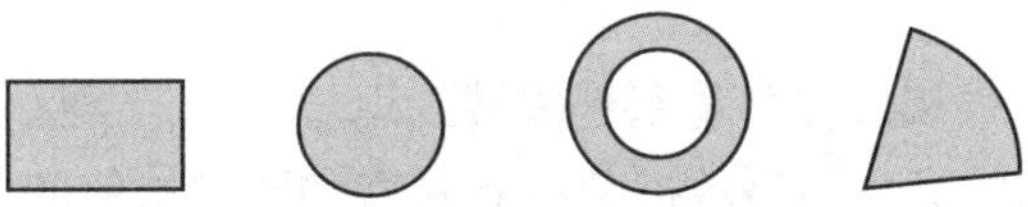

图 5-45　邻域的形状

图 5-46 是邻域统计的例子，邻域计算函数也不限于这几种。

邻域函数在建模分析中有很大作用，可以根据建模和研究的问题，在地图代数框架下，建立合适的邻域形状和邻域函数。如地形粗糙度指数（terrain ruggedness index，TRI）的计算，就是构造邻域函数的典型用例（图 5-47）。

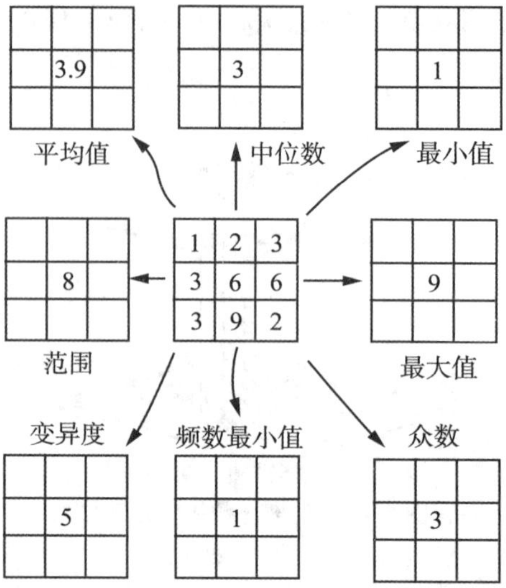

图 5-46　邻域统计的例子

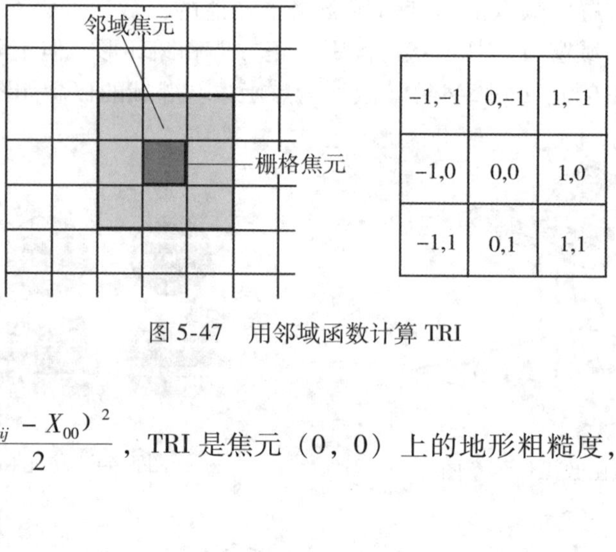

图 5-47　用邻域函数计算 TRI

其中，$TRI=\frac{(X_{ij}-X_{00})^2}{2}$，TRI 是焦元（0，0）上的地形粗糙度，$X_{ij}$ 是焦元（0，0）邻域单元的高程值。

（三）类区函数

类区函数与邻域函数很相似，都是基于邻域的思想的，但类区函数的邻域是在地理空间的类型区域上的。类区的定义是栅格数据中所有具有相同栅格值的单元，无论是否在空间上是相邻的，如居民区、道路等都可以作为类区。采用类区的统计函数，可以对每个类区计算其统计量，如众数（多数值）、最大值、最小值、均值、标准差、范围、变异度、和等。

（四）块函数

块函数是一种滑动窗口的操作函数，主要用于对栅格数据的某种处理。使用的计算函数与邻域函数相同，但使用的邻域是矩形的，在空间上的滑动过程不是逐个单元移动的，而是按照矩形窗口的大小，先从左到右，再从上到下滑动，根据统计量对窗口覆盖的单元进行计算后再赋值给这些单元。如图 5-48 所示。

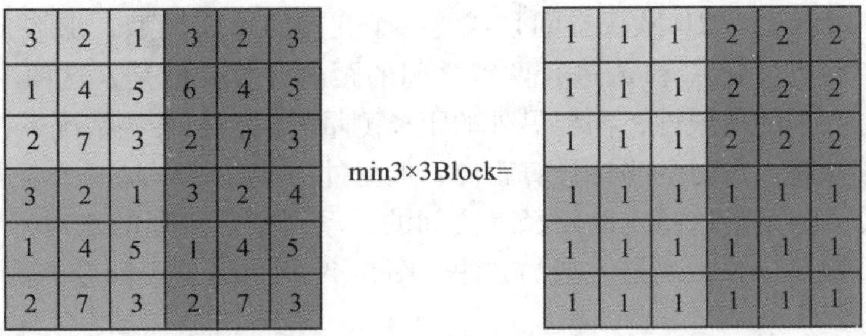

(a) 3×3窗口，计算最小值

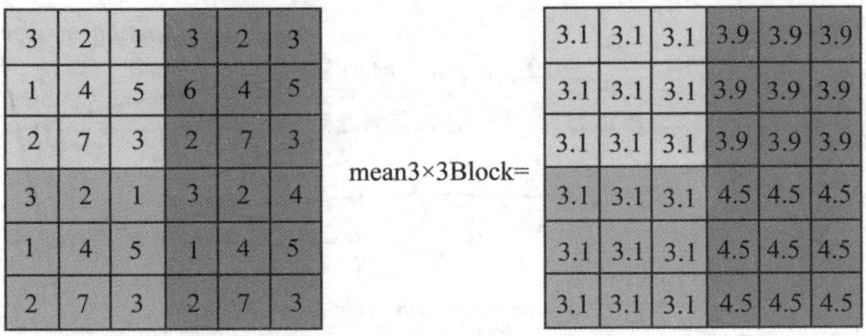

(b) 3×3窗口，计算平均值

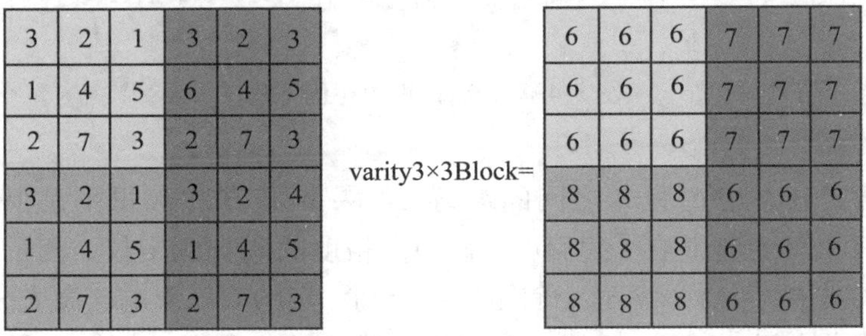

(c) 3×3窗口，计算变异度（窗口中的值不相同的栅格的个数）

图5-48　块函数计算

（五）全局函数

全局函数是基于对整个栅格数据集的计算函数，主要包括距离函数、方向函数、表面函数（坡度、坡向、光照函数等），用于水文和地表水建模分析的一些函数以及多变量统计分析的各种函数，如多元线性回归、逻辑回归、多变量分类分析、因子分析等。

第四节　距离和方向计算

一、距离计算的一般问题

所有空间分析的基础是使用距离计算。如果我们真实世界模型（根据调查的映射区域）被认为是一个平面（2D 欧氏空间）或是一个完美的球体模型，那么，我们可以使用前面提供的简单距离公式 d_E和 d_S进行两点之间的距离计算。但是，这两个公式对某些形式的空间分析有太多的局限性，需要另外的距离测量方法。在某些情况下，这些替代的计算方法可以直接从输入点对的坐标计算距离，但另外一些计算则是一个渐进的过程。事实上，渐进的计算方法是沿着指定的路径（之间的一系列紧密排列的点对），通过累加线段的长度计算的，这是计算距离最一般的方法。图 5-49 提供了这类问题的截面示意图。

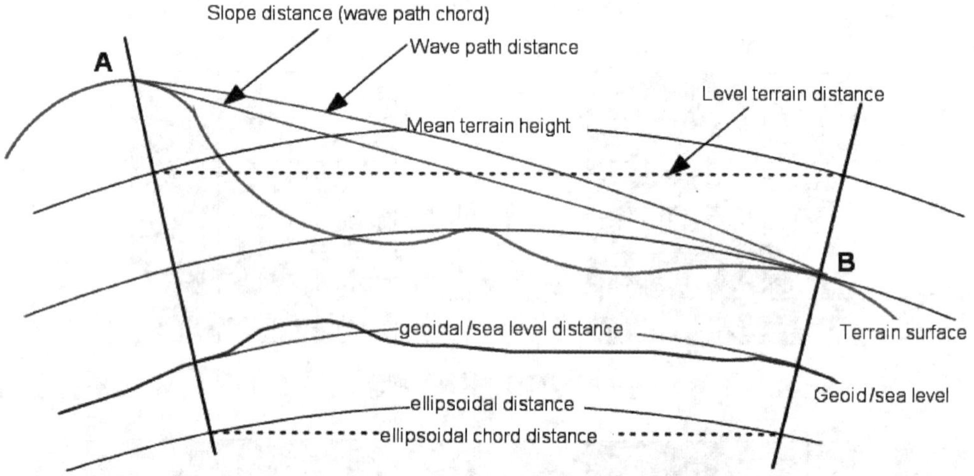

图 5-49　距离计算的替代方法

我们希望确定分离点 A 和 B 之间的距离。如果 A 和 B 相离得不是很远（如小于 10 kms），假定没有大气变形影响，我们可以使用高精度的激光测距仪，测量 A 和 B 之间的斜距。但是在实践中，为了计算这个斜距。会受到一定的大气影响，激光波的路径也会被改变。如果把这个距离参考到一个公共的基准，或地形表面的一个水准面，还需要进行进一步的改正。每种情况下，距离是不同的。很显然，这些距离中没有哪一个是对应于在地形表面沿一个固定的断面的实际距离，也没有哪一个改正的或计算的距离，以反映特定的地球模型或使用的地球的区域。在一些情况下，这些差别很小，但另外一些情况，差别则是显著的。

一般地，在二维欧氏空间，对于相对光滑的地形和面积在 20km×20km 范围内，计算结果是满意的，即使使用适当定义的经度和纬度坐标（假定这些坐标不在南极和北极区域内）。靠近极地，纬线的畸变会增加计算的误差。应使用极坐标平面地球公式计算距离，如下式：

$$
\begin{aligned}
d &= R\sqrt{A - B} \\
A &= \left(\frac{\pi}{2} - \varphi_1\right)^2 + \left(\frac{\pi}{2} - \varphi_2\right)^2 \\
B &= 2\left(\frac{\pi}{2} - \varphi_1\right)\left(\frac{\pi}{2} - \varphi_2\right)\cos(\lambda_2 - \lambda_1)
\end{aligned}
\tag{5-32}
$$

其中，极坐标（φ，λ）表示弧度单位的经纬度；R 是椭球的半径。

但是，在下述三种情况下，就需要另外的计算方法：（1）大区域，或表面距离会产生重要问题；（2）设计网络数据的计算问题；（3）变化的成本距离计算问题。

大多数主流 GIS 软件都会提供三种类型的距离计算：（1）基于在平面或球体基于坐标的计算方法（需要被改正到与地球形状更接近的距离）；（2）基于网络的计算方法，通过定义的路线累加存储的长度、单链或多链的长度（如最短、最快）；（3）基于折线的计算方法。累加给定图形（如多边形）的一组存储的直线段的长度。第一种和第三种计算方法可以按照欧氏空间的二维和三维计算公式进行计算。

这些计算方法都是基于两个基本的假设：（1）要计算的距离是按照在选择的空间内的最短物理路径计算的，即选择的点之间的最短直线的长度（欧氏直线或球面的大圆弧段）；（2）这个空间是完全统一的，没有位置和方向的变化。

大多数情况下，计算的距离需要被归算到一个公共的基准上，如 WGS84 参考椭球。注意参考椭球面可能在大地水准面之上或之下，与景观距离是不对应的。

虽然基于坐标的距离计算对 GIS 来讲是很方便的，但也意味着 GIS 不能提供物理表面位置之间的真实距离。关于基于网络计算距离的问题在下面还要继续讨论。

（一）地面距离

大多数 GIS 软件在计算平面坐标点对之间的距离，且是局部距离时，使用标准的欧氏公式 d_E。重要的是，要检查计算的距离是否是真正的距离，因为根据原始的经纬度数值所计算的欧氏距离会产生不正确的结果。一些软件还提供了球面距离 d_S 的计算方法，供选择使用。一些软件提供了一系列和距离相关的映射功能，这有助于说明一些适用于规模较大的地图上的计算差异。图 5-50 表示的是墨卡托投影的北极地图，其上有从美国波士顿到英国布里斯托尔之间的一条大圆路径和一条恒间线。一些 GIS 软件可以提供对这两个距离的计算功能，输入数据是经纬度和可选择的大地水准面参数，如计算的结果是大圆路径是 5105.6 km（球体半径取 6371 km），然而，恒间线距离是 5283.4 km。

大地水准面参数，对容易混淆的命名，提供了选择椭球形式的地球模型的选项，由两个元素的矢量构成：（1）椭球体主半轴的长度；（2）椭球体的扁率。如果这些参数没有说明，假定椭球的两个半轴是相等的，这样计算的距离是球形的或大圆距离。如果提供了大地水准面参数，则使用距离计算的近似方法。首先把两对地面坐标处理成三维坐标的欧氏坐标，计算它们之间的欧氏距离，这个值是椭圆界面的弦长。然后，再根据改正因子进行调整，产生椭球距离的最终估值。在上述例子中，修正的距离是 5110.4 km，略长于大圆距离。更精确的算法是文森特（Vincenty）算法，计算的椭球距离是 5119.7 km。

（二）扩展的欧几里得和 L_p 度量的距离

欧氏距离是 GIS 最常用的距离测度。在二维空间（平面的或投影的），$a(x_1, y_1)$，$b(x_2, y_2)$ 两点之间的欧氏距离是 n 维欧氏测度的一个特例。在 GIS 中，扩展的欧氏距离测度用于确定三维距离（穿越表面和在实体结构内）以及诸如聚类分析的多维分析。在三维空间，点的坐标为 $\{x, y, z\}$。距离计算表达式简单表示为

$$d(a, b) = \sqrt{(x_1 - x_2)^2 + (y_1 - y_2)^2 + (z_1 - z_2)} \tag{5-33}$$

更一般地，对于 a 和 b 两点，使用 1，2，…，n 表示维数，这样在二维空间情形，就

图 5-50　大圆路径和恒间线距离的计算例子

有 $a=(a_1, a_2)$ 和 $b=(b_1, b_2)$，n 维空间的欧氏距离测度表达式是

$$d(a, b)=\sqrt{\sum_{i=1}^{n}(a_i-b_i)^2} \tag{5-34}$$

这个公式是计算密集型的，可以计算大量数据点对和维度的距离，主要原因是平方根运算，主要的应用例子是 K 均值计算。对于统计数据集，上述公式也可以进行一些修改。欧氏度量标准没有考虑到 n 维空间中的数据点的平均变化。然而，可以通过计算数据点集的方差 $\sigma_i{}^2$ 进行归一化（无标度），计算式是

$$d(a, b)=\sqrt{\sum_{i=1}^{n}\frac{(a_i-b_i)^2}{\sigma_i^2}} \tag{5-35}$$

这称为归一化欧氏度量（normalized Euclidean metric）。当值的平均变化在每个维度分量是相等时，结果与欧氏测度相同。

在一些应用中，需要计算位置之间的网络距离。欧氏距离通常是不够的。计算大量网络距离或许是不切实际的或不恰当的。为了获得更多有用的区间距离，一些学者建议应当对标准欧氏距离进行各种修改。最频繁的修改是使用取代平方和平方根操作，即用 P 和 $1/p$ 代替 2 和 1/2。我们称这样的修改为 L_p 测度。L_2 是标准欧氏距离。在平面上的两个点 $a(x_1, y_1)$ 和 $b(x_2, y_2)$，$d_p(a, b)$ 的计算式是：

$$d_p(a, b)=\sqrt[p]{|x_1-x_2|^p+|y_1-y_2|^p} \tag{5-36}$$

图 5-51 是使用各种 p 值绘制的"圆"。当 $p=2$ 时（欧氏测度），绘制的圆较完美。只有这个值提供了旋转不变距离测度。

在 GIS 中，$p=1$，称为曼哈顿、出租车、直线或街区测度；$p=\infty$，称为极大极小测度，或切比雪夫测度，用于对一些问题的优化。注意在 $p=1$ 的"圆"是 45°角度的正方形，类似于 $p=\infty$ 的形状。

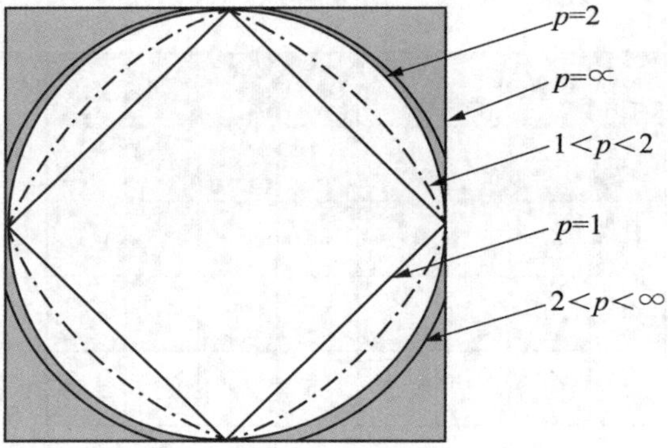

图 5-51　P 测度圆

二、成本距离

成本距离的概念在 GIS 中被广泛使用。有两层含义，一是距离测量的另一种概念，二是确定跨越连续表面的最小成本路径，典型的是使用栅格数据进行表达。这里成本指的是沿着一条路径所付出的代价。例如，假如需要在 A（0，2）和 B（4，2）之间修造一段道路，在这个区域成本是恒定的。在这种情况下，成本距离是 4 个单位，路径是平面上的一条直线（图 5-52，粗实线）。建造成本是 $4k$ 个单位，k 是某个常数（如单位长度的造价）。

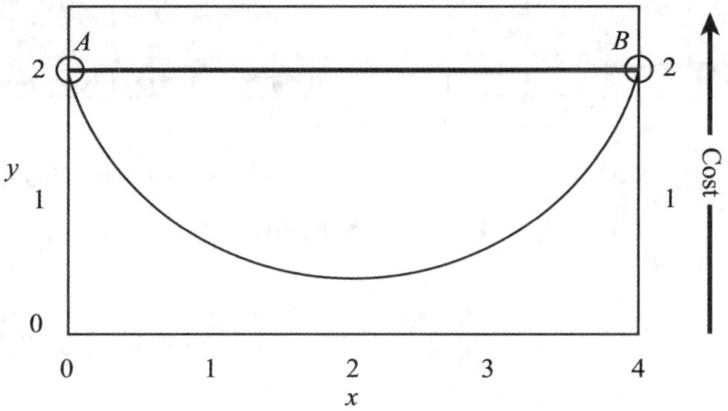

图 5-52　成本距离模型

现在考虑建造成本还取决于征地成本，而征地成本在这个区域是变化的，北部比南部大，这样建设的路线将是一条曲线（图中的细实线）。如果成本的增加是按照精确的线性方式，则最优路线（最低成本）将是一条光滑的曲线。

累计成本表面（accumulated cost surface，ACS）是基于栅格数据集的。栅格数据的每个单元赋予了绝对的或相对的（是一个正的按比例缩放的变量）成本测度。如图 5-53 所示是在图 5-52 的基础上假设的成本格网。按照 x 轴线性方式从 0. 5 增加到 2. 5。

格网的分辨率也很重要，如果太低，就不能得到相对光滑的路径。可以增加分辨率，如图 5-54（a），分辨率是 0. 25 个单位。

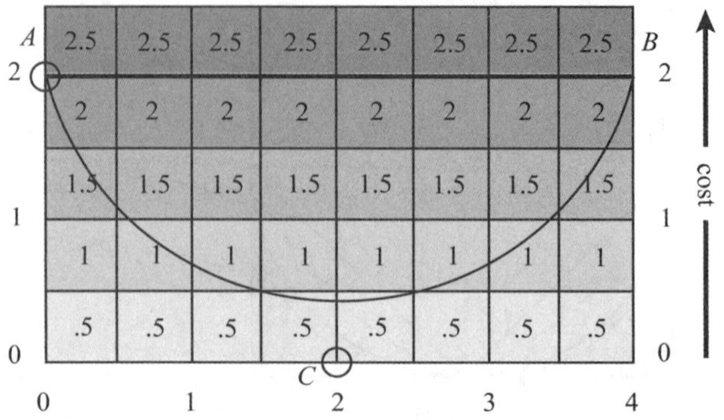

图 5-53　成本表面格网

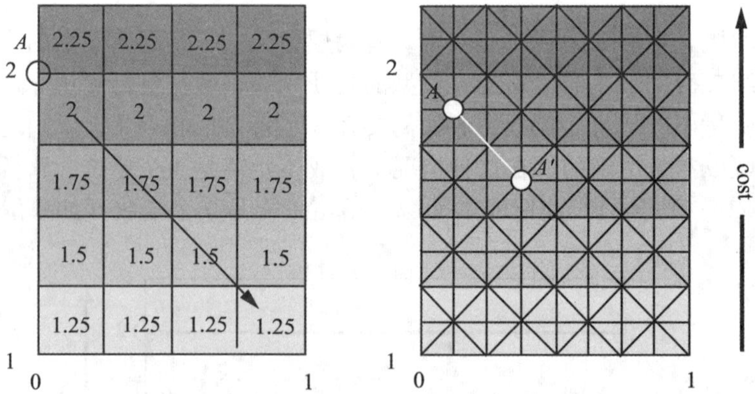

(a) cost sutface　　(b) Queen's moves steps

图 5-54　格网分辨率和成本距离

如果在图 5-54 中，按照从 A（0，2）开始，按照对角线方式到 C（2，0），再回到 B（4，2），则栅格单元的成本是 2+1. 5+1+. 5+. 5+1+1. 5+2＝10 个单位（乘以栅格单元的大小 0. 5，则成本距离是 5 个单位）。但这个路径的长度要大于步长的总和，因为对角线的步长是$\sqrt{2}$，大于水平或垂直步长，所以总成本必须考虑步长这个因素，最终的成本距离应是 6. 85 个单位，小于 A 和 B 之间的直线路径成本距离的 8 个单位。但我们能够确定这是最佳路径和计算是正确的吗?

ACS 提供了一个系统的方法来回答这个问题。从 A 开始，对所有方向的成本求和，一步一步地，在每一步选择最小的成本增加。最终，当到达 B 时，我们会得到到达 B 的全部的最小成本。如果我们一直跟踪我们的路径(按照已经采用的步法)，就可以得到从 A 到 B 的最小成本路径。ACS 是传播形式的算法，在所有方向上的增加取决于栅格的分辨率、成本表面和算法的实现方法。大多数 GIS 软件使用 8 邻域的“皇后移动”步法来实现值的计算，也有使用“骑士移动”步法的。

分析上述算法有几个问题需要注意。(1) 因为成本表面是用栅格数据表达的，GIS 软件使用的是栅格单元，不是栅格线。A 的起点从（0，2）不是很精确，应该从上个单元的中心开始，精确的位置应该是 A（0.125，1.875）。应该尽可能使用栅格单元的中心位置计算成本距离。上述计算忽略了这个因素。(2) 如果取栅格单元的中心作为参考点，则起点应是穿越第一个栅格单元的一半，下一个点将是穿越相邻单元的一半，所以可以说，走完这一步，这个栅格单元的值（成本）应当按照 50 : 50 分配，第二步、第三步等也是如此。如图 5-51（b）所示，A 是按照单元中心选择的起点，A' 是对角邻近的单元，位于成本是 2 的单元的 50% 和成本是 1，75 的 50%。按照 50 : 50 分解成本是 GIS 常用的方法。从 A 到 A' 的平均成本是 $\frac{2+1.75}{2}=\frac{3.75}{2}$，因此增量成本距离是 $\sqrt{2}\times 0.25\times\frac{3.75}{2}$ 个单位（对角距离使用 $\sqrt{2}$，单元大小取 0.25）。

三、距离变换（distance transforms，DTs）

在图像处理方面，一种与 ACS 类似的与模式识别有关的算法，就是距离变换。典型的实现方法是以扫描方式在二进制影像上实现的，而不是用 ACS 的传播方式。人们已经实现了其高效率的算法，甚至制作成硬件芯片，以满足实时处理的需求。

利用 DTs 算法，在影像或栅格上的距离，完全可以根据相邻近（不一定是邻接的）的像元，以增量方式计算。标准算法是用两个步骤扫描一个正方形区域，或矩形点阵。第一步扫描从左上角到右下角（NW→SE），第二步扫描从右下角到左上角（SE→NW）。第一次扫描开始时，使用一个 3×3（$M\times M$ 个像元，$M=3$）的掩膜矩阵，放置在要进行 DT 有效的像元上，即第 2 行第 2 列的格网单元。基本的掩膜矩阵如图 5-55 所示，仅使用其中的 5 个元素，且值只有（3，4）两个掩膜整数，计算有效像元（掩膜中心像元）到各个相邻像元的距离时，其像元的值均除以 3。使用（3，4）两个整数值可以极大提高处理速度，原因是可以得到在对角线上的步长为 $\frac{4}{3}$，即 1.33，近似等于 1.414，与精确的欧氏距离相差在 6% 以内。

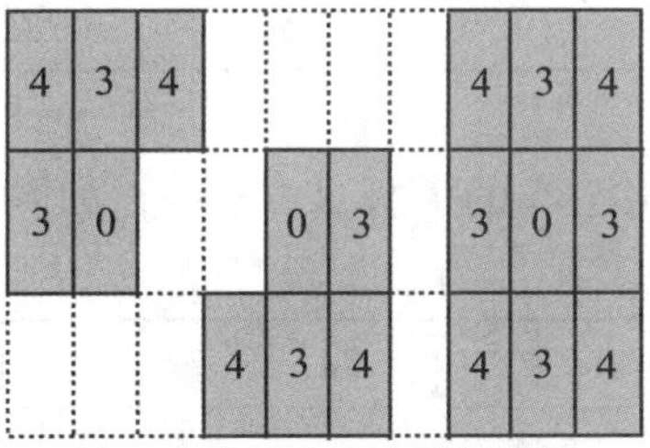

图 5-55　DT 使用的掩膜矩阵

典型的，在栅格数据情况下，已经转换的格网单元是一个数组阵列，没有涉及的像元赋值为一个大数字（如 999），目标或源像元赋值 0。作为障碍或约束区域（如建筑物）的像元，可以赋值更大的数字（如 9999），在这种情况下，它们永远不会改变。当两步扫描完成后，结果格网中的每个像元将包含一组由原点构成的到最邻近像元的距离。如果包含障碍点，它们必须至少在（M1）x（M1）个像元的块里，要进入的区域至少应当由（M×1）×（M×1）个像元组成，两种方式的扫描，（NW→SE/SE→NW）和（SW→NE/NE→SW），一次或多次迭代，保证全部栅格被扫描。

这种算法的核心函数形式是：$d_0 = \min\ \{d+D\ (i),\ d_0\}$，$d_0$ 是模板中心点（0）的当前值，$D(i)$ 是模板 i^{th} 元素的距离，d 是在位置（r，c）的当前值。

3×3 模板在 DT 时会产生一些问题，见表 5-4。

表 5-4　**3×3 模板 DT 计算的问题**

案例	描　述	邻接矩阵		
1	距离由 L_1 定义或“城市街区”测量，路径对应象棋术语的“车移动” 最大误差：29.29%	2	1	2
		1	0	1
		2	1	2
2	关于任何的直接邻居，距离定义域案例 1 一样，即水平或对角线移动（车移动或象移动） 最大误差：41.41%	1	1	1
		1	0	1
		1	1	1
3	使用值 $\sqrt{2}$ 和 1 构建掩膜矩阵，但对角线距离使用局部欧氏度量方法 最大误差：7.61%	$\sqrt{2}$	1	$\sqrt{2}$
		1	0	1
		$\sqrt{2}$	1	$\sqrt{2}$
4	倒角（3，4）/3 测量，使用整数值以提供比案例 1 或 2 更好的欧氏距离估计 最大误差：6.07%。	4	3	4
		3	0	3
		4	3	4
5	分数倒角，对车和象移动距离使用非整数 最大误差：3.96%	1.36039	0.96194	1.36039
		0.96194	0	0.96194
		1.36039	0.96194	1.36039

解决上述问题的方法是采用 5×5 的模板（M=5），如图 5-56 所示。

2b	c	2a	c	2b
c	b	a	b	c
2a	a	0	a	2a
c	b	a	b	c
2b	c	2a	c	2b

图 5-56　5×5 模板

图 5-57（a）、（b）、（c）分别是使用 5×5 模板的 DT 计算例子。

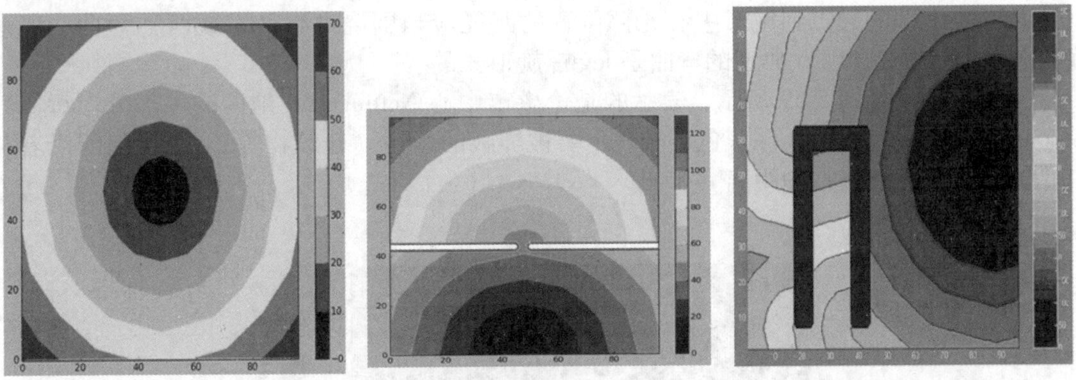

(a) 距离转换，单点，5×5DT，无约束，目标（50，50）

(b) 距离转换，单点，5×5DT，障碍，目标（2，50）

(c) 距离转换，单点，5×5DT，复杂障碍，目标（50，90）

图 5-57

下面是 DT 的一些应用例子。第一个涉及城市径向对称交通模型，第二个例子是城市区域内的行人运动，第三个例子是在某些约束条件下的最优路线和管线位置的选址问题。

第一个例子如图 5-58 所示，表示的是城市交通速度对称变化的最小成本距离变化的结果，从城市中心（图中十字交叉位置，0km/h）到城市边缘（50km/h）。在这个例子中，成本场是行车速度（即速度场），曲线表示的是到或是从城市中心南部的一个点的相等旅行时间的等值线。

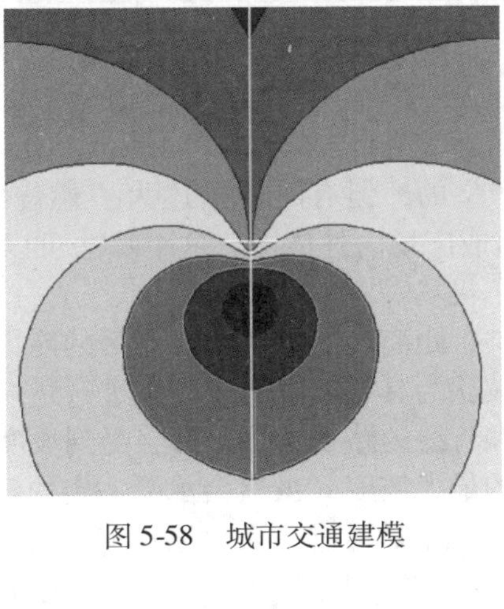

图 5-58　城市交通建模

DT 的算法是：

$$d_0 = \min\{d + D(i) * \mathrm{COST}(r,\ c),\ d_0\} \tag{5-37}$$

其中，d_0 是模板中心点（0）的当前值，D（i）是模板 i^{th} 元素的局部距离，d 是在（r，c）的当前值，COST（r，c）是行 r、列 c 的平均成本函数。可以看出，距离带的速度场畸变。穿越这个转换表面的最短（最快）路径可以按照下述路径，到或从任何给定的起点，或通过跟踪计算的最快路径进行绘制，但仍会存在到等时间线的直角（正交）。因此，从中心南部的起点到城市中心北部位置的路径应当围绕中心（东或西）弯曲，以避免拥塞（低交通速度）。典型的弯曲是 log 螺旋形式的。

第二个例子如图 5-59 所示，表示的是伦敦市中心 Notting Hill 地区的一部分。每年狂欢节的路线用白色表示，深灰色区域表示要被屏蔽的区域（建筑物等）。色度指明沿着相邻街区狂欢节路线增加的距离（米）。

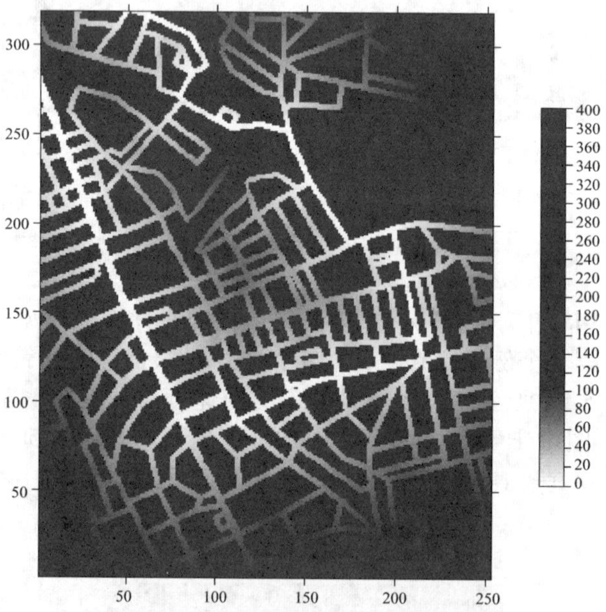

图 5-59　Notting Hill 狂欢节路径

虽然这个例子是由 DT 产生的，但有时被描述为“燃烧的火焰”模拟，火从源位置（这里是路径）沿着相邻街道或广场向外传播。这个算法可以用于公共开放空间，甚至诸如购物大厦的复杂建筑内部、机场等。

结合特定问题的约束条件，距离变换具有非常灵活的能力。例如，典型的 ACS 算法，变化的坡度可以将陡峭的斜坡认为具有较高的成本来进行建模，而不是在传播过程中直接使用斜坡数据。道路、铁路和管线的路径选择，都会受到坡度的影响，但主要是在路径的方向方面，而不是物理表面的最大坡度（虽然会承受一定的建设成本）。

第三个例子如图 5-60 所示，是对通过一个山地景观的道路路径选择，采用梯度约束的 DT 变换（gradient-constrained DT，GCDT）应用例子。最北边的两条路径（图的右上角）是按照 1：12 和 1：11 梯度约束计算的，最南边的两条是 1：9 和 1：8 梯度约束计算的。

对上述的 GCDT 稍加修改，可用于管线（电力线）路径选择。在下述案例中，使用高分辨率 DEM（10m），附加的约束条件是给定路径的最大和最小允许高程，以及允许的不同方向限流（图 5-61）。

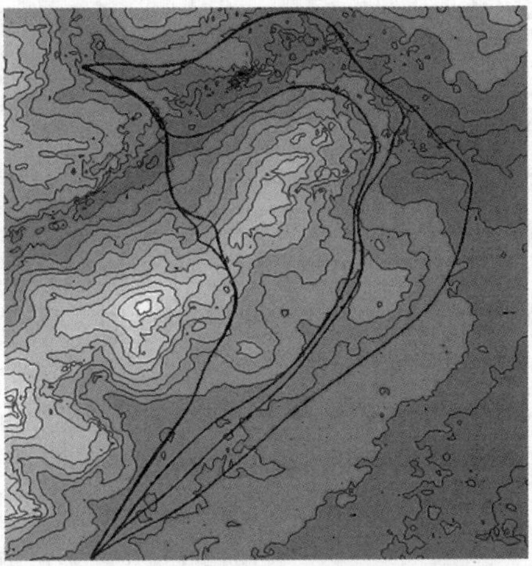

图 5-60　梯度约束 DT 的路径选择

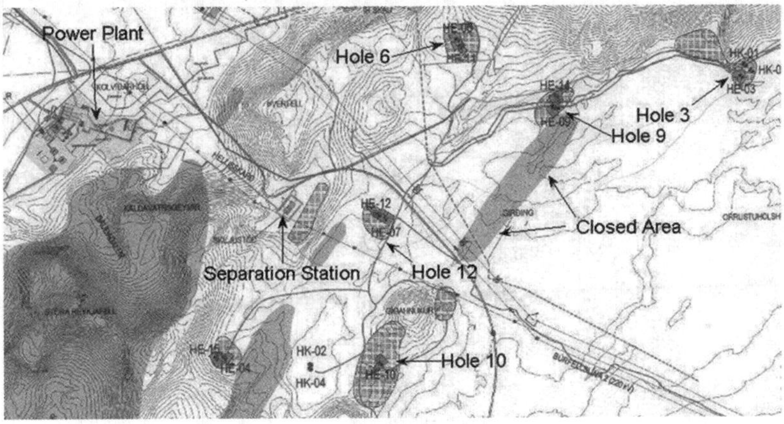

（a）电厂位置浏览

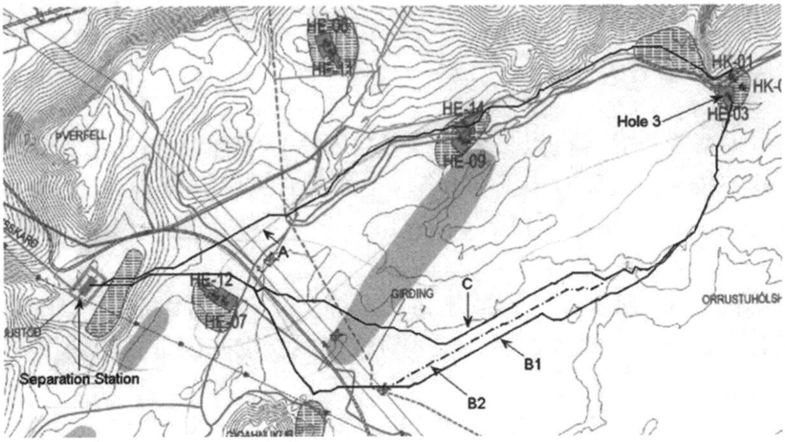

（b）输电线路路径选择

图 5-61　输电线路选择

四、网络距离

网络距离，正如其名，是遍历一个网络涉及的一种距离（成本、时间等）。在大多数应用中，是指在一对或一组点之间的最小值距离。典型地，网络是一个由连接折线、网络节点（角点）处的连接点以及网络拓扑关系构成的逻辑集合。网路链和节点可能有附加的明确的属性，如链的类型，权重，流的行为规则（流向、转弯、障碍等）和内在属性（如位置和线段的长度等）。当在 GIS 中计算网络距离时，需要考虑网络的附加和内在属性，并根据要解决的问题，选择规则。

根据解决的问题，网络距离的含义是变化的。图 5-62 是最短路径选择的例子。其中深色粗线是最短距离，浅色粗线是最短时间。其算法在一些 GIS 软件有介绍。

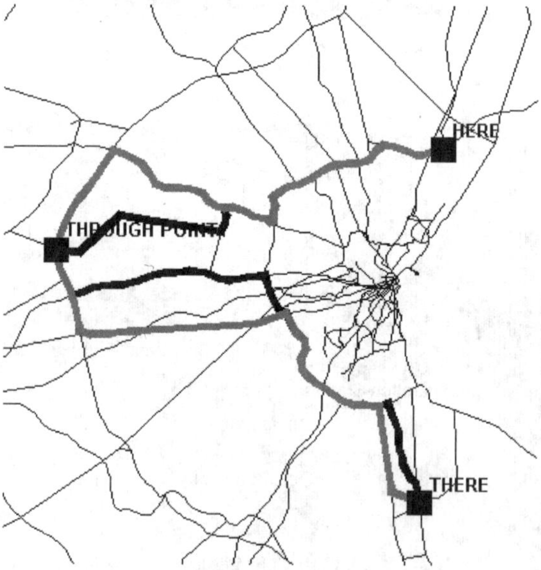

图 5-62　最短和最少时间路径

五、缓冲区

缓冲区是指根据选择的特征以及从这些特征预先定义的距离（欧氏距离）在其周围产生的缓冲区域。缓冲区是面对象（多边形），如果有重叠，会自动合并。在大多数情况下，多边形由直线和弧线构成，如图 5-63（a）所示。图 5-63（b）是道路的 100m 缓冲区。

缓冲区可以利用点、线、多边形或栅格数据单元产生；可以根据线或多边形边界以两个方向（左或右，内或外）对称伸展，或非对称伸展。缓冲区重叠的处理如图 5-64 所示。

六、方向操作

方向分析与其他空间分析形势相比，较少有人知道。主要有对点、线数据集或表面的方向分析，分析某些值在特定方向上的趋势。在地质学、沉积学和地貌学领域的研究者，

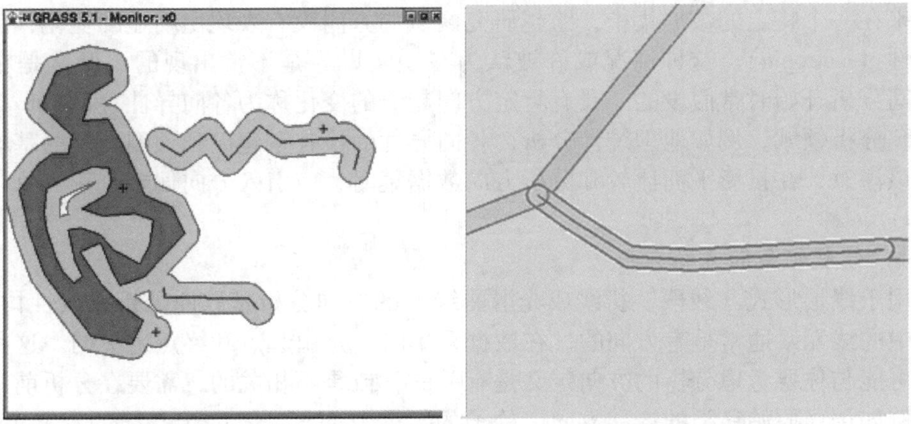

(a) 线或多边形　　(b) 线缓冲多边形

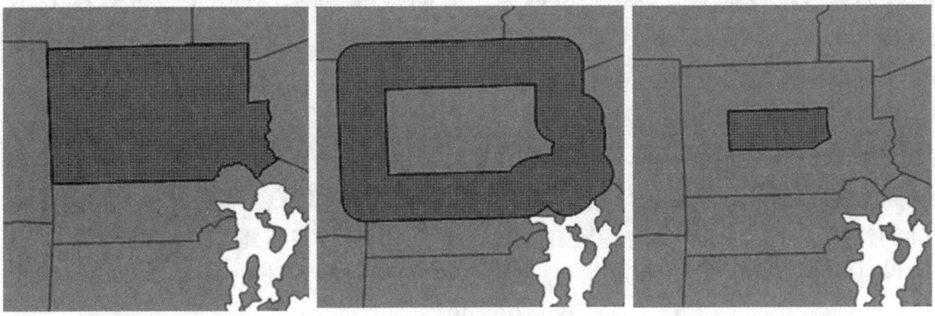

(c) 输入多边形　　(d) 边界缓冲　　(e) 内部缓冲

图 5-63　简单缓冲的生成

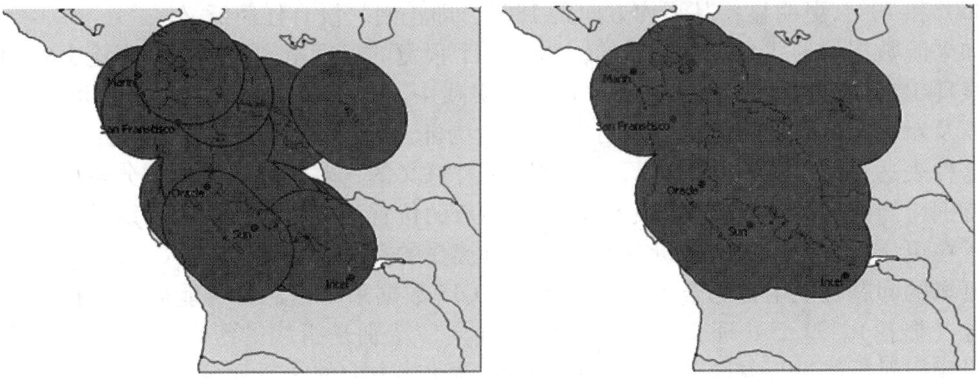

图 5-64　缓冲区重叠处理

使用方向分析来检查断层线、断裂系统、冰川条痕、特定分布等。在生态学方面，研究野生动物的运动模式和植物的多样性。在水文和其他流量方面，分析方面也有重要应用。在野火管理方面，方向分析用于根据局部地形预测局部地区的风向，研究疾病发生的模式以及犯罪事件的分布等。

如果在一个特定的数据集中，跨越研究区域的方向没有表现出明显的变化，就被称为各相同性（isotropic）。这种情况或许被认为在现实世界是不常出现的，但这是在许多形式的空间分析开始时常假设的。具有特定方向趋势的变化称为各向异性（anisotropic）。在一些 GIS 分析领域，例如地理统计分析，各向异性的检查室建模和预测处理的基本组成部分。应该注意，在投影平面比较和分析方向数据集时，应引入方向偏差改正（大于 100km ×100km）。

（一）线数据集的方向分析

应用于线形形式（线段、折线或光滑曲线）的方向分析是取向分析或线性构造分析。在 GIS 中的线元素通常是有方向的，在数据采集时，是由起点和终点定义的。这种方向的定义，可能与你要考虑分析的方向定义是有关的，或是不相关的，需要在分析前进行仔细检查。例如记录原始鸟类的迁移方向，种子的扩散方向等，不一定与线的定义方向一致。在数据库中，方向使用一个或多个属性表示。

方向数据具有两种基本类型：矢量数据，方向是唯一的，使用角度或弧度表示（[0, 360] 或 [0, 2π]）；定向或双向数据，通常称为轴向数据，仅定义其取向。轴向数据通常是倍数的，对 360 度范围进行模运算，结果再被反转换到一个 [0, 180] 或 [0, π] 范围。

在 GIS 中，线的方向的确定和处理是有问题的，主要有 3 个：（1）线的表达方式，它被描绘的细节，真实世界特征产生的程度；（2）线表达（折线）的组合形式和数据获取处理过程，主要指用于方向分析目的的线的真实起点和终点在哪里；（3）圆形（或环状）测量的性质，一个无向线的趋向在 90°到垂直和在 270°是难以区分的。另外，280°和 90°之间的差值不是$280-90=190$，而是$360-280+90=170$；类似地，在 280°（或$-80°$），90°和 90°的 3 条线的平均方向按照$\frac{280+90+90}{3}=153.3$ 计算或许是不明智的，应该按照$\frac{-80+90+90}{3}=33.3$ 计算，需要一个一致的，有意义的平均值定义。从正北起算的两个角度，350°和 10°，更明显，其平均方向是 180°，即正南，没有任何意义。

如果源数据的形式是分形性质的，跨越一个很宽的尺度范围，那么，理论上它们可能不能表现出在任何点上可靠的切线方向。在实践中，数据获取处理接受了 GIS 定义的模型，涉及对真实世界的简化，数据可能被表达为非分形离散元素的集合（折线或像素）。假定这种表达是可以接受的，对调查的问题是有意义的，对获取的数据的分析可以进行下去。特别应当注意的是，应当给定起始点和终点的位置，应为与任何中间线段相比，它们提供了在更广泛方向模式的分析方面，更多可接受的点对。

更多的问题是发生在综合处理时的问题。GIS 数据采集以后，可能需要进行某种程度的综合（概括）。这个处理会明显改变线的方向，特别是折线的组合部分。由于这个原因，当我们对折线进行方向分析时，可能需要描述线方向的一系列替代方法，如节点对节点；线与所有节点最佳拟合；分解分析（将所有线段处理成分离的元素）；进行权重分析（将折线按照它们的分段方向的加权平均处理，如按长度加权处理）；光滑曲线（等值线）可能被处理成线性的。

这些方法可以解决上述问题的第一和第二个要点，第三个要点的解决方法是将线或线段处理成矢量（一个原点、一个幅度和对应于原点的方向）。然后使用方向的三角函数，而不是方向本身完成计算。这样可以得到一个结果矢量的方向 $\boldsymbol{r}$（即每个矢量“拉入它自身方向的平均效应”)。例如，设有 $N=i+1$ 个点组成的一条折线，有 i 个方向，$\{\theta_i\}$ 是从原点（如北格网点）按照预先定义的方向定义的，计算两个矢量分量（北和东），$V_n = \sum \cos\theta_i$，$V_e = \sum \sin\theta_i$，则结果矢量 r 的均值方向是 $\arctan^{-1}$（V_e/V_n）。例如，前面三条线（方向为-80，90，90）的水平方向的平均方向是+80.3，350 和 10 的两个方向的平均值是 0。这个平均值本身的应用价值有限。如果一组矢量表现为随机的或任意的模式，则均值方向可能几乎是任何值，平均方向没有任何意义。

如果所有的 N 个合成矢量的长度或变化幅度都具有单位量纲，或是按照角度测度提供的，则方向计算公式是简单的：

$$|\boldsymbol{r}| = \sqrt{V_n^2 + V_e^2} \tag{5-38}$$

如果对所有的 i，$\{\theta i\} = 0$，则所有的分量 V_n 将是 0，所有的分量 V_e 将是 1，因此 $|\boldsymbol{r}| = N$，$|\boldsymbol{r}|$ 表示矢量 $\boldsymbol{r}$ 的幅度。除以 N 来标准化 $|\boldsymbol{r}|$，均值矢量的长度为 $\boldsymbol{r}^* = |\boldsymbol{r}^*|$，$l$ 位于［0，1］范围。较大的值说明在均值附近样本矢量有加大的聚类。

圆形方差 $\mathrm{Var} = \dfrac{1-|\boldsymbol{r}|}{N}$，或 $\mathrm{Var} = 1 - r^*$，取值范围是［0，1］。标准偏差定义为：

$$s_d = \sqrt{-2\ln(r^*)} \tag{5-39}$$

如果要分析的一组点包括矢量的长度 v_i，则方向均值的计算表达式为（按长度加权）：$V_n = \sum v_i \cos\theta_i$ 和 $V_e = \sum v_i \sin\theta_i$。结果矢量的幅度值标准化后不再位于［0，1］之间。假如有一个合适编码的数据集，是由折线组成的（如河流网络），我们可以计算整个数据集或部分数据集的方向趋势，如图 5-65 所示。图中两个方向玫瑰图表示了按 10 度分组的数条河流的取向（很像一个圆形频率图或直方图）。这个图案是完全对称的，线被认为是无向线。

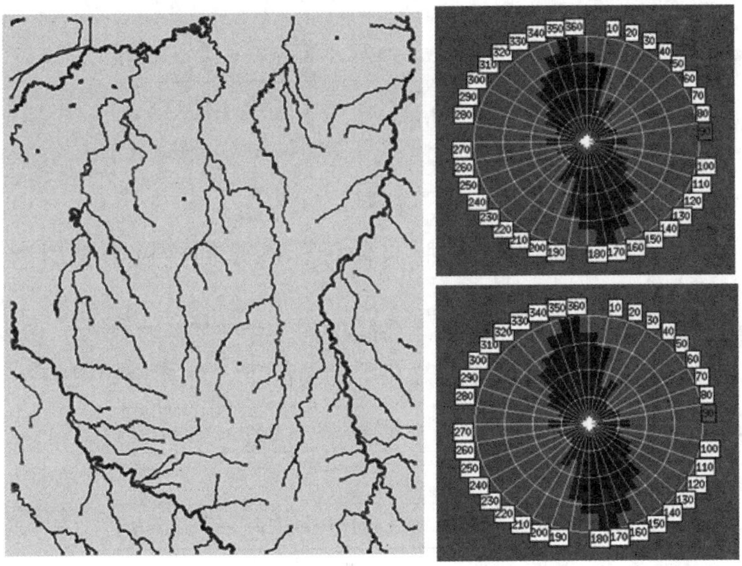

(a) Crow Butte地区水系　　(b) 方向玫瑰：端点和线段版本

图 5-65 流的方向分析

一些方向分析，不仅关心频率值，还关心其分布。例如，von Mises 分布（von Mises-distribution）的计算表达式：

$$p(x)=\frac{e^{x\cos(x-a)}}{2\pi l_0(k)} \tag{5-40}$$

其中，α 是在［0，2π］范围内分布的平均方向；$\kappa>0$，为集中度的形状参数；I_0（κ）为修改的白赛尔函数（modified Bessel function，阶数为 0）分布的圆形方差是：

$$\sigma^2=1-\frac{l_1(k)}{l_0(k)} \tag{5-41}$$

白赛尔函数是：

$$l_0(k)=\sum_{i=0}^{\infty}\frac{(-1)^i(k/2)^{2i}}{(j!)^2} \tag{5-42}$$

以及

$$l_1(k)=\frac{k}{2}\sum_{i=0}^{\infty}\frac{(-1)^i(k/2)^{2i+1}}{i!\ (i+1)!} \tag{5-43}$$

多种数据集不包含方向分析的信息，如风向和某个位置时间的风速，坡度和梯度变化的格网数据等。如图 5-66 所示，表示的是一个风向和风速的玫瑰图。径向表示的是风速的频率，黑色箭头表示的是整个数据集的均值矢量方向（方向和速度）。

（二）点数据集的方向分析

一些方向分析的形式是围绕一个均值中心，计算点数据集的分布。围绕均值中心的点的距离的平均变化可以看做是一个圆或一组标准距离的圆。另外，在 X 和 Y 坐标方向的分量变化可以用于产生标准距离椭圆，长轴和短轴表示点模式的方向变化。图 5-67 表示的是在英格兰东南的教堂分布。两个椭圆分别按一倍和二倍标准偏差设置。在 X 和 Y 上的标准差不是使用原始数据计算的，使用了对坐标进行旋转转换后的坐标。按 Y 轴旋转的角度按下式计算：

$$\theta=\arctan\frac{\sum(x_i-\bar{x})^2-\sum(y_i-\bar{y})^2+\sqrt{c}}{2\sum(x_i-\bar{x})(y_i-\bar{y})}$$

where

$$c=\left[\sum(x_i-\bar{x})^2-\sum(y_i-\bar{y})^2\right]^2+4\sum\left[(x_i-\bar{x})(y_i-\bar{y})\right]^2 \tag{5-44}$$

使用这个值，两个标准差可以按照与传统标准差同样的方法计算，但自由度是 $n-2$，n 是样本的点数。

下述引用的公式来自犯罪统计的软件 Crimestat，进行了一些修改，以保证椭圆的轴具有正确的长度，以及当 X 和 Y 的标准差是相等的情况下，计算是稳定的：

$$SD_x=\sqrt{\frac{2\sum\left[(x_i-\bar{x})\cos\theta-(y_i-\bar{y})\sin\theta\right]^2}{n-2}}$$

$$SD_y=\sqrt{\frac{2\sum\left[(x_i-\bar{x})\sin\theta-(y_i-\bar{y})\cos\theta\right]^2}{n-2}} \tag{5-45}$$

图 5-67 是按照 Y 轴旋转角度为 53.2°顺时针旋转的结果，长短轴的比率是 1.76。

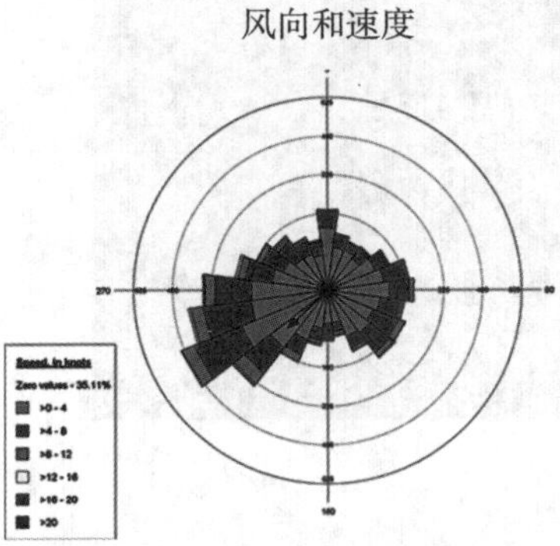

图 5-66　2-变量风向玫瑰

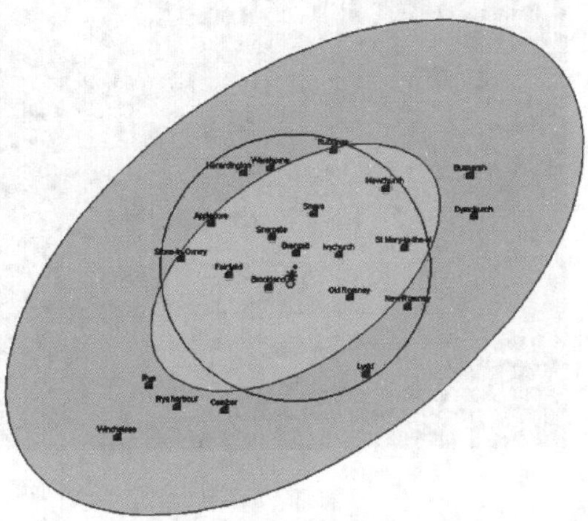

图 5-67　标准距离圆和椭圆

（三）表面数据的方向分析

表面方向分析的应用有很多，包括表面坡向分析和制图、流向建模和分析、水文分析、表面的光照分析、可视性分析等。在这些应用中，方向的表达受模型和表面表达的影响，如栅格数据，会影响方向的计算。其计算结果用图 5-68 的形式表示，如梯度矢量。图 5-69 是根据 100 米 DEM 格网分辨率，按照 230°方向和风速 50 米每小时绘制的，用于野火建模和管理。

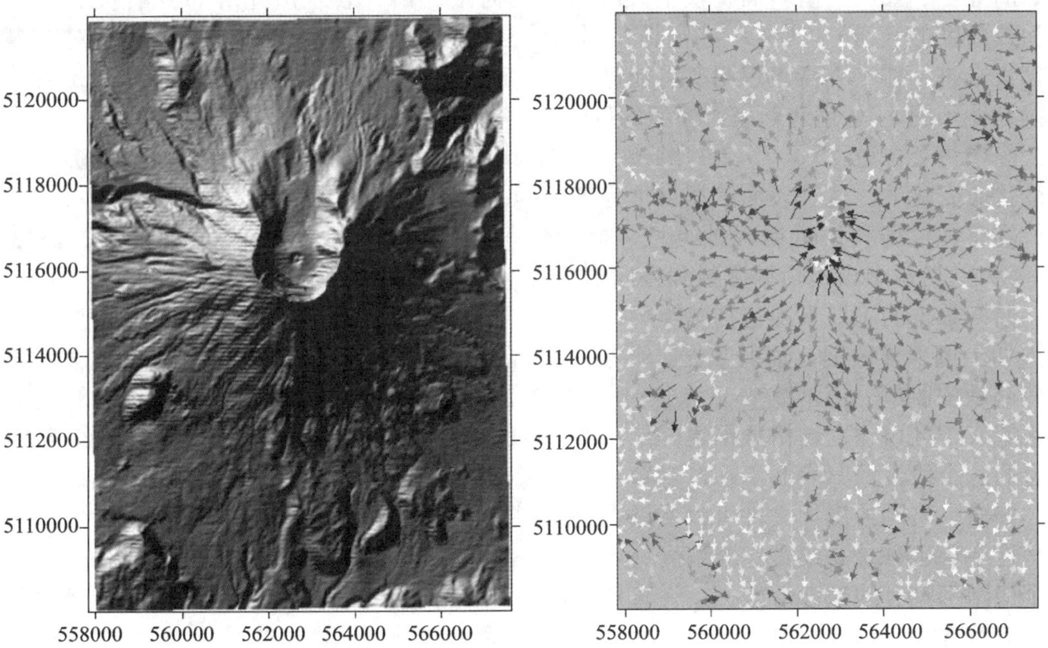

图 5-68　坡度和坡向制图

图 5-69　风向流的格网模拟

第五节　表面和场分析

一、栅格表面模型

基于栅格的表面模型最常见的形式是格网数据。表面建模的过程涉及按照穿越研究区域的空间属性（坐标）X 和 Y 的变化，对一个连续的单值变量 z（x，y），进行估值的方法。使用的这个估值方法取决于几个因素，包括要建模表面的一般类型的先验证据、建模的目的等。例如，一些表面在整个大区域表现为很光滑，表现出光滑的波浪状变化（给定海拔高度的气压），另外一些则是在小区域上具有急剧变化的严重参差不齐。对大多数数据集来讲，样本本身表现出有可能进行统计建模的持续变化，以反映与信息变量有关的不确定性。图 5-70 是地形表面模型的例子。

图中每个位置 $\{x, y\}$ 有一个单一的值 z 表达这个点的表面的高度。z 是随 $\{x, y\}$ 的变化而变化的。这种表面数据也称为场数据。

场有标量场和矢量场两种类型。标量场每个点仅有一个幅度值（如 DEM、温度分布），矢量场每个点包括幅度值和方向值（如风速和风向）。

栅格数据的主要来源包括各类影像数据、数字化的 DEM 数据、野外测量的采样点数据（如土壤采样数据、辐射数据、环境监测点数据、气象观测站数据等）等。这些数据多数都是按照单一值函数 $z=f$（x，y）建模个数构造的。一些数学函数可以用于对整个研究区域或子区域建立栅格数据集。如图 5-71 所示就是使用 $z=ax+by+c$，根据一组高程点拟合的一个线性回归表面。在产生数字表面模型时，还可能使用更复杂的数学函数。

栅格、格网或影像文件可以看做具有相同方格网的阵列。每个格网单元与一个值相联系，这个值也许是 0 或是一个编码（数据缺失情况）。这个阵列可能是行列 $m \times n$ 大小的。每个格网都具有地理参考坐标。在直角坐标系统，行对应 y 轴，列对应 x 轴。栅格的属性值对应数据场的值或高程值。一个 m 行、n 列的栅格数据，连同其属性值，表示为 $\{x, y, z\}$。在每个位置（x，y）上的多波段数据或属性值，可以表达为 $\{x, y, z_1\}$，$\{x, y, z_2\}$，$\{x, y, z_3\}$，…的一个序列。相邻接的栅格数据子集，称为瓦片（tile），可以对其单独处理，也可以合并成一个单一的大区域处理。

图 5-70　DEM 的例子

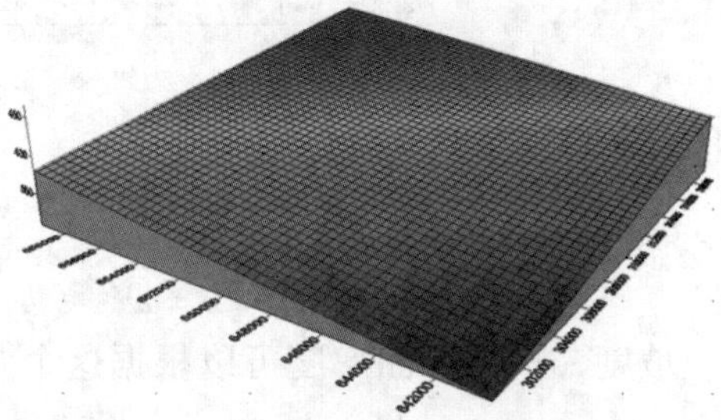

图 5-71　高程点的线性回归表面拟合

栅格数据的邻域可以用两种方式定义，一种是指南针型概念的，另一种是数字偏移型概念的（图 5-72）。

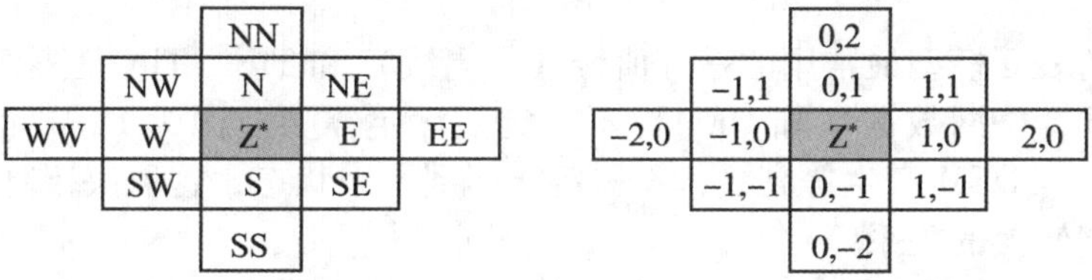

(a) NSEW　　(b) OFFSET

图 5-72　栅格文件的邻域概念

在邻域上，我们可以定义对栅格数据的操作。例如，关于 z^* 的 x 和 y 方向上的变化率（一阶偏导数）。如：

$$\frac{\partial z}{\partial x} \approx \frac{z_E - z_W}{2\Delta x},\quad \frac{\partial z}{\partial y} \approx \frac{z_N - z_S}{2\Delta y}$$

或

$$\frac{\partial z}{\partial x} \approx \frac{z_{1,0} - z_{-1,0}}{2\Delta x},\quad \frac{\partial z}{\partial y} \approx \frac{z_{0,1} - z_{0,-1}}{2\Delta y} \tag{5-46}$$

其中，Δx 和 Δy 是栅格分辨率。曲率计算，需要定义二阶差分函数，如：

$$\begin{aligned} \frac{\partial^2 z}{\partial x^2} &\approx \frac{z_E - 2z^* + z_W}{\Delta x^2}, \\ \frac{\partial^2 z}{\partial y^2} &\approx \frac{z_N - 2z^* + z_S}{\Delta y^2}, \\ \frac{\partial^2 z}{\partial x \partial y} &\approx \frac{z_{NE} - z_{NW} - z_{SE} + z_{SW}}{4\Delta x \Delta y} \end{aligned} \tag{5-47}$$

有些软件在计算时，使用 z^* 的 8 邻域，并分配不同的权重，如 x 和 y 方向分配权重 2，其他四个方向（NE，NW，SE，SW）分配权重 1。比 4 邻域计算略显复杂，在坡度和坡向计算时，但结果会好些，特使是对粗糙的表面。这种基于标准有限元差分的计算是：

$$\frac{\partial z}{\partial x} \approx \frac{(z_{1,1} + 2z_{1,0} + z_{1,-1}) - (z_{-1,1} + 2z_{-1,0} + z_{-1,-1})}{8\Delta x}$$

$$\frac{\partial z}{\partial y} \approx \frac{(z_{1,1} + 2z_{0,1} + z_{-1,1}) - (z_{1,-1} + 2z_{0,-1} + z_{-1,-1})}{8\Delta y}$$

(5-48)

其表面曲率的计算需要二阶导数。一些软件基于二次曲面逼近的方法，使用 8 邻域（3×3 窗口）。二次曲面形式是：

$$z = ax^2 + by^2 + cxy + dx + ey + f \tag{5-49}$$

坡度、坡向和曲率度可以根据这个曲面导出，如坡向计算是：

$$A = \arctan\frac{e}{d} \tag{5-50}$$

坡度计算是：

$$s = \arctan(\sqrt{e^2 + d^2}) \tag{5-51}$$

二、矢量表面模型

基于矢量的表面模型最常用的是等值线（等高线）和 TIN，TIN 是表面分析常用的数据格式。有时候，格网数据（如 DEM）不一定能满足需要。因为 DEM 可以从等高线获得，但反过来，有 DEM 产生等高线，不一定能回到原来状态，这取决于算法。图 5-74 是这两种表面数据转换的关系。

在上述转换中，不同的算法会产生不用的结果。如图 5-73（d）的情况，在由 TIN 导出的 DEM 和源栅格数据之间的差别（误差），可以按照格网进行绘图表示，如图 5-73（e）所示（误差地图）。深色区域，误差最大，本例中达到 10m。误差可以通过增加角点数得以改善。注意，这里的误差不是 TIN 与真实表面之间的误差概念，这里主要是计算造成的误差。

从 DEM 产生 TIN 的好处还在于特征提取的水平，以产生更有效的表面描述（即最小表面误差，包含关键表面特征，如山峰、凹点、脊线等），这些特征线对 TIN 的精化处理是有好处的（如图 5-73（f）所示，是从 DEM 提取的特征线网络）。

三、数学表面模型

前面已经注意到，表面或格网可以看做一个单一值的函数 $z=f(x, y)$。数学表面模型典型地是假定函数 $f(x, y)$ 具有一些独特的性质：（1）单一值，即对于每个 (x, y)，只有一个 z 值；（2）连续的。广义地讲，这意味着每个 (x, y) 都存在一个值；（3）两次可差分的，一次和二次差分在所有的位置可以计算。数学表面模型是单值函数，或满足这些要求的分段函数。分段函数在一些区间或区域是连续的函数（如 3×3 窗口），但在区域的边界具有分界线。分段函数广泛应用于表面建模和插值计算，即需要在区域边界处，对函数的行为设定特定的条件。

单值函数数学模型典型地用于逼近真实世界表面，通常使用最小二乘法提供最佳拟合参数估计，因而被称为近似或不准确的模型。大多数情况下，使用的数学模型是具有幂的代数函数，一般局限于 x 和 y 的线性、二次或三次表达式。图 5-74 所示是 1-3 次格网表面。

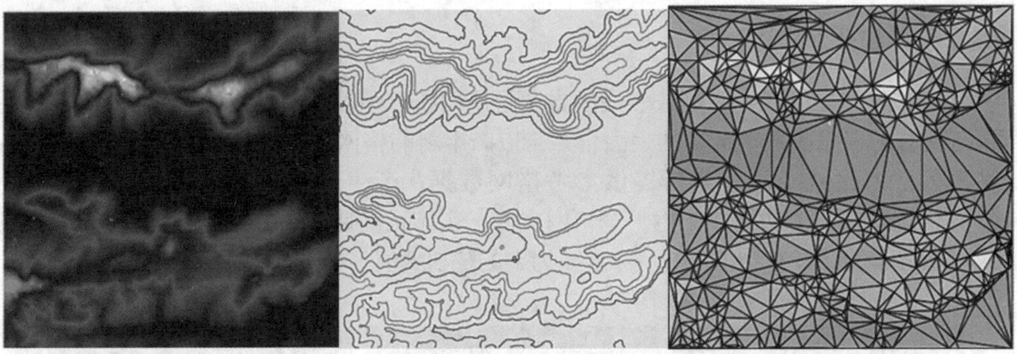

(a) 源栅格数据　　(b) 导出等高线　　(c) 导出TIN

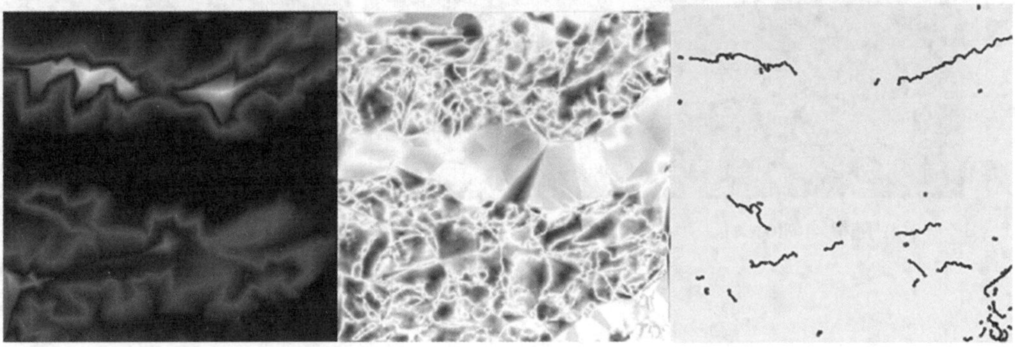

(d) TIN导出栅格　　(e) TIN导出栅格-误差　　(f) 导出特征网络

图 5-73　TIN 和栅格之间的转换

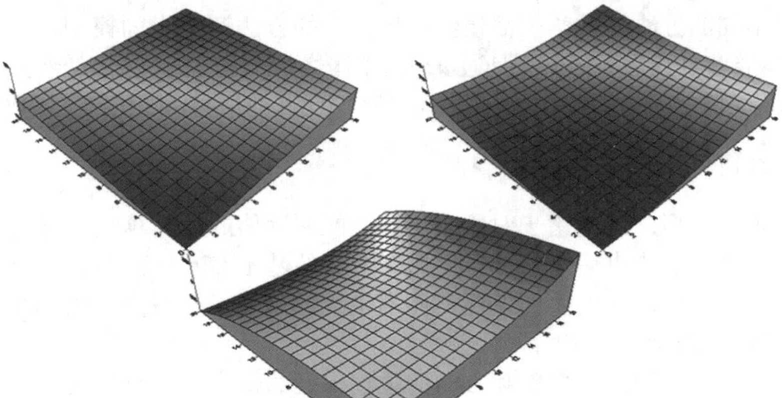

图 5-74　数学表面模型

原则上，数学表面模型，是表面的尺度独立的紧凑表达，可以用于矢量和栅格两种模型，被称为地图微积分。一些 GIS 软件，还没有实现这种功能。

四、统计和分形表面模型

一些 GIS 软件提供产生格网或表面的方法是使用统计函数，而不仅是数学函数。产生的模型可以与现有的表面或数学定义的表面合并，以产生新的格网数据或表面，用于各种目的：不确定性建模；为比较或残差分析提供参考格网数据；产生理想化的地形模型；统计分析。ArcGIS 提供了这样一个功能，产生一个格网文件，实体元素是在［0，1］范围变化的均匀随机值，或正态分布的，具有均值为 0，标准差为 1 的随机 z 值。如图 5-75 所示。

(a) 随机均匀[0，1]　　(b) 随机正态[0，1]　　(c) 脊形多重分形

图 5-75　随机和分形格网

其中，图 5-75（a）、（b）是 250×250，格网单元大小是个单位。每个单元根据选择的分布，独立随机赋值。图 5-75（c）具有明显不同的分布模式，是由混合随机模式生成的，即采用分维数，$D_C>2$，和表面特性与纯随机方式比，更接近地形的特性产生的。GIS 软件目前还没有这样的功能。

一个略微不同的方法是数学表面模型随机扰动的方法产生表面模型，如图 5-76 所示。在这个例子中，产生的线性表面模型是通过对每个栅格单元进行随机扰动产生的。上面的图是基于 5×5 的格网，随机均匀函数；下面的图是基于 20×20 的格网，随机正态函数。

五、表面几何

尽管数学表面模型广泛应用于对所有位置上的属性值的估计算法，但典型的是这些数据还要被表达为格网形式供后续的分析使用。所有的基于 GIS 软件的表面分析，包括纯几何处理，倾向基于格网表达的表面模型，而不是纯数学公式、等值线或 TIN 的。

（一）梯度、坡度和坡向计算

梯度是一个矢量，即具有幅度和方向的量。梯度的幅度和大小是坡度。坡度发生最大变化的方向是坡向。坡度是表面分析最常用的概念之一。

表面或地形坡度的概念是在一定行进距离上，某个值（如高程）上升的量，通常是上升最快方向上的量（即向上或向下最陡的路径）。在实践中，我们应当定义坡度计算经过的距离，如在平面上经过 10m 的距离，上升的量是 2m，则坡度 $S=2:10$（或 $1:5$、0.2、20%），这个比率就是正切函数 $S=\tan S_t$，S_t就是弧度表示的地形坡度。如果行进的距离是表面距离，而不是平面距离，则 $S=\sin S_t$，对于平缓山区，这个差别并不严重，但一般来说，正切函数更完美。在 GIS 中，坡度的计算表达式为：

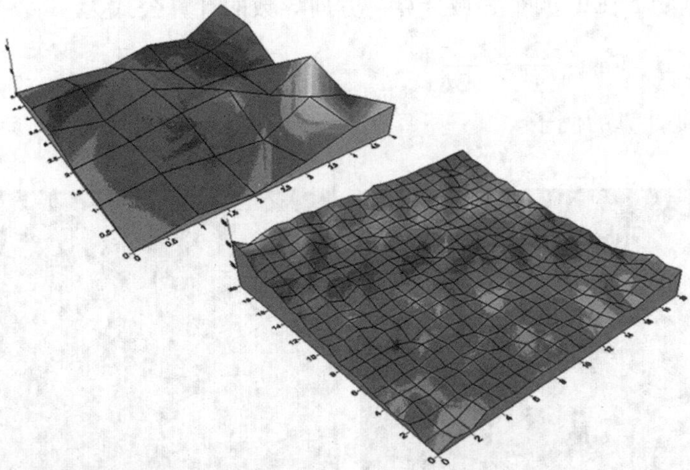

图 5-76　伪随机表面模型

$$S_t = \text{degrees}(\arctan S) = \frac{360\arctan S}{2\pi} \tag{5-52}$$

对解析表面，$F(x, y)$，坡度用表面函数的一阶导数表示坡度，如：

$$s = \sqrt{\left(\frac{\partial F}{\partial x}\right)^2 + \left(\frac{\partial F}{\partial y}\right)^2} \tag{5-53}$$

这个公式不是基于经过一定间隔区间的“行进上升”计算的，而是假设一个平面可以被放置在表面 $F(x, y)$ 的某一点上，这个点是切点，平面为切平面，基于无穷小距离概念的。简单表示在 x 和 y 方向行进一个小的固定距离，$F(x, y)$ 上升的量。这在 GIS 中很少用，GIS 会将它们以一个有限的分辨率，转换成格网或 TIN。因此，一些软件坡度计算使用格网的正切函数是多数情况，如果是 TIN 模型，则首先被转换成格网模型。需要说明的是，这种转换是不必要的，因为 TIN 也可以直接提供坡度计算。

通过一个表面的线的坡度（如道路或管线），取决于与其下方表面有关的线的方向，它总是小于或等于这个表面的坡度。在这个问题方面，如果线的方向是一个角度 α，就需要通过采取与感兴趣的方向的单位矢量的点积来调整梯度矢量，这可以保证计算的坡度沿着路径方向。这个点积的值就是方向导数值。如果表面的梯度差分和曲率已经计算，则方向导数的计算很简单。

对于格网数据，表面的值表示为 $\{x, y, z\}$，也可按照与 $F(x, y)$ 等同的形式表示为 $z(x, y)$，在特定位置 z^* 的格网模型梯度，使用“车移动”方式，或在这个点的 z 的四个邻域值 NSEW，可以按下式计算：

$$s = \sqrt{\left(\frac{z_E - z_W}{2\Delta x}\right)^2 + \left(\frac{z_N - z_S}{2\Delta y}\right)^2} \tag{5-54}$$

坡度与前述计算相同。

一阶方向导数计算公式为

$$\frac{dz}{ds} = \frac{\partial z}{\partial x}\cos\alpha + \frac{\partial z}{\partial y}\sin\alpha \tag{5-55}$$

按照格网数据的 NSEW 四个邻域计算，方向导数的计算公式为

$$\text{East}: \frac{\partial z}{\partial x} = \frac{z_E - z_W}{2\Delta x}, \qquad \text{North}: \frac{\partial z}{\partial y} = \frac{z_N - z_S}{2\Delta y} \tag{5-56}$$

图 5-77 是坡度计算的例子。

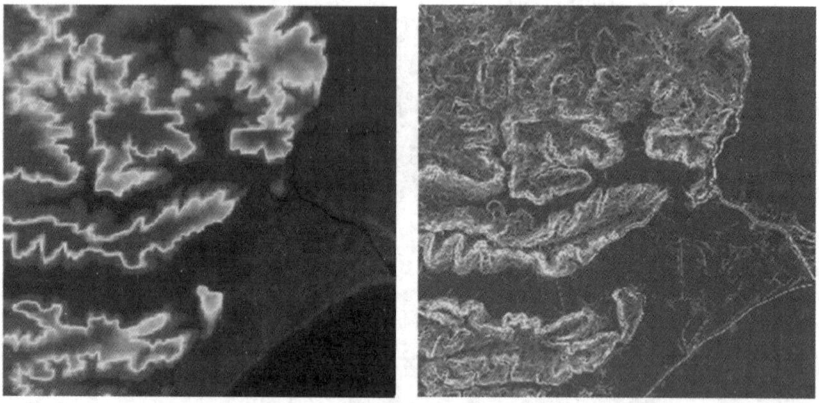

(a) DEM　　(b) 坡度图

图 5-77　坡度计算的例子

坡向计算的公式为

$$A = 270 - \frac{360}{2\pi}\arctan\left(\frac{\partial z}{\partial x}, \frac{\partial z}{\partial y}\right) \tag{5-57}$$

它是从正北方向起算的角度，不是弧度。坡向计算的例子如图 5-78 所示。

（二）表面上的路径计算

通过一个表面的路径，可由几种方式建模。较简单的是横断面剖面或断面。根据给定的频率按照线采样建模，或直接根据线经过的表面的高程直接定义断面。一般地，表面路径假定精确位于表面上，并定义为折线，光滑的曲线或平面上相邻的一组栅格单元。严格地说，通过表面的曲线是三维空间曲线形式，而不是一条平面曲线，在实践中，也可能需要构造平面曲线，并在 x 和 y 方向分别生成。如对于路径 p，可以按照增量距离 t 建模，t 是步长，即平面虚线：$P = \{x(t), y(t)\}$，三维曲线：$P = \{x(t), y(t), z(t)\}$。可以计算路径上某点的坡度、坡向和曲率，也可以对路径使用样条函数进行光滑。如图 5-79 所示。

六、可视性分析

可视性分析是基于表面模型的视域分析、通视性分析、无线电传播辐射分析等的总称。

（一）视域分析和无线电波传播分析

视域是从一个或多个观察点可以观察到的区域。视域分析使用的输入数据包括以下几种类型：

（1）表面栅格数据，或经过合并的栅格文件；

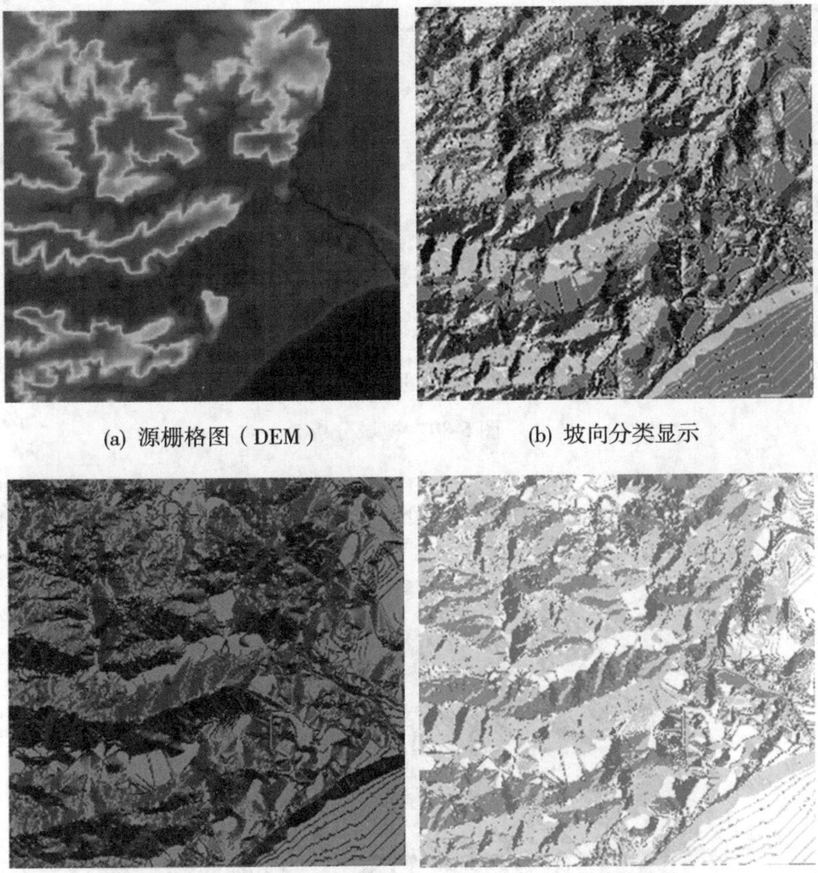

(a) 源栅格图（DEM）　(b) 坡向分类显示

(c) 渐进着色　(d) NSEW分类

图 5-78　坡度计算的例子

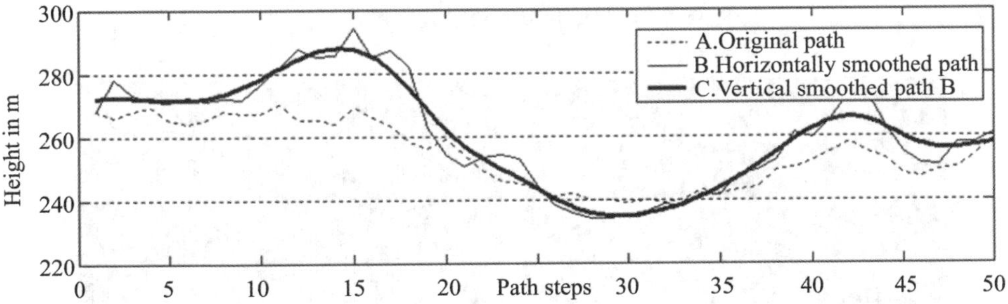

图 5-79　断面曲线的光滑

（2）一个或多个观察点；

（3）偏移值，用于限定分析的范围，如最大和最小计算范围、水平或垂直的角度限制。

输出结果是不可见单元赋值为 0，可见单元赋值为 $1 \geqslant n \geqslant m$，是从 m 个观察点可看见这个栅格单元的次数。图 5-80 所示是视域分析的例子。

DEM数据　　视点1的视域　　视点2的视域

图 5-80　视域分析

一些 GIS 软件提供了辐射分析功能。图 5-81 和图 5-82 所示是辐射分析的例子。

图 5-81　3D 城市无线电波传播建模

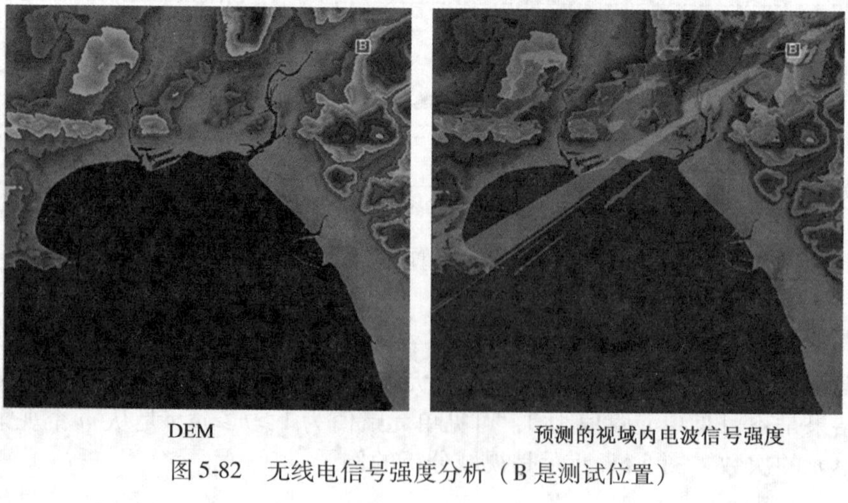

DEM　　预测的视域内电波信号强度

图 5-82　无线电信号强度分析（B 是测试位置）

（二）视线分析

视线分析提供点到点的通视性信息。有三个含义：一条映射的线，绘制在图上的由起点到终点可见和不可见线段组成；选择断面的表格数据；断面。可能从一个观察点到多个目标点，按照规则的角度间隔。图5-83所示是视线分析的例子，图5-84所示是视线和视域结合的分析例子。

（三）视场和空间句法表达

城市景观的可见性（外部或内部的可见性）分析带来了额外的问题和困难。建筑物和街道被表达为2D多边形，而不是3D格网。这类可见性分析称为视野分析（isovists）。这类分析应用的例子包括在哪里安放CCTV的相机，或安排安全卫士，以保证从这个选择的位置可以看到所有的点。这又涉及神经网络优化问题，确定这样的点的最小数目，保证完全覆盖。这个问题自然也可以扩展到3D环境。

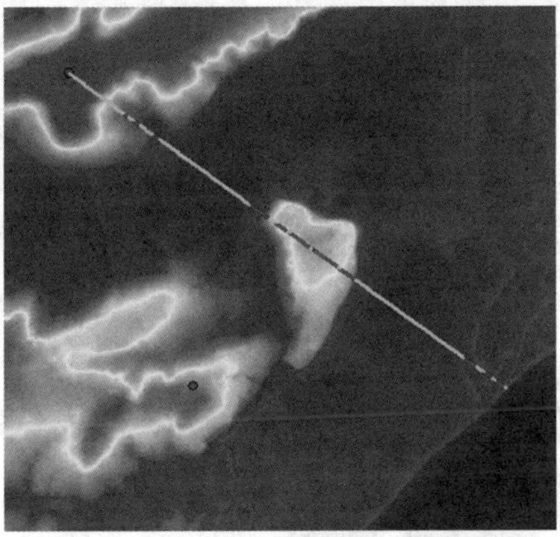

图5-83　视线分析

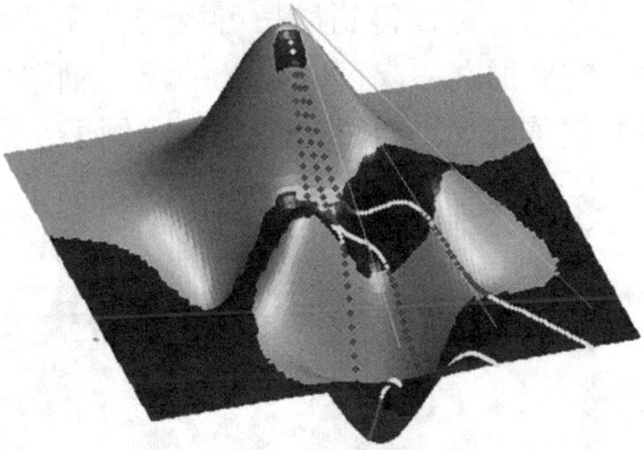

图5-84　视线和视域结合分析

Rana设计了一个解决这个问题的有效启发式算法。基于从初始观察位置的一个细格网的可视性系统评价的结合方法，然后按照排序规则（排序和重叠消除，ranking and overlap elimination，ROPE），减小这组点数。使用随机选择的观察点位置，随机地迭代这个过程（S-ROPE），最终的观测点数可以减少，因此这种方法最优。ArcView有这样的工具解决这类问题。图5-85就是伦敦中心区的一个分析例子。

可视的区域用灰色（街道区域）表示，初始观测位置用黑点符号表示，方形符号表示的是使用S-ROPE算法，按照8000个起始点计算的27个确定位置，作为监控摄像机的（近似）最优位置，保证100%覆盖。约束的初始方案的设置是根据简单距离变换确定的中轴区域。

与视野分析密切相关的是更为广泛的主题空间句法，早期应用于建筑设计背景和建筑环境的小尺度区域内的运动行为研究。现在已经扩大到更多的城市领域。

早期的工作主要集中在所谓的轴向线（axial lines）领域。这些线定义为在2D公共城市空间的最长可视线（或直接运动线）。通过分析街道几何、开放空间，以及1^{st}、2nd、

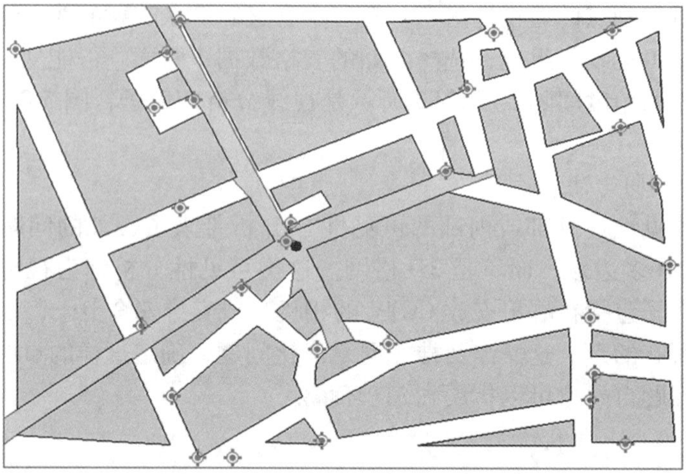

图 5-85　视场分析，街道网络，伦敦市中心

3rd层的建筑物，可以得到最长可视线。覆盖整个区域的这些线会有很多条，许多可能是相交的。它们加在一起可以定义一幅“轴向地图”。具有最多相交次数的轴向线，称为具有最高的“连通性”。图 5-86 是一个例子，最高连通性的用深灰色表示，最低的用浅灰色表示。

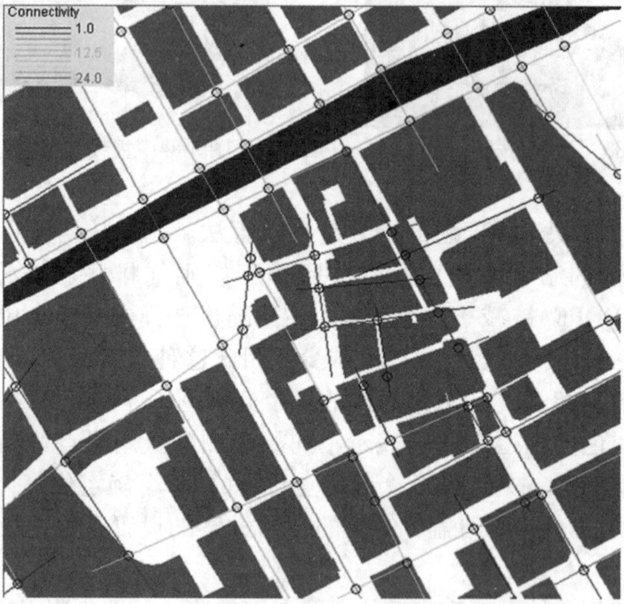

图 5-86　轴向线和连通性

轴向线网络一旦建立，还可以计算一些其他的测度，如轴向线的层级，或称为轴向地

图的深度（depth），如图 5-87 所示。

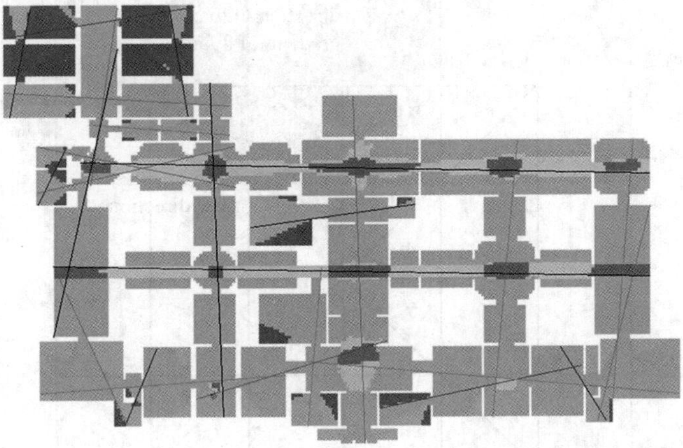

图 5-87　画廊内部空间的深度地图

（四）流域和排水分析

许多 GIS 软件支持水文或水文过程的表面分析。输入的数据是 DEM 而不是 TIN，以及一些种子点或倾向点，输出是一些矢量和栅格文件。

1. 排水模型建模

在基本排水模型建模时是基于一些假设，但这已证明具有相当大的价值。这些假设包括：(1) 均匀沉积；(2) 流量发生在整个表面，且它们是不变的，不受吸收或地下水的影响（特别是不同的土壤或岩石类型）；(3) 流量按距离线性函数增长，不受坡度值影响，仅受方向影响；(4) 对流向方向没有障碍存在；(5) 研究区域是完整的，在分析的上下文中是有意义的。核心分析步骤是：

(1) 修改的 DEM，去除坑或凹陷，以保证流能连续穿越表面，这取决于选择的参数。

(2) 系统检查整个格网，并定义流向。这类似于坡向分析，如 D-无穷远算法（D-infinity）。

(3) 定义平坦区域和局部极端值（山峰和凹坑）。

(4) 假设流路径和累计流量的计算。通过累计上游像元的个数（按 1 单位车移动，对角线按 1.414，或按 3/2，以加速计算），获得每个像元的累计流量。

(5) 将流的路径合并成拓扑一致的网络，并计算简单的流顺序统计值，如 Strahler、Horton 和 Shreve 顺序值。

(6) 定义不同溪流系统的上游，以确定流域和计算与流域相关的统计值。

(7) 定义这个流域的盆地，用于表达从主流区域内的第一级支流的流域。

(8) 格网文件中的点的选择规范。可以检查引入的流量对下游的影响，如溢出或污染物进入系统的影响，或上游流对下游的影响。

2. D-无穷远流量分配模型（D-infinity flow assignment model）

如图 5-88 所示，基于图中给出的 8 个三角形面片的梯度最大方向将流量分配给 2 个单元或像素（深色区域）。分配给每个像素的比例按照下面的两个比率给定：

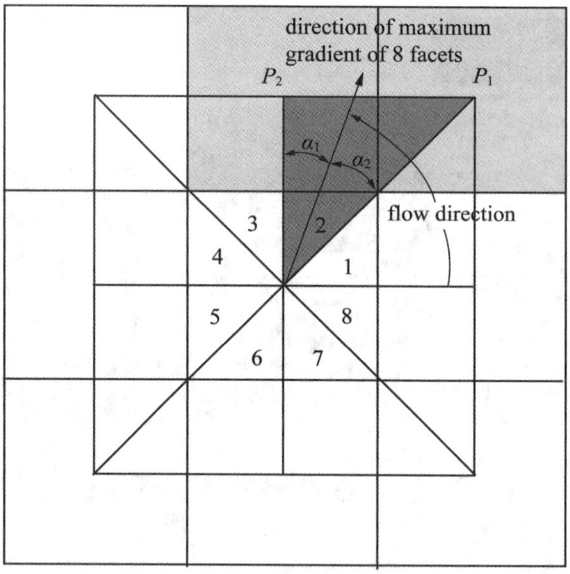

图 5-88　D-无穷远流量分配

$$p_1 = \frac{\alpha_1}{\alpha_1 + \alpha_2},\ p_2 = \frac{\alpha_2}{\alpha_1 + \alpha_2} \tag{5-58}$$

其中，α 以角度或弧度定义。方向从正东起算。

在 D-无穷远流量分配模型中，如果最陡坡度矢量的角度位于一个面片的外面（一个可能会发生的情况），则矢量方向取沿着这个面片的最陡边界。

下面介绍的是排水模型的研究案例。如果选择的区域相对平坦或边界不明显，高程值为整数，则模型的输出可能是不明确的，因此这个例子选择多山地区。

图 5-89（a）是原始 DEM 数据，已经处理去除了一些小坑。使用修改后的格网数据文件作为输入数据，产生的格网的局部排水方向如图 5-89（b）所示。与坡向图有点像，但不完全一样，这是因为是基于 8 个三角形面片算法，不是基于复杂的坡向算法。将图 5-89（b）作为输入数据，得到流量累计的计算结果（图 5-89（c））。高亮显示的像素具有较高的累计值和像素化的累计性质。累计区域之间的边界清晰可见。

3. 流网络的构建

流量累计格网提供了流网络的构建基础。典型的是标记所有大于一些预先定义的数值（如 10）的流量累计值作为流或潜在的流。图 5-90（a）的分配规则要求平坦地区。在图 5-90（b）上要密切注意的是在原始 DEM 上预先滤掉坑的地方，因为它们的值指明它们是平坦的，还是极端值（最大、最小值、鞍形的）区域。每条流使用不同的像素颜色标记。这里没有按照像素数表明像素累计数量。

4. 流盆地构建

流的周围集合是受上游的流量限制的，使用流域来定义的。对照图 5-90（a），图 5-91（a）

(a) 去除小坑的DEM　(b) 排水方向（D8算法）　(c) 流量计算

图 5-89　流向和累计计算

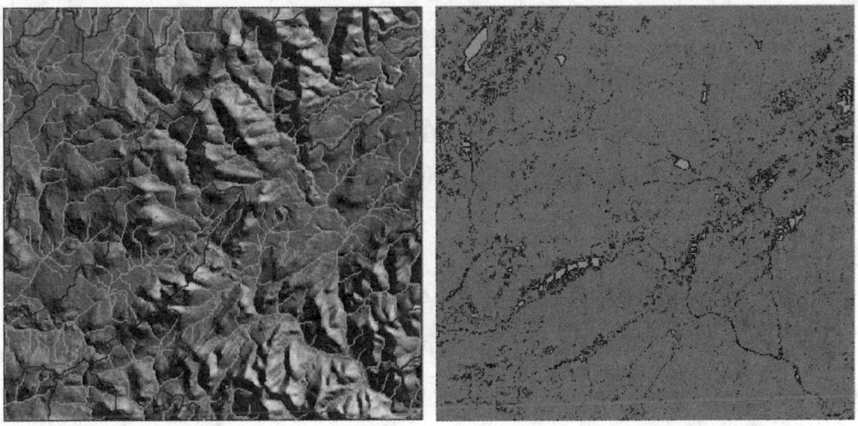

(a) 流　(b) 平坦和极端值区域

图 5-90　流的定义

中没有覆盖流，而是流域，只是一些区域，图 5-91（b）是流的盆地，小流域是主流域的子流域多边形。流的分支定义和流盆地定义，基于流量阈值参数。

七、栅格化与栅格数据的插值方法

栅格化是指从已有的数据集（如 $\{x, y, z\}$）使用 2D（空间）插值方法产生格网数据的过程。插值方法假设按值 z 建模的属性在研究区域是连续的，或分段连续的，即存在一个 $z=f(x, y)$，且是在所有 (x, y) 上是单一值，除了被精确排除的区域。

插值算法通常假定数据点是正确的，但可以假定存在误差。使用的插值模型可以是精确的，或不精确的（近似的）。如果数据点相对稀疏和不规则，则需要的插值方法比密度高的更微妙复杂。但是，规则分布的数据可能会由于数据的固有频率的影响产生偏差。稀疏数据集是常见的，获取的成本和使用的时间都是高代价的，如气象监测站、土壤采样点和辐射监测点等数据。

若干采集因素会影响插值的质量，如数据测量的正确性、数据密度、数据分布、空间

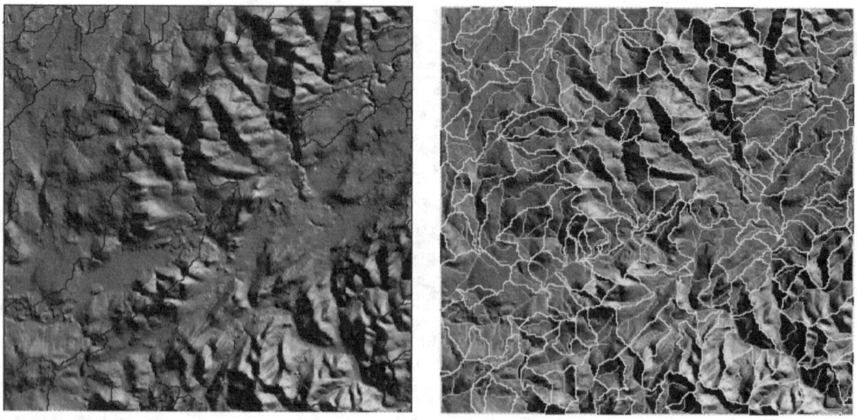

(a) 流域　　　　(b) 流盆地

图 5-91　流域和盆地

变化性等，这些都是相当可预测的结果，但在此之前检查这些因素可能有助于选择最合适的技术解决手头的问题，或用于指导新的或补充的数据集采样。通过使用辅助信息，插值的质量会得到显著改善。

一般地，空间插值需要：

（1）将样本数据点转换为研究区域的完全覆盖（一组值）；

（2）从数据的一个分辨率转换或定向到另一个分辨率（重采样）。

（3）从一种连续表面表达形式转换到另一种形式（如 TIN 到栅格，或等高线到栅格）。

格网文件是预先生成的，或是根据输入数据集 $\{x, y, z\}$ 产生的。后者为采样点的 z 可能要按照预先定义的格网分辨率估计获得。这种产生的格网文件用于后续的分析，以识别某些统计属性。这个生成的数据是对输入数据集的近似或拟合。然后也会被转换成各种形式，如轮廓、填充轮廓、渲染、线框、三维透视表面等。

格网文件也可能用其他方式产生，如遥感数据集（高光谱影像）、转换矢量数据集、随机或分形的数学函数、地图代数的结果、重采样或叠置运算的结果等。

使用局部插值函数产生格网数据，典型的是利用邻近数据点的加权平均值方法（利用插值点与周围点的相似性）。计算方法是：

$$z_j = \sum_{i=1}^{n} \lambda_i z_i \tag{5-59}$$

其中，z_j是位置 j 的 z 值的估值；λ_i是权重（综合为 1）；z_i是点（x_i，y_i）的实际测量值。假设 $\lambda_i>0$，对所有的 i，则：

$$\min\{z_j\} \leqslant z_j \leqslant \max\{z_j\}$$

即 z_j总是落入观测数据范围。

计算使用的邻域的大小和形状是可选择的。大小可以是一个固定值，或按自适应方式决定。形状可以是圆、椭圆或分段变化。一些软件还增加了硬线、软线、禁区等约束条件的使用。

一些全局函数产生格网，不需要分块插值，只是清晰度的定义 x 和 y 分量的最大值和最小值，以及格网的增量（大小）或要产生的格网的行数和列数，如：

$$z = ax + by + c + 100\mathrm{rnd}() \tag{5-60}$$

其中，a，b 和 c 是常数；rnd（）是随机函数，提供［-1，1］范围的随机数。

栅格化和插值的主要方法见表5-6。图5-93～图5-95是一些例子。

表5-6　**栅格化插值方法**

方法	速度	类型	评　价
距离倒数加权（IDW）	快	准确，除非指定平滑因子	趋于产生靶心模式。对密集数据简单有效。无外推。所有数据点之间的插值位于数据点值的范围内，没有近似的谷底和尖峰
自然邻居	快	准确	利用由维罗尼多边形概念确定的权值计算邻域观测值的加权平均值。对密集数据集良好。典型的，实现不提供外推
最近邻域	快	准确	对近乎完整的数据集最有用（如具有缺失数据值的格网数据）。不提供外推
克里格地理统计模型（随机的）	慢/中等	如果没有块金（假如测量误差）则准确	基于变异函数建模的非常灵活的方法。可以提供外推和预测误差估计。存在统计建模和推理方面的一些争议。速度基本不受增加数据点的数量的影响，<250个数据点最佳
条件模拟	慢	准确	使用一个拟合变异函数作为起点的灵活技术方法。有效地再现在表面的统计变化和取得伪置信区间的一种手段
径向基核函数	慢/中等	如果没有光滑值定义，准确	使用一系列的核函数，类似克里格的变异函数模型。灵活，类似克里格的结果，但对输入的数据点的统计性质没有附加的假设
改进谢别德法（modified Shepard）	快	准确，除非定义了光滑因子	与距离倒数相似，使用局部最小二乘估计改进。提供外推
线性插值三角形	快	准确	基于过程的狄罗尼三角形。需要多数据点产生可接受的结果
样条插值三角形	快	准确	基于过程的狄罗尼三角形。三次样条拟合，而不是平面表面拟合。产生非常光滑的表面。广泛用于计算机辅助设计
剖面	快	准确	一种将等值线数据转换为格网格式的方法。类似于产生等值线数据的线性插值方法

续表

方法	速度	类型	评　价
最小曲率	中等	准确/光滑	产生精确拟合数据集的非常光滑的表面
样条函数	快	准确（尽可能光滑）	可作为一个独立的方法，纳入一些其他的方法。提供双三次和双调和样条
局部多项式	快	光滑	最适合用于局部光滑的数据集
多项式回归	快	光滑	提供拟合数据点的趋势面。对分析一阶（线性）和二阶（二次）模式和残差分析/趋势去除最有效。可能遭受边界效应，取决于数据
移动平均	快	光滑	使用用户定义的搜索椭圆计算平均值。需要中等数量的数据点产生满意的结果
矢量到栅格	慢/中等	没有说明	基于迭代的有限差分方法。使用 Hutchinson 方法，从一组点、线、面数据，插值一个“正确”的水文格网。需要输入矢量等值线数据

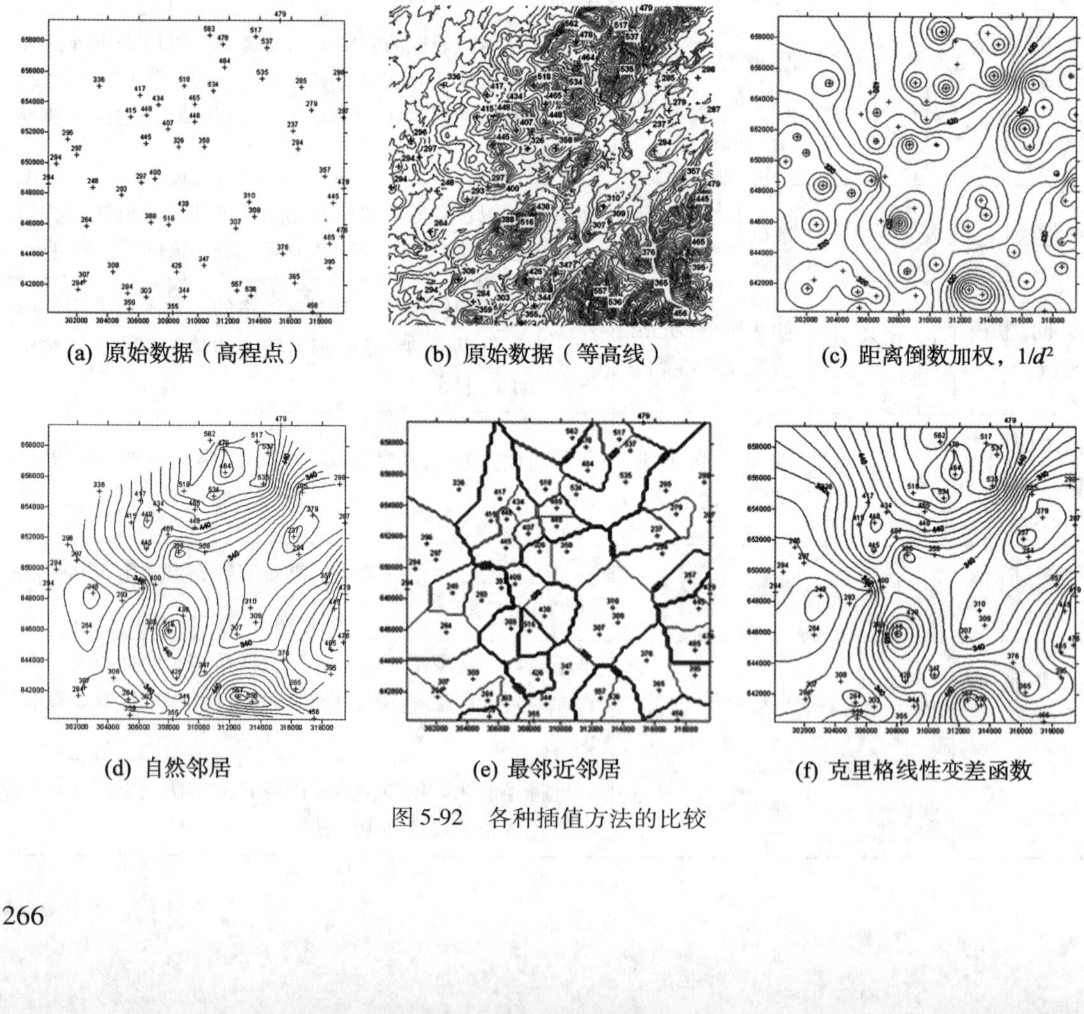

(a) 原始数据（高程点）　(b) 原始数据（等高线）　(c) 距离倒数加权，$1/d^2$

(d) 自然邻居　(e) 最邻近邻居　(f) 克里格线性变差函数

图 5-92　各种插值方法的比较

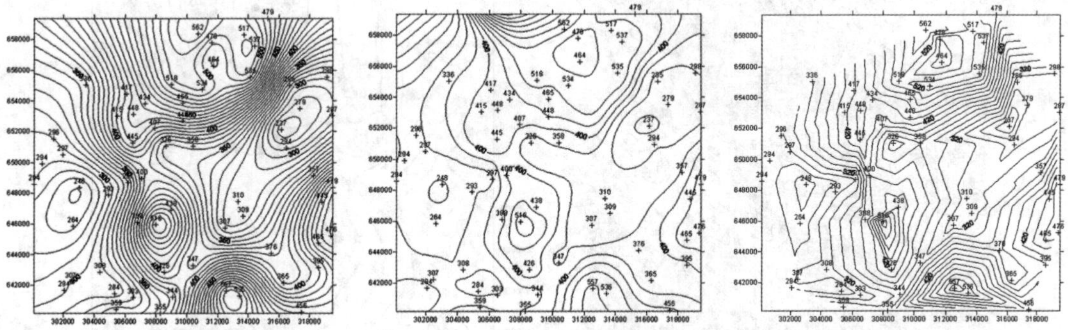

(g) 基于半径　二次函数　　(h) 修正的Shepard　　(i) 线性插值的三角剖分

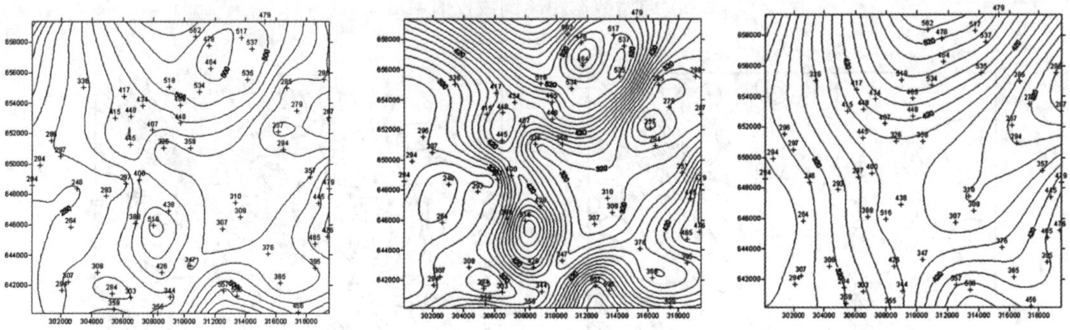

(j) 最小曲率　　(k) 基于半径　双三次条，不进行光滑处理　　(l) 局部多项式　线性

图 5-92　各种插值方法的比较

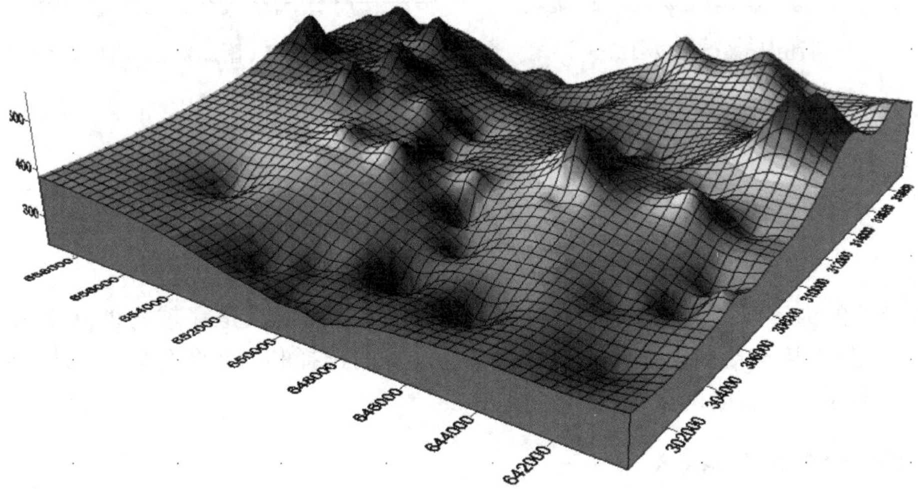

图 5-93　距离倒数插值的三维渲染

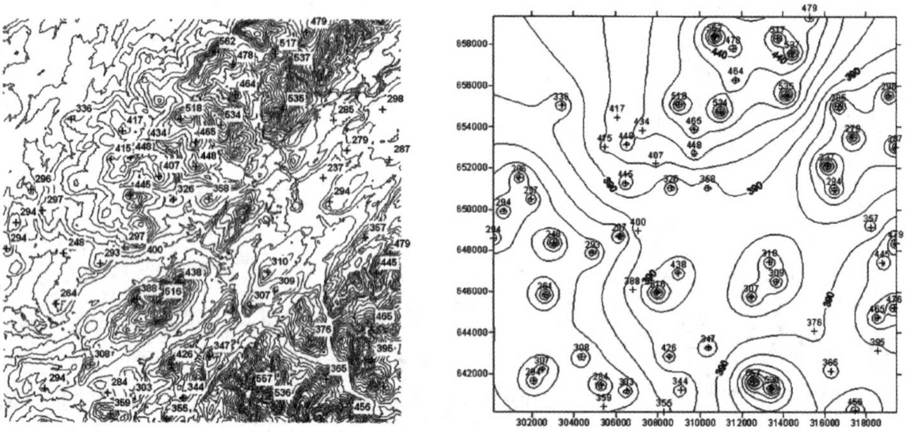

(a) 原始数据距离倒数权值$-1/d$

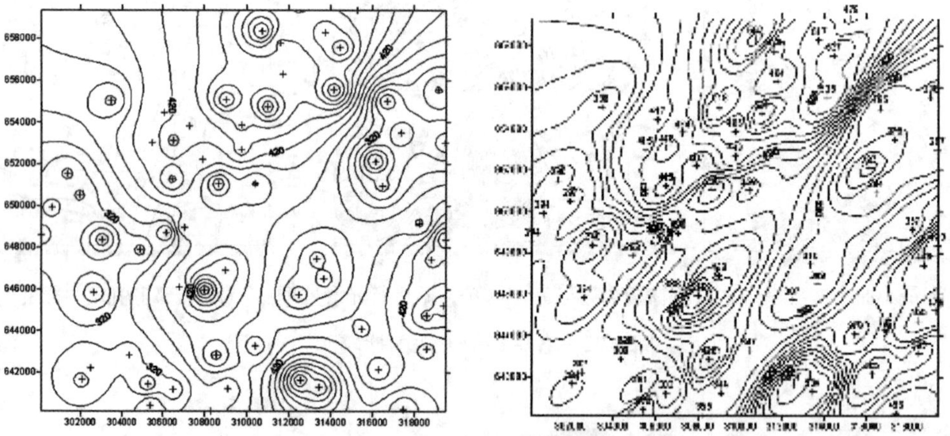

(b) 距离倒数权$-1/d^2$　　(c) 距离倒数权值$-1/d^3$（附加光滑和各向异性处理）

图 5-94　距离倒数不同权值的结果比较

第六节　网络和位置分析

本节介绍的内容涉及两类主题，一是路径优选问题，要么是穿越物理网络（如交通网络），要么是直接连接预先定义的位置；二是位置的选择和满足预先定义的标准的服务区问题（主要是在已有的网络中）。

一、网络分析的基本概念

在大多数情况下，网络分析问题不需要 GIS 的数据处理、解决方案或表达就可以定义，因为关于它们的精确或近似解决方案，按照独立的代码模块或库函数对一般问题提供的方案是有效的，然后它们可以用最终地图、列表或表格的形式，集成到应用程序套件。

例如在平面上，一个或多个位置的选择问题（如仓库位置），可以通过简单地给定一组与需要表达的点的位置有关的一组辅助坐标（如客户位置）作为输入数据即可。同样，对于交通网络，如果预先定义了这个网络，路径选择问题就不需要太多的网络构建知识就可解决，这只需提供网络的长度及相关的测度，如每个方向的旅行时间或最小成本矩阵等。所以，这里仅介绍网络优化问题。

网络分析使用的主要术语见表 5-7。图 5-95 是一些简单的网络。

表 5-7　　网络分析使用的主要术语

术语	描　述
角点	作为一个网络节点的点的位置。典型的，角点是线或多边形的不同点、端点或交叉点。注意唯一折线上的中间点一般不是角点
边	直接相连接的两个角点之间的连接线（有方向或无方向）称为边。无方向的边由无顺序的角点定义，有方向的连接线也称为弧段
角点的度	在一个无向图中，在一个角点处相遇的边的个数。在有向图中，度通常是指指向一个角点的边的个数（入度）减去出自一个角点的边的个数（出度）
图	角点和边的集合构成一个图。有向图包含一个或多个有向边。如果所有的边是有向的，这样的图称为有向图。图和通过图的路径特性的数学研究称为图论
路径	（网络）路径是一系列相互连接的角点之间的边
连接图	如果在一个图中的每个角点与其他每个角点之间至少存在一条路径，则称为是连接的。一个完全连接图是每个角点都直接与其他每个角点直接连接的图，如果有 n 个角点，则有 $\frac{n(n-1)}{2}$ 条边，假定所有的边是无向的
连接度	网络连接度是为了将网络（或子网络）划分为两个或多个非连接网络的节点或连接线的最小数目。一个网络的连接度越大，网络应对连接失败就可能越好
平面图形	如果一个图形可以按照这样的方式绘制在平面上，即保证边仅在角点的点处相交，则这样的图形称为平面图形
网络	角点和边，连同使用图论方法分析和表达的有关属性数据的集合，称为网络。一个网络经常定义为与每条边有关的至少有一个有价值的属性或权重（如长度）图
直径	沿着一条最短路径必须被遍历到达任何节点的连接线的最大数目
循环	从给定的角点到遍历其他的点，再回到自身的一条路径是一个循环。没有循环的图称为非循环的
树	一个 n 个节点的非循环网络，每个角点都被连接的子网络，边数是 $n-1$。在一棵树中，每对角点之间只有一条路径

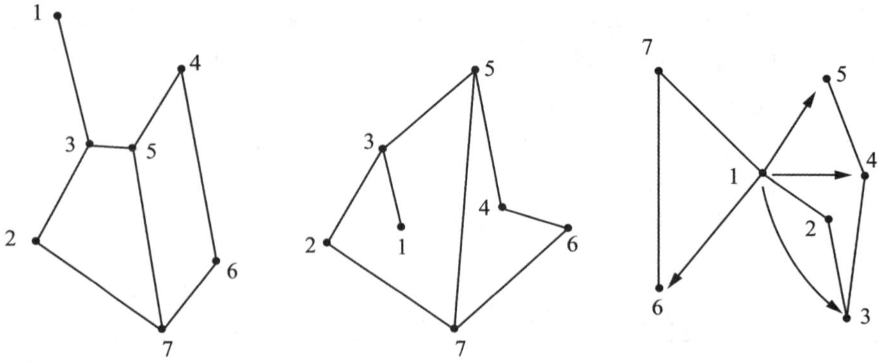

图 5-95　拓扑网络

图 5-95 中的每个网络由 7 个节点或角点组成，网络的边界没有任何信息（如长度和成本）提供，仅注意到了网络的连通性（或连接性）。从这个角度来看，前两个图是拓扑等价的，尽管在平面上表现为不同的布局。第三个网络明显不同，有一些单向或“定向”的链，以及不同的连接性。这些网络可以表达为方形的二进制连接矩阵，节点之间直接连接的，用 1 表示；否则用 0 表示。前两个网络连接矩阵相同，且是对称的，第三个是不同的，且是非对称的。

一组线段或折线，如道路或街道地图，不能构成一个网络。为了满足许多形式的网络分析，应保证有一组明显的节点或角点（V），以及之间的连接信息。这些连接线称为边界（E）。最简单的边界可以是单向的或双向的，以及与它们有关的一组属性（如名称、长度、旅行时间。成本、运输方式等）。

一些折线空间数据集看起来可以满足网络分析需要，但实际并非如此，这通常是因为在对象上需要的节点不存在，或是这组线不是精确连接的（端点不是粘连的）。另外折线段交叉处的交点的性质需要被定义。例如，交叉点是可以认为是节点吗？或一条线是上面通过的还是下面？等等。

根据上述的一些要求，大多数 GIS 软件可以完成网络的构建工作。一旦构建了网络，就可以进行网络分析。

位置和网络分析要解决的大多数问题可以归类为“优化问题”。表 5-8 列举了网络分析可能遇到的一些关键（优化）问题。

表 5-8　**网络分析经常遇到的问题**

问题	描　述
哈密尔顿回路（HC）	如果存在这样一条回路，从一个给定的角点出发，只通过其他每个角点一次，则称为哈密尔顿回路（HC）。测试在一个图中的哈密尔顿回路的存在，称为哈密尔顿回路问题（HCP）。NP 完备问题，NP 是非确定性多项式（non-deterministic polynomial）

续表

问题	描 述
欧拉回路（EC）	每个弧段只访问一次的有向图中的回路。在一个图中包含一个欧拉回路的条件是到达每个包括角点 i 的弧段的个数必须与离开角点 i 的弧段数相同
最短路径（SP）	按照预先定义的测度，如总步数、总距离或总时间，测度最小的两个角点之间的路径称为最短路径。因此这个概念是与使用的测度有关的，甚至对于给定的网络不是唯一的。确定最短路径通常被称为最短路径分析（SPA），这或许是网络分析中的核心计算问题
生成树（ST）	给定一组固定的角点，寻找这样的一组边，每个角点是相连接的和网络不包含循环（回路）。对于一组给定的角点，可能存在多个生成树
最小生成树（MST）	寻找最小总长度（欧氏）的生成树。这将是唯一的，但唯一性不能保证即可能有两颗最小总长度相等的生成树。
斯坦纳 MST，斯坦纳树	与 MST 一样，但允许有与原角点组不共位的附加角点。在（空间）约束成本模型中，每个附加角点（称为斯坦纳点）将被置于三个角点的中点，并将提供一个这些几点之间的连接，通过关于斯坦纳点的均衡空间划分的三个分支（如按照 120 度划分）。如果网络的总长度由于斯坦纳点的加入被减少，就将斯坦纳点添加到 MST，替换 MST 连接线。NP 完备问题（对于欧氏和曼哈顿测度）
旅行商问题（TSP）	给定一组角点和关于每一对角点的对称或非对称矩阵，寻找一个最小长度（成本）的哈密尔顿回路。典型的，起始位置（角点）是预先定义的，角点不一定认为位于一个预先存在的网络。如果某个角点必须在其他角点之前被访问，这项工作称为顺序排序问题（SOP）。NP 完备问题
车辆路径问题（VRP）	这类问题与从一个单一的服务点满足客户服务需求有关（如燃料零售），每个车辆或许有一个已知的容量。如果容量不受限制，则这个问题被称为车辆路径问题（VRP）。车辆的数量和角点子集的旅行次数是可变的。顾客的位置、服务点的位置和顾客需求水平假设是已知的。这个问题是在一些约束下，求解最小的总旅行路线的长度。多数这类问题是 NP 困难的
运输问题，转运问题	完全地服务于一组给定需求水平目标位置与来自一组给定供应水平的源位置之间，使总成本最小化的一般问题称为运输问题。从每个供应点到每个需求点的单位运输成本对这类问题定义是关键的输入信息。这个问题的例子是最小成本流问题（minimum cost flow problem，MCFP）。运输问题的推广是转运问题。从源到目标的流要经过转运点，如从工厂到仓库到顾客，而不仅是简单指向顾客
弧段路由问题（ARP）	给定一个网络（街道网络或其子网络），寻找完全地穿过每条边，一般是双向的，对选择的约束条件（如转弯成本），具有最小成本（距离或时间）。广泛用于道路清扫、邮政递送、垃圾收集等。具有容量约束的这类问题成为 CARP。NP 完备问题

续表

问题	描　述
设施定位：P'中位数或P'中心	收集问题，目的是为了在网络中优化定位一个或多个设施，满足顾客需求（需求，服务水平）。这个问题最常用的是到或来自顾客的最小总（或平均）的旅行成本或时间（P-中位数问题）。最大距离或时间的最小化是P-中心问题。NP 困难问题

表 5-9 是与网络分析有关的一些参数。

表 5-9　　**网络分析参数**

参数	问　题
目标函数	我们如何量测路径的“长度”选项包括欧氏长度、L_p长度，连接的距离、时间或成本等？
路径约束	我们只是简单地从 S 点到 T 点吗？或我们必须访问其他点吗？
输入几何	在输入地图中，什么类型的障碍物或其他实体必须定义
问题的维数	是二维空间，三维空间，还是更高维的空间？在 GIS 中通常是二维的，但运输网络可能不是平面的
移动对象的类型	我们沿着路径移动一点，或是一些更复杂的几何指定运动？
单次和重复的模式查询	我们想为高效的查询建立一个有效的数据结构吗？许多网络问题都包括非常相似的搜索，例如，选择一条替换的路线（次优的）
静态和动态环境	我们允许障碍点被插入或删除，或者我们让障碍点沿航迹移动吗？流和事件动态也可能是重要的考虑因素
精确和近似算法	我们的保证是一些小幅度的最佳答案吗？在许多情况下，更大的问题是不能在一个有限的时间内的精确求解。最理想的是现实世界中要解决的问题，是在指定级别的最佳的适当定义的子集问题
已知和未知地图	地图的几何完整性预先知道吗？典型的是预先已知的，但流和事件或许是未知的

二、启发式和元启发式算法

术语启发式算法是指利用系统过程来权衡关于处理速度的解决方案的质量。许多启发式算法来自寻找要解决问题方案的简单的、常识性的想法，但不一定能产生一个优化方案。在一些应用中，启发式算法可以产生证明是优化的方案。启发式是由允许对当前方案变动和变换定义的。也就是说，将方案 Q 改善到新方案 Q^*。对一个给定的问题，所有可能方案的空间称之为搜索空间 S（search space），通过对当前方案 Q^*，使用一个单一的转换得到的方案空间称之为邻域空间 N（neighborhood space）。

启发式算法通常对一些目标函数的值提供一个快速的“上限”和“下限”，例如，从一组需求位置到一组供给位置或设施的平均旅行时间。如果可以设计这样的一个过程，能提供一个关于这个问题的匹配的下限，则上限可以提供一个置信带的一个边界，其总宽度是可以确定的。真正的上限和下限，是最佳的解决方案自身的。但是，这个值通常先前是不知道的，且很可能不能确定。另外一个解决这个问题的方法是，在允许的解决方案上使用较少的约束，可以迅速获得一个方案。这通常称为解决原问题的“轻松”版本。

一旦获得上限和下限，就可以设计一种方法，试图降低上限，升高下限，直到它们任意接近。如果它们无限接近，全局优化可以获得。如果不是这样，至少方案的质量接近优化的方案（给出的结果是在最佳的5%以内）。一个让问题“轻松”的例子是，使用曼哈顿或最大最小距离，而不是欧氏距离或网络距离将客户分配到设施，或整体去除或部分去除一个或多个问题上的约束作为临时措施。广泛使用这类算法的是拉格朗日松弛算法。

一般地，对组合优化算法的测试，特别是启发式算法，通常使用旅行商问题（travelling salesman problem，TSP）作为性能和质量的参照基准。理由是这个问题容易被定义。TSP 问题是旅行一组给定位置的每个节点，然后返回到起点，总旅行长度和成本最小。距离测度必须是公制的，或半公制的，允许不对称性，但距离必须是正的并满足三角不等式。如果有 N 个节点，则有 $N!$ 条可能的路径，搜索空间是 $O(N!)$。

（一）贪心启发式和局部搜索（greedy heuristics and local search）

所谓的贪心启发式，涉及这样的一个过程，每一个阶段，是其中一个局部最优的选择，可能会或可能不会导致一些问题的一个全局最优的解决方案。因此，贪心算法是局部搜索，或称为 LS 算法。

假如在平面上有一组点，或角点 $\{V\}$，希望产生一个边界网络 $\{E\}$，每个点通过网络从其他每一个点，都可以被访问，且这个网络的总长度（欧氏）是最短的。贪心算法解决这个问题的步骤是（也称为最小生成树问题（minimum spanning tree，MST））：

（1）以随机的方式，从 V 选择任意一点 $\{x\}$ 作为起点，定义集合 $V^*=\{x\}$ 和 $E^*=\{\}$，即集合 V^* 使用从原始角点中随机选择的这个单点进行初始化，集合 E^* 按照一个空的边界集初始化。

（2）寻找在集合 V 中的，不是在集合 V^* 中的但与集合 V^* 中对应的一个点（u）的最邻近点（v），并添加到 V^*，连接 v 和 u 的边界添加到 E^*。如果有两个或更多的点与 V^* 中的点是等距离的，则随机选择一个。这一步保证在每次迭代时，连接在 V^* 中的一个点和还不在 V^*，将要被加入的点之间的边界是最短的或成本最低的。

（3）重复前面的步骤，直到 $V^*=V$，集合 E^* 就是 MST。

这就是 Prim 算法，确切地说是全局最优算法。贪心算法有很多变体，如有的是解决赋权图的 MST。

（二）交互启发式算法（interchange heuristics）

交互启发式是从一个问题的解决方案开始（典型的是一个组合优化问题），系统地用当前方案的成员交换初始方案的成员，当前方案的成员要么是根据当前方案的另外部分元素形成，要么是属于“还不是一组成员”形成的元素形成。有许多这类方法的例子，如自动分区算法（AZP）。

最知名的交互启发式算法之一是使用欧氏距离测度的旅行商问题（TSP）选择 n 个住房应用的标准形式。这是一个简化的改进算法，适用于现有的对称之旅的所有位置。这个算法随机地从方案中简单取两个边界（i，j）和（k，l），用（i，k）和（j，l）或（i，l）和（j，k）替换它们。对这个构想有几种改进方法，在性能上具有明显差别。其中包括检查修订的旅行线路不包含交叉，这永远不会是最短的配置。对一个交换候选列表讲，唯一的交换选择是将产生最大效益的。3 选择交换与 2 选择交换基本是一样的，但一次要取三个边界。这可能更有效，且对与对称问题是基本的，但具有较高的计算代价。

在位置建模领域，一类常见的问题包括确定潜在的设施位置，然后将客户分配到这些位置。我们的目标是从 p 个设施为 m 个客户提供服务的成本降到最低。有一系列算法来解决这个问题，其中在地理空间分析方面，最著名的方法之一是角点的替换算法。例如，给定一组设施的位置，系统评估其边际变化的处理方案是：

（1）对这个算法进行初始化设施配置，提供第一个“当前方案”。例如，从给定的一组 $n>p$ 的候选位置，随机选择 p 个位置。

（2）不在当前方案中的第一个候选位置被在当前方案中的每个设施位置替换，基于这个新的设施配置，重新分配客户。目标函数幅度降低最大的，产生替换，如果有的话，选择一个交换。

（3）当所有的不在当前方案中的候选位置都已经被当前方案中的所有位置替换时，迭代完成，然后重复这个过程。

当一个单迭代不会导致一个新的交换时，算法终止。优化方案算法终止的条件，交换启发式产生的设备配置，满足所有三个必要但不是充分的条件：所有的设施对要分配给它们的需求点是局部中位数（最小旅行成本或距离中心）；所有的需求点被分配到它们的最近的设施；从这个方案中去掉一个设施，用不在这个方案中的候选位置代替它，总是产生一个净增长，或目标函数的值没有变化。注意这个方案一般来说不是全局优化，不一定是唯一的，也没有任何直接的方式确定哪个方案是最好的（即怎样才是接近最佳的方案）。

（三）元启发式算法（meta-heuristics）

术语元启发式最初是由 Glover 开发的。现在被用来所指超越局部搜索（LS）的方法，作为一种手段寻求全局最优启发式的概念发展，典型地用于模拟一个自然过程（物理的，或生物的）。元启发式算法的例子包括塔布搜索、模拟退火、蚁群系统和基因算法。

许多这些算法与生物系统的类比往往是稍显脆弱，取蚂蚁寻找食物，或动物基因遗传有助于产生更健康的后代的想法，而不是细节。此外，许多应用技术用于静态问题，而运行在动态环境中的生物系统，具有内在稳定性和灵活性的次最佳行为通常比一时的最优行为更重要。在最短的时间内发现和吃掉所有的猎物，可能会耗尽它们的数量，使它们不能再生产，也就不能为你提供更多的食物！这种观点不仅提供了这种基于类比方法的值得注意的警示，而且也是它们可以被证明是在动态系统中特别有用的最优化方案之一。如动态电子通信路径优化和实时交通管理领域。

(四) 塔布搜索 (tabu search)

塔布搜索是一种元启发式算法，目的是克服局部搜索（LS）陷入的局部最优问题（如贪心算法）。因此，它是对LS算法一般性目的的扩展算法，每当遇到一个局部最优时，其操作允许非改善移动。为了达到这个目的，通过在塔布列表（一种短期存储）中记录最近的搜索历史，确保未来的行动不搜索空间的这部分。

塔布搜索方法是由搜索空间定义的，是局部移动模式（邻域结构），以及使用搜索存储。步骤是：

(1) 搜索空间 S，是给定问题的所有方案的简单空间（或纯组合问题）。注意，这或许很大，或对一些问题，无限大（如，这些可能包括要优化的离散和连续变量的混合）。搜索空间可能包括可行的和不可行的方案，以及在一些允许情况下，搜索扩展到不可行区域是必要的（如为松弛的约束检查可行方案）。

(2) 邻域结构确定了一组移动或转换，当前搜索空间 S，受到单次迭代过程的影响。因此，邻域 N，是搜索空间的子空间（很小）$N \subset S$。这种转换的一个简单例子是一组交互启发式，当前方案的一个或多个元素被来自当前方案的其他部分的一个或多个元素，或元素当前位于当前方案内容之外替换。

(3) 搜索存储，特别是短期搜索存储，具有明显不同于其他大多数方法。一个典型的例子是当前移动列表的保留时间，其倒过来就是塔布搜索的迭代次数，称为塔布任期（tabu tenure）。对于网络路径问题，客户 A 刚好从路径1移动到路径2，短期内防止这种交换的逆转，是为了避免没有改善的循环。这种方法的风险是有时这样的移动是有吸引力的和有效的，处理可以通过松弛严格的塔布得到改善。典型允许的松弛（使用“意愿标准”，aspiration criteria）是允许塔布移动，如果它可以导致产生具有一个目标函数值的方案，这个值是迄今为止已知的最佳改善值。

尽管有这些保护，无论是效率还是质量，塔布搜索仍然是低效的。人们设计了多种技术改善这种表现，大多数设计是具体问题，包括从空间 N 中采样的概率选择，为了减少处理的开销而引入的随机性，和减少遭遇循环的风险；集约化，当前的解决方案（例如，整个路由或分配）的一些组件被固定，而其他元素被允许继续被修改；多样化，当前的解决方案的组件，已经出现频繁或连续迭代过程开始以来有系统地从方案中除去，以便使未使用的或很少使用的组件产生一个整体改善的机会；代理目标函数也可以提高方案的性能（虽然不是直接的质量），通过减少的开销，即有时改变目标函数的当前计算值。如果代理函数与目标函数是高度相关的，则计算会非常简单，可以是许多操作在给定的时间周期进行，因此扩大了方案检查的范围。这种杂交的技术逐渐发展为一种实践，与塔布搜索类似的另外一种方法是基因算法。

(五) 交叉熵方法 (cross-entropy, CE)

CE方法是一个迭代方法，可以应用于广泛的问题，包括最短路径和旅行商问题。其步骤包括两个阶段：

(1) 按照定义的随机机制（如蒙特卡洛过程），产生一个随机数据（轨迹、向量等）的样本。

(2) 在这个数据基础上，更新随机机制的参数，为了产生下一次迭代“更好”的样本。

更新机制使用交叉熵统计的离散版本。在基本形式方面，这个统计是比较两个概率分布，或一个概率分布和一个参考分布。

（六）模拟退火算法（simulated annealing）

模拟退火算法是由 Kirkpatrick 开发的元启发式方法。其名称和方法的由来是当玻璃或金属被系统加热和重新加热，然后允许持续冷却后表现出的行为。其目的与其他的元启发式一样，是获得给定问题的全局最优的一个最接近的方案。

模拟退火算法可以看做是自由行走在这个方案空间 S 的托管形式，邻域空间的探索通过求助于退火的行为确定，这反过来关系到这个过程经过一段时间的温度。方法如下：

（1）定义问题的初始配置，如一个随机方案 $S_0{}^*$ 和关于这个方案的一个初始温度变量 T，以及评价成本 $C_0{}^*$（如总长度或旅行时间）。

（2）扰动 $S_0{}^*$ 到一个新的邻近状态 $S_1{}^*$，如根据一些随机坐标的步长，移动一个潜在的设施的位置，或通过交换过程。计算这个新状态的成本 $C_1{}^*$，并减去 $C_0{}^*$，得到成本差 ΔC。

（3）如果 $\Delta C<0$，则新配置具有较低的总体成本，选择新配置作为当前首选的配置。然而，如果成本较高，根据所谓的都市准则（metropolis criterion），仍然保留新配置的选项：

$$p = \mathrm{e}^{-\Delta C/T} \tag{5-71}$$

如果 $p<u$，u 是在［0，1］范围内的均匀随机数。如果使用这个准则，则温度变量 T，按照一个因子，α 降低（如 $\alpha=0.9$），并从前一个步长迭代开始，直到达到一些停止的准则为止（如迭代次数，目标函数提高的绝对或相对值）。

从温度参数控制的意义讲，这种搜索空间的方式是遍历的，从较大的步长开始，然后降低温度（退火进度），用越来越小的步长，直到 $T=0$，或达到另外的停止准则。

模拟退火算法是一个相对较慢的技术，因此，针对具体问题进行修改，模型的统计分析行为的结果会得到明显的改善。然而，这样的改变可能会去掉最终全局最优的保证。模拟退化算法显著的优点包括简单的基本算法，处理过程的低存储开销，适用优化的问题范围广（地理空间的，或其他的）。在地理空间领域，成功应用于各种问题，如设施位置优化和旅行商问题。

（七）拉格朗日乘数和松弛（Lagrangian multipliers and relaxation）

拉格朗日松弛是在经典优化问题方面拉格朗日乘数应用的泛化。因此，在讨论这个方法之前，先介绍松弛的概念。

将所谓的“经典约束优化问题”应用于实值连续可微函数（称为 C_1类函数），f（），s（）的形式为：

$$\begin{aligned}&\text{maximise } z\\&\text{where}\\&z=f(x_1,\ x_2,\ x_3,\ \cdots)\\&\text{subject to}\\&s_i=(x_1,\ x_2,\ x_3,\ \cdots)=d_i,\ i=1,\ 2,\ 3,\ \cdots\end{aligned} \tag{5-62}$$

或使用矢量概念：

$$
\begin{aligned}
&\text{maximise } z\\
&\text{where}\\
&z=f(x)\\
&\text{subject to}\\
&s_i(x)=d_i,\ i=1,\ 2,\ 3,\ \cdots \qquad (5\text{-}63)
\end{aligned}
$$

其中，z 表达式称为目标函数；s_i（）是约束条件；x_i是变量；d_i是常数。在这里，约束条件表现为平等的，包括不平等的，这是常见的，可以按照各种方式处理，包括使用替代变量。

这类问题可以使用拉格朗日乘数转换为非约束优化问题。这种处理可以简化寻找局部或全局最大值或最小值的工作。以上面例子为例，所有的约束条件可以转换为目标函数，形式是：

$$
\begin{aligned}
&\text{maximise } z\\
&\text{where}\\
&z=f(x)+\sum_i \lambda_i(d_i-s_i(x)) \qquad (5\text{-}64)
\end{aligned}
$$

其中，λ_i是拉格朗日乘数。然后，解决约束问题就转换为计算最大值或最小值之一的一个单一表达式，而这又需要确定引进的乘数。这可以通过寻找修改后的目标函数的差分获得，使用对应的每个 x_i和同等的到 0 的结果的差分。虽然对拉格朗日乘数值的解释不是这个过程中的一个重要部分，但在大多数情况下，它们可以被解释为 i^{th} 个约束的重要性测度。

拉格朗日松弛是上述过程的泛化应用。其思想是通过修改目标函数，松弛约束条件，松弛问题则可以被解决（如果可能），且这可以提供一个对原问题的一组可能的方案的低的（或高的）边界范围。得到的更小的解决方案空间则可能被用于更系统的搜索或企图可能缩小下限和上限的范围，直到它们满足要求。

例如，假设我们试图最大化的简单的线性表达是：

$$
\begin{aligned}
&\text{maximise } z\\
&\text{where}\\
&z=\sum_j a_jx_j\\
&\text{subject to}\\
&s_1:\ \sum_j b_ix_j\leqslant d_1,\ \text{and}\\
&s_2:\ \sum_j b_{2j}x_j\leqslant d_2 \qquad (5\text{-}65)
\end{aligned}
$$

附加条件可能是所有的 x_j都必须大于或等于 0，以及对于具有离散的方案的问题，方案的值必须是整数。

我们可以松弛这个问题，同时仍然保留目标函数的线性形式，将约束条件移入目标函数，同时降低其不平等性，如：

$$z = \sum_j a_j x_j + \sum_j \lambda_i (d_j - \sum_j b_{ij} x_j) \tag{5-66}$$

如果所有的 $\lambda_i = 0$，目标函数的第二项将消失，这样约束就不是方案的一部分。但如果任何的 $\lambda_i > 0$，我们试图优化的目标函数的值，当我们解除约束时，会变化（增加或减少）。通过调整对原问题的松弛的度，正矢量 λ（拉格朗日乘数）按系统方式改变，或替换搜索方法，减小方案空间，可以获得对原问题的更接近的近似方案。

（八）蚁群系统和蚁群优化（ant systems and ant colony optimization，ACO）

蚁群系统来自蚂蚁寻找食物行为的灵感。人们已经观察到，蚂蚁常在探索周围环境时，在足迹上使用信息素。成功的足迹（如这些用于引导食物来源）会变成迫使越来越多的蚂蚁使用它们（学习或集体记忆的一种形式）。早期这种行为模型用于解决困难的组合问题，如 TSP。原始的组合问题模型，如蚁群系统（AS），对小型的 TSP 实例工作良好，但不适合较大的实例。这鼓励人们开发更复杂的模型，特别是基于 AS 的思量和有效的局部搜索策略（LS）。

设 m 是蚂蚁的数量，n 是城市数量（$m \leqslant n$），t 是计算的迭代计数，d_{ij} 是城市之间的距离测度，并定义问题参数 α，β。对连接城市 i 和 j 的弧段（i，j）定义初始信息素值 T_{ij}。

（1）将每个蚂蚁放置在一个随机选择的城市；

（2）按照以下方式为每个蚂蚁构造城市的旅行路线：在当前在城市 i 的一个蚂蚁访问一个未访问城市 j，以从城市 i 和 j 之间相距多远的这个弧段的长度作为当前信息素轨迹长度定义的概率确定；

（3）优化改善使用局部搜索启发式方法产生的每个蚂蚁的独立路径；

（4）对每个蚂蚁重复这个过程，完成后，更新信息素轨迹值。

概率函数定义，当前在城市 i 的蚂蚁 k，迭代次数是 t，标准概率函数（蚂蚁现在应当访问城市 j 吗?）形式是：

$$p_{ij}^k(t) = \frac{\tau_{ij}(t)^{\alpha}(\eta_{ij})^{\beta}}{\sum_{l \in N} (\tau_{il}(t))^{\alpha}(\eta_{ij})^{\beta}}$$

where

$$\eta_{ij} = \frac{1}{d_{ij}} \tag{5-67}$$

其中，集合 N 是这个蚂蚁的有效邻域，即还没有访问的城市，概率函数有两部分构成：第一部分是信息素轨迹的长度，第二部分是距离衰减因子。如果 $\alpha = 0$，则这个信息素部分没有影响，概率分配按照哪个城市最近进行，即基本的贪心算法，但如果 $\beta = 0$，则分配简单地根据信息素轨迹的长度进行，已经发现这会导致方案停留在次优路径优化。

理论上，信息素轨迹能够被连续更新，或在一个蚂蚁完成旅行之后更新信息素轨迹。实际发现，在所有蚂蚁完成一次迭代后更新信息素轨迹更有效。更新包括两个部分：第一部分，用一个常数因子 ρ，减小所有的轨迹值（模拟一个蒸发的过程）；第二部分，基于 k^{th} 个蚂蚁的路径长度，对所有的蚂蚁，添加一个增量，L^k（t）：

$$\tau_{ij}(t+1) = (1-\rho)\tau_{ij}(t) + \sum_{k=1}^{m} \Delta\tau_{ij}^k(t)$$

where

$0 < \rho \leqslant 1$, and

$\Delta\tau_{ij}^{*}(t) = 1/L^{*}(t)$

if arc(i, j) is used by ant k, else

$$\Delta\tau_{ij}^{k}(t) = 0 \tag{5-68}$$

更新首先要保证连接的弧段不能变成过饱和的信息素轨迹，其次，对于重新执行或学习过，蚂蚁访问过的弧段是信息素增加最快的弧段的最短弧段，通过一些小的改进，可以提高方案的质量，如限制信息素轨迹的最小和最大值，用这个范围的上限进行初始化；只允许更新最佳表现的蚂蚁的轨迹值，而不是所有蚂蚁的轨迹值等。

三、网络结构、最优路径和最优旅行

（一）最小生成树

给定一组角点（点或节点），有数种可能相互连接的方式，直接或间接连接这些角点，可以构建一个网络。一个总边界长度最小的连接，同时保证每个点从其他任何一个点都可以到达的网络，称为最小生成树（minimal spanning tree，MST）。对这个问题有准确的方案。该算法涉及一个构建和生长过程，如：（1）连接每个点，按照它的最近邻居，这将导致产生未连接子网络的集；（2）连接子网络，按照它的最近子网络的邻居；（3）重复步骤（2），直到所有的子网络互连。这个算法是 Prim 算法。图 5-96 是 MST 的一个例子。

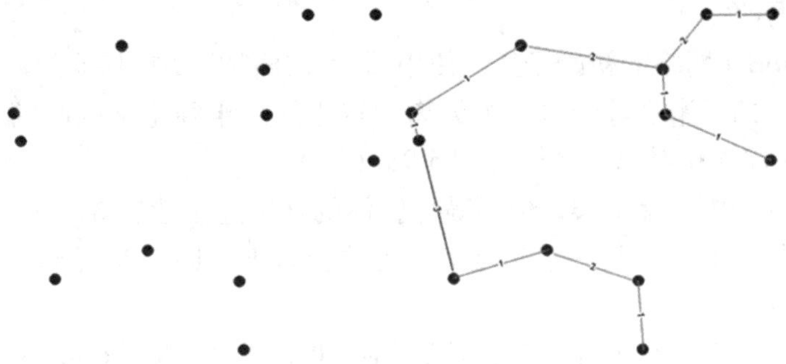

图 5-96　最小生成树

（二）Gabriel 网络

Gabriel 网络是 MST 的一种子集形式，具有多种用途，是以原创者 K. R. Gabriel 命名的。关于一组点数据集的 Gabriel 网络，如图 5-97（a）所示，是通过在源数据集中添加对点之间的边界创建的，如果没有该组的其他点包含在直径通过两个点的圆内（如图 5-97（a）中的黑色圆）。

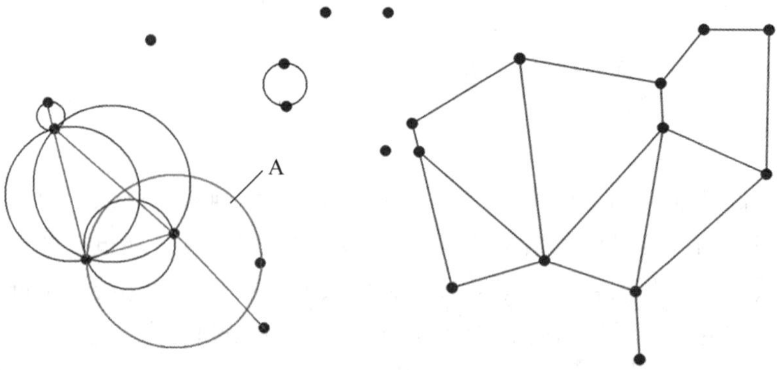

(a) Gabriel网络结构　　(b) Gabriel网络

图 5-97　Gabriel 网络结构

在这个例子中，A 圆圈包围另一点的集合，因此不包括在用于创建这个圈子里的两个点之间的联系最终的解决方案中（直线）。该过程继续，直到所有的点对，按照这个条件，图 5-97（b）已经以这种方式检查和链接了。

Gabriel 网络提供了比 MST 包含更多链接的一种网络形式，因而能提供更高的附近点，但实际不是最邻近点之间的连通性。它是唯一定义点集连接性的方法，没有其他点被认为是处于连接对之间，已经被用于各种应用，著名的是种群基因研究（人或其他）。依据这种连接性，边界权重测度，构建空间权重矩阵，用于自相关分析。可以按照 MST 的方法，产生 Gabriel 网络子集：

（1）构建 Gabriel 网络的初始子集，使用的附加条件是没有其他的点位于放置在每个 Gabriel 网络节点上的，半径等于这两个分离的点之间的半径定义的圆的交叉区域（图 5-98（b））。其结果称为相对邻域网络（图 5-98（c））。

（2）在相对网络中移除最长，但不破坏整体的网络连接性的链。

（3）重复步骤（2），直到在总长度上不再减少为止（图 5-98（d），箭头标识的线是唯一要移除的边界）。

上述方法尽管描述的不详细，完全可以按照 MST 方法产生。Gabriel 网络只是 MST 的子集，需要进行缩减工作，直到满足 MST 的定义。其方法的变体是 k-MST，在一个 MST 寻求一个给定的子集，$K \leqslant n$ 个顶点，其余顶点要么通过连接现有的边界集，要么不连接。

（三）Steiner 树

MST 方案描述的一个特征是它们是一棵生成树的最小网络长度，而不是连接所有允许包括中间点的角点的直线段的网络的长度。添加中间点可以减少网络的长度，对 L_2 度量，这个因子最大到$\frac{\sqrt{3}}{2}$，对 L_1 度量到$\frac{3}{2}$。例如，3 个相邻的角点，可以使用 1 个中间点（Steiner 点）相连接，将缩减局部 MST，如果局部 MST 的两条边之间的夹角度小于 120°（图 5-99（a）），且角点未加权。在这个案例中，中间点的最优位置是每个链满足，从选

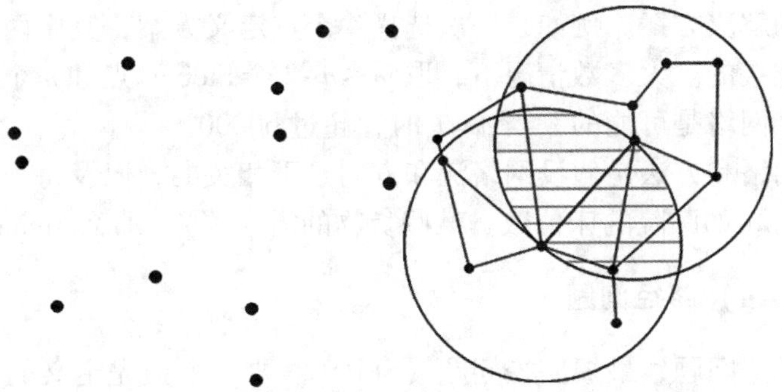

(a) 点数据集（节点或角点）　　(b) 相对邻域结构

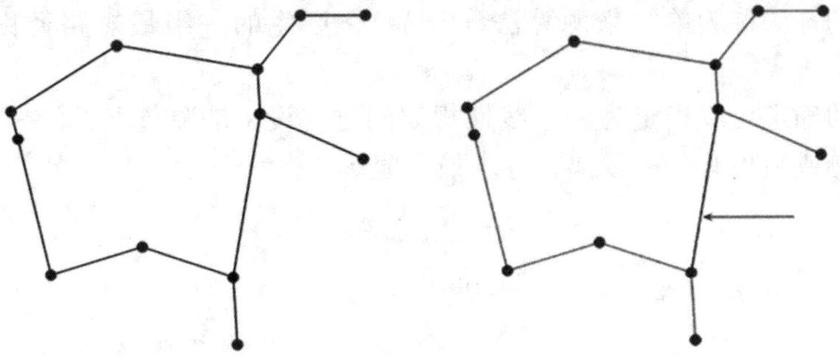

(c) 相对邻域网络　　(d) 最小生成树

图 5-98　相对邻域网络和有关的结构

择的点到这 3 个点，以 120°的角度连接其他两个点（等角度分割的），如图 5-99（b）所示。

(a) MST　　(b)具有一个Steiner点的MST

图 5-99　Steiner MST 构建

虽然 MST 可以按照这种方式进行系统的修改，接受减少总的网络长度，但在最小长度的 Steiner 树方面是不必要的。基于原始点集开始，并研究更广泛的选择范围，可能会产生显著的更好的解决方案。例如，一次选择 4 个点定义方案，其中两个点是必要的，这些点本身是相互连接的。大多数情况下，取 $m \leqslant n-2$ 个 Steiner 点和 n 个角点，构建一个数量很大的其他拓扑网络是可能的，当 $n=7$ 时，超过 60000。

注意，这些网络和方法是假设网络流和方向是不相关的，以及每个节点是等权的。如果节点是不等权的（如医院的床位数、某些货物的需求等），那么 Steiner 点将会改变。

四、最短（网络）路径问题

不像前面的一些问题，最短路径问题（SPP）需要一个预先定义的网络。然后，基本问题是确定在一个源节点和目标节点之间的一条或多条最短（最低成本）路径，即一组边界。在一些情况下，SPP 也提供从一个单一的源点到网络中其他一个或多个点之间的最短路径。这样的算法称为单一来源算法（SPAs），产生的一组最短路径称为最短路径树（SPT）。

最短路径的确定可以指定为一个线性规划问题。设 s 是源节点，t 是目标节点，$c_{ij}>0$ 是成本，或与链或边界有关的距离，寻求最小值 z。

$$
\begin{aligned}
& z = \sum_i \sum_j c_{ij} x_{ij} \\
& \text{subject to} \\
& \sum_j x_{ji} - \sum_k x_{ik} = m, \ \text{where} \\
& m = 0 \quad \text{for} \quad i \neq s \\
& m = 1 \quad \text{for} \quad i = t \\
& m = -1 \quad \text{for} \quad i = s \\
& x_{ij} \in \{0,\ 1\}
\end{aligned}
\tag{5-69}
$$

典型的计算最短路径算法是 Dijkstra 算法和 Dantzig 算法，二者都是单一源点的 SPAs 算法。这些“贪心”算法应用于非负边界权重的平面图形，具有 $O\ (n^2)$ 次计算，n 是节点数。

在一些情况下，最短路径问题需要一些其他方面的约束。如在电子通信网络可接受的最短路径，需要满足一些质量要求，如果一些路径质量高于其他路径，这些可能是优选的，尽管时间、成本或路径的距离较大。另外一些则可能是限制给定路线有效的总的预算，其中一些路径成本高于其他路径。这些约束以一个或多个不等量被纳入模型定义，每个网络边界不仅要求有成本或距离值，而且要有一个或多个正的权重。考虑这些因素，可以定义约束的最短路径问题（CSPP）。不像 SPP，在多项式时间内解决问题，CSPP 是 NP 完整的问题。

（一）Dantzig 算法

图 5-100 是逐步从角点 1、2、3 和 4 到其他所有角点，直接用平面图形，正边界权重，确定最短路径的例子。算法是离散动态规划。图 5-100（a）是图形，图 5-100（d）是确定从 1 到 3 的最短路径（粗线）。

基本的计算过程是：

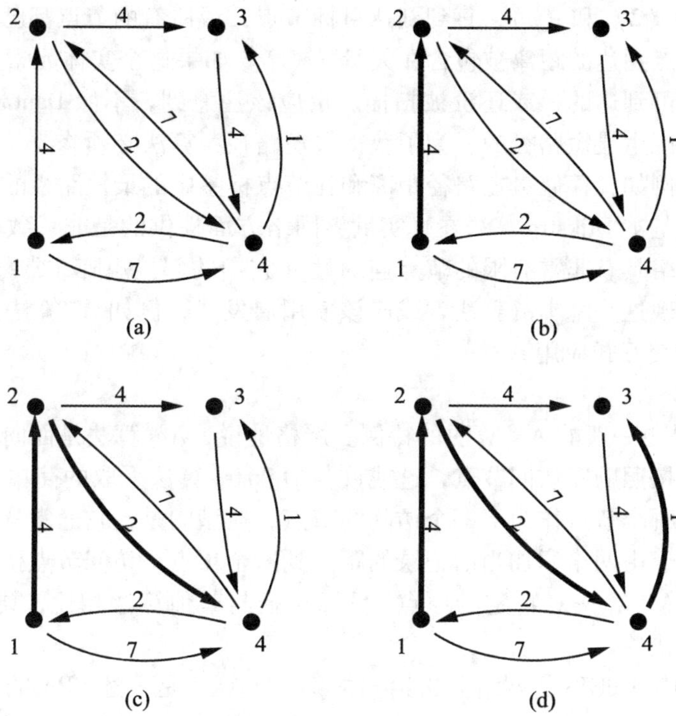

图 5-100　Dantzig 最短路径算法

（1）识别从节点 1 的最短（最短距离、成本、时间等）边界，这里是节点 2（成本 = 4）添加节点 2 和连接节点 1 和 2 的链或边界到目标集；如果出现相等，任意选择一条边界；

（2）识别从节点 1 或从节点 2，加上边界（1，2）的距离的最短（最小累计距离或时间）边界，这里节点 2 到节点 4（成本 = 6）。添加节点 4 和节点 2 到 4 的边界到目标集。

（3）识别目标集中的最短边界（最小累计距离或时间），这里，从节点 1 到 2 到 4 到 3（成本 = 7）。

所有节点都到达后，停止。重复从 2，3 和 4，计算从每个节点的所有最短路径。这个算法与 Dijkstra 算法很类似。

（二）Dijkstra 算法

这个算法通过存储的迄今计算的从起点 s，到每个目标点 t 的最短路径的成本进行，将成本记为 $d(t)$。基本步骤是：

（1）将所有的节点初始化为 $d(t) = \infty$（无穷大，或在实践中，一个非常大的值），和 $d(s) = 0$。

（2）对每个来自起点 s 的边界，添加从 s 的边界长度到在 s 的路径长度的当前值，如果这个新距离小于当前值 $d(t)$，则用较小的值替换它。

（3）选择在 d（t）集中的最小值，移动当前的节点到这个位置。

（4）重复步骤（2）和（3），直到到达目标节点，或所有的节点都已经扫描。

注意，每个节点到达的距离被包含在矢量 d（t）。如果这个实体元素是无穷大，则意味着这个节点是不可到达的，或还没被扫描。也应该注意到，不像 Dantzig 算法，仅有它们的长度，是不能产生最短路径的。为了获得最短路径，算法必须修改，以返回一个最短路径节点的列表，例如，存储最短路径距离和在节点标签中的最短路径的节点的地址。同时，还应注意到，基本 Dijkstra 算法在真实世界网络方面提供的是非一致的运行时间，主要是因为这样的网络具有非常有限的节点连通性（它们的邻接矩阵非常稀疏）。SPA 需要的是非常高效的实现这些基本的算法，或应该使用启发式，例如 A* 算法，以获得更快的解决方案（如实时交互式应用）。

（三）A＊算法

Dijkstra 算法是更一般的 A＊算法的特例。严格地说，A＊算法是面向目标的最好的优先使用的算法。它按照顺序访问节点，这或许与 Dijkstra 算法采取的简单交换所有节点相比是较快的。选择哪个节点作为下一个访问的节点，典型的是，它通常从目标的每个顶点计算欧氏距离，并经由网络添加当前记录的距离到这个顶点。访问节点按照总距离优先的顺序。典型的是，A＊算法对特定的原点-目标路径与其他算法相比，访问的节点数少，这样计算的速度就快些。

图 5-101 是利用 ArcGIS 的网络分析给出的例子。算法是上述 SPA 的变种算法。数据如图 5-101（a）所示。在这个例子中，位置是交互选择的，并选择计算的参数，包括 U 形转弯和两个障碍点（在图上用×标注）。

图 5-101（b）是开放旅行或排序过程，它连接一系列最短路径，从 1—2，2—3，最后 3—4。也可以看做是从位置 1 到 4 的最短路径。约束条件是这条路径，必须经过 2 和 3，一个非常常见的要求。如果需要封闭路径，必须添加从 4 到 1 的最短路径。如果取消顺序条件，这条路径不是最优的，1—4—3—2 是最短的（图 5-101（c））。注意与图 5-101（b）的区别，去掉了 U 形转弯的条件。另一种是默认的显示方向的差异，这没有现实意义。图 5-101（d）是与选址有关的问题。识别一个最近的设施，或到指定位置的设施（如事故点）。识别在给定距离内的两个点的位置。

五、旅游，旅行商问题和车辆路径

前面描述的最优路径问题是更一般化的这类问题 TSP 的子集。TSP 对给定的一组点，产生到达每个节点的路径，再返回到起点，并保证旅行的长度最小。应用包括销售员访问顾客、垃圾车服务营业场所、服务零售网点的送货车、保安人员巡逻场所等。还有许多非地理的问题，如从 VLSI 的设计到 DNA 序列的分析。

因为每个 TSP 旅行涉及访问每个位置一次，所以从路径中删除一条弧段，就不是一棵生成树。这棵树必定至少与 MST 是一样长的，但实际将会长些（在对称的平面图形上，最长是 MST 的 1.5 倍）。由 n 个节点组成的一个对称（即非定向的）图形的可能的路径数 t，是 $t=$（n1）! /2。这个数随着 n 的增加，增加得非常快。解决这个问题，需要解决 O（n!）个问题，并表现为 NP 完整的。

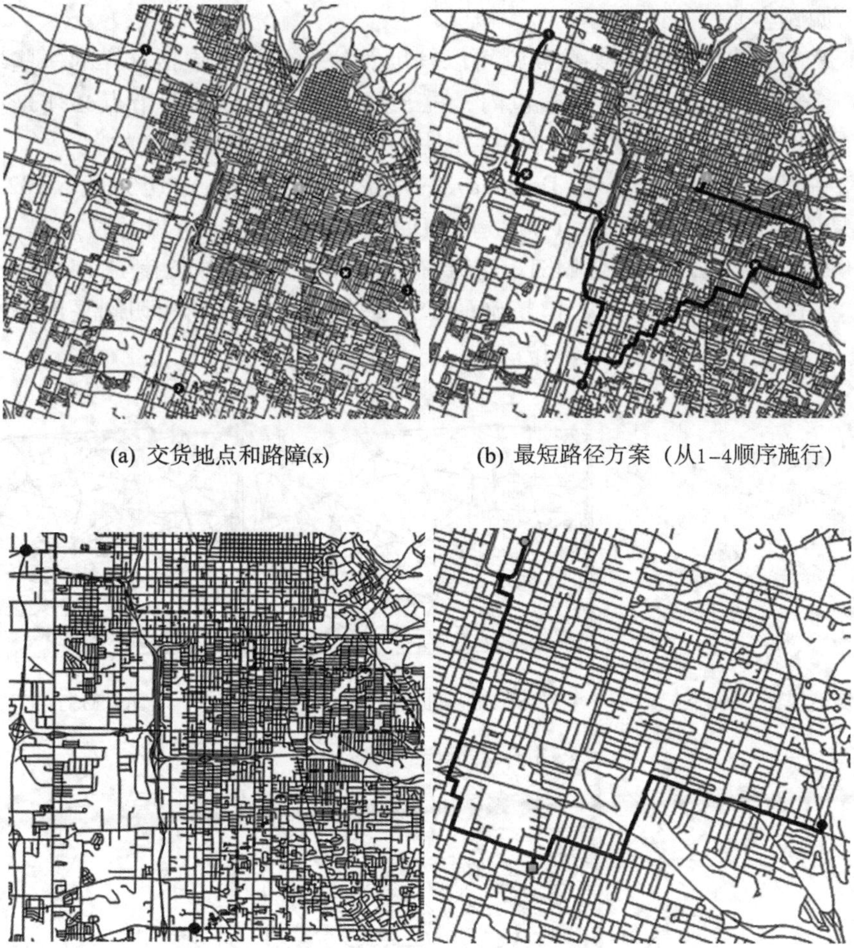

(a) 交货地点和路障(x)　(b) 最短路径方案（从1–4顺序施行）

(c) 最短路径（1–4最佳旅行）　(d) 对一个事件的最近设施

图 5-101　网络问题和解决方案

一个基本的 TSP 正式定义是：

$$1: \min\left\{\sum_{i=1}^{n}\sum_{j=1}^{n} c_{ij}x_{ij}\right\},\ i \neq j$$

subject to：

$$2: \sum_{\substack{i=1\\ i=j}}^{n} x_{ij} = 1,\ j = 1,\ 2,\ \cdots,\ n$$

$$3: \sum_{\substack{i=1\\ i=j}}^{n} x_{ij} = 1,\ i = 1,\ 2,\ \cdots,\ n$$

$$4: x_{ij} \in \{0,\ 1\} \qquad (5\text{-}70)$$

其中，c_{ij}是从 i 旅行到 j 的成本（如成本权重距离）；如果在一条路径中从 i 到 j 存在直接连接，$x_{ij}=1$，否则，$x_{ij}=0$。n 是路径的地点数，$i=1$ 是路径起点，$i=2$，3，…，n 是要访问的地点（如顾客）。

许多 TSP 的解决方案都有某些属性可以辅助算法的设计。包括这样的一些事实：TSP 的点集，S，必须整体位于点集的凸包内；位于这个凸包内的任何节点必须是可遍历的，这样可以保留其顺时针和反时针的排序；很明显，TSP 不能是自相交的。

MST 和平面欧氏 TSP 与产生 Delaunay 三角形之间的关系密切如图 5-102 所示。图 5-102（a）是原始数据，图 5-102（b）是其 Delaunay 三角形，边界总长度是 30157 个单位。图 5-102（c）、（d）是其 MST。MST 有 129 条边界，总长度是 5166 个单位。图 5-102（e）、（f）是类似的一对，但精确的 TSP 是使用线性规划和切割平面方法获得的，边界数是 130，总长度是 6110 个单位。

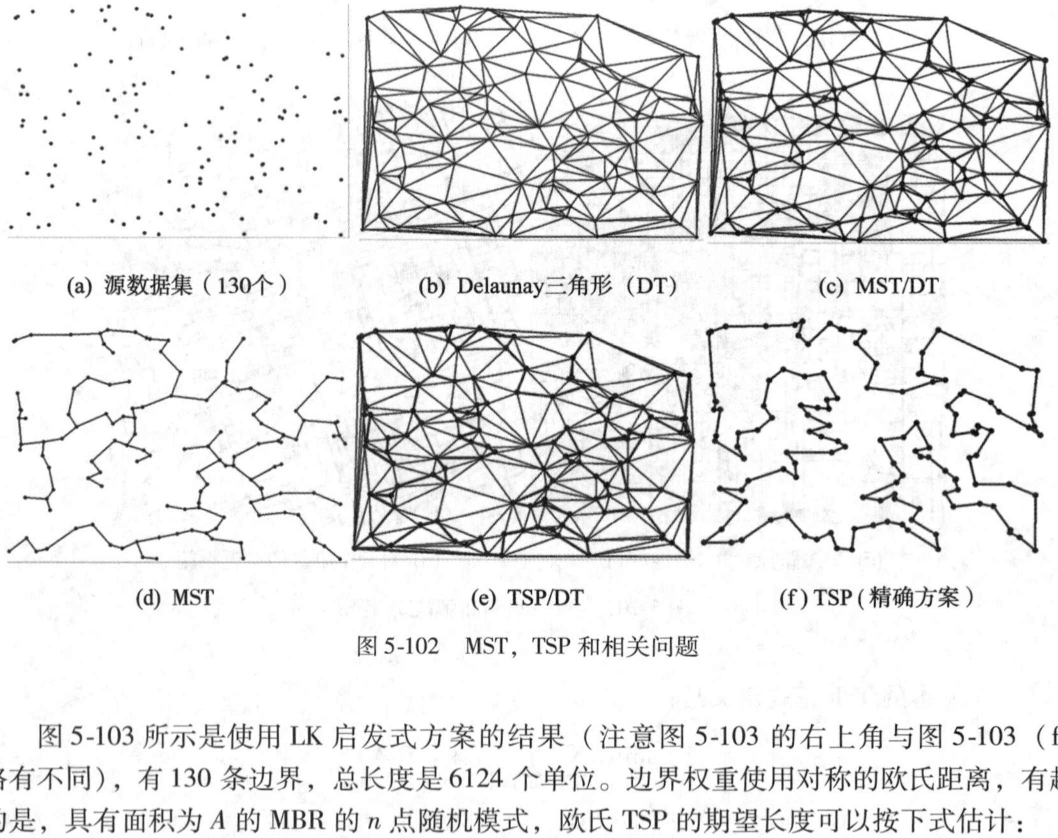

(a) 源数据集（130个）　(b) Delaunay三角形（DT）　(c) MST/DT

(d) MST　(e) TSP/DT　(f) TSP（精确方案）

图 5-102　MST，TSP 和相关问题

图 5-103 所示是使用 LK 启发式方案的结果（注意图 5-103 的右上角与图 5-103（f）略有不同），有 130 条边界，总长度是 6124 个单位。边界权重使用对称的欧氏距离，有趣的是，具有面积为 A 的 MBR 的 n 点随机模式，欧氏 TSP 的期望长度可以按下式估计：

$$L = k\sqrt{nA}, \quad k = \frac{3}{4} \tag{5-71}$$

如图 5-105（a）所示，$n=130$ 和 $A=471937$ 个单位。期望的长度是 5874 个单位。优化的结果比这略大。这反映了这样的事实，这个点集是稍微比随机更均匀。用曼哈顿或 L_1 测度，期望的总长度更大。

容量限制的车辆路径。图 5-103（b）是更一般问题的方案案例，对给定的点集，确定 $t>1$ 条最优路径。这类问题称为车辆路径问题（vehicle routing problem，VRP），或容量

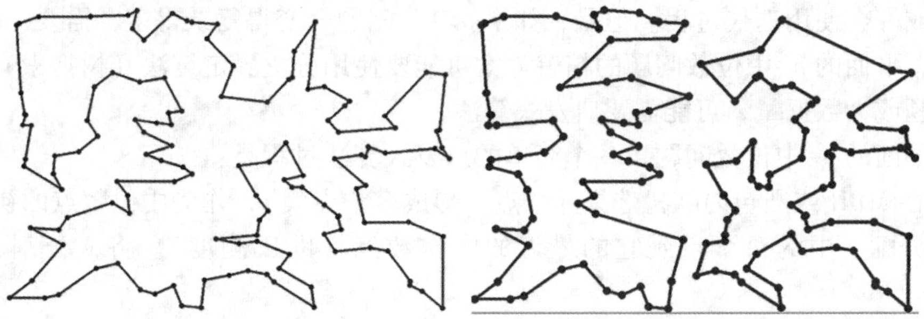

(a) TSP(LK方案)　　(b) 双TSP

图 5-103 启发式和双回路 TSP

限制的 VRP (CVRP),如果车辆的容量约束被纳入方案。在这个例子中,点集被分成左右两组,对每组独立计算最优路径。两者合起来的总长度是 6349 个单位,但总长度完全有可能小于一个独立的网络。多路径优化经常会使用同一个起点,但基本上不会改变使用的方法。分离的路径可以通过分割线分割原始最佳路径,或将点集分成不同的聚类计算,或得到每个数据集的次优路径。这不能保证多条路径是全局最优的。因此,对其中的部分路径可能需要改进计算方法。

六、位置和服务区问题

从 $n>p$ 个位置选择 p 个最优位置满足客户需求的问题可简单地描述为位置分析问题(或称为 p-中位数问题)。如果忽略网络的存在,以及网络的连接性是假定在平面上,从每一个客户到一个单一的、最近的设施的直接连接,则简单的定位分配问题可以被定义——选择位置,然后按照一些规则(如最近规则),将客户或需求分配到这些位置。然而,常见的是,网络(如路网)是与节点之间的最短路径,或最低成本的矩阵是共存的。这是一个关键输入数据,需纳入优化过程。

当然,在现实世界,这个问题要复杂得多,因为有其他许多变量需要考虑(如合适位置的有效性、位置的价值、设施的规模、访问这些位置的可能性、监管问题、规划控制、合适劳动力的有效性、发展时机等)。而且这些都存在于一个影响它们的动态环境,核心变量,如客户需求模式、材料供给,技术、商业和政治环境的变化等都会影响选择的结果。因此,最优化是更大决策支持过程的一部分,其重要性取决于特定的问题。对许多问题,获得一个次优方案,理解它们对一些参数变化的稳定性以及局部变化,是至关重要的。

(一) 位置问题

最优设施位置的选择问题的研究已经有很长的一段历史,可追溯到 20 世纪 60 年代。在平面上(无网络定义),P-中位数问题是点集分区的问题,类似于聚类分析。典型的是,p 个供给或服务点被看做是向 n 个位置的客户服务,这样,每个客户被分配到一个单一的供给点(通常基于简单的欧氏接近度),在客户和供给点之间的总距离或总运输成本是最小的。如果 $p=1$，可以使用最低总行程（minimum aggregate travel，MAT）进行简单计算，这或许会使用迭代过程。但是，如果 $p>1$，问题会变得复杂得多，需要一个扩展的算法方案。平面的 p-中位数问题的精解方案可能要使用分支界定算法（树搜索）。对于更复杂的问题或大数据量，可能需要启发式算法。

对于平面的 p-中位数问题，一个简单的启发式算法过程是：

（1）在 MBR 或凸包内随机选择 p 个点，形成客户点集 v，作为中位数点的初始位置；

（2）分配 v 中的每个点到它的最近的中位数点（欧氏测度）。将 v 分割为 p 个子集 V_p；

（3）对 v 的每个 p 子集，使用前述的迭代方程（求质心或中心），计算 MAT 点；

（4）迭代步骤（2）和（3），直到目标函数的值的变化落入预先定义的容限水平。

很明显，这个启发式算法获得的方案的质量是不知道的。一种改进的方法是随机选择不同的起点，重复计算 K 次，比较它们最终的目标函数值。最好的方法是选择一个中位数位置的好的初值。

如图 5-104 所示，从 39 个满足客户服务需求的地址中，选择最佳的两个意大利城市。每个城市包含一个地址，作为客户的位置。实体元素的格式是（x，y，z，n），x 和 y 是坐标，z 是客户的需求估计值，n 是城市名称，如 28.00　74.00　50000［Milano］。这些信息被处理为网络结构和成本。数据按照邻接关系列表输入，如格式<from，to，weight>。如 Milano 的位置是 1，直接连接到 Piacenza，Novara 和 Verona（位置分别是 34，17，13），邻接表的格式是 1　34　4；1　17　3；1　13　22。这里权重也可以是旅行时间、交通成本。两个城市组成的最优方案是 Opt1 和 Opt2（Piacenza 和 Roma）。

图 5-104　一个网络中的最优设施位置

下面介绍较大的P–中位数和P–中心问题。使用简单的启发式算法解决这类问题，对于P–中位数问题，网络版本的精解方案是：有n个客户需求点，每个的需求权重是w_i，从$m \leqslant n$中选择p个点作为候选点。这p个点位于网络的节点（实际上可以位于网络的任何位置）。原则上，对较小的n，m和p，解决方案可能有多种配置，但随着这些值的增加，计算效率会很快降下来。启发式算法在响应时间方面是一种最优的解决方案，但评估其质量的方法不是很直截了当。

基于网络的p–中位数问题的基本启发式方法是“交互式启发式算法”。其过程是：设V是m个候选点的集合，则：（1）从V中随机选择p个点，并记为集合Q；（2）对Q中的每个点i，和不在Q中的每个点j（即在V不在Q），进行交换，看它们的目标函数值是否改善，如果有改善，则保留这个新方案，并作为新Q的方案；（3）迭代步骤（2），直到目标函数没有改善为止。注意这个方法如从步骤（1）重复，选择不同的p位置，会产生其他改善的方案。

另一种启发式算法是拉格朗日松弛算法。这是一种基于树搜索的算法。p–中位数问题可以描述为：

$$1:\ \min \sum_{i=1}^{n} \sum_{j=1}^{m} s_{ij} x_{ij}$$

符合以下条件：

$$2:\ \sum_{j=1}^{m} x_{ij} = 1,\ i = 1,\ 2,\ \cdots,\ n$$

i. e.

$$2:\ D = 0 \text{ where } D = 1 \cdot \sum_{j=1}^{m} x_{ij} \tag{5-72}$$

$$3:\ x_{ij} \geqslant x_{ij},\ \forall i,\ j,\ i \neq j$$

$$4:\ \sum_{j=1}^{m} x_{jj} = p$$

其中，如果需求位置i被分配到供给位置j，则$x_{ij}=1$，否则为0；如果一个设施在位置j是开放的，则$x_{jj}=1$，否则为0。这些要求可以表达为一个附加的约束方程：

$$x_{jj} \in \{0,\ 1\} \tag{5-73}$$

方程1：目标函数，从供给点j向位置$i=1$，2，…，n的客户需求点服务的总（平均）成本。其中，$s_{ij}=w_i c_{ij}$，w_i是非零权重值，表示在客户位置i的需求，c_{ij}从供给位置j到客户位置i的提供的单位需求成本。典型的是c_{ij}是穿越网络i和j之间的最短路径距离。这些信息或许是实时计算的，或按照一个成本或距离矩阵或列表提供。注意，一般来讲，$s_{ij}i$不等于s_{ji}。如果用$\min\{\max\{s_{ij}x_{ij}\}\}$代替方程1，则这个公式就是$P$–中心问题（硬NP）。

方程2：每个客户被只有一个位置提供服务的情况。另一个公式是方程2′。

方程3：如果一个设施不在位置j，则客户的需求就不能分配给它。

方程4：共有p个设施需要分配的情况。

网络上的p–中位数问题对于相当大的问题（如1000个客户和50个供给点）使用LR

算法可以精确求解。这个方法涉及解决不满足全部约束条件（如不满足方程 2 的情况）的简化问题（原问题的松弛），然后使用这个方案获得最优方案的上限或下限。这个区间然后被系统地缩小，直到理想的、上限和下限的区间值满足预先给定的容限，从而得到最优方案。

解决简化问题，看起来更复杂。涉及增加一组 n 个变量（拉格朗日乘数，$\lambda_i>0$）到原方程 1，松弛方程 2 的约束，如：

$$\max_{\lambda}\{\min\{\sum_i\sum_j s_{ij}x_{ij}+\sum_i\lambda_i(1-\sum_j x_{ij})\}\} \tag{5-74}$$

观察这个表达式的括号内的最后一项，是约束 D，现在是目标函数的一部分。这个问题被“松弛”是因为在方程 2 中的约束已经被去除，因此，一个被服务或被分配到多于一个位置是可能的。这在解决被松弛的问题时，是会经常发生的。注意最后一项的求和是可以展开的，并与最初的求和合并，如下：

$$\max_{\lambda}\{\min\{\sum_i\sum_j(s_{ij}-\lambda_i)x_{ij}+\sum_i\lambda_i\}\} \tag{5-75}$$

括号内的最小是简单枚举的，第二项求和是一个常数。选择每个潜在的位置 j，反过来设置 $x_{ij}=1$，则服务客户需求的成本的和 C_j,，使用选择的设施的减去拉格朗日松弛 λ_i,，则：

$$C_j=\sum_{i=1}^{n}(s_{ij}-\lambda_i) \tag{5-76}$$

如果这个和大于 0，则被设置为 0；否则，存储这个值，继续计算下一个 j。以这种方式获得的 p 的最小值被用于 P–中位数位置的一组初值。分配客户的位置到这些选择的位置，按照如果 $x_{jj}=1$ 和 $s_{ij}-\lambda_i<0$，设置 $x_{ij}=1$；否则，$x_{ij}=0$ 进行。这种分配一般不能满足原始约束，但使用方程 1 计算获得的总成本将会提供一个下限 LB，对真正的最佳方案。

现在介绍如何获得一个上限 UB。分配客户位置到最近的设施位置，使用方程 1 计算总成本。

为获得一个最有或次优方案，拉格朗日乘数的初值需要按照这样的方式调整（减小），按照最终满足原约束条件。这些乘数更新后的值，使用对它们前一次迭代的值的一个步长调节。

$$\lambda_j^{(n+1)}=\max\{0,\ \lambda_i^{(n)}-t^{(n)}(\sum x_{ij}^{(n)}-1)\} \tag{5-77}$$

在 n^{th}迭代的步长大小 $t^{(n)}$，使用下面的表达式计算：

$$t^{(n)}=\frac{a^{(n)}(UB^{(n)}-LB^{(n)})}{\sum_i(\sum_j x_{ij}^{(n)}-1)^2} \tag{5-78}$$

$a^{(1)}$和 $\lambda_i^{(1)}$ 的合适值的选择对保证收敛是重要的。有学者建议，对所有的 j 以及所有的 i，不等于 j，使用 $\lambda_i^{(1)}=\min(s_{ij})$，$a^{(1)}=2$。

P–中位数的启发式算法的比较，如图 5-105 所示。

图中的点是识别的中位数点的位置，黑色线是服务中心到需求点的线路边界，括号内的 z 值是获得的目标函数的值（以百万为单位）。贪心-随机算法使用 S-距离测度，简单选择最大权重的需求点（如果有多个位置是等权的，任选一个）。然后按照下一个位置按照

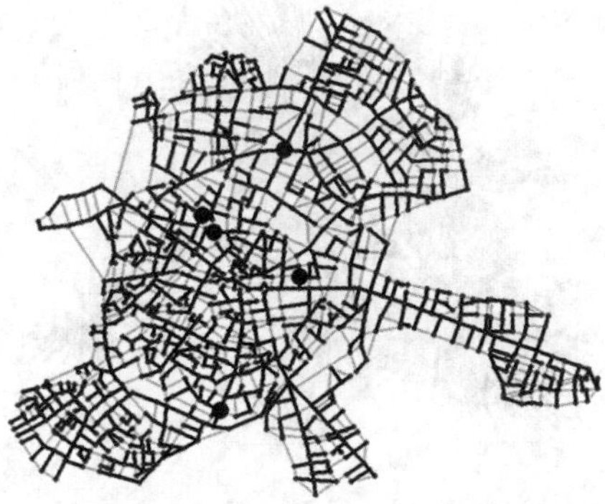

(a) 贪心，随机（z=1.526）

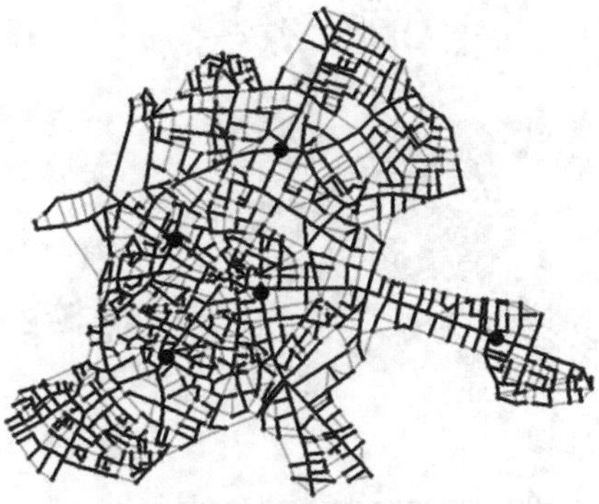

(b) 贪心，附加条件（z=1.190）

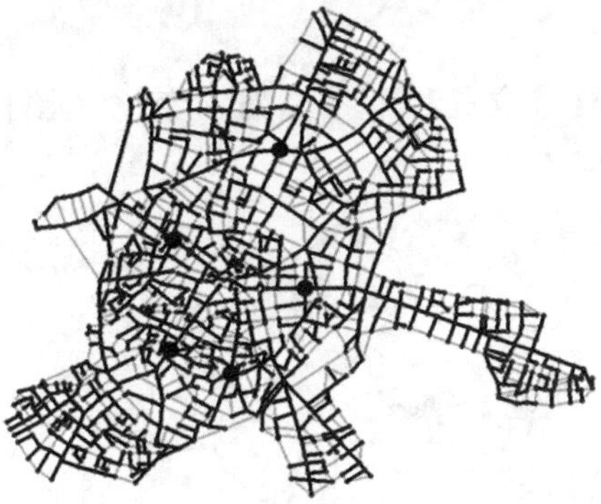

(c) LR,VNS和候选列表搜索（z=1.180）

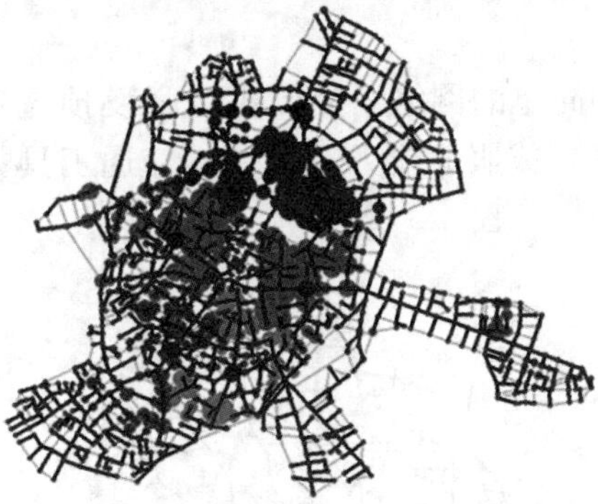

(d) 候选列表搜索，需求点分配

图 5-105 启发式 P-中位数算法比较

它的最邻近中心的最大权重距离选择需求点。贪心算法的结果见图 5-105（a）、（b）。贪心-ADD 算法明显改进了 z 值，有 5 个位置被选择。但与图 5-105（c）明显不同（有三种算法：candidate list search（CLS），Lagrangian relaxation，variable neighborhood search（VNS））。图 5-105（d）是需求客户被分配的单个服务中心的情况。

相似的算法被用于 P-中心问题。服务需求的总成本总是大于或等于 P-中位数方案，但客户旅行到或从服务中心的最大距离（旅行成本）是最小的。图 5-106 是使用欧氏测度而不是网络距离的，设施被分配到需求位的近似方案。与 P-中心优化类似，但明显不同于基于网络距离的 P-中位数方案。

（二）服务区问题

图 5-106（b）、（d）为服务区的定义提供了一个很好的例子。这些区域典型的是对应在网络中定义的点，比其他任何定义的点在距离、时间或成本上都非常靠近的离散区域。

服务区的例子如图 5-107 所示。图 5-107（a）显示的是位于城区的三个急救站的位置。图 5-107（b）是按照网络距离和每个站的主要服务区域，所有的最靠近每个站的所有街道。

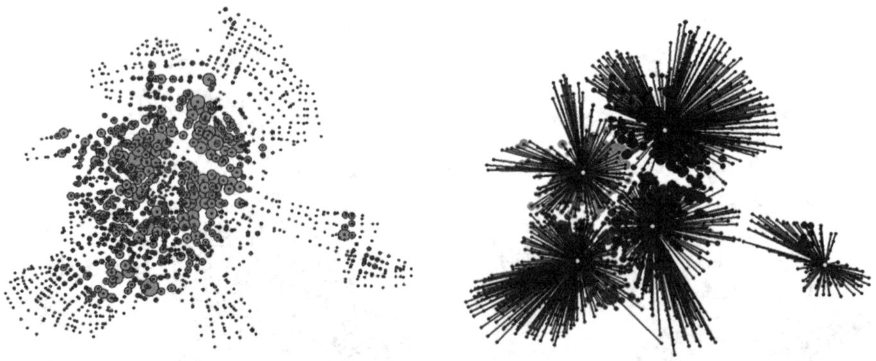

(a) customer demand (nodes)　　(b) median locations and assignments

图 5-106　设施位置，平面模型

这种简单的网络划分形式是假设预先定义设施位置和不考虑需求变化（预料的事故和发病率）或服务能力（可用的交通工具数量）。

(a) 急救站位置　　(b) 服务区（距离带）

图 5-107　服务区定义

旅行时间分区。与服务区定义有关，一些 GIS 软件也提供旅行时间分区。这些区域是按照多边形图层产生的，然后叠加在网络上，表示旅行的时间或距离带（图 5-108）。

七、弧段路由规划（arc routing）

这个问题是对定义的服务区，所有的边界（链）都必须被访问的问题。这是一个专门路径规划问题。

图 5-108 驾驶时间分区（距离带 500 米，1000 米，2000 米，5000 米）

这个问题的公共变量包括：不是所有的边界需要遍历；部分或所有的边界是有方向的；边界具有可变的遍历代价，取决于方向；需求沿着边界变化；层次问题，一组必须先于其他边界访问的边界。

网络遍历问题。弧段路由规划问题可用图 5-109 和图 5-110（a）、(b）说明，这个例子是以最有效的方法清理一个镇所有街道上的积雪。优化算法的操作如图 5-110 所示。三个预先设置的需求点及服务区如图 5-110（a）所示。清扫积雪的方案如图 5-110（b）所示。

```
ROUTE ID 1         : depot/district 7310
Total Time         : 296.12
Deadhead Cost      : 0.00
# Deadhead Links   : 0 (out of 1090 links)
# Left Turns       : 328
# Right Turns      : 265
# U-Turns          : 215
# straight Turns   : 281
Turn Penalty Cost: 0.00

No.  Movement           Street_Name                  Service
------------------------------------------------------------------
  1  Start West on      W 3RD ST                      Right
  2  Left on            HUMPHREY AVE                  Right
  3  Left on            W 2ND ST                      Right
  4  U-turn on          W 2ND ST                      Right
  5  Right on           NEWMAN AVE                    Right
  6  Left on            W 4TH ST                      Right
  7  Left on            GARRETSON AVE                 Right
  8  U-turn on          GARRETSON AVE                 Right
  9  Left on            W 4TH ST                      Right
 10  U-turn on          W 4TH ST                      Right
 11  Left on            GARRETSON AVE                 Right
 12  Left on            W 5TH ST                      Right
 13  Left on            TRASK AVE                     Right
```

图 5-109 路由方向

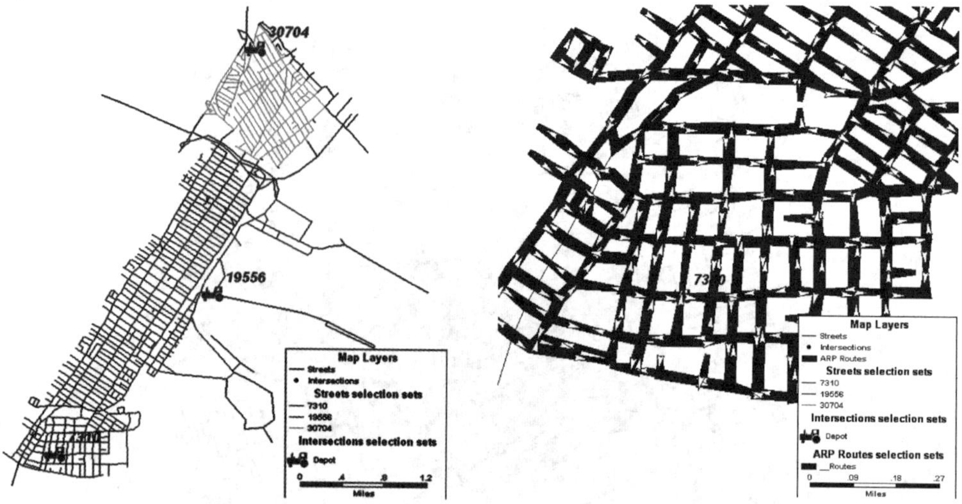

(a) 雪犁位置和服务区　　(b) 空间路由规划——7310区

图 5-110　空间路由规划

对这个问题的解决方案可以分为两个阶段：

第一阶段：检查每个节点是否满足欧拉回路（Eulerian circuit）的条件，即在每个节点的流入数等于流出数。如果网络不是定向的，这个条件需要每个节点的这个“度”是偶数。如果网络满足这些条件，处理过程进入第二个阶段；否则，就要系统地添加（有方向的）边界，直到所有的节点满足条件。

第二阶段：解决欧拉回路问题（ECP）。这将是一个相对简单的任务，尽管得到的回路不一定是唯一的。实际上，对于在任何图中存在有 O（k^n）个欧拉回路，n 是节点数，$k=K-1$，K 是在 V 中的节点的最小“度”。一个简单解决 ECP 的算法是鲜为人知的法国人 M. Fleury 提出的方法。在这个算法中，术语“桥”用于边界，如果去除，会造成图形不连接，即形成两个不连接的子图。计算步骤是（对一个连接的欧拉图）：

（1）选择任意节点作为起始点，和任意一条离开这个点的边界，但如果没有其他选项是可用的情况下，仅使用一个桥接（这需要确定那个边界是桥接的）。添加选择的边界到当前集。

（2）移动当前节点到选择的边界的端点，从图中删除这条边界。如果出现先前的节点变成是隔离的（没有链接），则也删除这个节点。

（3）重复上述步骤，直到所有的边界被删除。当前的集合应当包含一个欧拉回路。

这类问题的容量限制解决方案版本（CARP）与上述方案类似。但是一个已知的 NP 完整问题，必须特别注意要寻找好的启发式算法。其中，有效的算法是塔布搜索算法。这个算法设计寻找一个初始可行的方案，然后通过系统地删除和增加边界再改善它。测试表明可以处理中等规模的问题（50 个节点，100 条边界）。

思考与练习题

1. 请总结地理空间分析的内容和目的。

2. 为什么说空间分析的地理位置本身并不令人感兴趣，重要的是空间关系分析？

3. 请根据图 5-6 的多边形数据，构建时间距离的权重矩阵。或根据距离和权重连个指标，构建综合的成本距离矩阵。

4. 请结合本章给出的空间采样的例子，找出与其对应的实际应用案例。

5. 比较一阶过程和二阶过程概念的不同。

6. 比较本章给出的三种空间分析方法的特点。

7. 从 PADDC 空间分析方法，我们应该怎样理解空间分析的迭代过程？

8. 基于栅格数据进行长度和面积计算，与基于矢量数据的计算相比，应该注意哪些问题？

9. 请设计一个程序，计算以 TIN 构建的 DEM 的表面积。

10. 请设计一个程序，计算一组点数据集的中心。

11. 请设计一个程序，计算多边形的形状参数。

12. 请自己选定一组多边形数据，在 ArcGIS 软件中，练习多边形的叠置操作。

13. 请收集武汉市各个行政区域的人口数据，按 5km 格网单元，进行面插值计算练习。

14. 请结合本章给出的自动分区的方法，编写一个自动分区的程序。

15. 请在 ERDAS 软件中，选择一幅遥感影像，练习 *K* 均值分类方法。

16. 请在 ArcGIS 中选择一组点数据，练习边界多边形生成方法。

17. 请在 ERDAS 软件中，根据近红外波段和红色波段，练习 TVI 指数的计算。

18. 请分析总结距离计算的一些问题。

19. 请举例说明成本距离计算在实际应用中的例子。

20. 在 ArcGIS 软件中练习缓冲区分析方法。

21. 请在 ArcGIS 软件中练习方向分析的方法。

22. 请在 ArcGIS 软件中练习表面分析的方法。

23. 叙述启发式算法的思想，并比较本章给出的启发式算法的特点。

24. 请在 ArcGIS 软件中练习最小生成树计算方法。

25. 请在 ArcGIS 软件中练习最短路径的计算方法。

第六章　空间数据分析方法

本章介绍的空间数据分析方法，是指对空间数据的描述性、探索性以及统计和建模等技术和方法。主要是针对规模较大的、具有空间位置特性的数据集，通过对其进行数据图形化或地图化后，研究探索数据中潜在的模式、分布、异常、统计量、变化等信息，是对空间数值的分析。

第一节　空间数据分析概念

一、什么是空间数据分析

人们对分析空间数据越来越感兴趣。术语“空间数据分析”的使用可追溯到20世纪50年代。空间数据分析方法与GIS软件和地理空间建模技术有关。“空间数据分析”是地理信息系统(GIS)和地理信息科学(GISc)中广泛使用的术语。其含义是技术和模型的组合，其中模型则明确使用了研究对象的空间参考信息，即研究对象的位置信息。空间数据分析方法需要做一些关于或利用数据的假定，用于描述空间关系或事例之间的空间交互作用。对数值的空间分布重新排列，或者在调查中对要研究系统的空间结构进行重构的条件下，任何空间数据分析的结果不全是一样的。空间数据有很多不同的类型，空间数据分析也有不同的形式。

空间数据分析包括三个要素。

第一个要素：建模制图。每个数据集被表示为一幅地图或者是基于地图操作(或执行地图代数运算)生成新的地图。例如，缓冲区分析就是对给定的一些空间对象(如医院门诊部；井或者线性特征，如道路)的在一定距离内识别一幅地图上所有区域的操作。叠置分析包括逻辑运算(与、或、非)和算术(+、-、×、÷)操作。逻辑叠置运算“与”就是识别地图上两个或者多个变量同时满足一组条件的区域。算术累加叠置操作就是逐个对区域进行两个或者多个变量值的求和。

第二个要素：空间分析包括数学建模的形式，这里模型的输出依赖于模型中对象之间的空间交互形式，或空间关系，或模型中对象的地理位置。例如，河流的构型以及在水文模型中它们相交汇的地理位置将对水流通过不同的汇水区的流动产生影响。一个地区不同人口群落的地理分布和他们的密度分布会对传染疾病的传播产生影响，同时，地形障碍的位置会对一个地区新的物种的繁衍产生影响。

第三个要素：空间分析包含对空间数据适当分析的统计技术的发展和应用，并因此要求充分利用数据中的空间参考。

空间数据分析的目的就是利用覆盖研究区域的属性值来描述空间变化，接下来或许是通过其他属性来解释空间变化模式。这些描述或许包括识别这类数据中感兴趣的特征，包括探测聚类(cluster)或者高(或低)值的集中性，下一步或许就是试图理解地图中的特定区域为何具有高(或低)值的集中性。有些空间分析应用领域，比如地理统计，空间分析目的也许是提供对未采样位置属性值的预测或估计，或者是以采样数据为基础制作专题地图。

空间数据集的变化包括两个方面。一是不考虑由位置引起的数据值变化；二是空间变化，即覆盖整幅地图的数据变化。描述数值变化和空间变化，需要使用不同的策略。解释变化需要建立能解释属性变化的模型，作为模型运算的结果，可以解释空间变化。一个模型在描述属性变化时可能很好，但不能解释空间变化的某些重要方面是可能的。例如与这个模型匹配较差的一些事例，也许是这幅地图的一部分。如果所有的具有最大的正残差的事例是这幅地图一部分，而所有的具有最大的负残差的事例是地图的另一部分，那么这在回归分析中是会发生的。在图 6-1 中统计($R^2\times100$)的拟合适合度等于 85%。对应于响应变量 Y，解释变量 X 已经占了 85% 的变化。证明这是个合理的模型。但是正的和负的残差($\hat{e}(i)$)之间存在强相关的空间结构，模型需要进一步改进。

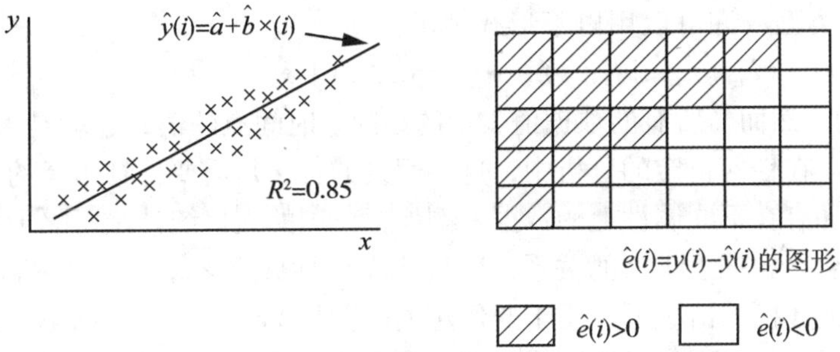

图 6-1　评估一个回归模型拟合的适合度的证据

在进行统计分析时，需要认真考虑空间数据中的一些特征。尽管在空间数据分析中，例如定义采样设计的中心或者进行空间预测时，空间相关性分析是严格元素，但过于关注空间数据的一个方面会导致分析者忽略其他问题。例如，单元划分对估计精确度方面的影响，较宽泛的一组假设的影响和建立一个模型是否足够考虑了所要达到预期目的的数据影响等。在这个意义上，空间数据分析是更一般性数据分析的子领域。在界定进行适当的空间数据分析所必需的技术和概念方面，对发展处理其他非空间类型数据的统计理论起到了重要作用。在采用这个相当广义的空间数据分析定义时，需要维护与统计理论和方法的广泛的内容联系。

二、空间数据矩阵

所有空间数据分析的基础是一个数据矩阵(matrix)，这个矩阵的定义如下：设 z_1，z_2，…，z_k 表示 k 个变量或属性，$\boldsymbol{s}$ 表示位置，则有

$$
\begin{array}{c}
k\text{ 个变量上的数据位置} \\
\begin{bmatrix}
z_1(1) & z_2(1) & \cdots & z_k(1) & \boldsymbol{s}(1) \\
z_1(2) & z_2(2) & \cdots & z_k(2) & \boldsymbol{s}(2) \\
\vdots & \vdots & & \vdots & \vdots \\
z_1(n) & z_2(n) & \cdots & z_k(n) & \boldsymbol{s}(n)
\end{bmatrix}
\begin{array}{l}
\text{事例 } 1 \\
\text{事例 } 2 \\
\vdots \\
\text{事例 } n
\end{array}
\end{array}
\tag{6-1}
$$

使用 z 和 s 的下标符号表示实际的数据值，同时括号中的数字 1，2，…，n 表示具体事例。与每个事例 i 相关联的是位置 $\boldsymbol{s}(i)$ 。后面将更具体讨论一个事例的位置是如何被地理参考化的，在 $\boldsymbol{s}(1)$，…，$\boldsymbol{s}(n)$ 上还有什么其他的信息需要记录以用于进行分析，例如另外的哪一个地点(事例)代表给定地点(事例)的空间邻域。然而，在这个阶段，因为我们只对二维空间感兴趣，足以断定有些地点是需要两个参考坐标来定位的。这些事例的固定位置对应于直角坐标系的两个坐标轴。因此，符号 $\boldsymbol{s}$ 表示它是一个向量，可能包含一个以上识别事例空间位置目的的序号(例如 $\boldsymbol{s}(i)=(\boldsymbol{s}_1(i), \boldsymbol{s}_2(i))$ 。式(6-1)的结构可以缩写为以下形式：

$$\{z_1(i),\ z_2(i),\ \cdots,\ z_k(i) \mid s(i)\}_{i=1,\ 2,\ \cdots,\ n} \tag{6-2}$$

当不会产生标记混淆时，在大括号外面的标记是可以省略的。

此外，对于处理空间参考问题，至少隐含地，数据也应有一个时态参考。式(6-2)中定义的数据集的类型或许可以用以下形式表示：

$$\{z_1(i,\ t),\ z_2(i,\ t),\ \cdots,\ z_k(i,\ t) \mid \boldsymbol{s}(i),\ t\}_{i=1,\ 2,\ \cdots,\ n} \tag{6-3}$$

其中，t 表示时间。然而，所有的数据值表示的是同一时间点的值，这就是为什么 t 被包含在标记里面的原因。在任何特定的分析中，这种假设的含义是需要仔细考虑的，因为对同一个时期不可能总是拥有在不同属性上的数据。例如，英国的人口统计是每隔十年进行一次。

在不同的场合，根据上下文的关系，变量或者属性 Z_1，Z_2，…，Z_k 将被分组并采用不同的标记。在数据建模的情况下，用于变化建模的变量标记为 Y。在回归分析中，Y 称为响应变量、相关变量或内在变量。用于解释响应变化的变量，称为解释变量、独立变量、外在变量或预测变量，通常用不同的符号表示，如 X_1，X_2，…，X_k 。

三、空间数据分析的发展

在过去，一系列理论和实践方面的发展，对空间数据分析的行为具有重要的影响。20 世纪 80 年代后半叶建立的美国国家地理信息与分析中心(NCGIA)，首先设立的研究课题之一就是空间数据准确性研究。这个领域的研究特别关注在空间数据中的误差特性，以及这种误差对不同类型的地图操作的结果是如何传播的，如叠置分析或缓冲区分析对数据分析的行为具有的重要影响。这有助于解释从空间数据分析获得的结论的局限性。在政府部门和私有机构生产的空间参考数据量持续增长的今天，这仍然是一个特别重要的领域。这项研究由关注数据准确性和数据质量转向关注空间表达问题(什么时候地理实体被转换为数字形式)和空间数据中的诸如“质量”、“准确性”、“误差”、“均值”等概念。

探索性空间数据分析(ESDA)方法在 20 世纪 80 年代末期已经广泛使用，尽管 Cressie (1984)已经著述了关于探索地理统计数据的方法，Openshaw 和他的同事开发了“地理分析机”，用于寻找在非均匀空间总体方面事件的聚类(Openshaw 等，1987)，但自从新的研究与可视化工具，以及与支持 ESDA 相关软件相结合开始，这才引起了人们对这个领域的相当大的兴趣。这些方面具有先驱性工作，值得尊敬的统计学家包括 Haslett 及其同行(Haslett 等，1990，1991；Unwin 等，1996)，地理学家包括 Monmonier 和 Maceachren(Monmonier 和 Maceachren，1992)。ESDA 吸引人们兴趣的一个方面就是为了探测局部特性和描述空间异质性的局部统计(基于使用空间数据子集数据)的发展。空间变化的复杂特性已经是经常评论的话题。赞同"整幅地图"矩阵的局部统计的发展，或者提供地图的平均特性的描述性全局统计，都是对空间变化异质性特征共识的回应(Getis 和 Ord，1992，1996；Anselin，1995；Fotheringham 等，2000)。用于事件空间聚类(如特定的疾病或犯罪的聚类)探测的新技术已经有了新的发展，其代表成果已添加到空间分析工具包(Besag 和 Newell，1991；Kulldorff 和 Nagarwalla，1995)。

在空间数据的统计建模领域，贝叶斯(Bayesian)方法在 20 世纪 90 年代受到特别关注，部分原因是在拟合一个广泛范围的模型的新软件中数值分析方法的有效性。在 20 世纪 90 年代早些时候，多数空间建模都是基于对线性回归模型(linear regression model)的空间修正，例如空间相关性的建模是通过响应变量，很少使用贝叶斯方法。贝叶斯方法在对空间相关性影响的建模方面，已经引入了其他方法。

近几年，编写有效的空间分析软件方面有了很大发展，现在有许多可以免费从网络下载这样的软件。地理信息系统(GIS)是用于获取、存储、管理和显示空间数据的软件。在 GIS 中直接捕捉事件(比如由警官关注的犯罪现场的犯罪位置)的能力，对迅速和及时地收集空间数据，对空间分析结果，均具有重要影响。对空间数据分析而言，GIS 最重要的功能之一，是提供了使用不同空间参考框架的空间数据集平台。如何集成由非兼容空间数据框架下获取的数据集(例如关联基于像元的环境数据和基于可计数的调查区域的人口数据)的问题已经引起了人们相当大的兴趣。然而，似乎对这种关联后产生的数据分析的后果和结果的解译，关联必定引入的在数据库中的误差和不确定性关注的很少。商用 GIS 软件(比如 ArcGIS 的地理统计分析模块)现在提供包括统计分析在内的空间分析能力。这至少对存储、管理、显示与空间参考功能进行数据分析进行无缝环境的集成，开辟了一个新的研究领域。

空间数据分析在学术领域的广泛兴趣始于这个领域较早的一些著述和一些出版物。这个领域的持续的活力，可由持续增长的大量应用和作为专题问题研究、不断增加的期刊作为例证，如《计算统计学》、《国际区域科学评论》、《统计者》、《房地产金融和经济期刊》、《医学统计学》等。

定量研究领域的出现，归因于高质量数据的有效性产生的可以用数学术语表达的良好设定的假设、合适的数学和统计工具以及技术的有效性，以及促进分析技术的有效性、在地理和环境流行病学以及健康服务研究方面，地理编码的健康数据的有效性，地理数据库的增加和新统计技术的发展，已经产生的相当多的研究活动。空间分析方法应用范围的扩大，反映了位置和空间在理论科学分支领域的重要性，比如在解释健康行为方面与区域背景相联系的影响兴趣。

在犯罪学领域的发展也似乎反映了一个类似的模式：收集犯罪现场、罪犯和受害者地理编码数据、局部统计学的发展以及使用空间分析软件的有效性。如由美国国家司法研究所提供的软件，通过对空间关系作用的理论化和构造犯罪、罪犯和受害者的地理位置关系，为这项工作增加了进一步的动力。

四、空间数据分析的科学和决策背景

从科学工作者或决策者的观点来看，分析技术是以这些目标为终点的方法：对科学工作者而言，基于科学严密方法理解事件和过程的发展；对决策者而言，根据科学的方法和理解，进行战术和战略相结合的资源部署。

(一)科学领域的空间数据分析

所有的事件都具有与它们相联系的时间和空间坐标，即它们在某些时间发生在某些地点。在实验科学的很多领域，进行实验的精确空间坐标通常是不需要录入数据库的。这样的信息对分析实验结果没有任何实质的重要性，因为所有与实验结果相关的信息都是由解释变量携带的。

社会科学和环境科学是观测科学，不是实验科学，结果一定会产生，而研究者通常既不能对解释变量的层次进行实验，也不能进行复制。在对观测的响应变量的变化进行建模方面，解释变量矩阵的设计，就什么变量已经观测，以及它们的层次两方面而论，通常是固定的。由此可见，在建模阶段，模型误差不仅包含测量误差和采样误差的影响，而且也包含错误定义误差的各种形式。

对于观测科学的许多领域，在数据库中记录单个事件发生的时间和地点是重要的。首先，社会科学研究不同类型的地点和空间过程——地点和空间结构会影响社会经济过程的展开；社会经济过程反过来也会影响地点和空间结构的形态。在地理学和经济学方面，对这种类型理论的重要性进行了较早的讨论。其次，记录事件发生的地点意味着与其他数据库中的相应数据进行关联成为可能，例如与邮政编码关联，或者基于地址编码的健康数据和来自人口普查区域的社会经济数据的关联。记录位置需要高精度，以保证跨数据库关联的准确性。

空间数据分析在支持寻求科学解释方面起着重要作用。它也在解决更一般性问题方面扮演重要角色，因为在地理空间中的观测是非独立的——地理位置邻近的观测值是趋于相似的，比那些相隔较远的观测值要更加相似。这是地理空间的一般属性，可以在解决诸如空间插值问题的情形中被开发利用。然而，空间相关的这个属性对“经典”统计参考理论的应用会产生问题，因为数据相关性导致数据冗余，这会影响样本的信息容量，产生“有效样本大小”(effective sample size)问题。

1. 科学解释中地点、背景和空间的一般性问题

(1)地点和背景的位置。当以地理定义的区域概念化为属性值的特定混合集合时，位置的概念被引入科学解释。生态分析是关于空间汇总数据(spatially aggregated data)的分析，研究的对象是空间单元。在其他情况下，研究对象可能是由个体或空间邻域组成的对象。然后进行的分析不仅包括个体层面的特性，也可能还包括区域层面，或影响个体层面结果的生态学属性。

位置以提供解释变量的变化性方式被用于更进一步的科学理解。就变量值位置的多样性来讲，共处于“自然界”实验室的形式。考虑覆盖大区域空气污染水平的情况，这里包

含很多的具有对比性经济基础的许多城市区域，因此，在层次水平和空气污染的形式方面，差别是可测量的。这种类型数据与人口数据结合，可用于在这个居住地点的空气污染水平与人的呼吸疾病发病率之间关系的生态分析，用于控制可能的“混杂因素”(如年龄，贫困和生活方式)的影响。哈佛的“六城市”研究案例使用了覆盖美国六个城市的空气污染等级的变化数据，研究大气中含有微小颗粒的水平与疾病的相对风险之间的关系。

解释空间变化需要分清是“成分的”还是“背景的”的影响。疾病率方面的地理变化或许是因为居住在这些地区的人们在年龄和物质条件方面的好坏造成的地区之间的差别(成分影响)。变化也可能是因为这个地区可能引起某种疾病的暴露因素，或直接或间接影响人们健康的区域的属性造成区域之间的差别(背景影响)。

地理区域的背景因素在诸多分析领域中也许是重要的。覆盖一个地区经济集合体的经济增长率的变化可以根据公司类型和公司的特性变化来解释(成分影响)，也可以由公司经营所处地区环境因素组成的区域特性(背景影响)来解释。区域特性可以包括劳动力市场的供求程度、地区市场网络的性质、广泛的制度支持，以及由这个地区的诚信程度、团结性、组群形成等为测度的社会资本水平。背景影响可以作用于若干个尺度或层次。Hedonic 的房价模型包括了空间邻域素质的影响，也包括了毗邻空间邻域素质的影响(Anas 和 Eum，1984)。Brooks-Gunn 等(1993)在对未成年人成长的研究中指出：“如果不考虑他们(未成年人)生存的多生态系统，就无法展开对个体的研究。”“地点”的背景影响是从最近的空间邻域直到区域尺度和更高尺度的这样的层次性发挥作用的。空间邻域影响行为、态度、价值取向和机遇，Brooks-Gumn(1993)概括了关于空间邻域是如何影响儿童成长的四种理论。感染理论强调同龄人群对传播问题行为的影响力。集体社会化理论则强调空间邻域是如何提供角色模仿的和监视行为的。竞争理论强调儿童成长中在争夺稀有空间邻域资源方面的影响，而相对剥夺理论则强调在儿童成长中会将对自己的评价与其他儿童对立起来。Pickett 和 Pearl(2001)提出了一个多级分析评论性的概论，它分析了经济社会环境是如何提供了不同类型的空间邻域环境，在控制个体所处环境的水平后，能影响健康结果。Jones 和 Duncan(1996)描述了在地理方面的一般环境影响。

对“地点”的讨论，引出了如何处理尺度效应这个一般性问题。“地点”可以是一个大小变化的区域对象，即使是在同一个分析过程中也是如此。在大多数社会科学领域，区域的性质是由算术平均运算，从个体数据或较小的子区域(包括点的位置)按比例增加的(隐含地假设是可加性的)。这也是社会科学中，区域层面性质概念化的一个结果(如社会凝聚力、社会资本和社会控制、物质剥夺(material deprivation))，它允许分析员采取任何合理的操作方法。在环境科学方面，尺度问题变化的一种类似形式产生了支持改变问题，即在一个支持上测量的数据(如点样本)通过加权平均值被转化到另一个支持(如小区域或块)。但并非所有的在环境科学中的尺度问题变化是线性的和按照这种方式处理的，如像 Chiles 和 Delfiner(1999)在上推渗透率测量尺度中讨论过的那样。Bierkens(2000)等在环境科学中详细地讨论了有关尺度上推、尺度下推的问题和方法。

(2)位置与空间关系。位置引入科学解释的第二种途径是通过“空间”角度来实现的。这里强调了对象是如何与对应的角度彼此被定位的，以及这种相对定位是如何被明确引入以解释变化的。这源于作为这些空间关系的一个功能的、不同位置之间的相互作用。作为旨在处置对象间相互关系的一般位置概念，引入了如距离(和方向)、梯度、空间邻域以及配置或系统等广泛特性关系的等价关系，这在解释属性变化方面具有重要作用。这些在一些解释中产生的影响作用最终都取决于空间属性，特别是作为这些空间属性相互作用所产生的结果及其空间分布。我们可以考虑不同方式的空间关系结构或配置空间：通过距离的分离、产生梯度和诱导一个区域范围的空间组织。

距离可以通过不同的测量指标定义，例如直线物理距离、时间距离(旅行需要多久才能从 A 到 B)、成本距离、感知距离。距离可以根据关系网络并以定性的形式定义，如靠近、远离、相邻等。当覆盖一组区域的属性变化表现在较远距离的区域，是来自一个特定的，拥有或许是一些因果关系因素临界水平的地区的结果时，距离就成为科学解释的一部分。经济欠发达的地理环境，就天资来讲，反映了绝对不利的水平变化，包括缺乏资源、贫瘠的土地质量和疾病。然而，其同样也反映了到核心经济中心的距离，因为距离会影响到价格和新技术流(Gallup 等，1999；Venables，1999)。

梯度是空间的局部特征，比如两个相邻区域在一些变化特性上表现如何相似或如何不同。例如，在一场暴雨后，测量一个位置的地表水不仅反映了该位置保持水量的性质，同样也反映了邻近区域影响径流量的状况以及因此产生的表面水的汇集率。两个相邻区域之间梯度以通过失业率或平均家庭收入水平来度量，可能会影响犯罪率，包含在这两个空间邻域中的影响不纯粹是这两个空间邻域各自特性的结果。它进一步反映了这种截然不同的两个区域的经济环境是相互联系在一起的。Block(1979)对财产犯罪背景有以下的评论：“很明显，在那些生活在比较靠近贫穷和中等阶层的空间区域，具有比其他空间区域较高的犯罪率。”

研究区域属性总体的空间组织是重要的。在一些总体的空间分布的实例中，一个区域事件的总体性在彼此关系方面是如何分布的，会影响结果和总体、系统范围、特性等。在地表积水的例子中，一个位置积水的程度不仅反映了局部地状况和空间邻域状况，而且也反映了宽泛的系统属性的整体配置，如积水的大小、形状和地形。两个地区之间贸易水平的解释不仅是基于两个地区的经济特性(它们可以提供哪些影响和需求水平)和它们相距的距离(哪些影响运输成本)，而且也基于关于贸易的“中介机会”的本性。然而，就经济特性和距离差异是同等的条件下，两个地区之间也可能产生不同的贸易水平。

健康也许与社会关系有关，而不只是与绝对的生活标准相关(Wilkinson，1996)。一个城市内的物质剥夺的空间分布会影响人口的汇集或分散，因此，不同形式的关联而不是绝对的物质剥夺可能影响一个城市总体的健康统计(Gatrell，1998)。剥夺的地理分布可能会影响人们做出的社会比较的顺序。这反过来会凭借心理因素和与健康相关的行为影响他们的健康(MacLeod 等，1999)。

在解释属性变化方面，空间关系的重要性是与尺度相关的，这些关系的作用取决于空间单元的尺度，通过哪些事件进行观测或测量，与基本的过程有关。在个体层面的分析中，理解为什么某个房屋会被盗窃，是可以作为一个关系属性(例如房屋外面的街道是否有路灯)的，但在生态分析中则变为地点的属性(街道照明的质量)。

2. 空间过程

空间过程运行于地理空间内，有四个一般类型：扩散过程、交换与转移过程、交互过程及传播过程。

扩散过程是指那些在任何时间点上，对由群体构成的一些属性，指明哪些个体(或区域)具有这些属性，哪些个体没有这些属性是可能的。群体扩散属性的机制取决于属性本身。有意识或无意识的获取或采纳可能取决于人际间的接触、通信、影响和压力的作用。与属性扩散机制尺度有关的人口密度和扩散分布，对属性如何传播以及传播速率将具有重要影响。

城市和区域经济通过彼此的商品交换与收入转移联系在一起。在生产中取得的收入和在同一地点的商品销售收入，也许花费在另一个地点的其他货物和服务方面。通过这样的交换和转移，不同城市和地区的经济财富形成相互联系。

交互过程是指在一个地方的输出受到另一个地方输出的影响。在一个地区的零售商店的商品定价也许反映了在这个地区市场的价格作用和零售商的反作用。零售商 A 对价格变化的反映是否受到零售商 B 的影响，取决于在 A 要求的水平上对价格偏移的预期作用。关于 A 的任何价格反作用是否需要完全符合关于 B 的价格偏移预期，这也许是有关联影响的。于 B 最近的零售竞争者很可能正是 A，会做出全面反映(Haining，1983；Plummer 等，1998)。这种互动似乎受到商人的空间分布的影响，包括他们的密度和汇集的程度(Fik，1988，1991)。

在扩散过程中，属性的传播是通过具有固定位置上的群体和个体传播的。最后一个过程类型，传播过程，表示群体自身的传播。例如，这样的传播过程可能包括来自一个父本植物的种子的传播，或物理特性的传播，像气候或海洋污染，或土壤中的营养成分的传播。

(二)科学解释特定领域中的位置和空间

空间数据分析中，对严格方法的需求，主要是专题科学领域，其中地理空间被直接引入理论化或理论结构。

1. 空间分支科学的定义

在专题学科中对位置重要性的识别，是以当子领域被冠以诸如“地理的”、“空间的”、“环境的”或“区域的”等词汇为前缀进行定义时被告知的，如地理和环境流行病学、空间考古学、空间考古测量学、环境犯罪学、区域经济学等。地理学具有成体系的子科学领域，并具有像医学地理学、历史地理学、犯罪地理学、经济地理学等标识。就内容来讲，专题科学与地理学的子科学的分类方法之间具有实质性的差别。一方面，作为综合性领域的地理学，为了构造解释或进行事例研究，通常对理解特定的地点、得出某种思想和专题科学的理论最感兴趣(地理学家自身可以做出贡献的)；另一方面，专题科学根据地点和空间，讨论上述问题的原因，阐述对根本的疾病发生率、史前社会、犯罪的发生、财富的创造等过程的理解。

流行病学在地理和环境流行病学之间具有明显区别。地理流行病学着重在不同尺度、生态学研究和疾病发病率迁移影响的地理学描述(English，1992)。它关注调查研究与关于年龄和性别的发病率、流行程度、死亡率和控制后康复率的空间变化程度有关的因素。环境流行病学寻求特定区域相对风险的模型，即在控制关于人口特性和社会经济混杂因素以后，从暴露于环境危险因素产生的相对风险模型，诸如自然产生的辐射、空气污染或水污染等因素。地理模式和关系的研究帮助我们理解疾病发生的原因，如果不是直接的，那么至少可以通过假说提供建议，并据此促进其他形式的调查。

Swartz(2000)把环境犯罪学定义为关注“个体位置和试图解释特定现场物理特征、社会特性和犯罪之间关系”的微观层面研究。这明显区别于犯罪学的“生态学传统思想”，后者“被限制在相对大的人与空间集合”。

Clarke(1997)把空间考古学定义为“从考古学上的空间关系恢复信息，并研究先前人类位于其内和在特征和结构之间的活动模式，以及在遗迹、遗迹系统和它们的环境内的它们的链接关系”。Clarke 定义了这个子领域的关键特征为：从考古学数据的地理调查研究中恢复有用的考古学信息；调查研究在不同地理尺度范围的考古学数据；在提取信息的过程中利用地图作为关键工具。Hodder(1997)定义了在考古学方面空间分析的关键阶段为：从绘图开始，到映射分布的概要描述的构造，到确定地图性质和局部异常。从不同野外测绘和其他不同数据源采集的地理编码数据提供一种特定有用的方式，以链接和交叉检查数据集。当与适当的空间分析技术结合时，这种方式有助于分类和遗产区域的确定。

Richadeon(1970)认为，区域经济学主要是关心“空间、距离和区域差别”在经济学中的作用。它已经广泛关注两类问题：局部理论集中解释局部经济活动以及为什么特定的活动被局限于它们所处的特定地点。区域经济理论经过 19 世纪以来的成功发展，被特定地用于关注工业区域理论。

2. 位置和空间在五个专题科学领域中的作用

(1)环境犯罪学。在环境犯罪学方面，早期的工作是调查城市化、工业化和犯罪之间的联系，以及如何和为什么不同的城市工业化地区会产生不同的犯罪模式。这种在犯罪学方面的兴趣开始向后工业化城市转移。传统商业区域的衰落以及城市内部的自然变化，新兴外埠的商业中心的产生以及带有新空间形式的新型住宅形式正在产生新的犯罪地理区域(Bottoms 和 Wiles，1997)。在一个城市区域内部空间利用的变化，连同新的流动模式，以及新的生活方式正在导致犯罪模式的变化，新的犯罪地理热点的出现(Ceccato 等，2002)。Wikström(1990)的犯罪发生模型就是基于城市区域内部的土地利用变化和城市区域内社会互动发生的形式建立的(图 6-2)。

犯罪发生在犯罪机会与已知罪犯的交叉区域，因为它们的历程在同一空间。

缺少“空间邻域组织”或社会内聚，或一定类型社会组织的共存以及在空间邻域内部的无组织，在理解哪些地方发生的犯罪率高、罪犯来自哪里等方面，是可能的探索变量。罪犯来自哪里的解释通常把重点放在区域级的属性上，并强调住房类型和在一定区域青少年犯罪行为提供很少制裁的空间邻域社会化过程。

与社会组织具有联系的区域层面背景影响和在空间邻域内部非正式的社会控制在解释犯罪和受害原因方面起着重要作用。当在一个汇集层面分析这些影响时，其测度是在区域层面。变量包括：社会经济变量、与家庭结构相联系的人口统计学变量以及居民流动、用于测量基于一个地区的种族相异程度的种族类型变量和与自然相联系的环境变量，在住房方面，如建筑的密度等。这与引入空间过程或明确将空间关系引入到犯罪学方面的解释的少数分析相比，是明显的。

Swartz(2000)将微观部分从犯罪学中的生态学(宏观)传统分析中区分出来。转移到微

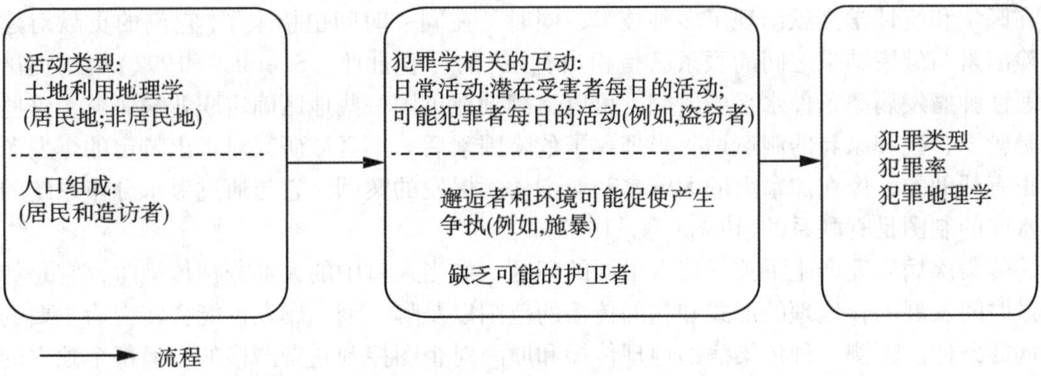

图 6-2　Wikström 的犯罪地理学模型(晚于 Bottoms 和 Wiles，1997)

观尺度需要社会经济、人口统计学和环境变量，这些仍然与分析尺度相关，它们需要被适当的定义。例如，现在，在微观尺度上的环境质量的测量(例如照明、街道的宽度、小路的存在)变得重要。而且它们在提供犯罪机会和它们或许能够形成社会网络的有效性两方面都是重要的。然而，在空间分析背景下，或许最明显的转变，是现在城市能够被处理为片区的、局部的方式。新的分析模型假设特别重要，诸如探测和犯罪"热点"调查以及其他局部化的犯罪、受害者、罪犯的模式。因为详细的空间犯罪和受害者数据开始通过警察记录系统，已经变得有效，因此在犯罪学微观分析方面已经开始有所增加。

(2)地理和环境(空间)流行病学。地理学研究调查疾病变化，一般不能在解释疾病原因方面释放多少光芒，因为暴露于危险中的因素和疾病的后果是不能在相同的个体层面上测量的。环境危险因素和空间邻域背景的作用或许具有相当小的影响，它们或许被个体情形或生活方式因素所淹没。在生态分析方面，回归和相关分析技术被用于揭示和检测属性、剂量水平和疾病后果之间的关系，但它从背景作用中分离出组合成分可能是困难的。国际范围的研究能经常提供最深刻的理解，因为全球尺度的差别可能是最大的，例如阳光暴露和佝偻病的发病率之间的联系的案例(English，1992)。重要的考虑本来不在于地理尺度，而是在于是否在危险因素方面存在足够的变化，以及就它们的暴露水平来讲，总体是否足够清楚。

在小区域研究暴露水平或许有更多的均质性，但通过人口流动和迁移、处于风险中的人口数量和总体估计误差的作用，解释地理变化将是困难的(English，1992)。风险因素的区域估计，如空气污染的区域估计，通常用于个体暴露经历的层次。这或许是用于调查环境危险因素时最经济有效的方式。在个体层次上测量暴露因素通常既是高代价的，又是潜存不可靠的。分析可以通过选择人口的分组(例如按照年龄或种族)和通过控制潜在的混杂变量，如社会经济因素加以增强(Jolley 等，1992)。

然而，地理研究能够提出因果假设，以至于在流行病学内作为一个整体，地理和环境流行病学则代表了探索性分析的一种形式。Cuzick 和 Elliott(1992)将小区域研究分为几种类型：没有公认的危险因素源的聚类的调查；在一种给定类型的一种危险因素可能的点源附近的发生率调查；作为普遍现象的聚类的调查；生态学研究；疾病率的制图。流行病学者表现出了对这些不同的小区域研究价值的分歧。寻找可靠的方法进行聚类探测，已经导致在医学和统计学文献出现了多种技术，同时，在同一时间也招来了"它们的贡献对建立危险因素与健康结果之间的联系已是相当有限"的一些批评。Swerdlow(1992)引用提出鼻腔恶性肿瘤发病率条件水平的研究，可以追溯到在英国一些地区确定职业病研究，这些地区是靴子、鞋和家具的制造地。当理解了危险因素后，小区域研究对指出特定的爆发源也是很有帮助的，像在加拿大的大维多利亚佝偻病爆发的案例，它与通过对水分布系统的一个水库的制图是有联系的(Bowie 等，1997)。

传染疾病研究产生了关于爆发根源的问题，如当人口中的大部分被传染时，它是如何通过时间发展的，地理的形式和它的传播的范围以及哪一个小爆发可能会转变为主要的流行病的条件。预测一种传染病的地理传播和原因对企图控制它是严格的，但每个独立的问题都会产生关于地点和空间作用的广泛问题，而这些已经影响到数学建模和传染疾病的流行性调查(Bailey，1975)。例如，一定的地点特性在理解爆发根源方面已经被确定为是重要的。在公共传染病事例方面，像麻疹，爆发的根源已经与足够大小的城市中心相联系，当传播的条件满足，这里的疾病就是具有产生流行性的地方病(Bartlett，1957，1960)。

Hamer-Soper 模型是对一种流行性疾病的原因进行确定性和随机性建模的基础。尽管有一些变体，但焦点还是在转移率方面(对大总体的确定性模型情形)或转移的概率方面(对于小总体的随机模型情形)，对一个个体的三种状态说明如下：易受感染者不一定是被感染的个体，但他们是处于风险中的成员；感染者是病态的个体，而且处于他们或许传播给易受感染者的阶段；疾病传染被消除者是已经接受疫苗接种，或已经生病但不再被感染，也不再传染易受感染者的成员。早期的工作假设人口是具有均质性的混合体，以便所有的个体都被假定具有相同数量熟识的人和血缘关系圈。例如，对于一个在给定的时间间隔转变为感染者的易受感染者的转移率或概率，是按照感染者和易受感染者的数量和时间间隔的长度的比例来建模的。然后从一组转移者中，当小的爆发变成一种流行病时，导出域值条件是可能的(Bailey，1975)。

Cliff 等(1993)利用 Hamer-Sope 模型的多区域模型版本对冰岛麻疹爆发进行建模，它允许在一个区域内假定均质混合。然而，跨区域性疾病传播是非均质混合的结果。传染从区域 j 到区域 i 通过跨区域传播过程进行。这个过程是：在区域 i 的易受感染者的数量是在区域 j 感染者数量的函数，并附带有两个区域中心之间的距离的倒数作为权重参数进行建模的。

多区域 Hamer-Sope 模型限制需要估计参数数量的方法是，通过假定在 N 个区域之间的非均质混合，而不会产生 $N(N-1)$ 个参数，它是一个距离函数，因此仅有一个参数需要被估计。如果对添加更多的信息以获得区域内部特性变得必要的话，大量参数对模型估计和推理会产生问题，而且模型可能变得更加复杂。模型采用自上而下的方法用于分析复杂系统，并把研究区域划分为预先确定的区域或分区个数。

另外的一些建模方法已经采用了自下而上的方法，表达个体众多的群体过程。这些模型，在定义动态的微观水平和流行病传播的地理学方面，是相互作用的。早期的一个例子是 Bailey(1967)，他研究了在个体网格上的疾病的传播，个体被分类为易受感染的、感染的、感染清除的，而且传播的地点从在这个网格的中心的单个感染个体开始。模型是疾病传播的随机模型。在任何给定的时间，如果空间邻域是感染者的话，一个只有概率不为零的易受感染者才会变成一个感染者。在这种类型的模型中，易受感染者按照局部(空间邻域)传播规则改变他们的状态。模型没有包含这样的机制，即感染者“跳变”，以及在特定情况下，在空间分离的人群之间因为没有迁移而没有传播。这是早期元胞自动理论应用的例子(Couclelis，1985；Phipps，1989)。系统广泛的特性是从微观尺度相互作用综合来的。Bailey分析了在一个爆发源可能变为大流行情况下的阈值条件。他使用规则网格作为他的模拟分析，但更为复杂的空间异质性通过人口的空间结构可能被合并。像Hagerstrand(1967)在他改进的扩散模型使用的那样，这是更早的这类模型应用的一个例子。

(3)区域经济学和新经济地理学。区域经济学分支科学被定位在地理学和经济学的交叉，并与区域科学领域具有重叠。区域科学的自然性以及它与经济学和地理学的根源联系可以从Isard(1960)中得到判断。当前，在这两个研究领域的重点可以从一些杂志中得到判断，如《区域科学杂志》(*Journal of Regional Science*)、《区域科学学会论文》(*Papers of the Regional Science Association*)、《国际区域科学评论和区域研究》(*International Regional Science Review and Regional Studies*)等。区域经济领域特别关注区域问题和次国家尺度上的经济活动分析。这个领域的研究集中于案例研究和在区域尺度上的经济增长的数学建模——具有反映不同经济环境，应用在与国家尺度对应的区域尺度的模型。

早期理解区域增长差别的方法集中在出口板块的作用，并导致了基于预先定义的在产品可能流动的因素以及货物流向之间的建模方法，以反映区域需求水平。区域经济学和投入-产出模型是以自上而下方法为特点的，区域之间和区域内部的关系经常根据大参数来说明。一个目的是发展区域预测模型，以跟踪在特定区域的特定板块的经济变化是如何通过出口板块有效转移到其他区域的其他板块。

在区域经济学一个长期存在的兴趣是，在同一市场区域之间人均收入增长率方面存在趋同或趋异(Barro和Sala-i-Martin，1995；Armstrong和Taylor，2000)。区域之间和板块之间劳动力和资本的流向，对工资和利润的差别的影响，在导致趋同方面被看做是重要的。然而，投入的迁移，借鉴新古典主义的争论，仅仅是能够导致趋同的空间机制的一种类型。Baumol(1994)确认了技术转移的作用以及从产品增长中产生的空间反馈效用。此外，这些空间机制对于建模也有其他地理方面的因素，包括空间异质的作用(在资源基金方面、劳动质量、地方政府和制度政策等的区域差别)以及诸如局部人口外流的作用(Rey和Montouri，1999；Rey，2000；Moreno和Trehan，1997；Conley，1999)。

一些经济学家的“新经济地理学”关注区域增长和理解在区域尺度上的经济运行如何影响国家经济表现(Krugman，1995；Porter，1998)和贸易(Krugman，1995)。按照Krugman(1998)，这个领域已经被用于“在经济主流方面把地理分析放在正视位置的重要目的”，尽管它的内容和整体方向已经招致一些经济地理学家的批评(Martin和Sunley，1996；Martin，1999)。

Porter理论关注一个公司在它的运行中，享有的由环境赋予竞争优势定位的外在因素(背景利益)。Porter概念模型由四个部分组成：因子条件、需求条件、公司战略和相关的角色与支持的工业。地理邻近性增强和加剧了“模型”内部相互作用，Porter(1998)认为，竞争的优势对公司来说，积累了从正确的广泛系统(或国家的)条件与局部竞争的结合的最大效益，这些局部条件是快速的工业汇集和地理凝聚作用。

Krugman 建模的一个中心特征是“趋于促进地理浓缩和趋于它的相对面的力量之间的拉锯战-‘向心和离心’的力量”（Krugman，1998）。前者包括诸如进入市场和自然优势等外部经济力量；后者包括诸如拥挤和污染成本、土地租金和不能移动的因素等外部非经济力量。模型是广义均衡的和空间结构化的，例如，一个覆盖局部经济活动的不均匀分布是在市场结构和最大化个体行为的假设条件下产生的。在新经济地理学模型的中心，是一个作为复杂的、自组织和自适应结构的空间经济的视点：大量个体产生者和消费者意义上的复杂性；对应于诸如在趣味、生活方式和技术变化方面意义上的自适应性。这里，新古典主义理论是基于递减重复的，即任何空间结构（诸如富裕和贫穷区域的产生）是自身消亡的（通过趋同），新经济地理学是基于增长重复的，即空间结构表现出一种突现的特性（Waldrop，1992）。模型的输出是由分支点特性化的，以便在基本参数方面，从一种空间结构到另一种空间结构的转移能够导出平滑转移的结果。

（4）城市研究。Krugman 的确定性模型表现出了与多区域模型在城市建模方面的多主体模型共同的基础。在多主体模型中，积极自主的主体相互作用，并改变位置和它们自身的属性。个体不仅仅对应于局部，而且也对应于全局或系统范围的信息。再者，个体分布的空间结构是一种突现性质的，而多主体模型，对城市建模来讲，不像发展于 1970 年和 1980 年的一些区域方法，它不是基于预先定义的分区的，典型的是使用非常少量的参数（Benenson，1998）。

这些随机模型已经被用于模拟在城市中个体的居住行为。它们已经从元胞自动机建模方法进化到了城市结构。它们描述人类互动模式的动态观点和在元胞自动机理论中发现的与多数静态关系结构形成对照的空间行为（Benenson，1998；Xie，1996）。在 Benenson 的模型中，家庭迁移的概率是局部经济或在他们当前位置他们经历的认知失调的张力的函数。这些张力通过他们的经济状态或他们的文化认同与他们在空间邻域中的平均状态之间的差别进行度量。移动到任何空房的概率是经济张力或他们在新的位置可能经历的认知失调的新水平的函数。如果这个家庭被迫继续占据它的当前位置，可能会改变文化认同。

多主体和元胞自动机模型两者的兴趣点是复杂的结构，以及对这些结构的改变可能产生于相当简单的空间过程和稀少的参数化（White 和 Engelen，1994；Portugali 等，1998；Bennenson，1998）。空间交互的内涵可能导致在一些物理过程中回声阶段的传播行为的均衡的稳定性和存在性方面的根本不同的结果（Follmer，1974；Hanning，1985）。以新的节俭方式产生空间结构是可能的（而不是假定区域的空间结构），连同将空间关系引入到众所周知的模型的事实也是可能的，以及在一些令人惊讶的洞察力的情况下，这背后至少有一些在一定的专题社会科学领域方面的在空间方面的当前兴趣。这个兴趣，例如按照 Krugman 认为的那样，是由新的数学领域支撑的，它可以使对这些系统的建模成为可能。此外，现代计算机也使模拟模型成为可能，这些模型不能接受其他形式的分析。

在固定元素单元之间的局部尺度的交互作用，无论这些是否根据个体或小区域定义，能够由元胞自动理论作为说明影响局部特性和系统范围的特性。这种效果可以通过城市内部零售的一些模型来证明，这里，在任何地点的定价对应在竞争空间邻域方面的定价策略。这也可能产生根本不同的取决于利润目标的形式的价格地理和选择一组消费者相关的场地的空间结构(Sheppard 等，1992；Hainning 等，1996)。多主体建模增加了其他的内容，添加系统范围层次到一组交互中，在区域的其他部分的局部条件和全局条件下，允许个体在这个空间范围迁移，按照局部环境的功能改变类型。然而，所有这些形式的建模都产生了这样的问题，对模型有效性的目的来讲，模型的例外状况应当如何与观测的数据进行比较。包括将通过模型模拟产生的空间结构与观测到的空间结构比较，这直接需要空间数据分析的方法(Cliff 和 Ord，1981)。

(5)环境科学。Wegener(2000)借鉴 Goodchild 等(1993)对环境科学空间模型的大范围应用领域提供了一个分类。大气空间建模包括大气环流模型和关于空气传播污染物传播的扩散模型。水文模型包括地表水和地下水建模。土地过程空间建模包括地表现象模型，如植物的生长或土壤侵蚀，以及次地表现象的建模，如地理模型和次表面污染模型(通过污水处理或渗透)。生物和生态建模包括植被和野生动物建模-森林生长模型、鱼产量模型、通过自然的或养殖种群的疾病扩散模型以及在库存水平上的资源开发效果模型(如渔业)。最后，这个分类包括上述各组结合的综合模型，如大气模型和空气传播感染疾病到牲畜种群的传播模型。对于较早的分类，Wegener 增加了环境规划模型，如在城市区域的噪声模型等。

在环境建模方面的空间通常是连续的，空间关系通常根据距离来定义，早期是线性的，或根据像汇水区河流情况那样的网络结构。疾病传播的生物和生态模型或许会引入要建模种群的短距离或长距离迁移的问题。这些需求都应被包括，以表达在空间模型内的种群混合特性。

(三)在问题求解方面的空间数据分析

在地理空间，相邻近的属性值具有相似性，并且 Tobler 已经把这个特性定义为“第一地理定律”。Fidher(1935)在设计农田试验中解释说：“极为接近的地块通常是最相似的，作为作物产量的判断，胜于那些相距更远的地块。”确定土壤特性的过程是在许多不同的空间尺度上进行的，从岩石形成分布的原因的大规模泥土运动到小规模的蚯蚓活动。结果是在变量值方面显示空间相关性的一个表面取值，以及可能包含空间变化的不同尺度(Webster，1985)，甚至当值表达的是与一个区域划分对应的集合时，也是如此。在相邻的区域之间，社会经济特性趋于相似通常已经引起注意。Stephan(1934)认为：“地理单元的数据被紧密联系在一起……通过它们的非常社会化的特性、人、族群等我们就可以知道，它们的特性是相互联系的且不是独立的。”在土地覆盖的遥感影像上，相邻的像素之间具有很强的相关性。我们简要列出了一些例子。在所有情况下，基本的空间相关知识可以被用于处理这个问题。

(1)一个研究者想采样一个表面，来估计一个预先定义精度水平的参数(如一个变量的平均水平)。这样做的目标是，尽可能制订有效的采样规划，使它能保证期望的精度水平，而又没有采用一个不必要的大样本量(Dunu 和 Harrison，1993)。

(2)已经采样的样本覆盖了一个表面，而分析员希望在一个位置内插一个没有被采样的值。或者分析员希望绘制一个表面变化的图，并能反映与这幅地图不同部分有联系的不确定性，作为与采样规划相适应的结果(Isaaks 和 Srivastva，1989)。

(3)一个空间数据库已汇集了一组变量。这组变量包含了“随机”缺失的一些值，在某种意义上，没有为什么这个值会缺失的基本理由(如为了保密)。分析员希望获得这个缺失值(missing values)的估计(Griffith 等，1989)。这个问题的变体如下面的情况：分析员希望使用同一个数据库对一个响应变量和一组解释变量之间的关系进行建模，而不是抛弃存在一个或多个缺失值的每一种情况，因为这个做法可能严重缩减数据集，使用所有的选择的数据拟合模型是可能的，同时使缺失值得到承认(Little 和 Rubin，1987)。

(4)一组文物被发现，可作为考古领域研究的结果。但不清楚哪些能够被分类为属于同一类型。文物属性信息与它们被发现的位置信息相结合，可以用于提供一个分类(Barcelo 和 Pallares ，1998)。

数据的空间性质，特别是数据中的空间相关性，可以被用于帮助解决分类描述的技术问题。主要问题之一是在估计问题方面，为了使用它需要表达空间相关性。

存在另一组问题，即这里通过在许多地理领域观测提供的“复制”或在每个领域的事实被嵌入一个较大的一组其他领域，可以被用于对特定问题的有效的解决方案。

(1)生态推理(ecological inference)的作用之一是使用生态数据来了解关于在集合中的个体的行为。假定有 n 个空间单元，每个空间单元具有一个且仅有一个边际总量是已知的交叉列表(行和列的总和)。目的是对这个表格的每个单元进行推理。例如，这个问题或许会产生于分析种族数据方面(黑人或白人)以及投票行为方面(投票与不投票)，这里，每个种族投票的总和是已知的，为投票和不投票的总和。然而，位于交叉表中的每个单元的值才是真正兴趣所在，例如，是在给定的选举区或管辖区投票的黑人的投票年龄的比例——这个值是未知的。

(2)一项调查允许为在一个地区的数个小区域中的每一个获得失业率的估计。众所周知，已经被使用的小区域的估计方法是小区域失业水平的无偏估计方法，它们具有较低的精度(高估计方差)，因为少数样本落入每个区域。低精度会使探测小区域之间的差别产生困难。然而，关于地区失业水平的估计方法具有相当高的精度水平，但作为小区域失业水平的估计方法，它则是有偏的。

在处理这两个问题方面，一种办法是通过应用在小区域的估计方法的“借用信息”(borrows information)或“借用强度”(borrows strength)的方法。对第一个问题，统计模型需要根据在这个数据集中的其他 n 个个体的交叉表的信息来定义，来估计表格单元的值。对第二个问题，小区域估计方法可以借用地区范围的估计方法的信息。在一些应用中，借用信息的过程集中于在小区域周围定义的地理空间邻域，并把空间相关性考虑于估计过程(Mollie，1996)。

(四)在决策领域的空间数据分析

政策制定者关心资源的战略与战术的部署。关于这种部署的框架如下：根据指定的标准和一组目标确定需求领域，目标干预，管理和监测这个干预，并评估与目标集有关的输出。有多种形式的资源目标定位方法，地理目标定位是它们中的一种。地理目标定位意思是在特定的区域引导资源利用。这也许是大区域，如在欧盟结构基金计划内的不同目标的有资格购买基金的地区，或小区域，如地方的以社区为基础、由警方采取的与地方社会团体合作的旨在减少空间邻域内犯罪的区域。项目具有不同的时间范围，从短期战术到长期战略。

在局部或地区水平实现调整的方案是从一个包括许多不同的参与者初始过程开始的，需要共享和集成有关的数据集，包括地理参考数据集，需要相关的分析工具支撑。模型作为任何分析的基本元素，包括能够使用决策工具处理的在模型定义中是重要的元素的变量。

智能主导的干预是通过不同类型的知识进行的，这些知识来自对在不同空间尺度进行的地点和环境高度局部化的知识操作过程的一般理解和可能的不同作用过程的效率。McGuire(2000)对这种形式进行了举例说明，纽约城市警察部门的计算机犯罪统计(COMPSTAT)处理对1990年中期到后期纽约的犯罪减少起到了显著的作用。在英国，1998年犯罪和骚乱法令已经成为警察对从事犯罪和骚乱与地方参与者的审查的法定需求，并产生了基于此项需求的工作策略。焦点集中在高犯罪量的犯罪，如入室盗窃和盗车案。这个法令与经过有效地理编码的违法行为、违法者以及受害者数据一起，对犯罪增长的制图和分析起着重要作用(Hirschfield和Bowers，2001)。

在资源的战略和战术部署之间可以清楚的是方法学的重要性。战术部署通常集中在非常窄的和特定的一组目标方面。这也许包括处理在一个城市的一个区域突发的街头抢劫，或在健康部门的一个特定的区域的一个突发的疾病传播，或非正常发生事故的区域的识别。战术响应形成的基本数据集通常是短时间周期的。这或许需要快速的数据采集，并伴随相关的数据处理，也许是"热点"分析，以支持一些非正常发生的事件，它正在发生，并对竞争需求之间优先(Craglia等，2000)。在疾病背景中，"聚类调查，发现针对疾病的报告明显超过一个地方的初始响应，是经常由公众关注所需求的，但对解释来说是困难的……在产生非警告的公众关注和尽可能早地识别真实的健康危险之间需要选择一个平衡"(Wilkinson，1998)。在健康的背景中，争议也许在一个聚类是否是统计显著的和是否它的真实的实质性显著的一些剂量信号需要提倡特殊干预或干预的范围，特别是当多数事例是小的和没有原因能被确定的情况。在这种情况下，若有的话，应当采取什么行动或许是不清楚的。Wilkinson采取了这样的观点，利用地理"监视"技术——基于GIS系统来计算疾病率和应用统计检验来寻找聚类——随着技术进步发展，但"对它们输出的解释……需要专家判断和相当的谨慎"。

资源的战略部署是基于长期的数据序列的和已经被认可的分析，如果不是，那么至少在诸如社会经济与环境属性、犯罪、疾病或不健康之间具有强烈关联。Achson(1998)调查了不平等健康的结论是"在英国不平等健康的证据……作为对关于健康的政府战略发展的贡献，确定政策发展领域可能会减少这些不平等性"。建议之一是"一种数据审查需要用于监测在健康方面的不平等性以及它们的在国家和地方水平上的确定因素"。当前完整的ESRC健康变化项目集中于理解在英国健康变化的不同方面，包括地理变化和地点的重要性(ESRC，2001)。

在英国，关于从事社会背景的资源战略部署集中在睦邻复兴和需要许多小区域数据集的地理条件(犯罪、健康、教育、住房和就业)。Craglia(2002)报告了在谢菲尔德选举区儿童需要审计的例子，其中包括了许多不同的地方数据集。下一步的工作是对应于缩小在最贫困地区与其他地区差别为目的的服务的坐标定位(部长内阁办公室，1999)。

在决策背景中，Swartz(2000)认为生态或宏观数据分析可能是政治家最感兴趣的，他们关心国家不同地区战略资源分配的水平。贫困和非健康之间的联系，为英国的区域健康署的加权资源分配提供了判断依据，以反映在贫困地区的地理变化(见 Martin 等，1994)。生态分析存在危险性，Fieldhouse 和 Tye(1996)警告说，在高水平贫困地区的直接支出或许不能够确定贫困人数的高比例。

国家级的政治家不可能对从高度地方化、微观尺度和空间数据分析结果感兴趣，但这些结果对局部问题和地方尺度的资源分配是具有责任的(Swartz，2000)。在鉴别持续高犯罪区域以及指出资源如何能够被最佳地定位的方式方面，地方政府、草根组织和地方警察机构，或许会发现微观尺度的分析是有帮助的。一旦区域被清楚确定，"问题的解决方案或许就像改善街道照明一样简单……或像改善地方人们生活条件一样复杂"(Swartz，2000)。

地理剖绘技术(geographic profiling)是"为支持系列暴力犯罪调查设计的战略信息管理系统"(Rossmo，2000)。与"热点"技术相比，它被用于大量犯罪分析，像盗窃和在局部尺度的盗车案。地理剖绘用于缩小参与系列强奸案或性侵犯犯罪的地点的可能范围(如家庭地址、工作地址)。地理剖绘使用空间分析技术，获得假设的关于罪犯活动地点的信息。后者是基于 Brantingham 以及 Brantingham(1991)的工作以及地理剖绘被用于局部数据集以产生"在出没区域内表现罪犯住所的似然概率表面"(Rossmo，2000)。

街区是战略资源定位的重要尺度。街区环境在影响、甚至塑造个体、预防健康行为和对待健康的态度是重要的(Sooman 和 Macintye，1995)。街区的特性(社会的、物质的)在确定人群中哪些年老的成员能够对付孤独的程度可能是重要的。Wikström 和 Loeber (2000)解释说，在预防的背景下，战略的目的在于减少青少年犯罪，对于基于"关于在种种背景下的种种个人的互动的知识是重要的，那些具有较高潜力种种背景比个体或是背景的战略有效"。战略的目的在于处理不利问题，这需要把一个与个体环境有关的基本问题从这些方面分离出来，这种处理或许使用来自与区域水平的分组影响有关的这些方面独立的目标定位支持，这应当通过区域级的程序来处理。

当微观数据分析被理解的可能原因支持时，关于局部化地理目标定位的事例受到重视。在冠心病和一定的节食类型之间的联系已经被建立，以至于在一个城市高发病率区域被确定时，需要包含什么形式的干预通常是清楚的。在其他情况下，特定的原因可能不明白，例如在低吸收筛查检查程序中，如果"冷点"分析识别出在城市中这样的区域，它就需要在这个区域进行个体调查，以发现为什么。

(五)空间数据分析中可能产生的一些问题

下面的一些在空间数据分析中可能产生的问题，对防止分析结果得出非警示性结论，或无效过程可能是有帮助的。空间数据的性质对于从描述和解释数据集到建模的数据分析的多个方面具有重要影响。

1. 描述和地图解释

从关于地理变化的制图数据得出结论之前，力图保证哪些值是"同等稳定"的，是重要的。一些空间变化的元素可能是因为从执行算术或逻辑运算产生的错误污染数据集中传播产生的人工数据(Arbia 等，1999)。这也许是作为少数问题而出现的结果(Gelman 和 Price，1999)。在按区域对疾病率制图中，样本量或许较小，采样变化性大，以至于造成数据的构造、特别的极端值率、空间趋势等具有人工统计成分的结果。当精确获得的数据变为更加有效时，产生这种错误类型的风险也在增加。

2. 信息冗余

空间相关性的存在，意味着对总体参数估计所使用的样本信息量的减少，特别是与 n 个观测值是独立的情形相比。造成"有效"的样本量小于采样的事例数，是因为数据点彼此靠近，携带了关于参数的"重复"信息。统计检验要能够对观测的相关性空间数据的实际有效自由度进行识别。由于数据点彼此靠近携带重复信息，这需要在设计采样规划时进行识别(Dunn 和 Harrison，1993)。空间数据的这个特征以及观测数据点的规范设定需要在空间插值中进行识别(Isaaks 和 Srivastava，1989)。

3. 建模

回归模型或许可以提供一个好的拟合，但残差图(在响应变量观测值和模型预测或拟合值之间的差别)也许清楚表现出被一个检验统计证实的空间相关结构的证据。这违背了回归假设之一，损害了从模型中推理的有效性。此外，尽管模型的拟合是合适的，对这样的结果，建议模型也许能够通过在模型设定时包括一些新的协变量得以改善。

第二节　空间数据的性质

空间数据分析，深入了解空间数据的性质是至关重要的，包括空间数据的概念化和表达问题、空间数据矩阵的形式以及空间数据矩阵构建的质量等。

一、空间数据矩阵的概念化和表达问题

(一)地理空间对象、场和地理几何表达

对地理现实建模就是以有限的表达方式获取复杂现实世界的过程，以便进行数字存储。这种把一个"真实的、连续的和复杂的地理变化"抽象为一个有限数量的离散的"数字"的过程包括概括和简化两个过程。"对象"(objects)和"场"(fields)代表了地理实体的两个基本概念。通过下面的例子，可以容易理解二者的差别，如温度、雪的深度、海拔高度这样的变量被适当地概念化为场；房屋(点)、道路(线)或行政单元(面)通常被概念化为对象。对象指的是地球上的事物，而场则是指在二维空间中位置函数的单一取值(见图6-3)。通常这两个中的一个或者几个与我们的真实世界的心里感觉相一致，并且能够提供有效计算的基础(Mark，1999)。

关于表达地理现象的四类数字对象通常被分为点、线、面和表面(比如等高线)。对象空间由数字化的点、线或面来表达。一个镇可以被表达为面(使用它的行政边界来划定面)或者在其他的表达尺度上表达为点。作为一个面，它的表达可以使用普查区域级的数据(比如行政区或选举区)精化。每个选举区可以通过使用行政边界表达为面对象，或者通过人口加权的中心点或通过标识区域表示为点对象。乡镇的人口可以在独立家庭的尺度上表示为有地址的点对象。由此可见，普查区域可以表达为这些基本实体的一个空间集合。一个镇或一片森林被表达为面对象和一条边界线，甚至在现实中，边界可能是不清楚的和"模糊"的。

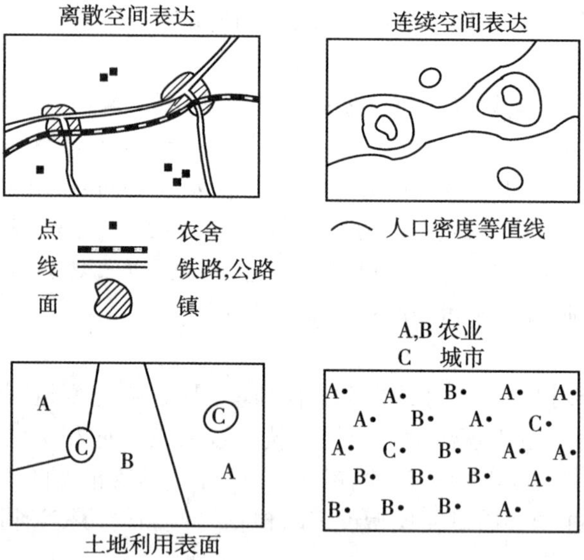

图 6-3　离散和连续空间表达

在场的情形下，在表面上无数点的每个点位上，数据值与属性有联系是可能的。在数据矩阵中存储关于一个场的数据就必须使无穷的位置点变成有限的。作为表面的场，可以通过使用等值线来表达。通过面来表达场，就意味着要把区域化分成小的、规则的、称为像元的空间单元。像元的大小定义了表达的空间分辨率，而且是一个等价于空间集合的场。通过点来表达面，意味着要选择采样的位置。在对土壤或者雪的深度的测量中对点进行测量就足够了。像空气污染的情形，一些测度是用来定义(“支持”)这个量的分块大小的一个函数。

在面对象和场的面表达中，面要么像在普查区域和图像像元中一样被定义为独立的数据值，要么它们的边界反映数据值的变化。在第一种情况，面被说成是“本体内的”，第二种情况在分析了数据值后进行区域划分，并且划分定义为均匀的(或者半均匀)面或区域。场可能被划分为具有相同或者相似值的像素块。普查区域有时可被汇集成较大的连续区域的组群，它们至少在对应较少变量方面是相似的。

然而，有这样的情形，即存在概念化的选择。人口分布可能被概念化为场或者对象。如果按照对象被概念化，则应通过点(比如通过居住地)或通过规则的区域(像素)计数或者不规则的区域(如普查区域)的形式表达。如果按照场的形式概念化，则表达可能是根据密集的表面，或者使用核密度平滑或插值的空间分布人口计数的形式来表示。Bithell(1990)、Kelsall 和 Diggle(1995)使用核密度的方法把人口计数，疾病计数数据转换为密度表面，以建立疾病的相对风险表面。

(二)地理空间属性值的空间相关性

空间相关性的存在，意味着在彼此靠近的位置进行的测量，同类属性的取值趋于相似，而且与距离较远的属性值比较更相似。“相似”就是说，如果一个属性值是大(小)的，那么同一属性的空间邻域值将趋于是大(小)的。时间序列数据也有类似的性质。时间上相近的变量的值比长时间周期分割的变量的值趋于相似或者更相似。这种相似的性质可能在什么地点(在空间方面)和什么时间(在时间方面)对数值进行测量是不相关的。对于空间数据来说，这暗示了不管在什么地方看地图，它的相似性都不变。这种情况下的相关结构被认为是静态的；相反，如果整幅地图上的相关结构是变化的，那么对任何相似性的量测就取决于分析的是地图的哪个部分，也就是说它是非静态的或者相关结构是不均匀的。

然而，在相关性方面，空间和时间之间有着重要的不同点，这是为什么需要不同的空间统计技术来定量化和分析空间数据作为应对时态数据的原因，也是为什么需要不同的统计模型来描述空间以应对时态变化的原因。首先，时间是单向流，是一维的。过去会影响现在，但是将来只有在对它进行预测的时候才影响现在，而不是在对未来的一个实际实现的意义上影响现在。空间不等价于过去、现在、未来三部曲。其次，空间相关性向二维而不是一维方向延伸的时候很复杂，因为这种相关性的结构不需要是沿着两个坐标轴是一样的(南北或者东西)变化。如果相关性结构在两个坐标轴是相同的，那么就是各向同性的相关结构；如果不相同，就是非各向同性或者各向异性的结构。最后，时间序列数据中经常遇到的周期性(季节影响、商业循环影响、每日或者每周的影响等)在空间数据中并不会经常遇到。

(三)变量

属性特征可以对应空间对象本身，或者与空间对象相联系的实体，或者依附于空间对象，但并不直接依赖于它们。与空间对象相联系的属性特征，比如大小，或者区域对象的空间范围会产生概念和表达问题：海岸线的长度是多少？森林的面积是多少？依赖于空间对象的属性特征，比如犯罪案例的件数，植物种类的数目等也有概念和表达的问题。概念化指的确定属性(一个案件、一种疾病、一个经济领域、剥夺)的定义和语义。表达指的是为了获得在这个属性上存储数据的目的，如何将一个属性处理为变量(比如如何测量剥夺)，并使之能够进行分析。分析是在选择的数据上进行的，对应于一个或多个变量，测量的属性与地理现实有关，以典型的空间对象的形式表达。

属性的概念化和表达问题与每个特定的应用相联系。这里讨论的两个基本问题与属性表达和数据分析有关或具有影响。一个是变量是怎样被分类的，另一个是变量的量测层次。分类确定分析中每个变量的地位。量测层次定义允许进行什么算术运算。

1. 变量的分类

根据使用背景，变量的分类如图6-4所示。

在数据建模中，Y表示用于解释变化的变量。在多元回归建模中，目的是根据其他变量解释在Y上的变化，Y称为因变量或响应变量，而其他变量称为自变量、解释变量或者预测变量(X_1，X_2，…)。如果预测变量是在名义值上或者顺序值上进行测量的，则经常被称为因子；如果是在区间或者比值上量测的，则通常被称为协变量(参见下文对量测层次的定义)。

在建模的时候，进一步区分变量的意义是有用的。一些变量量测个体层次的属性，比如个体的年龄、性别，或房间的数量或者房子的层数。一些形式的空间建模中，一些变量可以通过对这个区域内的个体测量值进行汇总获取(人、房子等)，但是它们仍然可以指

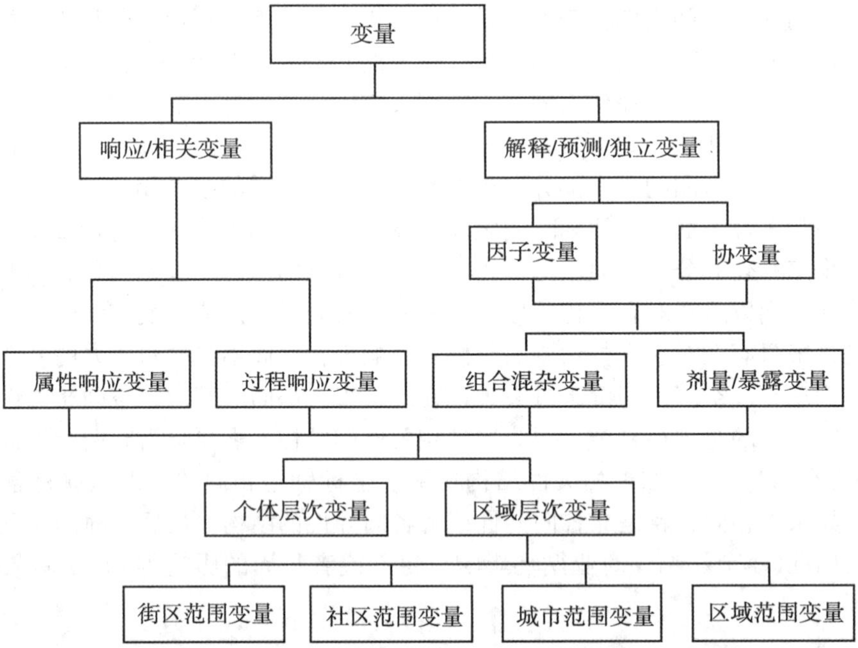

图 6-4　变量的分类

向单个空间单元内个体的属性。这种变量类型可以通过量测汇总的个体层面的属性来确定，比如 16 ~ 64 这个年龄组居民的比例。这些可能被用于对一个空间集合的组成效果进行评估。

属性也可以与指向区级或者分组级特性的区域相联系。物质剥夺的 Townsend 指数和本地需求的 DETR 指数是区域级剥夺的测度。一个个体，它可能是、也可能不是单独地被剥夺为个人或者家庭特性的一个特定组合的结果，可被认为是被暴露于或者他们日常生活中经历的他们生活地区的剥夺水平。社会资本、社会凝聚力、社会控制力或监护职责都是定义在区域级上的属性，以获得区域的经济、社会关系或者权力结构属性(Putnam，1993)。个体也可能被认为被暴露于或经历的在他们生活的区域当前的社会凝聚力水平(Hirschfield 和 Bowers，1997)。集体效能被定义为“街区之间为了共同利益而达成意愿的社会凝聚力”(Sampson 等，1977)，是一个街区层面的属性，与个体的汇总人口统计学特性结合，或许有助于解释一定类型犯罪的地理变化。空间建模的情况下，像属性这样的变量量测，是量测区域层次背景的属性。这种属性会在不同层次或者尺度上存在，范围从街区级、选区级到辖区级，或者城市范围的一些选区组团、地区和更大的空间尺度。典型的是量测这种属性变量，同时来自个体测层次属性变量测量建立的结构变量(源自人口普查)，包括把变量组合量化为分组层次概念的一个指标。

在环境流行病学中，协变量可能包括对暴露于可能的环境危险因素的测量，比如发生呼吸疾病病例这个特殊情况。这些变量被称为暴露或者剂量变量。为了解释疾病发生的空间变化，由于统计组群的区域变化(成分影响)，必须考虑个体层次的属性(比如区域人口的年龄和性别组成)。可能存在的其他类型协变量也必须考虑。混杂变量用来解释一个变量也可以影响响应变量的水平(例如一些疾病的比率),以及如果不允许,可能会掩盖剂量-响应关系的真实性质。剥夺就是暴露于空气污染和呼吸状况发病率之间的混杂变量,这是因为被剥夺的人口经常居住在遭受高空气污染率的区域,并且被剥夺的人口因为不直接和高空气质量相联系原因会遭受高的呼吸疾病问题(比如条件不好的住房和差的饮食)。在这样的分析中,吸烟水平也应被考虑为混杂因子,并且与呼吸健康剥夺相比,有更直接的联系。

回归模型可分为属性-响应或过程-响应模型。这种分类源自于模型的性质以及解释变量是否与潜在的过程有关。比如回归模型可以根据其他的个体或者区域级的属性形式,包括住房特性和区域特性,来解释区域内的房屋价格变化。这种情况下,属性-响应模型分析的是属性之间的关系,而不是根据为确定房屋的价格根据过程响应进行构造,这可能应该包括市场过程和买家和卖家的最大行为的关系。在过程-响应模型中,解释变量包括与潜在过程机制直接相联系的变量。先前引用的包含剂量或暴露变量的流行病模型即属于这一类。

2. 测量层次

定义变量的测量层次(levels of measurement)是重要的,因为它说明了测量中的数制的常规特性,并且确定什么算术运算是有效的,以及什么样的统计过程可以使用。在名义数据情况下,事例只能被确定它是否属于同一分类,比如土地利用类型或者生活方式类型。在序数数据层次,分类必须有顺序或排列,如道路状态的事例(公路、A 类、B 类、小道)或者收入分类(每年 5000 英镑以下,每年 5000 到 10000 英镑,每年 10000 到 15000 英镑等)。名义和序数数据都包括类别的统计(类别数据),也叫做离散变量,有时候也使用定性变量的术语。

在连续尺度中,任何地方的观测值都是连续的。有两种测量层次:区间和比率。在区间和比率尺度之间最大的不同点是区间尺度不可能断言是否,比如,一个数字是另一个数字的两倍大(或小),因为没有自然源。在 Townsend 的物质剥夺指数中,具有 4.0 指数的区域就不是 2.0 指数地区的剥夺的两倍。这是因为指数为零,并不能意味着没有剥夺。

名义数据可以通过众数和频率分布来总结和比较。序数数据也可以通过中位数和箱线图来总结和比较。在区间和比率层次的测量中,平均值和平均偏差也可以使用。任何序数级的或者更高一级的量测可以简化为低一级的量测,但是会导致丢失信息。然而,也有适合的情况,比如当测量过程已知存在偏差时。区间和比率层次的数据或许被降级为序数一级的数据。分析员在对数值进行排序时会表现出自信,但这种自信不是对数据值本身。这可能发生在对一些小区域的官方犯罪统计的分析中,比如分析员知道计数不足的情况,但它并会造成区域间存在的真实差别无效。一个没有直接兴趣的变量(比如流行病回归模型中的混杂变量)会对预测产生非线性的影响。一个处理这种变量的方法,比如区间取值的剥夺指数,是把它降级为序数类,这样它就会成为模型中的一组虚变量。

即使当数据保留在比率层次,分析员仍然偏好使用假定一个较低测量层次的统计方法(用中位数来测量值的分布中心而不是均值)。这是因为,这样的统计对数据中可能存在的错误或者可能在数据中出现的极端值是稳定的(Hampel 等,1986)。

表6-1列举了根据变量所对应的空间对象类型和与空间对象相联系的变量测量层次进行空间数据分类的例子。如上所述，属性值也可能与对象本身相关，比如面积(面对象)或者长度(线对象)。

表6-1　　根据测量层次和空间对象类型进行的空间数据分类

测量层次	空间表达			
	点(P)	线(L)	面(A)	表面(S)
名义值(=)	房屋：盗窃/否	道路：维修中/否	由生活方式分类的调查片区	土地利用类型
序数值(≥；≤)	由生活质量确定的在一个地区的城镇优先级排名	道路分类(公路：A，B，…)	分配给收入分类的普查片区	土壤纹理(粗/中/细)
区间值(≤；≥；±)	城镇Townsend指数	作为参考的使用格林尼治子午线的长度	病房的Townsend指数	地面温度(℃)
比率值(≤；≥；±；×；/)	一个工厂每年的产量	每年的货运吨数	区域的人均收入	降雨量(cm)；雪深(cm)

注：物质剥夺的Townsend指数(参阅Townsend等，1988)。
允许的操作和数值之间的关系在括号中给出。

变量的值与地图对象相联系。为了能够说明对地图对象允许的地图操作，有必要区分粗放型空间和密集型空间之间的变量。区域这样的变量称为粗放型的，并且当两个区域合并时，对应的计数可以通过求和来确定新产生的地图对象的量。速率、密度、百分比都是依赖于区域的，分母指的是区域的一些属性(大小，人口，处于危险中的人口)，这类变量称为空间密集型的(Goodchild和Lam，1980)。为了获得在汇集后的空间密集型变量的正确的值，必须分别汇总分子和分母。这对区域内插、可视化以及统计分析具有明显影响。

(四)样本和样本总体

空间对象和地理空间中存在的属性可能被概念化为包含整个总体或者来自一些“超总体”的独立实现。这是概念化的一个重要方面，对空间数据是怎样被统计分析(有关的采样理论的类型)和推理的性质具有影响。

在一些应用中，观测到的现实(就对象和属性而言)被认为是唯一的可能状态。如果采取的是样本，那么所做的推理用于那个被观测状态的特性。如果在它的整体方面特定的状态被观测，就没有必要进行统计推理，除了也许与此有关的其他可能的已经观测的空间构造。统计推理被用来决定属性值的一个模式是否可以被分类为是随机的(随机化假设)。不管空间对象的位置还是属性值，或者两者都被概念化为确定性过程的结果，我们称之为确定性事例。

在其他应用中，被观测的现实只是理论上众多(或许是无限的)可能的状态之一。在分析已经发生的现实时(犯罪的实际计数或者疾病案例的数量)，分析员可能对得出关于对其负责的基本过程的结论更感兴趣。分析员在分析实现的疾病发病率或者犯罪的地图方面少有兴趣，而更多的兴趣在于特定化模型生成、估计它的参数、检验假设。这些参数，如疾病的相对风险、入室盗窃数目，是真正感兴趣的参数，即在任何一个时期内用于估计的事例的实际计数。不管空间对象的位置、属性值或是二者都被概念化为随机过程的结果，我们称之为或然的或随机的事例。

在构建超总体观点方面，分析员会从同一个总体中援引另外区域的存在于相同时间点上的存在性，以判断使用的统计模型和统计推理(如地质学中的地理统计应用)。在其他领域的超总体观点是由在相同位置随时间推移的过程复制思想支撑(如不同年份的空气污染图)的，并假设在发生的时间周期内基本过程没有改变。任何特定的年限内对实际产量负有责任的过程是复杂的，它包括很多小的影响，因此在性质上被看做是随机的。有些时候，超总体观点以这些方式中的任何方式是不能被证明的，但是作为一种概念谋略，可以避免把过多的重点放在已经选择的特定的数据集(如国家的人口普查)和后来实现的那些分析上的批评。在普查数据的情况下，有经常含糊地定义超总体构成的情况，一组额外的国家人口组合，希望是一个在进行普查时的特定时间的一个观测。采样理论被用于将置信区间与要报告的估计联系起来。

空间对象和属性值二者或许都是随机的，或都是确定的。空间对象是随机的，而属性是确定的。空间对象是确定的，而属性值是随机的。就属性而言，要么是在对象上定义的属性(与对象相联系的特定事件的事例的比例或数量)，要么是对象自身的空间属性(例如它的大小，区域情况下的最大空间范围，线情况下的长度)。这可能引出一个 2(对象位置)×2(对象属性)×2(定义在对象上的属性)或具有 8 种类型的三分类型论。

在一个区域显示病态树木的地图或许被概念化为具有随机属性(病态的和非病态的)的随机的局部对象(树)。特定物种的植被组团的位置可能被概念化为随机过程的结果。虽然指向物种类型的属性是固定的，但指向每个区域大小的属性则可能被概念化为随机过程的结果。普查区域被处理为确定性的空间对象，但发生在这个区域的事件的数量或许被处理为一个随机过程的结果。这种分类在下一节还将继续讨论。

二、空间数据矩阵的形式

空间数据根据变量指向的空间对象的类型和这些变量测量的层次进行分类。设 Z_1，Z_2，…，Z_k 对应于 k 个变量(这些变量可以与在前一节中描述的一些应用不同)，而 $\boldsymbol{s}$ 是这个点或区域的位置。空间数据矩阵一般可以表达为：

k 个变量上的数据位置

$$\begin{bmatrix} z_1(1) & z_2(1) & \cdots & z_k(1) & \boldsymbol{s}(1) \\ z_1(2) & z_2(2) & \cdots & z_k(2) & \boldsymbol{s}(2) \\ \vdots & \vdots & & \vdots & \vdots \\ z_1(n) & z_2(n) & \cdots & z_k(n) & \boldsymbol{s}(n) \end{bmatrix} \begin{matrix} \text{事例 } 1 \\ \text{事例 } 2 \\ \vdots \\ \text{事例 } n \end{matrix}$$

可以简写为：

$$\{z_1(i),\ z_2(i),\ \cdots,\ z_k(i) \mid \boldsymbol{s}(i)\}_{i=1,\ 2,\ \cdots,\ n} \tag{6-4}$$

使用在 z 和 s 的小写符号表示一个实际的数据值，在小括号内的符号对应特定的事例。与一个事例 (i) 相联系的是表达空间对象的一个位置 $\boldsymbol{s}(i)$ 。粗体的 $\boldsymbol{s}(i)$ 表示是向量。时间在定义中是隐含的，因为所有的观测值在它们对应的时间周期内都应当是相容的。可能存在几个数据矩阵，每一个对应不同的时间周期。

在数据是对应于点对象的情形时，第 i 个点的位置由一对坐标给出，如图 6-5(a)所示。坐标轴通常对特定的数据集来讲已经建立，但国家级或全球级的参考系统也可以使用。在一些建模应用中，轴以单位正方形进行刻度。这种参考系统对位置指向离散空间的点或在连续表面进行点采样是合适的。

事例(i)	$s(i)$		变量			
	s_1	s_2	z_1	z_2	…	z_k
1	$s_1(1)$	$s_2(1)$	$z_1(1)$	$z_2(1)$	…	$z_k(1)$
2	$s_1(2)$	$s_2(2)$	$z_1(2)$	$z_2(2)$	…	$z_k(2)$
3	$s_1(3)$	$s_2(3)$	$z_1(3)$	$z_2(3)$	…	$z_k(3)$
…	…	…	…	…	…	…
n	$s_1(n)$	$s_2(n)$	$z_1(n)$	$z_2(n)$	…	$z_k(n)$

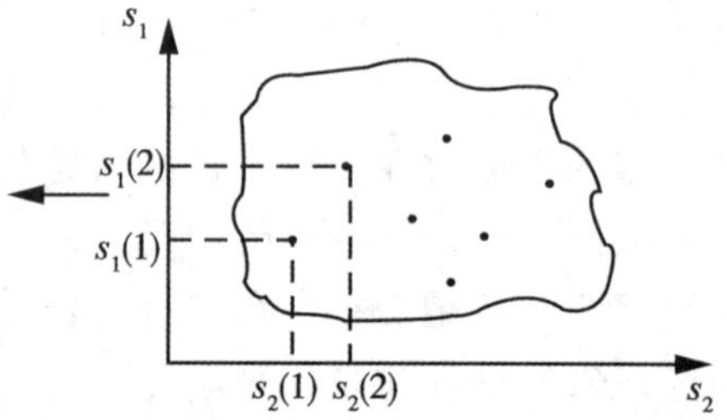

(a)

事例(i)	$s(i)$	变量			
		z_1	z_2	…	z_k
1	1	$z_1(1)$	$z_2(1)$	…	$z_k(1)$
2	2	$z_1(2)$	$z_2(2)$	…	$z_k(2)$
3	3	$z_1(3)$	$z_2(3)$	…	$z_k(3)$
…	…	…	…	…	…
n	n	$z_1(n)$	$z_2(n)$	…	$z_k(n)$

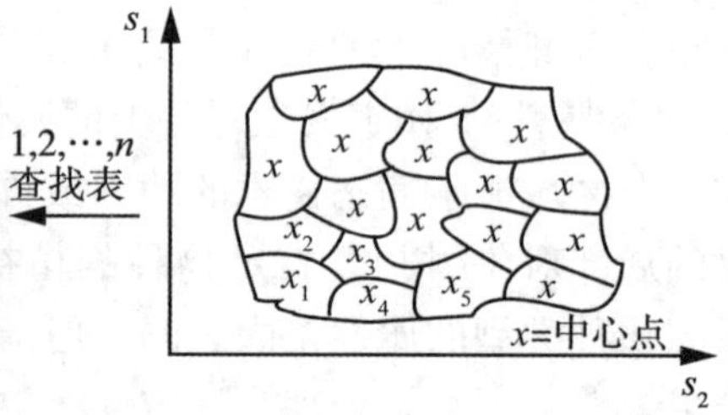

(b)

事例(i)	$s(i)$		变量			
	p	q	z_1	z_2	…	z_k
1	1	1	$z_1(1)$	$z_2(1)$	…	$z_k(1)$
2	1	2	$z_1(2)$	$z_2(2)$	…	$z_k(2)$
3	1	3	$z_1(3)$	$z_2(3)$	…	$z_k(3)$
…	…	…	…	…	…	…
n	7	8	$z_1(n)$	$z_2(n)$	…	$z_k(n)$

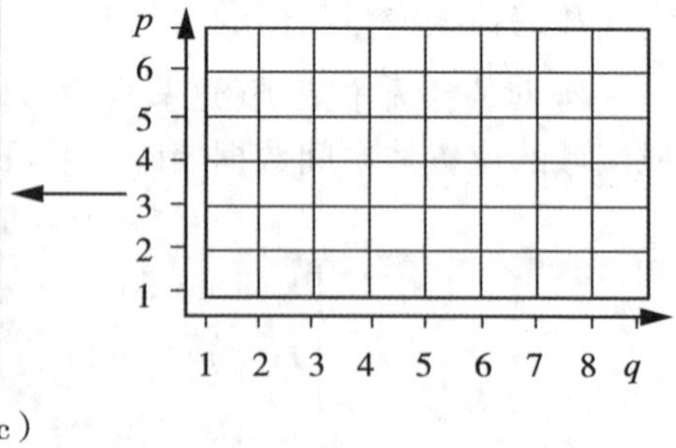

(c)

图 6-5 确定空间对象的位置

在数据指向区域的情形，每个对象的位置需要满足一个约定的协议。如果区域是非规则的形状，那么一个选项是选择一个代表性的点，如区域或总体加权的中心，然后使用把它作为与点对象相同的过程来提供位置 $s(i)$ 。可替代的是，标识每个区域，并提供一个查找表，以便数据矩阵的行可以与图上的面相联系(图 6-5(b))。如果区域是像在遥感影像上的正方形像素，它们可以按图 6-5(c)给定位置。

有一些记录空间关系的方法是必要的，特别是在区域数据情形下的邻接性。

根据对象的类型和测量层次的空间数据分类，在定义合适的、用于回答问题的统计技术方面是必要的第一步。但这个分类是不充分的，因为相同的空间对象可以表达相当不同的地理空间(例如点也可以用于表达面)。此外，空间对象和与这个对象相联系的属性值可能是确定的或随机过程的结果。表 6-2 提供了空间数据的分类。这个表适用本章的术语学，但也与 Cressie(1991)关于不同空间统计模型的分类使用的术语学有联系。

表 6-2　**空间数据的类型**

数据类型+		模型或“方案”		举　例	
GIS 学科	Cressie (1991，p8)	变量值	空间索引	变量	空间
点或面对象数据	点阵	变量(离散或连续取值)是随机变量	与变量相联系的点或面对象是固定的	犯罪率 土地利用 疾病率 价格	县 城市片区 普查片区 零售地点
连续取值的场数据	地理统计	变量是位置函数的连续取值	在研究区域(二维)的任何地方定义变量	土壤的 pH 值 表面 温度(℃)	汇水区 水域
随机定位的点对象数据	点模式	(1)给定属性 (2)变量是随机变量	在研究区域随机定位点对象	(1)树 (2)树：发病与否 (1)山地要塞 (2)山地要塞：按类型分类	森林区域 森林区域 考古研究区域 考古研究区域
随机面对象数据	对象	每个面对象的空间范围是随机变量	在研究区域面对象的位置(例如它们的中心或原点)是随机变量	苔藓地块 植被群落	高沼地 原野

注：“+”表示由地理信息系统科学(GISc)文献和 Cressie(1991)建议的数据类型。

在描述空间数据性质方面，区分变量测量的空间是离散的还是连续的，以及变量值自身是离散的还是连续的，是很重要的。如果空间是连续的(场)，变量值就必须采用连续取值，因为离散取值的变量不可能保留场的连续性。如果空间是离散的(对象空间)，或者一个连续空间被离散化(例如，通过对它进行分割)，则变量值可以采用连续取值或离散取值(名义的或顺序的取值)。

三、空间数据矩阵的质量

真实世界和数据矩阵之间的关系，包括基本特性的继承，如空间相关性，是受到从现实到任何定义的数据矩阵映射的两个阶段影响的。一是在表达选择方面采取的决策(就地理空间的表达和包括的属性，以及它们如何被测量二者而言)，二是给定选择的表达方法后测量的正确性(在地理坐标和属性值两个方面)。图 6-6 描述了这种关系和经常用于对它进行特性描述的术语(见 Longley 等，1999)。

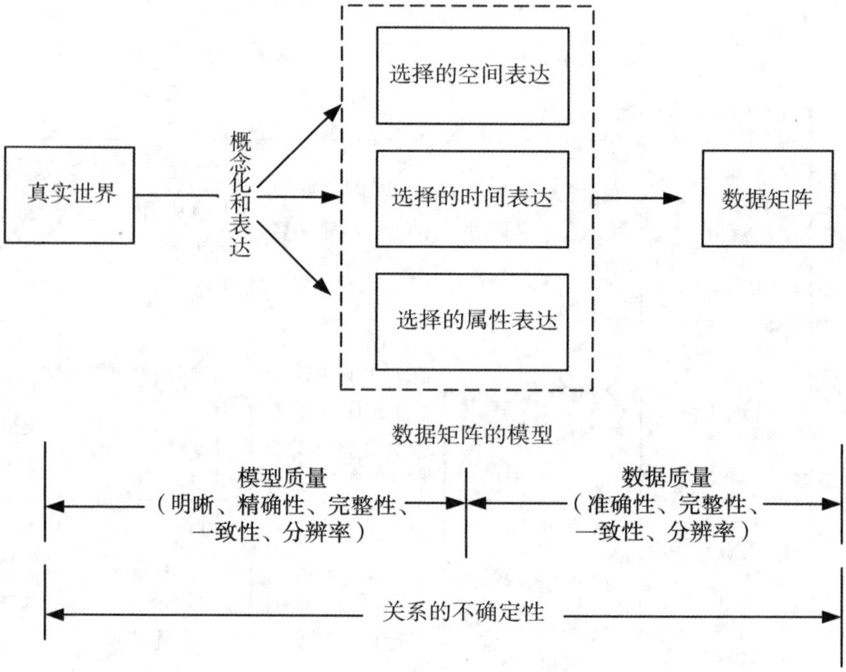

图 6-6　从地理现实到数据矩阵

选择的表达方法构成分析真实世界所使用的模型。根据这个模型的质量，任何数据矩阵质量能够被用于评价。对一个数据矩阵评价的第一阶段，可以根据模型的质量进行。模型的质量可以根据表达的精确性(而不是含糊其辞)、清晰性(相对于模糊性)、完整性(它应当包含什么)和一致性(对象如何被表达)进行评估。分辨率和空间汇集的水平也是一个表达问题。

评价的第二阶段是根据给定模型的数据质量进行的。这里有重要联系的是数据的正确性(或没有错误)以及诸如覆盖意义上的完整性。在空间(时间)属性数据矩阵和真实世界之间的全部关系的获取(可以认为是最重要的关系)，有时需要根据映射的不确定性来定义。与任何矩阵相联系的不确定性形式因而是这两个阶段的复杂结合，模型定义和通过量测的数据获取，这与从地理现实到空间数据矩阵的转换有关。现在我们讨论二维模型及其数据质量。

(一)模型质量

模型质量是指获取一个复杂的现实时的表达质量。按照前面章节的描述，它包括根据有限选择的空间对象、空间关系和现实世界变量离散化。模型质量的评价内容包括：对必要的空间对象和变量上的数据，测量的合适性和足够的现实性是不是有效的，是否根据一组表达规则正确地进行了地理编码(Salgé，1995)。模型质量包括对一个对象的空间表达的合适性的评价和提供的细节层次的评价(包括根据分辨率、或场、或对象汇集的空间细节)。Buttenfild 和 Brard(1994)建议使用正确术语来反映在表达或概念化与分析员希望测量什么内容之间的对应关系。他们建议误差这个术语应当用于测量过程。

1. 属性表达质量

首先考虑属性表达的质量和一个特定的例子。对于数据库的定义，也许包括需要有一个剥夺测量。剥夺测量从什么形式的剥夺的概念化开始，这或许按照指标的形式遵循一个特定的操作。在剥夺测量方面，当没有不模糊的(真)值以及很多概念测量的操作方式时，在建立指标方面，就包括什么变量和使用那种类型的算法和逻辑操作两方面而论，谈论误差可能是困难的(Lee，1999a 和 b；DETR，2000)。现在，假定应当为很多空间单元的每一个单元获取 Townsend 指数。如果研究区域包括城郊和城区，那么基于过度拥挤、失业、住房占有权和轿车拥有量四个维度的城市剥夺指数同样适合郊区吗？在郊区，被剥夺的人口没有属于自身的房屋和生活在过度拥挤的条件，但他们趋于拥有自己的轿车，至少从历史角度看承受较轻的失业压力。

模型质量也呼吁考虑哪些替代数据可以表达分析员希望在数据库中包含的有效代替者的内容。道路交通统计数据或者单位面积车辆的数量提供剥夺道路交通污染和 NO_2 的相对暴露水平的估计。Wikström(1991)不仅定义了“最佳”分母，他也讨论了关于在斯德哥尔摩计算单位犯罪率时什么是“最佳可行的”。Swerdlow(1992)列出了需要进行小区域癌症发病率数据分析的最少一组变量。这些研究有助于在定义数据矩阵内容方面验证模型的完整性(Brassel，1995)。

2. 空间表达的一般考虑

如何表达地理空间属性的决策，受到特定的应用和分析的空间尺度的影响。做出这个选择需基于务实的立场(数据仅在一定的空间框架是有效的，或需要为集成不同的数据集寻找一个公共的空间框架)；方法学立场(更有力的分析方法对一些数据表达比另外一些方法有效)；或者基于理论立场(在研究传染疾病方面，人口密度表面或许能更好地反映人口的迁移性质)。Martin(1999)建议疾病发病率可以按照点、线、面或表面来表达。表达的选择不仅对用于获取这个现象的数字对象的类型具有影响，也对分析技术的选择和后续使用的可视化形式产生影响。Martin(1999)解释说，没有单一的“正确方法”来表达具有“相当多的责任在于这些使用者影响的，能全面理解他们选择采用的表达策略影响的”社会经济现象。表达方法的选择对于任何给定的环境应当是严格的，选择可能会产生“技术、概念和道义上的困难”。

如果分析能够忽略内部的不同和如果分析的地理尺度意味着对空间关系的细节估计，如距离和区域构造是不需要的，那么面对象的表达(如城镇)，按点表达是合适的。个体通常根据所处的地点给定固定点的位置。这可能产生概念问题。精细获得的地理编码数据提供了在位置上的精确信息，但它需要确认位置数据集的精度对研究是不是合适的。在非传染病研究中，精确确定个体的位置(根据他们的地址)或许与识别暴露于一定类型的环境因素是不相关的。先精确地定位个体，然后获取近似的或邻近的测量，当在分析社会交互而不是把近似性作为理解疾病传播的关键的传染病时，这或许是没有关系的。个体层面的数据(出于研究目的或政府或商业兴趣)也会产生道义问题。

就数据分析的类型而言，需要确切的定义：点必须具有特定的位置，面必须具有精确的位置和空间范围。在这些定义方面，不清楚或模糊是不允许的，除了部分的当其他表达的影响可以被探测时的敏感性分析外。因此，分析员必须能够判断任何的选择和明确指定使用的容限限差，如当对象不是一个特征时的这些情况下的几何精度。这种例子包括映射森林的边界，使用点来表达调查区域的位置，或由它所处地点来定位个体。

3. 空间表达的分辨率和汇总

像素分辨率或汇总的程度决定了在数据矩阵中存在的空间细节的量。在边界的特定位置(特别是在汇总的情况下，点对象，如把家庭放入到调查区域)或在任何划分的尺度上进行决策时，可能会把不确定性引入数据矩阵内容和现实之间的关系中。这种不确定性的产生是因为地理空间不能形成自然的单元。对于这些离散表达的程度，充分反映了真实世界相关的基本特性，例如按照区域的大小或在这个域上与空间变化有关的采样密度等的表达方面。覆盖短距离剧烈变化的地域，要表达它，需要较密的点采样，或需要比变化较小的地域更复杂的一组等值线。面通常用于表达一个用于滤波、光滑输出直到面单元尺度变化的地域。对象被任意地修改汇总为面，域分割为给定大小的像素，失去了直到空间单元所表现出的任何可变性。社区(平均5到5000个家庭)和选区(大约由150个家庭组成)隐藏了社会异质性，因为在这样的属性上的真实变化通常是较小的尺度。不同尺度或划分(在给定的尺度)的汇总将影响在数据矩阵中获取空间基本特性(如空间相关性)。

汇总的程度也会影响一个映射数据集的“噪声”。从小区域汇总而不是在较大的区域构建的比率地图受到误差的影响更大，以至于统计结果用于进行区域比较的基础的可靠性降低，而且从一个时间周期到另一个时间周期可能会缺少稳定性。社区比率比选区比率更可靠，但比镇或整个城市可靠性低。如果基本过程是随机的(如疾病率)，那么样本总体越小，误差的方差就越大。

(二)数据质量

数据质量是指给定模型定义的数据集的表现。任何从用户和生产者观点的数据质量的评价是根据数据值如何贴切表达给定选择模型的程度(Salgé，1995)。当前用户关心的是为某种目的的模型与影响数据库的拟合度这两个方面，但是，模型质量的评价是针对应用，数据质量的评价包括通用的标准(Guptill 和 Marrison，1995)。

数据质量的评价在具有相当依赖第二数据源的领域特别重要。分析员使用第二数据源必定是满意的，他们乐意接受科学标准，但他们或许不得不在数据质量和获取优良数据的代价之间进行权衡。例如从生活方式调查产生的数据，当需要采用其他数据，对拼凑城市环境整体状况方面或许是有用的，但可能有太多的噪声或包含太多的错误，以致不能判断使用严格的分析技术和统计检验。

任何空间数据质量的评价内容都必须包括变量值(属性)和空间对象这两个方面，而不仅仅是数据质量这两个方面中的任何一面。将正确的量测值分配到错误的位置可能导致关于它的面积和距离测量的计数误差(Griffith，1989)。定义植被区域范围的定位误差可能导致一些情况下的属性误差，如按照属性变化定义区域边界(Goodchild，1995)。因为数据也有时间坐标，记录时间事件方面的错误，对空间数据集的质量具有影响。一个空间数据集，应包括记录属性值以及在时间和空间上的它们的坐标。所有这三者对数据质量具有影响，任何一个中的错误都可能对其他的质量产生影响。

数据质量可能是空间不均匀的，误差结构可能在整个地图变化。在遥感数据中的位置误差在整个地图上是不一致的，甚至在几何纠正之后。误差的不均匀性可能产生于在量测过程和量测的基本地理学之间的相互作用。例如，人口普查调查和犯罪调查通常可提供在郊区比在城市内更准确的人数统计或犯罪事件数量。遥感影像上的误差随传感器类型不同和按照地形的性质不同而变化。

Guptill 和 Morrison(1995)定义了空间数据质量的以下维度：数据世系(数据集历史的描述)；定位和属性精度；完整性；逻辑一致性；时序规范；语义准确性(特征、关系和记录的属性的准确性)。Veregin 和 hargitai(1995)，在数字制图和地理信息系统背景下，强调：数据的准确性(相对于数据误差)、分辨率(或精度，当与数据量测有关时)、一致性和完整性。

1. 数据的准确性

数据的准确性是数据误差的对立面，定义为变量的值，在任何情况出现在数据库时，与这个变量的真值之间的差别。Taylor 认为，它是“非常便利的，对假定每个物理量都具有真值……我们可以认为一个量的真值为这样的一个值，用一种方法做越来越多的测量，它一次一次的靠近，越来越精确。当这个“真值”是一个理想值时，类似于数学上的一个点，没有大小，或线，没有宽度”。任何测量一定会产生一些误差，因为它产生于进行测量的过程不可避免的不精确性以及在真实世界的测量没有很好定义量的定义问题(Taylor，1982)。因此，由 Taylor 描述的误差类型不会带有误解的含义，因而一些事情是可以被改变的。改善试验过程和采取一些措施的测量，就仪器的质量和人们进行测量的技术二者而言，可以减少这种类型的不确定性，尽管不能永远排除它。

除了从理想化的“真值”的概念，数据准确性的定义还有其他的变体。在一些应用中，误差被定义为对应于与准确的值之间存在差异，是高代价的测量过程，像某些类型土壤测量的情况(Heuvelinck，1999)。最准确的过程可能是不现实的，例如，对于大总体获取个体层次的暴露于空气的污染物。在一些情况下，现实是不可观测的，因为它指向历史事件。

在由 Taylor(1982)提供的定义框架内以及不确定性或误差的类型，说明了什么可以被称为“真”或“粗”误差。例如，粗差的意思是从与测量过程有关的失误中产生的误差，或在后一阶段的存储过程、处理、编辑或从数据库中恢复数据产生的误差。粗差从错误使用由测量设备或数据库存储设备可能确定的精度水平中产生。假设测量设备在给定的地图上定位一个对象，当转换到地面时，允许的精度是±1.0 米。采用这的意思是熟练技术员反复使用测量设备每次取得±1.0 米的95%的值。任何进行测量的设备用户，按照我们所说的，会发现在地面上会大于1.5 米，或许会认为产生的测量包含粗差。按照粗差定义误差将更加令人信服，如果证据延伸到测量过程，则可以被集中证明测量是错误的或经验已经被一些方式讹用，例如，如果雨量测量器已经被篡改。不像第一种误差类型，必须做各种努力探测粗差、排除或修订被讹化的数据值和进一步改善过程(同时不要落入简单地忽视数据值的陷阱)，因为它们与期望不协调。现在我们讨论一些在空间数据库中的一些主要测量误差类型。

点定位误差可能产生于放置地理编码地标，如环境监测点。在地图上取数据的情况下，可能产生与视力、耐心和手的移动以及技术有关的数字化误差(Dunn 等，1990)，和已经存在的对估计这些误差的试验(Maffini 等，1989)。也可能是与原图自身结构有关的制图误差(特别是旧图的情况)和它的比例尺有关的误差(以及由此产生的对象按照给定的地图参数表达的精度，如笔的粗细)。来自地面测量的数据的精度，将由使用的经纬仪的精度决定。原图误差产生于将曲面表达在纸质的平面和与纸张的褶皱和变形影响。Drummond(1995)讨论了不同的国家制图部门达到的精度和它们报告这些精度的方法。

在两个方向上(北/南(s_1-方向)；东/西(s_2-方向))的均方根误差(RMSE)被用于表达定位误差(Drummond，1995)。RMSE 是适当的，因为测量是在区间或比率尺度上进行的。关于地图的 RMSE 是基于对 n 个对象的测量坐标($s_1(i)$，$s_2(i)$)和从更高质量测量系统获得的真坐标($s_1(i;\text{真})$，$s_2(i;\text{真})$)之间的差异。因此：

$$\text{RSME} = \left[\frac{1}{n}\sum_{i=1}^{n}\left[(s_1(i) - s_1(i;\text{真}))^2 + (s_2(i) - s_2(i;\text{真}))^2\right]\right]^{\frac{1}{2}} \tag{6-5}$$

可以被分解为不同方向的误差。

点数据上的粗差是微妙的和不同于地点的，但在其他情况下，很明显，它产生于逻辑矛盾。在城市中仅有地址定位的，在数据集中误差可以通过叠置城市边界进行扫描。在英国的北-东道路交通事故分析中，Raybould 和 Walsh(1995)发现编码的事件在北海！在一些记录盗车贼的系统中，或者是由于记录方法的原因，盗车贼或许应被分配到最近的主要道路交叉口，但却给出了盗车贼地理位置的错误图片。Swerdlow(1992)讨论了在健康数据中以下的粗差来源：按照他们的居住地点编码的癌症发生地点；使用酒店地址或来治疗的外宾的大使馆地址；当居住地未知时使用最近的邮局地址或癌症注册地址。结果，尽管这样的注册很少，小区域分析或许会显示出非常高的癌症风险，明显与邮局的地点或注册地点自身有关。

连续边界在数据库中是通过一组线段近似表达的。每个线段的端点的选择是采样过程的结果，与边界有关的误差大小将取决于采样的计划，特别是在采样的密度点方面，与线的复杂度有关。线的误差建议使用在线的两边定义的误差带“e 带”来表达(Chrisman，1989)。当 e 带的宽度被设定为线的不定性的偏离时，误差带的形状表达了在这个区域的均值误差的一些形式。然而，沿线的误差不可能是独立的或相同的，这明显是对形成这个带缺少经验造成的。

与一个区域的线段的位置相联系的误差，对误差的其他形式具有影响。第一，从测量对象获取的属性测量可能存在误差，如它的面积和它的长度。第二，区域之间的空间关系可能受到影响，例如，两个区域是否相邻。第三，在计数方面的误差也是可能的，因为点事件被定位在错误区域。

属性误差可能产生于采集、存储、处理、编辑或属性值恢复过程的结果，并成为值得注意的与空间对象在这些测量中可能引入的误差有关的误差。属性误差可能产生于与测量过程有关的不确定性的继承和定义问题，包括对应于测量的时间段或时间点。存在一些特殊问题，可以从测量的对象把误差引入到属性。在一个位置的特殊物质和其他的大气污染形式是与监测位置的影响有关的，这个位置对应于对象的定位，影响到空气的流动。在选举区层面和高于这个层面的英国人口普查数据与按照-1、0 或+1 增加的准随机有关，对计数来说，是一个巴纳德化过程。

有几种量化属性误差的方法。对于在区间或比率水平记录的变量，RMSE 是有用的。如果 $z_1(i)$ 是关于事例 i 的变量 Z_1 量测值，那么如果真值是 $z_1(i;\ 真)$，则：

$$\mathrm{RMSE}(Z_1)=\left[\frac{1}{n}\sum_{i=1}^{n}\left[z_1(i)-z_1(i;\ 真)\right]^2\right]^{\frac{1}{2}} \tag{6-6}$$

在名义和顺序数据情况下，分类矩阵（M）被特定地用于遥感数据，这里每个空间单元是相同大小的。矩阵 M 的列对应于地面真值（或许获取于野外测量），行对应于使用遥感数据解译赋予的分类。矩阵的对角元素 $\{m_{i,\ i}\}_i$ 确定了正确分类的像素数量，因此对角值的总和除以像素的总数（$m_{\cdots}$）就是正确分类的像素的比例（PCC）：

$$\mathrm{PCC}=\sum_{I=1}^{n}\frac{m_{i,\ i}}{m_{\cdots}} \tag{6-7}$$

在任何应用中，错误的分类率不仅反映了数据误差，也反映了区分类别是如何困难的，因此错误率受到分类为不同类别程度的影响。

卡帕系数（κ）（Stehman，1996）作为在真实的 PCC 和 PCCDE 期望值之间差别的评价精度，如果存在把像素分配到类别的期望（$E(\mathrm{PCC})$）是随机的，则：

$$\kappa=\frac{\left[\mathrm{PCC}-E(\mathrm{PCC})\right]}{\left[1-E(\mathrm{PCC})\right]} \tag{6-8}$$

其中，

$$E(\mathrm{PCC})=\frac{\sum_{i=1,2,\cdots,n}m_{i,\cdot}\cdot m_{\cdot,i}}{m^2}$$

式中，$m_{i,\cdot}$ 是矩阵 M 的第 i 行值的总和，$m_{\cdot,i}$ 是列的总和。这个系数，公式化地将精度表示为一个采样问题，允许存在这样的事实：一定的正确分类数纯粹是随机产生的。存在另一种精度测量方法，即用户测量的是出现在类别 i 中被正确分类的像素比例（$m_{i,i}/m_{i,\cdot}$）；生产者测量的是像素在类别 i 中被正确分类的实际比例（$m_{i,i}/m_{\cdot,i}$）。当区域大小不等时，可以使用基于其他的比例计算方法。

在数据记录方法是自动的和采集较大的数据量的地方，不可探测的粗差的风险也许会随着对分析这种整体性统计数据方面的怀疑程度而增加。对任何分析，预先对数据进行仔细扫描是基本的。整个数据中可能隐藏的，也许存在的数据质量问题是不可能被假定的。甚至在仔细集成的数据库中，如英国的人口普查数据也会存在严重的、实际上是离奇的错误（Coal 和 Stephan，1962；Fuller，1991）。Hampel 等（1986）认为，在数据集中，所有数值 1% ~10% 之间的日常问题都是包含粗差的。Rosenthal（1978）在 15 个心理学数据集中发现了 0% ~4% 的错误率（具有平均 1% 的倾斜分布）。Lawson（2001）在死亡原因证明和尸体解剖之间发现有 12% ~18% 的差异率。

属性错误所依据的错误分析的共同假设很可能在空间数据情况下少于经常的情况（Taylor，1982）。位置误差可能导致在一个区域的过量计数或相邻区域的计数不足，因为过量计数的根源是作为位置误差结果的一组失去事例的相邻区域。因此，在相邻区域的计数错误或许是负相关的。农场的边界与行政边界不对应，因此，根据其内有主要农舍的行政边界分配土地利用将会产生过度或不足计数，这将按照农场大小的增加和时间的推移得到更坏的结果。Coppock（1995）验证了英国的农场和教区边界之间的关系。

在遥感数据的情况下，因为光的散射的影响，像素记录的值在地面上与具有土地面积的区域不是一对一的关系。这种误差的形成取决于设备的使用年限和类型以及自然条件，如太阳的角度、地理位置和季节（Craig 和 Labovitz，1980）。点传播函数量化了邻近的像素值是如何记录地面重叠地段的，因此相邻像素值的误差将是正相关的（Forster，1980）。误差的形成是对通过表面的弱空间滤波的模拟，因此，表面变化的结构，与像素单元的大小有关，将影响与误差相关的空间结构。在遥感数据中线性误差结构也会产生。

2. 分辨率

按照对数据质量的影响，分辨率最重要的方面是数据的空间维度。我们在讨论数据的时态性和属性值之前，首先讨论分辨率。

高分辨率数据，小的空间单元用于小区域制图，包含高水平的噪声，因此对于识别基本结构，它或许是困难的。Kenedy（1989）和 Wilkinson（1998）在疾病制图方面讨论了这个问题。空间意义的精度不等于统计意义的精度。小区域的疾病率会经常表现出高水平变化，即具有最小面积的人工小计数，经常显示出最大的极端值率。仅有少数事例的加法或减法对小总体区域上的发生率的影响比大总体区域上的发生率有较大的影响。

对于分析目的，空间分辨率对如何表达区域具有影响。区域可以根据它们的面积或总体的加权中心来表达，尽管这些术语不总是以精确的或始终如一的含义被使用。在英国，选举区的人口中心是通过眼睛确定的。空间对象越小，产生有意义表达区域的中心就越是可能。大不列颠测绘局的“代码点”定义了单元邮政编码的中心，精度为 1 米。同时，在定义独立房屋的中心的地址点精度是 0. 1 米（大多数情况）。

当数据集位于不同的空间框架和在与公共空间框架相联系的不同分辨率尺度时，会产生特殊的问题。为了与关于生态分析的人口普查信息相联系，单元邮政编码包含大约 21 栋房屋，如健康数据从这个层面被汇总到选举区层面。自 1991 年英国人口普查开始，这种联系就是通过选举区邮政编码目录进行的，邮政编码以房屋所处于的主要邮政编码的选举区为基础，被分配到一个选举区（它也被称为假选举区）。然而，单元邮政编码的边界不会嵌套在计数区边界之内，因此有许多这样的场合，即一个邮政编码的全部疾病计数按照一个选举区被赋予属性，甚至单元邮政编码的一部分落入另一个选举区。

Collins 等（1998）比较了将 1996 年的新出生率使用地址匹配的方法分配到谢菲尔德的选举区和使用选举区邮政编码目录分配的情况。地址匹配是代价高的，但是分配更为可靠的方法，因为测绘局的地址点坐标落入这个地址的建筑物结构许可范围内。所有记录的 16.3%（3264 中的 532）通过选举区邮政编码目录被分配给错误的选举区。就整体计数来讲，有一些被删除了。图 6-7 显示了不足计数或过量计数的地理分布。

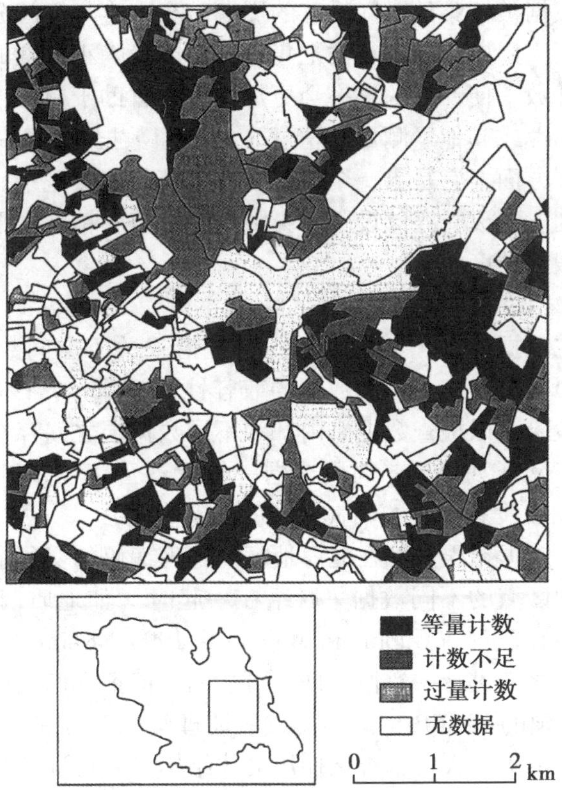

图 6-7　使用选举区邮政编码目录超量或不足计数的地理分布：谢菲尔德 1996 的新出生率

这种错误定位过程的地理分布反映了在选举区和单元邮政编码边界之间的地理分布。具有过量计数的选举区将趋于与计数不足的选举区相邻，因为过量的选举区的一些计数出自它们。其中的 532 错误匹配记录的相关性，在它们“正确”的 Townsend 剥夺得分（正确性是在某种意义上它们实际归属的选举区的剥夺得分）和它们的分配得分，是 0.495。超过这些记录的三分之一的记录具有的 Townsend 得分比它们正确的选举区的值大 ±2（在整个谢菲尔德选举区的 1057 个选举区中，从−5.4 到 13.4）。像这样的匹配通常用于把剥夺得分归于流行病学的个体记录和评估健康服务的目标定位。

最后一个例子说明空间分辨率可能对属性值的精度产生影响。按区域计数，当数据集在不同的空间分辨率或相同的分辨率，但不兼容的空间分辨率必须进行关联，以及它不可能返回到较小的空间尺度以保证精确制图时，会包含误差。Craglia（2001）根据区域的社会经济特性，在对英国的城市区域进行暴力犯罪建模中，不得不使犯罪区域与人口普查的街道平面图一致起来。甚至当源数据是一些来自一些相对高质量的数据采集过程时，也会导致这些数据质量的一些降级。无论在何地，可能有助于分配的辅助数据都应当被使用，这就是为什么选举区邮政编码目录方法（使用房屋计数）能够改善先前的 OPCS 中心邮政编码目录方法在将单元编码事件和选举区联系起来的原因。Theobald（1989）讨论了在相对实际地貌变化量测的高程的空间分辨率是如何将误差引入基于格网的数字高程模型的。

时态分辨率是指数据被汇集的时间推移的周期，会产生与空间分辨率背景中讨论的类似问题。例如，根据时间周期长度进行的汇集计数可能隐瞒小尺度的时间变化，但作为选择，将会增加区域的计数。使计算的比率会更加稳定，有助于减少一些问题。

变量分辨率是指属性或其他量测量的精度。在制图数据中，它是指分类的精细程度，同时在区间和比率数据方面，它是指一个值有多少显著的值被记录。它从来不会超过采集数据使用的仪器的精度。今天，存储设备不会限制变量值的精度水平，因此，在存储问题上，通常可以避免虚假的精度。

3. 一致性

一致性被定义为在数据库中不存在矛盾。它是指“关于空间数据结构的逻辑规则和属性规则并描述在一个数据集中与其他数据的兼容性”（Kainz，1995）。能够构造出自数学理论的规则和公式检验，以检查数据集内部和不同数据层之间存在的一致性。空间对象的拓扑规则一定不能违反（如在同一时间、同一位置不会存在多于一栋房屋）和在属性值方面不存在矛盾（如在没有人口的调查区域就没有病例）。

非一致性可能源于数据错误，如在北海地区的地理编码的交通事故，但可能是一个特殊问题，当与这个相同区域的不同数据集联系在一起时（如地质调查和普查数据）或在两个时间周期之间进行比较时（Guptill 和 Morrison，1995；Kainz，1995）产生不一致性。对两幅或更多的源地图之一进行一致性处理是可能的，但把它们放在一起会表现出非一致性（Kainz，1995）。美国的 TIGER（拓扑集成的地理编码和参考）系统提供了关联地理参考的结构。它描述了由美国人口调查局使用的块结构，并保证了与街道模式和其他边界（河流、道路、铁路）相联系的一致性，用于人口普查和邮政地理学。这种一致性对于关联地理数据集，用于空间数据分析目的是一个基本支撑。一致性应当被持续保持，以保证在一个普查点上的同一空间标识对应于在下一次调查时的相同区域，且任何的变化都必须以日志形式记录。在英格兰和威尔士，70% 的选举区在 1981 年和 1991 年之间都发生了变化。在英国的人口普查数据每隔 10 年采集一次，但健康数据和犯罪数据则频繁得多。对照 1991 年的人口普查数据来分析 2000 年的犯罪数据，是数据非一致性的一种形式，为了解释或进行资格调查，以帮助指导防止使不可能的属性数值进入到数据库，这需要关于城市发展的进一步的地理信息，或自 1991 年以来人口迁移的地理信息。任何通过将区域数据集集成到一个单一的国家数据集的分析员需要确认区域数据集是否采用了相同的分类方法和基于在调查中提出的相同问题。

4. 完整性

模型的完整性是指为了进行分析，是否所有的按照需要定义的变量在数据库中是有效的，以及是否空间尺度和地理作用域是充分的。模型完整性的概念在设计一个主要数据采集流程和对第二数据源的评价中是重要的。然而，一个数据集可能是“模型完整”的，但不是“数据完整”的，反之亦然。在任何数据集内构造“模型完整”的定义，会存在缺失数值、计数不足和过量计数等问题。这就是“数据完整”的含义，且与数据误差的后两种类型具有明显重叠。“空间一致”的数据的不完整性会产生分析问题，但在数据不完整性水平上的空间变化，例如在研究区域的一些部分，则具有比其他区域更严重的不足计数，可能严重影响比较工作和对空间变化的解释。

Swerdlow（1992）列出了在癌症数据方面数据不完整的原因，包括地址错误；重复以及不同医院汇集的记录，或临床医生之间的记录可能产生的滞后；产生于病人跨越注册边界的错误；公共意识运动和加入医疗系统的差别；在进行诊断时，不同领域的病理学者使用的标准的差别。在英国，直到采取“召集-再召集”筛查计划的完整循环，才是完整的，因为一些邀请或许没有被发出。在死亡率数据方面，Lppez（1992）列出了一些诊断“时尚”，这导致了一定的死亡原因的过度诊断，如脑血管疾病，作为数据完整的原因，在医疗培训和文化规范方面的差别。一定死亡原因的不足计数，如性传播疾病、自杀和酗酒，是由于“诊断波动”引起的，在一定的地域环境具有特殊的敏感性，这可能导致在计数不足水平方面的空间变化。对于生活较长寿的人，部分作为传染病下降的结果，当可能存在多种病状，仅记录了单一死亡原因的事件也可能导致计数不足。所有这些因素可能导致过量或不足计数，会产生数据采集中的人为的空间变化。

在官方犯罪统计方面，Bottoms 和 Wiles（1997）参考了法林顿的工作，Dowds（1984）指出，要特别注意在英国的大的县之间的地理差别可能是严重的，因为在警方调查和实际报案之间存在差别。在城市内部尺度上，Bottoms 和 Wiles（1997）引用了他们自己的工作和 Mawby（1989）以及其他人的工作，得出结论，在被动的警方统计情况下，官方犯罪和罪犯数据通常似乎可以反映一个城市区域之间的真实差别。然而，他们补充说，任何给定的事例，不应当立即认可，应当做进一步调查。独立调查偶尔能实现补充官方统计以试图估计犯罪的报案不足水平（Bottoms，Mawby 和 Walker，1987）。在不同区域之间有不同的公共犯罪报案水平。在郊区的盗窃方面，总体上，对保险目的是良好的报案，但在城市内部，它们要么因为没有“动机”或由于惧怕报复可能存在报案不足的情况。一些犯罪更加存在少报的情况：性袭击受害者可能不情愿报案，同时在家庭暴力方面也存在报案不足的情况。对于特定类型的犯罪多报案的情况也可能发生，即在对未来的申诉持有不当动机方面（通常是金融方面）。

人口普查为计算小区域比例提供了基本的分母。然而，拒绝合作可能导致计数不足，在 1991 年英国的人口普查被认为具有人口统计不足的情况有 2% 之多，因为担心它的数据可能被用于强制的新的地方“人头税”。城市内部区域表现出比郊区较高的低计数水平，郊区的人口较容易跟踪。尽管两次连续的人口普查有十年的间隔，但在许多区域的人口的流入和流出也许是保持了区域基本社会经济和人口统计学特性的程度。然而，城市的一些区域或许经历了人口迁移和市场转移原因的重新发展。对于这个理由，其他的人口数据源已经被调查，像家庭健康服务机构（FHSAs）注册的病人，被计入城市内部人口普查数据的转移部分（Lovett 等，1998）。

在美国人口普查缺失数据率在 1990 年从 0% 增加到 8%，但除了少数例外的每个房屋单元至少有一人的情况。这是进行了详尽的随访调查取得的。这是高代价的，估计大约花费了美国人口普查十年预算的 20% 。改变采样方法以处理非响应问题，可能导致单位住房率有 20% 之高，加上预先的特殊问题的 0% ~8% 的非响应率。

人口普查（以及其他数据）不仅具有计数不足的问题，而且有区域的值的缺失问题。缺失数据可能由于机密性原因的抑制，像在这样的一些选举区，它们具有非常少的人口数。历史数据也可能缺失，因为记录可能已经丢失，或在调查一个区域时阶段中止。了解一些考古的数据集是否不完整的以及是否不完整的性质是困难的（Hodder，1977）。在遥感数据情况下，影像的一些区域由于云的覆盖可能被遮挡。应当清楚知道数据之间哪些是“随机缺失”的，数据缺失的一些原因可能与人口或区域的性质有关。气象观测站可能是由于设备问题超出了时态作用范围，月失业记录的缺失可能是由于办公地点的关闭或工业争端造成的。这些都是数据随机缺失考虑的情况。然而，山区将比相邻的平原地区更能承受云覆盖的数据缺失问题，像这样的区域之间在土地利用方面，会存在系统差别。这种区分对如何成功估计缺失的数据值具有影响，无论分析的结果如何，都将是无边际的，因为空间变化的一些成分是未被观测的。

空间数据会产生特殊的完整性问题，因为在地理学上的不完整性会危害比较工作以及空间变化的分析和描述。也存在其他形式的空间数据不完整性。空间对象可以对应于均匀的植被类型，但随着时间的推移，可能导致边界变化，在数据库中新的植被区域应当按照新的对象，或删除或更新先前的地图对象被获取。数据库的地理范围可能太小，不能使分析员探测大尺度的趋势或数据的周期性。对于数据采集的研究区域边界的定义，描述了这样的范围，分析能够检查研究区域内的事件的外部影响作用。这可能呼吁在预先定义的区域的数据采集，需要超越感兴趣区域的严格边界。

（三）空间相关性的量化

在地理空间中，因为空间的基本连续性和不同种类的过程的运作，空间相关性是属性内在特性。这个特性将被任何收集到的在这个属性上的数据所继承。继承的形式将取决于在空间场中的空间分辨率或采样密度，或者取决于在对象空间中的空间汇总尺度（Chou，1991）。

在一个数据集中，量化空间相关性结构的第一步是定义任意一组点或面对象之间所存在的空间关系。许多形式的空间数据分析要求这个初始化步骤。完成这个步骤之后，有几种方法可以度量空间相关性。这些度量方法可以应用于整个地图，以取得空间相关性的单个平均测度，如果认为存在异质性，还可以定义地理子集。

1. 场数据相关性的量化

场数据是二维连续空间数据。假设采用点采样，则空间关系典型地是根据距离或距离带定义的。在数据矩阵中，$s(i)$ 为计算任何一对点 i 和 j 之间的内点距离 $d(i, j)$ 提供了充足的信息。设标记 $[(i, j) \mid d(i, j) = h]$，表示假如选择 j 作为条件，从 j 到 i 的距离是 h。这个条件也可能会被放宽，以便选择的 j 落入 i 的距离带 $h \pm \Delta$ 内。这样，我们可以记为：$[(i, j) \mid d(i, j) = h \pm \Delta]$。距离带可能是重要的，以便允许数据点的位置的不确定性和确保足够的点对数量进行可靠的统计计算。但可能出现在一些带中有很多点对，其他带中则很少点对的情况，因此造成估计精度的变化，应该允许在不同带之间进行比较。在数据点规则分布的情况下，存在在一些带中可能没有点对，其他带中又很多的情况。在数据充足的地方，配对也可以根据方向进行，使选择的 j 落入距离带 $h\ \pm\Delta$ 内和在 i 的东部的半圆的 k 段中。这样，我们可以记为 $[(i,\ j) \mid d_k(i,\ j)=h\ \pm\Delta]$。图 6-8 使用了 30°分段来解释这个表达式。

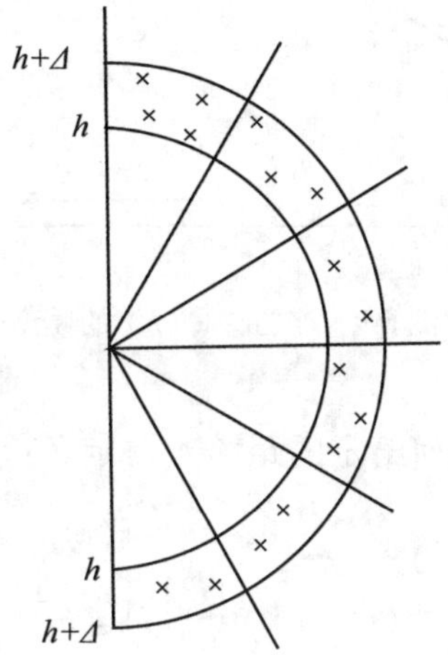

图 6-8　位于距离带内和按照 30°分段的一个单点的空间邻域

接下来的讨论是基于 $[(i,\ j) \mid d(i,\ j)=h]$ 的简单事例的，但是可以很容易推广到分带或分段的情况。对任何距离 h，可以用二元散点图 $\{(z(i),\ z(j)) \mid d(i,\ j)=h\}$ 来图形化值的相似性。相似性由散射表明，这个散射是向右向上倾斜的，被压缩在大约 45°线附近。如果散射从这个对角线广泛向外传播，这就表示点对没有随着 h 的增加趋向产生相似性。

在变量测量值是序数、区间或比率情况下，评价相似性的数字方法可以基于平方差 $(z(i)\ -z(j))^2$，如果 $z(i)$ 和 $z(j)$ 相似，则平方差小，否则平方差大。这个测度也可以由叉积 $(z(i)\ -\bar{z})(z(j)\ -\bar{z})$ 来构造，其中 $\bar{z}$ 表示 $\{z(i)\}$ 的均值。如果 $z(i)$ 和 $z(j)$ 相似，这个量为正，否则要么为正，要么为负。现在我们讨论基于这两个量的空间相关性的数字描述方法。

对于任何给定的距离 h，这个量为：

$$\hat{\gamma}(h)=\frac{1}{2N(h)}\sum_i\sum_j(z(i)\ -z(j))^2$$
$$[(i,\ i) \mid d(i,\ j)=h] \tag{6-9}$$

这里，$N(h)$ 表示以距离 h 相隔离的地点对数，是在距离 h 处的半方差值。距离 h 分隔的值越相似，它越小；如果值是不相似的，则它越大。因此，$\hat{\gamma}(h)$ 是随着 h 的增加而增加的。半方差函数 $\{\hat{\gamma}(h),\ h\}$ 的图，提供了在不同的距离上的数据的相关性结构的图形描述。这个半方差计算了一半平均方差，这也是关于空间自相关的格雷检验的基础（Geary，1954）。图 6-9 是一个典型半方差的例子，在短距离上空间相关性强，然后随着 h 的增加，逐步减弱，直到超过一定的距离（变程），空间的相关性的变化（基台）接近 0 。

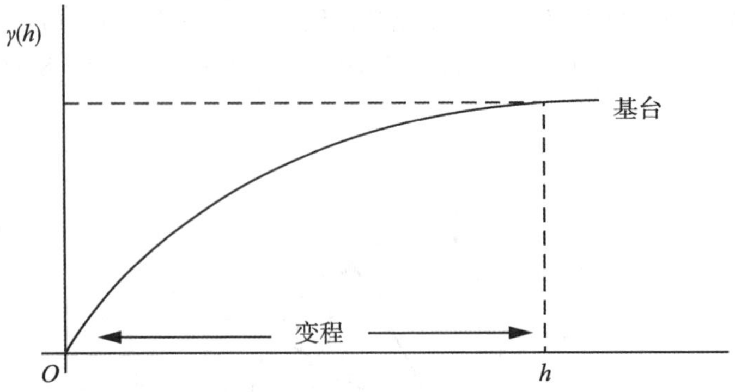

图 6-9　半方差 $\gamma(h)$ 的模型

现在讨论第二个量。对于任何给定的距离 h，定义：

$$\hat{C}(h)=\frac{1}{2N(h)}\sum_{i}\sum_{j}(z(i)-\bar{z}(i))(z(j)-\bar{z}(j))$$
$$[(i,\ j)\mid d(i,\ j)=h] \tag{6-10}$$

$\bar{z}(i)$ 是指在第一个括号中所有的 $\{z(i)\}$ 值的平均值，而 $\bar{z}(j)$ 是第二个括号中所有 $\{z(j)\}$ 值的平均值。当然，将会有很多值对生成这两个平均值有贡献，但这两个平均值通常不会相等。为便于计算，式（6-10）可以写成：

$$\hat{C}(h)=\left[\frac{1}{N(h)}\sum_{i}\sum_{j}(z(i)z(j))\right]-\bar{z}(i)\bar{z}(j)$$
$$[(i,\ j)\mid d(i,\ j)=h] \tag{6-11}$$

$\hat{C}(h)$ 是在距离 h 处的自协方差（或空间协方差）的估计。它是叉积的平均值，并且当数值相似时，它是大的（叉积的值可能趋于正或负）；当数值不相似时，它接近 0（因为正值和负值将相互抵消）。计算叉积也是空间自相关的莫兰检验的基础（Moran，1948）。与 $\hat{\gamma}(h)$ 不同，对应于自协方差函数 $\{\hat{C}(h),\ h\}$ 的图形，将会随着 h 的增加而减少，因为空间相关性随着距离的增加而减弱（见图 6-10、图 6-11）。

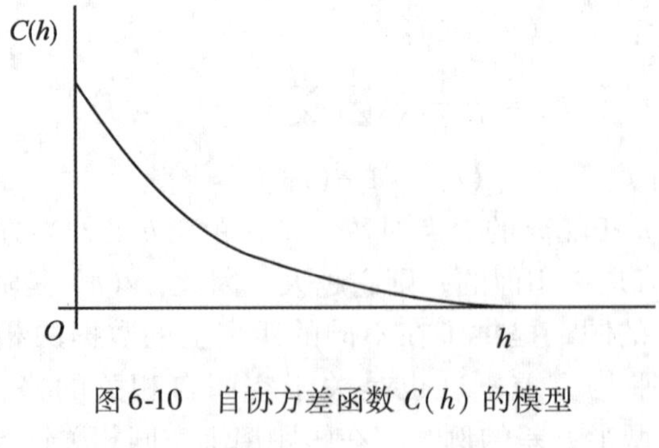

图 6-10　自协方差函数 $C(h)$ 的模型

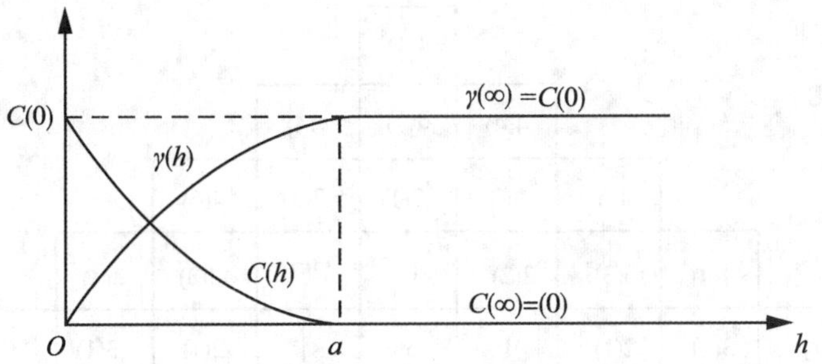

图 6-11　$C(h)$ 和 $\gamma(h)$ 之间的关系

当 $h=0$ 时，根据式（6-10），$\hat{C}(0)$ 是 $\{z(i)\}$ 的方差。如果 $\hat{\sigma}(i)$ 和 $\hat{\sigma}(j)$ 是与式（6-10）中的 $\{z(i)\}$ 和 $\{z(j)\}$ 对应的两个数据子集标准差，那么：

$$\hat{R}(h)=\frac{\hat{C}(h)}{\hat{\sigma}(i)\hat{\sigma}(j)} \tag{6-12}$$

式（6-12）是在距离 h 处自相关（或者空间相关）的估计。自相关函数或者相关图形，$\{\hat{R}(h),\ h\}$，有与自协方差函数一样的行为，但它是以 $\hat{R}(0)=1.0$ 的意义被标准化的。除了 $\hat{R}(h)=\hat{R}(-h)$ 边界影响，它可以被显示，并且与 $\hat{C}(h)=\hat{C}(-h)$ 和 $\hat{\gamma}(h)=\hat{\gamma}(-h)$ 类似。在数据来自静态过程的情况下，在 $\hat{C}(h)$，$\hat{R}(h)$ 和 $\hat{\gamma}(h)$ 之间存在着很密切的关系：

$$\hat{\gamma}(h)=\hat{C}(0)-\hat{C}(h)=\hat{C}(0)[1.0-\hat{R}(h)] \tag{6-13}$$

这里，场的表达是使用像素，而不是点样本，空间关系是通过检查像一系列垫脚石一样的像素被定义的，通过数个这样的行进方式，定义的空间关系需要从任意给定的像素（p，q）步行到任何其他的不需要回溯的像素。定义一个像素的滞后 1 像素或一阶空间邻域作为任何其他像素，这个像素可以通过一个单一的穿越它们的共同边到达（国际象棋的车移动）。任何像素（p，q）的步距 2 像素或二阶空间邻域的是这样的一些像素，即通过向前跨越两个公共边界不需要任何回溯可以到达的像素。步距 3 像素或三阶的空间邻域是这样的一些像素，即通过向前跨越三个公共边界不需要回溯的像素。对四阶的和更高阶的空间邻域的定义，依此类推（见图 6-12）。

空间邻域可能是不同的，根据它们是否能按照北/南或东/西步行可以到达，以及各自的步数来区分。还可以通过它们跟踪的路径数来加以区别。因此，像素（$p+1$，$q+1$）和（p，$q+2$）都是通过两步从像素（p，q）到达的。像素（$p+1$，$q+1$）可以通过两条路径到达，包括一个向北和一个向东的行步，而像素（p，$q+2$）只能通过一条路径来到达，这条路径包括两个向东的行步。在图 6-12 的方格中，其括号里的数字表示从像素（p，q）到给定像素的路径数，这里要求最少有一个要达到的像素。这些行步并不是距离，但是由于分割的规则性和像素一般很小，这些行步接近距离带，并允许对空间关系进行分类，就像点样本的情况，不仅可以根据距离，而且也可根据方向分类。与上述的数字方法和图形一

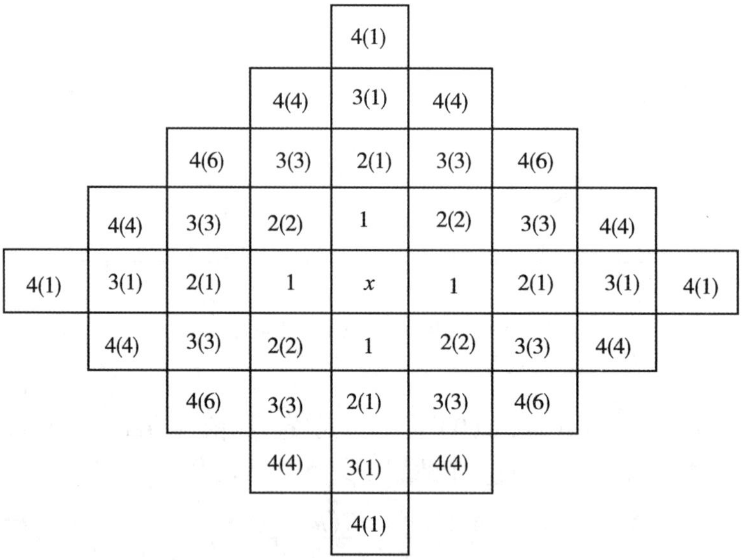

图 6-12　从 x 到任何其他像元的路径数和步数

样，可用于这种情况。然而，现在有必要区分具有不同路径数的相同步距阶数的像元对。就是说，在一个非各向同性的过程中，不仅要对 $\hat{\gamma}(0,\ 2)$ 和 $\hat{\gamma}(2,\ 0)$，而且对 $\hat{\gamma}(1,\ 1)$ 需要分别计算估值。下面给出的是完整的一组半方差估计：

$$\{\hat{\gamma}(i,\ j)\}_{i=0,\ 1,\ \cdots;\ j=\cdots,\ -1,\ 0,\ 1,\ \cdots}$$

像素数据值可分为两个或两个以上名义层次的类别。例如，一个图像可分为植被类型或土地利用类型。然后才能够计算分类是相同的或分类是不相同的相邻像素对的数量。图 6-13 显示了对两大类别的三种不同类型的地图模式的计数是如何变化的。

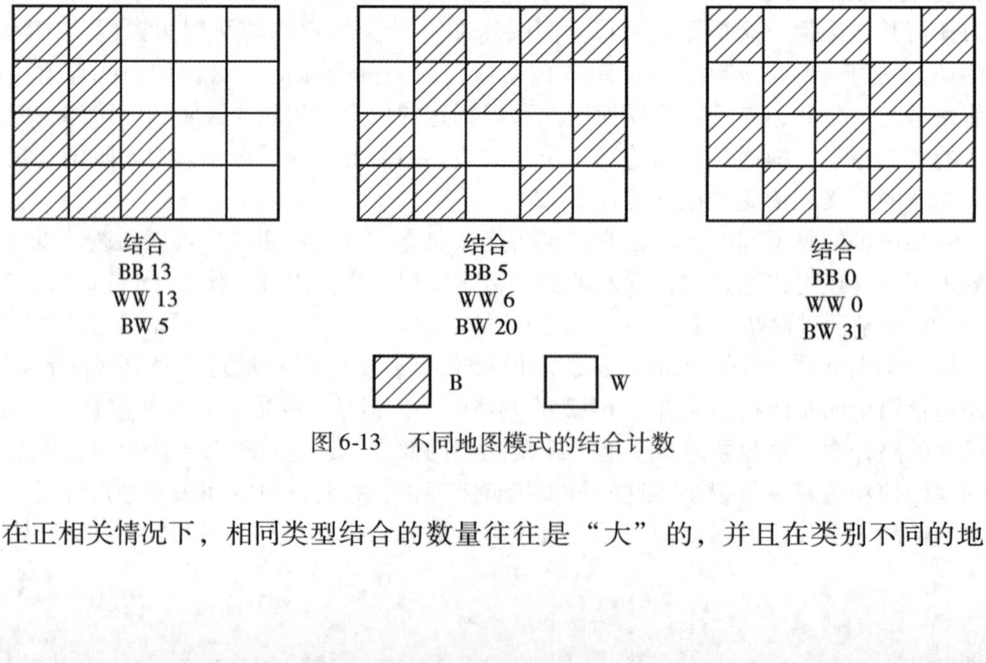

图 6-13　不同地图模式的结合计数

在正相关情况下，相同类型结合的数量往往是“大”的，并且在类别不同的地方相对结合得少。在负相关的情况下则是与此相反的。非相关情况（或随机情况）处于这两种情况之间。

2. 对象数据相关性的量化

对象数据是二维离散空间中的数据。散点图使用的测量方法是基于均值平方差和均值叉积的，结合计数再次可以用于量化在离散空间中对空间对象进行测量的结合对之间的相关性。但是在这种情况下，由 $\{s(i)\}$ 提供的信息必须由空间邻域信息来补充。空间邻域信息不仅由彼此相邻的对象对来定义，而且还需要量化这个相邻关系的“紧密度”。由 $\{s(i)\}$ 提供的信息可以用于定义空间邻域信息的过程，但也许需要使用其他数据和所作的假设（通常是不可测试的）。因为在离散空间这是需要的，在离散空间定义的许多过程类型不是单一的，或不是空间关系的自然定义（Gatrell，1983）。

用于定义空间邻域的指标包括：

（1）直线距离：每个点被连接到在特定距离内的所有其他点。

（2）最近空间邻域：每个点被连接与它的 k（$k=1，2，\cdots$）个最近空间邻域（注意：如果点 A 是 B 的 k 个最近空间邻域中的一个，这不能推定 B 也是 A 的 k 个最近空间邻域中的一个）。

（3）加布里埃尔图形：任何两个点 A 和 B 是可以被连接的，当且仅当所有其他点位于 A 和 B 的圆周处于相对立的点的圆周之外时（Matula 和 Sokal，1980）。

（4）狄罗尼三角形：在狄利克雷区域划分中，所有具有共享边界的点是相互连接的。狄利克雷划分，基于一组点来创建，保证了任何点 A 的周边地区包含所有比地图上任何其他点更靠近 A 点的位置（Ripley，1981；Griffith，1982）。图 6-14 表示了一组来自已经构造的狄利克雷的区域划的点和在这个划分中它们是否共享一个公共边界为基础的点的结合情况。

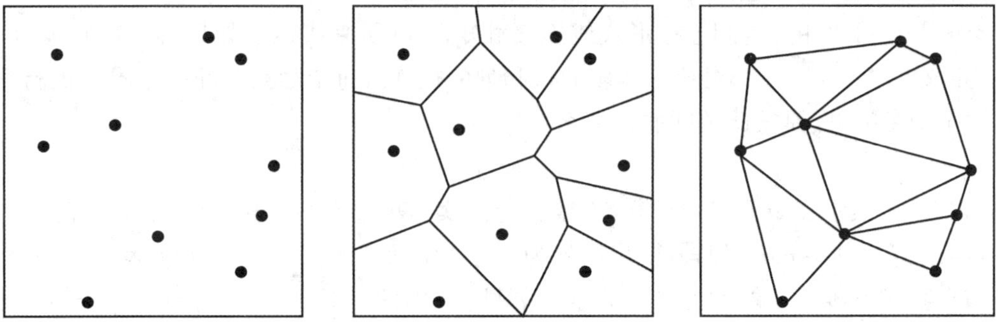

（a）　（b）　（c）

图 6-14　利用狄利克雷区域划分定义的空间邻域

像行政管理单元那样，在一组预定义的区域情况下，如果它们分割研究区域，它们将共享公共边界，因此，直接根据区域是否共享公共边界定义连接关系或许是合适的。如果该地区不是分割的研究区域，则一个选择是由一个点（如地区或人口加权中心）定义它们的位置，然后使用上文所述的关于点对象的三种方法之一。

不只是用纯粹的几何或空间项定义对象之间的连接关系，辅助数据也可以使用。例如，Haining（1987）对覆盖宾夕法尼亚州的一组城市地点的收入水平的变化进行了建模，这个地区的空间关系利用了中心位置理论来定义。城市以人口阈值为基础被分类为城市等级结构的排序。这把一个强定向性引入空间关系的方式在城市系统中被定义。定向性也被Pace等（1998）在弗吉尼亚的费尔法克斯县分析房价数据中使用过。它似乎有明显的理由来假定空间邻域房屋销售价格特性将会影响主体特性，仅当空间邻域销售在时间上较早时。植物的父本信息和二代植物信息、工厂的主场地和分厂的场地也允许按照引入超越纯空间标准进行排序。

分析员希望连接关系能反映社会或经济在两个区域相互作用水平，然后大量的旅游或贸易数据的数据流可以提供比一些区域几何特性或距离更坚实的基础。连接关系可以允许提供超越一定域值的交互作用（Holmes 和 Haggett，1977）。构建的连接关系能反映路线图的不同假设，这些作用或许可以超越空间的方式被替代，就像传染病的不同传播路径的情况一样（Cliff 等，1985）。

如果分析员没有外部的标准作判断，或物理近似性主要由相似性确定，那么几何或空间标准是适合定义对象之间关系的。对于一个连续面，距离是一种自然的标准。在某些情况下，可能没有强有力的理由从一个标准偏向另外任何一个几何标准，但分析师应意识到不同选择的影响。如果分析的目的是空间插值，则分析员可能需要定义空间关系，以减少在插值算法中的数据值的聚类影响（如线段的最近空间邻域标准）。但是，如果目的是为了拟合一个模型，则这个模型与基本过程的理解是一致的，一个纯粹以距离为基础的标准可能适合于环境过程的情况，是一个社会过程情况下的互动标准。

在离散空间中，在介绍用于描述空间相关性的方程（6-9）和方程（6-10）之前，我们简要说明空间关系是怎样可以用矩阵方法来描述的。

空间关系可以用二进制连接形式或连接性矩阵（C）来表示。如果有 n 个对象（点或面），定义一个与 $n \times n$ 个对象一样多的行和列的矩阵。每个面被分配一个唯一的行和列。如果两个对象 i 和 j 是彼此关联的，那么：

$$c(i,\ j) = c(j,\ i) = 1$$

其中，$c(i,\ j)$ 表示在矩阵 C 中的行 i 和列 j 上的实体项；否则，任何单元的值都为 0 。任何一点或面 j ，其中 $c(i,\ j) = 1$，将被称为 i 的“空间邻域”，并用 $N(i)$ 表示。一个对象不能与自身相连接（不能称为自身的空间邻域），因此，对所有的 i , $c(i,\ i) = 0$。然而，有时在执行空间操作的地方需要一个累积一组面的所有值的矩阵，这些面包括 i 和其他与 i 相连接的面。在这种情况下，我们使用 $C^{+} = C + I$（其中 I 是对角线值为 1、其他为 0 的向下的单位矩阵）。因此 $c^{+}(i,\ i) = 1$。

图 6-15 所示的是，C 矩阵是基于两个面有共同边界定义的邻接矩阵。这是一个关于对角线对称的矩阵。存在对象 j 是对象 i 的空间邻域，但 i 不是 j 的空间邻域的情况，并且矩阵将不会沿对角线对称。

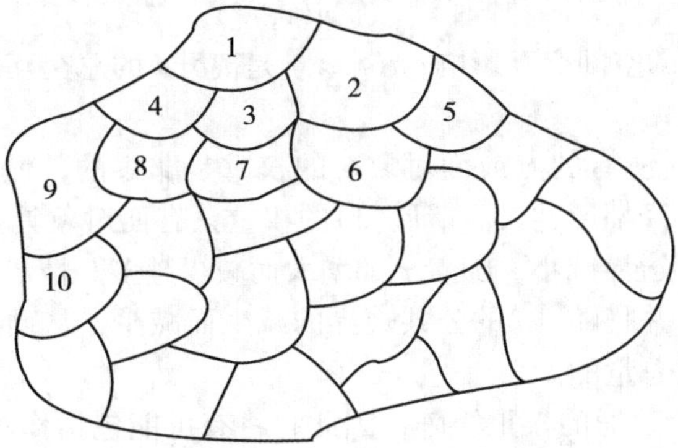

$$C = \begin{array}{c|ccccccc} & 1 & 2 & 3 & 4 & 5 & \cdots & n \\ \hline 1 & 0 & 1 & 1 & 1 & 0 & \cdots & 0 \\ 2 & 1 & 0 & 1 & 0 & 1 & \cdots & 0 \\ 3 & 1 & 1 & 0 & 1 & 0 & \cdots & 0 \\ 4 & 1 & 0 & 1 & 0 & 0 & \cdots & 0 \\ 5 & 0 & 1 & 0 & 0 & 0 & \cdots & 0 \\ \vdots & \vdots & \vdots & \vdots & \vdots & \vdots & & \vdots \\ n & 0 & 0 & 0 & 0 & 0 & \cdots & 0 \end{array}$$

图 6-15　基于面邻接的二进制邻接矩阵

如果 C 自乘，$C^2 = C \times C$，则非零的单元实体可以识别所有的彼此可以以两步达到的面对象对。在结果矩阵中，单元的值 $\{c^2(i, j)\}_{i,j}$ 确定了路径数。这个计数包括回溯路径。如果 i 与其他四个面对象相邻，那么 $c^2(i, i) = 4$，因为在两步内从 i 回到自身的旅行路线将有四种方式。矩阵 C^3 为三阶邻接提供了同样的信息，依此类推。这些关系，连同路径搜索的方法一起，包括多余回溯的路径，对编写关于区域是规则的区域数据分析的软件是很重要的(Anselin 和 Smirnov，1996)。在分析像素数据时，这种矩阵表达是不必要的，因为矩阵是稀疏的，浪费计算机存储资源和可能的计算时间。除了在研究区域边界上的像素，所有像素都有共享边界的四个空间邻域。

对于按照简单的出现为 1、不出现为 0 来描述对象之间的空间关系，没有特别规定。空间关系或使用相互作用标准定义这些关系可以使用更一般的权重矩阵 W 来定义。下面是不同类型权重矩阵的例子(如果它们被用于区域，距离可能按照参考区域中心来定义)：

(1)距离：$w(i, j) = d_{i,j}^{-\delta}$，其中 $d_{i,j}$ 是 i 和 j 之间的距离，参数 $\delta \geqslant 0$。距离可以用不同的测度来定义。

(2)距离的指数函数：$w(i, j) = \exp(d_{i,j}^{-\delta})$，其中 exp( ) 表示指数函数。

(3)公共边界：$w(i, j) = \left(\dfrac{l_{i,j}}{l_i}\right)^{\tau}$，其中 $l_{i,j}$ 表示 i 和 j 之间公共边界的长度，l_i 表示 i 的边界长度(除研究区域的边界外的任何线段)。参数 $\tau \geqslant 0$。

(4)合并的边界和距离加权：$w(i, j) = \left(\dfrac{l_{i,j}}{l_i}\right)^{\tau} d_{i,j}^{-\delta}$。

(5)相互影响权重。输出权重：$w(i,\ j)=\dfrac{n(i,\ j)}{n(i,\ .\ )}$。输入权重：$w(j,\ i)=\dfrac{n(j,\ i)}{n(.\ ,\ i)}$。其中，$n(i,\ j)$ 是从 i 到 j 的空间交互影响；$n(i,\ .\ )$ 是离开 i 的总交互影响；$n(.\ ,\ i)$ 是进入 i 的总交互影响。

在(1)和(2)情形，所有的点或面对象对的权重是非零的，但随着距离的增加变小。参数 δ 越大则随距离下降幅度越大。情形(3)的权重只有面对象具有共同边界时非零，并随着 i 的减少，j 的共同边界减小，随着 τ 的增大而减少越多。情形(4)的权重只有在面对象由共同边界时非零，并且随着 j 的公共边界的减少而减少，从而进一步远离。情形(5)是基于共享输入和输出总量的。

符号 W 是标识一个普通的权重矩阵，因此它将有可能包括作为特殊情况的二进制连接矩阵 C 的可能性。注意，对于所有面对象 i 和 j，$w(i,\ j)\geqslant 0$，并且通常 $w(i,\ j)=0.0$。如果矩阵 W 被按行进行标准化，那么行的总和等于1，在行中的每个元素除以这个行的总和。因此可以记为：

$$w^{*}(i,\ j)=\frac{w(i,\ j)}{\sum_{j=1}^{n}w(i,\ j)}$$

Bavaud(1998)描述了一般权重矩阵的性质，并指明了它们如何影响空间系统的性能，如在总体区域内，任何区域或地点的突出部分。一些作者已研究了连接性和权重矩阵的特征值和特征向量，并确定了它们如何影响空间结构的特征(例如 Tinkler，1972；Boots，1982，1984；Griffith，1996)。矩阵 C 的主特征值提供了一组区域连接性指标，同时，相应的特征向量的单个元素表明了在整个结构内的每个地点的中心性。这项工作验证了一些潜在的选择 C 或 W 的假设。存在空间邻域选择的进一步影响，这只有在选择表达空间变化的特殊模型时才变得明显。这些影响适用于模型的均值和方差性质的例子(Haining，1990)。现在我们能够定义一组新变量，这些变量一般被作为空间平均变量，它们通过执行数据的空间操作，作为原始设置 Z_1，Z_2，…，Z_K 的函数而获取。这些派生的变量的一般标记为 WZ_1，…，WZ_k。前缀 W 简单地规定为在原始数据上的一些空间操作，它们是按照矩阵被获取的，例如：

$$WZ(i)=\sum_{j=1}^{n}w(i,\ j)z_1(j)\qquad (j=1,\ 2,\ \cdots,\ n)\tag{6-14}$$

如果 W 是一个行标准化二进制连接矩阵，那么式(6-14)正好是在相邻区域的值的均值。这种操作对表示 i 区域周围空间邻域条件是有用的。如果 W 是一个基于距离函数的行标准化加权矩阵、并且 $w(i,\ j)\neq 0$，那么这个操作对一些形式的数据平滑是有用的。如果 W 是非标准化二进制连接矩阵，并且 $w(i,\ j)=1$，那么式(6-14)是区域 i 和它的空间邻域的值的总和。这一操作被用于一些聚类的检测方法中。

总之，用在离散空间中的空间分析的数据由具有数据值的原始数据矩阵和空间对象的位置的标识符组成，即

$$\{z_1(i),\ z_2(i),\ \cdots,\ z_k(i)\mid s(i)\}\qquad (i=1,\ 2,\ \cdots,\ n)$$

然而，除此之外至少需要有一个权重矩阵(W)用于获取空间关系。这些空间关系定义关于每个 $s(i)$ 的所有空间邻域。成对的 $\{s(i),\ N(s(i))\}$ 或者 $\{i,\ N(i)\}$ 的集合定义

了一个图形。从这个矩阵中可以构造新变量 $\{W Z_i\}$ 。

对应于式(6-9)和式(6-10)的一般表达式，可以用于在离散空间量化在不同尺度上的空间相关性的表达式是：

$$\hat{\gamma}(C^1) = \frac{1}{2} \mid N(C^1) \mid \sum_i \sum_j c(i, j)\ (z(i) - z(j))^2 \tag{6-15}$$

且

$$\hat{C}(C^1) = \frac{1}{\mid N(C^1) \mid} \sum_i \sum_j c(i, j)(z(i) - \bar{z}(i))(z(j) - \bar{z}(j)) \tag{6-16}$$

这里，C^1 用于表示连接矩阵 C 。$\mid N(C^1) \mid$ 表示计算中使用的对象的配对个数。空间邻域和步距的阶数可由连接矩阵(C)以及矩阵 $C^2(C \times C)$ ，$C^3(C \times C \times C)$ ……的幂定义的步数定义，适当地删除多余的步数。这种方法的半方差函数和自相关函数，可通过规则分布的空间对象获取。

式(6-15)和式(6-16)的更一般的形式可以使用 W 计算，而不是用 C 。这些在当对序数级或更高级测量的数据进行广义自相关检验时以及额定数据的广义结合计数检验中会遇到。

通常希望，在邻近地点的值趋于相似。空间相关是正相关的，并且在数据集中提及空间正相关性或自相关性的存在具有共同点。在连续空间情形，在限定方面(如任何两点之间的距离趋近零)，可视化任何其他形式的空间相关性都是困难的。在连续空间数据情形，点样本是分离的或像素有足够的大小，如果 $z(i)$ 是大(小)的，则 $z(j)$ 小 (大)的，这至少是可能的。这就是所谓的空间负相关性或自相关性。对于连续空间，空间负自相关性的存在只发生在一定距离，比如山顶和山谷之间。就离散空间来讲，除离散对象外，竞争过程可能包括在空间邻域之间的空间负自相关性，例如，邻近的植物可能会为土壤养分竞争，这可能会产生植物大小的空间负自相关性。

第三节　探索性空间数据分析的概念模型

一、探索性数据分析和探索性空间数据分析

Good(1983)定义探索性数据分析(EDA)不仅是关于探测汇总数据特性(描述性统计)的技术的集合，而且也是关于探测数据中的模式，识别数据中不常见的或感兴趣的特征，探测数据误差，从数据集中把非本质的特征从重要特征中区别出来，从数据集拟定假设的技术集合。EDA 技术也可以用来检查模型结果，提供证据以检验模型假定是否合适以及在模型拟合方面是否存在有影响的数据等。

EDA 技术对关于从中获取数据的样本总体不做假设，假设检验经常被排除。从对这些数据进行定量汇总意义上讲，使用的一些技术是用视觉的(包括图表，曲线图和图形)或数字的方式(Tukey，1977；Hoaglin 等，1983，1985)。统计量，如计算中位数和一个分布的四分位数，以箱线图显示或被添加到一个点状图中。在构造的散点图中，数据按一些数字平滑操作进行汇总，比如局部回归曲线。

许多探索性技术对原始数据采用简单的转换，而不采用推理理论，保持结果停留在“接近”原数据。使用的统计方法是典型的“约束”性的，也就是说，不会受少量的极端数据值(异常值)的大的影响。中位数和内四分位极差(inter-quartile range)分别是以中心和数的分布的扩散为约束条件的估计方法，而均值和标准差就不是这样。中位数是识别一组数据值中心(或位置)的约束方法，当数据值按中心值排序时，它定义了中间值(如第50个百分点位)。即使少部分分布于两边的数据比其他数据大很多，或小很多，这对计算中位数来讲，都不会是主要影响。与作为分布中心测度的均值相比，均值受到极端数据的影响，因为，在一组 n 个数值中的每个数据都对均值做了 $1/n$ 的贡献。四分位极差，上四分位数和下四分位数之间的差值，是对数值分布的离散性的约束测度，然而标准偏差是基于均值的(不是约束性的)和来自均值的每个数值的平方差贡献 $1/n$ 给这个标准差的平方的数值。

ESDA 技术由探测空间数据的技术组成，包括探测汇总数据的空间特性，探测数据中的空间格局，拟定对应于数据地理方面的假设，识别在地图上不常见给定位置的事例或事例子集(Cressie，1984；Haining，1990)。与 EDA 一样，ESDA 技术是视觉和数字约束的。根据图形，对分析员确定事例在哪里以及与其他数据之间的空间关系，在数据分析和检查模型结果中承担特殊重要的作用。这在回答诸如以下这样的问题时也是重要的：“直方图上这些极端值事例位于地图的什么位置?”“地图上这部分属性值位于散点图的什么位置?”“哪些事例落入图的这个子区域并且满足定义的属性规则?”“这个数据集的空间格局和空间联系是什么?”“在数据的地理定义的子集中空间格局和空间关系是什么?”。在回归建模时，我们希望看到一幅具有正的和负的残差的图，并且会问：“在这些残差的排列中有空间格局的任何证据吗?”。这是 ESDA 的工具集包括 EDA 中使用的工具可以回答的问题，但也包括以数据的空间推理的结果为目的产生的特殊查询的其他方法。

二、空间变化的概念模型

(一)区域模型

在地理学中区域模型(regional model)作为描述空间变化的模型，具有很悠久的历史(Grigg，1967)。当寻求对关于地理现象的理论化时，在反映需求的多样性的文献中，术语“区域”已经有多种含义和多种不同的区域类型定义。这里强调的是区域的定义是作为空间单元用于空间数据分析目的的。以下三种类型的区域是特别令人感兴趣的：

(1)正则(或均匀)区域(formal(uniform)regions)，通过严格把空间划分为均匀的或准均匀的子区域来构造。正则区域是基于属性相似性和空间邻接性将空间划分为子区域的。就这点而论，正则区域应当通过满足分类的通常准则的操作方法生成(Grigg，1967)。区域之间的边界是基于属性等级变化的。当在“区域化”时使用的变量数量较少，随着数量增加，又逐渐变得更加困难，除非变量间具有强的协变量关系时，这种划分或分割正则区域证明是容易的。当属性变量具有空间连续性时，维持规则区域模型也是困难的。在土地覆盖图中定义规则区域辅助分析的自动化方法已经存在，但在社会科学应用中，仍然需要通过正则划分方法和局部知识相结合，共同观察它们的结构(Haining 等，1994；Sampson 等，1997)。

(2)功能(或结点)区域(functional(nodal)regions)用互动数据划分界线。然而，区域是根据属性值的一致性定义的，功能区域与发生在它们其中的或经济交互作用的模式绑定在一起，并使它们与邻近的功能区域分开。在英国，劳动力市场区域是根据工人的通勤模式定义功能区域的(工作旅行区)，在招聘工作人员时，被公司用做搜索区域(Coombes 和 Openshaw，2001)。一些区域定义结合了正则和功能区域的划分准则。根据属性相似性，可以定义邻近区域和通勤区域，比如房屋类型，但也可以通过参考利用社会网络和局部公共设施的共性，比如商店或全科医生手术(比如 Gordon 和 Womersley，1997)。具有地标意义的线性特征(如道路和铁路)在定义社会功能分区的边界时也许是重要的，尤其是如果它们作为跨越区域之间相互作用的障碍时。

(3)行政区域(administrative regions)，是一系列政治和其他决策形式的结果。行政区域通常具有精确的边界，并由政府、公共部门和管理空间的私营机构为了管理空间而构造。它们为收集数据、分发服务，分配政府基金提供框架，以及在国家范围内经营的私营企业的情形下，它们为产品销售和实施定价政策提供框架。行政区域多于其他两种区域类型的使用，正是因为它有明显的边界，在这种情况下，它们所处的行政区之间需要执行不同的政策。

尽管区域模型具有事实上的局限性，但在许多社会、环境、物理和生态科学领域进行空间变化分析时，是一种广泛使用的框架或用于建立区块(Sokal 等，1993)。不过，即使将空间分割为离散单元，为空间分析建立区块是可以接受的，但它提供的空间变化表达方法是有限的(一组有明显边界的区域)。

(二)空间“粗糙性”和“平滑性”

为了探索性数据分析的目的，Tukey(1977)假定任何数据值由两个部分组成。Tukey 的模型是:

$$\text{数据}=\text{平滑}+\text{粗糙} \tag{6-17}$$

任何观测的数据值都可以划分为两个彼此排斥部分。平滑(也称为拟合)是数据值规则的或“可预测的”部分，而粗糙是不规则的、“不可预测的”部分。数据值 $z(i)$ 的规则部分，可以通过应用对整个数据集的数据操作或接近并包含 $z(i)$ 的局部子集进行识别:

$$\text{粗糙}=\text{数据}-\text{平滑} \tag{6-18}$$

这个概念划分可以转换到空间数据情形(Haining 等，1998)。例如，一个空间分布的平滑要素哪些是空间规则的，以便知道这个空间分布元素的某些部分，至少在局部外推时它是可能的。在平滑部分被提取后，剩余的是空间不可预测部分(粗糙部分)，这部分不能用于外推。粗糙部分可以根据基本过程进行预测(或解释)，但在地图模式方面被定义为粗糙，因为在纯空间项中它没有可识别的结构，也没有可预测的属性。

那么在空间术语中，Tukey 模型是:

$$\text{空间数据}=\text{空间平滑}+\text{空间粗糙} \tag{6-19}$$

这些元素既不能使用映射方法到任何形式模型，也没有任何与特定的统计技术有一对一的联系。式(6-19)提供了将空间变化分解为(空间)规则和(空间)非规则的概念。这个模型在探索性空间数据分析的情形中是有用的，其中，分析员可能对探测数据的空间结构感兴趣。这种“平滑”结构可能包括以下内容:(1)包含地形特征的相类似数值的块或团，诸如“斜坡”、谷地和具有边界的山脊，以及在它们之间快速变化的区域(Mungiole, 1999)；(2)发现相距很近的相类似数据值的总体(整幅地图)倾向，相隔较远的非类似数据值的总体倾向(空间自相关性)；(3)地图不同部分之间的反差(比如南北区域或东西区域的反差)；(4)地图的趋势或梯度。空间粗糙可能包含局部的热点或冷点，空间聚类和局部化的非连续区域(Haining 等，1998)。

由 Tukey 最初定义的被认为是粗糙的空间数据的组成部分，如果它们被发现全部汇集在地图的同一地区，则可能被认为是空间平滑的。回归残差可能被认为是粗糙的，但如果所有正的残差处于图的某一部分，而所有负的残差在图的另一部分，那么在空间项中的残差(被分类后)也是平滑的。

(三)空间变化的尺度

一个更加具体的表达概念，能清楚地识别空间变化的不同尺度。关于来自数值连续表面的数据的空间变化，可以表示为：

$$\text{空间数据}=\text{大尺度(宏观的)变化}+\text{中等或小尺度变化(微观的)}+\text{误差} \tag{6-20}$$

“误差”包括可能是独立噪声或它具有空间结构的测量误差。区域数据可以使用相同的模型，但现在“误差”也可能包括内部区域变异性，该变异可能是面积或人口大小的函数。“误差”成分也包括在个体层次存在的变化的尺度。就先前的概念模型(6-19)而论，在式(6-20)中的前两个部分第一项是平滑的，后一项是粗糙的。

为研究区域定义不同的变化尺度，是以它的大小为条件的。大的或宏观尺度变化对应于整个研究区域存在的趋势或梯度。比如，在研究英国心脏病死亡率中，一个被描述的广义的线性趋势显示这个国家从东南方向到西北方向递增率。在研究一个城市的呼吸疾病中，任何风险趋势可能是广义二次的。比率的高峰可能出现在市中心，随着远离市中心，其比率也下降。这个推测是基于空气污染水平在市中心最高以及住房质量较差的区域的假设。

中等的或小的(微观)尺度变化，更多地对应于区域中的局部空间结构，并被概念化为可能存在的任何大尺度模式的重叠成分。在城市呼吸疾病风险研究中，这种变化尺度与城市中的、和生活方式与流动模式相联系的中等或小规模的社会经济结构有关。最后，在拥挤的交通交叉路口附近，可能有高的、局部化疾病风险热点。在靠近市中心的邻近的小块区域可能有风险冷点，中心区域住房条件比较好，而且居民具有在这个区域花费比其他群体较少时间的生活方式，或者具有不同的生活历史。

在式(6-20)中，对任何特定的变量的某种成分或许在空间变化中占优势。由小尺度变化加上误差占优势的变量图被说成是显示空间异质性。空间异质性可能源自于主导这个被观测变化的基本过程，并给出空间变化均值、方差和协方差(Getis & Ord, 1996)。这可能被称为处理引起的空间异质性。在区域数据的情形下，通过不同大小的空间单元量测属性时，这种来源的异质性可能会被恶化。这可能被称为测量引起的空间异质性，因为这是如何观测和测量属性的结果(Bao & Henry, 1996)。如果小尺度变化占优势，或者收集数据的空间单元和变量大小比较小，或感兴趣的属性比较少，当对数值进行映射时，这两种情况的影响会产生马赛克表面。

那些占优势的不同变化尺度的程度将对空间数据分析具有影响。处理引起的空间异质性是强的，基于“局部”统计的数据分析可能比基于全局统计或“整幅图”统计的数据分析更可取。局部统计通过利用移动窗口检查空间子集的分析数据。“整幅图”统计使用所有的数据来计算空间不变量的统计测度。在对应于表面数据的情况下，可能存在局部极端值结果的情况和与地理过程有关的非连续的线，这个过程可能把局部特征引入数据，在估计方差函数和克里格算法时应引起特别注意(Isaaks & Srivastava，1989；Cressie，1991)。

第四节 探索性空间数据分析的可视化方法

一、数据可视化和探索性数据分析

可视化在探索性数据分析方面扮演着重要的作用。可视化支持探索数据特征的过程，这是 EDA 和 ESDA 的核心目标。按照单一的数据终端产品视图来提供多种图形显示形式。这些视图是有意地向多种观察者(可能是对数据不熟悉者)公开传达所能识别出的数据特征。典型的是，这样的表达图形提供了数据的静态视图以及表达一种永久的、选择性的、已知的记录。

然而，数据可视化或科学数据可视化所关心的是作为理解和洞察数据事件行为过程的一部分的一个数据集的多种图形视图的一些规定，也就是识别数据特性(Earnshaw & Wiseman，1992)。数据可视化工具的用户可能对数据很熟悉，这也许是因为他或她收集了这些数据。在理解这些数据时，用户希望能够产生多种、动态的，但通常又是许多仅使用一次然后就忽略的临时视图的意义上容易地与数据进行交互。数据可视化通常意味着要保留图中的每个个体数据点，同时，为了有助于探测可能是复杂数据阵列的模式，也使用一些(抗)平滑算法。数据可视化由一系列的方法和个人工具组成，以支持数据分析，而不是使用最终成果报告的制图规定(Unwin，1997；Wise 等，1999)。

在统计学和计算机科学文献中的数据可视化主要关心图形工具。空间数据可视化还需要利用地图工具——地图显示的不同形式，称为地图可视化(cartographic visualization)。地图可视化所关注的内容包括但超出了 ESDA 的内容。空间数据可视化也已扩展到多媒体和虚拟现实(虚拟景观)表达，但这些不在这里讨论。在接下来的章节讨论的焦点是关于 ESDA 的数据可视化各个方面所涉及的基本问题，并特别介绍 Cleveland(1993，1994)和 Buja 等(1996)的研究工作。在这个领域的成果有相当多的多样性，这对试图整理这种多样性的总结工作是有用的。

(一)数据可视化的方法和任务

根据 Buja 等(1996)提出的数据可视化分类的分类法，数据可视化方法(与个人工具本身相比)分为两部分：渲染和处理。

渲染是指决定在图中要显示什么，而且特别是要决定需要构建什么类型的图。对单变量数据，这包括显示数据分布的技术(直方图、箱线图、*Q-Q* 图和 rankit 图)以及时间序列(图)。对多变量数据，Buja 等(1996)定义了散点图方法(这里被描述为点)、轨迹(这里被描述为与平行坐标图一样的一个参数的函数)和符号图(这里被描述为复杂的符号)。散点图是双变量数据的基本可视化工具，符号图以协助对它们的解释方式，通常在一个布局图中用于定位。

处理是指为了探索数据，如何处理单个图，以及如何组织多个图。绘图处理可能根据他们所支持的数据探索的任务来进行组织。Buja 等(1996)定义了与数据探索有关的三个任务：寻找完全形态(gestalt)、查询和进行比较。“寻找完全形态”是指从数据集中识别出模式、形状和其他性质。数据集中的个体事例或数据子集的查询是为了进行在所识别出的更详细的完形特征中更好地理解和探索。第三个任务是进行比较，要么是在变量之间，或者是在一组变量的投影之间，或者是在数据的子集之间。特定的处理方法适合于特定的任务。数据处理包含决定要包括哪些变量、采取何种投影方式、采用什么类型放大倍数和细节满足寻找完全形态。类似于相机的使用，从不同的视角、不同的焦距进行观察。处理包含链接数据的多个视图，高亮显示数据子集，以观察位于每一个不同视图中的不同数据子集是否能满足数据查询，但关于如何排列图形的决定，对于进行比较具有重要作用。

对应于一个任务的任何统计图形的有效性也将取决于它的设计质量。Cleveland(1994)构造了一个模型，该模型能够对他所主张的观察者在阅读一个图形时的主要活动是表格查询还是模式理解进行区分。这些活动与 Buja 等(1996)所做的分类工作有所重叠。表格查询对应于对个例进行查询的工作。读图者识别在图形中已经被编码的原始数据值。这项工作处理速度较慢，一次只能处理一个数据事例。模式理解是关于为了观察已编码数据中的模式而对几何对象的探测和组合。Cleveland 把这描述为“非常快的处理过程，表现为与产生对象或寻找完形等同的操作”(Cleveland，1994)。现在，为了评估统计图的有效性，我们需要识别出用户在解释图形时是用这两种方式中的哪一种方式(表格查询或模式理解)来完成任务的。表格查询需要用户完成以下一个或多个工作：扫描(根据坐标轴和图例识别数值)、插值(如一个坐标轴上的刻度之间)、匹配(用关键字查找一个符号)。模式理解需要用户完成以下一个或多个工作：探测(用于数据编码时使用的符号的意义)、组合(类似符号的可视化分组)、评估(组合的组之间的关系)。一个设计良好的图形能够帮助用户完成这些工作。Wise 等(1999)认同 Tufte(1983，1990)提出的许多好的设计准则，可以帮助读图者完成一个或多个 Cleveland 所提到的工作。Cleveland(1993)列出了保证视觉清晰地构造图形的法则——数据点相对于其他图形特征应该能够突出显示、避免杂乱、避免数据点之间的重叠、避免将不需要时不能关闭的注记或其他特征放在图形上。图形应该能够提供丰富的信息，不一定要快，但要容易阅读。

图 6-16 汇总了 Buja 等人的分类方法及 Cleveland 模型的主要特征。

目的是给出以下两方面的联系：一方面是统计图形的阅读者的任务希望能够参与到探索数据的目的中；另一方面是发展数据可视化技术的方法。在这个关系中存在的一个问题，就是如何设计这些技术，以便使它们能够有效地完成它们所服务的工作。Cleveland(1993)提出，当视觉迹象被表达以及视觉显示工程是以知觉和认知心理学的方式为基础时，人的眼睛和大脑能更好地从视觉迹象中探测模式和关系。Bertin(1983)定义了使用图形有效处理信息时的 7 个变量。在这 7 个变量中，对定量分析的目的，形状和颜色被认为对类型数据的分析、大小、数值和颜色为目的开发良好的可视化工具是关键的，它们有助于观察者注意数据中的模式。这些变量可以有动机地被添加，随着计算机的发展，这是可能的(Buja 等，1996)。

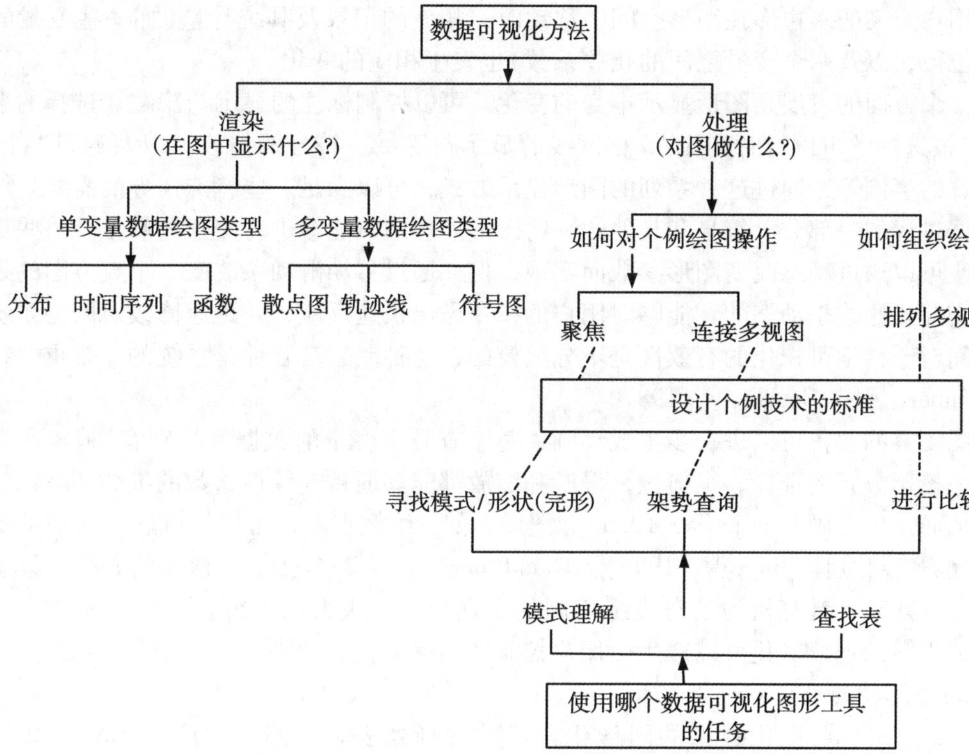

图 6-16　可视化任务和可视化技术之间关系

(二)计算机发展对数据可视化的作用

计算机技术的发展使得从手工绘图到数据可视化取得了重大进展。通过计算机能够更迅速、更一致地生成图形和地图。利用高分辨率的图形工作站，使得发展更好的多变量数据(三维或更高维)的可视化方法成为可能。传统的方法，例如符号法，通常是难以阅读的和解释的方法，已经受到现代计算机方法的挑战。理想的情况是，当用户利用一些输入设备，通过手工操作向一个图形工具提出请求时，计算机的图形屏幕能够迅速做出反应。用户的进一步请求(移动滑动条、点击操作等)将导致对原始图形的修改，产生同一个数据集的一些新的视图，以及与其他图形相关联等。下面将讨论由基于计算机图形学变得更简单的四种图形发展类型，包括人机交互、显示的一组图形之间的多关联的一些内容，以及包括图形本身的处理和它们提供的视图的一些内容。

当分析员分析数据的两个或多个视图时，在一个图形中高亮显示事例或事例的子集的操作，以及查看相同的事例处于其他图形中的操作，称为刷新(brushing)。虽然 Buja 等(1996)认为包含了某些子句和许多变量的复杂的数据库查询使得刷新操作的实现非常困难，但是查询和查询结果都具有能够被图形化显示的优点。在散点图矩阵中，为了查看其与其他散点图中的变量之间的关系，刷新操作被用于设定在一个散点图中的一个变量的数值范围的条件(参考 Becker 等，1987)。动态刷新(dynamic brushing)包括移动查询，例如用户在散点图中定义了一个多边形，并观察它在其他图形中突出高亮显示事例的变化模式。当用户定义的多边形在图形空间中移动时，相应的记录及其统计计量(如一些变量的均值或中位数，以及两个变量之间的相关系数)也发生相应的变化。

第二个方面的发展是图形显示本身的变化。可以控制标注的显示与隐藏、选择的事例(其他未被选择的事例暂时删除)、格网线的显示与隐藏、符号的修改，以及通过“抖动”区分重叠的事例等，通过这一系列的图形显示方式，可以满足一些特殊任务的需要。作为浏览数据过程的一部分，符号和其他的一些图形处理细节能够进行交互式修正。一些更深入的修改可以通过动态改变图形参数而实现，例如通过移动滑动条改变一个直方图的条柱宽度。交互式修改是动态的，能够对用户的指令做出快速反应，并迅速修改。因为系统的响应时间对于科学可视化的有效性是十分重要的，这种动态交互性是系统的一个重要特点(参考 Huber，引自 Becker 等，1987)。

制图工具的改善可以进一步生成动画，对于查看多变量的数据集特别有用。“在散点图中……投影方式的选择、纵横比、漫游和缩放都能够通过连续性参数的细微调整以及快速变化从而产生动画”(Buja 等，1996)。图形，如三维散点图，可以被旋转，从而从不同的视角查看三维立体(Buja 等，1996)。Grand tour 是高维、多变量数据集的光滑连续旋转(Asimov，1985)。计算机为动态投影机制的实现带来了极大的方便，在这种机制下，图形参数的平滑的连续变化可以产生由用户控制的高速变化的动画。

(三)可选择的数据可视化技术

表 6-3 给出了可视化数据的图形化方法的选择列表。大部分方法在 Tukey(1977)、Cleveland(1993，1994)、Cook(1995)等人的文献中介绍过。投影追求(Jones & Sibson，1987)关心提供多变量数据集的在某种意义上的最优静态投影，比如探测多维空间的聚类(Brusdon 等，1998)。

表 6-3 **可视化数据的图形化方法**

	单变量分布	双变量分布	多变量分布
类分	条形图	格子图；马赛克图；符号图(例如射线和树)	
定量	箱线图；直方图；二维散点图；分位数图；排名图；残差图；水平和扩散图；时间序列图	散点图：*Q-Q* 图；水平和扩散图；均值差异图	矩阵和格子散点图；平行坐标图；投影追踪；三维散点图；协同图；符号图(例如契农夫脸)；漫游图

大多数技术与在区间或比率层次测量的数据有关，因为这样的数据能够根据长度、比例尺或者位置，借用它们自身的图形描绘进行表达。类别数据通过图形方法不太容易被描述，也就是这些数据难以按照允许相对容易的视觉解码方式进行编码。两个有趣的例子是，由 Cleveland(1993)提出的格子图和 Friendly(1995)提出的马赛克图，这些图形能够生成条状图(也可参考 Riedwyl 和 Schuepbach 的拼花图，1994)。格子图表现为一系列行或列

或页面式的顺序箱线图(或其他类型的图形图)，就像花园中划分的格子。每个面板显示了某些变量以其他变量的值为条件的关系(Becker 等，1996)。马赛克图用矩形来表示不同类型的组合，事例的数量决定矩形的大小，所以对认出哪种事例的组合在数据集中占主要地位是相对容易的。

二、空间数据可视化

在空间数据可视化之前，首先回顾一些与可视化区域数据有关的数据准备问题。下面讨论的是关于 ESDA 在进行可视化空间数据方面产生的问题和特殊事项。

(一)汇总数据的数据准备问题：变量值

区域数据通常是计数形式。区域在大小方面是不同的，比如疾病事例方面处于风险的人口数，在数据探索阶段必须对这样的数据进行调整，以便人口大小的影响不会扭曲比较。将计数数据转换为比率数据时，分母的选择有时或许是非常明确的，但不总是这样。在对比分析某段时期的偷车率时的分母，理想情况下应该是这段时间每个区域处于风险的车的数量(或者开车时间)，但这些数据不容易获得。或许可以使用空间单元的面积来替代，但这会夸大具有更多偷车机会的、道路密集的市中心的比率。一个更好的分母应该是综合利用地理信息系统中的街道图和人口普查数据得到的道路长度、小巷和停车场的数量等测度。

当一个地区的个体层次的疾病数据可以获得时，即可以获得每个患病个体的年龄和性别数据时，那么年龄-性别的特定比率可以由每个年龄-性别组的病例总数除以该组的处于风险的总人口数来计算。现在对每个区域 i，从这个地区获得的年龄-性别特定比率可以由在每个年龄-性别组的区域 i 的人口数量相乘得到。这些分量可以进行相加(对所有的年龄-性别组对人口数归类)以产生这个区域的期望值 $E(i)$。这个期望值基于一个假设：各个区域内的比率在整个区域是均匀的，数字表示的各个区域在每个年龄-性别组的事例的发生是随机的，与区域无关。

(间接地)标准化比率是由观测计数 $O(i)$ 除以期望计数而得到的。在该地区的事例是随机分布的假设下，标准化比率计算了以年龄性别结构为基础的每个区域具有超过期望 $\left(\left[\frac{O(i)}{E(i)}\right]>1.0\right)$ 或低于期望的病例数量 $\left(\left[\frac{O(i)}{E(i)}\right]<1.0\right)$。例行构造标准化的死亡率和发病率的比率可以对整个区域的年龄和性别的变化按区域控制显示疾病数据。如果记录了一个地区的犯罪行为中的受害者的年龄、性别和邮政编码等数据，那么也可以用类似的标准化数据来分析这个区域的受害率(某地区的居民在犯罪行为中受害的风险)。这些受害事件的统计可以用来区分发生在受害者居住地区的犯罪行为以及发生在其他地区的犯罪行为。

对于选区层次的数据，提供参考计算期望计数($E(i)$)的地区可能是选区所在的城市或地区。在这种情况下，标准化比率可以识别计数大于或小于对应于这个地区的位于它们所处的期望值的区域。由于比率是基于用相同数据计算得到的期望值来计算的，一些比率大于 1.0，而另一些则小于 1.0。这种方法不需要定义参考地区。参考区域可以是全国(可以包含或不包含研究区)，在这种情况下，标准化比率的高低是相对于国家平均水平而言的。在这种情况下，如果研究区具有相对于全国其他区域更高的或更低的患病者数据，则该地区的标准化比率可能大于1.0或小于1.0。如何解释标准化比率取决于如何选择计算期望计数的参考区域。

当有关的风险因素可以识别时，就需要考虑其他的调整方式。Tukey(1979)列出了一些可能的调整变量，如种族组成、经济分区和工业组成等。由一种类型的调整方式所揭示的模式可以为其他的相关调整提供参考。在有盗窃的数据记录中，如果这些盗窃事件可以根据住所类型进行区分，那么在标准化处理时就可以根据房屋类型来进行处理。在某些情况下，我们可能会对计算控制区域层次特性的比率感兴趣，如剥夺率。Craglia 等(2000)在分析谢菲尔德地区入室盗窃比率时，将计数区分配给 Townsend 剥夺四分位数(图 6-17)。

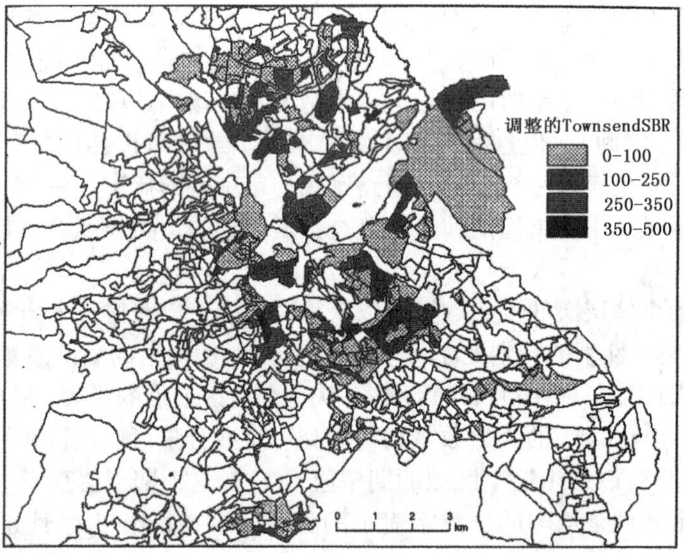

图 6-17　Townsend 的调整的标准化计数区盗窃犯罪率(SBR)：谢菲尔德(Craglia 等，2000)

因此，为每个四分位数分别计算独立的盗窃率仅使用取自按落入那个四分位数分类的计数区的数据。任何计数区的期望计数是通过该计数区的房屋数乘特定的剥夺率得到的，这个特定的剥夺率对应于计数区的剥夺组群。这可以用来高亮显示给定它们剥夺水平的高盗窃水平的区域。因为这个方法假定计数区的剥夺是均匀的，所以在对分析结果进行解释时必须小心处理(Morphet，1993)。

将计数转换为比率数据时，考虑样本总体大小的差别，然而，可能不足以保证多种探索数据为目的数据值的可比性(Smans & Esteve，1992)。这主要是由于两个原因。

第一个原因是，基于小样本数据计算的比率对于出现错误数据的稳健性不如根据大样本数据计算出的比率。患病或盗窃样例的增加或减少(如作为报告误差的结果)对于基于小样本总体的比率计算值的影响比基于大样本总体的影响要大得多。

第二个原因是，分母较小的区域所计算出比率的方差比分母较大的地区要大，并且均方差与比率有关。以分母是总大小 $n(i)$ 为例。比率是 i 地区的观测值 $O(i)$ 除以总体数而得到的，满足 $O(i)$ 的二项式模型，均值 $E[\ ]$ 和方差 $\mathrm{Var}[\ ]$ 的计算公式如下：

$$E\left[\frac{O(i)}{n(i)}\right]=\frac{1}{n(i)}E(O(i))=p(i) \tag{6-21a}$$

$$\mathrm{Var}\left[\frac{O(i)}{n(i)}\right]=\left(\frac{1}{n(i)}\right)^2\mathrm{Var}[O(i)]=\frac{p(i)(1-p(i))}{n(i)} \tag{6-21b}$$

其中，$p(i)$ 是区域 i 内具有被计数的特性的样本个体的概率。因此当 $n(i)$ 变大时，$\mathrm{Var}\left[\frac{O(i)}{n(i)}\right]$ 将变小。

式(6-21)中的均值和方差都不是独立的。在给定 $n(i)$ 情况下，若 $p(i)$ 接近0或1，方差将与均值具有一定的比例关系。因此，需要进行一些使方差稳定的转换(特别是当 $n(i)$ 比较小时)，去掉均值与方差之间的相关性。Cressie 和 Read(1989)提出对于具有空间相关的样本数据 $O(i)$ 可以采用如下 Freeman-Tukey 平方根转换方法：

$$\left[\frac{O(i)}{n(i)}\right]^{\frac{1}{2}}+\left[\frac{(O(i)+1)}{n(i)}\right]^{\frac{1}{2}} \tag{6-22}$$

一个比常用的平方根转换更可取的方法是：

$$\left[\frac{(O(i)+1)}{n(i)}\right]^{\frac{1}{2}}$$

根据公式(6-1)估计比率 $p(i)$ 的标准差是：

$$\left[\frac{p(i)(1-p(i))}{n(i)}\right]^{\frac{1}{2}}$$

这个值与作为分母的总体大小是反比例关系。它服从任何在比率方面的真实空间变化可能被在 $n(i)$ 中(样本大小)的变化混淆，或者在比率上的交替的空间变化可能是在 $n(i)$ 中的人为的空间结构。然而，Freeman-Tukey 转换不能使方差相等(在回归分析中非常重要)，进一步使用加权方法是需要的。

标准化比率 $SR(i)$ 等于 $\frac{O(i)}{E(i)}$，其中，$E(i)$ 是 i 地区的期望值，在许多类型的制图中，特别是与 $E(i)$ 有关的排序区域，$E(i)$ 值是固定不变的。还有一些可选择的比率，有些在某种特定情况下具有更好的特性。比如建议的基于平方差的卡方测度(chi-square measure)：

$$\frac{[O(i)-E(i)]^2}{E(i)} \tag{6-23}$$

以及：

$$\frac{[|O(i)-E(i)|-0.5]^2}{E(i)} \tag{6-24}$$

其他应用于流行病分析的泊松统计包括：

$$(O(i)-E(i))^2-O(i)\qquad (O(i)\geqslant E(i)) \tag{6-25}$$

$$\frac{O(i)(O(i)-1)}{E(i)^2} \tag{6-26}$$

$$\frac{O(i)(O(i)-1)}{E(i)}-E(i) \tag{6-27}$$

这些统计方法减少了样本总体较小的情况下样本值的分布中出现极端值的风险。样本较少(因此 $O(i)$ 和 $E(i)$ 的值也较小)的区域通常不会出现极端值，而人口数较大地区间的相对于标准化比率差别被夸大了。表 6-4 给出了样本总体数具有较大差异的两个地区的相关统计值。英国前环境交通地区部(DETR)的计数区及选区级的指数就是用卡方统计进行计算的。

表 6-4　　**比较观测和期望计数的统计**

	$O(i)$	$E(i)$	$\frac{O(i)}{E(i)}$	式(6-3)	式(6-4)	式(6-5)	式(6-6)	式(6-7)
区域 1	20	15	1.33	1.66	1.35	5.0	1.688	10.33
区域 1	200	150	1.33	16.66	16.35	2300	1.788	115.33

另一个方法就是让每个标准化比率与置信区间相联系。以疾病制图为例，在对关于具有参数($E(i)r(i)$)的观测计数的独立泊松分布模型的假设下，$O(i)/E(i)$ 是对未知真值的特定区域相关的疾病风险 $r(i)$ 的最大似然估计，它符合泊松分布的特性：

$$\mathrm{Var}\frac{O(i)}{E(i)}=\left(\frac{1}{E(i)}\right)^2\mathrm{Var}(O(i))=\left(\frac{1}{E(i)}\right)^2(E(i)r(i))=\frac{O(i)}{E(i)^2}$$

所以，标准化比率的标准误差是 $\frac{O(i)^{\frac{1}{2}}}{E(i)}$。对 $SR(i)$ 的样本分布进行正态近似，可以计算出近似 95% 的置信区间为：

$$SR(i)\ \pm 1.96\frac{O(i)^{\frac{1}{2}}}{E(i)}$$

Ulm(1990)给出了精确计算标准化比率的置信区间的方法以及其他方法。但还是存在一些问题。因为样本总体大小对 $O(i)^{\frac{1}{2}}$ 和对 $E(i)$ 进行比较具有不同的影响，所计算出的标准化误差对于具有小样本的区域偏大，而对于具有大样本的区域偏小，所以样本数较小的地区可能会产生极端值，而样本数大的地区其比率值可能明显不同于 1.0(Mollie, 1996)。如果各区域的样本总体大小的变化不存在问题，每个事例可以根据置信区间的范围与对应于该区间的比率值为 1.0 的区域的关系进行分类。

(二)汇总数据的数据准备问题：空间框架

空间数据分析经常是从小空间构造块记录的数据开始的，比如英国人口调查中的计数区域或者是由用户定义的“输出区域”。在一些情况下，空间单元定义得比较好，并且是有意义的，比如在分析选举结果时的选区边界。然而，通常空间框架是对事件数据进行人工筛选的。一些基本的社会经济过程更多地与“片区”或“社区”的关系更密切，而不是人口普查单元。

分析员对区域数据集的分析视图是基于空间划分的。这涉及划分的尺度和与它要表达的基本现实对应的特定构型。分界线穿过同质区域，或者将根据非常的不同变量的空间单元区域捆绑在一起，在研究中具有重要意义吗？进一步讲，这样小的空间单元的汇集，当然，会使情况复杂化，但有时这种处理是必需的。对空间单元进行汇集具有多种原因(Wise 等，1997)。分析人员需要区域有足够大的样本总体，这样可以使得所计算出的比率值较稳健，并允许在区域间进行有意义的比较。为了使空间数据分析结果更准确，可能需要减少具有可疑位置或不精确属性的区域的不良影响，或通过减少区域的数量作一些空间数据分析可行性的形式。综合一幅地图，通过去除有噪音的细节、将具有相似属性值的区域进行合并等方法实现地图综合，以实现地图可视化(Wang 等，1997；Jaakkola，1998)。为了对选择的框架中发现的敏感性进行评估，如果汇集是需要的，那么至少在探索性分析阶段需要根据一定的规则构建其他相似的或有效的汇集。

分区是分类的一种特殊形式，基本空间单元可以根据一组特定的规则分组在一起。分区与分类的区别在于，进行单元分组时必须考虑空间邻近性或空间邻接性的约束。分类过程或基本空间单元的分区的一个问题是对于中等数量的空间单元可能被划分为大量的小单元。在理论上，可以根据一些目标函数列举所有的划分，这是最好的。但是，当空间单元数目超过 1000 时，在合理的时间内是不能获得满意的答案的(Cliff 等，1975)。

1. 区域单元构建的非空间方法

普通的(非空间的)分类程序或分组策略可以用来实现区域单元划分。典型的是根据观测对象的一个或多个属性值的相似性实现观测对象的分类，使得组内方差(组内的同质性)最小，而组间方差(组间异质性)最大。分类通常采用层次方法或启发式方法(Everett，1974)。层次分类方法根据一些相似性测度，将 n 个观测值逐步融合成一个类，也可以将 n 个观测值组合并成一个类，然后再逐步分裂成多个类别。每个行为(分裂或合并)都是可能的最佳值，但并不能保证最后的分类结果是最佳的。非层次法或启发式方法企图找到最佳的分割方法，其中 K 均值算法(MacQueen，1967)是最有名的。该方法开始将 n 个观测值划分为 K 个组，然后试验性地与个体观测值交换，利用一个目标函数来决定分配到哪一组分类比另一组更好。

这些非空间分类方法将引入一种“缺省”的区域单元划分。但对分类单元进行制图时，如果有 K 个组或类别，可能会产生远远多于 K 个的组，其中的一些组只包含一两个初始的基本空间单元，这意味着用户不能控制产生的类别数。Haining 等(1994)用基于信息论的非空间分类程序来构建谢菲尔德地区 Townsend 剥夺区域分区(图 6-18)。

由这个方法提供缺省的区域，然后加以修改，通过基于根据定量证据和局部知识邻接区域的相似性实现进一步的合并。该方法综合应用了该地区的定量数据和定性知识。该方法与利用因子生态学和区域社会学方法确定城市中的“自然”的社会经济区域的方法的思想类似，也类似于健康专家在健康统计报告中构建社区片区时所采用的方法(参考 Greater Glasgow Health Board，1981；Haining，1990)。

2. 区域单元构建的空间方法

另一种分区算法是基于分组使用的相同算法，现在除了分裂或分组合并或组之间的单元交换，不允许违反与空间单元相联系的空间邻近性约束(Webster & Burrough，1972；Perruchet，1983)。这些算法适合于在地理信息系统中实现，因为这些系统存储的信息是空间邻接的。Openshaw(1978)研究出一种区域化或分区算法(AZP)，该算法根据所需要的区域数，对研究区域进行初始地随机分区，然后随机选择一个区域。对取之选择区域边

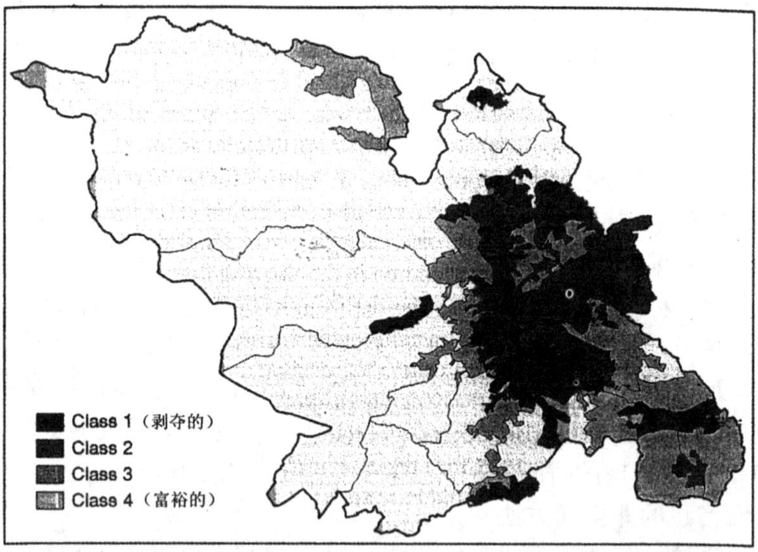

图 6-18　Townsend 剥夺区域：谢菲尔德的 1991 年人口普查数据(Haining 等，1994)

界的空间单元进行采样，如果目标函数没有退化，就移到该区域。对该区域单位进行采样，然后确定单元的边界，直到目标函数不能再提高为止。Openshaw 和 Rao(1995)回顾了区域单元构建中使用启发式方法的经历，并描述了加速算法和减少过早收敛风险的基本算法的改进算法(参考 Openshaw 和 Wymer，1995)。

假设任何方法都对初始的分区域敏感，这应当是可以评估的。用户可能希望从一个能够识别出在表面上存在的任何同质区域的初始区域开始，而不是选择一个“随机”分区。Wise 等(1997)指出了这种可能性，并且在确定起始点时局部统计可能具有重要作用。Womble(1951)提出了关于数据的区域划分从一个连续表面开始，基于一种函数(系统函数)，加权平均的测度的变化随一组变量的距离变化的方法。当在地图上找到急变梯度的区域时就开始进行分区。识别这种有梯度变化的区域可以不产生区域(不能保证从一个划分中有这样的坡度变化)，但可以提供一个起始点或在一个分区算法中的约束条件。这种方法不是寻找同质区域的“平缓地点”，重点是识别或许形成区域边界梯度。Oden 等(1993)针对类型数据对 Womble 的方法进行了扩展，通过计算相邻区域之间分类不匹配的比例来实现。这种“类别同源地统计”(categorical wombling sattitic)能被用于实现区域划分。Jacquez 等(2000)回顾了同源地统计算法和其他边界检测方法。

一些与 Openshaw 提出的相类似的方法是只允许单元位于同一个区域，条件是它们是空间邻近的。由 Berry(1966)和 Spence(1968)描述的分区方法是另一种方法，将空间单元的地理坐标作为一对附加的变量包含在目标函数中。Oliver 和 Webster(1989)提出，在进行土壤制图时，在这种意义上独特区域识别并不能反映土壤变化的自然性。他们的方法是由 Webster(1977)描述的一种非层次方法版本。两个空间单元(i 和 j)的属性的相异性($d(i, j)$)是通过它们属性值的差异的加权进行测量的。权重可以进行调整，以反映在距离相似性测度中使用的与每个属性相联系的重要性。下一步，相异性程度得分由它们的地理间隔对产生新的相异性指标的函数(f)来计算：

$$d^*(i,\ j) = d(i,\ j)f(|\ s(i)\ -s(j)\ |) \tag{6-28}$$

其中，$|\ s(i)\ -\ s(j)\ |\ = u(i,\ j)$表示两个单元之间的间隔距离，或由$s(i)$和$s(j)$所给定的位置的地点。Oliver 和 Webster 建议，函数f可以由能最佳描述数据中的空间自相关性的地理统计模型来定义。例如，在这种情况下，模型是指数型的：

$$d^*(i,\ j) = d(i,\ j)\left\{\frac{c}{c_0 + c}\left[1.5\frac{u(i,\ j)}{a} - 0.5\left(\frac{u(i,\ j)}{a}\right)^3\right]\right\} + d(i,\ j)\frac{c_0}{c_0 + c}$$

$$0 < u(i,\ j) \leqslant a$$

$$d^*(i,\ j) = d(i,\ j) \qquad u(i,\ j) > a$$

其中，c 和 c_0分别是地理统计变异函数的台值和块金方差，a 是函数的变程。修正的相异性指数 $d^*(i,\ j)$相对于非空间的相异性指数 $d(i,\ j)$在到达函数变程时变平了。注意，如果块金方差相对于台值方差是大的，那么 $d^*(i,\ j)$接近于 $d(i,\ j)$。当在数据中存在强空间自相关性时，修正量是最大的。超出函数的变程之外时，$d^*(i,\ j)= d(i,\ j)$。随着变程的增加，地图的平滑性也将增强，且独特区域数量将变少(见图 6-19)。关于地理统计模型选择的详细内容可参考 Oliver 和 Webster(1989)的文献。

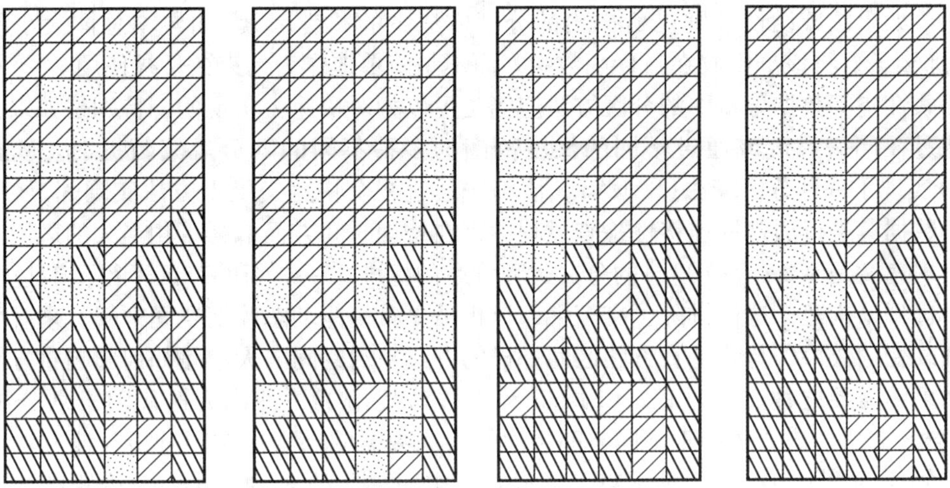

(a) (b) (c) (d)

图 6-19 基于相异性的距离加权测度的一种分区方法
以及增加权重函数变程的表示效果(Oliver 和 Webster，1989)

3. 区域单元构建的设计准则

如果存在几个设计准则，分区将会变得更加不确定。例如，它可能要求分区根据一组属性值产生同质区域(例如剥夺)，以及这些区域根据样本总体大小是大致相等的和相对紧凑的。

由 Wise 等(1997)提出的分区方法是基于形成一个单一目标函数，该目标函数结合了三个设计函数。它们的目标函数是三个函数的加权求和。第一个是同质性函数，该函数具有一个或多个属性的最小组内方差。第二个是等价函数，该函数具有在属性值之间，如覆盖这个区域的总体大小最小的差别。第三个是空间紧凑函数，对区域中心的坐标具有组内方差的平方和最小。用户可以通过说明每个函数的权重来改变其重要性。对该方法的一个批判是：它通过标准化将具有不同单元测量的属性结合在一个共同的系统，而用户可能没有必要去理解要做的关于分区的含义就必须定义权重。该方法是基于 *K* 均值分类的，该方法只允许在区域的边界进行交换。假若整体目标函数得到改善和假若这个函数已经变得很坏，但没有比用户定义的阈值更坏，即使一个或两个独立准则变坏，交换也是允许的。引入这方面的算法是企图减少在质量贫乏局部优化方面过早收敛的风险。一些实验显示出该算法在某种意义上会产生异常的区域。一个或两个独立的区域可能有很大的样本总体数量，以至于在这个算法已经产生它的最佳方案之后还需要一些进一步的划分。

一种可选的处理多设计准则的方法是指定其中一个准则作为要优化的目标函数(比如同质性)，并将其他准则作为等价或非等价约束条件。Alvanides 等(2000)描述了一种基于带约束条件的优化目标函数的区域设计算法(ZDES)。在目标函数中添加惩罚函数来表达违反约束条件的“代价”。Alvanides 等(2000)已经提出了不同方法来考虑惩罚函数中的权重。这些方法是否能够产生更好的解决方案还不清楚，还需要将这些方法与其他的方法进行对比实验。在目标函数或一组约束条件中区域设计准则包含的内容至少部分取决于问题的性质。如果区域设计准则是所提出的分区方法中的关键因素(如样本总体大小的等价性)，那么最好将该准则放在目标函数中，而不是简单地作为约束条件被使用。

探索性空间数据分析中的分区方法应当是可以相对快速去实现的，特别是如果分析员希望通过在同一尺度或通过不同的尺度范围的多种不同的划分观察数据时。Macmillan(2001)实现了一种分区算法(SARA)，该算法通过一个快速交换点方法实现邻近性检查，对于大数据集进行通常的连接性检查过程中，在处理时间方面取得了相当大的进展。

实现速度是 Wise 等(1997)的分区过程背后的标准之一。新的分区不得不通过重复执行这个过程来构建。这样排除了交互性，分析员更希望能动态改变空间框架，来观察尺度和划分改变的效果，与改变直方图区间一样的方式来观察间隔大小是如何影响直方图的形状。如果不需要这种交互过程，Cislaghi 等(1995)提出了一种称为迭代随机划分法(IRP法)的分区方法，该方法用于不同空间尺度的疾病数据的探索性空间分析。该方法初始选择 *K* 个随机的空间单元作为种子点，形成基本空间单元的 *K* 个聚类。根据距离测度，每个基本空间单元被分配到它的最近的种子点，并且给每个基本空间单元分配一个从所有的位于同一个区域的基本空间单元计算的标准化分值。这个过程利用不同的随机选择的种子点被重复执行 *j* 次。这样，对每个基本空间单元产生一个数值分布，而均值或中位数用于表达由 *K* 种选择定义的尺度上的基本空间单元。选择不同的 *K* 值，可以检查不同尺度下的模式。以以前的方法的某种意义讲，这并不是一种分区过程，而是一种使用所有可能的对基本空间单元分组的发展中的空间滤波方法。选择给定的 *K* 个随机种子点不能确保各区域具有相似的大小，可能会出现一些偏大的或偏小的区域。因此，如果目的是使随机生成的可比较大小的区域，以控制尺度，那么可以适当考虑将分层方法添加到选择种子点的准则中。

最后一点与空间框架相关。注意关于 ESDA 的几个专业图形工具取决于权重矩阵(W)的设定。通过图形工具和数值分析工具，对探索区域数据进行不同的关于基本图形假设的能力已经被解释为 ESDA 的潜在的重要方面(Haining 等，1998)。

(三)空间可视化的特殊问题

前面讨论的图形工具在 ESDA 的空间数据可视化分析中仍然具有十分重要的作用，但为了探索空间格局，需要新的图形工具。另外，地图成为可视化的一个基本因素。MacEachren 和 Monmonier(1992)对这个重要性之一进行了总结："在地图制图学中，单一的最大的挑战是重新定向我们的企图，从强调在地图展现答案到在地图上搜索问题。"这与图形显示与科学可视化之间的区别属于同一类型的问题。产生的问题是：对地图如何处理才能实现可视化的目标，需要提供什么工具？MacEachren 和 Monmonier(1992)强调了地图的多视图的重要性，使用"各种地图测量、分类、符号化方案、比例尺、范围、综合、方位角、高程、时间或时间周期以及交叉重叠法等"。图形和图形参数的交互处理，在 ESDA 和 EDA 中同样重要。另外，ESDA 需要能够快速绘制合适的地图的能力，能交互式地修改参数以提供不同的视图，在图形和统计显示之间能实现动态链接。

通过刷新操作实现地图和统计图表工具的联系的工具已经被集成到了 ESDA 软件中。Monmonier(1989)将这种方法称为地理刷新(geographical brushing)。图形到地图(Graph-to-map)的链接使得用户能够查找图中某个特定事例(如在箱线图中的异常)在研究区的地图上的位置；地图到图形(Map-to-Graph)的链接能使用户查询是否一个选定的区域(如城市内部区域)根据属性是可区别的。动态的图形到地图的链接允许用户通过图形移动一个多边形，并观察高亮显示在地图中的事例。动态的地图到图形的链接允许用户在地图表面上移动特定的多边形或线，同时在图形中高亮显示事例，或者计算正好落在移动窗口边界范围之内的事例的统计报告(Craig 等，1989)。地图不仅仅是一个定位事例的信息容器。Majure 等(1996)提出了一种空间累积分布函数(SCDF)来计算森林的落叶指数。为了探索在由 SCDF 计算出的不同地图子区域的落叶指数上升的差别与树的应力源之间的关联，在地图窗口中叠加了人口密度数据。在这种方法中，地图既有定位信息，也有与分析有关的处于其他图形窗口数据。用箱线图所识别的具有高城市犯罪率的区域可以在包含社会经济数据的城市人口普查区域的地图上高亮显示。具有相似的剥夺水平彼此靠近的区域，但具有明显不同犯罪率的地区，将是探测和调查更密切感兴趣的。

在有些情况下，地图到地图的刷新可能是非常有用的。人口比较统计地图提供了一种地图，其中，各个地区的面积与人口数成比例，并能够提供一个更好的空间框架。比如，通过该框架可以观察社会结构的空间特征(Dorling，1994，1995)。为了达到这个目标，这种地图能够将物理区域转换为用户熟悉的区域。已经开发了邻近和非邻近形式的人口比较图(Schulman 等，1988；Olson，1976)。然而，地图观察者可能在人口比较图中失去方位感，并且不知道他们在地图中的位置，所以，在 Cleveland 的关于人口统计图的术语中，独立无助地比较统计图在表格查询检验中是失败的。但是，通过一个与"熟悉的地图"的链接(可根据需要打开或关闭)可以恢复方位感。

利用滑动条可以实现快速显示用户所确定的改变。Dykes(1997)，Andrienko 和 Andrienko(1999)举例说明了地图的显示参数的动态交互式处理对于支持空间数据的探索的作用。例如，可以根据符号选择、分布图分类间隔的确定以及颜色的使用等实现灵活处理。其中一个好处是能够从或许更容易探测的空间格局中进行“动态的视觉对比”。Andrienko 和 Andrienko(1999)举例说明了通过动态改变地区分布图中不同阴影颜色的间隔的方法来，揭示波恩地区的家庭的平均大小的分布模式。他们扩展了这个方法，以用来分析两个变量之间的关系。

在处理空间数据的图形视图时，还需要考虑其他一些参数，包括：用于浏览各向异性的方向变化(例如，决定比较在南北方向具有东西方向的结构)、步距距离的变化和距离带以及这些参数的容限等。Majure 和 Cressie(1997)认为“它是对角度和距离的一种动态控制，可以提供一种真实的有用的探索性数据分析环境。”

Cleveland 的模型对阅读一幅地图时涉及的感知任务进行了分类。模型提供了一种为评估可视化目的而设计的特殊地图效果的一个框架，虽然 Olson(1987)也讨论说“地图是图形的更复杂的形式”，但实际上，地图的确对于模式感知产生了一些特殊问题。考虑以下情况：大部分统计图对数据进行重排序，使得具有相似值的事例在图中靠在一起。这种图以它表达针对眼睛的这种方式优先考虑变量值的相似性。如果数据值不得不根据一些其他变量(类型)进行排序，那么它或许仍然是可能按照使容易比较的方式布局图形(比如像在格子图中那样)。然而，地图优先考虑数据值的空间排列属性。地图上的模式感知似乎涉及一个更复杂的集成过程，在视觉形式(地图)，不得不同时处理“数值的相似性”和“固定的布局”，并优先考虑第二点。当然，这就是 ESDA 中地图和统计图为什么是相互补充的原因之一，这也是为什么开发一些统计图的原因之一，如空间散点图、空间格子图和云图等，这些统计图将关于空间关系的信息嵌入到图中。用这种方式弥合二者之间的缺口，一方面是非空间图形工具强调数值的相似性，另一方面地图强调数值的空间布局，因为刻板的空间布局难以解码和理解。其中一个含义就是，为了实现对空间数据的可视化以及构建相关的图形工具，需要附加的数据层来存储连续表面上站点间的一定距离上的数据或是存储定义空间对象间邻接关系的空间权重(Haining，1994)。

在利用 ESDA 的方式阅读地图时，可能还有其他问题。对于区间和比率数据，基于分级的分布地图会忽略一些信息；基于明暗法或色度的未分级的地图可能很难解码，尤其是如果采用了多于 8 个分级区间时候(Tufte，1983)。地图分布图的色彩的选择和间隔的选择对视觉表现有深刻的影响。地图上的区域，无论是依据区域范围还是样本总体，并不总是具有相同的大小。大面积区域可能占一幅地图的主要区域，而小面积区域可能很不显眼。如果地图显示的是比率，大面积是人口稀少的农业区，比率可能具有较低的稳健性或精度。为了应对这个问题，在有人居住的地区要限制使用明暗法，使用比较统计地图或添加到地图上的符号或在地图上叠加与人口数量成比例的形状(Dunn，1987)。面积小但人口密度大的城镇地区的比率具有较高的稳健性和精确性，但在地图上难以看见。Dunn(1989)建议将属性比率的表示和人口数作为具有颜色的两个变量的彩图，或其颜色和明暗程度在属性值和人口数量都增加的情况下才会增强。这个问题可扩展到数据的图形渲染，如箱线图或散点图。并不是所有的比率都是同等可靠的，并且图中以一些方式看起来显著或令人感兴趣的数据点的特殊组群或许需要查证它们与不可靠的比率没有关联。

虽然缺失数据对空间数据不是唯一的，当注意力集中在数据值的排列特性或对地区之间进行对比时，缺少某种数据值(或关心持久的计数)可能是有问题的。每个对应于特定区域的缺失数值和缺失数值的收集可能在一个整体子区域是不明显的，不像在一些统计背景中，缺失数据源于含有重复值的实验数据集。特别是需要作为交互图形的一部分来跟踪空间数据集中的缺失数据时(Unwin 等，1996)。

良好的地图设计将仍然有利于帮助在 ESDA 中的与空间数据可视化相关的表格查询和模式理解工作。Cuff 和 Mattson(1982)以及 Dent(1985)讨论了传统地图的设计准则。Buttenfield 和 Mark(1994)提供了一个综述。但为了防止混乱，现在需要的是与特定的抽象和综合联系起来(Brassel 和 Weibel，1988；Monmonier，1991)。这是保持与科学可视化的一致，比如引入“抖动技术”，以揭示在图中的数据点重叠性(Cleveland，1993)。一些适合于表达制图学的细节，比如指北针、比例尺等，可以被省略，因为分析员对数据的这些方面比较熟悉。用户并不是设计单一的“最佳”地图，可能需要显示多幅地图，根据具体要求控制不同显示要素的显示与关闭。

Openshaw 和 Abrahart(1996)认为在许多应用中，地理参考数据的容量和复杂性在实现可视化方法方面会产生问题，基于人工神经网络和遗传算法的地理计算工具可以为 ESDA 提供比可视化(以及探索性统计技术)更深刻的理解。Gahegan(1999)提出了几个从连续表面数据可视化方法发展的障碍。第一个障碍就是绘制图形的速度(渲染速度)，在任何一个需要管理大量复杂数据集的系统中，交互性对可视化是至关重要的。第二个障碍就是从地理数据集到视觉领域映射的复杂性，以及实现大量空间数据视图的可能性。这些和 Gahegan 提出的其他障碍是从其他可视化领域识别的一些问题的反映(Wegman，1995)。因为以下三个原因，这些问题对空间数据是关键的：第一，有一些其他的要求与映射大数据集有关；第二，ESDA 需要使用一些其他的空间关系数据层(距离和/或空间权重)，如果考虑所有的事例，则需要提供 n^2 次计算；第三，ESDA 要对空间和非空间数据属性进行探测。Anselin(1998)认为，对中小型数据集已经开发的简单外推法是不可行的。“使用有效算法、实施稀疏的和尽可能集中于基于仔细的空间采样的空间数据子集的新的方法是需要的”。基于知识的系统可能为特定问题开发的系统设计提供帮助(Andrienko 和 Andrienko，1999)。Gahegan(1999)讨论了这些问题，并对这些问题及其他问题进行了例证说明。

三、数据可视化和探索性空间数据分析

现在介绍一些探索性空间分析的制图工具及相关参考工具，其目的是将基于简单数据操作的单变量数据制图工具与空间格局探测工作的类型联系起来。最后我们用一个简单的例子对这部分进行总结。

(一)空间数据可视化：为单变量数据选择的技术

这些技术被分为两大类：一些主要与点对象或面对象数据有关(表 6-5)，另一类主要与连续表面数据有关(表 6-6)。映射，包括属性值表示竖轴，另外两轴由两个坐标定义每个事例的位置而绘制的三维散点图，能提供有用的对整幅地图(全局的)存在的以及局部地图属性的深刻理解。

1. 点或面对象数据的处理方法

表 6-5 定义了一些有助于揭示出数据中的不同模式特性的图形图。

表 6-5　　**面和点对象数据的图形方法**

空间对比	趋势	局部聚类和从聚	空间自相关
箱线图：累积分布函数	空间步距箱线图：协同图	协同图：空间散点图	空间散点图

表 6-6　　**连续表面数据的图形方法**

空间对比	趋势	局部聚类和从聚	空间自相关
箱线图：累积分布函数	数据处理：轮廓图；符号图；指示图；水平延展迹线图；协同图	协同图；空间散点图；袖珍图	空间(或 h)散点图；平方根差分图

比如箱线图或累积分布函数可以对独立存在的空间子集进行计算，然后进行相互叠加；进行对比以指明两个区域之间的差别。由每个子区域组成的独立存在的空间单元可能不相等的，例如它们可能是在大小上是变化的，并需要考虑权重(Mungiole 等，1999)。在箱线图中，让 $z(1)$，…，$z(n(r))$ 表示区域 $r(r=1, \cdots, R)$ 的值 $n(r)$。目的是通过 R 个子区域($R \geqslant 2$)进行比较。让 $w(1)$，…，$w(n(r))$ 表示在 r 中的 $n(r)$ 个独立存在的空间单元的对应权重。为了寻找加权的中位数，例如对观测值进行排序，使得 $z([1]) \leqslant z([2]) \leqslant \cdots \leqslant z([n(r)])$。然后权重按照与 $\{z(i)\}$ 对应的顺序重新排序。重排序的权重累加和是：

$$S(k)=\sum_{j=1}^{k} w([j]) \quad (k=1, 2, \cdots, n(r)) \tag{6-29}$$

加权中位数的指数 t 是 k 的最小值，这样 $S(k)$ 至少是权重总和的一般：

$$t=\min\left\{k \mid S(k) \geqslant \frac{S(n(r))}{2}\right\}$$

如果 $S(t)$ 明显大于 $S(n(r))/2$，那么加权中位数是 $z([t])$。如果 $S(t)$ 与 $\frac{S(n(r))}{2}$ 相等，那么加权中位数是 $z([t])$ 和 $z([t+1])$ 的平均值。加权的高四分位数和低四分位数可以使用同样的准则，并构建箱线图。

加权中位数用于多种情形，包括平滑空间数据。例如，权重可能是基于面积的(面积越大权值越大)，到一个给定点的距离(位置越近赋予的权值越大)或是总体大小(对具有较大总体的区域其权值较大)。标准差较小的数值可能被赋予较大的权重，在比率情况下，是具有较大总体的区域(参考 Cressie 和 Read，1989)。由 Majure 等(1996)建议的 CDF 权重是

$$F_{n(r)}(z;\ r)=\frac{\sum_{j=1}^{n(r)} w(j) I(z(j) \leqslant z)}{\sum_{j=1}^{n(r)} w(j)} \tag{6-30}$$

其中，$I(z(j)\leqslant z)$是指示器函数，如果 $z(j)\leqslant z$，则指示器函数取值为 1；否则为 0。CDF 是竖轴为 $F_{n(r)}(z;\ r)$，水平轴为 z 的图。

“空间步距箱线图”意思是一系列排序的箱线图。排序对应于选择的站点或区域。每个箱线图使用从选择的区域给定距离（或“步距顺序”）的数据子集。再者，每个箱线图可能是基于上面所说的加权统计。图 6-20 显示了 Glasgow 地区社区医疗区域关于所有癌症患者的标准化死亡率（SMRs）的非加权箱线图（Haining，1990）。距离带是指到城市中心的距离。独立区域 SMRs 被显示在每个箱线图中。根据箱线图构建中使用的数据事例数量箱线的宽度可以缩放。

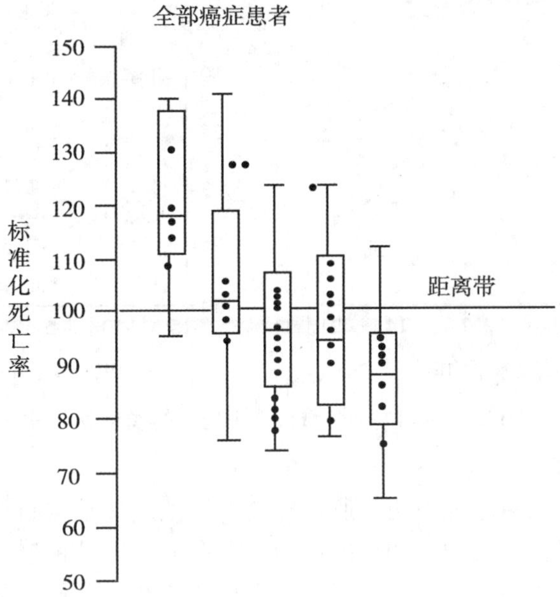

图 6-20　从格拉斯哥城市中心按照将社区医疗区域分组为距离带的非加权箱线图表示的标准化死亡率：全部癌症患者

Cleveland（1993）的协同图是对空间数据的一种改变（Brunsdon，2000）。兴趣变量数据（在协同图中的调节变量）被划分成六个部分重叠的子集，跨越从最小值到最大值的范围。每个子集具有相同数量的事例。协同地图的六个版面然后显示在相应子集中的事例的位置。在协同图中，六个版面可能是其他两个变量的散点图。Brunsdon 建议用核密度估计方法平滑这个图，有助于绘制出可能存在于空间分布中的任何模式。这个技术类似于在兴趣数据值上滑过数据值的分布的移动窗口的刷新操作，除了映射保证在每个视图中有相等的事例数。

建议的空间散点图有两种形式。一种形式是 n 对值 $\left\{ \sum_{j \in N(i)} w^*(i, j)z(j), z(j) \right\}_{i=1, \cdots, n}$，进行绘制，其中 $w^*(i, j)$ 表示标准邻接或权重矩阵的行的第 (i, j) 个实体元素，$N(i)$ 表示事例 $i(i \notin N(i))$ 的一组空间邻域。竖轴用于表示空间平均的空间邻域值，水平轴用于表示空间平均值的中心的面积值。Anselin 建议将它称为 Moran 散点图。如果值 $\{z(i)\}$ 是到均值的偏差，那么空间自相关的 Moran 系数是 $\left\{ \sum_{j \in N(i)} w^*(i, j)z(j), z(j) \right\}_{i=1, \cdots, n}$ 在 $\{z(i)\}_{i=1, \cdots, n}$ 上的回归斜率的普通最小二乘估计。

另一种空间散点图的形式是交换了坐标轴。这种类型的图用于探索 $z(i)$ 之间的关系，作为它的空间邻域的平均值的函数。这对应于关于同步空间自回归的特定类型的散点图，其响应变量 Z 的值与该变量($W*Z$)的相邻空间邻域的平均值用于绘制图形。通过矩阵 W，定义不同的空间邻域阶数，可以构建不同阶数的散点图，以观察空间自相关的影响是如何随步距距离的增加而减弱的(参考 Haining，1990)。图 6-21 显示了关于第一阶和第二阶最近空间邻域的回归残差图。

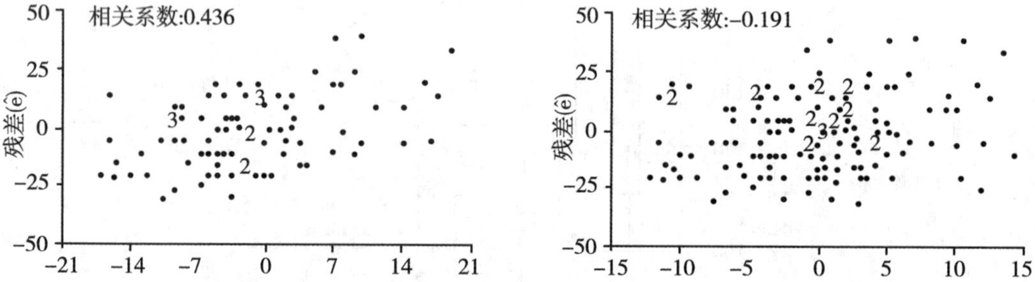

(a)一阶邻域残差平均值　　(b)二阶邻域残差平均值

图 6-21　针对空间邻域残差平均值的残差散点图

空间散点图中向上到右增加说明了所选择的邻接性定义是空间正自相关的，而向下到右减小则说明是负空间自相关的。如果散点图中没有显示出某种趋势，则说明不存在全局的或整幅地图的空间自相关。当 $\{z(i)\}$ 标准化为均值为 0、标准差为 1 时，散点图可以划分为样方。每个样方中的事例用特定的颜色或特定的符号被高亮显示，然后被映射以揭示高值和低值的异常，相对高的值周围是相对低的值，反之亦然。Anselin 等(1993)也建议构造他们称之为空间步距饼图的图(是一个取正值的变量)以及后来可以被映射的空间步距条状图。这些也是基于可视化 $z(i)$ 和 $\sum_{j \in N(i)} w^*(i, j)z(j)$ 相对大小的。

2. 连续表面数据的处理方法

表 6-6 提供了一个图形显示方法的列表。箱线图和累积分布函数对识别空间差异是有用的。至于区域数据，加权仍然是一个好主意，此时，在采样设计上如果存在偏差，也就是说，在一些研究区域的一些部分进行密集采样，而在其他地区只有稀少覆盖。这种情况下，为了减小地图中在一个区域形成的聚类的案例的贡献，可以使用加权方法(如单元重聚技术)。

Isaaks 和 Srivastava(1989)列出了一些简单的图形工具，用于趋势探测、聚类(高数值或低数值的)和空间连接性(或自相关性)例子。数据定位(data posting)是指将每个数据点连同它的数据值一起定位在这个区域的地图上。高亮显示高数值或低数据值，这可以揭示趋势或聚类。等值线绘图(contour mapping)能很好地突出显示趋势，作为一种符号绘图，对于在数据定位方面的数据值被分组为有序类别，然后将符号赋予这个类别，使得识别顺序关系变得容易。指标地图(indicator maps)是仅有两个类别的符号地图。在感兴趣方向沿一条跨越地图的轨迹线，经过一个移动窗口，针对窗口移动过的位置定位中位数和四分位极差统计值，这能帮助揭示趋势和表示局部变化的水平和散播特性。趋势可能表现在两个统计值，或两个都不是(Isaaks 和 Srivastava，1989)。这些技术对探索点或面对象数据也是有用的。

地理统计学上的空间散点图是一种典型的距离函数而不是步距分离函数，绘图的数据对被距离 h 分离，这个距离加上或减去由 δ 定义的容限带，即 $\{z(i), z(j) \mid d_{|i-j|} = h \pm\delta\}$。这用于取代绘制一个数据对时，像在区域数据情况下使用它的相邻空间邻域的平均值的方法一样。如果数据是在规则格网中的，那么可以在不同方向(北、东、东北、东南)上构造图，并且不需要设置容限带。如果目的是描述一定距离范围内数据的空间连接性，那么空间散点图(或是 Isaaks 和 Srivastava 称为 h 散点图，1989)就受到限制了。然而，Majure 和 Cressie(1997)认为散点图是有趣的。因为散点图中每个点到 45 度直线的平方距离是在经典方差估计中使用的平方差的一半，这意味着在散点图中的异常点可以影响分析的后阶段对方差图的估计。

Cressie(1991)描述了袖珍图和平方根差分云图。平方根差分云图是关于全部点对对应的点 i 和 j 的距离 $d(i, j)$ 的$[z(i)-(j)]^{1/2}$值的图形。这种图形可以使用由给定距离或距离带分离的数据对为基础，计算得到的一系列箱线图来综合表示。图 6-22 是这种图的一个例子。

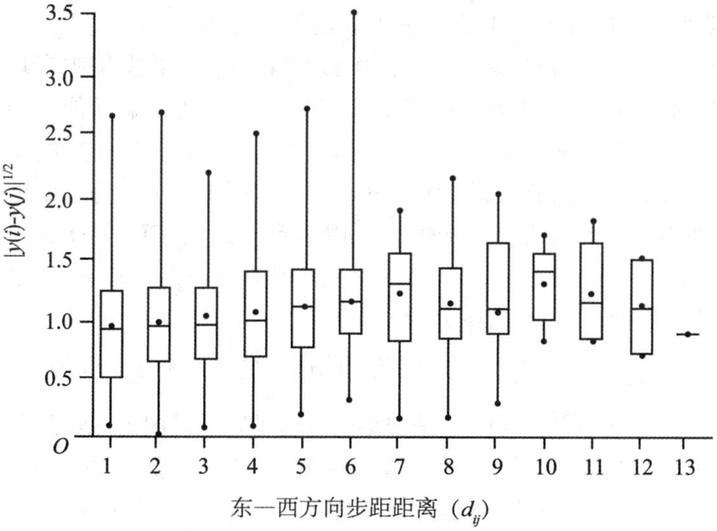

图 6-22　使用箱线图在不同的距离带上综合表示的平方根差分图(Cressie，1984)

这表明了在距离上的空间连接性或空间自相关性，并给出了在数据中存在的空间自相关性比从一个空间散点图（或 h-散点图）中尺度的更全面的画面。这些图可以像半方差图图形那样阅读。上升箱线图（在中部增加）在短距离空间自相关性是平的，然后衰退。箱线图的长度或跨度表示了该距离带内数据扩散差别，因此，可以延伸到具有极端值或异常值的数据，它们可能影响对方差图的估计。

袖珍图的构建是基于将区域划分为 R 个子集——Cressie 的例子，是基于在一个格网中的数据集进行的。按下述假设，所有的距离被定义为两个数据子集之间的平均距离，而不是独立数据点间的距离。使用根据 d_1 分离的在不同数据集中的 i 和 j 的全部数据对，计算每个点对的量 $|z(i)-z(j)|^{1/2}$，然后包含全部数据对的这个量的平均值，称为 $A(d_1)$。对所有的距离 d_1，d_2，…，d_k 重复计算。这将产生一系列关于 $A(d_1)$，$A(d_2)$，…，$A(d_k)$ 的绝对差分的平方根的平均值——每个距离一个。现在取这个数据的第一个子集的全部数据值 $\{z(i)\}$ 与第二个子集中所有数据点 $\{z(j)\}$ 计算绝对差分的平方根。计算这个量（$A(1, 2)$）的平均值。假定子集 1 和子集 2 间距为 d_1，计算：

$$P(1, 2)=A(1, 2)-A(d_1)$$

对可能与子集 1 结对的全部子集重复这个计算。注意当然分离距离可能是变化的，适当的 $A(d_1)$ 或 $A(d_2)$，…，$A(d_k)$ 将用于计算：

$$P(1, j)=A(1, j)-A(d_{|1-j|})$$

式中，$d_{|1-j|}$ 表示子集 1 与子集 j 之间的距离。袖珍图将绘制一组关于子集 1 的 $\{P(1, R)\}_R$ 在竖轴，对应于水平轴上的位置 1（距离 1）。这种竖直方向的散点可以按照箱线图综合表示，像 Cressie（1991，pp. 44-45）建议的那样。这种计算对所有的其他子集 2，3，…，R 进行重复计算：

$$P(i, j)=A(i, j)-A(d_{|i-j|})$$

结果箱线图是一个从子集 1 到子集 R 的序列。非典型的子集将趋于拥有在袖珍图上中心高于 0 的箱线图，这些子集也会表现为相对于其他子集的在箱线图中的极端值。

（二）空间数据可视化：为双变量或多变量选择的技术

对非空间数据，可视化用于探索具有两个或多个变量的数据集中变量之间的模式和关系。在探索空间数据方面也是如此，虽然对探索来讲，还要考虑其他问题，因此，需要一些新的图形类型。空间相关性可以存在于变量之间，因此需要更一般的图形，对不同距离（和角）分离的变量 Z_1 和 Z_m 进行比较（Majure 和 Cressie，1997）。每个组成部分都需要标准化，使其平均值为 0，并且具有单位标准差，以避免出现由于两个分布的相对大小的差异而引起的虚假的相关。Majure 和 Cressie 针对空间相关分析两个变量的交叉情形，概括了方差图、绝对差分云图和步距散点图。

$\{z_1(i)\}$ 相对于 $\{\sum_j w^+(i, j)z_m(j)\}$ 的散点图用于检查两个变量间的关系。如前所述，加权矩阵是按行标准化的，但现在 $w(i, j)$ 是非零的。这种方法可用于探索两个变量之间的关系，这里 z_1 是响应变量，地区 i 的水平认为不仅受地区 i 的其他变量水平的影响，也受其邻区域内其他变量的影响。以探索急性呼吸疾病比率 z_1 的空间格局为例。为了反映在典型区域 i 个体移动模式，地区 $i(i=1, \cdots, n)$ 的比率是按照区域 i 以及 i 的相邻区域的平均空气质量（z_2）的函数绘图(Tjostheim，1978)，并因此作为它的暴露模式。另一种策略是绘制 $\{z_1(i)\}$ 对 $\{z_2(i)\}$ 的图，但也可以关注像上面提到的 $\{z_1(i)\}$ 对 $\{\sum_j w^+(i, j)z_2(j)\}$ 的图，以及 $\{z_1(i)\}$ 对 $\{\sum_{j\in N(i)} w^*(i, j)z_2(j)\}$ 的图，因为这些图具有很小的差别，从不同角度揭示空气质量与人群中急性呼吸疾病比率的空间关系。

如果用符号图(glyphs)显示多变量空间数据，那么这个方面的图形可以提供对显示和解释数据的合适的布局。Haining(1990)制作的契农夫脸(Chernoff face)图形曾用于描述一组美国城市空气质量属性。Andrienko 和 Andrienko(2001)将平行坐标图与葡萄牙地图联系起来，以探索具有特定人口结构(剖面)的区域分布。Carr 等(2000)介绍了将微观地图图形和条件等值域图相结合用于可视化多变量空间数据。微观地图图形包括一个渐进信息披露过程。它由地图识别信息开始，例如，就疾病率来讲，大于中位数的状态，以及接下来关于具有最大极端值率的状态，到通过点状图和箱线图揭示县级的细节信息。这是关于首先是具有中位数率状态，然后关于到具有最低率的这些状态的重复。地图的布局和页面上的图形跨状态之间的比较以及县级属性的识别变得容易。条件等值域图允许对相关性变量可视化(如疾病死亡率)，对于两个探索性变量，变化的水平通过滑动条操作改变。Xgobi 是一个动态多变量可视化软件系统，能够用于探索多变量空间数据集(Symanzik 等，1996)。

Wegman 等(2001)构造了一个影像漫游图，可以在多光谱数据上实现漫游。“期望的目标是将多变量向量整合为一个单一值，并以影像的灰阶的形式进行渲染”。可以生成多光谱场景的连续变化的灰阶图，观察者可以查看是否具有感兴趣的结构出现。他们将这个技术用于矿区的矿山探测。

(三)探索性空间数据分析的例子

使用的数据来自谢菲尔德地区 1990 年代早期的召集-再召集乳腺癌筛选计划形成的一个完整周期的全部数据。原始数据是根据选区层次(谢菲尔德的 1159 个选区)记录的，但这个区域被分组为大约 300 个区域以重新产生计数并给出更稳健的比率。新的区域具有大致相当的总体大小(均等准则)和类似的 Townsend 剥夺得分(同质性标准)。分区时，紧凑性具有低优先级。从新的单元获取摄取率，产生的结果基于没有用其他方法修改的比率，因为这些区域具有广泛相似的总体大小。将 SAGE 软件包与 ArcInfo GIS 的空间分析模块无缝连接，可以进行可视化工作。

相对于全部摄取率分布有特别低(“冷点”)的摄取率的区域吗？从提供服务的角度来看，这非常有趣。接下来是在地理学方面对这个问题的三个角度进行的分析。图 6-23 表示这种比率的箱线图，它由高亮显示在图形和地图上的小异常值组成。

图 6-24 使用空间步距箱线图(步距 1，2，…，9)以观察是否有距筛选单元一定距离内的比率减少的证据。步距为 1 的区域是那些与筛选单元邻接的区域；步距为 2 的区域是能在两步内到达的区域(是邻接区域的邻接区域，除去其余一阶邻接区域以及筛选单元区域)；依此类推。

在谢菲尔德所有的国民健康服务筛选，从一个靠近市中心正南的海莱姆郡医院的一个单点开始，在这次均进行了摄取。箱线图的宽度与区域数成比例，虽然相对于前三个步

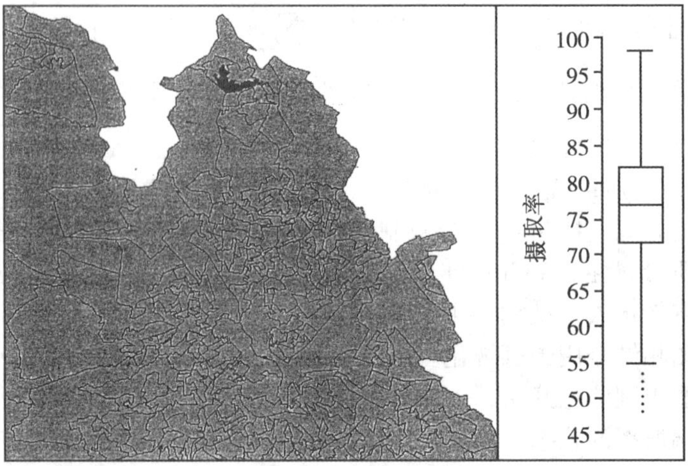

图 6-23　在箱线图上模拟高亮显示的极端值(低摄取率)以及它们对应的那些区域之一

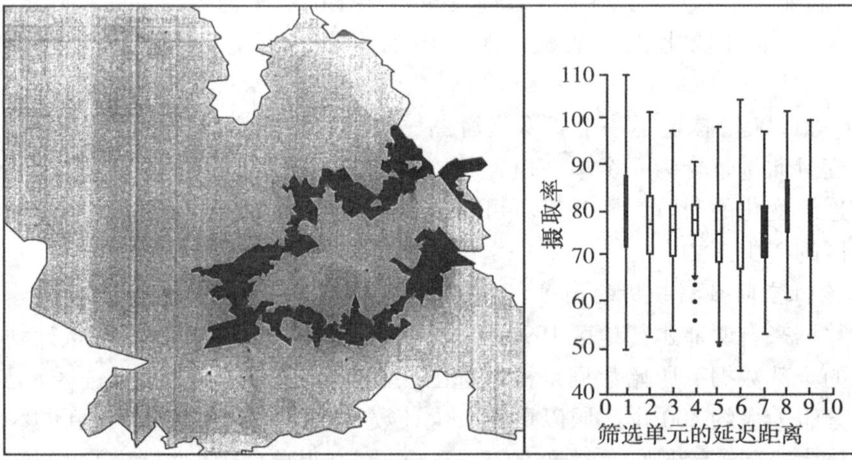

图 6-24　从筛选单元按照步距阶数制作的摄取率的箱线图

距，中位数有缓慢下降，但没有任何证据证明距离与汇总的出勤率有关。步距为 3 的箱线图被高亮显示，在地图上也是如此。这样做是因为步距顺序和距离之间的关联会变得非常弱——在步距为 3 的事例中有一些证据，尽管不是很明显。

图 6-25 中的地图高亮显示的是谢菲尔德北部地区，这里也许是对摄取水平需要关心的。

这对应于一个这样的区域，就物质福利、死亡率和暴露于高犯罪率水平来讲，谢菲尔德地区的一个或多个公共住房困难的区域组成的区域。高亮显示区域的摄取率箱线图与整个谢菲尔德地区的比率箱线图进行了对比。这两个箱线图没有明显差别，这说明该地区的妇女居民组群与参与项目调查的其他组群没有什么不同。图 6-26 是摄取率的散点图，竖轴为摄取率，横轴是邻接区域比率的加权平均值。

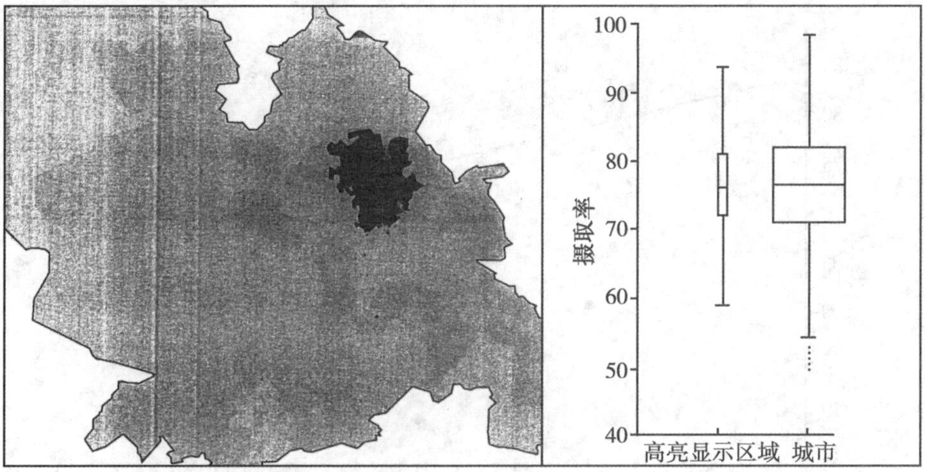

图 6-25　具有高亮显示区域的所有谢菲尔德摄取率的箱线图比较

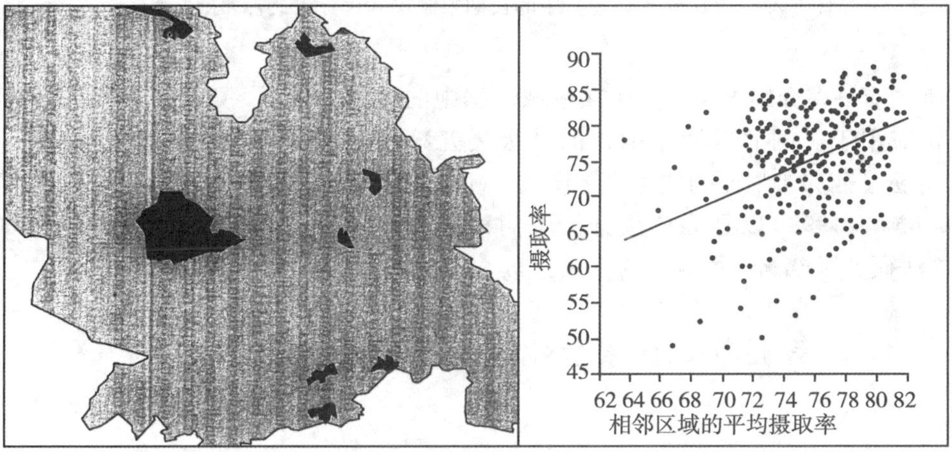

图 6-26　针对相邻区域的平均摄取率的摄取率图

通过这些散点拟合得到了最小二乘直线。有一些证据显示具有高摄取率或低摄取率的区域，其邻接区域也具有高或低的摄取率(高/高，低/低)。这些可以用于查看是否有高对高或低对低的地理区域。地图窗口显示了 8 个具有最小摄取率的区域(图表窗口下部的比率为 55% 或小于 55%)，这些区域是广泛分散的。

最后，在这种探索性数据可视化方面，图 6-27 绘制了该地区摄取率和按区域的长期限制疾病的百分数报告图。

有广泛的证据证明，健康的总体水平与个体采取预防性行为的程度间是负相关的，这在该案例中得到了广泛支持。最小二乘直线是向右下方倾斜的。高亮显示的案例具有最小总体分母，许多案例落入了最低的这组摄取率十分位数区间。即使在人口数基本相等的地区也存在分母的影响。

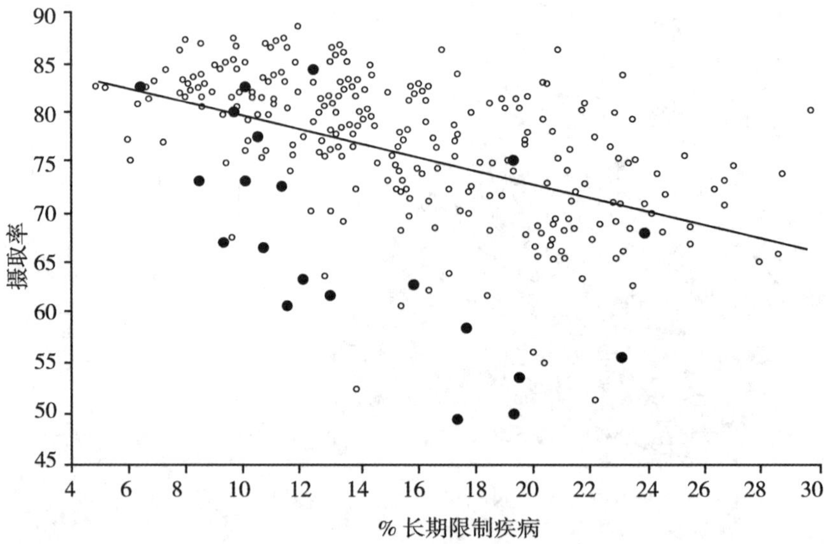

图 6-27　1991 年人口普查中的长期限制疾病百分数报告和摄取率图

文献中有许多介绍 ESDA 方法在区域数据中的应用的例子。Cressie 和 Read(1989)将一些方法应用于美国北卡罗来纳州的县级婴儿猝死综合征的数据分析。Anselin 和 Bao(1997)分析了西弗吉尼亚的住房价格模式，Messner 等(1999)分析了县级层次的自杀率数据。Pereira 等(1998)以县为单位分析了葡萄牙的野火分布。Le Gallo 和 Ertur(2002)用 ESDA 方法研究了欧洲人均收入的区域分布。

第五节　探索性空间数据分析的数值方法

一、平滑方法

(一)图形绘图的约束平滑

约束拟合应用于图形绘图以支持可视化并帮助识别趋势和关系的存在。Cleveland(1993)认为："可视化统计数据结构由两部分组成——图形显示和拟合……仅有图形显示原始数据，不对它们进行拟合，以及没有图形显示的拟合和残差，通常在数据发现方面会失去重要性"。Cleveland(1994)使用具有稳健迭代的局部加权回归(locally weighted regression)方法对散点图$\{y(i), x(i)\}$拟合平滑曲线。这个过程称为"局部回归"(loess)。术语"局部"来自这样的事实，即在任何一次分析，只对数据的子集进行分析。

在图中垂直条带的定义关注 x 值的选择和观测，这个值被记作 x_a。该条带在 x 轴的长度称为窗口或带宽。窗口内的结对的观测点$\{(y(i), x(i))\}$被赋予空间邻域的权值$\{w_i(x)\}$，使用在窗口中心(位置 x_a)具有最大值，在窗口的边界对称平滑递减至 0 的加权函数。利用在$(\{(y(i), x(i))\}$处具有权值为 $w_i(x_a))$的加权最小二乘方法对这个数据的子集进行拟合，得到一条直线(Weisberg，1985)。在窗口中心 x_a 处的 y 的拟合值被标记为 $y^*(x_a)$。窗口沿着 x 轴滑动，重复该过程从而产生一系列新的 y 的"平滑值"：($y^*(x_a)$，$y^*(x_b)$，$y^*(x_c)$，…)。由于窗口中心按 x 的每个排序值依次定位，垂直条带间可能会有重叠。利用直线段将值 $\{(y^*(x_j),\ x_j)\}_j$ 连接起来得到一个汇总图形。对于 x 值的分布的极端值处的局部回归曲线的拟合过程的讨论见 Cleveland(1994)的文献。

在拟合过程的第二个阶段，包括应用稳健的迭代方法对初始的拟合结果进行处理，针对异常(outliers)残差值的事例赋予较小的稳健权值(接近0)，这样可以减小它们对第二阶段的局部回归曲线拟合的影响。在第二阶段，在为加权回归拟合定义权值时，将空间邻域的权值和稳健权值相乘。这将会起到这样的作用，即任何事例在 x 轴上的任何点在拟合中具有小影响，如果它靠近窗口的边缘并具有大于绝对值残差。连续的稳健迭代以这种方式进行。Cleveland (1994)指出，四次稳健迭代通常是足够的。

假如函数在窗口中心具有峰值，并且向两边平滑衰减，那么权重的选择可能并不是明显紧要的。然而，带宽的大小是很重要的，因为它决定了平滑的尺度，不好的带宽选择将会扭曲数据的一些真实模式。Cleveland(1979，1994)对选择合适的带宽的过程给出了建议。

(二)空间相关性的约束描述

约束方法被用来估计空间相关性的结构。考虑对方差图的估计方法。对任意给定的距离 h，这个量为：

$$2\hat{\gamma}(h)=\frac{1}{N(h)}\sum_{i}\sum_{j}_{[(i,\ j)|d(i,\ j)=h]}(z(i)-z(j))^2 \tag{6-31}$$

式中，$N(h)$表示被距离 h 所分离的地点对的数目，是距离 h 处的方差函数的值。现在，式(6-31)可以认为是关于差值 $z(i)-z(j)$ 的方差的估计值，因为它为例的差值的均值将是0；或者作为平方差的中心的估计值。以方差函数的约束估计，可以用平方差的中位数来替换式(6-31)(Dowd，1984)。在步距 h 处的空间协方差的约束估计方法是使用中位数而不是平均值来构造的，采用的是叉积的中位数。

前面描述了表达不同类型空间数据的空间关系的空间散点图、云图和袋状图，并且描述了一些对这些描述进行平滑处理的方法，包括箱线图的用法。这里所介绍的局部回归曲线对于这些图形结构的平滑作用也是有所帮助的。

(三)地图平滑

等值域制图是对区域数据进行地图平滑的一种简单形式，区域数据的平滑度取决于数据所划分的类别的数量。"约束"等值区域图基于值分布的约束测度(中位数和四分位数范围)选择类别区间来构造的(Cromley，1996)。是等值区域图通过将数值划分为类别，压缩数据的变化从而实现数据的平滑处理。这相当于减少了数据测度的等级数——从区间值或比率值降低为排序级别。

插值方法可以用来平滑观测数据的噪声，并假设这些数据来自于一些真值函数。这些方法现在不是用来估计缺失值或未采样数据点的值，而兴趣是用来提供对已记录值的点或面的"真"数据值的估计。假若分析是令人满意的，插值方法以尽可能准确的真实基本函数进行构造，那么它至少满足由 Kafadar(1999)定义的良好平滑方法的表现特性之一。

Webster 等(1994)提供了一种克里格方法的有趣应用，利用该方法，获得了英格兰西中部地区的儿童白血病的平滑的相对风险地图。但是，该方法能否称为探索性方法，还存在争议。克里格方法需要对基本的空间变化定一个模型，因此分析员通常做出没有关系假设的探索性数据分析。

区域数据的地图平滑可以将认为是企图提高与区域数据有关的精度，同时不会引入严重的偏差水平。该术语经常用于每个数值作为一个样本的情况。一种常见的平滑形式是依次确定每个数据点或区域的固定大小的窗口中心(用合适的质心来表示)。窗口的大小决定了平滑度。较大的窗口通过借用大量的局部信息(在采样方法中是指增加样本大小)来提高统计的精度，但是却是以引入偏差为代价的，因为借用的信息来自一个区域，区域越远，结果就越不同。使用较小的统计窗口可以减小统计中引入偏差的风险，但是由于借用了较少的信息，数据精度的提高可能不明显。借用“局部信息”或“空间邻域信息”的效果将取决于空间数据的局部同质性，并且同质性取决于与空间变化的真实尺度有关的空间单元的大小(或称为采样点的密度)。如果相邻区域在性质上差别很大，那么借用这些局部信息可能将偏差引入平滑的地图，这种不合适的平滑，使地图的基本模式产生变形。在那些相邻区域构造剥夺区域，因它们的剥夺水平不同而不同，或者基于它们的不同城市化水平的构造区域，使用空间邻近性作为借用信息的标准来对疾病率进行平滑处理将不是一个很好的空间框架。一个较好的办法是从其他的具有相似的剥夺水平或相似的城市化水平区域借用信息进行平滑。可以将“邻近性”作为一个标准添加到该方法中，但是要确保能够以一个合适的方法借用信息。

Gelman 等(2000)警告说没有一种平滑区域比率的方法可以完全消除精度不平衡的问题，总是存在将人为误差引入结果地图的风险。

1. 简单均值和中位数平滑

在移动中位数平滑方法中，事例 i 的值 $z(i)$，被来自一组值的中位数替代，包括事例 i 本身，并包含于中心在 $i(MM(i))$ 的窗口内。窗口的大小可以根据数据位置之间的距离或者区域情形的相邻标准来确定。一组 $MM(i)$ 的值是通过在地图上移动窗口而得到的，代表了来自在窗口尺度上和高于可被探测的这个尺度的趋势或模式的地图的“平滑”组成部分。Kafadar(1994)解释说，中位数平滑过程可以重复进行(再次平滑后的中位数)，并且在每次迭代过程中都对地图模式进行监测。地图的“粗糙”成分可以通过计算 $\{z(i)-MM(i)\}$ 的差分来提取。移动平均的平滑方法是用观测值的均值而不是中位数，类似于空间差分操作(Cliff and Ord，1981)。Cressie(1991)警告说，粗糙成分不包含空间相关的准确信息，这是因为重叠的数据子集被用作在制图数据上面移动的窗口。

无论是用于生成平滑地图的统计值是约束的(如中位数)还是非约束的(如均值)，通过引入稳健的迭代，并在随后的迭代中对较大的或较小的残差降低权重，从 Cleveland (1994)所提出方法的意义上说，该平滑方法可以称为是约束性的。然而，在基于均值的平滑方法和基于中位数的平滑方法之间做出选择是重要的。在环境科学中，隔离异常值是不可能的，通过平滑消除峰值是可取的(尽管不是边缘)。在一些社会学应用中，峰值是可信的(如与城市有关的人口峰值，或者是具有犯罪率或疾病率的极大值的区域)。使用平滑方法，应保留那些看似合理的数据。移动均值平滑法，由于它们是线性平滑方法，倾向于模糊峰值和边缘。中位数平滑法，由于它们是非线性平滑方法，倾向于保留突变特性(Kafadar，1994，1999；Mungiole，1999)。然而，这些不同的平滑方法的表现性能也取决于怎样赋予权值，这是我们要研究的问题。

2. 引入距离加权

距离加权在地图平滑中被普遍使用。在计算事例 i 的平滑值时，用 $w(i, j)$ 表示与数据事例 j 有关的权值。如果 $i=j$，或者 j 在 i 的空间邻域窗口内(如果 j 在区域 i 的空间邻域距离 D 之内)，采用简单的平均法将 $w(i, j)$ 赋值为 1；如果 j 不在窗口内，则 $w(i, j)=0$。然而，这种类型的空间邻域权重函数会产生数值发生突变的情况，基于这种平滑方法可能会产生不希望的特征(Kafadar，1996)。

在 $\{y(i), x(i)\}$ 构造局部回归曲线时，局部加权用来降低在 x 域内距离较远的事例的贡献是值得注意的。利用距离加权最小二乘法对单变量数据进行平滑处理时采用的是同一原则，但仅在距离域内(Pelto 等，1968；Mclain，1974)。在局部回归曲线的空间应用中，拟合函数通常是要么线性的、完全的二项式(即具有叉积项)或者是不带叉积项的二项式(Kafadar，1994)。因此，对于线性趋势，距离加权最小二乘法包括对应于参数 $\theta_{0,0}$，$\theta_{1,0}$ 和 $\theta_{0,1}$ 的每个点 $i(i=1, \cdots, n)$ 的最小化：

$$\sum_{j=1}^{n} w(i, j)\left[y(j) - \left[\theta_{0,0} + \theta_{1,0}s_1(j) + \theta_{0,1}s_2(j)\right]\right]^2$$

式中，$s_1(j)$ 和 $s_2(j)$ 都是事例 j 的坐标。这可以由加权最小二乘法来实现(参考 Weisberg，1985)。

一个距离衰减函数被用来减小在距离域内具有较远距离的数据的贡献。例如：

$$w(i, j) = \begin{cases} \left[1.0 - \left(\dfrac{d_{i,j}}{D}\right)^{\beta}\right]^{\beta}, & d_{i,j} < D \\ 0 & \text{其他} \end{cases} \tag{6-32}$$

式中，$d_{i,j}$ 是事例 i 和 j 之间的距离；β 是一个常数。权重归一化，并且其总和为 1。该函数从由 Cleveland 和 Devlin(1988)提出的在局部回归曲线构造背景中改造而得到的，它是核平滑方法的一个例子。β 的值通常为 2 或 3。距离平方倒数加权也普遍使用(Kafadar，1994)。Ripley(1981)解释了 $w(i, j)$ 的选择条件。假设它是敏感的，加权函数的选择不是明显至关重要的(Kafadar，1994)。

距离加权最小二乘法平滑方法的结果受到数据点聚类的影响(Ripley，1981)。权重函数的精确选择是第二重要的，但是 D 的选择，也就是带宽的选择，是至关重要的。正如上面所说，D 的值越大就越平滑。这仍然是对方差偏差的折中处理，通过减少较远区域的点的影响，使邻近区域的点的影响更大，达到减小方差而没有引入严重偏差的目的。已经有了估计带宽的方法，但是在很多应用中，这种选择或许是基于地图上局部均值变化性质的知识，或许是基于不同带宽范围的检查分析。关于 D 的确定，一个建议是根据平均最邻近距离来确定(McLain，1974)。其目的并不一定是要确定一些“最优”带宽，而是为了分析平滑过程中数据所能揭示出的内容。这种方法等价于地理加权回归的单变量分析方法(Fotheringham 等，2000)。

在移动平均平滑方法中，如果 $y^*(i)$ 表示数值 i 的平滑值，则：

$$y^*(i) = \frac{\sum_{j=1}^{n} w(i,\ j) y(j)}{\sum_{j=1}^{n} w(i,\ j)}$$

在中位数平滑方法中，数据子集的加权中位数可以按照反映距离的权值来计算。如果考虑到数据的相关性，选择的权值可以用来反映数据的其他空间属性。例如，在区域数据中，选择的权重应反映由每个区域覆盖的窗口的比例，以便与较大地区相联系的数据值被赋予较大的权重。具有较大总体的区域的数值由于受误差的影响较小，可能更可靠。一些被平滑处理的数值可能有大量的空间邻域值，同时而其他的可能具有较少的空间邻域值。一个选择就是根据邻近数据点的密度调整平滑函数的带宽。因此，公式(6-32)可以改为：

$$w(i,\ j) = \begin{cases} \left[1.0 - \left(\dfrac{d_{i,\ j}}{D_i}\right)^{\beta}\right]^{\beta}, & d_{i,\ j} < D_i \\ 0, & \text{其他} \end{cases} \tag{6-33}$$

式中，D_i是与事例 i 相联系的带宽。使用基于固定的最近空间邻域数目的平滑方法可以达到根据数据点的密度调整带宽的效果，这是下面讨论的摆动平滑(head-banging)方法的一个特点。

3. 平滑率

上述方法可以应用于一般的数据类型，但是对于比率地图必须在以下两种处理中做出选择，要么是对比率进行平滑，要么是对比率数据的单个成分(分子和分母)进行平滑。Kafadar(1996)指出了何时对单个组成部分进行平滑处理更合适，他认为当所定义的局部窗口内的均值是常量，并且分子变量和分母变量之间的相关性满足一定条件时。所给出的两种情况中，对于何时对组成成分进行平滑，而不是对比率本身进行平滑，是特别有趣的。这里令 $r(i)=x(i)/y(i)$ 表示区域 i 的比率。

情况 1：$x(i)$是带有参数 $y(i)$ 和 p 的二项式，$y(i)$是一个常量。如 $y(i)$是区域 i 的总体，p 是任何随机选择的具有确定的属性个体的概率，$x(i)$是具有定义的属性的个体的数目。这可能是一个良好定义的处在风险中人群常见的一些犯罪行为所发生的比率(如家庭盗窃)。

情况 2：$x(i)$是具有参数 λ 的泊松(Poisson)模型，$w(i)$是具有参数 ν 的泊松模型，且 $y(i)=x(i)+w(i)$。当 $r(i)$是一种罕见的疾病的发生率或者死亡率时可能会出现这种情况。参数 ν 比 λ 大得多(如 $\nu/\lambda \approx 10^3$)。$x(i)$是区域 i 的疾病事例的数目，同时 $w(i)$是区域 i 的健康个体的数目。

Kafadar(1994)使用美国的县级区域的前列腺癌的数据，比较了应用于这个区域发病率的平滑方法。下面用 i 来表示区域，m 表示年龄段，$\pi(m)$表示年龄段 m 的总体占标准人口数的比例，$d(i,\ m)$表示区域 i 及年龄段 m 的事例数，$n(i,\ m)$表示在区域 i 和年龄段 m 的每年的处于风险的总体。区域 i 的年龄调整率由下式给定：

$$r(i) = \sum_{m} \pi(m) \frac{d(i,\ m)}{n(i,\ m)} \tag{6-34}$$

年龄调整率的距离加权平均值的统计方法如下：

$$r^*(i)=\frac{\sum_j w(i,\ j)r(j)}{\sum_j w(i,\ j)} \tag{6-35}$$

对公式(6-34)的分子和分母采用距离加权平均值的统计方法如下：

$$r^+(i)=\sum_m \pi(m)\frac{d^+(i,\ m)}{n^+(i,\ m)} \tag{6-36}$$

式中，$d^+(i,\ m)=\sum_j w(j,\ i)d(j,\ m)$，$n^+(i,\ m)=\sum_j w(j,\ i)n(j,\ m)$。假设遇到上面的第 2 种情况，并且假设选择的带宽是 D，使得在选定窗口大小内特定年龄的比率是常量，则：

$$\mathrm{Var}(r^+(i)) < \mathrm{Var}(r(i)) < \mathrm{Var}(r(i))$$

在假定数据符合泊松模型的情况下，与众不同大小的基本总体中所计算出的有关比率的标准误差是不一样的。标准误差与整体的总体成反比。对具有不同标准误差的数值进行平滑处理来实现地图的计算可能会被误导。通过对原始数据进行方差均衡化转换企图消除总体大小不同的影响是必要的。Kafadar(1996)讨论了一种对距离和总体大小进行双重加权的方法：

$$W(i,\ j)=\begin{cases}[n(j)]^\alpha\left[1.0-\left(\dfrac{d(i,\ j)}{D}\right)^\beta\right]^\beta, & d_{i,\ j}<D\\ 0, & \text{其他}\end{cases} \tag{6-37}$$

式中，$n(j)=\sum_m n(j,\ m)$ 是区域 j 的整体总体。注意利用这些权重，目标区域无法得到最大的权重值。Kafadar 的结果表明，式(6-35)和式(6-36)使用简单的循环均值计算方法，式(6-33)中 $\beta=3.0$，以及式(6-37)中 $\alpha=1.0$、$\beta=3.0$，都显示了数据中所存在的类似模式，但是每一部分显示的强度却是不同的。参数 α 和 β 也可能有其他的选择(Kafadar, 1999)。从她的分析来看，如果目的是要确保能够识别出模式，那么用式(6-37)确定式(6-36)的权值的方法较好。

4. 非线性平滑：摆动平滑

线性平滑方法，如移动均值法倾向于对表面中的也许有意义的突变区域进行模糊，可能将真实存在的小尺度特征平滑掉了。对于存在期望出现突变特征的情况，非线性平滑方法效果更好(Kafadar，1999)。前面已经介绍过中位数平滑方法，下面将介绍其他一些非线性平滑方法。

基于中位数的摆动方法，是由 Tukey 和 Tukey(1981)提出的一种非线性平滑方法，并由 Hansen(1991)用于空间数据分析。它可以用于连续表面的数据处理，或者用于将一个区域划分为几个子区的情况。该方法是对一维的移动中位数平滑方法进行改进从而能够处理空间数据，但左和右没有明确被定义。这种平滑方法已经建议用于地质数据，因为它不会倾向于过渡平滑剧烈变化区域，尽管它倾向于删除尖峰。这种方法在 Kafadar(1994)的非网格化数据的评估中也表现不错，但是在疾病地图的处理中将尖峰平滑掉了的确不是一个好的特性。Gelman 等(2000)已经警告说在研究区的边界它倾向产生高比率。

例如，在 Kafadar(1999)文献中，对基本的摆动算法进行了描述。为了平滑位置 i 的

任何数值 $z(i)$，摆动平滑方法从 i 的 N 个最邻近空间邻域中找到靠近 i 的数据点的 J 三元组后开始进行平滑。每个三元组包括 $z(i)$，以及来自于一组最邻近空间邻域的一对 z 值。从三元组中选择成员，使得来自最近邻数据集的两个点在位置 i 处的角度在 180° 的 ±45° 以内。如果有多个 J 三元组满足这个标准，则选择最接近 180° 的那个。现在，"高屏"指的是 i 的空间邻域中最高值的中心，同时"低屏"指的是最低值的中心。特别的，"高屏"是两对值中较大的那个所有 J 三元组的中位数。"低屏"指的是两对值中较小的那个所有的 J 三元组的中位数；如果当前值 $z(i)$ 处于两个中位数之间，那么它是左边不变的。如果 $z(i)$ 的值比"低屏"值低，那么就将它改变为"低屏"值；如果 $z(i)$ 的值比"高屏"值高，那么就将它变为"高屏"值。为了使平滑的顺序不影响平滑结果，对所有的数据点进行平滑后，在循环结束时对数据进行更新。循环过程重复执行，直到达到一个固定的循环次数，或者结果没有进一步地改变。需要采用一些特殊的规则处理边界影响。

Mungiole 等(1999)开发了一种加权形式的摆动平滑方法，使用加权中位数方法来计算"低屏"值和"高屏"值。根据 Mungiole 等的介绍，加权的摆动平滑方法使用的是与比率的标准误差成反比的权值，比不带权值的摆动平滑方法能更好地保留空间结构，特别是当存在高水平的噪声时。他们也讨论了其他的修改方法。例如，如果原始值 $z(i)$ 是"可靠的"，就不予以改变。如果高屏的改变能够被实现，那么 $z(i)$ 则被认为是"可靠的"。如果：

$$\mathrm{rel}(i) = (J \times w_i) \geqslant \sum_{j=1}^{J} (w_{h(j)}) \tag{6-38}$$

式中，w_i 是与 i 点处的数值有关的权重，$w_{h(j)}$ 是与数据点 $h(j)$ 有关的权重，它是第 j 组中的高值。回想一下，当权值与比率的标准误差成反比时，这个标准就等价于比较精度。

本节设计的局部平滑方法主要是帮助揭示数据中所存在的合理结构。等值区域图由平滑的值组成。检查是否有任何明显的空间结构将是重要的，特别是一些孤立的极端值的分布，不是基本空间框架产生人工统计误差的简单反映。例如，具有相对小总体的区域的地理分布通常与极端值比率的分布相关。如果存在较小总体的序列地理分布区，这就是平滑值在地理分布方面的证据。Gelman 和 Price(1999)给出了"统计的人工处理导致地图的误解"的例子，引用了在美国具有较少人口的县识别出疾病率的极端值的方法。结构和局部趋势，如城区/郊区结构，也会受到这种影响，例如，如果在区域总体大小方面存在系统差别。在制图以后，如果具有小总体的区域在物理上是大的，那么这种影响在视觉上会得到进一步地加强。Gelman 和 Price 建议，构造两幅地图就可以避免得出不恰当的结论，一幅地图用于显示兴趣参数，另一幅地图用于显示与数值有关的不确定性。一种替代方案是结合这两种类型的信息构造一个二元地图。

如果需要检验或者其他的一些证据来支持数据的空间结构的可视化印象，那么需要对平滑数据进行进一步的分析。"真实"的空间趋势的识别通常也是特别有趣的。

5. 非线性平滑：中位数平滑

中位数平滑用于格网数据以探测数据趋势，并产生包含准确的空间相关信息的残差，这些残差对于其他分析可能是重要的(Cressie，1991)。中位数平滑是对空间数据集的所有行和列进行的操作，而不是对局部子集进行操作，其方法设计的目的是将数据清楚地分解为两部分(拟合部分+残差部分)。

中位数平滑的原理是将空间数据处理为一个二维表(Tukey，1977)。基本模型是对每个数据值所分解的部分相加，其形式如下：

$$\text{数值}=\text{拟合}+\text{残差}$$
$$\text{拟合}=\text{共同影响}+\text{行影响}+\text{列影响} \tag{6-39}$$

如果 $z(s_1(i),\ s_2(i))$ 是一个数值，那么这四个部分为：

$$z(s_1(i),\ s_2(i))=z(\cdot,\ \cdot)+[z(s_1(i),\ \cdot)-z(\cdot,\ \cdot)]+[z(\cdot,\ s_2(i))-z(\cdot,\ \cdot)]$$
$$+[z(s_1(i),\ s_2(i))-z(s_1(i),\ \cdot)-z(\cdot,\ s_2(i))+z(\cdot,\ \cdot)]$$

式中，圆点“.”表示中位数下标符号。使用中位数(而不是均值)意味着这种分解对于异常值是约束性的。拟合算法首先对行进行操作，获取每行的中位数，并且从每行的每个成员中减去对应行的中位数。在列上，使用第一次迭代时产生的表，重复同样的过程。然后遵循对行的操作来对列循环，重复这个过程直到表格中的值不再发生变化为止。行、列和所有数据的中位数在每次迭代中都被计算出来。在 Emerson 和 Hoaglin(1983)的文献中讨论了该方法的特点。

为了检查数据中没有直接跨越行和列的其他趋势，应当生成一个 $\{[z(s_1(i),\ s_2(i))-z(s_1(i),\ \cdot)-z(\cdot,\ s_2(i))+z(\cdot,\ \cdot)]$ 和 $[z(s_1(i),\ \cdot)\times z(\cdot,\ s_2(i))/z(\cdot,\ \cdot)]\}$ 的对比图。这是一个以它的对应的行影响乘以列影响再除以共同影响所得到的残差的图形。该数值用于检查数据中的高阶非加性趋势。如果散点图的斜度接近 0，那么单纯的相加模型就已经足够。如果散点图的坡度不接近 0，则表明存在反映行和列的相互作用项的高阶趋势。在空间数据的情形中，这个附加检查是重要的，因为为了使数据的趋势沿着网格的坐标轴分布，用于收集数据的网格方向没有被选择。haining(1990)以遥感数据为例对中位数平滑方法进行了进一步的讨论。

中位数平滑显然不能用于非网格数据情形，但由于该方法对缺失数值不敏感，Cressie 和 Read(1989)建议用叠加一个矩形格网并将数据转换到该格网中。在他们对婴儿猝死症比率的研究中，利用了北卡罗来纳州的 100 多个县的数据，将这些县的比率数据关联到这些县所在栅格节点。选择栅格间距时，确保每个栅格节点内不多于一个县。因为在比率数据中存在均值和方差的相关性，所以使用了方差的稳定转换。因为比率不是等精度的，所以使用了权值为 $n(i)^{1/2}$ 的加权中位数平滑，其中 $n(i)$ 是比例的分母，即婴儿的存活数。

二、全局地图特性的探索性识别：整体聚类

关于零假设的整体聚类的许多统计检验在数据值分布方面都是空间随机分布的。检验方法分为基于距离的检验和基于区域的检验两种类型，前者在可获得个体水平的数据时采用，后者在定义的子区域能够获取事件数目时采用(Upton 和 Fingleton，1985；Gatrell 等，1996)。在区域数据的聚类中简单回顾了联合计数统计、Moran 统计和 Geary 统计，以及在区域数据方面的空间相关检验的 Getis-Ord 的 G-统计等。这是发现具有相似大小的数值彼此靠近的区域数据的聚类形式之一。接下来，通过对空间相关性和空间异质性的存在来对统计进行检查，例如 Oden 检验。在疾病率的分析中，聚类表现为两种尺度。可能是事例的内部区域聚类(比率数据的空间异质性)。此外，具有相似大小的比率数据的区域可能发现彼此靠近，以至于表现出区域内聚类的区域本身可能彼此更靠近(比率的空间相

关性)。术语“聚类”是尺度相关的。

在标记点模式聚类中，讨论了 Diggle 和 Chetwynd 的非均匀点模式的一组对象的聚类检验方法。这个检验方法建立在对 K 函数估计的基础上，K 函数描述了距离尺度范围内的点对象分布的空间相关性(Ripley，1981)。总体中每个个体的位置是固定的。其中一些个体是“有标记的”，分析的目的是为了检验这些被标记的子集在总体中的分布是否呈现空间聚类，这种聚类受基本总体中的非均匀分布的控制。

(一)区域数据的聚类

类型数据的联合计数检验(join-count test)是基于计算特定颜色的邻接数目的。假设每个区域被标记为黑色(B)或白色(W)。如果存在相似值相互靠近(正空间自相关)的趋势，那么相对于随机地图模式，邻近颜色相同的组合的数目将很“大”(黑黑或者白白)，邻近颜色不同的组合的数目将很“小”(黑白)。在负空间相关的情况下，往往发现不相似的值相互靠近的趋势，相对于随机图模式，出现黑黑或白白的数目比较“小”，出现黑白相互靠近数目就比较“大”。这种检验可以扩展到两种以上的颜色分析，以及邻接性的一般性的处理(根据权值或空间邻域的顺序)。Grimson(1991)关于聚类的检验是对“黑黑”单元的计数的模拟。

Cliff 和 Ord(1981)给出了自由和非自由采样下联合计数统计的时刻。自由采样时，区域分别独立地以概率 p 和 $1-p$ 被赋予黑色或白色。非自由采样时，每个区域具有同样的被赋予黑色或白色的先验概率，但是着色必须受到具有固定数据的黑区域或白区域的总体限制(Cliff 和 Ord，1981)。这些时刻可以用来检验随机性的零假设，针对空间自相关检验的一般选择。

Getis- Ord 的 G，Moran 和 Geary 统计被用于对序数层次或更高层次的数据 $\{z(i)\}_{i=1,2,\cdots,n}$ 的检验。与联合计数统计一样，这些统计是一般的叉积统计的特例(Hubert 等，1981)：

$$\Gamma = \sum_i \sum_j G(i, j)C(i, j) \tag{6-40}$$

式中，$G(i, j)$是位置 i 与 j 之间的空间接近性的度量，$C(i, j)$是值 $z(i)$与 $z(j)$相似性的度量。下述四种统计方法中的每一种都可以测量地图数据的空间相关结构。

Getis-Ord 的 G-统计要求测量的变量 Z 是正值，并且有一个自然来源(Getis and Ord，1992)。用 $z(i)$来表示区域 i 的观测值，那么：

$$G = \frac{\sum_i \sum_j w(i, j)z(i)z(j)}{\sum_i \sum_j z(i)z(j)} \quad (j \neq i) \tag{6-41}$$

式中，$\{w(i, j)\}$是权值矩阵中的一组权值，对所有的 i 用 $w(i, j)=0$ 来表示区域之间一组假设的空间关系的测度。Getis 和 Ord(1992)提供了针对一般性选择聚类检验零假设的时刻。

(广义的)Moran 统计为(Cliff 和 Ord，1981)：

$$I = \frac{n}{s_0} \frac{\sum_i \sum_j w(i, j)(z(i) - \tilde{z})(z(j) - \tilde{z})}{\sum_i (z(i) - \tilde{z})^2} \tag{6-42}$$

式中，变量 z 是序数层次或更高层次的测度；量 s_0 是权值矩阵中元素的总和，如果矩阵是按行标准化为1，那么 $s_0=n$。式(6-42)与自协方差函数的一般形式之间的对应关系和自相关函数(相关图)应该引起注意。假若 $z(i)$ 和 $z(j)$ 都比 $\bar{z}$ 大或都比 $\bar{z}$ 小，式(6-42)中的分子是正值。式(6-41)的分子区分了集中于较高值和集中于较低值的两种情况。这是 Getis-Ord 统计区别于 Moran 统计的一个特征。该特征对于疾病率的分析是有用的，分析员希望调查发病率的上升趋势或下降趋势(Getis 和 Ord，1992)。

(广义的)Geary 统计是(Cliff 和 Ord，1992)：

$$c=\frac{(n-1)}{2s_0}\frac{\sum_i\sum_j w(i,\ j)\ (z(i)\ -z(j))^2}{\sum_i (z(i)\ -\tilde{z})^2} \tag{6-43}$$

应注意式(6-43)的分子与半方差函数的一般形式之间的相似性。

在空间随机性的假设下，可以在以下两种情况下确定使用 Moran 和 Geary 统计的情形：在随机假设下或者正态假设下(Cliff 和 Ord，1981)。在随机假设下，I 或 c 的观测值根据相对于一组所有可能值的情况进行估计，这些可能值是通过随机改变区域周围观测值的序列而得到的。通常假设每个区域获得 $\{z(i)\}$ 中的一个值的可能性是相等的。在正态假设的情况下，I 或者 c 的观测值是根据符合独立同态分布的正态模型的 $\{z(i)\}$ 值估计得到的，在这些地区的变量的方差是一个常数。

认为方差是常数的假设对于一些空间数据类型是无效的。例如，当分析那些具有不同大小的总体的区域的区域系统(如一些城区和郊区)时就不合适。这削弱了正态假设和随机假设二者对检验的显著性。如果对于非常数方差有一个规则的空间结构，那么地图就会明显显示出空间自相关性。非严格使用 Moran 或者 Geary 检验可能就会错误地得出结论。

Oden(1995)提出了 Moran 检验的一种改进形式，考虑了不同大小的总体变化的影响。Oden 的改进型 Moran 统计方法如下：以 n 个地区之间的疾病流行率的自相关性的检验为例。根据式(6-41)的解释，$z(i)=\dfrac{O(i)}{N(i)}$，式中，$O(i)$ 是地区 i 的事例数目，$N(i)$ 是地区 i $(i=1,\ \cdots,\ n)$ 中具有感染该病的风险人口数。用 O 表示事例的总数 $\left(\sum_{i=1}^{n}O(i)\right)$，用 N 表示具有感染风险的总人口数 $\left(\sum_{i=1}^{n}N(i)\right)$。Oden 的改进型 Moran 统计量 I_{pop} 是基于个体层次的样本数据来计算的。因此：

$$I_{pop}=\frac{N}{W_0}\frac{\sum_{(2)} w(s,\ t)(b(s)\ -\tilde{b})(b(t)\ -\tilde{b})}{\sum_{s=1}^{N}(b(s)\ -\tilde{b})^2} \tag{6-44}$$

式中，$\sum_{(2)}=\sum_{s=1}^{N}\sum_{\substack{t=1\\(t\neq s)}}^{N}$。向量 $b=(b(1),\ b(2),\ \cdots,\ b(N))$，如果第 s 个体患有疾病，那么 $b(s)=1$；如果第 s 个体是健康的，那么 $b(s)=0$。$\bar{b}$ 是 $\{b(i)\}$ 的均值，也就是 $\dfrac{O}{N}$。现在，权值矩阵 $\{w(s,\ t)\}$ 被用来确定成对的事例个体(s 和 t)之间的汇集程度。因此，权值矩阵

是一个 $N\times N$ 的矩阵，且 W_0是权值矩阵中元素的总和。Oden 建议，如果两个事例在同一个地区，那么权值就是 2，如果两个事例在相邻的地区，那么权值就是 1。其他的情况，包括对角线元素$\{w(s, s)\}$，以及点对之间两个事例都是健康的，或者一个健康一个是事例的情况的权值为 0。Oden 给出了式(6-43)的适用时刻和推理方法。推理是基于随机假设的。随机性指的是与个体对应的 N 个节点所构成的系统中所有节点中的 0s 和 1s。比较而言，式(6-41)中的 n 个区域的比率的随机性处理是不合适的。因为，例如，具有较大总体的区域相对于具有较小总体的区域，从均值率来讲可能偏离量与小总体区域一样。

表达式(6-44)说明了 Oden 改进方法的性质，但是对于计算目的来说不是很实用，因为双求和计算时包含了 N^2项。Oden 提供了式(6-43)的另一种替代表达方法，根据这 n 个区域来修，使得双求和公式中现在包含 n^2项。这个修正形式是通过设定 $d(i)=\dfrac{N(i)}{N}$ 和 $e(i)=\dfrac{O(i)}{O}$ 得到的。I_{pop}的新的表达形式包括这一项：

$$\sum_{i=1}^{n}\sum_{j=1}^{n}v(i, j)(e(i)-d(i))(e(j)-d(j)) \tag{6-45}$$

式中，除了 $v(i, j)\neq 0$ 以外，$v(i, j)$就是一个空间加权矩阵。$V=\{v(i, j)\}$是一个区域加权矩阵。

令：

$$v(i, j)=\begin{cases}\dfrac{a(i, j)}{(d(i)d(j))^{\frac{1}{2}}}, & i\neq j\\ \dfrac{1}{d(i)}, & i=j\end{cases}$$

式中，$a(i, j)$是一个 i 和 j 之间距离的递减函数。式(6-44)可改写为：

$$\sum_{i}\frac{(e(i)-d(i))^2}{d(i)}+\sum_{i}\sum_{\substack{j\\(j\neq i)}}a(i, j)\times\frac{(e(i)-d(i))(e(j)-d(j))}{(d(i)d(j))^{\frac{1}{2}}} \tag{6-46}$$

式(6-46)确定了 I_{pop}的特殊形式。Oden 认为，式(6-46)可以作为χ^2 检验的一种“空间化”形式。第一项类似于χ^2 统计，因为在事例数据是随机分布的零假设的情况，$e(i)$是区域 i 的部分观测事例，$d(i)$是区域 i 内期望的部分事例。第二项是“空间累加”和“类似 Moran 统计”的空间协方差项。如果在区域内观测事例数与期望事例数之间有足够的差别，如果在地理上的彼此靠近具有足够大的产别(空间聚类)，或者是两种情况同时发生，那么非整体聚类的零假设将被拒绝。在这些情况下，Oden 检验和 Moran 检验都不能检测出相同的地图模式的特性的存在。

因为 $d(i)$和 $d(j)$同时出现在式(6-46)的分母中，那么当过多的事例出现在小总体区域而不是大总体区域时，这种检验在探测中偏离零假设的能力更强。Rogerson(1999)直接验证了式(6-46)，证明了这个结论。然而，这些地区往往有最不稳健的发病率。

Tango(1995)对统计(6-45)进行了定义，但 $v(i, j)$是：

$$v(i, j)=\begin{cases}\exp\left(\dfrac{-d(i, j)}{\tau}\right), & i\neq j\\ 1, & i=j\end{cases}$$

其中，$d(i, j)$表示区域i和j之间的距离，并且τ是一个常量。式(6-45)可以被改写为：

$$\sum_i (e(i) - d(i))^2 + \sum_i \sum_{\substack{j \\ (j \neq i)}} \exp\left(\frac{-d(i, j)}{\tau}\right)[(e(i) - d(i))(e(j) - d(j))] \tag{6-47}$$

当与期望的数目相关的观测事例的额外数目很大时，这个公式通常可以用来检测偏离零假设的程度。当研究区有不同的大小的设置，仅有少数的大的总体中心，这种情况在疾病事例聚类中最有可能发生。

如果零假设被拒绝，对式(6-46)和式(6-47)中的独立项，包括求和计算中的单个成分进行检查，以显示哪些区域或区域的组合对零假设的拒绝贡献最大。

Assuncao 和 Reis(1999)在模拟实验中显示，Oden 检验的大部分功能都集中在检验比率的异质性(式(6-45)的第一项)而不是空间相关性(式(6-45)的第二项)。另一个是 Waldhor(1996)的检验，该方法调整了 Moran 统计的时刻，结果较差。Assuncao 和 Reis(1999)提出了一个实验贝叶斯指数，这个指数允许通过一个随机检验来平衡方差。实验贝叶斯指数和原始的 Moran 表达式相同，但是用$z*(i)$来代替$z(i)$：

$$z^*(i) = \frac{z(i) - E[z(i)]}{[Var(z(i))]^{\frac{1}{2}}} \tag{6-48}$$

式中，$z(i) = \dfrac{O(i)}{N(i)}$，$E[z(i)] = \dfrac{O}{N}$，$\mathrm{Var}(z(i)) = a + \dfrac{(O/N)}{N(i)}$，其中$a = s^2 - \dfrac{(O/N)}{[N/n]}$。$n$是区域个数；$s^2 = \dfrac{\sum_i N(i)\,(z(i) - (O/N))^2}{N}$。如果$\mathrm{Var}(z(i)) < 0$，那么重新计算设定$a=0$。在他们的实验中，式(6-47)在探测比率的空间相关性中比原始的 Moran 指数更有效。Assuncao 和 Reis 对于$a=0$和$\left(\dfrac{O}{N}\right)$比较小的情况的表达式使用由 Getis 和 Ord(1995)提议的标准化方法，他们用了式(6-21)给出了结果，在式(6-21)中期望值是区域比率$\left(\dfrac{O}{N}\right)$：

$$z^*(i) = \frac{z(i) - \left(\frac{O}{N}\right)}{\left[N(i)^{-1}\left(\frac{O}{N}\right)\left(1 - \left(\frac{O}{N}\right)\right)\right]^{\frac{1}{2}}}$$

这些检验的一个问题就是在不了解研究区的区域系统的任何知识的情况，所得到的关于空间结构的假设的存在基于任意假设的权值的风险。Hubert 等(1981)提出了一个检验方法，该方法对于任何地点i只需要详细说明权值的顺序关系。

(二)标记点模式的聚类

该方法的目的是确定在给定空间分布的总体中一些属性是否是聚类的。每个个体要么有、要么没有这些属性。我们用流行病学中的术语，有这个属性的个体称为事例(c)，没有这个属性的个体称作一个控制(k)。Cuzick 和 Edward(1990)提供了一种检验方法，该方法考虑了总体分布的不均匀性。关于检验计数，对每个事例，将它的v个最近邻事例也纳入计数。并将该计数与在零假设下事例和控制的随机分配的与期望数进行相比。当事例被聚类到一个事例的最近邻范围时，可能也会聚类到其他事例的聚类范围内，所以 Cuzick 和 Edward 的统计计数很大。这个检验的一个问题就是整个地图中的最近邻距离可能不同。

Diggle 和 Chetwynd(1991)提出了一个基于 K 函数的检验方法，该方法原本是为点分析过程而设计的(Ripley，1981)。区域 A 内点的数目 $N(A)$ 提供了分析点过程的自然基础，并且这两个区域的(A 和 B)的 $N(A)$ 和 $N(B)$ 之间的协方差可以是一个非负增长的函数 K。如果 λ 代表点过程的密度(每单位面积内点的数目)，那么 $\lambda K(d)$ 就是任何随机选择的点的距离 d 以内的附加点的期望数目。因此对于事例有：

$$K_{c,\ d}(d) = \lambda_c^{-1} E[\text{累加事例的数目} \leqslant \text{一个随机选择事例的距离 } d] \tag{6-49}$$

式中，λ_c 是事例的密度；$E[.]$ 是用方括号表达的期望值。用于控制的 K 函数被定义为相似形式，表示为 $K_{k,\ k}(d)$ 。

与事例相关的关于控制分布的二元 K 函数为：

$$K_{c,\ d}(d) = \lambda_k^{-1} E[\text{控制数目} \leqslant \text{一个随机选择事例的距离 } d] \tag{6-50}$$

忽略由 A 的边界所产生的边缘影响，对任意距离 d 的 K 函数，式(6-49)的估计值为：

$$\lambda_c^{-1}[(\lambda_c |A|)^{-1} \sum_{1} \sum_{m(\neq 1)} I_d(d_1,\ m)] \tag{6-51}$$

式中，$|A|$ 是研究区的面积；$I_d(d_1,\ m)$ 是指示函数，如果事例 1 和事例 m 之间的距离小于或等于 d，则记为 1，否则记为 0。式(6-51)中方括号里面的项是在观测事例的距离为 d 内的累加事例的平均数，该平均数是通过对所有的事例计算出的。为了得到 $K_{c,\ c}(d)$ 的估计值，就要用每单位面积(λ_c)的事例数除以这个数。密度参数的估计值 λ_c 等于事例数(n_c)除以研究区域的面积 $|A|$ 。因此，式(6-49)可记为：

$$\left[\frac{|A|}{n_c^2}\right] \sum_{1} \sum_{m(\neq 1)} I_d(d_1,\ m) \tag{6-52}$$

在指示函数中有必要引入权值函数来改正边缘影响，如果不允许引入权值函数，那么将导致指示函数的过低计数(Gatrell 等，1996)。用 $w_{1,\ m}$ 来表示权值函数，对于一个矩形区域来说，这个权值函数可以定义为区域 A 内的以 d 为半径的圆周的比例。现在式(6-50)变为：

$$\left[\frac{|A|}{n_c^2}\right] \sum_{1} \sum_{m(\neq 1)} \frac{I_d(d_1,\ m)}{w_{1,\ m}} \tag{6-53}$$

Diggle 和 Chetwynd(1991)对非均匀分布的处于风险总体的聚类的检验是对“随机标识”的假设的一种检验，就是说：

$$K_{c,\ c}(d) = K_{k,\ k}(d) = K_{k,\ c}(d)\ (\text{对于所有的 } d)$$

并且提出了这个统计：

$$D_{c,\ k}(d) = \hat{K}_{c,\ c}(d) - \hat{K}_{k,\ k}(d) \tag{6-54}$$

如果事例的分布反映了总体，那么对于所有的 d 值，有 $D_{c,\ k}(d) = 0$。$\{D_{c,\ k}(d)\}$ 相对于 d 形成的图形的尖峰，这里 $D_{c,\ k}(d) \geqslant 0$ 的地方指示了地图上该距离的总体聚类。这些明显的峰值可以通过蒙特卡罗模拟来确定。$\{D_{c,\ k}(d)\}$ 相对于 d 的图形所形成的上边界轮廓和下边界轮廓通过 99 个独立的模拟而得到，在这个范围内的事例和控制的总体是随机标记的，并且要确保每一个模拟的事例的总和等于数据集中事例的数目。这 99 个模拟被用来确定每个距离 d 处的 D 函数值的最大值和最小值。如果 D 的实验值超过了任意距离 d 对应的最大值，就说明在距离 d 内存在事例的聚类。如果 D 的经验值小于任意距离 d 对应的最小值，就说明距离 d 内存在一些事例控制其他事例的情况。这提供一个置信水平为 0.01 的检验。

根据犯罪的原因，可以预测受害罪犯可能会有按照家庭住址聚类的趋势。受害罪犯是一些已经被定罪，但自己也是受害者的罪犯。需要利用一种检验方法来识别出犯罪行为的发生是否显示了某种聚类，或者仅仅是罪犯分布的一种简单反映。图 6-28 显示了 $D_{c,\ d}(d)$ 的图形，其中 c 表示受害的罪犯，k 表示没有受害的罪犯。

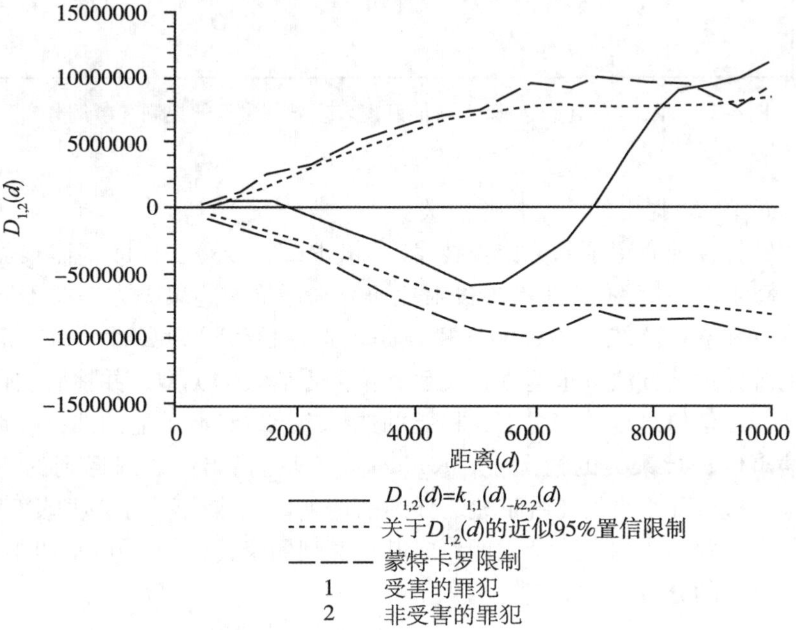

图 6-28　关于受害的和非受害的罪犯的 $D_{c=1,\ k=2}(d)$ 的图

利用蒙特卡罗约束可以得出大约 95% 的置信限制（Diggle 和 Chetwynd，1991）。从图 6-29 中可以看出，唯一的聚类证据是在较大的距离内，并且局部规模的聚类没有整体的趋势。Gatrell 等（1996）用这个检验来检验在兰开郡中西部儿童白血病的发病率是否有存在整体聚类，或者检验这些事例的分布是否简单地反映了儿童人口的分布。

Kulldorff（1998）认为，$D_{c,\ d}(d)$ 相对于 d 的图形是对两个点过程的相对聚类的一个检验，尽管有这个说法："对选择性假设来说，Diggle-Chetwynd 的检验的有一些作用……如果在调整另一个空间点过程的不均匀性之后，一个特定类型的事件显示了聚类，那么这个检验是不恰当的。"来自 Kulldorff（1998）的图 6-29 显示了事例和控制者的一种模式，对于所有的距离，D 函数值将等于 0，因此表明没有形成聚类。

Kulldorff（1998）建议"一个更有前景的检验统计方法"是：

$$D^*(d) = \hat{K}_{c,\ c}(d) - \hat{K}_{c,\ k}(d) \qquad (6\text{-}55)$$

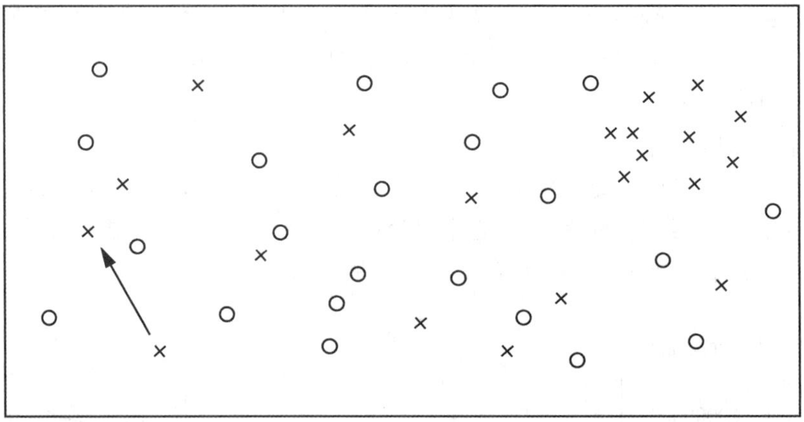

图6-29　根据 $D_{c,k}(d)$ 检验不可能发现表现显著聚类的控制和事例分布

这与 Tango(1995)提出的一个检验有关。

以上仅仅选择性地介绍了部分聚类技术。Kulldorff(1998)在回顾整体聚类的检验方法时表明："不幸的是，还没有多少有效的对比研究来评价这些聚类方法在不同选择性假设下的各自的优点和缺点。"统计检验的作用就是当选择性假设为真时，确定拒绝零假设的概率。有效的统计评估方法寻求建立各类反映偏离零假设的类型，并检验它们相对于其他统计量的性能。在任何给定的情况下，检验的选择应该以最有可能的选择类型为基础。然而，在对疾病事例进行聚类的情况下，Kulldorff(1998)指出：普遍遇到的不确定性问题是，把精确地位置分配给事例（由于缺乏详细的地址信息或确切的疾病感染区信息）可能会严重降低任何检验的作用。这个问题影响其他类型的聚类检验，包括对同样原因产生的犯罪模式一定类型的分析。

三、局部地图特性的探索性识别

现在，我们描述一些探测局部聚类的探索性方法，在研究疾病模式方面特别重要，但对其他情形也是有用的，包括犯罪模式的分析。一个聚类是一个区域，基于空间随机性的假设下，它计数或比率相对于一些期望值特别大。介绍的聚类探测方法可以用来评估聚类预警，因为它们对空间数据进行筛查，以发现任何的发生率增加的区域。聚类的预警以用来表达一个区域具有可以上升的发生率的存在性为关注结果，并且通常是以一个特定的数据子集为基础的。除此之外，评估这样的预警在统计上可能会引起选择性偏差和多次检验的问题。本节简要回顾了焦点检验方法，这些检验是针对在可能的因果关系主体附近的大的计数目或比率的。在流行病学中，检验可能是针对一些形式的癌症的发生率的增加来分析的，这些癌症的发生可能主要是由于靠近焚化炉、电站，或者是繁忙的道路附近的比较差的呼吸状况。在犯罪学方面，检验主要是针对靠近城市的主要客运站的抢劫行为或者沿着城市主干道的郊区房子的入室盗窃的额外风险。问题是探寻在较高的比率是什么与一个预先确定的点或线的接近程度之间的联系。

（一）聚类探测

1. 区域数据

由于区域单元具有不同的总体大小，根据具有最多事例的区域来定义聚类是不适当的。一个由Choynowski(1959)提出的早期的检验方法，用于计算覆盖研究区域的事例是随机分布的零假设条件下，获得到 x 或者更多的观测事例的泊松概率。如果 $O(i)$ 表示区域 i 的观测事例的数目，区域 i 的泊松期望（$\lambda(i)$）是处于风险的全部总体中事例的比率 $\phi(=\Sigma_j O(j)/\sum_j N(j))$ 乘以区域 i 内处于风险的总体（$N(i)$）。这一期望值假设是固定的，虽然在实际中它会受到采样变化和样本大小的影响。这种检验很容易适应不同风险的类别的数据，如性别、年龄、郊区-市区的位置或者甚至是剥夺等特性，只要是合适的和这些数据是可以获取到的。在全部的总体中的 C 个类别中的为每个类的分别计算比率是，$\{\phi_c\}$，然后乘以区域 i 内相应的处于风险中的总体 $\{N_c(i)\}$。然后将所有 C（$c=1, \cdots, C$）类的乘积相加得到泊松分布（$\lambda(i)$）的期望值。

如果区域 i 有 x 个观测事例，并且如果泊松概率是：

$$\begin{aligned}\text{Prob}\{O(i) \geqslant x\} &= 1.0 - \text{Prob}\{O(i) < x\} \\ &= 1.0 - \sum_{s=0}^{x-1} \frac{\exp(-\lambda(i))\lambda(i)^s}{s!}\end{aligned} \tag{6-56}$$

它小于0.05，那么就会认为在区域 i 内包含了一个聚类。这个版本的检验应用于稀少事件。对于非稀少事件，式(6-56)中将被带有参数 $N(i)$ 和 φ 的二项式分布所取代。

Choynowski 的成果说明了潜在的聚类探测的几个问题。第一，检验的概率值将受到 $N(i)$ 的影响，因此极端值概率往往与具有大总体的区域有关。第二，如果有 n 个检验（对应于将研究区划分为 n 个子区），那么随着 n 的增加，至少发现一个聚类的概率将增加到1——这属于多次检验问题。分析人员用特定的时间周期、总体分组来分析这个问题，这进一步加剧了多次检验问题。来自分析员已经选择的特定的数据集（通过区域\时间\人口分组）的不连接数据集的数目通常是未知的，因此用于确定适当的显著水平的 Bonferroni 改正不可能进行（参考 Stone，1988）。第三，如果检验某一特定地区的理由是大量的事例出现“在收集到的数据中”，那么这个检验就会带有选择性偏差。选择性偏差也可能从特定的时间周期或者对总体的分组分析中产生。第四，检验通常使用行政单元来实现，而行政单元就产生事例的基本过程来讲没有相关联系。真正的聚类可能在一个区域单元丢失，因为它们很小或者是分离的，因此在相邻的行政单元会变得稀少。如果聚类大小相对于区域单元很小，没有收集到详细的空间数据，这个检验是不能进行的。然而，检验不允许对彼此有联系的区域的空间分布进行。一组相邻区域当被放在一起而不是单独分析时可能会表现出某种明显的聚类。

空间方面的选择性偏差问题和第四个问题可由 Openshaw 等人（1987）的地理分析机（GAM）通过放置多个不同大小的叠置圆来说明。当然，如果聚类是在地理上相对于可获取数据的区域单元的面积较小，或者聚类是线性的，或者聚类是被跨越的地理区域分开的，那么这些聚类仍然不可能被探测出来。GAM 的“圆”包含了区域单元的融合，并且在计算任何“圆”内的事例数目和处于风险中的总体时，两个区域内的分布都要予以采用。通常这些是未知的。一个区域在圆内或在圆外取决于代表它的点是在圆内或圆外。

GAM 通过使用泊松模型(6-56)对所有可能的空间子集进行检验，从而避免了空间选择偏差问题，但是却带来了多次检验问题。Bonferroni 认为对多次(空间)检验问题的调整是不可行的，因为所划分的检验数目非常大，以至于使得检验非常保守。因为检验运用了具有重叠的数据子集，检验不是独立的，所以 Bonferroni 的一个修正也显得有些过度。尽管 GAM 提供了一种反映聚类可能位置的指示方法，但是它缺乏一个合适的显著检验(Kulldorff 等，1995)。它的检验过程和可视化方法倾向于在研究区内挑选出小的聚类、高密度的具有大总体的空间单元。一个有相似的优点和缺点的检验方法是 DMAP，它为了允许分析员指定聚类的地理尺度而保持圆的大小不变(Rushton 和 Lolonis，1996；Rushton，1998)。

Getis 和 Ord(1992，1995)提出了全局 G-统计(6-41)的一种局部形式，用它来检验一组区域的高属性值或低属性值的局部集中程度。对于全局统计，属性值要求有一个自然来源，并且要求是正值。这个统计记为 $G_i(d)$ 和 $G_i*(d)$，都来自于相同的根源，即都支持 Diggle 和 Chetwynd 的检验，即 K-函数(Ripley，1981)，对这个方法进行改进，使数据对应于区域的计数或比率。然而，Diggle 和 Chetwynd 的检验基于跨越整幅地图的平均数的，检验是对整体聚类的，Getis-Ord 统计检查每一个根据距离定义的分组值，并且检验个体的与距离相关的聚类的存在，并试图与一个显著性测度相联系。

G-统计的两种局部形式都计算位置 i 处距离 d 内所有 $\{z(j)\}$ 值总和的比例。距离可以是物理距离、旅行时间、概念距离或任何其他的分离测度(Getis 和 Ord，1995)。然而，在计算过程中，$G_i(d)$ 排除 $z(i)$ 值，$G_i*(d)$ 却包括了 $z(i)$ 值。因此，当 $G_i*(d)$ 适用于聚类检测同时，$G_i(d)$ 就接近式(7.17)，因为它计算 i 处距离 d 内的额外的事例数。那么 $G_i(d)$ 具有与早期的 Diggle-Chetwynd 检验和 Besag-Newell 检验类似的构造。

两个 Getis-Ord 统计是：

$$G_i(d) = \frac{\sum_j w_d(i, j)z(j)}{\sum_j z(j)} \qquad (j \neq i) \tag{6-57}$$

和

$$G_i^*(d) = \frac{\sum_j w_d^*(i, j)z(j)}{\sum_j z(j)} \tag{6-58}$$

式中，$w_d(i, j)$ 是一个对称的 0 或 1 的矩阵，矩阵中所有的区域 j 在区域 i 的距离 d 以内的条目的值为 1，并且 $w_d(i, i)=0$。在式(6-56)中，$w_d^*(i, i)=1$，但是其他项都和 $w_d(i, j)$ 一样。(在 Getis 和 Ord 1995 年的论文中，结果已经扩展到了非二进制权值)。Getis 和 Ord(1992，1995)提供了两个统计的期望值和方差。如果值的基本分布是正态的；那么它们的分布就是正态的；但是如果这个分布是有偏的，这个检验随着距离的增加(样本大小的增加)仅仅是接近正态的，并且对于具有很少空间邻域的边界区域非常慢(Getis 和 Ord，1995)。

Getis-Ord 局部统计通过考虑给定距离(d)的所有子集避免了选择偏差的问题。它们不能像 GAM 做的那样，检验大量任意构造的圆。少数检验的这种结果使得如果 Bonferroni

的一个改进被实现(通过检验的次数来划分显著水平)，那么就没有必要引导进行其他的保守检验过程。然而，任何这样的改进过程都将是保守的，因为检验是非独立的(因为它们使用了重叠的数据子集)，并且随着检验次数的增加变得更加保守。另一个值得注意的地方就是全局自相关对显著性检验的影响(Getis 和 Ord，1995，1996)。检验过程假设没有全局自相关，Anselin(1995)表明了全局自相关对局部统计的分布有明显影响，例如 Getis-Ord 统计和其他局部统计，如 Moran 统计的局部形式。当存在全局自相关时，期望值、方差、Getis-Ord 统计分布的偏差都会受到影响，并做出局部聚类存在的误导推论(Anselin，1995)。Bonferroni 改进现在将仍然是更加保守的，因为除了使用重叠的数据子集，数据值自身是局部相关的。Anselin 建议使用蒙特卡罗随机方法控制在数据中的全局自相关水平，并生成类似 Getis-Ord 统计和 Moran 统计那样的局部统计的采样分布。

Besag-Newell 检验也是检测稀少事件的聚类的，通过已经将地理区域划分为小区域的形式，如选区(Besag 和 Newell，1991)。对每一块小区域，事件事例的数目和处于风险中的总体是已知的。每一块小区域的位置是通过坐标值来定义的，例如总体加权的质心。然而，不像先前的检验，Besag-Newell 检验固定了聚类的大小而不是处于风险中的总体，因此来搜索预先指定大小的跨越研究区域的明显聚类。像 GAM 一样，为了避免选择偏差，使用了多个具有重叠的圆。在任何可能的聚类中不考虑第一个事例。

Besag-Newell 检验的过程如下：考虑任何观测事例并在产生事例的区域标上 $A(0)$。所有其他的区域根据它们离 $A(0)$ 的质心的距离来排序。因此，对于这个特定的事例，这些区域被分别标为 $A(1)$，$A(2)$，$A(3)$，…，括号中的数值表示从标有 $A(0)$ 的区域到它们的排序距离。对对应于这个排序的额外事例的数目进行累计计数。事例的累计计数目忽略了 $A(0)$ 中的第一个事例，因此，$D(0)$ 是 $A(0)$ 中其他事例的数目；$D(1)$ 是 $D(0)$ 加上 $A(1)$ 中事例的数目(如果有的话)；$D(2)$ 是 $D(1)$ 加上 $A(2)$ 中事例的数目(如果有的话)，依此类推。它服从 $D(0) \leqslant D(1) \leqslant D(2) \leqslant \cdots$。现在 $u(0)$ 是 $A(0)$ 中处于风险中的总体减去 1，就是作为检验原始起点的那个为计数的事例。$u(1)$ 是 $u(0)$ 加上 $A(1)$ 中处于风险中的总体；$u(2)$ 是 $u(1)$ 加上 $A(2)$ 中处于风险中的总体；依此类推。

这个检验是基于识别区域 $A(0)$，$A(1)$，…，$A(M)$，但是不是 $A(0)$，$A(1)$，…，$A(M-1)$，这样至少有 k 个其他事例发生(排除了检验最开始的那个事例)。直观上一个小的 M 值预示着 $A(0)$ 周围有 $k+1$ 个事例的明显的聚类。如果对于任何特定的事例 $M=m$，那么在零假设条件下，这个检验的显著性是 $\mathrm{Prob}\{M \leqslant m\}$。用带参数 $\lambda = \mathrm{u}(m)p$ 的泊松分布来评估检验的显著性水平(如果在 $A(0)$ 处没有聚类，那么零假设的概率为真)，其中 p 是研究区的事例总数除以有风险的全部总体而得到的。显著性水平是由下式给定的：

$$\mathrm{Prob}\{M \leqslant m\} = 1.0 - \mathrm{Prob}\{M > m\} = 1.0 - \sum_{s=0}^{k-1} \frac{\exp(-\lambda)\lambda^{s}}{s!} \tag{6-59}$$

这个检验对所有的事例重复执行，但是如果在任何一个小区域有内多个事例，这个检验统计将是对每一个事例来说都是一样的。Besag 和 Newell 建议，一个有用的诊断就是绘制与 (α) 的 5% 显著性水平有关的聚类的图。

然而，GAM 构造了任意的“圆”，在这些圆里面，总体分布通常是未知的，而 Besag-

Newell 检验仅仅汇集了那些总体是已知的完整区域——这与 Getis-Ord 的局部统计相似。然而，有必要对 k 指定一个值，其中的一种方法就是用 k 的值范围来进行检验。最小的 k 值可以参考泊松概率来设定。例如，如果 $\lambda < 0.354$，那么就从 $k=2$ 开始；如果 $\lambda \geq 0.354$，那么就从 $k=3$ 开始。

甚至一个随机地图模式也会出现事例的明显聚类。在随机模式下，会有比我们料想的更多的聚类吗？Besag 和 Newell(1991)提出了两种检验方法。一种就是在随机模式的零假设下比较将显著检验的期望数与显著检验的数进行比较。期望的计数是事例的总数乘为检验选择的显著性水平（α）。他们提出的另一种统计方法是，所有至少属于一个明显聚类的事例的比例。蒙特卡罗模拟能够被用来为这些统计提供显著性检验。他们得出结论认为，如果这些检验不是显著的，这也并不意味着已经检测出的独立聚类不应当被调查。

图 6-30 使用 Besag-Newell 检验识别在谢菲尔德出生的低体重婴儿(<2.5kg)的聚类。这个研究被作为一项儿童服务审计的一部分来执行。K 的值被设置为 3、5 和 7。在这个例子中，聚类按照 k 值的不同水平进行合并，但是在 k 值的一个水平检测到的每一个聚类随着 k 值的增加而持续。聚类，就大小变化讲，是明显显著的。然而，Kulldorff(1998)解释说，像 GAM 和 DMAP(和 Getis-Ord 统计)那样，Besag-Newell 技术“不能对统计聚类做出推断，为了确定是否在这个区域内有过多的具有统计显著性比率”。它的主要的价值在于显示那些有高观测率的特定区域。下一个检验是 Kulldorff 的筛查检验，该检验克服了这个问题，至少重视最有可能的聚类。

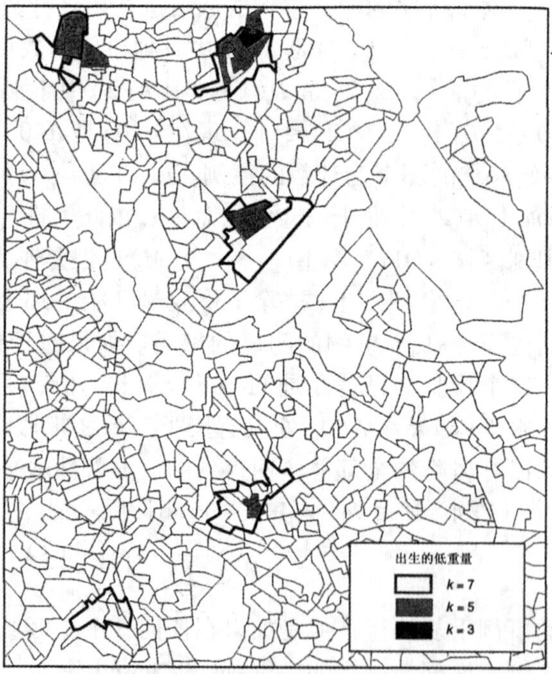

图 6-30　使用 Besag-Newell 检验的谢菲尔德低重量出生的聚类(聚类大小 k=3、5 和 7)

Kulldorff 的筛查检验(Hjalmars，Kulldorff 等，1996)的泊松形式建立在 GAM 基础上，而且这个检验源于 Turnbull 等(1990)。再者，每一块区域内的事例数和处于风险的总体是已知的，并且每一块区域被分配了一个单独坐标来表示它的位置。筛查统计的窗口(一个不断扩大的圆)在研究区域内移动。这个窗口总是在小区域的坐标中心，包含在任何圆内的小区域是这样的一些小区域，它们的坐标位于圆的半径内。与 GAM 一样，当这个"圆形"地带事实上形状不规则的，当根据被包括的基本小区域进行表达时。筛查检验考虑了所有可能大小的圆，直到在研究区域内处于风险的总体的定义的百分数。如果选择 50%的为最大上限，那么筛查检验在这个区间(0%，50%)就能识别"最有可能的"聚类。

筛查检验基于一个模型，这个模型中恰好有一个圆形区域或者区域(R)在一组所有的圆形窗口 R 之外，这样对于所有的位于 R 内的个体成为事例的概率为 p，而位于 $R(R^c)$之外的所有个体的概率为 q。研究区为 $T=R \cup R^c$。如果区域 i 在 R 内，那么 $O(i)$就是带参数 $pN(i)$的泊松分布，其中 $N(i)$仍然是处于风险中的总体，p 可以解释为 R 内具有相对风险的比例。如果区域 i 在区域 R 外，那么 $O(i)$就是带参数 $qN(i)$的泊松分布。零假设就是 $p=q$(完全的空间随机性)，选择性假设就是 $p>q$。这就意味着居住在 R 内的人染上疾病的风险比住在 R 外的人染上疾病的风险性高 p/q 倍。

筛查检验使用了一个似然比率检验：选择性假设下数据的似然性与零假设下数据的似然性之比。似然性函数被记为独立泊松分布的乘积(Kulldorff，1997；Hjalmars 等，1996)。这个检验识别似然性比率的最大值，并识别产生最大值是 R 的区域。似然性比率的分布是在零假设下数据集的 999 次蒙特卡罗复制得到的。R 是一个显著性聚类，如果检验统计值在这 1000 对个值的前 50 个中，那么在 5%的水平。注意，尽管次要聚类不是识别的最显著地聚类的一部分，但是这个检验仅能检测最显著地聚类。这个筛查检验对于次要聚类来说是一个保守检验，因此，如果他们的概率值也低于 0.05，那么把这些次要聚类作为可能的聚类包括进来是合理的。注意，设定圆的最大尺寸达到上限为 50%可能会导致最有可能的聚类占据了研究区域的非常大的比例。这将不会是有充分信息的。应该减小上限来限定 R 的最大尺寸。

图 6-31 显示了 Kulldorff 对 1962 年美国毗邻的几个州的麻疹数据的筛查检验的结果。在 20 世纪 60 年代早期，麻疹病例数相对于今天来说非常高(每年 400000 个病例左右)，现在由于大量的接种疫苗，麻疹病例已大大减少。对于每个州来说，处于风险中的人口数和麻疹病例数是已知的。用每一个州的首府的位置的坐标代表该州。如果代表这个州的坐标落入某一个区域，那么这个州就被包含在这个区域内。西南方向的一些州表现为显著的"最有可能的聚类"。三个统计意义上次显著的聚类作为具有相对较高的风险的区域被标识出来，这些地区包括新英格兰和美国西北的一部分。从早期的评论来看，显著性聚类并不一定是在有最高的相对风险的地区。因为麻疹是传染性的疾病，这个应用说明了高发病率的地区只出现在特定的时间，而不是长期的相对风险地区(Haining 等，2002)。Viel 等(2000)应用筛查检验方法分析法国的城市固体废物焚化炉周围的具有软组织肉瘤和非何杰金氏病的淋巴瘤的患者的分布，相对于这些情况，可能表明他们处于长期的相对风险中。

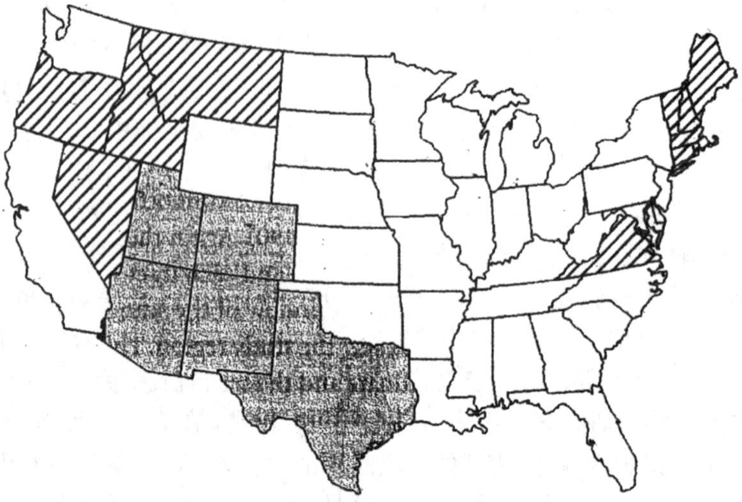

图 6-31　根据 Kulldorff 筛查检验的美国(1962 年)麻疹事例最可能的聚类(显著)和次可能聚类的州

2. 非均匀的点数据

对受害罪犯数据用 Diggle 和 Chetwynd(1991)的 D 统计的结果表明了聚类没有表现出整体趋势。然而，可能会有局部聚类。Kulldoeff 筛查检验的 Bernoulli 形式能够用来检测最有可能的聚类和不均匀点模式事例的次要聚类，即识别个体事例聚类的存在，在给定由处于风险的总体组成的个体分布条件下。

用 $N(R)$ 表示区域 R 中个体的数目，$O(R)$ 表示区域 R 中事例的数目。对区域 R 中所有的个体来说，成为事例的概率为 p，同时，区域 $R(R^c)$ 之外的所有个体的概率为 q。研究区域 $T=R\cup R^c$。零假设即 $p=q$，选择假设即 $p>q$。似然函数被记为个体的 Bernoulli 概率的乘积(Kulldorff 和 Nagarwalla，19953)：

$$L(R,\ p,\ q) = p^{O(R)}\ (1-p)^{N(R)-O(R)} q^{O(T)-O(R)}\ (1-q)^{(N(T)-N(R))-(O(T)-O(R))} \tag{6-60}$$

式中，$N(R)$ 和 $O(R)$ 分别是 R 内处于风险的总体和事例数。$N(T)$ 和 $O(T)$ 分别是研究区 $(R\cup R^c)$ 内处于风险的总体和事例数。

似然比率统计是在选择假设下 $L(R,\ p,\ q)$ 的最大值除以其在零假设下的最大值。在选择假设下，q 的估计值是 $\dfrac{O(T)-O(R)}{N(T)-N(R)}$，$p$ 的估计值是 $\dfrac{O(R)}{N(R)}$。在零假设条件下，p 和 q 的估计值都是 $\dfrac{O(T)}{N(T)}$。在零假设下，似然比率统计的分母即似然函数(6-58)可简化为：

$$L(R,\ p=q) = \frac{O\ (T)^{O(T)}\ (N(T)-O(T))^{N(T)-O(T)}}{N\ (T)^{N(T)}} \tag{6-61}$$

最有可能的聚类就是最大化的对所有可能区域的似然比率统计的区域 R(见 Kulldorff 和 Nagarwalla，1995)。至于泊松形式，显著性是由从似然比率统计的确切分布的蒙特卡罗采样方法决定的。这包括涉及随机分配给定的事例数目到个体和评估似然比率统计。在模拟值分布内的经验值排列顺序决定了聚类的显著性。5%的显著性水平是正常的。

图 6-32(a)显示了关于受害罪犯数据的最有可能的聚类($p=0.014$)和两个次显著性聚类($p=0.042$, 0.049)。筛查检验的证据表建议了对聚类调查可能有警示作用的受害罪犯局部聚类的数量。图 6-32(b)显示了所有的 Kulldorff 聚类和居住在这些地区的被受到伤害的罪犯的相对风险。注意，最高的相对风险是与显著性聚类无关的。图 6-32(b)中重叠的区域是被 GAM 检测出来的聚类。图 6-32(c)显示了 Besag-Newell 聚类和 GAM 聚类。

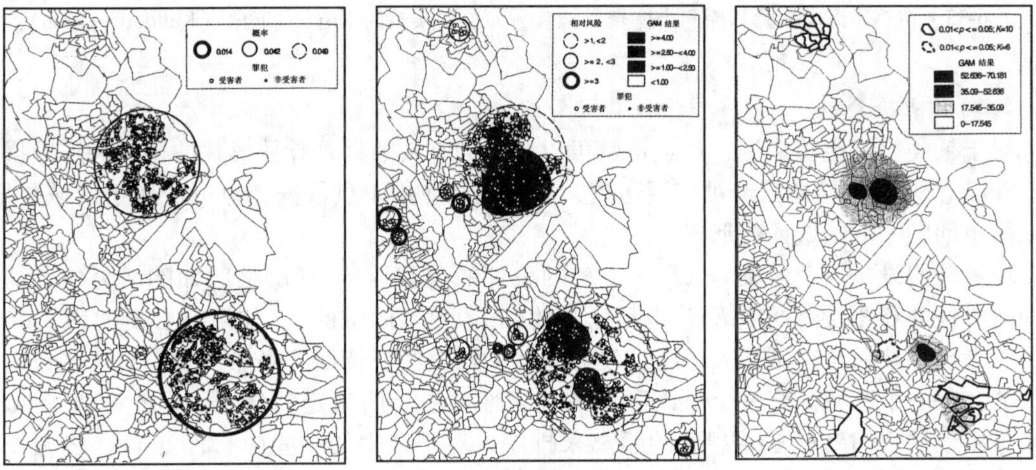

（a）根据Kulldor的筛查检验的Bernoulli的显著聚类

（b）根据Kulldorff筛查检验的具有最高相对风险的区域以及使用Openshaw的GAM的结果

（c）根据Openshaw的GAM和Besag-Newell检验的事例聚类区域

图 6-32

Kulldorff(1998)评论了关于非均匀的点数据的随机性，数据问题是如何影响检验的。尤其要注意的一个问题就是位置误差，即为事件分配了错误的参考位置。可能存在数字化错误；病人的家庭住址可以被地理编码，但是按病人的家庭联系地址，还是按工作地址，或者个人的日常活动地址呢？对慢性疾病，空间分析需要识别病例的迁移历史。当由于保密原因，事例被分配给邮政编码或选区质心而不是家庭住址，这样就产生了不精确问题。Jacquez(1994)改进了 Cuzik 和 Edward 的聚类检验方法，针对事例位置不准确问题，这样增加了它们的联系。随机性的检验结果也将对其他问题敏感，这些问题包括分类误差和缺失的事例，特别是对于样本较小的情形。

这些类型的数据问题可能会影响到整体聚类和局部聚类检验的能力。如果聚类中的事例被错误地分类、错误地定位或者简单地丢弃，那么检测一个特定的局部聚类的能力将会减弱。尽管这不会影响所关心的地图上的一些地方其他可能的聚类的存在。例如，如果对地图上任何地方的事例的定位有误，那么探测整体聚类的能力将受到影响。这被 Kulldorff(1998)在图 6-33 中进行了说明。这些定位误差将不会影响到右上方的聚类的探测。

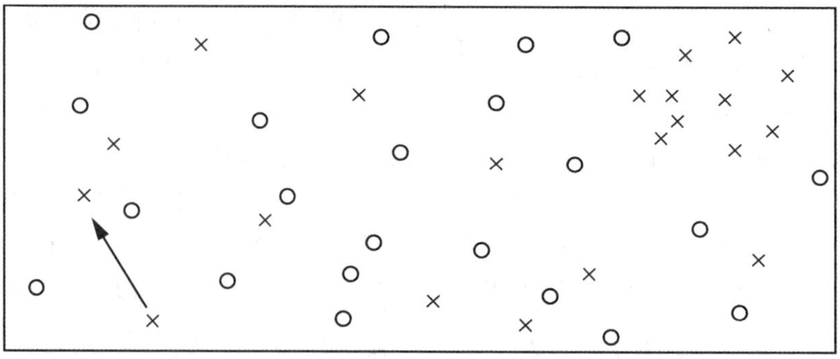

图 6-33　在整体聚类检验和探测个体聚类检验方面位置误差的影响(左下角)(Kulldorff, 1998)

(二)焦点检验

对于聚类检测检验来说，焦点检验可以分类为有效数据是计数形式的检验和点数据检验。Stone(1988)的检验已经被广泛运用，并且既可应用于点数据，也可应用于区域数据。我们简单回顾一下区域计数形式。

该检验假设每一个区域 $i=1, \cdots, N$ 的事件的观测计数 $O(i)$ 是已知的。另外，基于空间随机性的零假设的期望 $E(i)$ 也是已知的(并假设是固定的)。如果有必要的话，$E(i)$ 也可以考虑混杂因素，例如人口统计学或总体的社会经济特性。当然，前提是这些数据是有效的。每一个区域都有一个由该区域的代表性质心点所确定的位置。这意味着这 N 个区域可以根据它们离点源(线源)的距离来排序，对于产生的一些(可疑)事件，将调查对象作为可能的源或质心。假定区域 $i=1, 2, \cdots, N$ 的标记与空间排序相对应。Stone 的检验假定风险随着到假定源的距离的增加严格非增加，并且可能会出现这样的情况，即在空间单元的尺度下，假设可能会太受限制。在犯罪学的例子中，对罪犯来说，可能存在一个太接近汽车终点站的区域而终止在这个区域犯罪——在这种情况下，空间汇集是必要的。在疾病的例子中，环境因素(如某种类型的放射性物质的盛行风向)可能会增加方向性的统计偏差。

Stone 检验是基于选择假设下的似然值对零假设下的似然值的比率的最大似然比率检验。这个零假设是观测计数具有期望值为 $r(i)E(i)$ 的泊松分布，其中，$r(i)$ 是相对风险，值等于1。选择假设是观测计数具有期望值 $r(i)E(i)$ 的泊松分布，其中，$r(1) \geqslant r(2) \geqslant \cdots \geqslant r(N)$。Stone 检验的一种简单形式是由以下统计(Stone, 1988)给定:

$$T_r = \max_{(1 \leqslant n \leqslant N)} \frac{\sum_{i=1}^{n} O(i)}{\sum_{i=1}^{n} E(i)} \tag{6-62}$$

并且提供了与 T_r 的观测值相关的显著性水平的方程。统计量 T_r 的值具有一个自然的几何解释，这个解释表明了其与(各向同性)回归曲线的联系。如果将期望事例的累计数(水平轴)与对应的观测事例的累计数目(垂直轴)进行绘图，那么零假设就是穿过图形原点($O(i)=E(i)=0$)的单位斜率。统计值 T_r 也是穿过图形原点的线的斜率，并且所有点位于线的右下方(图 6-34)。

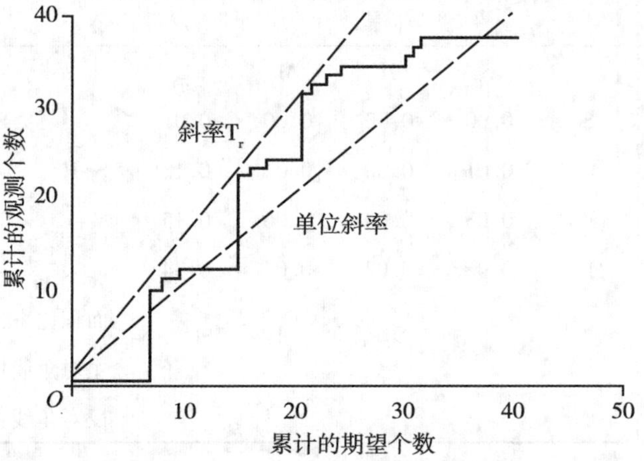

图 6-34　针对事例的期望个数的观测事例的累计数以及使用英国东部塞斯维尔数据的 Stone 检验的图形表示

Stone 检验的原始公式假设关于$\{r(i)\}$的风险函数是未知的。Bithell 的线性风险评分在潜在的相对风险函数是已知的情况下将会是最强的检验。这种情况在选择(简单的)假设下的期望值可以被确定，并对在零假设下是否赞成这个期望值做出决定。Bithell(1995)建议距离平方倒数或距离排序的倒数通常会反映关于某个地区风险的模式的先验信任。

四、地图比较

以下描述关于评估两种地图分布之间联系的方法。我们假定数据已经记录在研究区的位置的两个变量 G 和 H 上。由于在 $G(g(1), \cdots, g(n_g))$ 和 $H(h(1), \cdots, h(n_h))$ 处的观测数可能是不一样的，这将使得情况可能被复杂化，并且这两组数据可能不是在相同的地点或对应的相同的空间单位记录的。环境数据和健康数据往往就属于这种类型，因为数据可能是由不同的机构在不同的空间框架下收集到的。

(一)双变量联系

在最简单的情况下，数据是在一个共同的空间单元($i=1, 2, \cdots, n$)获取到的，并且不存在缺失数据的情况。变量 G 和 H 上的数据可以用散点图来显示，这种散点图将给出联系的初步说明。G 和 H 之间的没有关系的零假设可以相对一个一般选择性假设进行检验，这个选择性假设使用相关性统计检验联系。如果 G 和 H 都存在空间自相关，那么在执行这些熟悉的关联性检验时务必引起注意。

现在，我们讨论这种情况，兴趣是获取两组对应 G 和 H 属性的多边形之间联系的度量方法。Wang 等(1997)用相似度表来量化中国的地震、洪灾和干旱灾害之间的联系。识别每一种灾害地区，其中灾害强度水平是下面四种类型之一：非常严重(S)，严重(H)，中等(M)，轻微(L)。不同的灾害强度水平之间需要有一种对应的测度。

表 6-6 为关于中国洪水和干旱灾害地图的 4 × 4 和 2 × 2 相似度表。

表6-6

		干旱					干旱	
		S	H	M	L			
洪水	S	0.00	0.00	0.00	0.01		S+H	M+L
	H	0.01	0.00	0.04	0.18	S+H	0.02	0.25
	M	0.03	0.00	0.06	0.15	M+L	0.12	0.60
	L	0.06	0.02	0.04	0.34			
面积比率:						面积比率:		
主对角线:0.41						主对角线:0.62		
反对角线:0.41						反对角线:0.62		

表6-6是一个4×4和2×2的洪水和干旱表。表中的值指的是在这些不同灾害水平结合下的国家比例数值。Wang等(1997)求出了对角线上的值的和，并与反对角线上的值进行比较来提供一种简单描述联系的测度。洪水和干旱之间具有明显的联系，因为中国的大部分地区同时遭受两种灾害的中等和轻微水平。

关于统计意义上的显著联系进行检验是可能的吗？Court(1970)(Norcliffe，1977)提供了一种推理理论，如果行和列的总和等于0.25，那么这个推理就可以用于基于4×4的相似表上。Maruca和Jacquez(2002)考虑到与上述有关的一个问题，即两组多边形(I和J)之间的重叠区域的测度，其中每一个多边形都是由许多小多边形(I_1，…，$I_{N(I)}$；J_1，…，$J_{N(J)}$)组成，每一个小多边形都完全分割了一个地理区域，目的是为了量化这两组多边形之间的匹配情况。这些统计中有两个是基于计算一组多边形I对应于J的重叠的平均最大面积，反之亦然。因此，例如，对于I中的每一个多边形，找到J中与它重叠最好的多边形，在某种意义上，相交部分除以这两个多边形的并是在J中的所有多边形中是最大的。对I中的所有多边形的最大值求和，并将总和除以$N(I)$。由于边界效应，这两部分的空间尺度的具有差别和多边形大小是不同的，这个问题被复杂化了。Maruca和Jacquez建议引入一个与I中对应多边形大小相等的逐项赋加权。蒙特卡罗的随机化过程被用于检验对应于定义的零假设的显著性。

这些检验扩展了Jacquez(1995)的早期工作，这项工作是开发统计检验来确定两个或更多变量的重叠边界，或者基于边界重叠统计的重叠的显著性。这个方法可以用于这种情况，即G和H具有不同的观测数，但观测的空间位置不一致的情况。一个边界探测运算法则被分别用来识别G和H分别发生快速变化的区域。Jacquez(1995)定义了四个在这些边界上进行计算的重叠统计方法。第一个重叠统计方法对定义G和H两者边界的位置数进行计数，反映重叠的程度。如果G和H在这两组位置的记录不同，这个统计量就不合适了。第二个(和第三个)统计测方法测量从在$G(H)$上的一个迅速变化的位置到$H(G)$上迅速变化的最近的位置的平均距离——边界相互靠近的程度。第四个统计方法是从G或H

边界上的任何位置到其他变量最近边界的平均距离。每一个统计方法对重叠的不同方面都很敏感，因此，有必要检查每一个边界两边的两个变量的行为来确认偏移的一致性。假设没有空间自相关，这些统计方法的采样分布可以通过蒙特卡罗模拟得到。这会导致一个保守检验过程。也讨论了一些其他的零假设，包括无条件随机化（G 和 H 都被随机化）和条件随机变化（G 是固定的，H 是随机的）之间的选择，以及数据中观测的空间自相关的控制（Jacquez，1995）。Jacquez 用安大略省南部的空气污染和呼吸系统疾病数据说明了这些方法。

这些方法通过考虑所有的数据来审查联系，并提供与这两个地图数据集之间有联系的一幅单独的“整个地图”概要。空间异质性能够在两个变量之间的联系中得以表达——这种联系从地图的一部分变化到另一部分。房价和不同的房屋属性之间的联系可能在不同的空间中变化，因为居住在不同地区的人们对同样的属性认为有不同的价值。数据子集联系的度量可以通过在区域上移动窗口来计算。Fotheringham 等（2000）对空间数据的拟合回归方程改用局部加权回归。地理加权回归方法（或 GWR），动态移动窗口通过研究区域，对每个定义的空间子集拟合相同的回归方程。拟合方法是加权最小二乘法。根据窗口的中心点到每一个事例的距离来定义权值。这个方法遇到了和前面讨论的地图平滑的带宽和核心函数的选择的同样问题。地理加权回归是一种探索属性的空间异质性的方法——响应关系和输出通常采用地图形式用参数值显示空间变化。

在拟合和解释局部回归模型方面必须小心谨慎。因为采用的数据子集是空间的，但是模型的拟合是依赖于函数的，当用 GWR 时，分析员对线性关系应当是满意的。如果一个单一的、全局的但非线性的关系充分描述了数据，那么拟合定义的空间数据子集可能会被误导。如果不同的地理区域受到曲线的不同部分的值支配，则往往会产生一些结果，表明整幅地图的联系并不是均匀的，因为回归拟合对其他的统计假设很敏感（如异常的和高杠杆的事例），这些作为诠释结果的一部分需要进行仔细检测。

（二）空间联系

通常的相关系统计（如泊松统计和 Spearman 统计）仅仅通过比较相同位置的值 $\{(g(j), h(j))\}$ 来检验 G 和 H 之间是否存在联系。然而，地图比较通常包括同一地点的不止一对的相同位置的数据记录之间的比较。下面的例子说明了这个问题的原因。假设 G 是按照区域衡量空气污染的一个测度，同时，H 是按照区域衡量居住人口呼吸系统疾病率的一个测度。在完全相同的空间单元，即使没有发现 G 和 H 中相对较大的值，如果 G 和 H 中相对大的值占据的位置在空间上相互靠近，那么仍可以指明它们之间的联系。这是因为空间单元是对研究区域任意细分的，由于人们的活动，因此会在他们居住的地方之外受到空气污染而不是居住地。

关于什么是双变量空间关联的合适度量方法的讨论有很多。例如，Lee（2001）使用关于 G 和 H 的 Moran 空间自相关测度，结合皮尔森统计的 G 和 H 之间的双变量相关性提出了一个度量指数（L）。然而，由于没有参考它的三个组成部分的背景，这个指数似乎难以解释。历史上，计算 $\{g(j), h(N(j))\}$ 之间的交叉相关性已经用来量化 G 和 H 上的相似值来发现接近的程度，其中，$\{g(j), h(N(j))\}$是在位置j处测得的G和在$j(N(j))$的空间邻域测得的H。在网格观测的情况下，交叉相关性可以在一对数值之间计算，并且这样的交叉相关矩阵按不同的顺序和不同方向进行计算。在不规则空间划分的情况下，一系列交叉相关值通过配对具有一阶空间邻域、二阶空间邻域等来计算。

在序数数据的情况下，最大值、最小值和在位置j处的H的排序和在j处G的排序之间平均差值，以及j的空间邻域的地图是G和H之间空间联系的一种方式。Tjostheim(1978)的空间相关指数（Λ）提供了一种检验方法，这个指数测量了G和H上按照直线距离位置很接近的同样排列的值的相似程度。如果（$s_{G;1}(i)$，$s_{G;2}(i)$）表示变量G上的第i个排序值的位置，对于H，（$s_{H;1}(i)$，$s_{H;2}(i)$）也是一样的，那么：

$$\Lambda = \sum_{i=1}^{n} [s_{G;1}(i), s_{H;1}(i) + s_{G;2}(i), s_{H;2}(i)]$$

当s_1和s_2的坐标被标准化为均值为0时，且单位方差为：

$$\Lambda = 0.5[r(s_{G;1}, s_{H;1}) + r(s_{G;2}, s_{H;2})]$$

对于G和H上同样顺序的观测值，$r(s_{G;1}, s_{H;1})$和$r(s_{G;2}, s_{H;2})$是s_1和s_2各自坐标之间的相关性。在没有双变量联系和G和H之间没有空间联系，以及G和H是空间独立性的零假设下，Tjostheim得出了Λ的平均值和方差。他表明了在这些假设下对大的n值，Λ如何被作为一个标准的正态偏差来进行检验的。对于小的n值，这并不能证明Λ的采样分布的正态近似性，建议通过蒙特卡罗的随机性方法获得它，固定G的一组排序位置，然后通过一组位置对H进行随机排序。

对于Tjostheim的零假设的形式是否合适产生的怀疑是：(1)在应用中，对于H的观测可能不是空间独立的；(2)每一次改变H的顺序都会产生一个G和H之间的双变量联系的不同值(Hubert等，1985)。分析员可能希望指定一个更合适的零假设——保留或控制H中的空间自相关，或保留和控制G和H之间的双变量联系的水平。为了控制双变量联系，G和H的值需要成对地变更排序。为了控制空间自相关，这个属性在模拟中也应该被保留。零假设的定义必须很清楚，这一点很重要，因为对结果的解释依赖于它。在Tjostheim的原文中，在定义排序的一个简单的零假设条件下，如果他们被(不适当的)用来接受或拒绝一个更严格的零假设，那么检验统计的概率值将会导致保守检验。

第六节　存在空间相关性的假设检验

空间数据通常不能满足以统计推理为基础的常规模型。因此，在使用某些检验时，比如在传统统计学教科书中所建立的用来检验均值或相关性差异的常用检验，分析员应关注空间相关性对检验结果所可能产生的影响。

当对一个空间相关变量采集n个观测值的时候(因为相关是正相关，所以靠近的数据值趋于相似)，样本所携带的信息量比当n个观测值相互独立时所携带的信息量要少。当观测值在地理空间中以这种方式紧密贴近时，对靠近另一个位置的第二次进行的测量，不会提供更多的有关这个过程的信息。这种情况的一般结果是样本统计方差被低估，并且随着空间相关程度的增加，低估程度也随之增加。(如果空间相关性是负的，其影响刚好相反——统计的样本方差会被高估)。

在空间相关性是正相关的地方，分析员想对统计设置置信区间，则这些置信区间将会使人误解为很小，从而给人造成估计质量的精确度水平是伪造的印象。当分析员想去检验一个假设时，当它为真时，犯第一类错误的风险将会增加——拒绝零假设的概率会比为这个检验选择的名义值(1%，5%，10%)要大。

为解决上述问题所已经设计的方法，为了认可空间相关性，主要是基于以某种方式对统计检验进行修正。修正可以采取使用保留数据中的全局空间自相关结构的排列，来决定统计的采样分布的形式。修正的另一种方法是调整样本量(n)，使得调整后的样本值(n')能够估量样本中与之等价的独立信息量。在空间正相关的情况下，独立的n'将比n要小。在零假设条件下，这会对增大统计(在空间正自相关的情况下)采样方差的估计具有影响。

本节中所涉及的检验方法考虑了修正没有拟合参数的模型的实现，借此替代依赖于对数据中的空间自协方差结构的估计，并从这些估计中形成方差-协方差矩阵。这种情况下产生的问题与其他地方遇到的问题类似(例如在应用克里格方法时，没有拟合空间协方差或半方差函数模型)。这些估计会受到采样方差的影响。从对空间自协方差的不同顺序的，经计算的估计构造的方差协方差矩阵不一定是允许的。再者，一些改进的检验方法需要方差协方差矩阵是可逆的，但矩阵求逆可能是不稳定的。另一方面，如果一个模型夸大了在远距离上的空间的自相关性，那么采用基于这种方法所建立的模型可能导致过度调整(参见 Haining，1991)。从这点上讲，拟合一个空间自协方差的估计的需求是要注意的。

传统形式的检验方法的渐近分布理论在自相关数据的情况下或许要保持。传统统计检验领域的检验方法将引用中心极限定理。关于空间数据的中心极限定理，在假定空间相关性在一定距离时越来越接近于0的情况下，已经得到了证明(Bolthausen，1982；Guyon，1995)。

另一种处理空间相关性的方法是对数据进行预白化(pre-whitening)处理。预白化处理涉及利用一定次数的趋势面，对数据均值进行建模，然后对数据进行去势处理。去势处理后的数据(原始数据减去估计趋势)将用做后续的分析和假定与数据独立性相适应的传统方法。另一种预白化处理的方法是变量差分的方法，这里：

$$\Delta z(i) = z(i) - \sum_{j \in N(i)} z(j) \tag{6-63}$$

这是去除线性趋势的模拟方法。注意到两种形式的预白化处理方法都使产生的数据的均值为0，因而这种方法都不适合对均值的检验。

一般而言，对于由空间相关性所产生的问题仅仅用预白化处理是远远不够的，然而在某些情况下，几种方法组合起来对数据进行处理的方法是比较合适的。采用预白化处理去掉在数据中的(一次)趋势特征，但是它不可能去除掉(二次)自相关特性。首先所用到的基于调整统计采样方差的系列方法需要对数据进行去势处理。这种方法在实现双变量关联检验方面已经有具体的例子(详见 Clifford 等，1989；Haining，1991)。

一、空间自相关和检验空间数据集均值

假设 n 个独立观测值 $\{z(i)\}$ 服从正态分布 $N(\mu, \sigma^2)$ 。则样本均值 $\bar{z}$ 是 μ 的无偏估计量，样本均值方差是：

$$\mathrm{Var}(\bar{z}) = \frac{\sigma^2}{n} \tag{6-64}$$

如果 σ^2 是未知的，则它可以用

$$s^2 = \frac{1}{(n-1)}\sum_{i=1}^{n}(z(i) - \bar{z})^2 \tag{6-65}$$

来进行估计，此时

$$\mathrm{Var}(\bar{z}) = \frac{1}{n(n-1)}\sum_{i=1}^{n}(z(i) - \bar{z})^2 \tag{6-66}$$

如果这 n 个观测数据不是独立的，尽管此时样本均值仍是 μ 的无偏估计量，那么假定每个 $z(i)$ 有相同的方差 σ^2，此时样本均值方差为(Haining 1988)：

$$\mathrm{Var}(\bar{z}) = \frac{\sigma^2}{n} + \frac{2}{n^2}\sum_{i}\sum_{j(i<j)}\mathrm{Cov}(z(i), z(j)) \tag{6-67}$$

因此，如果空间相关是正相关的，σ^2 已知，那么 $\frac{\sigma^2}{n}$ 将会低估样本均值的真实采样方差；如果 σ^2 未知并由(6-65)进行估计，那么如果空间相关是正相关，s^2 的期望值是(参见 Haining 1988)：

$$E(s^2) = \sigma^2 - \left[\frac{2}{n(n-1)}\sum_{i}\sum_{j(i<j)}\mathrm{Cov}(z(i), z(j))\right] \tag{6-68}$$

因此，式(6-65)将是低于 σ^2 的有偏估计。这进一步混淆了采样方差的低估的情况。Haining 在 1988 年给出了在特殊情况下低估的例子。

考虑空间相关性的修正方法是基于下面的论断的(Haining，1988)：假定数据 $z^{\mathrm{T}} = (z(1), \cdots, z(n))$，其中 T 表示转置，是来自均值向量由 $\mu 1$ 和 $n \times n$ 协方差矩阵 $\boldsymbol{\Sigma} = \sigma^2 V$ 给出的多变量正态空间模型的。数据的对数似然估计函数为：

$$-\frac{n}{2}\ln 2\pi\sigma^2 - \frac{1}{2}\ln|V| - \frac{1}{2\sigma^2}(z - \mu 1)^{\mathrm{T}}V^{-1}(z - \mu 1) \tag{6-69}$$

其中，1 是一个元素值为 1 的列向量；$|V|$ 是 V 的行列式。我们假定 V 是已知的，μ 的最大似然估计为：

$$\tilde{\mu} = (1^{\mathrm{T}}V^{-1}1)^{-1}(1^{\mathrm{T}}V^{-1}z) \tag{6-70}$$

估计量(6-70)是 μ 的最佳线性无偏估计量(BLUE)。注意到，在独立的情况下 $\boldsymbol{V} = I$ (具有对角线为 1，其他元素为零的单位矩阵)且式(6-70)将使样本均值减小。在 $\boldsymbol{V} \neq I$ 的情况下，将产生两种对采样均值的修正。首先，对空间正相关性，式(6-70)的分母将比 n 要小；其次，$\boldsymbol{V}^{-1}$ 出现在式(6-70)的分子中减少了任何属性 $z(i)$ 对权重的贡献，其中 $z(i)$ 和另一个属性，$z(j)$ 是高度相关的，也就是说，$z(i)$ 是观测值极端值的一部分。$\tilde{\mu}$ 的方差为：

$$\mathrm{Var}[\tilde{\mu}] = \sigma^2(1^{\mathrm{T}} V^{-1} 1)^{-1} \tag{6-71}$$

如果 $V = I$，将减小为 $\frac{\sigma^2}{n}$ 。

因为样本均值是 μ 的无偏估计量，一种修改方案是用式(6-71)去替换式(6-64)。项 $1^{\mathrm{T}} V^{-1} 1$ 是与 Fisher 信息测度成比例的(见 Haining，1988)。它能够识别包含在观测数据中有关 μ 的信息。假如 V 是由具有一个单参数 ρ 和设置为 1 的权重矩阵行和所形成的一阶同步空间自回归所定义的，那么参数 ρ 位于区间（-1， $+1$），但对于空间正相关性 ρ 将位于（0， $+1$）。现在 $1^{\mathrm{T}} V^{-1} 1 = n(1-\rho)^2 < n$ 。这个项可以认为是用来计算独立观测值的个数的，它们和 n 个相关观测值具有同样多的关于 μ 的信息量。Haining(1988)提供了对于不同的空间模型缺失信息的例子。估计式(6-65) σ^2 的表达式(6-71)，是 Cliff 和 Ord(1981)在均值比较方面验证了的近似方法之一。在同步自回归的情况下，他们提供了一种快速并且简单的方法来估计 ρ ，该方法用它的最大值去除 Moran 的 I(见 Cliff 和 Ord，1981)。

此时，式(6-65)不是 σ^2 的最大似然估计量，它由下式给出：

$$\tilde{\sigma}^2 = n^{-1}(z - \tilde{\mu}1)^{\mathrm{T}} V^{-1}(z - \tilde{\mu}1) \tag{6-72}$$

进一步的改进是用式（6-72)中的 $\tilde{\mu}$ 代替样本均值，并用式(6-72)去替换式(6-65)，其中式(6-72)中的 V^{-1} 的作用与式(6-68)中右边第二项的作用等价。这是又一种由 Cliff 和 Ord(1981)得到了验证的另一种近似方法。他们的基于模拟证据的结果，建议在具有正参数 ρ 的一阶同步自回归的情况下，使用式(6-65)估计 σ^2 ，并由式(6-71)提供对 $n > 25$ 时的一个有效的显著检验。Haining(1988)的结果和表 6-7 中的再生相关矩阵也表明利用(6-67)的确是更重要的调整。这个均值是用一个小的(9×9)污染数据网格进行估计的。在表中(d)的情况下，SAR 模型是用这个数据拟合的，并且很有可能过于纠正了污染数据中的空间相关性。

表 6-7　　**对一个空间总体的均值(μ)构造置信区间的不同方法的结果**

估计步骤	均值估计	s^2	标准误差	%95 置信区间
(a)样本均值；(6-64)；(6-65)	0.870	0.126	0.039	(0.793，0.947)
(b)样本均值；(6-67)；(6-65)	0.870	0.132	0.089	(0.695，1.044)
(c)样本均值；(6-67)；(6-68)	0.870	0.132	0.089	(0.694，1.045)
(d)(6-70)(6-71)(6-72). V 定义为一个 SAR 模型*	0.713	0.187	0.117	(0.482，0.944)
(e)(6-70)(6-71)(6-72). V 是静态模型**	0.827	0.127	0.097	(0.636，1.017)

注：数据的 Moran 系数表示为一个标准正态偏离系数：5.79。

实验方差和自协方差：$C(0) = \mathrm{Var}(Z) = 0.126$；$C(1) = 0.057$；$C(2) = 0.027$；$C(3) = 0.006$；$C(k) = 0.0(k \geqslant 4)$ 。

* 单参数同步自回归模型（$\hat{\rho} = 0.221$）。

* * 用 V 代替实验方差和自协方差。

完整的步骤描述参见 Haining(1988，第 588 ~593 页)。

由式(6-65)和式(6-68)给出的一般结果表明了为什么对传统的方法进行改进是必要的。这个证据表明：式(6-67)右边第二项的影响是更严重的，至少在通常的正相关情形下，一般用来处理这种情况的方法是调整式(6-64)中的 n ，正因为如此，这同时也增大了样本均值的采样方差。对 n 进行大小的调整将对这个数据的空间自相关性的估计是敏感的，或如果对这个数据拟合空间模型，模型是具有选择性的。

Griffith(1978)描述了一个在方差检验分析时调整空间自相关性的步骤，这种方差检验需要对数据使用同步自回归方法进行拟合。Legendre 等(1990)设计了一种非参数方法，该方法基于先随机地把研究区域划分为对应于观测区域大小的连续区域，然后把观测到的组内方差和与由随机取样得到的蒙特卡罗结果进行比较。Sokal 等(1993)比较了这两种检验方法的功效。比较结果表明没有一种方法是令人信服的方法，但如果人们的目的是为了避免第一类错误，那么 Legendre 等的方法是比较满意的。

二、空间自相关和双变量关联检验

空间数据进一步的一个问题是，对在 X 和 Y 上的数据的空间特性，表现出的明显关系也许是人为的。类似的问题在时间序列分析中已经有很久的历史了(Yule，1926；Bartlett，1935)。

(一)皮尔森积差相关系数

假定有 n 对观测值 $\{(x(i),\ y(i))\}_i$ 来自双变量正态分布，皮尔森积差相关系数(Pearson' product moment correlation coefficient) γ 是用来测量 X 和 Y 之间关系的统计量。如果这两个变量的观测值是独立的，(在 X 或 Y 上没有空间自相关性)，那么可以使用皮尔森的 z 变换，以进行皮尔森积差相关系数 γ 的检验。此时对于：

$$\frac{1}{2}\ln\frac{1+\gamma}{1-\gamma} \tag{6-73}$$

是均值和方差分别为

$$\frac{1}{2}\ln\frac{1+\phi}{1-\phi} \tag{6-74}$$

$$\frac{1}{n-3} \tag{6-75}$$

的近似正态分布，其中式(6-74)中的 ϕ 表示双变量正态群体的相关系数。因此，

$$z=\frac{(n-3)^{\frac{1}{2}}}{2}[\ln\ (1+\gamma)(1-\phi)(1-\gamma)(1+\phi)] \tag{6-76}$$

是近似标准正态分布。因此，式(6-76)可以用于假设检验。如果零假设不存在关系 $\phi=0$，那么式(6-76)将被简化。另外一个可供选择的检查统计量是：

$$(n-2)^{\frac{1}{2}}|\gamma|(1-\gamma^2)^{-\frac{1}{2}} \tag{6-77}$$

它服从自由度为 $n-2$ 的 t 分布。

如果 X 和 Y 是空间相关的，那么这些分布结果并不成立。空间自相关性对显著性检验的影响曾由 Bivand(1980)，Haining(1980)，Clifford 和 Richardson(1985)研究过，结果表明当 X 和 Y 具有很高水平的空间自相关时，影响是非常严重的。问题是，当空间自相关性

存在时，γ 的采样分布方差会被传统的方法低估，传统的方法把观测数值处理为独立的(Richard 和 Hemon，1981)，其中 γ 是一个用来刻画观测值 n 配对数量的函数。

Clifford 和 Richardson(1985)得到了关于 n 的一个调整值 n'，称为"有效样本大小"。这个值 n' 可解释为与独立观测值数量等价的测度，从而对上述问题的解决方案处于基于 n' 而不是 n 来选择传统零分布。这个量的一个近似表达式为：

$$n' = 1 + n^2 \left(\text{trace}(R_x R_y)\right)^2 \tag{6-78}$$

其中，R_x 和 R_y 分别是 X 和 Y 的空间相关矩阵的估计。

当数据是空间相关时，式(6-78)中右边的第二项是对 γ 方差的逆的估计。因此，如果

$$(n' - 2)^{\frac{1}{2}} \mid \gamma \mid (1 - \gamma^2)^{-\frac{1}{2}} \tag{6-79}$$

超过自由度为 $(n' - 2)$ 的 t 分布的临界值，那么就应当拒绝 X 和 Y 之间没有联系的零假设。从式(6-78)可以看到，如果 X 或 Y 没有空间相关性，那么就没有必要进行调整。Dutilleul(1993)提出了另一种对 n' 的替代的估计，但是目前还没有有关第一类差误率的比较性检验的报告。Besag 和 Clifford(1989)描述了一种更为一般的用于检验数据相关性的蒙特卡罗方法，这些数据是记录在一个规则格网上的。

当两个变量的空间相关性都较强时，对式(6-79)作调整的影响由 Clifford 和 Richardson(1985)和 Clifford 等基于蒙特卡罗的实验中得到了例证。利用式(6-77)，当最邻近空间邻域的空间相关性达到 0.8 时，对显著性水平为 5% 的检验，第一类误差从最小空间相关情况下的 8.2% 变化达到 52%；当利用式(6-79)，对于 5% 的检验，第一类误差从 3.2% 变化到 7%。

对 n 的调整也可应用于方差为常数的静态数据。在应用这些方法之前，应对有趋势的数据进行去势处理，并对非常数方差进行补偿，特别是在数据与不同大小的空间单元有关联的情况下。Haining(1991)提供了一个利用 Clifford 和 Richardson 的方法来检验两个变量显著关联的例子。来自英国 1981 年人口普查得到的资料表明：在格拉斯哥的 87 个社区医疗区(CMAs)中，1980 年和 1982 年之间的肺癌死亡的标准死亡率(SMRs)与贫穷程度(居住在贫民区、缺少基本娱乐设施的家庭的百分比)有一定的关联。这个数据在原文中进行了报告。为了得到更加稳定的方差和使比率分布更接近正态，需要对 SMRs 作对数变换($Y = \log(\text{SMR})$)。贫穷度的分布是高度偏斜的——大部分的 CMAs 的贫穷分值是低的。对贫穷度(Z)进行了对数变换($X = \log(Z + 1)$)。在显著性水平为 1% 的单侧检验下，没有调整的皮尔森相关系数是 0.252，t 值是 2.40。

两个变量中的每一个都是通过拟合低次趋势面的方式进行去势处理的。为了拟合趋势面的目的，用区域的中心来表示 CMA。趋势面的错误是通过一阶同步自回归来建模的。比如：

$$X = A\theta + u_x$$
$$u_x = \rho W + e_x$$

其中，矩阵 A 包含了 CMA 的坐标 $(s_1(i),\ s_2(i))$ 和这些坐标的幂；u_x 具有参数 ρ 的一阶空间自回归模型；W 是无尺度二进制连接矩阵；e_x 是均值和方差分别为 0 和 σ^2 的独立正态误差向量。由于 W 的定义，ρ 被限制位于区间(-0.32，0.16)。两个变量都可以通过二次趋势面进行描述，这些趋势面在城市中心或附近有最大值，并从西南到东北有一个长轴线。

对每个变量，可以得到两组残差——如果 $\rho \neq 0$，从有空间相关性的趋势面 $\tilde{u}$ 得到的残差和从整个模型 $\tilde{e}$ 得到的非相关残差。Haining(1991)对不相关残差（$\tilde{e}_x$，$\tilde{e}_y$）的皮尔森系数进行了计算。这代表了数据的预白噪声化，其相关系数是0.115且 t 值为1.06。相关性并不显著。对相关的残差（$\tilde{u}_x$，$\tilde{u}_y$）则使用了 Clifford 和 Richardson 的方法。表6-8 概括了这些结果。对 n 调整后的值 n' 为41。报告了空间相关性估计被代入相关矩阵以获取 $R_x R_y$ 迹。皮尔森相关系数为0.134，t 值为0.847，这对 $n'=41$ 来说是不显著的。

表6-8　　**皮尔森双变量相关：肺癌 SMR(Y)与居住质量(X)**

	趋势面模型							
	$\theta_{0,0}$	$\theta_{1,0}$	$\theta_{0,1}$	$\theta_{2,0}$	$\theta_{0,2}$	$\theta_{1,1}$	$R^2(\%)$	ρ
癌症 SMR(Y)	4.58	−0.55	0.79	−0.27	−1.35	1.46	40.7%	0.11
居住娱乐设施(X)	−1.26	4.03	4.83	−3.19	−3.13	−2.38	46.8%	0.12
	趋势面残差的相关结构							
		$R(0)$	$R(1)$	$R(2)$	$R(3)$	$R(4)$	$R(5)$	$R(6)$
$\tilde{u}_y$		1.0	0.31	0.00	−0.06	−0.05	−0.06	−0.07
$\tilde{u}_x$		1.0	0.43	0.14	−0.00	−0.11	−0.20	−0.17
结对的序号			228	471	650	738	654	481

注意：θ 的第一个下标针对东西方向(坐标值向东方向增加)；第二个下标针对南北轴(坐标值向北方向增加)；ρ 是两个模型的显著性。

图6-35(a)展示了 $R_x R_y$ 对角元素的空间分布，图6-35(b)绘出了 $R_x R_y$ 对角元素相对于每个 CMA 对应的邻近区域数量的对应关系图——在两个量之间的双变量相关系数是0.927。它是高度相连接的区域，大多数位于内部，这主要是由于对自由度的调整。关于这组 CMA 的处于风险的人口从2800变化到22800。像上面注意到的那样，相对于人口稀少的区域，有众多人口的区域的方差将有变得更小的趋势。图6-36 展示了 $\tilde{e}_x$ 和 $\tilde{e}_y$ 相对于它们的 CMA 的人口绘图。这表现的将是关于肺癌数据在残差情况下的大小方差问题。对趋势面残差而言，证据是一样的。用人口数量($\tilde{e}_y p$)乘以 $\tilde{e}_y$ 将会减小这个方差大小关系。计算 $\tilde{u}_y p$ 时，有同样的结果。$\tilde{e}_x$ 和 $\tilde{e}_y p$ 之间的双变量相关性系数为0.103(t 值为0.954)。$\tilde{u}_x$ 和 $\tilde{u}_y p$ 之间的双变量相关系数为0.115(对 t 值为0.769 和 $n'=45.78$ 而言)。结论仍然是相同的。一旦考虑了空间相关性和非常数方差的影响，那么在肺癌死亡率与度量物质贫困程度的家庭娱乐设施间没有明显的相关性。

在对空间相关数据应用 Spearman 的秩相关系数进行显著性检验时，Haining(1990)也

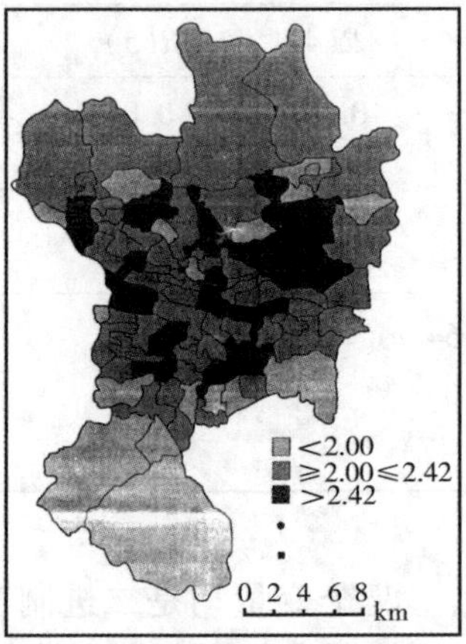

（a）（$R_X R_Y$）的对角元素的空间分布

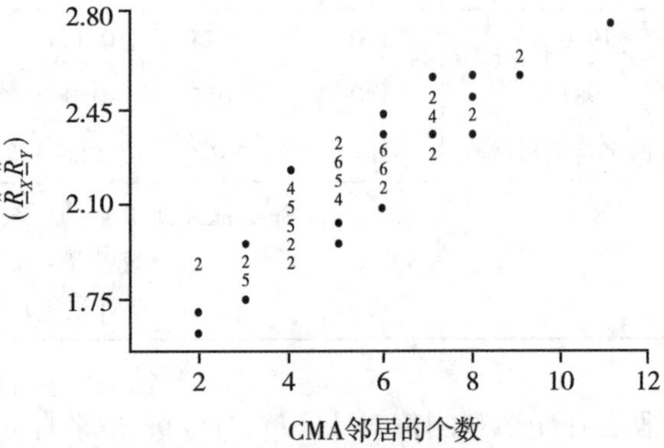

（b）（$R_X R_Y$）的对角元素和对应的每个CMA的若干空间邻域图

图 6-35

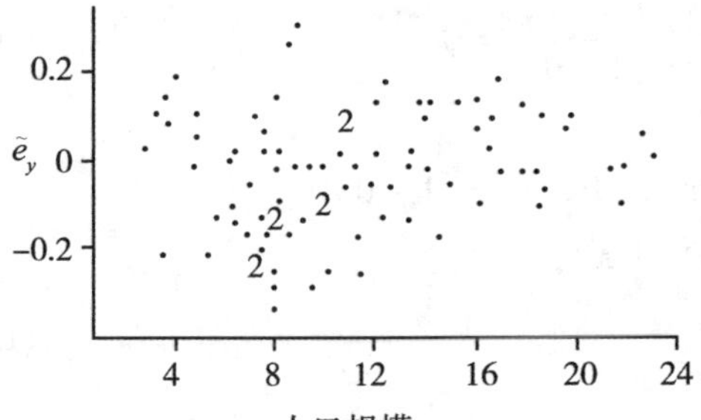

（a）癌症患者

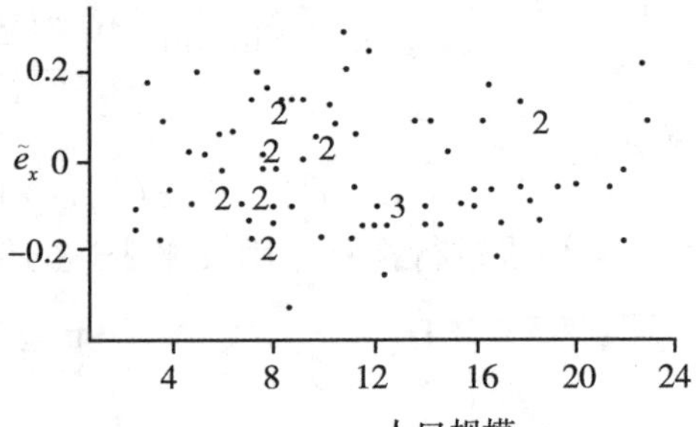

（b）贫困的人口规模的绘图

图 6-36　具有自相关误差的趋势表面模型的残差和针对

验证了使用式(6-79)而不是式(6-76)的影响。对第一类误差的改进与在皮尔森系数 γ 情况下得到的结果可以相提并论。在 Haining(1991)的著作中有一个样例，这个样例使用了在美国加州的圣巴巴拉 64 个区警方公布的 1980 年和 1981 年人均住宅被盗事件的数据。在 1980 年，被报告的具有高盗窃水平的地区在 1981 年仍是很高吗？传统的 Spearman 秩相关系数为 0.66，这对于 1% 的水平而言是显著的。应用 Clifford 和 Richardson 的调整法，对 1% 的水平而言也是显著的。这些结果在表 6-9 中进行了报告。

（二）列联表的卡方检验

对空间相关的分类数据的相关性进行检验时（Upton 和 Fingleton，1989；Cerioli，1997），采用了一个与皮尔森相关系数所描述的类似的定性的方法。针对数据的相关性调整，一个因子被用于传统的卡方统计（chi−square statistic）。下面所描述的方法是基于 Cerioli（1997）方法的，并针对 2 × 2 表。

表6-9 **1980年和1981年偷盗数据的Spearman的秩相关系数(已根据空间自相关性作了调整)**

	R(0)	R(1)	R(2)	R(3)	R(4)	R(5)	R(6)
1980	1.0	0.275	0.111	0.054	0.015	-0.067	-0.273
1981	1.0	0.055	-0.000	0.059	0.010	-0.044	-0.111
数据序对的号码	64	146	286	384	390	329	249

Spearman 秩相关：0.66. $n = 64.\ n' = 47.37$

t 统计量：6.98($n = 64$)

t 统计量：5.97($n' = 47$)

假定有 n 个观测值对 $\{x(i),\ y(i)\}$ 是来自 n 个地点。两个变量均是二进制变量(0，1)。用 $\pi(s,\ t)$ 表示 $x(i)=s$，$y(i)=t$（$s=0$，1；$t=0$，1)的概率。假定过程是空间均匀的，因此这 n 个地点的概率是常数。$\pi(s,\ t)$ 的估计是 $p(s,\ t)=n(s,\ t)/n$，其中 $n(s,\ t)$ 表示在 $x(i)=s$，$y(i)=t$ 地点的数量。

零假设是 X 和 Y 之间没有关联性。形式上，是对数线性假设检验：

$$\ln[\alpha] = \ln\frac{\pi(0,\ 0)\pi(1,\ 1)}{\pi(0,\ 1)\pi(1,\ 0)} = 0 \tag{6-80}$$

或者

$$\ln[\pi(0,\ 0)\pi(1,\ 1)] = \ln[\pi(0,\ 1)\pi(1,\ 0)]$$

为了对假设进行检验，用 α 来表达的传统统计量，为：

$$W = \frac{n\ln(\hat{\alpha})^2}{\hat{\sigma}^2} \tag{6-81}$$

其中，$\hat{\alpha} = \frac{n(0,\ 0)n(1,\ 1)}{n(0,\ 1)n(1,\ 0)}$，$\hat{\sigma}^2 = n[\sum_s\sum_t(n(s,\ t))^{-1}]$。在没有关联性的零假设和没有空间相关性假设下，对于很大的 n，W 服从自由度为(χ_1^2)的χ^2 分布。

在考虑空间自相关性的情况下，对于在 X 和 Y 之间没有关联性的一种修改的大样本检验方法，由 Cerioli(1997)通过对 W 乘一个因子 $(1+\lambda)^{-1}$ 提出。修正后的统计量 W^* 也是χ_1^2。针对规则格网，Cerioli(1997)给出了 λ 的两种形式(λ_a 和 λ_b)，这两种形式在关于第一类误差率的模拟实验中表现得相当好。在假定 X 和 Y 彼此独立的情况下，λ 的两种形式为：

$$\lambda_a = \frac{2}{n(1,\ 1)n(0,\ 0)}\sum_{h=1}^{H}\gamma^x(h)\gamma^y(h)N(h) \tag{6-82}$$

$$\lambda_b = \frac{2}{n}\sum_{h=1}^{H}\rho^x(h)\rho^y(h)N(h) \tag{6-83}$$

其中，$N(h)$ 表示被距离 h 所分离的数据值对的个数，且：

$$\gamma^x(h) = \frac{1}{N(h)}\sum_{\{s,\ t \mid d(s,\ t)=h\}}(x(s)-E(x))(x(t)-E(x)) \tag{6-84}$$

$$\rho^x(h) = \frac{\gamma^x(h)}{E(x)(1-E(x)} \tag{6-85}$$

对变量 Y 而言类似。在式(6-84)中注意求和符号，$\{s,\ t \mid d(s,\ t)=h\}$ 表示所有由距

离 h 所分离的数值对（s，t）。式(6-84)和式(6-85)中的 $E(x)$ 是 X 期望值，并由 $(n(1,\ 0)+n(1,\ 1)/n)$ 计算。式(6-85)是在距离为 h 上计算出的 Moran 系数。这些调整项起着相同的作用并且和式(6-78)中矩阵 $R_x\ R_y$ 的迹的作用类似。在调整之前，只需要假定 X 和 Y 是空间相关的。这两个调整对非规则空间框架的情况同样适用。

$W=26.10$(非常显著)，注意统计量 W 还可以如下进行计算：

$$\sum_{s=0,1}\sum_{t=0,1}\frac{(n(s,t)-e(s,t))^2}{e(s,t)}$$

案例(a)：$\lambda_a=2.656$. $W^*=7.14$.（p 值：0.008）；

案例(b)：$\lambda_b=1.635$. $W^*=9.90$.（p 值：0.002）。

这个工作的例子是 Cerioli 利用在密执安的蓝星林区的 576 个相邻的格子样方的粗分类数据，对每个样方，出现或缺少山胡桃树和枫树都记录在案(Upton 和 Fingleton，1989)。粗分类的计数在表 6-10 中，同时表 6-10 展示了两组数据的半方差函数。图 6-37 是具样本方差图。

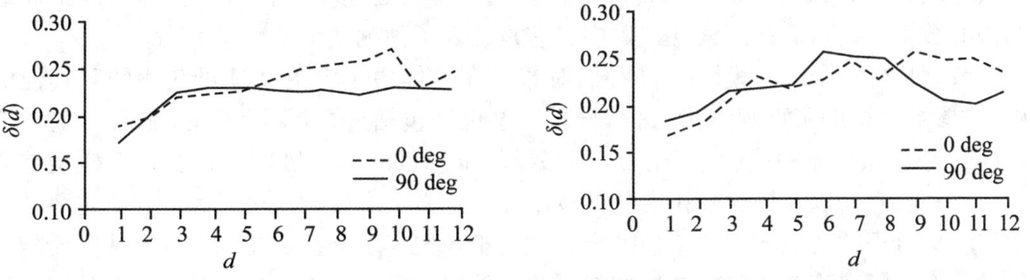

(a) 山胡桃树　　(b) 枫树

图 6-37　样本方差图

W^* 的值表示了对原始值 w 的严重的紧缩，但零假设仍是被拒绝的。有证据表明，这两种物种之间是负关联性的，而这种负关联性也由观测和期望的计数之间的关系得到了反映。在下面两种情况下，考虑空间相关性和计算 W^* 的值，显得尤其重要：一是在两个分类变量之间有很强的空间相关性，二是利用 W 的零假设的拒绝与显著性水平的选择紧密相关。

表 6-10　**Michigan 的 Lansing 地区森林中的山胡桃树与枫树空间相关性检验**

	枫树/核桃树出现(1)	缺少(0)	总计
出现(1)	116	121	237
	(145.6)	(91.3)	
未出现(0)	238	101	339
	(208.3)	(130.6)	
总计	354	222	576

注：在每个单元的第一个数据表示观测到的计数（$n(s,\ t)$）；括号中的数据是在零假设下期望的计数（$e(s,\ t)$）。

第七节 空间数据统计分析模型

数据建模能使分析员检验假设，并观察一个收集的数据集支持或拒绝一组假设的程度。通过定义一个模型来表达数据中的变化，而不只是非特定性的选择检验一个零假设，分析员能够构造大于统计能力的假设检验。对空间数据，这包括对数据中的空间变化进行建模。

Dobson(1999)以信息理论术语描述了一个统计模型。数据表示由噪声扭曲的信号("信息"或"过程")组成的度量。数据中的变化然后由这两种要素组成。分析员构造包括这两种成分的数学模型，其中信号被认为是确定性的，而噪声被认为是随机的。把这两种成分结合到一个单独的模型中产生了一个称作统计模型的概率数学模型。建议的另一种考虑统计模型的方法是，把信号看成是关于数据的重要特征的一种数学描述，而噪声是由模型的信号成分"未被解释"的数据部分。在描述性空间建模中，信号是描述空间格局或空间结构的数学表达，而在探索性建模中，它是加入了预测变量的数学表达。

对数据拟合一个统计模型允许我们对想要在总体中了解潜在地可观测的和其他的量(例如像参数这样的不可观测量)进行推理。这也许包括进行(频率论者)假设检验，或者构造(贝叶斯论的)概率或(频率论者)感兴趣的未知量的置信区间。拟合一个模型首先包括为信号和噪声，以及描述随机变化的概率分布定义一个模型这个过程。在给定科学问题和数据收集过程的情况下，这个模型定义过程正式规定了分析员想知道什么或是希望对总体假设什么。频率论者的分析使用似然函数，数据的联合概率分布，其中未知的兴趣量是概率模型的参数，即它们被假定是固定的，但是是未知的值。贝叶斯论者的分析从对所有的可观测和不可观测量的联合概率分布开始，并获取给定数据的未观测兴趣量的后验概率分布（Gelman 等，1995）。

在得到模型定义之后，下一步骤是使用这个数据对模型中的未知量进行估计或作出概率说明。第三步是评估或验证这个模型。模型的评估可能包括把数据中的总体变化划分为一部分属于信号(被解释的变化)，剩余的部分属于噪声(未被解释的变化)。一个好的模型，用统计的术语来说，是一个可以解释大部分变化的模型。

模型评估除了解释方差之外，还要考虑标准。简约原则(奥卡姆剃刀原则，OccamRazor)经常用于解释数据中越复杂的变化需要越复杂的模型现象。像 Akaike(1973)提出的信息标准可以用来帮助分析员在取得高水平解释的复杂模型和虽然取得低水平但仍能提供具有适当水平的解释的简单模型之间进行选择。模型评估包括，可能的话，实现检查统计假设的诊断并识别数据的影响。少量数据事例可能会对模型的拟合产生不成比例的影响，而分析员将需要考虑这些。未能满足统计假设可能是或者可能不是严重的，取决于与建模目的有关的失败的统计后果。模型评估也包括检查模型假设的结果的敏感性。

变量中的空间数据相关性可能通过对一定类型的空间过程的操作时产生，它也可能是一个继承来的变量属性，作为它与其他具有空间相关性变量联系的结果。它也可能从与数据获取有关的操作中产生：空间单元的尺度与现象研究和测量误差形式中的空间变化尺度有关。如果用空间插值的方法来产生一些数据的值，那么可以获取空间数据相关性。空间数据的统计模型必须对不同的位置的观测量之间的变化进行说明。变化可以通过均值或相关结构或两者的结合来表达。表达空间变化的各种方法给出了它的特殊兴趣的空间统计区域。

在一些应用中，随机性只与数据获取的不完整过程有关。这个基本过程是确定性的，但统计模型是按照容纳遗漏的变量的影响、测量误差，或在一定类型的空间数据的情况下，汇集的影响定义的。在其他背景下，这个基本过程是产生研究现象被概念化为随机化的原因，正如在一个给定的时间段，在一个空间邻域中的疾病的事例数一样。进一步地，随机性可以被引入，例如，与统计疾病事例数量的误差有关的模型。

在进行统计建模时，关注特定科学问题的分析员将会牢记模型的解释，例如，它是否有科学意义和是否能够对重要的假设进行检验。同时，统计标准将是重要的，主体问题将是重要的。在分析员使用数据和统计决策规则取得一个可以接受的模型方面，模型的解释性是一个在非实验性科学中特别关注的问题。在决策背景下，决策者将想要知道变量的重要性，它的水平可能在整个决策行为中是变化的。

本节将首先通过识别空间数据模型的分类展开，它们对应于建模问题的类型。目的是识别在空间数据建模中遇到的一些实际问题，并提出合适的建模方法。我们对可以用于提供在变量中的空间变化描述的统计模型和可以用于提供根据其他变量对响应变量的变化进行解释的模型进行区分。在描述性的建模中，数据对只有一个变量（Z）连同它们的位置（s）进行记录，并且寻求具有尽可能少参数的变化的简单函数表达式。在解释性建模中，数据对多个变量进行记录，目的是根据称为协变量、预测变量或解释变量的其他变量来解释在响应变量中的变化。在这两种情况下，区分空间数据是来自连续表面的建模和数据对应于区域的建模将是必要的。

Cressie(1991)定义了四种不同类型的空间模型。k 个观测量 $z(s(i))=(z_1(s(i)),\ \cdots,\ z_k(s(i)))_i$ 被假定为是在二维空间中，在固定的空间位置 $s(i)$ 处随机量的实现。$s(i)$ 在集合 D 上是变化的，集合 D 是二维空间的一个子集。这些观测值表达了一个(二维的)多变量的随机场的实现(Cressie，1991)：

$$\{Z(s(i)) \mid s(i) \in D\} \tag{6-86}$$

其中，$Z(s(i))$ 是一个表达在 k 个变量上的一个“潜在”数据的随机变量的向量。这称为空间数据的“超总体”视图，因为是潜在的，所以有很多不同的随机场实现。在数据来自一个连续表面的情况下，Cressie 称之为地理统计数据(geostatistical data)，D 是一个在连续的二维空间中的固定区域。在数据对应于固定点或区域(可能被表示为点)的情况下，Cressie 称之为点阵数据(lattice data)，它有时也被称为区域数据(regional data)，D 是一个点的集合。正常情况下这些是在这里考虑的数据类型。D 是一个图形（$D=\{(i),\ N(i)\}$），这也定义了关于每个 $s(i)$ 的空间邻域（$N(i)$）。

Cressie (1991)的对于空间数据类型的分类学包括另外两种，在这里不作介绍。第一种是点模式数据(point pattern data)，其中，D 是一个在二维空间中的点过程，而且与每个 $s(i)$ 相联系的是一个随机变量 $Z(s(i))$ 的向量。第二种是对象数据(object data)，其中 D 是一个二维空间中的点过程，$Z(s(i))$ 是一个随机集——一个具有空间范围的对象。

点模式的数据是，至少从表面看，类似于 Cressie 的地理统计数据和一种点阵数据类型。对象数据是，从表面看，类似一种点阵数据类型。差别在于与 D 有关的过程的定义。地理统计数据和点阵数据把 D 当做是固定的，点模式数据和对象数据把 D 看做是一个过程。

一、描述性模型

本节我们讨论以单变量表达空间变化的统计模型，并对总体进行推理。使用统计模型，空间变化可以分为大尺度变化和小尺度变化。这里模型的组成成分对应大尺度和对应小尺度变化是分明的。然而，它一部分是建模者基于他们对问题的理解所作的决定，另一部分是基于模型拟合以及对任何给定的数据集，将总体空间变化分配给这两个主要组成成分所确定的简化方法。在真实的数据集中，有可能是当前变化尺度的一个连续区，这也将被反映在可以捕捉空间变化的不同尺度范围的模型中，取决于它们的特定形式和参数值。

（一）大尺度空间变化模型

宽大的或大尺度变化可以通过对 Z 拟合平滑函数（趋势面）来建立模型。下面的关于大尺度变化的模型可以应用于连续数据和区域数据。现在 $s(i) = (s_1(i),\ s_2(i))$ 是在表面或区域上的第 i 个事例的坐标位置。关于一个趋势面的一般表达式写为：

$$f((i)) = \sum_{r+s \leqslant q} \theta_{r,\ s}\, s_1(i)^r\, s_2(i)^s \tag{6-87}$$

其中，q 是一个整数，表示表面的次数。在一个平面表面（$q=0$）的情况下，均值是常量，独立于 i。线性趋势（$q=1$）是一个倾斜的平面，然而二次趋势（$q=2$）具有曲率（见 Haining，1990）。这些低次的表面有：

平面：$\theta_{0,\ 0}$

线性：$\theta_{0,\ 0} + \theta_{1,\ 0}\, s_1(i) + \theta_{0,\ 1}\, s_2(i)$

二次：$\theta_{0,\ 0} + \theta_{1,\ 0}\, s_1(i) + \theta_{0,\ 1}\, s_2(i) + \theta_{2,\ 0}\, s_1(i)^2 + \theta_{1,\ 1}\, s_1(i)\, s_2(i) + \theta_{0,\ 2}\, s_2(i)^2$

因为任何拟合的表面不应当依赖于坐标系统，在实际应用中，只有完全次数的表面（只有少数例外）是允许的（Cliff 和 Kelly，1997）。

关于 Z 的描述大尺度变化加上独立误差的模型可以写成：

$$Z(s(i)) = Z(i) = f(s(i)) + e(s(i)) \tag{6-88}$$

其中，$e(s(i))$ 是独立的，而且是具有均值为 0 和方差为 σ^2 的同态分布。由式（6-88）给出的 $Z(i)$ 的均值或期望值是：

$$E[Z(i)] = \mu(i) = \sum_{r+s \leqslant q} \theta_{r,\ s}\, s_1(i)^r\, s_2(i)^s$$

因此，在这个模型中，大尺度变化通过一阶属性来描述。注意如果趋势面是平面的，那么 $\mu(i)$ 是一个常量，独立于 i，因此可以被写成 μ。

（二）小尺度空间变化模型

1. 数据来自表面的模型

关于表面数据的小尺度空间变化的模型可以根据自协方差直接被定义。关于一个常数均值的弱平稳性包含：

$$E[Z((i))] = \mu \quad \text{和} \quad \mathrm{Cov}[Z((i),\ Z((j))] = C((i) - (j)) \tag{6-89}$$

对于 D 中所有的 $s(i)$ 和 $s(j)$。均值（$E[.]$）被假定独立于位置的，而且两个值之间的协方差仅取决于它们的相对位置。如果协方差（Cov[·，·]）仅取决于这两个点之间的距离，$d(s(i)-s(j))$，不是方向，那么这个过程称作各向同性的。在式(6-89)中没有大尺度变化(这个均值是一个常量)，并且这个协方差描述小尺度空间变化。

分析员通常有出自随机场的很多可能的实现中的一种实现的数据，但需要能够估计均值和协方差(从这个大小为 1 的样本中)。使推理可能进行的附加假设是，这个随机场是各态遍历的。这个遍历假设允许这样的均值和协方差，它们具有这样的性质，通过在一个有效的实现上采取平均值，这组所有可能的实现可以被估计。如果能够假设随机场是正态分布的，那么如果当 $d(s(i)-s(j))\rightarrow\infty$，$C[s(i)-s(j)]\rightarrow 0$，则随机场是各态遍历的(Cressie，1991)。针对这个数据，这个假设是可以被估计的。如果数据在几个时间段是有效的，那么把这些看做是在去掉了时间趋势或其他时态变化性之后的相同随机场的复制或许是有理由的。

一个函数要成为一个有效的协方差模型，它必须是正定的，见 Issaaks 和 Srivastava(1989)关于这个性质的讨论，以及 Christakos(1984)和 Cressie(1991)中的概述，确认 $C(h)$ 是正定的充分条件，其中 h 表示在二维空间中的距离。这些条件包括 $C(0)$（方差）必须是非负的；$C(h)=C(-h)$，其中，$-h$ 表示以相反方向测得的距离，并且 $|C(h)|\leqslant C(0)$，其中 $|.|$ 表示绝对值。图 6-38 表示的是有效的各向同性相关模型的例子，$R(h)=\dfrac{C(h)}{C(0)}$。

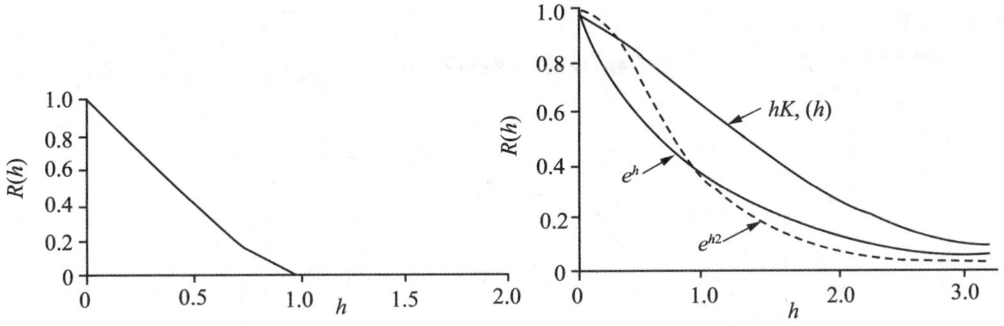

（a）球状模型　　（b）负指数和白赛尔函数模型

图 6-38　有效的各相同性空间相关函数的例子

本证平稳性是比弱平稳性更一般性的假设，而且导致了使用半方差函数对空间变化进行建模，$\gamma(.)$（一个过程是本证的但不是弱平稳性的例子，见 Cressie(1991)）。在随机场的情况下，这是本证平稳性的：

$$E[Z(s(i))]=\mu \quad 和 \quad \mathrm{Var}[Z(s(i)-Z(s(j))]=2\gamma(s(i)-s(j)) \qquad (6\text{-}90)$$

对于 D 中所有的 $s(i)$ 和 $s(j)$，在随机场中，满足没有大尺度变化的式(6-90)，以及半方差函数描述小尺度空间变化。这个半方差函数只是差值 $s(i)-s(j)$ 的函数，而且不是位置的函数。如果不是取决于方向，那么这个半方差函数被称为是各向同性的，而且可以写作 $\gamma(h)$，其中像以前一样，h 表示距离，否则它被称为各向异性的。

在一个各向同性的弱平稳性过程中，这个半方差函数是 $r(h) = (C(0) - C(h))$ 。这意味着任何允许的协方差函数，也可以用来作为关于弱平稳性过程的半方差函数的模型。Creesie(1991)给出了关于本证平稳性随机场(条件负正定性)的一个有效半方差函数的条件。图 6-39 表示通常使用的，弱平稳性随机场的有效半方差函数的例子。

指数	$\gamma(h) = C_0 + C\left[1 - \exp\left(\frac{3h}{a}\right)\right]$	$C,a \geqslant 0$ 逐渐趋近一个上限值的方法	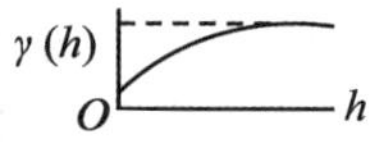
高斯	$\gamma(h) = C_0 + C\left[1 - \exp\left(-3\left(\frac{h}{a}\right)^2\right)\right]$	$C,a \geqslant 0$ 逐渐趋近一个上限值的方法	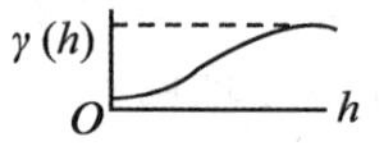
霍尔(Hole)	$\gamma(h) = C_0 + C\left[1 - \frac{a\sin(ah)}{h}\right]$	$C,a \geqslant 0$ 根据具有震荡平台增加	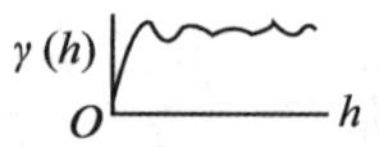
球状	$\gamma(0) = 0$ $\gamma(h) = C\left[\frac{3h}{2a} - \frac{1}{2}\left(\frac{h}{a}\right)^3\right] + C_0$ $\gamma(h) = C + C_0 \quad h > a$	$C,a \geqslant 0$ 平稳(过渡)模型	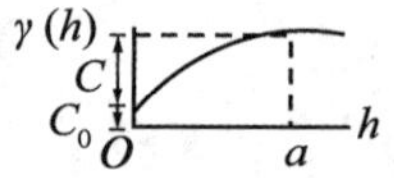

$C_0>0$ 暗示一个碎块效应。

(a)有效半方差函数的例子

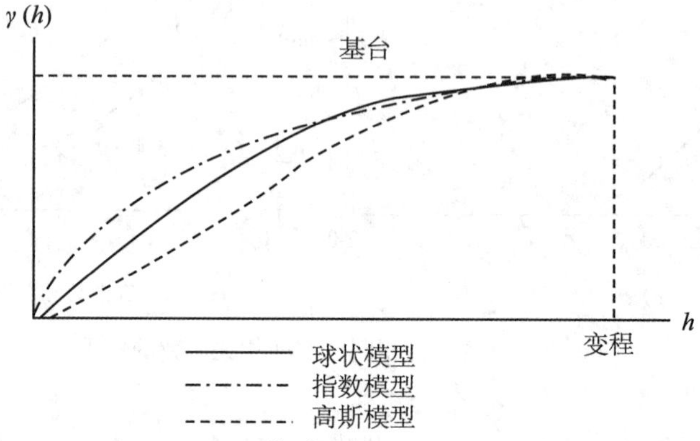

(b)球状、指数和高斯模型之间的关系

图 6-39

基台是函数到达的平台,对应于 $C(0)$ 的值。变程是在到达平台时的距离。变程(r)定义了在无相关的随机场中观测值之间的距离分隔，$R(r) = \frac{C(r)}{C(0)} = 0$,因为在这个距离上 $C(r) = 0$。

这个函数形式和协方差的参数值或半方差函数决定了在随机场中存在的空间变化的尺度。急剧递减到零(在协方差函数的情况下)或是快速上升到基台(在半方差函数情况下)的函数描述了受小尺度空间变化主导的随机场。在函数逐渐延伸到更长距离的情势下,则这些描述了具有较大尺度空间变化的随机场。

2. 连续取值的区域数据模型

为了关注处理,除了为了引入空间马尔可夫性质的概念的目的之外,在这一节我们关注连续取值的变量模型。这个处理以后可以被扩展到离散取值的变量。

像上面描述的平稳性和各向同性的概念,在此时通常不被引用。实现方法只发生在 D 的固定点,而且不能在其他地方发生,所以取决于距离的式(6-89)中协方差表达式没有被定义。通常的方法是使用地点的空间位置信息和关于图形构造的假设(每个地点的一组空间邻域)来对 $\{Z((i)):(i)\in D\}$ 建立概率模型。这些模型可以在大型的点阵上被构造成是有平稳性的,但是实践中这通常不是一个重要的考虑。

对于加入了空间相关性的有效概率模型的构造起点是假设马尔可夫性质。首先考虑在时间序列建模中的马尔可夫性质,"空间"马尔可夫性质是最佳途径。假如时间序列观测值是离散值,而且对应在时间 $t=1,2,3,\cdots$ 上的点。如果表示法 $\text{Prob}\{Z(t)=z(t)\mid Z(1)=z(1),\cdots,Z(t-1)=z(t-1)\}$ 表示条件概率,其中在 t 时刻,随机变量 Z 的值等于 $z(t)$,给定在时间 $(1,\cdots,t-1)$ 所有前面的点的 Z 值,那么对于马尔可夫性质定义的条件概率方法是:

$$\begin{aligned}&\text{Prob}\{Z(t)=z(t)\mid Z(1)=z(1),\cdots,Z(t-1)=z(t-1)\}\\&=\text{Prob}\{Z(t)=z(t)\mid Z(t-1)=z(t-1)\}\end{aligned}\tag{6-91}$$

时间序列相关性的性质是只有最近的过去才能决定当前的条件概率。作为选择,联合概率,定义时态过程的马尔可夫性质的方法等同于式(6-91)(Cressie,1991)。时间的方向流使得在时间上定义相关性成为一种自然的方法(图6-40a))。

对于式(6-91)的空间数据的模拟是基于引用 D 的图形结构。在图6-40(c)中,地点的分布连同地点 $i(N(i))$ 一组空间邻域一起被表示。空间马尔可夫性质被定义为:

$$\begin{aligned}&\text{Prob}\{Z(i)=z(i)\mid \{Z(j)=z(j)\},j\in D,j\neq i\}\\&=\text{Prob}\{Z(i)=z(i)\mid \{Z(j)=z(j)\},j\in N(i)\}\end{aligned}\tag{6-92}$$

在矩形点阵的情况下,地点 i 的空间邻域可能是东、南、西、北四个地点(图6-40(e))。

在时间序列建模中,马尔可夫性质可以按不同的阶数定义。对于一个满足二阶马尔可夫性质的模型,式(6-91)的右端变为

$$\text{Prob}\{Z(t)=z(t)\mid Z(t-1)=z(t-1),Z(t-2)=z(t-2)\}\tag{6-93}$$

一个满足式(6-93)的模型可能有两个不同的时间相关参数来反映期望值,当前受刚过去的 $(t-1)$ 比更远些的过去 $(t-2)$ 的不同影响(见图6-40(b))。在随机场的情况下,满足二阶马尔可夫性质的式(6-92)的右端变为:

$$\text{Prob}\{Z(i)=z(i)\mid \{Z(j)=z(j)\},\{Z(k)=z(k)\},j\in N_1(i),k\in N_2(i)\}\tag{6-94}$$

其中,$N_1(i)$ 表示地点 i 的一组一阶空间邻域,而 $N_2(i)$ 表示地点 i 的一组二阶空间邻域。满足式(6-94)的模型可能有不同的参数来反映期望值,地点 i 受它的最近空间邻域比它更远的空间邻域的不同影响(见图6-40(d)、(f))。

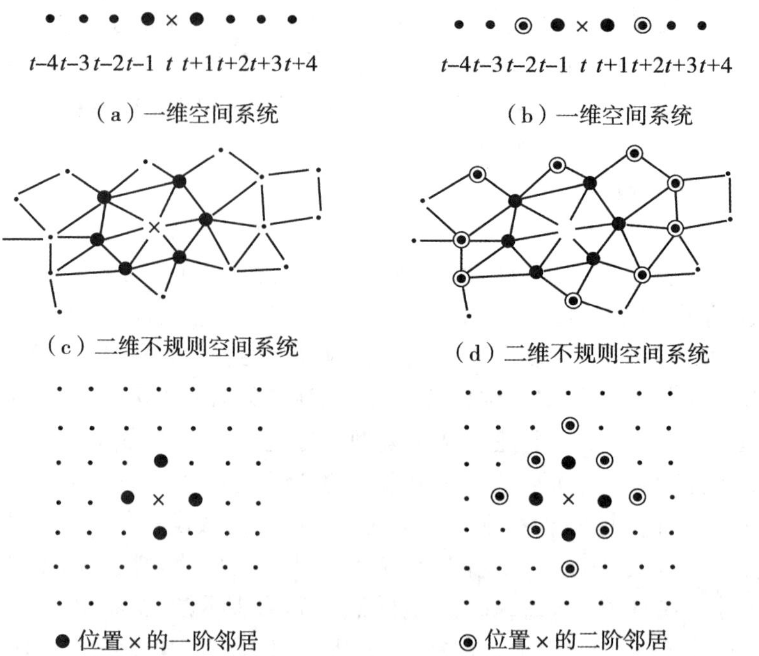

（a）一维空间系统　（b）一维空间系统

（c）二维不规则空间系统　（d）二维不规则空间系统

（e）二维规则空间系统（格网）　（f）二维规则空间系统（格网）

图 6-40　定义空间邻域

这称为对区域数据定义随机场模型的条件方法。对于分析员关心的建立满足马尔可夫性质的空间形式的空间模型，那么式(6-92)，式(6-94)和更高阶的一般形式提供了这样做的自然基础(Cressie,1991)。但是在空间上缺乏严格的次序，与时间相比，意味着在空间上没有可依赖的单向流，而且这是复杂的参数估计。作为马尔可夫性质的结果，在对时间序列建模中的区域数据建模方面没有相同的“自然”状态(作为在模型定义中脱离独立性假设的方法)。此外，因为没有与空间中相关性对应的单向流，定义马尔可夫随机场的联合和条件方法是不等同的，除了特殊的情况，尽管它们是时间序列的事例(Brook,1964)。Kingman(1975)提供了空间数据马尔可夫性质的更进一步的讨论。

一个满足一阶马尔可夫性质的多变量正态空间模型可以写为(Besag,1974;Cressie,1991)：

$$E[Z(i)=z(i) \mid \{Z(j)=z(j)\}_{j\in N(i)}] = \mu(i) + \sum_{j\in N(i)} k(i,j)[Z(j)-\mu(j)] \quad (i=1,\cdots,n) \tag{6-95}$$

以及

$$\mathrm{Var}[Z(i)=z(i) \mid \{Z(j)=z(j)\}_{j\in N(i)}] = \sigma(i)^2 \qquad (i=1,\cdots,n)$$

其中，$k(i,i)=0$ 和 $k(i,j)=0$，除非 $j\in N(i)$。这称为自正态或条件自回归模型(CAR 模型)。模型的无条件性质是，使用矩阵表示为

$$E[Z]=\mu \quad 和 \quad \mathrm{Cov}[(Z-\mu),(Z-\mu)^{\mathrm{T}}] = (I-K)^{-1}M \tag{6-96}$$

式中，K 是 $n \times n$ 矩阵 $\{k(i,j)\}$ 并且 $\mu = (\mu(1),\cdots,\mu(n))^{T}$。$K$ 是由外部定义的。M 是对角矩阵，其中 $m(i,i) = \sigma(i)^2$。因为 $(I - K)^{-1}M$ 是协方差矩阵，它必须是对称的和正定的，它服从 $k(i,j)\ \sigma(j)^2 = k(j,i)\ \sigma(i)^2$。注意如果条件方差是完全相等的，那么 $k(i,j)$ 必须和 $k(j,i)$ 是一样的。

一个简单一阶的模型的形式是设 $\mu(i) = \mu, k(i,j) = \tau w(i,j)$，其中 τ 是一个参数，而且 $\sigma(i)^2 = \sigma^2$。为了保证 $I - \tau W$ 的可逆性，则 τ 值处于 $1/w_{\min}$ 和 $1/w_{\max}$ 之间，其中 $w_{\min}$ 和 $w_{\max}$ 分别是连接性矩阵 W 的最小和最大的特征值。Haining(1990)给出了对于所有的地点(无条件)方差并不是一样的例子。模型是在有限的点阵上不是平稳的。

对于正方点阵，其中每个地点有四个空间邻域 ($w(i,j) = 0$ 或 1)，随着点阵大小增加，$w_{\min} \downarrow -4$ 和 $w_{\max} \uparrow +4$，因此 $|\tau| < 0.25$。当 τ 从零增加到它的上限，在所有的地点对之间的相关性也增加。在一些应用中，需要大量的自回归参数值来产生实际可行的空间相关水平，而这导致了称为本证自回归(intrinsic autoregressions)的 CAR 模型的限定形式的发展(Besag 和 Kooperberg,1995)。这一类的模型在 Congdon(2001)中被讨论。本证 CAR 模型由计算空间平均值的不当密度来定义。这个模型排除了在 CAR 模型中产生的估计自回归参数(例如上面例子的 τ)的实际问题。

如果区域数据的分析员认为对满足马尔可夫性质不重要，另外一种选择是有效的，用被称为"同步方法"(simultaneous approach)来定义随机场模型。设 e 是独立正态的，$IN(0, \sigma^2 I)$，而且 $e(i)$ 是和地点 $i(i = 1,\cdots,n)$ 有关的变量。定义表达式：

$$Z(i) = \mu(i) + \sum_{j \in N(i)} s(i,j)\,[Z(j) - \mu(j)] + e(i) \qquad (i = 1,\cdots,n) \tag{6-97}$$

其中，$s(i,i) = 0$。尽管 $s(i,j) = s(j,i)$ 在实践中不是一个必要条件，但通常是可以做出这个假设的(Cressie,1991)。根据矩阵术语，式(6-97)可以写作：

$$(I - S)(Z - \mu) = e \tag{6-98}$$

其中，S 是 $n \times n$ 矩阵 $\{s(i,j)\}$，$\mu = (\mu(1),\cdots,\mu(n))^{T}$。$S$ 是由外部定义的。它服从 $E[Z] = \mu$ 和 $\mathrm{Cov}[(Z - \mu),(Z - \mu)^{T}] = (I - S)^{-1} \times (I - S^{T})^{-1}$。$Z$ 是正态多变量。更一般地，如果 e 是一个方差-协方差对角矩阵 Λ (从而仍能保证独立性)，但它的元素并不一定都是一样的，那么：

$$\mathrm{Cov}[(Z - \mu),(Z - \mu)^{T}] = (I - S)^{-1}\Lambda(I - S)^{-1} \tag{6-99}$$

模型(6-99)被称为同步自回归模型(SAR 模型)。通过设置 $\mu(i) = \mu, s(i,j) = \rho w(i,j)$ 可以得到式(6-99)的简单的形式，其中 ρ 是一个参数，且 $w(i,j) = w(j,i)$。正如简单 CAR 模型一样，通过 W 的最大和最小特征值来设置对 ρ 的约束。再者，无条件方差对于所有的地点不是一样的，而且模型在有限的点阵上不是平稳的(Haining,1990)。随着 ρ 从零增加到它的上限，点对之间的相关性也在增加。连接性矩阵 W 不需要是对称的，所以，行和可以被标准化为 1，且这种情况下约束条件是 $|\rho| < 1.0$。在 Kelejian 和 Robinson(1995)中有对这个性质的更进一步的讨论。

从表面上看，SAR 模型的这种简单的形式看起来是最简单时间序列自回归模型的空间模拟：

$$Z(t) = \mu + \rho[Z(t - 1) - \mu] + e(t) \qquad (t = 2,\cdots,T) \tag{6-100}$$

其中，$Z(1)$ 表示时间序列的初始值(边界)。

在社会科学应用中，在大多数情况下，当做出最简单的脱离独立假设时，同步空间自回归模型更偏爱用高斯空间模型来表达。这可能是因为，至少在社会科学领域根据变量和模型定义之间的相互作用直接定义的相关结构，是通常采用这种方法进行的。但是 Cressie(1991)评论说，式(6-95)的单一参数形式具有比式(6-100)的空间模拟更强的要求。这是因为 $\{e(t)\}$ 在式(6-100)中是独立于 $\{Z(t)\}$ 的，以及伪误差，$(I-K)(Z-\mu)$，在式(6-95)中是独立于 Z 的，因此代表真正的革新或随机冲击。相比之下，式(6-97)中的误差 $\{e(i)\}$ 不独立于 $\{Z(i)\}$，因此不是真正的革新。式(6-97)的单一参数形式的条件期望值包含最近空间邻域的空间邻域，这也说明式(6-97)实际上没有代表最简单的和最自然的脱离独立性假设(Cressie,1991)。这两种形式的空间模型等价性可以建立，当且仅当它们的方差矩阵是相等的，即：

$$(I-S)^{-1}\Lambda(I-S^{\mathrm{T}})^{-1}=(I-K)^{-1}M$$

因为 M 是对角的，通过使 $K=S+S^{\mathrm{T}}-SS^{\mathrm{T}}$，通过设置 $K=S+S^{\mathrm{T}}-SS^{\mathrm{T}}$，任何同步自回归模型可以被表示为条件自回归模型(尽管不一定是简化的)，但逆向是不可能的，然而除了在式(6-97)中的 $\{e(i)\}$ 上引入人工的空间相关性假设(见 Martin,1987)。

使用这种同步方法可以产生其他模型。移动平均值模型被定义为：

$$Z(i)=\mu(i)+\sum_{j\in N(i)}t(i,j)e(j)+e(i)\qquad(i=1,\cdots,n)\tag{6-101}$$

且移动平均值模型随后被设置为 $t(i,j)=\nu w(i,j)$，其中 ν 是一个参数。Whittle(1954)定义了一个“变量中的误差”模型，这个模型将独立正态误差强加在同步自回归模型上。这产生了在原点 $(h=0)$ 处的空间相关结构的非连续性，而这可以用于具有强制的特定地点空间随机测量误差的随机场建模(见 Besag,1997)。这与在地理统计学中块金方差的介绍相似。Kelejian 和 Robinson(1995)提出了关于区域数据的一个相似的模型。

在这一节所有的模型中，一组空间邻域的 $\{N(i)\}_i$ 的定义会影响模型的性质。对于给定的一组参数值，扩大空间邻域集并把它延伸到更长的距离，增强了在更远的距离上的随机场中的相关性。随着连通性的增加和在相邻空间邻域的子集之间的加强，相关性结构通常在这样高度互连地点之间也被加强(Haining,1990)。可以通过对协方差矩阵的数字评估来探究这个和其它的性质——例如见式(6-96)和式(6-99)。在实际情况下，分析员的目的是使用尽可能简化的模型对空间变化建模，并对空间邻域结构做出简单的假设，而不是试图对相关结构建模。

关于对空间邻域结构做出的假设对其他模型性质的具有影响，包括均值和方差，以及条件均值和条件方差。由于这些原因，在空间邻域结构中由外部确定的权重 $\{w(i,j)\}$ 是可以选择的，以满足附加的或甚至与数据中的相关结构不同的标准。对于式(6-95)和式(6-97)的无条件方差，可以分别由式(6-96)和式(6-99)的对角元素给定。对于条件自回归模型的条件均值和方差由式(6-95)定义。如果 $k(i,j)=k(j,i)$，所有的条件方差 $\{\sigma^2(i)\}$ 都是相等的。如果 $\{w(i,j)\}$ 采用距离的倒数或二进制连接性定义，这种情况就会发生。但是，如果对区域建模并采用公共边界长度来定义，那么我们可以定义：

$$k(i,j)=\left(\frac{l_{i,j}}{l_i}\right)^{\phi}$$

在这里 ϕ 是一个参数，$l_{i,j}$ 是在区域 i 和 j 之间的公共边界的长度，而 l_i 是 i 的边界的长度。现在条件方差是 $\sigma(i)^2 = \dfrac{\sigma^2}{l_i}$，而且条件方差小于较大的区域单元。Besag(1975)建议这个模型性质可能是希望的，当变量 Z 是一个比率或是密度时。Cressie 和 Chan(1989)给出一个例子：

$$k(i,j) = \left(\frac{n_j}{n_i}\right)^{\frac{1}{2}} d_{i,j}^{-\alpha}\phi$$

项 n_j 是区域 j 的总体，$d_{i,j}$ 是 i 区和 j 区之间的距离，且 α 是一个附加参数。在一定的空间交互作用模型中，根据总体比率定义权值是有理由的，但是更重要的是，它服从对地点 i 的条件方差是 $\dfrac{\sigma^2}{n_i}$，因此随着总体大小的增加这是递减的——如果 Z 是一个比率，这又是一个希望的性质。

下面的结果可以用来探究这些性质。如果 V 表示正态随机场的无条件方差-协方差矩阵，而且如果 $V^{-1} = \{\nu^{i,j}\}$，那么：

$$E\left[Z(i)=z(i) \mid \{Z(j)=z(j)\}_{j\in N(i)}\right]$$
$$=\mu(i) - \nu^{i,i}\sum_{j\neq i}\nu^{i,j}[z(j)-\mu(j)]i \tag{6-102}$$

和

$$\mathrm{Var}[Z(i)=z(i) \mid \{Z(j)=z(j)\}_{j\in N(i)}] = (\nu^{i,i})^{-1} \qquad (i=1,\cdots,n)$$

式(6-102)的结果可以用来表示式(6-97)的单参数版本，根据马尔可夫性质，在它的条件期望中包含“空间邻域的空间邻域”。这在下面表示为 $V = \sigma^2[(I-\rho W)^{-1} \times (I-\rho W^{\mathrm{T}})^{-1}]$，而且在 V^{-1} 的展开式中权值矩阵 W 作为乘积展开，WW^{T}，或者如果 W 是对称的，可以写作 W^2。

就像在表面模型情况下解释的那样，模型和参数值的选择决定了随机场中存在的变化尺度。为了说明这个目的，图 6-41 通过在一个大的矩形点阵上的三个模型的相关结构表示了一个横断面，而且其中地点 i 的空间邻域 $N(i)$ 是东、西、南、北的四个点。

这三个模型是：(1)单参数条件自回归模型(式(6-95)，具有常数均值及 $k(i,j) = \tau w(i,j)$；(2)单参数同步自回归模型(式(6-97)，具有常数均值及 $s(i,j) = \rho w(i,j)$；(3)单参数移动平均值模型。选择的三个参数值，最大值(0.24)接近于在矩形点阵中所有三个模型上允许的最大值。在图 6-38 中显示的模型，同步自回归产生了具有最大空间相关尺度的随机场。然而，就像上面解释的，在社会科学应用中，它是变量之间的交互作用结构而不是模型定义目的最感兴趣目的的相关性结构。

3. 离散取值的区域数据模型

模型定义的条件方法导致了对离散取值数据的模型构造(Besag,1974)。这些包括对二进制数据的逻辑模型的一个空间版本(自逻辑模型)和对于计数数据的二项式与泊松模型的空间版本(自二项式与自泊松模型)这些模型的非空间版本是这些空间版本的特殊情形。

逻辑模型被用于对一个事件的存在与不存在 ($Z(s(i))=0$ 或 1) 的建模，例如，选区是否是一个犯罪热点或不是犯罪热点的情况(Craglia 等,2001)。二项式与泊松概率模型用于

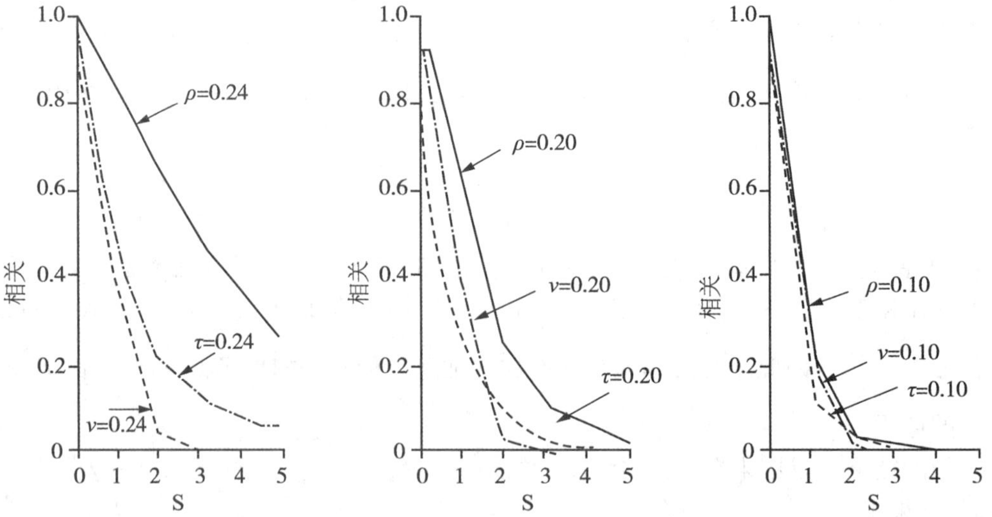

图 6-41　关于三个空间模型的空间相关函数
一阶同步自回归(ρ)——(9.12)
一阶条件自回归(τ)——(9.10)
一阶移动平均值模型(ν)——(9.16)

对计数 ($Z(s(i))=0,1,2,\cdots$) 数据的建模。当 ρ (事件的概率)接近于零,且"试验"的次数 n 足够大的时候,泊松模型是二项式模型的一个近似。泊松模型通常用作关于罕见疾病的模型(Mollie,1996)。疾病比率通常按照观测计数除以期望计数进行分析,分子被处理为泊松变量。在常见疾病的情况下,或是犯罪,这时二项式模型是一个更合适的模型(例如 Creessie,1991;Knorr-Held 和 Besag,1998;Webster 等,1994)。这些模型的空间(自动)版本在给定空间邻域地点的随机变量值 (Z) 时,定义条件概率。

在自逻辑模型的情况下,对于 $z(i)=0$ 或 1:

$$\text{Prob}\{Z(i)=z(i) \mid \{Z(j)\}j \in N(i)\} = \exp\left[\frac{z(i)\left[\alpha(i)+\sum_{j\in N(i)} b(i,j)z(i,j)\right]}{1+\exp\left[\left(\alpha(i)+\sum_{j\in N(i)} b(i,j)z(i,j)\right)\right]}\right] \tag{6-103}$$

所以在式(6-103)中, $Z(i)=0$ 或 1 的条件概率取决于在相邻地点的 Z 的值。这两个条件概率通过使 $z(i)=0$ 和 $z(i)=1$ 取代式(6-103)的右端来得到。

有两组参数,一组表示内部点或特殊地点的影响 $\{\alpha(i)\}$,另一组表示交互地点或在点之间的交互影响 $\{b(i,j)\}$ 。这个模型的一个条件是 $b(i,j)=b(j,i)$ 。这里,像在这一节中出现的其他模型一样,可以通过对使对所有的 i 和 j ,设置 $b(i,j)=0$,来构造非空间版模型。

当空间相关参数超过一个特定的关键值时,关于无限大点阵的逻辑回归模型显示"大范围的相关性"。这意味着当空间相关性随着距离递减时,无论两点分离有多远,它也永远不会变为零。这个性质使得自逻辑回归模型在对显示"相位转变"的一定类型的过程建模时更有用(见 Gumpertz 等,1997;Haining,1985)。Cross 和 Jain(1983)提供了式(6-103)的实现,其中 $\alpha(i)=\alpha$ 和 $b(i,j)=\beta w(i,j)$,其中 β 是一个空间相关参数。他们的地图表示了 0s 和 1s 的区域如何合并到地图,而且随着 β 的增加而增加。$(Z(i)=0,1,2,\cdots,c(i))$ 这个自二项式模型定义为:

$$\mathrm{Prob}\{Z(i)=z(i)\mid\{Z(j)\}j\in N(i)\}$$
$$=\left(\frac{c(i)!}{z(i)!}(c(i)-z(i))!\right)\theta(i)^{z(i)}(1-\theta(i))^{c(i)-z(i)}$$
$$\theta(i)=\frac{\exp[\alpha(i)+\sum_{j\in N(i)}b(i,j)z(i,j)]}{1+\exp[(\alpha(i)+\sum_{j\in N(i)}b(i,j)z(i,j))]} \tag{6-104}$$

对 $c(i)=1$,是自逻辑模型。这个模型的必要条件是 $b(i,j)=b(j,i)$ 。

自二项式回归模型的参数在某种意义上对应于二项式模型中的这些参数,有两个主要的参数集:在地点 i 的"试验"次数 $c(i)$ (一个被假定已知的参数)和在地点 i 的"成功"的概率 $\theta(i)$,它通常是兴趣参数。在疾病背景下, $c(i)$ 可能是在区域 i 的处于风险人数,而且 $\theta(i)$ 是在区域 i 的任何个体有特殊疾病的概率。$\theta(i)$ 取决于嵌入在 $\{\alpha(i)\}$ 和 $\{b(i,j)\}$ 中的参数。参数集 $\{\alpha(i)\}$ 反映特殊地点的影响,同时,在 $\{b(i,j)\}$ 中的参数集获取在 $\{Z(i)\}$ 之间的空间相关性。对于事例 $\alpha(i)=\alpha$ 和 $b(i,j)=\beta w(i,j)$,其中 β 是一个空间相关参数,Cross 和 Jain(1983)提供了式(6-104)的实现。

$(Z(i)=0,1,2,\cdots)$ 自泊松模型被定义为:

$$\mathrm{Prob}\{Z(i)=z(i)\mid\{Z(j)\}j\in N(i)\}=\exp[-\lambda(i)]\lambda(i)^{z(i)}/z(i)!\ \lambda(i)$$
$$=\exp[\alpha(i)+\sum_{j\in N(i)}b(i,j)z(j)] \tag{6-105}$$

空间相关性通过强度参数 $\lambda(i)$ 被引入。应再次注意,特殊地点项 $\alpha(i)$ 的存在。与先前的模型一样, $b(i,j)=b(j,i)$,但是现在对于所有的 i 和 j 有一个附加的必要条件是 $b(i,j)\leqslant 0$。这意味着自泊松模型仅是模型竞争的而不是合作空间邻域过程,即它只能是负空间相关模型。例如,如果 $b(i,j)=\beta w(i,j)$,那么 $\beta\leqslant 0$。Kaiser 和 Cressie(1997)表明,通过将分布调整为整数 $Z(i)=0,1,2,\cdots,R$ 的有限集,这种负性的约束可以被去除。如果 R 比任何的 $\{\lambda(i)\}$ 都大得多,比如说 $R\geqslant 3[\max_i\{\lambda(i)\}]$,那么调整的影响会很小。负性条件也被用于负二项式模型的空间版本。

希望继续支持统计理论的读者应当阅读 Besag(1974)和 Cressie(1991)的文章,该理论确保条件概率可以被一致定义,以便可以计算联合概率(且理论保证似然推理)。

(三)空间变化的多尺度模型

小尺度空间变化模型可以扩展到包含大尺度变化,通过允许空间变化的均值函数 $\mu(i)$,使用式(6-87)。在做这种替换时,空间变化的大尺度通过使用定义的趋势面次数的均值来描述。空间化的小尺度通过协方差来描述。因此,例如,在式(6-97)中设置 $\mu(.)=\theta_{0,0}+\theta_{1,0}s_1(.)+\theta_{0,1}s_2(.)$ 和 $s(i,j)=\rho\omega(s(i),s(j))$, $Z(i)$ 是具有线性趋势的一个正态一阶同步空间自回归模型。在离散取值的区域数据模型中,式(6-87)可以被替换为一个关于 $\alpha(i)$ 的模型。

大尺度变化,如果它们是通过均值来建模的,就需要一个不是一次或二次的趋势面,最好是使用小尺度空间变化模型来表示。不同尺度的空间变化如何被表示可能取决于科学背景。Cressie(1991)认为:“一个总体的(空间)协方差结构可能是另一个总体的均值结构。”这可能也是在模型拟合和简化之间的权衡(根据参数的数量来测定)。

区域表示了在数据集中大尺度变化的另一种可能的形式。如果 K 区域可以被定义,那么不同的描述模型可以对 K 区域的每一个子集进行拟合。表达区域变化的形式之一是通过使用 $K-1$ 的虚拟变量或预测变量 ($D_1(.),\cdots,D_{k-1}(.)$ ——作为区域 K 的参考区域。如果一个特定的地点 i 在第 k 个区域,那么 $D_1(i)=0,\cdots,D_{k-1}(i)=0$, $D_k(i)=0$, $D_{k+1}(i)=0,\cdots,D_{k-1}(i)=0$。如果地点 i 在区域 K ,那么所有的 $K-1$ 个虚拟变量的值为零。包括式(6-87)中的这 $K-1$ 个附加变量,允许 $\theta_{0,0}$ 在区域之间变化。其余的参数可以允许按照在式(6-87)中每项形成 $K-1$ 个乘积(例如 $D_k(i)s_1(i)^r$)变化,而且把这些包含在模型中。作为一个简单的例子,一个相应于式(6-88)的双区域线性趋势模型,具有截距($\theta_{0,0}$)和斜率参数($\theta_{1,0},\theta_{0,1}$)在两个区域之间变化,将可以写为:

$$Z(s(i))=\theta_{0,0}+\theta_{0,0;D}D(i)+\theta_{1,0}s_1(i)+\theta_{1,0;D}[D(i)s_1(i)] \\ +\theta_{1,0}s_2(i)+\theta_{0,1;D}[D(i)s_2(i)]+e(s(i)) \tag{6-106}$$

其中,如果 i 在区域1,则 $D(i)=1$;i 在区域2,则为零。例如,如果 i 在区域1, $[D(i)s_1(i)]$ 等于 $s_1(i)$,i 在区域2,则它等于0。所以在区域1中截距参数是 $(\theta_{0,0}+\theta_{0,0;D})$,而在区域2中时是($\theta_{0,0}$),对其他参数可依此类推。

这个模型允许分析员把区域变化引入到描述性模型中,而且对方便使用虚拟变量是适合的。除了数据集很大的情况,区域的个数可能需要相对减少,表面的次数要求相对较低。这个模型在区域的边界上会产生表面的不连续。式(6-106)的一个有兴趣的特点是它是一个模型的简单例子,其中定义的均值参数是空间变化的。然而,在区域定义方面,它可能难以成为目标。下面将考虑对模型位置影响的其他方式。

(四)层次贝叶斯模型

这一节讨论在离散取值数据方面,对空间变化建模特别有兴趣的一类模型。对观测成果进行建模,以便它们作为一组参数上的条件,这组参数根据其他参数自己给出概率定义——因此称为是层次的。在这些模型中,空间相关性通过对兴趣参数的定义被引入。不像离散取值的区域数据模型,空间相关性既不是直接根据离散取值的观测值来定义,也没有对应于 $\{b(i,j)\}$ 的空间参数需要估计。

这些模型的一个重要应用领域之一是提高同类型参数估计的精度,例如覆盖一个被划分为子区域的研究区域的相对风险。对于研究领域中的任何给定子区域的兴趣参数的估计是通过从研究区域的其他子区域中借用强度来获得的。

使 $Z(i)=O(i)$ 表示在一个特定的时间段中,是稀有的但是非传染疾病的在区域 i 中观测的死亡数量。假设 $O(i)$ 是独立的,而且是具有强度参数 $\lambda(i)=E(i)r(i)$ 的同态泊松分布。现在 $E(i)$ 表示在区域 i 由于疾病死亡的期望数量,且 $r(i)$ 是在 i 区中死于疾病的特定区域的正相对风险。那么:

$$\mathrm{Prob}\{O(i)\mid r(i)\}=\exp\frac{[-E(i)r(i)](E(i)r(i))^{O(i)}}{O(i)!} \tag{6-107}$$

在作为感兴趣的相对风险方面,它是变化的。式(6-107)表明,对于 i 区域的标准死亡率(SMR)，$\frac{O(i)}{E(i)}$，其中 $O(i)$ 现在是观测的死亡数量，是 $r(i)$ 的最大似然估计。

关于区域 i 的 SMR 是一个对 $r(i)$ 的无偏估计，但是，因为它独立地处理每个区域，所以精确度取决于在 i 中处于风险的总体的大小。当不同的子区域具有相差很大的总体大小时，这会造成对疾病地图的解释困难。为了对 $\{r(i)\}$ 进行制图的目的，一个好的估计是使用覆盖这组区域的具有更加统一的精度水平的估计方法，并偏向更高的精度水平。

对这个问题的非参数方法在前面已经描述。这里的方法是假设 $\{r(i)\}$ 是随机变量，而且特别的是，假设每个 $r(i)$ 是从一个概率分布中计算出来的，用贝叶斯术语，称作先验分布。两种类型的随机影响模型在这里是有趣的：一类是 $\{r(i)\}$ 的随机变化是无特定空间结构的，另一类是空间结构的。这两种类型的模型都引起了人们的兴趣，因为它们可以用于相对风险地图"稳定"性，通过从地图的其他地方的估计来"借用强度"信息。这对提高估计的精度也是有效的。这种在地图上估计参数值的一般方法在以前的章节中提到过，比如那些处理地图插值和非参数平滑方法。差别是来自地图上其他子区域的信息通过先验分布的定义被形式化。

令标记 $P(E(i)r(i))$ 表示在式(6-107)中的 $O(i)$ 分布。在无特定结构的参数变化情况下，$\{r(i)\}$ 是独立的出自相同的概率分布。例如，假设 $\{r(i)\}$ 服从伽马分布 $G(\nu,\alpha)$，其中 υ 是形状参数，α 是尺度参数。这种情况下，伽马分布是先验分布，而且它的参数 υ 和 α 被称作超参数。量 $\frac{\nu}{\alpha}$ 是计算任何特定的产生 $r(i)$ 的相对风险的伽马分布的均值，同时 $\frac{\nu}{\alpha^2}$ 是相对风险分布的方差。所以固定 υ，随着 α 增加到 1.0 以上，覆盖一组区域的风险变化会递减。因为 $\{r(i)\}$ 之间是相互独立的，所以相对风险的异质性是无特定结构的。这个模型可以被概括如下，使用符号"～"(表示是分布的)：

$$O(i) \sim P(E(i)r(i));$$
$$r(i) \sim G(\nu,\alpha) \tag{6-108}$$

图 6-42(a)提供了关于这个模型的一个图示表示。

另一个具有无特定结构随机影响的模型是假设相对风险的对数，$\log(r(i)) = \mu + e(i)$，其中 $e(i)$ 是服从 $N(0,\sigma^2)$ 的独立分布，这个模型概括为：

$$O(i) \sim P(E(i)r(i))$$
$$\log(r(i)) \sim N(\mu,\sigma^2) \tag{6-109}$$

而且每个 $\log(r(i))$ 是独立来自具有 μ 和 σ^2 固定的 $N(\mu,\sigma^2)$ 的分布。

空间结构的随机影响可以被引入到式(6-109)。在式(6-109)中，假设 $\{\log[r(i)]\}$ 可以从先验的高斯马尔可夫随机场获得。对于这类模型，"在区域 i 的相对风险的条件分布，给定在所有其他 $j \neq i$ 的区域的相对风险的值，取决于在 i 区域的相邻区域 ($N(i)$) 的相对风险值。这样在这个模型中，相对风险具有一个局部相关的先验概率结构"(Mollie, 1996)。如果是基本的，但相信对相对风险中的变化负责的未测量的预测变量本身是空间结构的，那么空间结构模型是合适的。注意空间相关性是定义在兴趣参数 $\{\log[r(i)]\}$ 上的，不是定义在观测计数 $\{O(i)\}$ 上的，尽管后者将从 $\{\log[r(i)]\}$ 上的相关性继承空

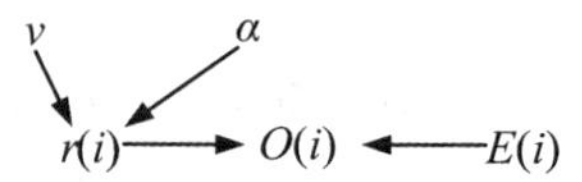

（a）关于相对风险的泊松-伽马模型的表达式（6-108）

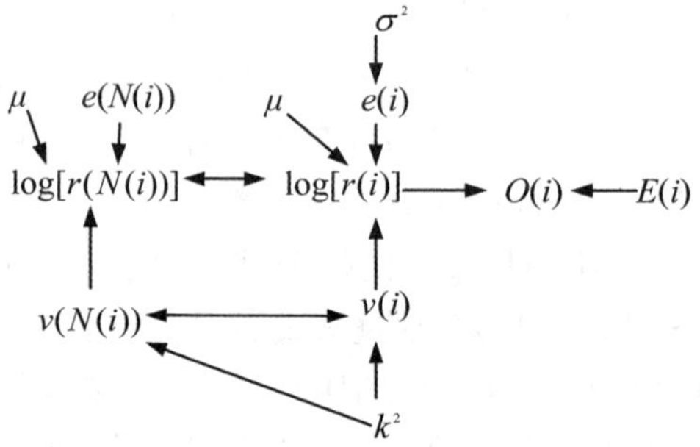

$N\ (i)$ 表示位置i的邻居

（b）对具有空间结构（v）和无特定空间结构（e）随机影响的
关于相对风险的泊松-对数正态模型的表达式（6-112）、式（6-113）

图 6-42

间相关性。

一个关于相对风险的纯空间结构变化的模型可以是本证高斯自回归模型，一个条件自回归模型的限定形式，具有单一离散参数 κ^2（Besag 等，1991）。在该模型中，如果一个二进制连接或权值矩阵（W）被假定为（$w(i,j)=1$，如果 i 和 j 是空间邻域，否则为 0，那么：

$$E[\log(r(i))\mid\{\log(r(j))\},j\in N(i),\kappa^2]=\sum_{j=1}^{n}\omega^*(i,j)\log(r(j)) \tag{6-110}$$

$$\mathrm{Var}[\log(r(i))\mid\{\log(r(j))\},j\in N(i),\kappa^2]=\frac{\kappa^2}{\sum_{j=1}^{n}\omega(i,j)} \tag{6-111}$$

其中，$W^*\{w^*(i,j)\}$ 表示 W 的行的标准化形式。因此，区域 i 的对数相对风险条件期望值是在相邻区域的对数相对风险的平均值。条件方差与相邻区域的数量成反比关系。注意在该模型中没有空间参数需要被估计。

本证自回归意味着包含强空间相关性且比率可以使用空间邻域平均值来平滑。Besag 等（1991）提出一个关于对数的相对风险模型，这个模型结合了独立性和局部空间相关性，被称为卷积高斯模型。这是两个部分的总和，这两部分是相互独立的，可以添加均值影响 μ，因此：

$$\mathrm{Log}(r(i))=\mu+\nu(i)+e(i) \tag{6-112}$$

项 $e(i)$ 是服从 $N(0,\sigma^2)$ 的独立正态变量，并捕捉无特定结构的异质性。项 $\nu(i)$ 是一个由式（6-110）和式（6-111）定义的本征高斯自回归。参数 κ^2 和 σ^2 分别定义了在 $\nu(i)$ 和 $e(i)$ 中的变化性。为了模型的可识别性，把随机影响分解成为两个元素，$\sum_i \nu(i)=\sum_i e(i)$

= 0 是必要条件。

给出所有其他对数相对风险的 log ($r(i)$) 的条件方差是：

$$\operatorname{Var}[\log(r(i)) \mid \{\log(r(j))\}, j \in N(i), \sigma^2, \kappa^2] = \left(\frac{k^2}{\sum_{j=1}^{n} w(i,j)}\right) + \sigma^2 \quad (6\text{-}113)$$

如果 $\frac{\kappa^2}{\sigma^2}$ 接近于在区域 $(1/n)\sum_{i=1}^{n}\sum_{j=1}^{n} w(i,j)$ 中空间邻域的平均数，那么变化的两个成分（有空间结构和无特定空间结构）是同等重要的。如果 $\frac{\kappa^2}{\sigma^2}$ 很小，那么无特定结构的变化占主要作用；如果 $\frac{\kappa^2}{\sigma^2}$ 很大，那么空间结构变化占主要作用（Mollie, 1996）。在空间结构异质性占主要作用的情况下，那么具有小总体的区域的相对风险率会向着是地理空间邻域的区域的平均风险率转移。但是，个体的比率被平滑是向整体均值还是空间邻域均值转移，取决于两个部分的相对强度（见 Congdon, 2001）。该模型概括为：

$$O(i) \sim P(E(i)r(i))$$
$$\operatorname{Log}(r(i)) = \mu + \nu(i) + e(i)$$
$$e(i) \sim N(0, \sigma^2)$$
$$\nu(i) \mid \nu(j); j \in N(i) \sim N\left(\sum_{j=1}^{n} w^*(i,j)v(j), \frac{k^2}{\sum_{j=1}^{n} w(i,j)}\right)$$

完全贝叶斯模型为先验分布的参数定义分布。这些分布被称为超先验分布。经验贝叶斯分析估计这个先验分布的参数（在式（6-108）情况下的 ν 和 α ），并把这些量看成是固定的，因此没有把与这些参数值有关的任何不确定性考虑在内。

二、解释性模型

本节关注这样的一些模型，在相应变量中的一些变化根据一个或多个预测变量来解释。为了区分这两种类型的变量，Y 代表响应变量，$X_1, \cdots, X_k$ 表示预测变量。当预测变量或协变量被引入模型定义的时候，描述性模型就变成解释性模型。对于模型的回顾分为两部分，首先是连续取值变量（在表面或区域），然后是离散取值的区域数据。

（一）连续取值响应变量的模型：正态回归模型

在具有正态分布响应的线性回归情况下，关于响应变量 $Y(i)$ 的已知的预测变量被引入均值函数或 $Y(i)$ 的期望值 $\mu(i)$ 的定义中。例如：

$$\mu(i) = \beta_0 + \beta_1 X_1(i) + \beta_2 X_2(i) + \cdots + \beta_k X_k(i) \qquad (i = 1, 2, \cdots, n)$$

其中，β_0 表示截距参数，以及 $\beta_1, \beta_2, \cdots, \beta_k$ 为模型的回归参数，它们是兴趣参数，而不是 $\mu(i)$ 本身。本节的主要目的是检查不同类型的解释性模型定义，这些都可能通过使用 $\mu(i)$ 来处理。在一个响应变量上空间变化分析，可能需要反映这样的事实，空间单元以某些方式（点或面）相互作用。在位置 i 的预测变量的影响水平需要被限定在位置 i 的响应变量水平。处于这种观测背后的原因在第一章中已经详细叙述过了。正态线性模型被用作这个目的的例证。

正态线性回归模型的定义如下：

$$Y(i)=\mu(i)+e(i) \qquad (i=1,\cdots,n)$$
$$\mu(i)=\beta_0+\beta_1 X_1(i)+\beta_2 X_2(i)+\cdots+\beta_k X_k(i) \tag{6-114}$$

其中，n 代表点或区域的数目，预测变量的值被处置为固定的，$\{e(i)\}$ 是独立于 $N(0, \sigma^2)$ 的分布。如果在 Y 上的预测变量影响是纯粹“垂直方向的”（在位置 i 的响应变量的值仅是在 i 处的预测变量层次的函数），并且在模型中的 $\{e(i)\}$ 可以假设是独立的，那么这个模型作为一个空间变化模型是合适的。后者暗示不存在空间相关的测量误差，而且任何不包括在模型定义中的未测量的预测变量也是空间不相关的。如果未测量的预测变量是空间相关的，则这个性质会被误差继承。常数方差（同性方差）的假设可能需要检查，特别是如果响应变量是一个比率的时候（见例子，Breusch 和 Pagan（1979）对于正态误差的检验，Koenker 和 Bassett（1982）对于非正态误差的检验或是 White（1980）的更一般的检验）。在区域大小不同的情况下，误差中的非常数方差（异方差）可能需要通过将 $\{e(i)\}$ 定义为独立服从于 $N(0, \sigma^2(i))$ 分布来建模。

响应变量的空间分布可能是空间相关的。这并没有使式（6-114）中定义的模型失效。响应变量中的空间相关性可以通过在一个或多个预测变量中存在的空间相关性来解释。略有不同的是，响应变量中的空间相关性是从一个或多个预测变量中继承的。取得成功拟合的一个重要标准之一是模型的残差不是空间自相关的。

也可能有空间相关性的测量误差。也可能有很多未测量的预测变量，分析员相信它们是空间相关的，但是对此没有数据是有效的，或试图把它们纳入到模型是不切实际的。无论哪种情况，式（6-114）可以重新定义为：

$$Y(i)=\mu(i)+u(i) \qquad (i=1, 2, \cdots, n)$$
$$\mu(i)=\beta_0+\beta_1 X_1(i)+\beta_2 X_2(i)+\cdots+\beta_k X_k(i) \tag{6-115}$$

其中，现在的 $\mu(i)$ 是一个空间误差模型，而且 $u=(u(1), \cdots, u(n))^{\mathrm{T}}$ 是 MVN$(0, V)$，其中 V 是按照在小尺度空间变化模型描述的那样，是对误差中的小尺度空间变化的建模。如果分析员怀疑在测量误差中存在局部空间结构，那么一个空间移动平均值模型对 V 可能是合适的。如果有未测量的预测变量，V 的形式可能会受任何已知的关于它们的空间结构的影响。在社会科学应用中，在空间单元是不规则的地方，V 通常使用同步空间自回归来建模。在其他的应用领域，残差，作为对误差的估计，被用于定义 V。

预测变量和响应变量之间的关系不需要纯粹是“垂直”的关系，但也可能有“水平”的成分。这意味着在位置 i 的响应变量的值可能是一个或多个预测变量水平的函数，例如，在表示 i 的空间邻域 $N(i)$ 的一组位置上的预测变量。模型（6-114）可能被重新定义，以对一个空间邻域背景影响，例如，通过对 X_1 的操作，进行建模：

$$Y(i)=\mu(i)+e(i) \qquad (i=1, \cdots, n)$$
$$\mu(i)=\beta_0+\beta_1 X_1(i)+\beta_{1;N}\sum_{j\in N(i)}\omega(i, j)X_1(j)+\beta_2 X_2(i)+\cdots+\beta_k X_k(i) \tag{6-116}$$

其中，$\beta_{1;N}$ 是与空间邻域影响有关的参数。空间邻域影响的空间尺度通过权值矩阵的非零元素的定义来处理。对行权值矩阵进行行标准化通常是合适的，因为空间邻域影响表达了空间邻域平均值。预测变量 X_1 的“水平”影响是与其他预测变量一样通过 $\mu(i)$ 来建模的。模型(6-116)有时被认为是具有空间滞后的预测变量(或独立的)的线性回归模型。如果 $Y(i)$ 可测量，也就是说，发生呼吸状况的影响范围，根据家庭地址，通过在一个城市的小区域，且 X_1 是空气质量的测度，把 X_1 上的水平影响引入定义，可以反映这样的事实，人们在城市内的移动，以及这样暴露于去过的区域的污染平均水平就广于他们正好居住的区域。

另一类的水平影响通过响应变量本身被引入。因此模型(6-114)可以被重定义为：

$$Y(i)=\beta_0+\beta_1 X_1(i)+\beta_2 X_2(i)+\cdots+\beta_k X_k(i)+\rho\sum_{j\in N(i)}\omega(i,\ j)Y(j)+e(i)$$

$$(i=1,\ \cdots,\ n)\qquad(6\text{-}117)$$

其中，ρ 是与交互作用相关的参数。模型(6-117)有时被认为是具有空间滞后响应变量(或相关)的线性回归模型。如果 $Y(i)$ 测量的是在位置 i 的商品的价格，那么这个价格可能是在空间邻域竞争者所在地的价格水平的一个函数。如果 $Y(i)$ 测量的是在区域 i 的一种传染病在爆发结束时的发生率，那么这个发生率可能是空间邻域区域发生率的一个函数。

通过 $\mu(i)$ 对模型(6-117)中的水平影响进行建模，在最开始时会出现像在模型(6-116)中的那样，实际上，模型(6-117)具有同步自回归形式，当与式(6-97)进行比较的时候，这是明显的。

$$Y(i)=\mu(i)+\rho\sum_{j\in N(i)}\omega(i,\ j)Y(j)+e(i)\qquad(i=1,\ \cdots,\ n)$$

$$\mu(i)=\beta_0+\beta_1 X_1(i)+\beta_2 X_2(i)+\cdots+\beta_k X_k(i)$$

条件自回归模型(6-95)也可以作为一个解释模型，在这个模型中响应变量之间有空间交互作用，而且可以以同样的方式被扩展，使 $\mu(i)$ 中包含预测变量。在这两种形式的自回归模型中的交互作用参数都是空间相关性的测度，虽然它们有不同的统计解释(Cressie, 1991)。

把模型(6-117)用矩阵表示，并经过一系列的矩阵操作，则：

$$Y=\rho WY+X\beta+e$$

$$Y-\rho WY=X\beta+e$$

$$(1-\rho W)Y=X\beta+e$$

$$Y=(1-\rho W)^{-1}X\beta+(1-\rho W)^{-1}e$$

$$Y\equiv(1-\rho W)^{-1}X\beta+u\qquad(6\text{-}118)$$

如果 $e=(e(1),\ \cdots,\ e(n))^{\mathrm{T}}$ 是 $N(0,\ \Lambda)$，那么 u 是 $\mathrm{MVN}(0,\ (I-\rho W)^{-1}\Lambda(I-\rho W^{\mathrm{T}})^{-1})$。这像在模型(6-114)中一样，被简化为 $\Lambda=\sigma^2 I$。因此，对具有滞后响应变量的回归模型在形式上和模型(6-118)一样，该模型在误差中有一个特殊空间相关性结构而且在预测变量中有一个水平影响的特殊结构。

对模型(6-116)、(6-117)进行解释需要牢记，测量其他的协变量影响，是在给定模型(6-116)中的 $\sum_{j\in N(i)} w(i,\ j)X_1(j)$ 的状态，或是给出模型(6-117)中的 $\sum_{j\in N(i)} w(i,\ j)Y(j)$ 的状态情况下。

在先前的模型中，正态分布的均值的空间变化是预测变量水平的空间变化的结果。有的时候分析员可能相信存在与均值参数方面的空间变化有关的其他变化，在模型(6-114)中，截距β_0和回归参数（β_1，$\cdots\beta_k$）。类似在模型(6-106)中定义的这些区域影响，可能包含在模型(6-114)中。在D变量上使用与在模型(6-106)中一样的标记法，并假设一个双区域模型（区域2是参考区域）具有在截距和回归参数两个预测变量上都存在区域影响，则：

$$Y(i)=\mu(i)+e(i) \qquad (i=1,\ \cdots,\ n)$$
$$\mu(i)=\beta_0+\beta_{0;D}D(i)+\beta_1 X_1(i)+\beta_{1;D}[D(i)X_1(i)]+\beta_2 X_2(i)+\beta_{2;D}[D(i)X_2(i)] \tag{6-119}$$

在区域1中，截距为$\beta_0+\beta_{0;D}$，而且在X_1和X_2上的回归系数分别是$\beta_1+\beta_{1;D}$和$\beta_2+\beta_{2;D}$。对于区域2，三个参数分别是β_0，β_1和β_2。像模型(6-119)的应用取决于能够将定义的区域划分作为模型定义的一部分。Chow检验（Chow，1960）被用来检验这两个区域的参数是否有显著的不同。

关于在参数值上的空间变化的其他模型已经被提出。回到模型(6-114)中，使：

$$\beta_j=\beta_j(i)=\beta_{j;0}+\beta_{j;1}s_1(i)+\beta_{j;2}s_2(i) \qquad (j=0,\ \cdots,\ k) \tag{6-120}$$

如同在模型(6-106)中一样，$s_1(i)$和$s_2(i)$表示在第i个区域或位置的空间坐标。对于一个有两个预测变量的模型，对照模型(6-119)，回归模型(6-114)的扩展形式写作：

$$Y(i)=\mu(i)+e(i) \qquad (i=1,\ \cdots,\ n)$$
$$\mu(i)=\beta_{0;0}+\beta_{0;1}s_1(i)+\beta_{0;2}s_2(i)+\beta_{1;0}X_1(i)+\beta_{1;1}[s_1(i)X_1(i)]+\beta_{1;2}[s_2(i)X_1(i)]+\beta_{2;0}X_2(i)+\beta_{2;1}[s_1(i)X_2(i)]+\beta_{2;2}[s_2(i)X_2(i)] \tag{6-121}$$

这个回归模型的扩展允许参数作为位置函数在研究区域上连续变化，而不是根据预定义的区域非连续变化。在模型(6-120)中假设的线性趋势表面在研究区域上对线性趋势参数变化建模。更高阶非线性趋势面可以在模型(6-120)中使用，以满足参数值的更复杂的空间变化，这被称为“扩展”模型，并将模型(6-121)的形式称为“空间扩展”模型（Jones和Casetti，1992）。在模型(6-120)中使用预测变量而不是位置坐标。

在下节讨论由模型(6-119)、(6-121)证明的这些模型的更一般类型。图6-43提供了对于本节中回顾的一些模型的图示形式。

（二）离散取值区域数据模型：广义线性模型

一些离散取值的区域数据模型可以被推广为包含有预测变量。首先考虑这些模型的非空间版本，其中对于所有的i和j，$b(i,\ j)=0$。逻辑的、二项式的和泊松模型是作为具有模型(6-114)中独立误差的正态模型的广义线性模型全部类型中的成员（见Dobson，1999）。

像先前那样，设$\mu(i)$表示响应变量$Y(i)$的期望值，那么对于这三类模型（标记为$c(i)$，二项式模型中的试验次数假设是已知的）：

逻辑：$$\mu(i)=\text{Prob}\{Y(i)=1\}=\theta(i)=\frac{\exp(\alpha(i))}{1+\exp(\alpha(i))}$$

二项式：$$\frac{\mu(i)}{c(i)}=\theta(i)=\frac{\exp(\alpha(i))}{1+\exp(\alpha(i))}$$

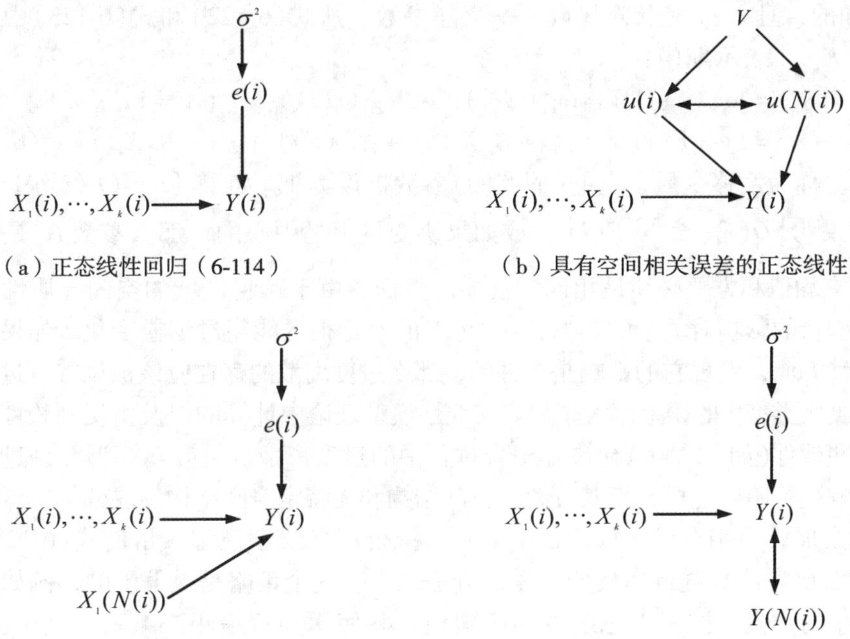

（a）正态线性回归（6-114）

（b）具有空间相关误差的正态线性回归（6-115）

（c）具有空间滞后协变量X_1的正态线性回归（6-116）

（d）具有作为解释性变量以空间滞后形式显示的响应变量的线性回归

图 6-43　关于连续取值响应变量不同解释性模型的表达

泊松：$\mu(i)=\lambda(i)=\exp(\alpha(i))$

参数$\mu(i)$不是直接的兴趣值，因为这些与观测值或事例n一样多。对于一个广义的线性模型，很有可能是对于一个较少的一组参数β_0，β_1，β_2，⋯，β_k的线性组合，它们等同于$\mu(i)$的一些函数。这个包含预测变量的函数，称作联系函数$g(\mu(i))$，其中：

$$g(\mu(i))=\beta_0+\beta_1X_1(i)+\beta_2X_2(i)+\cdots+\beta_kX_k(i)\qquad(i=1,2,\cdots,n)\tag{6-122}$$

关于这三个离散取值模型的联系函数是：

逻辑：　$g(\theta(i))=\text{logit}[\theta(i)]=\log\left[\dfrac{\theta(i)}{1-\theta(i)}\right]=\alpha(i)$

二项式：　$g(\theta(i))=\text{logit}[\theta(i)]=\log\left[\dfrac{\theta(i)}{1-\theta(i)}\right]=\alpha(i)$

泊松：　$g(\lambda(i))=\log[\lambda(i)]=\alpha(i)$　　（6-123）

对于泊松模型，联系函数是对数函数。对于二项式和逻辑模型，联系函数是分对数函数，且$\alpha(i)$被称作对数几率(log odds)。在所有的情况下，联系函数是根据一组预测变量来定义的，而且是通过设置$\alpha(i)$等于式(6-122)的右端来定义的一组$k+1$个参数。这些变换确保这些参数是要求的正值。注意对于正态模型$g(\mu(i))=\mu(i)$像可以从式(6-114)中看到的一样。

考虑对跨越一组区域$i=1$，⋯，n，疾病事例$O(i)$的观测数变化的建模的情况。像上面标记的那样，$O(i)$ 服从泊松分布 $\lambda(i)$ ，其中 $\lambda(i)=E(i)r(i)$ 。疾病事例的期望值 $E(i)$ 假设是已知的，且 $r(i)$ 是相对风险——兴趣参数。从式(6-122)和式(6-123)中定义泊松模型，其中 $E[.]$ 表示期望：

$$\log(E[O(i)])=\log(\lambda(i))=\log(E(i))+\log(r(i)) \qquad (i=1,\cdots,n)$$
$$=\log(E(i))+\beta_0+\beta_1X_1(i)+\beta_2X_2(i)+\cdots+\beta_kX_k(i) \qquad (6\text{-}124)$$

其中，$\log(E(i))$ 称为偏移变量，它的(固有的)参数被设为1。如果 $\{\log(E(i))\}$ 是固定于中心的，如果 $\sum_i O(i)\neq\sum_i E(i)$ ，或如果协变量不是中心的，那么参数 β_0 是需要的。泊松模型具有均值和方差必须是相同的性质。然而，由于跨越区域的空间异质性和缺失或未观测预测变量的影响对关系的影响，在 $O(i)$ 的变化很可能超过泊松变化。如果发现在解释统计显著性方面，发现它的影响是允许的，那么过度离散的存在应该被调查。过度离散的存在意味着真实类型 I 的误差率大于从广义线性模型理论中计算的以及由便利软件包报告的误差率。一些软件(如STATA)允许在拟合过程中的过度离散。贝叶斯模型允许过度离散，通过随机影响进行明确建模，把其分解为空间结构和无特定空间结构的成分。

随着软件的发展，使用迭代选权的最小二乘法拟合广义线性模型，目前式(6-124)是对覆盖区域的，对疾病计数进行建模的偏爱的方法之一。这个策略是被偏爱的，例如，对 $\log[O(i)/E(i)]$ 的建模，按照正态线性回归建模，并使用加权最小二乘法，其中 $E(i)$ 或 $O(i)$ 被作为权值(Pocock 等，1981；Haining，1991)。对于两种方法比较的例子见Haining(1990)或 Bailey 和 Gatrell(1995)。Clayton 等(1993)提供了一个简单的回顾。Richardson 等(1995)提供了使用泊松回归的例证，其中把一个线性空间趋势加入到式(6-124)中的一组协变量。

对这三种模型中的参数估计解释如下：在式(6-124)中对 $\exp(\beta_j)$ 的估计是为对在相对风险中的变化的估计，变化是相对 X_j 的一个单位增加的。假定剥夺指数被分类正好是高层类型(最充足的)为50%和低层类型为50%，且高层类型是参考类型，如果区域 j 是被剥夺的区域，那么 $X_1(j)=1$，否则为0。现在 $\exp(\beta_1)$ 是相对风险变化的量度，是从一个相对贫乏的总体到一个充足的总体的变化。影响可以被组合。如果 $\exp(\beta_2)$ 是关于城市/郊区类型的相对风险(郊区作为参考区域)，那么，乘积 $\exp(\beta_1)\exp(\beta_2)$ ，是相对风险变化，是贫困和在城市中居住环境二者的相对风险变化。

在逻辑和二项式模型的情况下，$\exp(\beta_j)$ 测量的是对应于协变量 X_j 的几率比率。这测量关于在 X_j 中按单位增加的几率的比率：

$$\exp(\beta_j)=\frac{\dfrac{\theta(i)}{(1-\theta(i))}}{\dfrac{\theta^*(i)}{(1-\theta^*(i))}}$$

当 $X_j=x_j+1$ 时，$\theta(i)$ 是 $Y(i)=1$ 的概率，且当 $X_j=x_j$ 时，$\theta^*(i)$ 的概率是 $Y(i)=1$。如果 $\beta_j=0.2231$，那么 $\exp(\beta_j)=1.25$，且 $Y=0$ 到 $Y=1$ 的几率，对于在 X_j 中每一个单位的增加，增长25%。

正如与正态回归模型(6-117)一样，式(6-103)、式(6-104)和式(6-105)的全“自动”版本需要被考虑，其中在不同位置的隐含在响应变量中的空间交互作用超过或高于由于协变量的影响。这样的空间相互作用可能是过程的结果。

一些"水平"空间关系可以包含在非空间版本（$b(i, j)=0$）内。例如，对于响应变量和预测变量之间的关系建模等价于空间滞后预测变量模型(6-121)，可以包含在标准定义中，通过设置：

$$\alpha(i)=\beta_0+\beta_1 X_1(i)+\beta_{1;N}\sum_{j\in N(i)} w(i, j)X_1(j)+\beta_2 X_2(i)+\cdots+\beta_k X_k(i) \tag{6-125}$$

且与式(6-119)和式(6-121)的版本相似。

（三）层次模型

1. 添加协变量到层次贝叶斯模型

一些模型可以被推广为包含预测变量。这种方法相当于模型结构与预测变量的线性函数结合起来。在式(6-109)的情形中，具有空间无特定结构的随机影响以及在这个模型中具有混合无特定结构和在式(6-112)中的空间结构随机影响，预测变量通过让 μ 在整个区域 $\{\mu(i)\}$ 上的不同变化，定义如下：

$$\mu(i)=\beta_0+\beta_1 X_1(i)+\beta_2 X_2(i)+\cdots+\beta_k X_k(i)\qquad (i=1, \cdots, n)$$

在式(6-112)的情形中，特定区域的随机影响被分解为空间结构（$v(i)$）和无特定空间结构（$e(i)$）两个组成成分。这些成分精确地对在观测计数中的，而不是由协变量解释的另外泊松变化进行建模。在一个完全贝叶斯方法中，参数 β_0，β_1，β_2，…，β_k 也是通过一个概率分布计算的，像参数 σ^2 和 k^2 那样。可以对这些参数的先验值进行不同的选择，Bernardinelli 等(1995)考虑过不同选择的影响。Richardson 等(1995)提供了一个例子。

这种类型的建模可以扩展到以下情况，在子区域中的总体按等级被分成，如年龄-性别组，或吸烟/不吸烟者的层次(Clayton 和 Bernardinelli 1992；Clayton 等，1993)。个体特征，如有关生活方式或饮食习惯有关的特征，在分析环境特性(对区域水平的量度)和健康结果之间的关系中，可能作为混杂因素，因此对获得这样的数据，并在建模中加以利用通常是重要的。该模型可以采取以下形式：

$$\log[r(i, j)]=\mu(i, j)+v(i)+e(i)$$

这里 $r(i, j)$ 是在 i 区域 j 层的相对风险，空间结构和无特定空间结构随机影响再次被考虑在内。均值 $\mu(i, j)$ 包括两种类型的协变量，只在区域层次测量的 k 区域层次的协变量（X）和对每个区域每个层次测量的 m 层级的协变量（W）：

$$\mu(i, j)=\beta_0+\beta_1 X_1(i)+\cdots+\beta_k X_k(i)+\gamma_1 W_1(i, j)+\cdots+\gamma_m W_m(i, j)$$

同一区域的各层都受到同一区域层次的影响，并共享相同的随机影响。进一步地，一些项可以添加到关于区域层次和分层层次之间的交互作用的检验中。例如，在区域剥夺和在健康结果建模的年龄之间的交互作用，因为剥夺影响可能仅对一定年龄群(青年)的健康结果产生影响。这些模型是由马尔可夫链蒙特卡罗方法拟合的，它可以应用 WinBUGS 软件实现。

在另外泊松变化中存在的空间相关性，这种建模策略看起来能更好地对 $\log\left[\frac{O(i)}{E(i)}\right]$ 建模，按照具有空间相关误差和不等精度误差的正态对数线性回归(Cookdeng，1983；Haining，

1991(b))。然而，注意，在这个早期的方法中有一个空间参数，它量化了最近空间邻域的相关性的强度并被估计，在 $\{v(i)\}$ 中没有这样的参数。

2. 空间上下文建模：多级模型

当数据有一个层次结构时，使用多级模型。在空间数据分析中，术语"等级"通常指的是空间上下文的影响，或在一个较低的层次上定义的在结果上的较高空间尺度。这些较低的层次可能是个体的或一些小的空间的集合，例如一个调查区。

一个个体如何理解犯罪问题的响应可以反映个体特征(年龄，性别和婚姻状态)，但是也存在与其居住的空间邻域有关的上下文影响。个体可能会和同一区域的其他个体分享相同的空间邻域影响。可能是像城市层面影响的高级影响。所以，如果样本被扩展到几个城市区域，个体可能会与在相同城市区域的不同空间邻域的其他个体共享一些共同影响，但不会与不同城市区域的个体共享影响。一个房子是否被盗窃，可以反映房子的个体特征和房子所有者生活方式的属性，但也会与房子所在的位置空间邻域的上下文影响有关，也可能与城市的某些特征，如贫困或富裕水平有关。在疾病结果的建模中，数据在个体层面可能是有效的。分析员想要检验一个区域层面的环境因素在控制了个体层面混杂因素之后，如年龄、性别和职业，是否是显著的(Pocock 等，1982)。关于这些类型的问题，一般地，通常被认为是多级模型或层次线性模型。

多级建模也可以用来对在一个空间等级上的生态学的响应变量的建模，根据该空间等级上的属性和由较低级空间单元分组组成的较高空间级属性。汇集上下文影响在早期定义的一些模型中是清楚的(例如式(6-116)和式(6-119))。然而，这里的空间结构有些不同。选区等级的数据可能是有效的，而且在空间汇集较高层次的数据也是有效的，如选区的区域分组数据、城市等级的数据和区域等级的数据。在健康的生活方式运动中，对参与率的建模可能要考虑空间邻域特征的影响(因为人际关系的接触可能影响参与率)、城市等级特征的影响(因为每个城市对促进运动的优先权不同可能导致城市之间的差异)，等等。一个国家的犯罪率的选区等级的变化可能是对分区等级特征、选区等级特征和城市等级或城市/郊区等级特征的一个响应。概念化是空间设置使结果产生差别，当设置被扩展到几个不同的空间尺度时。根据犯罪率或健康结果，具有与剥夺特征相似的两个区域可能明显不同。这些可以反映在它们所在位置的更广泛的空间上下文，例如它们是否和许多其他的剥夺区域在同一地区或者是绝大多相对数富足的其他区域是否在同一区域。

在有不同的空间尺度影响响应变量结果的地方，那么简单地使用普通回归模型(6-114)将是不合适的。这是因为模型(6-114)忽略了在数据中的空间结构。它把数据看做是独立的观测量，而不是一组相关的观测量。(空间)指数携带有对响应变量结果建模的有关信息，因此与响应变量(y_1，…，y_n)相联系的指数(1，…，n)是不可交换的。这是因为根据模型的较高层次，已知存在的分组跨越观测值的原因(Gelman 等，1975)。

下面给出的是高斯多级模型的一个例子：

$$\begin{aligned} Y(i,j) &= \mu(i,j) + e(i,j) \\ \mu(i,j) &= \eta_0 + \eta_1 X(i,j) \end{aligned} \tag{6-126}$$

其中，$Y(i,j)$ 是(一级)区域 i 的响应变量，是(二级)区域分组 j 的一个成员。$X(i,j)$ 是一个一级的生态预测变量。$e(i,j)$ 是一个独立正态误差项。现在，假设 η_0 服从于正态分布，均值为 β_0 和方差为 $\sigma_{0,j}^2$，同时 η_1 服从正态分布，均值为 β_1 和方差为 $\sigma_{1,j}^2$。回归模型中的截距和斜率参数是从先验分布中得到的，这些参数与在较高级的层级 1 的区域的各组之间是不同的。该模型允许在响应变量 Y 和层级 1 的预测变量 X 之间关系中，截距和斜率系数在组间变化。

模型(6-126)可以扩展到在层级 2 中包含预测变量。该模型在寻找预测变量的意义上被扩展，以解释分组之间层次的参数差异。让 $V(j)$ 表示层级 2 的生态学预测变量，那么模型(6-126)变为：

$$Y(i,j)=\mu(i,j)+e(i,j)$$
$$\mu(i,j)=\eta_0+\eta_1 X(i,j)+\delta_1 V(j)+\delta_2 V(j)X(i,j) \tag{6-127}$$

系数 δ_1 估计对应一个在层级 2 的预测变量值的单元变化的变化。系数 δ_2 估计交互作用的影响以及在层级 1 和层级 2 的预测变量对应的同步单元变化。

这种类型的建模需要分析员事先定义分组。在很多应用中，比如教育成就的分析，有一个良好定义的层次结构——学生、年级和学校(Aitkin 和 Longford，1986)。像这样的层次结构可以在一些空间应用中出现，例如，当层次对应于人口普查和管理等级时(Congdon，2001)。但是一些重要的在社会科学领域支撑解释的空间结构，像“空间邻域”和“社会区域”边界是不清楚的，是重叠的而不是在任何分层上是分离的，在层之间不是嵌套的，甚至它们不是相同的环境或背景，例如，参阅 Sampson，Raudenbush 和 Earls(1997)对芝加哥的暴力犯罪的研究。虽然多级建模可以处理空间结构的一些形式，但式(6-126)和式(6-127)定义的模型类型需要进行修改，以处理在空间建模的区域遇到的缺乏良好的定义和内部异质性结构。这可能意味着需要用空间误差模型来代替 $e(i,j)$，以获得这方面的空间结构。卷积高斯模型，结合了无特定空间结构变化和空间结构的本征自回归(见式(6-112)和式(6-113))，是可以处理这种关注类型的一种方法。

Jones 等(1998)分析了英国投票模式的地理变化，使用将较低层次单元嵌套在两个或多个较高层次单元内的多级模型。这使用一个交叉分类结构代替了严格的层次结构(Goldstein，1994；Hill 和 Goldstein，1998)。个体(层级 1)是选举区(层级 2)的成员，选举区被分组到地理区域(层级 3)和功能区域(也在第三级)。然而，空间单元也仍然被很好定义。

第八节　空间变化统计的描述性建模

一、表达空间变化的模型

本节分为连续值变量的统计模型和离散值变量的统计模型两部分。在连续值变量上的观测值对应于来自连续空间或区域的样本，但对第二种情况可能还有待认识的其他建模问题。例如，覆盖整个区域的属性方差有可能不是常量，这对参数估计具有影响。

(一)连续值变量模型

1. 具有独立误差的趋势面模型

关于响应变量 (Y) 的趋势面模型(trend surface model)定义为：

$$y = A\theta + e \tag{6-128}$$

其中，y 是对应于 n 个样本点的 $n \times 1$ 维数据向量，A 是 n 个样本点的位置坐标矩阵，θ 是趋势面参数向量。A 和 θ 的大小取决于趋势的次数。对于二次趋势面，A 的第 i 行是：

$$(1,\ s_1(i),\ s_2(i),\ s_1\ (i)^2,\ s_2\ (i)^2,\ s_1(i)s_2(i))$$

其中，$(s_1(i),\ s_2(i))$ 表示第 i 点的位置坐标。向量 $\theta^{\mathrm{T}} = (\theta_{0,\ 0}\theta_{1,\ 0}\theta_{0,\ 1}\theta_{2,\ 0}\theta_{0,\ 2}\theta_{1,\ 1})$，向量 $A\theta$ 表示信号，而向量 e 表示噪声——独立的正态随机变量的未观测向量，其均值 $E[e]$ 等于0，方差矩阵 $E[e\,e^{\mathrm{T}}]$ 等于 $\sigma^2 I$。注意，信号是 y 的期望值，因为 $E[y] = A\theta$。

模型(6-128)可以使用以多重回归为特例的常见软件通过普通最小二乘方法拟合。但由于多项式回归是一个病态条件的最小二乘，如果数据点是聚类的，问题就会更严重，必须采取防范措施。甚至对于三次表面 $A^{\mathrm{T}}A$ 也可能接近奇异，以至于为获得 θ 的估计，由下面给定的矩阵的求逆：

$$(A^{\mathrm{T}}A)^{-1}(A^{\mathrm{T}}y) \tag{6-129}$$

可能导致不可靠估计。把研究区域缩放到单位正方形可以减轻这个问题。

有一个进一步的问题，即次数的选择问题。来自趋势面(数据中噪声的估计)的残差趋向于空间自相关，尤其当拟合模型的次数太低时。如果分析员选择模型的次数的方法是，首先通过拟合一个较低次的模型，然后逐渐增加模型次数，当没有更高次的项是统计显著时终止，那么这个作用通常用于拟合远远高于一次的表面。当空间自相关出现在这些误差中时，在多重回归中也要注意有类似的作用。变量可以作为统计的显著性保留在模型中，因为自相关残差的作用之一是导致对参数估计的采样方差的低估。在拟合模型(6-128)时，它通常是安全的，但假设是空间自相关的而不是独立误差。这个方法将在下面讨论。

比率的频率分布，例如对一组连续区域的疾病的相对风险比率，有时会被严重偏斜(例如关于假定相对风险为伽马分布(gamma distribution)的理由)。如果是这种情况，而不是通过相对风险的对数变换使这个分布正态化，假若维持独立性假设的话，一个替代的方法是使用广义的线性模型拟合(generalized linear model fitting)。Kafadar(1996)提供了一个例子，使用一个伽马模型描述了美国一些区域的疾病数据的地理趋势的特性。

2. 半方差函数和协方差模型

假定随机变化自身包含一个信号，即在这个变化上有一个关于均值的数学表达。在空间分析的背景中，该信号成分描述在空间的不同位置的值是如何随机关联的，典型的是相近的值比较远的值更相似。此空间结构也可能是像具有独立误差的趋势面模型描述的另一种趋势，但是包含在均值和关于均值变化二者之中的信号的拟合模型问题。那么，它接下来的目的是假定由均值表达的信号成分要么是常量，要么是已知的，或是已经被去除了的。

半方差函数或协方差函数可以用来表达关于均值的空间变化(二次随机变化)。经验问题是拟合一个许可的模型来描述这个变化。使用估计协方差或半方差函数以非参数地表达空间变化可能是个问题，因为必要的条件(例如协方差情况下的正定性)不一定能满足。

Webster 和 Oliver(2001)指出，“选择模型并使它们与数据匹配仍是地理统计学中最有争议的一个话题”。对样本值有两种拟合模型的方式。第一，使用目视绘图的视觉方式或图形方式拟合模型；第二，通过统计方法拟合。后一种分为半方差函数拟合或协方差图拟合，这些方法，如最大似然法和约束最大似然法对样本数据进行拟合，并假定数据是正态分布(Cressie，1991)。我们将只描述直接用半方差函数进行拟合模型的方法。

Webster 和 Oliver 描述了为什么对半方差函数绘图拟合模型是困难的原因，但当一个过程满足二次平稳时，他们的结论等效使用协方差绘图的模型拟合。第一，由于样本大小的差别，每个估计(在不同距离)的精度是变化的。第二，所有方向的变化可能不同(各向异性的)。第三，经验绘图可能表现出邻近估计间的波动，并且估计是相关的。第四，大多数模型在一个参数或多个参数上是非线性的。前三个原因通过眼睛影响拟合，而第三和第四个原因影响对拟合的统计方法。他们建议将目视拟合和统计拟合结合。首先绘制经验半方差函数图。其次，使用可视的方法选择模型，使其能捕捉对应用是重要的，在图中的主要要素。再次，通过加权最小二乘拟合每个模型。最后，针对经验半方差函数图，绘制拟合的模型。如果多于一个似乎是拟合很好的，就选择具有最小平方残差均值(MSR)的模型。平方总和指标对应用来讲，比图上认为是最重要的部分显得重要些。例如，在克里格方法中，通过短距离拟合，而不是对整个半方差函数拟合是有好处的，这将是最重要的。

因为半方差函数图的估计不是等精度的，并且邻近的半方差函数的估计是相关的，对所有的经验半方差函数图的值赋予等权的普通最小二乘是不合适拟合这个阶段的(上面步骤三)。广义最小二乘方法可以用于处理提到的两个困难，但是具有对角和对角外的项使实现变得困难(Cressie，1985)。由于这个原因，通常使用加权最小二乘方法。可以选择权重来反映协方差矩阵的对角元素，尽管这可能使模型比较产生困难，因为对于不同的模型权重会不同。一个简单的并通常使用的权重是设置权重为与用在计算半方差函数估计中的数对的数量成比例。因为多数数对用于在中度距离计算半方差函数的估计(很少在较短和较长的距离)，所以这种形式的权重可能不是满意的，像克里格方法，当分析员主要是关心在较短距离时。Webster 和 Oliver(2001)列出了针对使用加权最小二乘方法进行拟合的程序。

使用 Akaike 的信息标准(AIC)可以使操作简化并纳入决策处理：

$$n\ln(\mathrm{MSR}) + 2p \tag{6-130}$$

其中，n 是经验半方差函数图上的点数，p 是模型中的参数个数。信息标准使得模型的选择在(6-130)具有最小值，以及 p 为具有多个参数的模型引入一个补偿项。进一步讨论见 Webster 和 Oliver(2001)。

隔离非典型值或非典型值斑块可能影响半方差函数的估计。Cressie(1984，1991)描述了能够用于识别非典型值的平方根差的方法，并为半方差函数提供了约束估计的方法。口袋图可以用来探测非典型值的斑块。基于将半方差函数的估计考虑为位置(均值)稳健性估计的一个问题(见 Cressie，1991)，Cressie 和 Hawkins(1980)提出了对半方差函数估计的稳健方法(当存在小数量正态分布的数据的独立杂质)。

在地理统计中，由于多数采用半方差函数建模是为了使用克里格方法的目的，克里格方法拟合模型的优良性方面，估计好于其预测，这是相互验证的。对每个可能的模型，使用模型和其他数据值时，每个数据值自身被克里格化。克里格方差也被计算。已知的样本值和它们的克里格值，然后进行比较。Webster 和 Oliver(2001)讨论了不同的统计诊断(均差误差；均方误差；均方偏差误差，也就是平方偏差的平均值除以对应的克里格方差)和图形诊断(相对真值的估计值的显示)，并给了一个例子。均值误差和均方误差都应该是小的，如果是个好模型，均方偏差误差应该接近 1。

读者可以参考的专家专论有诸如 Webster 和 Oliver(2001)的半方差函数建模的例子。Webster 等(1994)通过使用克里格表面，对获取的相对疾病风险图拟合了半方差函数模型。在这个图上，任何部分的相关风险是观测的比率的权重函数，因此是基于协同克里格(co-kriging)方法的。被观测比率的局部值被用于提供相对风险估计，这个方法允许用于比率图的空间聚类和空间自相关。他们的方法与使用局部空间平滑的贝叶斯方法相似(式(6-112)和式(6-113))。

图 6-44 表示通过视觉检查对纽约的锡拉丘兹地区人口普查的 1980 年和 1990 年平均家庭收入数据拟合半方差函数图的例子(Griffith 等，1994)。调查地区被分类为高、低人口密度区以反映低收入家庭趋向于居住在较高密度区的情况。由于模型需要用于插值，则重点强调的是在短距离获得好的拟合。图 6-44 表示了关于 4 个数据集的拟合模型，其中有为高人口密度区选择的球状模型和为低人口密度区选择的高斯模型。

这个建模的最终目标通常是作为实现克里格的必要的输入，无论是用于空间插值或者是平滑。模型的选择将影响克里格方法预测以及 $\boldsymbol{\Sigma}$ 是未知时模型的真实性，但又不得不从样本数据中进行估计，这意味着视觉计算常会低估预测误差。至于模型是否对这个图的所有部分提供了良好的表达，还存在进一步的不定性。

如果使用泛克里格(universal kriging)方法，那么这同样存在与表面的次数和参数的估计有联系的不确定性。在什么地方插值或平滑是局部的，普通克里格(ordinary kriging)方法通常作为通用克里格方法的参照。这是因为在小窗口内，即需要插值的地方，假定表面均值是常数通常是合理的。

3. 有空间相关误差的趋势面模型

我们考虑由以下定义的模型：

$$\boldsymbol{y} = \boldsymbol{A\theta} + \boldsymbol{u} \tag{6-131}$$

其中的项和式(6-130)相同，除了现在的误差项 $\boldsymbol{u}$ 是非独立的 $N(0,\ \boldsymbol{\sigma}^2\boldsymbol{I})$，并被 $\mathrm{MVN}(\boldsymbol{0},\ \boldsymbol{\Sigma})$ 替代外，其中 $\boldsymbol{\Sigma}$ 表示误差的方差-协方差矩阵。作为误差中有选择的空间结构可以使用半方差函数建模。这个目的适合式(6-131)，其包括选择一个合适的趋势面次数并估计其参数，也包括选择一个误差模型，并估计与模型部分相关的参数。在拟合一个具有一种误差模型形式的低次趋势面和具有不同形式误差模型的高次趋势面之间也是可以选择的。换言之，关于通过趋势以及信号的随机元素考虑总体变化量方面，分析员通常是可选择的。两种类型的模型都能给出相似的拟合，而最终决定可能需要基于在科学的背景中什么似乎是最合适的。

如果数据值是来自区域，则它们的位置通常通过在每个表面选择一个代表性的点来给定(例如质心)。误差模型则通过空间自回归模型来定义，而不是通过协方差或半方差函数来定义。如果数据值对应的变量在整个区域具有不等的方差，那么估计过程必须把这纳入考虑。这通常可能发生在当区域值是人口平均值或密度值以及区域之间的人口不同或面

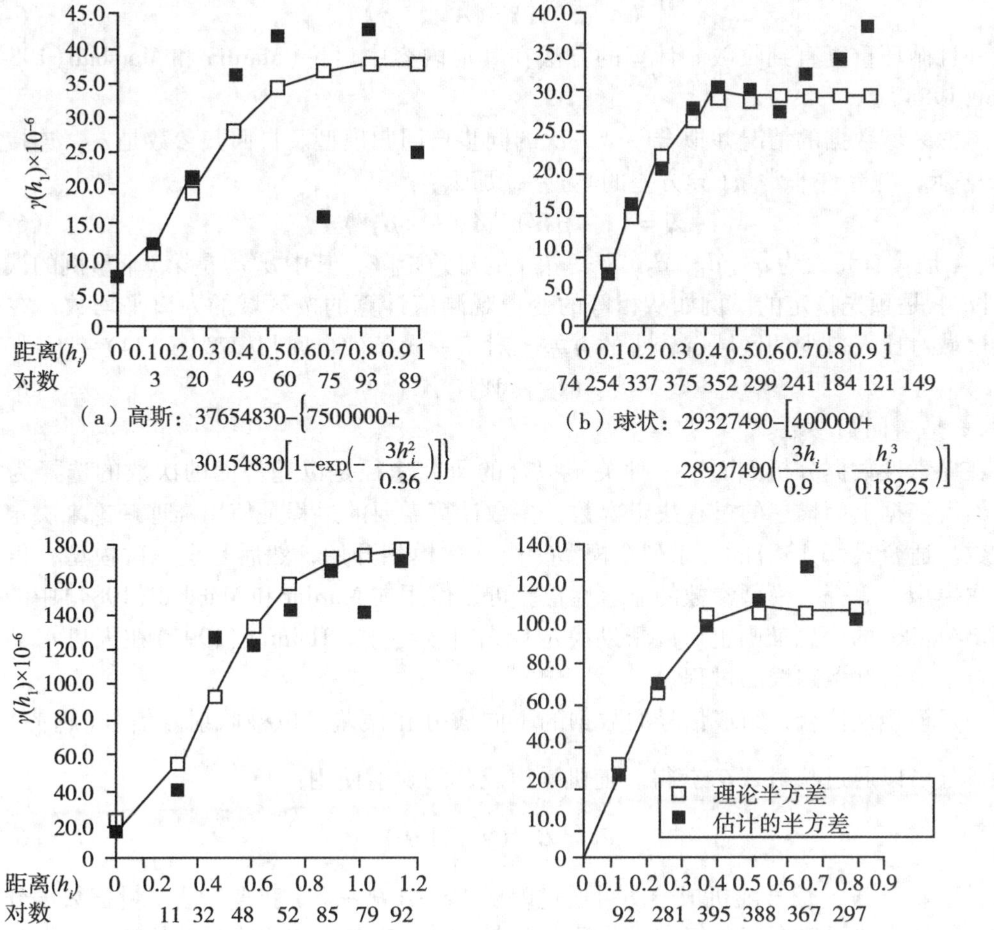

（a）高斯：$37654830-\left\{7500000+30154830\left[1-\exp\left(-\frac{3h_i^2}{0.36}\right)\right]\right\}$

（b）球状：$29327490-\left[400000+28927490\left(\frac{3h_i}{0.9}-\frac{h_i^3}{0.18225}\right)\right]$

（c）高斯：$179959376-\left\{20000000+159959376\left[1-\exp\left(-\frac{3h_i^2}{0.64}\right)\right]\right\}$

（c）球状：$112140408-112140408\left(\frac{3h_i}{0.9}-\frac{h_i^3}{0.18225}\right)$

图 6-44　根据普查分区拟合平均家庭收入的四个半方差函数
高斯模型用于拟合低人口密度分区(a)1980 和(c)1990；
球状模型用于拟合高人口密度分区(b)1980 和(d)1990

积不同的时候。

推荐使用迭代最大似然拟合方法。趋势参数通过降低那些与大误差方差数据值有关的权重以及具有空间正自相关的数据值的聚类的权重进行估计。在正态变量情况下，被最大化的对数似然函数是：

$$-\left(\frac{1}{2}\right)\left[\ln|\boldsymbol{\Sigma}|+(\boldsymbol{y}-\boldsymbol{A\theta})^{\mathrm{T}}\boldsymbol{\Sigma}(\boldsymbol{y}-\boldsymbol{A\theta})\right] \tag{6-132}$$

并且在第一次迭代时，$\boldsymbol{\theta}$ 的初始估计值使用式(6-129)获得。这些值被代入到式(6-132)，因此 $\boldsymbol{\Sigma}$ 的初值可以通过最大化的式(6-132)得到。在此阶段，趋势面的残差可以用于定义误差模型。在第二次迭代时，$\boldsymbol{\theta}$ 按下式进行重新估计：

$$(\boldsymbol{A}^{\mathrm{T}}\hat{\boldsymbol{\Sigma}}^{-1}\boldsymbol{A})^{-1}(\boldsymbol{A}^{\mathrm{T}}\hat{\boldsymbol{\Sigma}}^{-1}\boldsymbol{y}) \tag{6-133}$$

并且循环重复直到收敛。计算的方法在其他内容中讨论(Mardia 和 Marshall(1984)和 Ripley(1988))。

考虑区域数据的情况并拟合一个一次的同步自回归模型。自回归参数是ρ，连接矩阵由 W 表示，并允许非常量(异方差的)方差，那么：

$$\boldsymbol{\Sigma} = (\boldsymbol{I} - \rho \boldsymbol{W})^{-1}\boldsymbol{\Lambda}(\boldsymbol{I} - \rho \boldsymbol{W})^{-1} \tag{6-134}$$

其中，$\boldsymbol{\Lambda}$ 是具有元素为$\sigma^2[d_1, d_2, \cdots, d_n]$ 的对角矩阵，其中 $\sigma^2 d_i$ 是第 i 个事例的误差方差，$\{d_i\}$ 是预先指定的。例如从相等的变量观测值计算的按区域的人口平均数，在人口多的区域对比人口少的区域有较小的方差。对于一次条件自回归模型(6-134)变为：

$$(\boldsymbol{I} - \tau \boldsymbol{W})^{-1}\boldsymbol{\Lambda} \tag{6-135}$$

其中，τ 是自回归参数。

在探索性数据分析方面，一种关于拟合的研究途径是以趋势面的次数的选择为基础的，然后依据上面描述的过程决定次数。多数计算需要的过程是使用推理理论来决定趋势面次数。适合式(6-131)的一系列全模型，由 0 次模型开始，然后是全一次模型，再后是全二次模型，等等。模型参数的显著性检验可以使用在 Mardia 和 Marshall(1984)中的成果进行。Akaike 的信息准则也可以帮助决定什么时候终止。Haining(1991)在人口水平建模中采取了沿着这条路线的过程。

一旦模型被拟合，组成信号的数据的不同成分和误差可以被映射。信号(趋势)的确定性成分可以通过映射 $\boldsymbol{A}\tilde{\boldsymbol{\theta}}$ 获得。随机噪声成分的映射使用：

$$\tilde{\boldsymbol{e}} = \tilde{\boldsymbol{L}}^{-1}(\boldsymbol{y} - \boldsymbol{A}\tilde{\boldsymbol{\theta}}) \tag{6-136}$$

其中，$\tilde{\boldsymbol{L}}\tilde{\boldsymbol{L}}^{\mathrm{T}} = \Sigma$。信号随机成分图可通过映射 $(\boldsymbol{y} - \boldsymbol{A}\tilde{\boldsymbol{\theta}} - \tilde{\boldsymbol{e}})$ 获得。这个量把数据分解为三个不同的变化尺度。这些组成成分是具有大的或宏观尺度变化成分的趋势，具有与独立空间单元有关的局部或宏观的变化的噪音和具有中等的或微观变化的随机信号。

图 6-45 表示了值被分解为趋势、随机信号(空间结构的随机变化)以及随机噪声(空间的非结构随机变化)的反射率图。趋势是一次的，随机信号是一阶的同步自回归。

(二)离散值变量模型

在前面定义了自逻辑、自二项式和自泊松模型(auto-logistic，auto-binomial，auto-Poisson models)。这些模型的多数相似的非空间形式，可通过分别设置在式(6-103)，式(6-104)以及式(6-105)中的$\{b(i, j)\}$ 为 0 获得，并作为广义线性模型的例子，并且参数可通过使用迭代的加权最小二乘方法的最大似然估计得到。对于根据趋势面模型适当次数定义的描述性模型的目的，这些模型的“内在位置”可通过 $\alpha(i)$ 表达。

全空间模型不能通过广义线性建模发展的标准方法得到正确拟合，因为这些是假定在响应变量 (Y) 上的观测值是独立的。先前已经建议了两个估计方法——伪似然法和编码方法。伪似然估计扩大了对应于使用全部数据的未知参数的条件概率的对数总和，好像此函数是真似然法一样。编码方法使用观测值是条件独立的子集。Gumpertz 等(1997)在关于估计自逻辑模型的马尔可夫链的蒙特卡罗方法中谈到了最近的进展。

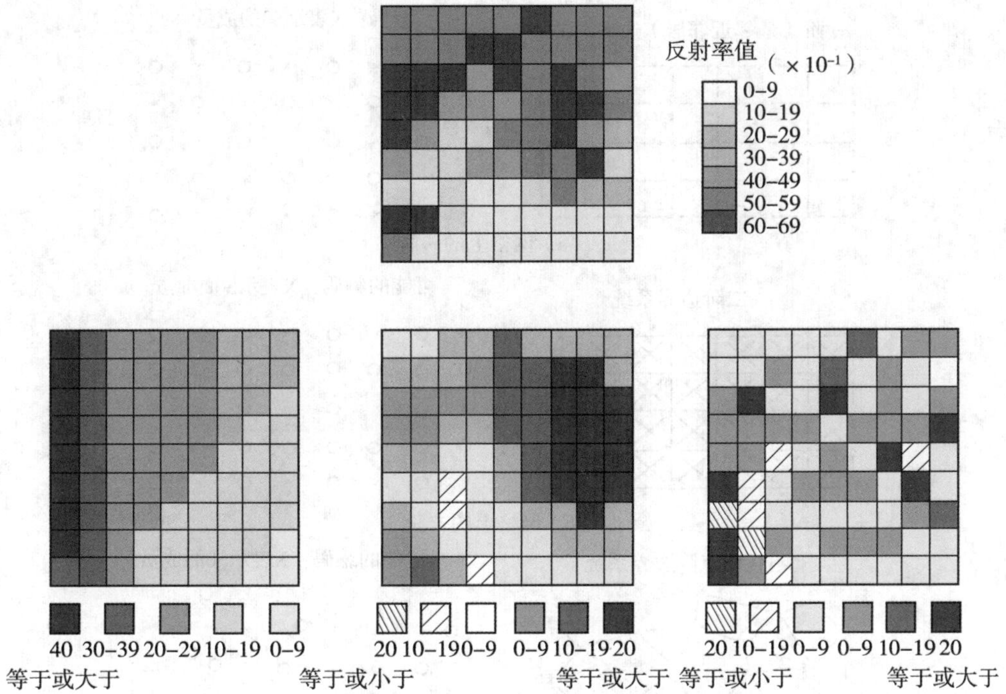

图 6-45 加性反射系数值分解为趋势和随机信号以及随机噪声图

以自逻辑模型为例进行说明，假定我们要拟合的模型是 $\alpha(i)=\theta_{0,0}+\theta_{1,0}s_1(i)+\theta_{0,1}s_2(i)$，且 $\sum\limits_{j\in n(i)}b(i,j)y(j)=\beta\sum\limits_{j\in N(i)}w(i,j)y(j)$。任何事例 i 的空间邻域 $N(i)$ 是一组相邻(一阶的)的地点，当 j 是 i 的空间邻域时，$w(i,j)$ 是 1；否则是 0。图 6-46 表示了这些地点和每个地点关于两个结构的空间邻域，一个规则的，另一个是不规则的，并用一阶编码。对于未知参数（$\theta_{0,0}$，$\theta_{1,0}$，$\theta_{0,1}$，β）的伪最大似然估计，条件对数似然为：

$$\sum_i \ln\left[\exp\frac{y(i)\left(\alpha(i)+\beta\sum\limits_{j\in N(i)}w(i,j)y(j)\right)}{1+\exp\left[\left(\alpha(i)+\beta\sum\limits_{j\in N(i)}w(i,j)y(j)\right)\right]}\right] \tag{6-137}$$

编码估计也是表达式像式(6-137)的最大似然，除了求和只包括以特定编码 $h(\sum\limits_{c(h)})$ 的那些地点。对于规则模式的地点，使用非连接的数据子集的两种编码将是可能的，这样两组估计不得不被折中，例如采取平均数。对地点模式不规则的情况，取决于空间邻域结构，几种编码或是可行的，但每种估计可能有相当大的信息损失。

伪似然估计具有对具有高精度水平参数提供较好的点估计的倾向，但编码估计将允许对参数进行推理。

模型拟合度可从正确和非正确预测 0 和 1 的交叉分类矩阵判定，以及通过比较矩阵中已观测的计数和零假设之下的期望值来判定。最小化的 Akaike 信息准则可用来决定具有竞争

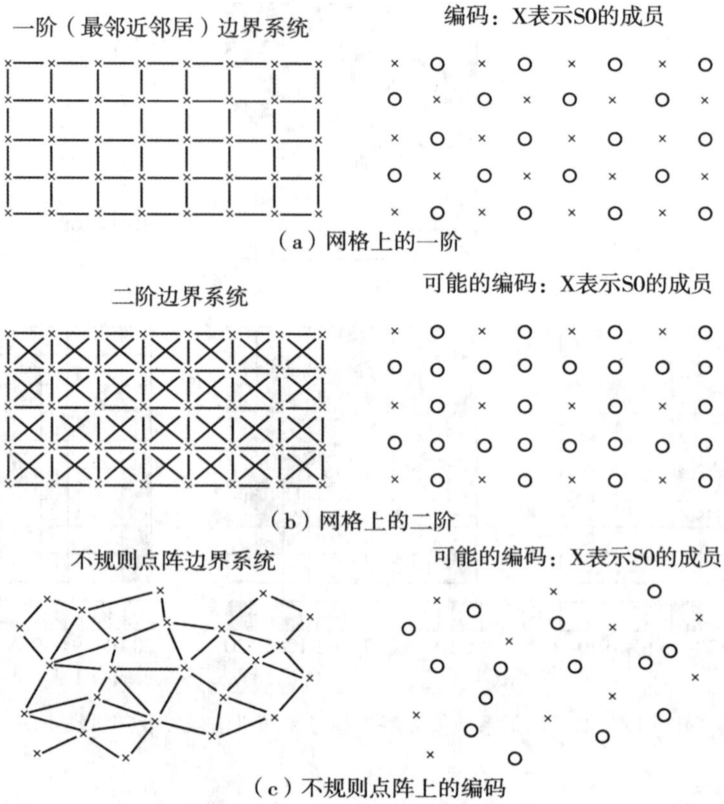

图 6-46　编码方案

性模型的使用，而且 Gumpertzet 等(1997)也推荐实施交叉确认以检查模型的预测能力。

参数估计和用于这两个估计方法之一的交叉分类表可从标准的软件获得，这里举例说明。对事例 i (如果包括它的话)数据输入为：$\{y(i),\ s_1(i),\ s_2(i,\ \sum_{j\in N(i)} w(i,\ j)y(j))\}$ 。但是，要注意对伪似然法估计情况，输出的标准误差是无效的，似然比率统计对于大样本也不是卡方分布的(Gumpertz 等，1997)。Gumpertz 等为他们的伪似然估计计算了参数的自举标准误差。

Haining(1990)提供了一个通过使用伪似然估计对瑞士农场分布的具有趋势的自逻辑模型的例子，这些农场到 1935 年不再采取结核病控制计划(见图 6-44(a))。表 6-11 表示了使用逐次的从 0 次到 2 次趋势面模型，拟合普通逻辑回归模型(ordinary logistic regression model)的结果。包括交互项 β 的对应的自逻辑回归模型(对数)适合趋势次数 0 和 1 的情况。如果农场 i 是一个采用者，这个地点的值为 1($y(i)=1$)，否则值为 0。在拟合自逻辑模型时，任何两个农场(i 和 j)的权重 $w(i,\ j)$ 被定义为 $\exp(-1.2d(i,\ j))$ ，其中 $d(i,\ j)$ 是两个农场之间的距离。

图 6-47 中有明显的证据和关于最邻近空间邻域的模型的适配度构成具有在图上沿着

由北到西，随采取者数量总体增加的一些证据的采取模式。参数是显著的，但根据Akaike的准则，通过Autolog(0)来拟合Autolog(1)是无益的。图6-47(b)中，我们选择显示由Autolog(1)模型正确地和不正确地分类的农场的地图。根据此模型，如果一个农场是采取者的概率大于0.5，那么它就归类为一个采取者，否则就是非采取者。白色和黑色圆圈表示被模型正确分类的农场，同时灰色表示由此模型误分类的不同农场。表6-11说明错误分类矩阵。零假设条件下随机分类的期望值表示在括号中。71%的农场是被此模型正确分类的。62.7%采用农场被Autolog(1)模型正确分类。

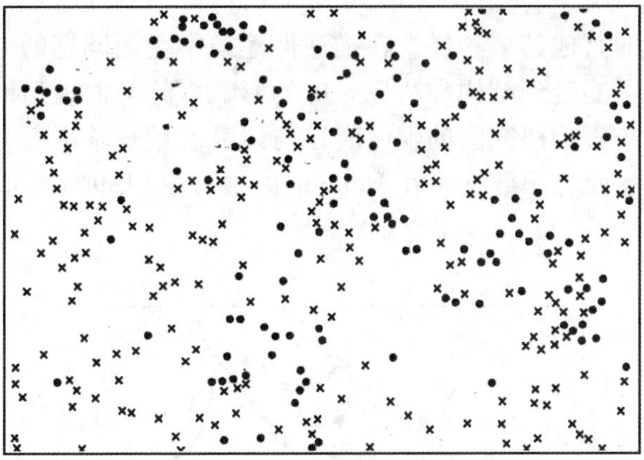

• 采取者 × 没有采取者

(a) 瑞士某地区结核病采取控制者和未采取控制者图

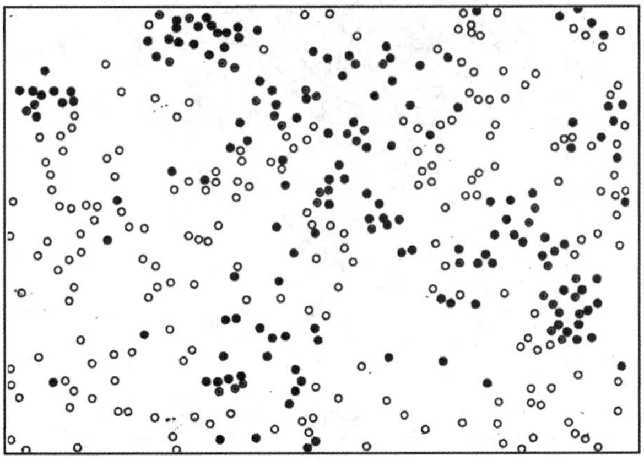

• 由模型正确分类的采取者 • 作为没有采取者由模型分类的采取者
○ 由模型正确分类的没有采取者 ⊙ 作为采取者由模型分类的没有采取者

(b) 显示根据具有线性趋势的自逻辑模型的农场分类图

图6-47

表 6-11 **具有线性趋势的自逻辑模型错误分类矩阵**

		非采取	采取
		0	1
模型预测	0	208(180.49)	73(100.51)
	1	38(65.51)	64(36.49)

二、空间变化建模中的一些一般问题

像空间数据分析的其他领域一样，在描述性建模中会因问题的空间特性产生一些描述性问题。趋势面建模可能受到结构和边界效应的影响。趋势面模型的拟合，特别是高次表面，如果数据点的分布影响研究区的朝向时，与研究区域长轴平行方向可能产生畸变。二次趋势面模型适合癌症死亡率数据，在 Haining 的报告中(1990)显示了这种结构影响的证据(见图 6-48)。

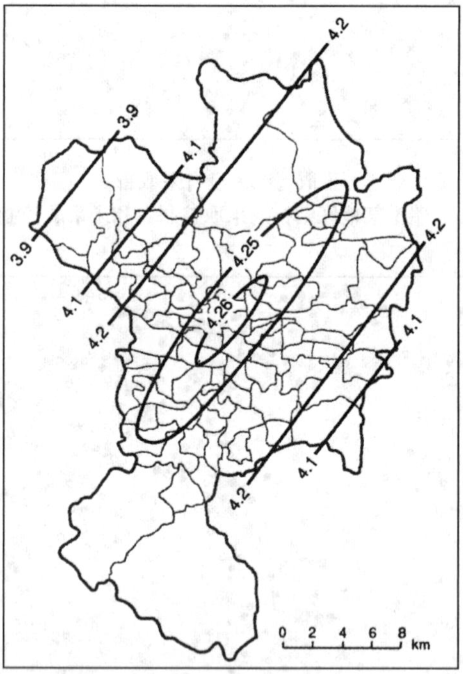

图 6-48 对癌症死亡率数据在拟合二次趋势面中可能的结构影响，格拉斯哥

在拟合半方差函数和协方差函数时，边界影响是有问题的，因为在研究区域的数据点，而且是靠近边界的数据点可能失去它们的最近空间邻域。一般采取的处理是通过扩展超越兴趣区域的空间覆盖产生一个缓冲区，假如缓冲区的处理和研究区的处理一样，这是

合适的。假如是一个城市区域的空气污染研究，缓冲区定义为邻近的郊区，采取这种方法可能就是不合适的。

空间采样可能导致区域的不均匀覆盖，造成一些区域被密集采样，而其他区域只有稀少的覆盖。趋势用于拟合面向区域加权的描述性模型，这些区域大多数是密集采样的。如果采用广义最小二乘拟合，这个影响将会减少，其处于聚类中的样本点的贡献是空间自相关的值是降低在估计中的权重。在地图中另外未采样部分的少量孤立点，将趋于在地图的这部分对模型具有很强的影响。这就是空间并行对于正态线性回归中的杠杆效应。这同样意味着在稀疏采样区域的数据值的误差比在一个良性采样区中采样点的相当大小误差有更严重的影响。这提示有必要特别注意检查独立数据值的误差。Unwin 和 Wrigley(1987a, b)调查了聚类数据点问题的严重性。

不均匀空间采样对于克里格方法的某些方面具有影响。如果在地图中相对其他区域，某个区域存在持续的过采样，出现在预测误差中对属性变化(Var($Y(0)$))的估计可能是全局方差的不良估计。

三、层次贝叶斯模型

贝叶斯推理是从一个模型中做出关于参数的推理，该模型提供关于参数（φ）和观测值（y）的被表示为 $p(\varphi, y)$ 的联合分布。在此讨论中，φ 将是相对风险向量并且 y 是观测的案例数量向量。此联合分布是给定参数 $p(y|\varphi)$ 观测值的采样分布以及参数 $p(\varphi)$ 的先验分布的乘积。给定观测值（$p(\varphi | y)$）参数的后验分布通过以使用贝叶斯规则的已知数据为条件获得：

$$p(\varphi | y) = \frac{p(\varphi, y)}{p(y)} = \frac{p(y|\varphi)p(\varphi)}{p(y)} \tag{6-138a}$$

由于 $p(y)$ 不取决于 φ 并且 y 的值是已知的，$p(y)$ 可以被当做常量，因此：

$$p(\varphi | y) \propto p(y | \varphi)p(\varphi) \tag{6-138b}$$

贝叶斯推理的目的是为 $p(\varphi, y)$ 开发一个模型，然后总结 $p(\varphi | y)$ 的特性。

数据表示为一个样本和兴趣量是一个不可直接测量的参数(例如成为特定犯罪受害者的风险或按区域的教育成绩)的映射问题可使用这种方法论处理。

Craglia、Haining 和 Wiles(2000)给出了一个按小区域估计入室盗窃风险的例子。对于使用来自大范围人口普查数据的小地理区域，贝叶斯方法被用来取得更稳健的估计。一个国家的或区域调查可能已实施，但没有地理分层，以至于关于地理子区域的任何计算的估计具有不可接受的大采样错误。基于小观测值数量的局部区域估计是局部兴趣量的无偏估计，但具有较低的精度。基于大量观测值的一个国家的或区域估计，具有较高精度但空间异质性是可预料时，任何局部区域兴趣数量的估计是有偏的。通过从国家的或区域层面测量的“借用强度”，贝叶斯方法可用来估计小区域的兴趣量。

此方法论与地图插值和缺失数据估计之间具有共同点。在一个特定区域如果没有数据对估计相对风险是有效的，但数据对同一地区的其他区域是有效的，我们将乐于使用来自其他区域的信息来估计缺失率。这相当于使用先验信息来估计缺失值。贝叶斯建模集成了这两种信息，如关于特定区域的有效信息和来自其他区域的有效先验信息。

我们现在考虑在更多细节方面的相对风险估计的情形和一个用于相对风险估计的特定模型。在区域 i 的非传染性疾病的观测的死亡率计数假定是独立地具有参数 $E(i)r(i)$ 的泊松分布，其中 $E(i)$ 是基于所有年龄和特定性别比率的期望的事例数量，$r(i)$ 是未知的特定区域的该疾病死亡率的相对风险。$\{r(i)\}$ 就是兴趣的参数。根据式(6-138)，此分布是 $p(y \mid \varphi)$ 。$r(i)$ 假定是随机变量，具有形状参数 ν 和尺度参数 α 的独立伽马分布。此分布在(6-138)中是 $p(\varphi)$ 。因此在任何特定区域 i，$r(i)$ 假定为来自具有均值为(ν/α)和方差(ν/α^2)的伽马分布的一个样本。

在这些假定下，$r(i)$ 的后验分布，以 $O(i)$ 为条件，在(6-138)中表示为 $p(\varphi \mid y)$，也是伽马分布，但是具有尺度参数 $(E(i)+\alpha)$ 和形状参数 $O(i)+\nu$ 。由此得出 $r(i)$ 的后验均值是：

$$\left[O(i)+\frac{\nu}{[E(i)+\alpha]}\right]=\left\{\left(\frac{O(i)}{E(i)}\right)\left[\frac{E(i)}{(E(i)+\alpha)}\right]+\left(\frac{\nu}{\alpha}\right)\left[1.0-\left(\frac{E(i)}{(E(i)+\alpha)}\right)\right]\right\} \tag{6-139a}$$

$$\equiv\left\{\frac{O(i)}{E(i)w(i)}\right\}+\left\{\left(\frac{\nu}{\alpha}\right)(1.0-w(i))\right\} \tag{6-139b}$$

这经常称为当未知参数的估计由 ν 和 α 替代时的相对风险的经验贝叶斯估计。关于 $r(i)$ 的估值是区域 i 和(先验)伽马分布$\left(\frac{\nu}{\alpha}\right)$的均值的 SMR 的加权函数。它是这两个量的一个折中。在讨论式(6-139b)中 $w(i)$ 之前，注意的式(6-139a)中的情况。对给定的 $E(i)$，α 越小，任何贝叶斯调整的比率将更接近它的 SMR$\left(\frac{O(i)}{E(i)}\right)$，正如可直接从(6-139a)中看到的，由于 $\left[\frac{E(i)}{E(i)+\alpha}\right]\rightarrow 1$。这是合理的。对固定的 ν，α 的值越小，跨越这个地区的 $\{r(i)\}$ 的方差就越大，这样从其他区域借用信息的益处要少于当 α 大的时候。由于 $E(i)$ 是处于危险中的人口大小的函数，有大量人口的区域将有被调整的比率，此比率仍然接近它们的再次直接服从式(6-139a)的 SMR。正是这些有小数量人口的地区将有可调整的比率，该比率大多数向整体均值 $\frac{\nu}{\alpha}$ 转移。大的 $E(i)$ 暗示标准的死亡率比率比当 $E(i)$ 小的时候有更高的精度，因此这种不同的调节模式是直觉敏感的。

式(6-139b)的估计形式可以和地图插值算子和平滑方法相比较。在克里格方法中，选择模型和参数估计是为了最小化交叉验证测度。Kafadar 描述的空间平滑方法目的在于产生比从把每个区域看成独立的(非空间)统计方法构造的具有更好方差特性的图。“贝叶斯平滑”中，定义的似然方法是为了平滑参数。参数 $w(i)$ 在经验贝叶斯估计中(6-139b)是平滑参数。它可以用比率 $\frac{\nu}{\alpha^2}$ 表示为地理可变性先验估计的函数，因为：

$$w(i) = \left[\frac{E(i)}{(E(i)+\alpha)}\right] = \frac{\left[\frac{\nu}{\alpha^2}\right]}{\left\{\left[\frac{\nu}{\alpha^2}\right] + \left[\frac{\nu}{\alpha E(i)}\right]\right\}} \tag{6-140}$$

再次注意，当 $E(i)$ 大的时候，也就是说在区域 i 处于风险中人口数量大的时候，式(6-140)中右端的最后一项将趋于接近 0 并且右端接近 1。

$\{O(i)\}$ 的边缘分布是独立的负二项式随机变量，具有参数 $E(i)\nu$ 和 α 。它服从均值和负二项式随机变量方差的特性，即：

$$E[O(i)] = \frac{E(i)\nu}{\alpha} \quad 和 \quad \mathrm{Var}[O(i)] = \left[1 + \frac{1}{\alpha}\right]E[O(i)] \tag{6-141}$$

在有强度参数 λ 的泊松模型中，均值($E[\cdot]$)和方差($\mathrm{Var}[\cdot]$)是相同的(等于 λ)。因此在此模型中，观测到的点数表现得比简单泊松模型预期的更离散，并且 $\frac{1}{\alpha}$ 记录这种过度离散或超出的泊松变化。基于根据生活方式，基因和环境暴露的形式是非均匀的人口假设，Manton 等提出另外一个关于这个模型的衍生方法。

对于经验贝叶斯方法，使用广义线性建模方法，通过最大似然方法，从 $\{O(i)\}$ 中估计两个参数 ν 和 α ，并且把它们的估计值代入到式(6-139)。然而这种情况是一种例外而不是正常的。对于许多模型，后验均值不能被写成闭合形式并容易被计算。在这些情况下，不是估计后验均值，后验模型是可以获得的，这等效于使用最大惩罚似然方法。在式(6-138a)中假定独立，那么：

$$\prod_i p(\varphi \mid y_i) \propto \prod_i p(y_i \mid \kappa)p(\varphi) \tag{6-142}$$

对应于未知参数(φ)通过最大化进行估计：

$$\left[\sum_i \log L(y_i \mid \varphi) + \log p(\varphi)\right] \tag{6-143}$$

其中，在式(6-142)中，$p(y_i \mid \varphi)$ 现在认为是关于固定的 $\{y_i\}$ 的 φ 的一个函数，并称为似然函数，$L(y_i \mid \varphi)$ 。在式(6-143)中第二个项是惩罚函数，起着阻碍与先验模型冲突的解决方案的作用。

对相关风险使用伽马先验值不允许把空间相关性引入到相对风险中。此外，当目标是尝试解释相关风险中的变化时，在最后阶段，对将协变量引入到这个模型中是更加困难的。因为这些原因，对于相对风险的对数正态先验值或许是更合适。对数正态先验值的另一个特征是它收缩极端值向着极度小于伽马先验值的整体均值方法。这个先验，类似伽马，对产生一个经验贝叶斯估计具有影响，它结合了相对风险的局部和全局估计。

对于对数正态先验被采用的情况包括相对风险的空间结构变化，参见本征高斯自回归(intrinsic Gaussian regression)和卷积高斯自回归(convolution Gaussian regression)模型。本征自回归模型基于面向空间邻域的小总体数量，而不是全局比率，对特定区域的相对风险进行平滑。卷积模型的平滑处理取决于空间结构的相对重要性以及非结构化的组成成分。Mollie(1996)提供了在法国的胆囊和胆管癌症死亡率的研究例证。

其他局部空间“借用强度”的形式被认为是取决于特定的分析目的。Lawson 和 Clark

(2002)使用了这个形式的两个组成部分的空间混合模型：

$$\log(r(i)) = e(i) + p_i v(i) + (1 - p_i)t(i) \tag{6-144}$$

$e(i)$ 项是独立正态的，$v(i)$ 是本征自回归，用于描述平滑空间变化。在右边的前两项（忽略 p_i 项）对应于卷积先验。附加项 $t(i)$ 是度量空间邻域之间总体绝对差的一个先验，即这个形式的分布是：

$$\zeta^{-1}\exp[\zeta^{-1}\sum_{N(i,\ j)} |\ t(i) - t(j)\ |] \tag{6-145}$$

其中，$N(i,\ j)$ 表示 i 和 j 是空间邻域，ζ 是参数。$\{t(i)\}$ 成分测量在相对风险中离散的跳跃性。这两个空间成分的相对重要性取决于位于区间[0, 1]之间的 p_i。Lawson 和 Clark (2002)建议使用这个模型来探测热点问题，而不是作为上面描述的诸如式(6-139)或各类泊松对数正态模型的估计方法。来自这些以前的模型后验均值估计方法对于提供整体地图变化的估计似乎是合适的，但它们趋于过度平滑，如果分析的主要兴趣是检查极端值(热点或冷点)因此不可能是适当的。Wright 等(2002)提出了另外一种基于在后验期望上定义损失函数对热点探测的方法，并将最大权重与最高等级(最高比率)联系在一起。

Denison 和 Holmes(2001)使用贝叶斯分区模型来获取离散的比率图(Ferreira 等，2002)。他们主要关心热点探测或在一个被公认的疾病源附近探测产生的发生率。他们的方法导致了把地理空间分割为区域或分块(狄利克雷单元或维罗尼多边形)。贝叶斯推理的目的是估计在给定点数上以及这些点数的位置的狄利克雷单元中心的后验分布。(每个子区域反过来又通过中心来表示，如加权的人口中心)。从这些中心可以构造狄利克雷单元。不同的模型可以用于表达在每个区域的变化，因此在任意点的最终风险图借用了来自同一地区或分块的其他区域的强度。然而，这些分布假定是独立的，就模型的均值来讲(尽管不是通过计算不同的后验模型的平均值获得的结果地图，但仍然是不同的中心点分布)，在区域的边界存在明显的不连续性。在每个区域的数据被假定产生于相同的概率分布和相同的期望的风险。使用这个划分模型对疾病进行映射引起了争论。Knorr-Held 和 Rassar(2002)采用了一个相似的方法，以相似的风险水平为基础，将子区域汇集为区域。

基于严格的空间邻近性的空间平滑在借用信息方面可能不是一个好的基础，因为这样的空间邻域不一定是相似的(例如穿越城市和郊区的边界或存在实质性障碍的地方)。Lawson 和 Clark 的模型在这样的场合或许是合适的，即在地理学上存在非连续性的地方。应当考虑从尽管是不相邻(如两个城市区域)的其他区域借用强度，就影响疾病率的因子来讲，是相似的。这个方法可通过如何定义连接性矩阵($\boldsymbol{W}$)来实现。

像泊松-伽马模型这类模型在数学上是便利的，因为关于后验分布的闭式表达式可以获取且后验均值可以通过最大似然估计。但是，对于其他模型，包括上面描述的这些模型，可能更现实些，当对于复杂的后验分布，可能会产生不能写为闭式表达式的问题。为了估计这些模型的参数，需要其他的方法，这是需要进一步考虑的。在经验贝叶斯建模中，先验分布的参数(称为超参数)，例如在泊松-伽马模型中的 $\boldsymbol{\nu}$ 和 α，被处理为固定量。这些被估计出的参数，在泊松-伽马模型中，它们的值被代入后验均值的表达式

(6-139)。这个方法对在这些量的估计方面，对任何的不确定性都是不允许的。后果是这将趋于产生与估计的相对风险有关的概率区间的低估。接着这将导致对比率图的进一步过度平滑。

在一个完全的贝叶斯方法中，分布也被定义为超参数。Bernardinlli 和 Montomoil (1992)提供了来自经验的和完全的贝叶斯分析的比较，并强调了采用完全贝叶斯方法的好处。进一步报告的证据是 Bernardinlli 等(1995)评论了这些方法对选择先验值的相对敏感性。如果进一步的复杂性以先验分布的形式增加到这些模型，先验分布不允许集成到闭式表达式，或引入超参数分布，那么，除了基于似然估计的方法是需要的。即使在要写入的似然函数，当区域的数量是大的，这对处理大矩阵的计算也是有问题的(包括在空间模型情形的矩阵求逆)以及在估计在这些参数方面的置信区间方面也是有问题的。在完全贝叶斯分析方面用于推理的方法和经验贝叶斯分析的一些形式是马尔可夫链的蒙特卡罗(MCMC)模拟。

MCMC 是关于从需要的模型参数(如 $p(\varphi \mid y)$)后验分布在式(6-138)情形下获取采样的一类模拟算法。大样本(大小为 N)来自这个后验分布，然后诸如后验均值、众数或分位数等特性通过蒙特卡罗集成到兴趣参数的边际分布而获得。参数的后验均值通过取 N 个样本的平均值获得。在算法描述方面，术语马尔可夫链是由于这些样本是非独立的，而且来自于马尔可夫链，当它是静态分布时，具有需要的后验分布。一般马尔可夫链采样算法是 Metropolis-Hasting 算法。被用于解决一些问题的特殊案例是 Gibbs 采样器。MCMC 使用 Gibbs 采样器的特殊案例是在 WinBUGS 软件。

现在给出这些算法方面的一些例证。图 6-46 表示标准化发生率比率和由 1998 年剑桥郡病房肺癌数据贝叶斯调整比率的图。图 6-49(a)表示通常的标准化发生率比率图，即对期望的点数观测的比率。期望的点数是基于间接标准化的。

这个国家的人口采取标准化人口。这是在假定点数是独立的泊松分布条件下的相对风险的最大似然估计，每个都具有强度参数，它是给定区域的期望参数与特定区域相对风险的乘积。这幅图表现了大量的这些比率的非均匀性性，但这可能部分是人口大小变化的人为造成的，以及这样的事实，如果在时间区间内，一个病房没有病例，那么这个病房的相对风险是 0。

图 6-49(b)表示使用泊松-伽马模型的结果，而 6-49(c)表示调整的贝叶斯比率图，它是通过把相对风险看成是具有非结构化的额外泊松变化的对数正态化获得的。这两幅图都表现了比图 6-49(a)较少的空间非均匀性。具有相对风险大于 1.5 的病房被调整到小于 1.5。

图 6-49(d)使用了具有空间结构和非空间结构的超出泊松变化的卷积先验。连接矩阵是基于简单邻接性的。这里对风险的总体表现趋势是从这个国家的北西向南东变化。比率的显著性(高于或低于 1.0)可通过计算与后验密度相关的概率区间(高于或低于 1.0)进行评估。如果是 5% 或关于任何病房低于 1.0(因而 95% 大于 1.0)的后验分布低于这个值，那么这将被看做病房明显高于这个国家比率的指标。没有病房具有明显高或低的比率。

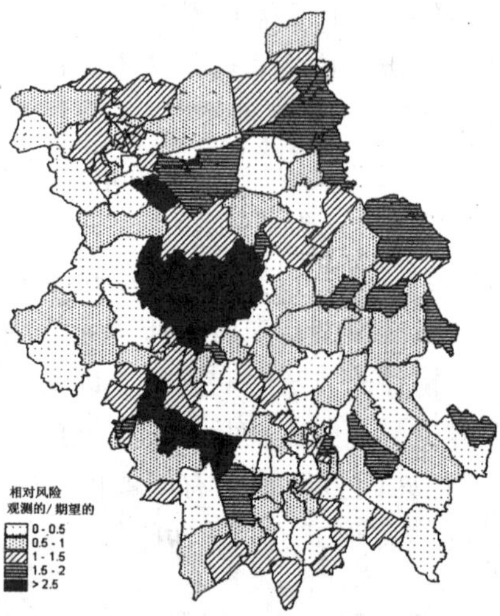

（a）肺癌数据发生率图：剑桥郡1998年标准化发生率图（观测的/期望的）

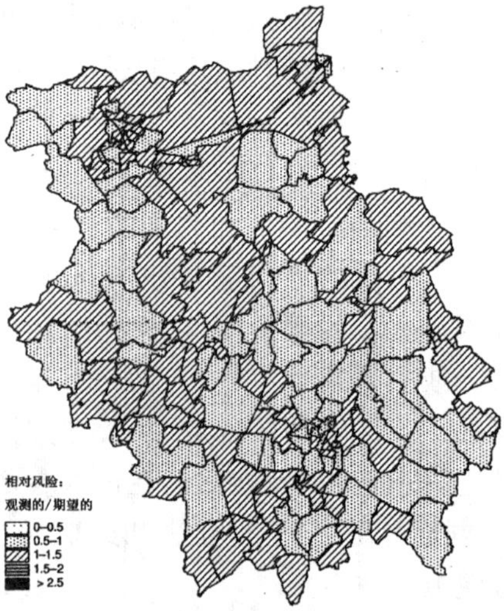

（b）调整的贝叶斯图：泊松-伽马模型

（c）调整的贝叶斯图：具有空间非结构化的超出泊松变化的泊松-对数正态模型

（d）调整的贝叶斯图：具有空间结构和非空间结构的超出泊松变化的泊松-对数正态模型

图 6-49

第九节　空间变化统计的解释性建模

一、经典建模方法

回归建模的经典方法有如下特点：回归理论被应用于一系列实验的结果。处理（X_1，…，X_k）的不同水平假定对响应变量（Y）的影响水平是被控制的。处理水平根据一项实验设计和测量的响应而改变。模型误差（e）来自于与测量处理水平或者响应的结果有关的随机测量误差。误差也可能来自于其他因素的影响，这些因素影响了响应水平，但是它们的影响是随机的(带有至多只有少数几个未知参数)，并且是与包括在模型中的处理变量是无关的。

因此，在回归模型的经典使用中，正态线性模型的定义：

$$Y(i)=\mu(i)+e(i) \qquad (i=1, 2, \cdots, n) \tag{6-146}$$
$$\mu(i)=\beta_0+\beta_1 X_1(i)+\cdots+\beta_k X_k(i)$$

被假设是正确的。普通最小二乘法被用来估计均值参数(β_0，β_1，…，β_k)和误差参数（σ^2）。假设检验被用来确定对实验结果的某些处理是否具有统计意义上的显著影响。分析员的工作是防止针对满足统计假设的失败，例如误差之间的相关性、多重共线性和非常数误差方差。检验对探测这类问题的存在性是有效的，并且如果它们存在，那么就要实施补救措施。如果一个参数的征兆不是分析所希望的，这通常被用来作为一种要么存在一些实验误差，要么违背了回归假设的提示。一个好的模型是一个不违背统计假设的模型，在这个模型中，没有严重的数据影响，并且一个可以得到一个高度拟合度（R^2）方法。有人认为，经典方法在非实验科学中的建模应用是基于数据的这种概念化的。Leamer(1978)认为，这种统计理论的使用不是一个先天不合理的方法，但是对此接下来的是，分析员毫无保留地接受作为他称之为“正确定义的公理”的发言的信条。这个公理声明，决定响应变量的一组解释性变量是唯一的、完整的、数目比较少的，并且是可以观测的；其他的决定因素服从带有至多只有少数几个未知参数的概率分布；所有的未知参数都是不变的。由此可见，分析员处理非实验数据需要决定是否这些是合理的假设。

在空间数据分析中，这个建模方法由分析员的这样的工作为例，他拟合一个回归模型(6-146)是基于他认为什么是最强的先验基础，根据应当包括的预测变量。然后，作为诊断检查过程的一部分，他在残差方面对空间自相关进行了检验，使用 Moran 检验。这种误差的随机分布的零假设检验针对误差是空间自相关的一般性(非特定的)选择假设的。这是因为即使总体的误差是独立的，但是根据构造，误差的总和是 0。

如果空间自相关性被探测，那么使用最大似然法可以拟合空间误差模型。这样做是为了“吸收”残差的空间自相关性从而修补这个模型，以便可以在预测变量上得出有效的推论。通过普通最小二乘拟合一个回归模型，当误差是空间自相关时，回归参数的最小二乘法估计方法是不足的，并且 σ^2 的估计量是向下偏斜的。后者的后果就是观测 R^2 的拟合度优良性被夸大了，并且假设检验具有高于普通最小二乘法理论建议的类型 1 的误差水平。空间自相关性检验的结果(如果独立性零假设被拒绝)，会对分析员提出以下警告：(a)这个模型在解释响应变量中的变化时，没有由 R^2 测度暗示的做得那么好。(b)在残差中有关于没有被使用的响应变量的行为的信息。(c)预测变量可能已经在 α 显著水平上驻留在模型中，但事实上，它们可能不是在那个水平上显著的。然而，在采用这个方法时，分析员会始终保持相信原始的一组预测变量——援引正确定义公理。

修补过程的一个变体是允许引入一些新的预测变量，用一个合适的拉格朗日乘数(LM)检验。LM 检验针对一个具体的假设，而不是一般性选择假设。这些检验可以被用来提供一个提示，关于空间滞后结构是否可以被引入到一个或更多的协变量或者响应变量的模型中。注意，没有新的变量被引入，只是已经在模型中存在的空间功能。随着 LM 检验的应用，例如模型(6-116)或模型(6-117)或一些拟合中的结合模型，取决于使用最大似然法的诊断证据。如果空间交互作用应该在定义中出现(即空间滞后的响应变量应该作为预测变量出现)，那么没有包含这样的项就意味着对其他协变量的估计将是向上偏斜的。这是因为一些由于空间交互产生的影响将被分配给协变量——尤其是那些类似于响应变量空间结构的具有空间结构的协变量。

这些方法有一个共同点，就是它们从一个(简单的)良好定义的初始模型开始，并基于诊断证据向更一般性定义移动。这个方法描述为由简单到一般的过程。

使用简单到一般的方法已经被描述为一个“信念的行为”，因为正确定义的公理是不能检验的。当然，也可能有一些其他的问题。如果模型是被错误定义的，那么用来识别问题的诊断可能是误导性的，并且在修订这个模型时，分析员可能招致错误的途径。尽管有些批评，但是对于建模来说，这是一个广泛采用的方法。

二、计量经济学方法

在任何非实验科学中，经常争论的是，缺乏控制的实验意味着什么样的模型适合于数据是不清楚的，因为，在缺乏实验方案的情况下，就不清楚什么样的一组预测变量会对观测的结果负责。当对结果有争论性的解释或理论时，问题就更加复杂化了，那时，问题就是由当前的一组数据决定最支持哪一个解释或理论。Gilbert(1986)给出了对这种观点差别的例证。最基本的问题就是：(a)模型定义——什么样的模型应当是适合于数据的？(b)模型评估或模型验证——科学提出的最终模型可以接受吗？当前的问题并不在于该模型是否是正确的或者错误的(几乎可以肯定是错的)，而是关于构造这个模型的目的是否是有用的或是会产生误导的。

Leamer(1978)认为，面对引导科学的自然科学模型和在社会科学中遇到的情形之间的差异，计量经济学家已经采取了一系列不同的立场，并对模型的定义采取了一系列不同的方法。Leamer 把在计量经济学文献中发现的规范搜索(specification searches)划分为六种类型。每一种都反映了没有满足正确定义公理的一个或多个元素。不同的搜索类型如下：

(1)假设检验搜索：如果这一组预测变量不是唯一定义的，那么几个可能的回归模型可能需要加以判断，分析员使用假设检验来观察哪一种是数据最支持的。

(2)解释性搜索：如果该组预测变量不是少的，一个回归模型可以被选择，分析员试图保证模型适合数据或许通过增加限制条件或采取下面的方法。

(3)简化搜索：分析员减少了模型的复杂性，用时又保持了充分的合适性。

(4)代理搜索：如果一些预测变量是未观测的或者能够用不同的方法测量，那么预测变量的定义就通过比较不同的预测变量来找出最合适的。

(5)数据选择搜索：如果可能影响响应变量的未测量或未观测的预测变量具有复杂影响，或者如果未知参数不能被假设是不变的，那么模型在不同的数据子集上是合适的，且结果是可比较的。

(6)后数据模型构造：如果预测变量集已知是不完整的，那么就执行一个纯归纳性搜索，通常包括查找附加变量，试图和说明尽可能多的响应变化。

已经提出了一种方法讨论在经济学中对定义/验证的争议，该方法是由 Hendry 和 Sargan 提出的，Hepple(1996)将它称为“LSE-Oxford”计量经济学方法。这个方法与经典方法相比，是从一般到简单：一般→简单。初始定义包括完整的数据解释，然后，这个过渡参数化的定义可以通过诊断和对参数进行检验来简化，直到模型达到它是一个可以接受的数据表达。

Gilbert(1986)提出了六条标准，来判断一个模型是否是可接受的，或者"与数据提供的证据相吻合"。这六条标准是：

(1)模型是数据许可的，即对这个数据产生的模型来说，它是逻辑上可能的。例如，一个正态线性模型可能不容许将一个响应变量限制在0到1之间。

(2)模型至少与一种理论是一致的。

(3)对预测变量上的条件它必须是可能的，即它们必须是外部的，因此，它们的级别不是它们要解释的响应变量的函数。

(4)参数必须是不变的，因此，如果数据集被分割，在采样变化限制内的参数值必须保持相同。

(5)观测值和拟合的响应变量值之间的差别必须是随机的。

(6)模型必须能够包括与之竞争的模型，并解释为什么有争议性的解释不是好的。

这些一般的标准能够应用于空间建模，尽管有一些需要特别注意的问题。

竞争理论(标准2)可以定义选择性空间滞后结构，这些结构彼此之间不相嵌套。一阶的空间滞后定义不是用定义一阶时间序列滞后这种方式清楚定义的，当假设有高阶空间滞后时，就会出现问题。"因此，空间(分析)建模策略必须更加注意非嵌套的模型"。分割数据是指把数据分成离散的区域(标准4)，以便如果存在空间异质性，那么解释所包含的模型异质性就是可能的。如果观测值和拟合值之间的差异、残差(标准5)不是空间随机的，那么就暗示着简化、试图修订这个模型是不够的。换句话说，重新定义这个模型是必要的，并且应把水平竞争表达或在观测值之间的空间交互作用考虑在内。最后，一些空间模型类型可能是有问题的，例如，空间滞后形式的响应变量出现在协变量(6-117)的空间回归，由于代表性的空间数据分析中遇到的互逆的相关性的存在(标准3)。

模型应该根据Gilbert(1986)提出的设计标准来设计，即：符合目的的、稳健的、简约的以及残差是不相关的。"符合目的的"是指模型必须能够使分析员回答这个问题，首先开发模型的理由是什么。模型的稳健性指的是在预测变量中间没有严重的多重共线性(相关性)，这是因为，如果设计矩阵 (X) 发生变化，那么多重共线性会导致模型发生转移，并且在理论上，参数也是可以解释的。简约指的是总是选择最简单的模型。在空间建模中，多重共线性问题引发了一个特别的问题，如果 X 是空间自相关的，那么协变量X和它的空间滞后形式 WX 将是共线的。如果残差不是白噪声，那么这就暗示关于该过程的残差方面的一些信息没有被当前的定义包括进来。

为了解释这个方法，现在我们讨论从一般→简单的模型定义方法的两个例子。

(一)一般性空间定义

基于模型(6-114)到模型(6-117)的一般正态线性空间模型可以用矩阵形式写为：

$$\boldsymbol{Y} = \alpha 1 + \rho \boldsymbol{W}\boldsymbol{Y} + \boldsymbol{X}\boldsymbol{\beta} + \boldsymbol{W}\boldsymbol{X}\boldsymbol{\delta} + (\boldsymbol{I} - \phi \boldsymbol{W})^{-1}\boldsymbol{e} \tag{6-147}$$

$\boldsymbol{Y}$ 是一个 $n\times 1$ 列的响应变量向量。$\boldsymbol{WY}$ 是预先定义的 $n\times n$ 连接矩阵 $\boldsymbol{W}$ 矩阵与量化了每一个观测值邻接线的长度的乘积，连接矩阵 $\boldsymbol{W}$ 描述了空间空间邻域 ($\{N(i)\}$) 的邻接性，因此 $\boldsymbol{WY}$ 的第 i 个元素是：

$$(\boldsymbol{WY})_i = \sum_{h \in N(i)} w(i, h) Y(h) \tag{6-148}$$

$\boldsymbol{X}$ 是关于 k 个预测变量的 $n \times k$ 矩阵。因此，$\boldsymbol{WX}$ 是一个 $n \times k$ 的矩阵，其中元素 (i, j) 为：

$$(\boldsymbol{WX})_{i,j} = \sum_{h \in N(i)} w(i, h) X_j(h) \tag{6-149}$$

式(6-147)中的最后一项是误差项。$n \times 1$ 维的误差($\boldsymbol{e}$) 向量是独立正态的，具有均值是0，协方差是 σ^2。同时，对矩阵 $\boldsymbol{e}$，$(\boldsymbol{I} - \phi \boldsymbol{W})^{-1}$ 的操作，在误差上产生了一个同步空间自相关性，因此，误差不是独立的。最后，要估计的参数是标量 α 、ρ 和 ϕ ，以及 $k \times 1$ 的向量 $\boldsymbol{\beta}$ 和 $\boldsymbol{\delta}$ 。

模型(6-147)是一般性的定义。通过允许连接矩阵 $\boldsymbol{W}$ 在模型的不同部分具有不同的结构产生更一般的形式，并包含关于 $\boldsymbol{W}$ 形式的不同假设。然而，在模型(6-147)给定的构造内，竞争空间模型的数量可以通过给参数添加限制来定义。例如，假设我们拟合：

$$\boldsymbol{Y} = \gamma_0 \boldsymbol{1} + \gamma_1 \boldsymbol{WY} + \boldsymbol{X}\gamma_2 + \boldsymbol{WX}\gamma_3 + \boldsymbol{e} \tag{6-150}$$

其中，当前的模型参数通过 γ_1、γ_2 和 γ_3 来给定。如果满足 $-\gamma_3 = \gamma_1\gamma_2$ 条件，这就暗示了带有空间自相关误差的一个正态的线性回归模型是根据模型(6-140)定义的一般模型的一个方便的简化。如果 $\gamma_1 = 0$，那么在协变量上带有空间滞后影响的一个正态线性回归模型就是一种可以接受的简化。

（二）空间定价的两个模型

Haining(1983a，b)和 Sheppard 等(1991)开发了不同的模型来解释在城市内部尺度上相互依存的空间市场中汽油价格定价的空间格局。Haining 的模型提出了一个空间自回归模型(6-117)来获取零售商之间的局部竞争影响。地点影响（$\boldsymbol{X}_{\text{site}}$）被考虑在内，例如，该地方是否销售其他汽车服务，以及是否是一个主要的或者次要牌子的零售商。位置影响（$\boldsymbol{X}_{\text{location}}$）也考虑在内，例如零售商是否在主干道上。Haining 的假设检验定义如下：

$$H_{\text{Haining}}: \boldsymbol{Y} = \alpha \boldsymbol{1} + \rho \boldsymbol{WY} + \boldsymbol{X}_{\text{site}} \boldsymbol{\beta}_s + \boldsymbol{X}_{\text{location}} \boldsymbol{\beta}_1 + \boldsymbol{e}, \quad \boldsymbol{e} \sim \text{IN}(0, \sigma^2) \tag{6-151}$$

其中，响应向量 $\boldsymbol{Y}$ 是这 n 个地点中每一个地点汽油的零售价格，$\boldsymbol{X}$ 矩阵已经被分割为与地点特性和位置特性对应的协变量。最近，这个模型在 Ning 和 Haining(2002)中得到测试。

由 Sheppard 等(1992)设计模型在 Plummer 等(1998)得到检验。Sheppard 假设检验定义如下：

$$H_{\text{Sheppard}}: \boldsymbol{Y} = \alpha \boldsymbol{1} + \boldsymbol{Z}_{\text{access}}\gamma_a + \boldsymbol{Z}_{\text{site}}\gamma_s + \boldsymbol{Z}_{\text{location}}\gamma 1 + \boldsymbol{e}, \quad \boldsymbol{e} \sim \text{IN}(0, \sigma^2) \tag{6-152}$$

在 Sheppard 模型中地点和位置的协变量的定义与在 Haning 模型中的相重叠。区别在于用可达性测度(Z_{acces})替代回归项。这个怎样到达一个地点测度测量，是根据在城市区域的消费流测量的。因此，Sheppard 的模型关注消费者的行为，而早期的 Haining 的模型则关注附近零售商的竞争。

通过定义这些参考了地点和位置的 Z 变量，并参照 Sheppard 模型，对 Haining 假设进行检验，这些地点和位置不与 X 共线，变量(Z^*)包括了评估变量并定义一个嵌套假设：

$$H_{\text{nesting}}: \boldsymbol{Y} = \alpha \boldsymbol{1} + \rho \boldsymbol{WY} + \boldsymbol{X}_{\text{site}} \boldsymbol{\beta}_s + \boldsymbol{X}_{\text{location}} \boldsymbol{\beta}_s + \boldsymbol{Z}^*_{\text{site}} \boldsymbol{\Phi}_s + \boldsymbol{Z}^*_{\text{location}} \boldsymbol{\Phi}_1 + \boldsymbol{Z}_{\text{access}} \boldsymbol{\Phi}_a + \boldsymbol{e}$$
$$\boldsymbol{e} \sim \text{IN}(0, \sigma^2) \tag{6-153}$$

Haining 假设检验暗示 $\boldsymbol{\Phi}_s = \boldsymbol{\Phi}_1 = \boldsymbol{\Phi}_a = 0$，参照 Haining 模型，通过根据 Z 和 X^* 建立模

型，可以检验 heppard 模型。Haining 模型要求地点内部竞争的空间结构通过连接矩阵 W 定义。比较 Sheppard 和 Haining 假设检验，或者同一模型实际的不同版本，应当注意的是，既不是在细节上定义特定的地点和位置的重要的协变量的理论，也不是地点内部竞争的空间结构，或如何衡量可达性。前者的问题比较少，因为数据是在与这两个假设检验相关的一些协变量上被收集的。后者的问题就比较多，因为不同的空间结构不一定非要是嵌套的，并且正像有很多方法可以测量可达性一样，也有很多方法可以定义 W 的结构。

三、数据驱动的建模方法

当被应用于空间建模时，计量经济学方法表现出会产生一些困难。此外，在使用空间分析的多个领域，对正式反对根据 LSE-Oxford 方法是合适的现象，可能没有强有力的竞争解释。这部分也是因为在空间建模中，分析员典型是在寻找联系而不是试图提出一种解释。先验知识或者先验理论通常也被作为一种因子加入到空间建模中，以一种非常不正式的方式作为“数据驱动”建模程序的一部分，非常类似于经典过程，尽管对基本的实验不是在一定的同等级水平。对包含空间影响或添加新的协变量，也有很大的意愿是重新定义。寻找残差空间自相关性的分析员应当考虑将其他的预测变量引入模型。对于什么样的附加预测变量将要被添加进去的线索，可以通过检查残差的空间格局来得到，空间误差模型仅仅是作为最后的手段。注意异质性和空间自相关性作为诊断检查和模型重新定义程序的一部分，在纯粹的统计背景下，可能会很难分清楚。如果异质性出现在残差中，这可能证明模型(6-115)、模型(6-119)或模型(6-121)是合适的。

图 6-50 概括了数据驱动模型。探索性的数据分析提供了一种重要的进入模型定义的入口。如果认为是必要的话(Anselin，1988)，模型诊断被用来帮助重新定义模 型 。斜 体

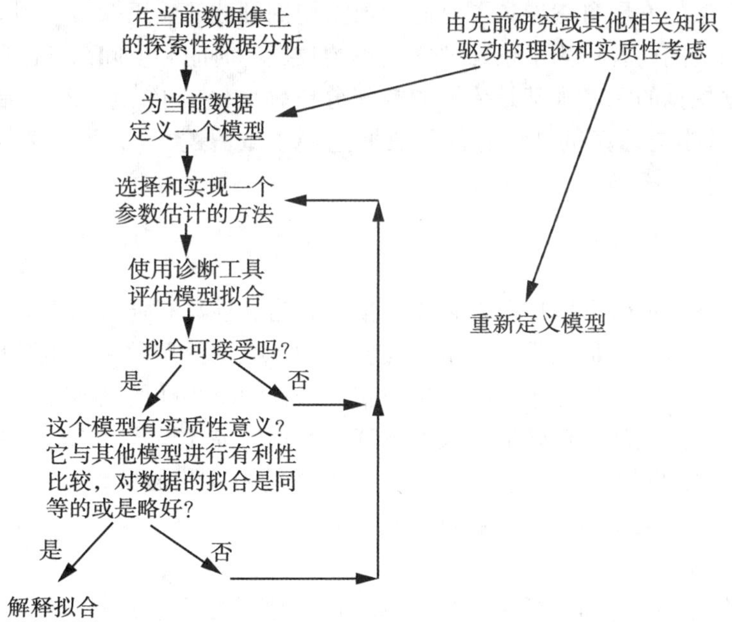

图 6-50　数据驱动的统计建模

字说明了实际上这些实质性的问题在哪些方面影响了建模的行为。在这个领域，理论上的思考或者先前的研究可用于模型的初始定义，并且任何后续的重新定义都要求作为执行诊断检查的结果。理论上的考虑也被用来评估最终模型，或许有助于在这些拟合的模型之间做出选择，这些模型在纯粹的统计术语中是同等可接受的。

第十节　时空数据挖掘分析

地理学和空间信息科学已经从数据贫乏时代进入大数据时代。人们获取数据的多样性、动态性和详细程度的手段超越了以往任何一个时期。从这些海量的空间数据中获取新的知识是空间数据分析的主要任务。但是传统的空间分析方法只能应对数据相对稀缺的情况，计算能力不足以满足今天的需求。面对日益增长的海量数据和复杂的空间分析问题，传统的空间分析方法存在三个方面的局限性：第一，大多数现有的方法侧重于有限的观点(如单变量空间自相关)或关系模型的特定类型(如线性回归)。如果选择的观点或假定的模型不适合要分析的现象，分析结果充其量可以表明数据不能揭示感兴趣的关系，但又不能提出其他可替代的分析方法；第二，传统的分析方法不能处理非常大的数据量；第三，新产生的数据类型(如位移对象的轨迹，隐藏在网页中的地理信息，监控视频数据等)和新的应用需要新的方法来分析这样的数据和发现隐藏的信息。人们迫切需要一些有效的和高效率的方法，从海量的(数百万个观测值)、高维度(数百个变量)、高复杂度(异构数据源、时空动态、多元连接、显式和隐式的空间关系和相互作用)数据集中提取未知的或未料想的信息。为了应对这些挑战，空间数据挖掘和地理知识发现已经成为活跃的研究领域。目前侧重于从大数据集中提取有用信息的理论、方法和实践的研究发展。

数据挖掘方法的发展自然导致了对使用数据挖掘领域的应用探索，因为这些领域都具有本质的时态和空间内容。为了正确解释收集的数据，时间和空间部分必须纳入数据挖掘过程。空间数据挖掘的深厚根基是传统的空间分析领域(空间统计、分析制图、探索性数据分析等)和统计学与计算机科学的各种数据挖掘领域(聚类、分类、关联规则挖掘、信息可视化、可视化分析等)。

一、数据挖掘的概念

数据挖掘，从大型数据库提取隐含预测信息，是一项具有强大和潜力的帮助人们关注他们的数据仓库中最重要信息的新技术。在实践中，数据挖掘的两个主要目标是预测和描述。预测是指使用一些在数据集中的变量或字段来预测感兴趣的其他变量未知的或未来的值。另一方面，描述关注发现能够被人类解释的数据的描述模式。因此，数据挖掘可以分为两类：(a)预测数据挖掘，产生由给定数据集描述的系统的模型；(b)描述数据挖掘，基于有效的数据集产生新的，非一般意义的信息。

(一)数据挖掘的框架

当前许多数据挖掘工具运行在数据仓库之外，对于数据的提取、输入和分析需要额外的步骤。图 6-51 是在一个大型数据仓库进行数据挖掘的框架。

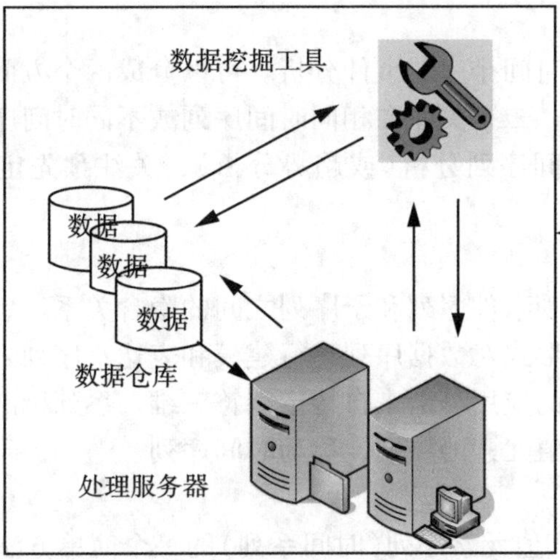

图 6-51　终端用户通过在线分析处理服务器和数据挖掘服务器访问数据仓库的数据

(二)数据挖掘的主要任务

数据挖掘的主要任务是：

(1)分类：将数据项分类为几种预先定义的类之一的预测学习功能的发现，主要的分类方法有决策树、人工神经网络、最大似然估计、线性判决函数、支持向量机、最邻近邻居方法和基于案例的推理等。

(2)回归和预测：把数据项映射为预测变量的实际值的预测学习功能的发现，如空间自回归分析方法，通过 $n \times n$ 的空间权重矩阵进行分析，当 n 很大时，是计算密集型的计算。

(3)聚类：一个公共描述任务，即寻求识别分类目录的有限集，或描述数据的聚类。分为两种类型的方法，分区聚类和层次聚类。分区聚类的方法有 K- 均值和自组织映射。将一组数据项分解为相互不重叠的聚类，将每个数据项按照临近性或相异测度分配给最接近的类。层次聚类将数据项用序列嵌套分割或分组的方法组织成层次结构。最常用的方法包括 Ward 方法、单连接聚类、平均连接聚类和完全连接聚类等。空间信息的聚类分析包括空间聚类、区域化和点模式分析等。

(4)概括：一个附加的描述任务，涉及为一个数据(聚类)集寻找一个紧凑描述的一些方法。

(5)依赖建模：寻找一个局部模型，描述变量之间或一个数据集的一个特征的值之间，或一个数据集的部分之间的显著依赖性。

(6)变化和偏差检测。

(7)发现数据集中最显著的变化。

(8)空间关联规则挖掘。主要用于发现大型事务数据库属性项之间存在的规律。

二、时态数据挖掘

时态数据挖掘关注一维或多维时间排序的事件分析。可以分成两个方面，一是关注面向时态事件之间的因果关系的发现，二是关注在相同时间序列或不同时间序列之间的相似模式的发现。后一个领域也称为时间序列分析(或趋势分析)，关注预先定义模式的相似性的辨识。

(一)时间序列挖掘

时态数据挖掘的最终目标是发现事件序列和子序列之间的隐含关系。事件序列之间的关系发现主要包括三步：以适宜的形式对数据序列进行建模和表达；序列之间相似测度的定义；模型和表达对实际挖掘问题的应用。由来自特定字符三维一系列标准符号组成的序列，称为时态序列。连续的、真实值元素的序列，称为时间序列。

(二)时态序列表达

(1)时间域连续表达。表达真实值元素序列(时间系列)的一个简单方法是使用初始元素，按没有过程的即时发生时间排序。另一种方法是寻找一个分段线性函数能够近似描述整个初始序列。目标是获取一个适合检测这个序列显著变化的表达。

(2)基于变换的表达。主要思想是将初始序列从一个时间域变换到其他域，然后使用在新域中的一个点，表达每一个原始序列。有人建议使用离散傅立叶变换(DFT)将一个序列从时间域变换到频率域的一个点。目前，最新的方法是使用离散小波变换(DWT)将每个序列将时间域变换到时间频率域。DWT 是一个线性变换，将原始序列分解为不同的频率分量，不会损失元素发生的即时性信息。

(三)时态数据挖掘的任务

时态数据挖掘的主要任务包括：预测、分类、聚类、搜索和检索、模式发现。时间序列预测必须要做的任务是，基于对过去的采样，预测时间序列将来(或典型)的值。为了做到这一点，需要为数据建立预测模型。

三、空间数据挖掘

(一)目标

在关系数据库和空间数据库之间进行数据挖掘的主要差别是，感兴趣的一些对象的空间邻域的属性可能会影响这些对象，因此必须予以考虑。明确的位置和空间对象的表达定义了空间空间邻域隐含关系，这些关系被用于空间数据挖掘的算法。

(二)空间数据挖掘的数据库图元

在空间数据库挖掘中，一组数据库图元足以表达大多数空间数据挖掘算法，并可以得到数据库管理系统的有效支持。

(三)有效数据库管理系统支持

有效的滤波允许约束像这样的搜索，邻近的路径会影响并导致远离一个起始的那个对象。空间邻域指数物化一定的空间邻域图形，充分支持通过 DBMS 对数据库图元的处理。

(四)空间数据挖掘软件

(1)CrimeSTAT：是关于犯罪事件和它们的位置分析的一个空间统计工具。这是被犯罪分析师广泛使用的一个空间统计工具，是基于 Windows 的并与大多数桌面 GIS 软件有接口。

(2) Matlab/Fortran 的空间统计工具箱。免费软件，同步计算、条件空间自回归、混合回归空间自回归模型，路易斯安那州立大学开发。

(3) Matlab 的空间经济软件库，免费软件，这是一套空间分析完整的功能扩展，特别是空间自回归建模。

(4) ClusterSeer/BoundarySeeer/SpaceStat 软件，商业软件。支持空间聚类、空间自相关分析等。

四、时空数据挖掘

时空数据挖掘的定义是提取隐含知识、空间和时态关系，或没有在时空数据库显式存储的其他模式。

(一) 数据挖掘技术的空间化和时态化

时空数据挖掘代表了时空数据库、机器学习、统计、地理可视化和信息论等几个领域的交汇。首先，空间和时态关系存在于各种层次(尺度)空间实体之间。空间关系，量测(如距离)和非量测(如拓扑关系、方向、形状等)和时态关系(如之前，或以后)在地理数据库中或许是显式的或隐式的。其次，空间和时态的依赖性和异质性是时空数据库的内在特性。再次，空间和时间的尺度效应是地理分析具有挑战性的研究课题。

(二) 时空数据挖掘的过程

通常包含以下步骤：(1) 预处理或数据准备；(2) 建模和验证；(3) 后处理和部署。在第一阶段，数据需要一些清洗，或根据由一些工具、算法或用户施加的制约因素进行变换。第二阶段包括选择或建立模型。第三阶段主要是模型的应用、评价和验证。

(三) 时空数据表达和基础设施

数据的时态性在时态知识发现方面可分为四类：(1) 静态(时间要通过外部信息追溯，如数据库建设)；(2) 序列(事件三维排序列表，揭示像以前或以后的关系，或描述为满足、重叠、现代更丰富的关系)；(3) 时间标记(采用或多或少时间间隔的静态数据的时间序列)；(4) 时态(集成的时空数据，如通过时间、过程)。

思考与练习题

1. 空间数据分析包括哪三个要素？空间数据分析的目的是什么？
2. 空间数据矩阵是怎样定义的？请解释矩阵元素的含义。
3. 应该从哪几个方面理解科学领域的空间数据分析？
4. 总结在不同专题科学领域，空间数据分析可能出现的主要问题。
5. 空间相关性和时间相关性存在哪些不同？
6. 属性与变量的概念有区别吗？
7. 在空间数据分析中，有哪些变量？它们的含义是什么？有哪些测量层次？
8. 评价数据矩阵或模型的方法和标准是什么？
9. 空间表达应考虑的问题有哪些？

10. 空间分辨率和汇集之间是什么关系?
11. 评价数据质量的标准是什么?
12. 空间相关性的量化方法有哪些?
13. 探索性数据分析和探索性空间数据分析在技术方法上有哪些区别?
14. 区域模型有哪些类型?是如何定义的?
15. 什么是空间粗糙性和空间平滑性?各表达了空间数据的什么特性?
16. 可视化技术为什么是探索性数据分析关心的核心目标?有哪些主要的可视化方法?
17. 区域单元构建有哪些方法?
18. 空间数据可视化需要解决哪些特殊性问题?
19. 探索性空间数据分析有哪些可视化方法?
20. 探索性空间数据分析的数值分析的内容是什么?有哪些分析方法?
21. 具有空间相关性的统计模型与传统统计学统计模型存在哪些区别?进行分析时应注意什么问题?
22. “有效样本大小”的概念是什么?是在什么情况下产生的问题?
23. 图形绘图的约束平滑的作用是什么?空间相关性的约束如何描述?
24. 请比较分析地图平滑的方法。
25. 全局地图特性的整体聚类方法有哪些?请比较这些方法。
26. 局部地图特性探索的方法有哪些?请比较这些方法。
27. 总结比较检验空间数据集均值的方法。
28. 描述性统计模型有哪些?比较它们的不同点。
29. 解释性统计模型有哪些?比较它们的不同点。
30. 表达空间变化的描述性统计模型有哪些?比较它们的不同点。
31. 分析本章给出的贝叶斯建模的例子,指出贝叶斯模型的应用范围。
32. 空间变化统计的解释性建模有哪些方法?比较它们的特点。
33. 空间数据挖掘的目的是什么?数据挖掘的技术过程是什么?

第七章　地理监测的成果表达和地理可视化

本章主要介绍地理观测数据经处理与分析后，成果的报告形式，主要包括成果的表达类型、监测分析报告的内容以及成果的可视化方法和技术，以及探索性数据分析方法中图形的绘制方法。可视化是地理监测成果和地理监测数据分析常用的有效方法和技术，灵活选择使用，可以起到准确、简明、易于理解的效果。

第一节　地理监测的成果表达

一、地理监测成果的表达类型

地理监测成果的表达类型是多种多样的。一些领域的监测成果表达已经具有规范要求，但也有一些监测项目是根据监测的内容和结果，有针对性选择表达方法的。选择合适的监测结果的表达类型和方法，可以起到准确、简明和对监测结果易于理解的效果。从目前来看，监测成果的表达类型主要有撰写监测分析报告、制作专题地图、动态显示和模拟仿真等。

监测分析报告是以书面报告的形式，对监测成果进行描述、分析、解释、形成重要的结论以及建议。一般应包括监测区域概况的描述，监测的目的和指标描述，监测数据的获取信息，监测数据特性和质量描述，监测数据的处理与分析方法，监测结果的分析和评价，可能还包括对监测结果应用的建议等。对于地理现象的解释性目的的监测，可能只给出监测对象发生、变化、消失的原因或因果关系的说明就够了。但对于服务决策目的的监测成果，则应给出政策干预和部署的建议，以便决策者采取相应的政策干预措施。

制作专题地图是指以图形、图像的方式，对监测成果的可视化表达。地图可以突出表达监测成果的丰富内容，如监测对象的空间位置、空间结构、空间格局、空间关系、变化趋势等信息。通过阅读地图，还可以获得综合信息知识。专题地图因为关注某一地理对象的专题属性的表达，因而更能突出某一监测指标的表达。对于一个监测项目来讲，可能根据监测指标的多少、表达要求等，产生系列专题地图。专题地图表达方式可以独立作为监测成果表达类型，也可作为监测分析报告的一部分。

动态显示是借助计算机软件和硬件的支持，以虚拟、数字、动画方式展示监测结果。地理监测更多是关注地理对象的变化信息，如空间位置、形状、空间属性随时间的变化。使用可视化的动画技术、虚拟现实技术，动态模拟地理对象的变化过程、演进变化的规律，进行多种视图之间的动态关联分析，仿真预测可以起到其他表达方式不能达到的效果。

当然，对于一个复杂的、多任务目标的监测项目来讲，监测报告、专题地图和动态虚拟显示与仿真等表达类型可能结合使用。

二、地理监测成果的表达内容和方式

地理监测成果的表达内容就像其表达类型一样，不能一概而论。监测分析员应根据监测的具体项目，选择具体的表达类型、表达内容和表达方法。如果是常态化监测，应该形成一定的规范标准，如监测报告撰写的提纲、专题制图标准、动态虚拟显示的技术规范等。下面就一般表达内容和方式进行讨论。

（一）监测分析报告

监测分析报告一般包括监测区域描述、监测方案和指标、数据、处理分析方法、分析评价、监测结论和建议六个部分。

监测区域描述，是对监测区域的地理位置、地理概况等自然要素和社会经济、人文等要素进行的叙述。地理位置应当明确用坐标形式，结合图形，说明监测的区域范围。地理概况应说明监测区域范围内的地形地貌、地理要素的组成、气候等情况。社会人文要素的定性、定量概要性描述等。目的是为报告的分析评价和报告的使用者提供基本信息。

监测方案和指标描述是监测分析报告的主要内容之一。为什么要进行监测、监测技术方案、技术流程、监测哪些指标，都需要定义和说明。

数据是监测工作获取的原始成果和监测分析评价的对象。需要对数据的特性、数据的质量等进行说明，说明数据尺度选择、数据采样规划与精度、数据缺失问题以及对数据分析结果可能产生的作用和影响等。

处理分析方法是从数据中获取指标和知识的技术。处理分析以获取监测指标为目的。一些分析方法是基于对图形、图像的操作处理，包括参考系统的转换、数据的分类、编码、地理空间化等处理方法，以及对图形图像的地理空间分析操作方法。一些分析方法是基于获取的空间数据集的，可能没有图形，但具有地理参考信息；可能需要对其进行探索性数据分析、回归分析、统计分析和地理建模分析。主要方法见本书第五章和第六章的内容。

分析评价是对数据处理结果进行的分析评价，以获取对监测对象的知识性认识。分析评价工作可能涉及监测领域专业知识的综合应用。主要是对监测对象的分布规律、变化、指标含义等进行分析解释、因果关系分析、变化趋势分析、演进规律描述等。分析评价还包括监测精度评估、监测成果可靠性评估等内容。

监测结论和建议是监测报告最为关键的内容，也是监测的最终结论性成果描述，是对地理监测问题的最终答案的总结性描述。监测建议是针对监测取得的成果，提供给决策者可能采用的干预措施的建议，是监测服务的直接体现形式。

（二）专题地图制图

地理监测成果的图形图像表达不像地形图的表达方式和内容。地理监测专题图重要的是要能突出表达监测对象的“情”，即知识性表达，不像地图是存在性的符号表达，因此，建议将地理监测的专题地图称为地情图。因此，地情图的表达内容和方式可能需要综合利用多种信息展示的手段，不仅仅是地图符号化表达。如一幅地情图，除了使用传统的制图方法，表达传统的专题地图要素外，可能还要在该地图上附加诸如表格、统计图形、说明变化态势的箭头、强调重点区域和重点对象的渲染和标记等。总之，地情图应以从中容易获取所需知识为目的，其专业知识性应比地形图要求低。

（三）动态显示与仿真

对于获得的时间序列的专题地图或数据，可以利用地理可视化技术和虚拟现实与仿真技术，进行动画和模拟仿真显示。动态显示地理监测对象在空间位置和形状、属性在时态上的单一变化或综合变化情况。人们通过动态模拟显示，从中获取需要的知识。用于动画显示的图层要素不宜过多，应当有选择地突出显示主题要素，动画显示的图片率应适当，以免引起视觉造成的信息混乱。模拟显示还可以采用多种视图联动的方式，改变一个视图参数，其他视图会随之做相应的改变可以起到预测的作用。

第二节　地理监测成果的地理可视化方法和技术

在计算机可视化成为普通工具以前，地理可视化在人类历史上一直扮演重要角色，特别是在地球科学方面。早期的地理可视化可以追溯到石器时期，我们的祖先用类似地图的形式在岩壁作画以描述周围环境。从那时起，制图学、艺术和地图制图科学开始持续演变。这就是为什么基于计算机的地理可视化可以建立在庞大的制图知识基础上的原因。超越地理地图的静态可视化的著名例子是专题地图，用于显示某一专题的空间格局，如气候特点和人口密度。而且，现代可视化技术的应用，可以为地理可视化任务提供许多新的可能性。这些可视化有助于探索、理解和交互空间现象。国际制图协会（ICA）对地理可视化的定义是：地理可视化是集成来自科学计算、制图学、图像分析、信息可视化、探索性数据分析和地理信息系统方面的可视化方法，以提供对地理数据的视觉探索、分析、综合和表达的理论、方法和工具。从上述定义可以清楚知道，地理可视化研究是多学科交叉的，可视化的应用是以满足人们探索数据、构建知识为目的的。有效的可视化技术必须满足这些需求。

一、地理可视化的目标

地理可视化的目标是多方面的。地图使用立方体模型是根据可视化目标空间的三个维度建模的（图 7-1）。这三个维度的变化范围分别是：

（1）任务。范围从揭示未知到构建新知识，以共享现有的知识；

（2）与可视化界面的交互。对读者看到的产生积极影响的水平，范围从一个相当被动的水平到高级水平；

（3）可视化应用。范围从单个的、私人读者到众多的、公众读者。

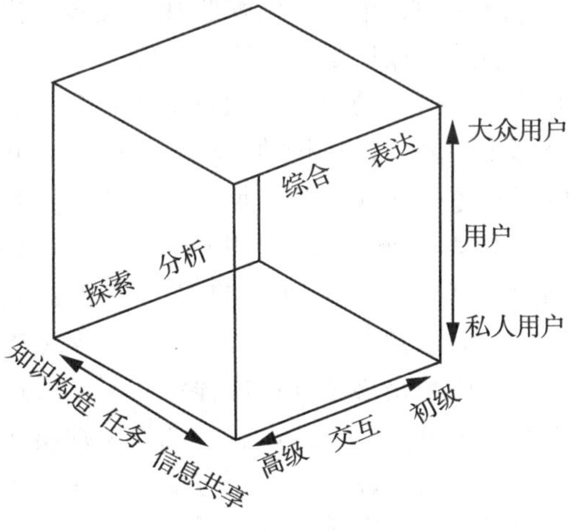

图 7-1　地图使用立方体

四个可视化目标：探索、分析、综合和表达，置于这个地图使用立方体空间的对角线上。一个极值是，探索是一个私人的、高度交互的任务，是对促进思想、产生假设以及最终的科学见解而言的。另一个极值是广大读者（如在一个专业会议或一个出版物方面）在低交互可视化水平的知识表达形成的。这两个极值被描述为创建和解释图形表达的“视觉思维”和“视觉交流”，目的是以易于阅读的图形形式传播知识。前者的任务是探索性的，后者是解释性的。

二、地理可视化的驱动力

在过去，是什么理由引起了人们对可视化的兴趣呢？有三个方面的驱动力：一是快速发展的图形和显示技术。个人计算机低成本的3D图形硬件和高度身临其境的3D环境导致了地理数据可视化技术的快速发展。但这里要强调的是将现实主义与制图的历史相比，几个世纪以来，对现实世界的成功抽象，对理解来讲更容易。确实，为了突出感兴趣的信息，地图滤除了环境中不必要的细节，如一幅基于卫星影像的道路图将是非常难用的。研究地理可视化的现实主义和抽象的、相对有利和不利的挑战性，取决于在一个单一环境，抽象和现实二者潜在的整合和问题的背景。二是需要分析和探索大量急剧增加的地理数据。对数据的获取、存储和处理增加能力和减少成本。三是互联网的兴起。互联网是专业科学家和普通公众共享地理信息的平台。可视化可以为公众利用地理信息提供较低的技术门槛，其技术发展趋势由技术驱动向以人为中心发展。

三、可视化的认知框架和地理可视化

下面讨论两个主要问题，一是视觉思维，即人们是如何感知地图和图像的，以及是如何发现模式的；二是关于传统纸质地图的图形变量的概念，并把它扩展到动态可视化技术。

（一）视觉思维

视觉思维是通过用图像代替语言描述心理信息处理过程。视觉思维的潜在能力源于在生物进化中，个人对生存的视觉线索的快速反应。虽然我们主要是通过文字沟通，但与我们环境的连接还是主要通过视觉。因此，我们的视觉感知已经进化到主动寻找我们看到的有意义的模式的强有力的系统，有时甚至把不存在的也强加进来。视觉思维往往不遵循逻辑思路，因此，在科学领域很长一段时间未被接受。到1990年，人类视觉作为科学发展的工具才引起人们的兴趣。成功的视觉思维的突出例子是魏格纳的大陆漂移理论，揭示了非洲海岸和南美人脸型的相似性；凯库勒的环形苯结构模型，或沃森发现的双螺旋DNA结构，克里克通过DNA的X射线照片模拟了这个结构。MacEachren和Ganter发展了地理可视化的认知方法，主要集中在可视化探索性方面，通过视觉思维获得新的科学见解。可视化被认为是心理处理过程，而不是通过计算机图形产生图像。尽管如此，计算机图形仍然是通过创建图形，以促进视觉识别模式或异常数据的有价值的工具。可视化不应当主要集中在创造图像方面，而应集中在使用图像创造思想。这也意味着制作精细的和高度逼真的图像对产生有效的假设是不必要的。为了成功地帮助视觉思维，有必要了解人是如何处理视觉信息的。

人们研究建议，在科学探索方面，地理可视化交互工具的模型分为两个阶段。第一阶段是“看到的”，分析员搜索视觉输入方面的模式。有两种类型的模式匹配，一种是公认的，如果它是在背景中可以预料到的；另一种是注意到的，意思是探测可能引导新见解的未曾预料到的模式，一旦模式被识别或被注意到，分析员就可以进入所谓“为什么推理”的第二阶段，或称为科学探究的验证阶段，在这个阶段，在做出判断之前，需要仔细审查以识别错误，或解释模式或异常。为了修改判断收集更多的证据，这两个阶段是交替进行的。

最后，当一个科学者坚定了某个假设，他们通常希望通过表达或发布，来与同行共享他们的见解。现在，可视化的目标是引导同行通过良好设计的图形，调用他们看到的、为什么推理的过程。如果同行科学家发现的模式本身就是作者的论点，则更令人信服。

上述的模型暗示在科学探查方面，地理可视化工具的成功与否主要取决于可被识别或被人观察的图形显示的能力。但是，私人用户识别和注意模式，不同程度地基于他的个人经验。因此，探索性的地理可视化工具必须是交互的，并允许对数据的视觉显示的修改有更宽的范围。在“为什么推理”阶段，对见解或错误探测的关键是检查来自不同角度的判断。模式识别的错误分为两种类型，一是看的错误，即看到的是不存在的模式；二是看错，没有看出解释，即丢失真正存在的模式。因为人类知觉适合每时每刻寻找模式，所以容易犯对第一类错误（如寻找云的形状）；相反，存在一种称为“科学失明”的效应，一种描述不积极寻找忽视的倾向性的现象。当不一致的需求需要重新考虑或拒绝这个模式时，跨越多个视角或方式的模式的一致性，对有效模式来讲是一条线索。

（二）图形变量

在一幅地图上，信息通常由符号、点、线和面以不同的属性（如色彩、形状等）来表达。Bertin 关于地图、图形设计及其规则，使用的是基本图形变量的概念，发布于 1967 年《符号平面设计》杂志。他提出了地图设计的基本类型学，是基于地理学家和制图学家的经历的。他提出的基本图形变量是：位置、大小、特征元素的密度或尺寸、色调、色彩饱和度、颜色值、定向和形状，这些都是与地图读者交流信息的媒介。特别是不同的色彩变量，研究目标集中在如何表达不同种类数据的效果方面。变量可以结合使用，以更丰富的形式表达相同的信息，如符号尺寸大小和色彩的结合，这为在地图上判断定量差别提供了更好的选择和工具。

根本上讲，上述的图形变量是针对纸质地图的，但是今天，图形显示技术的发展提供了一组新的用于地理可视化的变量。透明度和锐度是静态图形变量，后者用于描述地图上的一些分类的不确定性。地理可视化早已超越了静态地图的表达范围，人们提出了一些触觉、动态、声波变量，如响度、音调、持续时间、时间的定位、速度的变化等。大多数这些变量是图形变量在另一维度的类似物，如持续时间对应于大小、时间定位和空间位置，动态和声波变量则需要随着时间推移才能被观察，相对静态变量需要用户更加注意。

四、可视化方法和技术

适用于地图和科学可视化的众多技术和方法皆适用于地理可视化。下面介绍的内容是如何表达不同的需求，选择合适的技术和方法。

（一）地理空间数据

与显示任何抽象数据的信息可视化不同，地理可视化处理特定的地理数据，即数据包含地理信息。地理可视化是一个独特的功能和特别的方法和工具，需要加以充分利用。Haining 将地理数据分解为抽象属性空间和具有二维或三维的地理空间。地理数据和信息完全不同于其他类型的数据，是因为在二维或三维空间，它们具有固有的空间结构。对时空数据，时间可以看做第四维。其余的维度往往是非结构化的，对于这些抽象数据，有各种可视化方法。与根据抽象数据计算的距离相比，地理数据的距离和方向在这些维度空间具有直接意义。尽管一般的可视化方法也可以用于空间数据，但它们没有考虑属性的特殊性质。地理参考要么是一个单点，要么是整个区域。地理数据被定义为一个点还是一个区域，明显取决于它们被观察的地理尺度。

（二）二维地图可视化

许多常见的地理数据可视化方法是一些形式的地图显示，即地图是按面积进行描述的，在其图上令人感兴趣的数据是按照它们的坐标绘制的。空间变量是使用与地图绘制区域的坐标轴对应的经纬度描述的。这似乎是使用图形变量的最自然方式。但是，想象一下，人口空间产生的，在地图上某个区域的人口统计图，不是按照某个地理区域的比例，而是生活在这个区域的人口数绘制的。再者，统计图试图通过保持相似的形状和保留表述区域之间的邻接性，维护用户的心理地图。世界人口统计图如图 7-2 所示。

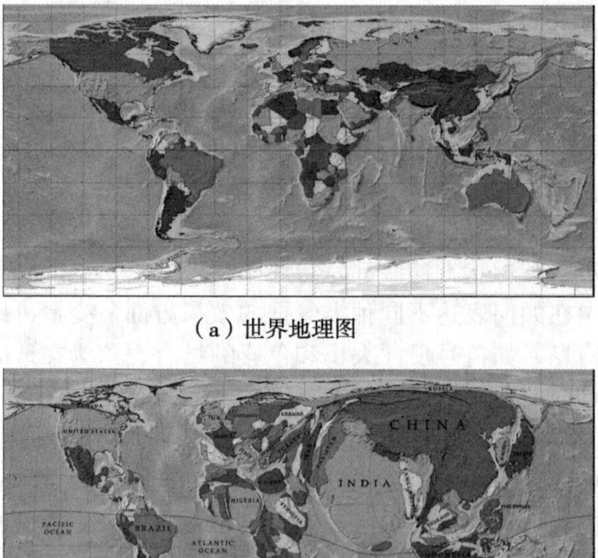

（a）世界地理图

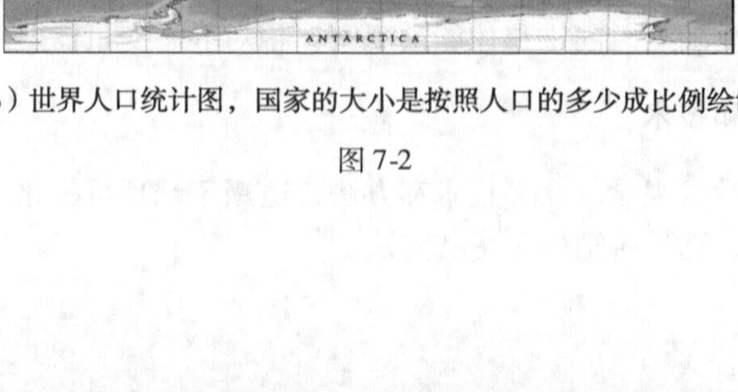

（b）世界人口统计图，国家的大小是按照人口的多少成比例绘制的

图 7-2

特别是当地图表达的焦点是表达社会、经济或政治问题时，统计图有助于按照地图的专题，将读者的注意力吸引到人口数量方面，同时避免强调面积大但人数稀少的地区。

无论是统计图还是地理图，令人感兴趣的当然是如何描述数据的抽象属性，或至少是它们的子集。其中既表达分类又表达数字数据的最流行的方法是分级等值域地图。一幅分级等值域图使用图形变量描述色彩或纹理的属性，展现非重叠区域的属性，如省区、社区或其他陆地划分单元。若干类别被映射为需要填充的区域的对应的色彩或纹理，如土地利用或土地覆盖图，显示其分类，或每个选区的选举结果，某个党派的投票百分比，或投票率，如图 7-3 所示。

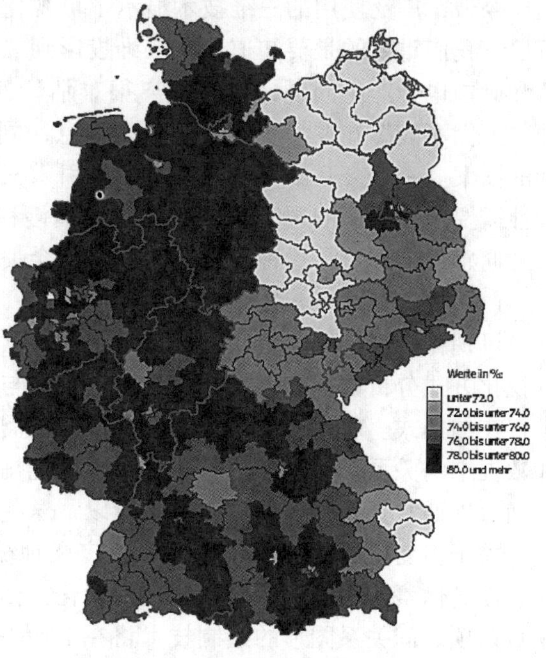

图 7-3　投票率的分级等值域图

对于无序的数据，需要良好可分辨的颜色，然而对有序的数据，重要的是找出合适亮度或色调尺度，有效表达原始数据的范围，即读者能够从色彩估计值和差别。另外，一个连续的属性值范围映射为一个连续的颜色范围，不将数值分配给一个固定数量的类。虽然分级等值域地图有助于表现数据的总体趋势，但一定会损失信息，因为读者不能将某个色彩转换为某个精确的数值。此外，分级等值域地图只能表达数据的一个或两个属性（使用一个二维颜色方案，或结合颜色和纹理）。有人提出了一种选择方法，在一幅图上表达单个或多个属性。根据属性的类型（逻辑的、数字的、名义的），使用在静态可视化中常用的条状或饼状统计图。类似地，来自于视觉数据挖掘的基于字形的技术，也可以结合用于地图显示。使用组合的字形，表达多个抽象属性的值。利用其地理参考，字形或统计图被放置在地图上，这样空间和多维抽象属性二者不被表示在一幅单一的地图上。但是，如果符号或属性的数量超过某些限制，符号就会变得很难比较。

（三）三维地图可视化

与传统的纸质地图和二维可视化方法相比，地理可视化可以向前更进一步，开发越来越多的体验式表达技术的潜力。三维可视化技术包括完整的三维图形硬件和身临其境的三维显示系统。人类生活在三维环境，我们的感觉和认知适合处理三维视觉激励信息，但关于什么时间进行三维可视化是适当的，以及如何才能够有效增强视觉思维，人们还不够了解。制图学具有长期成功地使用抽象方法在地图上描述很宽的数据范围的传统。相比而言，计算机图形技术集中于产生越来越现实的图像和虚拟环境。虚拟现实技术已经被广泛使用，如在建筑和景观规划方面，其中写实是非常重要的，根据可视化的任务，当使用抽象的视觉象征意义时，写实可能是分心的和更容易洞察的。

数据的三维表达可以分为两种类型，使用表达的三维显示物理空间的三维，使用一维或二维表达非空间数据，如收入和时间；使用全部的三维表达抽象数据。

今天，广泛使用的三维技术显示了可视化表达水平，但它是在二维屏幕进行显示的。所以，我们重要的是要知道，将三维投影到二维平面所产生的影响。深度提示信息，如视角和遮挡也会产生问题，因为距离很难估计，遮挡隐藏的目标对象取决于视点。由于遮挡，人们不能感知在深度方向的更多信息，同时 X 和 Y 轴方向正交于视线，可能传达复杂的图案。一种交互的导航控制有必要引入三维表达，如缩放或飞行。虚拟现实方法的有效性需要一定程度的现实性导航。虽然缓慢移动（如步行或飞行）通过视觉空间可以维持方向感，但像瞬移这种快速移动模式则会失去背景，用户需要重新定向。

（四）可视化数据挖掘工具

可视化数据挖掘，定义为统计学中的探索性数据分析，是以人为本的工作，目的是以可视化方式分析数据和获得新的知识。可以与计算的数据挖掘技术相对比，用于探测数据中存在的模式。有效的可视化数据挖掘工具需要以观察者容易觉察的模式显示多变量数据和数据中的关系。一般来讲，可视化数据挖掘不是为地理空间数据特别定制的。因为地理空间数据通常具有许多抽象属性，所以，这些一般技术可以用于显示数据的非空间数据属性。关于多变量的可视化技术，可以广义地分为：地理几何的、基于字形的或基于图标的、面向像素的和分层的。在地理可视化方面，几何的和基于字形的技术最常用。描述独立数据项之间关系图形的绘制技术将在下面一一介绍。

1. 地理几何技术

在地理可视化方面，常用的两个地理几何技术是散点图和平行坐标图。散点图以二维坐标的形式，按照坐标系统中的点描述对象，坐标轴对应选择的两个属性，如图 7-4（a）所示。数据集中的元素，属性具有相似的值的，在散点图中形成一个可视化的聚类。散点图的思想可以扩展到三维，但会发生深度方面的遮挡和视角问题。对多于三维的扩展，经常使用绘制包含每对属性对应一个散点图的散点图矩阵实现，但这可能造成多维模式的识别困难，因为在这个矩阵的一些散点图需要与心理联系起来。

平行坐标图，如图 7-4（b）所示是一种用单个图显示高维数据的方法。一维是用来

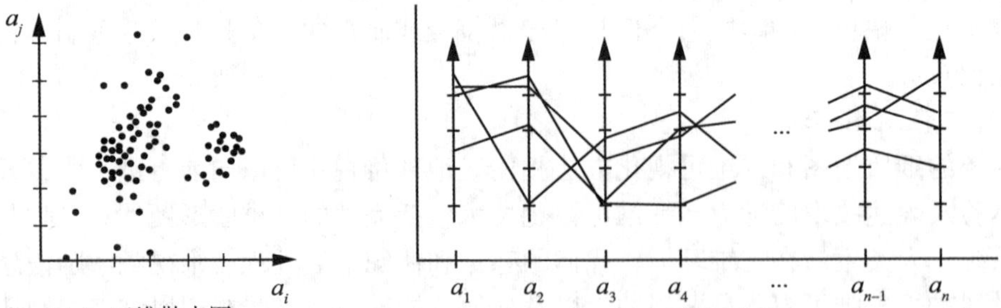

(a) 三维散点图　　(b) 平行坐标图

图 7-4　地理几何技术

定位多个平行轴，每个平行轴表达数据的一个属性。然后，数据集的每个元素按照它的属性值被特性化，即按照沿着这些轴连接，这样就建立了这个元素的地理几何断面。因为所有元素都按照这种方式绘制，用户可以通过比较断面的几何形状来识别相似的对象。但是，由于断面的数量不同，会发生过度绘制，可能会导致较差的易读性。有人估计大约一次可以显示1000个项。此外，增加属性轴的数量，可能会造成比较断面的困难。平行坐标图的另一个重要方面是沿着平行轴绘制的属性的顺序，因为这个顺序强烈影响断面的形状。因此，用户应当能够人工或基于排序算法重新排列属性。

2. 基于字形的技术

基于字形或图标的使用，将多属性值映射到一组字形的不同可视化特征元素，以表达数据对象。这种方法有两种方式；星形图，契诺夫脸形。对于后者，数据的不同变量与一个图标性的脸的面部特征有关，如口、眼、耳等的尺寸和形状，如图7-5（a）所示。使用脸形描述多维数据的动机是用于识别和比较不同脸形的人的心智。但是，不同的脸形，如眼睛的形状和脸面的面积，很难比较，再加上契诺夫脸形与人的脸相比，不是预先可以聚精会神地被感知的，于是它就没有使用其他字形的优点。

星形图描述一组属性值，是通过从字形的中心发射出来的射线的长度实现的。射线的端点连接产生一个封闭的图形，如图7-5（b）所示。契诺夫脸形特征的最大数目很快就可达到，但星形图则显示较高维的数据，可以持续增加射线数量。

基于字形的技术的优点是可以很容易地结合地图的显示技术，通过将字形图按照它的坐标放置在地图上即可。但是，随着符号或属性的增加，基于字形的技术会受到限制，如可视化识别模式的困难，或因图形数量太多产生一些问题。

（a）契诺夫脸形　　　　（b）星形图

图7-5　基于字形的技术的例子

3. 基于图形的技术

地理空间数据经常包含相关元素之间的链接，如道路、贸易联系等。探索这样的数据集包括搜索数据项之间的链接结构中的模式。包含元素之间关系的数据是按照一组节点、数据元素和一组（权重）边界（元素之间的链接）构成的图形进行数学建模的。绘制的图形的研究区域提供了可视化这个图形的多种算法。总的来说，绘制的图形强调的是寻找一个布局，即满足一定美学标准的（边界很少交叉），给定图形的边界和节点的位置。在地理可视化方面，在这样的一个布局上会有一些约束，因为节点已经有了空间位置。在一种情况下，寻找一个清晰的布局边缘是兴趣所在，例如规划路网。另一种情况下，如绘制地铁地图，网络拓扑关系是重要的，为了维护用户的心理地图，节点的位置仅满足一定的相对位置即可（如左、右、上、下等）。最后，一些数据没有任何严格的节点位置，也可以得到最好的分析，使用一般的在网络中发现图形布局模式的算法也可被定义为可视化。这类方法用于可视化的社会网络分析。图 7-6 是基于图形的技术的例子。

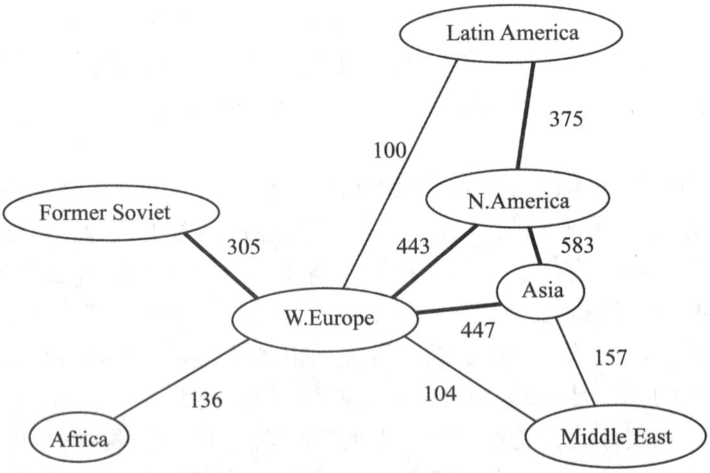

图 7-6　基于图形的技术的例子

（五）动画方法

前述的一些方法主要是以静态形式显示地理空间数据，它们可以在打印纸上进行研究。但是，在地理可视化方面，动态和交互显示才是核心概念。自 20 世纪 30 年代，制图学家一直在进行地图电影和动画地图的实验。模拟地图是将时间增加为另一个可视化维度进行数据显示。使用显示时间来直观描述时间空间，正如用空间描述大多数地图的空间一样。数据的时间周期映射为动画时间。动画的每个场景或帧与一个时刻的数据状态对应。这样，数据的时态变化是可见的。使用插值方法对动画进行光滑是必要的，以产生中间帧。场景可以按照从时间顺序排列到基于属性值的顺序排列进行记录。这对于研究发生的相似性质的点时间是有帮助的。例如，地震数据可以按照人类死亡的数量，以这样的方式显示：动画，开始时是最少的，结束时是最多的。动画也可以用于显示空间特征，如陆地上空的航班的动画。在另外一些情况下，时态维被用于显示定量属性，通过将属性值映射为频闪的符号，或闪烁的高亮显示的等值域的分类。动态可视化的时间维的存在，也潜在地说明可能使用声学变量。尽管可视化大多数关注视觉方面，但使用声音补偿动态图形，可以扩展可视化的可能性。在地理可视化中，声音的作用可以通过叙事声音和表达定量属性（如使用可变的间距），来吸引注意力，为视力障碍人士提供声音地图。

在上述地图变量的基础上，还可以扩展一些动态可视化变量，共有六个：时间位置，即事件什么时间显示；持续时间，即事件显示多长时间；顺序，即事件的时态序列；变化率，每单位时间变化的幅度；频率，即动画的速度；同步，即两个事件的时间对应关系。

动画及一组附加的可视化变量为地图的设计者提供了强大的工具。但是，动画易使用不慎，应经常提问："为什么要对这些数据制作动画？"从用户的角度看，在地图上变化的东西比出现和消失的东西更能引起注意。通过时间动态地显示变化，具有显著的缺点，特别是如果没有交互控制的话，用户具有丢失重要信息的风险。虽然可以对静态显示的数据以某个速度进行分析，但动画必须以预先定义的间隔播放。因此，比较在不同的时间点显示的数据是困难的，因为人脑通常会忘记动画先前的帧的大多数细节。

如何设计一幅有效的动画地图呢？因为动态变量比静态变量具有更大的吸引力，所以由静态变量转换来的信息应当保持简单化，如只使用具有少量分类（高、中、低）的等值域地图和相当低水平的细节。使用静态可视化技术，细节通常能更有效地显示。时态夸张，即不按比例显示持续时间，是必要的，否则，在跨越几十年的一个动画中的一个简短的事件，如地震，会让观察者错过。引导用户注意一个关键事件，可以在地图上放置闪烁的符号。一般来讲，动画地图比较适合描述地理模式，如面积的增大或变小，而不是特定的变化率。

上述的许多问题，通过给用户一个动画控制是可以避免的。在交互式动画中，用户可以控制显示的细节水平和动画的速度，这样一来会减少信息的丢失。

（六）卷帘显示方法

卷帘显示方法是将配准好的两个图层进行叠加显示，通过鼠标拖动上面图层的边缘，左右拖动图层，像卷动窗帘一样，进行两个图层之间的对比分析显示。通过按住鼠标键并在显示内容上拖动，卷帘图层将被从所拖动方向的视图中暂时擦除。卷帘显示主要用于发生变化的两个图层的对比目视解译，发现变化部分或变化信息。这个功能在一些图像处理软件和 ArcGIS 软件均有工具提供，如图 7-7 所示。卷帘图层可以选择影像和影像、图形和影像、图形和图形等组合。

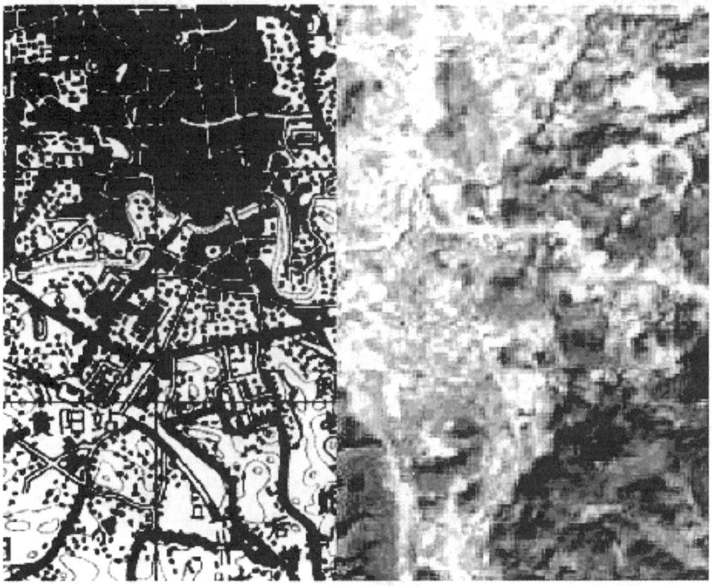

图 7-7　图形和影像的卷帘显示

（七）时空可视化

在地球科学和相关科学方面，时空数据非常普遍。许多研究的目标是揭示、分析和理解现象变化的模式，如气候变暖、人口增长或疾病传播。前面讲述了动画作为显示时态数据的方法。如果基于的时态序列与动画自身是一样的，动画方法可以很好地显示变化模式，如显示一段时间内的城市增长模式。但是，对于不太明显的模式，比较在不同时间点的数据，则有必要记住动画显示时的大量状态，甚至是通过说明时间点，使交互控制允许暂停、跳过、分步显示；同时，使用多个小的时间间隔，静态显示选择的时刻或许更有效。这时，分析员可以按照自己的速度直接比较不同时间点的属性性质。但是，同时在屏幕上显示大量图像是有限的，长的时间序列不得不分段估计。鉴于这些问题，时空数据的可视化需要多种技术支持，包括与动画技术的结合。

按照时态变化的类型，时空数据变化分为：（1）存在性变化，即特征的出现和消失；（2）空间性质变化，即位置、形状和大小等变化；（3）专题性质变化，即属性的定性和定量变化。

存在性变化的数据通常由时间、特定时刻的观测值，保持某些性质的时间周期组成，如道路拥堵数据。因此，显示这些数据的地图，总是要考虑选择的时间间隔。如果数据项是通过图形方法表达，第一种方法显示它们与时间有关的方法是使用纹理符号；第二种方法是使用颜色方案表达数据的时间；第三种方法是对空间和时间的三维表达，这是常用的方法。在一个时空立方体中，第三维对应时间，另外的两维表达地理图形空间。参考地图通常显示在对应于时间为 0 的坐标平面，数据项按照它们的空间位置和出现的时间，定位在这个地图之上。例如图 7-8，表示的是拿破仑军队在 1812 年法国征战俄罗斯的路线。

对于包含移动对象的数据，比较对象的轨迹是令人感兴趣的。静态二维地图能够显示

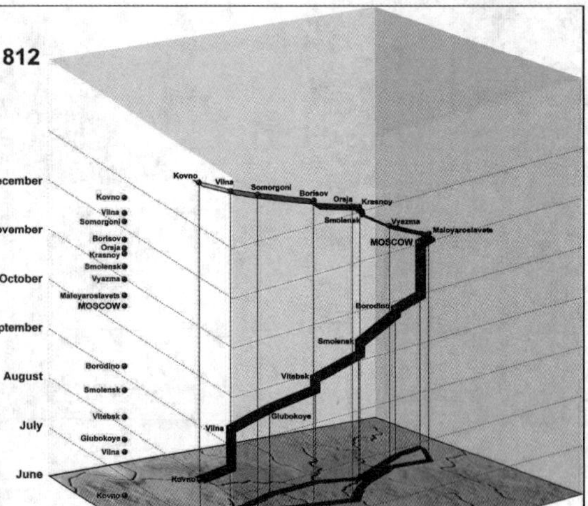

图 7-8　拿破仑在俄罗斯行军路线的时空立方体可视化

少量对象的轨迹，但以简单形式是不可能估计在不同时间点上的像速度或两个对象在交叉点相遇或刚刚被访问等这方面的情况的。可以对对象的运动制作动画，在每个时刻，对象按照它的当前位置的时间快照序列，或使用运动的历史，将轨迹放到当前时间点上。运动历史可以被限制在一个具体的时间间隔。时间快照技术适合于单目标对象，但对于多目标对象，它也能很好地观察其运动历史。用时空立方体显示轨迹，可以避免二维轨迹的缺点，因为它显示的是一个对象访问一个点的"什么时候"，而不只是"如果"。

有多种方法在地图上显示属性数据。一个非常有效和常用的方法是等值域图。将一个等值域图做成动画，能够对选择的属性值给出一个更好的概览。但是，要估计地图上特定区域的趋势，或比较两个不同区域的趋势则是困难的。将属性值增加，会减少映射为两个不同颜色的色调，可以用于评估两个部分的变化。这样的地图被限制在两个时间点。但这样的地图可能引起误导，因为真实属性值的信息丢失了。例如，关注的两个区域的犯罪数据，可能得出非常不同的盗窃率，但如果二者盗窃率按照相同的值减少，则颜色是一样的。将时间序列的图形与地图结合，可以避免这些缺点。时间序列图形是属性值时态变化的二维图，x 轴表达时间，y 轴表达属性值。绘制在同一时间的所有数据的图形，可以给出整个数据集的动态概览。为了评估局部行为，可以对地图的每个区域独立绘制时间序列数据，使用图的封闭形状作为每个区域的一个符号，类似基于字形的方法，如图 7-9 所示。这项技术允许在考虑的整个时间周期内评估变化和实际的属性值。用户可以在同一个视图探索空间格局和属性空间的模式。

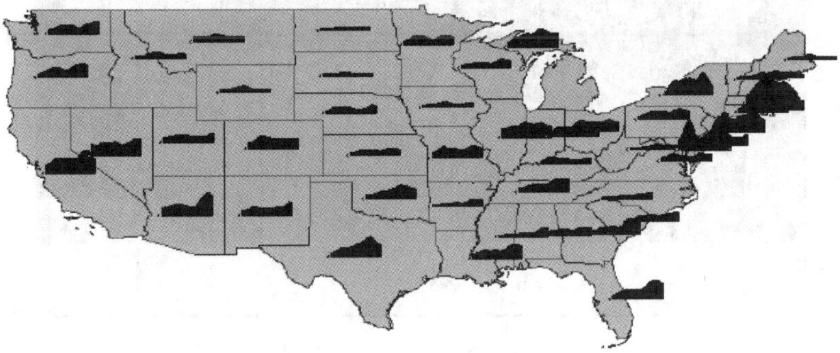

图 7-9　盗窃率的空间分布的制图表达

为了检测周期性时态模式，可以在一个三维空间使用螺旋描述时间，类似于时空立方体。使用这项技术显示事件，即具有像鸟类在某个特定的时间和地点的视线一样的存在性变化数据。根据数据的语义，事件经常展现出一些周期性表现模式。如鸟类的迁徙取决于季节，观察鸟类，需要在每年的某个地点。使用线性时间线，按照用户定义的时间间隔，在三维空间表达为一个循环螺旋线。螺旋线的每个兴趣位置被定位，在每个位置的事件沿着螺旋放置一个小图标，这样，时态距离表现为多个选定时间周期的时间点被垂直排列在螺旋上。由于螺旋的部分可能被遮挡，因此需要提供放大、漫游等显示控制，以及螺旋的周期变化。

（八）用户交互界面

交互在地理可视化方面是最重要的，特别是可视化数据探索。地理可视化的通信方式也开始向更高水平的交互转移。

在传统制图学中使用的地图，与当前的地理可视化相比，也同样受益于较小幅度的交互。例如，在纸质图上用铅笔绘图，或使用颜色标记标志点，都是交互地改变地图的一种方式。几个世纪以来，使用这些或类似的技术是唯一探索地理空间数据的方法。但是，这样的手工交互技术是浪费时间的，通常只能有限地洞悉数据。这些工作由于计算机地理可视化技术的发展，发生了巨大变化。

交互式多变量数据可视划分为两类：聚焦单个视图和连接多个视图。聚焦单个视图是指将看什么、如何看的内容聚焦在单一显示界面。可以将聚焦和操作与一个相机比较：选择一个角度，确定有关的放大倍率和细节等。交互界面通过一些控制功能，可以让用户很方便地浏览数据，如放大、缩小、漫游等，以观察数据的不同部分和细节。如图 7-10 所示。

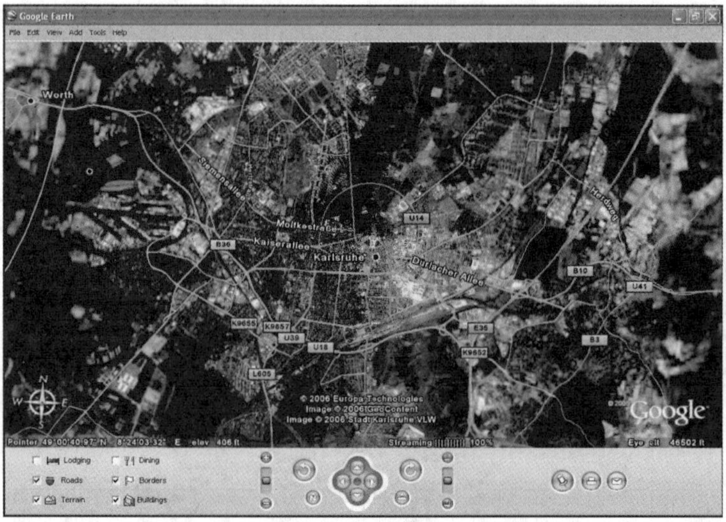

图 7-10　谷歌地球的操作界面

第二类交互方式关心的是实际数据项的显示方式。对于多变量数据，用户必须能够选择感兴趣的数据和可视化类型，如等值域图或基于字形的方式。探测的属性以及选择的属性的实际数值应当是可访问的，如当鼠标在地图上移动到一个符号上或某个区域时的工具提示信息。动态隔离被用于高亮显示地图中数据项的子集，这可以使用不同的符号描述不同的数据项的分类。在地图上，全部特征信息可能是杂乱的，但一旦动态隔离完成，它们将变成明显的。

在等值域图上，颜色方案的修改是另一个重要的方面。按类分配颜色，或按数值范围分配颜色范围，是非常简单的与等值域图交互的方式。然而，传统的纸质地图使用精心建立的颜色方案，适用于多数地图用户，但这些方案对个别分析员来讲，不是最优的。因此，应当做出改变。在一幅未分类地图中，数字直接映射到颜色的深浅，使用动态视觉对比，显示在值的范围内与数值 N 对应的属性值。为此，使用各种不同的颜色方案将 N 映射为一个中性颜色，如白色、小于 N 的值为红色，大于 N 的值为绿色，差别越大，颜色越深。这是一种分割等值域图的方法。参考值 N 可以通过点击地图上的目标选择，或通过滑动单元表达值或颜色范围选择。静态值，如均值、中值或分位数，通常用来做参考值。在分类地图上，属性值的范围被划分成一组独立的和不同的颜色，然后分配给每个间隔。因此，经常使用动态分类，即通过转移间隔边界或改变类的数量，交互修改相关的类。

最后，将数值范围映射到等值域图的色调，或条形图的高度，是可以修改的。这种映射通常是一个线性函数，因此，值的异常值的分布可能会引起大多数值的低的颜色分辨率。为了减少这种影响，可以使用动态聚焦，将全尺度的颜色映射到消除了异常值的值的子范围。子范围的左、右值，简单地用最大、最小颜色值给定颜色。在统计图中常使用非线性函数，将地图值映射为颜色，但对于等值域图这是不常用的，因为可视化分析很大程度取决于即时表达。反映接近的数据，相似的颜色不再是必要的。但是，对于散点图，如果目标是发现两个属性之间的功能关系，非线性转换（如对数尺度）是可以接受的。

平行坐标图或基于字形的绘图技术的可视化工具取决于属性顺序。对平行坐标图或星形图的坐标轴进行排序，并将脸部特征分配给契诺夫脸的属性，对平行坐标图和字形图的几何形状或产生重要的影响。应该给用户改变这些性质的机会，允许他们用不同的视角观察同一组数据。关心异常值和可视化分辨率问题，如等值域图那样的处理方法，也适合平行坐标图。

对动画地图，需要为用户提供控制动画的功能。可以像空间中的操作那样，提供对时间操作的控制。时间导航工具提供随线性时间线滑块变化的功能，用户可以移动它到选择的时间点或时间区间。复杂一些的时间导航工具有时间轮等。

地理可视化的交互操作的全部潜力在于在一个屏幕上链接同一数据的多个视图。链接的基本方法是在对各视图中同时显示同一数据项。通常与刷新技术结合使用，即通过点击或框选要显示的对象。刷新技术原本用于散点图矩阵，即在一个散点图中显示的点，在另一个散点图中同时显示，以评估两个属性之间的关系，如一个属性是否包含另一属性的一部分。这个技术被扩展到地理刷新，以链接具有散点图或其他可视化数据挖掘工具的地图。链接和刷新的例子如图 7-11 所示，显示的是一个散点图、一个地图视图和一个平行坐标图之间的链接和刷新。在散点图中，选择一个人均收入的异常点和贫困的百分比点，地图显示它的对应位置是纽约，而平行坐标图则用来分析其他的统计属性。

在地理可视化系统中，应当链接不同的视图。突出显示散点图中一个点聚类，或平行坐标图的一个聚类，可以在与它们相联系的地图视图中显示对应对象的空间格局。例如，如果有一组对象，在平行坐标图中具有相似的可视化显示，分析员或许要问，这些对象在地图上是位于相同的区域，还是分散在整个国家，或仅仅是在农业区域。因此，来自一般模式的异常值得以定位和更彻底的审查。同样，当用户在地图视图选择一个空间聚类时，同样可以使用其他的视图分析它们在属性空间的行为。如果地图是等值域图，那么链接和刷新可以直接在所有视图中自动地使用相同的颜色方案表达对象。这样，分析员可以从心

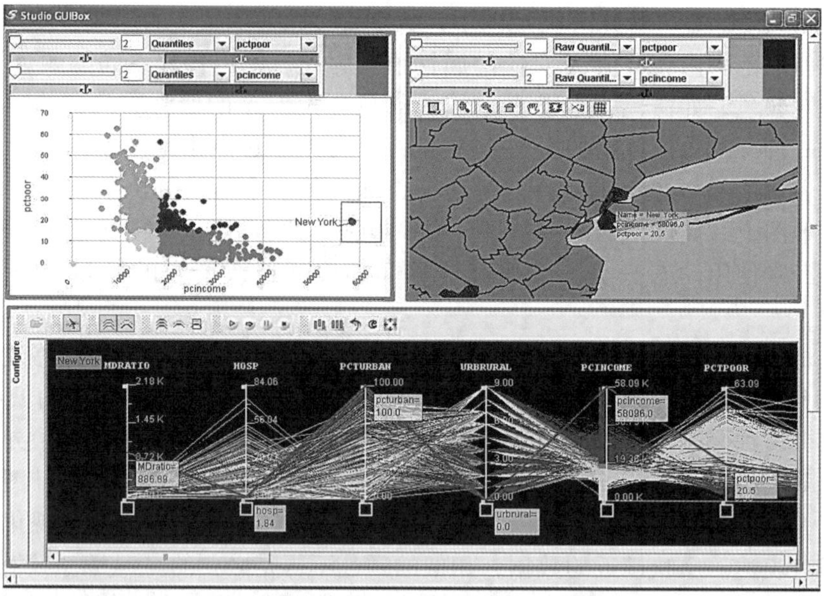

图 7-11　GeoVISTA Studio 软件截图

理上链接多个视图，因为等值域图的分类在所有视图中被明确标识。在等值域图中改变类的分配，其他链接的视图会立即得到更新。

总之，多视图链接和刷新的交互界面可以有效避免第一种类型和第二种类型的可视化错误。

（九）可视化与计算探索分析方法的结合

到目前为止，描述的可视化和交互技术对于小的或中等大小的数据集的数据探索任务看起来是最成功的，即上至数百个数据项和少至数十个属性。但是，在实际应用中，地理数据集大小在持续增长，并具有更高的维数。对于具有高维属性的大数据量，人的视觉不能够成功区分其模式。可视化大数据集会导致地图或其他显示出现数据项重叠的混乱和符号小型化，这样使数据项的性质很难看得出来。变焦不能改变这些问题，可以有助于避免重叠和放大小的符号，但是以失去对数据的总览为代价的，这恰恰是重要的。

另一方面，在一些领域，已经开发了一些计算方法，如机器学习和数据挖掘领域，可以分析大数据量和自动提取知识。但是数据挖掘方法受限于模式解释能力，还容易丢失具有不平常的、非线性形状的模式。解释潜在的模式，对于没有领域专家知识的计算方法也是异常困难的。

凭借它们的优势和弱点，计算方法和可视化方法彼此是互补的。这两种方法的集成，整合了它们的优点，促进了地理空间数据探索的进一步发展。集成了这两种方法工具的数据探索是一个迭代过程。初始计算分析的结果以图形的方法显示，作为分析员进一步审查数据的基础。使用可视化工具，自动探测到的模式需要解释和探索。质疑单次运行的结果是非常重要的。通过交互式改变数据挖掘方法的参数，用户必须能够验证模式和它们的可靠性。

这种集成的例子是，使用自组织图（self-organizing map，SOM）作为神经网络的格式，使用 K 均值进行聚类。这两种方法结合用于探测数据中的聚类。聚类的概念彼此相似，但不同于其他聚类中数据项的子集。这意味着需要在属性空间有一个相似的测度，如基于欧氏距离。在探索性环境，目标是发现未知的关系，模式没有预定义的形状。因此，有必要用没有预先假设模式形状的计算方法，让数据自己说话。

有这样一个 SOM 的例子，基本思想是将高维数据投影到二维表面给定的格网节点，保留相似性（可能是非线性的），并被转换到空间邻近性：在相同节点内的数据项最相似，在一个节点上的数据项和其他节点上的数据项之间的相似性随着到这些节点距离的增加而减少。对于地理空间数据自身的 SOM 损失了一些重要信息。首先，聚类数据项的地理位置不能从 SOM 视图中提取，其次，每个节点的属性值的表达不能显示。这可以通过将 SOM 视图，SOM 的地图视图和一个平行坐标图关联，解决信息丢失问题。

如图 7-12 所示的等值域图描述的是美国肯塔基州、宾夕法尼亚州和西弗吉尼亚州的 156 个县，SOM 的节点使用了二维颜色方案（用户可以改变）进行分类标识，相近的节点具有相似的颜色。视图中灰色的六边形描述的是 SOM 中相邻节点的属性空间的距离。等值域图和 SOM 的颜色方案是一致的，节点对应于相应的县。这可以让用户在一个单一的视图中，通过比较空间的邻近性来比较属性空间的邻近性。平行坐标图用于分析 SOM 所有节点的属性。这三个视图也使用了链接和刷新技术。

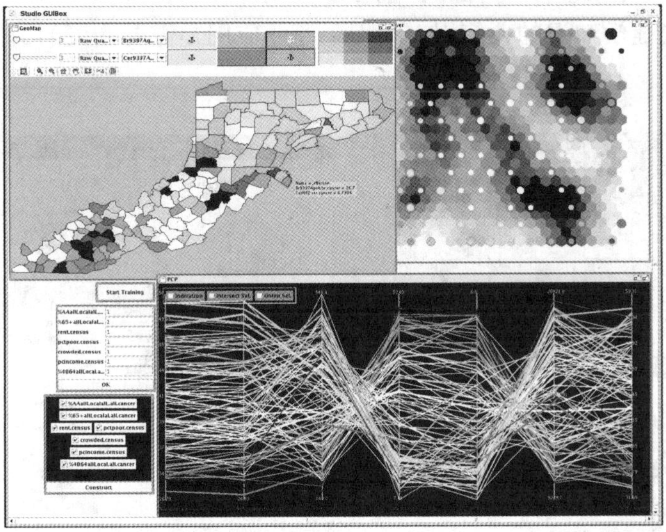

图 7-12　GeoVISTA Studio 的截图（癌症数据），等值域图、平行坐标图和 SOM 的集成

五、地理可视化的工具软件

一个开发良好的地理可视化软件系统，对用户来讲，无疑是将可视化方法和技术集成应用的良好工具。但是，设计开发这样的通用工具是具有挑战的，因为要支持的用户需求和分析的任务各自都是非常不同。因此，用户应根据要解决的问题和使用的方法和技术，

灵活选择或配置可视化的软件和环境，以满足分析和可视化的需求。下面介绍的是五种商业化的地理可视化软件系统。

（一）ArcGIS 或 ArcView 软件

该软件提供了大量的专题制图和地理空间数据分析工具，主要用于行政和工业环境，如应急规划、选址规划或市场规划等。

（二）XGobi 软件

该软件 1996 年初次发行，是一个通用的数据可视化系统。支持散点图和平行坐标图的链接，是一个免费使用的工具，具有与 ArcView 软件的关联接口。

（三）制图数据可视化器（cartographic data visualizer，CDV）

CDV 将制图和抽象数据可视化组件集成到单一的应用，2000 年发布，是在互联网上免费使用的软件。CDV 提供了动态等值域图、人口统计图和类似平行坐标图的制图和显示功能。将图形符号作为界面元素，可以访问细节信息或选择的数据子集。支持多个视图之间的链接技术。

（四）Common GIS 软件

该软件是一个集成的地理可视化环境，已经实际应用于学术研究、行政管理和商业领域。集成了多种地理可视化技术，如等值域图、条状图、饼状图、动画地图、时间序列图、时空立方体、平行坐标图、散点图等，如图 7-13 所示。其界面支持聚焦、刷新、多视图链接、属性动态范围选择等操作；也可以实现计算数据挖掘技术。亮点之一是可以满足没有制图经验或地学知识的人使用。如用于商业应用是需要购买的，但用于学术研究则是免费的。

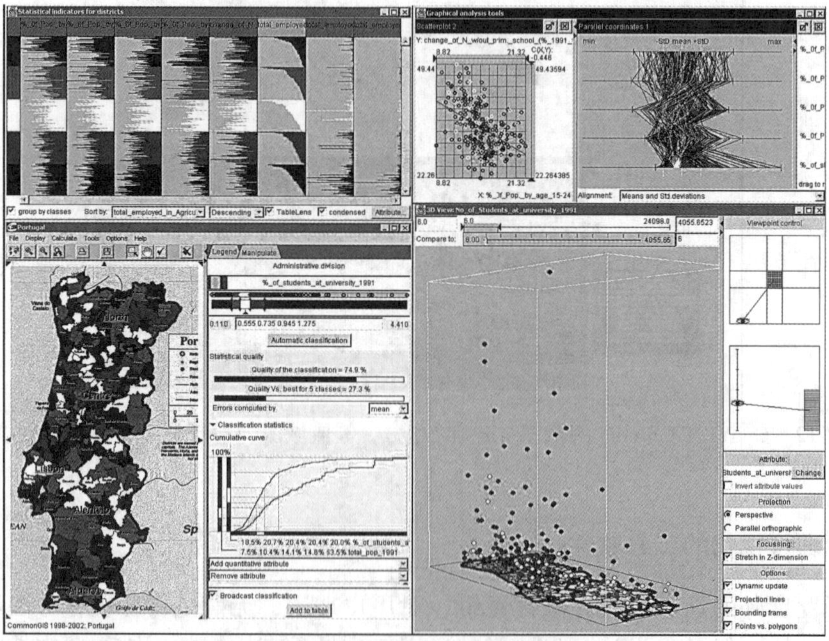

图 7-13　Common GIS 的截图

（五）GeoVISTA Studio 软件

该软件是一个地理可视化的开源软件，是一个面向组件的系统，可以集成广泛的计算和可视化分析两方面的方法和技术。可以通过可视化编程语言产生用户定制的系统，允许集成不同的地理可视化组件。该软件本身也提供了大量的计算和可视化组件供用户开发使用。由第三方开发的 Java Beans 组件也很容易地集成进来。

第三节　探索性数据分析中图形绘制基本方法

在探索性数据分析中，总是将计算的结果用图形的方式表示，因为图形表示更容易理解。常用的图形方法有直方图（histogram）、茎叶图（stem-leaf）、箱线图（box plot）、散点图（scatter plot）、平行坐标图（parallel coordinate plot）、雷达图（radar plot）等。一些图形在前面介绍相关的内容时已经提及或使用过，本节主要介绍常用的几种图形的绘制方法。

一、箱线图的绘制方法

在箱线图的绘制中，涉及几个参数，分别是中位数、上或下四分位数、四分位数极差、三均值、异常数据和极值数据等，分别描述数据集的集中性、分散性和极值数据的分布。

（一）中位数

设某一变量的 n 个记录为：x_1，x_2，…，x_n，数据的数值从小到大的排列为：$x_{(1)}$，$x_{(2)}$，…，$x_{(n)}$，最小值和最大值分别为：

$$x_{(1)} = \min_{0\leqslant i\leqslant n} x_i\ ,\ \cdots,\ x_{(n)} = \max_{0\leqslant i\leqslant n} x_i \tag{7-1}$$

则中位数（M）是从小到大排列的数据队列中位于中间位置的数，用公式表示为：

$$M = \begin{cases} X_{(\frac{n+1}{2})}, & n\text{ 为奇数} \\ \frac{1}{2}(x_{(\frac{n}{2})} + x_{(\frac{n+1}{2})}), & n\text{ 为偶数} \end{cases} \tag{7-2}$$

中位数在描述数据集数值的集中性时，如果分布是对称的，即以中位数为界，大于和小于中位数的数据各占 50%，则中位数和均值、众数是一致的。中位数的显著特性是具有均值所不具有的稳健性，即不受或很少受异常值的影响，虽然是数值，但本质是排序的位置。排序数据的最大值和最小值之差为极差（R），描述了数据集的分散性。

$$R = x_{(n)} - x_{(1)} \tag{7-3}$$

（二）分位数

分位数（quantile）是另一种利用数据值的位置顺序描述数据集特征的统计量。设 p 是介于 0 到 1 之间的一个数值，$0 \leqslant p \leqslant 1$，有 n 个位序统计量，则 p 分位数定义为：

$$Q_p = \begin{cases} x_{([np]+1)}, & np\text{ 不为整数} \\ \frac{1}{2}(x_{(np)} + x_{(np+1)}), & np\text{ 不为整数} \end{cases} \tag{7-4}$$

其中，[np] 表示取整，最常用的分位数是 $p=0.75$ 和 $p=0.25$，分别记为 Q_3 和 Q_1，含义是：小于 Q_3 和 Q_1 的数据个数分别占数据总数的75%和25%，分别称为上、下四分位数。上下四分位数的差值称为四分位数极差（H）：

$$H=Q_3-Q_1 \tag{7-5}$$

H 是度量数据分散性的重要统计量，特别是具有异常值的数据，度量数据的分散性具有稳健性特征。若数据序列 x_1，x_2，…，x_n 服从正态分布 $N(\mu, \sigma^2)$，则其总体的上、下四分位数分别为：

$$r_3=\mu+0.6745\sigma,\ r_1=\mu-0.6745\sigma \tag{7-6}$$

总体的四分位数极差为：

$$r_p=r_3-r_1=1.349\sigma \tag{7-7}$$

即

$$\sigma=\frac{r_p}{1.349} \tag{7-8}$$

当数据中存在异常值时，标准差 σ 缺乏稳健性。可以得到具有稳健性的标准差的估计值为：

$$\hat{\sigma}=\frac{R_p}{1.349} \tag{7-9}$$

称为四分位标准差。对于任何的数据序列，可作为数据分散性的稳健性度量。

（三）三均值

均值 $\bar{x}$ 和中位数 M 都是描述数据集分散性的统计量，但是前者使用的是数据序列的全部信息，后者只使用了数据的少量信息，因此，在没有异常数据的情况下，均值比中位数能更好地反映数据的集中性，但同时也是后者比前者更稳健的原因。因为数据序列中的每个数都以 $1/n$ 对均值产生贡献。综合考虑稳健性和代表性两个方面，可以考虑将中位数以及上、下四分位数三个取均值（$\hat{M}$），构成三均值统计量。

$$\hat{M}=\frac{1}{4}Q_1+\frac{1}{2}M+\frac{1}{4}Q_3 \tag{7-10}$$

（四）异常数据和极值数据

异常数据（outlier）是产生均值不稳定的原因，判断一个数据集中的数据是不是异常数据的标准是，设 A_1 和 A_3 分别为异常数据的上、下截断点，则：

$$A_1=Q_1-1.5H,\ A_3=Q_3+1.5H \tag{7-11}$$

即非异常数据的分布区间为：

$$(A_1, A_3)=(Q_1-1.5H,\ Q_3+1.5H) \tag{7-12}$$

数据集中大于上截断点或小于下截断点的数据，都是异常数据。异常数据的分布区间分别为：

$$(x_{\min}, Q_1-1.5H),\ (x_{\max}, Q_3+1.5H) \tag{7-13}$$

在异常数据中还可以进一步分离出极值数据（extreme data），分布区间为：

$$(x_{\min}, Q_1-3H),\ (x_{\max}, Q_3+3H) \tag{7-14}$$

（五）各统计量在箱线图上的位置

图 7-14 所示是一个箱线图，其中，矩形表示上、下四分位数的数据分布，中间的横线为中位数的位置。从矩形的两端各画一条直线到非异常值的最大和最小数值点，这条线称为须线（whisker），在这一点各画一条和虚线垂直的短线，表示非异常值的最大和最小值的位置，在最大和最小值之外的异常值，用“○”表示，极值值用“ * ”表示。

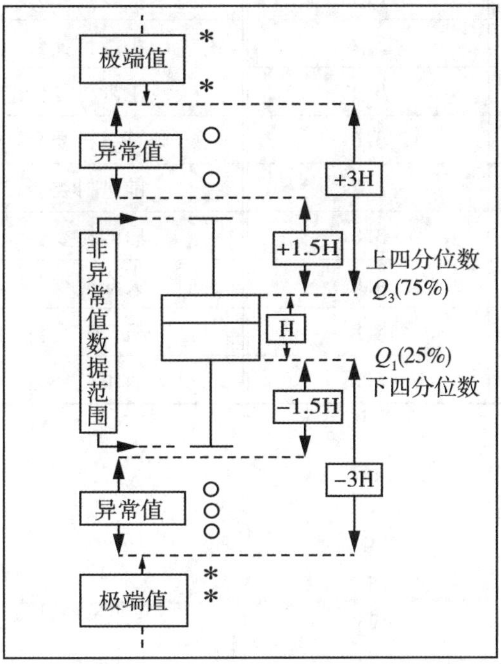

图 7-14　中位数、分位数、异常值和极端值的分布（箱线图）

二、茎叶图和直方图的绘制方法

茎叶图和直方图都是表示数据分布的图形，在揭示数据分布特征方面，如对数据分布的对称性、集中性、分散性和一场数据的存在性等方面，具有共同点。由于茎叶图使用的是数据值的本身，而不像直方图使用的是面积，因而茎叶图能够更细致地刻画数据的分布结构。茎叶图绘制的关键是行数的选择和分组。其方法同样适合直方图的绘制。

（一）茎叶图的绘制

下面以表 7-1 中数据为例，说明茎叶图的绘制方法。表中人口百分比数据按照数值的大小已经排序，数据值最小为 1.9，最大为 8.6。

茎叶图是这样构造的：将数值用符号“｜”进行分割排列，小数点前的数作为茎，小数点后的数作为叶，如 1.9 写成“1｜9”的形式。每个数值都按此处理，然后分成茎、叶两列。整数位相同的放在一行，小数位从小到大依次排列，如图 7-15 所示。图中，20 个数据分成了 8 组，可能会导致分布不合理。可以将其分为 4 组，根据茎上的数据，从小到大，两组合并为一组，得到合并后的茎叶图（图 7-16）。从图 7-16 可以看出数据集中分布的趋势。

表 7-1　　**塘镇各个人口普查区域占区域人口的百分比**

居委会	人口百分比(%)	居委会	人口百分比(%)
小三村委会	1.9	一心村委会	5.3
虹四村委会	2.4	虹一村委会	5.4
虹二村委会	3.2	小湾村委会	5.6
吕三村委会	3.4	王港村委会	5.6
暮二村委会	3.6	暮一村委会	5.6
新镇村委会	3.7	前进村委会	5.8
虹三村委会	3.8	唐四村委会	6.0
新虹村委会	4.0	大众村委会	7.9
民丰村委会	4.8	机口村委会	8.2
大丰村委会	5.2	唐镇村委会	8.6

茎	叶	频数
1	9	1
2	4	1
3	2 4 6 7 8	5
4	0 8	2
5	2 3 4 6 6 6 8	7
6	0	1
7	9	1
8	2 6	2

图 7-15　茎叶图

茎	叶	频数
1	9 4	2
3	2 4 6 7 8 0 8	7
5	2 3 4 6 6 6 8 0	8
7	9 2 6	3

图 7-16　合并后的茎叶图

为了合理地表示数据分布，上述例子简单地对数据进行了分组。实际上，合理选择茎叶图的行数所包括的数据个数、范围，可以按照下面的方法确定。对于样本数为 n 的数据集，行数的计算方法有：

$$L = [10\log_{10} n] \tag{7-15}$$

$$L = [2\sqrt{n}] \tag{7-16}$$

$$L = [1 + \log_2 n] \tag{7-17}$$

式中，[ ] 表示取整数。当样本数小于 100 时，使用式（7-16）；当样本数大于 100 时，使用式（7-15）；当样本数不超过 30 或 40 时，使用式（7-17）。

（二）直方图的绘制

直方图的绘制方法与茎叶图类似，这里只讨论直方图区间宽度的选择方法。茎叶图行数的计算实际上为直方图区间宽度的计算提供了依据。以式（7-17）为例，设数据的极差为 H（四分位极差），则区间宽度 h 为：

$$h = \frac{H}{L} = \frac{H}{1 + \log_2 n} \tag{7-18}$$

三、散点图和散点图矩阵

散点图是分析两个要素或变量之间关系时常用的方法和技术。散点图的绘制方法是将两个变量的坐标点对绘制在以这两个变量为坐标系统的平面上，如（x，y）平面。在分析变量之间的关系、判断异常点和数据的分类等方面具有重要作用。

（一）散点图与变量之间关系的可视化

下面通过四组数据的分析（表 7-2），展现散点图的作用。尽管统计分析得到的结果是相同的，但通过散点图的可视化，却可以清楚表现出变量之间的差异性。图 7-17（a）、（c）是线性关系，图（b）是非线性关系，图（d）存在数据异常。

表 7-2 用于构造散点图的数据

编号	1		2		3		4	
	x	y	x	y	x	y	x	y
1	10.0	8.4	10.0	9.1	10.0	7.5	8.0	6.6
2	8.0	7.0	8.0	8.1	8.0	6.8	8.0	5.8
3	13.0	7.6	13.0	8.7	13.0	12.7	8.0	7.7
4	9.0	8.8	9.0	8.8	9.0	7.1	8.0	8.8
5	11.0	8.3	11.0	9.3	11.0	7.8	8.0	8.5
6	14.0	10.0	14.0	8.1	14.0	8.8	8.0	7.0
7	6.0	7.2	6.0	6.1	6.0	6.1	8.0	5.3
8	4.0	4.3	4.0	3.1	4.0	3.1	19.0	12.5
9	12.0	10.8	12.0	9.1	12.0	5.4	8.0	5.6
10	7.0	4.8	7.0	7.3	7.0	8.2	8.0	7.9
11	5.0	5.7	5.0	4.8	5.0	6.4	8.0	6.7

样本数量=11	平方和=110.0
Mean x =9.0	回归平方和=27.50
Mean y =7.5	残差平方和=13.75
y 关于 x 的回归系数=0.5	标准差 b =0.118
回归方程 $y = 3 + 0.5x$	$r^2 = 0.667$

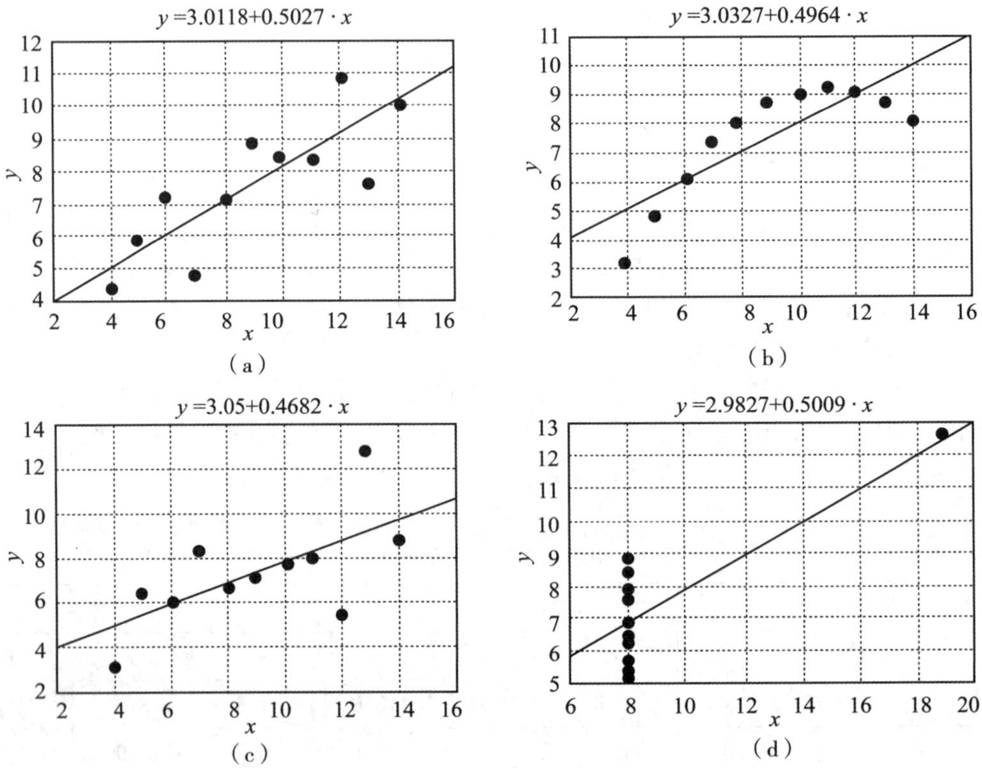

图 7-17　散点图

（二）散点图与异常值分析

异常数据或者有着特别的价值，或者会引起错误的结果或判断。异常数据一般是非典型的、较少见的观测数据。在回归分析中，异常数据对回归方程和数据关系会产生重要影响，可能导致虚假的数据关系。图 7-18 表示在异常点没有消除之前，两个变量的相关系数为 0.88，表明存在强相关。异常点消除后相关系数为 0.08，数据关系处于随机水平。

如果对于样本较小的数据集，需要仔细判断是否包含异常数据。是否剔除异常数据，对变量关系将产生很大影响。图 7-19 分别提出了 1～4 个数据点，对应的相关系数从 0.26 逐步提高为 0.41、0.54、0.68 和 0.94。

（三）散点图与不同类别的数据

上面所述的异常数据可能来自另外的数据类型。图 7-20 通过一个空间化的例子说明了错误地估计数据关系带来的结果。散点图中的两个变量是房屋价格和人口密度的关系。图 7-20（a）在一定程度上说明了房屋的价格和人口密度之间存在正相关的关系。事实上，这些数据是来自两个调查区域的样本，按照区位作散点图（图 7-20（b）），可以发现这样的事实：任何一个区位的人口数和价格之间的关系都是负相关关系。

（四）散点图矩阵

散点图给出了两个变量之间的关系，但在一些研究中，需要分析多变量之间的关系。

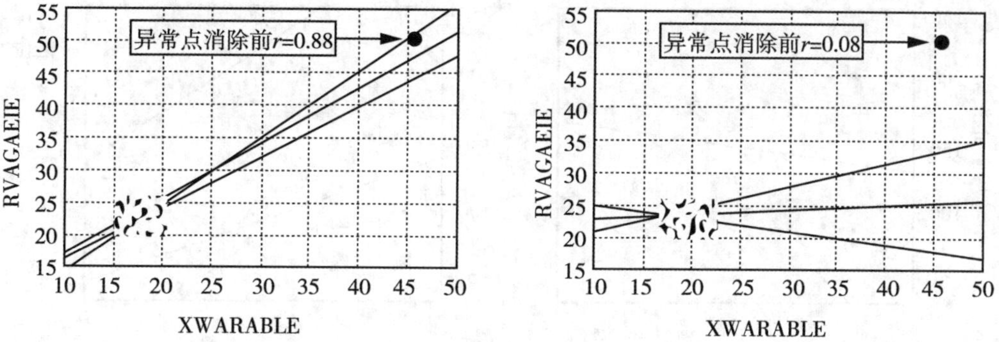

图 7-18　异常数据对于变量关系的影响

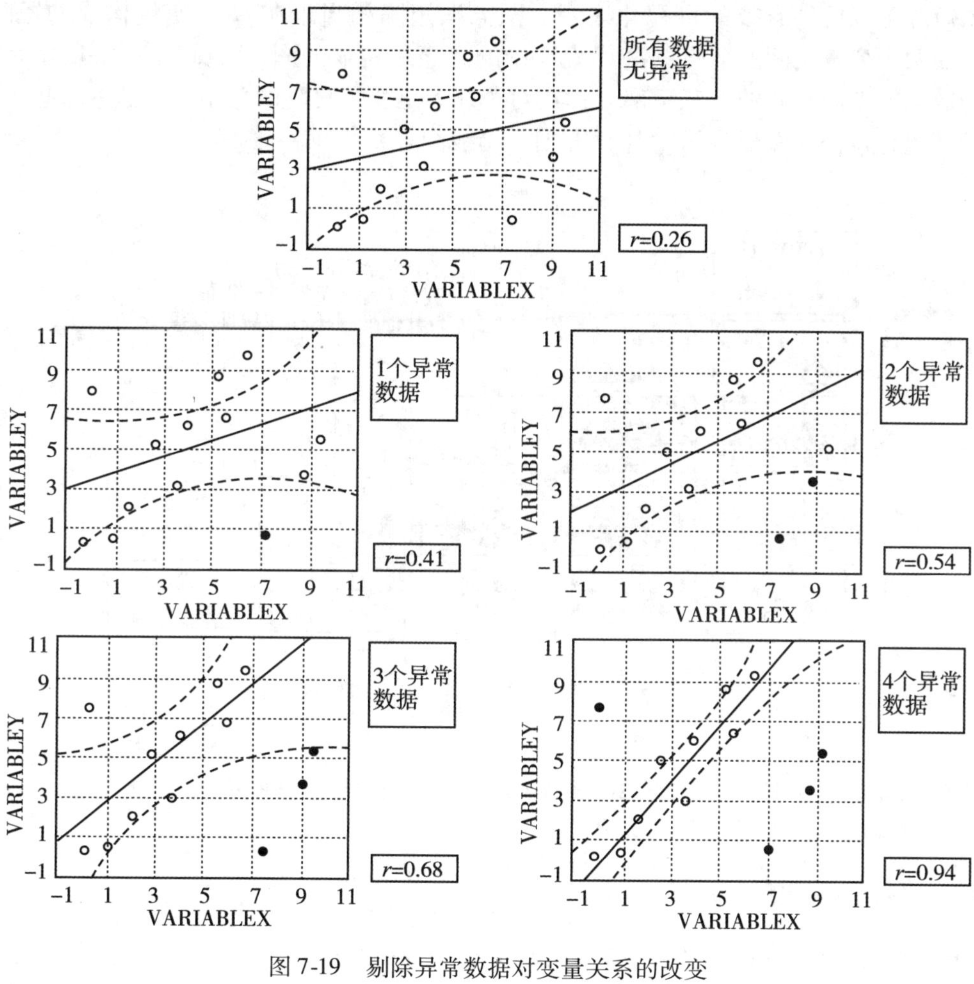

图 7-19　剔除异常数据对变量关系的改变

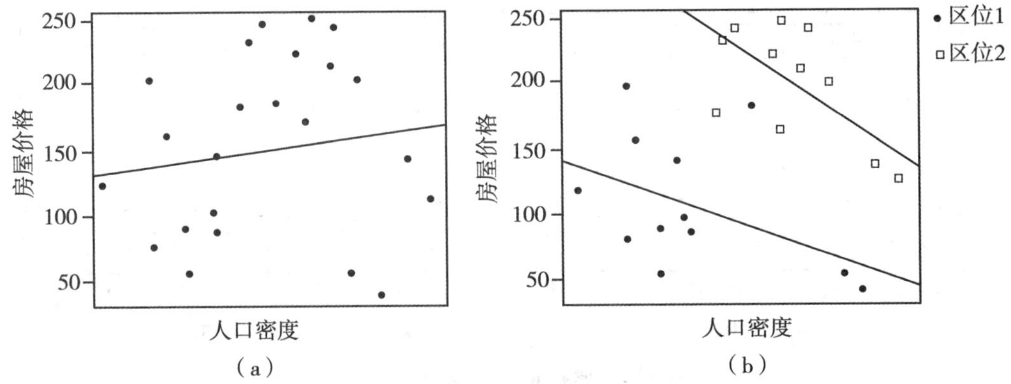

图 7-20　散点图表示变量中存在的两种关系

散点图矩阵可以提供有效的可视化表示。散点图矩阵相当于在 m 个变量构成的矩阵中，用相应的两个变量之间的散点图替代矩阵中的元素所构成的图形。如图 7-21 所示是 5 个变量构成的散点图矩阵的下三角部分，在对角线上是变量自身的关系，在这些位置上一般用测量其统计特征的图形表示（如直方图、箱线图等）。

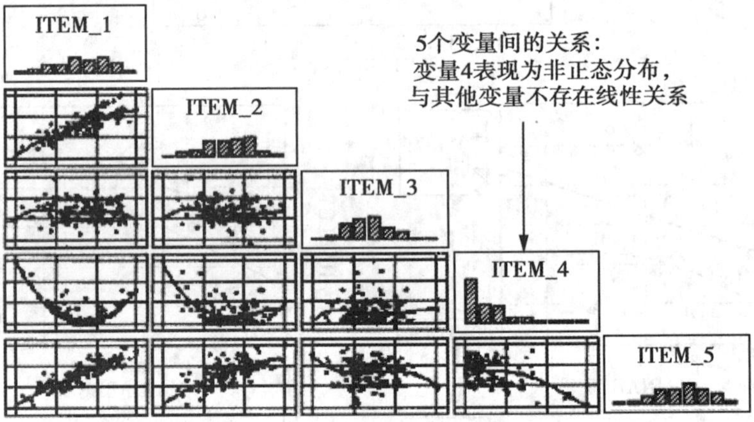

图 7-21　5 个变量之间的散点图矩阵

当变量数足够多时，散点图矩阵表示的细节信息可能不够充分，另外一个限制是，三点图只能表示成对的变量之间的关系。

四、平行坐标图的绘制

箱线图、茎叶图和散点图等主要是表示一个变量的分布特征和两个变量之间的关系。虽然散点图矩阵可以表示高维数据空间关系，但不能直接表示 m 个变量之间的关系。平行坐标图是在二维平面上表示高维空间中变量之间关系的技术。

在传统的坐标系中，所有的变量轴都是交叉的，如直角坐标系是正交的，平行坐标系中的所有变量的轴都是平行的。将相邻的两个坐标轴的间距设置为某个值，比如为1，坐标轴之间是平行的，在这个坐标系中，可以将三维以上的空间点、线和面绘制出来。

在数据分析中，m 个变量的一次观测值是高维空间中的一个点。与散点图一样，假设能够在高维空间中画出所有的点，就可以用可视化的方式表示高维变量之间的关系，分析其是否存在聚集性、异常点等。但是超过三维的数据空间则难以用传统的坐标系表示。平行坐标轴解决了这个问题。m 维空间中的点在平行坐标图上被表示为由 $m-1$ 段线段构成的一条折线，图7-22所示是一个六维空间点（-5，3，4，-2，0，3）的平行坐标图。

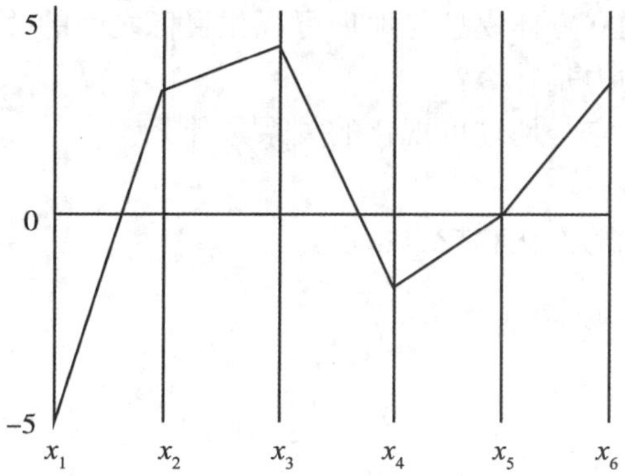

图7-22　平行坐标图表示一个6维空间的点

在平行坐标图中，每条线可以设想为给定的一个观测实力的“廓线”。线段的现状给出了关于 m 个变量的信息。在实际应用中，对于连续变量，需要首先进行离散化，然后绘制平行坐标图。图7-23所示是一个7个变量的实例。为了观察数据的分布特征，在高维空间经常采用旋转坐标轴来改变观察的角度，但平行坐标图同样可以，只需要改变坐标轴排列的位置就可以实现。

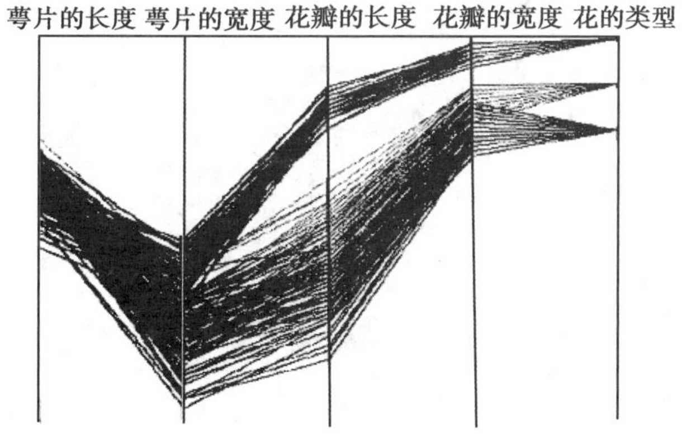

图7-23　平行坐标图实例

平行坐标图可以在二维空间考察分析 m 维变量的相关性，但是为了表示 m 维数据，所有的变量都以折线的形式绘制在平行坐标图上，对于大数据集，容易引起视觉的混淆。其最大的作用是：可以突出显示异常数据；根据某一变量选择数据集；可与其他的可视化技术结合，探索数据集中的模式。

思考与练习题

1. 地理监测成果的表达类型有哪些？分析各个类型的表达特点。
2. 如何理解地理监测成果表达内容之间的关系？
3. 如何理解地图使用立方体模型与地理可视化目标之间的关系？
4. 地理可视化的驱动力是什么？
5. 什么是视觉思维？它与地理可视化的关系是什么？
6. 地图变量包括哪些？
7. 请比较地理可视化的方法和技术特点。

第八章　动态地理信息系统与共享服务

地理监测活动是动态观测和分析活动，时空数据的存储、管理、建模、分析和动态显示需要动态地理信息系统软件功能的支持。地理监测活动数据的多源性以及信息服务，需要建立分布式的共享信息平台和服务平台。本章就动态地理信息系统的概念、动态地理信息共享服务的概念以及地理监测成果发布的方式方法进行概要介绍。

第一节　动态地理信息系统

在信息系统的应用方面，有两种趋势是值得注意的，一是对空间位置的应用，二是对时间的应用。

地理位置在信息系统中变得越来越重要。过去，一些信息系统很少或不使用地理位置。例如，银行或其他金融机构的信息系统主要关注的是感兴趣的属性值的数量(如有多少钱)；一些经济数据统计信息系统关注对数据的统计分析。然而，像这样的一些信息系统，也开始变得复杂起来了，它们开始关注将数据进行空间化，以进行数据的空间特性的分析。

时间在信息系统中变得越来越重要。地理信息系统对空间动态过程的模拟应用研究已经取得了不少成果，并逐渐成为研究应用热点。然而，多数商业 GIS 软件包都是以静态的方式表达空间和属性数据的，没有考虑对时间和过程的表达。一些非空间信息系统，除了上述开始关注位置信息外，也开始关注时间信息的应用。例如，银行信息系统在计算利率、评估长期投资的复合回报等方面，这些数量取决于存款和贷款的时间。

因此，对于具有明确时态特征要求的 GIS 开发，需要新的、可以对更复杂的世界扩展表达能力的、更具包容性的数据模型。动态 GIS 的动态特性表现在以下几个方面：(1)数据信息和数据模型具有动态性，如数据时空的特性、时空数据表达模型等；(2)数据分析模型具有动态性，如动力学模型；(3)数据显示的动态性，如空间现象或过程的模拟、动画显示等；(4)系统配置或系统规模的动态性，如构建的系统扩展模块的动态加载，通过松耦合构建的面向服务的系统等，使系统的功能配置和规模不再是固定不变的。

一、从 GIS 到 TGIS

从 GIS 到 TGIS(时态或动态 GIS)是信息系统技术发展的必然规律，面对不断变化的世界，这是完整表达和分析来自这个世界数据的基本要求。

(一)GIS 数据可视化和变化制图

在 GIS 中，数据可以按照矢量和栅格两种格式存储。地图数据类型是矢量化的，可以用数字方式存储、可视化方式显示以及与其他数据集进行集成。可视化数据的途径之一是按照矢量的方法进行。矢量数据通常是用一个或多个点、线和多边形表示的，属性与感兴趣的地理特征相联系。例如，气象测量数据（如气温、降雨量、太阳辐射等）和利用 GPS 技术精确测定的某个位置土壤的 pH 值等，都是点数据；线数据包括诸如这样的一些特征：道路网、铁路网和河流网等。与道路相联系的属性可能是付费道路或免费道路、道路的宽度等。多边形数据通常是包含属性的专题地图数据，如行政边界、土地利用和地表覆盖等。基于点测量的数据可能会通过插值方法产生多边形数据。例如，在一些点上测量记录的土壤的 pH 值，可以通过空间插值产生土壤 pH 地图。

GIS 数据要么是连续的，要么是离散的。例如，为了评估关于潜在的农业用途方面土地的容量，土壤的 pH 值，连续从 1 到 14 变化，可以把它分割为几个离散的 pH 值范围（如<5.0，5.0～8.0，>8.0）。尽管关于数据的属性、空间和时间这三个特征的重要程度可以是相等的，但如果要用于有效的时空分析，数据的连续和非连续自然特性需要被认识。

在 GIS 中，分类是很重要的，需要对其有清晰的认识。例如，地表覆盖和土地利用的区别，一个区域被特定为“国家森林”，但土地利用是林业。然而，对于地表覆盖来讲，这种情况应当主要是森林，覆盖可以从 100%（古老生长的林地）到 0%（树木被清除的区域）范围内变化。在 GIS 中，多数变化制图是专注于属性的，即数据是专题性的，每个区域属于一个类或其他类。然而，也有一些空间数据不是专注于属性的例子，但它们取决于用户看问题的角度。例如，国家森林最有价值的财富可能是它的清洁的水供应，或生物多样性的维护（通过提供植物群和动物群的栖息地）。专题制图、模拟输出所有来自 TGIS 产生的产品，需要进行严格的评估，因为结论可能强烈受到用户角度、数据精度以及即使是很自然的数据的影响。

（二）TGIS

地理信息系统（GIS）的概念已经为读者所熟悉，通常用于进行空间域的分析。但对于地理变化监测来讲，时间域的分析是必不可少的。这里使用 TGIS 描述这个概念，使用这个概念的目的是使读者能立即将空间域和时间域联系在一起。

1. 数据结构

在 TGIS 中，遥感数据、GIS 数据、基于点的测量数据或模型输出（点的或空间的），都需要按照与属性相关的空间和时间特性进行集成。经济和社会数据也可能按照它们具有的空间和时间成分进行集成。有些数据是非空间的（如羊毛的价格或利率），因为它们没有精密的空间参考，但这些数据的时间特性可能要纳入一个信息系统。

对具有时空变化性质的几种数据类型进行集成，有利于进行多目标的监测。在 TGIS 建模的一些方面，时间作用可能是微乎其微的，例如，在多数情况下，我们不会去考虑或很少考虑 DEM 的时间属性，因为一般认为它是静态的，数据获取与时间的关联度很小。但在另外一些建模方面，时间却是非常重要的，例如，活跃的土壤侵蚀、植被变化对土壤性质变化的影响、土壤酸化等。

由于需要从不同的数据源集成数据，TGIS 的数据结构也会发生变化。在区域农业可持续性发展方面，为了进行时空监测，可以将数据结构定义为多维的，如三维结构，两个空间维(经度、纬度)和一个时间维。在一些情况下，更复杂的时空数据模型可能是四维的，即三个空间维 (X，Y，Z) 和一个时间维。例如，在对地下水和空气污染行为建模时，高程维(或深度)必须在 TGIS 的数据结构中加以考虑。大多数时空数据模型的使用取决于应用目的、数据库设计者和使用者之间的微妙的交互作用。

2. DEM 的时间成分

在一些情况下，高程会随时间变化。例如，在小区域，深度活跃的黄土高原的冲沟，这些高原小区域的 DEM 的更新或许每隔两年就需要进行一次，或者在一次严重的降雨过后就需要更新；与此相反，对整个高原的 DEM 的更新或许仅当有主要技术和方法的进步需要进行这样的测量，或许每隔 20 年进行一次。数据获取的日期可能用于侵蚀率(土壤流失每年单位立方米)模型以及监测沟壑的运动。在黄土高原的研究中，一些研究者使用 DEM 数据，从地貌稳定性角度监测路网和铁路网的长期的生存能力。

3. 土壤的时间成分

时间成分对土壤的研究也是重要的。一定的物理性能，如保水容量，或许考虑到时间的惰性，因此仅需要进行一次制图。但是 TGIS 研究者，为了将土壤保水容量的控制过程纳入考虑，需要理解土壤保水容量的控制过程。例如，有这样的计划：为了控制黄土高原的水土流失，以及南澳大利亚地下水位的上升，补种大量多年生深根系植被。这些在土地利用方面的变化，对土壤将具有有效影响(时间和空间方面)：(1)补种的植被原始类型将依赖环境条件，如降雨量和季节性，或是混合树木、灌木，或是草本植物。当土壤条件改善后，混合类型或许会随时间变化。(2)基于耕作和放牧的农业系统的土地利用变化对于深根系多年生植被的影响，经过一段时间，会导致土壤表层有机物和营养成分(氮、磷、钾)水平的增加。(3)土壤表层的变化很可能影响入渗率和土壤保水容量的变化，特别是靠近表层的土壤。(4)如果这个区域补种的是灌木，土壤的变化不可能是一成不变的，因为植物会引起空间变化，靠近灌木的土壤比远离灌木的土壤受到影响更快、更强烈。这种潜在的影响，在微观尺度上，会随着时间而减弱。

土壤运动的概念由于是风力和水力系统共同作用的结果，运行在不同的空间和时间尺度，运动之间具有不同的滞留时间，理解当前土壤性质的起源是很困难的。TGIS 可以帮助提供土地景观演化的概念模型，用于评估在地表景观范围内可能的管理行为的影响。另外一些关于时间重要性的例子，如土地退化、土壤酸化等的监测，TGIS 都可以提供相应的概念模型。

4. 水平衡的时间成分

在区域生态水文学方面，对时空模式和变化趋势的评价经常使用时间序列的数据。例如，区域作物产量估产，使用的用水量数据和遥感数据等。因遥感数据可以提供特定空间分辨率和电磁波长的重复测量，进而最适合进行环境条件的动态监测。

5. TGIS 的空间问题

遥感数据是空间密集型的，因为影像是在特定空间分辨率和电磁波段的普查性记录，而不是点采样。遥感影像的空间密度与孤立的气象观测站或实地观测数据的密度具有很大区别。例如，气象观测站可能相距有 200km 远，而遥感数据或许是在 1km 的空间分辨率进行测量。GIS 数据可能覆盖整个研究区域，它们也经常是通过对点采样数据进行插值获得。这在气象和土壤数据方面尤为常见。在这些应用中，GIS 数据的空间范围可能表现为是完整的，但事实上，输入的空间数据的密度可能是低的。例如，在土壤分类的专题制图中，对于 $1000km^2$ 的区域，采用 $5km^2$ 采样间隔进行点采样观测，整个区域的制图数据就是从这 200 个采样点通过插值获得的。是否有效，则取决于制图的土壤性质的空间自相关性。如果土壤是均质的，仅有一个观测点的数据就可满足整个区域的制图要求。然而，土壤变化是剧烈的，200 个观测点或许只能提供贫乏的表达。目前，土壤制图使用基于连续数据集进行分层采样。这样的连续数据，如辐射数据或 DEM 数据，通常是从点采样或线性采样数据插值获得的，因此，输入数据的密度非常重要。另外，用于产生连续表面数据的插值过程的误差分析应该纳入相关的元数据系统。

6. 精度和不确定性问题

对地理空间模拟建模来讲，敏感性分析需要确定最终输出结果的不确定性。不确定性的根源包括输入数据和模型自身。最近，Gahegan and Ehlers（2000）等提供了与遥感数据和 GIS 数据相联系的模型不确定性的框架，但他们假定遥感数据仅用于专题方式（非连续方式）。在分析 GIS 中误差传播和不确定性方面，空间位置精度经常被遗忘或被忽略。有一些关于评估来自遥感数据分类的专题地图精度的方法，这些方法应当被用于评估整体精度、用户和地图生产者提供的地图精度以及每个类别如何在 TGIS 中得到最好的应用。

7. 元数据

在 TGIS 中，对元数据重要性的认识正在持续增加。作为监测框架的内容延伸，测量系统或处理过程的任何变化都必须予以记录，以允许对数据集进行追溯分析和理解数据的成因。这不仅对一个在大范围，可能是由许多独立采集数据的采集者来讲是有用的，而且对于一些部门进行数据收集、分发、更新也是十分有用的。元数据系统对于全面理解长期的、大面积的环境问题，已经成为 TGIS 的核心组成部分。总之，元数据应当和数据同样重要。在 TGIS 中，如果没有元数据，就如同没有数据一样。理解元数据的关键部分是保持跟踪数据存储在哪里以及当前的背景状态。评价数据质量也是 TGIS 要开发的重点。对 TGIS 开发者直接采集的数据的质量评价，要比来自其他数据采集者采集的数据，或先远程交换后集成到系统的数据容易。元数据的问题以及元数据的生命周期，需要特别强调，特别是对于数据维护和数据分发来讲。

总之，区域数据库的时空数据结构可以用于监测和评价地理变化问题。数据从不同的数据源集成，信息按照实证关系、数据挖掘和时空处理模型提取。对于所有的地理区域，地理监测的空间和时态趋势分析都必须基于数据。目前，在数据的有效性和在推断区域量测与大面积长期监测实践之间关系的需求之间还存在不一致问题。在面对一些组织和机构进行区域监测研究和决策方面，数据的收集、数据质量和数据库的可用性是主要问题。

二、时间表达和时空数据

（一）时间表达

空间维度通常可以描述为 2D（平面表达）、2.5D 或 3D（空间对象的完整表达），时间可以作为第四维。时空对象可以表达为四维矢量，如（ai，gi，pi，ti），其中 ai，gi，pi 和 ti 分别描述属性、几何位置、空间关系和时态维度。这种表达的主要优点是具有所有其他维度定义的普遍观点，因为在这个矢量中的每个元素具有各种维度，如几何位置可以从一维到三维，时态维度可以是一维、二维(双时态)和多维(多时态)。

(二)时空数据类型

时空数据主要有两种类型，即静态数据和动态数据，后者必须在动态 GIS 中建模。在现实世界中的大多数现象在本质上是动态的，因此，静态数据只能用于表达地图、道路、设施等在短期内认为没有变化的对象，然而，这些对象在较长时间段内仍然是变化的。动态信息是指在短时间内变化的空间对象信息。这个时间周期的长度根据应用领域定义。

根据工作的领域，动态空间信息可以分为：

(1)随着时间的推移，几何特征的变化，如城市扩张；

(2)在时间上的特征位置的变化，如车辆的运动；

(3)在时间上的属性特征的变化，如交通流量；

(4)上述变化的结合情况。

根据时间的长度，动态信息可以分为：

(1)实时数据；

(2)准实时数据；

(3)时间戳数据。

实时数据和实时 GIS 是双重主题。对 GIS 来讲，实时是指地理和属性信息一旦输入 GIS，所表现出的管理、可视化和分析的响应能力。对数据来讲，是指像交通流量这种类型的数据，当时间发生时可以立即收集并输入到 GIS。

实时是相对于短暂的更新、可视化和分析。由于实时数据在 GIS 中被使用之前，可能经历复杂的过程和分析，应用这样的数据是比较困难的，甚至在一些情况下是不可能的。因此，在这些情况下，使用准实时数据可能更合适。

时间戳数据是指这样的数据，表达它在某些方面的时间，如属性方面。关于一个事件，可以考虑的时间有以下不同的成分：

(1)在现实世界中当一个事件发生时(有效时间)；

(2)一个事件发生的持续时间；

(3)当一个事件的信息被输入 GIS 时；

(4)当这些数据被恢复和处理时(事务时间)。

除了时间的这些方面，当使用特殊方法建模和表达时空现象时，还有另外一些可以考虑的时间，如动画使用的画面刷新率(picture rate)等。

(三)静态数据和动态数据的集成应用

将静态信息和动态信息结合使用，实际上意味着需要设计将数字地图(矢量的、栅格的)与动态事件结合的方法。将动态数据和静态数据结合使用，具有以下好处：

(1)提供更好的对动态事件的可视化，对动态事件进行有选择的显示。这里静态数据，如地图，用于位置的参考目的。

(2)可以做到快速响应。操作员将得到的事件快速显示在地图上，一些应急事件可以直接显示。这样，操作员可以对事件做出快速反应。

(3)位置参照。数字地图能够和应当作为动态事件显示的位置参照图使用。一旦获得事件信息，在参照地图上即可以显示事件的位置、变化等信息。

三、时空信息系统的组成

传统 GIS 可以对静态数据的查询和可视化进行处理，但对时空数据仍然面临许多挑战。虽然时空数据的建模已经有 20 多年的历史，但一些新的动态地理信息的采集方式进一步加速了这个领域研究的紧迫性。这些新的地理信息采集技术包括无线传感器网络、移动 GIS 终端和无人低空航空飞行器等。商业 GIS 软件现在可以处理移动的点数据，但缺乏与更复杂的表达有关的许多动态 GIS 功能，如具有处理形状变化的移动多边形和内部属性变化的能力。在动态 GIS 设计方面，用于表达混合时空现象的数据模型及其相关的数据结构是一个关键技术问题。虽然已经有了许多时态的理论、方法和模型，但在时空混合的 GIS 方面，数据模型、数据结构以及有关的操作仍存在不少问题。动态 GIS 设计的另一个关键技术是界面的设计。尽管优美的界面设计技术已经成熟地广泛使用于静态 GIS，但与动态 GIS 交互的界面的例子则很少。已经有许多基于不同的时空模型，如第二章介绍的模型，建立动态 GIS 的例子。但在时空查询操作方面，实现更复杂查询方法仍有不少问题需要解决，如：

(1)简单时空查询。回答在时间 T，特征 F 在哪里的问题；

(2)时空范围查询。回答在过去的 T 年，地块 L 从类型 A 到类型 B 已经变化了多少；

(3)时空行为查询。回答在事件 E 发生期间，值 V 是如何变化的；

(4)时空关系查询。回答在一个飓风周期内，地块 L 在什么地点、什么时间经历了一次洪水淹没过程。

许多时空查询需要清楚标识感兴趣的时空对象。

时空 GIS 包括以下主要组成部分：

(1)时态数据库；

(2)时态可视化与表达；

(3)时态分析。

各部分之间的关系如图 8-1 所示。

(一)时态数据库和时空建模

在一些情况下，时间可以存储为数据库的一个属性。在这种情况下，一些问题，如持续时间以及数据恢复、更新、存储、保留历史数据等，会使我们使用时空数据库的特殊数据结构。面向对象和关系数据结构是近几年普通 GIS 使用的两种主要数据结构类型。从普通 GIS 扩展转换到新的时态 GIS 的可行性的研究和应用成果屡见不鲜。任何信息系统的能力取决于表达数据的模型。数据模型是对真实世界现象按照格式化的、概念化的方案，通常使用点、线、面或离散的连续场实现的一种抽象和表达。换句话说，数据模型应当定义数据类型、关系和规则，以维护数据库的完整性。因此，对于一个综合的信息系统来讲，严格的数据模型是非常重要的。对于任何信息系统，都有一个严格定义的数据模型，其域的基本概念不需考虑。关于时空建模的方法在第二章已经介绍。

(二)时态可视化与表达

可视化和表达是每个信息处理系统最重要的阶段之一。由于大多数 GIS 终端用户没有

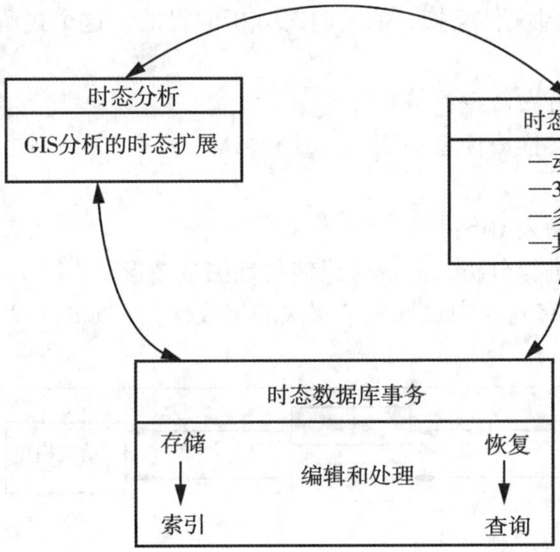

图 8-1　时态 GIS 部件之间的关系

关于 GIS 及其分析的详细的知识，具有简单、快速、智能和演绎表达工具是非常重要的。这点在时空信息系统设计阶段是必须要考虑的。在时空 GIS 中，时空信息的表达方法主要有：

(1)动画和动态模拟；

(2)3D 表达；

(3)多媒体表达。

动态模拟是指以动画的方式处理动态模拟对象，以模拟实体目标随时间的变化、所产生的行为和事件等的可视化方法。动态模拟的结果以计算机动画的方式来体现，但是，动态模拟与计算机动画有所区别：①它们所用的背景不同，计算机动画具有一个或者多个固定的背景图像，动态模拟的背景是 GIS 中的地图；②计算机动画常以夸大的手法进行目标的处理，而动态模拟对象的各种动作行为则是建立在真实的地理信息基础上的。

在时空 GIS 中，时空信息的可视化可以从以下几个方面考虑：

(1)数据库中的变化表达，如交通流量的变化；

(2)空间数据的变化表达，如路网的变化；

(3)数据库和图形的变化表达，如车辆的运动。

(三)时态分析

GIS 的主要功能是强大的分析能力，因此，对于一个强大的时态 GIS 来讲，所有这些分析都必须扩展到处理时间方面。例如，这类分析的典型例子是交通 GIS 中的最优路径分析，需要综合考虑使用几何数据和数据库。需要考虑动态利用来自数据库的更新的信息。需要基于道路网络的最新变化以及考虑最少的时间和最小成本参数等。时空分析需要与对应的数据模型作为系统架构设计的内容在设计时一并考虑。

在时态分析方面，最简单的方法是将一些动态分析模型，如环境模型、生态变化模型等，与 GIS 进行集成，并通过文件交换，实现时态分析的目的。这个过程至少分为以下 5 个步骤：

(1)通过 GIS 输入地理分布数据；

(2)输出 GIS 数据，并转换成模型使用的变量和参数；

(3)运行模型；

(4)将模型计算的结果输入 GIS；

(5)对模型的计算结果进行分析，并产生最终的地图或图形。

动态模型与 GIS 的集成有高、中、低三个层次的集成模式，如图 8-2 所示。

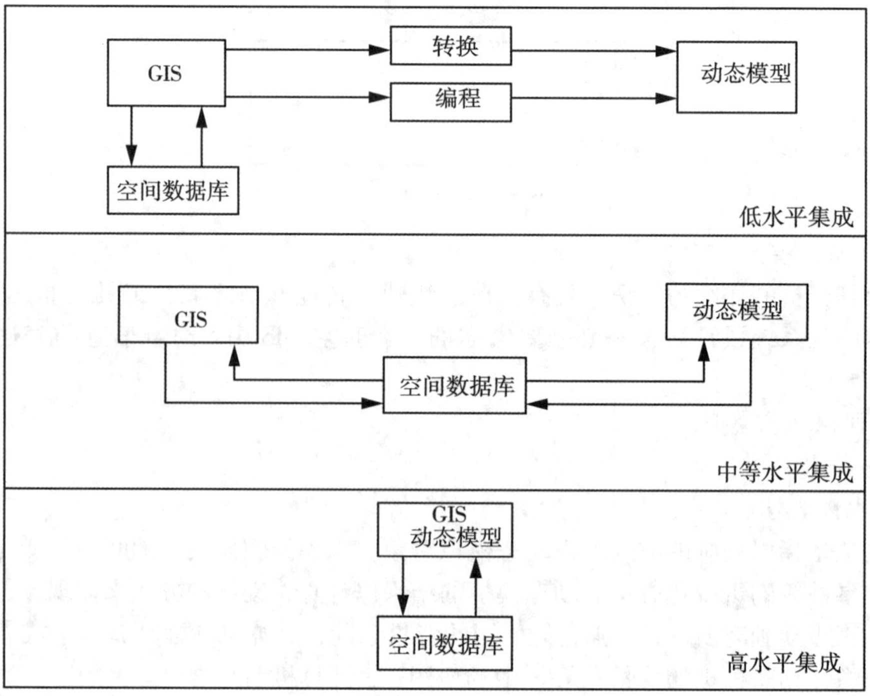

图 8-2　动态模型与 GIS 的集成层次

这三个不同水平的集成模式的特点是：

(1)低水平集成，标准 GIS-人工文件交换-外部模型。模型和 GIS 之间的数据交换，主要是通过使用文件的转换程序和方法，多数是通过 ASCII 文件进行的。

(2)中水平集成，标准 GIS-自动文件交换-外部模型。数据交换使用自动的和透明的方法实现，主要是通过使用公共的数据库实现的，允许模型直接使用数据库。

(3)高水平集成，具有一般建模模块的集成 GIS。模型和 GIS 之间的区别变得模糊，动态模型是可以使用 GIS 工具箱的一般功能构造的应用程序之一。当然，这种集成模式，需要 GIS 具有更开放的结构。

三种集成模式的优缺点的比较如表 8-1 所示。

表 8-1　**GIS 和动态模型集成水平的比较**

低水平集成	优点	低水平集成开发用时比高水平集成开发少；可以利用现有的 GIS 程序、良好定义的动态模型和空间建模的可靠组件
	缺点	费力费时；缺少灵活性；需要用户交互的步骤多，容易出错；新的 GIS 版本或模型需要修改转换程序；因使用了几个相同的数据库实例，会产生冗余和一致性问题
中等水平集成	优点	整个 GIS 功能对模型的输入和结果的分析和处理有效；处理速度快(不需要预先转换数据)；数据库操作容易，减少冗余和一致性问题
	缺点	需要相对开放的 GIS 结构；低水平方法的模型公式化
高水平集成	优点	GIS 功能与模型的公式化、输入、输出结果的处理一体化集成；不需要在 GIS 和模型之间、模型和模型之间进行预先的转换；快速的新模型开发；模型操作容易
	缺点	当前的商业化 GIS 鲜有完全支持动态建模；功能和工具的开发投入高；缺乏专家视野会导致无效的模型概念和公式化，用户需要对模型公式化进行全面响应

第二节　地理监测信息共享服务

一、信息共享服务系统的基本概念

（一）软件架构的模式和风格

模式是指在一个实际背景已经应用的一种“理念”或“思想”，并且将可能用于其他背景。模式的概念在软件工程方面，可以用于多个层次，如设计或代码模式、分析或模型模式、架构模式或架构风格等。设计和代码模式包括最低级的软件模式、基于围绕一个重用的代码模块解决特定问题的模式、通过源代码模板或代码生成的模式、提供一个实现系统功能的模板但需要充分完善的模式等。分析和模型模式包括可重复使用的对象模型模式、通过 UML 模型模板或元模型实现模式、为一组相关的系统功能提供一个模板但通常限制在特定的领域（如数据处理）的模式等。架构模式或架构风格包括可重用的系统结构、互联和交互模式、通过结构标准和政策实现的模式、为子系统结构和子系统之间的通信提供一个模板的模式。

程序或计算系统软件的架构是指系统的构成或结构，由软件组件构成，这些组件具有外部可见的属性。软件架构的风格的一种解释是一个结构化组织模式的系统的家族，是一个组件和连接的词汇，描述它们是如何结合的约束条件。另一种解释是描述架构的类，或显著的架构部分，在实践中是不是重用的，设计决策是不是连贯的，是否有已知的，允许重用的性质等。换句话说，架构风格更像“设计模式”的软件系统内部或者之间的结构和互联。

（二）分布式系统架构风格

分布式软件系统主要有两种类型，请求和响应类型的系统和信息传递类型的系统，前者也称为调用和返回类型，后者也称为文档传递类型。

请求和响应类型的系统是面向调用的系统，通常在本质上是同步的。操作方法是输入参数和输出或返回值。其重点是，调用的操作，一组输入的值和一组输出的值，请求和答复的相关性。这些不是重点：独立值是如何按单位编组的，输出值是如何从输入值产生的（假定是正确的输出）。

信息传递类型的系统，是面向数据的系统，通常本质上是异步的。操作方法是构造信息并发送到目的地。其重点是，以正确格式构造信息的有效负荷，如何分发这些信息（传输介质），把信息分发到哪里（终点）。这些不是重点：信息被分发后或发生什么，是否是一个对应的应答信息。

分布式系统结构的风格如果是“基于调用”的分布式系统，则其架构风格主要包括三种：面向对象的、面向资源的和面向服务的。其中，面向服务的架构风格也频繁用于“信息-传递”系统。

面向对象的架构风格的特点是，在通信方面，通过一个特定的对象实例，为对象生命周期的管理定义明确具体的操作，如 EJB 的创建和 EJB 的清除方法，通信是隐式状态的（对具体的先前创建的实例来讲）。使用特定的中间件协议进行通信，如 IIOP、DCOM 或 RMI 通常不是友好的互联网协议，通常需要“通过引用传递”的工具。在客户端和服务器端，编组的对象引用一般排除使用不同的软件类型。所有的状态信息保存在服务器端，每一次访问对象涉及一个网络调用和往返通信。设计模式已经发展到通过大量的数据检索，提供最大限度地减少网络调用的方式，如 EJB 编程的“值对象”。

面向资源的架构风格的特点是，涉及检索特定的资源实例，如使用 HTTP GET 请求检索一个 HTML 页面，使用一个 SQL SELECT 命令检索一个数据库表的行。通常有对资源生命周期管理的操作，如 HTTP PUT、HTTP DELETE 等。通常请求是无状态的，没有一个请求和下一个请求之间的联系，客户端管理任何的“会话状态”的概念。资源实例通过一些包含请求的“地址”数据来识别，如 HTTP URL 和 SQL SELECT 的 WHERE 语句。对复杂的资源查询，将“参数”编码到“地址”可能是困难的。检索一个资源，在客户端会产生（脱离）它当前状态的一个快照。资源数据的“主拷贝”仍然在服务器端。通常可以“缓存”这些数据，在规定的期限内以备后用，不需要重新检索这些数据。在资源更新方面，通常可以用新的拷贝替换先前的拷贝（如使用 HTTP PUT），也可以使用其他的命令部分更新，如 HTTP POST 或 SQLUPDATE。对在服务器端的资源的“主拷贝”的后续更新，不是自动地复制客户端脱离的资源拷贝。面向资源的架构风格的改变涉及“分布式资源拷贝”。已经存在的资源数据的多个拷贝变化和修订，对保持所有的拷贝的同步是播送的，通常使用发布或订阅信息技术进行操作。可能有单一主拷贝，或多个主拷贝。

面向服务的架构风格的特点是，在通信方面，一个特定的应用程序服务，所有的信息或请求发送到一个服务“端点”。没有对服务生命周期的管理操作。通信是隐式的无状态。所有的请求发送到同一个“端点”。由于无状态性质，面向服务的架构通常是规模可变的。服务端点描述如何处理请求，检查信息数据的内容，是一个“信封”，还是实际上本身是“有效负荷”。每一个服务，都是由一个接口描述。完整定义信息和有效载荷格式（如 WSDL 文件），在客户端和服务器端之间产生一个“松耦合”契约，然后绑定它。

（三）如何选择软件架构的风格

上述三种分布式结构风格的比较见表 8-2。

表 8-2　**软件风格比较**

比较特征	面向对象	面向资源	面向服务
粒度	对象实例	资源实例	服务实例
主要焦点	封装参数值	请求寻址（通常通过 URL）	请求负载的产生
应答可否缓存	否	是	否
应用界面	类或对象描述是中间件规范（如 IDL）	通用的请求机制	服务和描述是协议规范（如 WSDL）
负载或数据格式描述	是，通常是中间件规范（如 IDL）	否，从不与地址或 URL 直接关联	是，部分服务描述方案使用 WSDL（如 XML）
地址或请求进程	返回到唯一的对象实例	每个资源具有唯一进程	每个服务一个终点地址

选择面向对象的架构，理由是：客户端和服务之间是“紧耦合”的，由于对象引用的语义、对象序列化、早期绑定的接口等原因，通常对由单个组织控制的“封闭”系统是最好的。

选择面向资源的架构，理由是：客户端和服务之间是“松耦合”的，由于对资源数据后期绑定的原因，成功的应用围绕着资源数据的缓存能力。最典型的是用于这样的操作：只读或以读为主的数据，幂等（可重复的）操作，返回结果具有“有效窗口”或“保质期”要求，有良好的扩展倾向的（由于它的无状态性质），对跨组织机构边界的“链接和引用”系统是最好的。

选择面向服务的架构，理由是：客户端和服务之间是“松耦合”的，由于对服务结构是后期绑定的，在交互契约中，接口和有效负荷是完整描述的。一般来说，该架构是最灵活的，可以支持请求响应或信息传递系统。由于无状态特性，该架构有良好的扩展倾向，对跨组织机构边界的“共享”系统是最好的。

关于软件架构风格的结合问题，平时最好是坚持一个单一的架构风格，但结合风格技术是可行的，例如 Web 服务可以与简单数据读取的面向资源的风格结合，也可与复杂数据检索操作或数据更新的面向服务的风格结合。

总之，选择软件架构的风格对任何系统都是最重要的决定，软件架构风格的选择会影响可扩展能力、重用性以及与其他系统互联的难易程度。Web 服务可以使用面向资源或面向服务的方法实现。SOAP v1. 2 和 WSDL v1. 2 对此是有帮助的。

二、面向服务架构的概念、技术和工具

（一）面向服务的架构的概念

面向服务的架构（service oriented architecture，SOA）可用图 8-3 来解释，它是一个功能强大但受到业务化处理方式启发的简单架构。SOA 由一些服务提供者组成，服务提供者将注册表中的服务发布给服务的消费者。服务消费者通过使用服务注册表寻找（发现）这些服务。发现合适的服务后，服务消费者可以与服务提供者绑定，开始按照规定的服务契约使用服务。图中的箭头线表示实体之间的通信。

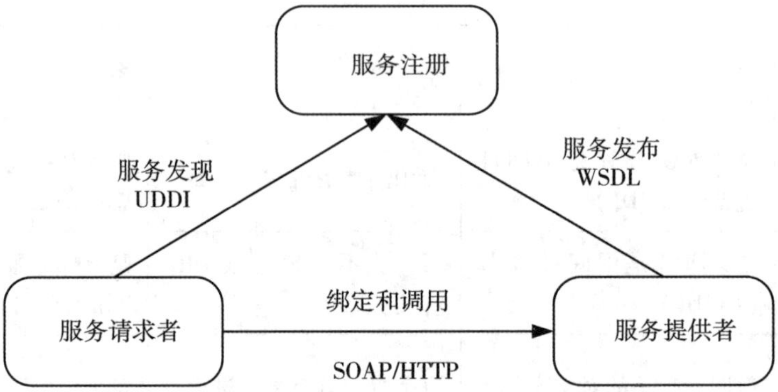

图 8-3　面向服务的架构

SOA 最好的定义是彼此可以通信的服务的集合。一个服务封装一个独立的功能（如缓冲区分析或地图编辑），可跨网络递送。递送是由契约良好定义的。服务可以结合使用，以形成期望的应用或系统。服务消费者可以通过不同的服务提供者使用不同的服务，并把它们集成到一个新的服务，提供给潜在的服务消费者。

要记住，SOA 只是一个架构原理，不依赖于一个给定的技术。CORBA、Java RMI 或其他技术都可以实现一个 SOA，但是最普遍实现 SOA 的方法是 Web 服务技术。对于一个企业级的计算来讲，有许多理由采用 SOA 方法，特别是基于 SOA 的 Web 服务技术，主要的理由如下：

1. 可重用性

推动使用 SOA 的主要动力是业务服务的重用。一个企业或跨企业（特别是有业务伙伴关系的）的开发者可以使用为已有业务应用开发的代码，以 Web 服务方式公开，然后重用它，以满足新的业务需求。已经在企业内部或外部存在的重用功能取代将要开发的代码，将导致节省大量的开发成本和时间。按照越来越多建立的业务服务，重用的好处会急剧增加，并被纳入不同的应用。利用现有代码的主要障碍是特定应用和系统的唯一性。典

型的，不同企业的开发方案，甚至在同一企业的不同部门，都具有唯一性，它们运行在不同的操作环境，它们的代码使用了不同的语言，不同的接口和协议，它们需要针对某些业务应用进行集成。在 SOA 中，只需知道满足应用的一个服务的基本特性是公共接口。一个系统或应用的功能在 SOA 中比其他任何架构的环境都要容易被访问。因此，应用和系统的集成是相对简单的。

2. 互操作性

SOA 在客户端和松耦合的服务之间交互的愿望意味着广泛的互操作性。换句话说，SOA 的目标是客户端和服务之间的通信以及彼此之间的理解，而无论它们运行在何种平台。这个目标只有在客户端和服务彼此之间的通信具有一个标准通信方式才能满足，即跨平台、系统和语言一致性方式。实际上，Web 服务可以为此提供准确的解决方案。Web 服务由一组成熟的协议和技术组成，已被广泛接受和使用，并且是平台、系统和语言独立的。此外，这些协议和技术可以跨越防火墙工作，使得它更容易为业务合作伙伴共享重要的服务。这可以通过 Web 服务的互操作组织的 WS-I 基本概要来实现。这个基本概要定义了一组可以在不同平台或系统实现的核心 Web 服务技术，有助于保证在这些不同平台和系统上的服务代码使用不同的语言来写，且彼此之间可以通信。

3. 可扩展性

因为在 SOA 中的服务是松耦合的，使用这些服务的应用比紧耦合环境更容易扩展。在紧耦合系统架构中，请求的应用和提供的服务之间缺少独立性，所以扩展涉及更多的复杂问题。基于 Web 服务的 SOA 的服务是粗粒度的、面向文档的、异步的。粗粒度服务提供一组相关的业务功能，而不是一个单一的功能。面向文档的服务接收一个文档作为输入，而不是更精细的东西，像一个数值或 Java 对象。异步服务允许执行信息处理，而不需要迫使客户端等待处理完成；同步服务则需要客户端等待。因限制了交互的次数，异步服务会减轻网络通信的负担。

4. 灵活性

松耦合服务通常比紧耦合服务灵活得多。在紧耦合架构，不同的应用组件彼此紧密绑定，共享语义、库，甚至共享状态。这对于演化应用，保持与事务需求变化一致变得困难。SOA 的松耦合、面向文档和异步的性质允许应用是灵活的，容易满足变化需求。

5. 成本效益

其他集成分散业务资源的方法，如旧版系统、业务伙伴应用和具体部门的方案，是高代价的，因为它们依赖以客户定制方式连在一起的组件。建立客户化方案是高成本的，因为它们需要广泛的分析、开发时间和努力。对其维护和扩展也是高成本的，因为是紧耦合，集成方案中的一个组件变化，需要其他组件做出相应的变化。基于标准的方法，如基于 Web 服务的 SOA 的服务，是一个成本节省的方案，因为客户端和服务的集成不需要深度的分析和客户化方案的单独代码。由于是松耦合的，使用这些服务的应用在维护和易于维护方面都比客户化定制方案成本低。此外，大量的基于 Web 服务的 SOA 的网络基础设施已经在企业存在，可以进一步降低成本。最后，SOA 是按照粗粒度服务公开的业务功能重用，这将大大节省成本。

（二）Web 服务技术和工具

Web 服务是客户端通过一组标准的协议和技术进行通信的一种服务。这些服务标准在所有主要软件商提供的产品和平台上实现。它能够使客户和服务的以一致的方式通信，广泛的跨平台和操作环境成为可能。基于 Web 服务的技术和工具如图 8-4 所示。

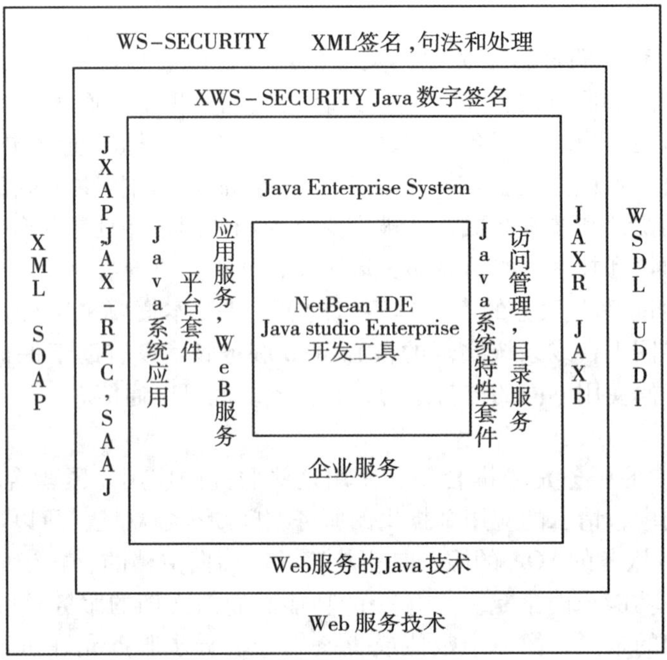

图 8-4　基于 Web Services 的技术和工具

Web 服务技术是实现 SOA 架构比较受偏爱的技术。根据 W3C 的描述，Web 服务是为支持通过网络的机器到机器交互的互操作的一个软件系统。其他与 Web 服务交互的系统按照使用描述 SOAP 信息的描述方式进行，在与其他 Wen 有关的标准连接时，通常使用具有 XML 序列化的 HTTP 传递消息。Web 服务基本上是一组用于实现 SOA 的，基于标准的 XML。其包括三个基本规范：WSDL 规范，用于服务描述和契约；SOAP 规范，用于信息传输；UDDI 规范，服务注册规范。需要注意的是，Web 服务技术并不意味着可以自动实现 SOA。人们使用 Web 服务技术并不一定要坚持 SOA 原理。Web 服务技术尽管已经成为事实上的标准，但不是实现 SOA 的唯一技术。Web 服务技术的四层结构模型如图 8-5 所示。

1. WSDL

Web 服务描述语言（Web services description language，WSDL）用于定义 Web 服务的服务契约。当使用 WSDL 描述服务时，产生一个调用 Web 服务的正式的、机器可读的描述是可能的。使用 XML 是所有 Web 服务技术的共同点，因此它也经常被 WSDL 使用。WSDL 文档是一个 XML 文档，这样，Web 服务描述可以映射到任何实现语言、平台、对象模型或信息传递系统，以 WSDL 文档提供的描述包括信息和类型的定义；反过来，信息定义包括端口类型、绑定和服务的定义。一个 WSDL 的定义由以下元素组成：

发现（UDDI）
描述（WSDL）
信息传输（SOAP）
传递（HTTP）

图 8-5　Web services 的四层结构模型

（1）信息元素。它描述了使用 XML 的有效载荷。信息元素使用 XML 框架类型描述，是内置的或复杂的，是嵌入在 WSDL 文档的，或是外部资源包含的或导入的。

（2）端口类型元素。对 Web 服务的接口和提供的操作，提供一个抽象定义，包括使用的信息。

（3）绑定元素。描述一个给定协议的抽象端口类型元素（如 HTTP 的 SOAP）和编码方式之间的具体映射方法。

（4）服务元素。提供从抽象定义到服务可以到达的地址（如 URL）的最终映射方法。

由 WSDL 文档提供的抽象定义可以用不同的端口类型和服务定义扩展，这样为用不同的实现描述相同的服务提供了机会。目前使用的是 WSDL v1. 1，正在推出的 WSDL v2. 0 是推荐版本。

2. SOAP

SOAP 是简单对象访问协议（simple object access protocol）的简称，它已经成为 Web 服务使用的事实上的信息传递协议的标准。SOAP 定义如何以标准方法，使用 XML 进行服务调用。

一个 SOAP 信息由三个基本的 XML 结构元素组成，信封、信头和信体，如图 8-6 所示。信封包含可选择的信头和需要的信体元素。信体元素用于传递要传输的实际的 XML 数据（即负荷）。SOAP 的信头是可选择的，但是有一个可扩展的机制，用于传输非应用负荷的附加信息，它可以是控制信息和其他应用的特定数据。

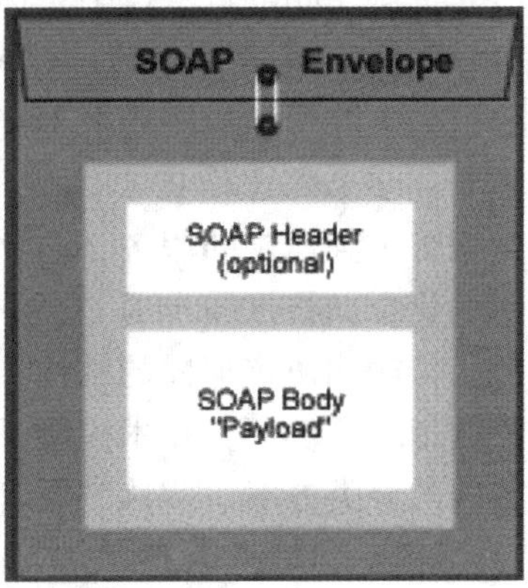

图 8-6　SOAP 信息

SOAP 信息可以分发给多个应用、传输和网络协议。最常使用的绑定是 HTTP 上的 SOAP，这也是在这个文档中描述工作期间要使用的协议。其他可能用于传输 SOAP 信息的协议包括绑定到简单邮件传输协议（SMTP）、文件传输协议（FTP）、Java 信息传递服务（JMS）、因特网 Inter-ORB 协议（IIOP）和其他专有协议。SOAP 的 1. 1 和 1. 2 都是可用的。

3. 服务注册 UDDI

SOA 的一个重要组成部分是服务注册。使用 Web 服务最常用选择的标准是通用描述发现和集成（universal description discovery and integration，UDDI），如图 8-7 所示。UDDI 提供一种服务发布和发现的机制，主要使用 Web 服务实现。使用其他的技术实现的服务也可以发布，但不常用。UDDI 可以用做设计时和运行时的服务发现，但最常用的使用模式是设计时的服务发现。设计时的服务发现由客户端软件开发者在设计和开发客户端软件时利用。运行时的发现是指服务发现在系统执行期间进行。当使用 UDDI 时，运行时的服务发现经常涉及寻找已知技术指纹的服务的运行实例，不能发现未知类型的服务。

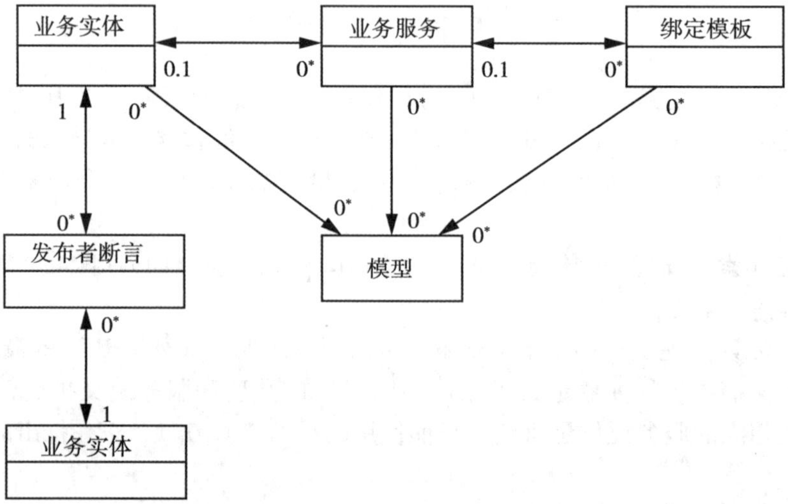

图 8-7　UDDI 数据模型

由 UDDI 提供的数据模型也提供对服务提供者的注册和描述的方法，如业务和组织单位，以及它们之间的关系。组织实体的一个描述在 UDDI 数据模型中被命名为业务实体（Business Entities）。这个实体是 UDDI 的四个核心实体之一，包含零个或多个业务服务（Business Service）实体。业务服务实体是一个高层次的服务描述，它是用来描述的服务的目的，并包括用于服务发现的元数据。业务服务实体是服务的非技术的描述，并且包含零个或多个绑定模板实体（binding template）。包含在绑定模板中的信息被客户端使用，用于绑定到给定的服务，与之交互。绑定模板基本上是对 tModels（也称为技术模型）引用的集合。技术模型是最终的核心实体，在 UDDI 中使用，以表达唯一的概念，或像规范、传输和协议那样的结构。业务服务实体与技术模型的引用联系在一起形成一个技术服务的指纹。然而，技术模型不仅限于描述技术指纹，也可用于描述其他的概念，如业务和服务的分类方案、辨认方案和其他概念。

注意，UDDI 是按照具有高级接口和使用 SOAP 信息交换的 Web 服务自身实现的，它包括了发布、查询、订阅、安全政策、所有权和监管权转移以及 API 的可选择的并用于允许外部数据验证的值集的一组 API。UDDI 也用于描述一个用于复制服务注册表内容的 API。尽管 UDDI 起初基本仅作为一个集中服务注册使用，但新版标准也包括了产生联邦式注册和集成式注册的能力，这种能力允许做改进可扩张性的复制，针对单点的失败问题具有一定程度的保护。

UDDI 的替代方法是 ebXML 注册，类似于 UDDI 规范，还有其他一些替代方法，如非集中注册的 WS-Discovery。UDDI 的版本已经发展到了 3.0。

4. 发布和订阅，WS 通知

发布和订阅（publish/subscribe，经常简写为 pub/sub），是一个众所周知的事件驱动的通信模式，异步通信。发布和订阅使将发布者（数据提供者）和订阅者（数据消费者）联系在一起纳入到松耦合的、可扩展的和动态的网络成为可能。如图 8-8 所示。

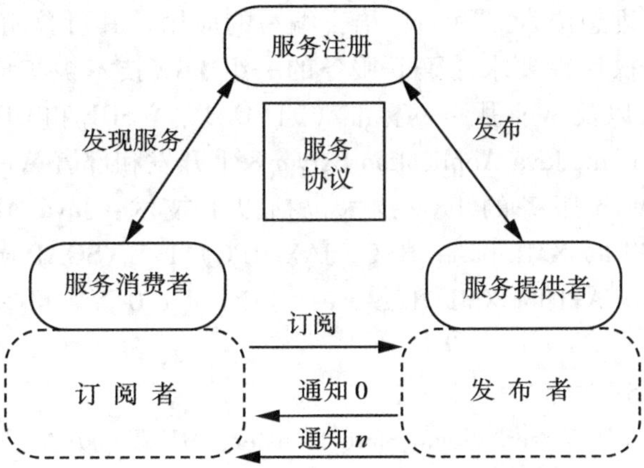

图 8-8　一个 SOA 中基本元素发布或订阅

发布和订阅模式很符合 SOA 和 Web 服务架构。当把发布和订阅纳入 SOA 时，服务提供者等同于发布者，服务消费者等同于订阅者。实现发布和订阅的模式，可以使用不同的协议和标准。可以选择由 OASIS 提供的规范，称为 WS 通知，它由三部分组成：WS-BaseNotification，WS-BrokeredNotification 和 WS-Topics。对于在文档中的描述工作，可以使用 WS-BaseNotification 和 WS-Topics 规范实现。按照 WS-Notification 术语，以特定的主题（topics）发布数据，可以称为 Notification Producer。主题是一种分组组合的方式，表达和对感兴趣的项进行分类。每个主题的数据格式由 XML 框架定义。客户端，称为 Notification Consumer（订阅者），首先对服务产生一个订阅。客户端将随后按照由 Notification Producer 产生的接收通知，因为 WS-Notification 是 Web 服务规范，所有的信息使用 SOAP 进行交换。

5. XML 安全

当使用 Web 服务时，所有的规范都是基于 XML 和使用 SOAP 信息的，因此，可以使用 XML 安全，以保证不同的 Web 服务组件的安全。有许多保证 XML 文档安全的规范，其中一些已经变成标准，最著名的是 XML 数字签名（XML Digital Signature，XML Dsig）。WS 安全标准说明了如何扩展 SOAP 信息头，以实现对信息的完整性、隐私、原始的认证者和答复的保护。这些都是基于 XML 数字签名的，支持各种令牌格式。经常使用一种与信息有关的安全标签，来提供有关安全政策、敏感性和处理的注意事项等。

6. 多边数据互操作计划和C2信息交换数据模型（MIP/C2IEDM）

数据模型不是SOAP的核心，之所以包含在这里，是因为在互操作水平的数据交换是重要的。基于这点，可以选择由MIP（multilateral interoperability programme）定义的重用数据模型。C2IEDM（C2 Information Exchange Data Model）数据模型主要用于使用MIP交换机制复制数据库。可以使用Web服务代替C2IEDM的机制，即使用C2IEDM的XML表达。

（三）Web服务Java技术

尽管Web服务被设计成平台和语言无关，但Java编程语言是理想的开发Web服务和使用Web服务应用的理想语言。用Java语言编写的应用，其可移植性和互操作性能最好地满足Web服务的互操作性要求。Web服务的一组Java技术被集成到了J2EE平台，这些技术是为使用XML以及Web服务的标准（如SOAP、WSDL和UDDI）而设计的。可以使用J2EE 1.4 SDK和Sun Java Application Server 8.1开发和部署Web服务和应用。

在J2EE 1.4的Web服务的Java技术包括以下技术：Java API for XML Processing（JAXP）1.2，Java API for XML-based RPC（JAX-RPC）1.1，SOAP with Attachments API for Java（SAAJ）1.2，Java API for XML Registries（JAXR）1.0等。可参阅相关文档了解详细情况。

（四）SOA的REST技术

描述性状态转移（Representational State Transfer，REST）方法是使用“纯”Web技术（HTTP，HTML）建立分布式系统的面向资源的主要方法之一。REST风格的工作过程：寻找资源地址（URL）；使用URL检索Web资源，返回资源的描述（以HTML页面，或XML文档）；返回的数据以特定的状态放置在客户端处理（也许渲染HTML页面）；资源数据的超链接可能被用于检索相关的资源，转移客户端到新的状态（如渲染不同的HTML页面）；客户端应用改变每个资源描述的检索的状态，即描述状态转移。例如，第一个阶段，如图8-9所示，请求一个数据和返回数据，或返回HTML页面。

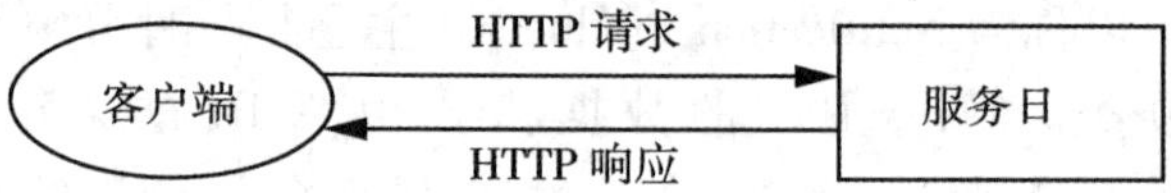

图8-9　SOA的请求和响应

（五）实现技术的比较

1. SOAP与REST的比较

SOAP经常被看做是REST的直接竞争对手，因为SOAP1.1是仅仅用于面向服务的架构，来自二者之间的争论是激烈的。实际上，一个更具有REST架构风格已经包含在SOAP 1.2规范中。

2. Web服务与REST的比较

二者的总的理念没有真实冲突。W3C关于Web服务的描述需求的文档是这样对其定义的：Web 服务是通过 URI（通用资源识别号）认同的一个软件应用（IETF RFC 2396）。其接口和绑定能够被定义，服务的描述和发现通过 XML 部件（artifacts）实现，并支持通过互联网协议，使用基于信息的 XML 与其他软件应用直接交互。Web 服务的标准已经支持许多 REST 风格的特征，如在 WSDL v1.1 中的 HTTP GET，在 SOAP v1.2 中的 SOAPWeb 方法。总的 Web 服务规范提供了一个 REST 方法的超集，支持面向服务和面向资源的机制。WSDL v1.2 应当添加一些工具，以允许基于 URL 对 REST 或面向资源的方法的有效载荷格式进行完整描述。

三、SOA、Web 服务与 GIS

（一）GIS 的发展与问题

长期以来 GIS 一直作为依赖使用地理信息的政府、环保机构、军事以及其他部门的基本工具，广泛用于环境监测、灾害管理、土地利用制图、交通制图和分析、城市发展规划和自然资源管理等方面。GIS 结合有关位置上的数据层，能产生全面的、更准确的关于这个位置的图形图像描述。这些数据从不同的数据源，以不同的格式、日期和坐标系统获取。传统的 GIS 的主要问题是收集最新的数据，并按照相同的格式和日期对其处理。随着因特网技术的快速发展，人们开始将网络作为数据访问、传输的工具，并通过网络访问 GIS 的分析工具。GIS 和因特网的结合，为人们提供了交互访问地理空间数据、增强地理信息功能和访问 GIS 分析工具的可能。Web 服务和 SOA 技术为地理空间信息的共享，甚至是应用功能的共享提供了有效的技术支持，而不需考虑操作系统或应用运行的平台。

GIS 为可视化、处理和分析地理空间数据提供方法和环境。但在网络环境下，这些方法和环境存在一些互操作问题。地理应用的基本特征是需要无缝集成和共享来自不同组织机构提供的地理数据。GIS 的主要目标是跨组织机构和服务提供者的服务互操作。不同的组织和商业服务商开发属于自己的数据模型和存储结构。如果 GIS 服务不能互操作，那么，它们彼此之间就不能交互，甚至是在同一组织机构，或属于同一商业服务商。为解决互操作问题，OGC（open geospatial consortium）发布了一系列关于 GIS 服务的标准和规范。根据 OGC 的定义，GIS 服务就是努力按照 SOA 原理建立分布式系统。这种系统通过一个面向消息的结构实现分布式服务的统一，而 Web 服务标准是理想的 SOA 常用实现方法。

直到 20 世纪 90 年代中期，一些机构仍然使用与本机应用程序密切相关的专用空间数据模型的 GIS。这些早期的文件系统结构被高度优化，以满足快速数据访问，且比较容易使用同一软件商的软件在不同地点之间建立分布式系统。使用不同的 GIS 软件商的系统之间的数据共享，仅限于数据转换、标准转换和后期的开放文件格式。后来逐渐发展到地理相关模型，即属性数据存储在关系数据库，并与基于文件存储的空间特征数据文件建立关联。20 世纪 90 年代中期以后，实现属性数据和空间数据的文件在关系数据库一体化存储，即地理关系模型，开辟了 GIS 应用的新时代。GIS 的进一步发展是以远程数据共享和互操作为新技术特征的，这便是 Web 服务。

GIS 技术的发展超越了传统的 GIS 社会，并成为许多组织机构信息基础设施的集成部分。独特的一体化地理信息系统的功能允许分离的数据集被集中在一起，以产生一个解决方案的完整画面。在决策和管理应用中不再依赖某一独立的数据集，而是共享不同位置的不同数据集。今天，人们开始通过因特网，访问在线制图网站提供的各种类型的数据、分析和可视化应用，如图 8-10 所示。

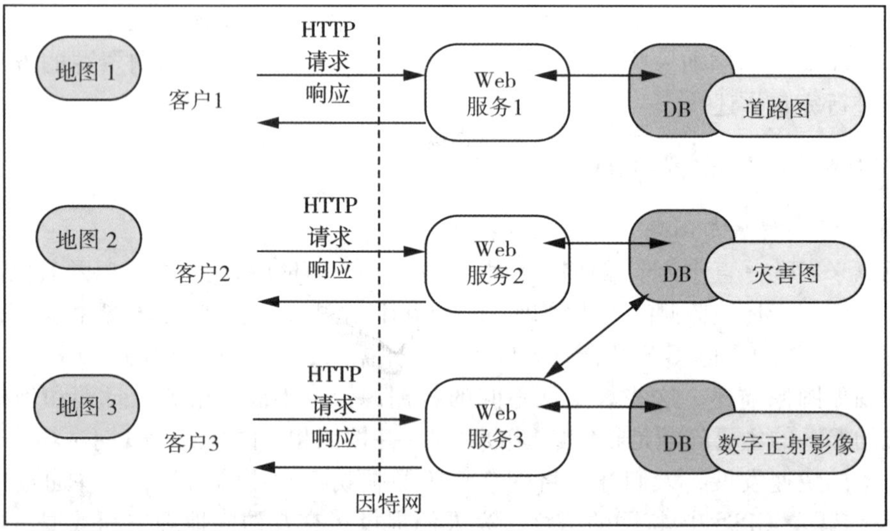

图 8-10　缺乏互操作的客户/服务器

但是，这种来自不同服务商提供的在线制图服务，大多数情况下，不能提供彼此之间的互操作和通信。这样，用户就不得不为某一个分析，从不同的网站获取不同的数据，如图 8-10 所示的例子，用户必须运行三个不同的 Web 应用来访问由三个服务实现提供的功能和数据。

（二）使用 SOA 和 Web 服务构建 GIS 服务

结合 SOA 和 Web 服务技术的 GIS Web 服务技术可以很好地解决上述例子所遇到的问题。GIS 服务可以分为三种类型，即数据服务、处理服务和注册或目录服务。

数据服务是与特定的数据集紧耦合的，并提供客户化的数据部分的访问。WFS（web feature service）、WFS-T（web feature service-transactional）、WMS（web mapping service）和 WCS（web coverage service）属于这类服务。WMS 按照地理数据的二维视觉形式产生地图。WCS 提供访问非渲染的地理信息（栅格数据）方法。WFS 提供访问按照 GML 编码的地理特征数据（矢量数据），而 WFS-T 提供编辑特征坐标几何以及相关的描述信息方法。

处理服务提供由用户说明参数方式定义的方法处理和转换数据的操作。它们提供一般的处理功能，如投影和坐标转换、栅格化和矢量化。CPS（coverage portrayal service）、CTS（coordinate transformation service）甚至 WMS，都属于这一类。

注册和目录服务允许用户和应用程序分类、注册、描述、搜索、维护和访问 Web 服务的信息。WRS（web registry service）、CS-W（catalog service for the web）都属于这一类。

就上述问题，基于 SOA 和 Web 服务技术，构建具有互操作功能的 GIS 应用，可以按图 8-11 所示的思想创建。

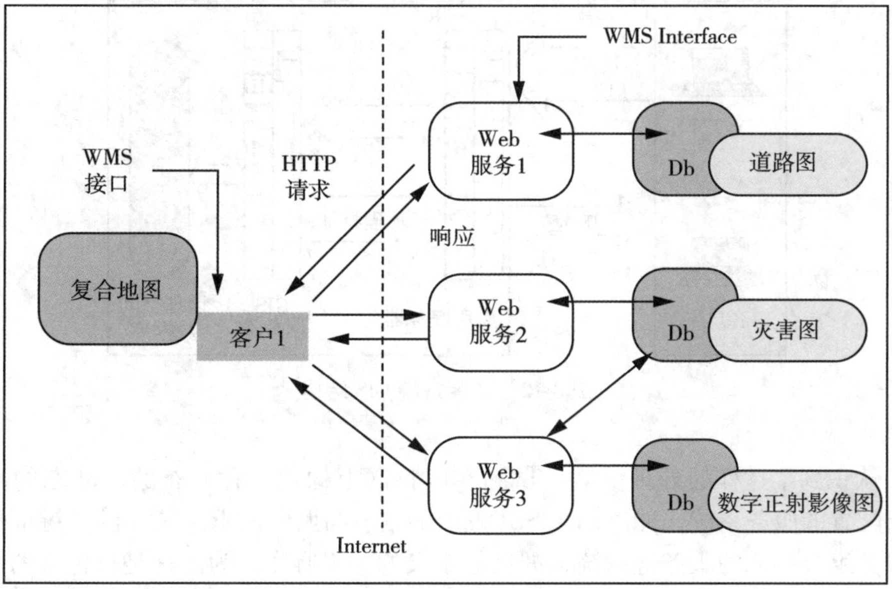

图 8-11　互操作概念的描述，用户运行一个单一的 Web 客户端可以访问所有服务器功能的分布式制图系统

四、面向服务架构的地理监测数据共享系统

（一）基于 SDI 的 SOA 与 Web 服务空间数据共享应用

空间数据基础设施（SDI）是一个在社会、经济和环境活动中，每个利益相关者都可以访问、使用和交换空间数据和非空间数据的门户网站。这类信息系统在国家级、省级和地方的企业内部网或全球级互联网上都有相应的节点。在集成 GIS、遥感和 GPS 技术方面，需要使用一个理想的空间数据基础设施。GIS 是一个计算机硬件和软件系统，允许用户通过运行在网络上的数据库，收集、管理、分析和检索大容量空间地理参考数据和从各种资源收集相关的属性数据。GIS 广泛应用于决策，存储各种类型的数据，将地图和数据变换为用户需要的相同尺度，地图叠加、查询和分析大容量数据，设计和表达最终地图和报告，提供管理者和规划者使用。SDI 为相关组织机构之间交换技术和促进使用、管理和生产地理数据的活动的环境。SDI 是关于为满足获取、处理、分发、使用、维护和保护地理数据而进行的技术、政策、标准、人力资源和相关活动的总称。一个集成的 SDI 模型不仅可以为终端用户提供空间数据、附加值的服务，而且也涉及互操作、安全、政策和网络等重要问题。SDI 是在 GIS 环境下开发的基于 Web 的系统，因此，地理空间 Web 服务是 SDI 的集成的和重要组成部分。地理空间 Web 功能表明基于 Web 的 GIS 可以使用客户/服务器结构建模。一种瘦客户端模型可用图 8-12 表示。客户端除了显示数据，没有其他繁重的任务。这个模型的好处是除了标准的浏览器，用户不需要安装任何附加的软件，因为处理都由服务器完成。这将意味着服务承受额外的、繁重的处理任务。

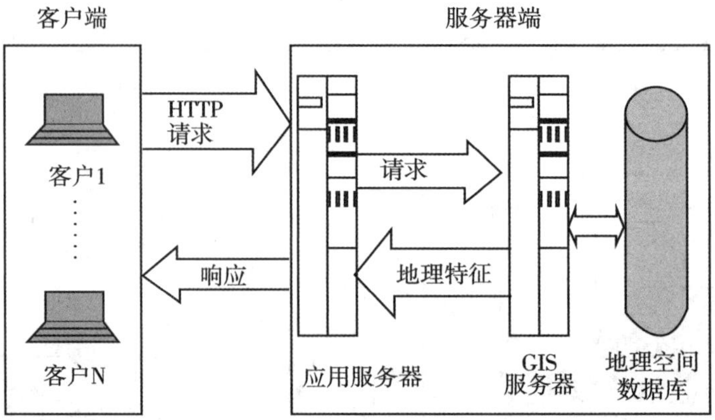

图 8-12　瘦客户端 GIS 结构

SOA 认识到了这样的处理负载，试图在因特网上构建一种分布的、动态的、灵活的和可重新配置的服务系统，能够满足 SDI 发展的信息与服务需求。SOA 的关键部件是服务和通过服务组合形成的服务链系统，即良好定义的一组有序行为。这是自包含的、无状态的和不需要依赖其他的服务状态的一种架构。图 8-13 所示是基于 SDI 的 SOA 的三组主要功能集。

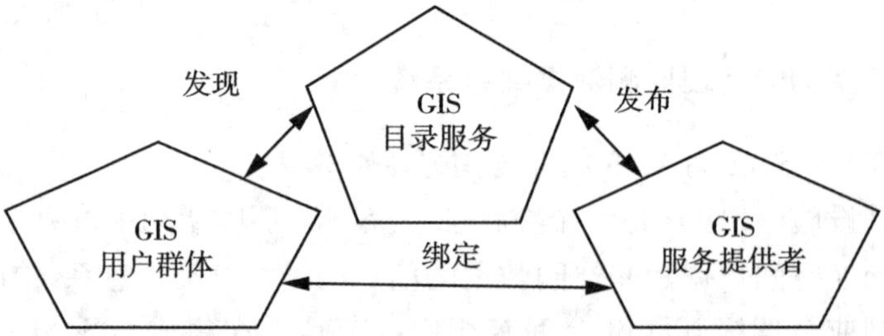

图 8-13　SOA 的主要功能

在 SDI 的发展方面，主要发展焦点是基于 SOA 的使用空间数据的地理空间 Web 服务。这些服务可以分组为数据服务、处理服务和目录服务。数据服务与要操作的特定数据集之间是紧耦合的，并通过 WFS（web feature service）、WMS（web mapping service）和 WCS（web coverage service）提供服务。SOA 的基本操作包括发布、发现和绑定。为了能够将任何服务集成到基于 SOA 的架构，应当至少使用一种 SOA 定义的操作。在基于 SDI 的 SOA 中，有三个关键的角色，即服务请求者，或 GIS 用户消费者，GIS 服务提供者和 GIS 目录服务。目录服务也称为注册服务或代理服务。目录服务帮助请求者发现或绑定合适的服务。当服务提供者设置了一组服务，并希望用户使用他们的服务时，他们需要通过发布操作发布它们。

（二）应用案例

为了开发实现一个基于地理标志信息基础设施模型的 SOA 系统，使用 Quantum GIS

（一个开源 GIS 软件）创建空间数据库，PostGIS 和 MYSQL 存储空间数据及非空间数据，ALOV、GeoServer、GeoNetwork、GeoWebCache、WAMP 和 Apache Tomcat 等作为实现 WMS、WFS、CS-W（web catalogue service）、PHP（hypertext preprocessor）、JSP（java server pages）和 GeoExt（geo extension for dynamic server side scripting）的功能。图 8-14 所示是基于 SDI 工作流的 SOA 模型。在这个模型中，关键是使用与 OGC 标准的兼容的空间数据和非空间数据的 Web 服务。管理者是系统的管理员，他维护数据，设置不用用户的权限，提供不同类型的管理服务，如目录管理服务负责更新目录。

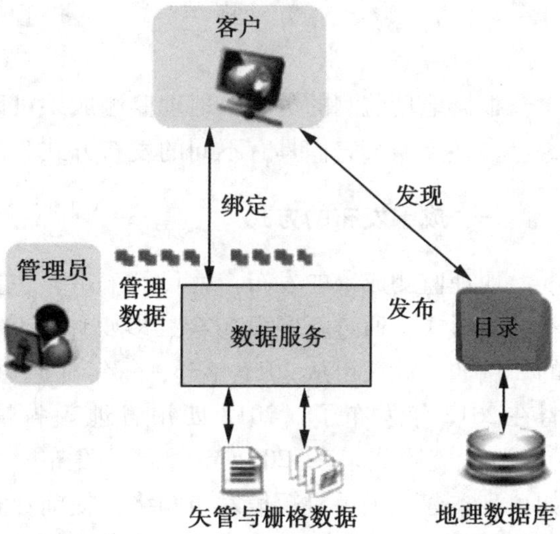

图 8-14　基于 SOA 的 SDI 地理信息工作流

图 8-15 所示是实现的技术方法流程。

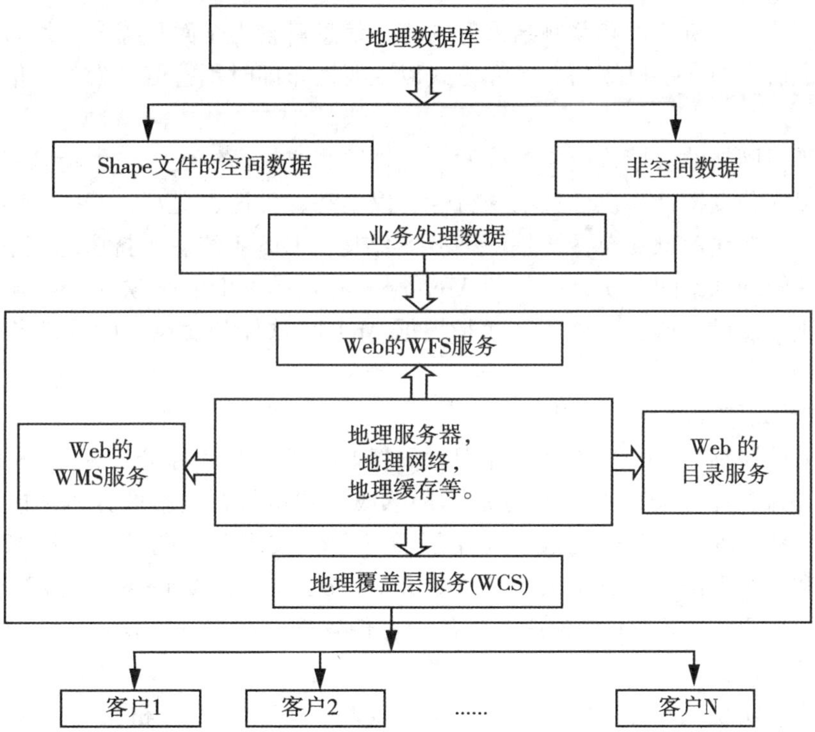

图 8-15　实现的技术流程

第三节　地理监测成果的发布

根据地理监测的类型，地理监测成果可以分为科学解释、管理决策、预测、预报和预警等多种类型，它们具有不同的发布方式、内容和要求。

一、成果发布的方式

地理监测成果的发布，就目前来讲，主要是通过监测报告、公报、网页、手机短信、新闻等形式，通过新闻发布会、多媒体通信、计算机网络、电视和广播等渠道进行发布的。例如，武汉市从2011年起，每年都通过新闻发布会形式，发布市情监测报告；四川省在2012年发布了《2012四川省地理省情公报》；2012年陕西省发布《2012地理国（省）情监测成果》；2011年甘肃省发布《甘肃省第四次荒漠化沙化监测》成果等。又如，日本建立了手机短信发布网络，提前数秒发布地震预警信息；黄河水利委员会通过计算机网络每天发布宁蒙河段黄河凌汛监测结果，等等，通过电视和广播发布天气情况、环境监测情况，则更为人们所熟悉。

二、地理监测成果发布技术

地理监测报告或公告，一般以编辑成册的纸质形式发布监测结果，内容涉及监测数据获取、监测方法、分析评价和监测结果等内容，信息量较为全面和综合。发布时间以一个监测周期完成后发布。手机短信、新闻方式以主要发布即时预警信息为主，信息量较少和单一。

随着计算机网络的应用普及，在线发布地理监测成果已经成为一种趋势。在线发布监测成果，可以充分发挥计算机信息系统特性，以动态、可视、交互、模拟等多种技术展示地理监测成果。在线信息发布系统是一种B/S结构的GIS系统。支持影像（栅格）数据、矢量数据存储管理和空间分析，并提供Web服务开发的商业GIS软件，或开源GIS软件等都可以用于开发设计这类系统。下面是根据ArcGIS软件开发设计的地理监测成果演示和应用的一些例子。

（一）在线地理国情监测演示系统

该系统采用遥感与GIS一体化设计理念，将遥感信息和影像分析模型快速网络发布，基于Flex客户端技术搭建的Web应用展示遥感成果和执行在线影像分析功能。系统由应用层、服务层和数据层三部分构成。应用层通过Flex实现，实现影像的动态监测、结果统计与现实和结果下载；服务层依托于ArcGIS Server、Image Extension与ENVI for ArcGIS Server技术，实现地图服务与影像服务功能；影像管理层利用ArcSDE的Geodatabase与镶嵌数据集管理影像数据。

该系统主要实现三部分功能：北京市9年（2003—2011年）植被覆盖度、9年最小/最大植被覆盖度动态演示（图8-16）；北京市鸟巢附近2008年3月—2010年2月地表沉降变化信息；沈阳市2009年和2011年间土地覆盖变化信息的在线分析。

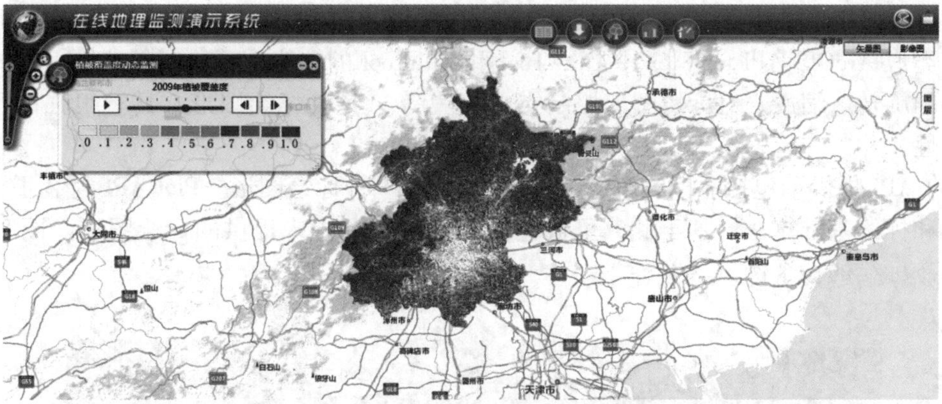

图 8-16　北京市植被覆盖度动态显示

（二）公众气象信息展示平台

系统采用 ArcGIS API for Javascript 设计开发，依托 ArcGIS for Server，利用 GeoProcessing 服务实现温度、湿度、降水以及温度变化预报等插值信息，并通过影像服务实现雷达卫星和气象云图的时态推演。同时，系统还实现了台风的历史轨迹回放及影响城市报警信息。为了真实准确地为公众提供最新的气象信息，系统在后台开发配置了实时数据获取工具，并利用 ArcGIS Engine 技术实现了卫星影像数据的动态配准和裁切，通过 MySql 数据库和镶嵌数据集进行数据的存取。图 8-17 所示是过去 4 个小时的雷达图显示，全国的天气整体呈现平稳态势，没有大风强降水等灾害性天气。

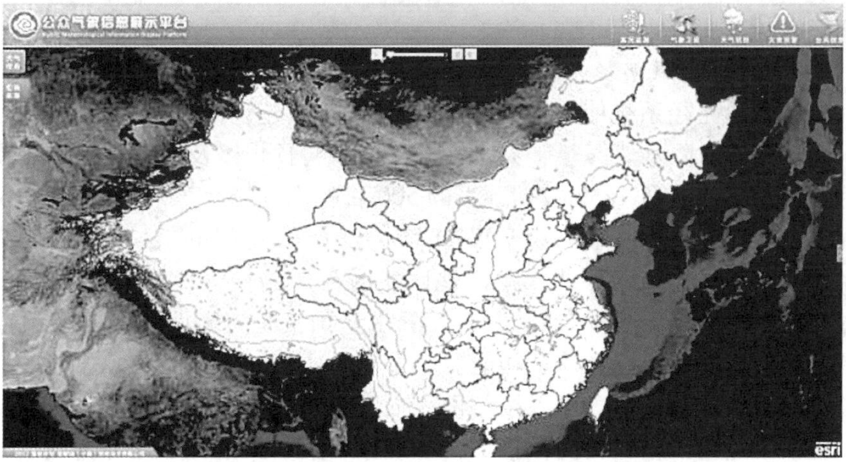

图 8-17　气象数据和天气形势分析

（三）动态标绘演示系统

动态标绘演示系统主要用来满足各行业 WebGIS 系统中对动态标绘的需求。该系统基于动态标绘 API（Plot API）开发。

动态标绘 API 是基于 ArcGIS API for Flex 实现的一套功能组件。通过扩展，Plot API 实现了类似 ArcGIS API for Flex 中 DrawTool 和 EditTool 的功能，可绘制、编辑（包括对标绘图形的旋转、缩放，对标绘图形控制点的拖曳等）各种标绘图形，具有很强的灵活性和交互性。

Plot API 提供了包括箭标、旗标、区域标绘等 11 种标绘图形。Plot API 封装了标绘图形接口和标绘基础算法，基于此，可快速扩展实现 API 中未提供的标绘图形。图 8-18 所示是动态标绘的一个例子。

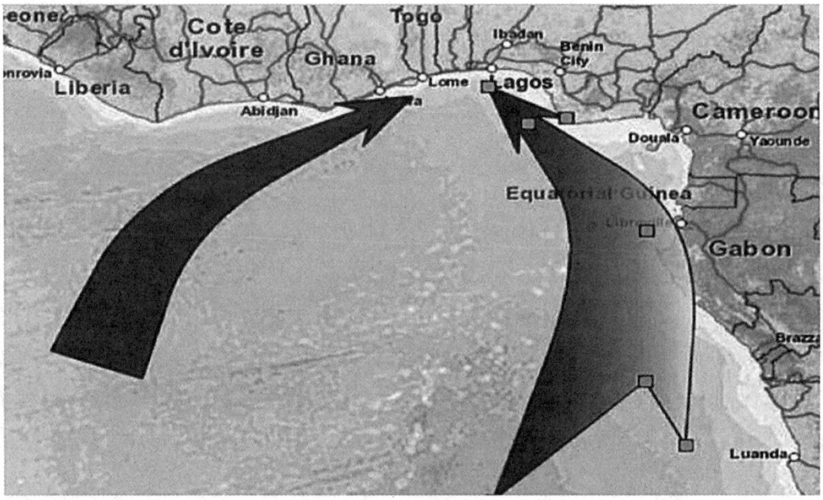

图 8-18　动态标绘举例

（四）中央气象台台风路径系统

中央气象台台风路径系统使用 ArcGIS API for Flex 搭建，对外提供台风预警预报信息，在最新版中还加入了对降水、雾霾、灾害性天气的预警预报以及天气预报和云图服务。该系统可支持叠加卫星云图及 T639 数据预报的 500 百帕高度场、700 百帕风场、850 百帕风场及 200 百帕流场等产品。该系统基于 WebGIS 的富互联网应用平台，后台采用 ArcGIS 及 NCL 加工系统，可以动态显示西北太平洋地区实时台风路径、最新天气预警、2000 多个城市的天气预报及中央气象台发布的 1～3 天降水量预报、灾害性天气落区预报等气象数据，并具有丰富的历史台风路径检索功能。

该系统具有台风预警功能，可以按年份、强度等条件来查询台风，并可以查看台风的预报信息，包括中央台预报、关岛预报、日本预报和英国预报，并且可以基于时间轴的播放，如图 8-19 所示。

该系统还可以提供降水范围、灾害天气、雾霾天气等级、卫星云图等影响范围、影响程度等多种信息查询。图 8-20 所示为灾害天气范围和影响等级查询。

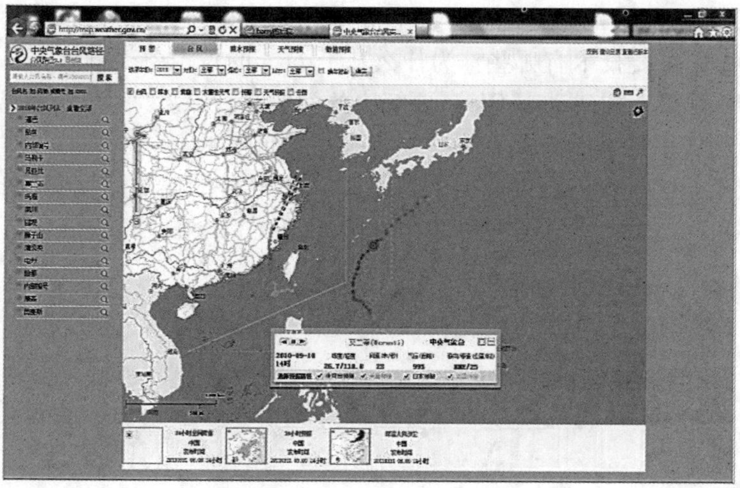

图 8-19　台风路径的预警

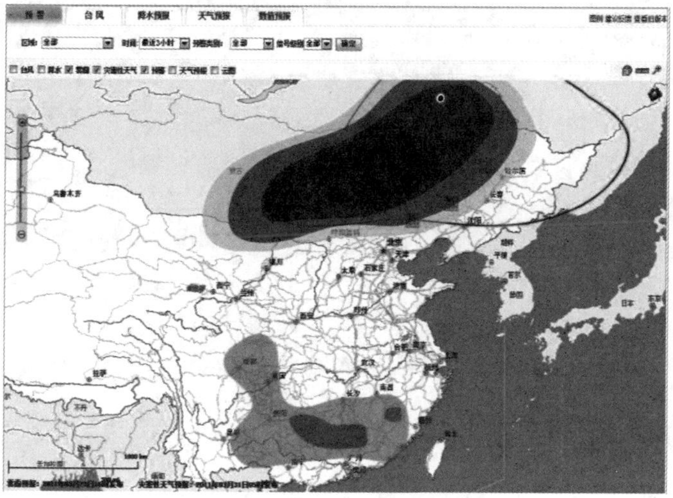

图 8-20　灾害天气查询

思考与练习题

1. 动态地理信息系统的动态性体现在哪几个方面？

2. 从本章提供的信息并通过网络信息查询，归纳当前动态地理信息系统在应用中存在的问题。

3. 时空数据有哪些类型？

4. 时空信息系统由哪些内容组成？

5. 分布式系统的架构有哪些风格？

6. 选择软件架构风格的依据是什么?
7. 面向服务(SOA)的架构的基本思想和服务原理是什么?
8. 实现 SOA 的主要技术有哪些?为什么基于 Java 的技术备受推崇?
9. 基于 SOA 框架,构建动态 GIS,要解决的问题是什么?
10. 地理监测成果的发布方式有哪些?有哪些发布技术?
11. 请你收集全国一年的温度数据,利用 ArcGIS 软件,实现温度变化的动态显示。

第九章　地理国情监测标准化基础

本章介绍了标准化的思想、概念、标准化的基本原理和基本原则、形式以及主要作用；标准的定义、标准制定的基本要求和原则、标准制定的程序以及实施；测绘标准的概念、制定、种类、发布以及标准化体系。地理国情普查和监测开展时间较短，标准还不成熟，通过学习标准化的基本知识，学生了解标准化及标准在地理国情监测、标准建设及应用中的作用。

第一节　标　准　化

一、标准化思想及定义

我们生活在一个标准的世界里，仔细环顾一下周围的一切，都与标准有关，食物有饮食标准，衣服有穿着标准，每一个生活用品有生活用品的标准，所有的产品都有其相应的标准。人们使用的产品必须是符合标准的产品，每一项技术工艺有其相应的标准，人体的健康有相应的标准，高校各专业的人才培养也有相应的标准，标准无处不在。任何不符合标准的技术产品是不能为人们所接受的。

制定标准的目的不在于对发明创造进行限制，而是为了满足社会要求，保证企业标准化工作的核心。标准是产品质量的技术保障，是优化生产秩序的内在需求。发明创造的目的在于促进科技的创新，标准的作用在于对市场的规范。

利用发明创造得到的产品要投入生产，要进入市场流通，就需要有关部门参照相关标准进行严格把关。

国际上有个流行的说法“一流的企业做标准，二流的企业做品牌，三流的企业做产品”，充分说明了标准的重要性。

做标准的企业就是行业的标杆和领头羊，它是制定游戏规则的，只要在这个行业，就得执行该行业的标准（游戏规则），所以做标准的企业具有绝对的领先优势，可以通过提高门槛、提高标准来限制其他企业的进入，削弱对手的优势（如欧洲的汽车排放标准、材料标准等）。

第 43 届世界标准日的主题是“减损耗，增收益——标准提高效率”，这一主题凸显了标准化工作对于推进节约高效，实现经济、环境和社会可持续发展的重要作用。对于正处于转型发展期的测绘地理信息事业而言，搞好标准化工作，实现以更低的损耗快速地为广阔市场提供产品和服务，显得尤为重要而关键。

标准化是为了在一定范围内获得最佳秩序，对现实问题和潜在问题制定共同使用和重复使用的条款的活动。在经济、技术、科学和管理等社会实践中，对重复性的事物和概念，通过制定、发布和实施标准达到统一，以获得最佳秩序和社会效益。公司标准化是指以获得公司的最佳生产经营秩序和经济效益为目标，对公司生产经营活动范围内的重复性事物和概念，以制定和实施公司标准以及贯彻实施相关的国家、行业、地方标准等为主要内容的过程。

标准化的对象：按照标准涉及的对象，经常使用的有术语标准、符号标准、试验标准、产品标准、过程标准、服务标准、接口标准，等等。

在国民经济的各个领域中，凡具有多次重复使用和需要制定标准的具体产品，以及各种定额、规划、要求、方法、概念等，都可称为标准化对象。

标准化对象一般可分为两大类：一类是标准化的具体对象，即需要制定标准的具体事物；另一类是标准化总体对象，即各种具体对象的总和所构成的整体，通过它，可以研究各种具体对象的共同属性、本质和普遍规律。

标准化的实质是通过制定、发布和实施标准，达到统一。

标准化的目的是获得最佳秩序和社会效益。

标准化是一个活动的过程，包括标准的制定、修订、宣传贯彻、实施及实施标准的监督管理等不断循环、持续改进和不断发展的活动。

二、标准化基本原理

标准化的基本原理通常是指统一原理、简化原理、协调原理、最优化原理和阶梯原理。

(一) 统一原理

为了保证事物发展所必需的秩序和效率，对事物的形成、功能或其他特性，确定适合于一定时期和一定条件的一致规范，并使这种一致规范与被取代的对象在功能上达到等效。

统一原理包含以下要点：

(1) 统一是为了确定一组对象的一致规范，其目的是保证事物所必需的秩序和效率；

(2) 统一的原则是功能等效，从一组对象中选择确定一致规范，应能包含被取代对象所具备的必要功能；

(3) 统一是相对的，确定的一致规范只适用于一定时期和一定条件，随着时间的推移和条件的改变，旧的统一就要由新的统一所代替。

(二) 简化原理

为了经济有效地满足需要，对标准化对象的结构、型式、规格或其他性能进行筛选提炼，剔除其中多余的、低效能的、可替换的环节，确定出满足全面需要所必要的高效能的环节，保持整体构成精简合理，使之功能效率最高。

简化原理包含以下几个要点：

(1) 简化的目的是为了经济，使之更有效地满足需要；

(2) 简化的原则是从全面满足需要出发，保持整体构成精简合理，使之功能效率最高。所谓功能效率系是指功能满足全面需要的能力；

(3) 简化的基本方法是对处于自然状态的对象进行科学的筛选提炼，剔除其中多余的、低效能的、可替换的环节，确定出能满足全面需要所必要的环节；

(4) 简化的实质不是简单化而是精练化，其结果不是以少替多，而是以少胜多。

(三) 协调原理

为了使标准的整体功能达到最佳，并产生实际效果，必须通过有效的方式协调好系统内外相关因素之间的关系，确定为建立和保持相互一致，适应或平衡关系所必须具备的条件。

协调原理包含以下要点：

(1) 协调的目的在于使标准系统的整体功能达到最佳，并产生实际效果；

(2) 协调的对象是系统内相关因素的关系以及系统与外部相关因素的关系；

(3) 相关因素之间需要建立相互一致关系（连接尺寸），相互适应关系（供需交换条件），相互平衡关系（技术经济招标平衡，有关各方利益矛盾的平衡），为此，必须确立条件；

(4) 协调的有效方式有：有关各方面的协商一致，多因素的综合效果最优化，多因素矛盾的综合平衡，等等。

(四) 最优化原理

优化是通过标准化活动，按照特定的目标，在一定的限制条件下，对标准系统的构成因素和要求及其关系进行选择、设计或调整，使标准化的对象形式更加规范、有序，更加合理、有效，使之达到最理想的效果，优化是标准化追求的一种效果。

优化的原则是要进行优化设计、优化生产方法、优化管理秩序，以获得最佳秩序和最佳效益。最优化要站在全局的视野、产业发展的高度和运用系统论的思维来考虑的最优化，不是局部的利益、短期效益和狭隘视角的最优化；否则，就不是标准化所追求的优化。

(五) 阶梯原理

阶梯原理是指标准化的发展动态。在标准化发展的动态过程中，其发展形式呈阶梯状，即从标准的制定——相对稳定——修订（提高）——相对稳定——修订（提高），每一次修订都是将标准提高到新的水平。

由于科学、技术、经济的发展不断地连续上升，而与之相适应的标准化则因其具有相对稳定性，在一定时期保持不变，一般国家标准要用几年甚至十多年，而科学、技术、经济在不断地发展，到一定时候标准就要落后，这时修订标准的任务就来了。新修订的标准要适应科学、技术、经济发展的新水平，修订时，标准要提高，直到提高到与科学、技术、经济的新水平相适应为止。修订的标准一旦公布执行，就像当初刚制定时一样，它对科学、技术、经济的发展起着重要的促进作用。这时标准又保持相对稳定，而科学、技术和经济在新的标准的基础上又进一步向前发展，这样，就出现了上述制订——相对稳定——修订（提高）的循环。该原理包括技术发展过程与标准化的理想时机、技术发展的连续性与标准化的阶梯性、技术水平与标准化水平的关系等部分。

三、标准化基本原则

标准化应坚持以下原则：

（1）坚持企业为主原则，提高标准的适用性。以市场为主导、企业为主体，贴近经济，紧跟市场，服务企业，以满足市场需求为目标，使企业成为制定标准、实施标准的主力军。

（2）坚持国际化原则，提升中国的综合竞争力。遵循 WTO 的规则，积极采用国际标准，加快与国际接轨的步伐。加大实质性参与国际标准化活动的力度，努力实现从“国际标准本地化”到“国家标准国际化”的转变，全面提升中国的综合竞争力。

（3）坚持重点保障原则，促进经济平衡较快发展。面向国民经济的主战场，重点加强社会急需的农业、食品、安全、卫生、环境保护、资源节约、高新技术、服务等领域的标准化工作，为国民经济和社会发展提供技术保障。

（4）坚持自主创新原则，提高中国的标准水平。加强标准化工作与科技创新活动的紧密结合，促进中国自主创新技术通过标准快速形成生产力，提高标准水平，增强产品竞争力。同时进一步完善以标准为基础的技术制度，提高中国的自主创新能力。

四、标准化形式

常用的标准化形式有简化、统一化、通用化、系列化、组合化和模块化。

（一）简化

简化是指在一定范围内缩减标准化对象（事物）的类型和数目，使之在一定时间内满足一般需要的标准化形式，是一种基本的标准化形式。

简化应遵循如下原则：

（1）对客观事物进行简化时，既要对不必要的多样化加以压缩，又要防止过分压缩。为此，简化方案必须经过比较、论证，并以简化后事物的总体功能是否最佳作为衡量简化是否合理的标准。

（2）对简化方案的论证应以特定的时间、空间范围为前提。在时间范围里，既要考虑到当前的情况，也要考虑到今后一定时期的发展要求，以保证标准化成果的生命力和系统的稳定性；对简化所涉及的空间范围以及简化后标准发生作用的空间范围，都必须做出准确的计算或估计，切实保障全局利益。

（3）简化的结果必须保证在既定的时间内足以满足一般需要，不能因简化而损害消费者的利益。

（4）对产品规格的简化要形成系列，其参数组合应尽量符合数值分级制度。

（二）统一化

统一化是指将同类事物两种以上的表现形态归并为一种或限定在一个范围内的标准化形式。它是在不同的对象或范围中归并达到一致性。统一化的目的是去除不必要的多样性引起的混乱。统一化有两种类型：一类是绝对的统一，它不允许有什么灵活性，如编码、标志、交通规则等；另一类是相对的统一，它的出发点或趋势是统一的，但可以根据情况区别对待。

统一化应遵循适时原则、适度原则、等效原则、先进性原则。

（三）通用化

通用化是指在相互独立的系统中，选择和确定具有功能互换性或尺寸互换性的子系统或功能单元的标准化形式。

通用化是以互换性为前提的，只要符合标准的产品，在装配、维修时能任意地替换使用，包括功能互换和尺寸互换，可以最大限度地减少零部件在设计和制造过程中的重复劳动。在同一类型、不同规格或不同类型的产品或装备之间，总会有相当一部分零部件的用途相同、结构相近，或者用其中的某一种可以完全代替时，经过通用化，使之具有互换性。在设计和试制另一种新产品时，该种零部件的设计（包括工装设计与制造）的工作量都得到节约。此外，通用化还能简化管理，缩短设计试制周期，扩大生产批量，提高专业化水平，为企业带来一系列经济效益。

（四）系列化

系列化是对同一类产品中的一组产品通盘规划的标准化形式。它是对同一类产品的主要参数、型式、功能、基本结构等作出合理的规划。也可以认为系列化是使某一类产品系统的结构优化、功能最佳的标准化形式。

产品系列化可分为以下三个内容：

（1）制定产品基本参数系列标准。产品的基本参数是产品基本性能或基本技术特征的标志，是选择或确定产品功能范围的基本依据，也是编制系列型谱、进行系列设计的基础。制定基本参数系列标准主要包括选择主参数和基本参数、确定主参数和基本参数的上下限和确定参数系列等工作内容。

（2）编制产品系列型谱。系列型谱是把基型产品与变型产品的关系以及品种发展的总趋势，用图表形成一个简明的品种系列表，实际上是该产品的品种发展规划的一种表现形式。

（3）产品的系列设计。系列设计是以基型为基础，对整个系列产品所进行的总体设计或详细设计。

（五）组合化

组合化是指按照标准化的原则，设计并制造出一系列通用性很强且能多次重复应用的单元，根据需要拼合成不同用途的产品的一种标准化形式。组合化又称积木化，是受积木化玩具的启发而出现的一种标准化形式。组合化的特点是：

（1）组合的单元具有通用性及互换性；

（2）组合成产品或结构的单元，可以拆、装、分解；

（3）组合的单元可以重复使用。

（六）模块化

模块化是指在对一定范围内的不同产品进行功能分析和分解的基础上，划分并设计、生产出一系列通用模块或标准模块，然后，从中选取相应的模块并补充新设计的专用模块和零部件一起进行相应的组合，以构成满足各种不同需要的产品的一种标准化形式。模块化是组合化的进一步发展。模块化是不但使用已统一化或标准化的部件，而且使用复杂系统或大型具有独立功能的模块单元来组成各种产品、设备或工程的一种标准化形式。模块化针对一些复杂系统（产品、设备或工程）进行标准化，是现代产品设计的一个重要方法。模块化设计、制造不仅可以最大限度地减少不必要的重复，而且能够最大限度地重复利用标准化成果。产品的维修和更新换代也可以通过模块来实现，这样能够使用户减少损失，节约资源。

尽管标准化形式各不相同，但其通常具有以下特点：

（1）相关性。由于标准化对象不同，所采用的标准化形式也就各不相同。但在标准化范畴内，标准化形式有其相互关联的方面。

（2）继承性。标准化形式是通过长期工作实践而产生的，是在继承的基础上发展的。企业产品设计开发中，零部件从专用件到继承原产品结构零部件，出现借用件；再从借用件通过通用化，发展到企业通用件，再上升到行业或国家标准件。这种标准化的活动就是一种继承发展的过程。

（3）统一化与简化。统一化的实质是使对象的形式、功能（效用）或其他技术特征具有一致性，并把这种一致性通过标准确定下来。统一化着眼于取得一致性，即从个性中提炼共性；简化肯定某些个性同时共存，故着眼于精练，在简化过程中往往保存若干合理的品种，简化的目的并非简化为只有一种。

五、标准化主要作用

技术标准已经成为产业特别是高新技术产业竞争的制高点，对于高新技术产业来说，经济效益更多地取决于技术创新和科研成果，技术标准逐渐成为专有技术追求的最高体现形式。典型例子是美国高通公司，高通公司总部一层大厅树立着一个专利墙，这个墙由1400块玻璃砖构成，而每个玻璃砖代表着高通公司的一个核心技术专利。高通公司现在的影响力，就是这14M个专利已经占据CDMA整个技术标准所散发出来的光和热。

标准化的主要作用是组织现代化生产的重要手段和必要条件；是合理发展产品品种、组织专业化生产的前提；是公司实现科学管理和现代化管理的基础；是提高产品质量，保证安全、卫生的技术保证；是国家资源合理利用、节约能源和节约原材料的有效途径；是推广新材料、新技术、新科研成果的桥梁；是消除贸易障碍、促进国际贸易发展的通行证。具体表现在以下11个方面：

（1）标准化为科学管理奠定了基础。所谓科学管理，就是依据生产技术的发展规律和客观经济规律对企业进行管理，而各种科学管理制度的形成都以标准化为基础；

（2）促进经济全面发展，提高经济效益。标准化应用于科学研究，可以避免研究上的重复劳动；应用于产品设计，可以缩短设计周期；应用于生产，可使生产在科学和有秩序的基础上进行；应用于管理，可促进统一、协调、高效率等；

（3）标准化是科研、生产、使用三者之间的桥梁。一项科研成果，一旦纳入相应标准，就能迅速得到推广和应用。因此，标准化可使新技术和新科研成果得到推广应用，从而促进技术进步；

（4）随着科学技术的发展，生产的社会化程度越来越高、生产规模越来越大、技术要求越来越复杂、分工越来越细、生产协作越来越广泛，这就必须通过制定和使用标准，来保证各生产部门的活动，在技术上保持高度的统一和协调，以使生产正常进行，所以，标准化为组织现代化生产创造了前提条件；

（5）促进对自然资源的合理利用，保持生态平衡，维护人类社会当前和长远的利益；

（6）合理发展产品品种，提高企业应变能力，以更好地满足社会需求；

（7）保证产品质量，维护消费者利益；

（8）在社会生产组成部分之间进行协调，确立共同遵循的准则，建立稳定的秩序；

（9）在消除贸易障碍、促进国际技术交流和贸易发展、提高产品在国际市场上的竞争能力方面具有重大作用；

（10）保障身体健康和生命安全。大量的环保标准、卫生标准和安全标准制定发布后，用法律形式强制执行，对保障人民的身体健康和生命财产安全具有重大作用；

（11）标准化标志着一个行业新的标准的产生。

标准化是测绘地理信息事业实现节约高效、可持续发展的重要基础，是提升测绘地理信息工作保障能力和服务水平的先决条件。标准的成果来源于实践，又要最终服务于实践，并在实践中得到完善和提高。测绘地理信息标准由来自行业范围的专家共同制定，是协商一致的最佳实践成果。通过执行测绘地理信息标准，可以使不同地域、不同时期的成果、服务和技术能够完美地衔接匹配，实现互通共享，从而可以避免不同部门间重复性工作和资源浪费。测绘地理信息总体发展战略的全面实施和全国“一个网、一张图、一个平台”的目标实现，迫切需要标准化来支撑，以实现高效率建设，并通过标准约束协调生产、管理与服务中的各对象、各要素、各环节，引导规范产业发展。可以说，标准与标准化是测绘地理信息事业能否实现“快干好”的关键之一。

第二节　标　　准

一、标准的定义

（一）标准的概念

标准是对重复性事物和概念所作的统一规定。它以科学、技术和实践经验的综合成果为基础，经有关方面协商一致，由主管机构批准，以特定形式发布，作为共同遵守的准则和依据。

标准是经济和社会活动的技术依据，是发展的基石。标准化已经从工农业扩展到服务业以及社会管理和公共服务领域，深刻影响着经济、社会、政治和文化发展。标准实现了生产、服务的简化和统一，促进了通用化和规模化，降低了成本，减少了损耗，提高了效率，推动了现代经济的发展。标准通过与法律、政策的有效衔接，成为调整产业方向、淘汰落后产能的重要手段。

我国标准分为国家标准、行业标准、地方标准和企业标准四级。

（二）标准的属性

依据《中华人民共和国标准化法》的规定，国家标准、行业标准均可分为强制性和推荐性两种属性的标准。强制性标准是由法律规定必须遵照执行的标准。强制性标准以外的标准是推荐性标准，又叫非强制性标准。保障人体健康、人身、财产安全的标准和法律、行政法规规定强制执行的标准是强制性标准，其他标准是推荐性标准。省、自治区、直辖市标准化行政主管部门制定的工业产品安全、卫生要求的地方标准，在本地区域内是强制性标准。

推荐性国家标准的代号为 GB/T，强制性国家标准的代号为 GB。行业标准中的推荐性标准也是在行业标准代号后加字母“T”，如 JB/T 即机械行业推荐性标准，不加“T”即为强制性行业标准。

（三）标准分类

1. 按行业分类

目前，我国按行业分类，标准已正式批准了 57 大类，行业大类的产生过程是：由国务院各有关行政主管部门提出其所管理的行业标准范围的申请报告，经国务院标准化行政主管部门（目前是国家标准化管理委员会）审查确定，同时公布该行业的标准代号。

2. 按标准的性质分类

通常，按专业性质，将标准划分为技术标准、管理标准和工作标准三大类。

1）技术标准

对标准化领域中需要统一的技术事项所制定的标准，称为技术标准。技术标准是一个大类，可进一步分为基础技术标准、产品标准、工艺标准、检验和试验方法标准、设备标准、原材料标准、安全标准、环境保护标准、卫生标准等。其中的每一类还可进一步细分，如技术基础标准还可再分为术语标准、图形符号标准、数系标准、公差标准、环境条件标准、技术通则性标准等。

2）管理标准

对标准化领域中需要协调统一的管理事项所制定的标准，称为管理标准。管理标准主要是对管理目标、管理项目、管理业务、管理程序、管理方法和管理组织所作的规定。

3）工作标准

为实现工作（活动）过程的协调，提高工作质量和工作效率，对每个职能和岗位的工作制定的标准，称为工作标准。我国建立了企业标准体系的企业里一般都制定工作标准。按岗位制定的工作标准通常包括岗位目标（工作内容、工作任务）、工作程序和工作方法、业务分工和业务联系（信息传递）方式、职责权限、质量要求与定额、对岗位人员的基本技术要求、检查考核办法等内容。

3. 按标准的功能分类

基于社会对标准的需求，为了对常用的量大面广的标准进行管理，通常将重点管理的标准分为基础标准、产品标准、方法标准、安全标准、卫生标准、环保标准、管理标准。

（四）现有标准情况

根据《中华人民共和国标准化法》的规定，我国的标准分为国家标准、行业标准、地方标准和企业标准四级。

国家标准：对需要在全国范围内统一的技术要求所制定的标准。国家标准由国务院标准化行政主管部门制定。截至 2011 年 6 月底，我国已批准发布国家标准 27114 项，其中，强制性标准 3408 项、推荐性标准 23443 项、指导性技术文件 263 项。

行业标准：对没有国家标准而又需要在全国某个行业范围内统一的技术要求所制定的

标准。行业标准由国务院有关行政主管部门制定，并报国务院标准化行政主管部门备案，行业标准在相应的国家标准实施后，自行废止。截至 2011 年 6 月底，累计备案行业标准 45613 项。

地方标准：对没有国家标准和行业标准而又需要在省、自治区、直辖市范围内统一的技术要求所制定的标准。地方标准由省、自治区、直辖市标准化行政主管部门制定，并报国务院标准化行政主管部门和国务院有关行政主管部门备案。地方标准在相应的国家标准或行业标准实施后，自行废止。截至 2011 年 6 月底，累计备案地方标准 20299 项。

企业标准：对没有国家标准、行业标准和地方标准而又需要在企业范围内协调、统一的技术要求、管理要求和工作要求所制定的标准。企业标准由企业组织制定，在企业内部适用，并按省、自治区、直辖市人民政府的规定备案。

此外，我国标准又分为前文已述及的强制性标准和推荐性标准。

二、标准制定基本要求和原则

（一）标准制定的基本要求

《国家标准管理办法》规定："制定国家标准应当贯彻国家的有关方针、政策、法律、法规；有利于合理开发和利用国家资源，推广科学技术成果；积极采用国际标准和国外先进标准，促进对外经济技术合作与对外贸易的发展；保障安全和人民的身体健康，保护环境；充分考虑使用要求，维护消费者的利益；做到技术先进、经济合理、安全可靠、协调配套。"

（二）标准制定的基本原则

1. 市场导向原则

用户提出，企业、消费者和政府都是用户；企业是市场主体，是标准制定的重要力量；要充分考虑消费者的利益；考虑政府的公益性角色，保障安全和民生健康，保护消费者利益，保护环境，推动资源节约和可持续发展。

2. 公开透明原则

理念开放；程序开放，制定标准的程度要对社会开放，让全社会参与。

3. 协商一致原则

审查时需要全国专业标准化技术委员会（以下简称技术委员会或 TC）委员一定比例通过，把握技术水平的适度超前，既考虑新技术应用的需要，又考虑产业更新换代的成本，达到一种动态平衡。

4. 协调原则

和国家标准协调、和 WTO 规则协调、和其他层级标准协调、和统计其他标准协调，不能矛盾重复交叉。重点提高与国际标准的协调一致化程度，努力达到国际标准本地化，国家标准国际化。

三、标准制定程序

（一）标准制定的依据

1. 政策依据

按照《中华人民共和国标准化法》规定，对下列需要统一的技术要求，应当制定标准：

（1）工业产品的品种、规格、质量、等级或者安全、卫生要求；

（2）工业产品的设计、生产、检验、包装、储存、运输、使用的方法，或者生产、储存、运输过程中的安全、卫生要求；

（3）有关环境保护的各项技术要求和检验方法；

（4）建设工程的设计、施工方法和安全要求。

（5）有关工业生产、工程建设和环境保护的技术术语、符号、代号和制图方法。

2. 技术依据

按照《标准化工作导则》（GB/T1）和《国家标准管理办法》，需要制定相应的标准。

（二）标准制定的程序

1997 年颁布的《国家标准制定程序的阶段划分及代码》（GB/T16733—1997）在借鉴世界贸易组织（WTO）、国际标准化组织（ISO）和国际电工委员会（IEC）关于标准制定阶段划分规定的基础上，结合《国家标准管理办法》对国家标准的计划、编制、审批发布和复审等程序的具体要求，确立了我国国家标准制定程序的 9 个阶段：预阶段、立项阶段、起草阶段、征求意见阶段、审查阶段、批准阶段、出版阶段、复审阶段、废止阶段。

1. 预阶段

预阶段是标准计划项目建议的提出阶段，TC 或部门收到新工作项目提案后，经过研究和论证，提出新工作项目建议，并上报国务院标准化主管部门（国家标准化管理委员会）。

2. 立项阶段

国务院标准化行政主管部门对 TC 提交的工作项目建议进行审批的过程，在收到国家标准新工作项目建议后，对上报的项目建议统一汇总、审查、协调、确认，并下达“国家标准制修订计划项目”。立项阶段的周期一般不超过 5 个月。

任何单位、个人均可以向有关部门提出项目提案。项目建议实行网上申报，网上申报系统全年开放，随时接受申报。国家标准化管理委员会随时审批，提出项目建议，分批次在网上向社会公开征求意见，分批次下达国家标准修订计划。

3. 起草阶段

起草阶段为 TC 编写准备，完成工作组草稿的过程，周期不应超过 10 个月。

TC 收到新工作项目计划后，落实计划，组织项目的实施，成立标准编写工作小组，由标准起草工作组完成标准征求意见稿。

标准编写工作小组确认标准制定的目标准确，认真听取各方面的意见，与国际标准进行比对，完成技术指标的实验和验证工作，对相关事宜进行调查分析。

4. 征求意见阶段

征求意见阶段为 TC 对标准草案送审稿征求意见的过程，周期不应该超过 5 个月。

标准起草工作组将标准征求意见稿发往有关单位征求意见，经过收集、整理回函意见，提出征求意见汇总处理表，完成标准送审稿。

5. 审查阶段

TC 收到标准起草工作组完成的标准送审稿后，经过会审或函审，最终完成标准报批稿。

6. 批准阶段

国务院有关行政主管部门、国务院标准化行政主管部门对收到标准报批稿进行审核，对不符合报批要求的，退回有关起草单位进行完善，最终由国家标准化行政主管部门批准发布。

7. 出版阶段

国家标准出版机构对标准进行编辑出版，向社会提供标准出版物。出版阶段的周期不应该超过 3 个月。

8. 复审阶段

国家标准实施后，根据科学技术的发展和经济建设的需要适时进行复审，复审周期一般不超过 5 年。

复审是 TC 对国家标准的适用性进行评估，评估包括以下方面：

（1）实施过程中是否发现了新的需要解决的问题；

（2）技术指标是否适应当前的技术水平和经济社会的需求；

（3）内容是否与当前法律法规有抵触；

（4）采用国际标准制定的我国标准，是否需要与国际标准的变化情况保持一致，以及其他需要重新确定的问题。

复审后，对不需要修改的国家标准，确认其继续有效；对需要作修改的国家标准，可作为修订项目申报，列入国家标准修订计划；对已无存在必要的国家标准，由技术委员会或部门提出该国家标准的废止建议。

9. 废止阶段

对复审后确定无存在必要的国家标准，由国务院标准化行政主管部门予以废止。

标准的制定是一个循环的过程，如图 9-1 所示，目的是为了确保标准反映最新的技术成果和要求，保证标准的权威性。

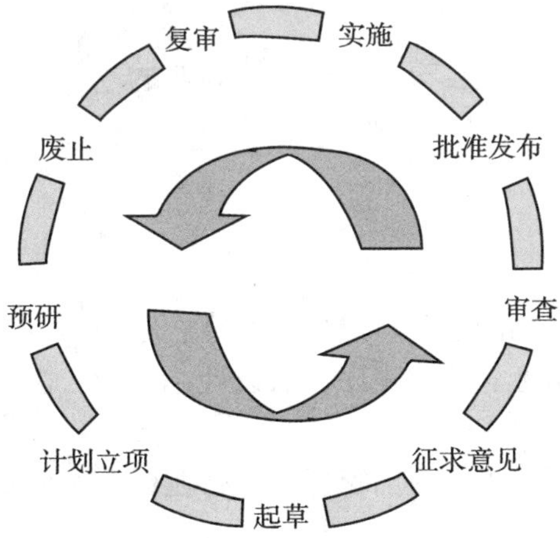

图 9-1　标准的制定过程

对下列情况，制定国家标准可以采用快速程序：

(1) 对等同采用、等效采用国际标准或国外先进标准的标准制、修订项目，可直接由立项阶段进入征求意见阶段，省略起草阶段；

(2) 对现有国家标准的修订项目或我国其他各级标准的转化项目，可直接由立项阶段进入审查阶段，省略起草阶段和征求意见阶段。

四、标准实施

强制性标准，必须执行。不符合强制性标准的产品，禁止生产、销售和进口。

推荐性标准，国家鼓励企业自愿采用。

企业对有国家标准或者行业标准的产品，可以向国务院标准化行政主管部门或者国务院标准化行政主管部门授权的部门申请产品质量认证。认证合格的，由认证部门授予认证证书，准许在产品或者其包装上使用规定的认证标志。

已经取得认证证书的产品不符合国家标准或者行业标准的，以及产品未经认证或者认证不合格的，不得使用认证标志出厂销售。

出口产品的技术要求，依照合同的约定执行。

企业研制新产品、改进产品，进行技术改造，应当符合标准化要求。

生产、销售、进口不符合强制性标准的产品的，由法律、行政法规规定的行政主管部门依法处理；法律、行政法规未作规定的，由工商行政管理部门没收产品和违法所得，并处罚款；造成严重后果构成犯罪的，对直接责任人员依法追究刑事责任。

已经授予认证证书的产品不符合国家标准或者行业标准而使用认证标志出厂销售的，由标准化行政主管部门责令停止销售，并处罚款；情节严重的，由认证部门撤销其认证证书。

产品未经认证或者认证不合格而擅自使用认证标志出厂销售的，由标准化行政主管部门责令停止销售，并处罚款。

标准实施后，制定标准的部门应当根据科学技术的发展和经济建设的需要适时进行复审，以确认现行标准继续有效，或者予以修订、废止。

第三节　测绘标准的分类

一、测绘标准概念

(一) 概念

测绘标准是指对测绘活动的过程、成果、产品、服务等，在一定范围内需要统一的技术要求、规格格式、精度指标、管理程序，从设计、生产、检疫、应用等方面所制定的需要共同遵守的规范。

测绘标准根据使用范围，可分为国家标准、行业标准、地方标准和标准化技术指导性文件。

按照测绘标准化管理办法，在测绘领域，需要在全国范围内统一的技术要求，应当制定国家标准；对没有国家标准而又需要在测绘地理信息行业范围内统一的技术要求，可以指定测绘行业标准；对没有国家标准和行业标准而又需要在省级范围内统一的技术要求，可以制定相应的地方标准。

（二）特征

测绘标准特征具有以下特点：

（1）科学性。任何一种测绘标准都是运用科学理论和科学方法，并在长期科学实践的基础上提出的概念性规则和规定，既符合常规测绘生产需要，又兼顾测绘新技术应用与发展，并被大家遵守。

（2）实用性。测绘标准是测绘活动必须遵守的规则，因而测绘标准必须具有实用性，才能被普遍遵守。

（3）权威性。测绘标准的立项、制定由国务院测绘行政主管部门或者标准化机构组织实施，测绘标准的发布严格按照国家法定程序进行，测绘标准的内容严格按照相关学科或者专业理论进行延伸和推广。

（4）法定性。标准化法、标准化法实施细则以及测绘法等法律、法规明确规定测绘标准，要求严格执行国家测绘标准。

（5）协调性。不同的测绘标准涉及工序不同、专业不同，而测绘成果具有兼容性、协调性，必然使测绘标准要具有协调性，各相关测绘标准必须保持协调一致，才能被各个专业共同遵守。

（三）分类

截至2012年2月，我国现有测绘与地理信息类标准201项，其中国家标准89项、行业标准106项、指导性技术文件6项，这些标准又可以分为定义与描述类、获取与处理类、检验与测试类、成果与服务类及管理类，测绘标准统计见表9-1。

表9-1 **测绘标准统计**

标准分类	定义与描述类	获取与处理类	检验与测试类	成果与服务类	管理类	合计
国家标准	23	48	7	10	1	89
行业标准	17	46	20	16	7	106
技术文件	2	3	1			6
合计	42	97	28	25	8	201

1. 定义与描述类标准

定义与描述类标准通过对基础地理信息的相对确定的定义与描述，使得标准化涉及的各方在一定的时间和空间范围内达到对地理信息相对一致的理解，从而促进对基础地理信息的共同理解和使用，保证测绘成果共享。基于地理标识的参考系统、三维基础地理信息要素分类与代码、影像要素分类与代码、三维基础地理信息要素数据词典、航天影像和航空影像数据要素词典、公众版地形图图式、电子地图图式等标准，都属于定义与描述类标准。

2. 获取与处理类标准

获取与处理类标准是以测绘和地理信息数据获取与处理中各专业技术、各类工程中的需要协调统一的各种技术、方法、过程等为对象制定的标准。现行的获取与处理类标准主要集中于大地测量、地形图航空摄影测量、光学航空摄影、国家基本比例尺地形图编绘、基础地理信息数据生产与数据库建设等方面，如《1∶500、1∶1000、1∶2000 地形图航空摄影规范》、《1∶500、1∶1000、1∶2000 地形图航空摄影测量内业规范》等。

3. 检验与测试类标准。

检验与测试类标准是为检验各种测绘和地理信息产品（成果）质量，以检测对象、质量要求、检测方法及其技术要求为对象制定的标准，如《测绘成果质量检查与验收》、《光电测距仪检定规范》等。

4. 成果与服务类标准。

成果与服务类标准是为保证测绘与地理信息产品（成果）满足用户需要，对一种或一组测绘和基础地理信息产品应达到的技术要求作出规定的标准，如《基础地理信息标准数据基本规定》、《基础地理信息数字成果 1∶5000、1∶10000、1∶25000、1∶50000、1∶100000 数字高程模型》等。

5. 管理类标准

管理类标准是以测绘和基础地理信息项目管理、成果管理、归档管理、认证管理为对象制定的标准，如《测绘技术设计规定》、《测绘技术总结编写规定》等。

二、测绘标准制定与发布

（一）测绘国家标准的制定

根据《国家标准管理办法》，国家标准的制定由国务院有关行政主管部门和国务院标准化行政主管部门领导与管理的技术委员会，按下达的国家标准计划项目组织实施。

1. 起草国家标准征求意见稿

负责起草单位应对所制定国家标准的质量及其技术内容全面负责。应按《标准化工作导则》（GB/T1）的要求起草国家标准征求意见稿，同时编写“编制说明”及有关附件，其内容一般包括：

（1）工作简况，包括任务来源、协作单位、主要工作过程、国家标准主要起草人及其所做的工作等；

（2）国家标准编制原则和确定国家标准主要内容（如技术指标、参数、公式、性能要求、试验方法、检验规则等）的论据（包括试验、统计数据），修订国家标准时，应增列新旧国家标准水平的对比；

（3）主要试验（或验证）的分析、综述报告、技术经济论证、预期的经济效果；

（4）采用国际标准和国外先进标准的程度，以及与国际、国外同类标准水平的对比情况，或与测试的国外样品、样机的有关数据对比情况；

（5）与有关的现行法律、法规和强制性国家标准的关系；

（6）重大分歧意见的处理经过和依据；

（7）国家标准作为强制性国家标准或推荐性国家标准的建议；

（8）贯彻国家标准的要求和措施建议，包括组织措施、技术措施、过渡办法等内容；

（9）废止现行有关标准的建议；

（10）其他应予说明的事项。

对需要有标准样品对照的国家标准，一般应在审查国家标准前制备相应的标准样品。

2. 广泛征求意见

国家标准征求意见稿和编制说明及有关附件，经负责起草单位的技术负责人审查后，印发各有关部门的主要生产、经销、使用、科研、检验等单位及大专院校征求意见。

国家标准征求意见稿征求意见时，应明确征求意见的期限，一般为2个月。可列出征求意见的表格，以利于对意见的综合、整理。

被征求意见的单位应在规定期限内回复意见，如没有意见，也应复函说明，逾期不复函，按无异议处理。对比较重大的意见，应说明论据或提出技术经济论证。

3. 归纳整理意见

负责起草单位应对征集的意见进行归纳整理，分析研究和处理后提出国家标准送审稿、“编制说明”及有关附件、意见汇总处理表，送负责该项目的技术委员会秘书处或技术归口单位审阅，并确定能否提交审查。必要时，可重新征求意见。

4. 国家标准送审稿的审查

国家标准送审稿的审查，凡已成立技术委员会的，由技术委员会按《全国专业标准化技术委员会章程》组织进行。

国家标准送审稿的审查，未成立技术委员会的，由项目主管部门或其委托的技术归口单位组织进行。参加审查的，应有各有关部门的主要生产、经销、使用、科研、检验等单位及大专院校的代表。其中，使用方面的代表不应少于四分之一。审查可采用会议审查或函审。对技术、经济意义重大、涉及面广、分歧意见较多的国家标准送审稿可会议审查，其余的可函审。会议审查或函审由组织者决定。

会议审查时，组织者至少应在会议前1个月将会议通知、国家标准送审稿、“编制说明”及有关附件、意见汇总处理表等提交给参加国家标准审查会议的部门、单位和人员。函审时，组织者应在函审表决前2个月将函审通知和上述文件及函审单提交给参加函审的部门、单位和人员。

会议审查，原则上应协商一致。如需表决，必须有不少于出席会议代表人数的四分之三同意，才为通过；国家标准的起草人不能参加表决，其所在单位的代表不能超过参加表决者的四分之一。函审时，必须有四分之三回函同意为通过。会议代表出席率及函审回函率不足三分之二时，应重新组织审查。

会议审查，应做会议纪要，并附参加审查会议的单位和人员名单及未参加审查会议的有关部门和单位名单；函审，应写出函审结论，并附函审单。

会议纪要应如实反映审查情况，内容包括上述征求意见稿中的（2）~（10）项内容的审查结论。

负责起草单位应根据审查意见，提出国家标准报批稿。

国家标准报批稿和会议纪要应经与会代表通过。

5. 报批

部门领导与管理的技术委员会，报国家标准审批部门审批。国家标准报批稿内容应与国家标准审查时审定的内容一致，如对技术内容有改动，应附有说明。报送的文件应有：

（1）报批国家标准的公文1份；

（2）国家标准报批稿4份，另附应符合制版要求的插图1份；

（3）国家标准申报单、“编制说明”及有关附件、意见汇总处理表、国家标准审查会议纪要或函审结论各2份；

（4）如系采用国际标准或国外先进标准制订的国家标准，应有该国际标准或国外先进标准原文（复制件）和译文各1份。

（二）测绘标准的发布

属于测绘国家标准和国家标准化指导性技术文件的，报国务院标准化行政主管部门批准、编号、发布；属于测绘行业标准和行业标准化指导性技术文件的，由国家测绘地理信息局批准、编号、发布。

测绘行业标准和行业标准化指导性技术文件的编号由行业标准代号、标准发布的顺序号及标准发布的年号构成。

1. 测绘国家标准和国家标准化指导性技术文件

测绘国家标准和国家标准化指导性技术文件由国家测绘地理信息局组织制定，国家标准化管理委员会批准发布，如《导航电子地图安全处理技术基本要求》编号为GB20263—2006,《基础地理信息标准数据基本规定》编号为GB21139—2007；《地理信息分类与编码规则》编号为GB/T25529—2010,《地理信息数据产品规范》编号为GB/T25528—2010等同采用国际标准ISO 19131：2007《Geographic Information-Data Product Specifications》,《地理信息服务》编号为GB/T25530—2010，等同采用国际标准ISO 19119：2005《Geographic information—Services》,《地理信息万维网地图服务接口》编号为GB/T 25597—2010修改采用了国际标准ISO 19128：2005(E)《Geographic Information—Web Map Server Interface》,《标准化工作指南　第3部分引用文件》编号为GBT20000.3—2003。国家标准化指导性技术文件，如《地理信息目录服务规范》编号为GB/Z25598—2010,《地理信息注册服务规范》编号为GB/Z25599—2010。

2. 测绘行业标准

1)强制性测绘行业标准编号

格式：CH ××××(顺序号)—××××(发布年号)

比如,《地籍图图式》编号为CH5003—1994,《测绘产品质量评定标准》编号为CH1003—1995,《航测仪器整机精度检定规程》编号为CH8017—1999，等等。

2)推荐性测绘行业标准编号

格式：CH/T ××××(顺序号)—××××(发布年号)

比如,《1：500、1：1000、1：2000地形图质量检验技术规程》编号为CH/T1020—2010,《测绘技术总结编写规定》编号为CH/T1001—2005,《基础地理信息数字成果1：5000、1：10000、1：25000、1：50000、1：100000数字栅格地图》编号为CH/

T9009.4—2010，等等。

3)测绘行业标准化指导性技术文件编号

格式：CH/Z ××××(顺序号)—××××(发布年号)

比如，《无人机航摄安全作业基本要求》编号为 CH/Z3001-2010，《无人机航摄系统技术要求》编号为 CH/Z3002—2010，《低空数字航空摄影测量内业规范》编号为 CH/Z3003—2010，《低空数字航空摄影测量外业规范》编号为 CH/Z3004—2010，《低空数字航空摄影规范》，编号为 CH/Z3005—2010，等等。

(三)标准的复审

测绘标准的复审工作由国家测绘地理信息局组织测绘标委会实施。标准复审周期一般不超过 5 年。下列情况应当及时进行复审：

(1)不适应科学技术的发展和经济建设需要的；

(2)相关技术发生了重大变化的；

(3)标准实施过程中出现重大技术问题或有重要反对意见的。

测绘国家和行业标准化指导性技术文件发布后 3 年内必须复审，以决定是否继续有效、转化为标准或者撤销。

测绘国家标准和国家标准化指导性技术文件的复审结论经国家测绘地理信息局审查同意，报国务院标准化行政主管部门审批发布。测绘行业标准和行业标准化指导性技术文件的复审结论由国家测绘地理信息局审批。

三、测绘标准种类

测绘标准分为国家标准、行业标准、地方标准以及标准化技术指导性文件等几类。

(一)测绘国家标准

需要在全国范围内统一的技术要求，应当制定测绘国家标准：

(1)测绘术语、分类、模式、代号、代码、符号、图式、图例等技术要求；

(2)国家大地基准、高程基准、重力基准和深度基准的定义和技术参数，国家大地坐标系统、平面坐标系统、高程系统、地心坐标系统和重力测量系统的实现、更新和维护的仪器、方法、过程等方面的技术要求；

(3)国家基本比例尺地图、公众版地图及其测绘的方法、过程、质量、检验和管理等方面的技术要求；

(4)基础航空摄影的仪器、方法、过程、质量、检验和管理等方面的技术指标和技术要求，用于测绘的遥感卫星影像的质量、检验和管理等方面的技术要求；

(5)基础地理信息数据生产及基础地理信息系统建设、更新与维护的方法、过程、质量、检验和管理等方面的技术要求；

(6)测绘工作中需要统一的其他技术要求。

(二)强制性测绘标准

测绘国家标准及测绘行业标准分为强制性标准和推荐性标准。下列情况应当制定强制性测绘标准或者标准强制性条款：

(1)涉及国家安全、人身及财产安全的技术要求；

(2)建立和维护测绘基准与测绘系统必须遵守的技术要求；

(3)国家基本比例尺地图测绘与更新必须遵守的技术要求；

(4)基础地理信息标准数据的生产和认定；

(5)测绘行业范围内必须统一的技术术语、符号、代码、生产与检验方法等；

(6)需要控制的重要测绘成果质量的技术要求；

(7)国家法律、行政法规规定强制执行的内容及其技术要求。

测绘行业标准不得与测绘国家标准相违背，测绘地方标准不得与测绘国家标准和测绘行业标准相违背。

(三)测绘标准化指导性技术文件

符合下列情形之一的，可以制定测绘标准化指导性技术文件：

(1)技术尚在发展中，需要有相应的测绘标准文件引导其发展或者具有标准化价值，尚不能制定为标准的；

(2)采用国际标准化组织以及其他国际组织(包括区域性国际组织)技术报告的；

(3)国家基础测绘项目及有关重大专项实施过程中，没有国家标准和行业标准而又需要统一的技术要求的。

四、测绘标准体系

按照《测绘标准化工作"十一五"规划》的要求，为指导和统筹测绘标准的制定、修订工作，加强测绘标准的计划与管理，进一步提高测绘标准的系统性、协调性和适用性，在已发布的《测绘标准体系框架》的基础上，通过近两年的实践检验，结合测绘标准化的最新研究成果，经进一步的细化和完善，国家测绘地理信息局组织编制了结构化、系统化和可扩充的《测绘标准体系》。它是目前和今后一段时间测绘国家标准、行业标准制定与修订的指导性文件，今后对测绘标准项目提案的提出与受理、立项审批及标准审查等，将主要依据本标准体系的内容和要求执行。

《测绘标准体系》从信息化测绘技术的发展需求出发，以数字化测绘技术体系下标准的构成为主体，兼顾传统测绘技术对标准的现实需要，从信息流、测绘工程物理流程等多个视角对测绘标准的组成进行描述和构建。本标准体系共列入"定义与描述"、"获取与处理"、"检验与测试"、"成果与服务"、"管理"5大类32小类标准，每一个小类中包含若干国家标准或行业标准，总计由350余项标准构成。5大类标准之间相互关联，各大类中的小类之间以及小类中的标准之间也相互关联、相互作用，从而构成一个覆盖整个测绘领域的测绘标准体系。其结构如图9-2所示。

本标准体系中描述了5大类32小类标准约束与应用的范围，提出了各类标准的预计数量，并在各标准小类下，综合考虑当前的技术水平和对未来发展需求的预测，以标准化对象和各标准的主要内容与适用范围为主要依据，提出了具体标准的推荐名称。本标准体系中根据《标准体系表编制原则和要求》(GB/T13061—91)对各标准大类、小类和具体标准进行了统一编号，其中所列标准的编号为本标准体系发布时已发布实施的标准的编号(含标准发布实施年代)；未列标准编号的标准为正在制定、修订的标准，或未来需要制定的标准。

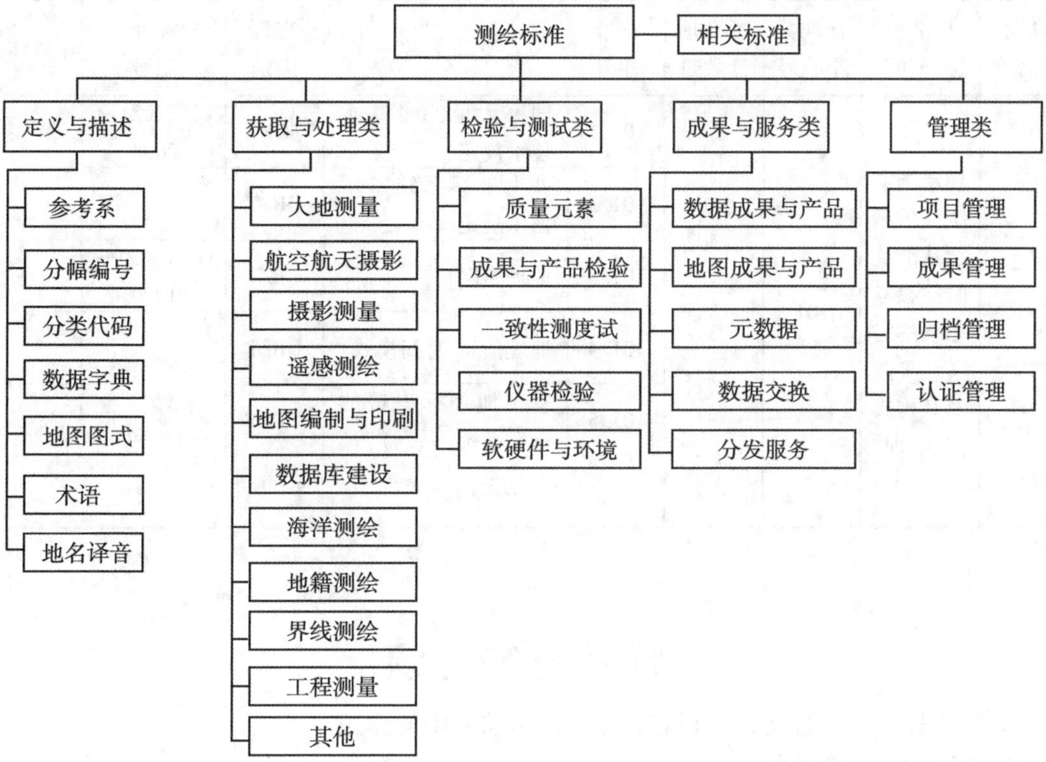

图 9-2　测绘标准化结构

体系中测绘标准的“相关标准”，由与测绘和基础地理信息相关的地理信息标准、信息技术类、专业信息类、标准化管理类和质量管理类等基础性、通用性及专业技术标准构成，按国家相应的规定编制计划、审批、编号、发布、归口和管理，本体系仅描述了这部分标准的范围，不再列出具体的标准名称和标准编号。“工程测量”类标准，除国家标准外，由国民经济建设各部门根据其特殊需要制定的专业测绘技术标准构成，本标准体系也不再列出具体的标准名称和标准编号。

标准体系和体系中所提出的标准分类、范围、标准数量、标准名称等，都是相对的、可扩充的和不断发展的，它将随着测绘与地理信息科学与技术、相关科学与技术的不断发展与广泛应用，以及测绘事业发展的需求和标准化研究成果的发展，不断地予以调整、补充和删减，并不断完善。

五、测绘标准体系表

测绘标准体系表详细列出了测绘标准的全部内容，包括标准小类名称、标准小类范围、标准类小编号、标准预计数量、标准序号、标准名称、宜订级别、标准编号，如图 9-2 所示框架中的定义与描述类中的参考系，如表 9-2 所示。

表 9-2　　定义与描述类中的参考系(部分)

标准小类名称	标准小类范围	标准类小编号	标准预计数量	标准序号	标准名称	宜订级别	标准编号	备注
参考系	规定国家统一的测绘基准及时空参考系统的定义、参数及其构成与实现	101	5	101. 1	国家大地测量基本技术规定	GB	GB 22021—2008	
				101. 2	城市坐标系统基本技术规定	GB/T		
				101. 3	地理格网	GB/T	GB 12409—1990	
				101. 4	地理信息 时间模式	GB/T		
				101. 5	基于地理标识符的参考系统(系列)	GB/T		
				……		……		

思考与练习题

1. 说明标准化的含义，分析其在地理国情监测中的作用。
2. 标准的类别有哪些？
3. 请叙述标准制定的程序。
4. 测绘标准的种类有哪些？
5. 地理国情监测作为一种新的地理国情获取的技术手段，在标准化方面需要做哪些工作？

第十章　地理国情监测应用

地理国情监测的范围非常广泛，本章简要介绍地理国情监测的若干应用，包括土地覆盖和土地利用变化监测、环境质量和环境变化监测、地理格局和文化景观变化监测、陆地生物多样性和生态变化监测、城市变化监测、地形变化监测以及全球陆地温度变化监测；介绍应用涉及的研究区的情况、使用的数据、技术流程和监测结果。学生可以结合自己感兴趣的应用领域开展监测应用。

第一节　土地覆盖和土地利用变化监测

一、1981—2001 年间西部植被的变化监测

（一）研究区域

我国东经 109°以西的广大地区，从西北干旱半干旱的裸地荒漠到南部湿润的亚热带林区，该地区覆盖温带和亚热带，气候复杂多样。

（二）数据和方法

利用 1981—2001 年间的 NOAA VHRR 的 NDVI（1km，8km 空间分辨率）数据，应用简单差分技术、生物量指标和主成分分析技术，对 20 年间的植被变化状况进行时间序列分析，讨论影响 NDVI 变化的因素。基于沙漠地区植被 NDVI 的变化特点（无变化），利用生物量变化斜率方法统计西部植被 20 年间的变化和分化状况。

（三）植被覆盖变化监测

（1）不同植被类型在年度内有着较为相似的变化形态，不同类型植被的变化量各不相同，当变化量超过一定数值的时候，对应着植被覆盖类型的变化。基于 NOAA VHRR 的 NDVI 影像（1km 空间分辨率）的统计得到：草地比裸地的平均 NDVI 大 306. 83%，林地比草地的平均 NDVI 大 115. 28%；而草地比林地的平均 NDVI 少 53. 55%，裸地比草地的平均 NDVI 少 75. 42%。

（2）四川盆地和西部塔里木盆地周缘的耕地的生物量处于较好的持续增加状态；而内蒙古以及西藏东北部的草地出现大面积的退化现象；新疆塔里木盆地周缘地区，表现为增加的像素覆盖类型主要是耕地、草地覆盖类型；在西藏表现为减少的像素覆盖类型主要是草地覆盖类型。

（3）基于沙漠区域像素 20 年不变的原则，分割生物量斜率影像的统计结果显示，我国西部在 1981—2001 年的 20 年间，林地、草地都发生了高比例、大面积的退化，只有很小比例的植被得以改善，表现出局部改善、总体恶化的局面。

二、香港特别行政区土地利用/覆盖变化监测与分析

(一) 概述

香港特别行政区位于114°15′E，22°15′N，由香港岛、九龙半岛、新界内陆地区以及262个大小岛屿组成。北接深圳市，南面珠海市，与西边澳门相距61km，土地面积1108km^2（2007年数据，未包括海岸下），土地和水域的管辖总面积2755.03 km^2，水域率达59.9%，已开发利用土地少于25%；其中23个郊野公园、15个特别地区、4个海岸公园及1个海岸保护区，面积共占40%。地形以丘陵为主，全境丘陵山地占全港土地的80%以上，平地、台地仅占19%。

(二) 研究数据和处理流程

1. 遥感影像

2003年10月13日、2008年11月3日两期SPOT-5的10m多波段影像和5m全色影像。

2. 辅助数据

0.5m分辨率DOP5000航空像片，1∶5000DEM数据和2007年土地覆盖类型图。

3. 文献资料

2003—2008年土地利用覆盖调查信息的文字、数据及2008年香港统计年鉴。

4. 处理流程

香港地区土地利用变化处理流程如图10-1所示。

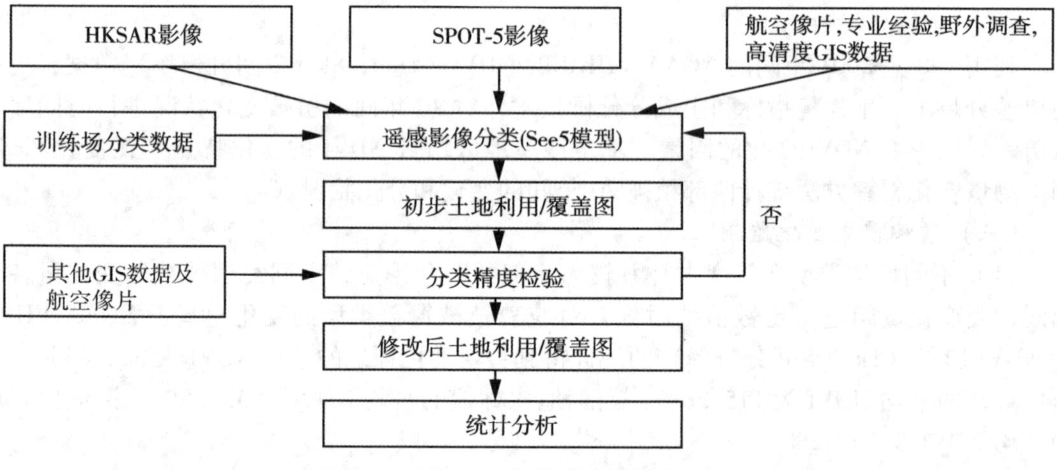

图10-1　香港地区土地利用变化处理流程

(三) 2003—2008年间香港特别行政区地区土地利用变化分析

1. 变化较大和较小的用地

在所有土地利用类型面积中变化最大的是农用地，期间共减少28.49%，减少面积1294.595hm^2，其中耕地的面积减少1958.86hm^2，鱼塘基围增加473.65hm^2，种植园增加190.62hm^2，减少的耕地中，80%转化为草地和灌丛，成为撂荒地。

变化相对较小的是城市建设用地，期间累计增加 932.39hm^2，变化率为 6.61%，其中，增加的 70.4% 来源于对未利用地的开发，23.4% 来源于填海造陆工程。截至 2008 年，香港特别行政区有 3 个填海工程：中环及湾仔填海计划、竹篙湾填海工程、香港科技园填海工程，从 2003—2008 年填海造地共新增土地 220.65hm^2。

2. 减少的用地

减少的用地主要包括荒地、林地。

期间荒地从 8506.29hm^2减少至 7047.79hm^2，减少 17.15%，其中，裸岩石砾地减少 1419.76hm^2，是未利用地减少的主要部分。这主要是由于从 2003 年开始，许多建筑工程停滞，土地沦为空置，在遥感影像上将其划为裸地，而到 2008 年又经重新开发转为建设用地和城市绿地造成。由于城市发展建设的需要，填海造陆过程中一些未利用土地开发转为建设用地，但这部分比例不大，只占未利用地减少面积的 10% 左右。在未利用土地中占比例较小的石矿场面积减少 20.04hm^2，石岸减少 14.18hm^2，海岸减少 4.53hm^2，均未呈现明显的变化。

期间林地减少 2674.13hm^2，变化率为 9.99%，其中，减少的林地中 80.5% 转化为草地和灌木草地。其主要原因是由于近些年郊野公园森林火灾的发生导致的树木减少，因此，加强山林火灾的监测、预防以及森林保育工作是保护林地的最佳途径。

3. 增加的用地

增加的土地类型有水体、灌丛、草地、湿地、建设用地，其中，灌丛是增加最多的类型，期间共增加面积 2287.84hm^2，变化率为 14.44%，主要是由林地和未利用地转化而来。而湿地是变化利最大的土地利用类型，达到 15.77%。香港的湿地主要集中在新界西北部，包括河溪、天然沼泽、红树林、潮间带、泥滩和人工鱼塘、基围及水塘，这些湿地均具生态、功能和康乐价值。由于香港政府的严格保护和公众参与，期间湿地的面积共增加 246.34hm^2，其中，红树林面积增加 164.04hm^2。

三、奈曼旗土地退化遥感监测

由于人口膨胀的压力以及人类对土地的不合理利用，导致全球范围内的土地退化现象日趋普遍和严重。土地退化不仅是重大的环境问题，也是重大的社会、经济问题，在近几十年来吸引了许多组织、研究机构、土地管理部门和公众的广泛注意。奈曼旗是科尔沁沙地最具代表性的地区之一，近百年来，由于人口的增加和无节制的滥垦、滥牧，该地区的植被遭到大量破坏，生态环境日益恶化，土地资源不断退化，严重影响到人们的生存环境和社会经济的可持续发展。可以利用遥感技术对土地退化进行监测。

奈曼旗位于内蒙古自治区通辽市西南部，科尔沁沙地南缘，地理坐标为 120°20′35″～121°36′00″E，42°14′17″～43°32′14″N。全境东西宽 68km，南北长 140km，总面积 8137.5km^2。地势为南高北低，最高海拔 794.5m，最低海拔 226.6m。地形是：南部为燕山余脉的浅山丘陵区，沟壑纵横；中部为沙沼区，坨、甸、沼交错分布；北部为教来河、老哈河冲积平原区，地形平坦。自然地貌可概括为“南山、中沙、北河川”，“二山、六沙、二平原”。

研究数据采用 1987 年 8 月 11 日、1991 年 8 月 22 日、1996 年 9 月 4 日、1999 年 9 月

13 日、2002 年 8 月 20 日和 2007 年 9 月 3 日该研究区 6 个时相的 TM 影像，辅助大量实地调查数据、1：10 万地形图、植被覆盖图、沙化土地分布图、遥感影像目视解译参考图、立地条件划分图、土地利用现状图等。

土地退化评价体系采用土地利用/覆被方式、复合植被指数；风蚀土地占像元面积百分比和土壤含水率 4 个指标，其中，土地利用/覆被方式采用支持向量机分类法获取；复合植被指数以土壤调节植被指数和阴影指数为基础，借鉴森林郁闭度模型（Forest Canopy Density Model，FCD）构建的一个能够削弱土壤影响和阴影的新复合植被指数；风蚀土地占像元面积百分比应用 LSMM 进行遥感反演；通过缨帽变换利用公式计算 TM 数据土壤含水率。

通过对影像辐射纠正、几何纠正、影像增强、多波段合成及色彩优化处理，裁剪出研究区域。通过以上方式获取土地退化评价体系的 4 个指标。使用层次分析法构造 4 个指标的判断矩阵，并通过判断矩阵特征向量的计算，得到土地退化指标的权重，构建土地退化综合评价公式。将奈曼旗的土地退化分为未退化、轻度退化、中度退化、重度退化和严重退化 5 个等级。1987 年、1991 年、1996 年、1999 年、2002 年和 2007 年的土地退化评价结果表明，奈曼旗土地退化状况在 1987—1999 年期间处于“局部好转、整体恶化”的局面，2000 年以后，土地退化治理开始出现一定的效果。

第二节　环境质量和环境变化监测

一、大气环境质量监测

（一）概况

随着经济的发展，大气污染问题面临严峻挑战，气溶胶污染问题尤为突出，大部分城市以颗粒物为首要污染物。由于气溶胶污染对大气能见度及人体健康的重要影响，备受国内外研究人员和决策者的广泛关注。由于气溶胶在大气形成与输送过程的复杂性，任何单一的研究手段都不能完全揭示气溶胶污染的空间特征。卫星遥感反演信息全面、覆盖范围广泛，能够弥补地面监测站点空间上的不足。利用卫星资料反演气溶胶光学厚度，以评价地面大气污染状况，该方法目前正逐渐得到广泛应用。

在美国、欧洲等发达国家和地区，由于拥有较为完善的空气质量监测网络，并且拥有大量颗粒物浓度监测站点，利用 AOD 产品反演地面颗粒物浓度的工作已经广泛开展。例如，利用 NASA 发布的全球 MODIS 气溶胶产品数据，研究全球及区域性大气污染状况，证实了用气溶胶光学厚度监测大气污染的可行性。

（二）珠三角及香港地区区域反演的方法与思路

（1）反演气溶胶光学厚度：根据气溶胶反演算法，反演珠江三角洲及香港地区分辨率为 1km×1km 气溶胶光学厚度；

（2）校正：利用气溶胶季节平均标高和相对湿度数据对 AOD 进行垂直校正和湿度校正；

（3）建立回归模型：利用区域地面监测颗粒物数据及气溶胶消光系数，建立地面监测 PM10 质量浓度和 AOD 之间的回归模型；

（4）反演：反演珠江三角洲及香港地区 PM10 质量浓度及空间分布特征；

（5）验证：反演结果与环境质量公报公布的 PM10 进行校验。

（三）研究范围和数据来源

以 111°59′52″～115°24′48″E 和 21°27′47″～23°56′13″N 为研究范围，包含珠江三角洲及香港地区。AOD 反演的基础数据来源于 MODIS 卫星传感器观测数据；地面常规颗粒物监测数据来自于粤港珠江三角洲区域空气监测网络 13 个监测站点的 PM10 质量浓度数据和香港特别行政区元朗站的 PM10 监测数据；相对湿度数据主要来源于珠江三角洲及香港特别行政区各气象监测站点实时监测资料。考虑到气象站点与空气质量监测站点的匹配性以及各站点空间位置的代表性，选择 5 个站点进行分析。

（四）反演结果分析

反演结果如图 10-2 所示，反演的年均 PM10 质量浓度与各市公布的结果基本吻合，显示反演结果具有较高的准确性。经过高分辨率 AOD 反演的地面 PM10 质量浓度无论是在数量级上还是空间分布特征上，均能满足区域大气环境质量评价的要求，并能够弥补大气污染监测站点空间稀疏的不足，提供高分辨率的 PM10 浓度反演结果。

该方法为评价区域颗粒物污染状况提供了一种利用遥感技术反演大气污染新的有效途径，表明了利用卫星遥感数据有助于分析区域颗粒物浓度的空间分布特征，弥补了地面监测在空间分布上的不足，为珠江三角洲及香港地区研究区域颗粒物污染状况提供了一个有效的新途径。

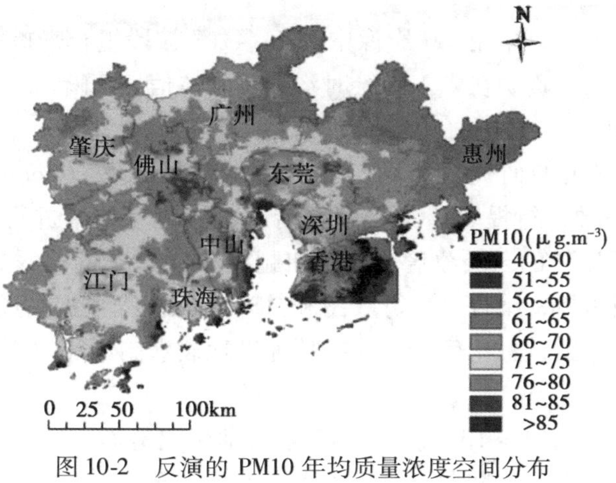

图 10-2　反演的 PM10 年均质量浓度空间分布

二、喀什地区水资源及变化监测

（一）研究区域

喀什地区地处 71°39′～79°52′E，35°28′～40°16′N 之间，喀什地区属于暖温带大陆气候，四季分明，蒸发强烈，气温和降水变化显著。境内最集中的是喀什噶尔和叶尔羌河两大流域，流域水环境系统脆弱，水资源总体上呈典型的“春旱、夏洪、秋缺、冬枯”的特点。水系受地形地貌、地域降水影响较大，发源于冰川、山区积雪带，并散失在平原地区，随着山区水分的季节性融冻，各河的年内枯洪变化明显，都为融补性河流，干流自身不产流。全区有5大河流，短程河3条。

（二）研究数据

研究数据包括遥感影像和相应的专题信息图。TM影像成像时间分别为2000年和2010年，月份则集中在8月和10月，由于冰川补给和降水对地表水影响较大，为了保证统计结果的准确性，选取地表水体遥感影像多为10月份数据。考虑到冰川面积受温度因素影响较大，冰川研究区采用夏季影像。此时的冰川面积统计工作受末端冰雪干扰最小，能够较精确地统计出冰川覆盖面积，对该地区地表水变化分析有较大帮助，在选取水体和冰川信息遥感影像时，尽量采用相同月份。

其他数据包括喀什地区行政图，2005年喀什地区的土地利用和覆盖图、ASTGETM数据、2000—2010年喀什地区社会经济数据、2002—2006年喀什地区整体用水量数据，以及气象数据，1990—2010年的年平均气温和降水资料、冰川数据。

（三）研究方法

1. 水体解译标准

为了准确统计喀什地区地表水信息，按照国际湿地公约的定义，结合喀什地区当地的地理特征和遥感影像特征，将喀什地区地表水分为面状水体和线状水体两大类，面状水体包括制图期冰川面、湖泊湿地和河流水体，线状水体包括河流水系和人工沟渠。

2. 水体提取

针对喀什地区的情况，采用TM影像中的5、4、3波段组合来提取地表水信息，该波段组合可以保证该地区水资源在人工勾绘时沟渠和水体信息清晰。

3. 冰川信息提取

TM影像可用于冰川的研究，采用归一化差分积雪指数（normalized difference snow index，NDSI）作为参数进行提取。为了保证精度，将提取结果进行人工逐一排查修补，主要是人工填补“漏提”的云层覆盖较厚处和删减“误提”的裸露岩石。采用流域汇水盆地的方法提取冰川边界，结合喀什行政图和ASTGTM高程数据生成喀什地区流域边界。提取的界线范围内的冰雪，融化后会引起喀什地区地表水储量等的变化。

（四）结果分析

喀什地区水资源变化如表10-1所示。10年来湖泊湿地面积减少，尤其是在叶尔羌河流域中游，这是由于注入该流域湖泊的河流水系减少，而人工沟渠却在原有的基础开始扩建，损害了该流域天然湖泊的储水量。农业灌溉、人民生产和生活活动区尤其显著，人工沟渠在2010年出现了密集性增加，主要集中在河流下游，突显出社会经济和人为活动对当地地表水的分配和分布产生了较大的影响。叶尔羌河流域上游地区，河流水体的水面面积自2000—2010年开始减小，虽然出现了细小的支流在东部增多，但是并没有增加喀什地区整个流域内的水面面积。

表 10-1　**喀什地区地表水资源变化统计**

时间\类别	面状水体（km^2）			线状水体（km）	
	制图期冰川面	湖泊湿地	河流水体	河流水系	人工沟渠
2000 年	8133	745	442	1951	2510
2010 年	7881	731	422	1645	2364
变化量	−252	−14	−20	−306	214
变化率	−3.1%	−1.9%	−4.7%	−15.7%	9.9%

通过比较发现，喀什地区地表水近 10 年来呈现减少趋势，而气象和社会因素则阐明了产生这种变化的原因。近 10 年来，喀什地区河流水体和湖泊湿地水面面积呈现减小趋势，冰川萎缩了近 252km^2。在人为活动较少的山区，其温度显著上升是引起冰川面积减小的主要因素，降水量增加并不足以补充由温度上升而引起冰川面积的减少。河流水系 2010 年虽然在冰川萎缩的地方长度比 2000 年增加，但是喀什地区河流水系总体是呈现减少趋势，减小幅度为 15.7%，用于农业和居住用水的人工沟渠呈快速增加趋势。

第三节　区域气候变化监测

（一）背景

人类面临的挑战之一是全球气候迅速变化带来的影响。工业化、城镇化导致燃料使用增加以及土地利用/覆被的变化，引起全球大气二氧化碳浓度的增加。在气候观测站缺乏或极少的偏远山区，山地冰川的变化对全球气候变化具有指示性作用，尤其是在第三极高核心地带更具有警示意义。冰川变化对冰湖溃决和水资源也有明显的影响，冰川作用形成冰湖，冰湖溃决是高山区常见的灾害类型之一，溃决洪水以突发性、影响广泛、危害严重为特征，因严重威胁当地居民的生命安全与破坏基础设施而引起广泛的关注，冰川变化对水资源的影响亦备受关注，故冰川是山区水资源的可持续管理和自然灾害防灾减灾的核心。

利用遥感技术对近 30 年珠穆朗玛峰国家自然保护区冰川变化进行监测。青藏高原被誉为世界第三极，敏感而脆弱的自然环境使其成为在全球环境变化背景下研究地气系统水分与能量变化以及生态系统格局与过程变化的理想场所。研究表明：青藏高原冰川普遍呈现退缩的趋势主要是由全球气候变暖所致。气候干暖化致使珠穆朗玛峰国家自然保护区冰川处于退缩状态。珠峰保护区近 30 年的气温呈现出明显的上升趋势，变暖明显早于中国与世界其他地方，且升温幅度更大。达索普与珠峰的远东绒布和东绒布的冰芯记录表明：该地区近几十年降水量显著减少。

气候干暖化的趋势持续，冰川退缩将会加剧。近年来，珠峰保护区内若干典型冰川的研究表明，珠峰北坡的中绒布冰川、东绒布冰川和远东绒布冰川冰塔林下限 1966—1997 年的平均退缩速度分别为 8.7m/a、5.5m/a 和 7.4m/a，1974—2008 年该区域冰川面积退缩了 15.01km^2；1980 年以来希夏邦马峰冰川平均退缩速度为 6.4m/a，并且退缩速度进一步加快；1977—2001 年希夏邦马峰东坡吉葱普和热强冰川面积分别减小了 7.29% 和 22.90%。冰川的退缩与前进是气候变化的强力佐证。鉴于冰川对全球气候的影响及其对气候变化的敏感性，地面长期观测和遥感持续监测冰川变化研究意义重大。20 世纪 60、70 年代以来，伴随遥感技术的发展，遥感的时间和空间分辨率已能满足冰川监测的需求。陆地遥感卫星 MSS 和 TM 影像已被证实可以有效地提取冰川范围，并监测山地冰川变化研究，由此研究气候的变化。

（二）研究区

珠峰保护区位于中国与尼泊尔交界处，为世界上最高的自然保护区，位于 27°48′—29°19′N，84°28′—88°23′E，总面积 $3.6\times10^4\,km^2$，主要流域包括朋曲流域、吉隆藏布流域、波曲流域和雅鲁藏布流域。

定日县和聂拉木县的气象站资料显示：1976—2006 年，定日县年均温和年降水均值分别为 3.0℃、286.3mm；聂拉木县年均温和年降水均值分别为 3.8℃、658.8mm。珠峰地区土壤分布有明显垂直地带性，自下而上分布着山地黄棕壤、山地酸性棕壤、山地漂灰土、亚高山草甸土、高山草甸土、亚高山草原土和高山草甸草原土。南坡和北坡的植被垂直带谱截然不同，在南坡，从谷底到山顶依次为山地亚热带常绿阔叶林、山地暖温带针阔叶混交林、山地寒温带针叶林、亚高山寒带灌丛草甸、高山寒冻草甸垫状植被和高山寒冻冰碛地衣带；在北坡，主要由高原寒冷半干旱草原、高山寒冻草甸垫状植被和高山寒冻冰碛地衣带等组成。

（三）数据源

遥感卫星数据主要来自 Global Land Cover Facility（GLCF），部分数据由 U.S. Geological Survey（USGS）提供。为了减少不同时期冰川变化的误差，1976—2006 年的遥感资料采用相近时段的数据，主要获取时间段为 10 月到次年 1 月。

辅助数据包括：2005 年以来野外调查积累的冰川资料；珠峰保护区 1∶100000 的地形图；由中国科学院寒区旱区环境与工程研究所提供的冰川编目数据；联合国粮农组织的全球土地覆被网络计划（GLCN）提供空间分辨率为 90m 的 DEM，以及由日本经贸及工业部（METI）和美国航空航天管理局（NASA）于 2009 年 7 月 2 日开始共同发布的最新的全球空间分辨率为 30m 的 DEM（ASTER GDEM）；中国气象局国家气象信息中心气象资料室提供的 5 个气象站（定日、聂拉木、日喀则、拉孜和江孜）1976—2006 年气温和降水数据，定日站 1976—2006 年云量数据。

（四）研究方法

珠穆朗玛峰国家自然保护区冰川变化处理流程如图 10-3 所示。

1. 遥感影像正射校正与拼接

珠峰保护区海拔落差巨大，最高点达 8844.43m，最低点小于 1700m，由于强烈的地形起伏，太阳入射角和高度角的变化会影响冰川分类的精度，因此，使用数字高程模型（DEM）对全部的遥感影像进行正射校正，误差在一个像元内。

考虑到该区域涵盖多景影像，需要拼接和裁剪处理获取该区域完整的影像。

2. 参数计算

用于提取冰川的参数包括冰雪指数和水体指数。

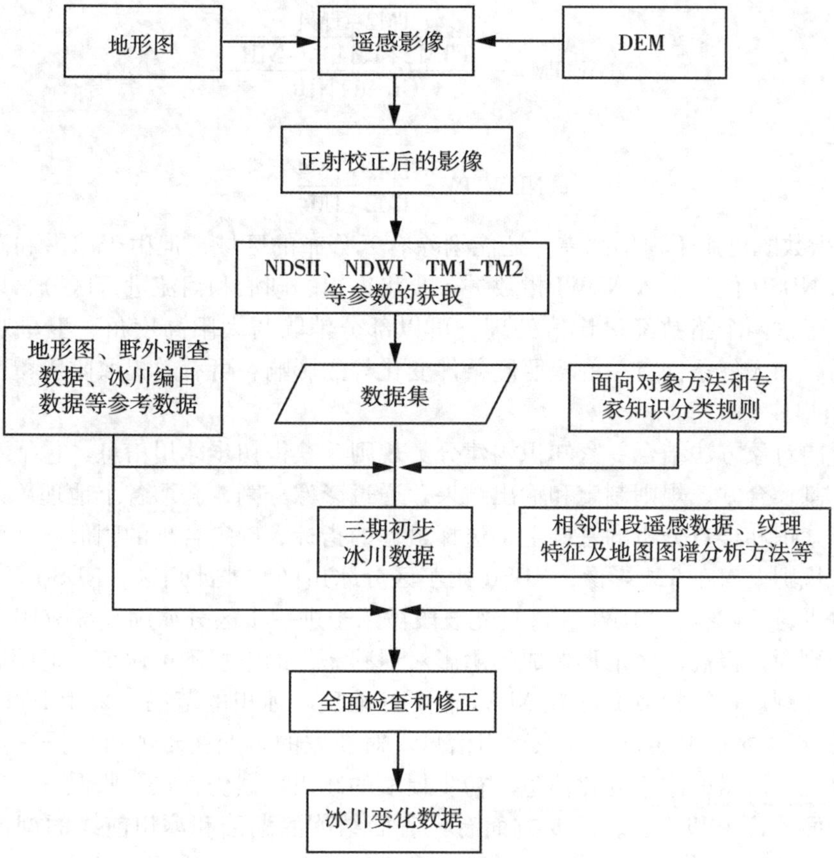

图 10-3　冰川变化处理流程

冰雪指数（normalized difference snow/ice index，NDSII）被用于冰川范围的提取。冰雪在可见光波段 TM2（0.52～0.60μm）、TM3（0.63～0.69μm）、TM4（0.76～0.90μm）具有较高的光谱反射值，而在短波红外 TM5（1.55～1.75μm）的光谱反射值很低，由这两个波谱段的遥感数据结合构成的 NDSII 可以有效地提取冰雪范围。TM2、TM3 和 TM4 分别与 TM5 构成 NDSII 不同形式的组合，NDSII 公式为：

$$\mathrm{NDSIITM}=\frac{\mathrm{Red}-\mathrm{SWIR}}{\mathrm{Red}+\mathrm{SWIR}}$$

或

$$\mathrm{NDSIITM}=\frac{\mathrm{TM3}-\mathrm{TM5}}{\mathrm{TM3}+\mathrm{TM5}}$$

水体指数（normalized difference water index，NDWI）广泛用于辨识水体和湿度条件，提取水体，湖泊（冰湖）的 NDWI 值高于冰川和河流，可以进一步区分冰湖、湖泊和冰川，NDWI 计算公式为：

$$\mathrm{NDWITM}=\frac{\mathrm{Green}-\mathrm{NIR}}{\mathrm{Green}+\mathrm{NIR}}$$

或

$$\mathrm{NDWITM}=\frac{\dfrac{\mathrm{TM2}-\mathrm{TM4}}{(\mathrm{TM2}+\mathrm{TM4})\ -\mathrm{NIR}}}{\mathrm{Green}+\mathrm{NIR}}$$

或

$$\mathrm{NDWITM}=\frac{\mathrm{TM2}-\mathrm{TM4}}{\mathrm{TM2}+\mathrm{TM4}}$$

NDSII 指数既可用于识别冰雪，还能剔除有云分布的区域，但由于冰雪和湖泊、河流有着相近的 NDSII 值，引入 NDWI 指数进一步将冰川、湖泊和河流进行区分，以提高分类的效率。由于这两个指数经过比值处理，可以部分消除与太阳高度角、卫星观测角、地形、云、阴影和大气条件有关的辐照度条件变化等的影响，可有效提取阴影覆盖的冰川。

3. 冰川提取

采用面向对象方法结合专家知识构建分类规则，获得初步冰川信息，包括 4 个处理过程：影像分割、合并、规则制定和输出结果。通过影像分割，获取各个地理单元对应的对象。在专家知识和样点分析的基础上，选择最佳的指标，确定合理的阈值，从而制定最优的冰川提取规则。对于 TM 影像，NDSII 用于区分冰川区和非冰川区，NDSII 的阈值越大，识别出的冰雪对象越少；NDWI 和可见光波段被用于进一步区分冰湖、部分阴影覆盖的冰川和阴影的剔除，极高山区地形造成的阴影对遥感影像的干扰不可避免，但阴影的影响可以被很好地抑制。植被指数 DVI 较 NDVI 能更好地反映冰川的范围，采用 DVI、NDWI 和 MSS2 作为关键参数，制定规则提取冰川信息。对获取的多期初步冰川数据进行全面检查和修正，得到高质量的冰川变化信息。初步提取的冰川数据仍存在一些混分，对三期冰川数据进行全面的检查和修正，主要方面有：表面结冰的湖泊和冰川前缘的湖泊错归入冰川，直接借用已提取出的矢量边界，对同一类进行融合处理，然后更正属性；小部分冰川与冰湖和阴影相混淆，以及少量非冰川表面覆盖的季节性积雪错分入冰川。

（五）结果分析与讨论

1. 冰川面积变化

1976 年、1988 年、2006 年珠峰保护区冰川与冰湖面积统计如表 10-2 所示。

表 10-2　**1976 年、1988 年、2006 年珠峰保护区冰川与冰湖面积**

类型	1976 年		1988 年		2006 年	
	面积（km^2）	百分比（%）	面积（km^2）	百分比（%）	面积（km^2）	百分比（%）
冰川	3212.08±0.019	8.78	2949.14±0.005	8.05	2710.17±0.011	7.41
冰湖	56.97±0.019	0.16	76.76±0.005	0.21	93.84±0.011	0.26
总面积	36594.56		36594.56		36594.56	

注：由于影像数据获取时间的限制，二期冰川变化的统计时间是以该期面积最大的遥感影像获取时间来代表该时期的冰川情况。

2. 流域冰川分布及变化的区域差异性

1976—1988—2006 年珠峰保护区冰川与冰湖变化面积统计如表 10-3 所示。

表 10-3　**1976—1988—2006 年珠峰保护区冰川与冰湖变化面积**

类型	1976—1988 年			1988—2006 年			1976—2006 年		
	面积（km^2）	百分比（%）	变化速率（$km^2 \cdot a^{-1}$）	面积（km^2）	百分比（%）	变化速率（$km^2 \cdot a^{-1}$）	面积（km^2）	百分比（%）	变化速率（$km^2 \cdot a^{-1}$）
冰川	−265. 94 ±0. 031	−8. 28	−22. 16	−235. 98 ±0. 010	−8. 01	13. 13	−501. 91 ±0. 035	−15. 63	16. 73
冰湖	19. 80 ±0. 031	34. 75	2. 90	17. 08 ±0. 010	22. 25	0. 95	36. 88 ±0. 035	64. 73	1. 23

3. 各个子流域冰川变化

1976—1988—2006 年珠峰保护区各子领域范围内冰川变化如表 10-4 所示。冰川分布及变化存在显著的区域差异性，南坡冰川退缩率高于北坡。

表 10-4　**1976—1988—2006 年珠峰保护区各子领域范围内冰川变化统计**

子流域	流域占总面积比例（%）	冰川占流域比例%			冰川变化率%		
		1976 年	1988 年	2006 年	1976—1988 年	1988—2006 年	1976—2006 年
朋曲流域	63. 83	7. 55	6. 93	6. 46	−8. 26	−6. 69	−14. 40
吉隆藏布流域	12. 98	15. 91	14. 94	13. 14	−6. 09	−12. 08	−17. 44
波曲流域	9. 45	19. 33	17. 27	16. 21	−10. 65	−6. 15	−16. 15
雅鲁藏布流域	13. 74	0. 48	0. 42	0. 31	−12. 36	−25. 08	−34. 34

4. 部分典型山地冰川退缩率

表 10-5 列出了利用遥感影像采用人工目视解译和计算机解译得到的典型冰川退缩的情况。

表 10-5　典型山地冰川退缩统计

地区或冰川	冰川退缩（%）	退缩速率（%·a^{-1}）	时段（年）	数据源	方法	资料来源
朋曲流域	8.9	0.30	1970—2001	地形图、ASTER	人工目视解译	魏红等，2004
纳木那尼峰	8.4	0.31	1976—1990—1999—2003	MSS、TM、ASTER	非监督分类、冰雪指数方法、人工修正	叶庆华等，2007
格拉丹东	1.7	0.05	1969—2000	航片、TM	人工目视解译	鲁安新等，2002
希峰吉葱普冰川	7.29	0.28	1977—2003	MSS、TM、ETM+和ASTER	人工目视解译	车涛等，2004
希峰热强冰川	22.9	0.88	1977—2003	MSS、TM、ETM+和ASTER	人工目视解译	车涛等，2004
开都河流域	11.6	0.31	1963—2000	地形图、TM、ETM+	人工目视解译	刘时银等，2006
盖孜河流域	10	0.26	1960-1999	地形图、TM、ETM+	人工目视解译	刘时银等，2006
岗日嘎布	13.8	0.23	1920s-1980	地形图、CBERS、TM	人工目视解译	刘时银等，2005
Jotunheimen, Norway	12	0.32	1965—2003	航片、冰川调查图	TM 冰雪指数	Andreassen et al., 2008
Cordillera Blanca, Peru	22.4	0.68	1970—2003	航片、SPOT5	NDSII 指数	Racoviteanu et al., 2008
Switzerland	18	0.69	1973-1999	冰川调查图、TM	冰雪指数	Pauletal., 2004
Zailiyskiy and Kungey Alatau	32	0.80	1955—1999	冰川调查图、TM	冰雪指数	Bolch, 2007
Ak-Shirak, Tien Shan	20	0.83	1977—2001	航片、ASTER	人工目视解译	Khromova et al, 2003
珠峰保护区	15.63	0.52	1976—2006	MSS、TM	面向对象的分类	聂勇等，2010

5. 典型冰川长度变化

表 10-6 为部分实测和利用遥感影像解译得到的典型冰川长度变化的情况。

表 10-6 **部分实测和利用遥感影像解译得到的典型冰川长度变化**

地区或冰川	冰川	变化速率 (a^{-1})	时段（年）	研究方法	数据来源
纳木那尼峰	纳木那尼冰川	-7.80	2004—2006	2004 和 2006 年实测	姚檀栋等，2007
青唐古拉峰	拉弄	11.00	1999—2007	1999 和 2007 年实测	康世昌等，2007
Kangri Karpo	No.4，10，12，94	-14.6-19.0	2006—2007	2006 和 2007 年实测	Yangetal.，2008
念青唐古拉峰	爬努	24.70	1999—2007	1999 和 2007 年实测	康世昌等，2007
珠穆朗玛峰	中绒布	-9.10	1997—2001	每年夏季实测	Renetal.，2004
珠峰保护区	中绒布	-14.64±5.87	1976—2006	遥感解译	聂勇等，2010
珠穆朗玛峰	东绒布	-5.56	1997—2001	每年夏季	Renetal.，2004
珠峰保护区	东绒布	-9.10±5.87	1976—2006	遥感解译	聂勇等，2010
珠穆朗玛峰	远东绒布	-7.40	1966-1997	1966 和 1997 年实测	任贾文，1998
珠峰保护区	远东绒布	-13.95±5.87	1976—2006	遥感解译	聂勇等，2010
希夏邦马峰	吉葱普	-47.12	1976—2003	遥感解译	车涛等，2005
希夏邦马峰	热强	-71.13	1976—2003	遥感解译	车涛等，2005
珠峰保护区	热强	-65.95±5.87	1976—2006	遥感解译	聂勇等，2010
各拉丹冬	姜古迪如南侧冰川	-41.50	1969—2000	遥感解译	鲁安新等，200

续表

地区或冰川	冰川	变化速率（a^{-1}）	时段（年）	研究方法	数据来源
岗日嘎布山	雅弄	-73.00	1980—2001	遥感解译	刘时银等，2005
岗日嘎布山	阿扎	-77.48	1980—2001	遥感解译	刘时银等，2005
布喀塔格山峰	南坡冰川	-50-83	1973-1994	遥感解译	李震等，1999
布喀塔格山峰	北坡冰川	+58-105	1973-1994	遥感解译	李震等，1999

6. 冰川变化的气候背景

1976—2006年间珠峰保护区内和邻近的5个气象站（定日、聂拉木、日喀则、拉孜和江孜）气温呈明显上升趋势，且显著高于西藏同期水平，5个气象站年平均线性增温率达0.378℃/10a，如图10-4所示，是该地区冰川退缩的关键因素。其中，定日和聂拉木线性增温率分别为0.427℃/10a和0.328℃/10a。近30年来，随着气温升高，珠峰地区冰川持续消融。1976—2006年，珠峰保护区年降水量基本保持稳定，年平均线性降水量趋势线在波动中略微有所减少。考虑到海拔最高的定日站到冰川分布区都存在海拔400m以上的差异，同时，气象站受地形和微气候的影响明显，各站的降水趋势只能有限地反映高山冰雪区的普遍趋势。而该地区的冰芯研究显示：冰芯积累量记录反映了当地夏季风降水变化，其与印度北部夏季风降水趋势的一致性推断，喜马拉雅山中段过去上百年降水趋于减少。喜马拉雅山脉冰川主要由季风降水补给，未来气候变暖情况下，喜马拉雅山中部的季风降水将会减少，气候的暖干化将导致该地区的冰川持续退缩。

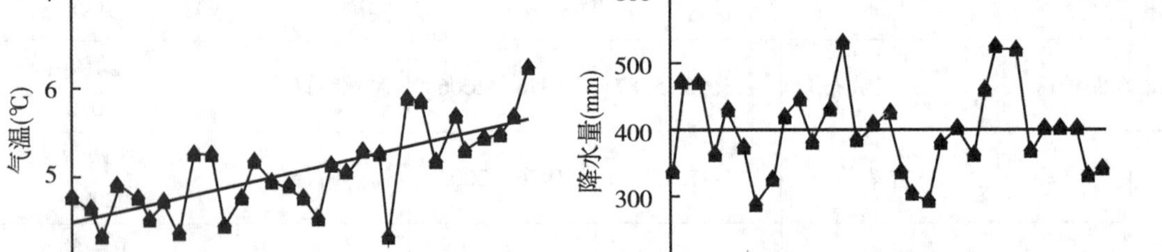

（a）年平均气温　　（b）年降水量

图10-4　1976—2006年珠峰保护区年均温和年降水变化

（五）结果分析

（1）1976—2006年，珠峰保护区冰川持续退缩明显，冰湖扩张迅速。冰川总面积从1976年的 $3212.08\pm0.019km^2$ 减少到1988年的 $2946.14\pm0.005km^2$，减至2006年的 $2710.17\pm0.011km^2$，年均减少约 $16.73km^2$；冰湖面积增加 $36.88\pm0.035km^2$，较1976年增加64.73%。气温显著上升和降水减少是研究区冰川退缩的关键因素，持续变暖将会导致冰川退缩加剧。

（2）珠峰保护区冰川的分布特征和时空变化分析：冰川主要分布于海拔4700～6800m的区域，冰川退缩主要发生在海拔4700～6400m，冰川退缩上限的海拔在6600～6700m之间；喜马拉雅山脉南坡冰川退缩率高于北坡；珠峰保护区冰川对气候变化反应敏感、退缩迅速，是喜马拉雅山脉乃至全球山地冰川退缩显著的区域之一。

第四节　地理格局和文化景观变化监测

一、海南岛东南海岸植被景观

（一）区域概况

该区域位于109°33′～110°33′E，18°09′～19°02′N，覆盖面积约 $1100km^2$，属于热带季风性岛屿气候，高温多雨，水热同期，干湿季明显。地带性植被为热带雨林，以龙脑香科、芸香科 Rutaceae、茜草科 Rubiaceae、大戟科 Euphorbiaceae、桃金娘科 Myrtaceae、禾本科、马鞭草科 Verbenaceae 等为优势科。经人类长期的经济活动，原生植被已遭破坏，仅有几个自然保护区和少数村边以及研究区西北部山区保存着次生自然林。

（二）监测方法

使用的数据源包括：参考林业局航片编绘的1∶200000植被图，1998年的三亚、万宁和陵水三地的1∶10000，土地利用现状图1∶200000地形图（1985年）等作为空间信息提取的基本分析图件，在室内判读和野外调绘的基础上，编制研究区景观生态系统的1∶200000植被景观生态图。利用景观土地属性分类的植被分类途径，根据植物群落学分类的群落复合体和地-综合群落学的方法，结合土地利用情况，进行植被景观划分，将植被景观分为针叶林、阔叶林、人工林、灌草丛、红树林5类。

把研究区从1985—1998年的时期分为前后两个不同的时间段，利用马尔可夫模型分析景观类型之间的流向，利用统计分析软件包SPSS，得到基于自然分区植被景观分类指数，不仅可以定量说明景观类型相互转化情况，从而了解植被格局的时空演变过程。

（三）结果分析

以1985—1998年时间段来确定转移概率，初始状态矩阵 $A_t=0$，1985年研究区各植被景观类型所占面积百分比如表10-7所示。

表 10-7　　　　**1985 年研究区各植被景观类型所占面积百分比**

景观类型	针叶林	阔叶林	人工林	红树林	灌草丛	农田	湿地	建筑	其他
百分比（%）	2.21	10.97	22.51	0.02	21.28	37.63	1.96	0.36	1.25

表 10-8 是利用马尔可夫转移模型得到 1985—1998 年时间段各景观类型面积的转化情况，由各景观类型面积转化情况可以求出各植被景观类型面积的平均转化情况（km^2/a），再由平均转化情况求出转移概率矩阵该矩阵为初始状态转移矩阵，如表 10-9 所示。

表 10-8　　　　**1985—1998 年间各景观类型之间的变化情况**　　　　（单位：km^2）

景观型	针叶林	阔叶林	人工林	红树林	灌草丛	农田	湿地	建筑	其他
针叶林	9.57	0.58	0	0	0.24	0	0	0	0
阔叶林	0.57	266.70	2.16	0	15.20	1.29	0	0	0
人工林	1.56	0	234.24	0	26.05	36.17	0	2.30	2.67
红树林	0	0	0.12	1.68	0.61	0	3.16	0	0
灌草丛	3.78	185.03	0	0	147.57	30.02	6.20	1.52	2.10
农田	2.09	0	0	0	0	401.74	0	16.25	0.27
湿地	0	0	10.24	0	0.28	39.92	17.75	0.50	0.67
建筑	0	0	0.27	0	0	4.14	0	5.73	0.87
其他	1.07	2.07	6.57	0	25.64	17.63	0	0.71	8.38

表 10-9　　　　**初始状态各景观类型的转移概率矩阵（$n=0$）**

景观型	针叶林	阔叶林	人工林	红树林	灌草丛	农田	湿地	建筑	其他
针叶林	0.9025	0.0620	0	0	0.0375	0	0	0	0
阔叶林	0	0.9826	0.0032	0	0.0120	0.0022	0	0	0
人工林	0.0015	0	0.9610	0	0.0126	0.0182	0	0.0032	0.0035
红树林	0	0	0.0025	0.9230	0.0075	0	0.0670	0	0
灌草丛	0.0012	0.0130	0	0	0.9715	0.0113	0.0021	0.0003	0.0006
农田	0.0101	0	0	0	0	0.9250	0	0.0621	0.0007
湿地	0	0	0.0006	0	0.0275	0	0.9653	0.0006	0.0008
建筑	0	0	0.0018	0	0	0.0146	0	0.9828	0.0008
其他	0.0001	0.0002	0.0007	0	0.0103	0.0004	0	0.0006	0.9831

经过较长时间后，在保持当前人为干扰不变的情况下，各类景观类型处于相对稳定的状态时所可能达到的面积比例之值。利用马尔可夫模型的稳定方程组得到1998年以后景观类型的变化情况，达到稳定状态后，植被景观类型的面积比例会是：针叶林：阔叶林：人工林：红树林：灌草丛=11：37：21：1：14。而整个景观各类型的面积比例将会是：植被景观：农田景观：湿地景观：建筑景观：其他景观=223：112：4.4：4.5：1。其趋势是：针叶林与红树林显著减少；阔叶林类型与建筑类型显著增加。到达稳定状态各景观类型的比例如表10-10所示。

表10-10　**到稳定状态各景观类型的比例**　（单位：%）

景观类型	2030年	2050年	人类活动长期作用
针叶林	1.02	0.91	0.88
阔叶林	29.45	31.27	32.57
人工林	20.31	19.03	18.87
红树林	0.11	0.09	0.08
灌草丛	10.67	11.55	12.25
农田	35.62	34.19	32.46
湿地	1.45	1.36	1.29
建筑	0.94	1.26	1.31
其他	0.43	0.34	0.29

由于经济社会的发展与人口的增加，以及城镇化进程的加快，可以从上述表中看出建筑物将占有越来越大的比例，农田将会进一步减少，比如，相当一部分农村人会进入到城市中，或者利用当地资源建设特色产业。实际上，社会与人类发展的力量是这些景观变化的主要驱动力，植被不断被破坏，造成大量不规则植被斑块，并且森林结构也受到影响，其中的生物数量和种类都会有变化，这样也会造成有规律的景观类型更替。

二、干旱区金塔绿洲景观格局

（一）区域概况

该区域为金塔绿洲，介于98°39′～99°08′E、39°56′～40°17′N之间，面积为1652.2km^2，位于酒泉地区东北部、河西走廊中段北侧，在气候上属温带大陆性气候，降雨量约为59.5mm，年蒸发量为2538.6mm。地势平坦，海拔高差仅为80m；土质优良，以灌淤土、潮土（草甸土）、风沙土等为主，绿洲周边为典型灰棕漠土。

（二）研究数据

利用1990年8月30日和2000年7月8日两个时期的TM数据进行土地覆盖/土地利用的解译结果，采用432波段合成。

（三）研究方法

依据该区域的特点，干旱区绿洲的景观单元类型分为水浇地与农林复合区、旱地、林地、灌木林、园地、城镇居民点用地、水域、沙地、裸土、裸岩与石砾地、草地等。

景观格局的指标与计算，采用平均斑块周长面积 P、景观多样性 H、均匀性 E、优势度指数 D、破碎度 C、分维数 F、转移矩阵等来衡量各个景观参数。从转移矩阵来判断各个景观的变化情况。

（四）结果和分析

1. 景观参数

按照上述景观斑块的分类，对1990年和2000年的试验区景观格局中斑块和面积的统计，可以得到景观格局的基本参数，如表10-11所示。

表10-11 **景观各类斑块的数据面积和周长变化**

斑块体类型	1990年			2000年		
	斑块数目	面积（hm^2）	周长（km）	斑块数目	面积（hm^2）	周长（km）
基质类型	裸土、裸岩与石砾地			裸土、裸岩与石砾地		
		66.95			65.47	
水浇地	140	25675	1945	82	34673	2043
旱地	16	546	68	2	149	13
林地	27	323	57	28	1905	158
灌林地	39	2868	299	10	623	76
园地	6	138	19	3	46	8
城镇居民点用地	18	683	155	81	2050	396
水域	1	7	1	2	53	8
沙地	1	2092	31	2	3392	58
裸土、裸岩与石砾地	38	110605	1692	63	108150	1484
草地	77	22266	1371	55	14160	972
平均		455	15.3		504	15.9

从表中看出，近10年金塔绿洲的景观格局发生了很大的变化。从表中也可以看出两个时期的基质都为裸土、裸岩与石砾地，而且从量上看两期变化不大。其他斑块类型中，城镇居民点用地、林地、沙漠均有大幅度增加；而草地、灌木林、旱地、园地明显减少；水浇地则增加不多，但其斑块数减少一半，说明分布更为集中，破碎化程度降低；相反，基质的块数增加44%，破碎化程度增加。斑块体的总数目由363减少到328，斑块平均面积则由455hm^2增加到504hm^2，破碎化程度呈缓慢减少的趋势。

2. 景观的平均斑块周长面积比、多样性、均匀性、优势度、破碎度

表10-12列出了部分景观的指标值，可以归纳出如下景观格局变化特征：2000年平均斑块周长面积比1990年减小了10%，说明绿洲内斑块形状更趋平滑；2000年景观的多样

性和均匀性高于1990年，反映出金塔绿洲的景观异质性程度提高，土地逐渐趋于多样化和均匀化；2000年总体破碎度降低，与景观更趋均匀一致，从各斑块类型的破碎度值可以看出，水浇地、旱地和林地等破碎度降低，其分布趋向于连片，而裸土、裸岩与石砾地破碎度增高，被连片的水浇地等分割，更加破碎。

表10-12 **景观的多样性、均匀性、优势度及总破碎度**

年度	*P*	*H*	*E*	*D*	*C*
1990	0.1087	1.4542	0.4377	1.8678	0.2197
2000	0.0981	1.4878	0.4479	1.8341	0.1985

3. 景观转移矩阵

表10-13列出了1990—2000年各斑块类型的转移矩阵，从表中可以看出，其他类型都有较大的比例向水浇地、裸土、裸岩与石砾地、草地、林地和农林复合区转换，同时，它们也向其他类型转化较多，属于变化比较大的类型；旱地和园地主要向其他类型转化，属于减少的类型；城镇居民点用地则有较大的扩展，面积变为原来的3倍，属于增加的类型。从以上分析可以看出，变化最显著的为城镇居民点用地，该区域的景观格局发生了显著变化。

表10-13 **1990—2000年各斑块类型的转移矩阵** （单位:%）

斑块	水浇地	旱地	林地	灌林	园地	居民地	水域	沙地	裸土	草地	居民地（量）
水浇	90.22	0	2.24	0.33	0.0047	1.74	0	0.0002	2.61	2.85	446
旱地	53.98	0	28.87	0	0	0.10	0	0	6.94	10.10	1
林地	67.98	0	17.47	2.83	3.21	0	0	0	5.51	3.01	0
灌林	33.06	0	10.11	0.37	0.76	0.50	0.65	0	26.86	27.68	14
园地	26.09	0	64.22	0	5.68	1.20	0	0	1.66	1.15	2
居民地	19.48	0	2.76	0.06	0	73.18	0	0	1.85	2.67	500
水域	0	0	0	0	0	0	0	0	100	0	0
沙地	0	0	0	0	0	0	0	0	100	0	0
裸土、	4.81	0.13	0.30	0.14	0.03	0.72	0.02	3.02	88.37	2.58	793
草地	20.47	0	2.25	1.64	0.02	1.33	0.04	0.21	30.30	43.54	295

三、白洋淀湿地景观空间变化

（一）区域概况

该区域为白洋淀地处华北平原中部，38°43′～39°02′N，115°38′～116°07′E，属海河流域中的白洋淀流域。东西长39.5km，南北宽28.5km，总面积362km^2，平均水深3.6m；纵横交错的3700余条沟壕将全淀分割成143个大小不等又相互连通的淀泊。

（二）研究数据

采用成像时间分别为1987年9月26日、1999年5月6日和2007年5月28日的LandsatTM影像和1986年1∶10万的地形图。

（三）研究方法

根据白洋淀区土地利用现状，将其景观划分为耕地、苇地、裸地、建筑用地、水域、干草地和林地7种类型。在景观水平和斑块类型水平上，分布选取景观现状和格局的不同指数，包括：斑块数量NP、斑块密度PD、最大斑块指数LPI、平均斑块分维数MPFD、香农多样性指数SHDI、香农均匀度指数SHEI等。

（四）结果与分析

从表10-14可以看出，1987—2007年间整个淀区斑块数由778增加到957，斑块密度由2.15增大到2.64，均增加23.01%；但最大斑块数从31.53增加到42.86，在1999年一度升高到53.38。表明淀区优势斑块增大，非优势斑块数量增多，面积减小，更加破碎化。白洋淀的主导斑块是苇地，其面积的变化与淀区水量密切相。

表10-14　　景观水平上的格局指数变化

年度	NP（个）	PD（个/km^2）	LPI	MPFD	SHDI	SHEI
1987	778	2.15	31.53	1.05	1.44	0.74
1999	1043	2.88	53.38	1.03	1.25	0.65
2007	957	2.64	42.86	1.04	1.20	0.67

根据实地统计的景观数目，斑块数目的增加主要来自建筑用地、耕地、裸地和水域。耕地和建筑物用地的增加与当地人口增加相关，白洋淀所在的地区人口逐年增加，导致建筑物和耕地斑块数目的增加。水域面积逐年缩减，20年共减少了20.80km^2，是减少最多的斑块类型。通过对白洋淀淀区1987年到2007年景观格局变化分析，得出白洋淀淀区景观格局特征和演变规律，为本地的经济和社会的发展提供了决策性指导。

第五节　陆地生物多样性和生态变化监测

一、武昌湖湖泊生态环境变化

（一）区域概况

武昌湖位于安徽省西南部、长江的左岸，属于亚热带湿润气候区，具有典型的过渡带气候特征，它的显著特点是四季分明，季风明显，气候温和，雨量适中，光照充足，年均气温在16℃以上，降水量为1200mm。

（二）数据源

采用20世纪80、90年代TM影像、2000年的ETM影像以及20世纪70年代的MSS

影像。在信息的获取过程中，参考了研究区20世纪50、60年代的地形图、区域专题研究资料与图件等其他资料。

（三）研究方法

分别对几期的Landsat-TM和ETM遥感影像利用相关软件去除条带噪声。利用能够较好反映环境特征的TM5、4、3波段进行合成，合成后的假彩色影像通过几何纠正消除影像的几何变形，并进行增强处理，使影像所反映的信息更加清晰，结合野外调查及土地利用资料进行人机交互判读，较好地掌握了武昌湖生态环境的变化情况。

针对研究区为湿地、湿地类型复杂以及各种湿地类型间界限模糊的特点，采用非监督分类，利用光谱特征，简单地将影像分为水体、陆地两类；再结合野外GPS调查资料、区域土地利用图及室内目视解译标志，对影像进行训练区的提取，进行监督分类，分类方法采用最大似然法。

（四）实验结果与分析

通过对比不同时期的遥感影像，并结合调查资料，发现武昌湖有逐渐淤积、缩小的趋势，反映在影像上就是蓝色部分逐渐减少，取而代之的是一些浅灰、白色的影像。其原因主要有几个方面：水土流失造成的淤积，围湖造田的影响，渔业的影响，湖岸的崩塌，出现沼泽化趋势。由于自然和人为原因，使湖泊植物种类发生更替，一些沉水植物大幅度减少，浮叶植物和挺水植物群落发展较快，加速湖泊沼泽；调洪蓄洪能力减弱、湖口堵坝建闸，使武昌湖对长江的调蓄作用大大减弱，其调蓄能力由原来的15%以上，下降到8%以下，造成长江洪汛洪水不能有效外排，易形成连年的洪、涝、渍等多种灾害；生物多样性下降，过度不科学的放养大量草食性鱼类，造成水生植物种类减少。

二、深圳河口红树林变化

（一）深圳河口红树林

深圳红树林位于深圳湾畔，是我国面积最小的国家级自然保护区，是以红树科植物为主组成的海洋木本植物群落，它因树干呈淡红色而得名。这里自然生长植物有海漆、木榄、秋茄等珍稀树种。这里也是国家级的鸟类保护区，是东半球候鸟迁徙的栖息地和中途歇脚点。自然保护区内地势平坦、开阔，有沼泽、浅水和林木等多种自然景观，在此可观赏到“落霞与千鸟齐飞，静水共长天一色”的自然美景。红树林自然保护区已被国际保护自然与自然资源联盟列为国际重要保护组成单位之一，同时也是我国“人与生物圈”网络组成单位之一。

（二）数据源

采用卫星遥感数据、地形图、实测潮位数据和文献资料等辅助数据。由于研究区域的TM影像成像时刻为上午10:31左右，根据成像日期的潮位变化趋势，结合成像前后两个重要时刻的潮位观测记录，得到成像时刻的潮位，选用的6个时相的遥感数据成像时间相差8天到几个月不等。但由于红树林属于常绿植被，加之可见光波段对水体具有一定的透视能力，结合成像时刻的潮位数据能够比较客观地识别出红树林的时空变化状况。

在进行多时相分析之前，首先对影像进行纠正，几何纠正的精度满足进行红树林多时相动态变化分析的精度要求。

（三）红树林时空变化情况

参考地形图、辅助资料和野外考察记录，在各时相的假彩色合成影像的 2 倍放大影像上进行屏幕目视解译，得到红树林的分布范围图。6 个时相红树林分布面积的统计参数见表 10-15。

表 10-15　**6 个时相红树林面积变化**

区域	变化内容＼时间	1989	1992	1994	1996	1998	2000
深圳河河口	红树林面积（km^2）	190.53	204.39	228.78	230.13	240.84	241.47
	增长率（%）		7.27	11.91	0.01	4.63	0.26
深圳福田	红树林面积（km^2）	53.64	56.88	66.60	59.22	60.84	66.78
	增长率（%）		6.04	17.08	-11.08	2.74	9.76
香港米铺	红树林面积（km^2）	136.89	147.51	162.18	170.91	180.00	174.69
	增长率（%）		7.76	9.95	5.38	5.28	-2.95

（四）红树林植被指数时空变化

植被指数是表征植被生物量和活力的一个综合指标，一般使用植被的红光吸收波段和近红外反射高的波段进行组合计算，能够揭示植被生理和分布等特征。在各种各样的植被指数中，归一化植被指数（NDVI）在变化检测方面比其他指数更具有优势。为了对比 6 个时相红树林覆盖度的相对大小，分别对 6 个时相的红树林分布区域计算 NDVI，并分析其高低值的空间分布和变化规律。各时相 NDVI 计算结果的统计参数如表 10-16 所示。

表 10-16　**红树林覆盖区域 6 个时相的 NDVI 对比**

NDVI 时相	1989	1992	1994	1996	1998	2000
平均值	0.3428	0.2487	0.3835	0.4312	0.3466	0.3583
中位数	0.3687	0.2847	0.4402	0.4820	0.4026	0.4024
众数	0.4654	0.3853	0.4961	0.5287	0.4544	0.4528
标准差	0.1199	0.1240	0.1422	0.1450	0.1596	0.1320

（五）分析与结论

通过 6 个时相卫星遥感数据的对比分析，能够快速得到红树林的面积变化、空间分布变化。遥感数据虽然不能精确地给出红树林的面积，但从多时相数据对比分析得到的变化信息对于安排详细的红树林海岸调查、了解红树林的总体变化规律，具有重要的参考价值。

第六节　城市变化监测

一、天津城区扩张变化

（一）研究区域

天津市地处华北平原东北部，海河流域下游，是中国4个直辖市之一，区位优势明显。距离北京约137km。它不仅毗邻首都，还是华北、西北广大地区的出海口，是中国北方对内对外开放2个扇面的轴心，是欧亚大陆桥中国境内距离最短的东部起点、重要的国际港口城市以及生态城市，是中国北方的经济中心。天津市位于38°34′～40°15′N，116°43′～118°04′E。全市面积11916.2km^2，市区面积4334.72km^2，建成中心城区面积530km^2，滨海新区城区面积2270km^2。天津市南北长189km，东西宽117km，海岸线长156km。

（二）研究数据

研究数据覆盖区域为2008年、2010年的卫星影像图、土地利用数据、天津市行政区划图等。

（三）研究方法及技术路线

基于多时相航空遥感数据，结合天津市行政区划图，辅助以GIS等相关技术，以ArcGIS9.0、Erdas2011等软件为主要平台，对遥感影像进行辐射校正、几何校正和影像裁剪等处理。建立遥感影像解译标志，进行监督分类，结合人工解译的方法最终确定分类图，通过比对获取两个时期的城市变化信息。具体的技术路线如图10-5所示。

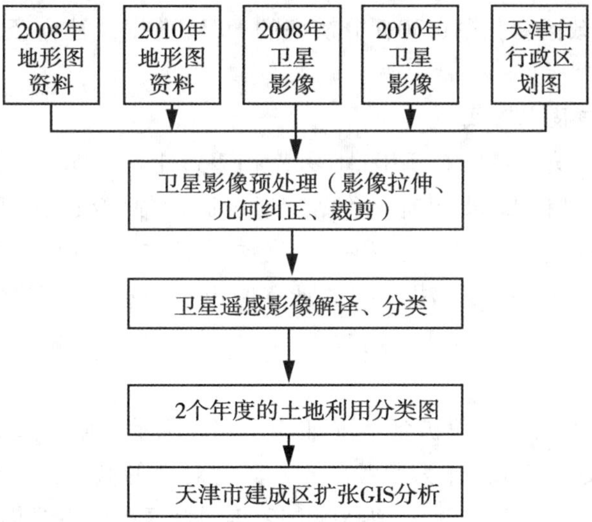

图10-5　天津城区变化监测流程

（四）结果及分析

建成区指城市行政范围内，实际建成或正在建成的、相对集中分布的地区，包括市区集中连片的部分，以及分散到近郊区内但与城市有着密切联系的其他城市建设用地，城市近郊的一些建成地段，尽管未同市区连成一片，但同市区的联系十分密切，已成为城市不可分割的一部分，均视为城市建成区。从遥感影像提取的全天津市 2008—2010 年主城区和环城新四区建成区演变，主要集中在天津市环城四个区。监测数据显示：2008—2010 年，环城四区的建成区面积净增 30.41km^2。

遥感监测结果表明：通过对每两个年度建成的图斑叠加分析可知，除中心城区外，天津市建城区多产生在比邻交通干线的乡镇，呈现带状扩张特点。因天津市各乡镇各自都在建立工业区和开发区，多不与主要交通主轴线相连，所以其空间扩张形式表现为摊饼式为主、散开树枝式的低密度蔓延。

二、西安城市扩展研究

（一）研究区域

西安是中国西北地区的商贸中心和交通通信枢纽、全国旅游热点城市、重要的加工工业基地。地处西北部关中盆地中部秦岭北麓，地跨渭河南北两岸。位于 33°39′~34°45′N，107°40′~109°49′E 之间。南北最大纵距 100km，东西最大横距 204km，辖区包括 9 区 4 县，总面积 9983km^2，其中市区面积 1066km^2，城市建城区面积为 375km^2（2008 年）。

（二）数据来源

变化监测采用 1988 年、2000 年、2002 年美国陆地卫星影像。辅助数据包括西安地区 1∶5 万地形图、1989 年 1∶55 万土地利用图、1989 年 1∶65000 城市扩展图及中华人民共和国成立以后西安行政区变化图、30m 分辨率的 DEM 数据及社会经济和人口等相关统计数据。

（三）研究方法与技术路线

以 RS 和 GIS 技术为支撑，以 ERDAS 9.2、ENVI 4.5、ArcGIS 9.0、ArcView 3.2 等软件为平台，基于多时相 Landsat 遥感数据，通过影像辐射校正、几何校正和影像裁剪等处理，采用监督分类、非监督分类和归一化裸露指数（NDBI）等方法提取西安城市空间特征信息，结合地学统计方法，定量研究城市扩张程度。具体技术路线如图 10-6 所示。

（四）结果

1988—2002 年西安城区面积扩张情况如表 10-17 所示，城区边界变化情况如图 10-7 所示。以 1988 年西安市建成区作为参考，分析其他时期的城区扩张的空间分异特征及主导方向，从图 10-7 可以看出，1988—2000 年 12 年间城区扩张主要集中在南北方向，西部次之，东部最慢。

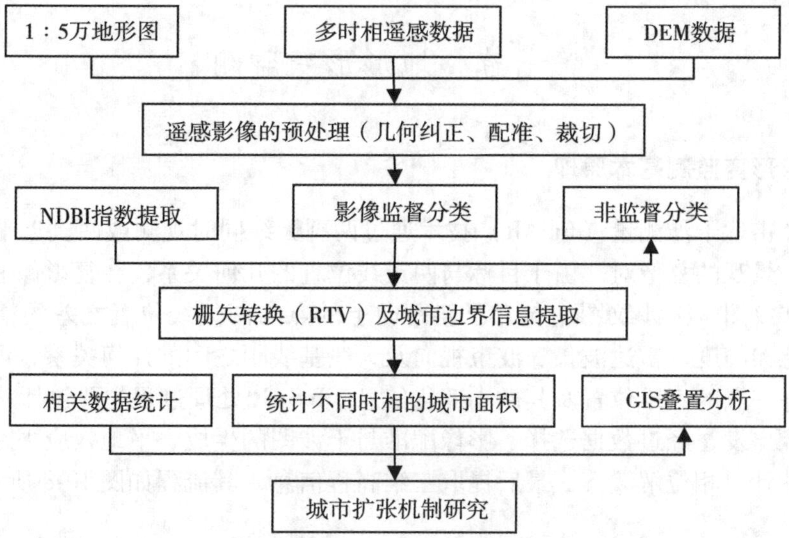

图 10-6　城市扩张研究技术路线

表 10-17　**1988—2002 年西安城区面积扩张**

项　目 \ 年　份	1988	2000	2002
城市面积（km^2）	104.13	243.65	274.82
比 1988 年扩张面积（km^2）	—	139.52	170.69
比上基准年扩张面积（km^2）	—	139.52	31.17
比 1988 年扩张百分比（%）	—	133.99	163.92
比上基准年扩张百分比（%）	—	133.99	12.79
城市年扩张速率（%）	—	11.17	6.46

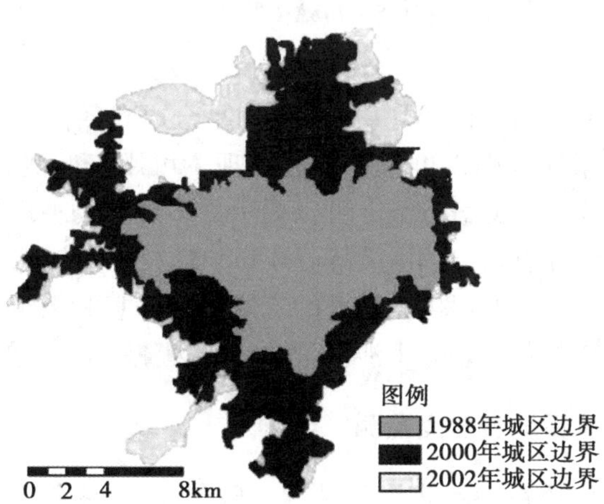

图 10-7　西安城区边界变化情况

第七节　地形形变监测

一、地形形变监测基本原理

合成孔径雷达干涉测量（InSAR）技术通过两副天线同时观测或两次近平行的观测来获取地面同一景观的复像对。由于目标与两天线位置的几何关系，在复影像上产生了相位差，形成干涉纹图。干涉纹图中包含了斜距向上的点与两天线位置之差的精确信息。因此，利用传感器高度、雷达波长、波束视向及天线基线距之间的几何关系，可以精确地测量出影像上每一点的三维位置及其微小变化信息。InSAR 处理过程主要包括从预处理后的两幅复数影像出发，经过数据选择、影像配准与干涉图的生成、平地效应去除与干涉图的滤波、基线估计、相位解缠等，最后提取三维高程信息，其流程如图 10-8 所示。

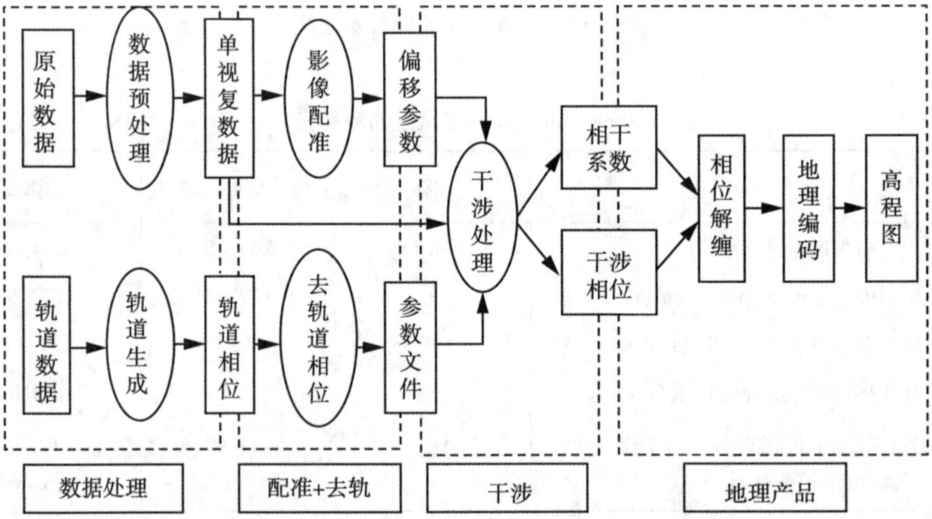

图 10-8　InSAR 处理过程

合成孔径雷达差分干涉测量技术（D-InSAR）是合成孔径雷达干涉测量应用的一个拓展。由 InSAR 技术得到干涉纹图，再进行差分处理，可用于监测雷达视线方向毫米级的地表形变，并且具有连续空间覆盖特征，可以揭示许多地球物理现象，如地震形变、火山运动、冰川漂移、地面沉降以及山体滑坡等。D-InSAR 技术对地表微小形变监测能力达到厘米甚至毫米的量级，从而能够提供高精度的宏观静态信息和微观动态信息，达到对持续较慢发展边坡活动的连续捕获。差分干涉测量数据处理流程（三通法）如图 10-9 所示。

二、伊朗巴姆地震震后地表形变监测

为了获取伊朗巴姆地震震后地表形变情况，收集了 2004 年 11 月至 2006 年 3 月的 7 景 ENVISATASAR 影像进行检测。利用 ENVISAT 卫星 ASAR 雷达影像和美国地质勘探局

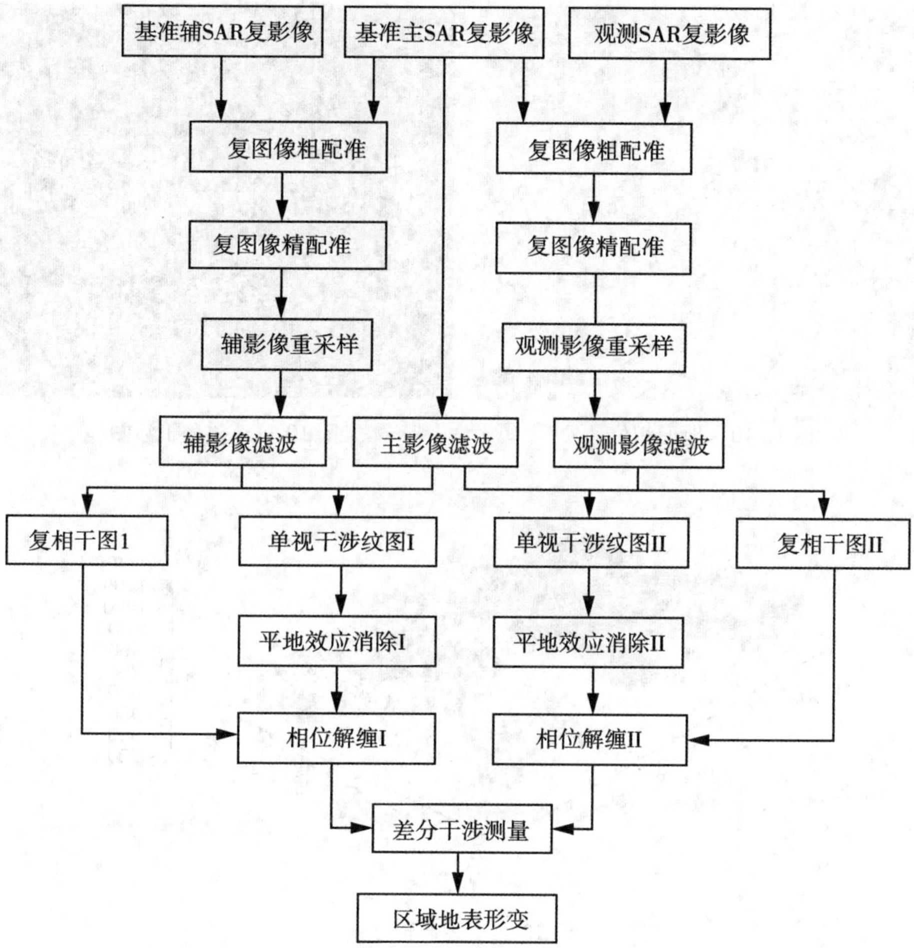

图 10-9 差分干涉测量数据处理流程示意图（三通法）

提供的 DEM 进行二轨差分干涉处理，采用 Goldstein 滤波方法滤波、Snaphu 算法进行解缠。由 DEM 获取地形相位（图 10-10），进行差分干涉处理，得到差分干涉图（图 10-11），经过相位解缠和地理编码，获取震后地表形变场（图 10-12）。

图 10-12 中 *X* 轴为纬度方向，*Y* 轴为经度方向，灰度变化代表不同的形变值，其数值可参考标尺（单位：mm）。由形变三维图可以看出，由于地震的影响，震后仅 1 个月的时间，震中周围出现整体大幅度抬升，地震断裂带位于通过震中的经线方向（如 *AB* 标出方向），大幅度抬升主要集中在该方向上，最大抬升量接近 1.2m，离震中较远处形变幅度较小，最小上升量只有 20cm 左右。

可以利用剖面图来分析断裂带方向上的形变，在形变量最大处获得两个垂直方向上的剖面图，从剖面图上可以清楚地看到两个方向上的形变大小及其变化趋势。为了进一步分析震后地表形变，更为直观地分析形变量，将抬升量较大处 *A*、*B* 周围区域，生成等值线图，形变量均在 0.5m 以上。

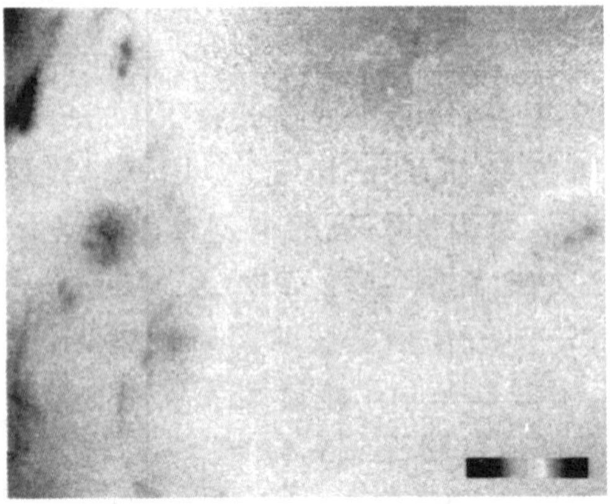

图 10-10　地形相位

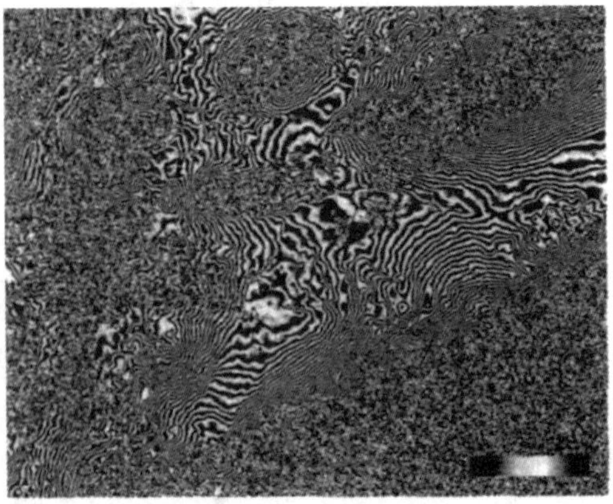

图 10-11　差分干涉图

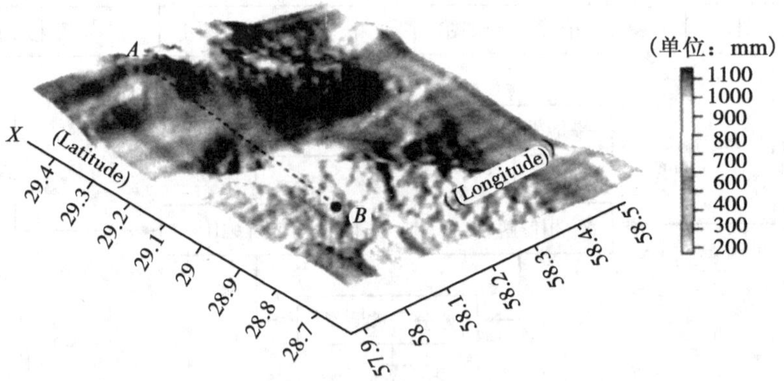

图 10-12　震后形变场

由以上分析可以看出，地震中心位置抬升量在 0.5m 左右，而在断裂带方向上，震中前后的 A、B 点处，存在 1m 左右的较大形变量。该结论对于研究震后地壳运动和震后灾害分析具有一定指导意义和参考价值。

三、地表沉降监测

煤矿连续开采，会导致地表形变在面积和量级上都逐渐增加，为了了解地表沉降范围、沉降量和年沉降变化速率等数据，利用日本 ALOS 卫星 PALSAR 数据应用 InSAR 技术监测某煤矿开采区域 2006—2010 年间地面塌陷的分布及沉降变化。

通过分析得到如下结论：累积沉降量在 10 ~ 20cm 的面积为 2.77km^2，这部分累积量包含了一定的雷达信号噪声和地表变化引起的形变量；累积沉降量在 20 ~ 30cm 的面积为 1.07km^2，通过与该煤矿的详细开采图叠加，发现这个量级以上基本都是由于开采塌陷造成的，开采巷道与塌陷范围从时间和空间上基本一致。巷道稳定性方面：监测时间以前 3 ~ 5 年的开采巷道，在本次监测中基本趋于稳定，沉降量很小；监测时间以前 5 ~ 10 年的开采巷道，已经趋于稳定，沉降量基本没有。累积沉降量在 30 ~ 40cm 的面积为 $0.31km^2$，而累积沉降量大于 40cm 的面积为 $0.05km^2$。共计 4 年的雷达相位信息可探测塌陷量在本次监测中最大达到 92cm。该区域连续塌陷面积在 $0.1km^2$ 以上的塌陷区有 127 处，各塌陷区保守塌陷量在 15 ~ 92cm 之间；塌陷区外围地表基本稳定，年沉降速率小于 1cm/年。

通过野外调查、矿区分布及开采资料收集、常规 GPS 和水准测量实测验证以及沉降分析，验证了这个技术的有效性，较好地解决了煤矿分布区大面积小量值沉降与采空区大尺度塌陷交错的复杂沉降监测难题。

思考与练习题

1. 地理国情监测的范围有哪些？
2. 在地理国情监测中，有哪些现有的技术和手段？
3. 结合某个地理国情监测内容，请详细叙述使用的数据、方法和过程。
4. 分析遥感技术、全球定位技术、地理信息系统在地理国情监测中的作用。
5. 影响地理国情监测精度的因素有哪些？如何提高其监测精度？
6. 分析地理国情监测技术在国家经济和社会中的作用。

第十一章　地理国情普查

2013—2015 年我国第一次全面开展了地理国情普查工作。本章是根据这次普查的相关技术文件的内容编写的。主要对普查的目的、意义、任务、技术路线，以及普查的分类，指标、统计方法和成果等进行了概要介绍。

第一节　概　　述

一、目的和意义

地理国情普查是一项重大的国情国力调查，是全面获取地理国情信息，掌握地表自然、生态以及人类活动基本情况的重要手段和基础性工作。开展地理国情普查，摸清地理国情家底，科学揭示资源、生态、环境、人口、经济、社会等要素在地理空间上相互作用、相互影响的内在关系，对于客观、系统、准确地掌握我国自然和人文地理国情信息、科学分析资源环境的承载能力和发展潜力、地理信息变化量、变化频率、变化趋势、变化诱因和驱动力，有效应对各种风险挑战，提高管理决策水平，科学制定经济社会发展重大战略、宏观政策、社会经济可持续发展的长远规划，促进基础测绘模式战略转型，提高测绘公共服务水平，更好地服务于防灾减灾、应急保障及相关行业调查统计等工作，推动国家重大发展战略制定实施及资源合理配置，推进节约型社会和生态文明建设，具有重要意义。

二、任务和技术路线

地理国情普查是按照一定的时间节点要求，在特定的时间周期内，对国土陆域范围(有时也包括海洋国土)的各类地理要素、人文要素进行的全面调查、统计分析工作。其任务包括整合覆盖普查区域范围内的各种高分辨率遥感影像(如 5m、2. 5m 和高于 1m 的卫星影像、航空影像、低空无人机影像等)、1 : 1 万和 1 : 5 万 DLG 数据、高精度的 DEM 数据和 LiDAR 数据、土地普查数据、水利普查数据、林业普查数据等部门专业数据，收集社会经济调查数据，以及网络公开发布的数据信息等，按照地理普查要素的分类进行解译和信息融合，统计分析，地理国情专题制图，撰写分析评价报告，建立地理国情普查信息的管理系统，发布地理国情信息服务成果等。其作业的技术路线如图 11-1 所示。

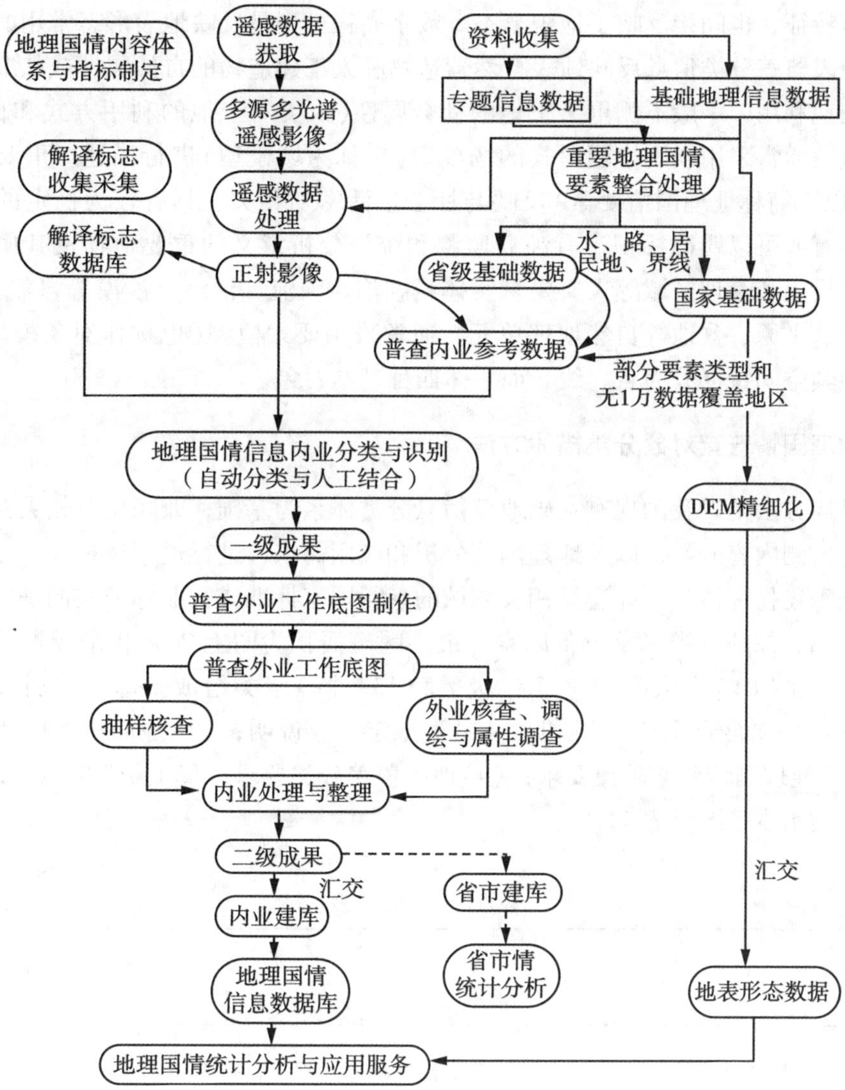

图 11-1　地理国情信息普查技术路线

第二节　地理国情普查的内容与指标体系

一、地理国情普查对象的分类

地理国情普查对象的确定和分类、如何对其进行描述，是制定统计分析指标体系的基础和依据，也影响到普查成果的应用。

根据我国对地理国情普查信息的需求和技术可行性，第一次全国地理国情普查将普查对象分为三大类，即地表形态、地表覆盖和重要地理国情要素。地表形态数据反映地表的地形及地势特征，也间接反映了地貌形态。数字高程模型是反映地表形态常用的计算机表示方法。地表覆盖分类信息反映地表自然营造物和人工建造物的自然属性或状况。地表覆盖不同于土地利用，一般不侧重于土地的社会属性（人类对土地的利用方式和目的意图）等。地表覆盖通常采用规则格网形式的场模型（也称为域模型）进行描述。重要地理国情要素信息（以下简称地理国情要素）反映与社会生活密切相关、具有较为稳定的空间范围或边界，具有或可以明确标识、有独立监测和统计分析意义的重要地物及其属性，如城市、道路、设施和管理区域等人文要素实体，湖泊、河流、沼泽、沙漠等自然要素实体，以及高程带、平原、盆地等自然地理单元。通常采用要素模型（也称作对象模型）来进行描述，按照其空间特征分为点、线、面、体四种基本对象。

二、地理国情普查对象分类描述方法

分类描述方法是以我国现有基础地理信息分类体系为基础，兼顾现有相关专业部门开展的普查、监测内容分类，以及地理国情分析和应用需求，进行适当选择和扩充，采用统一的定量化采集指标体系，并遵循相关领域的现行国家标准或行业标准共同确定的。考虑到使用的遥感影像的分辨率及设备因素，最小图斑面积为图上 20×20 个像素。分类体系由具有从属关系的 12 个大类、58 个二级类和 133 个三级类组成。每个类别根据类型特征，从以下几个方面给予定义和说明：(1)类型定义或说明；(2)地面实景照片与遥感影像实例；(3)地理国情要素采集要求；(4)地表覆盖分类要求；(5)属性项定义；(6)有关说明。其分类基本情况见表 11-1。

表 11-1 **普查内容分类总表**

代码	一级类	定　义	二级类数量	三级类数量
0100	耕地	指经过开垦种植农作物并经常耕耘管理的土地。包括熟耕地、新开发整理荒地、以农为主的草田轮作地；以种植农作物为主，间有零星果树、桑树或其他树木的土地（林木覆盖度一般在 50% 以下）；专业性园地或者其他非耕地中临时种农作物的土地不作为耕地	2	2
0200	园地	指连片人工种植、多年生木本和草本作物，集约经营的，以采集果实、叶、根、茎等为主、作物覆盖度一般大于 50% 的土地。包括各种乔灌木、热带作物以及果树苗圃等用地	7	9
0300	林地	指成片的天然林、次生林和人工林覆盖的地表。包括乔木、灌木、竹类等多种类型	8	12

续表

代码	一级类	定　义	二级类数量	三级类数量
0400	草地	指以草本植物为主连片覆盖的地表。包括草被覆盖度在10%以上的各类草地，含以牧为主的灌丛草地和林木覆盖度在10%以下的疏林草地	2	8
0500	房屋建筑(区)	包括房屋建筑区和独立房屋建筑。房屋建筑区是指城镇和乡村集中居住区域内，被连片房屋建筑遮盖的地表区域。具体指被外部道路、河流、山川及大片树林、草地、耕地等形成的自然分界线分割而成的区块内部，由高度相近、结构类似、排布规律、建筑密度相近的成片房屋建筑的外廓线围合而成的区域。独立房屋建筑包括城镇地区规模较大的单体建筑和分布于分散的居民点、规模较小的散落房屋建筑	5	10
0600	道路	从地表覆盖角度，包括有轨和无轨的道路路面覆盖的地表。从地理要素实体角度，包括铁路、公路、城市道路及乡村道路	4	4
0700	构筑物	指为某种使用目的而建造的、人们一般不直接在其内部进行生产和生活活动的工程实体或附属建筑设施(GB/T 50504—2009)。其中的道路单独列出	9	28
0800	人工堆掘地	指被人类活动形成的弃置物长期覆盖或经人工开掘、正在进行大规模土木工程而出露的地表	4	14
0900	荒漠与裸露地表	指植被覆盖度低于10%的各类自然裸露的地表。不包含人工堆掘、夯筑、碾(踩)压形成的裸露地表或硬化地表	5	5
1000	水域	从地表覆盖角度，指被液态和固态水覆盖的地表；从地理要素实体角度，指水体较长时期内消长和存在的空间范围	5	8
1100	地理单元	指按照规划、管理、识别或利用的需求，按一定尺度和性质将多种地理要素组合在一起而形成的空间单位	4	30
1200	地形	反映地表空间实体高低起伏形态的信息	3	3
总计	12类		58类	133类

三、地理国情普查的指标体系

根据普查内容和分类，确定了地表覆盖分类、地理统计单元和地形等具体指标要求，如地表覆盖类型中的关于水域的部分见表11-2，关于地理单元的部分见表11-3，地形部分见表11-4。

表 11-2 **水域分类指标**

代码	一级	二级	三级	定义	地表覆盖分类要求	地理国情要素采集要求	要素主要属性项	城市地区要求	备注
0930		沙质地表		指表层裸露物以沙质为主的地表，包括沙漠、沙滩等	同上一级类	不作为地理国情要素信息采集	无		
0940		砾石地表		指表层裸露物以块状琢石为主的地表	同上一级类	不作为地理国情要素信息采集	无		
0950		岩石地表		指表层裸露物以基岩为主的地表	同上一级类	不作为地理国情要素信息采集	无		
1000	水域			从地表覆盖角度，指被激态和固态水覆盖的地表； 从地理要素实体角度，指水体较长时期内消长和存在的空间范围	采集所有水面覆盖范围，赋代码 1001，一般最小图斑对应的地面实地面积为 $400m^2$	根据下级类具体要求采集			
1010		河渠		带状或线状水体		根据下级类具体要求采集			
1001			河流	从地表覆盖角度，是指自然或半自然的带状或线状水体。从地理要素实体的角度，指天然形成的陆地表面宣泄水流的通道，是溪、川、江、河等的总称，有堤防的河道，包括两岸堤防之间的水域，沙洲、滩地(包括可耕地)，行洪区，两岸堤防及护堤地；无堤防的河道，包括常年雨季形成的高水位岸线，即高水界之间的范围(参考 SL213—1998)	最小图案斑对应的地面实地面积为 $400m^2$。采集河道范围内的水面，赋代码 1001，宽度 3m 以下的线状水面可归入相邻类型	采集河道范围，实地长度大于 500m 的所有时令河与常年河；实地长度大于 1000m 的干涸河；起伏较大的山地地区实地长度小于 5000m，比降大于 10%，平时无水的山洪沟不采集。 河道实地宽度大于 20m 的采集河道范围线构面赋属性，需同时采集结构线，小于 20m 的采集中心线，并赋要素属性，遇连通河流的水库。坑塘和湖泊，河流结构性(中心线)保持连续通过；$5000m^2$ 以下的水库，湖泊和 $1000m^2$ 以下的坑塘如果连通的河流上下游河道宽度大于 20m，应视为河流的组成部分进行采集	名称，实体编码，等级，河流类型，时令月份，流域，通航性质，共享河段编码，平均宽度	河道实地宽度大于 5m 的采集河道范围线构面赋属性，需同时采集结构线，小于 5m 的采集中心线，并赋要素属性	

续表

代码	一级	二级	三级	定义	地表覆盖分类要求	地理国情要素采集要求	要素主要属性项	城市地区要求	备注
1012			水渠	从地表覆盖的角度，指水渠中的水，或无水出露作为输水设施的渠道无植被覆盖的硬化部分； 从地理实体要素的角度，指渠堤合围而成的带状或线状水道	最水图斑对应的地面实地面积为 $400m^2$。常年有水的水渠采集水面范围。赋代码为 1001，其余部分归入水渠类，赋代码为 1012。渠内水面宽度小于 3m 的可视为无水渠道。临时有水或无水渠道归入水渠类，赋代码为 1012	采集实地宽度大于 3m，长度大于 500m 的固定水渠，不含毛渠。宽度大于 20m 的采集范围线构面，同时采集结构线，小于 20m 的采集中心线，并赋要素属性。宽度按照渠堤基面外沿计算。遇渡槽、隧道、涵洞、倒虹吸等入相应水渠，保证同一渠道的连通性	名称，实体编码，等级，流域，长度，单双向，通航性质，共享河段编码，平均宽度	宽度大于 5m 的采集范围线构面，同时采集结构线，小于 5m 的采集中心线，并赋要素属性	
1020		湖泊		指湖盆及其承纳的水体（SI. 213—1998）	最小图斑对应的地面实地面积为 $400m^2$。采集水面范围，赋代码为 1001	采集常年水面面积 $5000m^2$ 以上的湖泊的高水位线构面赋要素属性	名称，实体编码，水面面积，容积，平均水深，最大水深，水质，时令月份	采集常年水面面积 $2000m^2$ 以上的湖泊的高水位线构面赋要素属性	
1030		库塘		指人工形成的面状水体	最小图斑对应的地面实地面积为 $400m^2$、采集水面范围，赋代码为 1001	根据下级类具体要求采集			
1031			水库	指在河道、山谷、低洼地及地下透水层修建挡水坝或堤堰、隔水墙形成集水的人工湖（SL213—1998）	同上一级类	采集 $5000m^2$ 以上水库的最高蓄水位线构面赋要素属性	名称、实体编码，库容量，用途类型		

续表

代码	一级	二级	三级	定义	地表覆盖分类要求	地理国情要素采集要求	要素主要属性项	城市地区要求	备注
1032			坑塘	指人工开挖或天然形成的面积较小的面状水体（GB/T 21010—2007）	同上一级类	采集 $1000m^2$ 以上坑塘的岸线构面，并赋要素属性，连片分布、用途相同的库塘，可忽略内部的田埂、小路、水渠、林带等狭长地物，作为一个对象采集外围轮廓线构面，并赋用途属性			
1040		海面		指构成海洋水体的水域	影像范围内，海水面覆盖范围，赋代码为1001	采集岸线与影像外廓线构面，并赋要素属性	名称		
1050		冰川与常年积雪		指常年被冰雪覆盖的地表，包括粒雪原和冰川的范围	最小图斑对应的地面实地面积为 $10000m^2$	地面实地面积为 $10000m^2$ 以上的，采集范围线构面，并赋属性	名称		
1051			冰川	指寒冷地区多年降雪积聚、经过变质作用形成的具有一定形状并能自行运动的天然冰体（地理学名词2006（第2版）/全国科学技术名词审定委员会审定）	同上一级类	采川基础地理信息数据和收集的专题数据	名称		
1052			常年积雪	在高纬或高山降雪量多于融雪量的地区所长期积存的雪	同上一级类	采用基础地理信息数据和收集的专题数据	名称		

表 11-3 **地理单元指标体系**

代码	一级	二级	三级	定义	地表覆盖分类要求	地理国情要素采集要求	要素主要属性项	城市地区要求	备注
1100	地理单元			按照规划、管理、识别或利用的需求，按一定尺度和性质将多种地理要素组合在一起而形成的空间单位	不作为地表覆盖类型采集	采集地理单元的边界线构面，并赋要素属性值	所有单元都需要具有名称属性		
1110		行政区划与管理单元		为了国家政权职能实行分级管理面划分出来的地域单元	不作为地表覆盖类型采集	根据下级类具体要求采集	所有行政区都须具有行政区划代码属性		
1111			国家级行政区		不作为地表覆盖类型采集	从基础地理信息中提取，采集境界线并构面			
1112			省级行政区		不作为地表覆盖类型采集	从基础地理信息中提取，采集境界线并构面			
1113			特别行政区		不作为地表覆盖类型采集	从基础地理信息中提取，采集境界线并构面			
1114			地、市、州级行政区		不作为地表覆盖类型采集	从基础地理信息中提取，采集境界线并构面			
1115			县级行政区		不作为地表覆盖类型采集	从基础地理信息中提取，采集境界线并构面			
1116			乡、镇行政区		不作为地表覆盖类型采集	从基础地理信息中提取，采集境界线并构面			
1117			行政村		不作为地表覆盖类型采集	行政村定位点	城乡代码（依据国家统计局最新《统计用区划代码和城乡划分代码编制规则和代码库》）		

续表

代码	一级	二级	三级	定义	地表覆盖分类要求	地理国情要素采集要求	要素主要属性项	城市地区要求	备注
1118			城市中心城区	指城市规划部门确定的中心城区范围	不作为地表覆盖类型采集	收集资料确定中心城区范围构面		采集	省普查可参照使用
1119			其他特殊行政管理区	前8类均不包含的行政管理区域，如属地和管理分属不同行政单元的地区		从基础地理信息中提取，采集境界线并构面			
1120		社会经济区域单元			不作为地表覆盖类型采集	根据下级类具体要求采集			
1121			主体功能区	指基于不同区域的资源环境承载能力，现有开发密度和发展潜力等，将特定区域确定为特定主体功能定位类型的一种空间单元。包括优化开发区、重点开发区、限制开发区和禁止开发区	不作为地表覆盖类型采集	采集国家级主体功能区界线构面	名称、面积、说明、等级、类型		“等级”可扩展
1122			开发区、保税区	指开发区是为促进经济发展，由政府划定实行优先鼓励工业建设的特殊政策地区、保税区是经主权国家海关批准，在其海港、机场或其他地点设立的允许外国货物不办理进出口手续即可连续长期储存的区域	不作为地表覆盖类型采集	采集国家级开发区、保税区范围。开发区规划范围不明确的可采集已开发的区域范围	名称、等级、类型、规划面积、所在地（市/县），公告文号、说明		“等级”可扩展
1123			国有农、林牧场	指各级政府管理的农、林、牧场	不作为地表覆盖类型采集	采集国有农、林、牧场的定位点，一般定位在主要管理机构所在位置或主要居民地中心	名称、等级、类型、面积、说明		

续表

代码	一级	二级	三级	定义	地表覆盖分类要求	地理国情要素采集要求	要素主要属性项	城市地区要求	备注
1124			自然、文化程护区	自然保护区是指对有代表性的自然生态系统、珍稀濒危野生物种群的天然生境地集中分布区、有特殊意义的自然遗迹等保护对象所在的陆地、陆地水体或者海域，依法划出一定面积予以特殊保护和管理的区域，文化保护区是指经国家有关部门、省、市、县人民政府批准并公布的文物古迹比较集中，能较完整地反映某一历史时期的传统风貌和地方、民族特色，具有较高历史文化价值的街区、镇、村、建筑群等等。（依据《中华人民共和国自然保护区条例》）	不作为地表覆盖类型采集	采集国家级自然、文化保护区范围	名称、等级、面积、说明		“等级”可扩展
1125			自然、文化遗产	自然文化遗产是指分布在国家内的自然遗产、文化遗产和自然文化双重遗产。 自然遗产区域是具有以下特征的地域：①构成代表地球演化史中重要阶段的突出例证；②构成代表进行中的生态和生物的进化过程和陆地、水生，海岸，海洋生态系统和动植物社区发展的突出例征；③独特、稀有或绝妙的自然现象、地貌或具					

续表

代码	一级	二级	三级	定义	地表覆盖分类要求	地理国情要素采集要求	要素主要属性项	城市地区要求	备注
				有罕见自然美的地带；④尚存的珍稀或濒危动植物种的栖息地。 文化遗产是指从历史、艺术或科学角度看，具有突出的普遍价值的建筑物、文物、遗址。（依据《保护世界文化和自然遗产公约》）	不作为地表覆盖类型采集	采集世界级自然、文化遗区范围	名称、类型、等级、面积、说明		“等级”可扩展
1126			风景名胜区、旅游区	风景名胜区指具有观赏、文化或者科学价值，自然景观、人文景观比较集中，环境优美，可供人们游览或者进行科学、文化活动的区域。 旅游区是指县级以上行政管理部门批准设立，具有参观游览、休闲度假、康乐健身等功能，具备相应旅游服务设施并提供相应旅游服务的独立管理区	不作为地表覆盖类型采集	采集国家级风景名胜区的范围和 AAAAA 级旅游区的定位点	名称、等级、面积、说明、类型		“等级”可扩展
1127			森林公园	具有一定规模和质量的森林风景资源与环境条件，可以开展森林旅游与喜悦休闲，并按法定程序申报批准的森林地域	不作为地表覆盖类型采集	采集国家级地质公园范围	名称、等级、面积、说明		“等级”可扩展

续表

代码	一级	二级	三级	定义	地表覆盖分类要求	地理国情要素采集要求	要素主要属性项	城市地区要求	备注
1128			地质公园	具有一定规模和分布范围的地质遗迹景观为主体，并融合其他自然景观与人文景观而构成的一种独特的自然区域	不作为地表覆盖类型采集		名称、等级、面积、说明		“等级”可扩展
1129			行、蓄、滞洪区	洪水泛滥危急时或洪水过后，用于分流，蓄洪或洪水滞留的区域	不作为地表覆盖类型采集	收集资料或从基础地理信息中提取	名称、类型		“等级”可扩展
1130		自然地理单元		根据自然地理因子划分的地理单元	不作地表覆盖类型采集				
1131			流域	由分水线所包围的河流或湖泊的地面集水区和地下集水区的总和。（地理学名词2006(第2版)/全国科学技术名词审定委员会审定）	不作为地表覆盖类型采集	3级以上流域	名称、流域代码		
1132			地形分区	地形区指以某种地形类型（如平原、高原、盆地、丘陵）为主的独立地形单元，不同的地形区之间往往以山脉和河流作为分界线	不作为地表覆盖类型采集	采用1:25万或1:100万基础数据，牧集资料，采集四大高原、三大平原、四大盆地、三大丘陵的范围	名称、面积、说明		
1133			地貌类型单元	根据形态、成困、类型与结构等因素，形成的地貌类型分区	不作为地表覆盖类型采集	参考使用中国地貌数据库的地貌类型数据	名称、面积、类型、说明		

续表

代码	一级	二级	三级	定义	地表覆盖分类要求	地理国情要素采集要求	要素主要属性项	城市地区要求	备注
1134			湿地保护区	温地是指天然或人造、永久或暂时之死水或流水、淡水、微咸或咸水沼泽区、泥炭地或水域，包括低潮时水深不超过6m的海水区，（GB/T24708—2009）。湿地保护区指对湿地一定范围予以特殊保护和管理的区域	不作为地表覆盖类型采集	1. 已列入《中国湿地保护行动计划》的国家重要湿地名录的湿地； 2. 已列入《湿地公约》的国际重要湿地名录的湿地； 3. 已建立的各级自然保护区、自然保护小区中的湿地； 4. 已建立的湿地公园中的湿地	名称、面积、湿地类型、说明		该类属于管理范围。省普查可根据需要扩展地理国情要素采集要求
1135			沼泽区	地表过湿或有薄层常年或季节性积水，土壤水分几达饱和，生长有喜湿性和喜水性沼生植物的地段	不作为地表覆盖类型采集	利用基础地理信息参照影像确定	名称、说明		
1140		城镇综合功能单元		城镇居民地内部根据功能和权属划分的空间单元	不作为地表覆盖类型采集				
1141			居住小区	被城市道路或自然分界线所围合，并与居住人口规模相对应，配建有公共服务设施的居住生活聚居地。《城市居住区规划设计规范》（GB 50180—93，2002年版）	不作为地表覆盖类型采集	采集面积大于$5000m^2$的居住小区定位点	名称，归属，小区类型，建筑年代	采集面积大于$5000m^2$的居住小区范围线构面	

续表

代码	一级	二级	三级	定义	地表覆盖分类要求	地理国情要素采集要求	要素主要属性项	城市地区要求	备注
1142			工矿企业	从事工业、矿产等生产性活动的企业所属或长期使用管理的具有一定规模、权属相对独立的空间范围	不作为地表覆盖类型采集	完整采集水厂、电厂、污水处理厂等类型工矿企业的定位点，其他类型工矿企业依据现有资料采集其定位点	名称，企业类型	完整采集水厂、电厂、污水处理厂等类型工矿企业的范围线构面，其他类型工矿企业依据现有资料采集其范围线构面	
1143			单位院落	机关团体、事业单位以及公司法人所属或长期使用管理的具有一定规模、权属相对独立的空间范围	本作为地表覆盖类型采集	完整采集城乡全日制教育大中小学校，一、二级十等医院，有等级的国家和社会组织举办的社会福利机构、乡级以上政府、机场、港口、长途汽车站（枢纽）、三等以上火车站的定位点，其他类型单位院落依据现有资料采集	名称，行业类型（采用《国民经济行业分类》（GB/T 4754—2011）规定的代码），等级（医院必选）	完整采集城乡全日制教育大中小学校、一二三级十等医院、有等级的国家和社会组织举办的社会福利机场、乡级以上政府、机构、港口、长途汽车站（枢纽）、三等以上火车站的范围线构面，其他类型单位单位院落依据现有资料采集范围线构面	
1144			休闲娱乐、景区	休闲娱乐的场所和风景区的总称，包括公园、游乐园、动物园、植物园等	不作为地表覆盖类型采集	采集面积大于50000m^{2}的休闲娱乐、景区的范围线构面	名称、类型	采集面积大于5000m^{2}的休闲娱乐、景区的范围线构面	

续表

代码	一级	二级	三级	定义	地表覆盖分类要求	地理国情要素采集要求	要素主要属性项	城市地区要求	备注
1145			体育活动场所	供公众从事体育活动的公共场所	不作为地表覆盖类型采集	采集面积大于 $10000m^2$ 的大型体育场馆的范围线构面	名称、类型	采集面积大于 $1000m^2$ 的公共体育活动场所的范围线构面	
1146			名胜古迹	有一定历史的场所，不包括用做公园的遗址公园	不作为地表覆盖类型采集	采集面积大于 $10000m^2$ 的名胜古迹的范围线构面	名称	采集面积大于 $1000m^2$ 的名胜古迹的范围线构面	

表 11-4　　**地形指标体系**

代码	一级	二级	三级	定义	地表覆盖分类要求	地理国情要素采集要求	要素主要属性项	城市地区要求	备注
1147			宗教场所	开展宗教活动的寺院、宫观、清真寺、教堂及其他固定处所	不作为地表覆盖类型采集	采集面积大于 $10000m^2$ 的宗教场所的范围线构面	名称、宗教类型	采集面积大于 $1000m^2$ 的宗教场所的范围线构面	省普查可扩展为省级及以上宗教事务管理部门已备案的所有宗教场所
1200	地形			反映地表空间实体高低起伏形态的信息	不作为地表覆盖类型采集	不作为地理国情要素信息采集	无		不属于覆盖和要素信息，单独采集
1210		高程信息		反映地表海拔高的信息	不作为地表覆盖类型采集	不作为地理国情要素信息采集	无		同上一级类
1220		坡度信息		反映地表坡度的信息	不作为地表覆盖类型采集	不作为地理国情要素信息采集	无		同上一级类
1230		坡向信息		反映地表坡面坡向的信息	不作为地表覆盖类型采集	不作为地理国情要素信息采集	无		同上一级类
总计	12	58	133						

第三节　地理国情普查的统计分析内容和方法

地理国情普查的统计分析内容，是根据地理国情普查采集的点、线、面等几何特征类型和地理实体对象，以规则地理格网单元、行政区划与管理单元、地形单元为统计单元，进行地形地貌、植被覆盖、荒漠与裸露地表、水域、交通网络、居民地与设施、地理单元的数量、密度、位置、高程、范围等内容的统计。

一、统计单元定义

根据地理国情普查数据统计的要求，地理统计单元规则地理格网单元、行政区划与管理单元以及地形单元三类统计单元。规则地理格网是对现有行政区划参照系和其他专用定位系统的补充。通过将各类自然、人文要素信息划分到统一的规则地理格网单元中，以格网单元为基础平台，可实现多源、多尺度基础地理信息与地理国情信息的集成、融合与应用分析，可以从地理而不是行政的角度进行地理国情信息的统计和分析。规则地理格网单元包括三种大小，即 10km×10km 格网、1km×1km 格网、100m×100m 格网。前两种统计格网主要用于全国范围，后一种主要用于城市范围。行政区划与管理单元主要包括：行政区划单元包括省级行政单元(即地、市、州、盟行政单元(简称地区)、县级行政单元)、城市中心城区、其他特殊行政管理区。地形统计单元包括高程分带单元和坡度分带单元。全国高程带分级对照表见表 11-5。坡度分级对照表见表 11-6。

表 11-5　　**全国高程分带对照表**

分级代码	分级范围(m)	
0		50
50	50	100
100	100	200
200	200	500
500	500	800
800	800	1000
1000	1000	1200
1200	1200	1500
1500	1500	2000
2000	2000	2500
2500	2500	3000
3000	3000	3500
3500	3500	5000
5000	5000	

表 11-6　　分级代码及分级范围

分级代码	分级范围(°)	
0	0	2
2	2	3
3	3	5
5	5	6
6	6	8
8	8	10
10	10	15
15	15	25
25	25	35
35	35	

二、基本统计指标及计算方法

针对自然和人文两种普查对象，按照几何特征类型划分为点、线、面以及地理实体，进行要素个数、长度、面积、密度、占比、高程、范围等基本指标的统计。地理实体是指现实世界中具有唯一名称及代码、独立的自然或人工地物，如黄河、密云水库、大广高速等。

(一)点状要素的统计指标和计算方法

点状要素的统计指标见表 11-7。

表 11-7　　点状要素的统计指标

数据类型	统计指标	单位
点状要素	个数	个
	密度	个/km^2
	距离	m
	交通距离	m

个数，是指统计单元内点状要素的个数，反映其数量特征。密度，是指统计单元内点状要素个数与统计单元面积的比值，反映其空间聚集情况。

指标的计算方法：统计单元内有 n 类统计对象，相应的个数为 c_1，c_2，…，c_n，统计单元面积为 S，对于第 $i(1 \leqslant i \leqslant n)$ 类对象，点状要素密度计算方法为：

$$c\,d_i = \frac{c_i}{S} \tag{11-1}$$

距离计算根据 CGCS2000 参考椭球面上两点之间的大地线长度计算。

交通距离是连通道路网络的两个点之间的长度。基于常用的最短路径路由算法——Dijkstra 算法，寻找最短距离下的路径长度，再利用长度计算方法分段计算每个路径的长度并累加求和，即可得到交通距离。

(二)线状要素的统计指标和计算方法

线状要素的统计指标见表 11-8。

表 11-8　**线状要素的统计指标**

数据类型	统计指标	单位
线状要素	密度	km/km^2
	长度	km
	表面长度	km

密度，是指统计单元内线状要素长度总和与统计单元面积的比值，反映其密集特征。指标计算方法：统计单元内有 n 类统计对象，相应的长度为 l_1，l_2，…，l_n，统计单元的面积为 S，对于第 $i(1 \leqslant i \leqslant n)$ 类对象，密度为：

$$l\,d_i = \frac{l_i}{s} \tag{11-2}$$

长度按照线状要素在 CGCS2000 参考椭球面上的长度计算方法计算。表面长度按照以 CGCS2000 参考椭球面为基础，并考虑实际地形起伏沿地球表面累积的线状要素的长度计算。

(三)面状要素的统计指标和计算方法

面状要素的统计指标见表 11-9。

表 11-9　**面状要素的统计指标**

数据类型	统计指标	单位
面状要素	个数	个
	面积	km^2
	表面积	km^2
	占比	以百分比表示
	构成比	以百分比表示
	四至坐标	经纬度
	东西和南北长度	km
	平均高程	m
	最高高程	m
	最低高程	m
	地表平整系数	以小数表示

个数，是指统计单元内面状要素多边形的个数。面积，按照 CGCS2000 参考椭球面上面状要素的面积计算方法计算。表面面积，以 CGCS2000 参考椭球面为基础，并考虑实际地形起伏沿地球表面累积的面状要素的面积进行计算。占比，是指统计单元内面状要素面积总和与统计单元面积的比值，统计对象占所在统计单元面积的比重，如林地面积占某县面积的比重。统计单元内有 n 类统计对象，每类总面积为 s_1，s_2，…，s_n，统计单元的面积为 S，对于第 $i(1 \leqslant i \leqslant n)$，类对象占比为：

$$s\,d_i = \frac{s_i}{S} \times 100\% \tag{11-3}$$

构成比，是指同一统计对象内部的构成，即子类占其父类的比重，如耕地、园地、林地、草地的面积各占植被覆盖面积的比重。统计单元内有 n 类统计对象，每类总面积为 s_1，s_2，…，s_n，统计单元的面积 为 S ，对于第 $i(1 \leqslant i \leqslant n)$ 类对象 ，构成比为：

$$s\,r_i = \frac{s_i}{\sum_{i=1}^{n} s_i} \times 100\% \tag{11-4}$$

四至坐标，是指地理单元最东、最西、最南、最北点的坐标。其中，最东点坐标是横坐标(经度)处于最大时的点的坐标；最西点坐标是横坐标(经度)处于最小时的点的坐标；最南点坐标是纵坐标(纬度)处于最小时的点的坐标；最北点坐标是纵坐标(纬度)处于最大时的点的坐标。

东西和南北长度，是指地理单元东西方向长度和南北方向长度。利用四至坐标计算的结果，南北长度为最北、最南点之间在 CGCS2000 参考椭球面上的子午线长度；东西方向长度为最东、最西点之间低纬度点的平行圈弧长。

平均高程，是指统计单元内所有高程点的平均值，计算公式如下：

$$h = \frac{1}{n}\sum_{k=1}^{n} h(p_k) \qquad k(1 \leqslant k \leqslant n) \tag{11-5}$$

式中，h 为统计单元内的平均高程；n 为统计单元内 DEM 栅格个数，$h(p_k)$为第 k 点的高程。

最高高程，是指利用基础地理信息数据提取地理单元的最高高程。最低高程，是指利用基础地理信息数据提取地理单元的最低高程。

地理单元面积与地表表面面积的比值，反映地表的粗糙程度，计算公式如下：

$$k = \frac{S_p}{S_x}$$

式中，k 为地表平整系数；S_p 为单元内的面积；S_x 为单元内的表面面积。

(四)地理实体统计

地理实体统计指标见表 11-10。

个数，是指统计单元内地理实体的个数。长度，是指线状地理实体在 CGCS2000 参考椭球面上的长度。面积，是指面状地理实体在 CGCS2000 参考椭球面上的面积。

表 11-10

数据类型	统计指标	单位
地理实体	个数	个(条)
	长度	km
	面积	km^2

三、基本统计内容

基本统计内容包括自然地理要素分类统计、人文地理要素分类统计和地理要素汇总统计。

(一)自然地理要素分类统计

1. 地形地貌分类统计

基于行政区划与管理单元，统计高程带、坡度带及地貌类型的面积、表面面积及占比，

统计单元最低高程、最高高程、平均高程、地表平整系数，具体内容见表 11-11。

表 11-11　　**地形地貌统计对象、单元和指标**

统计对象				统计单元		统计指标	备注
代码	一级类	二级类	三级类	行政区划与管理单元	地形单元		
1200	地形						
1210		高程信息		县、地区、省		高程带表面面积 高程带面积 占比 最低高程 最高高程 平均高程 地表平整系统	
1220		坡度信息		同上		坡度带表面面积 坡度带面积 占比	
1230		坡向信息					
1100	地理单元						
1130		自然地理单元					
1133			地貌类型	县、地区、省		面积 表面面积 占比	

2. 植被覆盖统计

基于行政区划与管理单元、地形单元和规则地理格网，统计植被覆盖(耕地、林地、园地、草地)类型的表面面积、面积、占比及构成比等信息。按行政区划与管理单元、地形单元，植被覆盖统计的具体内容见表 11-12。

表 11-12　　**植被覆盖统计内容**

统计对象				统计单元		统计指标		备注
代码	一级类	二级类	三级类	行政区划 与管理单元	地形单元	覆盖层	要素层	
0200	园地			县、地区、省	高程带 坡度带	表面面积 面积 占比 构成比		
0210		果园		同上	同上	同上		
0211			乔灌果园	同上	同上	同上		
0212			藤本果园	同上	同上	同上		
0213			草本果园	同上	同上	同上		
0220		茶园		同上	同上	同上		
0230		桑园		同上	同上	同上		
0240		橡胶园		同上	同上	同上		
0250		苗圃		同上	同上	同上		
0260		花圃		同上	同上	同上		
0290		其他园地		同上	同上	同上		
0300	林地			城市中心城 区县、地区、省	高程带 坡度带	表面面积 面积 占比 构成比		
0310		乔木林		同上	同上	同上		
0311			阔叶林	同上	同上	同上		
0312			针叶林	同上	同上	同上		
0313			针阔混交林	同上	同上	同上		
0320		灌木林		同上	同上	同上		
0321			阔叶灌木林	同上	同上	同上		
0322			针叶灌木林	同上	同上	同上		
0323			针阔混交灌木林	同上	同上	同上		
0330		乔灌混合林		同上	同上	同上		

续表

统计对象				统计单元		统计指标		备注
代码	一级类	二级类	三级类	行政区划与管理单元	地形单元	覆盖层	要素层	
0340		竹林		同上	同上	同上		
0350		疏林		同上	同上	同上		
0360		绿化林地		同上	同上	同上		
0370		人工幼林		同上	同上	同上		
0380		稀疏灌丛		同上	同上	同上		
0400	草地			城市中心城区、县、地区、省	高程带 坡度带	表面面积 面积 占比 构成比		
0410		天然草植		同上	同上	同上		
0411			高覆盖度草地	同上	同上	同上		
0412			中覆盖度草地	同上	同上	同上		
0413			低覆盖度草地	同上	同上	同上		
0420		人工草地		同上	同上	同上		
0421			牧草地	同上	同上	同上		
0422			绿化草地	同上	同上	同上		
0423			固沙灌草	同上	同上	同上		
0424			护坡灌草	同上	同上	同上		
0429			其他人工草地	同上	同上	同上		

按规则地理格网单元，植被覆盖统计的具体内容见表 11-13。

表 11-13　　**按规则地理单元的植被覆盖统计内容**

统计对象				规则地理格网单元	统计指标		备注
代码	一级类	二级类	三级类		覆盖层	要素层	
0110		水田		同上	同上		同上
0120		旱地		同上	同上		同上
0200	园地			同上	同上		同上
0210		果园		同上	同上		同上
0211			乔灌果园	同上	同上		同上
0212			藤本果园	同上	同上		同上
0213			草本果园	同上	同上		同上

续表

统计对象				规则地理格网单元	统计指标		备注
代码	一级类	二级类	三级类		覆盖层	要素层	
0220		茶园		同上	同上		同上
0230		桑园		同上	同上		同上
0240		橡胶园		同上	同上		同上
0250		苗圃		同上	同上		同上
0260		花圃		同上	同上		同上
0290		其他园地		同上	同上		同上
0300	林地			同上	同上		同上
0310		乔木林		同上	同上		同上
0311			阔叶林	同上	同上		同上
0312			针叶林	同上	同上		同上
0312			针阔混交林	同上	同上		同上
0320		灌木林		同上	同上		同上
0321			阔叶灌木林	同上	同上		同上
0322			针叶灌木林	同上	同上		同上
0323			针阔混交灌木林	同上	同上		同上
0330		乔灌混合林		同上	同上		同上
0340		竹林		同上	同上		同上
0350		疏林		同上	同上		同上
0360		绿化林地		同上	同上		同上
0370		人工幼林		同上	同上		同上
0380		稀疏灌丛		同上	同上		同上
0400	草地			同上	同上		同上
0410		天然草地		同上	同上		同上
0411			高覆盖度草地	同上	同上		同上
0412			中覆盖度草地	同上	同上		同上
0413			低覆盖度草地	同上	同上		同上
0420		人工草地		同上	同上		同上
0421			牧草地	同上	同上		同上
0422			绿化草地	同上	同上		同上
0423			固沙灌草	同上	同上		同上
0424			护坡灌草	同上	同上		同上
0429			其他人工草地	同上	同上		同上

3. 水域统计

基于行政区划与管理单元、地形单元和规则地理格网，统计地表覆盖层水面的面积及占比；统计地理要素层各种类型水域的面积及占比；统计河渠长度、表面长度、密度、面积、占比、实体长度及个数；统计湖泊、库塘面积、占比、个数、实体个数、实体面积；统计冰川与常年积雪的面积、表面面积、占比以及海岸线长度；统计水工设施的个数。按行政区划与管理单元、地形单元，水域统计的具体内容见表11-14。

表11-14　　水域统计的内容

代码	一级类	二级类	三级类	行政区划与管理单元	地形单元	覆盖层	要素层	
1000	水域			城市中心城区、县、地、区、省	高程带	面积 占比		
1001		水面		同上	同上	同上		
1010		河渠		同上	同上		长度 表面长度 密度 面积及占比	
1011			河流	同上	同上		长度 表面长度 密度 面积及占比 实体个数 实体长度	
1012			水渠	同上	同上	面积 占比	长度 表面长度 密度 面积及占比	
1020		湖泊		同上	高程带		面积 占比 个数 实体个数 实体面积	
1030		库塘		同上	高程带		面积 占比 个数	
1031			水库	同上	同上		同上	

续表

统计对象				统计单元		统计指标		备注
代码	一级类	二级类	三级类	行政区划与管理单元	地形单元	覆盖层	要素层	
1032			坑塘	同上	同上		同上	
1040		海面		县、地区、省			海岸线长度	
1050		冰川与常年积雪		同上	高程带	面积 表面面积 占比		
1051			冰川	同上	同上	同上		
1052			常年积雪	同上	同上	同上		
0700	构筑物							
0720		水工设施						
0721			堤坝	城市中心城区、县、地、区、省			个数	
0722			闸	同上			同上	
0723			排灌泵站	同上			同上	
0729			其他水工构筑物	同上			同上	

按规则地理格网单元，水域统计的具体内容见表 11-15。

表 11-15　　**按规则地理单元的水域统计内容**

统计对象				规则地理格网单元	统计指标		备注
代码	一级类	二级类	三级类		覆盖层	要素层	
1000	水域			1km×1km	面积		城市中心城区增加100m×100m 格网的统计
1001		水面		同上	同上		同上
1010		河渠		同上		面积 长度	同上
1011			河流	同上		同上	同上
1012			水渠	同上	面积	同上	同上
1020		湖泊		同上		面积	同上
1030		库塘		同上		同上	同上

续表

统计对象				规则地理格网单元	统计指标		备注
代码	一级类	二级类	三级类		覆盖层	要素层	
1031			水库	同上		同上	同上
1032			坑塘	同上		同上	同上
1040		海面				海岸线长度	
1050		冰川与常年积雪					
			冰川	1km×1km	面积		
			常年积雪	同上	同上		
0700	构筑物						
0720		水工设施					
0721			堤坝	1km×1km		个数	城市中心城区增加100m×100m格网的统计
0722			闸	同上		同上	同上
0723			排灌泵站	同上		同上	同上
0729			其他水工构筑物	同上		同上	同上

4. 荒漠与裸露地表统计

基于行政区划与管理单元、地形单元和规则地理格网，统计荒漠与裸露地表各类型表面面积、面积及占比、构成比。按行政区划与管理单元、地形单元，荒漠与裸露地表统计的具体内容见表11-16。

表11-16　　　　**荒漠与裸露地统计内容**

统计对象				统计单元		统计指标		备注
代码	一级类	二级类	三级类	行政区划与管理单元	地形单元	覆盖层	要素层	
0900	荒漠与裸露地表			县、地区、省	高程带 坡度带	表面面积 面积 占比		
0910		盐碱地表		同上	同上	表面面积 面积 占比 构成比		
0920		泥土地表		同上	同上	同上		
0930		沙质地表		同上	同上	同上		

续表

统计对象				统计单元		统计指标		备注
代码	一级类	二级类	三级类	行政区划与管理单元	地形单元	覆盖层	要素层	
0940		砾石地表		同上	同上	同上		
0950		岩石地表		同上	同上	同上		

按规则地理格网单元，荒漠与裸露地表统计的具体内容见表11-17。

表11-17 **按规则地理单元的荒漠与裸露地统计内容**

统计对象				规则地理格网统计单元	统计指标		备注
代码	一级类	二级类	三级类		覆盖层	要素层	
0900	荒漠与裸露地表			1km×1km	面积		
0910		盐碱地表		同上	同上		
0920		泥土地表		同上	同上		
0930		沙质地表		同上	同上		
0940		砾石地表		同上	同上		
0950		岩石地表		同上	同上		

（四）人文地理要素统计

1. 交通网络

基于行政区划与管理单元和规则地理格网，统计覆盖层路面、硬化地表的面积、占比；统计地理要素层铁路、公路、城市道路、乡村道路的长度及密度；统计交通实体的长度；统计城镇综合功能单元要素层中机场、港口、长途汽车站（枢纽）、三等以上火车站的个数及面积；统计交通设施的个数、长度、面积。按行政区划与管理单元，交通网络统计的具体内容见表11-18。

表11-18 **人文地理要素统计内容**

统计对象				统计单元	统计指标		备注
代码	一级类	二级类	三级类	行政区划与管理单元	覆盖层	要素层	
0600	道路			城市中心城区、县、地区、省	面积 占比		
0601		路面		同上	同上		
0610		铁路		同上	同上	长度 密度 实体长度	

续表

统计对象				统计单元	统计指标		备注
代码	一级类	二级类	三级类	行政区划与管理单元	覆盖层	要素层	
0620		公路		同上		同上	
0630		城市道路		同上		长度 密度	
0640		乡村道路		同上		同上	
0700	构筑物						
0710		硬化地表		城市中心城区、 县、地区、省	面积 占比		
0713			停车场	同上	同上		
0714			停机坪与跑道	同上	同上		
0715			硬化护坡	同上	同上		
0730		交通设施					
0731			隧道	县、地区、省		个数	
0732			桥梁	同上		个数 长度	
0733			码头	同上		个数 面积	
0734			车渡	同上		个数	
0735			高速公路 出入口	县、地区、省		同上	
0736			加油（气）、 充电站	城市中心城区、 县、地区、省		同上	
1100	地理单元						
1140		城镇综合 功能单元					
1143			机场	县、地区、省		个数 面积	
1143			港口	城市中心地区 县、地区、省		同上	
1143			长途汽车站 （枢纽）	同上		同上	
1143			三等以上 火车站	同上		同上	

按规则地理格网单元，交通网络统计的具体内容见表 11-19。

表 11-19　　按规则格网地理单元的交通网络统计内容

统计对象				规则地理格网单元	统计指标		备注
代码	一级类	二级类	三级类		覆盖层	要素层	
0600	道路			1km×1km	面积		城市中心城区增加100m×100m 格网的统计
0601		路面		同上	同上		同上
0610		铁路		同上	同上	长度	同上
0620		公路		同上		同上	同上
0630		城市道路		同上		同上	同上
0640		乡村道路		同上		同上	
0700	构筑物						
0710		硬化地表		1km×1km	面积		城市中心城区增加100m×100m 格网的统计
0713			停车场	同上	同上		同上
0714			停机坪与跑道	同上	同上		同上
0715			硬化护坡	同上	同上		同上
0730		交通设施					
0731			隧道				
0732			桥梁				
0733			码头	1km×1km		个数 面积	
0734			车渡				
0735			高速公路出入口	1km×1km		个数	
0736			加油（气）、充电站	同上		同上	
1100	地理单元						
1140		城镇综合功能单元					
1143			机码	1km×1km		个数 面积	

2. 居民地与设施统计

基于行政区划与管理单元、规则地理格网，统计地表覆盖层房屋建筑区、人工堆掘地、构筑物（固化池、工业设施、沙障等）的面积及占比、构成比；统计行政村的个数、到学校（医院、社会福利机构）的距离、交通距离与数量；统计高速公路出入口覆盖的行政村数量和占比；统计居民小区的个数、面积、到学校（医院、社会福利机构、休闲娱乐、体育活动场所）的距离、交通距离与数量。按行政区划与管理单元，居民地与设施统计的具体内容见表11-20。

表11-20 **居民地与设施统计内容**

统计对象				统计单元	统计指标		备注
代码	一级类	二级类	三级类	行政区划与管理单元	覆盖层	要素层	
0500	房屋建筑区			城市中心城区、县、地、区、省	面积 占比		
0510		多层及以上房屋建筑区		同上	面积 占比 构成比		
0511			高密度多层及以上房屋建筑区	同上	同上		
0512			低密度多层及以上房屋建筑区	同上	同上		
0520		低矮房屋建筑区		同上	同上		
0521			高密度低矮房屋建筑区	同上	同上		
0522			低密度低矮房屋建筑区	同上	同上		
0530		废弃房屋建筑区		同上	同上		
0540		多层及以上独立房屋建筑		同上	同上		
0541			多层独立房屋建筑	同上	同上		
0542			中高层独立房屋建筑	同上	同上		
0543			高层独立房屋建筑	同上	同上		
0544			超高层独立房屋建筑	同上	同上		
0550		低矮独立房屋建筑		同上	同上		

续表

统计对象				统计单元	统计指标		备注
代码	一级类	二级类	三级类	行政区划与管理单元	覆盖层	要素层	
1100	地理单元						
1110		行政区划与管理单元					
1117		行政村		县、地区、省		(1)个数 (2)到学校不同距离、交通距离行政村的数量 (3)到医院不同距离、交通距离行政村的数量 (4)到社会福利机构不同距离、交通距离行政村的数量 (5)高速公路出入口不同交通距离范围内行政村的个数和占比	分别按1km、3km、5km、10km、20km到学校、医院、社会福利机构的距离、交通距离统计行政村的数量 分别按10km、20km、30km、50km距离、交通距离统计高速公路出入口覆盖行政村的数量
1140		城镇综合功能单元					
1141		居住小区		城市中心城区、县、地、区、省		(1)个数 (2)面积 (3)到学校、医院、社会福利机构不同距离、交通距离居住小区的数量 (4)到休闲娱乐、体育活动场所不同距离、交通距离居住小区的数量	分别按1km、3km、5km、10km、20km到学校、医院、社会福利机构的距离、交通距离统计居住小区的数量。分别按0.5km、1km、3km到休闲娱乐、体育活动场所不同距离、交通距离居住小区的数量
1142			工矿企业	同上		个数 面积	
1143			医院	同上		同上	
1143			学校	同上		同上	
1143			社会福利机构	同上		同上	
1143			政府	同上		同上	

续表

统计对象				统计单元	统计指标		备注
代码	一级类	二级类	三级类	行政区划与管理单元	覆盖层	要素层	
1144			休闲娱乐、景区	同上		同上	
1145			体育活动场所	同上		同上	
1146			名胜古迹	同上		同上	
1147			宗教场所	同上		同上	
0700	构筑物						
0740		城墙		城市中心城区、县、地、区、省	面积		
0750		温室、大棚		同上	同上		
0760		固化池		同上	同上		
0761			游泳池	同上	同上		
0762			污水处理池	同上	同上		
0763			晒盐池	同上	同上		
0769			其他固化池	同上	同上		
0770		工业设施		同上	同上		
0780		沙障		同上	同上		
0710		硬化地表		同上	同上		
0711			广场	同上	同上		
0712			露天体育场	同上	同上		
0716			场院	同上	同上		
0717			露天堆放场	同上	同上		
0718			碾压踩踏地表	同上	同上		
0719			其他硬化地表	同上	同上		
0790		其他构筑物		同上	同上		
0800	人工堆掘地			同上	同上		
0810		露天采掘场		同上	同上		
0811			露天煤矿采掘场	同上	同上		
0812			露天铁矿采掘场	同上	同上		
0813			露天铜矿采掘场	同上	同上		

续表

统计对象				统计单元	统计指标		备注
代码	一级类	二级类	三级类	行政区划与管理单元	覆盖层	要素层	
0814			露天采石场	同上	同上		
0815			露天稀土矿采掘场	同上	同上		
0819			其他采掘场	同上	同上		
0820		堆放物		同上	同上		
0821			尾矿堆放物	同上	同上		
0822			垃圾堆放物	同上	同上		
0829			其他堆放物	同上	同上		
0830		建筑工地		同上	同上		
0831			拆迁待建工地	同上	同上		
0832			房屋建筑工地	同上	同上		
0833			道路待建工地	同上	同上		
0839			其他待建工地	同上	同上		
0890		其他人工堆掘地		同上	同上		

按规则地理格网单元,居民地与设施统计的具体内容见表 11-21。

表 11-21　**按规则格网地理单元的居民地与设施统计内容**

统计对象				规则地理格网单元	统计指标		备注
代码	一级类	二级类	三级类		覆盖层	要素层	
0500	房屋建筑区			1km×1km	面积		
0510		多层及以上房屋建筑区		同上	同上		城市中心城区增加100m×100m 格网的统计
0511			高密度多层及以上房屋建筑区	同上	同上	同上	
0512			低密度多层及以上房屋建筑区	同上	同上	同上	
0520		低矮房屋建筑区		同上	同上	同上	
0521			高密度低矮房屋建筑区	同上	同上	同上	

续表

统计对象				规则地理格网单元	统计指标		备注
代码	一级类	二级类	三级类		覆盖层	要素层	
0522			低密度低矮房屋建筑区	同上	同上	同上	
0530		废弃房屋建筑区		同上	同上	同上	
0540		多层及以上独立建筑		同上	同上	同上	
0541			多层独立房屋建筑	同上	同上	同上	
0542			中高层独立房屋建筑	同上	同上	同上	
0543			高层独立房屋建筑	同上	同上	同上	
0544			超高层独立房屋建筑	同上	同上	同上	
0550		低矮独立房屋建筑		同上	同上	同上	
1100	地理单元						
1110		行政区划与管理单元					
1117			行政村	1km×1km		个数	
1140		城镇综合功能单元					
1141			居住小区	1km×1km		面积 个数	城市中心城区增加100m×100m格网的统计
1142			工矿企业	同上		同上	同上
1143			医院	同上		同上	同上
1143			学校	同上		同上	同上
1143			社会福利机构	同上		同上	同上
1143			政府	同上		同上	同上
1144			休闲娱乐、景区	同上		同上	同上
1145			体育活动场所	同上		同上	同上
1146			名胜古迹	同上		同上	同上
1147			宗教场所	同上		同上	同上
0700	构筑物						
0740		城墙		1km×1km	面积		
0750		温室、大棚		同上	同上		

续表

统计对象				规则地理格网单元	统计指标		备注
代码	一级类	二级类	三级类		覆盖层	要素层	
0760		固化池		同上	同上		城市中心城区增加100m×100m格网的统计
0761			游泳池	同上	同上		同上
0762			污水处理池	同上	同上		同上
0763			晒盐池	同上	同上		
0769			其他固化池	同上	同上		城市中心城区增加100m×100m格网的统计
0770		工业设施		同上	同上		同上
0780		沙障		同上	同上		
0710		硬化地表		同上	同上		城市中心城区增加100m×100m格网的统计
0711			广场	同上	同上		同上
0712			露天体育场	同上	同上		同上
0716			场院	同上	同上		
0717			露天堆放场	同上	同上		城市中心城区增加100m×100m格网的统计
0718			碾压踩踏地表	同上	同上		
0719			其他硬化地表	同上	同上		城市中心城区增加100m×100m格网的统计
0790		其他构筑物		同上	同上		同上
0800	人工堆掘地			同上	同上		同上
0810		露天采掘场		同上	同上		
0811			露天煤矿采掘场	同上	同上		
0812			露天铁矿采掘场	同上	同上		
0813			露天铜矿采掘场	同上	同上		
0814			露天采石场	同上	同上		
0815			露天稀土矿采掘场	同上	同上		

续表

统计对象				规则地理格网单元	统计指标		备注
代码	一级类	二级类	三级类		覆盖层	要素层	
0819			其他采掘场	同上	同上		
0820		堆放物		同上	同上		城市中心城区增加100m×100m格网的统计
0821			尾矿堆放物	同上	同上		
0822			垃圾堆放物	同上	同上		
0829			其他堆放物	同上	同上		同上
0830		建筑工地		同上	同上		城市中心城区增加100m×100m格网的统计
0831			拆迁待建工地	同上	同上		同上
0832			房屋建筑工地	同上	同上		同上
0833			道路建筑工地	同上	同上		同上
0839			其他建筑工地	同上	同上		同上
0890		其他人工堆掘地		同上	同上		同上

3. 地理单元统计

统计行政区划与管理单元的面积、表面面积、四至坐标、东西和南北长度；基于行政区划与管理单元，统计社会经济区域单元、自然地理单元的面积、占比信息；基于规则地理格网，统计行政区划与管理单元、社会经济区域单元的格网个数及代码，统计自然地理单元的面积、格网个数及代码。地理单元具体统计内容见表11-22。

表11-22　**地理单元统计**

统计对象				统计单元	统计指标	备注
代码	一级类	二级类	三级类	行政区划与管理单元		
1100	地理单元					
1110		行政区划与管理单元				
1111			国家级行政区			
1112			省级行政区		表面面积 面积 四至坐标 东西和南北长度	

续表

统计对象				统计单元	统计指标	备注
代码	一级类	二级类	三级类	行政区划与管理单元		
1113			特别行政区		同上	
1114			地、市、州级行政区		同上	
1115			县级行政区		同上	
1116			乡镇行政区		表面面积 面积	
1118			城市中心城区		面积 占比	
1119			其他特殊行政管理区		面积	
1120		社会经济区域单元				
1121			主体功能区	县、地区、省	表面面积 面积 占比	
1122			开发区、保税区	同上	同上	
1123			国有农、林、牧场	同上	个数	
1124			自然、文化保护区	同上	表面面积 面积 占比	
1125			自然、文化遗产	同上	同上	
1126			风景名胜区、旅游区	同上	同上	
1127			森林公园	同上	同上	
1128			地质公园	同上	同上	
1129			行、蓄、滞洪区	同上	同上	
1130		自然地理单元				
1131			流域	县、地区、省	表面面积 面积 占比	
1132			地形分区	同上	同上	
1134			湿地保护区	同上	同上	
1135			沼泽区	同上	同上	

按规则地理格网单元，地理单元统计的具体内容见表 11-23。

表 11-23　**按规则格网的地理单元统计内容**

统计对象				规则地理格网单元	统计指标		备注
代码	一级类	二级类	三级类		覆盖层	要素层	
1100	地理单元						
1110		行政区划与管理单元					
1111			国家级行政区				
1112			省级行政区	1km×1km	格网个数及代码	按照行政区划代码统计	
1113			特别行政区	同上	同上	同上	
1114			地、市、州级行政区	同上	同上	同上	
1115			县级行政区	同上	同上	同上	
1116			乡镇行政区	同上	同上	同上	
1118			城市中心城区	同上	同上	按照行政区划代码统计,城市中心城区增加 100m×100m 格网的统计	
1119			其他特殊行政管理区	同上	同上	同上	
1120		社会经济区域单元					
1121			主体功能区	1km×1km	格网个数及代码	按主体功能区代码统计	
1122			开发区、保税区	同上	同上	按开发区、保税区代码统计	
1123			国有农、林、牧场	同上	同上	按国有农、林、牧场代码统计	
1124			自然、文化保护区	同上	同上	按自然、文化保护区统计	
1125			自然、文化遗产	同上	同上	按自然、文化遗产代码统计	
1126			风景名胜区、旅游区	同上	同上	按风景名胜区、旅游区代理统计	
1127			森林公园	同上	同上	按森林公园代码统计	

续表

统计对象				规则地理格网单元	统计指标		备注
代码	一级类	二级类	三级类		覆盖层	要素层	
1128			地质公园	同上	同上	按地质公园代码统计	
1129			行、蓄、滞洪区	同上	同上	按行、蓄、滞洪区代码统计	
1130		自然地理单元					
1131			流域	1kmm×1km		面积 格网个数及代码	按流域代码统计
1132			地形分区	同上	同上	按地形分区代码统计	
1133			地貌类型单元	同上	同上	按地貌类型单元代码统计	
1134			湿地保护区	同上	同上	按湿地保护区代码统计	
1135			沼泽区	同上	同上	按沼泽区代码统计	

（三）地理要素汇总统计

基于基本统计信息，通过行政区逐级汇总，针对自然、人文两种统计对象，形成包括地形地貌、植被覆盖、荒漠与裸露地表、水域、交通网络、居民地与设施、地理单元7大要素的数量、位置、密度、高程、范围等内容的统计成果。基于1km×1km规则地理格网单元的统计数据，汇总形成10km×10km规则地理格网单元的植被覆盖、荒漠与裸露地表、水域、交通网络、居民地与设施、地理单元等要素的统计成果。

四、基本统计流程

基本统计流程分为数据预处理、统计单元提取、统计配置、统计计算、统计成果生成5个部分，如图11-2所示。

五、基本统计成果形式

基本统计成果包括数据集、统计报表及基本统计报告三个类型。其数据集成果包括基本统计数据集成果（地形地貌、植被覆盖、水域、荒漠与裸露地表、交通网络、居民地与设施和地理单元等），以及基本统计格网数据集成果（地表覆盖、地理要素和地理单元等）。统计报表包括基本统计基础成果表和汇总统计报表。其中基础统计报表包括：

（1）地形地貌基础表；

（2）地形地貌（高程带）基础表；

（3）地形地貌（坡度带）基础表；

（4）植被覆盖基础表；

（5）植被覆盖（高程带）基础表；

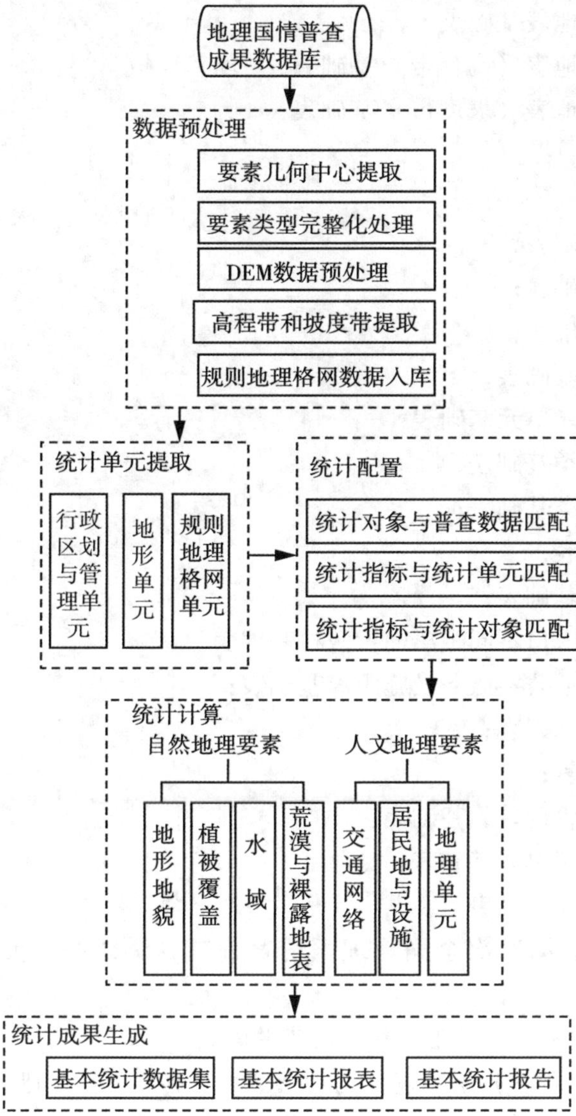

图 11-2　基本统计流程图

（6）植被覆盖（坡度带）基础表；

（7）水面基础表；

（8）水面（高程带）基础表；

（9）水域基础表；

（10）水域（高程带）基础表；

（11）水工设施基础表；

（12）河流实体基础表；

(13) 湖泊实体基础表;
(14) 荒漠与裸露地表基础表;
(15) 荒漠与裸露地表(高程带)基础表;
(16) 荒漠与裸露地表(坡度带)基础表;
(17) 路面基础表;
(18) 道路基础表;
(19) 道路分类基础表;
(20) 交通设施基础表;
(21) 道路实体基础表;
(22) 房屋建筑区基础表;
(23) 城镇综合功能单元基础表;
(24) 工矿企业分类基础表;
(25) 单位院落分类基础表;
(26) 行政村基础表;
(27) 行政村分类基础表;
(28) 高速公路出入口不同距离内行政村基础表;
(29) 居民地与最近公共服务设施距离基础表;
(30) 人工堆掘地基础表;
(31) 构筑物基础表;
(32) 行政区划与管理单元基础表;
(33) 社会经济区域单元基础表;
(34) 自然地理单元基础表。

基本统计汇总表为第一次全国地理国情普查基本统计汇总报表(简称地汇表),包括:

(1) 地形地貌汇总表(与地形地貌基础表关联);
(2) 地形地貌(高程带)汇总表(与地形地貌(高程带)基础表关联);
(3) 地形地貌(坡度带)汇总表(与地形地貌(坡度带)基础表关联);
(4) 植被覆盖汇总表(与植被覆盖基础表关联);
(5) 植被覆盖(高程带)汇总表(与植被覆盖(高程带)基础表关联);
(6) 植被覆盖(坡度带)汇总表(与植被覆盖(坡度带)基础表关联);
(7) 绿化林地覆盖情况汇总表(与植被覆盖基础表关联);
(8) 水域汇总表(与水面基础表、水域基础表关联);
(9) 荒漠与裸露地表汇总表(与荒漠与裸露地表基础表关联);
(10) 道路汇总表(与路面基础表、道路基础表、道路分类基础表关联);
(11) 房屋建筑区汇总表(与房屋建筑区基础表关联);
(12) 行政区划与管理单元基础信息汇总表(与行政区划与管理单元基础表关联)。

思考与练习题

1. 简述我国第一次地理国情普查的内容和技术方法。
2. 分析讨论地理国情普查与地理监测的关系。
3. 如果对历次地理国情普查数据进行综合分析，可以获取哪些成果？

参 考 文 献

[1][英]罗伯特．海宁．空间数据分析理论与实践．李建松，秦昆译．武汉大学出版社，2009.

[2]王远飞，何洪林．空间数据分析方法．北京：科学出版社，2007.

[3]李建松．地理信息系统原理．武汉：武汉大学出版社，2006.

[4]张景雄．空间信息的尺度、不确定性与融合．武汉：武汉大学出版社，2008.

[5]中国测绘宣传中心．地理国情监测研究与探索．北京：测绘出版社，2011.

[6]Wang Yong-dong，Feng Na-na，Li Ting-xuan，et al. Spatial Variability of Soil Cation Exchange Capacity in Hilly Tea PlantationSoils Under Different Sampling Scales. Agricultural Sciences in China，2008，7(1)：96-103.

[7]Mariella Tataranni，Claudio Lardicci. Performance of Some Biotic Indices in the Real Variable World：a Case Studyat Different Spatial Scales in North-Western Mediterranean Sea. Environmental Pollution，2010(158)：26-34.

[8]Andrea C Alfaro. Population Dynamics of the Green-Lipped Mussel，Pernacanaliculus，at Various Spatial and Temporal Scales in Northern New Zealand. Journal of Experimental Marine Biology and Ecology，2006(334)：294-315.

[9]Iris Peeters，Kristof Van Oost，Gerard Govers，et al. The Compatibility of Erosion Data at Different Temporal Scales. Earth and Planetary Science Letters，2008，265：138-152.

[10]Takele B Zeleke，Bing C Si. Characterizing Scale-dependent Spatial Relationships between Soil. Properties Using Multifractal Techniques. Geoderma，2006(134)：440-452.

[11]Bin Yong，Wan-ChangZhang，Guo-YueNiu，et al. Spatial Statistical Propertiesand Scale Transforman Alyses on the Topographi Cindex Derived from DEM sin China. Computers & Geosciences，2009(35)：592-602.

[12]William M Jolly，Jonathan M Graham，Andrew Michaelis，et al. A Flexible，Integrated System for Generating Meteorological Surfaces Derived from Point Sources Acrossmultiple Geographic Scales. Environmental Modelling & Software，2005(20)：873-882.

[13]Mathieu Rouget. Measuring Conservation Value at Fine and Broad Scales：Implications for a Diverse and Fragmented Region，the Agulhas Plain. Biological Conservation，2003(112)：217-232.

[14]E Corbelle-Rico，R Crecente-Maseda，I Santé-Riveira. Multi-scale Assessment and Spatial Modelling of Agricultural Land Abandonmentin a European Peripheral Region：Galicia (Spain)，1956-2004. Land Use Policy，2012(29)：493- 501.

[15] Yunzhi Wang, Armen G Khachaturyan. Multi-scale Phase Field Approach to Martensitic Transformations. Materials Science and Engineering A, 2006(438-440): 55-63.

[16] Dan A Smale, Gary A Kendrick, Thomas Wernberg. Assemblage Turnover and Taxonomic Sufficiency of Subtidalmacroalgae at Multiplespatial Scales. Journal of Experimental Marine Biology and Ecology, 2010(384): 76-86.

[17] 孟斌，王劲峰．地理数据尺度转换方法研究进展．地理学报，2005(2).

[18] Qing Yu, Jacob Fish. Multiscale Asymptotic Homogenization Formultiphysics Problems With Multiple Spatial and Temporal Scales: a Coupled Thermo-Viscoelastic Example Problem. International Journal of Solids and Structures, 2002(39): 6429-6452.

[19] L M J Florack, A H Salden, B M terHaarRomeny, et al. Nonlinear Scale-space, 2013, 5.

[20] Tony Lindeberg. A Scale Selection Principle for Estimating Image Deformations. Image and Vision Computing, 1998(16): 961-977.

[21] Gustavo Fonseca, Thomas Soltwedel, Ann Vanreusel, Mats Lindegarth. Variation in Nematode Assemblages over Multiple Spatial Scales Andenvironmental Conditions in Arctic Deep Seas. Progress in Oceanography, 2010(84): 174-184.

[22] Ramesh S V Teegavarapu, Tadesse Meskele, Chandra S. Pathak. Geo-spatial Grid-based Transformations of Precipitation Estimatesusing Spatial Interpolation Methods. Computers & Geosciences, 2012(40): 28-39.

[23] Susan S Fainstein. Power and Geographic Scale: Comments on Morrill. Political Geography, 1999(19): 3943.

[24] M Tataranni, F Maltagliati, A Floris, et al. Variance Estimate and Taxonomic Resolution: an Analysis of Macrobenthicspatial Patterns at Different Scales in a Western Mediterranean Coastal Lagoon. Marine Environmental Research, 2009(67): 219-229.

[25] Zhou Ting, Peng Shaolin. Spatial Scale Types and Measurement of Edge Effects Inecology. Acta Ecologica Sinica, 2008, 28(7): 3322-3333 .

[26] Lars Hein, Kris Van Koppen, Rudolf S de Groot, Ekko C Van Ierland. Spatial Scales, Stakeholders and the Valuation of Ecosystem Services. Ecological Economics, 2006 (57): 209- 228.

[27] Brian Deal, Daniel Schunk. Spatial Dynamic Modeling and Urban Land Use Transformation: a Simulation Approach to Assessing the Costs of Urban Sprawl. Ecological Economics, 2004 (51): 79- 95.

[28] Yongcun Zhao, Zhigang Wang, Weixia Sun, et al. Spatial Interrelations and Multi-Scale Sources of Soil Heavy Metal Variability in Atypical Urban-Rural Transition Area in Yangtze River Delta Region of China. Geoderma, 2010(156): 216-227.

[29] Anatoli Gorchetchnikov, Stephen Grossberg. Space, Time and Learning in the Hippocampus: How Fine Spatial and Temporalscales are Expanded into Population Codes for Behavioral Control. Neural Networks, 2007(20): 182-193.

[30] P Legendre, et al. Spatial Structure of Bivalves in a Sandflat: Scale and Generating

Processes. Journal of Experimental Marine Biology and Ecology, 1997(216): 99-128.
[31] Mary Hegarty, et al. Spatial Abilities at Different Scales: Individual Differences Inaptitude-Test Performance and Spatial-Layout Learning. Intelligence, 2006(34): 151-176.
[32] Victor N de Jonge. Importance of Temporal and Spatial Scalesin Applying Biological and Physical Processknowledge in Coastal Management, An Example for the Ems Estuary. Continental Shelf Research, 2000(20): 1655-1686.
[33] Vanessa S Johnson, et al. The Role of Spatial and Temporal Scale in Colonization and Spread of Invasive Shrubs in Early Successional Habitats. Forest Ecology and Management, 2006(228): 124-134.
[34] 程结海，魏峰远，薛华柱．空间数据尺度转换方法与应用．地理空间信息，2008(4).
[35] Marie-JoséeFortin, et al. Spatial Statistics, Spatial Regression, and Graph Theoryin Ecology. Spatial Statistics, 2012(1): 100-109.
[36] Ernesto F Viglizzo, et al. Assessing the Cross-scale Impact of 50 Years of Agricultural Transformation in Argentina. Field Crops Research, 2011(124): 186-194.
[37] Andrew Nelson. Analysing Data Across Geographic Scales in Honduras: Detecting Levels of Organisation within Systems. Agriculture, Ecosystems and Environment, 2001 (85): 107-131.
[38] Juan Guillermo Cobo, GerdDercon, Georg Cadisch. Nutrient Balances in African Land Use Systems Across Different Spatial Scales: a Review of Approaches, Challenges and Progress. Agriculture, Ecosystems and Environment, 2010(136): 1-15.
[39] Sari C Saunders, et al. The Patch Mosaic and Ecological Decomposition Across Spatial Scales in a Managed Landscape of Northern Wisconsin, USA. Basic Appl. Ecol, 2002(3): 49-64.
[40] Sergey K Gulev, et al. Impact of Spatial Resolution on Simulated Surface Watermass Transformations in the Atlantic. Ocean Modelling, 2007(19): 138-160.
[41] S Aranuvachapun, S J Maskell and C Griffiths. Spatial Length Scale Analysis of Data From observations and a Model of the Iceland Faeroesfront. Ocean Engng, 1997 (24), 6: 513-530.
[42] Gary W Luck. The Habitat Requirements of the Rufoustreecreeper (Climacterisrufa). Preferential Habitat Use Demonstrated at Multiple Spatialscales. Biological Conservation, 2002(105): 383-394.
[43] John Overton, Warwick E Murray. Playing the Scales: Regional Transformations and the Differentiation of Rural Space in the Chilean Wine Industry. Journal of Rural Studies, 2011(27): 63-72.
[44] Daniel Borcard, Pierre Legendre. All-scale Spatial Analysis of Ecological Data by Means of Principal Coordinates of Neighbour Matrices. Ecological Modelling, 2002(153): 51-68.
[45] Elisabeth D Root, et al. Socioeconomic Context and Gastroschisis: Exploring Associations at

Various Geographic Scales. Social Science & Medicine, 2011(72): 625-633.
[46] A Pe'rez-Ruzafa, et al. Detecting Changes Resulting from Human Pressure in a Naturally Quick-changing and Heterogeneous Environment: Spatial Andtemporal Scales of Variability in Coastal Lagoons. Estuarine, Coastal And Shelf Science, 2007(75): 175-188.
[47] Kasper Kok, et al. A Method and Application of Multi-Scale Validationin Spatial Land Use Models. Agriculture, Ecosystems and Environment, 2001(85): 223-238.
[48] Sophie S Parker, et al. Grassland Community Composition Drives Small-Scale Spatial Patterns in Soilproperties and Processes. Geoderma, 2012(170): 269-279.
[49] Michael F Goodchild. Metrics of Scale in Remote Sensing and GIS. JAG 1, 2001(3), 2.
[50] 周觅．遥感信息及其尺度问题进展研究．中国信息化，2010，12.
[51] 明冬萍，王群，杨建宇．遥感影像空间尺度特性与最佳空间分辨率选择．遥感学报，2008(4).
[52] Eid M Emary, Khaled M El-Saied, Hoda M Onsi. A Proposed Multi-scale Approach with Automaticscale Selection for Image Change Detection. The Egyptian Journal of Remote Sensing and Space Sciences, 2010(13): 1-10.
[53] Yang Dam Eo, et al. Coregistration of Terrestrial Lidar Points by Adaptive Scale-Invariant Feature Transformation with Constrained Geometry. Automation in Construction, 2012(25): 49-58.
[54] 赵文武，傅伯杰，陈利顶．尺度推绎研究中的几点基本问题．地球科学进展，2002(6).
[55] 肖敏云．景观生态学及其尺度问题的浅谈．科技致富向导，2012(9).
[56] 于红博，崔振玲．生态学尺度及尺度推绎方法综述．西部大开发(中旬刊)，2012(2).
[57] 张彤，蔡永立．生态学研究中的尺度问题．生态科学 2004，23(2).
[58] 吕一河，傅伯杰．生态学中的尺度与尺度转换方法．生态学报，2001(12)..
[59] 张娜．生态学中的尺度问题：内涵与分析方法．生态学报，2006(7).
[60] 张娜．生态学中的尺度问题——尺度上推．生态学报，2007(10).
[61] 赵文武，傅伯杰，陈利顶．尺度推绎研究中的几点基本问题．地球科学进展，2012(6).
[62] 柳林，卢秀山，张祖陆，李万武．基于 RS 和 GIS 的城市规划决策系统研究．山东科技大学学报，2007(3).
[63] 尹章才，章光，李井麓，李元初．基于 PPGIS 的社会化震害信息获取模型研究．灾害学，2008(3).
[64] 谭玉敏，刘赛楠，江建金．面向 PPGIS 的空间信息服务模型研究．地球信息科学，2008(5).
[65] 张侃．浅谈 PPGIS 及其公众参与性．甘肃科技，2011(10).
[66] 柳林，李万武，卢秀山，等．应用于 PPGIS 的一种图形参与技术．测绘科学技术学报，2007(1).

[67] Jürgen Hench, Johan Henriksson, Martin Lüppert, et al. Spatio-temporal Reference Model of Caenorhabditiselegans Embryogenesis with Cell Contact Maps. Developmental Biology 2009(333): 1-13.

[68] Qing Yu, Jacob Fish. Multiscale Asymptotic Homogenization Formultiphysics Problems with Multiple Spatial Andtemporal Scales: a Coupled Thermo-viscoelastic Example Problem. International Journal of Solids and Structures, 2002(39): 6429-6452.

[69] Hongwu Zhang, Sheng Zhang, Xu Guo, et al. Multiple Spatial and Temporal Scales Method for Numerical Simulation of Non-classical Heat Conduction Problems: One Dimensional Case. International Journal of Solids and Structures, 2005(42): 877-899.

[70] S Zhang, H W Zhang, D S Yang, et al. Multiple Spatial and Temporal Scales Method for Numerical Simulationof Non-fourier Heat Conduction Problems: Multidimensional Case. International Journal of Heat and Mass Transfer, 2011(54): 863-873.

[71] Andrea C Alfaro. Population Dynamics of the Green-lipped Mussel, Pernacanaliculus, at Various Spatial and Temporal Scales in Northern New Zealand. Journal of Experimental Marine Biology and Ecology, 2006(334): 294-315.

[72] Annie-Claude Parent, Franc OisAnctil, Le'on-Etienne Parent. Characterization of Temporal Variability in Near-Surface Soilmoisture at Scales from 1 hour to 2 Weeks. Journal of Hydrology, 2006(325): 56-66.

[73] Megumi Yoshida, Takeshi Ohta, AyumiKotani, Trofim Maximov. Environmental Factors Controlling Forest Evapotranspiration and Surface Conductance on a Multi-Temporal Scale in Growing Seasons of a Siberian Larch Forest. Journal of Hydrology, 2010(395): 180-189.

[74] I Emmanuel, H Andrieu, E Leblois, et al. Temporal and Spatial Variability of Rainfall at the Urban Hydrological Scale. Journal of Hydrology, 2012(430-431): 162-172.

[75] Victor N de Jonge. Importance of Temporal and Spatial Scalesin Applying Biological and Physical Process Knowledge in Coastal Management, an Examplefor the Ems Estuary. Continental Shelf Research, 2000(20): 1655-1686.

[76] Hassan M Khormi, Lalit Kumar. The Importance of Appropriate Temporal and Spatial Scales for Dengue Fever Controland Managementf. Science of the Total Environment, 2012(430): 144-149.

[77] Eija Ojala, Sami Louekari. The Merging of Human Activity and Natural Change: Temporal and Spatial Scales of Ecological Change in the kokemäEnjoki River Delta, SW Finland. Landscape and Urban Planning, 2002(61): 83-98.

[78] A Pe'rez-Ruzafa, C Marcos, I M Pe'rez-Ruzafa, et al. Detecting Changes Resulting from Human Pressure in a Naturally Quick-changing and Heterogeneous Environment: Spatial and Temporal Scales of Variability in Coastal Lagoons. Estuarine, Coastal and Shelf Science, 2007(75): 175-188.

[79] Xavier de Montaudouin, Cindy Binias, Géraldine Lassalle. Assessing Parasite Community Structure in Cockles Cerastodermaeduleat Various Spatio-Temporal Scales. Estuarine,

Coastal and Shelf Science, 2012(110): 54-60.
[80]Berta Marti'n-Lo' pez, Erik Go'mez-Baggethun, Pedro L. Lomas, et al. Effects of Spatial and Temporal Scales on Cultural Services Valuation. Journal of Environmental Management, 2009(90): 1050-1059.
[81] Egon Dumont, Evert Jan Bakker, Lex Bouwman, et al. A Framework to Identify Appropriate Spatial and Temporalscales for Modeling N Flows from Watersheds. Ecological Modelling, 2008(212): 256-272.
[82]B Wang, H Q Zhang, M Manhart, et al. A Numerical Study on Statistical Temporal Scales in Inertia Particle Dispersion. Journal of Computational and Applied Mathematics, 2011 (235): 3807-3816.
[83] Fred L Bunnell, David J Huggard. Biodiversity Across Spatial and Temporal Scales: Problems and Opportunities. Forest Ecology and Management, 1999(115): 113-126.
[84] John A Finn, Tom Gittings, Paul S Giller. Aphodius Dung Beetle Assemblage Stability Atdifferent Spatial and Temporal Scales. Applied Soil Ecology, 1998(10): 27-36.
[85]PridiSiregar, Jean-Paul Sinteff, Nathalie Julen, et al. Spatio-temporal Reasoning for Multi-scale Modelingin Cardiology. Artificial Intelligence in Medicine, 1997(10): 41-57.
[86]Joan E Cartes, Emanuela Fanelli, Vanesa Papiol, et al. Distribution and Diversity of Open-ocean, Near-bottom Macroplankton in the Western Mediterranean: Analysis at Different Spatio-temporalscales. Deep-Sea Research I, 2010(57): 1485-1498.
[87]Hui Li, FazlayFaruque, Worth Williams, et al. Optimal Temporal Scale for the Correlation of Aod and Ground Measurementsof Pm 2. 5 in a Real-Time Air Quality Estimation System. Atmospheric Environment, 2009(43): 4303-4310.
[88] Asha B Chelani. Nonlinear Dynamical Analysis of Ground Level Ozone Concentrationsat Different Temporal Scales. Atmospheric Environment, 2010(44): 4318-4324.
[89]D Markovic', M Koch. Characteristic Scales, Temporal Variability Modes and Simulation of Monthly Elbe River flow Time Series at Ungauged Locations. Physics and Chemistry of the Earth, 2006(31): 1262-1273.
[90] S. Leyk, B J J McCormick, J R Nuckols. Effects of Varying Temporal Scale on Spatial Models of Mortality Patterns Attributed to Pediatric Diarrhea. Spatial and Spatio-temporal Epidemiology, 2011(2): 91-101.
[91] Marcel R Hoosbeek. Incorporating Scale into Spatio-Temporal Variability: Applicationsto Soil Quality and Yield Data. Geoderma, 1998(85): 113-131.
[92]苏智海，赵志江，刘金川，等.3S 技术在城市绿地系统中的应用研究. 西北林学院学报，2008，23(2)：173-176.
[93]刘瑞.3S 技术在河北省唐山市地面形变监测和城市扩展中的应用研究. 成都理工大学博士学位论文，2009.
[94]汤世华，樊风雷，王云鹏，等.1998—2003 年东莞市开发区时空变化的. 遥感监测及驱动力分析. 华南师范大学学报(自然科学版)，2006(1).

[95] Xiaojun Yang. Satellite Monitoring of Urban Spatial Growthin the Atlanta Metropolitan Area. Photogrammetric Engineering & Remote Sensing，2002，6. 8(7)：725-734.
[96] Anwar M M，Bhalli M N. Urban Population Growth Monitoring and Land Use. Classification by Using GIS and Remote Sensing Techniques：Acase Study of Faisalabad City. Asian Journal of Social Sciences & Humanities，2012，1(1).
[97] 高伟，徐绍铨，刘爱田. GPS测量在城市地面沉降监测中的应用研究. 山东农业大学学报(自然科学版)，2004，35(3)：395-400.
[98] 刘文锴，杨磊库，梁洪有，张合兵. Landsat卫星遥感影像在焦作市建成区扩展变化监测中的应用. 河南理工大学学报(自然科学版)，2009(4).
[99] 陈百明，刘新卫，杨红. LUCC研究的最新进展评述. 地理科学进展，2003(1).
[100] 赵银兵，何政伟，张何兴. TM图像在成都市演变研究中的应用. 物探化探计算技术，2006(4).
[101] 刘直芳，张继平. 变化检测方法及其在城市中的应用. 测绘通报，2002(9).
[102] 孙越，龚威平，张雁. 变化检测技术在城乡规划动态监测中的应用. 生态文明视角下的城乡规划——2008，中国城市规划年会论文集.
[103] 赵银兵，倪忠云，赵勇. 成都市建成区形态动态演变及驱动机制研究. 安徽农业科学，2012，40(11)：6766-6769.
[104] 杨武年，刘恩勤，陈宁，廖崇高. 成都市土地利用遥感动态监测及驱动力分析. 西南交通大学学报，2010(4).
[105] 杨超，王赕，曾鹏. 城市道路网络演变模型. 同济大学学报(自然科学版)，2011(4).
[106] 唐旭，刘耀林，汪普查. 城市地价动态变化监测的空间分析方法研究，2004(6).
[107] 姜晨光，姜平，蔡伟，崔专. 城市地下水位变化与地面沉降关系的监测与分析. 地下水，2003(9).
[108] 高凯，秦俊，胡永红. 城市居住区景观绿化格局改善热环境变化的遥感监测分析. 生态环境学报，2012，21(3)：464-469.
[109] 昊柏清，何政伟，张新海. 城市空间演变的多时相遥感数据研究. 安徽农业科学，(32)：10331-10333.
[110] 张玉虎，陈学刚，塔西甫拉提·特依拜，张自力. 城市空间增长研究——以乌鲁木齐市为例. 河南大学学报(自然科学版)，2007(9).
[111] 江涛，张传霞. 城市扩展动态变化的遥感研究. 遥感信息，1999(4).
[112] 梁守真，施平，周迪. 城市扩展及其环境效应遥感监测研究进展. 世界科技研究与发展，2010(8)：469-473.
[113] 陈龙乾，郭达志，胡召玲，盛业华，张海荣. 城市扩展空间分异的多时相TM遥感研究. 煤炭学报，2004(6).
[114] 李锋，叶亚平，宋博文，王如松. 城市生态用地的空间结构及其生态系统服务动态演变——以常州市为例. 生态学报，2011(10).
[115] 姚治华，王红旗. 城市水土环境变化的地质指标体系. 地质通报，2011(11).

[116]张甘霖，朱永官，傅伯杰．城市土壤质量演变及其生态环境效应．生态学报，2003(3).
[117]王青．城市形态空间演变定量研究初探．经济地理，2002(5).
[118]杨亮洁，牟乃夏，薛重生．城市遥感图像的地理分析与城市空间格局演变研究．测绘科学，2005(6).
[119]黄成毅，邓良基，方从刚．城市用地遥感监测与动态变化分析——以成都市土地利用为例．地球信息科学，2007(4).
[120]Cristian Henri'quez, Gerardo Azo'car, Hugo Romero. Monitoring and Modeling the Urban Growth of Two Mid-sized Chilean Cities. Habitat International, 2006(30): 945-964.
[121]王琳，徐涵秋，李胜．福州城市扩展的遥感动态监测．地球信息科学，2006(12).
[122]黄茜，杨武年，郑富强．广安市城市扩展变化的遥感监测动态分析．地理空间信息，2010(4).
[123]侍非，储金龙．合肥市城市建设用地动态演变分析．淮阴工学院学报，2009(6).
[124]邵军，车风，范魏．基于3S技术的武汉城市湿地景观变迁．地理空间信息，2011(12).
[125]刘直芳，张继平，张剑清，樊红．基于3S和影像特征的城市变化检测．遥感技术与应用，2002，17(5).
[126]温宗勇，陈品祥，陶迎春．基于GIS的北京城市空间形态演变量化分析研究．第七届京港澳测绘技术交流会，测绘科学技术创新与城市发展.
[127]王秋霞，郑苏明．基于GIS的合肥市近50年来城市景观格局演变研究．安徽农业科学，2008，36(23)：12-15.
[128]杨勇，任志远，李开宇．基于GIS的西安市城市扩展与模拟研究．人文地理，2010(2).
[129]李全林，马晓冬，沈正平．基于GIS的盐城城市内部空间结构演变分析．人文地理，2009(6).
[130]韩振镖，胡珂，李成名．基于IKONOS影像监测城市变化方法研究．测绘通报，2007(5).
[131]沈体雁，夏帆，刘良明，王煌基．基于MODIS数据的城市边界监测方法及其比较．测绘通报，2007(1).
[132]喻光明，杨珊，胡利梅，等．基于RS/GIS的流域尺度土地利用变化与景观格局共轭演变研究．2008海峡两岸遥感大会论文集.
[133]周杨，周廷刚，冯冲．基于RS和GIS的LUCC研究．长江科学院院报，2012(5).
[134]陈小虎，董竹，谢露，李金朋．基于RS与GIS的城市变化专题正射影像图制作．测绘与空间地理信息，2011(12).
[135]刘广社，王冬梅，潘洁晨．基于RS与GIS技术的城市土地扩展动态监测．安徽农业科学，2009，37(18)：8629-8630.
[136]梁保平，李艺，刘庆业，李晖．基于TM影像的桂林市植被覆盖时空动态监测与分析．中国环境监测，2011(8).

[137]刘乐乐，汪云甲，陈国良，乔浩然．基于多源遥感数据的城市变化监测研究——以郑州市为例．地域研究与开发，2010(2)．
[138]李莉，张佳华．基于卫星数据提取南宁城市扩张信息及驱动力研究分析．气象研究与应用，2008(9)．
[139]吴宏安，张永红，陈晓勇，等．基于小基线 DInSAR 技术监测太原市 2003—2009 年地表形变场．地球物理学报，2011(3)．
[140]李江，郭庆胜．基于信息熵的城市用地结构动态演变分析．长江流域资源与环境，2002，11(5)．
[141]祝善友，江涛，韩作振，等．基于遥感技术的泰安城市扩展变化的动态研究．山东科技大学学报(自然科学版)，2002(9)．
[142]李红玲，谭海樵．基于遥感技术的徐州市建成区扩展变化动态研究．苏州科技学院学报(自然科学版)，2006(6)．
[143]王良健，包浩生，彭补拙．基于遥感与 GIS 的区域土地利用变化的动态监测与预测研究．经济地理，2000(3)．
[144]牟凤云，张增祥，刘斌，王长有．济南市近 25 年城市建成区的空间扩展遥感监测．山东农业大学学报(自然科学版)，2008，39(1)：73-79．
[145]黄粤，陈曦，包安明，马勇刚．近 15 年乌鲁木齐市城市用地扩展动态及其空间特征研究．冰川冻土，2006(6)．
[146]肖鲁湘，增祥，谭文彬，王长有．近 30 年乌鲁木齐市建成区的时空动态变化分析．世界科技研究与发展，2007(8)．
[147]贾铁飞，倪少春，郑辛酉．快速城市化地区土地利用动态变化及城市化空间进程分析．国土资源遥感，2006(3)．
[148]刘晓峰，马劲松，潘颖．聊城市东昌府区土地利用强度变化动态监测．水电能源科学，2009(4)．
[149]郭振华，杨武年，杨鑫，吴世阔．洛阳市近 10 年土地利用遥感动态监测及驱动力分析．测绘，2012(2)．
[150]梅卓华，张军．南京市城市生态监测的指标体系．环境监测管理与技术，2004(4)．
[151]干晓宇，李建龙，刘旭，张庆峰．南京市绿地结构变化的遥感监测及驱动力分析．南京林业大学学报(自然科学版)，2007(5)．
[152]朱晓铃．厦门市土地利用/覆被遥感动态监测．厦门理工学院学报，2012(3)．
[153]陈本清，徐涵秋．厦门市土地利用年际变化遥感分析．地球信息科学，2004(9)．
[154]赵晶，徐建华，梅安新，等．上海市土地利用结构和形态演变的信息熵与分维分析．地理研究，2004(3)．
[155]苏旭坤啦，臧淑英，李苗，等．绥化市土地利用变化图谱分析．中国农学通报，2012，28(02)：214-222．
[156]汤世华，樊风雷，王云鹏，等．土地利用变化的遥感监测及其与经济发展关系的研究——以增城市 1998—2003 土地利用为例．农业现代化研究，2005(9)．
[157]梁进社，张华．土地利用变化遥感监测精度评价系统——以随机抽样为基础的方

法. 地理研究，2004(1).
[158]陈龙乾，郭达志，胡召玲，等. 徐州市城区土地利用变化的卫星遥感动态监测. 中国矿业大学学报，2004(9).
[159]乔玉良，余双琳. 遥感动态监测太原市城市建设用地及其扩展变化分析. 气象与环境科学，2011(2).
[160]孙丹峰，李红. 遥感影像融合与分类在城市边缘带扩展监测中应用研究. 中国农业大学学报，2002，7(1).
[161]潘洁晨，胡友健，王冬梅，杨明东. 遥感影像用于城市扩展监测的研究. 地理空间信息，2008(4).
[162]谭遂，杨开忠，荀丽娜，谭成文. 一种基于自组织理论的城市与区域空间格局演变模型研究. 经济地理，2003，23(2).
[163]李丹，薛重生，牟乃夏，杨亮洁. 义乌市城市建设用地遥感动态监测与空间分析研究. 全国国土资源与环境遥感技术应用交流会论文文集，2004.
[164]王晓燕. 银川城市内部空间结构的演变与发展研究. 城市问题，2006(7).
[165]高伟，徐绍铨，李英冰. 用 GPS 监测城市地面沉降的可行性研究. 大地测量与地球动力学，2004(2).
[166]何剑锋，庄大方. 长江三角洲地区城镇时空动态格局及其环境效应. 地理研究，2006(5).
[167]薛晓坡，林辉，孙华，莫登奎. 长沙市区景观动态变化分析. 中南林业科技大学学报，2009(2).
[168]张蓉. NGA：美国地理国情监测. 中国测绘，2011(2).
[169]吴卫东. 地理国情监测刍议，2011(4).
[170]王军成，刘岩. 发展海洋监测高新技术振兴海洋仪器行业. 山东科学，2006(10).
[171]陈建国. 关于地理国情监测工作的实践与思考. 中国测绘，2011(2).
[172]何忠焕，左志进，吴贤宇，万冉冉. 关于开展地理国情监测工作的几点思考. 江西测绘，2011(3).
[173]朱胜利. 国外森林资源调查监测的现状和未来发展特点. 林业资源管理，2001(2).
[174]周智海，胡得宝，魏泉苗. 海洋环境监测集成系统设计与技术研究. 海洋监测高技术论坛.
[175]卜天然，吕立新，汪伟. 基于 TinyOS 无线传感器网络的农业环境监测系统设计. 农业网络信息，2009(2).
[176]丘君，赵景柱，邓红兵，李明杰. 基于生态系统的海洋管理：原则、实践和建议. 海洋环境科学，2008(2).
[177]耿军涛，周小佳，张冰洁. 基于无线传感器网络的大气环境监测系统设计. 西华大学学报(自然科学版)，2007(7).
[178]吕立新，汪伟，卜天然. 基于无线传感器网络的精准农业环境监测系统设计. 计算机系统应用，2009(8).
[179]雷德荣. 浅谈地理国情监测的内涵和原则. 中国测绘，2011(2).

[180]赵峰．上海开展地理市情监测工作的思考．上海国土资源，2011，32(3)．
[181]李继宇，张铁民，彭孝东，等．小型无人机在农田信息监测系统中的应用．农机化研究，2010(5)．
[182]蒙继华，吴炳方，钮立明，等．遥感在精准农业中的应用——以禹城为例．
[183]颜谦和，颜珍平．一种改进无线传感器网络的环境监测系统设计．西南科技大学学报，2011(6)．
[184]高尚武，王葆芳，朱灵益．中国沙质荒漠化土地监测评价指标体系．林业科学，1998，34(2)．
[185]刘耀龙，陈振楼，毕春娟，等．中国突发性环境污染事故应急监测研究．环境科学与技术，2008(12)．
[186]李志刚．浅谈国情地理国情与地理．地理国情监测会议，2012．
[187]柏玉霜，陈洪宛．测绘部门开展地理国情监测的必要性．地理国情监测会议，2012．
[188]刘若梅，陈新湖．测绘部门开展地理国情监测工作的定位思考．地理国情监测会议，2012．
[189]程滔，孙占义．测绘技术在地理国情监测中的应用思考．地理国情监测会议，2012．
[190]张远．地理国情监测测绘服务经济社会发展的新抓手．地理国情监测会议，2012．
[191]唐新明．地理国情监测的基础是地表覆盖．地理国情监测会议，2012．
[192]李伟建．地理国情监测的主要任务之管见．地理国情监测会议，2012．
[193]陈常松，刘利．地理国情监测提升政策分析水平的几点思考．地理国情监测会议，2012．
[194]徐永清，乔朝飞．地理信息：地理国情监测的主体．地理国情监测会议，2012．
[195]肖平．关于地理国(省)情监测的思考．地理国情监测会议，2012．
[196]周德军，徐磊．关于地理国情监测的基本思考．地理国情监测会议，2012．
[197]张继贤，刘纪平．关于地理国情监测的若干思考．地理国情监测会议，2012．
[198]陈建国．关于地理国情监测工作的实践与思考．地理国情监测会议，2012．
[199]宁镇亚，熊伟．夯实测绘科技支撑　推进地理国情监测．地理国情监测会议，2012．
[200]徐德明．监测地理国情服务科学发展．地理国情监测会议，2012．
[201]周德军．快速行动监测地理国情　快出成果服务科学发展．地理国情监测会议，2012．
[202]易树柏．转变测绘发展方式　加快地理国情监测．地理国情监测会议，2012．
[203] Juha Oksanen and Olli Jaakkola. Map Algebra-based DEM Interpolation Using Existing Cartographic Data. 3rd AGILE Conference on Geographic Information Science-Helsinki/Espoo, Finland, May 25th-27th, 2000.
[204] de Smith, Goodchild, Longley. Geospatial Analysis-4th Edition.
[205]陈军，李志林，蒋捷，朱庆．多维动态 GIS 空间数据模型与方法的研究．武汉大学学报(信息科学版)，2004(10)．
[206]高金萍，陆守一，徐泽鸿．实现森林资源动态更新管理的时态 GIS 技术．林业资源管理，2005(6)．

[207] Ji-Hyun Lee. Visualization System of Spatial-Temporal Information Forhistoric Sites Based on GIS. Proceedings of Computers in Urban Planning and Urban Management (CUPUM'05) Conference June 29-July 1, 2005, London, United Kingdom.

[208] 张正兰，余义建．一种动态 GIS 的体系结构．计算机工程，2004(2).

[209] 贾文珏，李斌，龚健雅．基于工作流技术的动态 GIS 服务链研究武汉大学学报(信息科学版)，2005(11).

[210] Edward Pultar, Thomas J Cova, May Yuan and Michael F Goodchild. EDGIS: a Dynamic Gis Based on Space Time Points. International Journal of Geographical Information Science, 2010, 24(3): 329-346.

[211] 张欣，钟耳顺．基于 GIS 的应急预案过程动态推演模拟技术研究．武汉大学学报(信息科学版)，2008(3).

[212] WPA van Deursen. Geographical Information SystemsandDynamic Models. PhD-thesis, May 19, 1995, Faculty of Spatial Sciences University of Utrecht the Netherlands.

[213] Zhao Xu, Volker Coors. Combining System Dynamics Model, GIS and 3D Visualization in Sustainability Assessment of Urban Residential Development. Building and Environment, 2012(47): 272-287.

[214] CláudioMonteiro, Ignacio J Ramírez-Rosado. GIS Spatial Analysis Applied to Electric. Line Routing Optimization. IEEE Transactions on Power Delivery, 2005, 20(2).

[215] Maria J P de Vasconcelos, et al. A Working Prototype of a Dynamic Geographical Information System. Int. J. Geographical Information Science, 200, 16(1): 69-91.

[216] Ole Hanseth, KalleLyytinen. Design Theory for Dynamic Complexity in Information Infrastructures: the Case of Building Internet. Journal of Information Technology, 2010 (25): 1-19.

[217] J L Gaspar, C Goulart, G Queiroz, et al. Dynamic Structure and Data Sets of a GIS Database for Geologicalrisk Analysis in the Azores Volcanic Islands. Natural Hazards and Earth System Sciences, 4(2004): 233-242.

[218] Jochen Albrecht. Dynamic GIS. Wilson & Fotheringham: Handbook of GIScience.

[219] 何凯涛，唐宇，刘书雷．基于工作流的 GIS 服务动态聚合方法、技术体系和参考模型研究．国防科技大学学报，2008(1).

[220] Michael F Worboys. Modelling Changes and Events in Dynamic Spatialsystems with Reference to Socio-economic Units. Accepted For Publication in Book of ESF GISDATA Conference on Modelling Change inSocio-Economic Units, Napthlion, Greece, 1998.

[221] Maria J P de Vasconcelos, et al. A Working Prototype of a Dynamic Geographical Information System. Int. J. Geographical Information Science, 2002, 16(1): 69- 91.

[222] Haluk Demirkan, et al. Service-oriented Technology and Management: Perspectives on Research and Practice for the Coming Decade. Electronic Commerce Research and Applications, 7(2008): 356-376.

[223] Mehdi Khanbabaei, Mehdi Asadi. Principles of Service Oriented Architecture and Web

Services Application in order to Implement Service-Oriented Architecture in Software Engineering. Australian Journal of Basic and Applied Sciences, 2011, 5 (11): 2046-2051.

[224] Data Grids and Service Oriented Architecture. An Oracle White Paper Updated, May, 2007.

[225] How Service-oriented Architecture (SOA) Impacts Your IT Infrastructure. IBM Global Technology Services, January, 2008.

[226] Eugen Vasilescu. Service Oriented Architecture (SOA) Implications for Large Scale Distributed Health Care Enterprises. Proceedings of the 1st Distributed Diagnosisand Home Healthcare (D2H2) Conference, Arlington, Virginia, USA, April 2-4, 2006.

[227] Sanjeev Verma. Service Oriented Architecture (SOA): Transforming Point-of-sale to Point-osf-service in Retail Business Management. I. J. E. M. S. , 2011, 2(1): 59-65.

[228] F'abio L. Verdi, et al. A Service Oriented Architecture-based Approachfor Interdomain Optical Network Services. Journal of Network and Systems Management (c 2007) DOI: 10. 1007/s10922-007-9060-2.

[229] Rabindra K. Barik, et al. Service Oriented Architecture Based SDI Model Geographical Indication Web Services. International Journal of Computer Applications (0975-8887), 2011, 25(4).

[230] Dr S Srinivasan, et al. Multi-agent System Based Service Oriented Architecture for Supply Chain Management System (MAS-SOA-SCM) . International Journal of Computer Applications (0975-8887), 2011, 27(5).

[231] Introduction to Service Oriented Architectures (SOA) . http: //www. eu-orchestra. org-Version from: 26. 10. 2007.

[232] P Compieta, et al. Exploratory Spatio-temporaldata Mining and Visualization. Journal of Visual Languages and Computing, 2007(18): 255-279.

[233] Chon Abraham. Systems Analysis and Design for Service Oriented Architecture Projects: A Case Study at the Federal Financial Institutions Examinations Council (FFIEC). Journal of Emerging Trends in Computing and Information Sciences. Volume 2 No. 1.

[234] 苏文，郭学兵，何洪林，岳燕珍．基于 Web 的 CERN 动态监测数据管理与信息共享系统．农机化研究，2005(7).

[235] 王桂玲，李玉顺，姜进磊，等．一种服务网格动态信息聚合模型及其应用．计算机学报，2005(4).

[236] 汤国安，刘学军，房亮，罗明良．DEM 及数字地形分析中尺度问题研究综述．武汉大学学报(信息科学版)，2006(12).

[237] Habib Ramezani, Sören Holm, Anna Allard GöranStåhl. Monitoring Landscape Metrics by Point Sampling: Accuracyin Estimating Shannon's Diversity and Edge Density. Environ Monit Assess, 2010(164): 403-421. DOI 10. 1007/s10661-009-0902-0.

[238] 徐建华，岳文泽，谈文琦．城市景观格局尺度效应的空间统计规律——以上海中心

城区为例．地理学报，2004(11)．
[239]杜国明，张树文，张有全．城市人口密度的尺度效应分析——以沈阳市为例．中国科学院研究生院学报，2007(3)．
[240]刘云刚，王丰龙．尺度的人文地理内涵与尺度政治——基于1980年代以来英语圈人文地理学的尺度研究．人文地理，2011(3)．
[241]孟宝，张勃，丁文晖，张华．地理尺度问题中不确定性原理的假设探讨．地理与地理信息科学，2005(11)．
[242]李毅，龚建华，朱军．地理过程模拟中的时空单元尺度与边界问题研究——以溃坝洪水模拟为例．中国地理信息系统协会理论与方法专业委员会2010年学术研讨会论文集．
[243]李志林．地理空间数据处理的尺度理论．地理信息世界，2005(4)．
[244]孙庆先，李茂堂，路京选，等．地理空间数据的尺度问题及其研究进展．地理与地理信息科学，2007(7)．
[245]曹伟超，谭理，张云，李胜．地理省情监测技术方案研究——四川省地震核心灾区民族信息．动态监测系统研究．测绘，2012，35(2)．
[246]应申，李霖，闫浩文，等．地理信息科学中的尺度分析．测绘科学，2006(5)．
[247]刘凯，任星，秦耀辰地理信息语义尺度及其变换机制问题研究．河南大学学报(自然科学版)，2010(5)．
[248]江浩，褚衍东，闫浩文，郭丽峰．多尺度地理空间点群目标相似关系的计算研究．地理与地理信息科学，2009(11)．
[249]邱炳文．福建省罗源县土地利用空间分布影响因子的尺度效应分析．生态经济学报，2007(6)．
[250]齐峰，王学军．环境空间分析中常用采样方法及其对空间结构表达的影响．环境科学学报，2000(3)．
[251]吴才聪，马成林，张书慧，陈秀万．基于GIS的精确农业合理采样与施肥间距研究农业机械学报，2004(3)．
[252]王丰龙，刘云刚．基于尺度效应的城市化水平指标修正．热带地理，2011(7)．
[253]高义，苏奋振，周成虎，等．基于分形的中国大陆海岸线尺度效应研究．地理学报，2011(3)．
[254]权全，解建仓，沈冰，罗纨．基于实测数据及遥感图片的土壤采样方法．农业工程学报，2010(12)．
[255]缪嘉敏，肖德琴，冯健昭，古志春．基于无线传感器网络的土壤水分监测基站系统设计．传感器与微系统，2009，28(9)．
[256]赵丽．仲崇波，焦伟赞，吴蕾．基于无线传感器网络技术的山区高速公路边坡监测方案．计量检测与监测，2008(11)．
[257]郭晓茆．加强监测方案管理，提高监测科学性．环境监测管理与技术，2005(8)．
[258]李霖，应申．空间尺度基础性问题研究．武汉大学学报(信息科学版)，2005(3)．
[259]王家耀，成毅．空间数据的多尺度特征与自动综合．海洋测绘，2004(7)．

[260]王天星，陈松林，马娅，陈志强．亮温与地表温度表征的城市热岛尺度效应对比研究．地理与地理信息科学，2007(11).
[261]刘凯，秦耀辰．论地理信息的尺度特性．地理与地理信息科学，2010(3).
[262]刘贤赵．论水文尺度问题．干旱区地理，2004(3).
[263]杨宇博，程承旗，宋树华．面向地理对象多尺度表达的剖分编码方法研究．地理与地理信息科学，2010(9).
[264]万本太，蒋火华，席俊清．浅论科学监测．环境监测管理与技术，2003(4).
[265]匡文慧，刘纪远，全琴，等．区域尺度城市增长时空动态模型及其应用．地理学报，2011(2).
[266]岳天祥，刘纪远．生态地理建模中的多尺度问题．第四纪研究，2003(5).
[267]方彬，陈波，张元．生物多样性遥感监测尺度选择及制图研究．地理与地理信息科学，2007(11).
[268]包广静．水能资源开发生态关联时空分异及其对策研究．水电能源科学，2011(2).
[269]王飞，李锐，杨勤科，张晓萍．水土流失研究中尺度效应及其机理分析．水土保持学报，2003(6).
[270]邵景安，陈兰，李阳兵，等．未来区域土地利用驱动力研究的重要命题：尺度依赖．资源科学，2008(1).
[271]张景雄，Michael F Goodchild. 野外空间采样的渐进式策略．武汉大学学报(信息科学版)，2008(5).
[272]杨琳，朱阿兴，秦承志，等．一种基于样点代表性等级的土壤采样设计方法．土壤学报，2011(9).
[273]白燕，廖顺宝，孙九林．栅格化属性精度损失的评估方法及其尺度效应分析．地理学报，2011(5).
[274]闫云霞，许炯心，Marwan Hasson，廖建华．长江流域侵蚀产沙尺度效应的区域分异．山地学报，2011(3).
[275]周杰文，张璐．中部地区经济差异的空间尺度效应分析．地理与地理信息科学，2011(1).
[276]张磊，吴炳方，李强子．中国农情采样网络的组织与实施．遥感学报，2004(11).
[277] Suresh Chandra Babu, William Reidhead. Monitoring Natural Resources for Policy Interventions：a Conceptual Framework, Issues, and Challenges. Land Use Policy, 17 (2000)：1-11.
[278] Marco J Giardino. A History of NASA Remote Sensing Contributions to Archaeology. Journal of Archaeological Science, 38(2011)：2003-2009.
[279] Robert M Edsall. The Parallel Coordinate Plot in Action：Design Anduse for Geographic Visualization. Computational Statistics & Data Analysis, 43 (2003)：605-619.
[280] Hedley N R. Empirical Evidence of Advanced Geographic Visualization Interface Use. Proceedings of the 21st International Cartographic Conference (ICC), Cartographic Renaissance. Durban, South Africa, 10-6 August 2003.

[281] Basic F, Cartwright W and Handmer J. Geographic Visualization Tools for Communicating the Risk of Floods. Proceedings of the 21st International Cartographic Conference (ICC), Cartographic Renaissance. Durban, South Africa, 10 ~ 16 August 2003.

[282] 魏子卿. 2000 中国大地坐标系. 大地测量与地球动力学, 2008(12).

[283] 毛锋. GI S 中的空间基准问题. 地理学与国土研究, 2002(5).

[284] 王朝晖, 朱建军. 地理空间中的基准体系. 湖南理工学院学报(自然科学版), 2003(6).

[285] 黄青, 王迪, 刘佳. 农情遥感监测中空间抽样技术研究现状与发展趋势. 中国农业资源与区划, 2009(4).

[286] 曾祥新, 谭清华, 黄炳强. 一种 2000 国家大地坐标系与参心坐标系间的转换方法. 广西科学, 2010, 17(4): 340-342.

[287] Bo Huang, Shanzhen Yi, Weng Tat Chan. Spatio-temporal Information Integration in XML. Future Generation Computer Systems, 20 (2004): 1157-1170.

[288] 姜晓轶, 周云轩. 从空间到时间——时空数据模型研究. 吉林大学学报(地球科学版), 2006(5).

[289] Joc Triglav, Du ˇ san Petrovi ˇ c, Bojan Stopar. Spatio-temporal Evaluation Matrices for Geospatial Data. International Journal of Applied Earth Observation and Geoinformation, 13 (2011): 100-109.

[290] Jussi Rasinma¨ki. Modelling Spatio-temporal Environmental Data. Environmental Modelling & Software, 18(2003): 877-886.

[291] Seo-Young Noh, Shashi K. Gadia, Shihe Ma. An XML-based Methodology for Parametric Temporal Databasemodel Implementation. The Journal of Systems and Software, 81 (2008): 929-948.

[292] 郑扣根, 谭石禹, 潘云鹤. 基于状态和变化的统一时空数据模型. 软件学报, 2001, 12(9).

[293] Wonik Choi, Dongseop Kwon, Sangjun Lee. Spatio-temporal Data Warehouses Using an Adaptivecell-based Approach. Data & Knowledge Engineering, 59 (2006): 189-207.

[294] DeryaBirant, Alp Kut. ST-DBSCAN: an Algorithm for Clusteringspatial-Temporal Data. Data & Knowledge Engineering, 60 (2007): 208-221.

[295] Laila ElFangary, Mahmoud Ahmed, and ShaimaaBakr. A Comparative Study of Spatial-Temporal Database Trends. IJCSNS International Journal of Computer Science and Network Security, 2009, 9(12).

[296] Lixin Li, Peter Revesz. Interpolation Methods for Spatio-temporal Geographic Data. Computers, Environment and Urban Systems, 28 (2004): 201-227.

[297] 翟小栋, 金培权, 岳丽华. 时空数据库概念建模工具 STXER 的研究与实现. 计算机工程, 2007(6).

[298] 刘茂华, 杨伦, 王峰. 时空数据库及其版本化管理. 辽宁工程技术大学学报, 2005(4).

[299]Y T Fan, J Y Yang, D H Zhu, K L Wei. A Time-based Integration Method of Spatio-temporal Data at Spatialdatabase Level. Mathematical and Computer Modelling, 51(2010): 1286-1292.

[300]Hung-Yi Lin. Using Compressed Index Structures for Processing Moving Objects in Large. Spatio-temporal Databases. The Journal of Systems and Software, 85(2012): 167-177.

[301]Dong Ho Kim, et al. A Spatiotemporal Database Model and Query Language. The Journal of Systems and Software, 55(2000): 129-149.

[302]Fabio Grandi, Federica Mandreoli. A Formal Model for Temporal Schema Versioning in Object-oriented Databases. Data & Knowledge Engineering, 46(2003): 123-167.

[303]Jimeng Sun, et al. Spatio-temporal Join Selectivity. Information Systems, 31(2006): 793-813.

[304]Yvan B6dard, et al. Adapting Data Models for the Design of Spatio-temporal Databases. Comput. , Environ. and Urban Systems, 1996, 20(1): 19-41.

[305]Ine's Fernando Vega Lo'pez, Richard T Snodgrass. Spatiotemporal Aggregate Computation: a Survey. IEEE Transactions on Knowledge and Data Engineering, 2005, 17(2).

[306]M Jackson. Thirty Years (and more) of Databases. Information and Software Technology, 41(1999): 969-978.

[307] Kathleen Shordt, Christine van Wijk, FrançoisBrikké. Monitoring Millennium Development Goals for Water and Sanitation. IRC International Water and Sanitation Centre, April 2004.

[308]P LN Raju. Fundamentals of Geograph Ical Information System. Geoinformatics Division. Indian Institute of Remote Sensing, Dehra Dun.

[309]喻庆国. 3S 技术在保护区及周边地区林地变化监测中的应用. 林业资源管理, 2002(12).

[310]苏娟, 王贵锦, 林行刚, 刘代志. 基于多时相遥感图像的人造目标变化检测算法. 自动化学报, 2013, 2.

[311]陈垒, 马润赓, 申维. 基于典型相关分析的遥感影像变化检测. 地质通报, 2007(7).

[312]刘庆生, 刘高焕, 黄翀, 宗秀影. 黄河三角洲自然保护区动态变化遥感监测研究. 中国农学通报, 2010, 26(16): 376-381.

[313]唐朴谦, 杨建宇, 张超, 等. 基于像素比值的面向对象分类后遥感变化检测方法. 遥感应用, 2010(1).

[314]马建文, 田国良, 王长耀, 燕守勋. 遥感变化检测技术发展综述. 地球科学进展, 2004(4).

[315]李世明, 王志慧, 李增元, 等. 基于邻近相关图像和决策树分类的森林景观变化检测. 林业科学, 2011(9).

[316]Pellikka P, et al. Land Use Change Monitoring Applying Geographic Information Systems in the Taita Hills, Se-kenya. In the Proceedings of the 5th African Association of Remote

Sensing of Environment Conference, 2004: 17-22.
[317]陈科，张保明，谢明霞．模糊 Bayes 理论在遥感影像变化检测中的应用．计算机工程与应用，2010，46(19).
[318]Jonathon D Little, Heath Sandall, Michael T Walegur and Frederick E Nelson. Application of Differential Global Positioning Systems to Monitor Frost Heave and Thaw Settlement in Tundra Environments. Permafrost and Periglac. Process, 2003(14): 349-357.
[319]李月臣，陈晋，宫鹏，岳天祥．基于 NDV I 时间序列数据的土地覆盖变化检测指标设计．应用基础与工程科学学报，2005(9).
[320]燕云鹏，和正民，李建存，曾福年．环北京地区土地利用变化监测与分析．国土资源遥感，2008(3).
[321] John Rogan, Jennifer Miller, Doug Stow, et al. Land-Cover Change Monitoringwith Classification Trees UsingLandsat TM and Ancillary Data. Photogrammetric Engineering & Remote Sensing, July 2003.
[322]刘海江，程维明，龙恩．受损沙地生态系统景观变化分析——以内蒙古浑善达克沙地为例．植物生态学报，2007，31(6). 1063-1072.
[323] Dean L Urban. Using Model Analysis to Design Monitoring Programs for Landscape Management and Impact Assessment. Ecological Applications, 2000, 10(6): 1820-1832.
[324]T V Ramachandra, Uttam Kumar. Geographic Resources Decision Support System for Land Use, Landcover Dynamics Analysis. Proceedings of the FOSS/GRASS Users Conference-Bangkok, Thailand, 12-14 September 2004.
[325]万远，李霖，应申．地理信息数据变化检测系统的研究与实现．计算机工程，2010(5).
[326]陈晓越，叶嘉安，齐志新．短时间间隔的土地利用变化监测．自然资源学报，2011(1).
[327]张军，肖刚，敬忠良．基于边缘增强的遥感图像变化检测技术．计算机工程与应用，2008，44(26).
[328]陈晋，何春阳，史培军，陈云浩，马楠．基于变化向量分析的土地利用/覆盖变化动态监测(Ⅰ)———变化阈值的确定方法．遥感学报，2001(7).
[329]贾坤玥，肖鹏峰．基于多时相图谱的青藏高原湖泊变化检测研究．国土资源遥感，2009(12).
[330]张建平，朱教君，闫巧玲，王崇俱．基于决策树的科尔沁沙地土地利用覆盖变化监测．生态学杂志，2009，28(9).
[331]侯西勇，高猛，常远勇，等．基于时空数据挖掘技术的黄河三角洲——莱州湾沿岸植被覆盖变化特征分析．e-Science，2010，9.
[332]徐怡波，赖锡军，周春国．基于卫星雷达数据的鄱阳湖湿地水面检测与淹露分析．中国环境科学，2010，30(Suppl.): 57-63.
[333]何春阳，陈晋，陈云浩，史培军．土地利用/覆盖变化混合动态监测方法研究．自然资源学报，2001(1).

[334]刘慧平，朱启疆．应用高分辨率遥感数据进行土地利用与覆盖变化监测的方法及其研究进展．资源科学，1999(5)．

[335]Gustavo A Bisbal. Conceptual Design of Monitoring and EvaluationPlans for Fish and Wildlife in the Columbia River Ecosystem. Environmental Management, 433-453.

[336]Robert W Holmes, Victor de Vlaming. Monitoring of Diazinon Concentrations and Loadings, and Identification of Geographic Origins Consequent to Stormwater Runoff From Orchards in the Sacramento Riverwatershed, U. S. A. Environmental Monitoring and Assessment, 2003, 87: 57-79.

[337]Bernd Resch, Manfred Mittlboeck. Live Geography-interoperable Geo-sensor Webs. Enabling Portability in Monitoring Applications. 2010 Second International Conference on Advanced Geographic Information Systems, Applications, and Services.

[338]Bernd Resch, et al. Real-time Geo-awareness-sensor Data Integrationfor Environmental Monitoring in the City. 2009 International Conference on Advanced Geographic Information Systems & Web Services.

[339]Robert O Strobl, Paul D Robillard, Patrick Debels. Critical Sampling Points Methodology: Case Studiesof Geographically Diverse Watersheds. Environ Monit Assess, 2007(129): 115-131.

[340]Cristina Gouveia, Alexandra Fonseca. New Approaches to Environmental Monitoring: the Use of ICT to Explore Volunteered Geographic Information. Geo Journal, 2008(72): 185-197.

[341]Matt Duckham, et al. Monitoring Dynamic Spatial Fields Using Responsive Geosensor Networks. GIS'05, November 4-5, 2005, Bremen, Germany.

[342]O Beeri, A Peled. Geographical Model for Precise Agriculture Monitoring With Real-time. Remote Sensing. ISPRS Journal of Photogrammetry and Remote Sensing, 2009(64): 4754.

[343]O Pummakarnchanaa, N Tripathi, J Dutta. Air Pollution Monitoring and GIS Modeling: a New Use of Nanotechnologybased Solid State Gas Sensors. Science and Technology of Advanced Materials, 2005(6): 251-255.

[344]J C M Pires, S I V Sousa, M C Pereira, et al. Management of Air Quality Monitoring Using Principalcomponent and Cluster Analysis—Part I: SO2 and PM10. Atmospheric Environment, 2008(42): 1249-1260.

[345]AnttiRoose, Kalev Sepp, ErkiSaluveer, et al. Neighbourhood-defined Approaches for Integrating and Designinglandscape Monitoring in Estonia. Landscape and Urban Planning, 2007(79): 177-189.

[346]Fabien Marzolf, Martin Trépanier, André Langevin. Road Network Monitoring: Algorithms and a Case Study. Computers & Operations Research, 2006(33): 3494-3507.

[347]Huu Tuan Do, Shang-Lien Lo, Pei-TeChiueh, et al. Design of Sampling Locations for Mountainous River Monitoring. Environmental Modelling & Software, 2012(27-28):

62-70.

[348] F Graef, et al. Methodological Scheme for Designing the Monitoring of Genetically Modified Crops at the Regional Scale. Environmental Monitoring and Assessment, 2005 (111): 1-26.

[349] C C Kontoes, O Sykioti, D Paronis, et al. Evaluating the Performance of the Space-borne SAR Sensor Systems Foroil Spill Detection and Sea Monitoring over the South-Easternmediterranean Sea. International Journal of Remote Sensing, 2005, 26 (18): 4029-4044.

[350] Paul D Sampson, et al. Pragmatic Estimation of a Spatio-temporal Air Quality Model with Irregular Monitoring Data. Atmospheric Environment, 2011(45): 6593-6606.

[351] R O Strobl, et al. A Water Quality Monitoring Network Designme Thodology for the Selection of Critical Sampling Points: Part I. Environmental Monitoring and Assessment, 2006(112): 137-158.

[352] Jin-Ho Kim, Chul-Mann Choi, Song-BaeKim, Soon-KukKwun. Water Quality Monitoring and Multivariate Statistical Analysisfor Rural Streams in South Korea. Paddy Water Environ, 2009(7): 197-208.

[353] N Mantzafleri, Ar Psilovikos, A Blanta. Water Quality Monitoring and Modeling in LakeKastoria, Using GIS. Assessmentand Management of Pollution Sources. Water Resour Manage, 23(2009): 3221-3254.

[354] Yuanzhi Zhang, Zhengyi Chen, Boqin Zhu, et al . Land Desertification Monitoring and Assessment in Yulinof Northwest China Using Remote Sensing and Geographic Information Systems (GIS). Environ Monit Assess, 2008(147): 327-337.

[355] J H Hartig, et al. Long-term Ecosystem Monitoring and Assessmentof the Detroit River and Western Lake Erie. Environ Monit Assess, 2009(158): 87-104.

[356] An Kai, Zhang Jinshui, Xiao Yu. Object-oriented Urban Dynamic Monitoring—a Case Study of Haidian District of Beijing. Chinese Geographical Science, 2007, 17 (3): 236-242.

[357] Fei Yuan. Urban Growth Monitoring and Projection Using Remote Sensing and Geographic Information Systems: a Case Study in the Twin CitiesMetropolitan Area, Minnesota. Geocarto International, 2010, 25(3): 213-230.

[358] T V Ramachandra, Uttam Kumar. Geographic Resources Decision Support System for Land Use, Landcover Dynamics Analysis. Proceedings of the FOSS/GRASS Users Conference-Bangkok, Thailand, 12-14 September 2004.

[359] Peter H. Land Use Change Modelling: Current Practice and Research Priorities. Geo Journal, 2004, 61: 309-324.

[360] D Amarsaikhan, et al. Applications of Remote Sensing and Geographic Information Systems for Urbanland-cover Change Studies in Mongolia. Geocarto International, 2009, 24(4): 257-271.

[361] Fei Yuan, Kali E Sawaya, Brian C Loeffelholz, Marvin E Bauer. Land Cover Classification and Change Analysis of the Twin Cities (Minnesota) Metropolitan Area by Multitemporal Landsat Remote Sensing. Remote Sensing of Environment, 2005(98): 317-328.

[362] John Rogan, Dong mei Chen. Remote Sensing Technology for Mapping Andmonitoring Land-cover and Land-use Change. Progress in Planning, 2004(61): 301-325.

[363] Chang yong Lee, Jeonghwan Jeon, Yongtae Park. Monitoring Trends of Technological Changes Based on the Dynamic Patentlattice: a Modified Formal Concept Analysis Approach. Technological Forecasting & Social Change, 2011(78): 690-702.

[364] Inga Kulik, Kathleen Stewart Hornsby, Ian D Bishop. Modeling Geospatial Trend Changes in Vegetation Monitoring Data. Computers, Environment and Urban Systems, 2011(35): 45-56.

[365] Matthew C Hansen, et al. A Method for Integrating MODIS and Landsat Data for Systematic Monitoring of Forest Cover and Change in the Congo Basin. Remote Sensing of Environment, 2008(112): 2495-2513.

[366] Robert E Kennedy. Remote Sensing Change Detection Tools for Natural Resource Managers: Understanding Concepts and Tradeoffs in the Design of Landscape Monitoring Projects. Remote Sensing of Environment, 2009(113): 1382-1396.

[367] Matthew C Hansen, Thomas R Loveland. A Review of Large Area Monitoring of Land Cover Change Using Landsat Data. Remote Sensing of Environment, 2012(122): 66-74.

[368] D A Sear, M A D Newsonb. Environmental Change in River Channels: a Neglected Element. Towards Geomorphological Typologies, Standards and Monitoring. The Science of the Total Environment, 2003(310): 17-23.

[369] William E. Glassley, et al. The Impact of Climate Change on Vadose Zone Pore Waters and Its Implication for Long-term Monitoring. Computers & Geosciences, 2003 (29): 399-411.

[370] Chih-Chiang Hsu. The MOSUM of Squares Test for Monitoring Variancechanges. Finance Research Letters, 2007(4): 254-260.

[371] Zhanshou Chen, ZhengTian, Yuesong Wei. Monitoring Change in Persistence in Linear Time Series. Statistics and Probability Letters, 2010(80): 1520-1527.

[372] N A Scott, et al. Monitoring Land-use Change Effects on Soil Carbon in New Zealand: Quantifying Baseline Soil Carbon Stocks. Environmental Pollution, 2002(116): 167-186.

[373] L Lamon, et al. Introducing an Integrated Climate Change Perspective in POPs Modelling, Monitoring and Regulation. Environmental Pollution, 2009(157): 1971-1980.

[374] A M J Lane. The U. K. Environmental Change Network Database: an Integrated Information Resource for Long-term Monitoring and Research. Journal of Environmental Management, 1997(51): 87-105.

[375] R Neil Munro, et al. Soil Landscapes, Land Cover Change and Erosion Features of the Central Plateau Regionof Tigrai, Ethiopia: Photo-monitoring with an Interval of 30

years. Catena, 2008(75): 55-64.

[376] Frank Paul, et al. Recent Glacier Changes in the Alps Observed By Satellite: Consequences for Future Monitoring Strategies. Global and Planetary Change, 2007(56): 111-122.

[377] Zhanshou Chen, Zheng Tian, Chunhui Zhao. Monitoring Persistence Change in Infinite Variance Observations. Journal of the Korean Statistical Society, 2012(41): 61-73.

[378] Chuanli Liu, Xiao sheng Liu. Research on Poyang Lake Wetland Information Extraction and Change Monitoring Based on Spatial Data Mining. Physics Procedia, 2012(33): 1412-1419.

[379] Winfried Schröder. GIS, Geostatistics, Metadata Banking, and Tree-based Models for Data. Analysis and Mapping in Environmental Monitoring and Epidemiology. International Journal of Medical Microbiology, 2006(296): S1, 23-36.

[380] 中华人民共和国标准化法, 1988. 12. 29.

[381] 中华人民共和国标准化法实施条例, 1990. 04. 06.

[382] 标准化管理办法

[383] GB/T1. 1—2000 标准化工作导则第1部分：标准的结构和编写规则(2000. 12. 20).

[384] GB/T1. 2—2002 标准化工作导则第2部分：标准中规范性技术要素内容的确定方法(2002. 6. 20).

[385] GB/T 20000—2003 标准化工作指南第3部分：引用文件.

[386] 王征．标准化基础概论．北京：技术标准出版社 1981.

[387] 陈仁竹，马亚良，石溦．标准化基础教程．北京：中国计量出版社，2008.

[388] 张庆涛，刘伟东，吴华为，王宏宇．InSAR 技术在陕西省地理国(省)情地表沉降监测中的应用研究．测绘标准化，2012(02)：11-13.

[389] 张学东．工矿区地表沉陷 D-InSAR 监测模式与关键技术研究．北京：中国矿业大学(北京)，2012.

[390] 阎福礼，李震，邵芸，等．基于 NOAA/AVHRR 数据的西部植被覆盖变化监测．兰州大学学报，2003(02)：90-94.

[391] 杜子涛，杨小明，颜树强，等．奈曼旗土地退化遥感监测研究．农业工程学报，2012(03)：154-161.

[392] 王孝青，党亚民．D-InSAR 技术用于震后地表形变监测．海洋测绘，2008(06)：25-28.

[393] 郑卓云，陈良富，郑君瑜，等．高分辨率气溶胶光学厚度在珠三角及香港地区区域颗粒物监测中的应用研究．环境科学学报，2011(6)：1154-1161.

[394] 段毅，钱乐，侯怡．遥感技术在监测城市扩张变化中的研究与应用——以天津为例．影像技术，2012(6)：45-46.

[395] 冯晓刚，李锐，莫宏伟．基于 RS 和 GIS 的城市扩展及驱动力研究——以西安市为例．遥感技术与应用，2010(2)：202-208.

[396] 汪永华，胡玉佳．海南岛东南海岸带植被景观动态分析．信阳师范学院学报(自然

科学版). 19(1), 2006, 47-50.
[397]王滨滨，刘静玲，张听，陈秋颖．白洋淀湿地景观空间变化监测．农业环境科学学报，2010，29(10)：1857-1867.
[398]聂勇，张镱锂，刘林山，张继平．近30年珠穆朗玛峰国家自然保护区冰川变化的遥感监测．地理学报，2010，65(1)：13-28.
[399]来玉梅，邱玉宝，傅文学，石利娟．基于TM影像近十年来喀什地区地表水遥感监测与分析．遥感信息，2013(3)，50-57.
[400]国务院第一次全国地理国情普查领导小组办公室．2013地理国情普查内容与指标，2013，8.
[401]国务院第一次全国地理国情普查领导小组办公室．2013地理国情普查基本统计技术规定，2013，8.

以下参考文献来自网络搜索引擎，因具体出处无法考证，谨向作者表达歉意并致以感谢。

[402]D Pullar. MapScript：a Map Algebra Programming Language for Spatial Modelling.
[403]Preeti Mali，Charles O' Hara，Bijay Shrestha，et al. Use and Analysis of Temporal Map Algebra for Vegetation Index Compositing.
[404]M. E. Haklay. Comparing Map Calculus and Map Algebra inDynamic GIS.
[405]Jeremy Mennis. Analyzing Time Series of Satellite Imagery Using Temporal Map Algebra.
[406]Jeremy Mennis，Jeff Leong，and Rahul Khanna. Multidimensional Map Algebra.
[407]Archana Pande，Carol L Williams，Christopher，L Lant，David J Gibson. Using Map Algebra to Determine the Mesoscale Distributionof Invasive Plants：the Case of Celastrusorbiculatusin Southern Illinois，USA.
[408]Jeremy Mennis，Roland Viger，and C Dana Tomlin. Cubic Map Algebra Functionsfor Spatio-Temporal Analysis.
[409]Hugo Ledoux and Christopher Gold. A Voronoi-based Map Algebra.
[410]I Hamdi，I R Farah and M B Ahmed. System Design for the Management of Temporal and Spatial Data Basedon a Generic Toolbox.
[411]Christine Parent，et al. Spatio-Temporal Conceptual Models：Data Structures + Space + Time.
[412]Andrew U. Frank. Ontology for Spatio-temporal Databases.
[413]Saeed Nadi，Mahmoud R Delavar. Spatio-Temporal Modeling of Dynamic Phenomena ingis.
[414]Kakumoto Shigeru and Kosugi Yukio. Development of Spatial Temporal Geographic Information System.
[415]Yang Ping，Tang Xinming，Wang Shengxiao. Dynamic Cartographic Representation of Spatio-Temporal Data.
[416]Nasreddine Aoumeur，Gunter Saake. Dynamic Interaction of Information Systems.

[417] Patricia Tovo, Cray Research, Inc. , Eagan, Minnesota, USA. Design and Deployment of a Dynamic Information Systemon the World Wide Web.

[418] Christopher M Gold. Dynamic (Time-Managed) GIS—the Implications of Re-Thinking Spatial Data Structures.

[419] Tai On Chan, Mary-Ellen Feeney, Abbas Rajabifard, Ian Williamson. The Dynamic Nature of Spatial Data Infrastructures: a Method of Descriptive Classification.

[420] Jan Oliver Wallgr and Mehul Bhatt. An Architecture for Semantic Analysis in Geospatial Dynamics.

[421] Dan Jahn. Service-Oriented Architectures-Going from Buzz to Business.

[422] O P Rishi, et al. Service Oriented Architecture for Business Dynamics: an Agent-based Approach.

[423] Ervin Ramollari, DimitrisDranidis, and Anthony J H Simons. A Survey of Service Oriented Development Methodologies.

[424] Daniel Szepielak. REST-Based Service Oriented Architecture for Dynamically Integrated Information Systems.

[425] Michael P Papazoglou, et al. Service-Oriented Computing: State of the Art and Research Challenges.

[426] Rainer Berbner, et al. An Approach for the Management of Service-oriented Architecture (SoA) based Application Systems.

[427] Helmut Petritsch. Service-Oriented Architecture (SOA) Vs. Component Based Architecture Helmut Petritsch.

[428] Mehmet S Aktas, Geoffrey Fox, and Marlon Pierce. Managing Dynamic Metadata as Context.

[429] Jürgen Göres, Stefan Dessloch. A Metadata Management Framework for Dynamic Information Integration.

[430] Burstein, F, Linger H, Zaslavsky A Towards an Information Systems Framework for Dynamic Organisational Memory.

[431] Krzysztof Pancerz. Extensions of Dynamic Information Systems in State Prediction. Problems: the First Study.

[432] A Tsalgatidou, P Loucopoulos. An Object-oriented Rule-Based Approachto the Dynamic Modelling of Information Systems.

[433] Anders Ekholm and SverkerFridqvist. A Dynamic Information System for Design. Applied to the Construction Context.

[434] Lu Liu, Duncan Russell, Nik Looker, David Webster & Jie Xu. Evolutionary Service-Oriented Architecture for Network Enabled Capability.

[435] Giovanni Aloisio, Massimo Cafaro, Italo Epicoco, Sandro Fiore, Daniele Lezzi, Maria Mirto and Silvia Mocavero. iGrid, a Novel Grid Information Service.

[436] Giovanni Aloisio, Euro Blasi, Massimo Cafaro, ItaloEpicoco, Sandro Fiore, Maria

Mirto. Dynamic Grid Catalog Information Service.
[437] Alvin Lim. Architecture for Dynamic Information Disseminationand Fusion in Distributed Sensor Networks.
[438] Alan M MacEachren and Menno-Jan Kraak. Research Challenges in Geovisua-lization.
[439] Milton, Hirokazu, Shimabukuro, etc. Visual Exploration of Spatio-Temporal Data-bases.
[440] Ed Ort. Service-Oriented Architecture and Wed Services: Concepts, Techndogies, and Tools.
[441] R Geetha, N Sumathi, Dr S Sathiyabama. A Survey of Spatial, Temporal and Spatio-Temporaldata Mining.
[442] St'ephane Grumbach, etc. Spatio-temporal Models and Languages: an Approach Based on Constraints.
[443] Introduction to Spatio-Temporal Databases. Spatio-Temporal Databases.
[444] Nikos Pelekis, et al. Literature Review of Spatio-Temporal Database Models.
[445] Long-Van Nguyen-Dinh, et al. Spatio-Temporal Access Methods: Part 2 (2003—2010).
[446] Jingnong Weng, Weijing Wang, Ke Fan, Jian Huang. Design and Implementation of Spatial-temporal Data Modelin Vehicle Monitor System.
[447] Martin Breunig, et al. Architectures and Implementations of Spatio-temporal Database Management Systems.
[448] Dolores Cuadra. How to Manage Spatio-temporal Events in RelationalDatabases.
[449] Glaucia Faria. An Extensible Framework for Spatio-Temporal Database Applications.
[450] Monitoring & Evaluation Guidelines. United Nations World Food ProgrammeOffice of Evaluation.
[451] Li Yingcheng, Guo Tongying, Li Xueyou, et al. Landuse RS Monitoring in China.
[452] European Forest Monitoring Programme(EFMP).
[453] Dr Graham Wils on. Recent Environmental Change (U 1 6 0 0 4). Level 2 Option Selection Handbook 2009—2010.
[454] Victor S Kennedy, et al. Coastal and Marine Ecosystems Potential Effects on U. S. Resources & Global Climate Change.
[455] Dr Madan Mohan. Geographic Information System Application Formon-itoring Environmental Change and Restorationof Ecological Sustainable Development over Delhiridge.
[456] Ikuho Yamada, Peter A, Rogerson. Geosurveillance: Software for Monitoring Changes in Geographic Patterns with Applications to Public Health.
[457] Mohamed Ait Belaid, Bahrain. Urban-Rural Land Use Change Detection and Analysis. Using GIS & RS Technologies.
[458] J S Samra. Review and Analysisof Drought Monitoring, Declaration andManagement in India.
[459] Sefer Kurnaz, Rustam B Rustamov. Earth Observation Remote Sensing and GIS Services for Monitoring of Integration Systems.

[460] Ming Huang, Yinbin Wu. Environmental Monitoring System Based on GIS and Wireless Communications.

[461] Udayan Deshpande, David Kotz, Chris McDonald. Coordinated Sampling to Improve the Efficiency of Wireless Network Monitoring.

[462] William G Kepner, C M Edmonds. Remote Sensing and Geographic Information Systems for Decision Analysisin Public Resource Administration: a Case Study of 25 Years of Landscape Change in a Southwestern Watershed.

[463] Clodoveu A Davis Jr. Understanding Global Change: the Role of Geographic Information Science in the Integration of People and Nature.

[464] J A Sobrino and N Raissouni. Toward Remote Sensing Methods for Land Cover Dynamic Monitoring: Application to Morocco.

[465] Christopher Farah, Cheng Zhong, Michael Worboys, et al. Detecting Topological Change Using a Wireless Sensor Network.